高 等 学 校 省 级 规 划 教 材
卓越工程师教育培养计划土木类系列教材

绿色建筑设计及技术

主　编　张　亮
副主编　张爱凤　王　益　王立平

合肥工业大学出版社

前　言

本书根据“卓越工程师教育培养计划”的培养目标和课程改革的要求，结合当今建筑行业最为先进的发展思路与设计理念，为专业主干课程“绿色建筑设计及技术”而配套编写的安徽省省级规划教材。

本书内容涵盖了多学科、跨专业的丰富知识体系与内容，兼顾绿色建筑先进设计理念与建筑节能新技术，主要介绍绿色建筑的设计理念、设计方法及绿色建筑的节能与应用技术。本书理论性和实践性很强，采用我国最新颁布的现行各项建筑节能标准，书中列举介绍了大量最新的绿色建筑工程实例。

全书共分为8章，具体包括：绪论，绿色建筑的评价标准及体系，绿色建筑的规划设计，绿色建筑的设计方法，绿色建筑的技术路线，既有建筑的绿色生态改造，绿色建筑能耗计算、模拟分析和检测方法，建筑信息模型化BIM。

本书由合肥工业大学土木与水利工程学院建筑与环境技术系组织多校教师联合编写，由合肥工业大学张亮副教授主编，沈致和教授审定。本书在编写过程中得到合肥工业大学相关部门、土木与水利工程学院的领导及相关老师的大力支持和帮助，在此一并致谢。

参加教材编写的人员及单位：

1. 主编：

张　亮（合肥工业大学土木与水利工程学院，副教授）

2. 副主编：

张爱凤（合肥工业大学土木与水利工程学院，副教授）

王　益（合肥工业大学土木与水利工程学院，讲师/在读博士）

王立平（合肥工业大学土木与水利工程学院，讲师/在读博士）

3. 参编：

沈致和（合肥工业大学土木与水利工程学院，教授）

徐得潜（合肥工业大学土木与水利工程学院，教授）

王　丽（安徽建筑大学建筑与规划学院，副教授）；

侯景鑫（嘉兴学院，讲师/博士）；

张　样（安徽工业大学，讲师）；

陈　坦（中国矿业大学力建学院建筑与城市规划研究所，讲师）。

具体编写内容：

张亮编写第1章1.1节、1.3节、1.4节；第3章3.1节、3.2节；第4章4.2节/4.2.2；第5章5.1节、5.3节、5.4节、5.5节；5.6节/5.6.1、5.9节；第6章6.1节、6.2节、6.3节；第8章。

张亮、王益合作编写第3章3.3节；第4章4.2节/4.2.3、4.2.4、4.2.5；

张亮、王丽合作编写第1章1.2节；第4章4.2节/4.2.1节。

张亮、陈坦合作编写第2章2.1节、2.2节。

张爱凤编写第6章6.5节。

侯景鑫、张爱凤合作编写第 5 章 5.6 节/5.6.2。

王益编写第 4 章 4.1 节;第 5 章 5.2 节。

王立平编写第 5 章 5.6 节/5.6.3;第 6 章 6.4 节

徐得潜编写第 5 章 5.7 节。

沈致和编写第 5 章 5.8 节。

张祥编写第 7 章。

本书可作为建筑工程专业、建筑学专业、城市规划专业、土木工程专业、建筑环境与设备工程(制冷与空调、采暖通风)专业、给水排水工程专业、工程管理等相关专业的本科专业必修课/选修课的课程教学,也可作为相关专业硕士、博士生的必修课/选修课的课程教学选用。此外,可供成人、函授、夜大相关专业的教学参考用书及作为相关领域的专业技术人员、工程人员的参考用书。

合肥工业大学　土木与水利工程学院　建筑环境与技术系

《绿色建筑设计及技术》教材编写组

2017 年 4 月

目　录

第1章　绪　论

1.1　绿色建筑的概念

绿色是自然界植物的颜色，是生命之色，象征着生机盎然的自然及生态系统。中国的绿色思想可追溯到《易传》，“人与天地合其德，与日月合其明，与四时合其序，与鬼神合其吉凶”。其中的天人合一的思想，体现了原始、自发、朴素的绿色意识。

“绿色建筑”在日本称为“环境共生建筑”，在一些欧美国家称之为“生态建筑”“可持续建筑”，在北美国家则称之为“绿色建筑”。“绿色建筑”的“绿色”，并非一般意义上的立体绿化、屋顶花园或建筑花园概念，而是代表一种节能、生态概念或象征，是指建筑对环境无害，能充分利用环境的自然资源，并且在不破坏环境基本生态平衡条件下建造的一种建筑。因此，绿色建筑也被很多学者称为“低碳建筑”“节能环保建筑”等，其本质都是关注建筑的建造和使用及对资源的消耗和对环境造成的影响最低，同时也强调为使用者提供健康舒适的建成环境。

由于各国经济发展水平、地理位置和人均资源等条件不同，在国际范围内对于绿色建筑的定义和内涵的理解也就不尽相同，存在一定的差异。

1.1.1　绿色建筑的概念

1. 绿色建筑的几个相关概念

1)生态建筑

生态建筑理念源于从生态学的观点看持续性，问题集中在生态系统中的物理组成部分和生物组成部分相互作用的稳定性。古西洋神话中有一种叫欧伯罗斯(Ouroboros)的怪兽，可以吞食自己不停生长的尾巴而长生不死(图1-1-1)。古埃及与古希腊常以一对互吞尾巴的蛇纹形图腾来表现Ouroboros，象征不断改变形式但永不消失的一切物质与精神的统合，也隐喻着毁灭与再生的循环。1974年，美国明尼苏达州建造了第一座以Ouroboros命名的生态住宅建筑(图1-1-2)，顾名思义，就是希望建筑能达到完全与环境共生并符合自给自足的生态循环系统的最高境界[1]。

生态建筑受生态生物链、生态共生思想的影响，对过分人工化、设备化的环境提出质疑，生态建筑强调使用当地自然建材，尽量不使用电化设备，而多采用太阳能热水、雨水回收利用、人工污水处理等方式。生态建筑的目标主要体现在：生态建筑提供有益健康的建成环境，并为使用者提供高质量的生活环境；减少建筑的能源与资源消耗，保护环境，尊重自然，成为自然生态的一个因子。

2)可持续建筑(sustainable building)

可持续建筑是查尔斯·凯博特博士1993年提出的，旨在说明在达到可持续发展的进程中建筑业的责任，指以可持续发展观规划的建筑，内容包括从建筑材料、建筑物、城市区域规模大小等，到与这些有关的功能性、经济性、社会文化和生态因素。可持续发展是一种从生态系统环境和自然资源角度提出的关于人类长期发展的战略和模式。

图 1-1-1 自食尾巴长生不死的 Ouroboros

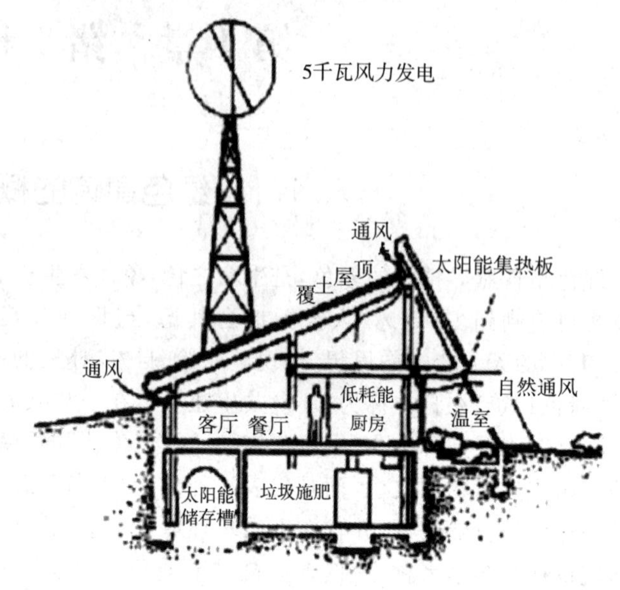

图 1-1-2 明尼苏达州 Ouroboros 生态住宅

1993 年美国出版《可持续发展设计指导原则》一书列出了可持续的建筑设计细则，并提出了可持续建筑的六个特征：(1)重视设计地段的地方性、地域性，延续地方场所的文化脉络；(2)增强运用技术的公众意识，结合建筑功能的要求，采用简单合适的技术；(3)树立建筑材料循环使用的意识，在最大范围内使用可再生的地方性建筑材料，避免使用破坏环境、产生废物及带有放射性的材料，争取重新利用旧的建筑材料及构件；(4)针对当地的气候条件，采用被动式能源策略，尽量利用可再生能源；(5)完善建筑空间的使用灵活性，减少建筑体量，将建设所需资源降至最少；(6)减少建造过程中对环境的损害，避免破坏环境、资源浪费以及建材浪费。

3)绿色建筑和节能建筑

绿色建筑和节能建筑两者有本质区别，二者从内容、形式到评价指标均不一样。具体来说，节能建筑是符合建筑节能设计标准这一单项要求即可，节能建筑执行节能标准是强制性的，如果违反则面对相应的处罚。绿色建筑涉及六大方面，涵盖节能、节地、节水、节材、室内环境和物业管理。绿色建筑目前在国内是引导性质，鼓励开发商和业主在达到节能标准的前提下做诸如室内环境、中水回收等项目。

我国目前通过绿色建筑评价标识的项目有 550 多个，总面积达 5200 万平方米；经过能效评测的节能建筑有 100 多项。不过，目前我国节能建筑的管理机制尚缺最后一个环节，前期有设计施工审查，交付有竣工验收，唯独在能效标识上没有强制手段。

2. 国外学者对"绿色建筑"概念的理解和定义

克劳斯·丹尼尔斯(Klaus Daniels)在《生态建筑技术》中提出，"绿色建筑是通过有效地管理自然资源，创造对于环境友善的、节约能源的建筑。它使得主动和被动地利用太阳能成为必需，并在生产、应用和处理材料等过程中尽可能减少对自然资源(如水、空气等)的危害"。此定义简洁概要，并具有一定的代表性。

艾默里·罗文斯(Amory Lovins)在《东西方观念的融合:可持续发展建筑的整体设计》中提出,“绿色建筑不仅仅关注的是物质上的创造,而且还包括经济、文化交流和精神上的创造”;“绿色设计远远超过了热能的损失、自然采光通风等因素,它已延伸到寻求整个自然和人类社区的许多方面”。

詹姆斯·瓦恩斯(James wines)在《绿色建筑学》一书中回顾了20世纪初以来亲近自然环境的建筑发展,以及近年来定向绿色建筑概念的设计探索,总结了包含景观与生态建筑的绿色环境建筑设计在当代发展中的一般类型,更广泛的绿色建造业与生活环境创造应遵循的基本原则。

英国建筑设备研究与信息协会(BSRIA)指出,一个有利于人们健康的绿色建筑,其建造和管理应基于高效的资源利用和生态效益原则。所谓“绿色建筑”,不是简单意义上进行了充分绿化的建筑,或其他采用了某种单项生态技术的建筑,而足一种深刻、平衡、协调的关于建筑设计、建造和运营的理念。

3. 我国对“绿色建筑”的定义

《绿色建筑评价标准》GB/T 50378—2014[2]对绿色建筑(green building)的定义是:“在全寿命期内,最大限度地节约资源(节能、节地、节水、节材)、保护环境、减少污染,为人们提供健康、适用和高效的使用空间,与自然和谐共生的建筑。”绿色建筑的定义体现了绿色建筑的三大要素和三大效益,如图1-1-3所示。

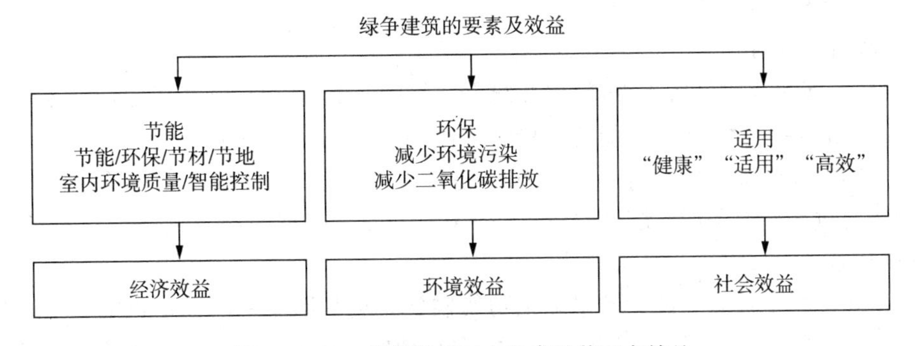

图1-1-3 绿色建筑三大要素及其三大效益

1)绿色建筑的“建筑的全寿命周期”概念

“工程项目的全寿命周期管理”概念,起源于英国人A. Gordon在1964年提出的“全寿命周期成本管理”理论,即建筑物的前期决策、勘察设计、施工、使用维修乃至拆除各个阶段的管理相互关联而又相互制约,构成一个全寿命管理系统,为保证和延长建筑物的实际使用年限,必须根据其全寿命周期来制定质量安全管理制度。20世纪70年代美国的一份环境污染法规中,也提出产品的整个生命周期内优先考虑产品的环境属性,同时保证产品应有的基本性能、使用寿命和质量设计。绿色建筑的“建筑的全寿命周期”,即指建筑从最初的规划设计到随后施工建设、运营管理及最终的拆除,形成了一个全寿命周期[3-4]。

与传统建筑设计相比,绿色建筑设计有两个基本特点,一是在保证建筑物的性能、质量、寿命、成本要求的同时,优先考虑建筑物的环境属性,从根本上防止污染,节约资源和能源;二是设计时所考虑的时间跨度大,涉及建筑物的整个生命周期。关注建筑的全寿命周期,意味着不仅在规划设计阶段充分考虑并利用环境因素,而且确保施工过程中对环境的影响最低，运营管理阶段能为人们提供健康、舒适、低耗、无害空间，拆除后又对环境危害降到最低，并使拆除材料尽可能的再循环利用。

2)我国的绿色建筑的评价标准及指标体系

《绿色建筑评价标准》GB/T 50378—2014[2]中，绿色建筑指标体系包括节地与室外环境、节能与能源利用、节水与水资源利用、节材与材料资源利用、室内环境质量、施工管理和运营管理共七类指标组成。这七类指标涵盖了绿色建筑的基本要素，包含了建筑物全寿命周期内的规划设计、施工、运营管理及回收各阶段的评定指标的子系统。每个指标下有若干项，每个指标下，满足一定的项数即可由高到低被评为三星级、二星级和一星级绿色建筑。

1.1.2 绿色建筑理论和设计实例简介

在绿色建筑设计及理论研究领域，近年来有众多的建筑师及理论家做出了卓有成效的工作和成绩。马来西亚建筑师杨经文是其中一个重要的代表人物，杨经文先生在热带地区的摩天大楼绿色设计理念上，做出了一些具有挑战性和革新精神的尝试和实践。

杨经文先生在《设计结合自然：建筑设计的生态基础》一书中提出，生态设计牵扯到对设计的整体考虑，牵扯到被设计系统中能量和物质的内外交换以及被设计系统中从原料到废弃物的周期，因此我们必须考虑系统及其相互关系。杨经文认为，低耗能对使用者生活质量的改善以及对地形的高度敏感来源于一个建筑对周围环境的反应。

1. 杨经文的绿色建筑设计理论要点分析

1)生物气候学理论

高层建筑运用生物气候学理论，即在绿色建筑设计中，运用被动式低能耗技术与场地气候和气象数据相结合，从而降低能耗，提高生活质量。具体内容包括[6-9]：

(1)生物气候学理论的设计方法。通过建筑外形的塑造、材料的选择等来降低建筑能耗，而不是通过电器设备或系统来完成。如果使用电器设备或系统来进一步降低能耗，可被当作低能耗被动设计手段的二次设计。

(2)生物气候学理论的设计效果。生物气候学方法并不能在高层建筑中完全取代电器设备与系统，但如果考虑了生物气候学方法，在热带地区就可以把一年中不需要空调与采暖设备的时间延长到八个半月，这样就能比一年四季都需要电器设备与系统的建筑节约很多能源。

(3)提倡无能耗或最低能耗建筑。杨经文认为，建筑可分成三类：第一类是无须电能与机械作用即可保证室内舒适度的；第二类是部分需要电能与机械作用以保证室内舒适度的；第三类则是完全依赖电能与机械作用的。他认为，最好的建筑应是第一类，比如北京的四合院；最差的则是最后一类，比如外面穿戴着玻璃幕墙、里面拼命使用空调的华而不实的建筑。

2)生物气候学理论的设计方法

生物气候学理论的设计方法可以总结为以下几点[6-9]：(1)在高层建筑的表面和中部开敞空间中进行绿化设计。建筑物用大量植物覆盖，不仅能减少所在地区的热岛效应，还能产生氧气和吸收二氧化碳及一氧化碳。(2)沿高层建筑的外墙，设置不同凹入深度的过渡空间。这种空间有多种表现形式，可以是“遮阴的凹空间”，如吉隆坡的广场大厦(1986年建成)；可以是“凹阳台”，如包斯泰德大厦；也可以是“凹入较大的绿化平台”，如梅拉纳商厦(1992年建成)。这些阳台及大平台,不仅丰富了高层建筑较平淡的建筑外观,而且在阴影区提供了开窗的可能性。(3)在屋顶上设置固定的遮阳格片。根据太阳从东到西季节运动的轨迹,将遮阳格片做成不同的角度,以控制不同季节和时间阳光进入室内量的多少。(4)创造自然通风条件加强室内空气流动,降低由日晒引起的升温。对于不设中央空调的建筑物来说,利用自然风能带走热气,节省能耗。(5)在建筑平面处理上主张把交通核心设置在建筑物的一侧或两侧。一是利用电梯的实墙遮去西晒或东晒;二是让电梯厅、楼梯间和卫生间有条件的自然采光通风,可减少照明及省去防火所需的机械风压设备。(6)在建筑外墙的处理上除了做好隔热,他还建议采用墙面水花系统,促进蒸发以冷却墙面。

杨经文认为通过这些节能设计措施,在热带地区的高层建筑可节省40%的运转能耗。生物气候学在高层建筑上的运用不仅带来节能效果,也给建筑外形提供了变化的机会,并使人能在高层上接触自然,同时改善了建筑物与周围的环境条件。但他同时提出,生物气候学中的应用不应当是设计中考虑的唯一因素,如果做得过分就会导致僵化。

2. 杨经文的绿色建筑代表作品

1)梅纳拉商厦(图1-1-4)

梅纳拉商厦,是杨经文的代表作,位于马来西亚吉隆坡,15层,建筑面积10340平方米,是一家电子和办公设备公司的总部。建筑物在内部与外部采取了双气候的处理手法,使之成为适应热带气候环境的低耗能建筑,展示了作为复杂的气候"过滤器"的写字楼建筑在设计、研究和发展方向上的风采。其特点主要有:

图1-1-4　梅纳拉商厦

(1)生态解决方案要点。①注意朝向。因为东西向耗能高于南北向50%,把"服务核"(即楼梯、电梯等)外置,以利于防晒;②在不同层位设凹入空间,造成阴影、遮阳挡雨,并在这个凹空间内设置大量绿化,让人接近自然;③外窗设置可调控的遮阳板;④屋顶上装有可调的遮阳板,并设屋顶游泳池;⑤组织气流强化自然通风[10-11]。

(2)绿色设计特色体现。①植物栽培从楼的一侧扩坡开始,然后螺旋式上升,种植在楼上向内凹的平台上,创造了一个遮阳且富含氧的环境;②受日晒较多的东、西朝向的窗户都装有铝合金遮阳百页,而南北向采用镀膜玻璃窗以获取良好的自然通风和柔和的光线;③办公空间被置于楼的正中而不在外围,这样的设计保证良好的自然采光,同时都带有阳台,并设有落地玻璃推拉门以调节自然通风量;④电梯厅、楼梯间和卫生间均有自然通风和采光;⑤考虑到将来可能安装太阳能电池,遮阳顶提供了一个圆盘状的空间,被一个由钢和铝合金构成的棚架遮盖着[10-11]。

2)EDITT TOWER 大厦(图1-1-5)

新加坡的EDITT TOWER大厦为展览建筑,26层,总建筑面积6033平方米,覆盖植被面积3481平方米。其设计特色也体现了绿色建筑设计的主要内涵[12]:(1)建筑绿化。大楼四周种满了植物作为隔热墙之用。大厦四周几乎都被有机植物所包围,它可经由斜坡连接

上部楼层与下面的街道。绿色空间从街口一直延伸到屋顶并与26层的EDITT塔楼有机的

图1-1-5 新加坡EDITT TOWER大厦

结合形成一种独特的表面景观。绿色空间与居住面比例达到1∶2。(2)自然通风。建筑立面上安装的充气式翼型"鳍"使气流在建筑后面生成交错的漩涡,正负压力在合适的角度上对建筑形成侧力以引导自然气流。(3)雨水回收利用。位于经常降下豪雨的城市之中,EDITT TOWER大厦具有收集雨水与家庭废水的设计,用来灌溉大楼周边的绿色植物与作为马桶冲水之用,整栋大楼约有55%的用水是利用雨水与废水,十分节约水资源。(4)污水回收利用。大厦有生物瓦斯(biogas)的生产设备,将排泄物经由细菌作用产生瓦斯与肥料,用于照明、烧热水、煮饭和帮植物施肥等。(5)光伏发电。建筑上具有855平方米的太阳能板可以搜集能源,可提供全部建筑的39.7%的能源。(6)建筑材料的回收利用。建筑用建材大量采用了再生与可回收利用的材料,设计中也引入了一个内嵌式的垃圾管理系统,可回收的材料在每一层由分离器按照来源分类,然后转入地下的垃圾分离器,被可回收垃圾分离车带至别处回收利用。

3. 其他绿色建筑实例

1)"北京奥运村"的绿色设计(图1-1-6)

2008年的北京奥运会场馆及奥运村建设,本着保护环境、节约能源、保护生态平衡的可持续精神来筹办和组织,采用了节能、环保、减排等先进的技术和设计思路,突出了"以人为本"的思想,充分体现了"绿色奥运、科技奥运、人文奥运"的理念。其在绿色建筑标准、零能耗建筑、太阳能光热利用、地源热泵系统等多方面均有多项实践性设计。

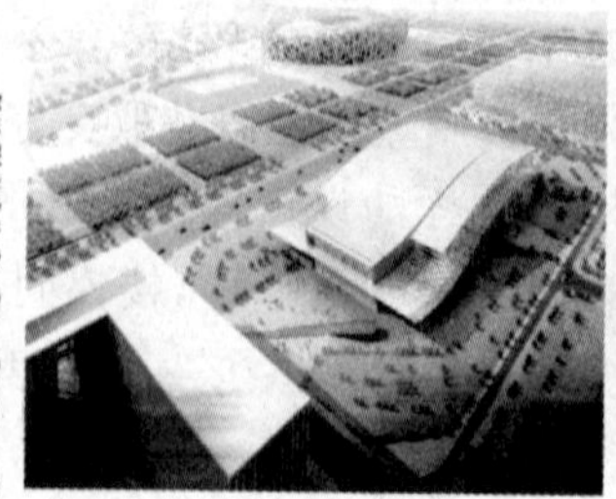

图1-1-6 北京奥运会村的绿色设计

"北京奥运村"的绿色设计成果有:(1)奥运村采用了与建筑一体化的太阳能热水系统。系统包括:集热系统、储热系统、换热系统、生活热水系统。奥运会期间可为16800名运动员

提供洗浴热水的预加热;奥运会后,供应全区近2000户居民的生活热水需求。(2)奥运村利用清河污水处理厂的二级出水,建设“再生水源热泵系统”提取再生水中热量,为奥运村提供冬季供暖和夏季制冷。(3)奥运村景观与水处理花房相结合,在阳光花房中,组成植物及微生物食物链处理生活污水,实现中水利用。(4)合理利用了木塑、钢渣砖和农业作物秸秆制作的建材制品、水泥纤维复合井盖等再生材料,节约资源。(5)奥运村部分建筑赛后需拆迁,多采用拆迁后可回收再利用无毒无味无污染材料,有效节约资源,控制环境污染。美国绿色建筑协会为表彰北京奥运村建设中在绿色环保设计方面做出的成绩,在北京奥运会期间为北京奥运村颁发了绿色环保金奖“能源与环境设计先锋金奖”。

2)2010年“上海世博会”场馆的绿色设计

(1)上海世博会“中国馆”及世博轴“阳光谷”(图1-1-7)

其绿色节能设计的目标与应对策略如下:

① 调节室温→自遮阳体系,半室外玻璃廊。中国国家馆的造型层叠出挑,在夏季,上层形成对下层的自然遮阳;地区馆外廊为半室外玻璃廊,用被动式节能技术为地区馆提供冬季保温和夏季拔风;地区馆屋顶“中国馆园”还运用生态农业景观等技术措施有效实现隔热。

② 如何减排降耗→节能照明系统,制冰技术。中国国家馆在建筑形体的设计层面,力争实现单体建筑自身的减排降耗。在建筑表皮技术层面,充分考虑环境能源新技术应用的可能性。比如,所有的窗户都是使用低耗能的双层玻璃。中国馆的制冰技术的应用将大大降低用电负荷,建筑的节能系统将使能耗比传统模式降低25%以上。

③ 如何循环自洁→雨水收集系统,人工湿地技术。在景观设计层面,加入循环自洁要素。在国家馆屋顶上设计的雨水收集系统,可以实现雨水的循环利用,利用天然的雨水进行绿化浇灌、道路冲洗;在地区馆南侧大台阶水景观和南面的园林设计中,引入小规模人工湿地技术,利用人工湿地的自洁能力,在不需要大量用地的前提下,为城市局部环境提供生态化的景观。

④ 如何节能环保→通风性能,太阳能技术。中国馆不仅通风性能良好,还采用了许多太阳能技术。中国馆的顶部、外墙上装有太阳能电池,以确保提供强大的能源,有望使中国馆实现照明用电全部自给。

⑤ 绿色地下空间→“阳光谷”和下沉式花园。地下空间给人的印象大多是昏暗与沉闷,然而世博轴的“阳光谷”(图1-1-7(b)),使得这一问题迎刃而解。六个巨型圆锥状“阳光谷”分别分布在世博轴的入口及中部,它们的独特形态能够帮助阳光自然倾斜入地下,既利于提高空气质量,又能节省人工照明带来的能源消耗。

⑥ 如何调节室温→江水源、地源热泵。世博轴通过生态技术展现冬暖夏凉的宜人特点。设计巧妙地利用巨大的公共通道的下部桩基及底板铺设了700公里长的管道,形成地源热泵。地源热泵是一种利用地下浅层地热资源,既可供热又可制冷的高效节能空调系统,比如利用世博轴靠近黄浦江的优势,引入黄浦江水作冷热源,用生态绿色节能技术营造舒适宜人的室内环境。

⑦ 如何循环自洁→环状玻璃幕墙。与其他场馆的雨水收集概念相类似,每个“阳光谷”形似广口花瓶的环状玻璃幕墙,除了形成良好的透视效果,还可用于雨水收集。大量雨水被储存在地下室,经过层层过滤,不仅可以自用,还用于周围其他场馆的灌溉与清洁。

（a）上海世博会中国馆

（b）世博轴“阳光谷”（让阳光倾入地下）

图 1－1－7 “上海世博会场馆”的绿色设计

(2)上海世博会世博中心——充满智慧的绿色建筑(图 1－1－8)

其绿色节能设计的目标与应对策略如下：

① 节水→雨水收集系统。屋面雨水将被收集起来用于道路冲洗和绿化灌溉，并通过绿地和渗水材料铺装的路面、广场、停车场等进行雨水蓄渗回灌，尽可能充分利用水资源。

图 1－1－8 上海世博会世博中心

② 节能→自然采光、遮阳系统、低温送风系统、冰蓄、冷系统等。自然采光是最经济有效的节能方式，合理的设计使大部分功能空间获得了良好的自然采光。建筑外墙设有遮阳系统，在炎热的夏日，可以阻挡一部分直射的阳光，减少过多热量进入室内，既减少能耗，又创造了舒适的室内环境。此外，低温送风系统、冰蓄冷系统等设计，降低了空调的运行能量，保证了室内空气质量，也达到了节能目的。

③ 环保→污染小的建筑材料、先进的幕墙系统。世博中心采用全钢结构，施工速度快、能耗小，施工作业对周边的污染小。建筑材料也相当讲究，选择使用新型环保的节能材料。建筑外墙采用玻璃结合铝板、陶板、石材等形式不同的组合幕墙，呼吸式玻璃幕墙系统(又称双层幕墙或热通道幕墙)和低辐射中空玻璃等新一代产品的运用，满足了人们在室内对充足阳光和清新空气的追求。

1.1.3 总结

绿色建筑设计的核心内涵：1)绿色建筑是以人、建筑和自然环境的协调发展为目标，利用自然条件和人工手段创造良好、健康的居住环境，并遵循可持续发展原则。2)绿色建筑强调在规划、设计时充分考虑利用自然资源的同时，尽量减少能源和资源的消耗，不破坏环境的基本生态平衡，充分体现向大自然的索取和回报之间的平衡。3)绿色建筑的室内布局应合理，尽量减少使用合成材料，充分利用自然阳光，节省能源，为居住者创造一种接近自然的感觉。4)绿色建筑是在生态和资源方面有回收利用价值的一种建筑形式，推崇的是一套科学的整合设计和技术应用手法。

总之，没有一幢建筑物能够在所有的方面都能符合绿色建筑的要求，但是，只要建筑设计能够反映建筑物所处的独特气候情况和所肩负的功能，同时又能尽量减少资源消耗和对环境的破坏的话，便可称为绿色建筑。

1.2　绿色建筑的发展历史及现状

1.2.1　国外绿色建筑的发展历史与现状

绿色建筑是起源于20世纪70年代的西方绿色运动的一个产物，最初由环境保护开始。绿色运动所倡导的环境意识包含社会公平的内涵；绿色建筑所力求减少的环境影响需要公众责任意识的觉醒；绿色建筑所希望达到的健康室内环境是一种深刻的人文关怀。

总之，相对于一般建筑而言，绿色建筑力求以更小的环境影响达到更好的建筑性能，绿色建筑的经济性是经济价值与环境价值的总和。

1. 国外绿色建筑理念及相关理论的发展历程

国外绿色建筑理念及相关理论的发展历程，包括以下一些重要的时间节点[1]：

1962年，美国生物学家莱切尔·卡逊(Rachel Carson)《寂静的春天》的出版，成为可持续发展的里程碑，人类开始理性反思人与自然环境的关系。1969年，美籍意大利建筑师保罗·索勒瑞(Paola Soleri)把生态学(Ecology)和建筑学(Architecture)两词合并为"Arcology"，提出了著名的"生态建筑"的新理念。同年，美国风景建筑师麦克哈格(Lan L·McHarg)出版了《设计结合自然》(Design with nature)，提出人、建筑、自然和社会应协调发展，并探索生态建筑的建造与设计方法，生态建筑理论初步形成。

20世纪70年代，石油危机的爆发，使人们清醒地意识到，耗用自然资源最多的建筑产业必须改变发展模式，走可持续发展之路。太阳能、地热、风能、节能围护结构等各种建筑节能技术应运而生，节能建筑成为建筑发展的先导。1972年，罗马俱乐部(Club of Rome)发表研究报告《增长的极限》(The limits to growth)预言，自然资源支持不了人类持续的经济增长，引起了全球对环境与发展的深度关注。同年6月，联合国人类环境会议通过《联合国人类环境会议宣言》，提出了"人类只有一个地球"。1976年，安东·施耐德博士在西德成立了建筑生物与生态学会(Institute for Building Biology & Ecology)，探索采用天然的建筑材料，利用自然通风、天然采光和太阳能供暖的生态建筑，倡导有利于人类健康和生态的温和建筑艺术。

1984年，联合国大会成立环境资源与发展委员会，向世界各国提出可持续发展的倡议。1987年，其报告《我们共同的未来》中指出：环境危机、能源危机和发展危机不能分割；地球的资源和能源远不能满足人类发展的需要；必须为当代人和下代人的利益改变发展模式。

1990年，英国建筑研究院绿色建筑评估体系BREEEAM(Building research establishment environmental assessment method)发布，世界上首次建立科学的绿色建筑设计和评价体系。BREEEAM体系对建筑与环境的矛盾做出比较全面和科学的响应，即建筑应该为人类提供健康、舒适、高效的工作、居住、活动空间，同时节约能源和资源，减少对自然和生态环境的影响。此后，很多国家和地区参考BREEEAM体系，编制本地的绿色建筑标准，如德国的DGNB、法国的ESCALE、澳大利亚的NABERS、加拿大的BEPAC等。

1991年，布兰达·威尔和罗伯特·威尔夫妇出版了《绿色建筑:为可持续发展而设计》，提出绿色建筑系统和整体的设计方法:节能设计、结合气候条件的设计、资源的循环利用、用户为先、尊重基地环境，使绿色建筑设计变得系统和容易操作，而不仅仅是停留在理念和技术层面。

1992年，在巴西里约热内卢召开的联合国环境与发展大会上，第一次明确提出了“绿色建筑”的概念，使“可持续发展”这一重要思想在世界范围达成共识。

1996年，美国绿色建筑协会能源与环境设计先导LEED(Leadership in energy and environmental design)公告执行，1998年颁布正式的LEED V1.0版本。美国绿色建筑协会以商业化的操作模式，将LEED推广到全球，成为如今最为人们熟知的绿色建筑评估体系。

2001年7月，联合国环境规划署的国际环境技术中心和建筑研究与创新国际委员会签署了合作框架书，两者将针对提高环境信息的预测能力展开大范围的合作，这与发展中国家的可持续建筑的发展和实施有着紧密关联。

2. 世界各国绿色建筑的发展概况

40多年来，绿色建筑的由理念到实践，在发达国家逐步完善，形成了较成体系的设计方法及评估方法，各种新技术、新材料层出不穷，并向着深层次应用发展[1]。

1)英国。在英国有很多来自于政府和其他组织的机制，在新建建筑和既有建筑高能效和温室气体排放，科技研究和革新方面，及可持续建筑领域都取得了显著的成果，例如太阳能光电系统、日光照明技术、低碳排量建筑、计算机模拟与设计、玻璃技术、地源热泵制冷、自然通风、燃料电池、热电联产等。

2)奥地利。奥地利目前在很多示范项目中大量应用了降低资源消耗和减少投资成本的技术，有约24%的能源由可再生能源提供，在国际上是发展较好的国家。

3)澳大利亚。澳大利亚针对商业办公楼的绿色建筑评估工具近年来也发展很快，其绿色建筑委员会的评估系统“绿色之星”(Green Star)，已被誉为新一代的国际绿色建筑评估工具。

4)德国。在德国，拥有公共绿地和具有环境友好性的建筑被大力发展，目前德国是欧洲太阳能利用最好的国家之一。在基础设施方面，德国非常注重种植物屋面、多孔渗水路面、各种排水设施、露天花园等低污染、低环境影响性的基础设施的利用。

5)瑞典。瑞典充分利用太阳能、风能、水力作为能源生产的基础，其最大的太阳能应用项目就是将生物沼气和太阳能结合提供能量。为了保证环境和建筑的可持续发展，瑞典议会制定了14项用以描述环境、自然和文化资源可持续发展的目标。

6)加拿大。加拿大在推进设备能效标准和建筑能源法示范方面近年来做了很多工作。设备能效标准通过能效指导标签给出设备在一般情况下使用的能效情况。

7)美国。美国联邦政府已经颁布了很多绿色建筑政策，并已取得了显著成效。事务管理处和预算审计处鼓励人们在进行新建筑设计以及建筑改造中结合能源之星(Energy Star)或LEED的方法开展工作。目前，美国正在考虑成立一个更加权威的绿色建筑联合组织来引导绿色建筑的发展。

1.2.2 我国绿色建筑的发展历史与现状

欧美发达国家的绿色建筑是在其完成了城市化以后，在郊区城市化和逆城市化阶段发展起来的。由于历史和经济的原因，中国绿色建筑发展历史并不长。与欧美国家发展绿色建筑的大背景完全不同，中国的绿色建筑是伴随着城市化快速发展的高峰期而发展的。

中国绿色建筑的发展历史可以划分为以下四个阶段[6]：

1. 第一阶段：20世纪80年代及以前，中国绿色建筑的萌芽阶段

20世纪80年代初，我国开始改革开放并伴随经济复苏，多年积压的住房紧缺问题爆发，全国范围内掀起了建设热潮。由于当时建设水平低，建筑质量差，基本没有考虑保温、隔热问题，建筑的冬冷夏热问题突出。在这种情况下，各地尝试研究改善建筑性能的办法，较有代表性的是北方地区生土建筑的研究和实践。由于生土建筑取材方便、造价低廉、施工简单，又可以改善建筑室内环境，成为中国建筑技术因地制宜的研究典范和绿色建筑的雏形。

2. 第二阶段：20世纪90年代，绿色建筑的基础研究阶段

以1994年《中国21世纪议程》通过为标志，建筑能耗、占用土地、资源消耗以及建筑室内外环境问题逐渐成为人们关注的焦点，建筑的可持续发展成为政府和行业的共识，绿色建筑探索性的研究开始活跃，通过政府资助和国际合作的研究项目，国外绿色建筑技术和研究成果进入中国，中国绿色建筑的理论逐渐清晰。1999年第20届世界建筑师大会通过《北京宪章》，提出建立人居环境循环体系，将新建筑与城镇住区的构思、设计纳入一个动态的、生生不息的循环体系之中，以求不断提高环境质量。

3. 第三阶段：21世纪前10年，绿色建筑实践和中国绿色建筑标准体系建立阶段

1)绿色建筑的实践，中国绿色建筑逐渐走向成熟

这一发展过程以三栋节能、绿色的标杆建筑作为标志，它们是：

(1)清华大学超低能耗实验楼

清华大学超低能耗实验楼于2005年建成，由多个科研院所、50多个国内外企业共同完成。是北京市科委重点科研项目，2008年奥运建筑的“前期示范工程”，国家“十五”科技攻关项目“绿色建筑关键技术研究”的技术集成平台，北京市建筑节能基地。这座1000多平方米的办公楼，集成了当时可以采用的大多数建筑节能技术，如：围护结构保温隔热、蓄热、遮阳、机电设备、照明、采光、自然通风等多项节能技术，达到了冬季零采暖能耗，全年用电量仅为北京同类建筑的30%，成为全国首个节能技术最全面、丰富和创新的示范楼，成为宣传和普及建筑节能技术和知识的样板[2]。具体如图1-2-1～图1-2-4所示。

①节能技术设计1：建筑功能布局及结构体系形式。主要采用场地条件优化；建筑地上部分采用钢框架结构；合理利用空间；室内高架活动地板及室内灵活隔断。②节能技术设计2：可再生能源利用，如图1-2-2所示。③节能技术设计3：智能围护结构，如图1-2-3所示。④节能技术设计4：能源设备系统，如图1-2-4所示。

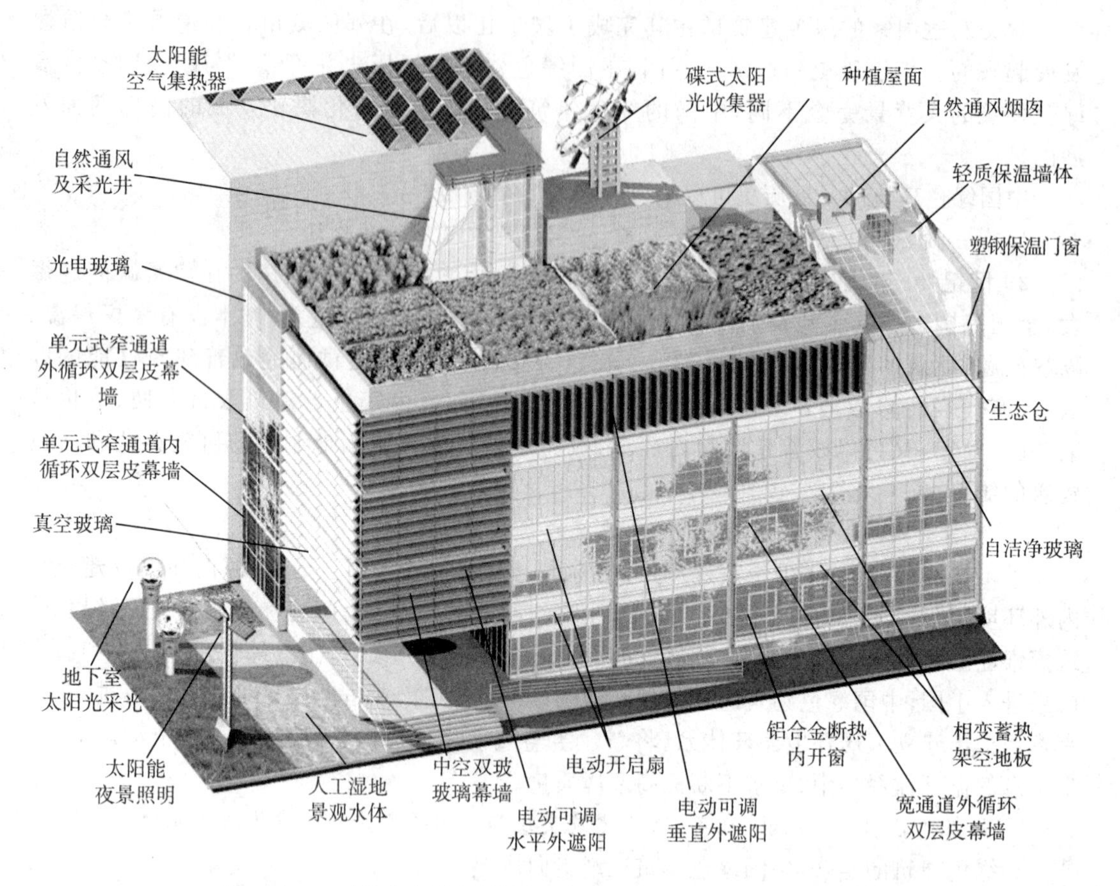

图 1-2-1 “清华大学超低能耗实验楼”的建筑节能技术总体示意

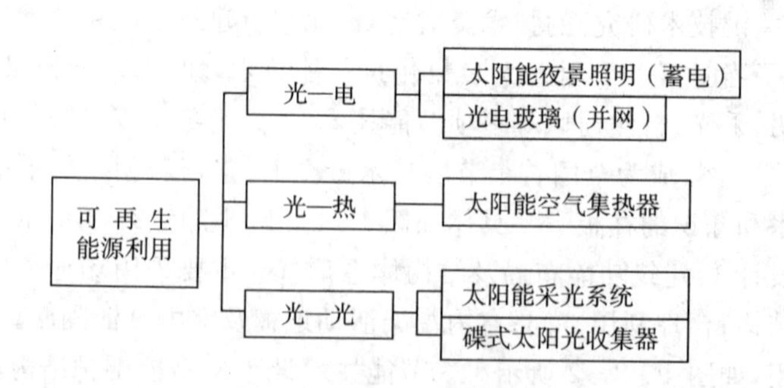

图 1-2-2 “清华大学超低能耗实验楼”的可再生能源利用

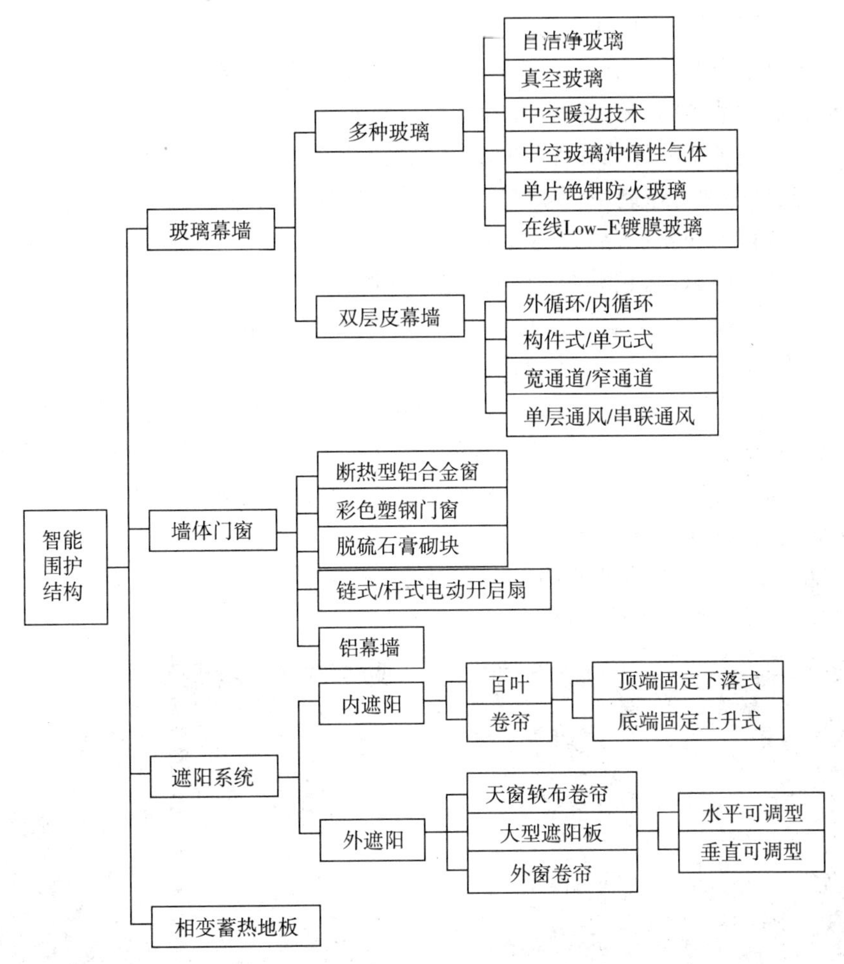

图1-2-3 “清华大学超低能耗实验楼”的智能围护结构

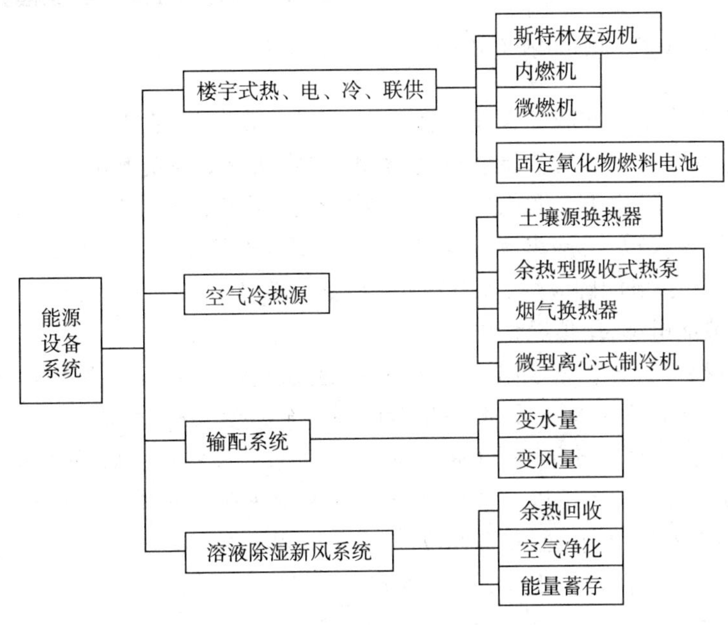

图1-2-4 “清华大学超低能耗实验楼”的能源设备系统

(2)上海建筑科学研究院生态办公楼

上海建筑科学研究院生态办公楼于 2004 年 9 月建成,建筑面积 1994m²,建筑主体为钢筋混凝土框架剪力墙结构,屋面为斜屋面结构。南面两层、北面三层。

此办公楼采用了四种外墙外保温体系、三种遮阳系统、断热中空玻璃窗及阳光控制膜、自然通风系统、热湿独立控制空调系统、太阳能空调和地板供暖系统以及太阳能光伏发电并网技术等多种新技术和新产品,通过建筑一体化设计,形成了自然通风、天然采光、超低耗能、健康空调、再生能源、绿色建材、智能控制、资源回用、生态绿化、舒适环境等技术特色。这幢建筑综合耗能仅是同类建筑的 1/4,可再生能源占建筑用能的 20%,再生资源利用率达到 60%,室内环境健康、舒适。具体如图 1-2-5 所示。

2005 年,该项目荣获全国首个绿色建筑创新奖一等奖,2009 年通过全国首批国家三星级绿色建筑运营标识认证。这栋建筑规模不大,以英国和美国的绿色建筑标准为基础,虽然仍未摆脱研究和实验性质,但是从实用功能上来说已经是一栋较完整的绿色建筑[6-7]。

(3)深圳招商地产的泰格公寓

深圳泰格公寓 2005 年获得 LEED 银级认证,成为中国首个商业项目的绿色建筑,为绿色建筑的市场化道路奠定了信心(图 1-2-6)。

图 1-2-5 上海建筑科学研究院生态办公楼

图 1-2-6 深圳招商地产的泰格公寓

泰格公寓在开发建设和服务管理的全过程中,以高舒适、低消耗、低污染物排放为目标。

泰格公寓采用了多项建筑节能措施、技术和产品,如建筑固定遮阳、Low-e 中空玻璃、加气混凝土块、变频技术、中央空调能量分户计费系统、计算机能耗模拟、建筑小区热岛效应模拟、建筑小区风环境模拟、出挑花池结合绿色藤蔓、屋顶遮阳飘架、高效螺杆机、空气源热泵热水器、Master 开关、节能感应灯、太阳能灯(庭院灯、草坪灯、LED 地脚灯)、外墙浅色涂料、固定遮阳百叶、节能电梯、屋顶绿化技术等。

泰格公寓总投资为 2.2 亿,与节能工程相关的投资为 3600 万元人民币,直接投入资金增量成本资金约 1000 万元人民币,按每年节电 300 余万度,节约电费 300 余万元人民币计算,节约资金投资回收期在 5 年左右(资金利率为 5.5%),投资回收后,每年光节约电费就给企业增加利润 300 万元人民币以上,因此投资效益是显著的。每年节约水费 1.5 万元以上,人工湿地的直接投入约 20 万元,投资回收期为 15 年以上[9]。

2)绿色建筑标准、评价、标识体系建立阶段

在技术体系方面,2001 年《中国生态住宅技术评估手册》出版,2004 年《绿色奥运建筑评

估体系》出版和2005年《住宅性能评定技术标准》出版。

2005年,建设部出台《绿色建筑技术导则》,不但给予绿色建筑明确的定义,而且对于绿色建筑的规划设计、施工、智能、运营管理等技术要点也提出了指导性意见。2005年,建设部公布《关于发展节能省地型住宅和公共建筑的指导意见》,首次提出推广"节能、节地、节水、节材"型建筑,这一要求也成为我国定义"绿色建筑"内涵的起源。自2005年首届"国际绿色建筑与建筑节能大会"(简称"绿色建筑大会")顺利召开以来,每年一届的"绿色建筑大会"已成为我国规模和影响力最大的绿色建筑、建筑节能行业盛会。

2006年,国家标准《绿色建筑评价标准》GB/T 50378—2006发布,该标准借鉴了国际先进经验,结合我国国情形成以"四节一环保"为核心的绿色建筑评价指标体系,填补了我国在绿色建筑评价领域的标准空白。

2007年,建设部颁布了《绿色建筑评价标识管理办法》和《绿色建筑评价标识实施细则》,正式启动了我国绿色建筑评价工作。

2008年3月,中国城市科学研究会绿色建筑与节能委员会(简称中国绿色建筑委员会)正式成立,主要从事绿色建筑与节能理论研究,开展学术交流与合作,普及绿色建筑相关知识,承担部分三星级绿色建筑的评审工作。2008年5月,首批6个项目获得"绿色建筑"认证,标志着我国绿色建筑认证工作的正式开展。中华人民共和国住房和城乡建设部2008年8月4日公布了我国第一批"绿色建筑设计评价标识"项目,推广绿色建筑、树立绿色理念已成为顺应时代发展的潮流和社会民生的需求,也是建筑节能设计的进一步拓展和优化。

2015年1月1日起中正式实施新版《绿色建筑评价标准》GB/T 50378—2014。

4. 第四阶段:中国绿色建筑高速发展阶段

自2011年起,国内出现生态城市热潮,带动了绿色建筑从建筑向城区的发展,其中生态城市要求新建建筑中绿色建筑的比例80%以上,既有建筑改造的比例50%以上。

2012年4月颁布了《关于加快推动我国绿色建筑发展的实施意见》"财建[2012]167号文件",规定达到星级的绿色建筑将按平方米及星级等级获得奖励。2012年,根据住房城乡建设部发布的《"十二五"建筑节能专项规划》,金融机构可对购买绿色住宅的消费者在购房贷款利率上给予适当优惠。

2013年1月,国务院办公厅转发发改委与住建部《绿色建筑行动方案》"国办发〔2013〕1号",将绿色建筑行动目标的完成情况落实到省级人民政府的节能目标。明确要求全面推进城乡建筑绿色发展,重点推动政府投资项目执行绿色建筑标准。2013年4月1日,由住房城乡建设部公布了《"十二五"绿色建筑和绿色生态城区发展规划》,更加具体明确地给出了绿色建筑的发展目标。北京市政府规定,从2013年6月1日起开始全面实施绿色建筑,此外厦门、深圳、武汉、江苏等地都将把绿色建筑作为强制性要求。

2015年1月1日起中正式实施新版《绿色建筑评价标准》GB/T 50378—2014。新版标准比2006年版本"要求更严、内容更广泛"。新标准主要体现以下特点:1)将标准适用范围由住宅建筑和公共建筑中的办公建筑、商场建筑和旅馆建筑,扩展至各类民用建筑;2)将评价分为设计评价和运行评价;3)绿色建筑评价指标体系在节地与室外环境、节能与能源利用、节水与水资源利用、节材与材料资源利用、室内环境质量和运行管理六类指标的基础上,增加"施工管理"类评价指标;4)调整评价方法,对各评价指标评分,并以总得分率确定绿色建筑等级。相应地,将旧版标准中的一般项改为评分项,取消优选项;5)增设加分项,鼓励绿色建筑技术、管理的创新和提高；6）明确单体多功能综合性建筑的评价方式与等级确定方法；7）修改部分评价条文，并为所有评分项和加分项条文分配评价分值。

1.3 绿色建筑的设计理念、原则及目标

1.3.1 绿色建筑的设计理念

绿色建筑需要人类以可持续发展的思想反思传统的建筑理念，走以低能耗、高科技为手段的精细化设计之路，注重建筑环境效益、社会效益和经济效益的有机结合。绿色建筑的设计应遵循以下理念[1]：

1）和谐理念。绿色建筑追求建筑“四节”（即节能、节地、节水、节材）和环境生态共存；绿色建筑与外界交叉相连，外部与内部可以自动调节，有利于人体健康；绿色建筑的建造对地理条件有明确的要求，土壤中不存在有毒、有害物质，地温适宜，地下水纯净，地磁适中；绿色建筑外部要强调与周边环境相融合，和谐一致、动静互补，做到既保护自然生态环境又与环境和谐共生。

2）环保理念。绿色建筑强调尊重本土文化、重视自然因素及气候特征；力求减少温室气体排放和废水、垃圾处理，实现环境零污染；绿色建筑不使用对人体有害的建筑材料和装修材料以提高室内环境质量，保证室内空气清新，温、湿度适当，使居住者感觉良好，身心健康。

3）节能理念。绿色建筑要求将能耗的使用在一般建筑的基础降低70％～75％；尽量采用适应当地气候条件的平面形式及总体布局；考虑资源的合理使用和处置；采用节能的建筑围护结构，减少采暖和空调的使用；根据自然通风的原理设置风冷系统，有效地利用夏季的主导风向；减少对水资源的消耗与浪费。

4）可持续发展理念。绿色建筑应根据地理及资源条件，设置太阳能采暖、热水、发电及风力发电装置，以充分利用环境提供的天然可再生能源。

1.3.2 绿色建筑遵循的基本原则

绿色建筑应坚持“可持续发展”的建筑理念。理性的设计思维方式和科学程序的把握，是提高绿色建筑环境效益、社会效益和经济效益的基本保证。绿色建筑除满足传统建筑的一般要求外，尚应遵循以下基本原则[2-3]：

1）关注建筑的全寿命周期。建筑从最初的规划设计到随后的施工建设、运营管理及最终的拆除，形成了一个全寿命周期。即意味着不仅在规划设计阶段充分考虑并利用环境因素，而且确保施工过程中对环境的影响最低，运营管理阶段能为人们提供健康、舒适、低耗、无害空间，拆除后又对环境危害降到最低，并使拆除材料尽可能再循环利用。

2）适应自然条件，保护自然环境。（1）充分利用建筑场地周边的自然条件，尽量保留和合理利用现有适宜的地形、地貌、植被和自然水系；（2）在建筑的选址、朝向、布局、形态等方面，充分考虑当地气候特征和生态环境；（3）建筑风格与规模和周围环境保持协调，保持历史文化与景观的连续性；（4）尽可能减少对自然环境的负面影响，如减少有害气体和废弃物的排放，减少对生态环境的破坏。

3）创建适用与健康的环境。（1）绿色建筑应优先考虑使用者的适度需求，努力创造优美

和谐的环境；(2)保障使用的安全，降低环境污染，改善室内环境质量；(3)满足人们生理和心理的需求，同时为人们提高工作效率创造条件。

4)加强资源节约与综合利用，减轻环境负荷。(1)通过优良的设计和管理，优化生产工艺，采用适用的技术、材料和产品；(2)合理利用和优化资源配置，改变消费方式，减少对资源的占有和消耗；(3)因地制宜，最大限度利用本地材料与资源；(4)最大限度地提高资源的利用效率，积极促进资源的综合循环利用；(5)增强耐久性能及适应性，延长建筑物的整体使用寿命。(6)尽可能使用可再生的、清洁的资源和能源。

此外，绿色建筑的建设必须符合国家的法律法规与相关的标准规范，实现经济效益、社会效益和环境效益的统一。

1.3.3　绿色建筑的设计原则

绿色建筑的设计原则，可概括为自然性、系统协同性、高效性、健康性、经济性、地域性、进化性等7个原则[4]。

1)自然性原则。在建筑外部环境设计、建设与使用过程中，应加强对原生生态系统的保护，避免和减少对生态系统的干扰和破坏；应充分利用场地周边的自然条件和保持历史文化与景观的连续性，保持原有生态基质、廊道、斑块的连续性；对于在建设过程中造成生态系统破坏的情况，采取生态补偿措施。

2)系统协同性原则。绿色建筑是其与外界环境共同构成的系统，具有系统的功能和特征，构成系统的各相关要素需要关联耦合、协同作用以实现其高效、可持续、最优化地实施和运营。绿色建筑是在建筑运行的全生命周期过程中、多学科领域交叉、跨越多层级尺度范畴、涉及众多相关主体、硬科学与软科学共同支撑的系统工程。

3)高效性原则。绿色建筑设计应着力提高在建筑全生命周期中对资源和能源的利用效率。例如采用创新的结构体系、可再利用或可循环再生的材料系统、高效率的建筑设备与部品等。

4)健康性原则。绿色建筑设计通过对建筑室外环境营造和室内环境调控，提高建筑室内舒适度，构建有益于人的生理舒适健康的建筑热、声、光和空气质量环境，同时为人们提高工作效率创造条件。

5)经济性原则。绿色建筑应优化设计和管理，选择适用的技术、材料和产品，合理利用并优化资源配置，延长建筑物整体使用寿命，增强其性能及适应性。基于对建筑全生命周期运行费用的估算，以及评估设计方案的投入和产出，绿色建筑设计应提出有利于成本控制的具有可操作性的优化方案；在优先采用被动式技术的前提下，实现主动式技术与被动式技术的相互补偿和协同运行。

加强资源节约与综合利用，遵循"3R原则"(图1-3-1)，即Reduce(减量)、Reuse(再利用)和Recycle(循环再生)。

图1-3-1　3R原则

(1)"减量"(Reduce)。即绿色建筑设计除了满足传统建筑的一般设计原则外，应遵循可持续发展理念，在满足当代人需求的同时，应减少进入建筑物建设和使用过程的资源(土地、材料、水)消耗量和能源消耗量,从而达到节约资源和减少排放的目的。

(2)"再利用"(Reuse)。即保证选用的资源在整个建筑过程中得到最大限度的利用。尽可能多次及以多种方式使用建筑材料或建筑构件。

(3)"循环再生"(Recycle)。即尽可能利用可再生资源;所消耗的能量、原料及废料能循环利用或自行消化分解。在规划设计中能使其各系统在能量利用、物质消耗、信息传递及分解污染物方面形成一个封闭闭合的循环网络。

6)地域性原则。绿色建筑设计应密切结合所在地域的自然地理气候条件、资源条件、经济状况和人文特质,分析、总结和吸纳地与传统建筑应对资源和环境的设计、建设和运行策略,因地制宜地制定与地域特征紧密相关的绿色建筑评价标准、设计标准和技术导则,选择匹配的对策、方法和技术。

7)进化性原则(也称弹性原则、动态适应性原则)。在绿色建筑设计中充分考虑各相关方法与技术更新、持续进化的可能性,并采用弹性的、对未来发展变化具有动态适应性的策略,在设计中为后续技术系统的升级换代和新型设施的添加应用留有操作接口和载体,并能保障新系统与原有设施的协同运行。

1.3.4 绿色建筑的目标

绿色建筑的目标分为观念目标、评价目标和设计目标[5]。

1. 绿色建筑的观念目标

对于绿色建筑,目前得到普遍认同的认知观念是,绿色建筑不是基于理论发展和形态演变的建筑艺术风格或流派,不是方法体系,而是试图解决自然和人类社会可持续发展问题的建筑表达,是相关主体(包括建筑师、政府机构、投资商、开发商、建造商、非营利机构、业主等)在社会、政治、经济、文化等多种因素影响下,基于社会责任或制度约束而共同形成的对待建筑设计的严肃而理性的态度和思想观念。

2. 绿色建筑的评价目标

评价目标是指采用设计手段使建筑相关指标符合某种绿色建筑评价标准体系的要求,并获取评价标识。目前国内外绿色建筑评价标准体系可以划分为两大类:

1)第一类,是依靠专家的主观判断与决策,"通过权重实现对绿色建筑不同生态特征的整合,进而形成统一的比较与评价尺度"。其评价方法优点在于简单、便于操作;不足之处为,缺乏对建筑环境影响与区域生态承载力之间的整体性进行表达和评价。

2)第二类,是基于生态承载力考量的绿色建筑评价,源于"自然清单考察"评估方法,通过引入生态足迹、能值、碳排放量等与自然生态承载力相关的生态指标,对照区域自然生态承载力水平,评价人类建筑活动对环境的干扰是否影响环境的可持续性,并据此确立绿色建筑设计目标。其优点在于易于理解,更具客观性;不足之处是具体操作较繁复。

绿色建筑的评价体系及标准,参见第二章的相关内容。

3. 绿色建筑的设计目标[6]

绿色建筑的设计目标包括节地、节能、节水、节材及注重室内环境质量几个方面。

1)节地与室外环境

(1)建筑场地选择。包括:①优先选用已开发且具城市改造潜力的用地;②场地环境应安全可靠，远离污染源，并对自然灾害有充分的抵御能力；③保护并充分利用原有场地上的自然生态条件，注重建筑与自然生态环境的协调；④避免建筑行为造成水土流失或其他灾害。

(2)节地措施。包括：①建筑用地适度密集，适当提高公共建筑的建筑密度，住宅建筑立足创造宜居环境，确定建筑密度和容积率；②强调土地的集约化利用，充分利用周边的配套公共建筑设施；③高效利用土地，如开发利用地下空间，采用新型结构体系与高强轻质结构材料，提高建筑空间的使用率。

(3)降低环境负荷。包括：①建筑活动对环境的负面影响应控制在国家相关标准规定的允许范围内；②减少建筑产生的废水、废气、废物的排放；③利用园林绿化和建筑外部设计以减少热岛效应；④减少建筑外立面和室外照明引起的光污染；⑤采用雨水回渗措施，维持土壤水生态系统的平衡。

(4)绿化设计。包括：①优先种植乡土植物，采用耐候性强的植物，减少日常维护的费用；②采用生态绿地、墙体绿化、屋顶绿化等多样化的绿化方式，应对乔木、灌木和攀缘植物进行合理配置，构成多层次的复合生态结构，达到人工配置的植物群落自然和谐，并起到遮阳、降低能耗的作用；③绿地配置合理，达到局部环境内保持水土、调节气候、降低污染和隔绝噪音的目的。

(5)交通设计。包括：①充分利用公共交通网络；②合理组织交通，减少人车干扰；③地面停车场采用透水地面，并结合绿化为车辆遮阴。

2)节能与可再生能源利用

(1)降低能耗。包括：①利用场地自然条件，合理考虑建筑朝向和楼距，充分利用自然通风和天然采光，减少使用空调和人工照明；②提高建筑围护结构的保温隔热性能，采用由高效保温材料制成的复合墙体和屋面及密封保温隔热性能好的门窗，采用有效的遮阳措施；③采用用能调控和计量系统。

(2)提高用能效率。包括：①采用高效建筑供能、用能系统和设备。如合理选择用能设备，使设备在高效区工作；根据建筑物用能负荷动态变化，采用合理的调控措施。②优化用能系统，采用能源回收技术。如考虑部分空间、部分负荷下运营时的节能措施；有条件时宜采用热、电、冷联供形式，提高能源利用效率；采用能量回收系统，如采用热回收技术。③针对不同能源结构，实现能源梯级利用。

(3)使用可再生能源。可再生能源，指从自然界获取的、可以再生的非化石能源，包括风能、太阳能、水能、生物质能、地热能、海洋能、潮汐能等，以及通过热泵等先进技术取自自然环境(如大气、地表水、污水、浅层地下水、土壤等)的能量。可再生能源的使用不应造成对环境和原生态系统的破坏以及对自然资源的污染。可再生能源的利用方式见表1-3-1所列。

(4)确定节能指标。包括：①各分项节能指标；②综合节能指标。

3)节水与水资源利用

(1)节水规划。根据当地水资源状况，因地制宜地制定节水规划方案，如中水、雨水回用等，保证方案的经济性和可实施性。

(2)提高用水效率。包括：①按高质高用、低质低用的原则，生活用水、景观用水和绿化用水等按用水水质要求分别提供、梯级处理回用。②采用节水系统、节水器具和设备，如采取有效措施,避免管网漏损;空调冷却水和游泳池用水采用循环水处理系统;卫生间采用低水量冲洗便器、感应出水龙头或缓闭冲洗阀等,提倡使用免冲厕技术等。③采用节水的景观和绿化浇灌设计,如景观用水不使用市政自来水,尽量利用河湖水、收集的雨水或再生水,绿化浇灌采用微灌、滴灌等节水措施。

表1-3-1 可再生能源的利用方式

可再生能源	利用方式
太阳能	太阳能发电
	太阳能供暖与热水
	太阳能光利用(不含采光)于干燥、炊事等较高温用途热量的供给
	太阳能制冷
地热(100%回灌)	地热发电+梯级利用
	地热梯级利用技术(地热直接供暖—热泵供暖联合利用)
	地热供暖技术
风能	风能发电技术
生物质能	生物质能发电
	生物质能转换热利用
其他	地源热泵技术
	污水和废水热泵技术
	地表水水源热泵技术
	浅层地下水热泵技术(100%回灌)
	浅层地下水直接供冷技术(100%回灌)
	地道风空调

(3)雨污水综合利用。包括:①采用雨水、污水分流系统,有利于污水处理和雨水的回收再利用;②在水资源短缺地区,通过技术经济比较,合理采用雨水和中水回用系统;③合理规划地表与屋顶雨水径流途径,最大限度地降低地表径流,采用多种渗透措施增加雨水的渗透量。

(4)确定节水指标。包括:①各分项节水指标;②综合节水指标。

4)节材与材料资源

(1)节材。包括:①采用高性能、低材耗、耐久性好的新型建筑体系;②选用可循环、可回用和可再生的建材;③采用工业化生产的成品,减少现场作业;④遵循模数协调原则,减少施工废料;⑤减少不可再生资源的使用。

(2)使用绿色建材。包括:①选用蕴能低、高性能、高耐久性和本地建材,减少建材在全寿命周期中的能源消耗;②选用可降解、对环境污染少的建材;③使用原料消耗量少和采用废弃物生产的建材;④使用可节能的功能性建材。

5)注重室内环境质量

(1)光环境。包括:①设计采光性能最佳的建筑朝向,发挥天井、庭院、中庭的采光作用;②采用自然光调控设施,如采用反光板、反光镜、集光装置等,改善室内的自然光分布;③办公和居住空间,开窗能有良好的视野;④室内照明尽量利用自然光,如不具备时,可利用光导纤维引导照明,以充分利用阳光,减少白天对人工照明的依赖;⑤照明系统采用分区控制、场景设置等技术措施,有效避免过度使用和浪费;⑥分级设计一般照明和局部照明,满足低标准的一般照明与符合工作面照度要求的局部照明相结合;局部照明可调节,以有利使用者的健康和照明节能;⑦采用高效、节能的光源、灯具和电器附件。

(2)热环境。包括:①优化建筑外围护结构的热工性能,防止因外围护结构内表面温度过高过低、透过玻璃进入室内的太阳辐射热等引起的不舒适感;②设置室内温度和湿度调控系统,使室内热舒适度能得到有效的调控;③根据使用要求合理设计温度可调区域的大小,满足不同个体对热舒适性的要求。

(3)声环境。包括:①采取动静分区的原则进行建筑的平面布置和空间划分,如办公、居住空间不与空调机房、电梯间等设备用房相邻,减少对有安静要求房间的噪声干扰;②合理选用建筑围护结构构件,采取有效的隔声、减噪措施,保证室内噪声级和隔声性能符合《民用建筑隔声设计规范》GB 50118 的要求;③综合控制机电系统和设备的运行噪声,如选用低噪声设备,在系统、设备、管道(风道)和机房采用有效的减振、减噪、消声措施,控制噪声的产生和传播。

(4)室内空气品质。包括:①人员经常停留的工作和居住空间应能自然通风,可结合建筑设计提高自然通风效率,如采用可开启窗扇、利用穿堂风、竖向拔风作用通风等;②合理设置风口位置,有效组织气流;采取有效措施防止串气、泛味,采用全部和局部换气相结合,避免厨房、卫生间、吸烟室等处的受污染空气循环使用;③室内装饰、装修材料对空气质量的影响应符合《民用建筑室内环境污染控制规范》GB 50325 的要求;④使用可改善室内空气质量的新型装饰装修材料;⑤设集中空调的建筑,宜设置室内空气质量监测系统,维护用户的健康和舒适;⑥采取有效措施防止结露和滋生霉菌。

1.4 绿色建筑的设计要求及技术设计内容

绿色建筑的实现程度,与每一个地域的独特的气候条件、自然资源、现存人类社会发展水平及文脉渊源有关。绿色建筑作为一个次级系统,依存于一定的地域范围内的自然环境,不能脱离生物环境的地域性而独立存在,绿色建筑应成为周围环境不可分割的整体。

1.4.1 绿色建筑的设计要求

1. 重视建筑的整体设计

整体设计的优劣直接影响绿色建筑的性能及成本。绿色建筑设计必须结合气候、文化、经济等诸多因素进行综合分析,加以整体设计。不应盲目照搬某个先进的绿色技术,也不能仅仅着眼于一个局部而不顾整体。绿色建筑设计强调整体的生态设计思想,综合考虑绿色人居环境设计中的各种因素,实现多因素、多目标、整个设计过程的全局最优化。每一个环节的设计都要遵循生态化原则,要节约能源、资源、无害化、可循环。

2. 绿色建筑设计应与环境达到和谐统一[1]

1)尊重基地环境。绿色建筑营造的居住及工作环境,既包括人工环境,也包括自然环境。在进行绿色建筑的环境规划设计时,须结合当地生态、地理、人文环境特性,收集有关气候、水资源、土地使用、交通、基础设施、能源系统、人文环境等资料。绿色建筑设计应做到以整体的观点考虑可持续性及自然化的应用,包括适应所在地区的自然气候条件,重视建筑本身的绿色设计及整体环境的绿化处理、生活用水的节能利用、废水处理及还原、雨水利用等多方面因素。

2)因地制宜原则。绿色建筑设计非常强调的一点是因地制宜,绝不能照搬盲从。例如,西方发达国家多是独立式小建筑,建筑密度小,分布范围广。而我国则以密集型多层或高层居住小区为主。对于前者而言,充分利用太阳能进行发电、供热水、供暖都较为可行;而对于我同高层居住小区来说,就是将建筑楼所有的外表面都装上太阳能集热板或光电板,也不足以提供该楼所需的所有能源,所以太阳能只能作为一种辅助节能设计的手段。

气候的差异也使得不同地区的绿色建筑设计策略大相径庭,建筑设计应充分结合当地的气候特点及其他地域条件,最大限度地利用自然采光、自然通风、被动式集热和制冷,从而减少因采光、通风、供暖、空调所导致的能耗和污染。某种建筑平面或户型在一个地区也许是适合气候特点的典范之作,而搬到另一个地区则不一定适用。

3. 绿色建筑首选被动式节能设计[2]

1)充分利用自然通风,创造良好的室内外环境

自然通风,即利用自然能源或者不依靠传统空调设备系统,而仍然能维持适宜的室内环境的方式。自然通风能节省可观的全年空调负荷从而达到节能的目的。

要充分利用自然通风,必须考虑建筑的朝向、间距和布局。例如南向是冬季太阳辐射量最多而夏季日照减少的方向,并且我国大部分地区夏季主导风向为东南向,所以从改善夏季自然通风房间的热环境和减少冬季房间的采暖空调负荷来讲,南向是建筑物最好的选择。自然通风在夏季能引进比室温低的室外空气,给人以凉爽感觉,具有一种类似简易型空调的节能作用。

此外,建筑高度对自然通风也有很大的影响,一般高层建筑对其自身的室内自然通风有利。而在不同高度的房屋组合时,高低建筑错列布置有利于低层建筑的通风;处于高层建筑风景区内的低矮建筑受到高层背风区回旋涡流的作用,室内通风良好。

2)针对不同地区的气候特点选择合适的节能构造设计

不同气候特点地区的绿色建筑节能构造设计,应选择有针对性的节能设计。如热带地区,比起使用保温材料和蓄热墙体来说,屋面隔热及自然通风的意义更大一些;而对于寒冷地区,使用节能门窗及将有限的保温材料安置在建筑的关键部位,并不是均匀分布,将会起到事半功倍的效果。

4. 将建筑融入历史与地域的人文环境

包括以下几个方面:1)应注重历史性和文化特色,加强对已建成环境和历史文脉的保护和再利用。2)对古建筑的妥善保存;对传统街区景观的继承和发展;继承地方传统的施工技术和生产技术;继承、保护城市与地域的景观特色,并创造积极的城市新景观;保持居民原有的生活方式并使居民参与建筑设计与街区更新。3)绿色建筑体现“新地域主义”特征。“新地域主义”是指建筑吸收本地的、民族的或民俗的风格,使现代建筑中体现出地方的特定风格。它是建筑中的一种方言或者说是民间风格。但是新地域主义不等于地方传统建筑的仿古或复旧,它在功能上与构造上都遵循现代标准和需求,仅仅是在形式上部分吸收传统形式的特色而已。

5. 绿色建筑应创造健康舒适的室内环境[3]

绿色建筑之所以强调室内环境,因为空调界的主流思想是想在内外部环境之间争取一

个平衡关系。健康、舒适的生活环境包括以下方面:使用对人体健康无害的材料;抑制危害人体健康的有害辐射、电波、气体等;符合人体工程学的设计;室内具有优良的空气质量;优良的温、湿度环境;优良的光、视线环境;优良的声环境。

6. 采用减轻环境负荷的建筑节能新技术及能源使用的高效节约化

绿色建筑设计应采用能减轻环境负荷的建筑节能新技术,关注能源使用的高效节约化。主要包括以下方面:1)根据日照强度自动调节室内照明系统、局域空调、局域换气系统、节水系统;2)注意能源的循环使用,包括对二次能源的利用、蓄热系统、排热回收等;3)使用耐久性强的建筑材料;4)采用便于对建筑保养、修缮、更新的设计;5)建筑设备竖井、机房、面积、层高、荷载等设计应留有发展余地。

1.4.2 绿色建筑的技术设计内容

绿色建筑的技术设计内容主要包括:建筑围护结构的节能技术(外墙体、门窗、屋面的节能技术;建筑遮阳);被动式建筑节能技术(自然通风技术)新型自然采光技术及照明技术;可再生能源利用(太阳能光热技术;太阳能光电技术);绿色暖通新技术(地源热泵技术、空气冷热源技术);节水技术(雨水、污水再利用)等。

以上这些具体内容将在第五章加以详述,现对其中的几个主要方面做一个简述。

1. 建筑围护结构的节能技术

建筑围护结构的各部分能耗比例,一般屋顶占22%;窗户(渗透)占13%,窗户(热传导)占20%;外墙占30%;地下室占15%。选择合适的围护结构节能措施在绿色建筑技术设计中非常重要。

1)外墙体节能技术。外墙体节能技术又分为单一墙体节能与复合墙体节能。

(1)单一墙体节能技术。指通过改善主体结构材料本身的热工性能来达到墙体节能效果,目前常用的加气混凝土和空洞率高的多孔砖或空心砌块可用作单一节能墙体。

(2)复合墙体节能技术。是指在墙体主体结构基础上增加一层或几层复合的绝热保温材料来改善整个墙体的热工性能。根据复合材料与主体结构位置的不同,又分为内保温技术、外保温技术及夹心保温技术。

2)窗户节能技术。窗户的节能技术主要从减少渗透量、减少传热量、减少太阳辐射能三个方面进行设计。主要方式有:采用断桥节能窗框材料、采用节能玻璃和采用窗户遮阳设计几种方式,其中窗户的遮阳设计方式主要有:

(1)外设遮阳板。要求既阻挡夏季阳光的强烈直射,又保证一定的采光、通风及外立面构图设计要求。

(2)电控智能遮阳系统。即根据太阳运行角度及室内光线强度要求,采用电控遮阳的系统。在太阳辐射强烈的时候关闭,遮挡太阳辐射,降低空调能耗;在冬季和阴雨天的时候打开,让阳光射入室内,降低采暖能耗。

3)屋面节能技术。屋面被称为建筑的第五立面,是建筑外围护结构节能设计的重要方面,除了保温、隔热的常规设计以外,采用屋顶绿化的种植屋面设计是减少建筑能耗的有效方式。有屋顶花园的建筑不一定是绿色建筑,但屋顶花园却是绿色建筑的要素之一,它有助于丰富环境景观、提高建筑的节能效能。绿化屋面,如图1-4-1所示。

2. 被动式建筑节能技术[2]

图 1-4-1 绿化屋面

被动式建筑节能技术,即以非机械电气设备干预手段实现建筑能耗降低的节能技术,具体指在建筑规划设计中通过对建筑朝向的合理布置、遮阳的设置、建筑围护结构的保温隔热技术、有利于自然通风的建筑开口设计等实现建筑需要的采暖、空调、通风等能耗的降低。

相对被动式技术的是主动式技术,指通过机械设备干预手段为建筑提供采暖空调通风等舒适环境控制的建筑设备工程技术。主动式节能技术则指在主动式技术中以优化的设备系统设计、高效的设备选用实现节能的技术。

自然通风是利用自然风压、空气温差、密度差等对室内进行通风的方式,具有被动式的节能特点,是绿色建筑节能设计中的首选方式。建筑自然通风原理示意如图 1-4-2 所示。

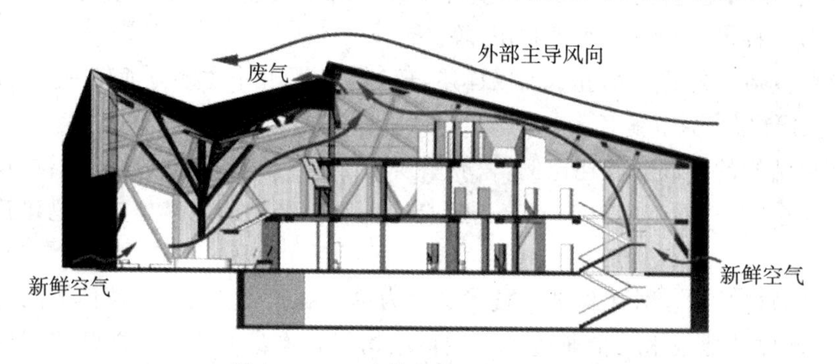

图 1-4-2 建筑自然通风原理示意

3. 新型自然采光技术与照明节能技术

1)用导光管进行自然采光[5-6]

近年来,由于能源供应日趋紧张、环境问题日益为人们所重视,光导照明系统越来越多地受到关注和广泛的应用。

导光管日光照明系统(Tubular Daylighting System)是一种无电照明系统,采用这种系统的建筑物白天可以利用太阳光进行室内照明。其基本原理是通过采光罩高效采集室外自然光线并导入系统内重新分配,再经过特殊制作的导光管传输后由底部的漫射装置把自然光均匀高效的照射到任何需要光线的地方,从黎明到黄昏,甚至阴天导入室内的光线仍然很充足(图 1-4-3)。

(1)导光管日光照明系统的组成。该系统装置主要由采光装置、导光装置、漫射装置、调光装置组成。

① 采光装置(采光罩)。采光罩中使用先进技术使其有效日光采集表面面积(EDCS)比普通透明采光罩增加了近一倍。

② 导光装置。其光线反射管道使用多层聚合高效反射材料,能反射更多的光线。其核心部件是导光管,用来传输光线。现在使用的导光材料主要有四种,分别是:①阳极电镀铝,

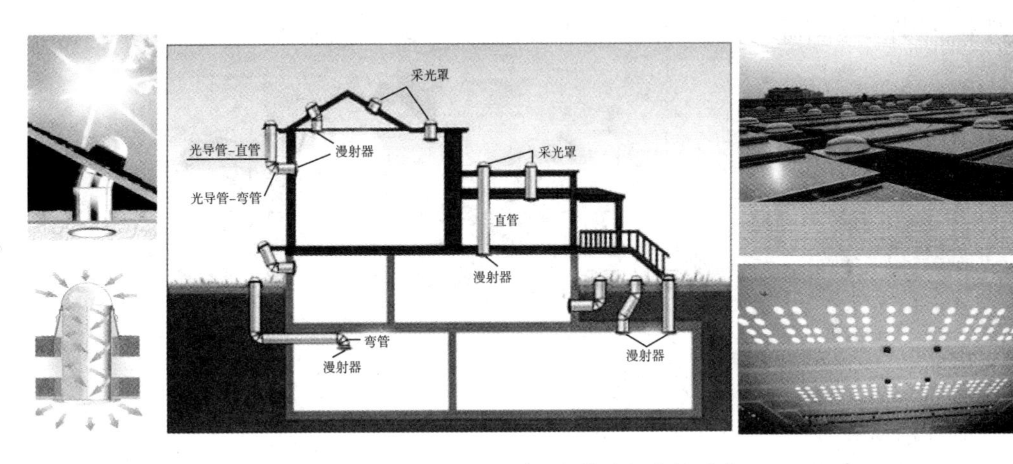

图 1-4-3　用导光管进行自然采光

可见光反射率为 84%；②增强型阳极电镀铝(内部有反射涂层)，可见光反射率为 95%；③真空条件下制作的银涂层聚酯材料，可见光反射率为 98%；④非金属薄膜(又称七彩无极限)，可见光反射率为 99.7%。

③ 漫射装置。使用了光学透镜的漫射器传递日光，使光线更加柔和、均匀，不会产生眩光。

④ 调光装置。调光器可以在八秒钟之内使光线从 100%调至 1.5%，使室内照明强度可根据使用需求进行调整。

(2)光管日光照明系统的特点

① 节能。无须电力，利用自然光照明，同时系统中空密封，具有良好的隔热保温性能，按光源类型分类是“冷光源”，不会给室内带来热负荷效应；同时也不存在电力隐患，安全高效。②环保、健康。组成光导照明系统的各部分材料均属于绿色产品。室内为漫射自然光，无频闪，不会对人眼造成伤害。③光效好。光导照明系统所传输的光为自然光，其波长范围为 380～780nm，显色性 Ra 为 100(白炽灯所发出的光最接近自然光，其显色性 Ra 为 95～97)，且经过系统底部的漫射装置，进入室内的漫射光光线柔和，照度分布均匀。④隔音、防火、防盗性好。系统可达到 RW37db 的隔音效果；系统防火性能为 B 级；系统内置防盗安全棒提高了系统的安全性能。⑤使用年限长。光导照明系统使用年限≥25 年(电力照明灯具的使用年限最大 10 年左右)。

(3)导光管日光照明系统的适用范围

导光管日光照明系统主要适合应用于单层建筑、多层建筑的顶层或者是地下室，建筑的阴面等。其中包括大型的体育场馆和公共建筑，厂房车间，别墅，地下车库，隧道，油站、易燃易爆场所以及无电力供应场所。

2)利用智能照明系统节能

智能照明系统如图 1-4-4 所示，是利用先进电磁调压及电子感应技术，对供电进行实时监控与跟踪，自动平滑地调节电路的电压和电流幅度，改善照明电路中不平衡负荷所带来的额外功耗，提高功率因素，降低灯具和线路的工作温度，达到优化供电的目的。

智能照明系统的具体应用方式，如会议室中安装人体感应，可做到有人时开灯、开空调，无人时关灯、关空调，以免忘记造成浪费；或有人工作时自动打开该区的灯光和空调；无人时自动关灯和空调，有人工作而又光线充足时只开空调不开灯，自然又节能。

图 1-4-4 智能照明系统

4. 可再生能源利用

1)“太阳能光热系统”节能技术

太阳能光热利用是指利用太阳辐射的热能，应用方式除太阳能热水器外，还有太阳房、太阳灶、太阳能温室、太阳能干燥系统、太阳能土壤消毒杀菌技术等。

太阳能光热系统(图 1-4-5)，既可供暖也可供热水。利用太阳能转化为热能，通过集热设备采集太阳光的热量，再通过热导循环系统将热量导入至换热中心，然后将热水导入地板采暖系统，通过电子控制仪器控制室内水温。在阴雨雪天气系统自动切换至燃气锅炉辅助加热让冬天的太阳能供暖得以完美实现。春夏秋季可以利用太阳能集热装置生产大量的免费热水。若用太阳能全方位地解决建筑内热水、采暖、空调和照明用能，这将是最理想的方案，太阳能与建筑(包括高层)一体化研究与实施，是未来太阳能开发利用的重要方向。

2)“太阳能光伏系统”节能技术

太阳能热发电，是太阳能热利用的一个重要方面，这项技术是利用集热器把太阳辐射热能集中起来给水加热产生蒸汽，然后通过汽轮机、发电机来发电。根据集热方式不同，又分高温发电和低温发电。国家能源局已于 2013 年 11 月 18 日发布了《分布式光伏发电项目管理暂行办法》。

(1)太阳能光伏系统的工作原理。太阳能光伏发电的原理，是基于半导体的光生伏特效应，利用太阳电池将太阳能直接转化为直流电能。白天，在光照条件下，太阳电池组件产生一定的电动势，通过组件的串并联形成太阳能电池方阵，使得方阵电压达到系统输入电压的要求；再通过充放电控制器对蓄电池进行充电，将由光能转换而来的电能贮存起来。晚上，蓄电池组为逆变器提供输入电，通过逆变器的作用，将直流电转换成交流电，输送到配电柜，由配电柜的切换作用进行供电。蓄电池组的放电情况由控制器进行控制，保证蓄电池的正常使用。光伏电站系统还应有限荷保护和防雷装置，以保护系统设备的过负载运行及免遭雷击，维护系统设备的安全使用。原理如图 1-4-6 所示。

(2)太阳能光伏发电系统的特点。主要由电子元器件构成，不涉及机械转动部件，运行没有噪声；没有燃烧过程，发电过程不需要燃料；发电过程没有废气污染，也没有废水排放；设备安装和维护都十分简便，维修保养简单，维护费用低，运行可靠稳定，使用寿命很长，达到 25 年；环境条件适应性强，可在不同环境下正常工作；能够在长期无人值守的条件下正常稳定工作；根据需要很容易进行扩展，扩大发电规模。

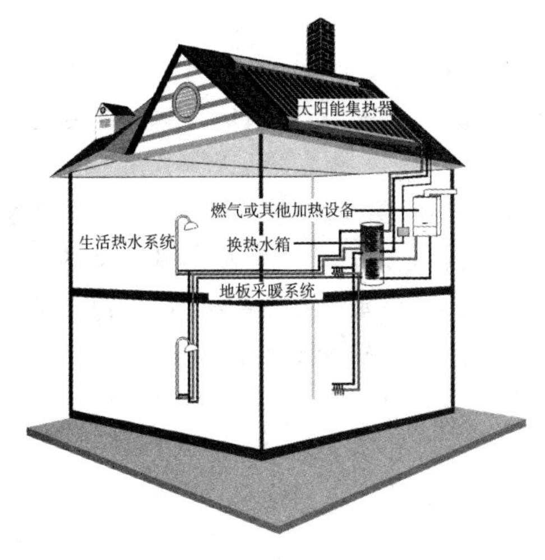

图1-4-5　太阳级光热系统示意

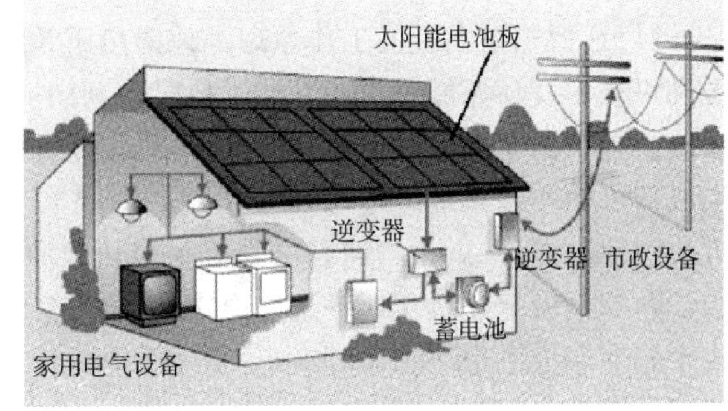

图1-4-6　太阳能光伏系统的工作原理示意

(3)太阳能光伏系统的应用领域。太阳能光伏系统的应用领域非常广泛,如:

①用户太阳能电源。小型电源10～100W不等,用于边远无电地区军民生活用电;3～5kW家庭屋顶并网发电系统;光伏水泵。解决无电地区的深水井饮用、灌溉。②交通领域。如航标灯、交通/铁路信号灯、交通警示/标志灯、高空障碍灯、高速公路/铁路无线电话亭、无人值守道班供电等。③通讯/通信领域。太阳能无人值守微波中继站、光缆维护站、士兵GPS供电等。④石油、海洋、气象领域。石油管道和水库闸门阴极保护太阳能电源系统、石油钻井平台生活及应急电源、海洋检测设备、气象/水文观测设备等。⑤家庭灯具电源。如庭院灯、路灯、手提灯、野营灯等。⑥光伏电站。10kW～50MW独立光伏电站、风光(柴)互补电站、各种大型停车场充电站等。⑦太阳能建筑。将太阳能发电与建筑材料相结合,使得未来的大型建筑实现电力自给,是未来一大发展方向。⑧其他领域。与汽车配套:太阳能汽车/电动车、电池充电设备、汽车空调、换气扇、冷饮箱等;太阳能制氢加燃料电池的再生发电系统;海水淡化设备供电;卫星、航天器、空间太阳能电站等。

5. 绿色暖通新技术

地源一词是从英文“ground source”翻译而来,其内涵十分广泛,包括所有地下资源的含义。但在空调业内,仅指地壳表层(小于400米)范围内的低温热资源,它的热源主要来自太阳能,极少能量来自地球内部的地热能。

“地源热泵”的概念,最早于1912年由瑞士的专家提出。1946年美国在俄勒冈州的波兰特市中心区建成第一个地源热泵系统,但是这种能源的利用方式在当时没有引起社会各界的广泛注意。

1)地源热泵[9]

20世纪50年代,欧洲开始了研究地源热泵的第一次高潮,但由于当时的能源价格低,这种系统并不经济,未得到推广。直到20世纪70年代初世界上出现了第一次能源危机,它才开始受到重视,以瑞士、瑞典和奥地利等国家为代表,大力推广地源热泵供暖和制冷技术。政府采取了相应的补贴政策和保护政策,使得地源热泵生产和使用范围迅速扩大。20世纪80年代后期,地源热泵技术已经趋于成熟,更多的科学家致力于地下系统的研究,努力提高热吸收和热传导效率,同时越来越重视环境的影响问题。

从地源热泵应用情况来看,北欧国家主要偏重于冬季采暖,而美国则注重冬夏联供。美国的气候条件与中国很相似,因此研究美国的地源热泵应用情况,对我国地源热泵的发展有着借鉴意义。

(1)地源热泵系统的工作原理。地源热泵系统,是利用浅层地能进行供热制冷的新型能源利用技术及环保能源利用系统。热泵是利用逆卡诺循环原理转移冷量和热量的设备。地源热泵系统的原理,是以岩土体为冷热源,由水源热泵机组、地埋管换热系统、建筑物内系统组成的供热空调系统。地源热泵系统通常是转移地下土壤中热量或者冷量到所需要的地方,通常都是用来做为空调制冷或者采暖。地源热泵还利用了地下土壤巨大的蓄热蓄冷能力。冬季地源把热量从地下土壤中转移到建筑物内,夏季再把地下的冷量转移到建筑物内,一个年度形成一个冷热循环系统,实现节能减排的功能。地源热泵系统示意图如图 1-4-7 所示。

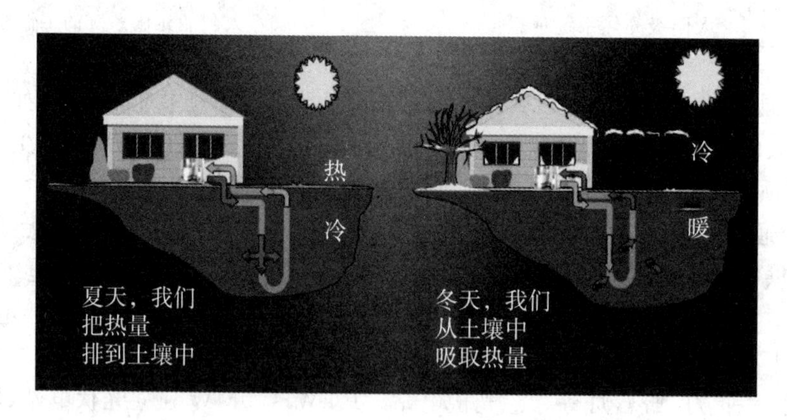

图 1-4-7　地源热泵系统示意图

(2)地源热泵的优点。地源热泵系统的能量来源于自然能源。它不向外界排放任何废气、废水、废渣,是一种理想的“绿色空调”。被认为是目前可使用的对环境最友好和最有效的供热、供冷系统。该系统无论严寒地区还是热带地区均可应用。可广阔应用在办公楼、宾馆、学校、宿舍、医院、饭店、商场、别墅、住宅等领域。

2)毛细管网辐射式空调系统

毛细管网模拟叶脉和人体毛细血管机制,由外径为 3.5～5.0mm(壁厚 0.9mm 左右)的毛细管和外径 20mm(壁厚 2mm 或 2.3mm)的供回水主干管构成管网。冷热水由主站房供至毛细管平面末端,由毛细管平面末端向室内辐射冷热量,实现夏季供冷、冬季供热的目的。冬季,毛细管内流淌着较低温度的热水,均匀柔和的向房间辐射热量;夏季毛细管内流动着温度较高的冷水,均匀柔和的向房间辐射冷量。毛细管席换热面积大,传热速度快,因此传热效率更高。空调系统如图 1-4-8 所示。

空调系统一般由热交换器、带循环泵的分配站、温控调节系统、毛细管网(席)组成。夏季供回水温度的范围在 15℃～20℃,温差以 2℃～3℃为宜;冬季供回水温度的范围在 28℃～35℃,温差以 4℃～5℃为宜。应配备新风系统,它的功能除了新风功能外,还承担着为室内除湿的作用,可选用新风除湿机或全热回收型新风换气机。无散湿量产生的酒窖、恒温恒湿室等类建筑因功能单一,多数为单层或两层且与其他相关专业关联较弱,故非常适宜

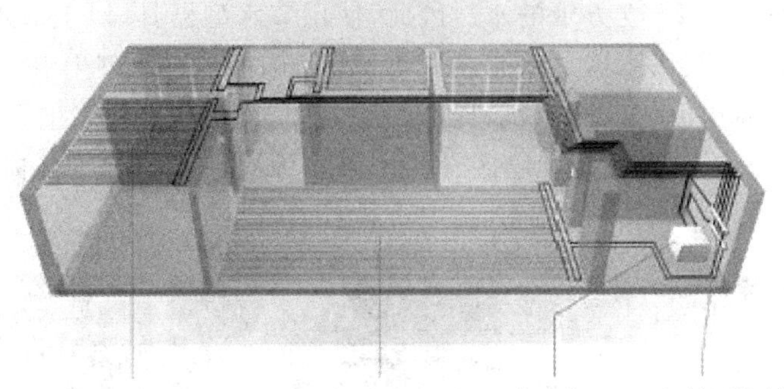

图 1-4-8 毛细管网辐射式空调系统

采用毛细管网辐射式空调系统。

3)温湿度独立控制空调系统[11]

温湿度独立控制空调(temperature-humidityindependent control air-conditioning)是由我国学者倡导,并在国内外普遍采用的一种全新空调模式。与传统的空调形式相比,它采用两个相互独立的系统分别对室内的温度和湿度进行调控,这样不仅有利于对室内环境温湿度进行控制,而且可以完全避免因再热产生的不必要的能源消耗,从而产生较好的节能效果。温度、湿度分别独立处理,也可实现精确控制,处理效率高,能耗低[12]。空调系统如图 1-4-9 所示。

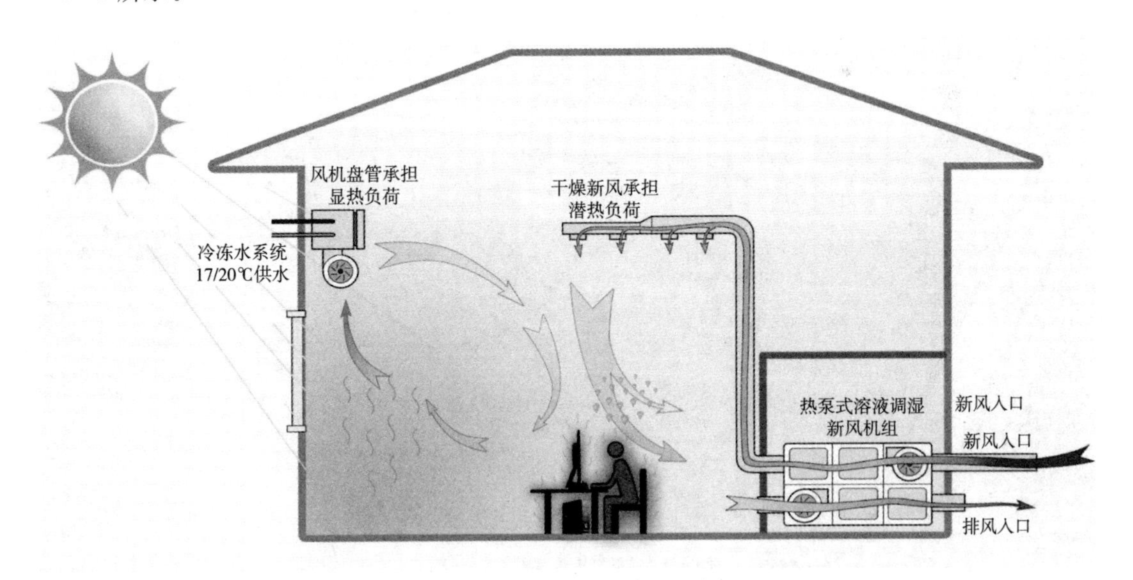

图 1-4-9 温湿度独立控制空调系统

6. 节水技术

1)雨水和污水的回收利用。以雨水和河水作为补给水,结合生态净化系统、气浮工艺、人工湿地、膜过滤和炭吸附结合技术,处理源头水质,达到生活杂用水标准,处理后水用于冲厕、绿化灌溉和景观补水。结合景观设置具有净水效果的景观型人工湿地,处理生活污水。

2)节水器具的使用。一个漏水的水龙头,一个月会流掉1～6立方米的水;一个漏水的马桶,一个月会流掉3～25立方米的水。因此,使用节水型器具,对于节水至关重要。建设部行业标准《节水型生活用水器具标准》CJ/T 164—2014,对节水型生活用水器具的定义,指比同类常规产品能减少流量或用水量,提高用水效率、体现节水技术的器件、用具。节水型生活用水器具如图1-4-10所示,包括节水型喷嘴(水龙头)、节水型便器及冲洗设备、节水型淋浴器等。

图1-4-10 节水器具

此外,一些现代家用电器也日益呈现出节水节电的设计趋势。如节水型洗衣机,能根据衣物量、脏净程度,自动或手动调整用水量,是满足洗净功能且耗水量低的洗衣机产品。

第 2 章　绿色建筑的评价标准及体系

2.1　国外绿色建筑的评价标准及体系

发达国家对节能工作十分重视，从 20 世纪 90 年代开始，各国先后建立了自己的评价体系，并经过了不断的修订，贯彻执行情况良好。国外有代表性的绿色建筑评价标准及体系主要包括：美国的 LEED；英国的 BREEAM 和 Eco Homes；日本的 CASBEE；加拿大的 GBTOOL；澳大利亚的 green star 和 NABERS 国家房屋环境评分系统；法国的 HQE、ESCALE 和 EQUER；德国的 DGNB 和 ECO-PRO；荷兰的 GreenCalc 和 ECO Quantum；芬兰的 Promis E；瑞典的 Eco Effect；挪威的 Eco Profile 等。

除了以上的评估体系，还有印度的 GRIHA、阿联酋的 Estidama、韩国的 KGBC、西班牙的 VERDE、新加坡的 Green Mark、瑞典的 ECB、中国香港的 BEAM 以及中国台湾的 Green Building Label 等。和加拿大类似，墨西哥、荷兰等国家广泛采用了外国评估体系的改良（LEED Mexico 和 BREEAM Netherlands）。世界各国绿色建筑评价标准分布图，如图 2-1-1 所示；世界各国绿色建筑评估体系，见表 2-1-1 所列。

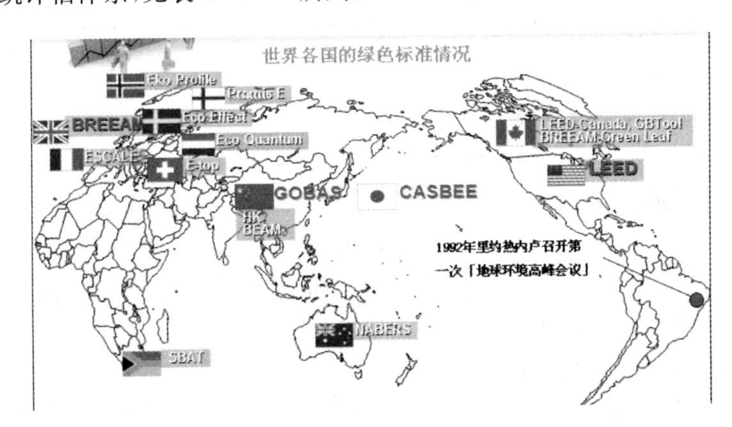

图 2-1-1　世界各国绿色建筑评价标准分布图

表 2-1-1　世界各国绿色建筑评估体系

国家或地区	体系拥有者	体系名称	参考网站
美国	USGBC	LEED^{TM}	http://www.usgbc.org/LEED
英国	BRE	BREEAM	http://www.breeam.com/
日本	日本可持续建筑协会	CASBEE	http://www.ibec.or.jp/CASBEE
澳大利亚	DEH	NABERS	http://www.deh.gov.au/
加拿大	ECD	BREEAM/ Green Leaf	http://www.breeamcanada.ca/

（续表）

国家或地区	体系拥有者	体系名称	参考网站
中国	绿色奥运会建设研究课题组	GBCAS	http://www. gbchina. org/
丹麦	SBI	BEAT	http://www. by-og-byg. dk/
法国	CSTB	ESCALE	http://www. cstb. fr/
芬兰	VIT	LCA House	http://www. vtt. fi/rte/esitteeet/
中国香港	HK Envi Buliding Association	HK-BEAM	http://www. hk-beam. org/
意大利	ITACA	Protocollo	http://www. itaca. org/
挪威	NBI	Eco Prefile	http://www. byggforsk. no/
荷兰	SBR	Eco Quantum	http://www. ecoquantum. nl/
瑞典	KTH Infrastructure & Planning	Eco Effect	http://www. infra. kth. se/BBA
中国台湾	ABRI & AERF	EMGB	http://www. abri. gov/
德国	IKP-Stuttgart University	Build-It	http://www. ikpgabi. uni-stuttgart. de/

2.1.1 美国绿色建筑评价标准及体系 LEED

LEED(Leadership in Energy and Environmental Design)是美国绿色建筑委员会于1998年颁布实施的绿色建筑分级评估体系，综合考虑环境、能源、水、室内空气质量、材料和建筑场地等因素，这些都对建筑物的高性能表现起着关键影响。LEED 是目前国际上商业化运作模式最成熟的绿色建筑分级评估体系，广为世界各国引用，目前中国有超过两千多个已注册和取得 LEED 认证的项目[1-2]。

1. LEED 的产生背景及发展过程

1)LEED 的产生背景

美国发达的工业和高城市化率使其成为世界能源消耗大国，美国人的自然资源消耗量超过了世界总消耗量的四分之一。20 世纪 70 年代末的能源危机，促使美国政府开始制定能源政策并实施能源效率标准。每年由美国能源部主办的、建筑节能法规大会是美国全国性的重要活动之一，主要是对节能法规的培训和研讨标准和法规的修订方向和办法等。美国于 1975 颁布实施了《能源政策和节约法》，1992 年制定了《国家能源政策法》，1998 年公布了《国家能源综合战略》，2005 年出台了《能源政策法案》，对于提高能源利用效率，更有效地节约能源起到了重要作用，标志美国正式确立了面向 21 世纪的长期能源政策。

为了有效降低能源消耗，美国能源部制定了 2020 年新建住宅建筑和 2050 年新建商业建筑实现低造价的零能耗计划。以 2003 年统计的建筑能耗为基准，在迈向零能耗的过程中，不断出现能效方面有明显提高的建筑，即高性能建筑。在此背景下绿色建筑的发展成为当今美国实现零消耗的趋势。

2)LEED 的发展过程

美国绿色建筑委员会(USGBC)为满足美国建筑市场对绿色建筑的评价要求,制定的绿色建筑评估体系 LEED(Leadership in Energy and Environmental Design Building Rating System),国际上简称 LEED,也就是国内所称的"LEED 认证",其标志如图 2-1-2 所示。这是为满足美国建筑市场对绿色建筑评定的要求,提高建筑环境和经济特性而制定的一套评定标准,宗旨是在设计中有效地减少对环境和住户的负面影响,目的是规范一个完整、准确的绿色建筑概念,防止建筑的滥绿色化。

目前在世界各国的各类建筑环保评估、绿色建筑评估以及建筑可持续性评估标准中,LEED 被认为是最完善、最有影响力的评估标准,已成为世界各国建立各自绿色建筑及可持续性评估标准的范本。LEED 自建立以来,经历了多次的修订和补充。从 1998 年的 V1.0 版本,到 2000 年 3 月的 2.0 版本,到 2009 年 V3.0 版本,2013 年又发布了最新的 LEED V4.0 版,每个版本都针对不同建筑类型有不同的评价体系。

图 2-1-2　美国 LEED 标准

LEED 是性能性标准(Performance Standard),主要强调建筑在整体、综合性能方面达到建筑的绿色化要求,很少设置硬性指标,各指标间可通过相关调整形成相互补充,以方便使用者根据本地区的技术经济条件建造绿色建筑。由于各地方的自然条件不同,环境保护和生活要求不尽一致,性能性的要求可充分发挥地方的资源和特色,采用适合当地的技术手段,达到统一的绿色建筑水准。LEED 认证是一种全独立的第三方认证,通过 LEED 认证的建筑,是真正意义上的绿色节能建筑而不是冠以泛绿色名义的"绿色建筑"。我国已成为美国以外 LEED 认证项目总面积最多的国家。

2. 绿色建筑评估体系 LEED 简介[1-2]

1)LEED 的特点及目标

LEED 在建筑的全生命周期内对设计、建造、使用及消亡阶段进行评估。内容包括场地可持续性、水资源利用、能源与大气、材料与资源、室内环境质量 5 项。USGBC 通过开发推广 LEED 项目,目的旨在通过建立测量通用标准定义"绿色建筑";推广整体全面的建筑设计理念;认可建筑业中领导型的绿色建筑;激发绿色竞争;提高消费者的绿色建筑意识;转变建筑市场。

2)LEED V3.0[3]

(1)LEED V3.0 的评估体系。LEED V3.0 版本主要由以下几个评估体系构成:LEED-NC(新建和大修建筑);LEED-EB(既有建筑);LEED-CI(商业建筑室内装修);LEED-CS(建筑主体与外壳/毛坯房);LEED-Home(独立住宅,目前只能在美国本土认证);LEED-ND(社区规划开发/4 万平方米以上)。LEED 的评价体系,如图 2-1-3 所示。

① LEED-NC——LEED for New Construction"新建和大修项目"分册。由该标准衍生出 LEED for multiple building scamp uses 评价标准,适合于多幢建筑或建筑群类项目。LEED-NC 节能评价指标及分值分布,见表 2-1-2 所列。

② LEED-EB——LEED for Existing Building"既有建筑"分册。用于完善 LEED NC 评

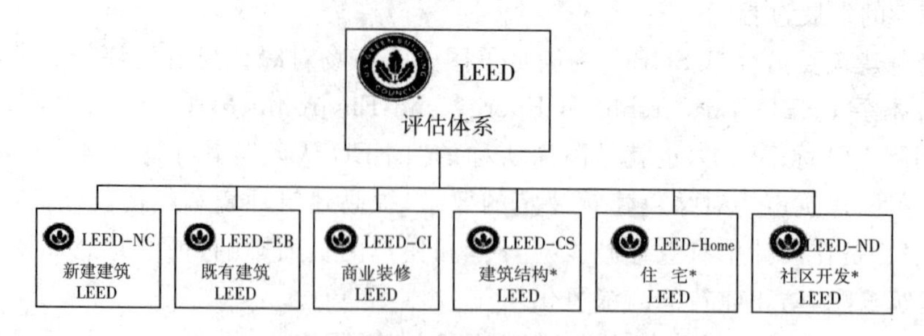

图 2-1-3 LEED的评价体系

价体系，是 USGBC 用于 LEED 评价建筑在设计、施工、运行的全寿命周期内评价体系的一部分。

表 2-1-2 LEED-NC 节能评价指标及分值分布

指标分类	目 的	分 值
建筑能源系统的基本调试运行	为符合认证体系参考指南，运行调试团队应按 LEED 所规定的运行调试程序和行为。	必须
最低能效	对于相关建筑和系统，设立了最低的能效基准。	必须
基本冷媒管理	降低暖通空调及制冷设备中冷媒对大气臭氧破坏。	必须
能效优化	在必要保准要求的建筑能效基础之上，进一步提高能源效能，以减轻过度用能对环境和经济方面的影响。	1～10 分
现场再生能源	促进、提高对就地再生能源自供水平的认识，以减低使用化石能源的使用对环境和经济的影响。	1～3 分
加强调试运行	今早在设计阶段就开始运行调试，并在系统性能查证完成后在实施一些附加行动。	1 分
加强冷媒管理	减轻臭氧层破坏，今早遵循蒙特利尔议定书，最小化全球变暖作用。	1 分
测量与查证	提供运行建筑能源消耗的随时可计量性。	1 分
绿色电力	鼓励和开发使用基于零污染的再生能源与电网技术。	1 分

③ LEED-CI——LEED for Commercial Interior“商业建筑室内”分册。给予那些不能控制整幢大楼运行的租户和设计师一定的权利来做出可持续的选择。

④ LEED-CS——LEED for Core and Shell“建筑主体与外壳”分册。针对设计师、施工人员、开发商和要求建筑主体和外壳进行可持续设计施工的业主。它是 LEED CI 评价标准的补充完善，两者合在一起建立了开发商或业主与租户的绿色建筑评价标准。

⑤ LEED-ND——LEED for Neighborhood Development“社区规划”分册(试行)。作为整个 LEED 的补充完善，LEED ND 继承了单体绿色建筑实践中重视改善建筑室内环境质量、提高能源和用水效率等方面的内容，同时希望通过开发商以及社区领导者的通力合作，对现有社区进行改良，提高土地的利用率、减少汽车的使用、改善空气质量，为不同层次的居民创造和谐共处的环境。

⑥ LEED for Home“住宅”分册(试行)。于 2007 年发行正式版本。该标准有个特点，

即当地认证，建设单位与当地或附近的具有 LEED for Home 评价资质的机构联系，由该机构进行认证。

⑦ LEED for School“学校项目”分册。是在 LEED-NC 的基础上，加上教室声学、整体规划、防止霉菌生长和场地环境的评估，专门针对中小学校而制定的评价标准。

⑧ LEED for retail“商店”分册（试行）。由两个评价体系构成，一个是以 LEED-NC 版为基础，主要针对新建建筑和大修建筑；另一个是以 LEED-CI210 版为基础，主要针对室内装修项目。

⑨ LEED for Healthcare“疗养院”分册（草稿）。是以 LEED-NC 为基础，针对疗养院的病人和医务人员的特点进行技术指导。

（2）LEED 评估体系的评分条款

LEED 评价体系进行绿色评定的条款可以归类为 6 个方面：可持续场地设计、有效利用水资源、能源和环境、材料和资源、室内环境质量和革新设计。在每个方面，LEED 提出评定目的、要求和相应的技术及策略，其评定条款数目所占分值，见表 2－1－3 所列。

表 2－1－3 LEED 评估体系及评分条款

	LEED-NC	LEED-EB	LEED-CI	LEED-CS	LEED for school
可持续场地设计	14	14	7	15	16
有效利用水资源	5	5	2	5	7
能源和环境	17	23	12	14	17
材料和资源	13	16	14	11	13
室内环境质量	15	22	17	11	20
革新设计	5	5	5	5	6

LEED 认证相应级别所需要的分数，见表 2－1－4 所列。

表 2－1－4 LEED 认证级别与所需要的分数

	认证	银奖	金奖	白金奖
LEED-NC	26～32	33～38	39～51	52～69
LEED-EB	32～39	40～47	48～63	64～85
LEED-CI	21～26	27～31	32～41	42～57
LEED-CD	23～27	28～33	34～44	45～61
LEED for school	29～36	37～43	44～57	58～79

建筑类型的不同，必备条款和分值条款在评定标准中的要求和所占比重都会不同。全部分值条款评定得分的总和即为评定得分，必备条款是必须实现的。评定项目必须满足最低认证所需分数，分数越大级别越高。按项目的进程分，采用 LEED 评价标准的建筑一般有设计、采购和施工三个阶段。节能、节水、建筑舒适度等方面的措施属于设计阶段；采购再利用、含有回收材料成分的材料、本地材料、快速可再生材料和低挥发性材料的选取属于采购

阶段的主要任务;工程完工后可采用在调试、节能措施的测量与审计和热舒适调查等措施进行审查。

(3)LEED评估体系的认证级别(图2-1-4)

LEED的认证级别共4级,总分69分,它们是:(1)一般认证:满足至少40%的评估要点(40～50分);(2)银级认证:满足至少50%的评估要点(50～60分);(3)金级认证:满足至少60%的评估要点(60～80分);(4)铂金级认证:满足至少80%的评估要点(80分以上)。

3)中国LEED 3.0认证项目的发展概况

截至2012年10月,中国申请LEED认证的项目已达1045个,已获得认证的项目共有267个。LEED-CI(“商业建筑室内”)、LEED-NC(“绿色社区”)认证项目占据主体。其中,铂金级18个,金级158个,一般认证级20个,银级71个。

(1)中国第一个获得LEED认证的商业项目——“深圳招商地产泰格公寓”。内容详见第一章/第二节的相关内容。

(2)中国第一个LEED-ND绿色社区最终认证——北京东城区“当代MOMA”

北京东城区“当代MOMA”如图2-1-5所示。2006年12月,它被《POPULARSCIENCE》评选为“当代世界七大建筑工程奇迹”之一,获得美国LEED-ND绿色社区认证。其特点有:

图2-1-4 LEED的认证级别

图2-1-5 北京东城区“当代MOMA”

① 尊贵的都市生活品位。社区通过位于20层的环状空中连廊将8栋建筑连接在一起,加之一栋艺术酒店与一座多功能水上影院,串联起居住者的大部分休闲活动。连廊内包括艺术画廊、健身房、阅览室、餐厅与高档俱乐部,私人与公共空间的联系为居民提供更多交往的机会。展露21世纪城中城都市生活版图。

② 便捷的交通。社区紧邻亚洲最大的东直门交通枢纽,集轻轨、快速铁路、地铁、出租、公交、长途客运等多种方式为一体的城市交通网络。同时首都机场第二始发大厅也建立与此,乘坐快速铁路18分钟便可顺畅到达机。

③ 温度调节和空气调节系统。温度调节通过向楼板内埋设的管材里注入适宜温度的水,以天棚辐射方式使室温常年保持在人体最舒适的20℃～26℃。辐射采暖制冷效率高,温度均匀;无风感、无噪声。空气调节采用全置换新风系统,取自室外新鲜空气经过滤除尘、加热/降温、加湿/除湿等处理过程,以每秒0.3米的低速,从房间底部送风口送出,缓缓上升,带走人体汗味及其他污浊气体,最后经由房间顶部排气孔排出。新、回风完全杜绝交叉污染,既节能又保证室内空气品质的要求。

④ 静音与降噪。建筑采用600mm复合外墙、严密的窗结构、厚度为160mm的现浇混凝土楼板，铺设隔声架空龙骨地板等措施，有力地隔绝噪声。

⑤ 节能技术运用。结构采用600mm厚外保温结构，传热系数0.36W/(m^2·K)，仅为北京当年通行节能标准的60%；LOW-E中空内充气玻璃严密保温，配合断热铝合金窗框，整窗导热系数不大于1.8W/(m^2·K)；地源热泵通过深入地下100米的垂直换热器，与土壤热交换，再由冷热泵机组将温度调至适度，满足天棚辐射系统直接供冷或供热。可再生资源利用高效舒适，环保节能。

(3)中国第一个新建商用建筑LEED金奖项目——诺基亚中国总部大楼(图2-1-6)

图2-1-6　诺基亚中国总部大楼[5]

诺基亚中国总部大楼是国内第一座获得美国绿色建筑协会颁发的LEED认证金奖(2008年)的新建商用建筑，实现节能20%，节水37%，将节能环保、办公娱乐及人性化设计有机结合起来，将环保低碳理念融入日常工作和生活才是“绿色”的核心。

大楼体现的“绿色办公”理念表现在以下几个方面[5]：

① 绿色交通路线设计。绿色低碳的理念从每天上班之路开始，早晨49趟班车、多班通勤车来往于北京市区及其近郊亦庄。如果选择骑车等更为“绿色”的交通方式，员工可以使用公司的自行车停放处和带有淋浴设施的更衣室；而驾驶环境友好汽车(如混合动力、拼车)上班的员工，还可以享受优先停车位。

② 自然采光效率高。所有的办公室和会议室都围绕在天井旁的大楼边缘，明亮的光线实现77.4%的区域利用自然光照明。在采光顶棚和玻璃幕墙的通力合作下，大楼二层的餐厅可以感受到透明穹顶带来的出色采光。楼内97.7%的区域可看到室外风景，通过观光电梯，全景尽收眼底。

③ 双层玻璃幕墙节能设计。大楼的第二层到第五层玻璃幕墙的中间间距达1.2～1.5米，上下两端均设置了开口，这样便形成了空气通道。按照热空气往上升的原理，夏季时分别打开进口与出口，在大部分热气还没有冲击到里层玻璃的时候已经被排出。这一设计带来了14%的能耗节省。

④ 绿色建材及人性化家具设计。大楼所有的办公家具及地毯都采用速生建筑材料，12%～13%的建筑材料是可再生建筑材料，比如大堂的石头、家具及地毯；3.5%的材料是速生建筑材料，在10年内可以快速生长并利于降解回收，比如竹地板。而价值27.2%的建筑材料都来自距北京800公里以内的地方，大大减少了原材料的长途运输，降低了二氧化碳排放，以及包装材料的使用量。

⑤ 其他绿色办公理念。大楼出入口设置了绿色回收箱，可以方便员工以恰当的方式交还废弃手机及配件；空调、灯光和投影仪都由中央智能系统控制，无人使用15分钟后，会自动关闭；集打印、复印、传真、扫描于一体的节能打印机，多人共用，双面打印，节约资源。

(4)全球第一个 LEED-ND 绿色社区金奖项目——北京国奥村(图 2-1-7)

北京第 29 届奥林匹克运动会运动员村,由 42 栋 6～9 层板楼组成,承载着"绿色奥运、科技奥运、人文奥运"的理念,将绿色建筑节能减排的主旨发挥到极致。国奥村荣获美国 LEED-ND 评估体系金级标准的绿色环保金奖——"能源与环境设计先锋金奖",这是世界上第一个社区金奖,在奥运会历史上也尚属首次。

图 2-1-7 北京国奥村

国奥村采用多项节能技术,如再生水热泵冷热源系统、集中式太阳能生活热水系统、景观花房生物污水处理系统、外围护结构保温系统、LED 建筑发光系统等 36 项低碳减排技术,令项目科技含量与节能品质进一步提高,并由此形成了一整套绿色建筑建设体系。

(5)中国第一个绿标、LEED 双认证建筑——上海世博中心。内容详见第一章/第一节/1.1.2"上海世博会场馆"的绿色设计。

4)LEED V4.0 评估体系[7-8]

美国绿色建筑委员会(US Green Building Council,USGBC)2013 年 11 月开始正式实施升级版评估系统 LEED V4.0,对第一批铂金级项目进行免费认证,以鼓励全球范围内对绿色建筑的升级实践。上海世博会城市最佳实践区获得了 LEED-ND 铂金级的绿色预认证授牌。LEED V4.0 依然以过去几版的认证标准为核心基础,但是整体认证流程更顺畅并且更突出强调建筑性能的表现。其适用范围在原 LEED 2009 版(V3.0 版)中,既有分别针对建筑不同阶段的版本,包括用于新建或改造的 NC 版、主体与围护结构的 CS 版、内部装饰装修的 CI 版、既有建筑运行维护的 EB:OM 版;也有分别针对不同功能建筑的版本,包括用于住宅的 Homes 版、用于社区的 ND 版、用于学校的 School 版、用于商场的 Retail 版、用于疗养保健的 Healthcare 版。在 V4.0 版中,不仅将评价体系整合为 BD&C,ID&C,EB:OM,Homes 和 ND 五类,而且进一步增加了针对数据机房、仓储物流、医院等功能建筑的内容。

(1)2015 年,中国位列 LEED 绿色建筑认证排行榜第二位

2015 年 7 月,美国绿色建筑委员会 USGBC 宣布在十大 LEED 国家中,中国排在第二位。前 10 名国家名单突出了美国以外的国家在可持续性建筑设计、建造和改造方面取得的重大进展,显示了不断增长的 LEED 绿色建筑的国际需求。

2015 年 LEED 绿色建筑认证排行榜,见表 2-1-5 所列。榜单按各国截至当前的 LEED 认证面积和 LEED 项目数量来排名。LEED 的诞生地美国不包括在本榜单中,但美国仍是全球 LEED 最大的市场。

表 2-1-5 2015 年 LEED 绿色建筑认证排行榜

排名	国家/地区	LEED 认证的面积(单位:百万平方米)	LEED 认证和注册的总面积(单位:百万平方米)	LEED 认证和注册的项目数量
1	加拿大	26.63	63.31	4,814
2	中国大陆	21.97	118.34	2,022

（续表）

排名	国家/地区	LEED认证的面积（单位：百万平方米）	LEED认证和注册的总面积（单位：百万平方米）	LEED认证和注册的项目数量
3	印度	13.24	73.51	1,883
4	巴西	5.22	24.50	991
5	韩国	4.81	17.47	279
6	德国	4.01	8.42	431
7	中国台湾	3.84	9.08	149
8	阿拉伯联合酋长国	3.13	53.44	910
9	土耳其	2.95	23.74	477
10	瑞典	2.54	4.20	197
*	美国	276.90	727.34	53,908

* 美国没有被正式地列入名单中，但它仍是全球最大的绿色建筑市场。

（2）LEED-CI V4.0认证金奖——“北京侨福芳草地大厦”

北京侨福芳草地大厦（图2-1-8），是全球首个商业建筑绿色装修标准LEED-CI V4.0认证金奖。这栋集酒店、购物与商业中心于一体的综合设施总建筑面积20万平方米，高87米，将节能作为设计目标，为该地区树立了全新的建筑标准。它不仅是北京首个符合环境可持续设计标准的建筑，它还率先利用“微气候”来降低建筑生命周期内的能源消耗水平。

图2-1-8　北京侨福芳草地大厦

该建筑利用透明“外膜”将两栋9层高以及两栋18层高的大楼包裹起来，从而形成一层与周边环境隔离的防护罩。而缓冲带则处在一个密闭的环境中，其中的气候相对较为统一，也易于进行调节。缓冲带有效地强化了隔热效果，从而降低了能源消耗。在炎热的夏日，它能降低人们对空调设备的需求；而在寒冷的冬季，它能减少热量的损失。在夏季，除了微气候之外，大楼还采用了一套特殊的系统，释放滞留的热量。设计团队在建筑外膜的顶部安装了通风天窗，可起到烟囱的作用，让最热的空气从上方溢出，同时形成一股上升气流，温度较低的空气也会由建筑底部上升，形成空气流动和自然通风。北京侨福芳草地利用微气候的创新之举赢得了一片赞誉[11]。

(3)LEED-CI V4.0 装修认证金奖——“海沃氏北京展示厅”

海沃氏是一家办公家具制造商,它通过产品创新,保护环境的可持续发展,提升和改变了传统意义上对于企业社会责任的理解。2013 年,“海沃氏北京展示厅”成为全球首个通过商业建筑绿色装修标准 LEED-CI V4.0 认证金奖的项目。海沃氏北京展示厅的可持续发展理念,主要体现在以下几个方面[13]:

① “灵活的工作空间”——可持续发展的办公理念

绿色环保生活理念正引领着办公设计领域的巨大变革,自由舒适、灵活高效、能源节约、环境友好型的设计概念正成为未来办公空间的发展趋势。海沃氏提倡一种“灵活的工作空间”的新的办公理念,即没有固定的办公区,打造一个随时随地就可以处理公事的高效、灵活、自由、舒适的空间,如图 2-1-9 所示。如此灵活的办公空间设计,不仅节省了费用和时间,鼓励了整个社区的可持续理念的进步与发展,带来的更多是无形的商业价值。

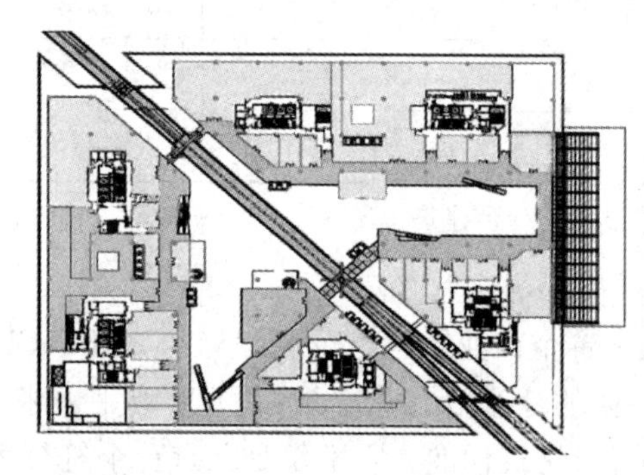

图 2-1-9 海沃氏北京展示厅[11]

北京展厅以俱乐部的形式面向外界开放,所有家具包括会议室的墙体都是非常轻便并便于拆卸移动的,这样展厅的布局就可以根据每天使用者的不同要求,方便快捷地进行改变。因此,大厦的承租者和客户可以以低廉的价格租用海沃氏的办公空间,以适应内外部会议、工作坊等不同的需求。俱乐部还是承租者和客户的移动办公室,客户可以为出差在外的员工购买俱乐部的一日票,位于上海、香港的海沃氏俱乐部将成为差旅中员工高效工作、放松休闲的场所。

② 室内环境质量、能源利用和节水方面的可持续发展理念

包括:a. 展示厅的新风换气系统超越了室内环境质量标准 30%。在这样一个低 VOC 的室内环境中,通过提高室内空气质量,使人们得以在更加舒适、健康的环境中高效地工作。展示厅采用了地面出风的可变风量控制及冷辐射吊顶,这样为在不同光照条件下的用户提供了个性化控制的可能,进一步保证工作舒适度并且降低总能源消耗。b. 展示厅 79%的常规使用空间都可以看到展示厅外的景色,成功地建立起了室内和室外景色的桥梁,使使用者能够更加赏心悦目、身心愉悦地投入到工作中去。c. 通过使用高效的 LED 照明设计、照明设备以及照明控制器,加上前文所述变风量控制系统,使整个展厅的能源消耗大大降低。展示厅使用的设备和装置的 90%均是获得了能源之星认证的产品。d. 展示厅使用由大厦提供的中水回收利用系统,并选用高利用率节水设备使耗水量降低大于 53%。

2.1.2　英国的绿色建筑评价标准及体系 BREEAM

英国的 BREEAM（Building Research Establishment Environmental Assessment Method，建筑研究所环境评估法）体系，是世界上第一个绿色建筑评估体系。自从1990年由英国的建筑研究所研发推出首个版本的 BREEAM 以来，它的体系构成和运作模式成为许多不同国家和研究机构建立自己绿色建筑评估体系的范本，如图2-1-10所示。这种非官方评估的要求高于建筑规范的要求，在英国及全世界范围内，BREEAM 体系已经得到了各界的认同和支持。

图2-1-10　英国 BREEAM

1. BREEAM 的产生背景及发展历史

英国是最早享受工业文明成果的国家之一，也因此成为最早凸显环境问题的国家之一。19世纪中期以后，随着工业化进程的不断加快，城市化进程也不断加速。环境问题不断爆发。1952年伦敦爆发了著名的烟雾事件，在4天之内近4000人被夺去了生命。1974年出台的《污染控制法》，是较为全面的涵盖废弃物、水污染、空气污染、噪声污染等各种环境污染问题的管理法规。1989年英国又对该法进行了修订，将污染控制的重点以治理为主转变为以预防为主。1990年之后新出台的环境法规，把可持续发展列为今后建设必须遵循的国家战略。

20世纪90年代后越来越多的激励机制运用到实践中，这成为 BREEAM 产生的土壤。1990年，著名的“英国建筑研究所”（BRE）和一些私人部门的研究者共同制定了《建筑环境评价方法》，它是国际上第一套实际应用于市场和管理之中的绿色建筑评价办法[12]。

2. BREEAM 的评价目标、评价对象及评价内容

20多年来，BREEAM 的发展经历了从简单到丰富的过程，目前 BREEAM 体系涵盖了包括从建筑主体能源到场地生态价值的范围，包括了社会、经济可持续发展的多个方面。BREEAM 体系涵盖众多类型的建筑，包括办公楼、工业建筑、监狱、医院、零售商场、法院、学校和住宅等，还特设针对一些新型建筑的 Bespoke BREEAM。

BREEAM 的评价目标：是减少建筑物对环境的影响，主要针对英国的办公类建筑；

BREEAM 的评价对象：是新建建筑和既有建筑；

BREEAM 的评价内容：包括核心表现因素，设计和实施，管理和运作。

BREEAM 体系的发展需与当地的实际情况紧密结合。

1）20世纪 BREEAM 体系的不同版本

20世纪90年代，BREEAM 体系先后推出针对不同类型建筑的多个评价版本，如《2/91版新超市及超级商场》《5/93版新建工业建筑和非食品零售店》《环境标准3/95版新建住宅》以及《BREEAM’98新建和现有办公建筑》等。BREEAM 体系已对英国的新建办公建筑市场中25%～30%的建筑进行了评估，成为各国类似评估手册中的成功范例。

（1）1990年第一个 BREEAM 分册。是办公建筑评估分册，只有11个评估条款，且缺少权重系统，但其开创的先河作用不可替代。

BREEAM 系统在后续的修订和更新中，将评价框架和体系都做了较大的调整，如1998年修订的新版办公建筑分册，其评估对象既包括“新建办公建筑”也包括“现有办公建筑”。

(2)《BREEAM'98 新建和现有办公建筑》

BREEAM'98 是为建筑所有者,设计者和使用者设计的评价体系,以评判建筑在其整个寿命周期中,包含从建筑设计开始阶段的选址、设计、施工,使用直至最终报废拆除所有阶段的环境性能,通过对一系列的环境问题,包括建筑对全球、区域、场地和室内环境的影响进行评价,BREEAM 最终给予建筑环境标志认证。其评价方法概括如下:

① 评价条目。涉及 9 个方面,分别是:管理、健康和舒适、能源、运输、水资源、原材料、土地使用、地区生态、污染,见表 2-1-6 所列。每一条目下分若干子条目,各对应不同的得分点,分别从建筑性能,或是设计建造,或是运行管理这三个方面对建筑进行评价,满足要求即可得到相应的分数。

表 2-1-6 英国 BREEAM 的评价条目及内容

评价条目	内 容
管理	总体的政策和规程
健康和舒适	室内和室外环境
能源	能耗和 CO_2 排放
运输	有关场地规划和运输时 CO_2 的排放
水资源	消耗和渗漏问题
原材料	原料选择及对环境的作用
土地使用	绿地和褐地使用
地区生态	场地的生态价值
污染	(除 CO_2 外的)空气和水污染

② 评价内容。BREEAM 认为根据建筑项目所处的阶段不同,评价的内容相应也不同。评估的内容包括三个方面:建筑性能、设计建造和运行管理。其中:处于设计阶段、新建成阶段和整修建成阶段的建筑,从建筑性能,设计建造两方面评价,计算 BREEAM 等级和环境性能指数;属于被使用的现有建筑,或是属于正在被评估的环境管理项目的一部分,从建筑性能、管理和运行两方面评价,计算 BREEAM 等级和环境性能指数;属于闲置的现有建筑,或只需对结构和相关服务设施进行检查的建筑,对建筑性能进行评价并计算环境性能指数,无须计算 BREEAM 等级。

③ BREEAM 的等级及评分。从合计建筑性能方面的得分点,得出建筑性能分(BPS),合计设计与建造,管理与运行两大项各自的总分,根据建筑项目用处时间段的不同,计算 BPS+设计与建造分或 BPS+管理与运行分,得出 BREEAM 等级的总分;另外由 BPS 值根据换算表换算出建筑的环境性能指数[EPI],最终,建筑的环境性能以直观的量化分数给出。同时规定了每个等级下设计与建造、管理与运行的最低限分值。如果被评估的建筑满足或是达到了某一评估标准的要求,就可以获得一定的分数,各项分数累加得到最后的分数,依据最后得分的高低,将建筑评定为"通过(权重≥30%)、良好(权重≥45%)、很好(≥55%)、优秀(权重≥70%)"四个级别。

各国绿色建筑的等级划分,见表 2-1-7 所列。

表2-1-7 各国绿色建筑的等级划分

BREEAM(英国)	通过、良好、很好、优秀
LEED(美国)	一般、铜牌、银牌、金牌、铂金
CASBEE(日本)	根据环境性能效率指标BEE,给予评价,表现为QL二维图
NABERS(澳大利亚)	0～5星级
ESCALE(法国)	标准工程、优秀工程、较差工程
ESFGB(中国)	★、★★、★★★
HK-BEAM(中国香港)	满意、好、很好、优秀

④ BREEAM的评估资质。BREEAM从1998年开始专门培训并且签发执照给评估师及指定的评估机构,并且规定了每个项目的评估须有至少两位有资质的评估人操作,这个做法保证了BREEAM评估的可靠性。通常由持有BRE执照的评估人对项目做出评估。对于正在进行的设计项目,评估一般在详图设计接近尾声时进行。对已使用的现有建筑进行评估,评估人会根据管理人员提供的资料,做出一份"中期报告"和一份"行动计划大纲",以提供改进措施和意见,客户可依照意见采取改进措施,以获得更高评级。

2)21世纪BREEAM评估体系的发展

进入21世纪,BREEAM体系不断增加新成员,包括"2003年版的BREEAM商业建筑评估体系"及"2004年版的BREEAM办公建筑评估体系、工业建筑评估体系、住宅评估体系"。由于工程实践在不断发展,BREEAM建筑环境评估体系每年要作一次修订,增加一些新内容,并摒弃某些过时的条款。2005年,BREEAM获得东京世界可持续建筑会议最佳程序奖(Best Program),成为公认最成功的评价体系。

英国建筑研究院通过BREEAM体系帮助联合国环境规划署和多个国家创立了适用于当地的绿色建筑评估标准。在世界范围内,有超过11万幢建筑完成了BREEAM认证,另有超过50万幢建筑已申请了认证。通过BREEAM进行绿色建筑评估认证的建筑名单包括汇丰银行全球总部、联合利华英国总部、巴黎贺米提积广场、德国中央美术馆购物中心在内的一大批全球知名地标建筑。

2.1.3 加拿大的绿色建筑评价标准及体系[13-14]

1. 加拿大GBC 2000评价标准

加拿大是十分重视资源和环境保护的国家,1996年加拿大自然资源部发起了一项国际合作行动,名叫Green Building Challenge(绿色建筑挑战,简称GBC)。在随后两年中又有19个国家参与制定此评价方法。2000年10月,在荷兰马斯特里赫特召开的国际可持续会议(International SB 2000)中,介绍了"绿色建筑挑战"的最新成果GBC2000,其范围包括新建建筑和改建建筑(图2-1-11)。

GBC的目的是通过对各个参与国众多项目的研究和深入的交流,最终确立的一个既充分尊重地方特色,又具有较强专业指导性的,具有统一的性能参数指标,基于全球化的绿色建筑性能评价标准和认证系统,使有用的建筑性能信息可以在国家之间交换,最终使不同地区和国家之间的绿色建筑实例具有可比性。此外,加拿大也采用GBTOOL、LEED Canada

以及 Green Globes 作为评估体系。

图 2-1-11　加拿大 GBC 2000

加拿大 GBC 2000 评估范围包括新建和改建翻新建筑，评估手册共有 4 卷，包括总论、办公建筑、学校建筑和集合住宅，评估的目的是对建筑在设计及完工后的环境性能予以评价。评价标准共分 8 个部分：1）环境的可持续发展指标。这是基准的性能量度标准，用于 GBC 2000 不同国家的被研究建筑间的比较；2）资源消耗，建筑的自然资源消耗问题；3）环境负荷，建筑在建造、运行和拆除时的排放物，对自然环境造成的压力，以及对周国环境的潜在影响；4）室内空气质量，影响建筑使用者健康和舒适度的问题；5）可维护性，研究提高建筑的适应性、机动性、可操作性和可维护性能；6）经济性，所研究建筑在全寿命期间的成本额；7）运行管理，建筑项目管理与运行的实践，以期确保建筑运行时可以发挥其最大性能；8）术语表，各部分下部有自己的分项和更为具体的标准。GBC 2000 采用定性和定量的评价依据结合的方法，其评价操作系统称为 GBTOOL（Green Building Tool 绿色建筑评价工具）。

2. 加拿大绿色建筑评价工具 GBTOOL（Green Building Tool）

加拿大 GBTOOL 由加拿大自然资源部发起，在 1998 年最初开发，是以 Excel 为载体，从 GBC2000 中衍生而来，是一套可以被调整适合不同国家、地区和建筑类型特征的软件系统，采用的是评分制。评价体系的结构适用于不同层次的评估，所对应的标准是根据每个参与国家或地区各自不同的条例规范制定的同时也可被扩展运用为设计指导。GBTOOL 所使用的建筑性能信息可以在多个国家、地区或者多种建筑类型之间进行交换，使不同国家、地区和不同建筑类型之间的建筑实例具有可比性。

（1）GBTOOL 的评价方式。GBTOOL 对建筑物进行定性和定量的全面评价，涵盖了建筑环境评价的各个方面，主要分为 4 个层次，由 6 大领域、120 多项指标组成。其评价尺度属于动态的相对值，而非绝对值，以方便与该地区内的其他项目进行横向和纵向比较。GBTOOL 并不直接面对终端用户，在 GBTOOL 中用户可以根据自己的需要确定评价系统中的评估部分的权重，这是 GBTOOL 与世界上其他评估体系最大的区别，GBC 的成员国可以全部或者部分借鉴 GBTOOL 评估框架建立各自的评估体系。

（2）GBTOOL 的评估系统。GBTOOL 采用四级权重评估系统，即“总目标—条款—种类—标准—子标准”。通过子标准的得分加权得到相应种类的得分，通过每个种类的得分加权得到条款的得分，通过条款的得分加权得到整个建筑的得分。表 2-1-8 列出了 GBTOOL 评估体系的评估条款、评估种类和所占权重。

GBTOOL 所评价的性能标准和子标准的评价范围从－2 到 5，这些数值表示参评建筑的能源消耗可持续发展的程度，其中：

－2 分——代表不合要求；0 分——是基准指标，表示该地区内可接受的最低要求的建筑性能表现；1～4 分——表示中间不同水平的建筑性能表现；5 分——表示高于标准中要求的建筑环境性能。

表 2-1-8　加拿大 GBTOOL 评估系统

评估条款	评估种类	权重
能源消耗(R)	R_1 能源消耗	20%
	R_2 建筑用地以及土地质量影响	
	R_3 引用水资源消耗	
	R_4 已有建筑及场地材料再利用	
	R_5 场地外材料利用	
环境负担(L)	L_1 建筑初期建造运营的气体排放	25%
	L_2 抽样消耗物质释放	
	L_3 建筑运营酸性气体释放	
	L_4 建筑运营过程中光氧化释放	
	L_5 建筑运营产生的富营养化效应	
	L_6 土壤污染	
	L_7 水处理系统	
	L_8 建筑改造和拆除带来的建筑废物	
	L_9 对现场及周围场地的环境影响	
室内环境质量(Q)	Q_1 室内空气质量及通风	20%
	Q_2 热舒适度	
	Q_3 日光和日照	
	Q_4 噪音污染	
	Q_5 电磁污染	
设备质量(S)	S_1 灵活性和适应性	15%
	S_2 系统控制	
	S_3 功能耐久性	
	S_4 私人空间及阳光景观的获得	
	S_5 建筑舒适性及场地发展前景	
	S_6 对场地及周围环境运营性能的影响	
经济(E)	E_1 建筑生命周期成本	10%
	E_2 建筑建造成本	
	E_3 建筑运营和维护成本	
管理(M)	M_1 建造过程质量控制	10%
	M_2 建筑性能调整	
	M_3 建筑运营计划	

整个评价系统通过各个较低指标的分值与权重百分值的乘积相加，最后得到总指标的分值。GBTOOL 的评价过程都需要通过 Excel 进行计算，根据软件自带的算法和公式计算生成，最后以图表的形式表现出来，这些图表能够清晰表现出被评定建筑在各个评定层次上的性能。但是，在 GBTOOL 的推广过程中，复杂的操作、细碎繁琐的评估过程、没有响应的数据库等重要因素或多或少都制约着 GBTOOL。但它兼具国际性和地区性，以及评价基准上的灵活性特征还是吸引了越来越多的国家加入共同研究和实践的行列。

2.1.4 澳大利亚的绿色建筑评价标准及体系[13-14]

澳大利亚有三种评估体系，第一种是建筑温室效益评估；第二种是国家建筑环境评估；第三种是绿色星级认证。

1. 澳大利亚建筑温室效益评估 ABGRS（Australia Building Greenhouse Rating Scheme）

1999年，ABGRS评估体系由澳大利亚新南威尔士州的SEDA（Sustainable Energy Development Authority）发布，它是澳大利亚国内第一个较全面的绿色建筑评估体系，主要针对建筑能耗及温室气体排放做评估，通过对参评建筑打星值而评定其对环境影响的等级。ABGR评估是澳大利亚第一个对商业性建筑温室气体排放和能源消耗水平的评价，它通过对建筑本身的能源消耗的控制，来缓解温室气体排放量。2008年起，ABGR评估与NABERS评估体系结合，作为其能源评估的部分，更名为NABERS Energy（图2-1-12）。

图2-1-12 澳大利亚NABERS

ABGR评估是通过对既有建筑的运行能耗进行计量测算，从而评估其对温室气体排放的影响，按照基准指标采用1～5星级来标示出每平方米建筑二氧化碳的排放量。评估是针对建筑物12个月的实际数据进行的，包括能耗量、运行时间、净使用面积、使用人员数量和计算机数量等。

2. 澳大利亚国家建筑环境评估 NABERS（National Australian Building Environmental Rating System）

澳大利亚国家建筑环境评估体系NABERS（图2-1-12），由澳大利亚环境与遗产保护署于2003年颁布实施。NABERS评估是以性能为基础的等级评估体系，对既有建筑在运行过程中的整体环境影响进行衡量。NABERS评估与ABGRS评估同属于一种后评估，即通过建筑的运行过程实际积累的数据来评估。

NABERS评估体系由两部分组成：1）办公建筑，对既有商用办公建筑进行等级评定；2）住宅建筑，对住宅进行特定地区住宅平均水平的比较。评估的建筑星级等级越高，实际环境性能越好。目前，NABERS评估体系有关办公建筑包含了能源和温室气体评估、水评估、垃圾和废弃物评估和室内环境评估。

NABERS具体评价指标分类为三个方面。一是建筑对较大范围环境的影响，包含能源使用和温室气体排放、水资源的使用、废弃物排放和处理、交通、制冷剂使用（可能导致的温室气体排放和臭氧层破坏）；二是建筑对使用者的影响，包含室内环境质量、用户满意程度；三是建筑对当地环境的影响，包含雨水排放、雨水污染、污水排放、自然景观多样性。

NABERS评估由澳大利亚新南威尔士州环境与气候变化署负责管理运行，受NABERS全国指导委员会监督，全国指导委员会由联邦和州政府部门代表组成，由获得NABERS评估资格的注册评估师具体承担项目评估。

3. 澳大利亚绿色星级认证 GSC（Green Star Certification）

2002年澳大利亚绿色建筑委员会GBCA（Greening Building Council Australia）成立，这

是澳大利亚唯一一个得到全国行业和政府支持的非营利性绿色建筑组织。2003年,GBCA推出对建筑等级评价进行评估的绿色之星GSC评价体系。绿色之星借鉴了英国的BREEAM体系和美国的LEED体系,同时又结合澳大利亚自身建筑市场及环境的独立环境测量标准,是澳大利亚对绿色建筑进行综合评估的指标体系。

绿色星级认证GSC与NABERS评估之间的不同在于,NABERS评估主要是通过对既有建筑过去12个月的运行数据来评估其对环境的实际影响,而绿色星级认证主要是对新建建筑的设计特征进行评估,挖掘潜能,以减少对环境的影响。项目开发和设计人员可以利用绿色星级认证提供的软件工具进行设计方案自我评估,指导绿色建筑的设计建造。目前,澳大利亚通过绿色建筑评估的主要是政府办公建筑、商用办公建筑、会议中心、购物中心、宾馆等公共建筑和住宅建筑,将进一步扩大到医院建筑、学校建筑。

1)绿色之星GSC的评价体系分类

绿色之星GSC评价体系对不同建筑有不同的评价标准,具体包括:(1)绿色之星-多单元住宅建筑;(2)绿色之星-医疗建筑;(3)绿色之星-商场建筑;(4)绿色之星-教育建筑;(5)绿色之星-办公建筑设计和办公建筑;(6)绿色之星-办公建筑室内设计;(7)绿色之星-绿色工业建筑。

绿色之星GSC的评价标准分为九个部分,贯穿建筑项目建设的整个过程,具体包括:管理、室内环境品质、能耗、运输、水、材料、土地利用和生态、排放、创新,每个部分又被细化成几类,每一类会进行评分。每一项指标由分值表示其达到的绿色星级目标的水平。采用环境加权系数计算总分。全澳大利亚各地区加权系数有变化,反映出各地区各不相同的环境关注点。

2)绿色之星GSC的评价方法

绿色之星评GSC级体系有专业的评估软件,建筑项目或建筑开发商可以使用绿色之星评估软件进行评估,但没有得到GBCA认证的建筑项目,不能使用绿色之星等级认证商标或公开声称获得绿色之星认证。使用绿色之星评估工具进行评估后,澳大利亚绿色建筑委员会GBCA委托第三方认证评审小组对每个分项指标相对应的文件进行验证,技术手册里对每一分项指标的要求进行了详细说明。根据评审小组建议及GBCA认可的创新指标,通报项目团队所得分数。得分达到获得所申请的等级认证,该项目会获得等级认证书和绿色之星商标。

每个项目的总得分包括四部分:每个指标的得分,对每一指标进行环境加权,对加权分数进行汇总,对创新部分进行加分。

指标得分=该指标所得分数/该指标可得分数×100%

根据建筑项目各个指标综合分数,得分大于等于45分的建筑项目会得到相应的认证等级。绿色之星认证等级分为四星、五星、六星。

(1)四星绿色之星评价认证(得分45～59分):表明该项目为环境可持续设计和/或建造领域"最好的实践";

(2)五星绿色之星评价认证(得分60～74分):表明该项目为环境可持续设计和/或建造领域"澳大利亚杰出";

(3)六星绿色之星评价认证(得分75～100分):表明该项目为环境可持续设计和/或建造领域"世界领先"。

绿色之星认证等级的评分过程，如图 2-1-13 所示。

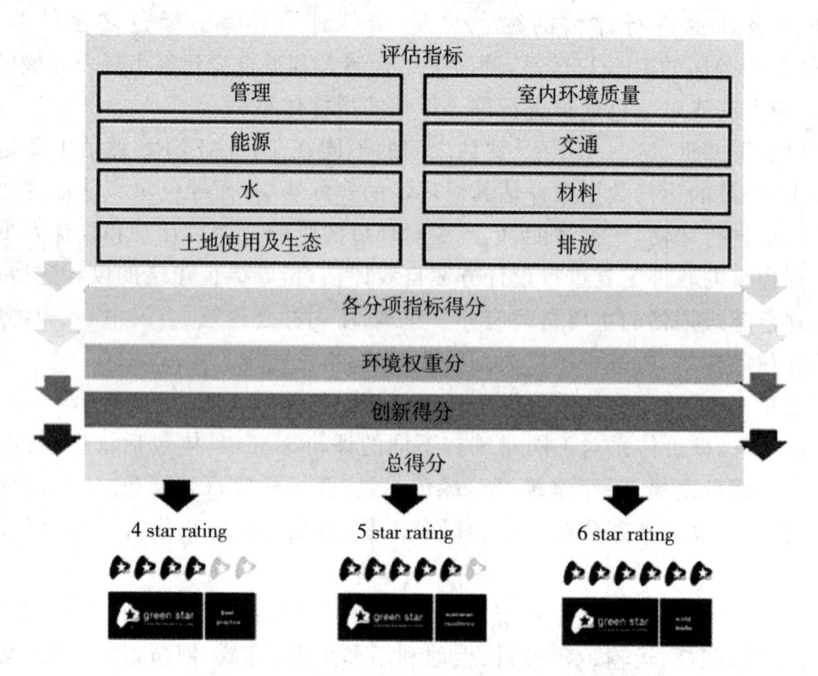

图 2-1-13 绿色之星认证等级的评分过程

2.1.5 法国的绿色建筑评估体系 HQE[13-14]

1. 法国绿色建筑指南 HQE

法国是较早关注建筑环境性能的国家之一。早在20世纪70年代，就已出现了太阳能建筑、仿生建筑等实验性绿色建筑。今天的法国，仍然站在城市与建筑“可持续发展”的前沿，也是欧洲全民环境意识最强的国家之一。法国的绿色建筑指南 HQE(图 2-1-14)，于 1992 年首次提出，是与英国的 BREEAM、美国的 LEED、中国绿标相似的绿色建筑评价标识。由于在法国得到 HQE 认证的建筑的出租率较一般建筑高，目前每年有 10%的新建住宅申请 HQE 认证，到 2012 年前建成的所有的大型新建办公楼中，有 80%申请 HQE 认证。如目前巴黎最大的拉德芳斯(La Defense)商务区即将扩建，将建成的几座高层建筑，均申请了 HQE 认证，甚至 HQE+LEED 双认证。

图 2-1-14 法国 GQE

1)HQE 的工作方法和技术路线

法国绿色建筑指南 HQE 不是一项强制执行的技术法规，其实施策略侧重于技术指导和知识普及，技术数据和刚性指标多用于参考，这在客观上促进了法国绿色建筑的多样化探索。

HQE 的工作方法和技术路线，建立在室外与室内两个平行的空间领域之中，并进一步划分为 4 大类 14 项具体内容，见表 2-1-9 所列。

表2-1-9　HQE标识的14个评价目标

建筑对室外环境的影响控制	建筑室内环境质量的创造
建设类	舒适类
目标1:建筑与环境的和谐关系(场地维护) 目标2:建设产品与建设方式的选择 目标3:施工现场对环境的最低影响(清洁施工现场)	目标8:热舒适 目标9:声舒适 目标10:视觉舒适 目标11:嗅觉舒适
管理类	健康类
目标4:能源管理 目标5:水管理 目标6:废弃物管理 目标7:维护与维修管理	目标12:室内空间卫生条件 目标13:室内空气质量 目标14:水质

2)HQE的评估与认证

HQE是由法国政府授权,HQE协会颁发的产品与项目认证标识,评估过程由法国建筑科学技术中心CSTB(Centre Scientifique et Technique du Batiment)具体执行。法国的绿色建筑认证目前主要集中于公共服务类建筑,绿色建筑的评估分为定量和定性两类内容,围绕着HQE指南提出的14项条款展开。通过ESCALE软件为开发商与设计师提供了一个对话的平台,使具体项目能够根据ESCALE的技术参数选择优化策略和技术方案。与英国的BREEAM、美国的LEED等先进的评估体系相比,法国的HQE体系显然偏重于技术文献和操作指南,部分内容难以转译为具体措施,这在一定程度上也阻碍了法国绿色建筑的发展。

3)HQE的评价目标与评价等级

(1)HQE的评价目标。HQE认证对不同类型的建筑有不同类型的证书,如HQE logement(住宅建筑HQE)、HQE hospital(医院建筑HQE)、HQE Tertiaire(第三产业建筑HQE)等。HQE标识分为14个评价目标(cible),见表2-1-9所列。

(2)HQE的评价等级。HQE对上述14个目标分高中低3个评价等级:①超高效等级(Very High Performance Target):在项目预算可承受的范围内,尽可能达到的最大水平的等级(类似于中国绿标的优选项);②高效等级(High Performance Target):达到比设计标准的要求高一层次的等级(类似于中国绿标的一般项);③基本等级(Basic Target):达到相关设计标准(如法国RT2005)或者常用的设计手段的等级(类似于中国绿标的控制项)。

较其他评价方法不同的是,HQE没有分为1星、2星、3星,或金银铜级别,HQE的评价方式是,用户根据实际情况,选择14个目标中至少3个目标达到超高能效等级,至少4个目标达到高能效等级,并保证其余目标均达到基本等级,才能得到HQE证书,在最终颁发的HQE证书中,会标出该项目的14项目标各达到的等级,而证书本身没有等级。也就是说,法国的绿色建筑只有“得到HQE认证”与“未得到HQE认证”之分。

2. 法国EQUER建筑物环境影响评价软件EQUER

EQUER是由法国一家公司开发的建筑物环境影响评价软件,它可以直接对建筑物的环境性能进行逐年的模拟。EQUER具有较好的兼容性,它可以直接利用瑞士的

Oekoinventare 数据库和欧洲的 REGENER 项目数据库作为自己的数据库。另外，EQUER 还可以与能量模拟软件 COMFIE 直接相连接，因此可以自动计算出建筑物各构件的使用状况。EQUER 的输出结果为与电子数据表格 Spreadsheet 兼容的表格和图表。

2.1.6 德国绿色建筑评估体系 DGNB（Deutsche Gesellschaft Nachhaltiges Bauen）[13-14]

德国可持续建筑认证体系 DGNB，是当今世界第二代绿色建筑评估体系，创建于 2007 年，由德国可持续建筑委员会 DGNB 组织德国建筑行业的各专业人士共同开发。德国 DGNB 涵盖了生态、经济、社会三大方面的因素，是对建筑功能和建筑性能评价的指标体系（图 2-1-15）。

DGNB 力求在建筑全寿命周期中满足建筑使用功能、保证建筑舒适度，不仅实现环保和低碳，更将建造和使用成本降至最低。DGNB 在世界范围内率先对建筑的碳排放量提出完整明确的计算方法，并且已得到包括联合国环境规划署（UNEP）机构在内多方国际机构的认可。

图 2-1-15 德国 DGNB

1）DGNB 的评价内容。包括：（1）生态质量；（2）经济质量；（3）社会文化及功能质量；（4）技术质量；（5）程序质量；（6）场址选择。

2）DGNB 的评分标准。每个专题分为若干标准，对于每一条标准，都有一个明确的界定办法及相应的分值，最高为 10 分。

3）DGNB 的评价等级。根据六个专题的分值授予金、银、铜三级。

4）DGNB 的计算方法。分为四大方面，包括建筑材料的生产、建造，建筑使用期间的能耗，建筑在城镇周期维护的相对应能耗，建筑拆除方面的能耗。

5）DGNB 的版本。其 2008 年版仅对办公建筑和政府建筑进行认证，其 2009 年版将根据用户及专业人员的反馈进行开发。

2.1.7 荷兰绿色建筑评估体系 GreenCalc[13-14]

随着荷兰建筑评估工具 GreenCalc 的出现，1997 年，荷兰国家公共建筑管理局有了“环境指数”这个指标，它可以表征建筑的可持续发展性。建筑评估工具 GreenCalc 是基于所有建筑的持续性耗费都可以折合成金钱的原理，就是我们所说的“隐形环境成本”原理。隐性环境成本计算了建筑的耗材、能耗、用水以及建筑的可移动性。GreenCalc 正是按这些指标计算的。

2.2 中国和亚洲其他各国、地区的绿色建筑评价标准及体系

我国的绿色建筑概念的引进可追溯到 20 世纪 90 年代后期，直到近几年，随着人们对绿色建筑重要性的认识不断加深，绿色建筑设计和绿色建筑评价体系才迅速发展起来。我国绿色建筑评价工作包括绿色建筑标准的制定以及绿色建筑评价标识的推动。

2.2.1 中国的绿色建筑评价标准

1. 发展历程

从1992年巴西里约热内卢"联合国环境与发展大会"以来,中国政府相续颁布了若干相关纲要、导则和法规,大力推动绿色建筑的发展。

1)2001年,《中国生态住宅技术评估手册》正式出版,提出了生态住宅的完整框架。随后,《绿色奥运建筑评估体系》分别从环境、能源、水资源、材料与资源、室内环境质量等方面阐述了如何全面地提高奥运建筑的生态服务质量并有效地减少资源与环境负荷。

2)2004年9月建设部"全国绿色建筑创新奖"的启动标志着我国的绿色建筑发展进入了全面发展阶段。

3)2005年3月召开的首届"国际智能与绿色建筑技术研讨会暨技术与产品展览会"(每年一次),公布"全国绿色建筑创新奖"获奖项目及单位,同年发布了《建设部关于推进节能省地型建筑发展的指导意见》。

4)2006年,住房和城乡建设部正式颁布了我国第一部绿色建筑国家标准《绿色建筑评价标准》GB/T 50378—2006,明确提出了绿色建筑"四节一环保"的概念,提出发展"节能省地型住宅和公共建筑",具有里程碑式的意义。

5)2006年3月,国家科技部和建设部签署了"绿色建筑科技行动"合作协议,为绿色建筑技术发展和科技成果产业化奠定基础。

6)2007年8月,住房和城乡建设部出台了《绿色建筑评价技术细则(试行)》和《绿色建筑评价标识管理办法》,开始建立起适合中国国情的绿色建筑评价体系。

7)2007年9月10日,建设部印发了《绿色施工导则》(建质[2007]223号),确定了绿色施工的原则、总体框架、要点、新技术设备材料工艺和应用示范工程,适用于建筑施工过程及相关企业。

8)2008年,成立城市科学研究会节能与绿色建筑专业委员会。

9)2009年8月27日,我国政府发布了《关于积极应对气候变化的决议》,提出要立足国情发展绿色经济、低碳经济。

10)近几年,中国城市科学研究会绿色建筑与节能专业委员会相继颁布:(1)《绿色建筑评价标准(香港版)》CSUS/GBC1—2010;(2)《绿色医院建筑评价标准》CSUS/GBC2—2011;(3)《绿色商场建筑评价标准》CSUS/GBC3—2012;(4)《绿色校园评价标准》CSUS/GBC 04—2013。此外,《绿色生态城区评价标准》等标准正编写制定中。《绿色工业建筑评价标准》GB/T 50878—2013自2014年3月1日起实施;《绿色办公建筑评价标准》GB/T 50908—2013,自2014年5月起实施。

11)新版《绿色建筑评价标准》GB/T 50378—2014于2015年1月1日起正式颁布实施,原《绿色建筑评价标准》GB3T 50378—2006同时废止。将标准适用范围由住宅建筑和公共建筑中的办公建筑、商场建筑和旅馆建筑,扩展至各类民用建筑。

2. 新版《绿色建筑评价标准》GB/T 50378—2014

新版《绿色建筑评价标准》GB/T 50378—2014的主要内容[1-2]:

1)一般规定

(1)绿色建筑的评价应以单栋建筑或建筑群为评价对象。评价单栋建筑时,凡涉及系统性、整体性的指标，应基于该栋建筑所属工程项目的总体进行评价。

(2)绿色建筑的评价分为设计评价和运行评价。设计评价应在建筑工程施工图设计文件审查通过后进行，运行评价应在建筑通过竣工验收并投入使用一年后进行。

(3)申请评价方应进行建筑全寿命期技术和经济分析，合理确定建筑规模，选用适当的建筑技术、设备和材料，对规划、设计、施工、运行阶段进行全过程控制，并提交相应分析、测试报告和相关文件。

(4)评价机构应按本标准的有关要求，对申请评价方提交的报告、文件进行审查，出具评价报告，确定等级。对申请运行评价的建筑，尚应进行现场考察。

2)绿色建筑的评价与等级划分

绿色建筑评价指标体系由节地与室外环境、节能与能源利用、节水与水资源利用、节材与材料资源利用、室内环境质量、施工管理、运营管理等7类指标组成。每类指标均包括控制项和评分项，评价指标体系还统一设置加分项。

设计评价时，不对施工管理和运营管理2类指标进行评价，但可预评相关条文。运行评价应包括7类指标。控制项的评定结果为满足或不满足；评分项和加分项的评定结果为分值。绿色建筑评价应按总得分确定等级。评价指标体系7类指标的总分均为100分。

7类指标各自的评分项得分 Q_1、Q_2、Q_3、Q_4、Q_5、Q_6、Q_7 按参评建筑该类指标的评分项实际得分值除以适用于该建筑的评分项总分值再乘以100分计算。加分项的附加得分 Q_8 按本标准的有关规定确定。绿色建筑评价的总得分按下式进行计算：

$$\sum Q = w_1 Q_1 + w_2 Q_2 + w_3 Q_3 + w_4 Q_4 + w_5 Q_5 + w_6 Q_6 + w_7 Q_7 + Q_8$$

其中评价指标体系7类指标评分项的权重 $w_1 \sim w_7$ 按表2-2-1取值。

表2-2-1 绿色建筑各类评价指标的权重

		节地与室外环境	节能与能源利用	节水与水资源利用	节材与材料资源利用	室内环境质量	施工管理	运营管理
设计评价	居住建筑	0.21	0.24	0.20	0.17	0.18	/	/
	公共建筑	0.16	0.28	0.18	0.19	0.19	/	/
运行评价	居住建筑	0.17	0.19	0.16	0.14	0.14	0.10	0.10
	公共建筑	0.13	0.23	0.14	0.15	0.15	0.10	0.10

注：1. 表中“/”表示施工管理和运营管理两类指标不参与设计评价。

2. 对于同时具有居住和公共功能的单体建筑，各类评价指标权重取为居住建筑和公共建筑所对应权重的平均值。

绿色建筑分为一星级、二星级、三星级3个等级，3个等级的绿色建筑均应满足本标准所有控制项的要求，且每类指标的评分项得分不应小于40分。当绿色建筑总得分分别达到50分、60分、80分时，绿色建筑等级分别为一星级、二星级、三星级。对多功能的综合性单体建筑，应按标准的全部评价条文逐条对适用的区域进行评价，确定各评价条文的得分。

3)绿色建筑的七大评价指标体系[1-8]

绿色建筑评价指标体系由7类指标组成，每类指标均包括控制项和评分项。评价指标体系还统一设置加分项。

(1)评价指标体系一——节地与室外环境

① 控制项，包括：a. 项目选址应符合所在地城乡规划，且应符合各类保护区、文物古迹保护的建设控制要求。b. 场地应无洪涝、滑坡、泥石流等自然灾害的威胁，无危险化学品、易燃易爆危险源的威胁，无电磁辐射、含氡土壤等危害。c. 场地内不应有排放超标的污染源。d. 建筑规划布局应满足日照标准，且不得降低周边建筑的日照标准。

② 评分项，包括：a. 土地利用；b. 室外环境；c. 交通设施与公共服务；d. Ⅳ场地设计与场地生态。

(2)评价指标体系二——节能与能源利用

① 控制项，包括：a. 建筑设计应符合国家现行有关建筑节能设计标准中强制性条文的规定。b. 不应采用电直接加热设备作为供暖空调系统的供暖热源和空气加湿热源。c. 冷热源、输配系统和照明等各部分能耗应进行独立分项计量。d. 各房间或场所的照明功率密度值不得高于现行国家标准《建筑照明设计标准》GB 50034 中的现行值规定。

② 评分项，包括：a. 建筑与围护结构；b. 供暖、通风与空调；c. 照明与电气；d. 能量综合利用。

(3)评价指标体系三——节水与水资源利用

① 控制项，包括：a. 应制定水资源利用方案，统筹利用各种水资源；b. 给排水系统设置应合理、完善、安全；c. 应采用节水器具。

② 评分项，包括：a. 节水系统；b. 节水器具与设备；c. 非传统水源利用

(4)评价指标体系四——节材与材料资源利用

① 控制项，包括：a. 不得采用国家和地方禁止和限制使用的建筑材料及制品；b. 混凝土结构中梁、柱纵向受力普通钢筋应采用不低于 400MPa 级的热轧带肋钢筋；c. 建筑造型要素应简约，且无大量装饰性构件。

② 评分项，包括：a. 节材设计；b. 材料选用。

(5)评价指标体系五——室内环境质量

① 控制项，包括：a. 主要功能房间的室内噪声级应满足现行国家标准《民用建筑隔声设计规范》GB 50118 中的低限要求。b. 主要功能房间的外墙、隔墙、楼板和门窗的隔声性能应满足现行国家标准《民用建筑隔声设计规范》GB 50118 中的低限要求。c. 建筑照明数量和质量应符合现行国家标准《建筑照明设计标准》GB 50034 的规定。d. 采用集中供暖空调系统的建筑，房间内的温度、湿度、新风量等设计参数应符合现行国家标准《民用建筑供暖通风与空气调节设计规范》GB 50736 的规定。e. 在室内设计温、湿度条件下，建筑围护结构内表面不得结露。f. 屋顶和东西外墙隔热性能应满足现行国家标准《民用建筑热工设计规范》GB 50176 的要求。g. 内空气中的氨、甲醛、苯、总挥发性有机物、氡等污染物浓度应符合现行国家标准《室内空气质量标准》GB/T 18883 的有关规定。

② 评分项，包括：a. 室内声环境；b. 室内光环境与视野；c. 室内热湿环境；d. 室内空气质量。

(6)评价指标体系六——施工管理

① 控制项，包括：a. 应建立绿色建筑项目施工管理体系和组织机构，并落实各级责任人。b. 施工项目部应制定施工全过程的环境保护计划，并组织实施。c. 施工项目部应制定施工人员职业健康安全管理计划，并组织实施。d. 施工前应进行设计文件中绿色建筑重点

内容的专项交底。

② 评分项，包括：a. 环境保护；b. 资源节约；c. 过程管理。

(7)评价指标体系七——运营管理

① 控制项，包括：a. 应制定并实施节能、节水、节材、绿化管理制度。b. 应制定垃圾管理制度，合理规划垃圾物流，对生活废弃物进行分类收集，垃圾容器设置规范。c. 运行过程中产生的废气、污水等污染物应达标排放。d. 节能、节水设施应工作正常，且符合设计要求。e. 供暖、通风、空调、照明等设备的自动监控系统应工作正常，且运行记录完整。

② 评分项，包括：a. 管理制度；b. 技术管理；c. 环境管理。

(8)提高与创新

① 一般规定，包括：a. 绿色建筑评价时，应按本章规定对加分项进行评价。加分项包括性能提高和创新两部分。b. 加分项的附加得分为各加分项得分之和。当附加得分大于 10 分时，应取为 10 分。

② 加分项，包括：a. 性能提高；b. 创新。

《绿色建筑评价标准》GB/T 50378—2014 的七大指标及主要内容，如图 2-2-1 所示。

4)《绿色建筑评价标准》GB/T 50378—2014 的特点

(1)对比 2006 版的主要修订内容

①将标准适用范围由住宅建筑和公共建筑中的办公建筑、商场建筑和旅馆建筑，扩展至各类民用建筑。②将评价分为设计评价和运行评价。③绿色建筑评价指标体系在节地与室外环境、节能与能源利用、节水与水资源利用、节材与材料资源利用、室内环境质量和运行管理六类指标的基础上，增加“施工管理”类评价指标。④调整评价方法，对各评价指标评分，并以总得分率确定绿色建筑等级。相应地，将旧版标准中的一般项改为评分项，取消优选项。⑤增设加分项，鼓励绿色建筑技术、管理的创新和提高。⑥明确单体多功能综合性建筑的评价方式与等级确定方法。⑦修改部分评价条文，并为所有评分项和加分项条文分配评价分值。

(2)《绿色建筑评价标准》GB/T 50378—2014 十大亮点

① 评价方法升级。旧标准采用了条数计数法判定级别，新标准采用分数计数法判定级别，这是新标准重大的更新元素。判定级别形态与 LEED 保持了相同性和一致性，分数计数法判定级别的最大优势是条文权衡性和弹性空间增强，为绿色建筑设计方案和策略提供更为丰富的遴选空间。

② 结构体系更紧凑。保持原有“控制项”不变；取消“一般项”和“优选项”，二者合并成为“评分项”；新增“施工管理”“提高和创新”。同时，结构体系也沿用了国际主流绿色建筑标准 LEED 结构体系，更加符合绿色建筑本质内涵，结构更加紧凑，可操作性更加理性。新标准绿色建筑等级依旧保持为原有三个等级，一星、二星和三星，三星为最高级别。7 大项分数各为 100 分，提高和创新为 10 分，7 大项通过加权平均计算出分数，并且各大项分数不应少于 40 分。一星：50～60 分；二星：60～80 分；三星：80～110 分。

③ 适用范围更广。新国标将标准适用范围由住宅建筑和公共建筑中的办公建筑、商业建筑和旅馆建筑，扩展至各类民用建筑。

④ 条文定量和定性分析更加明确。旧标准中一些含糊的技术指标和概念将凸出明确解析，扩大了绿色建筑设计的深度和宽度，根据工程实际情况和本地特色特点，选择条文合适

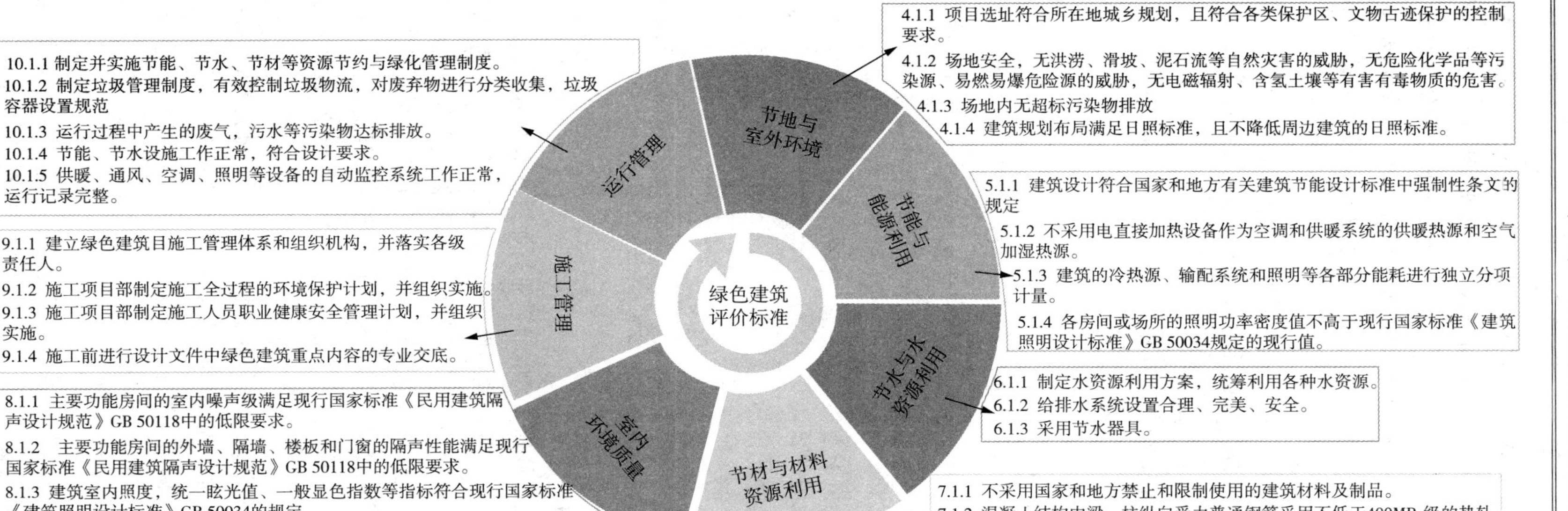

图2-2-1　《绿色建筑评价标准》GB/T 50378—2014的七大指标及主要内容

的规定分数，既不有失绿色建筑设计元素，又增添绿色建筑设计师的创造力。更加详细和可靠的条文分数评价方法，对绿色建筑某些专项设计的技术规定更加明细，定量分析已经占据整个绿色建筑设计的主导位置，旧标准绿色建筑设计主导定性分析已悄然“消失”。

⑤ 条文适用性更加清晰。每个条文均明确说明条文的适用性，主要体现在两个方面，譬如：A 条文适用公共建筑；B 条文适用所有民用建筑；C 条文适用设计标识；D 条文适用于设计标识和运营标识等。

⑥ 标准评价难度增加。2006 年至 2014 年已经走过整整 8 年，建筑行业许多标准已经更新或将颁布，意味着绿色建筑技术性能参数集体升级，绿色建筑设计难度不言而喻。

5)绿色建筑的评价标识

住房和城乡建设部 2007 年 8 月出台《绿色建筑评价标识管理办法(试行)》和《绿色建筑评价技术细则(试行)》，2008 年 4 月住建部成立了“绿色建筑评价标识管理办公室”，专门负责绿色建筑评价标识的日常管理工作。

(1)推行绿色建筑评价标识的意义

我国的绿色建筑评价标识体系凸显了节能优先、各项技术要求因地制宜、严格执行我国强制性标准和节能政策的特点。它目前并不对所有建筑工程强制执行，目的是希望国内建筑市场中意识靠前、实力较强的建筑工程项目自愿参与评价和标识。

(2)我国绿色建筑评价标识的类型

我国的绿色建筑评价标识，是指国家确认绿色建筑等级并进行信息性标识的评价活动，其分为以下两类：“绿色建筑设计评价标识”和“绿色建筑评价标识”，如图 2-2-2 所示。它们分别适用于处于规划设计阶段和运行使用阶段的住宅建筑和公共建筑。

图 2-2-2 我国的绿色建筑评价标识

① “绿色建筑设计评价标识”

“绿色建筑设计评价标识”是由住房与城乡建设部授权机构，依据《绿色建筑评价标准》和《绿色建筑评价技术细则》和《绿色建筑评价技术细则补充说明(规划设计部分)》，对处于规划设计阶段和施工阶段的住宅建筑和公共建筑，按照《绿色建筑评价标识管理办法(试行)》对其进行评价标识。评审合格后颁发绿色建筑设计评价标识，包括证书和标志。获得“绿色建筑设计评价标识”，表明建筑设计符合绿色建筑标准，标识有效期为两年。绿色建筑设计评价标识的等级由低至高分为一星级、二星级和三星级三个等级。绿色建筑设计标识可由业主单位、房地产开发单位、设计单位等相关单位独立申报或共同申报。

2008 年 8 月 4 日，首次获得绿色建筑设计评价标识的 6 个项目分别是：上海市建筑科学研究院绿色建筑工程研究中心办公楼工程；深圳华侨城体育中心扩建工程；中国 2010 年上海世博会世博中心工程；绿地汇创国际广场准甲办公楼工程；金都·汉宫工程和金都·城市芯宇工程。

② “绿色建筑评价标识”

绿色建筑标识评价是住房和城乡建设部主导并管理的绿色建筑评审工作，由其授权机构根据《绿色建筑评价标准》《绿色建筑评价标识》和《绿色建筑评价技术细则》，按照《绿色建筑评价标识管理办法(试行)》确认绿色建筑等级并进行信息性标识的一种评价活动。一般在全国范围内,对已竣工并投入使用一年以上的住宅建筑和公共建筑进行绿色评价,确定是否符合绿色建筑各项标准。

评审合格的项目将获颁发“绿色建筑评价标识”证书和标志(挂牌),由住房和城乡建设部监制,并规定统一的格式和内容,有效期为三年。绿色建筑标识的证书上标出的内容包括建筑名称、建筑面积和完成单位等基本信息,还包括几项具有代表性的评价指标,如建筑节能率、可再生资源利用率、非传统水源利用率、住区绿地率、可再生循环建筑材料用量比、室内空气污染物浓度等,同时标出该建筑在这些指标上的设计指标值和实测指标值。这样比较详细的标注可以让公众更多的了解绿色建筑的内涵,有利于绿色建筑的推广[10-11]。

6)绿色建筑评价的工作流程

我国的绿色建筑评价工作流程图,如图2-2-3所示。

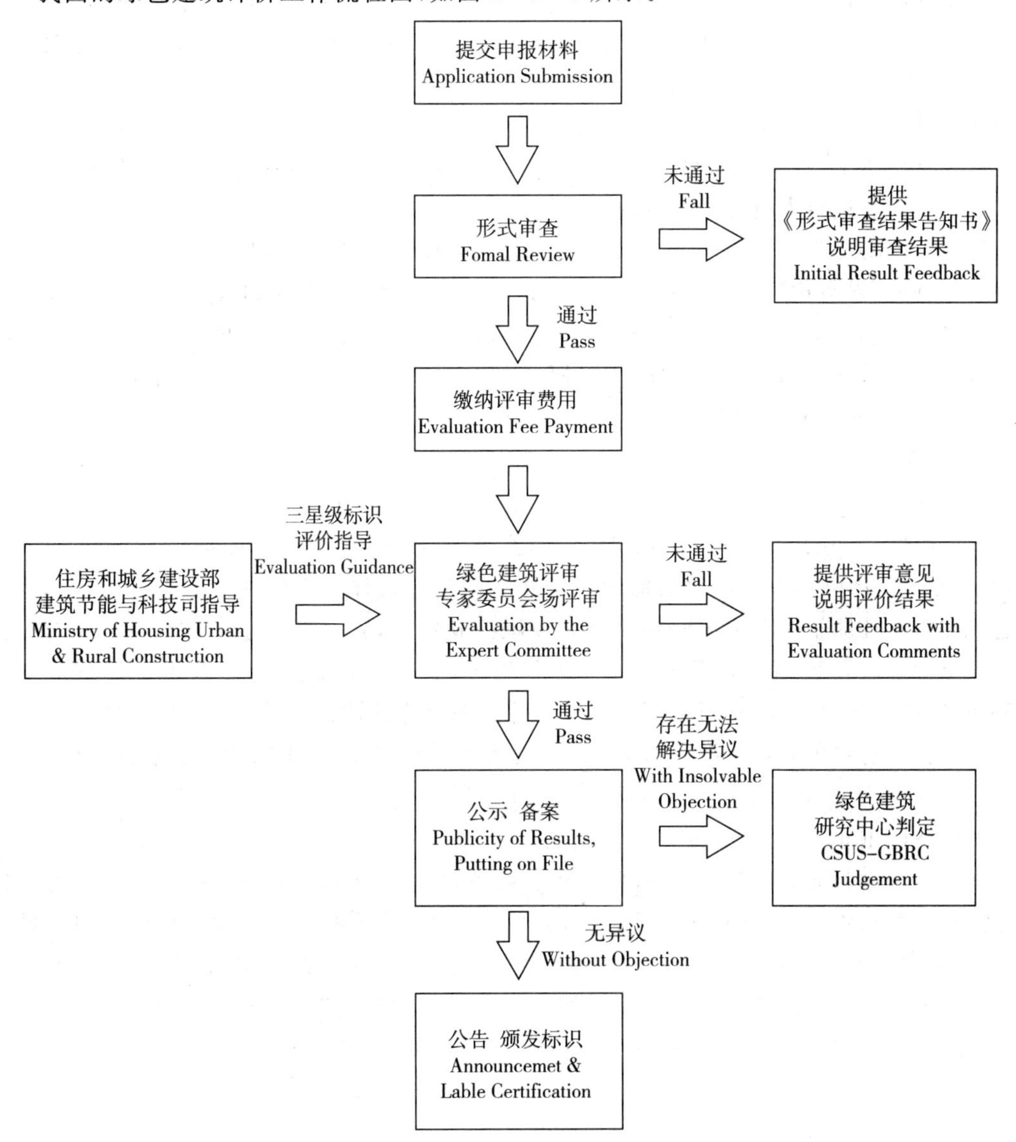

图2-2-3　绿色建筑评价工作流程图

2.2.2 亚洲其他各国及地区的绿色建筑评价体系

近些年来,亚洲很多国家及地区非常重视自身绿色建筑市场的发展,纷纷建立与其相应的绿色建筑评价体系。亚洲各地区建立绿色建筑评价体系的时间,如图 2-2-4 所示。

图 2-2-4 亚洲各地区建立绿色建筑评价体系的时间

1. 中国香港建筑环境评估标准(HK-BEAM)[13]

1997 年 1 月香港立法局正式通过了《环境影响评估条例》,并于 1998 年初由临时立法会通过环境影响评估程序的技术备忘录,使环境影响评估在香港得以有效实施。但这两份文件均未规定需对建筑物进行环境影响评估。为此,由香港房地产开发商协会主持,建筑服务工程局、香港科技大学、威尔士建筑学校、威尔士大学及 ECD 能源与环境局参与,编制了《香港建筑物环境评估方法》(HK-BEAM),其主要目的是促使空调型的办公大楼在设计、建造时能符合环境要求,缓解建筑物对环境的影响,并促使营造健康的室内环境。HK-BEAM 为建筑物的业主和运行人员提供了权威的指导。

《香港建筑环境评估标准》借鉴英国 BREEAM 体系主要框架,是一套主要针对新建和已使用的办公、住宅建筑的评估体系。该体系旨在评估建筑的整体环境性能表现。其中对建筑环境性能的评价归纳为场地、材料、能源、水资源、室内环境质量、创新与性能改进六大评估方面。在十几年的发展中,HK-BEAM 逐渐完善,于 2010 年和 2012 年分别推出更新版的 BEAM PLUS,作为原有 HK-BEAM 的升级。

2. 中国台湾绿色建筑策略 EEWH[14]

我国台湾地区的绿色建筑策略(简称 EEWH),是由生态(Ecology)、节能(Ecology Saving)、减废(Waste Reduction and Health)及健康(Health)四个大范畴的首字母的缩写组成,发起于 1999 年,是继香港之后的第二个建立绿色建筑评价策略的地区。我国台湾的绿色建筑评价标准的指标框架不同于亚洲其他国家和地区,它分为生态、节能、减废及健康四个一级指标。在新建筑物(EEWH-NC)的基础上,我国台湾的绿色建筑评价标准分别在 2009 年推出"生态小区(EEWH-EC)评价标准"、"都市热岛评估系统(EEWH-HI)",2010 年推出高科技厂房绿色评价标准(EEWH-EF)及既有建筑(EEWH-EB)绿色建筑评价标准。

3. 日本的绿色建筑评价标准及体系 CASBEE[15-18]

1)CASBEE 的产生背景

日本是典型的岛屿国家,资源和能源十分匮乏,强烈的资源危机意识促使着日本政府以战略的眼光看待资源短缺问题,并通过一系列的法律和政策措施实现国家能源的可持续发展。日本可持续建筑协会 JSBC 在日本国土交通省的支持下于 2001 年开始,由日本学术界、企业界专家、政府三方面联合组成"建筑综合环境评价委员会",进行"日本建筑物综合性能评体系" CASBEE (Comprehensive Assessment System for Building Environmental Efficiency)的研究。

2)CASBEE 的演变历史

CASBEE 系统采用生命周期评价法(Life Cycle Assessment,简称 LCA),即从建筑的设计、材料的制造、建设、使用、改建到报废的整个过程的环境负荷进行评价。CASBEE 的评价原理是根据已有的“生态效率”的概念，从建筑环境效率（Building Environmental Efficiency，简称 BEE）定义出发进行评价，试图评价建筑物在限定的环境性能下，通过措施降低环境负荷的效果。CASBEE 可对不同建筑类型、规模和建设生命周期不同阶段的特征进行评价。

（1）CASBEE 的版本及适用范围。CASBEE 有 4 个版本，称为 4 个“工具”：初步设计工具、环境设计工具、环境标签工具、可持续运营和更新工具。CASBEE 的适用范围可以划分为“非住宅类建筑”和“住宅类建筑”两大类，前者包括办公建筑、学校、商店、餐饮、集会场所、工厂，后者包括医院、宾馆、公寓式住宅。

（2）CASBEE 评价标准系列。2003 年日本可持续建筑协会 JSBC 颁布了最初的评价标准“CASBEE-事务所”，在随后的几年里颁布了：CASBEE-PD（新建建筑规划与方案设计）；CASBEE-NC（新建建筑设计阶段）；CASBEE-EB（既有建筑）；CASBEE-RN（改造和运行）；CASBEE-TC（临时建筑）；CASBEE-HI（热岛效应）；CASBEE-DR（地区，区域）；CASBEE-DH（独立住宅）等一系列的评价标准。2004 年，日本出台了用 CASBEE 对建筑物进行评价的第三方认定制度和 CASBEE 评价师认定制度，并且规定一些特定城市的建筑报批申请和竣工必须用 CASBEE 进行评价。

3）CASBEE 的评价思想及评价体系

（1）CASBEE 的评价思想

CASBEE 和 BREEAM、GBTOOL 等评价体系一样，主要采用权重评价体系。由学校、企业、政府团体组成的专业委员会通过专业评测的比较，并经案例试评最终确定了 CASBEE 的权重系数。但是，CASBEE 改进了 LEED、BREEAM、GBTOOL 等直接针对整个区域和地球环境容量界限进行评价的评价体系，而是假想了一个以用地边界和建筑最高点之间的封闭空间，并将这一封闭空间作为建筑环境效率评价的封闭体系，对建筑用地内外环境的负荷和质量进行综合评价，如图 2－2－5 所示。同时创新性的将“建筑物环境效率 BEE”这一生态效率的概念引入评价体系中作为评价指标。

（2）CASBEE 的评价体系

在使用 CASBEE 进行具体评估时，其评价的关键性指标是建筑环境效率指标 BEE（Building Environment Efficiency）。在 CASBEE 中，评估条例被划分成 Q（Quality）和 L（Load）两大类。其中，Q 是指建筑环境质量和为使用者提供服务的水平，包括 Q_1 室内环境、Q_2 服务性能、Q_3 室外环境等；L 是指能源、资源和环境负荷的付出，包括 LR_1 能源、LR_2 资源与材料、LR_3 建筑用地外环境等。每个指标又含若干子指标，各评价指标的权重值，如图 2－2－6 所示。

建筑物环境效率（BEE）＝SQ/SLR。BEE 值的计算方法是以参评项目最终的 Q 或 LR 得分为各个子项得分，再乘以其对应权重系数 S 的结果之和，得出 SQ 与 SLR，见表 2－2－2 所列。SQ/SLR 的比值即为建筑环境效率，比值越高，环境性能越好。建筑物消耗最小的 L 得到最大的 Q 时，我们称此建筑为绿色建筑。

BEE 指标对建筑物环境效率评价结果可表示在横轴为 L、纵轴为 Q 的图中，BEE 值则是原点（0，0）与评价结果坐标点（L，Q）连线的斜率。Q 越大，L 越小，斜率 BEE 也越大，表示建筑物的绿色水平越高，如图 2－2－7 所示。利用此方法，可以评定建筑物的绿色水平或等级。

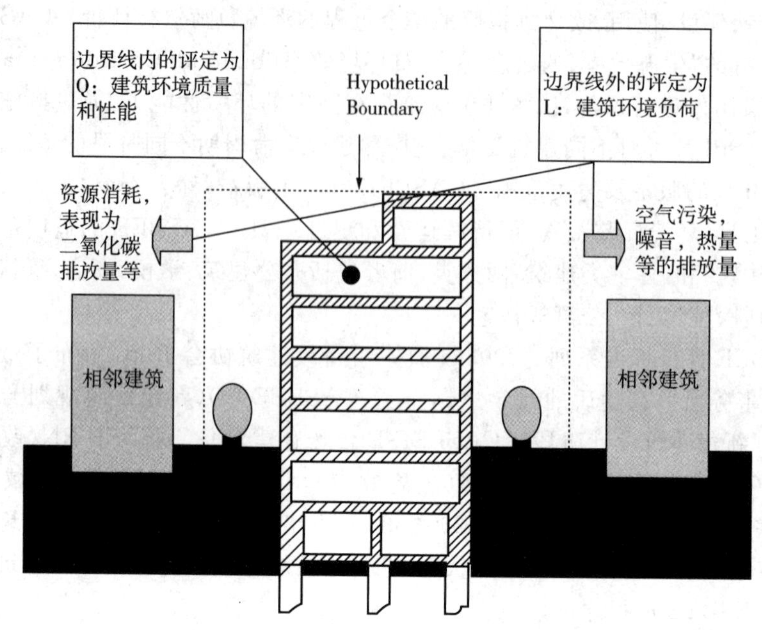

图 2-2-5 CASBEE 封闭空间的界定[18]

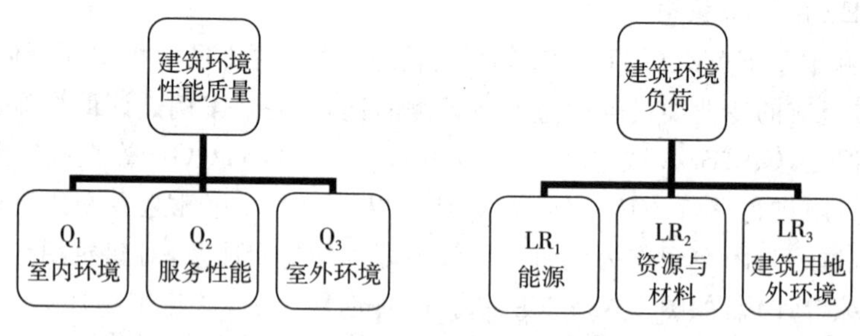

图 2-2-6 CASBEE 评价体系

表 2-2-2 Q、L 权重值

评价指标	Q_1	Q_2	Q_3	L_1	L_2	L_3
权重系数	0.50	0.35	0.15	0.50	0.30	0.20

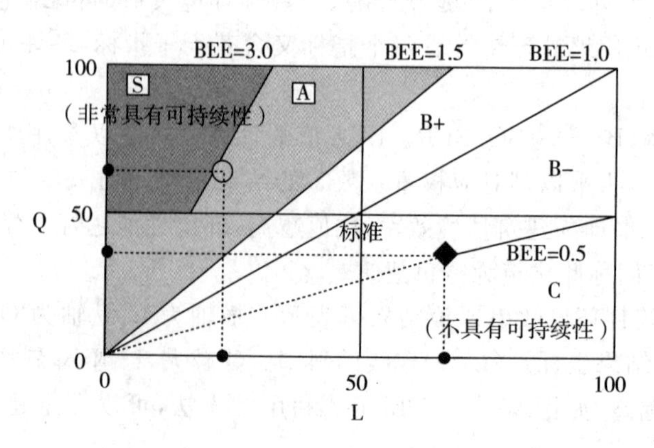

图 2-2-7 BEE 指标的 Q/L 二维图

CASBEE 采用 5 级评分制，基准值为 3 分；满足最低条件时评为水准 1 分，达到一般水准时为 3 分，最优为 5 分。依据评分将建筑物的绿色水平分为五个等级，即 S 级（特优）、A 级、B+级、B−级和 C 级（劣）。BEE 值等级图见表 2－2－3 所列。

表 2－2－3　BEE 值等级图

等级	评价	BEE 值	星级
S	极好	BEE≥3.0	☆☆☆☆☆
A	很好	3.0>BEE≤1.5	☆☆☆☆
B+	好	1.5>BEE≤1.0	☆☆☆
B−	一般	1.0>BEE≤0.5	☆☆
C	差	BEE≤0.5	☆

由于每个项目在建筑整体环境效率的提高方面所占的重要程度不同，各评估细项的得分需乘以事先确定的权重系数后才能将其相加，各项目的权重系数按表 2－2－4 进行选取。

表 2－2－4　评价项目的权重系数

	评价项目	工厂以外	工厂
Q_1	室内环境	0.40	0.30
Q_2	服务性能	0.30	0.30
Q_3	室外环境（建筑用地内）	0.30	0.40
LR_1	能源	0.40	
LR_1	资源与材料	0.30	
LR_1	建筑用地外环境	0.30	

CASBEE 使建筑物综合环境性能的质与量建立了联系，充分体现了可持续建筑所追求的“通过最少的环境荷载达到最大的舒适性改善”的思想，这一评价体系既从理念上使得绿色建筑概念明确化，又从表现形式上使其简明化。作为专业评价工具，不仅可以在设计阶段对设计师进行指导，还可以有效约束开发商、业主和设计师。

4. 韩国绿色建筑评价标准 GBCC(Green Building Certification Criterion)[19]

韩国的绿色建筑评价标准 GBCC 建立于 2001 年。韩国在 1997—2000 年，就已经开始逐渐发展应用于办公和居住的评价体系。2001 年底由韩国的能源研究所在借鉴 GBTOOL 的基础上，将已经建立的办公与居住的绿色建筑评价体系融合到韩国绿色建筑评价标准中。同时在市场推动下，2008 年又陆续推出办公建筑、学校等不同类型建筑适用的绿色建筑评价标准。

5. 新加坡绿色建筑评价体系 GREEN MARK[19]

新加坡绿色建筑评价体系 GREEN MARK，是由新加坡建设部于 2005 年建立，其在起草初期以 LEED 为蓝本，但在具体测评上是以新加坡本土气候为测评标准，被称为热带地区的 LEED。新加坡绿色建筑评价体系目前包含针对居住类、非居住类、学校、餐厅、公园等不同功能的建筑及场所的评价工具，是目前亚洲所有评价体系工具分类最为翔实的评价体系。

6. 马来西亚绿色建筑评价体系 GBI(Green Building Index)[19]

马来西亚绿色建筑评价体系 GBI 于 2009 年建立，是由马来西亚建筑师协会及马来西亚咨询工程师协会主导，目的是要推动国内绿色建筑物的发展。虽然马来西亚的绿色建筑指数评价体系建立较晚，但由于其借鉴了美国 LEED 及新加坡的绿色标志评价体系，近几年来得到迅速地应用和发展。

2.2.3 亚洲各国及地区的绿色建筑评价体系比较[19]

1. 亚洲各国及地区的绿色建筑评价标准、评价工具及发展趋势

亚洲各个国家及地区的绿色建筑评价标准都开始逐步发展完善。从表 2-2-5 可以看出，目前系统最完善的是日本的 CASBEE，其包含了从设计到创新的四个阶段，绿色建筑可以分别对应每个阶段以满足不同要求。另外，在建筑的使用功能和新旧建筑评价上，“新加坡的 GREEN MARK”和“马来西亚的 GBI”划分最为详细，根据建筑的不同功能设置不同的评价内容。同时，在绿色建筑的评价标准发展中，评价已经不仅仅局限于建筑单体，很多国家和地区开始制定关于城市中心区、街道、花园的评价标准。绿色建筑评价标准开始衍生到城市及各种功能区域。

表 2-2-5 亚洲各国及地区的绿色建筑评价标准、评价工具

评价工具	HK-BEAM (中国香港)	EEWH (中国台湾)	CASBEE (日本)	GBCC (韩国)	GREEN MARK (新加坡)	ESGB (中国)	GBI (马来西亚)
建筑评价	新建造建筑	新建造建筑	新建造建筑	多单元的 居住建筑	居住类 新建造建筑 非居住类 新建造建筑 新建数据中心	居住建筑	非居住类 新建造建筑 居住类 新建造建筑 工业新建造 建筑新建 数据中心
	既存建筑	既存建筑	既存建筑	混合功能建筑 -居住部分 混合功能建筑 -非居住 部分	既存居住 类建筑 既存非居住 类建筑 既存学校 既存数据中心	公共建筑	既存非居住 类建筑 既存工业 建筑 既存数据 中心
城市评价		绿色工厂	创新	办公建筑 学校	超市 餐馆、基础设施		
		生态城市	城市 城市区域 与建筑		街区 现有公园 既存公园		镇区

2. 亚洲各国及地区的绿色建筑评价标准一级指标框架

亚洲各国及地区的绿色建筑评价标准的一级指标，见表 2-2-6 所列，现有的绿色建筑评价指标体系的一级指标在划分上存在较大差别，一级指标的数量从 4～6 个不等。其中 7 个国家的评价体系中的指标都涉及能源的有效利用，可以看出各个国家及地区都把节能减

排放在首要位置。6 个国家的评价体系都涉及了室外环境，5 个国家的评价体系涉及基址和材料。在中国最新颁布的 2014 版 ESGB 中首次将施工管理加入到评价标准中，新增项内容促使绿色理念逐步贯彻到建设和运营阶段。

表 2-2-6　亚洲各国及地区的绿色建筑评价标准一级指标框架

HK-BEAM（中国香港）	EEWH（中国台湾）	CASBEE（日本）	GBCC（韩国）	GREEN MARK（新加坡）	ESGB（中国）	GBI（马来西亚）
场地因素		场地内室外环境和建筑用地外环境	土地利用和公共交通		节地与室外环境	可持续的场地规划和管理
材料因素		资源与材料	能源资源消耗和环境负载		节材与材料资源利用	材料资源
能源消耗	能源节约	能源节约		能源节约	节能与能源利用	能源节约
用水	—	—	—	节水	节水与水资源利用	节水
室内环境质量		室内环境质量	室内环境质量	室内环境质量	室内环境质量	室内环境质量
—	—	—	—	—	施工管理	
创造与革新	—	—	—	特点和创新		创新
—	—	—	—	—	运营和管理	
	生态		生态环境	环境保护	—	—
—	—	服务质量	—	—	—	—
	健康	—	—	—	—	—
	减废	—	—	—	—	—

针对亚洲各国及地区的绿色建筑评价标准的整体框架结构，通过表 2-2-6 可以看出，“中国的 ESGB”“中国香港的 HK-BEAM”“马来西亚的 GBI”在一级指标方面体系框架大体相同，延续了国际主流绿色建筑 LEED 的结构体系。而“中国台湾的 EEWH”和“日本的 CASBEE”在框架上相对独立，在评价体系指标和评价方法上区别于其他的体系标准。

3. 亚洲各国及地区发展绿色建筑评价体系的相关政策

绿色建筑的发展离不开国家及地区政策的支持和推动，其对相关政策的支持和导向是绿色建筑评价标准能广泛践行的关键。亚洲各国及地区开始将绿色建筑政策提高到政府层面，以政府作为先行者和实践者，从而带动绿色建筑标准的有效实施。同时一些国家和地区开始引入 CO_2 的量化计算，作为绿色建筑标准的量化指标。这些都是很好的政策导向和发展途径，使得亚洲的绿色建筑在数量及质量上整体得到大幅提升。

4. 总结

作为在亚洲相对后期才建立绿色建筑标准，我国在发展速度和力度上与其他国家相比还存在一定差距。我国应逐步完善绿色建筑评价标准以适应市场推广和技术发展需求，借鉴其他国家的有益经验，深入探索适合我国国情和特点的绿色建筑评价标准体系、评价工具和政策法规。

第3章　绿色建筑的规划设计

3.1　中国传统建筑的绿色经验

中国的传统建筑历史悠久，独树一帜，以其独特的魅力屹立于东方大地之上。传统建筑作为中国文化的物质载体，反映出中国古人所追求的审美境界、伦理规范以及对于自身的终极关怀。中国传统建筑在其演化过程中，不断丰富着建筑形态与营造经验，利用并改进建筑材料，形成稳定的构造方式和匠艺传承模式。这是人们在掌握当时当地自然条件特点的基础上，在长期的实践中依据自然规律和基本原理总结出来的，有其合理的生态经验、设计理念与技术特点。

3.1.1　中国传统建筑中体现的绿色观念

中国传统建筑在建造过程中遵循"人不能离开自然"的原则，从皇宫、园林等重大建筑到城乡中的田园宅舍，无论是聚落选址、布局、单体构造、空间布置、材料利用等方面，都受到自然环境的影响。

中国传统营造技术的特点是基本符合生态建筑标准的，通过对"被动式"环境控制措施的运用，在没有现代采暖空调技术、几乎不需要运行能耗的条件下，创造出了健康、相对适宜的室内外物理环境。因此，相对于现代建筑，中国的传统建筑特别是民居建筑，具有的生态特性或绿色特性很多方面是我们值得借鉴的经验。

1."天人合一"的思想

"天人关系"，即人与自然的关系；"天"是指大自然；"天道"就是自然规律；"人"是指人类；"人道"就是人类的运行规律。"天人合一"是中国古代的一种政治哲学思想，指的是人与自然之间的和谐统一，体现在人与自然的关系上，就是既不存在人对自然的征服，也不存在自然对人的主宰，人和自然是和谐的整体。"天人合一"的思想最早起源于春秋战国时期，经过董仲舒等学者的阐述，由宋明理学总结并明确提出，其基本思想是人类的政治、伦理等社会现象是自然的直接反映。

中国传统的建筑文化也崇尚"天人合一"的哲学观，这是一种整体的关于人、建筑与环境的和谐观念。建筑与自然的关系是一种崇尚自然、因地制宜的关系，从而达到一种共生共存的状态。中国传统聚落建设、中国传统民居的风水理论，同样寻求天、地、人之间最完美和谐的环境组合，表现为重视自然、顺应自然、与自然相协调的态度，力求因地制宜、与自然融合的环境意识。中国传统民居的核心是居住空间与环境之间的关系，体现了原始的绿色生态思想和原始的生态观，其合理之处与现代住宅环境设计的理念不谋而合。江西婺源徽州古村落，如图 3-1-1 所示。

下面以徽州古民居的规划及设计营造思想为例，探讨现代建筑特别是居住建筑可以借鉴的绿色经验。

1)徽州古村落的绿色设计理念

(1)规划选址的原则和格局体现的风水思想

徽州古村落的规划选址、设计营造均无一例外的要求与地形地貌、朝向风向、防灾避灾等要求符合,无论是城镇、还是单座民居,选址模式和意象都非常讲究寻求理想的生态环境和独特的自然景观。"后高前低""狭长天井""封火马头墙"等是其共有的特点。

图3-1-1　江西婺源徽州古村落

美国生态建筑学家吉·戈兰尼指出:"中国的住宅、村庄和城市设计,具有与自然和谐并随大自然的演变而演变的独特风格。"从风水理论看来,居所的选择,无论其方位、规模、内外空间的界定和流通,都要与自然环境相融合,通过对"生气"的迎、纳、聚、藏等处理手法来感受自然,使居所与自然环境有机地融为一体。

"藏风聚气"是中国传统风水理论中理想的居住环境。徽州古村落中典型的模式为"负阴抱阳,背山面水",即所谓"枕山、环水、面屏""依山造屋,傍水结村",如图3-1-2所示。"背山"可以挡住冬季北方袭来的寒流;"面水"可以接受夏季东南的凉风;"向阳"可获得良好的日照;"近水"可提供足够的饮用水及农田用水,既便于交通,又利于排除雨雪积水,防止洪涝淹没房屋,同时还改善了视觉的封闭感,使建筑层次优美,利于形成良性的生态循环。徽州古村落的规划注重体现生态效应,最典型的为黟县宏村牛形村、歙县唐模的小西湖等,这些实例都为今人留下了很好的启迪。

(2)古村落"水口园林"体现的生态观

美国生态设计学专家托德认为,中国风水中具有鲜明的生态实用性。"水口"是徽州民居的又一大特色,"水口"园林大都建于村落入口,"水口者,一方众水所总出处也"。水口处多广植乔木,以银杏树为多,还点缀凉亭水榭,风景优美。古村落唐模的水口园林,如图3-1-3所示。

村落水口的林木能使村落居民冬季屏蔽寒风,夏季遮挡骄阳,又能涵养水源、吸附尘砂和净化空气。此外,村落水系既汲取充沛水源,又可防止洪涝,建立排灌水渠以利耕作。村落给水体系与排水体系分流设计形成网络,尤其是对生活污水,采用生物净化处理方法,通过污水道排入村外水圳或农田,既提高水的重复利用,又减少对环境污染[4]。此外,设置室外污水发酵池和净化池,利用莲藕吸附污泥和乌龟吃掉浮游微生物,来净化水质、降低污水排放。这种体现生态平衡思想的园林规划,使村落聚居环境和自然生态相结合,符合现代人类可持续的生态建筑观。

(3)民居的平面布局以"天井"为特色,体现被动式节能思想

中国的传统建筑和绿色理念有很深的渊源,在很多的传统住宅中,虽然形式各样,但很重要的特点是都有天井。如北京的四合院,云南、贵州的"四合五天井",福建的"土楼";广东的"碉楼",还有少数民族的吊脚楼、筒子楼等。

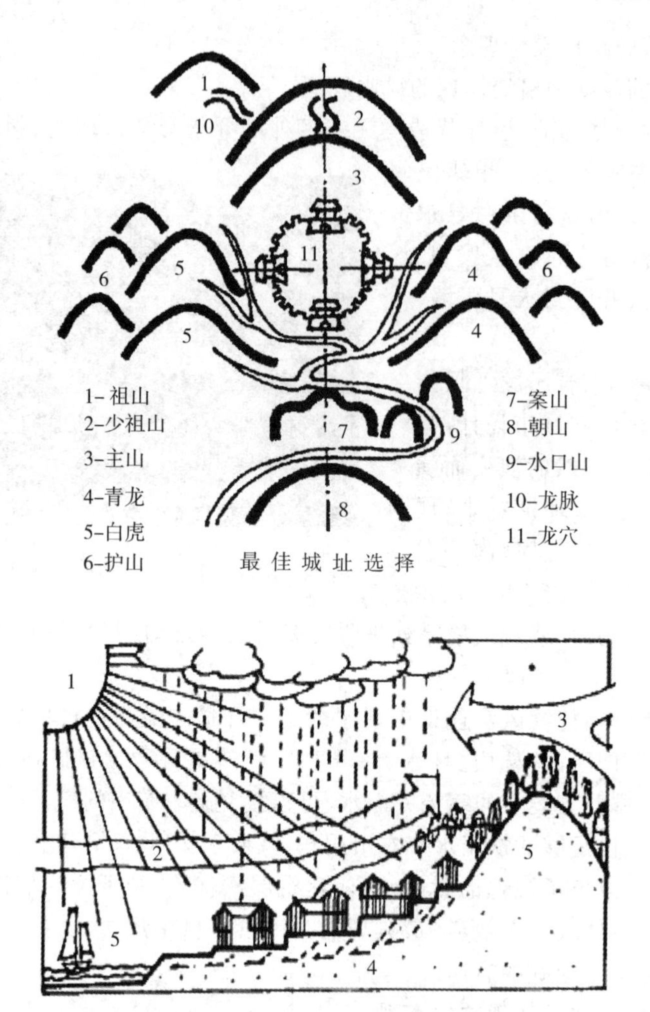

图 3-1-2 风水观念中宅、村、城的最佳选址

徽州民居以天井为特点，屋内的采光、通风、排水全依赖于天井。其四合院的平面布局，实现了建筑与自然环境的有机结合和天然的生态节能思想。因为所有的屋顶都是向院内倾斜的，下雨的时候，雨水会从“四角的天空”飞流而下，这就是有名的徽州民居的“四水归堂”，如图 3-1-4 所示。“四水归堂”寓意“肥水不外流”，反映了徽州人单门独户，一心聚财的心理。

图 3-1-3 古村落唐模的水口园林

图 3-1-4 徽州民居的“四水归堂”

徽州民居朝向以东或东南向为主，充分利用自然采光，并顺应当地主导风向，有利于形成室内自然通风。通过天井合理组织室内自然通风、汇集雨水、夏季遮阳；院内设水池盆景绿化调节室内湿度，冬暖夏凉，可谓古代的天然空调。中国的这种传统建筑的形态造就了良好的居住环境，体现了古人非凡的智慧[1]。

徽州民居从俯视的角度看，以天井为中心，向四周扩展，形成院落相套的格局，这也是徽州人“聚族而居”的显著特点。随着时间推移和人口增长，各院落单元还可以拆分，扩展和完善，体现了徽人崇尚几代同堂、几房同堂的习俗。

徽州民居平面形状大都为矩形，柱网尺寸接近现代模数，开间不大，进深较大，使住宅的传热耗热值较低，能耗较少。房屋利用天井采光，光线通过二次折射，少眩光而具有柔和感。一般正屋面阔三间，中间堂屋面临天井敞开，是一家生活起居活动中心。两边厢房，堂屋两边的次间是卧室，卧室一般向外墙都不开窗，但均有开向天井一面的花窗，既满足防盗安全的需要，又能减少通过窗散失热量，也符合聚财的思想[1]。常见的徽州民居平、立面图，如图3-1-5所示。

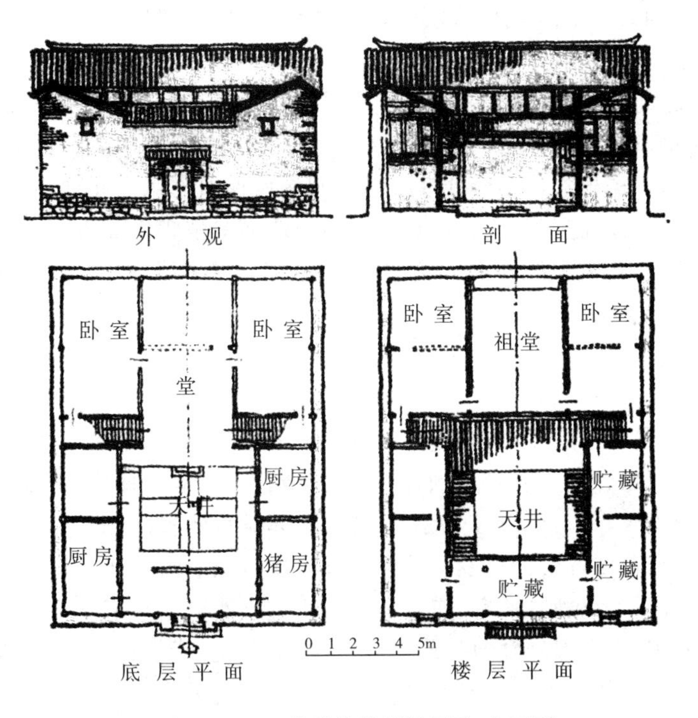

图3-1-5　常见的徽州民居平、立面图

2)徽州民居的绿色经验对现代居住建筑规划设计的借鉴意义

(1)借鉴其自然环境观的思想

现代居住建筑的规划布局可以借鉴这种利用自然条件，重视自然生态气候因素的设计方式。城市的地貌条件、自然通风、防风、植物的覆盖率(有供氧、遮阴、挡风、平衡温度作用)等都间接地影响着城市中建筑的能源消耗。在居住建筑的布局结构中，人工环境应与总体平衡的自然环境紧密结合；建筑和街道尽可能面向太阳，街道的走向应利于通风和防风；街道及建筑间距要利于居住建筑的防火安全；重视植被在遮阴、防风、供氧、吸尘、平衡温度等方面的功能；尽可能利用天然水源或中水系统，以点状水(如湖、塘、池)或带状水流的形式形成循环水系，改善环境景观，提高环境质量。另外，现代居住环境还应从功能和社会角度考虑，使居住、生产、服务、文化、休闲等城市功能相互协调。

(2)借鉴其被动式节能的设计手法

日照和通风是影响室内环境质量最主要的因素。现代生态节能住宅建筑设计首先应尽量结合气候特点，采用自然通风、自然采光的方法，减少住宅对能源的依赖。生态节能住宅朝向宜朝南布置；住宅东、西向外窗应进行遮阳处理，减少夏季太阳辐射进入室内；选择合适的建筑间距，既考虑到节地的需要，又可利用合适的自然通风降低周围环境温度、改善住宅内的空气品质；进风口要面向夏季主导风向，设置导风板或立面构架，把当地主导风导入朝向位置不很好的房间；平面尺寸应选择相对较大的进深，使住宅传热耗热值较低，能耗较少。但建筑的总进深不应大于 15 米，以利于自然通风[1]。

(3)借鉴其改善环境和调节微气候的方式

① 充分利用太阳能和可再生能源。徽州民居南向的院子冬天几乎处于“全天候”的日照，直接利用太阳能，并结合种植绿色植物，具有改善环境和调节微气候的功能。现代住宅设计应积极利用主动式太阳能集热器取得生活热水并利用太阳能采暖。此外，发展风能发电、地热采暖和沼气等都是利用生态持续性能源的有效措施。

② 充分利用建筑绿化。结合建筑绿化，即利用庭院、屋顶、阳台、内外廊、墙面、架空层、中间层、圈梁出挑槽及室内绿化等措施，利用植物的光合作用和蒸腾作用，在夏季使住宅的遮挡面的温度降低；冬季植物的落叶残茎又能起到构件保温作用。此外，利用建筑物周围合理布置树木，不但可以冷却空气，而且可导引风向。墙面栽植爬山虎也不失为一种简单有效的方法。据实测，攀有爬山虎的外墙面夏季可降温 7℃，提高湿度 10%，并有利于吸尘和消音，又增加了垂直绿化面积[1]。

2.“师法自然”与“中庸适度”

1)“师法自然”

“师法自然”原文来自《老子》，“人法地，地法天，天法道，道法自然”。“师法自然”是以大自然为师加以效法的意思，即一切都自然而然，由自然而始，是一种学习、总结并利用自然规律的营造思想。归根到底，人要以自然为师，就是要遵循自然规律，即所谓的“自然无为”。

英国学者李约瑟曾评价说：“再没有其他地方表现得像中国人那样热心体现他们伟大的设想‘人不能离开自然’的原则，皇宫、庙宇等重大建筑当然不在话下，城乡中无论集中的，或是散布在田园中的房舍，也都经常地呈现一种对‘宇宙图案’的感觉，以及作为方向、节令、风向和星宿的象征主义。”如汉代的长安城，史称“斗城”，因其象征北斗之形，从秦咸阳、汉长安到唐长安，其城市选址和环境建设，都在实践中不断汲取前代的宝贵经验，至今仍有借鉴学习之处。

2)“中庸适度”

(1)“中庸适度”的概念。《中庸》出自《易经》，摘于《礼记》，是由孔子的孙子子思整理编定。《中庸》是“四书”中的“一书”，全书三十三章，分四部分，所论皆为天道、人道、讲求中庸之道，即把心放在平坦的地方来接受命运的安排。中庸，体现出一定的唯物主义因素和朴素的哲学辩证法。适度，是中庸的得体解析，对中国文化及文明传播具有久远的影响。其不偏不倚，过犹不及的审美意识，对中国传统建筑发展影响颇深。“中庸适度”即一种对资源利用持可持续发展的理念，在中国人看来，只有对事物的发展变化进行节制和约束，使之“得中”，才是事物处于平衡状态长久不衰而达到“天人合一”的理想境界的根本方法。

(2)“中庸适度”的建筑空间尺度。“中庸适度”的原则表现在中国古代建筑中的很多方面，“节制奢华”的建筑思想尤其突出，如传统建筑一般不追求房屋过大。《吕氏春秋》中记载“室大则多阴，台高则多阳，多阴则蹶，多阳则痿，此阴阳不识之患也；是故先王不处大室，不为高台”。还有“宫室得其度”“便于生”“适中”“适形”等，实际都是指要有宜人的尺度控制[7]。《论衡·别通篇》中也有这样的论述：“宅以一丈之地以为内”，内即内室或内间，是以“人形一丈，正形也”为标准而权衡的。这样的室或间又有丈室、方丈之称。这样的室或间构成多开间的建筑，进而组成宅院或更大规模的建筑群，遂有了“百尺”“千尺”这个重要的外部空间尺度概念，而后世风水形势说则以“千尺为势，百尺为形”作为外部空间间设计的基准[7]。人之形为基准的古代建筑尺度构成，如图 3-1-6 所示。

图 3-1-6　人之形为基准的古代建筑尺度构成[7]

3.1.2　中国传统建筑中体现的绿色特征

1. 自然因素对建筑形态与构成的影响

自然因素在中国传统建筑的形态生成和发展过程中所起的作用和影响不尽相同，但总体上呈现出以下特征，即从“被动地适应自然→主动地适应和利用自然→巧妙地与自然有机相融”的过程。

1)自然气候、生活习俗对建筑空间形态的影响

对传统建筑形态的影响分为两个主要因素，即自然因素和社会文化因素，人的需求和建造的可能性决定了传统建筑形态的形成和发展。在古代技术条件落后的条件下，建筑形态对自然条件有着很强的适应性，这种适应性是环境的限定结果，而不由人们的主观决定。不论东方和西方，远古和现代，自然中的气候因素、地形地貌、建筑材料条件均对建筑的源起、构成及发展起到最基本和直接的影响。

(1)气候因素的影响。自然因素中最主要的是气候因素。我国从南到北跨越了五个气候区，热带、亚热带、暖温带、中温带和亚温带。其东南多雨，夏秋之间常有台风来袭；而北方冬春二季为强烈的西北风所控制，较干旱。由于地理、气候的不同，我国各地建筑材料资源也有很大差别。中原及西北地区多黄土，丘陵山区多产木材和石材，南方则盛产竹材。各地建筑因而也就地取材，形成了鲜明的地方特色。傣族竹楼如图 3-1-7 所示。

(2)生活习俗因素的影响。传统民局的空间形态受地方生活习惯、民族心理、宗教习俗和区域气候特征的影响，其中气候特征对前几方面都产生一定的影响，同时也是现代建筑设

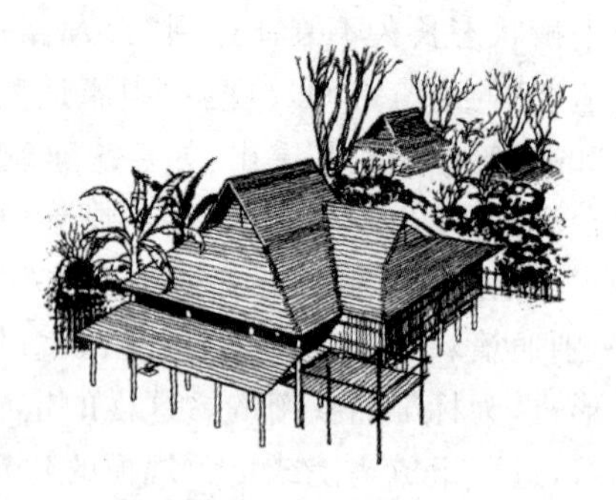

图 3-1-7 傣族竹楼

计中最基本的影响因素，具有超越其他因素的区域共性。天气的变化直接影响了人们的行为模式和生活习惯，反映到建筑上，相应的形成了开放或封闭的不同的建筑空间形态。

(3)受自然因素影响的不同地域建筑的空间表现形态。巨大的自然因素差异导致不同地域建筑的独特时空联系方式、组织次序和表现形式，从而形成了我国丰富多彩的传统建筑空间表现形态。

① 高纬度严寒地区的民居。其建筑形态往往表现为严实墩厚、立面平整、封闭低矮，这些有利于保温御寒、避风沙的措施，是为了适应当地不利的气候条件。例如藏族的碉楼，如图 3-1-8 所示。

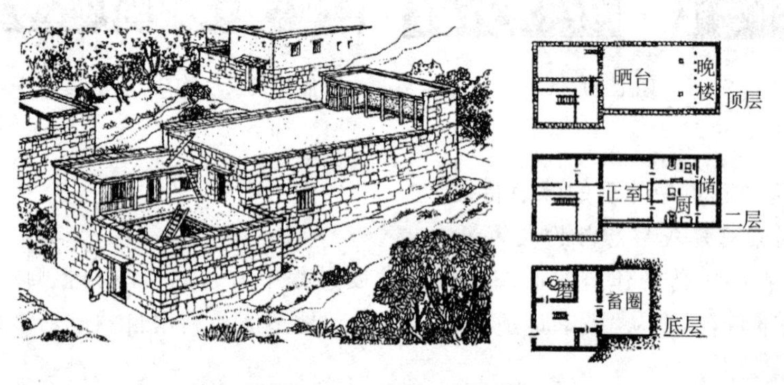

图 3-1-8 藏族的碉楼[7]

② 干热荒漠地区的居住建筑。形态表现为内向封闭、绿荫遮阳、实多虚少，通过遮阳、隔热和调节内部小气候的手法来减少高温天气对居住环境的不利影响。例如新疆的阿以旺民居，如图 3-1-9 所示。

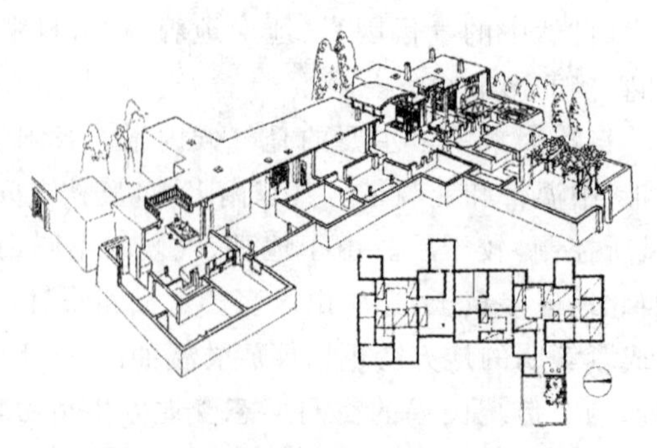

图 3-1-9 新疆的阿以旺民居[7]

③ 气温宜人地区的居住建筑。此地区的人们的室外活动较多，建筑在室内外之间常常安排有过渡的灰空间，如南方的“厅井式民居”都具备这种性质。灰空间除了具有遮阳的功效，也是人们休闲、纳凉、交往的场所，如图 3-1-10 所示。

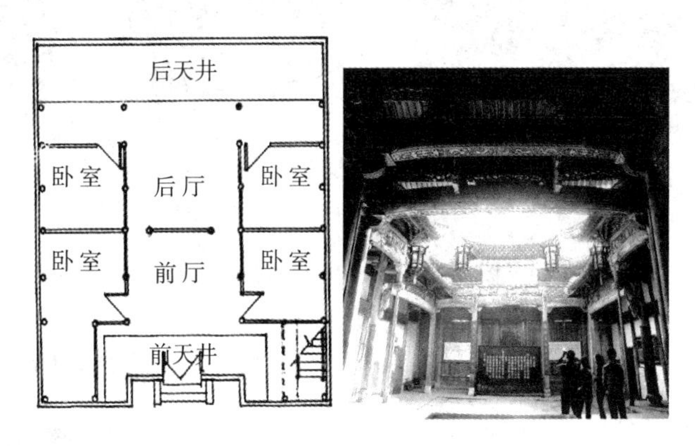

图 3-1-10　南方的“厅井式民居”

④ 黄土高原地区的窑居建筑。除了利用地面以上的空间，传统建筑还发展地下空间以适应恶劣气候，尤其在地质条件得天独厚的黄土高原地区，如陕北地区的窑居建筑（图 3-1-11）。

⑤ 低纬度湿热地区的民居建筑。其建筑形态往往表现为峻峭的斜屋面和通透轻巧、可拆卸的围护结构，以及底部架空的建筑形式，例如云南、广西的傣、侗族民居（图 3-1-7）和吊脚楼民居（图 3-1-12），它们能很好地适应多雨、潮湿、炎热的气候特点[7]。

图 3-1-11　黄土窑洞

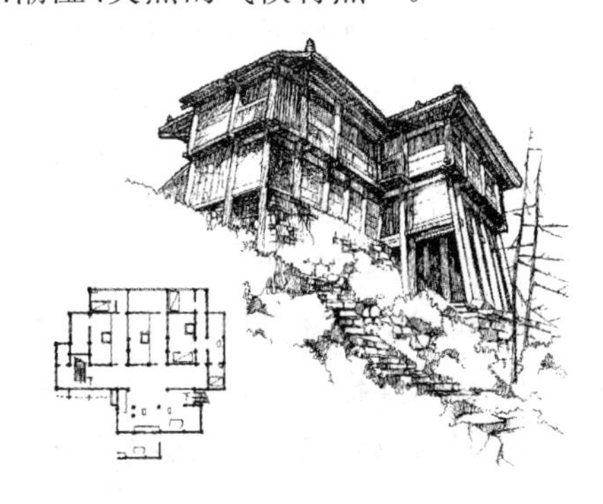

图 3-1-12　吊脚楼民居[7]

(4)不同地区四合院的空间布局及院落特征。传统建筑常常通过建筑的围合形成一定的外部院落空间，即四合院，来解决自然采光、通风、避雨和防晒问题。但是南、北方的四合院在空间布局及院落特征上略有不同。

① 南方四合院（图 3-1-13）。其四面房屋多为楼房，而且在庭院的四个拐角处房屋是相连的，东、西、南、北四面的房屋并不独立存在。常见的江南庭院有如一“井”，所以南方常将庭院称为“天井”。

② 北方四合院（图 3-1-14）。以北京四合院为代表，其中心庭院从平面上看基本为正方形，东、西、南、北四个方向的房屋各自独立，东西厢房与正房、倒座的建筑本身本不相连，而且正房、厢房、倒座等所有房屋都为一层，没有楼房，连接这些房屋的只是转角处的游廊。

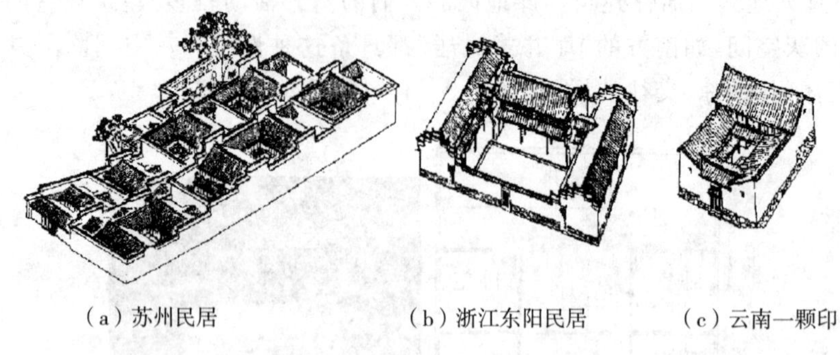

(a)苏州民居 (b)浙江东阳民居 (c)云南一颗印

图 3-1-13 南方四合院[7]

这样北京四合院从空中鸟瞰,就像是四座小盒子围合成的一个院落。

③ 其他地区的四合院。山西、陕西一带的四合院民居院落,是一个南北长而东西窄的纵长方形;四川等地的四合院的庭院又多为东西长而南北窄的横长方形。

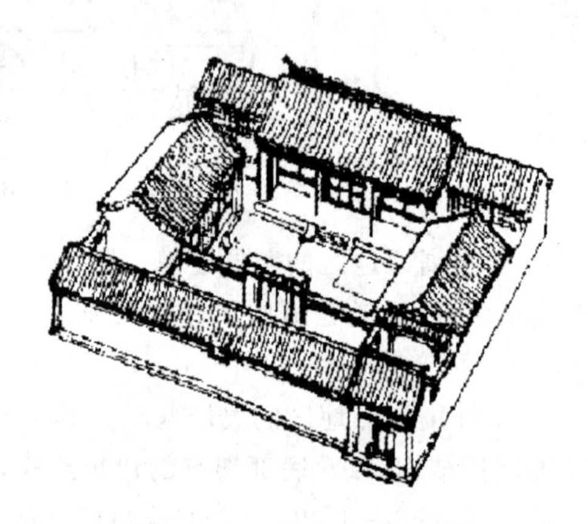

图 3-1-14 北京四合院[7]

这些不同地区的民居建筑都是对当地气候条件因素及生活习俗因素的形态反应和空间表现。因此,对地域传统建筑模式的学习,首先是学习传统建筑空间模式对地域性特色的回应,以及不同地域建筑中符合"绿色"精神的建筑空间表达和传递的绿色思想和理念。

2)自然资源、地理环境对建筑构筑方式的影响

建筑构筑形态强调的是建造技术方面,它是通过建筑的实体部分,即屋顶、墙体、构架、门窗等建筑构件来表现的。建筑的构筑形态包括建筑材料的选择和其构筑方式。

(1)建筑材料的选择。建筑构筑技术首先表现在建筑材料的选择上。古人由最初直接选用天然材料(如黏土、木材、石材、竹等),发展到后来增加了人工材料(如瓦、石灰、金属等)的利用。传统民居根据一定的经济条件,因尽量选用各种地方材料而创造出了丰富多彩的构筑形态。

(2)建筑的构筑方式[10]。木构架承重体系,是中国传统建筑构筑形态的一个重要特征,民居的木构架有抬梁式、穿斗式和混合式等几种基本形式,可根据基地特点做灵活的调节,对于复杂的地形地貌具有很大的灵活性和适应性。因此,在当时的社会经济技术下,木构架体系具有很大的优越性。

① 穿斗式木构架。是中国古代建筑木构架的一种形式,这种构架以柱直接承檩,没有梁,原称做"穿兜架",后简化为"穿逗架"和"穿斗架",如图 3-1-15 所示。穿斗式构架以柱承檩的作法,已有悠久的历史。在汉代画像石中就可以看到。穿斗式构架是一种轻型构架,屋顶重量较轻,防震性能优良。其用料较少,建造时先在地面上拼装成整榀屋架,然后竖立起来,具有省工、省料,便于施工和比较经济的优点。

② 抬梁式木构架。是在立柱上架梁,梁上又抬梁,也称叠梁式,是中国古代建筑木构架

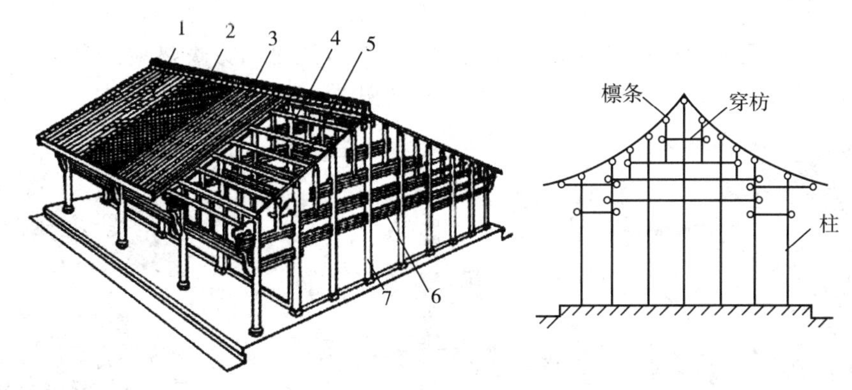

图 3－1－15　穿斗式木构架示意图

1－瓦；2－竹篾编织物；3－椽条；4－檩条；5－斗枋；6－穿枋；7－柱

的主要形式，至少在春秋时已经有了。这种构架的特点是在柱顶或柱网上的水平铺作层上，沿房屋进深方向架数层叠架的梁，梁逐层缩短，层间垫短柱或木块，最上层梁中间立小柱或三角撑，形成三角形屋架。相邻屋架间，在各层梁的两端和最上层梁中间小柱上架檩，檩间架椽，构成双坡顶房屋的空间骨架。房屋的屋面重量通过椽、檩、梁、柱传到基础（有铺作时，通过它传到柱上），如图 3－1－16 所示。抬梁式使用范围广，在宫殿、庙宇、寺院等大型建筑中普遍采用，更为皇家建筑群所选，是我国木构架建筑的代表。抬梁式构架所形成的结构体系，对中国古代木构建筑的发展起着决定性的作用，也为现代建筑的发展提供了可借鉴的经验。

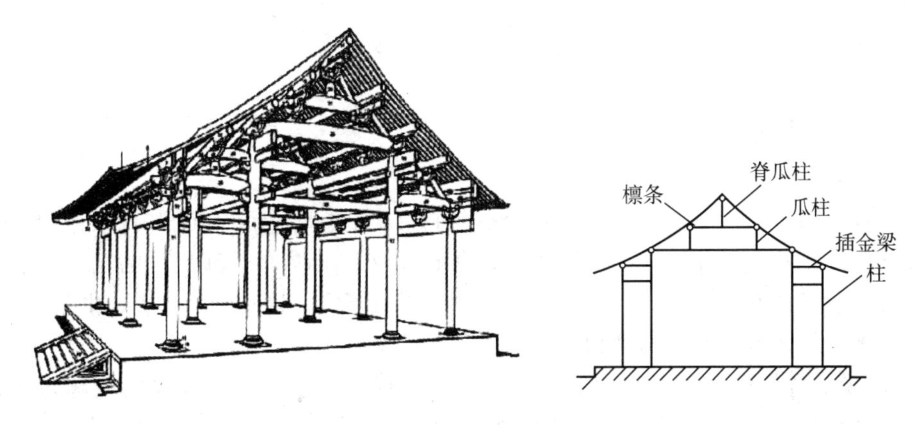

图 3－1－16　抬梁式木构架

2. 环境意象、视觉形态、审美心理与对建筑形态与构成的影响

建筑是一种文化现象，它受到人的感情和心态方面的影响，而人的感情和心态又是来源于特定的自然环境和人际关系。对建筑的审美心理属于意识形态领域的艺术范畴的欣赏。

对建筑美的欣赏可以分为从“知觉欣赏”到“情感欣赏”再上升到“理性欣赏”的三部曲，这是从感性认识到理性认识的过程，也是从简单的感官享受到精神享受的过程。即人们对于建筑环境的整体“意象”的知觉感受，如果符合人们最初的基本审美标准，就会认为建筑符合这个场所“永恒的环境秩序”，人们会感受到身心的愉悦与认同，进而上升到思维联想的过程[13]。

此外，建筑的视觉形态还会从心理上影响人们的舒适感觉，如南方民居建筑的用色比较偏好冷色，如灰白色系，冷色能够给人心理上的凉爽感，这是南方炎热地区多用冷色而少用暖色的根本原因之一。宏村古民居的环境意象，如图 3-1-17 所示。

图 3-1-17 宏村古民居的环境意象

3.2 绿色建筑的规划设计

伴随着经济发展和城市化进程的加快，城市人口及规模也日益增长，城市出现了普遍的粗放型扩张，城市的规划和管理问题逐渐凸显。绿色城市规划是在保护自然资源的基础上，以人为本的建设适宜人居的生态型城市。绿色城市规划的重点在于以自然为源、创新为魂、保护为本，而不是简单的绿化所能替代的。

首先，我们来界定一下建筑设计领域中各种设计概念的区别及相互关系。

3.2.1 建筑领域内常见的几个概念

1. 建筑设计

广义的建筑设计是指设计一个建筑物或建筑群所要做的全部工作。由于科学技术的发展，建筑设计工作常涉及建筑学、结构学以及给水、排水，供暖、空气调节、电气、燃气、消防、防火、自动化控制管理、建筑声学、建筑光学、建筑热工学、工程估算，园林绿化等方面的知识，需要各种专业技术人员的密切协作。

通常所说的建筑设计，是指"建筑学专业"范围内的工作，它所要解决的问题包括：建筑物内部各种使用功能和使用空间的合理安排；建筑物与周围环境、与各种外部条件的协调配合；建筑内部和外观的空间及艺术效果设计；建筑细部的构造方式；建筑与结构及各种设备工程的综合协调等。因此，建筑设计的主要目标主要是对建筑整体功能关系的把握，创造良好的建筑外部形象和内部空间组合关系。建筑设计的参与者主要为建筑师、结构工程师、设备工程师等。

2. 城市规划

城市规划是为了实现一定时期内城市的经济和社会发展目标，确定城市性质、规模和发展方向，合理利用城市土地，协调城市空间布局和各项建设所做的综合部署和具体安排。城市规划是建设城市和管理城市的基本依据，在确保城市空间资源的有效配置和土地合理利用的基础上，是实现城市经济和社会发展目标的重要手段之一。

城市规划建设，主要包含两方面的含义，即城市规划和城市建设。

1)城市规划。是指根据城市的地理环境、人文条件、经济发展状况等客观条件制定适宜的城市整体发展计划，从而协调城市各方面的发展，并进一步对城市的空间布局、土地利用、基础设施建设等进行综合部署和统筹安排的一项具有战略性和综合性的工作。城市规划主要是政府控制制定一些相应的指标，为城市建设指明方向、做出限定。其具有抽象性和数据化的特点。城市规划的参与者主要为政府、规划师、社会学家等。

2)城市建设。是指政府主体根据规划的内容，有计划地实现能源、交通、通讯、信息网络、园林绿化以及环境保护等基础设施建设，是将城市规划的相关部署切实实现的过程。

3. 景观设计

景观设计与规划、生态、园林、地理等多种学科交叉融合，在不同的学科中具有不同的意义。景观设计更注重去更好地协调生态、人居地、地标及风景之间的关系。

景观建筑学(Landscape Architecture)，是介于传统建筑学和城市规划的交叉学科，也是一门综合学科，其研究的范围非常广泛，已经延伸到传统建筑学和城市规划的许多研究领域，比如城市规划中的风景与园林规划设计、城市绿地规划；建筑学中的环境景观设计等。

景观建筑学的理论研究范围，在人居环境设计方面，侧重从生态、社会、心理和美学方面研究建筑与环境的关系；其实践工作范围，包括区域生态环境中的景观环境规划、城市规划中的景观规划、风景区规划、园林绿地规划、城市设计，以及建筑学和环境艺术中的园林植物设计、景观环境艺术等不同工作层次。它涉及的工作对象可以从城市总体形态到公园、街道、广场、绿地和单体建筑，以及雕塑、小品、指示牌、街道家具等从宏观到微观的层次。景观设计和建筑设计都从属于城市设计中。

4. 城市设计

城市设计(Urban Design)，又称都市设计，是以城市作为研究对象，介于城市规划、景观建筑与建筑设计之间的一种设计。现在普遍接受的定义是“城市设计是一种关注城市规划布局、城市面貌、城镇功能，并且尤其关注城市公共空间的一门学科”。

城市设计与具体的景观设计或建筑设计又有所区别，城市设计处理的空间与时间尺度远较建筑设计为大，主要针对一个地区的景观及建筑形态、色彩等要素进行指导；比起城市规划设计又要更加具体，其具有具体性和图形化的特点。城市设计的复杂过程在于，以城市的实体安排与居民的社会心理健康的相互关系为重点，通过对物质空间及景观标志的处理，创造一种物质环境，既能使居民感到愉快，又能激励其社区(community)精神，并且能够带来整个城市范围内的良性发展。城市设计的研究范畴与工作对象，过去仅局限于建筑和城市相关的狭义层面，现在慢慢成为一门综合性的跨领域学科。城市设计的参与者包括规划师、建筑师、政府等。

5. 环境设计

环境设计又称“环境艺术设计”，属于艺术设计门类，其包含的学科主要有建筑设计、室内设计、公共艺术设计、景观设计等，在内容上几乎包含了除平面和广告艺术设计之外其他所有的艺术设计。环境设计以建筑学为基础，有其独特的侧重点，与建筑学相比，环境设计更注重建筑的室内外环境艺术气氛的营造；与城市规划设计相比，环境设计则更注重规划细节的落实与完善；与园林设计相比，环境设计更注重局部与整体的关系。环境艺术设计是“艺术”与“技术”的有机结合体。

3.2.2 绿色城市规划设计

1. 城市规划的发展历史

城市规划经历了以下几个主要历史发展过程：

19世纪末，以理想城市为目标的“田园城市”理论；功能主义导向的灰色城市规划；生态观念下的绿色城市规划。

工业革命前的城市发展缓慢，早期的城市规划是一种建立在物质空间系统设计基础上的专业工作，其设计的重要内容为追求城市空间系统视觉形式上的壮观、华美与建筑风格上的特色。城市的地理特点，如自然水系与地形的线性要素主导着城市空间形态的演进。如“中国古都北京的格网城市”(图3-2-1)“美国华盛顿的轴线空间”“法国巴黎的环形放射形式”等城市脉络都体现这一特点[1-2]。

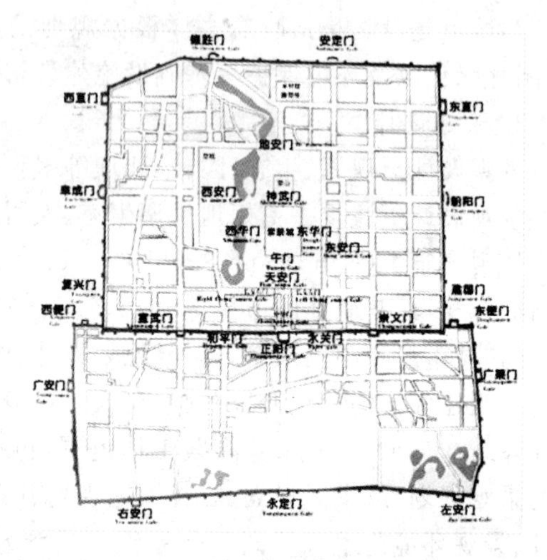

图3-2-1 古都北京的格网城市

如华盛顿中心区规划设计，法国设计师朗方合理利用了基地特定的地形、地貌、河流、方位、朝向等条件，将华盛顿规划成一个宏伟的方格网加放射性道路的城市格局，如图3-2-2所示。华盛顿中心区由一条约3.5公里长的东西轴线和较短的南北轴线及其周边街区所构成，国会大厦布置在中心区东西轴线的东端，西端则以林肯纪念堂作为对景。南北短轴的两端则分别是杰弗逊纪念堂和白宫，两条轴线汇聚的交点耸立着华盛顿纪念碑，是对这组空间轴线相交的恰当而必要的定位和分隔。华盛顿市规划部门作了全城建筑不得超过8层的限高规定，中心区建筑则不得超过国会大厦，这样就强调出华盛顿纪念碑、林肯纪念堂等主体建筑在城市空间中的中心地位。华盛顿是世界上罕见的，一直按照最初的城市设计构思、“自上而下”整体建设起来的优美的城市。

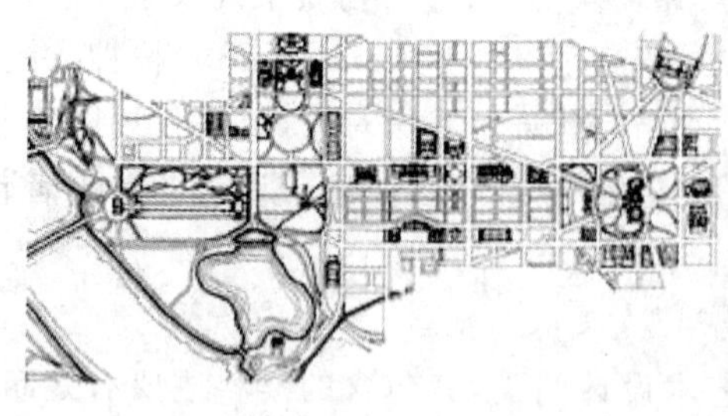

图3-2-2 美国华盛顿中心区的轴线空间

法国巴黎的环形放射式道路(图3-2-3)。环形放射式道路网最初多见于欧洲以广场组织道路规划的城市，环形放射式路网的特点是放射性道路在加强了市郊联系的同时，也将城市外围交通引入了城市中心区域，同时城市沿环路向外发展。环线道路与放射线道路应该互相配合;环线道路要起到保护中心区不被过境交通穿越的功能,必须提高环线道路的等级,形成快速环路系统。环形放射式的缺点是街道形状不够规则,存在一些复杂的交义口,交通组织存在一定困难。此外,大多数早期城市的规划设计并没有表现出整体空间设计的痕迹,如意大利的威尼斯、中国的丽江等,城市设计大都按照一定的空间模式或地方传统设计方式,但城市局部的重要节点空间仍表现出有意识的设计特点。

图 3-2-3 法国巴黎的环形放射式道路

1)E・霍华德的"田园城市(Garden City)理论"[1-2]

(1)"田园城市"的含义

19 世纪末,英国社会活动家 E・霍华德在他的著作《明日,一条通向真正改革的和平道路》中,认为应该建设一种兼有城市和乡村优点的理想城市,他称之为"田园城市"(Garden City)。1919 年,英国"田园城市和城市规划协会"明确提出田园城市的含义:即"田园城市是为安排健康、生活以及产业而设计的城市,它的规模适中,能满足各种社会生活的需求,但不应超过这一程度;四周要有永久性农业地带围绕,城市的土地归公众所有或者托为社区代管"。田园城市实质上是城和乡的结合体,田园城市的概念 20 世纪初以来对世界许多国家的城市规划有很大影响。

(2)"田园城市"的空间发展模型

霍华德的田园城市在理论概念的基础上描绘出一个环形放射形的空间发展模型,这是规划史上首次用一个完整结构模型描述人类社会发展建设城市的整体结构,模型较清晰地表达了现代城市规划系统性的特征。

田园城市的平面为圆形,模型是由 1 个母城市和 6 个子城市构成,半径约 1240 码(1133.86 米,1 码＝0.9144 米)。中央是一个面积约 145 英亩(0.59 平方千米)的公园,有 6 条主干道路从中心向外辐射,把城市分成 6 个区。城市的最外圈建设各类工厂、仓库、市场,一面对着最外层的环形道路,另一面是环状的铁路支线,交通运输十分方便,如图 3-2-4 所示。

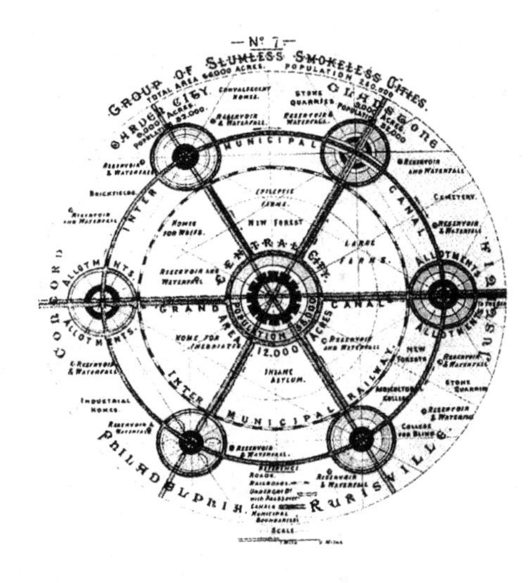

图 3-2-4 田园城市模型[2]

霍华德提出，为减少城市的烟尘污染，必须以电为动力源，城市垃圾应用于农业。他建议田园城市占地为6000英亩(1英亩＝0.405公顷)，城市居中，占地1000英亩；四周的农业用地占5000英亩，除耕地、牧场、果园、森林外，还包括农业学院、疗养院等。农业用地是保留的绿带，永远不得改作他用。在这6000英亩土地上居住32000人，其中30000人住在城市，2000人散居在乡间。

(3)霍华德解决城市问题方案的主要内容

包括：①疏散过分拥挤的城市人口，使居民返回乡村。他认为此举是一把万能钥匙，可以解决城市的各种社会问题。②建设新型城市，即建设一种把城市生活的优点同乡村的美好环境和谐地结合起来的田园城市。当城市人口增长达到一定规模时，就要建设另一座田园城市；若干个田园城市环绕一个中心城市(人口为5万～8万人)布置，形成城市组群，即社会城市。遍布全国的无数个城市组群中每一座城镇在行政管理上是独立的，而各城镇的居民实际上属于社会城市的一个社区。他认为这是一种能使现代科学技术和社会改革目标充分发挥各自作用的城市形式。③改革土地制度，使地价的增值归开发者集体所有。

霍华德针对现代社会出现的城市问题和城市规模、布局结构、人口密度、绿带等城市规划问题，提出了带有先驱性的规划思想，提出了一系列独创性的见解，是一个比较完整的城市规划思想体系。

(4)田园城市理论的历史意义

田园城市理论对现代城市规划思想起了重要的启蒙作用，对后来出现的一些城市规划理论，如“有机疏散理论”“卫星城镇的理论”颇有影响。田园城市理论表示出现代城市规划已不再是一种单纯的空间规划，规划的综合性、系统性与分析逻辑的理性是其规划的基础。田园城市倡导的规划是将“城市人”视为“社会人”，人的价值观、人的选择意愿与社会集体的利益，成为现代城市规划最为重要的判断标杆。此外，霍华德的“三磁力”论演绎了当时社会人的发展价值观取向，推理出城乡结合的理想城市形态更易被社会接受(表3-2-1)。

表3-2-1 “三磁力”论理论(The Three Magnets)模式分析[2]

<table>
<tr><th></th><th>城市磁力</th><th>乡村磁力</th><th>城市-乡村磁力</th></tr>
<tr><td rowspan="6">优势</td><td>社会发展机遇多</td><td>接近自然</td><td rowspan="13">田园城市，城乡结合体，拥有城市与乡村的优势，克服城市与乡村的不足，是理想的城市空间发展形态，其主要优势在：自然美、社会机会多，工资高、低赋税，低物价、无繁重劳动，敞亮的住宅与花园，无污染、无贫民窟，明媚阳光、新鲜空气与水，自由合作，接近田野与公园，排水良好</td></tr>
<tr><td>娱乐活动与场所多</td><td>阳光明媚、空气清新</td></tr>
<tr><td>高收入</td><td>拥有树木、草坪、森林</td></tr>
<tr><td>就业机会多</td><td>地租低</td></tr>
<tr><td>道路照明良好</td><td>没有社会压力</td></tr>
<tr><td>壮观建筑与广场</td><td>拥有英国人欣赏的田园风光</td></tr>
<tr><td rowspan="7">不足</td><td>远离自然</td><td>缺少社会性</td></tr>
<tr><td>远距离上班、超时劳动</td><td>工作不足、土地闲置</td></tr>
<tr><td>高地租、高物价</td><td>工资低</td></tr>
<tr><td>失业大军、贫民窟</td><td>缺乏娱乐活动</td></tr>
<tr><td>社会隔阂严重</td><td>没有集体精神</td></tr>
<tr><td>空间污染</td><td>村宅拥挤、村庄荒芜</td></tr>
<tr><td>排水昂贵</td><td>缺乏排水设施</td></tr>
</table>

2)以功能主义为导向的城市规划

(1)“功能主义”及“功能主义建筑”[1]

① “功能主义”。起源于20世纪20年代的德国、奥地利、荷兰和法国的一小群理想主义者的梦想。二战后,这个运动的影响力与日俱增,主导了欧洲和美国多数城市的发展。“功能主义”就是要在设计中注重产品的功能性与实用性,即任何设计都必须保障产品功能及其用途的充分体现,其次才是产品的审美感觉。简而言之,功能主义就是“功能至上”。

② “功能主义建筑”。功能主义在现代建筑设计中作为一种创作思潮,是将实用作为美学的主要内容,将功能作为建筑追求的目标。“功能主义建筑”认为建筑的形式应该服从它的功能。19世纪80—90年代,作为芝加哥学派的中坚人物,路易斯·沙利文提出了“形式追随功能”的口号,强调“哪里的功能不变,形式就不变”。早期功能主义建筑的重点是解决人的生理需要,其设计方法为“由内向外”逐步完成。在功能主义建筑发展的晚期,人的心理需要被引进建筑设计之中,建筑形式成为功能的一个组成部分。著名的功能主义建筑,包括芬兰首都赫尔辛基的奥林匹克体育馆和著名的巴黎蓬皮杜艺术中心。当时杰出的代表人物有勒·柯布西耶和密斯·凡·德·罗等。

③ 功能主义学派。功能主义的三个著名学派为“德国的包豪斯学派”“荷兰的风格派”以及法国勒·柯布西耶领导的“法国城市设计运动”。

a. 德国的包豪斯学派

包豪斯设计学院(图3-2-5),1919年成立于德国魏玛,这是一个闻名德国乃至欧洲的文化名城。包豪斯是世界上第一所完全为发展设计教育而建立的学院,在当时堪称乌托邦思想和精神的中心。它创建了现代设计的教育理念,即以包豪斯为基地形成与发展的包豪斯建筑学派,它取得了在艺术教育理论和实践中无可辩驳的卓越成就。

图3-2-5 德国包豪斯设计学院

格罗皮乌斯是包豪斯的核心人物,他与包豪斯其他成员共同创造了一套新的、以功能、技术和经济为主的建筑观、创作方法和教学观,也称为现代主义建筑,即主张适应现代大工业生产和生活需要,以讲求建筑功能、技术和经济效益为特征。包豪斯的目标是在纯美学的指导下将艺术与技术相结合,即去除所有形式上的装饰与过渡,强调功能之美。他们重视空间设计;强调功能与结构的效能;把建筑美学同建筑的目的性、材料性能和建造方式联系起来,提倡以新的技术来经济地解决新的功能问题。包豪斯的标准元素包括白灰墙、清水混凝土、转角玻璃幕墙和平屋顶,在当时变成了适合于任何地方的一种建筑风格,而不考虑当地的传统、气候和自然环境[7]。

b. 荷兰的风格派[1]

荷兰风格派是19世纪末20世纪初在荷兰兴起的一种建筑艺术流派,最初由一些画家、设计家、建筑师组织的一个集体,取名于《风格》杂志。一战期间,荷兰作为中立国而与卷入战争的其他国家在政治上和文化上相互隔离,在极少外来影响的情况下,一些接受了野兽主义、立体主义、未来主义等现代观念启迪的艺术家们开始在荷兰本土努力探索前卫艺术的发展之路，且取得了卓尔不凡的独特成就，形成著名的风格派。其核心人物有画家蒙德里安、凡·杜斯柏格及家具设计师兼建筑师哥瑞特·维尔德、建筑师欧德、里特维尔德等人。比起立体主义、超现实主义运动，风格派运动当时并没有完整的结构和宣言，维系这个集体的中心《风格》杂志(杂志编辑是杜斯柏格)。

风格派追求艺术的"抽象和简化"，平面、直线、矩形成为艺术中的支柱，色彩亦减至"红黄蓝三原色"及"黑白灰三非色"(图 3-2-6)。其艺术风格以足够的明确、秩序和简洁建立起精确严格且自足完善的几何风格。对于风格派的这种艺术目标，蒙德里安用"新造型主义"一词来表达。风格派把传统的建筑、家具、产品设计、绘画、雕塑的特征完全剥除，变成最基本的集合结构单体，或者称为元素；把这些几何结构单体进行简单的结构组合，但在新的结构组合当中，单体依然保持相对独立性和鲜明的可视性。由里氏同施罗德夫人共同构思的施罗德住宅是荷兰风格派的代表作，采用了红、黄、蓝三原色，有构成主义的雕塑效果，室内用活动隔断、固定家具等，作法独特，如图 3-2-7 所示。

图 3-2-6 风格派设计作品

图 3-2-7 风格派建筑——施罗德住宅

c. 法国勒·柯布西耶的城市规划思想[1]

法国建筑大师勒·柯布西耶对 20 世纪的建筑空间发展产生了巨大的影响，主要在这三个方面：板式与点式建筑作为大尺度城市空间的构成元素；交通的垂直分离系统——勒·柯布西耶迷恋公路及未来城市的结果；开放的城市空间使景观、阳光、空气得以自由移动。勒·柯布西耶的城市规划观点主要有：传统的城市由于规模的增长和市中心拥挤加剧，需要通过技术的改造以完成它的集聚功能；关于拥挤的问题可以用提高密度来解决；主张调整城市内部的密度分布，降低市中心的建筑密度与就业密度，以减弱市中心的压力和使人流合理分布于整个城市(图 3-2-8)。

(2)功能主义建筑思潮走向极端[1]

随着现代主义建筑运动的发展，功能主义思潮在 20 世纪 20—30 年代风行一时。但是，也有人把它当作绝对信条，被称为"功能主义者"。他们认为不仅建筑形式必须反映功能、表现功能，建筑平面布局和空间组合也必须以功能为依据，而且所有不同功能的构件也应该分别表现出来。功能主义者颂扬"机器美学"，他们认为机器是"有机体"，同其他的几何形体不同，它包含内在功能，反映了时代的美。因此，有人把建筑和汽车、飞机相比较，认为合乎功能的建筑就是美的建筑。

20 世纪 20—30 年代出现了另一种功能主义者，主要是一些营造商和工程师。他们认为

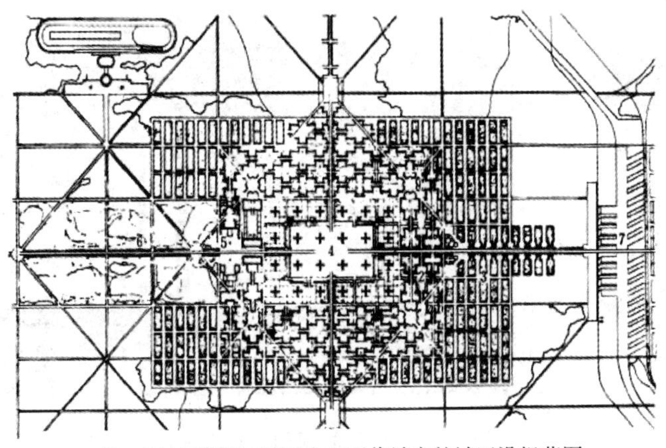

勒·柯布西耶的300万人口现代城市的城区设想草图
1-中心地区楼群；2-公寓地区楼群；3-田园城区（独立住宅）；
4-交通中心；5-各种公共设施；6-大公园；7-工厂区

图3-2-8　勒·柯布西耶的城市规划方案

“经济实惠的建筑”就是合乎功能的建筑，就会自动产生美的形式。这些极端的思想排斥了建筑自身的艺术规律，给功能主义本身造成了混乱。20世纪50年代以后，功能主义逐渐销声匿迹。但毋庸置疑，功能主义产生之初对推进现代建筑的发展起过重要作用。

(3)功能主义的城市规划

二战后，欧美城市进入新一轮快速更新与扩展时期，城市规划理论受“机器逻辑”的影响，城市被看作是用于居住和工作的集合机器。柯布西埃的“光辉城市”表明了那个时代发展的野心，倡导提高城市密度，城市群落布局采用强烈的几何形式，鼓励城市竖向高层化发展，以寻求更多的建筑空间与更大的城市绿地。

1928年成立的国际现代建筑协会(CIAM)，是一个宣扬柯布西埃理念的团体，其哲学基础是将城市视为“居住、工作、交通、游憩”四个功能构成的机器。它建议了一种新的城市规划发展模式，即以大规模的主干街道方格网为基础，以明确的功能分区为城市组织单元，城市发展被理解成城市空间的增长。这种“建筑学现代主义”影响下的城市规划，遵循功能机械主义原理，城市复杂的功能关系被简化为几个主要功能模块及功能间的简单关联。

① 典型的功能主义城市规划实例：巴西利亚[1]

1956年，巴西政府决定在戈亚斯州海拔1100米的高原上建设新都，定名为巴西利亚。同年，通过竞赛选取了现代建筑运动先锋人物，巴西建筑师卢西奥·科斯塔设计的新都规划方案，规划人口50万，规划用地152平方公里。这是一个过分追求形式的设计，对文化和历史传统考虑不足，未能妥善解决低收入阶层的就业和居住等问题。在没有任何社会经济、人口、土地利用发展预测与分析的情况下，一个空间形态“宏伟”的形式主义方案被地方政府所接受。巴西利亚规划展现一个类似飞机的对称图形平面形式、强烈而壮观的纪念性轴线、两翼对称分布的居民区、中央林荫道两侧高耸林立的大楼，完全体现出现代主义运动所追求的城市功能空间的发展形态(图3-2-9)。

② 功能主义规划的弊端

随着城市住区失控的扩张，向郊区化蔓延，并不断吞食城市周边的土地、消耗水源与能

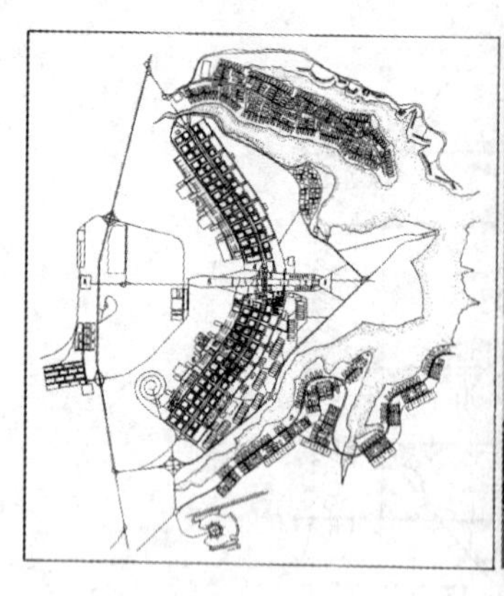

图 3-2-9 巴西利亚的规划平面及三权广场

源、邻里间的陌生、环境景观被破坏、远程通勤的不便、生活单调、城市生态系统危机……功能主义导向下的城市规划设计显现出种种弊端，这种图景被美国学者称为灰色城市(Gray City)，称其发展方式是一种城市生态灾难。现今的中国城市中，单一功能的开发区及新城居住区的盲目扩张，正在演绎西方的灰色发展模式式。

3)以生态观念为目标的绿色城市规划

生态文明是人类社会经历工业文明后的必然选择，是当今国际倡导的发展方式。因而现代城市的合理发展方式，正在转变为生态城市(Eco-city)型的发展方式。2010 年上海世博会"国际城市实践区"倡导未来城市的发展方式是"智能家居""健康社区""低碳城市"以及"和谐环境"，都是寻求一种以发展与环境和谐为宗旨的人居生态系统，又称绿色城市。

传统城市规划的工作重点是研究"城市空间的功能合理性"，绿色城市规划则更多关注"城市空间中人的活动行为的合理性"，而其规划发展的终极目标的合理性如何，也越来越倾向于用指标化来衡量[2]。对城市的自然资源、居住条件、交通状况、工作环境、休憩空间等诸多问题进行科学合理的解决与实现，使城市在它的使用周期内最大限度地节约资源、优化环境和减少污染，为人们提供健康、宜居和高效的城市空间，创造与自然和谐共生的环境，这些都已成为绿色规划需要探索的课题。

(1)城市规划中的绿色内涵[17]

① 宏观、微观层面：宏观层面强调人与自然和谐关系，是一种科学的实践观，谋求人类与自然的协调；微观层面具有生态性、可持续发展性和人文性的重要内涵。

② 自然、人文角度：强调彰显以人为本的时代特征，从人与自然关系方面强调人与自然和谐相处、平衡共生、协调发展的思维模式。人的存在具有二重性，即自然性与社会性。绿色城市规划蕴含着对人类终极关怀的理性思考，体现了人类和平、安全、健康以及生活质量等方面的人文关怀。

③ 经济角度：强调可持续发展的思维方式，只有经济、社会和自然全面发展与和谐，人类才能持久、持续地享受经济增长带来的成果。

④ 规划角度：就是将绿色思维理念引入城市规划中，通过全社会的共同努力一起创造绿色可持续发展的城市。

(2)"灰色城市"与"绿色城市"的规划内容[2]

以功能导向的"灰色城市规划"产生了各种城市弊端和发展困境，"绿色城市规划"关注的首位要素从满足人类发展需求的规模增长，转化为发展中的人与环境的和谐；“灰色城市规划”更多是以追求发展的结果为目标，“绿色城市规划”而是以建立和谐的发展关系为目标。这反映出人类社会发展阶段需求与模式的变化，即城市发展的策略与方式，见表 3-2-2 所列。

表 3-2-2　“灰色城市”与“绿色城市”的规划内容[2]

规划内容	灰色城市(Gray City)	绿色城市(Green City)
能源生产	集中生产、石化与核能源	多种形态的可再生能源
用水供给	下埋式市政管网	雨水、地表水循环利用
空间环境	建筑机械能风，无城市整体系统	风规划、绿廊、交错的建筑公布
垃圾处理	集中处理，填埋、焚化、污水处理	堆肥、再用、生态化、社区处理
生物多样	被建设碎化、减少	生态区、廊道、网络、斑块
侵蚀控制	物质屏障、拒绝变化	避开发展、生态减缓、接受变化
交通系统	构建交通系统、适应交通增长	提高交通效率、增加选择性
土地利用	功能区化、规模化发展	功能混合、紧凑发展
绿化环境	系统发展公园、广场	发展自然绿色系统、增加可达性
公共设施	按地区需求无序配置发展	发展与地区需求协调
城市景观	构建地区物质性标志景观	保护与构建城市与自然和谐的环境景观

2. 绿色城市规划的概念

城市规划，研究的重点包括土地利用、自然生态保护、城市格局、人居环境、交通方式、产业布局等。绿色城市规划，是以城市生态系统和谐和可持续发展为目标，以协调人与自然环境之间关系为核心的规划设计方法。绿色规划、生态规划与环境规划等概念有着相似的目标和特点，即注重人与自然的和谐。

绿色城市规划的概念源于绿色设计理念，是基于对能源危机、资源危机、环境危机的反思而产生的。与绿色设计一样，绿色规划具有“3R”核心，绿色规划的理念还拓展到人文、经济、社会等诸多方面。其关键词除了洁净、节能、低污染、回收和循环利用之外，还有公平、安全、健康、高效等[2]。

3. 绿色城市规划的设计原则及目标[2][14]

1)绿色城市规划的设计原则

绿色城市规划设计应坚持“可持续发展”的设计理念；应提高绿色建筑的环境效益、社会效益和经济效益；关注对全球、地区生态环境的影响以及对建筑室内外环境的影响；应考虑建筑全寿命周期的各个阶段对生态环境的影响。

2)绿色城市规划的目标

传统的规划设计往往以美学、人的行为、经济合理性、工程施工等为出发点进行考虑，而生态和可持续发展的内容则作为专项规划或者规划评价来体现。现代绿色规划设计的目标是以可持续发展为核心目标的、生态优先的规划方法。以城市生态系统论的观点，绿色建筑规划应从城市设计领域着手，实施环境控制和节能战略，促成城市生态系统内各要素的协调平衡。主要应注意以下几方面。

(1)完善城市功能,合理利用土地,形成科学、高效和健康的城市格局;提倡功能和用地的混合性、多样性,提高城市活力。(2)保护生态环境的多样性和连续性。(3)改善人居环境,形成生态宜居的社区;采用循环利用和无害化技术,形成完善的城市基础设施系统;保护开放空间和创造舒适的环境。(4)推行绿色出行方式,形成高效环保的公交优先的交通系统和步行交通为主的开发模式。(5)改善人文生态,保护历史文化遗产,改善人居环境;强调社会生态,保障社会公平等。提倡公众参与,保障社会公平等。

随着认识的不断深入和城市的进一步发展,绿色规划的目标也逐步向更为全面的方向发展。从对新能源的开发到对节能减排和可再生资源的综合利用;从对自然环境的保护到对城市社会生态的关心;从单一领域的出发点到城市综合的绿色规划策略。城市本身是一个各种要素相互关联的复杂生态系统。绿色规划的目的就是要达到城市“社会-经济-自然”生态系统的和谐,其核心和共同特征是可持续发展。由此可见,绿色规划的目标具有多样性、关联性的特点,同时又具有统一的核心内涵。

4. 绿色城市规划的设计要求及设计要点[2][14]

1)应谋求社会环境的广泛支持。绿色建筑建设的直接成本较高、建设周期较长,需要社会环境的支持。政府职能部门应出台政策、法规,营造良好的社会环境,鼓励、引导绿色建筑的规划和建设。建设单位也要分析和测算建设投资与长期效益的关系,达到利益平衡。

2)应处理好各专业的系统设计。绿色规划设计涉及的面宽、涉及的单位多、涉及的渠道交错纵横。因而,应在建筑规划设计中将各子系统的任务分解,在各专业的系统设计中加以有效解决。

(1)绿色城市规划前期,应充分掌握城市基础资料。包括:①城市气候特征、季节分布和特点、太阳辐射、地热资源、城市风流改变及当地人的生活习惯、热舒适习俗等。②城市地形与地表特征。如地形、地貌、植被、地表特征等,设计时尽量挖掘、利用自然资源条件。③城市空间现状,城市所处的位置及城市环境指标,这些因素关系到建筑的能耗。④小气候保护因素。由于城市建筑排列、道路走向而形成的小气候改变、城市热岛现象,城市用地环境控制评价等级。

(2)绿色规划的建筑布局及设计阶段应注意的设计要点。包括:①处理好节地、节能问题,创造优美舒适的绿化环境以及环境的和谐共存;合理配置建筑选址、朝向、间距、绿化,优化建筑热环境。②尽量利用自然采光、自然通风,获得最佳的通风换气效果;处理好建筑遮阳等功能设计及细部构造处理;着重改善室内空气质量、声、光、热环境,保证洁净的空气和进行噪声控制,营造健康、舒适、高效的室内外环境。③选择合理的体形系数,降低建筑能耗。体形系数,即建筑物与室外大气接触的外表面积与其所包围的体积的比值。一般体形系数每增加 0.01,能耗指标增加 2.5%。④做好节水规划,提高用水效率,选用节水洁具;雨污水综合利用,将污水资源化;垃圾做减量与无害化处理。⑤处理好室内热环境、空气品质、光环境,选用高效节能灯具,运用智能化系统管理建筑的运营过程。

5. 绿色城市规划设计的策略与措施

绿色规划并非生态专项规划,其策略和措施的提出仍然要针对城市规划的研究对象,如可能源利用、土地利用、空间布局、交通运输等。在绿色规划设计过程中,生态优先和可持续发展的理念是区别于一般规划设计的重要特点。由于基础条件、发展阶段及政策导向的不同,在推行相关规划策略时的侧重点也不相同。

1)绿色规划的能源利用措施

(1)可再生能源利用。可再生能源，尤其是太阳能技术，在绿色城市规划设计中的应用已进入到实践阶段。德国的弗赖堡就是太阳能利用的代表，其太阳能主动和被动式利用在城市范围内得到普及。我国的许多城市也制定了新能源使用的策略，对城市供电、供热方式进行合理化和生态化建设。例如广州2009年发布的《广州市新能源和可再生能源发展规划(2008—2020)》，将太阳能、水电与风电、生物质能等作为新能源发展的重点领域，与此同时对城市基础设施进行统筹规划和优化调整。

(2)能源的综合利用和节能技术。节能技术不仅应用在建筑领域，也应用在城市规划领域，其中包括：城市照明的节能技术；热能综合利用；热泵技术；通过系统优化达成的系统节能技术等。

(3)水资源循环利用。水资源循环利用主要包括：中水回用系统和雨水收集系统。中水回用系统开辟了第二水源，促进水资源迅速进入再循环。中水可用于厕所冲洗、灌溉、道路保洁、洗车、景观用水、工厂冷却水等，达到节约水资源的目的。雨水收集系统在绿色规划中也得到了广泛使用，例如德国柏林波茨坦广场的戴姆勒·克莱斯勒大楼周边就采用了雨水收集系统，通过屋顶绿化吸收之后，剩余的水分收集在蓄水池中，每年雨水收集量可达7700m^3。

(4)垃圾回收和再利用。包括：垃圾的分类收集、垃圾焚化发电、可再生垃圾的利用等措施，促进城市废物的再次循环。对城市基础设施来说，一是提供充足的分类收集设施；二是建设能够处理垃圾的再生纸、发电等再利用设施。

(5)环境控制。包括：防止噪声污染；垃圾无害化处理；光照控制；风环境控制；温度湿度控制；空气质量控制等。随着虚拟模拟技术的引入，对噪声、光照、风速、风压等可以进行计算机模拟，依据结果对规划方案进行修正。

2)混合功能社区——以“土地的混合利用”为特色

功能的多元化源自人类自身的复杂性与矛盾性，聚居空间作为生活活动的物质载体，体现着最朴素的混合发展观。近年来城镇化处于快速膨胀期，产业集聚与人居增长在地理空间上高度复合。区别于传统的经济社会导向型的土地利用规划模式，从生态角度出发的土地利用模式有着一些新的途径，即提倡以“土地的混合利用”为特色的混合功能社区，既节省土地资源，有利于提高土地经济性和功能的多样化，又通过合理布局，调整就业空间分布，鼓励区内就业等方式，缩短出行距离。目前，土地的混合利用已经为许多城市所接受，在城市中心区和居住社区建设中得到实践应用[15-16]。混合功能社区对出行的影响，如图3-2-10所示。

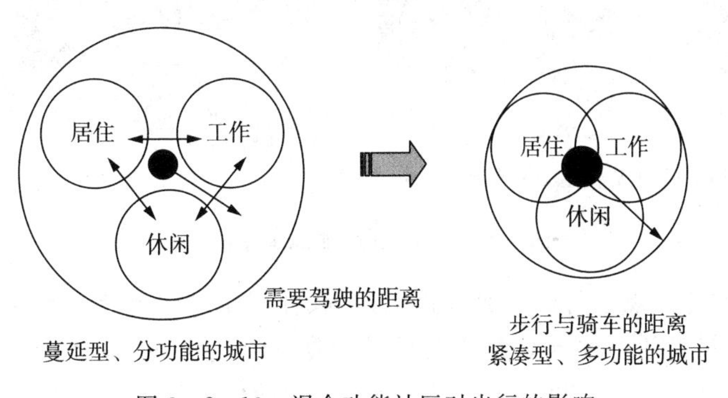

图3-2-10　混合功能社区对出行的影响

"土地的混合利用"实例:美国阿华达市"GEOS 能源零净耗社区"[17]。

GEOS 社区(Geos Net-Zero Energy Mixed-Use Neighborhood),于 2009 年夏开始动工建设,当时成为美国最大的能源净耗为零的城市混合社区。根据气候特点,在科罗拉多州建设一个高密度、能源零净耗社区的关键是使所有建筑和住所对太阳能的被动利用达到最大化。策略是首先规划街道、小巷、街区和建筑周边小地块的布局,然后是建筑和乔木的布局。该项目总占地面积 25.2 英亩(1 英亩=0.405 公顷),居民户数 282 户,净密度为 23.2 住宅单元/英亩,商用建筑面积 12000 平方英尺(1114.8 平方米),公园与开放空间 8.5 英亩,占总用地面积的 34%。该项目能源来自 1.3 兆瓦太阳能发电系统及 500 万英制地热系统。该社区 2009—2010 年进行一期广场施工,2010—2012 年进行二期和三期施工。GEOS 能源零净耗社区,荣获 2009 年美国景观设计师协会分析与规划类荣誉奖,如图 3-2-11 所示。

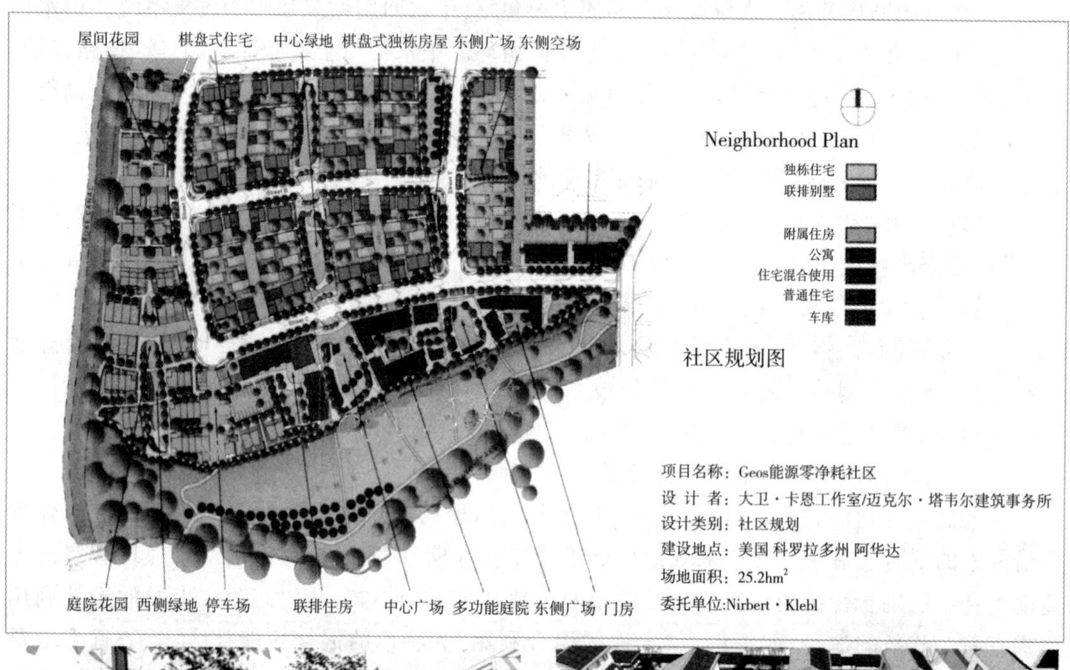

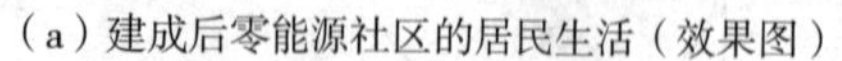
(a)建成后零能源社区的居民生活(效果图)

(b)棋盘式布局的街区和住宅建筑

图 3-2-11 GEOS 能源零净耗社区

GEOS 社区的整体规划目标是促进自然过程、社区生态和环境监管之间发展形成生态文明关系,在各种尺度的场地规划和建筑设计中融入共生关系,具体措施包括:(1)总体布局。建筑呈东西走向,可从街巷和绿化等呈南北走向的城市路网中最大限度地获取阳光;为确保光照,建筑拉开一定距离并措列排布,呈棋盘式布局。(2)太阳能的利用使城市密度得到最优化，在开放空间和公用设施中设置地热循环。地热网络和各房顶的太阳能电池，成为社区的主要能源供给。(3)植物选择落叶树种，并精心安排树高和种植位置，以确保太阳能发电系统的采光和小气候的营造。(4)采用气密性围护结构和热能回收系统，建造高性能的太阳能建筑，并尽可能地减少北向门窗洞口，控制和遮挡东西向的门窗洞口。(5)城市雨洪规划。社区与自然系统交织在一起，暴雨冲刷的大地景观与市民公共场所结合；将透水铺装应用于所有的步行道和广场；行道树雨水花园接收、滞留、过滤来自大街小巷及周边环境的地表径流，也为街道绿地提供浇灌用水。(6)建筑采用高性能覆面材料和超高效率机械系统。

3)改善交通模式和道路系统

私家车的大量使用带来交通拥堵、噪音污染、能源浪费、温室气体排放等众多的生态难题，因此被环保主义者们视为噩梦，过度依赖小汽车的美国模式也成为遭到诟病的交通模式。因而，“绿色交通”自然成为绿色规划和生态城市的重要衡量方面。城市公共交通系统构成，如图3-2-12所示。

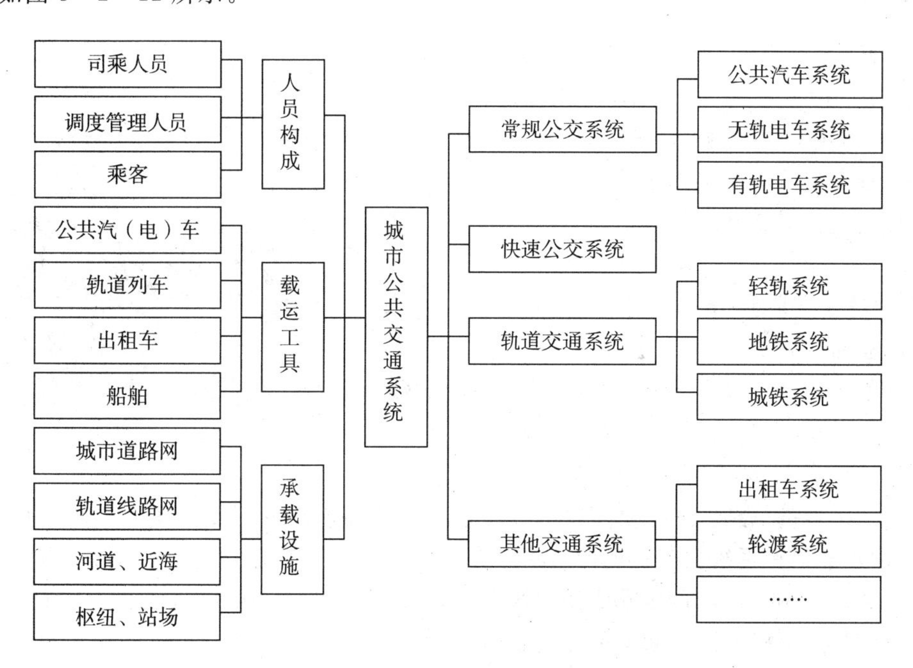

图3-2-12　城市公共交通系统构成[19]

(1)快速公共交通系统“BRT模式”

快速公交系统30年前起源于巴西库里蒂巴的BRT模式(图3-2-13)和道路网。巴西库里蒂巴的城市形态、用地布局、道路设施、道路网设计都与BRT系统进行了结合关联的设计，其示范意义在于提供了一种以公共交通为基础的城市交通组织形式和城市发展模式。BRT既适用于一个拥有几十万人口的小城市，同时也适用于特大型都市。库里蒂巴的公交出行比例高达75%，日客运量高达19万人[20]。

世界上许多城市通过仿效库里蒂巴市的经验，开发改良建设了不同类型的快速公交系统。BRT系统在类型、容量和表现形式上的多样性，反映出它在运营方面广阔的发展空间以及大运量公交系统与生俱来的灵活性。江苏常州的BRT系统，如图3-2-14所示。

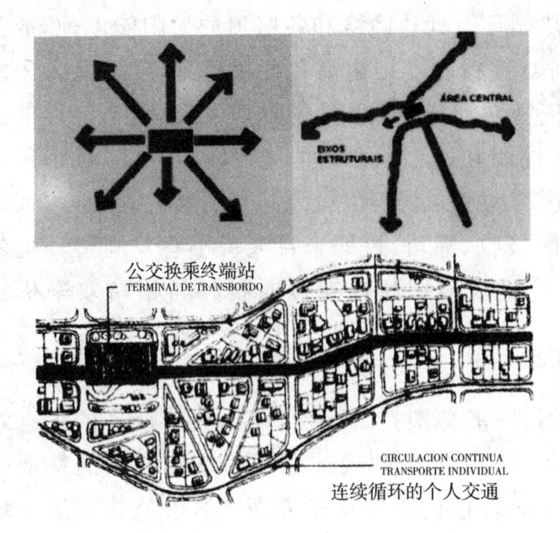

库里蒂巴的土地利用和空间布局
与其公共交通系统相适应

图 3-2-13 巴西库里蒂巴的 BRT 系统

① 快速公交系统 BRT 的特点。快速公交系统是一种高品质、高效率、低能耗、低污染、低成本的公共交通形式，它采用先进的公共交通车辆和高品质的服务设施，通过专用道路空间来实现快捷、准时、舒适和安全的服务。

图 3-2-14 江苏常州的 BRT 系统

② 快速公交系统 BRT 的组成。包括：a. 专用路段。通过设置全时段、全封闭、形式多样的公交专用道，提高快速公交的运营速度、准点率和安全性。b. 先进的车辆。配置大容量、高性能、低排放、舒适的公交车辆确保快速公交的大运量、舒适、快捷和智能化的服务。c. 设施齐备的车站。提供水平登乘、车外售检票、实时信息监控系统和有景观特色的建筑为乘客提供安全、舒适的候车环境与快速方便的上下车服务。d. 乘客需求的线路组织。采用直达线、大站快运、常规线、区间线和支线等灵活的运营组织方式更好地满足乘客的出行需求。e. 智能化的运营管理系统。运用自动车辆定位、实时营运信息、交通信号优先、先进车辆调度，提高快速公交的营运水平。

③ 我国“BRT 模式”存在的问题。我国许多城市的道路格局已经确定，在用地、设施等难以与 BRT 系统相衔接的情况下，后加的 BRT 系统反而占用了城市道路资源。虽然 BRT 的效率得到一致认可，但是在人流量波动和车、路矛盾激化的情况下，BRT 是否适合所有城市需要仔细论证评估。因而，我国的一些城市选择了混合的交通模式，而将 BRT 作为普通公交的补充，这种做法的必要性和总体绩效也应做进一步的研究。

(2)“公共自行车租赁系统”

近年来提倡的低碳绿色的出行方式越来越受到追捧。城市公共自行车系统最早出现在 1968 年荷兰阿姆斯特丹的“白色自行车计划”，由一群无政府组织成员将一些自行车粉刷成白色，免费供人们使用。但随着大批自行车被盗窃和被丢弃，该计划在推行后不久就以失败告终。如今，经历了四代技术革新，自行车防盗机制使公共自行车系统的顺利运行在21世纪成为可能。据不完全统计，世界大城市如巴黎、伦敦、都柏林、悉尼和墨尔本等，以及中国的株洲、杭州、北京等城市都已建成公共自行车租赁系统，还有合肥、柳州、银川等城市正在规划或建设中。

①“公共自行车租赁系统”的概念。又称自行车共享系统，是在城市中设立的公共自行车使用网络，通过“公共自行车管理系统”进行无人化、智能化管理，并以该服务系统和与其配套的城市自行车路网为载体，提供公共自行车出行服务的城市交通系统。其一般设置在城市大型居住区、商业中心、交通枢纽、旅游景点等客流集聚地等区域，隔一定距离规划设置公共自行车租车站点，每个站点放置30～60辆公共自行车，随时为不同人群提供服务，并根据使用时长征收一定费用。每辆自行车都单独有一个可以锁自行车的装置和读卡租车、还车的读卡器(固定在地上的，不能移动)。

②“公共自行车租赁系统”的使用流程。a. 租车。将具有租车功能的IC卡放在有公共自行车的锁止器的刷卡区刷卡，此时，锁止器界面上的绿灯闪一下变常亮，听到蜂鸣器发出“嘀”响声，表示锁止器已打开，租车人及时将车取出，则完成租车。b. 还车。将所租的自行车推入锁止器，当绿灯闪亮时，及时将租车时的IC卡在锁止装置的刷卡区进行刷卡，当绿灯停止闪亮，听到蜂鸣器发出“嘀”响声，表示车辆已锁止，还车成功。c. IC卡查询、租车还车记录查询。将IC卡放到自助服务机上可以查询卡内金额、租车和还车记录等功能。d. 后台管理系统。包括网点开通、运营等管理；车辆租还信息、费用信息的统计；以及有关报表的生成等。

③ 国外的公共自行车赁系统[23-24]

a. 法国巴黎Velib公共自行车系统。法国巴黎市政府为了减少城市温室气体排放量，缓解城市交通压力，于2007年开启了Velib公共自行车系统，即“自行车城市”计划，在市内修建了1000多个几乎免费的自行车租赁站。到2007年年底，已有2.06万辆自行车散布在巴黎市内新建的1450个联网的自行车租赁站，即每隔200多米就有一个租赁站。根据计划，想租车的市民需要向租赁站提供195美元预付押金以及个人资料。自行车的收费标准因时间而定，租赁时间在半小时内不用支付任何费用；超出时间以每30分钟为单位，收费成倍递增，以鼓励人们提高自行车的使用效率。巴黎“公共自行车租赁系统”，如图3-2-15所示。

图3-2-15　巴黎“公共自行车租赁系统”

b. 美国的公共自行车系统。美国最具代表性的是华盛顿高科技公共“智能自行车”(Smart Bike)系统，该系统到2010年已经发展拥有209个自行车点和1670辆公共自行车。纽约市在2013年宣布启动全美规模最大的盲行车系统“City Bike”，该系统是目前世界上最先进的自行车租赁系统，其使用与管理全面实现数字化、自动化。游客还可以用智能手机从网络上下载专业软件，获得纽约市自行车路线图及相关的各种服务。

④ 国内的公共自行车系统

中国是自行车大国，许多城市都建立了公共自行车系统。

a. 武汉市于2009年建成全国第一个公共自行车系统，至2010年5月，中心城区的公共自行车站点已有800个，拥有自行车20000辆。部分公共自行车计划实行太阳能供电，实现全天运营。

b. 杭州市的公共自行车系统是全国迄今为止建设、运营最为理想的范例，公共自行车达到60000辆。市中心每隔50～100m设立一个站点。据相关调查，杭州30%公共自行车用户将公共自行车纳入其通勤交通方式中。

c. 株洲的公共自行车租赁系统于2011年5月启动，550个站点、13000辆自行车于2011年底全面投入使用。其倡导"随用随骑，骑后速还"的用车理念，鼓励市民自行车换乘等方式出行，公共自行车在3小时以内免费。自开行以来，每天有近40000人次租(还)车。

d. 北京于2012年在朝阳区启动了公共自行车系统，首批2000辆自行车投入使用。计划到2015年建成约100个租车服务站点，自行车达到50000辆，形成辐射和覆盖全市主要城区、交通枢纽、商业街区的公共自行车租赁服务系统网络。

(3)城市电动汽车租赁公共服务

近年来，电动汽车租赁凭借自身特点和优势，正被越来越多的企业和消费者所接受，逐渐成了电动汽车商业模式的重点选择。国外电动车租赁模式已经取得了一定经验。例如法国电动汽车短时租赁"AUTOLIB项目"[26]、德国的"Car2Go汽车共享"和美国的传统租赁等模式。

2011年12月5日法国巴黎市政府和博洛雷集团共同推出了"AUTOLIB计划"(都市公共电动车租赁系统)，该计划由3000辆电动车和遍布巴黎市及45个近郊市镇的1200个租车/还车点组成，如图3-2-16所示。AUTOLIB意在通过倡导民众改变出行方式，让城市变得更加洁净和宁静，进而改善城市的生活。

图3-2-16 巴黎"电动汽车租赁公共服务"

用于租赁的电动汽车名为"蓝色汽车"，这种简朴的电动车形似一辆高尔夫球车，是纯电力驱动汽车，最高时速130公里，充电一次可行驶250公里，电池使用寿命可达20万公里。目前，人们可以选择购买年卡、周卡或日卡三种租车服务，费用从12欧元起。此外，用户还需按租车时间交费，租车时间以半小时为单位，每半小时费用为4到8欧元。

(4)构建新的城市交通模式，改善城市环境

以美国波士顿的"中心隧道工程"为例，其又称"大隧道""大挖掘"(Big Dig)，建设的主要目的是将波士顿城内一条沿海湾而建的高架快速干道全线埋入地下，以消除高速路产生的噪声、污染等对波士顿城造成的影响。然后在原高架路的地上部分建一条绿色廊道，使之变成城市的公共空间。波士顿人希望借此项"交通地下化大型项目"，解决日益严重的交通拥挤与都市空间不足的问题，并增加许多新的公园绿地。

该工程于1971年提出建造，1991年正式动工，2007年末才竣工，工程堪称美国迄今为止规模最大、耗资最多、工期最长、难度也较大的城市交通道路改造项目，在造价与工期上都是史无前例的，仅其中一段1/10英里(161米)的地下道路造价居然高达15亿美元，目前该工程的投入已达到150多亿美元。整个工程被分为50个独立的部分，将向下挖至85尺

(28.3米)深处，而最深可达120尺(40米)[27]。波士顿"大隧道"工程，如图3-2-17所示。

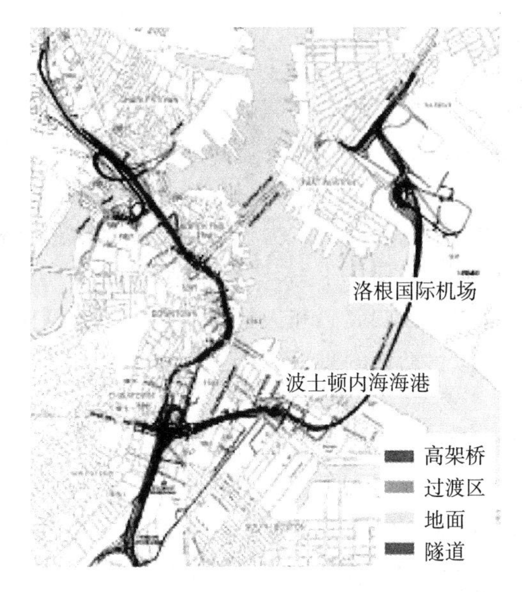

图3-2-17 波士顿"大隧道"工程

4)营建绿地生态系统

(1)传统绿地规划与绿色规划的区别

绿地、水系、湿地、林地等开敞空间被视为生态的培育和保护基础。自然绿地的下垫层拥有较低的导热率和热容量，同时拥有良好的保水性，对缓解城市热岛效应有着重要的作用。传统的绿地系统规划多只在服务面积和服务半径方面考虑得较多，而绿色视角的规划则更关注整体性、系统性以及物种的本土性和多样性。绿色规划在设计中注重对本地的动植物物种进行保护，通过自然原生态的设计提高土壤、水系、植物的净化能力，而尽量避免设计过多的人工环境。

(2)绿色规划提倡绿地和开敞空间的可达性和环境品质

包括：①反对把绿地隔离成"绿色沙漠"，应在严格保护基本生态绿地的基础上，允许引入人的活动并进行景观、场地、配套设施的建设。这种基于人与自然共生的理念，往往能够达到生态效应和社会效应的协调。②重视生态修复的重要性，特别是对于城市内部和周边已受到影响的地区，采用适当的手法完善来培育恢复自然生态。如通过合理配置植物种类，恢复能量代谢和循环，防止外来物种侵入等手段，可以使已遭受生态破坏的地区获得生态修复。

5)改善人居环境及社区模式

人居环境是绿色规划最关注的方面之一，无论是生态城市理论、人居环境理论等研究层面，还是邻里社区、生态小区的实施层面，居住都是永恒的主题。20世纪90年代兴起的新城市主义运动，提出的城市社区模式，在结合了邻里单元、公交导向、步行尺度、适度集约和生态保护的理念后，成为受到广泛接受的绿色人居模式。社区作为城市构成的基本单元，包含了城市的许多特征。按照城市设计的分类，绿色社区设计属于分区级设计，具有较强的关联性，上与城市级规划衔接，下与地段级的建筑群、建筑环境设计关联。

城市社区理论最早在英国新城市运动中实践。"邻里单元"理论由佩里提出，为城市社区建设提供了新的思路;新城市主义在社区建设上的主张和实践为生态型社区的发展做出了尝试。

(1)新城市主义社区

其主张包括:①交通。提倡通过步行和自行车来组织社区交通,通过便捷的公共交通模式解决外部交通需求。公共空间和服务设施便捷完备,减少对外出行量,实现公共服务的自给自足。②尺度。小街区、密路网,疏解交通,营造步行尺度的公共空间。③混合集约。服务设施功能混合,提倡邻里、街道和建筑的功能混合和多样性,提倡功能和用地的适当积聚。④生态友好。降低社区的开发和运转对环境的影响,保护生态,节约土地、使用本地材料等。⑤归属感。通过加强人的交流和社区安全,营造社区归属感和人情味。在许多案例中,鼓励人与人的交流以及提倡公众参与,这被认为是绿色社区的重要标准[29-30]。

(2)绿色生态社区规划

伴随着生态保护和绿色技术的发展,绿色生态社区规划有了实施的基础,并且已经出现了较为成功的案例。

① 绿色生态社区的形式和概念。目前我国绿色生态社区有多种形式和概念,如生态示范小区、生态住区、生态细胞、绿色节能小区、绿色社区创建等。这些概念也有片面关注景观环境的情况,如何在生态原则下进行全面的绿色社区规划成为绿色城市规划的重要环节。

② 绿色社区规划的策略与方法

a. 空间利用与生态评估

城市社区面临的首要问题是进行土地和空间的安排。与城市规划一样,社区规划对项目选址及周边地区应进行生态环境的评估,以保证与整个城市和区域范围生态系统的协调。生态评估的因子范围,包括:地形地貌、生物气候、地质条件、水资源、能源、动植物种等自然环境信息;还包括:周边城市历史文脉、居民人口构成、产业分布、交通条件等社会经济信息。通过对这些信息的综合评价,可以得出对土地和空间利用的原则性框架,并在此框架内细化落实为土地利用、建筑朝向与布局、生态空间控制等措施。

社区规划设计的出发点,包括:基于生物气候的规划;基于生态空间控制的规划;基于历史文脉延续的规划;基于地形的规划等。利用遥感技术和GIS系统的数据库信息叠加方法,可以相对综合地进行多因子评价,从而得到一个较为全面的生态制约框架。这一框架不仅对土地利用和空间划分起到限制作用,而且也是建筑布局、绿地和公共空间选址、道路网组织等的限制和依据。通常在此过程中应当结合项目的生态条件和分析结论,提出项目的绿色规划原则和目标。

b. 交通组织与TOD模式[31-32]

第一,TND模式——“传统邻里开发”模式。

传统的TND(Traditional Neighborhood Development)模式,即“传统邻里开发”模式,由安德雷斯·杜安尼和伊丽莎白·普拉特赞伯克夫妇提出,其主要设计思想为:a. 优先考虑公共空间和公共建筑部分,并把公共空间、绿地、广场作为邻里中心。b. 对于内部交通,该模式主张设置较密的方格网状道路系统,街道不宜过宽,主干道宽度在10米左右,标准街道在7米左右。较多的道路联结节点和较窄的路宽可有效降低行车速度,从而营造利于行人和自行车的交通环境。c. TND模式强调社区的紧凑度,强调土地和基础设施的利用效率,通过适度提高建筑容积率降低开发成本和“浓缩”税源。d. 在户型设计上,TND模式还侧重考虑住宅的多样性和拓展性，通过提供不同建筑面积、不同户型、不同价格的多样性住宅，利用总价的过滤效应，让更多低收入的家庭能够支付得起。e. 在建筑风格上，TND模式强调要尊重地方传统。

TND模式认为社区的基本单元是邻里，每一个邻里的规模大约有5分钟的步行距离，单个社区的建筑面积应控制在16万～80万平方米的范围内，最佳规模半径为400米，大部分家庭到邻里公园距离都在3分钟步行范围之内。

第二，TOD模式——“以公共交通为导向的发展”模式。

TOD模式是美国郊区化进入新阶段的产物，建立在新城市主义思潮基础上，以区域公交发展为导向，贯彻精明增长理念。TOD一般被认为是遏制城市空间蔓延增长的有效手段。从20世纪90年代以来，国内在轨道交通沿线土地开发过程中引入TOD的理念。近年来又开始与低碳城市、宜居城市、紧凑城市、城市综合体的概念结合起来。

TOD模式的概念：

“TOD模式”(Transit-Oriented Development，简称TOD)，即“以公共交通为导向的发展”模式，是规划一个居民或者商业区时，使公共交通的使用最大化的一种非汽车化的规划设计方式，体现了公交优先的政策。TOD概念最早由彼得·卡尔索普在1992年提出，并在1993年出版的《The American Metropolis-Ecology，Community，and the American Dream》一书中提出了“公共交通引导开发”(TOD)，并对TOD制定了一整套详尽而又具体的准则。他认为TOD强调“在区域层次整合交通体系”及“社区层次营建宜人的步行环境”。TOD区别于传统规划思路的准则，即区域的增长结构和公共交通发展方向一致，采用更紧凑的城市结构；以混合使用、适合步行的规划原则取代单一用途的区划控制(zoning)原则；城市设计面向公共领域，以人的尺度为导向，而非倾向于私人地域和小汽车空间。

虽然TOD模式与TND模式同属新城市主义典型代表，是一种有节制的、公交导向的“紧凑开发”模式，但是与TND模式相比，TOD模式更侧重于整个大城市区域层面的良好城市结构的塑造。

TOD的类型等级划分：

以TOD站点的规模等级，将TOD的类型划分为“城市型TOD”与“社区型TOD”。“城市型TOD”(城市型公交社区)是指位于公共交通网络中的主干线上，将成为较大型的交通枢纽和商业、就业中心，一般以步行10分钟的距离或600m的半径来界定它的空间尺度。“城市型TOD”又可细分为“区域级”和“地区级”两类。“社区型TOD”(社区型公交社区)不是布置在公交主干线上，仅通过公交支线与公交主干线相连，公共汽车在此段距离运行时间不超过10分钟(大约5公里)。

TOD模式的“4D”设计特征：

土地混合开发(Diversity)。TOD区域采用开发高密度住宅、商业、办公用地，同时开发服务业、娱乐、体育等公共设施的混合利用模式。混合用途的土地使用能够有效地减少出行次数，降低出行距离，并且促进非机动方式的出行。

高密度建设(Density)。高密度的开发，能够促进公交方式的选择。有研究表明，在距离轨道交通站点相同距离时，高密度的住宅区的公交出行比例高出30%。

宜人的空间设计(Design)。传统的邻里、狭窄的街道、宜人的公共空间、尺度的多样性、与公交站点之间舒适的步行空间，有利于提高公交出行的吸引力。

到交通站点的距离(Distance)。TOD模式的公共交通，主要是指火车站、机场、地铁、轻轨等轨道交通及巴士干线，然后以公交站点为中心、以400～800米(5～10分钟步行路程)为半径建立中心广场或城市中心，其特点在于集工作、商业、文化、教育、居住等为一身的"混合用途"，使居民和雇员在不排斥小汽车的同时能方便地选用公交、自行车、步行等多种出行方式。公共交通有固定的线路和保持一定间距，通常公共汽车站距为500m左右，轨道交通站距为1000m左右。

第三，"城市型TOD模式"案例——香港、东京[33]。

香港人口700多万，是世界上人口最稠密的城市之一。在1078平方公里的土地中，位于海拔50米以下的部分仅占18%，其余大多是陡峭的丘陵。香港在如此之高的密度下仍然能保持城市交通的顺畅，有效地控制交通污染，与其居民极高的公共交通使用率分不开，即TOD模式。从20世纪80年代开始，公共交通一直负担着全港80%以上的客流量，仅有大约6%的居民出行使用私人交通工具。由于TOD开发对轨道交通建设产生的巨大需求，经过短短10多年的发展，香港已建成轨道交通通车里程达130公里。香港的成绩很大程度上归功于TOD社区的土地利用形态，全香港约有45%的人口居住在距离地铁站仅500米的范围内，在九龙、新九龙以及香港岛更是高达65%。港岛商务中心内以公共交通枢纽为起点的步行系统四通八达，凡与步行系统相连的建筑，本身就是步行系统的组成部分，其通道层及邻接的楼层通常作为零售商业和娱乐用途，给行人提供了极大的方便。

东京是一个国际性大都市，仅距城市中心半径20公里的范围内就聚集着800多万人口，高密度发展的城市形态使城市内部交通量高度集中。东京的铁路是这个城市最主要的交通方式，也是世界上少数能够盈利的城市铁路系统之一。以20世纪70年代开发的新宿副中心为例，商业娱乐中心及其周围的办公建筑集中在距铁路车站不足1公里的范围内，有空中、地下步行通道保护行人免遭汽车和恶劣气候的侵扰。由于大量活动直接在车站附近完成，轨道交通是人们出入该区域最方便、最常用的交通方式。由环形铁路向外放射的郊区铁路沿线更存在一系列典型的TOD社区。大型社区中心围绕车站布置，有景观良好的步行系统从中心通往附近的居住区，居民步行和乘公共汽车到铁路车站都很方便。居民到铁路车站的出行总量中，68%为步行，24%乘公交汽车，仅有6%使用私人小汽车。显然，这种用地布局在吸引远距离出行使用铁路的同时，还有效降低了社区内部的机动车交通量。

(3)"共同住宅"(Cohousing)[34-35]

共同住宅理念源自20世纪60年代，丹麦的一群家庭，他们认为当时的房屋及社区制度不符他们的需求。波蒂尔·葛拉雷写了一篇报道文章，题为《孩子应该有百年的亲人》，在1967年组织大约50个家庭成为一个理念社区，也就是首个现代共同住宅计划。

共同住宅是理念社区的一种类型，由私人住宅及扩大的共用空间组成。共同住宅皆由其中的居民一同规划及管理，居民会与邻居有频繁的交流与互动。共用设施包括一个大厨房及餐厅，居民可以轮流掌厨开伙。其他设施包括洗衣房、游泳池、托儿设施、办公室、网络接线、客房、游戏间、视听间、工房或健身房。透过空间设计以及在社交、管理活动上的分摊，共同住宅促进居民跨越年龄代沟交流，满足社交和物质需求。共享资源、空间和物品对经济和环境也相当有益。

丹麦的"共同住宅"概念透过两位美国建筑师——凯瑟琳·麦卡曼特及查尔斯·杜瑞特传至北美洲。在共同住宅概念兴起之前，纽约市在20世纪20年代已经有合作公寓的共用设施供邻居间交流融洽。在2009年11月的纽约时报一篇描述纽约市首个共同住宅计划的文章中写道:公共住宅"能让人们拥有自己的温暖窝,但不会和外界疏离,不会感到在冰冷的城市中迷失"。

美国共同住宅协会对"共同住宅"的定义:它是指保留个人或者家庭的自由和隐私为前提,把日常生活的部分空间共同化,居民们通过民主协商成立集体,邻里相互关心帮助并定期举办聚餐等集体活动的一种生活方式。除此之外,居民们必须签署一份提倡绿色生活的保证书。简而言之,"共同住宅"主要指同一个小区里的居民们在拥有自己房子的同时,把日常生活的部分空间互相开放,在一个共用空间里享受共住、合吃、同工的邻居乐趣。

尽管多数的共同住宅团队致力于建立融合不同年龄及世代的社区,但也有些共同住宅社区是专门面向银发族的。美国第一个以共同住宅概念设计、建造及使用的社区是位于加州优洛县戴维斯市的Muir Commons,麦卡曼特和杜瑞特负责规划及设计社区的位置图、共同空间及私宅空间设计。以共同住宅概念实施的其他新社区,如华盛顿州的"共享森林"(Sharing wood)以及加州的N Street。位于美国密歇根州安娜堡的"向阳共同住宅社区"(The Sunward Cohousing),绿地保护完善,住宅排列紧密,车辆只能停在社区外(图3-2-18)。

图3-2-18　美国密歇根州安娜堡的"向阳共同住宅社区"

现今,在丹麦以及其他北欧国家有数以百计的共同住宅社区;美国至少有113个运营中的共同社区,还有至少100个规划中社区;在加拿大有9个社区运行,还有大约15个在规划或建设阶段的社区;在澳大利亚、英国以及其他地方也有共同住宅社区的存在。

随着生态理念和技术的发展,社区规划关注的内容进一步向生态绿色拓展,涵盖了基于生物气候条件的规划设计、绿色交通解决模式、环境系统控制、环境模拟(噪声、采光、通风模拟)、资源的循环利用、节能和减排措施等多方面内容。

3.3　绿色建筑与景观绿化

回归自然已成为人们的普遍愿望,绿化不仅可以调节室内外温湿度,有效降低绿色建筑的能耗,同时还能提高室内外空气质量,降低CO_2浓度,从而提高使用者的健康舒适度,满足其亲近自然的心理。人类与绿色植物的生态适应和协同进化是人类生存的前提。

建筑设计必须注重生态环境与绿化设计,充分利用地形地貌种植绿色植被,让人们生活在没有污染的绿色生态环境中,这是我们肩负的社会责任和环境责任。因此,绿化是绿色建筑节能、健康舒适、与自然融合的主要措施之一[1-2]。

3.3.1 建筑绿化的配置

构建适宜的绿化体系是绿色建筑的一个重要组成部分，我们在了解植物种的生物生态习性和其他各项功能的测定比较的基础上，应选择适宜的植物品种和群落类型，提出适宜于绿色建筑的室内外绿化、屋顶绿化和垂直绿化体系的构建思路。

1. 环境绿化、建筑绿化的目标

1)改善人居环境质量。人的一生中90%以上的活动都与建筑有关，改善建筑环境质量无疑是改善人居环境质量的重要组成部分。绿化应与建筑有机结合以实现全方位立体的绿化，提高生活环境的舒适度，形成对人类更为有利的生活环境。

2)提高城市绿地率。城市钢筋水泥的沙漠里，绿地犹如沙漠中的绿洲，发挥着重要的作用。高昂的地价成为城市绿地的瓶颈，对占城市绿地面积50%以上的建筑进行屋顶绿化、墙面绿化及其他形式绿化，是改善建筑生态环境的一条必经之路。日本有明文规定，新建筑占地面积只要超过1000m^2，屋顶的1/5必须为绿色植物所覆盖[3]。

2. 建筑绿化的定义和分类

建筑绿化，是指利用城市地面以上各种立地条件，如建筑物屋顶和外围护结构表皮，构筑物及其他空间结构的表面，覆盖绿色植被并利用植物向空间发展的立体绿化方式。

建筑绿化主要分为有屋顶绿化、垂直绿化(墙面绿化)和室内绿化三类，如图3-3-1所示。建筑绿化系统包括屋面和立面的基底、防水系统、蓄排水系统以及植被覆盖系统等，适用于工业与民用建筑屋面及中庭、裙房敞层的绿化；与水平面垂直或接近垂直的各种建筑物外表面上的墙体绿化；窗阳台、桥体、围栏棚架等多种空间的绿化[4]。

(a)建筑外墙绿化　(b)围墙绿化　(c)屋顶绿化　(d)室内绿化

图3-3-1 建筑绿化的分类

3. 建筑绿化的功能[3]

1)植物的生态功能。植物具有固定CO_2、释放O_2、减弱噪声、滞尘杀菌、增湿调温、吸收有毒物质等生态功能，其功能的特殊性使建筑绿化不会产生污染，更不会消耗能源，改善建筑环境质量。

2)建筑外环境绿化的功能。建筑外环境绿化是改善建筑环境小气候的重要手段。据测定,1m^2 的叶面积可日吸收 CO_2量 15.4g,释放 O_2量 10.97g,释放水 1634g,吸热 959.3kJ,可为环境降温 1℃～2.59℃。另外,植物又是良好的减噪滞尘的屏障,如园林绿化常用的树种广玉兰,日滞尘量 7.10g/m^2;高 1.5m、宽 2.5m 的绿篱可减少粉尘量 50.8%,减弱噪声 1～2dB(A)。此外,良好的绿化结构还可以加强建筑小环境通风;利用落叶乔木为建筑调节光照也是国内外绿化常用的手段。

3)建筑物绿化的功能。建筑物绿化包括墙面绿化和屋顶绿化。使绿化与建筑有机结合,一方面可以直接改善建筑的环境质量;另一方面还可以提高整个城市的绿化覆盖率与辐射面。此外,建筑物绿化还可为建筑有效隔热,改善室内环境。据测定,夏季墙面绿化与屋顶绿化可以为室内降温 1℃～2℃,冬季可以为室内减少 30%的热量损失。植物的根系可以吸收和存储 50%～90%的雨水,大大减少了水分的流失。一个城市,如果其建筑物的屋顶都能绿化,则城市的 CO_2 较之没有绿化前要减少 85%。

4)室内绿化的功能。城市环境的恶化使人们越来越多地依赖于室内加热通风及以空调为主体的生活工作环境,由 HVAC(Heating, Ventilation and Air Conditioning,缩写 HVAC,即供热通风与空气调节)组成的楼宇控制系统是一个封闭的系统,自然通风换气十分困难。据上海市环保产业协会室内环境质量检测中心调查,写字楼内的空气污染程度是室外的 2～5 倍,有的甚至超过 100 倍,空气中的细菌含量高于室外的 60%以上,CO 浓度最高时则达到室外 3 倍以上。人们久居其中,极易造成建筑综合征(SBS)的发生。一定规模的室内绿化可以吸收 CO_2释放 O_2,吸收室内有毒气体,减少室内病菌含量。实验表明:云杉有明显的杀死葡萄球菌的效果;菊花可以一日内除去室内 61%的甲醛、54%的苯、43%的三氯乙烯。室内绿化还可以引导室内空气对流,增强室内通风。

4. 园林建筑与园林植物配置[3]

我国历史、文化悠久灿烂,古典园林众多,风格各异。由于园林性质、功能和地理位置的差异,园林建筑对植物配置的要求也有所不同。

1)园林植物配置的特点和要求。北京的古典皇家园林,推崇帝王至高无上、尊严无比的思想,加之宫殿建筑体量庞大、色彩浓重、布局严整,多选择侧柏、桧柏、油松、白皮松等树体高大、四季常青、苍劲延年的树种作为基调,来显示帝王的兴旺不衰、万古长青。苏州园林,很多是代表文人墨客情趣和官僚士绅的私家园林,在思想上体现士大夫的清高、风雅的情趣,建筑色彩淡雅,如黑灰的瓦顶与白粉墙、栗色的梁柱与栏杆。一般在建筑分隔的空间中布置园林,因此园林面积不大,在地形及植物配置上用“以小见大”的手法,通过“咫尺山林”再现大自然景色,植物配置充满诗情画意的意境。

2)园林建筑的门、窗、墙、角隅的植物配置。门是游客游览必经之处,门和墙连在一起,起到分割空间的作用。充分利用门的造型,以门为框,通过植物配置,与路、石等进行精细的艺术构图,不但可以入画,而且可以扩大视野、延伸视线。窗也可充分利用来作为框景的材料,安坐室内,透过窗框外的植物配置,俨然一幅生动的画面。此外,在园林中利用墙的南面良好的小气候特点,引种栽培一些美丽的不抗寒的植物,可发展成美化墙面的墙园。

3)不同地区屋顶花园的植物配置。江南地区气候温暖、空气湿度较大,所以浅根性、树姿轻盈秀美、花叶美丽的植物种类都很适宜配置于屋顶花园中,尤其在屋顶铺以草皮,其上再植以花卉和花灌木效果更佳。北方地区营造屋顶花园的困难较多,冬天严寒,屋顶薄薄的土层很易冻透,而早春的风在冻土层解冻前易将植物吹干,故宜选用抗旱、耐寒的草种、宿根、球根花卉以及乡土花灌木,也可采用盆栽、桶栽,冬天便于移至室内过冬。

3.3.2 室内外绿化体系的构建[3]

1. 室内绿化体系的构建

室内的出发点是尽可能地满足人的生理、心理乃至潜在的需要。在进行室内植物配置前,应先对场所的环境进行分析,收集其空间特征、建筑参数、装修状况及光照、温度、湿度等与植物生长密切相关的环境因子等诸多方面的资料。综合分析这些资料,才能合理地选用植物,以改善室内环境,提高健康舒适度。

1)室内绿化植物的选择原则

(1)适应性强。由于光照的限制,室内植物以耐阴植物或半阴生植物为主。应根据窗户的位置、结构及白天从窗户进入室内光线的角度、强弱及照射面积来决定花卉品种和摆放位置,同时还要适应室内温湿度等环境因子。

(2)对人体无害。玉丁香久闻会引起烦闷气喘、记忆力衰退;夜来香夜间排出的气体可加重高血压、心脏病的症状;含羞草经常与人接触会引起毛发脱落,应避免选择此类对人体可能产生危害的植物。

(3)生态功能强。选择能调节温湿度、滞尘、减噪、吸收有害气体、杀菌和固碳释氧能力强的植物,可改善室内微环境,提高工作效率和增强健康状况。如杜鹃具有较强的滞尘能力,还能吸收有害气体如甲醛,净化空气;月季、蔷薇能较多地吸收 HS、HF、苯酚、乙醚等有害气体;吊兰、芦荟可消除甲醛的污染等。

(4)观赏性高。花卉的种类繁多,有的花色艳丽,有的姿态奇特,有的色、香、姿、韵俱佳,如超凡脱俗的兰、吉祥如意的水仙、高贵典雅的君子兰、色彩艳丽的变叶木等。应根据室内绿化装饰的目的、空间变化以及人们的生活习俗,确定所需的植物种类、大小、形状、色彩以及四季变化的规律。

2)适合华东地区绿色建筑室内绿化的植物

(1)木本植物。常见的有:桫椤、散尾葵、玳玳、柠檬、朱蕉、孔雀木、龙血树、富贵竹、酒瓶椰子、茉莉花、白兰花、九里香、国王椰子、棕竹、美洲苏铁、草莓番石榴、胡椒木等,如图3-3-2所示。

富贵竹　白兰花　棕竹

图 3-3-2　适合室内绿化的木本植物[1]

(2)草本植物。常见的有:铁线蕨、菠萝、花烛、佛肚竹、银星秋海棠、铁叶十字秋海棠、花叶水塔花、花叶万年青、紫鹅绒、幌伞枫、龟背竹、香蕉、中国兰、凤梨类、佛甲革、金叶景天等,如图 3-3-3 所示。

(a) 铁线蕨　(b) 菠萝　(c) 花烛

(d) 幌伞枫　(e) 花叶水塔花　(f) 中国兰

图 3-3-3　适合室内绿化的草本植物[1]

(3)藤本植物。常见的有:栎叶粉藤、常春藤、花叶蔓长春花、花叶蔓生椒草、绿萝等,如图 3-3-4 所示。

(a) 常春藤　(b) 绿萝

图 3-3-4　适合室内绿化的藤本植物[1]

(4)莳养花卉。常见的有:仙客来、一品红、西洋报春、蒲包花、大花蕙兰、蝴蝶兰、文心兰、瓜叶菊、比利时杜鹃、菊花、君子兰等,如图 3-3-5 所示。

2. 室外绿化体系的构建[3]

室外绿化一般占城市总用地面积的35%左右,是建筑用地中分布最广、面积最大的空间。

1)室外绿化植物的选择原则

室外植物的选择首要考虑城市土壤性质及地下水位高低、土壤偏盐碱的特点;其次考虑生态功能;最后需要考虑建筑使用者的安全。综合起来有以下几个方面:(1)耐干旱、耐瘠薄、耐水湿和耐盐碱的适宜生物种;(2)耐粗放管理的乡土树种;(3)生态功能好;(4)无飞絮、少花粉、无毒、无刺激性气味;(5)观赏性好。

(a)仙客来

(b)君子兰

图 3-3-5 适合室内绿化的莳养花卉[1]

2)室外绿化群落配置原则

(1)功能性原则。以保证植物生长良好,利于功能的发挥。(2)稳守性原则。在满足功能和目的要求的前提下,考虑取得较长期稳定的效果。(3)生态经济性原则。以最经济的手段获得最大的效果。(4)多样性原则。植物多样化,以便发挥植物的多种功能。(5)其他需考虑的特殊要求等。

3)适合华东地区绿色建筑做室外绿化的植物

(1)乔木。常见的有:合欢、栾树、梧桐、三角枫、白玉兰、银杏、水杉、垂丝海棠、广玉香,香樟、棕榈、枇杷、八角枫、紫椴、女贞、大叶榉、紫微、臭椿、刺槐、丁香、旱柳、枣树、橙、红楠、天竺桂、桑、泡桐、樱花、龙柏、罗汉松等,如图 3-3-6 所示。

(a)合欢 (b)栾树 (c)梧桐 (d)白玉兰

(e)鸡爪槭 (f)银杏 (g)垂丝海棠 (h)广玉兰

图3-3-6　适合室外绿化的乔木植物[3]

(2)灌木。常见的有:八角金盘、夹竹桃、栀子花、含笑、石榴、无花果、木槿、八仙花、云南黄馨、浓香茉莉、洒金桃叶珊瑚、大叶黄杨、月季、火棘、蜡梅、龟甲冬青、豪猪刺、南天竹、枸子属、红花檵木、山茶、贴梗海棠、石楠等,如图3-3-7所示。

图3-3-7　适合室外绿化的灌木植物[1]

(3)地被。常见的有:美人蕉、紫苏、石蒜、一叶兰、玉簪类、黄金菊、蓍草、荷兰菊、蛇鞭菊、鸢尾类、岩白菜、常夏石竹、钓钟柳、芍药、筋骨草、葱兰、麦冬、花叶薄荷等,如图3-3-8所示。

4)功能性植物群落

根据植物资源信息库的资料,一些生态功能较好的功能性植物群落配置有以下一些:

(a) 紫苏　(b) 石蒜　(c) 一叶兰　(d) 蓍草
(e) 玉簪　(f) 荷兰菊　(g) 蛇鞭菊　(h) 鸢尾
(i) 岩白菜　(j) 常夏石竹　(k) 钓钟柳　(l) 芍药
(m) 筋骨草　(n) 葱兰

图 3-3-8　适合室外绿化的地被植物[1]

(1)降温增湿效果较好的植物群落

① 香榧＋柳杉群落。具体的群落组成：香榧＋柳杉—八角金盘＋云锦杜鹃＋山茶—络石＋虎耳草＋铁筷子＋麦冬＋结缕草＋风尾兰＋薰衣草。

② 广玉兰＋罗汉松群落。具体的群落组成：广玉兰＋罗汉松—东瀛珊瑚＋雀舌黄杨＋金叶女贞—燕麦草＋金钱蒲＋荷包牡丹＋玉簪＋风尾花。

③ 香樟＋悬铃术群落。具体的群落组成：香樟＋悬铃木—亮叶蜡梅＋八角金盘＋红花檵术—大吴风草＋贯众＋紫金牛＋姜花＋岩白菜。

(2)能较好改善空气质量的植物群落

① 杨梅＋杜英群落。具体的群落组成：杨梅＋杜英—山茶＋珊瑚树＋八角金盘—麦冬＋大吴风草＋冠众＋一叶兰。

② 竹群落。具体的群落组成：刚竹＋毛金竹＋淡竹—麦冬十贯众＋结缕草＋玉簪。

③ 柳杉＋日本柳杉群落。具体的群落组成：柳杉＋日本柳杉—珊瑚树＋红花橼小＋紫荆—细叶苔草＋麦冬＋紫金牛＋虎耳草。

(3)固碳释氧能力较强的群落

① 广玉兰+夹竹桃群落。具体的群落组成:广玉兰+夹竹桃—云锦卡十鹃十紫荆+云南黄馨—紫藤+阔叶十大功劳+八角金盘+洒金东瀛珊瑚+玉簪+花叶蔓长春花。

② 香樟+山玉兰群落。具体的群落组成:香樟+山玉兰—云南黄馨+迎春+大叶黄杨—美国凌霄+鸢尾+早熟禾+八角金盘+洒金东瀛珊瑚十玉簪。

③ 含笑+蚊母群落。具体的群落组成:含笑+蚊母—卫矛+雀舌黄杨+金叶女贞—洋常春藤+地锦+瓶兰+野牛草+花叶盟长春花+虎耳草。

3.3.3 屋顶绿化和垂直绿化体系的构建

1. 屋顶绿化体系的构建

1)屋顶植物的选择原则

(1)所选树种植物要适应种植地的气候条件并与周围环境相协调;(2)耐热、耐寒、抗旱、耐强光、不易患病虫害等,适应性强;(3)根据屋顶的荷载条件和种植基质厚度,选择与之相适应的植物;(4)生态功能好;(5)具有较好的景观效果。

2)适合华东地区屋顶绿化的植物

(1)小乔类(图3-3-9)。常见的有:棕榈、鸡爪槭、针葵等。

(2)地被类(图3-3-10)。常见的有:佛甲草、金叶景天、葱兰、萱草、麦冬、鸢尾、石竹、美人蕉、黄金菊、美女樱、太阳花、紫苏、薄荷、鼠尾草、薰衣草、常春藤类、美国爬山虎、忍冬属等。

棕榈

图3-3-9 适合屋顶绿化的小乔类植物[1]

(a)佛甲草 (b)金叶景天 (c)萱草 (d)美人蕉 (e)薄荷 (f)薰衣草

图3-3-10 适合屋顶绿化的地被类植物

(3)小灌木(图3-3-11)。常见的有:小叶女贞、女贞、迷迭香、金钟花、南天竹、双荚决明、伞房决明、山茶、夹竹桃、石榴、木槿、紫薇、金丝桃、大叶黄杨、月季、栀子花、贴梗海棠、石楠、茶梅、蜡梅、桂花、铺地柏、金线柏、罗汉松、凤尾竹等。

（a）女贞 （b）金钟花 （c）珊瑚树 （d）木槿

图 3-3-11 适合屋顶绿化的小灌木植物[1]

3）屋顶绿化的类型

屋顶绿化是建筑绿化的主要形式，按照覆土深度和绿化水平，一般分为轻型（Extensive）屋顶绿化和密集型（Intensive）屋顶绿化[4]。两类绿化方式的特点，见表 3-3-1 所列。

表 3-3-1 轻型屋顶绿化与密集型屋顶绿化的比较[4]

指标	轻型屋顶绿化	密集型屋顶绿化（空中花园）
一般性	覆土层浅（50～150mm）； 少量或无灌溉； 低维护保养 6～18 元/（m^2·年）	覆土层深（200～500mm）； 有灌溉系统； 维护保养费 30～50 元/（m^2·年）
优势	承重荷载小（60～200kg/m^2）； 低维护量；植被可自然生长； 适用于新建和既有改造项目，也适用于较大屋面区域和 0°～30°屋面坡度； 初期投资低（200～600 元/m^2）	多样化种植方式； 较好的植物多样性和适应性； 绝热性好； 良好的景观观赏性
缺点	植物种类受限； 不可游玩进入； 观赏性一般，旱季影响更大	初期投资高（800～1200 元/m^2）； 一般不适用于建筑改造项目； 承重负荷较大（200～300kg/m^2）； 需要灌溉和排水系统

按照屋顶绿化的特点以及与人工景观的结合程度，又可细分为轻型屋顶绿化、半密集型屋顶绿化和密集型屋顶绿化，如图 3-3-12 所示。

（1）轻型屋顶绿化。又称敞开型屋顶绿化、粗放型屋顶绿化，是屋顶绿化中最简单的一种形式。这种绿化效果比较粗放和自然化，让人们有接近自然的感觉，所选用的植物往往也是一些景天科的植物，这类植物具有抗干旱、生命力强的特点，并且颜色丰富鲜艳，绿化效果显著。轻型屋顶绿化的基本特征：低养护；免灌溉；从苔藓、景天到草坪地被型绿化；整体高度 6～20cm；重量为 60～200kg/m^2。

（2）半密集型屋顶绿化。是介于轻型屋顶绿化和密集型屋顶绿化之间的一种绿化形式，植物选择趋于复杂，效果也更加美观，居于自然野性和人工雕琢之间。由于系统重量的增加，设计师可以自由加入更多的设计理念，一些人工造景也可以得到很好地展示。半密集型屋顶绿化的特点：定期养护；定期灌溉；从草坪绿化屋顶到灌木绿化屋顶；整体高度 12～25cm；重量为 120～250kg/m^2。

（3）密集型屋顶绿化。是植被绿化与人工造景、亭台楼阁、溪流水榭的完美组合，是真正

(a) 轻型屋顶绿化

(b) 半密集型屋顶绿化1

(c) 半密集型屋顶绿化2

(d) 密集型屋顶绿化

图3-3-12　建筑屋顶绿化的分类

意义上的“屋顶花园”“空中花园”。高大的乔木、低矮的灌木、鲜艳的花朵，植物的选择随心所欲；还可设计休闲场所、运动场地、儿童游乐场、人行道、车行道、池塘喷泉等。密集型屋顶绿化的特点：经常养护；经常灌溉；从草坪、常绿植物到灌木、乔木；整体高度15～100cm；荷载为150～1000kg/平方米。

2. 垂直绿化体系的构建

1)垂直绿化植物选择的原则

(1)生态功能强；(2)丰富多样，具有较佳的观赏效果；(3)耐热、耐寒、抗旱、不易患病虫害等，适应性强；(4)无须过多的修剪整形等栽培措施，耐粗放管理；(5)具有一定的攀缘特性。

2)垂直绿化的类型

垂直绿化一般包括阳台绿化、窗台绿化和墙面绿化三种绿化形式。

(1)阳台、窗台绿化

住宅的阳台有开放式和封闭式两种。开放式阳台光照好，又通风，但冬季防风保暖效果差；封闭式阳台通风较差，但冬季防风保暖好，宜选择半耐阴或耐阴种类，如吊兰、紫鸭跖草、文竹、君子兰等在阳台内。栏板扶手和窗台上可放置盆花、盆景。或种植悬垂植物如云南黄馨、迎春、天门冬等，既可丰富造型，又增加了建筑物的生气。

窗台、阳台的绿化有以下四种常见方式：①在阳台上、窗前设种植槽，种植悬垂的攀缘植物或花草；②让植物依附于外墙面花架，进行环窗或沿栏绿化以构成画屏；③在阳台栏面和窗台面上的绿化；④连接上下阳台的垂直绿化。

由攀缘植物所覆盖的阳台，按其鲜艳的色泽和特有的装饰风格，必须与城市房屋表面的色调相协调，正面朝向街道的建筑绿化要整齐美观。

(2)墙面绿化[7]

① 墙面绿化的概念。墙面绿化是利用垂直绿化植物的吸附、缠绕、卷须、钩刺等攀缘特性，依附在各类垂直墙面(包括各类建筑物、构筑物的垂直墙体、围墙等)上，进行快速的生长

发育。这是常见的最为经济实用的墙面绿化方式。由于墙面植物的立地条件较为复杂,植物生境相对恶劣,故技术支撑是关键。对墙面绿化技术的研究将有利于提高垂直绿化整体质量,丰富城市绿化空间层次,改善城市生态环境,降低建设成本。让"城市混凝土森林"变成"绿色天然屏障"是人们在绿化概念上从二维向三维的一次飞跃,并将成为未来绿化的基本趋势。

② 墙面绿化的作用。墙面绿化具有控温、坚固墙体、减噪滞尘、清洁空气、丰富绿量、有益身心、美化环境、保护和延长建筑物使用寿命的功能。检测发现,在环境温度35℃~40℃时,墙面植物可使展览场馆室温降低2℃~5℃;寒冷的冬季则可使同一场馆室温升高2℃以上。通常,墙面绿化植物表面可吸收约1/4的噪声,与光滑的墙面相比,植物叶片表面能有效减少环境噪声的反射。根据不同的植物及其配置方式,其滞尘率为10%~60%。另外,通过垂直界面的绿化点缀,能使建筑表面生硬的线条、粗糙的界面、晦暗的材料变得自然柔和,郁郁葱葱彰显生态与艺术之美。

③ 墙面绿化的发展情况[7]。在西方,古埃及的庭院、古希腊和古罗马的园林中,葡萄、蔷薇和常春藤等已经被布置成绿篱和绿廊。2004年,法国生态学家、植物艺术家帕特里克·勃朗为凯布朗利博物馆设计的800m^{2}植物墙,如图3-3-13所示,成为墙体绿化的标志性工程。在2005年日本爱知世博会上,举办方展示了长150m、高12m以上的"生命之墙",将最先进的墙面绿化技术进行集中展示,给世人展现了一副美妙的画卷。我国墙体绿化的历史悠久,早在春秋时期吴王夫差建造苏州城墙时,就利用藤本植物进行了墙面绿化。而2010年上海世博会城市主题馆总面积超过5000m^{2}的墙面绿化带来了强烈的视觉冲击感,如图3-3-14所示。

图3-3-13 凯布朗利博物馆植物墙

图3-3-14 世博主题馆生态墙

④ 不同类型墙体的绿化植物选择[9-10]

a. 不同表面类型的墙体。较粗糙的表面可选择枝叶较粗大的种类,如爬山虎、崖爬藤、薜荔、凌霄等;而表面光滑、细密的墙面,宜选用枝叶细小、吸附能力强的种类如络石、小叶扶芳藤、常春藤、绿萝等。除此之外,可在墙面安装条状或网状支架供植物攀附,使许多卷攀型、棘刺型、缠绕型的植物都可借支架绿化墙面。

b. 不同高度、朝向的墙体。选择攀缘植物时,要使其能适应各种墙面的高度以及朝向的要求。对于高层建筑物应选择生长迅速、藤蔓较长的藤本如爬山虎、凌霄等,使整个立面都能有效地被覆盖。对不同朝向的墙面应根据攀缘植物的不同生态习性加以选择,如阳面可选喜光的凌霄等,阴面可选耐阴的常春藤、络石、爬山虎等。

c. 不同颜色的墙面。在墙面绿化时，还应根据墙面颜色的不同而选用不同的垂直绿化植物，以形成色彩的对比。如在白粉墙上以爬山虎为主，可充分显示出爬山虎的枝姿与叶色的变化，夏季枝叶茂密、叶色翠绿；秋季红叶染墙、风姿绰约；绿化时宜辅以人工固定措施，否则易引起白粉墙灰层的剥落。橙黄色的墙面应选择叶色常绿花白繁密的络石等植物加以绿化。泥土墙或不粉饰的砖墙，可用适于攀登墙壁向上生长的气根植物如爬山虎、络石，可不设支架；如果表面粉饰精致，则选用其他植物，装置一些简单的支架。在某些石块墙上可以在石缝中充塞泥土后种植攀缘植物。

3)适合垂直绿化的植物[3]

推荐选用的适合华东地区绿色建筑垂直绿化的植物有(图 3－3－15)：铁箍散、金银花、西番莲、藤本月季、常春藤、比利时忍冬、川鄂爬山虎、紫叶爬山虎、中华常春藤、猕猴桃、葡萄、薜荔、紫藤等。

(a) 铁箍散 (b) 金银花 (c) 西番莲 (d) 比利时忍冬
(e) 川鄂爬山虎 (f) 薜荔

图 3－3－15 适合垂直绿化的植物[1]

4)墙面绿化的构造类型[7]

根据墙面绿化构造做法的不同方式，分为六种类型，如图 3－3－16 所示。

(1)模块式。即利用模块化构件种植植物以实现墙面绿化。将方块形、菱形、圆形等几何单体构件，通过合理搭接或绑缚固定在不锈钢或木质等骨架上，形成各种景观效果。模块式墙面绿化，可以按模块中的植物和植物图案预先栽培养护数月后进行安装，其寿命较长，适用于大面积的高难度的墙面绿化，墙面景观的营造效果最好。构造做法如图 3－3－16(a)所示。

(2)铺贴式。即在墙面直接铺贴植物生长基质或模块，形成一个墙面种植平面系统。其特点：①可以将植物在墙体上自由设计或进行图案组合；②直接附加在墙面，无须另外做钢架，并通过自来水和雨水浇灌，降低建造成本；③系统总厚度薄，只有 10 厘米至 15 厘米，并且还具有防水阻根功能，有利于保护建筑物，延长其寿命；④易施工，效果好等。构造做法如图 3－3－16(b)所示。

(3)攀爬或垂吊式。即在墙面种植攀爬或垂吊的藤本植物，如种植爬山虎、络石、常春藤、扶芳藤、绿萝等。这类绿化形式简便易行、造价较低、透光透气性好。构造做法如图 3－3－16(c)所示。

(4)摆花式。即在不锈钢、钢筋混凝土或其他材料等做成的垂面架中安装盆花以实现垂面绿化。这种方式与模块化相似，是一种"缩微"的模块，安装拆卸方便。选用的植物以时令花为主，适用于临时墙面绿化或竖立花坛造景。构造做法如图 3-3-16(d)所示。

(5)布袋式。即在铺贴式墙面绿化系统的基础上发展起来的一种工艺系统，是首先在做好防水处理的墙面上直接铺设软性植物生长载体，比如毛毡、椰丝纤维、无纺布等，其次在这些载体上缝制装填有植物生长及基材的布袋，最后在布袋内种植植物实现墙面绿化。构造做法如图 3-3-16(e)所示。

(6)板槽式。即在墙面上按一定的距离安装 V 形板槽，在板槽内填装轻质的种植基质，再在基质上种植各种植物。构造做法如图 3-3-16(f)所示。

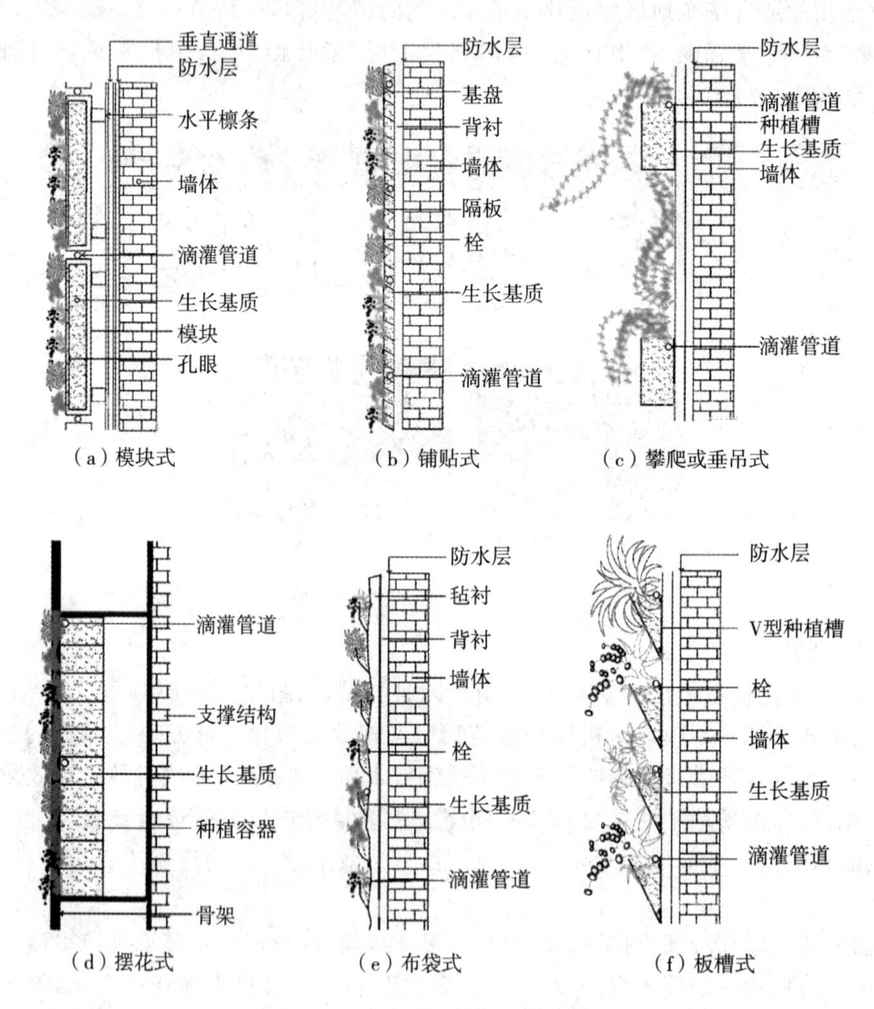

图 3-3-16 墙面绿化的构造类型

近年来，建筑绿化作为城市增绿的重要举措在城市园林绿化业中逐渐得以重视，但目前在建筑行业，建筑绿化设计只作为景观辅助设计，建筑绿化对建筑本体的功用和影响需要引起重视。

第 4 章　绿色建筑的设计方法

4.1　中国不同气候区域的绿色建筑设计特点

我国建筑气候区划图，如图 4－1－1 所示。我国主要城市所处气候分区，见表 4－1－1 所列。

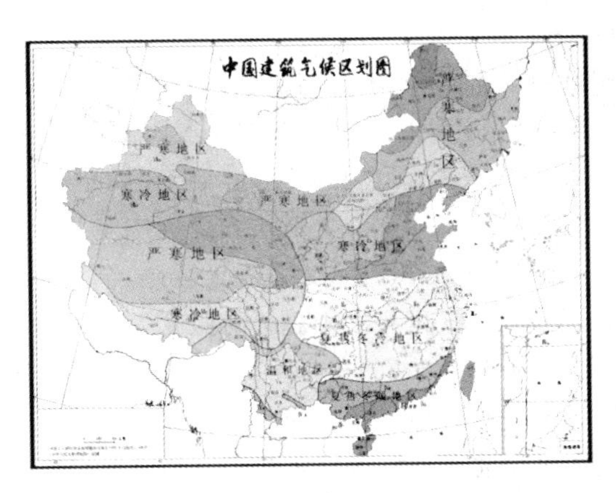

图 4－1－1　我国建筑气候区划图

表 4－1－1　我国主要城市所处气候分区[3]

气候分区	代表性城市
严寒地区 A 区	海伦、博克图、伊春、呼玛、海拉尔、满洲里、齐齐哈尔、富锦、哈尔滨、牡丹江、克拉玛依、佳木斯、安达
严寒地区 B 区	长春、乌鲁木齐、延吉、通辽、通化、四平、呼和浩特、抚顺、大柴旦、沈阳、大同、本溪、阜新、哈密、鞍山、张家口、酒泉、伊宁、吐鲁番、西宁、银川、丹东
寒冷地区	兰州、太原、唐山、阿坝、喀什、北京、天津、大连、阳泉、平凉、石家庄、德州、晋城、天水、西安、拉萨、康定、济南、青岛、安阳、郑州、洛阳、宝鸡、徐州
夏热冬冷地区	南京、蚌埠、盐城、南通、合肥、安庆、九江、武汉、黄石、岳阳、汉中、安康、上海、杭州、宁波、宜昌、长沙、南昌、株洲、永州、赣州、韶关、桂林、重庆、达县、万州、涪陵、南充、宜宾、成都、贵阳、遵义、凯里、绵阳
夏热冬暖地区	福州、莆田、龙岩、梅州、兴宁、英德、河池、柳州、贺州、泉州、厦门、广州、深圳、湛江、汕头、海口、南宁、北海、梧州

4.1.1　严寒地区绿色建筑的设计特点

1. 严寒地区的气候特征和特点[1]

1)严寒地区的气候特征

我国严寒地区地处长城以北、新疆北部、青藏高原北部，包括我国建筑区划的 Ⅰ 区全部，Ⅵ 区中的 ⅥA、ⅥB 和 Ⅶ 区中的 ⅦA、ⅦB、ⅦC。严寒地区包括黑龙江、吉林全境，辽宁大部，内蒙古中部、两部、北部及陕西、山西、河北、北京北部的部分地区，青海大部，西藏大部，四川两部、甘肃大部，新疆南部部分地区。

2)严寒地区的气候特点[1][3]

(1)冬季漫长严寒，年日平均气温低于或等于5℃的日数144～294天；1月平均气温为－31℃～－10℃。夏季区内各地气候有所不同。I区夏季短促凉爽，ⅥA、ⅥB区凉爽无夏；ⅦA区夏季干热，为北疆炎热中心；ⅦB区夏季凉爽，较为湿润；ⅦC区夏季较热。

(2)气温年较差大，I区为30℃～50℃；ⅥA、ⅥB区为16℃～30℃；ⅦA、ⅦB、ⅦC区为30℃～40℃。气温日较差大，年平均气温日较差为10℃～18℃，I区3～5月平均气温日较差最大，可达25℃～30℃。

(3)极端最低气温很低，普遍低于－35℃，漠河曾有全国最低气温记录－52.3℃。极端最高气温区内各地差异很大，I区为19℃～43℃；VIA、VIB区为22℃～35℃；年平均相对湿度为30%～70%，区内各地差异很大。年降水量较少，多在500mm以下。

(4)冻土深，最大冻土深度在1m以上，个别地方最大冻土深度可达4m。积雪厚，最大积雪深厚为10～60cm，个别地方最大积雪深度可达90cm。

(5)太阳辐射量大，日照丰富。I区年太阳总辐射照度为140～200W/m^2，年日照时数为2100～3100h，年日照百分率为50%～70%。ⅥA、ⅥB区年太阳总辐射照度为180～260W/m^2，年日照时数为1600～3600h，年日照百分率为40%～80%。

(6)每年2月西部地区多偏北风，北、东部多偏北风和偏西风，中南部多偏南风；6～8月东部多偏东风和东北风，其余地区多为偏南风；年平均风速为2～6m/s，冬季平均风速1～5m/s，夏季平均风速2～7m/s。

严寒地区气候特征值，见表4-1-2所列。

表4-1-2 严寒地区气候特征值[1]

气候区		Ⅰ区	ⅥA、ⅥB区	ⅦA、ⅦB、ⅦC区
气候(℃)	最冷月	－31～10	－17～－10	－22～10
	最热月	8～25	7～182	21～28
	年较差	30～50	16～30	30～40
	日较差	10～16	12～16	10～18
	极端最低	－27～－52	－26～－41	－21～－50
	极端最高	19～43	22～35	37～44
日平均气温≤5℃的天数		148～294	162～284	144～180
日平均气温≥5℃的天数		0	0	20～70
相对湿度(%)	最冷月	40～80	20～60	50～80
	最热月	50～90	30～80	30～60
	年平均	50～70	30～70	35～70
年降水量(mm)		200～800	20～900	10～600
年日照时数(h)		2100～3100	1600～3600	2600～3400
年日照百分率(%)		50～70	40～80	60～70
风速	冬季(m/s)	1～5	1～5	1～4
	夏季(m/s)	2～4	2～5	2～7
	全年(m/s)	2～5	2～5	2～6

2. 严寒地区绿色建筑的设计要点

严寒地区的绿色建筑设计除了满足建筑的一般要求以外，还应满足《绿色建筑技术导则》和《绿色建筑评价标准》的要求，且应注意结合严寒地区的气候特点、自然资源条件进行综合设计。

1)严寒地区绿色建筑总体布局的设计原则[4]

(1)应体现人与自然和谐、融洽的生态原则。严寒地区建筑群体布局应科学合理地利用基地及周边自然条件，还应考虑局部气候特征、建筑用地条件、群体组合和空间环境等因素。

(2)充分利用太阳能。我国严寒地区太阳能资源丰富，太阳辐射量大。严寒地区建筑冬季利用太阳能，主要依靠南面垂直墙面上接收的太阳辐照量。冬季太阳高度角低，光线相对于南墙面的入射角小，为直射阳光，不但可以透过窗户直接进入建筑物内，且辐照量也比地平面上要大。

2)严寒地区绿色建筑总体布局的设计方法

(1)建筑物朝向与太阳辐射得热[1][4]

建筑物的朝向选择，应以当地气候条件为依据，同时考虑局地的气候特征。在严寒地区，应使建筑物在冬季最大限度地获得太阳辐射，夏季则尽量减少太阳直接射入室内。严寒地区的建筑物冬季能耗，主要由围护结构传热失热和通过门窗缝隙的空气渗透失热，再减去通过围护结构和透过窗户进入的太阳辐射得热构成。

“太阳总辐射照度”，即水平或垂直面上单位时间内、单位面积上接受的太阳辐射量。其计算公式为：太阳总辐射照度＝太阳直射辐射照度＋散射辐射照度。

太阳辐射得热与建筑朝向有关。研究结果表明，同样层数、轮廓尺寸、围护结构、窗墙面积比的多层住宅，东西向的建筑物比南北向的能耗要增加5.5%左右。各朝向墙面的太阳辐射热量，取决于日照时间、日照面积、太阳照射角度和日照时间内的太阳辐射强度。日照时间的变化幅度很大，太阳直射辐射强度一般是上午低、下午高，所以无论冬夏，墙面上接受的太阳辐射热量，都是偏西朝向比偏东朝向的稍高一些。以哈尔滨为例，冬季1月各朝向墙面接受的太阳辐射照度，以南向最高为3095W/(m^2·日)，东西向则为1193W/(m^2·日)，北向为673W/(m^2·日)。因此，为了冬季最大限度地获得太阳辐射，在严寒地区建筑朝向以选择南向、南偏西、南偏东为最佳。东北严寒地区最佳和适宜朝向建议，见表4-1-3所列。

表4-1-3 东北严寒地区最佳和适宜朝向建议[1]

地区	最佳朝向	适宜朝向	不宜朝向
哈尔滨	南偏东15°～20°	南至南偏东20°、南至南偏西15°	西北、北
长春	南偏东30°、南偏西10°	南偏东45°、南偏西45°	北、东北、西北
沈阳	南、南偏东20°	南偏东至东、南偏西至西	东北东至西北西

此外，确定建筑物的朝向还应考虑利用当地地形、地貌等地理环境，充分考虑城市道路系统、小区规划结构、建筑组群的关系以及建筑用地条件，以利于节约建筑用地。从长期实践经验来看，南向是严寒地区较为适宜的建筑朝向。

(2)建筑间距[1][4]

决定建筑间距的因素很多，如日照、通风、防视线干扰等，建筑间距越大越有利于满足这些要求。但我国土地资源紧张，过大的建筑间距不符合土地利用的经济性。严寒地区确定建筑间距，应以满足日照要求为基础，综合考虑采光、通风、消防、管线埋没与空间环境等要求为原则。

(3)住区风环境设计，注重冬季防风，适当考虑夏季通风[1]

住区风环境设计是住区物理环境的重要组成部分，充分考虑建筑物可能会造成的风环境问题并及时加以解决，有助于创造良好的户外活动空间，节省建筑能耗，获得舒适、生态的居住小区。合理的风环境设计，应该根据当地不同季节的风速、风向进行科学的规划布局，做到冬季防风和夏季通风；充分利用由于周围建筑物的遮挡作用在其内部形成的风速较高的加速区和风速较低的风影区；分析不同季节进行不同活动的不同人群对风速的要求，进行合理、科学的布置，创造舒适的室外活动环境；在严寒地区尤其要根据冬季风的走向与强度设置风屏障(如种植树木、建挡风墙等)。

夏季，自然风能加强热传导和对流，有利于夏季房间及围护结构的散热，改善室内空气品质；冬季，自然风却增加冷风对建筑的渗透，增加围护结构的散热量，增加建筑的采暖能耗。因此，对于严寒地区的建筑，做好冬季防风是非常必要的，具体措施如下：

① 选择建筑基地时，应避免不利地段。严寒地区的建筑基地不宜选在山顶、山脊等风速很大之处；应避开隘口地形，避免气流向隘口集中、流线密集、风速成倍增加形成急流而成为风口。

② 减少建筑长边与冬季主导风向的角度。建筑长轴应避免与当地冬季主导风向正交，或尽量减少冬季主导风向与建筑物长边的入射角度，以避开冬季寒流风向，争取不使建筑大面积外表面朝向冬季主导风向。不同的建筑布置形式对风速有明显的影响：

a. 平行于主导风的行列式布置的建筑小区：因狭管效应，风速比无建筑地区增加15%～30%。

b. 周边式布置的建筑小区(图 4-1-2)：在冬季风较强的地区，建筑围合的周边式建筑布局，风速可减少 40%～60%，建筑布局合适的开口方向和位置，可避免形成局地疾风。这种近乎封闭的空间布置形式，组成的院落比较完整且具有一定的空地面积，便于组织公共绿化及休息场地，对于多风沙地区，还可阻挡风沙及减少院内积雪。周边布置的组合形式有利于减少冷风对建筑的作用，还有利于节约用地，但是这种布置会有相当一部分房间的朝阳较差。

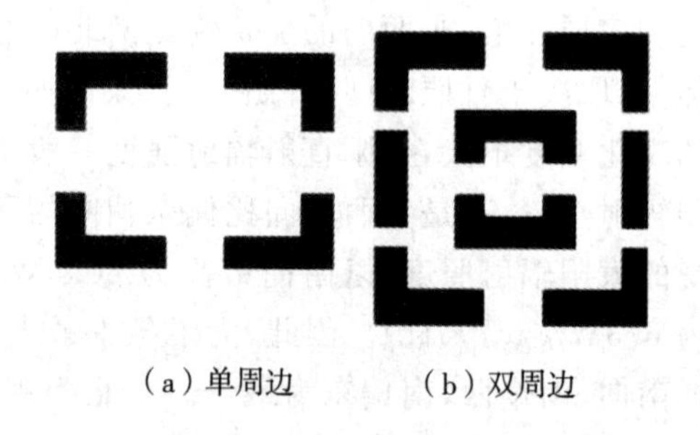

(a) 单周边　　(b) 双周边

图 4-1-2　周边布置的基本形式[1]

3)严寒地区绿色建筑单体设计的设计方法

(1)控制体形系数

所谓体形系数，即建筑物与室外空气接触的外表面积 F_0 与建筑体积 V_0 的比值，即：

$$S(\text{体形系数})=F_0/V_0 \qquad (\text{公式 }1)$$

体形系数的物理意义是单位建筑体积占有多少外表面积(散热面)。由于通过围护结构的传热耗热量与传热面积成正比，显然，体形系数越大，单位建筑空间的热散失面积越大，能耗就越高;反之,体形系数较小的建筑物,建筑物耗热量必然较小。当建筑物各部分围护结构传热系数和窗墙面积比不变时,建筑物耗热量指标随着建筑体形系数的增长而呈线性增长,如图 4-1-3 所示。有资料表明,体形系数每增大 0.01,能耗指标约增加 2.5%。可见,体形系数是影响建筑能耗最重要的因素。从降低建筑能耗的角度出发,应该将体形系数控制在一个较低的水平。

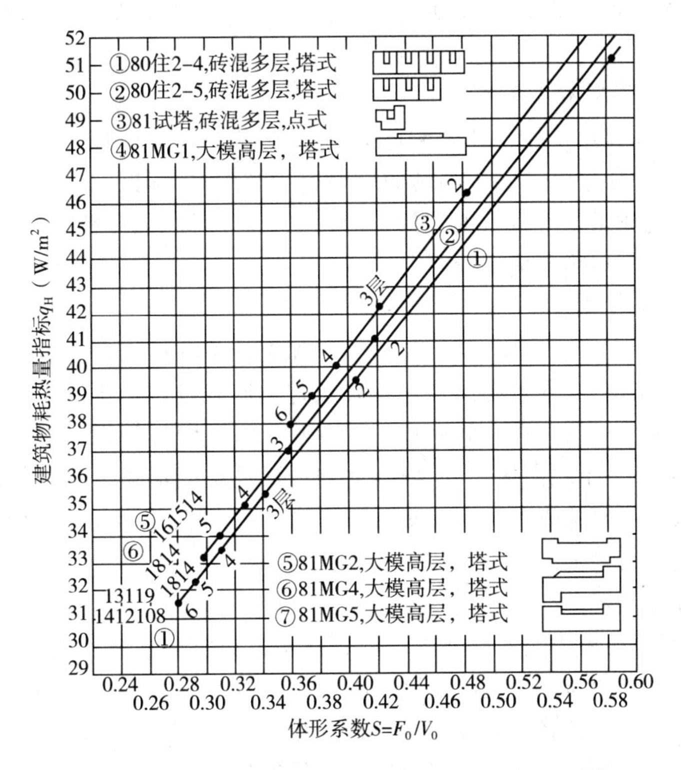

图 4-1-3　建筑物耗热量指标随体形系数的变化[1]

(2)平面布局宜紧凑,平面形状宜规整

严寒地区建筑平面布局,应采用有利于防寒保温的集中式平面布置,各房间一般集中分布在走廊的两侧,平面进深大,形状较规整。平面形状对建筑能耗的影响很大,因为平面形状决定了相同建筑底面积下建筑外表面积,建筑外表面积的增加,意味着建筑由室内向室外的散热面积的增加。假设各种平面形式的底面积相同,建筑高度为 H,此时的建筑平面形状与建筑能耗的关系见表 4-1-4 所列。

表 4-1-4　建筑平面形状与能耗的关系[1]

平面形状	a				
平面周长	$16a$	$20a$	$18a$	$20a$	$18a$
体形系数	$\frac{1}{a}+\frac{1}{H}$	$\frac{5}{4a}+\frac{1}{H}$	$\frac{9}{8a}+\frac{1}{H}$	$\frac{5}{4a}+\frac{1}{H}$	$\frac{9}{8a}+\frac{1}{H}$
增加	0	$\frac{1}{4a}$	$\frac{1}{8a}$	$\frac{1}{4a}$	$\frac{1}{8a}$

由上表可以看出，平面为正方形的建筑，周长最小、体形系数最小。如果不考虑太阳辐射且各面的平均传热系数相同时，正方形是最佳的平面形式。但当各面的平均有效传热系数不同且考虑建筑白昼获得大量太阳能时，综合建筑的得热、散热分析，则传热系数相对较小、获得太阳辐射量最多的一面应作为建筑的长边，此时正方形将不再是建筑节能的最佳平面形状。可见，平面凹凸过多、进深小的建筑物，散热面(外墙)较大，对节能不利。因此，严寒地区的绿色建筑应在满足功能、美观等其他需求基础上，尽可能使平面布局紧凑，平面形状规整，平面进深加大[1]。

(3)功能分区兼顾热环境分区

建筑空间布局在满足功能合理的前提下，应进行热环境的合理分区。即根据使用者热环境的需求将热环境质量要求相近的房间相对集中布置，这样既有利于对不同区域分别控制，又可将对热环境质量要求较低的房间(如楼梯间、卫生间、储藏间等)集中设于平面中温度相对较低的区域，把对热环境质量要求较高的主要使用房间集中设于温度较高区域，从而获得对热能利用的最优化。

严寒地区冬季北向房间得不到日照，是建筑保温的不利房间；与此同时，南向房间因白昼可获得大量的太阳辐射，导致在同样的供暖条件下同一建筑产生两个高低不同的温度区间，即北向区间与南向区间。在空间布局中，应把主要活动房间布置于南向区间，而将阶段性使用的辅助房间布置于北向区间。这样，北向的辅助空间形成了建筑外部与主要使用房间之间的“缓冲区”，从而构成南向主要使用房间的防寒空间，使南向主要使用房间在冬季能获得舒适的热环境[1]。

(4)合理设计建筑入口[1][5]

建筑入口空间是指从建筑入口外部环境到达室内稳定热环境区域的过渡空间，是使用频率最高的部位。入口空间主要包括门斗、休憩区域、娱乐区域、交通区域等，当受到室外气候环境影响时，入口空间能够起到缓冲和阻挡作用，从而对室内物理环境产生调控作用，同时也可以阻止热量的流失，起到控制双重空间环境的作用。入口空间可以将其分划分为低温区、过渡区和稳定区三个区域。

建筑入口位置是建筑围护结构的薄弱环节，针对建筑入口空间进行建筑建筑节能研究，具有很现实的意义。

① 入口的位置。入口位置应结合平面的总体布局，它是建筑的交通枢纽，是连接室外与室内空间的桥梁，是室内外空间的过渡。建筑主入口通常处于建筑的功能中心，既是室内外空间相互渗透的节点，也是“进风口”，其特殊的位置及功能决定了它在整个建筑节能中的地位。

② 入口的朝向。严寒地区建筑入口的朝向应避开当地冬季的主导风向，应在满足功能要求的基础上，根据建筑物周围的风速分布来布置建筑入口，减少建筑的冷风渗透，从而减少建筑能耗。

③ 入口的形式。从节能的角度，严寒地区建筑入口的设计主要应注意采取防止冷风渗透及保温的措施，具体可采取以下设计方法：

a. 设门斗。门斗可以改善入口处的热工环境。第一，门斗本身形成室内外的过渡空间，其墙体与其空间具有很好的保温功能；第二，它能避免冷风直接吹入室内，减少风压作用下形成空气流动而损失的热量。由于门斗的设置，大大减弱了风力，门斗外门的位置与开启方向对于气流的流动有很大的影响，如图 4-1-4 所示。

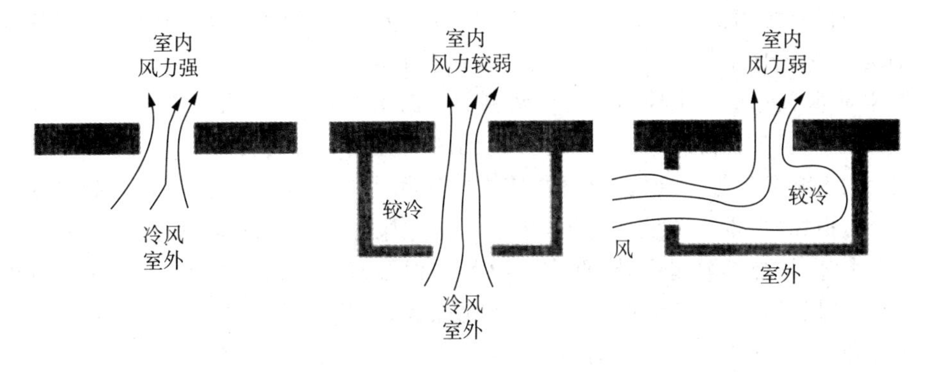

图 4-1-4　外门的位置对入口热工环境的影响与气流的关系

b. 选择合适的门的开启方向。门的开启方向与风的流向角度不同，所起的作用也不相同。例如，当风的流向与门扇的方向平行时，具有导风作用；当风的流向与门扇垂直或成一定角度时，具有挡风作用，所以垂直时的挡风作用为最大（图 4-1-5）。因此，设计门斗时应根据当地冬季主导风向，确定外门在门斗中的位置和朝向以及外门的开启方向，以达到使冷风渗透最小的目的。

c. 设挡风门廊。挡风门廊适用于冬季主导风向与入口成一定角度的建筑，显然，其角度越小效果越好（图 4-1-6）。此外，在风速大的区域以及建筑的迎风面，建筑应做好防止冷风渗透的措施。例如在迎风面上应尽量少开门窗和严格控制窗墙面积比，以防止冷风通过门窗口或其他孔隙进入室内，形成冷风渗透。

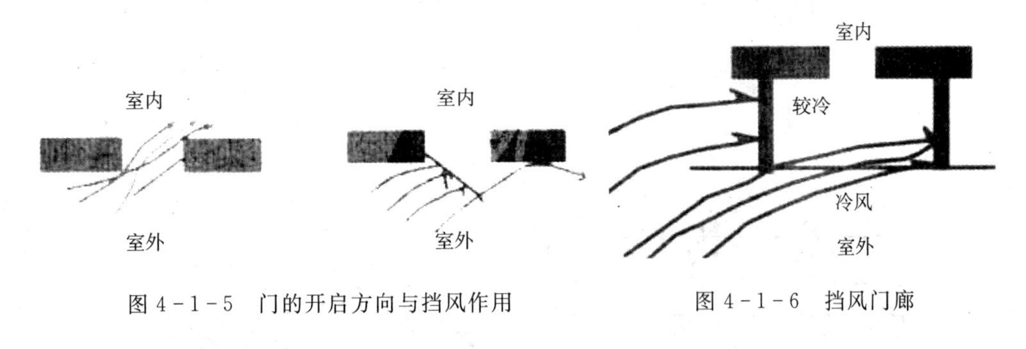

图 4-1-5　门的开启方向与挡风作用　　图 4-1-6　挡风门廊

（5）围护结构注重保温节能设计[1][6-7]

建筑围护结构的节能设计是建筑节能设计的主要环节，采用恰当的围护结构部件及合理的构造措施可以满足保温、隔热、采光、通风等各种要求，既保证了室内良好的物理环境，又降低了能耗，这是实现建筑节能的基本条件。围护结构的节能设计主要涉及的因素有外墙、屋顶、门窗、地面、玻璃幕墙及窗墙比等。

建筑保温是严寒地区绿色建筑设计十分重要的内容之一，建筑中空调和采暖的很大一部分负荷，是由于围护结构传热造成的。围护结构保温隔热性能的好坏，直接影响到建筑能耗的多少。为提高围护结构的保温性能，通常采取以下 6 项措施：

① 合理选材及确定构造型式。选择容重轻、导热系数小的材料，如聚苯乙烯泡沫塑料、岩棉、玻璃棉、陶粒混凝土、膨胀珍珠岩及其制品、膨胀蛭台为骨料的轻混凝土等可以提高围

护构件的保温性能。严寒地区建筑，在保证围护结构安全的前提下，优先选用外保温结构，但是不排除内保温结构及夹芯墙的应用。采用内保温时，应在围护结构内适当位置设置隔气层，并保证结构墙体依靠自身的热工性能做到不结露。

② 防潮防水。冬季由于外围护构件两侧存在温度差，室内高温一侧水蒸气分压力高于室外，水蒸气就向室外低温一侧渗透，遇冷达到露点温度时尤会凝结成水，构件受潮。此外雨水、使用水、土壤潮气等也会侵入构件，使构件受潮受水。围护结构表面受潮、受水时会使室内装修变质损坏，严重时会发生霉变，影响人体健康。构件内部受潮、受水会使多孔的保温材料充满水分，导热系数提高，降低围护材料的保温效果。在低温下，水分在冰点以下结晶，进一步降低保温能力，并因冻融交替而造成冻害，严重影响建筑物的安全和耐久性。为防止构件受潮受水，除应采取排水措施外. 在靠近水、水蒸气和潮气的一侧应设置防水层、隔汽层和防潮层。组合构件一般在受潮一侧应布置密实材料层。

③ 避免热桥。在外围护构件中，由于结构要求经常设有导热系数较大的嵌入构件，如外墙中的钢筋混凝土梁和柱、过梁、圈梁、阳台板、雨篷板、挑檐板等这些部位的保温性能都比主体部位差，且散热大，其内表面温度也较低，当低于露点温度时易出现凝结水，这些部位通常称为围护构件的“热桥”现象(图 4-1-7)。为了避免和减轻热桥的影响，首先应避免嵌入的构件内外贯通，其次应对这些部位采取局部保温措施，如增设保温材料等，以切断热桥(图 4-1-8)。

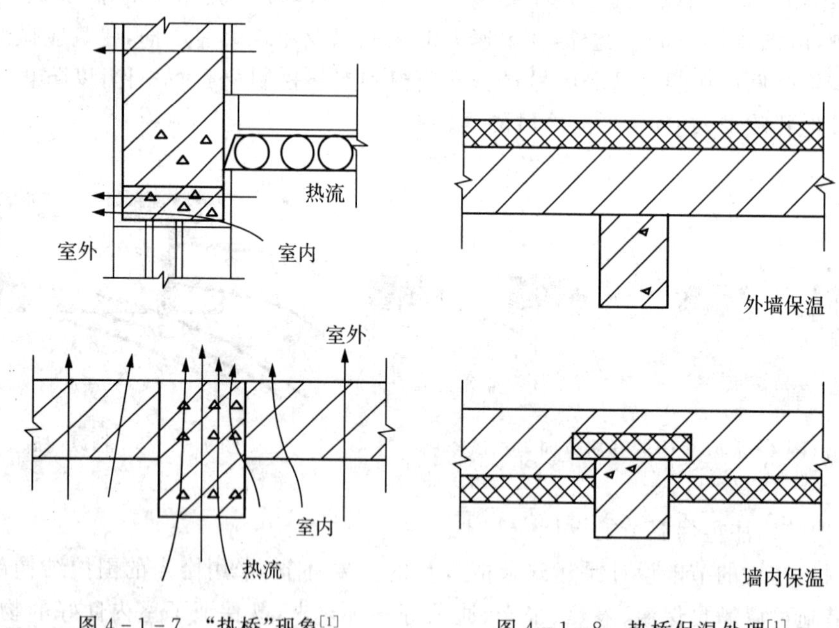

图 4-1-7 “热桥”现象[1]　　图 4-1-8 热桥保温处理[1]

④ 防止冷风渗透。当围护构件两侧空气存在压力差时，空气将从高压一侧通过围护构件流向低压一侧，这种现象称为空气渗透。空气渗透可由室内外温度差(“热压”)引起，也可由“风压”引起。由热压引起的渗透，热空气由室内流向室外，室内热量损失；风压使冷空气向室内渗透，使室内变冷。为避免冷空气渗入和热空气直接散失，应尽量减少外围护结构构件的缝隙，例如使墙体砌筑砂浆饱满，改进门窗加工和构造方式，提高安装质量，缝隙采取适当的构造措施等。提高门窗气密性的方法主要有两种：

a. 采用密封和密闭措施。框和墙间的缝隙密封可用弹性软型材料(如毛毡)、聚乙烯泡沫、密封膏等。框与扇间的密闭可用橡胶条、橡塑条、泡沫密闭条,以及高低缝、回风槽等。扇与扇之间的密闭可用密闭条、高低缝及缝外压条等。窗扇与玻璃之间的密封可用密封膏、各种弹性压条等。

b. 减少缝的长度。门窗缝隙是冷风渗透的根源,以严寒地区传统住宅窗户为例,一个1.8m×1.5m的窗,其各种接缝的总长度达11m左右。因此为减少冷风渗透,可采用大窗扇、扩大单块玻璃面积以减少门窗缝隙;同时合理减少可开窗扇的面积,在满足夏季通风的条件下,扩大固定窗扇的面积。

⑤ 合理设计门窗洞口面积

a. 窗的洞口面积确定。窗的传热系数远远大于墙的传热系数,因此窗户面积越大,建筑的传热、耗热量也越大。严寒地区建筑设计应在满足室内采光和通风的前提下,合理限定窗面积的大小。我国严寒地区传统民居南向开窗较大,北向往往开小窗或不开窗,这是利用太阳能改善冬季白天室内热环境与光环境及节省采暖燃料的有效方法。我国《民用建筑节能设计标准》中限定了"窗墙面积比"。以哈尔滨为例,北向的窗墙面积比限值为0.25;东西向限值为0.3;南向限值为0.45。在欧美一些国家,为了让建筑师在决定窗口面积时有一定灵活性,他们不直接硬性规定窗墙面积比,而是规定整幢建筑窗和墙的总耗热量。如果设计人员要开窗大一些,即窗户耗热量多一些,就必须以加大墙体的保温性能来补偿;若墙体无法补偿时,就必须减小窗户面积,显然也是间接地限制窗的面积。

b. 门的洞口面积确定。门洞的大小尺寸,直接影响着外入口处的热工环境,门洞的尺寸越大,冷风的侵入量越大,就越不利于节能。但是,外入口的功能要求门洞应具有一定的尺寸,以满足消防疏散及人们日常使用及搬运家具等要求。所以,门洞的尺寸设计应该是在满足使用功能的前提下,尽可能地缩小尺寸,以达到节能要求。

⑥ 合理设计建筑的首层地面

建筑物的耗热量不仅与其围护结构的外墙和屋顶的构造做法有关,而且与其门窗、楼梯间隔墙、首层地面等部位的构造做法有关。在建筑围护结构中,地面的热工质量对人体健康的影响较大。普通水泥地面具有坚固、耐久、整体性强、造价较低、施工方便等优点,但是其热工性能很差,存在着"凉"的缺点,地面表面从人体吸收热量多。因此,对于严寒地区建筑的首层地面,还应进行保温与防潮设计。

在严寒地区的建筑外墙内侧0.5~1.0m范围内,由于冬季受室外空气及建筑周围低温土壤的影响,将有大量的热量从该部位传递出去。因此,在外墙内侧0.5~1.0m范围内应铺设保温层,地下室保温需要根据地下室用途确定是否设置保温层,当地下室作为车库时,其与土壤接触的外墙可不保温。当地下水位高于地下室地而时,地下室保温需要采取防水措施[1]。

4.1.2 寒冷地区绿色建筑的设计特点

1. 寒冷地区的气候特征和特点[1]

寒冷地区地处我国长城以南,秦岭、淮河以北,新疆南部、青藏高原南部(图4-1-1)。

寒冷地区主要包括天津、山东、宁夏全境,北京、河北、山西、陕西大部,辽宁南部,甘肃中东部、河南、安徽、江苏北部,以及新疆南部、青藏高原南部、西藏东南部、青海南部、四川西部的部分地区。

1)寒冷地区气候的主要特征

寒冷地区冬季漫长而寒冷,经常出现寒冷天气;夏季短暂而温暖,气温年较差特别大;以夏雨为主,因蒸发微弱,相对湿度很高。

2)寒冷地区的气候特点

(1)冬季较长且寒冷干燥。年日平均气温低于或等于5℃的日数为90～207天。(2)夏季区内各地气候差异较大。Ⅱ区的平原地区较炎热湿润,高原地区夏季较凉爽,ⅥC区凉爽无夏,7月平均气温低于18℃。ⅦD区夏季干热,吐鲁番盆地夏季酷热。(3)气温年较差较大。Ⅱ区气温年较差可达26℃～34℃;ⅥC区气温年较差可达11℃～20℃;ⅦD区最大,气温年较差可达31℃～42℃。(4)年平均气温日较差较大。(5)极端最低气温较低。(6)极端最高气温各地差异较大。(7)年平均相对湿度为50%～70%;年雨日数为60～100天,年降水量为300～1000mm,日最大降水量大都为200～300mm,个别地方日最大降水量超过500mm。(8)年太阳总辐射照度为150～190W/m²,年日照时数为2000～2800h,年日照百分率为40%～60%。(9)东部广大地区12月～翌年2月多偏北风,6～8月多偏南风,陕西北部常年多西南风。(10)年大风日数为5～25天,局部地区达50天以上;年沙暴日数为1～10天,北部地区偏多;年降雪日数一般在15天以下,年积雪日数为10～40天,最大积雪深度为10～30cm;最大冻土深度小于1.2m;年冰雹日数一般在5天以下;年雷暴日数为20～40天。

ⅦC区冬季严寒,夏季较热;年降水量小于200mm,空气干燥,风速偏大,多大风和风沙天气;日照丰富;最大冻土深度为1.5～2.5m。寒冷地区气候特征值,见表4-1-5所列。

表4-1-5 寒冷地区气候特征值[1]

气候区		Ⅱ区	ⅥC区	ⅦD区
气候(℃)	最冷月	-10～0	-10～0	-10～-5
	最热月	18～28	11～20	24～33
	年较差	26～34	14～20	31～42
	日较差	7～15	9～17	12～16
	极端最低	-13～-35	-12～-30	-21～-32
	极端最高	34～43	24～37	40～47
日平均气温≤5℃的天数		90～145	116～207	112～130
日平均气温≥5℃的天数		0～80	0	120
相对湿度(%)	最冷月	40～70	20～60	50～70
	最热月	50～90	50～80	30～60
	年平均	50～70	30～70	35～70
年降水量(mm)		300～1000	290～880	20～140
年太阳总辐射照度(W/m²)		150～190	180～260	170～230
年日照时数(h)		2000～2800	1600～3000	2500～3500
年日照百分率(%)		40～60	40～80	60～80
风速	冬季(m/s)	1～5	1～3	1～4
	夏季(m/s)	1～5	1～3	2～4
	全年(m/s)	1～6	1～3	2～4

2. 寒冷地区绿色建筑的设计要点

从气候类型和建筑基本要求方面，寒冷地区的绿色建筑与严寒地区的设计要求和设计手法基本相同，一般情况下寒冷地区可以直接套用严寒地区的绿色建筑。除满足传统建筑的一般要求，以及《绿色建筑技术导则》和《绿色建筑评价标准》GB/T 50378 的要求外，寒冷地区的绿色建筑尚应考虑以下几个方面：

1)寒冷地区建筑节能设计的内容与要求

寒冷地区的绿色建筑在建筑节能设计方面应考虑的问题，见表 4-1-6 所列。

表 4-1-6　寒冷地区绿色建筑在建筑节能设计方面应考虑的问题[1]

	Ⅱ区	ⅥC 区	ⅦD 区
规划设计及平面布局	总体规划、单体设计应满足冬季日照并防御寒风的要求，主要房间宜避西晒	总体规划、单体设计应注意防寒风与风沙	总体规划、单体设计应以防寒风与风沙、争取冬季日照为主
体形系数要求	应减小体形系数	应减小体形系数	应减小体形系数
建筑物冬季保温要求	应满足防寒、保温、防冻等要求	应充分满足防寒、保温、防冻的要求	应充分满足防寒、保温、防冻要求
建筑物夏季防热要求	部分池区应兼顾防热、ⅡA 区应考虑夏季防热、ⅡB 区可不考虑	无	应兼顾夏季防热要求、特别是吐鲁番盆地、应注意隔热、降温、外围护结构宜厚重
构造设计的热桥影响	应考虑	应考虑	应考虑
构造设计的防潮、防雨要求	注意防潮、防暴雨、沿海地带尚应注意防盐雾侵蚀	无	无
	Ⅱ区	Ⅵ区	Ⅶ区
建筑的气密性要求	加强冬季密闭性且兼顾夏季通风	加强冬季密闭性	加强冬季密闭性
太阳能利用	应考虑	应考虑	应考虑
气候因素对结构设计的影响	结构上应考虑气温年较差大、大风的不利影响	结构上应注意大风的不利作用	结构上应考虑气温年较差和日较差均大以及大风等的不利作用
冻土影响	无	地基及地下管道应考虑冻土的影响	无
建筑物防雷措施	宜有防冰雹和防雷措施	无	无
施工时注意事项	应考虑冬季寒冷期较长和夏季多暴雨的特点	应注意冬季严寒的特点	应注意冬季低温、干燥多风沙以及瘟差大的特点

2)寒冷地区绿色建筑的总体布局

寒冷地区的绿色建筑设计时应综合考虑场地内外建筑日照、自然通风、噪声要求，处理好节能、省地、节材等问题。建筑形体设计应充分利用场地的自然条件,综合考虑建筑的朝向、间距、开窗位置和比例等因素,使建筑获得良好的日照、通风采光和视野。在规划与建筑单体设计时,宜通过场地日照、通风、噪声等模拟分析确定最佳的建筑形体。

(1)防风设计。从节能角度考虑,应创造有利的建筑形态,降低风速,减少能耗热损失。包括:①避免冬季季风对建筑物侵入;②减小风向与建筑物长边的入射角度;③建筑单体设计时,在场地风环境分析的基础上,通过调整建筑物的长宽高比例,使建筑物迎风面压力合理分布,避免背风面形成涡旋区,如图 4-1-9 和图 4-1-10 所示。

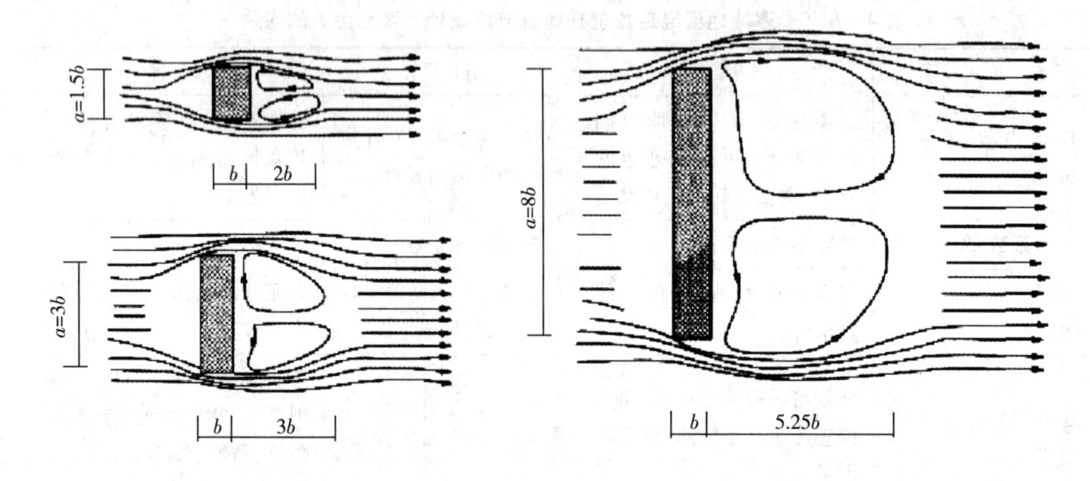

图 4-1-9 建筑物长度对气流的影响

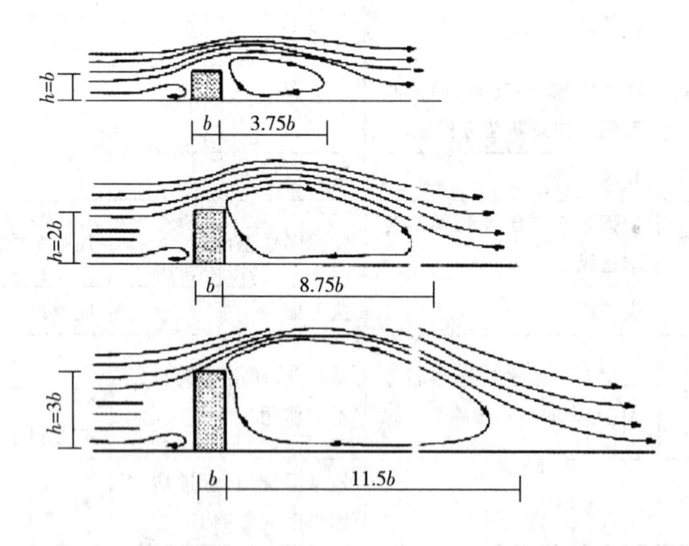

图 4-1-10 建筑物高度对气流的影响

(2)建筑间距。建筑物的最小间距应保证室内一定的日照量,建筑物的朝向对建筑节能也有很大影响。从节能考虑,建筑物应首先选择长方形体形,南北朝向。同体积不同体形获得的辐射量区别很大。朝向既与日照有关,也与当地的主导风向有关,因为主导风向直接影响冬季住宅室内的热损耗与夏季室内的自然通风,如图 4-1-11 所示。绿色建筑设计时,应利用计算机日照模拟分析，以建筑周边场地及既有建筑为边界前提条件，确定满足建筑物最低日照标准的最大形体与高度，并结合建筑节能和经济成本权衡分析。

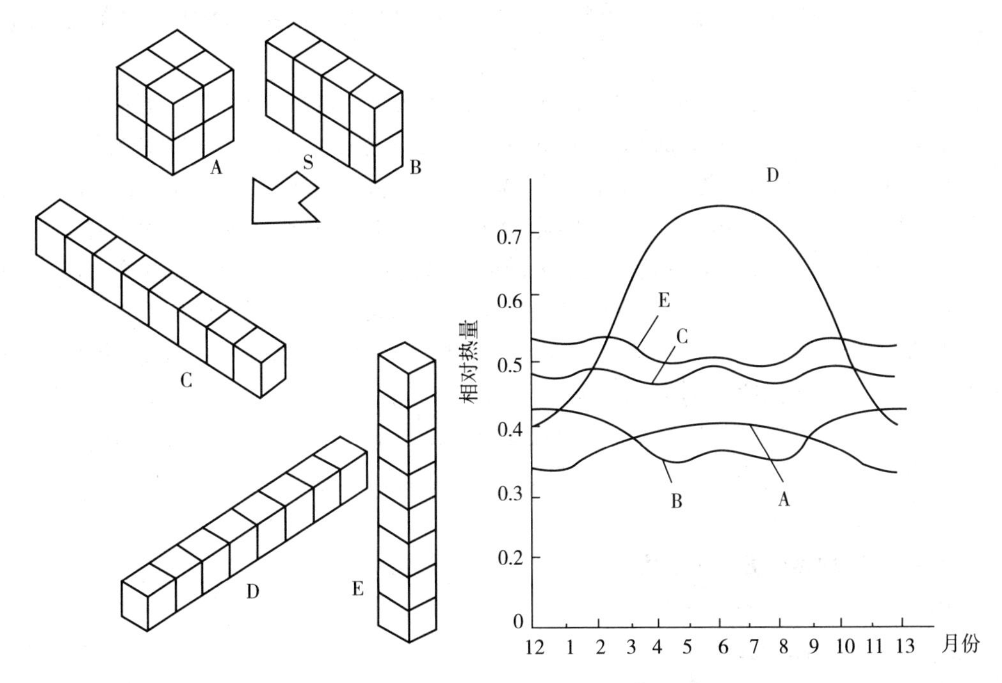

图4-1-11　同体积不同体形建筑获得太阳辐射量的比较

(3)建筑朝向。寒冷地区建筑朝向选择的总原则是：在节约用地的前提下，满足冬季能争取较多的日照，夏季避免过多的日照，并有利于自然通风的要求。建筑朝向应结合各种设计条件，因地制宜地确定合理的范围，以满足生产和生活的要求，我国寒冷地区部分地区建议建筑朝向见表4-1-7所列。

表4-1-7　我国寒冷地区部分地区建议建筑朝向[1]

地区	最佳朝向	适宜朝向	不宜朝向
北京地区	南至南偏东30°	南偏东45°范围内 南偏西35°范围内	北偏西30°～60°
石家庄地区	南偏东15°	南至南偏东30°	西
太原地区	南偏东15°	南至南偏东30°	西
呼和浩特地区	南至南偏东 南至南偏西	东南、西南	北、西北
济南地区	南、南偏东10°～15°	南偏东30°	西偏北5°～10°
郑州地区	南偏东15°	南偏东25°	西北

3)寒冷地区绿色建筑的单体设计[1]

(1)控制体形参数。体形系数对建筑能耗影响较大，寒冷地区的绿色建筑设计应在满足建筑功能与美观的基础上，尽可能降低体形系数。依据寒冷地区的气候条件，建筑物体形系数在0.3的基础上每增加0.01,该建筑物能耗增加2.4%～2.8%;每减少0.01,能耗减少2%～3%。一旦所设计的建筑超过规定的体形系数时,应按要求提高建筑围护结构的保温性能,并进行围护结构热工性能的权衡判断,审查建筑物的采暖能耗是否能控制在规定的范围内。

(2)合理确定窗墙面积比,提高窗户热工性能。普通窗户(包括阳台门的透明部分)的保温隔热性能比外墙差很多,窗墙面积比越大,采暖和空调能耗也越大。一般情况下,寒冷地区应以满足室内采光要求作为窗墙面积比的基本确定原则。窗口面积过小,容易造成室内采光不足,增加室内照明用电能耗。因此,寒冷地区不宜过分依靠减少窗墙面积比,重点是提高窗的热工性能。参考近年小康住宅小区的调查情况和北京、天津等地标准的规定,窗墙面积比一般宜控制在0.35以内;如窗的热工性能好,窗墙面积比可适当提高。

(3)围护结构保温节能设计。寒冷地区建筑的围护结构不仅要满足强度、防潮、防水、防火等基本要求,还应考虑防寒的要求。从节能的角度出发,居住建筑不宜设置凸窗,凸窗热工缺陷的存在往往会破坏围护结构整体的保温性能。如设置凸窗时,其潜在的热工缺陷及热桥部位,必须采取相关的技术措施加强保温设计,以保证最终的围护结构热工性能。

4.1.3 夏热冬冷地区绿色建筑的设计特点

1. 概述

1)夏热冬冷地区的气候特点[1]

按建筑气候分区来划分,夏热冬冷地区包括上海、浙江、江苏、安徽、江西、湖北、湖南、重庆、四川、贵州10省市大部分地区,以及河南、陕西、甘肃南部、福建、广东、广西3省区北部,共涉及16个省、市、自治区,约有4亿人口,是中国人口最密集,经济发展速度较快的地区。

该地区最热月平均气温25℃～30℃,平均相对湿度80%左右,夏季最高温度高达40℃以上,最低气温也超过28℃,全天无凉爽时刻,炎热潮湿是夏季的基本气候特点。白天日照强、气温高、风速大,热风横行,所到之处如同火炉。夜间,静风率高,带不走白天积蓄的热量。重庆、武汉、南京、长沙等城市的"火炉"之称由此而来。夏季常见的天气过程是持续阴雨,可持续5～20天。期间昼夜温差小、空气湿度大、气压低、相对湿度持续保持在80%以上,使人闷湿难受,室内细菌易迅速繁殖。长江下游夏初的梅雨季节就是这种天气过程。

该地区最冷月平均气温0℃～10℃,平均相对湿度80%左右,冬季气温比北方高,但日照率远远低于北方(北方冬季日照率大多超过60%)。该地区由东到西,冬季日照率急剧减小。该地区冬夏两季都很潮湿,相对湿度都在80%左右,但造成冬夏两季潮湿的基本原因是不一样的,夏季是因为空气中水蒸气含量太高;冬季则是空气温度低,日照严重不足。

2)夏热冬冷地区的居民生活习惯和室内热舒适性

根据《民用建筑热工设计规范》,夏热冬冷地区大致为陇海线以南,南岭以北,四川盆地以东,大体上是长江中下游地区。回顾该地区历史,过去夏季无空调,冬季不采暖。随着经济迅速发展,提高室内热舒适度已经成为人们的普遍追求,夏天用空调,冬季用电暖器等设备已经变成该区的一般做法,建筑用能也随之提高。因此,对该区建筑节能的研究极其必要[13]。

由于夏热冬冷地区的气候特征,冬季和夏季部分时间段内,室内舒适度能够基本满足人们的生活要求。夏热冬冷地区的建筑形成了"朝阳—遮阳""通风—避风"的特点,该地区居民的传统生活习惯是在夏季与过渡季节开窗进行自然通风，冬季主要采用太阳能被动采暖。在过渡季节和夏季非极端气温时，这样的生活习惯可以保证一定的室内热舒适性和室内空气质量。同时，由于建筑的功能、室内热环境的要求不同，造成了办公建筑、教育文化及体育建筑、商业建筑、居住建筑等对室内热环境有不同的要求，对主动式改善室内热环境设备的运行、管理需求差异也是很大的[1]。

2. 夏热冬冷地区的绿色建筑设计

1)夏热冬冷地区绿色建筑的规划设计[1][9]

(1)建筑选址及规划总平面布置

绿色建筑的选址、规划、设计和建设应充分考虑建筑所处的地理气候环境，保护自然资源，有效防止地质和气象灾害的影响，同时建设具有本地区文化特色的绿色建筑。建筑所处位置的地形地貌将直接影响建筑的日照得热和通风，从而影响室内外热环境和建筑耗热。

建筑位置宜选择良好的地形和环境，如向阳的平地和山坡上，并尽量减少冬季冷气流影响。夏热冬冷地区的传统民居常常依山傍水而建，利用山体阻挡冬季的北风、水面冷却夏季南来的季风，在建筑选址时因地制宜地满足了日照、采暖、通风、给水、排水的需求。建筑群的位置、分布、外形、高度以及道路的不同走向对风向、风速、日照有明显影响，考虑建筑总平面布置时，应尽量将建筑体量、角度、间距、道路走向等因素合理组合，以期充分利用自然通风和日照。

(2)建筑朝向

建筑总平面设计及建筑朝向、方位应考虑多方面的因素。朝向选择的原则是冬季能获得足够的日照并避开主导风向，夏季能利用自然通风和遮阳措施来防止太阳辐射。建筑最佳朝向一般取决于日照和通风两个主要因素，建筑的主朝向宜选择本地区最佳朝向或接近最佳朝向，尽量避免东西向日晒。就日照而言，南北朝向是最有利的建筑朝向；从建筑单体夏季自然通风的角度，建筑的长边最好与夏季主导风方向垂直，但这会影响后排建筑的夏季通风。所以，建筑朝向与夏季主导季风方向一般控制在30°～60°。

我国夏热冬冷地区节能设计，不同气候区的主要城市的最佳、适宜和不宜的建筑朝向，见表4-1-8所列。

表4-1-8 我国夏热冬冷地区主要城市的建筑朝向选择[1]

地区	最佳朝向	适宜朝向	不宜朝向
上海	南向—南偏东15°	南偏东30°—南偏西15°	北、西北
南京	南向—南偏东15°	南偏东25°—南偏西10°	西、北
杭州	南向—南偏东10°～15°	南偏东30°—南偏西5°	西、北
合肥	南向—南偏东5°～15°	南偏东15°—南偏西5°	西
武汉	南偏东10°—南偏西10°	南偏东20°—南偏西15°	西、西北
长沙	南向—南偏东10°	南偏东15°—南偏西10°	西、西北
南昌	南向—南偏东15°	南偏东25°—南偏西10°	西、西北
重庆	南偏东10°—南偏西10°	南偏东30°—南偏西20°	西、东
成都	南偏东20°—南偏西30°	南偏东40°—南偏西45°	西、东北

(3)建筑日照

总平面设计要合理布置建筑物的位置和朝向,使其达到良好日照和建筑间距的最优组合。主要方法有:①建筑群采取交叉错排行列式,利用斜向日照和山墙空间日照等。②建筑群体的竖向布局,前排建筑采用斜屋面或把较低的建筑布置在较高建筑的阳面方向,能够缩小建筑间距。③建筑单体设计,可采用退层处理、合理降低层高等方法。④不封闭阳台和大落地窗的设计,应根据窗台的不同标高来模拟分析建筑外墙各个部位的日照情况,精确求解出无法得到直接日照的地点和时间,分析是否会影响室内采光。⑤复杂方案应采用计算机日照模拟分析计算。当建设区总平面布置不规则、建筑体形和立面复杂、条式住宅长度超过50m、高层点式住宅布置过密时,建筑日照间距系数难以作为标准,必须用计算机进行严格的模拟计算。在容积率确定的情况下,利用计算机对建筑群和单体建筑进行日照模拟分析,可以对不满足日照要求的区域提出改进建议,提出控制建筑的采光照度和日照小时数的方案。

(4)合理利用地下空间

合理设计建筑物的地下空间,是节约建设用地的有效措施。在规划设计和后期的建筑单体设计中,应结合地形地貌、地下水位的高低等因素,合理规划并设计地下空间,用于车库、设备用房、仓储等。

(5)建筑配套设施及绿化设计

① 建筑配套设施。建筑配套设施规划建设时,在服从地区控制性详细规划的条件下,应根据建设区域周边配套设施的现状和需求,统一配建学校、商店、诊所等公用设施。配套公共服务设施相关项目建设应集中设置并强调公用,既可节约土地,也可避免重复建设,提高使用率。

② 绿化环境设计。绿化对建筑环境与微气候条件起着调节气温、调节碳氧平衡、减弱城市温室和热岛效应、减轻大气污染、降低噪音、净化空气和水质、遮阳隔热的重要作用,是改善小区微气候、改善室内热环境、降低建筑能耗的有效措施。环境绿化必须考虑植物物种多样性,植物配置必须从空间上建立复层分布,形成乔、灌、花、草、藤合理利用光合作用的空间层次,将有利于提高植物群落的光合作用能力和生态效益。

(6)水环境设计

绿色建筑的水环境设计包括给排水、景观用水、其他用水和节水4个部分。提高水环境的质量是有效利用水资源的技术保证。强调绿色建筑生态小区水环境的安全、卫生、有效供水、污水处理与回收利用,目的是节约用水,提高水循环利用率,已成为开发新水源的重要途径之一。夏热冬冷地区降雨充沛的区域,在进行区域水景规划时,可以结合绿地设计和雨水回收利用设计,设置喷泉、水池、水面和露天游泳池,利于在夏季降低室外环境温度,调节空气湿度,形成良好的局部小气候环境。

(7)雨水收集与利用

绿色建筑小区雨水资源化综合利用是提高非传统水源利用率的重要措施。现在,城市屋面雨水污染及利用、城市小区雨水渗透、雨水利用与城市环境等方面的研究日益深入。绿色建筑小区雨水主要可分为路面雨水、屋面雨水、绿地及透水性铺地等其他雨水。雨水资源化综合利用技术主要包括雨水分散处理与收集系统、雨水集中收集与处理系统以及雨水渗透系统。

利用屋面回收雨水,道路采用透水地面回收雨水,经处理后,用作冲厕、冲洗汽车、庭院绿化浇灌等。透水地面增强地面透水能力,可缓解热岛效应,调节微气候,增加区域地下水涵养,补充地下水量,以及减少雨水的尖峰径流量,改善排水状况。

透水地面包括自然裸露地面、公共绿地、绿化地面和镂空面积大于或等于40%的镂空铺地(如植草砖铺地)。具体选用原则为:①透水地砖适用于人行道、自行车道等受压不大的地面。②自行车和汽车停车场可选用有孔的植草土砖。③在不适合直接采用透水地面的地方,如硬质路面等处,可采取:a. 可结合雨水回收利用系统,将雨水回收后进行回渗;b. 采用透水混凝土路面。

透水混凝土,又称排水混凝土、生态透水混凝土、透水地坪,是由小石子、水泥、掺和外加剂、水、彩色强化剂以及稳定剂等经一定比例调配拌制而成的一种多孔轻质的新型环保地面铺装材料。彩色透水混凝土构造,如图4-1-12所示。透水混凝土技术是一项新型节能环保技术,能广泛适用于不同的地域及气候环境,既可以解决雨水收集问题和噪音环保问题,又能够使资源再生利用,值得大力推广应用。

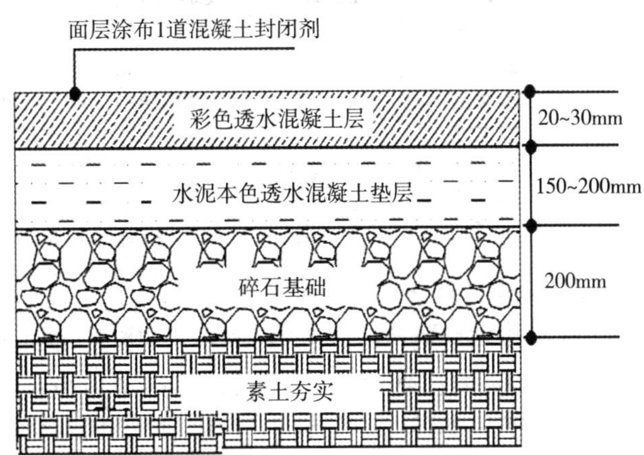

图4-1-12　彩色透水混凝土路面构造

(8)改善区域风环境

建筑室外风环境和室内自然通风是建筑设计过程中的重要考虑因素之一。建筑布局从宏观上影响建筑室外风环境,关系到建筑室外人员活动区域的舒适性,也影响建筑单体前后的压力分布。建筑体形在周边建筑环境确定的情况下对建筑室内外风环境具有重要影响。建筑构件是在建筑布局和建筑体形确定后对室内外风环境的微观细部进行调节的重要因素。设计过程中需要将室外环境设计与建筑物理及建筑布局相结合来形成舒适的室内外环境[11]。

夏热冬冷地区加强夏季自然通风,改善区域风环境的方法[12]:

① 总平面布局

a. 阶梯式布置方式。不同高度的建筑自南向北阶梯式布置,即将较低的建筑布置在东南侧(或夏季主导风向的迎风面),依高度呈阶梯式布置,不仅在夏季加强南向季风的自然通风,而且在冬季可以遮蔽寒冷的北风。后排(北侧)建筑高于前排(南侧)建筑较多时,后排建筑迎风面可以使部分空气流下行,改善低层部分的自然通风。

b. 行列式布局方式(图4-1-13a)。建筑群平面布局最常见的是横平竖直的"行列式布局",虽然整齐划一,但室外空气流主要沿着楼间山墙和道路形成通畅的路线运动,山墙间和道路上的通风得到加强，但建筑室内的自然通风效果被削弱。

c. 错列式布局方式（图 4－1－13b）。采取“错列式布局”，使道路和山墙间的空气流通而不畅，下风方向的建筑直接面对空气流，其通风效果自然更好一些，此外错列式布局可以使部分建筑利用山墙间的空间，在冬季更多地接收到日照。

d. 选择合适的建筑外形。建筑外形影响建筑通风，因此小区的南面临街不宜采用过长的条式多层（特别是条式高层）；东、西临街宜采用点式或条式低层（作为商业网点等非居住用途），不宜采用条式多层或高层（可以提高容积率，又不影响日照间距）。总之，总平面布置不应封闭夏季主导风向的入风口。

e. 适当调整建筑间距。建筑间距越大，一般自然通风效果就越好。建筑组团设计，条件许可时能结合绿地设置，适当加大部分建筑间距，形成组团绿地，可以较好地改善绿地下风侧建筑通风效果。建筑间距越大，接受日照的时间也更长。

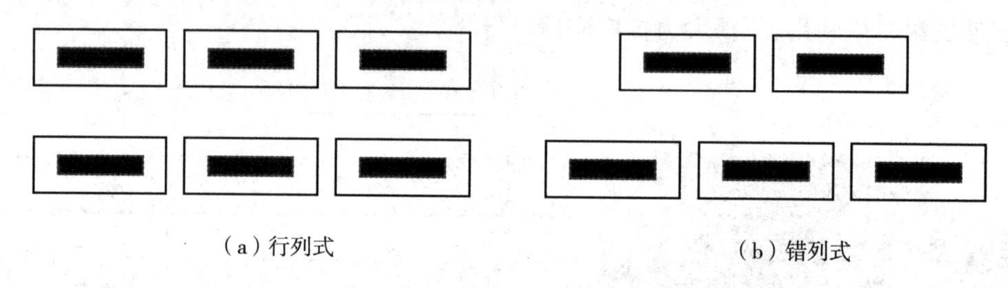

（a）行列式 （b）错列式

图 4－1－13 建筑群的平面布局方式示意图

② 尽量利用穿堂风

a. 采用穿堂通风时，宜满足的要求：第一，使进风窗迎向主导风向，排风窗背向主导风向。第二，通过建筑造型或窗口设计等措施加强自然通风，增大进/排风窗空气动力系数的差值。第三，由两个和两个以上房间共同组成穿堂通风时，房间的气流流通面积宜大于进/排风窗面积。第四，由一套住房共同组成穿堂通风时，卧室、起居室应为进风房间，厨房、卫生间应为排风房间。厨房、卫生间窗口的空气动力系数应小于其他房间窗口的空气动力系数。第五，利用穿堂风进行自然通风的建筑，其迎风面与夏季最多风向宜成 60°～90°角，且不应小于 45°角。

b. 无法采用穿堂通风的单侧通风时，宜满足的要求：第一，通风窗所在外窗与主导风向间夹角宜为 40°～65°。第二，窗户设计应使进风气流深入房间；应通过窗口及窗户设计，在同一窗口上形成面积相近的下部进风区和上部排风区。并宜通过增加窗口高度以增大进/排风区的空气动力系数差值。第三，窗口设计应防止其他房间的排气进入本房间；宜利用室外风驱散房间排气气流。

③ 风环境的计算机模拟和优化

在室外风环境评价方面，一般情况下建筑物周围人行区距地 1.5m 高度处风速要求小于 5m/s，以满足不影响人们正常室外活动的基本要求。此要求对室外风环境的舒适性提出了最基本要求[11]。利用计算机进行风环境的数值模拟和优化，其计算结果可以以形象、直观的方式展示，通过定性的流场图和动画了解小区内气流流动情况，也可通过定量的分析对不同建筑布局方案的比较、选择和优化，最终使区域内室外风环境和室外自然通风更合理。住宅群不同平面布局的 1.5m 高度风速分布，计算机模拟对比图，如图 4－1－14 所示。

(a)行列式

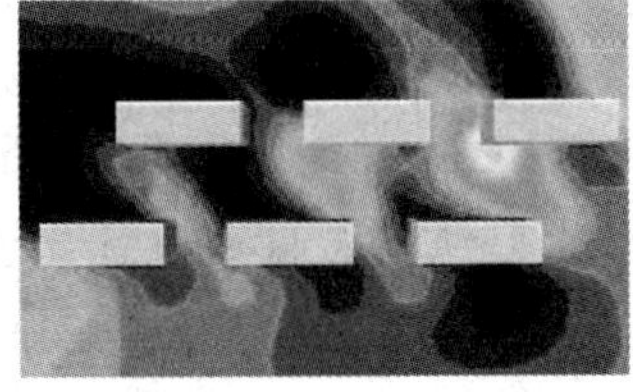

(b)错列式

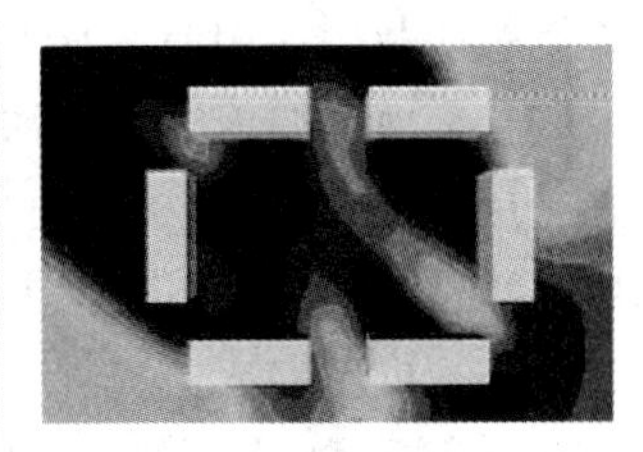

(c)周边式

图4-1-14　不同平面布局住宅群的1.5m高度风速分布对比图

住宅群不同布局情况的速度分布情况，见表4-1-9所列。

表4-1-9　不同平面布局住宅群的风速分布情况

布局方式	v<1m/s 区域面积比率%	速度最大值 m/s	布局方式	v<0.5m/s 区域面积比率%
行列式	20%	3.28	行列式	6.1%
斜列式	21%	6.04	斜列式	7.84%
错列式	14%	4.49	错列式	4%
周边式	38%	2.98	周边式	13.6%

(9)绿色能源的利用与优化

建设资源节约型的“高舒适、低能耗”住宅，鼓励采用太阳能、地热能、生物质能等清洁、可再生能源在小区建设中的应用。自然能源的利用技术较为成熟的形式主要有：太阳能光热与光电技术、地源热泵中央空调技术、风力发电等。

① 太阳能利用。太阳能是夏热冬冷地区建筑已经广泛利用的可再生能源，利用方式有被动式和主动式。

a. 被动式利用太阳能。是指直接利用太阳辐射的能量使其室内冬季最低温度升高，夏季则利用太阳辐射形成的热压进行自然通风。最便捷的被动式利用太阳能就是冬季使阳光透过窗户照入室内并设置一定的贮热体，调整室内的温度。建筑设计时也可结合封闭南向阳台和顶部的露台设置日光间，放置贮热体及保温板系统。被动式太阳能建筑因为被动系统本身不消耗能源，设计相对简单，是小区建筑利用太阳能的主要方式。它不需要依靠任何机械手段，而是通过建筑围护结构本身完成吸热、蓄热和放热过程，实现太阳能利用。

b. 主动式利用太阳能。主动式利用太阳能是指通过一定的装置将太阳能转化为人们日常生活所需的热能和电能。建筑设计时应采用太阳能与建筑的一体化设计，将太阳能系统包含的所有内容作为建筑不可或缺的设计元素和建筑构件加以考虑，巧妙地将其融入建筑之中。

② 其他可再生能源的利用。在绿色建筑中应合理利用地热能、风能、生物质能源及水资源的利用等绿色新能源。如采用户式中央空调的别墅、高档住宅，宜采用地源或水源热泵系统。

2)夏热冬冷地区绿色建筑的单体设计[13-15]

(1)建筑平面设计

建筑平面设计合理，在满足传统生活习惯需要的基本功能的同时，应积极组织夏季穿堂风,冬季被动利用太阳能采暖以及自然采光。以居住建筑的户型规划设计为例,其注意要点:①户型平面布局应实用紧凑、采光通风良好、空间利用充分合理。②夏季,主要使用房间有流畅的穿堂风。进风房间一般为卧室、起居室,排风房间为厨房和卫生间,以满足不同空间的空气品质要求。③住宅阳台能起到夏季遮阳和引导通风的作用。西面、南面的阳台如果封闭起来,可以形成室内外热交换的过渡空间。而将电梯、楼梯、管道井、设备房和辅助用房等布置在建筑物的南侧或西侧,则可以有效阻挡夏季太阳辐射,与之相连的房间不仅可以减少冷消耗,同时可以减少大量的热量损失。④计算机模拟技术对日照和区域风环境辅助设计和分析后,可以继续对具体的建筑、建筑的某个特定房间进行日照采光、自然通风的模拟分析,从而改进建筑平面及户型设计。

(2)体形系数控制

体形系数是建筑物接触室外大气的外表面积与其所包围的体积的比值。空间布局紧凑的建筑体形系数小;体形复杂、空间布局分散、凹面过多的"点式低、多层"及"塔式高层住宅"等建筑外表面积和体形系数大。对于相同体积的建筑物其体形系数越大,说明单位建筑空间的热散失面积越高。因此,出于节能的考虑,尽量减少立面不必要的凹凸变化。

一般控制体形系数的方法有:①加大建筑体量,增加长度与进深;②体形尽量观整,尽可能减少变化;③设置合理的层数和层高;④尽可能少用单独的点式建筑或尽量运用拼接以减少外墙面。

(3)日照与采光设计

① 日照标准应符合设计规范要求。不同类型的建筑如住宅、医院、中小学校、幼儿园等设计规范部对日照有具体明确的规定,设计时应根据不同气候区的特点执行相应的规范、国家和地方法规。绿色建筑的规划与建筑单体设计时,应满足现行国家标准《城市居住区规划设计规范》GB 50180 对日照的要求。

② 日照间距及日照分析。控制建筑间距是为了保证建筑的日照时间,按计算,夏热冬冷地区建筑的最佳日照间距 L 是 1.2 倍邻近南向建筑的高度 H_n,即 $L=1.2H_n$。应使用日照软件模拟进行日照分析,模拟分析采光质量,包括亮度和采光的均匀度,并与建筑设计进行交互优化调整。经过采光模拟既可以优化采光均匀度,又可以与照明专业分析灯具的开启时间和使用习惯,以及照明的智能控制策略,进而实现整体节能。

③ 充分利用自然采光。建筑应充分利用自然采光,房间的有效采光面积和采光系数除应符合国家现行标准《民用建筑设计通则》GB 50352 和《建筑采光设计标准》GB/T 50033 的要求外,尚应符合下列要求:a. 居住建筑的公共空间宜自然采光,其采光系数不宜低于0.5%;b. 办公、宾馆类建筑 75%以上的主要功能空间室内采光系数不宜低于现行国家标准《建筑采光设计标准》GB/T 50033 的要求;c. 地下空间宜自然采光.其采光系数不宜低于0.5%;d. 利用自然采光时应避免产生眩光;e. 设置遮阳措施时应满足日照和采光标准的要求。

(4)围护结构节能设计

建筑围护结构主要由外墙、屋顶和门窗、楼板、分户墙、楼梯间隔墙构成建筑外围护结构与室外空气直接接触,如果具有良好的呆温隔热性能,便可减少室内、室外热量交换,从而减少所需要提供的采暖和制冷能量。

① 建筑外墙节能设计。夏热冬冷地区面对冬季主导风向的外墙,表面冷空气流速大,

单位面积散热量高于其他三个方向的外墙。因此，应采取合适的外墙保温构造、选用传热系数小且蓄热能力强的墙体材料两个途径，加强其保温隔热构造性能，提高传热阻。常用的建筑外墙保温构造为“外墙外保温”。外保温与内保温相比，保温隔热效果和室内热稳定性更好，也有利于保护主体结构。“自保温”能使围护结构的围护和保温的功能合二为一，而且基本能与建筑同寿命；随着很多高性能的、本地化的新型墙体材料的出现，外墙采用自保温的设计越来越多。

② 屋面节能设计。冬季在围护结构热量总损失中，屋面散热占有相当的比例；夏季来自太阳的强烈辐射又会造成顶层房间过热，使制冷能耗加大。夏热冬冷地区，夏季防热是主要任务，因此对屋面隔热要求较高。提高屋面保温隔热性能，可综合采取以下措施：a. 选用导热系数、热惰性指标满足标准要求的保温材料；b. 采用架空保温屋面或倒置式屋面等；c. 采用绿化屋面、蓄水屋面、浅色坡屋面等；d. 采用通风屋顶、阁楼屋顶和吊顶屋顶。

③ 外门窗、玻璃幕墙节能设计

外门窗、玻璃幕墙设计是外围护结构与外界热交换、热传导的关键部位。冬季，其保温性能和气密性能对采暖能耗有重大影响，占墙体热损失的5～6倍；夏季，大量的热辐射直接进入室内，大大提高了制冷能耗。

外门窗、幕墙设计的节能设计方法，主要有：a. 选择热工降能和气密性能良好的窗户。热工性能良好的型材的种类有断桥隔热铝合金、PVC塑料、铝木复合型材等；玻璃的种类有普通中空玻璃、Low-E玻璃、中空玻璃、真空玻璃等。其中，Low-E中空玻璃可能会影响冬季日照采暖。一般而言，平开窗的气密性能优于推拉窗。b. 合理控制窗墙比、尽量少用飘窗。北墙窗的窗墙面积比，应在满足采光和自然通风要求时适当减少，以降低冬季热损失；南墙窗的窗墙面积比，在选择合适的玻璃层数及减少热耗的前提下，可适当增加，有利于冬季日照采暖。不能随意开设落地窗、飘窗、多角窗、低窗台等。c. 合理设计建筑遮阳。建筑遮阳可以降低太阳辐射、削弱眩光，提高室内视觉舒适性和热舒适性，降低制冷能耗。因此，夏热冬冷地区的南、东、西窗都应该进行遮阳设计。

4.1.4 夏热冬暖地区绿色建筑的设计特点

1. 夏热冬暖地区的气候特征和建筑基本要求[1]

夏热冬暖地区地处我国南岭以南，即海南、台湾全境，福建南部，广东、广西大部以及云南西南部和元江河谷地区。夏热冬暖地区与建筑气候区划图中的Ⅳ区完全一致。夏热冬暖地区大多是热带和亚热带季风海洋性气候，长夏无冬，温度高、湿度重。

1)夏热冬暖地区的气候特点

(1)夏热冬暖地区夏季一般会从4月持续至10月，非常炎热；大部分地区一年中近半年温度能保持在10摄氏度以上；气温年较差和日较差均小；雨量丰沛，多热带风暴和台风袭击，易有大风暴雨天气。太阳高度角大，日照时间长，太阳辐射强烈。

(2)夏热冬暖地区很多城市具有显著的高温高湿气候特征(我国南方大多湿热气候主要以珠江流域为湿热中心)，以广州为典型代表城市。

(3)夏热冬暖地区年平均相对湿度为80%左右，四季变化不大；年降雨日数为120～200天，降水量大多在1500～2000mm，是我国降水量最多的地区。

(4)夏热冬暖地区夏季太阳高度角大，日照时间长，但年太阳总辐射照度范围130～

170W/m²，在我国属较少地区之一；年日照时数大多在 1500～2600h，年日照百分率为 35%～50%，12 月～翌年 5 月偏低。

(5)夏热冬暖地区 10 月～翌年 3 月普盛行东北风和东风，4～9 月大多盛行东南风和西南风，年平均风速为 1～4m/s，沿海岛屿风速显著偏大，台湾海峡平均风速在全国最大，可达 7m/s 以上。

(6)夏热冬暖地区年大风日数各地相差悬殊，内陆大部分地区全年不足 5 天，沿海为 10～25 天，岛屿可达 75～100 天，甚至超过 150 天；年雷暴日数为 20～120 天，西部偏多，东部偏少。

夏热冬暖地区气候特征值，见表 4-1-10 所列。

表 4-1-10 夏热冬暖地区气候特征值[1]

气候区		ⅣA 区	ⅣB 区
气候(℃)	最冷月	10～21	11～17
	最热月	26～29	25～29
	年较差	7～19	10～17
	日较差	5～9	8～12
	极端最低	−2～3	−7～3
	极端最高	35～40	38～42
日平均气温≥25℃的天数		100～200	
相对湿度(%)	最冷月	70～87	65～85
	最热月	77～84	72～82
年降水量(mm)		1200～2450	800～1540
年太阳总辐射照度(W/m²)		130～170	
年日照时数(h)		1700～2500	1400～2000
年日照百分率(%)		40～60	30～52
风速(m/s)	冬季	1～7	0.4～3.5
	夏季	1～6	0.6～2.2
	全年	1～6	0.5～2.8

2)夏热冬暖地区建筑的基本要求

包括：(1)建筑物必须充分满足夏季防热、通风、防雨要求，冬季可不考虑防寒、保温。(2)总体规划、单体设计和构造处理宜开敞通透，充分利用自然通风；建筑物应避西晒，宜设遮阳设施；应注意防暴雨、防洪、防潮、防雷击；夏季施工应有防高温和暴雨的措施。(3)ⅣA 区建筑物尚应注意防热带风暴和台风，暴雨袭击及盐雾侵蚀。(4)ⅣB 区内云南的河谷地区建筑物尚应注意屋面及墙身抗裂。

2. 夏热冬暖地区绿色建筑的设计理念[16-18]

绿色建筑的设计理念是被动技术与主动技术相结合。夏热冬暖地区应关注高温高湿的气候特点对各类建筑类型的影响，在建筑的平面布局、空间形体、围护结构等各个设计环节中，采用恰当的建筑节能技术措施，提高建筑中的能源利用率，降低建筑能耗。应提倡因地制宜的主动技术降低建筑能耗，而不是简单地、机械地叠加各种绿色技术和设备。

1)尽量以自然方式满足人的舒适性要求

人们对建筑的舒适性的基本需求应与气候、地域和人体舒适感相结合，出发点定位为以自然的方式而不是机械空调的方式满足人们的舒适感要求。事实上，人们具有随温度的冷暖而变化的生物属性，即具备对于自然环境的适应性。空调设计依据的舒适标准过于敏感，恒定的温、湿度舒适标准并不是人们最舒适的感受。人能接受的舒适温度处在一个区间中，完全依赖机械空调形成的“恒温恒湿”环境不仅不利于节能，而且也不利于满足人的舒适感。

2)加强遮阳与通风设计

由于夏热冬暖地区的湿热气候，应尽量增加建筑的遮阳和通风设计。遮阳与通风在夏热冬暖地区的传统建筑中得到了大量运用，外遮阳是最有效的节能措施，适当的通风则是带走湿气的重要手段。对于当代的绿色建筑设计而言，这两种方法都值得重新借鉴与提升。

(1)居住建筑外窗的“综合遮阳系数”

“综合遮阳系数”是考虑窗本身和窗口的建筑外遮阳装置综合遮阳效果的一个系数，其值为窗本身的遮阳系数与窗口的建筑外遮阳系数的乘积。夏热冬暖地区居住建筑规定了在不同窗墙比时外窗的“综合遮阳系数”限值，见表4-1-11所列。

表4-1-11 夏热冬暖地区居住建筑外窗的综合遮阳系数限值

外墙太阳辐射吸收系数≤0.8	外窗的综合遮阳系数(S_W)				
	平均窗墙面积比 $C_M \leq 0.25$	平均窗墙面积比 $0.25 < C_M \leq 0.3$	平均窗墙面积比 $0.3 < C_M \leq 0.35$	平均窗墙面积比 $0.35 < C_M \leq 0.4$	平均窗墙面积比 $0.4 < C_M \leq 0.45$
$K \leq 2.0, D \geq 3.0$	≤0.6	≤0.5	≤0.4	≤0.4	≤0.3
$K \leq 1.5, D \geq 3.0$	≤0.8	≤0.7	≤0.6	≤0.5	≤0.4
$K \leq 1.0, D \geq 2.5$ 或 $K \leq 0.7$	≤0.9	≤0.8	≤0.7	≤0.6	≤0.5

(2)建筑通风设计

夏热冬暖地区的湿热气候要求建筑单体和群体都要注意通风设计，通过门窗洞口的综合设计、建筑形体的控制和建筑群体的组合，可以形成良好的通风效果。

① 设计实例：印度·圣雄甘地纪念馆[19]。印度甘地纪念馆，坐落于印度艾哈迈达巴德，建于1958—1963年，著名建筑师C. 柯里亚设计，该纪念馆把甘地思想用空间形式加以表述。纪念馆的用材简朴，如砖墙、瓦顶、石材地面和木门窗，整组建筑没有使用玻璃和其他，现代材料，采光和通风可通过木制百页进行调节。纪念馆像村落一样围绕着一个水院布局，开放的和围合的空间单元以一种类似曼陀罗(Mandala)式的结构方形给予环境以秩序。舒展的横向线条，格网式单元的有机生长，灵活的平面布局，室内外空间的穿插渗透，以及对气候因素的关注使该纪念馆成为一项杰作。建筑师利用建筑群体组合形成变化丰富的空间，利用水体的大面积开敞空间组织通风，创造了宜人的小气候，如图4-1-15所示。

② 建筑遮阳设计与自然通风相结合。建筑遮阳构件设计与窗户的采光与通风之间存

在着一定的矛盾性。遮阳板不仅会遮挡阳光,还可能导致建筑周围的局部风压出现较大变化,更可能影响建筑内部形成良好的自然通风效果。如果根据当地的夏季主导风向来来设计遮阳板,使遮阳板兼作引风装置,这样就能增加建筑进风口风压,有效调节通风量,从而达到遮阳和自然通风的目的。

3)重视空调设计

高温高湿的气候特征使得夏热冬暖地区成为极为需要空调的区域,这意味着,这个地区的空调节能潜力巨大。实现空调节能,一方面要提高空调系统自身的使用效率;另一方面,合理的建筑体形与优化的外围护结构方案也是减少能耗的关键因素。

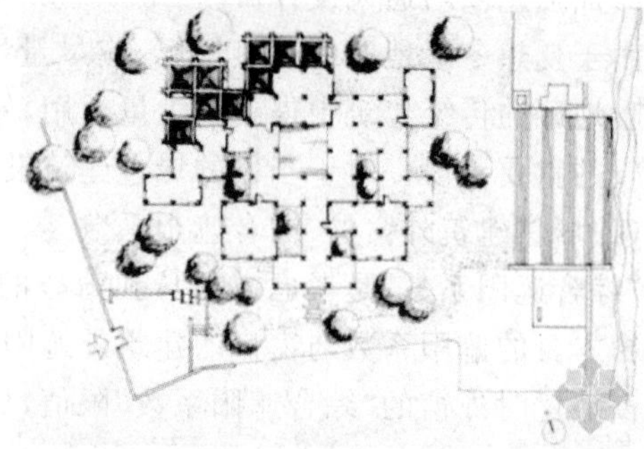

图 4-1-15 印度·圣雄甘地纪念馆

3. 夏热冬暖地区绿色建筑设计的技术策略

1)被动技术策略[16-18]

(1)建筑选址及空间布局。被动技术首先关注的是建筑选址及空间布局,建筑规划的总体布局还需要营造良好的室外热环境。

① 夏季通风和冬季防风。冬夏两季主导风向不同,在规划设计中,建筑群体的选址和规划布局在通风和防风之间应取得平衡和协调。不同地区的建筑最佳朝向不完全一致,广州建筑的最佳朝向是东南向。

② 计算机辅助模拟设计。在传统的建筑规划设计中,外部环境设计主要从规划的硬性指标要求、建筑的功能空间需求以及景观绿化的布置等方面考虑,所以难以保证获得良好的室外热环境。计算机辅助过程控制的绿色建筑设计,可以在建筑规划阶段借助相应的模拟软件实时有效地指导设计,有效地解决这个问题。

(2)建筑外围护结构的优化。建筑的围护结构是气候环境的过滤装置。在夏热冬暖地区的湿热气候下,建筑的外围护结构不同于温带气候的“密闭表皮”的设计方法,建筑立面通过适当的开口获取自然通风，并结合合理的遮阳设计躲避强烈的日照，同时能有效防止雨水进入室内。这种建筑的外围护结构更像是一层可以呼吸、自我调节的生物表皮。但是，夏热冬暖地区的建筑窗墙比也非越大越好，大面积的开窗会使得更多的太阳辐射进入室内，造成热环境的不舒适。马来西亚著名生态建筑设计师杨经文根据自己的研究提出建筑的开窗面积不宜超过50%。

(3)不同朝向及部位的遮阳措施。在夏热冬暖地区，墙面、窗户与屋顶是建筑物吸收热量的关键部位。

① 屋顶绿化及屋面遮阳。夏热冬暖地区雨量充沛，在屋顶采用绿化植被遮阳措施具备良好的天然条件。通过屋面的遮阳处理，不仅减少了太阳辐射热量，而且减小了因屋面温度过高而造成对室内热环境的不利影响。目前采用的种植屋面措施，既能够遮阳隔热，还可以通过光合作用消耗或转化部分能量。

② 建筑围护结构遮阳。建筑各部分围护结构均可以通过建筑遮阳的构造手段，达到阻断部分直射阳光、防止阳光过分照射的作用。这既可以防止对建筑围护结构和室内的升温加热，也可以防止直射阳光造成的强烈眩光。运用遮阳板等材料做成与日照光线成某一有利角度的遮阳构件，综合交错、形式多样的遮阳片形成变化强烈的光影效果，使建筑呈现出相应的美学效果，气候特征赋予了夏热冬暖地区的建筑以独特的风格与生动的表情。

a. 遮阳设计实例1：夏昌世教授的“夏氏遮阳”。在20世纪的广州，旅德归来的夏昌世教授在几十年间坚持将建筑遮阳技术与立面造型紧密结合分析围护结构的墙、窗与太阳高度角之间的关系，设计相应的遮阳系统并有效解决通风、防水等问题，并采用双层屋面的整体遮阳系统对建筑屋顶进行设计。他在华南理工大学等大学校园内的各类建筑进行大量的遮阳技术实验与实践，很多建筑保留至今，被称为“夏氏遮阳”[21]。“夏氏遮阳”代表作——中山医学院及附属医院外墙，如图4-1-16所示。

b. 遮阳设计实例2：深圳万科总部大楼[24-25]。在深圳的万科总部大楼中，美国建筑师斯蒂文·霍尔(Steven Holl)将他一贯的场所实践与绿色建筑结合在了一起。项目最初的设计概念被解释为“漂浮的地平线”，这栋大楼的主体建筑仿佛浮于地景之上，建筑师将总部办公、酒店、SOHO、国际会议中心等多个功能体以水平几何形态连接在一起，并将整个建筑抬起——有如海平面升起，将基地最大程度地还原给自然。建筑架空在开阔的场地之上，架空的建筑底部形成对流通风良好的微气候吸引着人们在炎炎夏日再次驻足休憩。主体建筑的立面被大面积的金属遮阳片所包裹，遮阳系统包括固定与可调节两大类型，金属遮阳片上模拟出叶片的肌理，风格简洁统一，遮阳系统形成了

图4-1-16 “夏氏遮阳”代表作——中山医学院及附属医院外墙

建筑设计的重要特色，如图 4－1－17 所示。

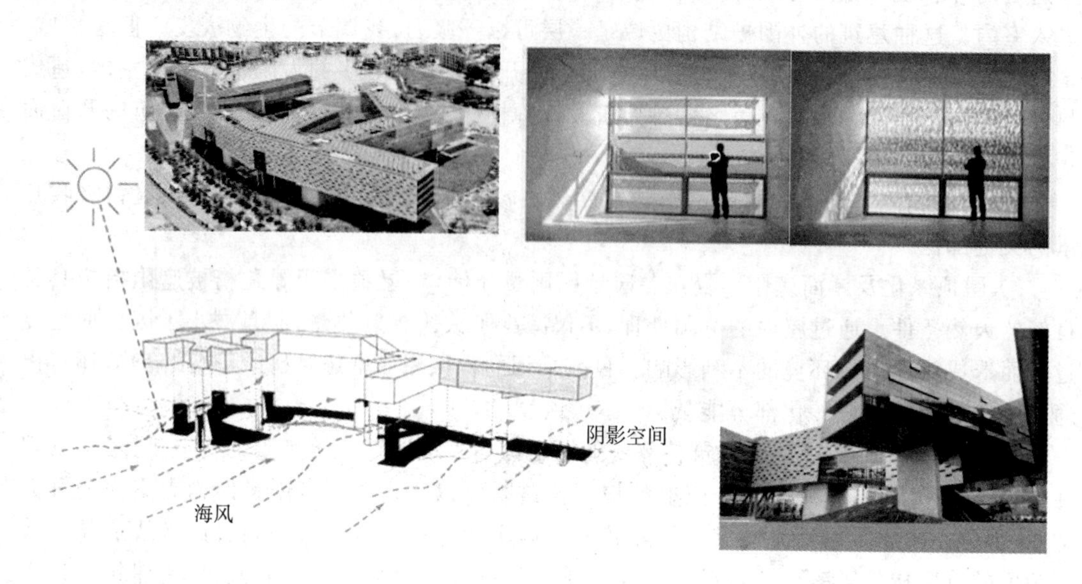

图 4－1－17 深圳万科总部大楼

③ 有效组织自然通风。在总体建筑群规划和单体建筑设计中，应根据功能要求和湿热的气候情况，改善建筑外环境，包括冬季防风、夏季及过渡季节促进自然通风以及夏季室外热岛效应的控制。

④ 采用立体绿化。绿化是夏热冬暖地区一种重要的设计元素，在各类建筑物和构筑物的立面、屋顶、地下和上部空间进行多层次、多功能的绿化，可以拓展城市绿化空间、美化城市景观，改善局地气候和生态服务功能。马来西亚建筑师杨经文坚持在高层建筑中引入绿化设计系统，在有些高层建筑中，例如梅纳拉大厦，空中庭院中的植物是从楼的一侧护坡开始，沿着高层建筑的外表面螺旋上升，形成了连续的立体绿化空间。

2)主动技术策略

(1)积极应用可再生能源。夏热冬暖地区也应积极应用可再生能源，如水能、风能、太阳能、生物质能和海洋能等，采用太阳能光伏发电系统、探索太阳能一体化建筑、在建筑中应用地热能与风能，都应综合应进行测算并因地制宜地使用。

(2)有效降低空调能耗。包括：①通过合理的节能建筑设计，增加建筑围护结构的隔热性能和提高空调、采暖设备能效比的节能措施。②改善建筑围护结构，如外墙、屋顶和门窗的保温隔热性能。③在经济性、可行性允许的前提下可以采用新型节能墙体材料。④重视门窗的节能设计。

(3)综合水系统管理。通过多种生态手段规划雨水管理，减少热岛效应，减轻暴雨对市政排水管网的压力。结合景观湖进行雨水收集，所收集雨水作为人工湖蒸发补水之用。道路、停车场采用植草砖形成可渗透地面；步行道和单车道考虑采用透水材料铺设；针对不同性质的区域采取不同的雨水收集方式。中水系统经处理达标后回用于冲厕、灌溉绿化和喷洒道路等。节水器具应结合卫生、维护管理和使用寿命的要求进行选择。例如感应节水龙头比一般的手动水龙头节水 30％左右。

4.1.5　温和地区绿色建筑的设计特点

1. 温和地区建筑的气候特点

1)温和地区的定义[1]

(1)《民用建筑热工设计规范》GB 50176－93 对温和地区的定义

《民用建筑热工设计规范》对温和地区的划分标准是:最冷月平均温度 0℃～13℃,最热月平均温度 18℃～25℃,辅助划分指标平均温度≤5℃的天数为 0～90 天。我国属于这一区域的有云南省大部分地区、四川省、西昌市和贵州省部分地区。

(2)《建筑气候区划标准》GB 50178－93 对温和地区的定义

《建筑气候区划标准》中,温和地区建筑气候类型应属于第 V 区划。该区立体气候特征明显,大部分地区冬温夏凉,干湿季分明;常年有雷暴、多雾,气温的年较差偏小,日较差偏大,日照较少,太阳辐射强烈,部分地区冬季气温偏低。

2)温和地区建筑的气候特点

(1)通风条件优越,气候条件舒适。温和地区的气温冬季温暖、夏季凉快,年平均湿度不大,全年空气质量好,但是昼夜温差大。以昆明为例,最冷月平均气温 7.5℃,最热月平均气温 19.7℃;全年空气平均湿度 74%,最冷月平均湿度 66%,最热月平均湿度 82%;全年空气质量优良,2007 年主城区空气质量日均值达标率 100%;全年以西南风为主,夏季室外平均风速 2.0m/s,冬季室外平均风速 1.8m/s。因此,自然通风应该作为温和地区建筑夏季降温的主要手段。

(2)太阳辐射资源丰富。温和地区太阳辐射全年总量大、夏季强、冬季足。以昆明为例,全年晴天较多,日照数年均 2445.6h,日照率 56%;终年太阳投射角度大,年均总辐射量达 54.3J/m^2,其中雨季 26.29J/m^2,干季 28.01J/m^2,两季之间变化不大。丰富的太阳能资源为温和地区发展太阳能与建筑相结合的绿色建筑提供了优越的条件。根据冬夏两季太阳辐射的特点,温和地区夏季需要防止建筑物获得过多的太阳辐射,最直接的方法是设置遮阳;冬季则需要为建筑物争取更多阳光,充分利用阳光进行自然采暖或者太阳能采暖加以辅助。

2. 温和地区的建筑布局与自然采光[1]

温和地区气候舒适、太阳辐射资源丰富,自然通风和阳光调节是最适合于该地区的绿色建筑设计策略,低能耗、生态性强且与太阳能相结合是温和地区绿色建筑的最大特点。

1)建筑最佳朝向选择

温和地区大部分处于低纬度高原地区,海拔偏高,日照时间相对较长,空气洁净度好,晴天的太阳紫外线辐射很强,因而朝向的选择应有利于自然采光和自然通风,根据当地的居住习惯和相关研究表明,南向建筑能获得较好的采光和日照条件。以昆明为例,当地的居住习惯是喜好南北朝向的住宅,尽量避免西向,主要居室朝南布置。考虑墙面日照时间和室内日照面积因素,建筑物朝向以正南、南偏东 30°、南偏西 30°朝向为最佳,能接收较多的太阳辐射;而正东向的建筑物上午日照强烈,朝西向的建筑物下午受到的日照比较强烈。

2)满足自然采光的建筑间距

日照的最基本目的是满足室内卫生的需要,日照标准是衡量日照效果的最低限度,只有满足了才能进一步对建筑进行自然采光优化。例如,昆明地区采用的是日照间距系数为 0.9～1.0 的标准,即日照间距 $D=(0.9\sim1.0)H$,H 为建筑计算高度。

当建筑平面不规则、体形复杂、条式住宅超过50m、高层点式建筑布置过密时,日照间距系数一般难以作为标准,这时可利用建筑光环境模拟软件(如 ECOTECT、RADIANCE 等)来进行模拟分析。这些软件可以对建筑的实际日照条件进行模拟,帮助建筑师们分析建筑的采光情况,从而确定更为合适的建筑间距。

3)建筑间距应满足自然通风

在温和地区最好的建筑间距应该是:能让建筑在获得良好的自然采光的同时又有利于建筑组织起良好的自然通风。阳光调节是一种非常适合温和地区气候特点的绿色节能设计方法,温和地区绿色建筑阳光调节主要是指:夏季做好建筑物的阳光遮蔽,冬季尽量争取阳光。

3. 温和地区绿色建筑的阳光调节[1]

1)夏季的阳光调节

温和地区夏季虽然并不炎热,但是由于太阳辐射强,阳光中较高的紫外线含量对人体有一定的危害,因此夏季避免阳光的直接照射,方法就是设置遮阳设施,建筑中需要设置遮阳的部位主要是门、窗以及屋顶。

(1)窗与门的遮阳。温和地区的东南向、西南向的建筑物接收太阳辐射较多,正东向的建筑物上午日照较强,朝西向的建筑物下午受到的日照比较强烈。所以,建筑这四个朝向的窗和门需要设置遮阳措施。温和地区全年的太阳高度角都较大,所以建筑宜采用水平可调节式遮阳或者水平遮阳结合百叶的方式。以昆明为例,夏季(6月、7月、8月)平均太阳高度角为64°58',冬季(12月、1月、2月)为36°79',合理地选择水平遮阳尺寸后,夏季太阳高度角较大时,能够有效挡住从窗口上方投射下来的阳光;冬季太阳高度角较小时,阳光可以直接射入室内,不会被遮阳遮挡;如果采用水平遮阳加隔栅的方式,不但使遮阳的阳光调节能力更强(图4-1-18),而且有利于组织自然通风(图4-1-19)。

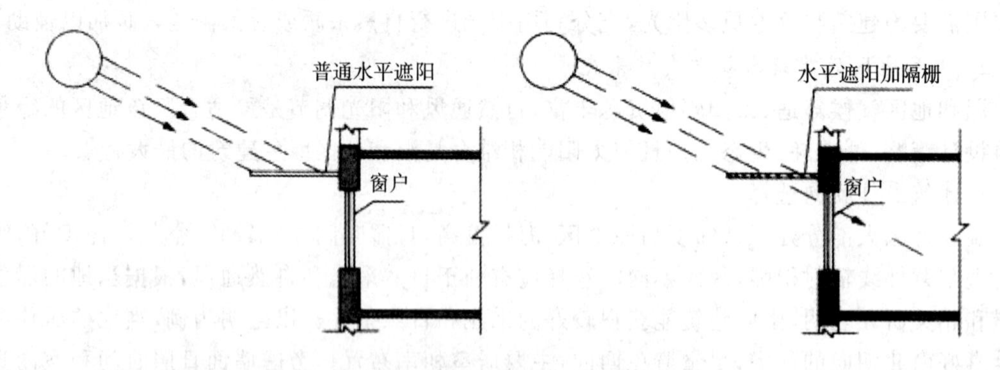

图4-1-18 两种遮阳调节能力对比图[1]

(2)屋顶遮阳及屋顶绿化。温和地区夏季太阳辐射强烈,建筑屋顶在阳光直射下,应设计遮阳或隔热措施。屋顶遮阳可通过绿化与屋顶遮阳构架相结合来实现,还可以在建筑的屋顶设置隔热层,然后在屋面上铺设太阳能集热板,将太阳能集热板作为一种特殊的遮阳设施,这样不仅挡住了阳光直射还充分利用了太阳能资源。

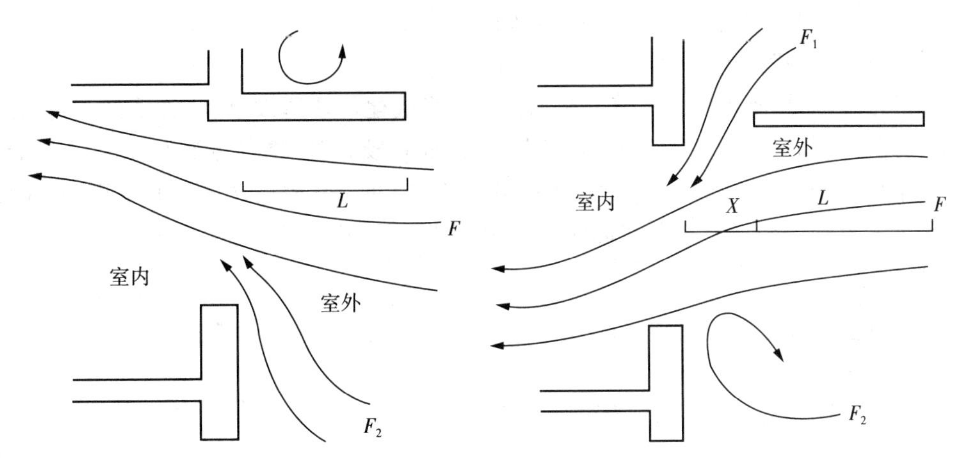

图 4-1-19 与通风相结合的遮阳设计[1]

2)冬季的阳光调节

温和地区冬季阳光调节的主要任务是让尽可能多的阳光进入室内,利用太阳辐射所带有的热量提高室内温度。

(1)在主朝向上集中开窗。以昆明为例,建筑选取最佳朝向正南、南偏东 30°、南偏西 30°,在主朝向上集中开窗,有研究表明,西南方向和东南方向之间的竖直墙面为了防止夏季过多的太阳辐射,此朝向上的窗和门应设置加格栅的水平遮阳或可调式水平遮阳。

(2)注意门、窗保温。外窗和外门处通常都是容易产生热桥和冷桥的地方。温和地区的建筑为防止冬季在窗和门处产生热桥,造成室内热量的损失,需要在窗和门处采取一定的保温和隔热措施。

(3)设置附加阳光间。温和地区冬季太阳辐射量充足,适宜冬季被动式太阳能采暖,如设置“附加阳光间”。例如在昆明地区,住宅一般都会在向阳侧设置阳台或安装大面积的落地窗并加以遮阳设施进行调节,这样在冬季获得了尽可能多的阳光,在夏季也利用遮阳防止了阳光直射入室内。

4. 温和地区绿色建筑的自然通风设计特点[1]

在温和地区自然通风与阳光调节一样,也是一种与该地区气候条件相适应的绿色建筑节能设计方法。

1)温和地区的建筑布局与自然通风的协调

(1)选择有利于自然通风的朝向。温和地区在选择建筑物朝向时,应按该地区的主导风向、风速等气象资料来指导建筑布局,并综合考虑自然采光的需求。当自然通风的朝向与自然采光的朝向相矛盾时,需要对优先满足谁进行综合权衡判断。如果某建筑有利于通风的朝向是西晒较严重的朝向,但是在温和地区仍然可以将此朝向作为建筑朝向,因为虽然夏季此朝向的太阳辐射强烈,但是室外空气的温度并不高。

(2)居住建筑应选择有利于自然通风的建筑间距。建筑间距对建筑群的自然通风有很大影响,要根据风向投射角对室内风环境的影响来选择合理的建筑间距。在温和地区,应先满足日照间距,然后再满足通风间距,二者取较大值。需要注意的是,对于高层建筑是不能单纯地按日照间距和通风间距来确定建筑间距,因为(1.3～1.5)H 对于高层建筑来说是一个非常大的建筑间距,需要从建筑的其他设计方面入手解决这个问题,如利用建筑的各种平面布局和空间布局来实现高层建筑通风和日照的要求。

(3)有利于自然通风的平面布局和空间布局

① 错列式建筑平面布局。建筑的布局方式既影响建筑通风效果,还关系到节约土地的问题,节约用地是确定建筑间距的基本原则。通风间距较大时,建筑间距也偏大。利用错列式的建筑平面布局可以解决这一矛盾,这相当于加大了前、后建筑物之间的距离,既保证了通风的要求又节约了用地。在温和地区,从自然通风角度来看,建筑物的平面布局以错列式布局为宜,如图 4-1-20 所示。

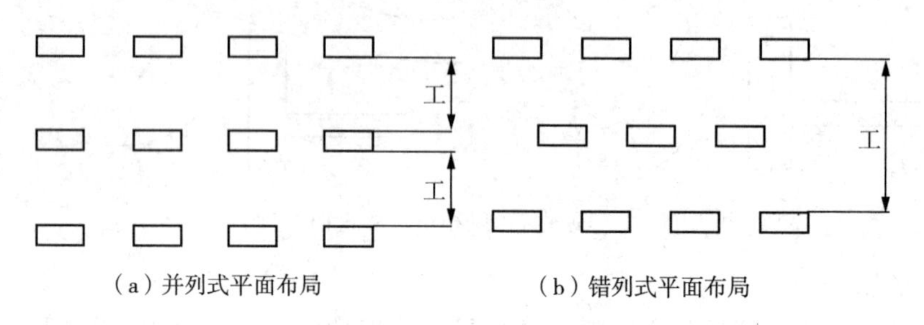

图 4-1-20 建筑的布局方式既影响建筑通风效果[1]

② "前低后高""高低错落"的建筑空间布局。温和地区的建筑,合理利用建筑地形,以有规律的"前低后高"和"高低错落"的处理方式为自然通风创造条件。例如,在平地上建筑应采取"前低后高"的排列方式,也可采用高、低建筑错开布置的"高低错落"的建筑群体排列方式;利用向阳坡地使建筑顺其地形按高低排列。这些布置方式使建筑之间挡风少,不影响后面建筑的自然通风和视线,同时减少了建筑间距,节约土地(图 4-1-21)。

2)温和地区的单体建筑设计与自然通风的协调

在温和地区,单体建筑设计中.除了满足围护结构热工指标和采暖空调设备能效指标外,还应考虑下列因素:(1)住宅建筑应将老人卧室在南偏东和南偏西之间布置,夏天可减少积聚室外热量,冬天又可获得较多的阳光;儿童用房宜南向布置;起居室宜南或南偏西布置,其他卧室可朝北;厨房、卫生间及楼梯间等辅助房应朝北。(2)房间的面积以满足使用要求为宜,不宜过大。(3)门窗洞口的开启有利于组织穿堂风,避免"口袋屋"的平面布局。(4)厨房和卫生间进出排风口的设置要考虑主导风向和对相邻室的不利影响,避免强风倒灌现象和油烟等对周围环境的污染。(5)从照明节能角度考虑,单面采光房间的进深不宜超过 6m。

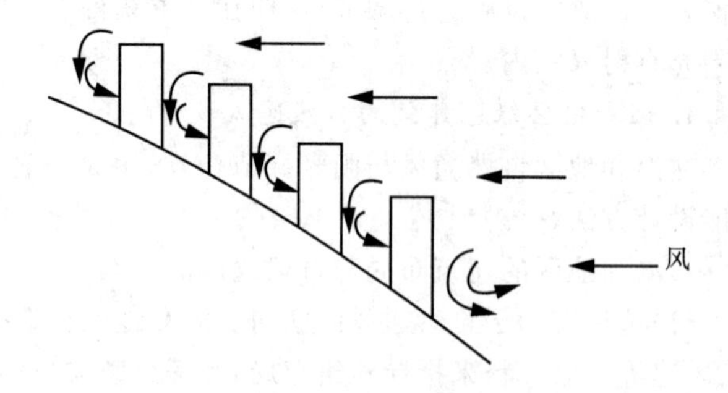

图 4-1-21 高低错落的空间布局[1]

5. 温和地区的太阳能与建筑一体化设计[1][27-28]

温和地区全年室外空气状态参数理想,太阳辐射强度大,为创造太阳能通风和使用太阳能热水系统提供了得天独厚的条件。

1)太阳能集热构件与建筑的结合

实现建筑与太阳能结合是将太阳能系统的各个部件融入建筑之中,使之成为建筑的一部分,成为太阳能一体化建筑,如图 4－1－22 所示。

太阳能与建筑的理想结合方式,应该是集热器与储热器分体放置,集热器应视为建筑的一部分嵌入建筑结构中,与建筑融为一体;储热器应置于相对隐蔽的室内阁楼、楼梯间或地下室内;另外,除了集热器与建筑浑然一体之外,还必须顾及系统的良好循环和工作效率等问题。还有,未来太阳能集热器的尺寸、色彩除了与建筑外观相协调外,应做到标准化、系列化,方便产品的大规模推广应用、更新及维修。

图 4－1－22　太阳能与建筑一体化设计

2)太阳能通风技术与建筑的结合

温和地区全年室外空气状态参数理想,太阳辐射强度大,为实现太阳能通风提供了良好的基础。在夏季,通过太阳能通风将室外凉爽的空气引入室内引可以降温和除湿;在冬季,中午和下午温度较高时,利用太阳能通风将室外温暖的空气引入室内,可以起到供暖的作用,同时由于有了新鲜空气的输入改善了冬季为了保温而开窗少、室内空气品质差的问题。

在温和地区,建筑设计师应能够利用建筑的各种形式和构件作为太阳能集热构件,吸收太阳辐射热量,让室内空气在高度方向上产生不均匀的温度场造成热压,形成自然通风。这种利用太阳辐射热形成的自然通风就是太阳能热压通风。

一般情况如果建筑物属于高大空间且竖直方向有直接与屋顶相通的结构是很容易实现太阳能通风的,如建筑的中庭和飞机场候机厅。若在屋顶铺设有一定吸热特性的遮阳,那么遮阳吸热后将热量传给屋顶使建筑上部的空气受热上升,此时在屋顶处开口则受热的空气将从孔口处排走;同时在建筑的底部开口,将会有室外空气不断进入补充被排走的室内空气,从而形成自然通风(图 4－1－23)。在这里若将特殊的遮阳设施设置为太阳能集热板则可以更进一步地利用太阳能,作为太阳能热水系统或者太阳能光伏发电系统的集热设备。

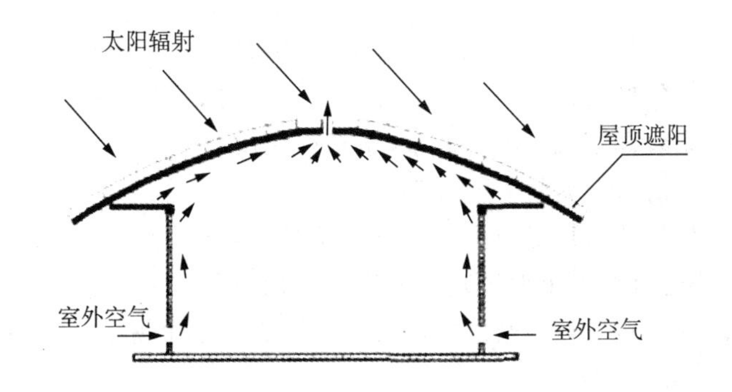

图 4－1－23　太阳能通风示意图

4.2 不同类型建筑的绿色建筑设计

4.2.1 居住建筑的绿色节能设计

1. 绿色住宅的概念、特征及标准[1-2]

1)绿色住宅的概念

绿色住宅强调以人为本以及与自然的和谐,实现持续高效地利用一切资源,追求最小的生态冲突和最佳的资源利用,满足节地、节水、节能、改善生态环境、减少环境污染、延长建筑寿命等目标,形成社会、经济、自然三者的可持续发展。

2)绿色住宅的特征

绿色住宅除须具备传统住宅遮风避雨、通风采光等基本功能外,还要具备协调环境,保护生态的特殊功能,在规划设计、营建方式、选材用料方面按区别于传统住宅的特定要求进行设计。因此,绿色住宅的建造应遵循生态学原理,体现可持续发展的原则。

3)绿色住宅的标准

根据建设部住宅产业化促进中心制定的有关绿色生态住宅小区的技术导则,衡量绿色住宅的质量一般有以下几条标准:(1)在生理生态方面有广泛的开敞性;(2)采用的是无害、无污、可以自然降解的环保型建筑材料;(3)按生态经济开放式闭合循环的原理作无废无污的生态工程设计;(4)有合理的立体绿化,能有利于保护,稳定周边地域的生态;(5)利用了清洁能源,降解住宅运转的能耗,提高自养水平;(6)富有生态文化及艺术内涵。

《绿色建筑评价标准》GB/T 50378—2014 中的对住宅建筑和公共建筑的室内环境质量分别提出了要求,特别是在住宅建筑标准中突出强调了有关室内环境的四项要求:采光、隔声、通风、室内空气质量都是与人们日常生活密切相关的。各大指标中的从低到高又分为三个级别:控制项、一般项和优选项三类[2]。

2. 居住建筑的用地规划与节地设计

1)居住建筑用地规划应考虑的因素

居住区设计过程应综合考虑用地条件、套型、朝向、间距、绿地、层数与密度、布置方式、群体组合和空间环境等因素,来集约化使用土地,突出均好性、多样性和协调性。

(1)用地选择和密度控制

居住建筑用地应选择无地质灾害、无洪水淹没的安全地段;尽可能利用废地(荒地、坡地、不适宜耕种土地等),减少耕地占用;周边的空气、土壤、水体等,确保卫生安全。居住建筑用地应对人口毛密度、建筑面积毛密度(容积率)、绿地率等进行合理的控制,达到合理的设计标准。

(2)群体组合、空间布局和环境景观设计

包括:①居住区的规划与设计,应综合考虑路网结构、群体组合、公建与住宅布局、绿地系统及空间环境等的内在联系,构成一个既完善又相对独立的有机整体。②合理组织人流、车流,小区内的供电、给排水、燃气、供热、电讯、路灯等管线,宜结合小区道路构架进行地下埋设。配建公共服务设施及与居住人口规模相对应的公共服务活动中心,方便经营、使用和社会化服务。③绿化景观设计注重景观和空间的完整性,应做到集中与分散结合、观赏与实用结合，环境设计应为邻里交往创造不同层次的交往空间。

(3)日照间距与朝向选择

① 日照间距与方位选择原则。包括：a. 居住建筑间距应综合考虑地形、采光、通风、消防、防震、管线埋设、避免视线干扰等因素，以满足日照要求。b. 日照一般应通过与其正面相邻建筑的间距控制予以保证，并不应影响周边相邻地块，特别是来开发地块的合法权益(主要包括建筑高度、容积率、建筑物退让等)。

② 居住建筑日照标准要求。各地的居住建筑日照标准应按国家及当地的有关规范、标准等要求执行，一般应满足：a. 当居住建筑为非正南北朝向时，住宅正面间距，应按地方城市规划行政主管部门确定的日照标准不同方位的间距折减系数换算，见表4-2-1、表4-2-2所列。b. 应充分利用地形地貌的变化所产生的场地高差、条式与点式住宅建筑的形体组合，以及住宅建筑高度的高低搭配等，合理进行住宅布置，有效控制居住建筑间距，提高土地使用效率。

表4-2-1　不同方位日照间距折减系数[3]

方位	00～150(含150)	150～600(含600)	>600
折减系数	1.0	0.9	0.95

表4-2-2　不同气候区域的光照时间[3]

<table>
<tr><td rowspan="2">建筑气候区划</td><td colspan="2">Ⅰ、Ⅱ、Ⅲ、Ⅳ气候区</td><td colspan="2">Ⅳ气候区</td><td rowspan="2">Ⅴ、Ⅵ气候区</td></tr>
<tr><td>大城市</td><td>中小城市</td><td>大城市</td><td>中小城市</td></tr>
<tr><td>标准日</td><td colspan="3">大寒日</td><td colspan="2">冬至日</td></tr>
<tr><td>日照时数(h)</td><td>≥2</td><td colspan="2">≥3</td><td colspan="2">≥1</td></tr>
<tr><td>有效日照时间带(h)</td><td colspan="3">8～16</td><td colspan="2">9～15</td></tr>
<tr><td>计算起点</td><td colspan="5">底层窗台面</td></tr>
</table>

③ 住宅小区最大日照设计方式。包括：a. 选择楼栋的最佳朝向。如南京地区为南偏西5°至南偏东30°。b. 保证每户的南向面宽。c. 用动态方法确定最优的日照条件。

(4)地下与半地下空间利用

包括：①地下或半地下空间的利用，与地面建筑、人防工程、地下交通、管网及其他地下构筑物应统筹规划、合理安排；②同一街区内，公共建筑的地下或半地下空间应按规划进行互通设计；③充分利用地下或半地下空间，做地下或半地下机动停车库(或用做设备用房等)，地下或半地下机动停车位达到整个小区停车位的80%以上。应注意以下几点：a. 配建的自行车库，宜采用地下或半地下形式；b. 部分公建(服务、健身娱乐、环卫等)，宜利用地下或半地下空间；c. 地下空间结合具体的停车数量要求、设备用房特点、机械式停车库、工程地质条件以及成本控制等因素，考虑设置单层或多层地下室。

(5)公共服务配套设施控制

包括：①城市新建居住区应按国家和地方城市规划行政主管部门的规定，同步安排教育、医疗卫生、文化体育、商业服务、金融邮电、社区服务、市政公用和行政管理等公共服务设施用地，为居民提供必要的公共活动空间。②居住区公共服务设施的配建水平，必须与居住人口规模相对应，并与住宅同步规划、同步建设、同时投入使用。③社区中心宜采用综合体的形式集中布置，形成中心用地。社区中心设置的内容和标准见表4-2-3所列。

表4-2-3 社区中心设置的内容和标准[3]

居住社区级中心	设置内容	服务半径(m)	服务人口(人)	建筑面积(m^2)	用地面积(m^2)
居住社区级中心	文化娱乐、体育、行政管理与社区服务、社会福利与保障、医疗卫生、邮政电信、商业金融服务、其他	400～500	30000	30000～40000	26000～35000
基层社区级中心	文化娱乐、体育、行政管理与社区服务、社会福利与保障、医疗卫生、商业金融服务、其他	200～250	5000～10000	2000～2700	1800～2500

(6)竖向控制

小区规划要结合地形地貌合理设计，尽可能保留基地形态和原有植被，减少土方工程量。地处山坡或高差较大基地的住宅，可采用垂直等高线等形式合理布局住宅，有效减少住宅日照间距，提高土地使用效率。小区内对外联系道路的高程应与城市道路标高相衔接。

2)居住建筑的节地设计

(1)居住建筑应适应本地区气候条件。①居住建筑应具有地方特色和个性、识别性，造型简洁，尺度适宜，色彩明快。②住宅建筑应积极有效利用太阳能，配置太阳能热水器设施时，宜采用集中式热水器配置系统。太阳能集热板与屋面坡度应在建筑设计中一体化考虑，以有效降低占地面积。

(2)住宅单体设计力求规整、经济。①住宅电梯井道、设备管井、楼梯间等要选择合理尺寸，紧凑布置，不宜凸出住宅主体外墙过大。②住宅设计应选择合理的住宅单元面宽和进深，户均面宽值不宜大于户均面积值的1/10。

(3)套型功能合理，功能空间紧凑。①套型功能的增量，除适宜的面积外，尚应包括功能空间的细化和设备的配置质量，与日益提高的生活质量和现代生活方式相适应。②住宅套型平面应根据建筑的使用性质、功能、工艺要求合理布局；套内功能分区要符合公私分离、动静分离、洁污分离的要求；功能空间关系紧凑，便能得到充分利用。

(4)《绿色建筑评价标准》GB/T 50378—2014对居住建筑“节地与土地利用”的评价标准

① 绿色建筑评价的总得分按下式进行计算，其中评价指标体系7类指标评分项的权重W_1～W_7按表3-2-4取值。

$$\sum Q = W_1Q_1 + W_2Q_2 + W_3Q_3 + W_4Q_4 + W_5Q_5 + W_6Q_6 + W_7Q_7 + Q_8 \qquad (4-2-1)$$

表 4-2-4　绿色建筑各类评价指标的权重[2]

		节地与室外环境 W_1	节能与能源利用 W_2	节水与水资源利用 W_3	节材与材料资源利用 W_4	室内环境质量 W_5	施工管理 W_6	运营管理 W_7
设计评价	居住建筑	0.21	0.24	0.20	0.17	0.18	——	——
	公共建筑	0.16	0.28	0.18	0.19	0.19	——	——
运行评价	居住建筑	0.17	0.19	0.16	0.14	0.14	0.10	0.10
	公共建筑	0.13	0.23	0.14	0.15	0.15	0.10	0.10

注:1. 表中“——”表示施工管理和运营管理两类指标不参与设计评价。

2. 对于同时具有居住和公共功能的单体建筑,各类评价指标权重取为居住建筑和公共建筑所对应权重的平均值。

② 节约集约利用土地,评价总分值为 19 分。对居住建筑,根据其人均居住用地指标按表 4-2-5 的规则评分。

表 4-2-5　居住建筑人均居住用地指标评分规则[2]

居住建筑人均居住用地指标 A(m^2)					得分
3 层及以下	4～6 层	7～12 层	13～18 层	19 层及以上	
$35<A\leqslant41$	$23<A\leqslant26$	$22<A\leqslant24$	$20<A\leqslant22$	$11<A\leqslant13$	15
$A\leqslant35$	$A\leqslant23$	$A\leqslant22$	$A\leqslant20$	$A\leqslant11$	19

③ 居住建筑场地内合理设置绿化用地,评价总分值为 9 分,并按下列规则评分并累计:①住区绿地率:新区建设达到 30%,旧区改建达到 25%,得 2 分;②住区人均公共绿地面积:按表 4-2-6 的规则评分,最高得 7 分。

表 4-2-6　住区人均公共绿地面积[2]

住区人均公共绿地面积 Ag		得分
新区建设	旧区改建	
$1.0m^2\leqslant Ag<1.3m^2$	$0.7m^2\leqslant Ag<0.9m^2$	3
$1.3m^2\leqslant Ag<1.5m^2$	$0.9m^2\leqslant Ag<1.0m^2$	3
$Ag\geqslant1.5m^2$	$Ag\geqslant1.0m^2$	7

④ 合理开发利用地下空间,评价总分值为 6 分,按表 4-2-7 的规则评分。

表 4-2-7　地下空间开发利用评分规则[2]

建筑类型	地下空间开发利用指标		得分
居住建筑	地下建筑面积与地上建筑面积的比率 Rr	$5\%\leqslant Rr<20\%$	2
		$20\%\leqslant Rr<35\%$	4
		$Rr\geqslant35\%$	6

（续表）

建筑类型	地下空间开发利用指标		得分
公共建筑	地下建筑面积与总用地面积之比 Rp_1	$Rp_1 \geqslant 0.5$	3
	地下一层建筑面积与总面积的比率 Rp_2	$Rp_1 \geqslant 0.7$ 且 $Rp_2 < 70\%$	6

3．绿色居住建筑的节能与能源利用体系

1)建筑构造节能系统[2-4]

(1)墙体节能设计

① 体形系数控制。建筑物、外围护结构、临空面的面积大会造成热能损失，故体形系数不应超过规范的规定值。减小建筑物体形系数的措施有：a. 使建筑平面布局紧凑，减少外墙凸凹变化，即减少外墙面的长度；b. 加大建筑物的进深；c. 增加建筑物的层数；d. 加大建筑物的体量。

② 窗墙比控制。要充分利用自然采光，同时要控制窗墙比。居住建筑的窗墙比应以基本满足室内采光要求为确定原则。建筑窗墙比不宜超过规范的规定值。

③ 外墙保温。保温隔热材料轻质、高强，具有保温、隔热、隔声、防水性能，外墙采用保温隔热材料，能够增强外围护结构抗气候变化的综合物理性能。

(2)门窗节能设计

① 外门窗及玻璃选择。外门窗应选择优质的铝木复合窗、塑钢门窗、断桥式铝合金门窗及其他材料的保温门窗；外门窗玻璃应选择中空玻璃、隔热玻璃或 Low－E 玻璃等高效节能玻璃，其传热系数和遮阳系数应达到规定标准。

② 门窗开启扇及门窗配套密封材料。在条件允许时尽量选用上、下悬或平开，尽量避免选用推拉式开启；门窗配套密封材料应选择抗老化、高性能的门窗配套密封材料，以提高门窗的水密性和气密性。

(3)屋面节能设计

① 屋面保温和隔热。屋面保温可采用板材、块材或整体现喷聚氨酯保温层；屋面隔热可采用架空、蓄水、种植等隔热层。

② 种植屋面。应根据地域、建筑环境等条件，选择适应的屋面构造形式。推广屋面绿色生态种植技术，在美化屋面的同时，利用植物遮蔽减少阳光对屋面的直晒。

(4)楼地面节能技术

楼地面的节能技术，可根据楼板的位置不同采用不同的节能技术：

① 层间楼板(底面不接触室外空气)。可采取保温层直接设置在楼板上表面或楼板底面，也可采取铺设木龙骨(空铺)或无木龙骨的实铺木地板。

② 架空或外挑楼板(底面接触室外空气)。宜采用外保温系统，接触土壤的房屋地面，也要做保温。

③ 底层地面。也应做保温。

(5)管道技术

① 水管的敷设

a. 排水管道：可敷设在架空地板内；

b. 采暖管道、给水管道、生活热水管道：可敷设在架空地板内或吊顶内，也可局部墙内敷设(图 4－2－1 和图 4－2－2)。

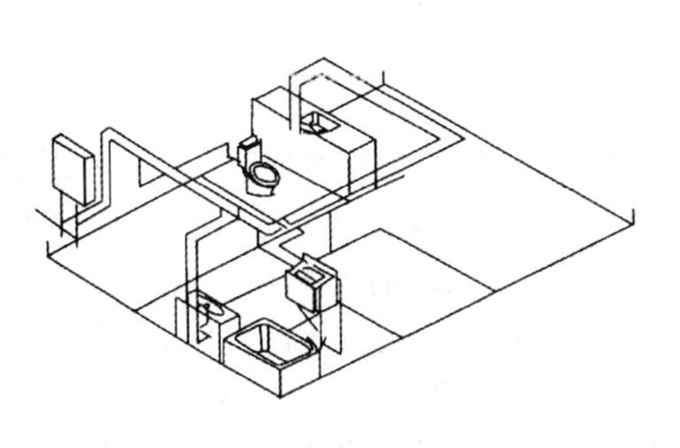

图 4-2-1　管道铺设在顶棚的立体图

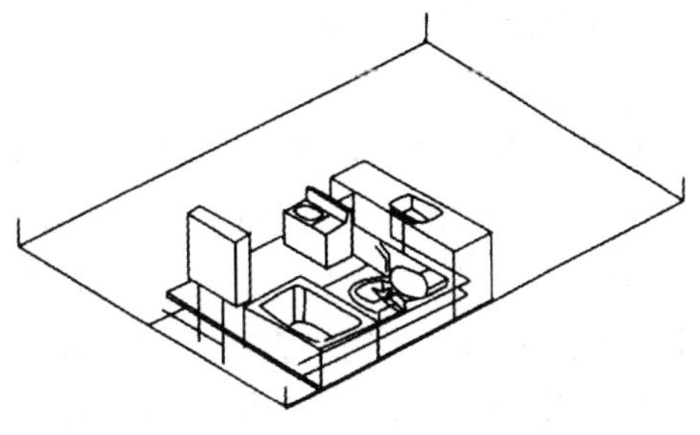

图 4-2-2　管道铺设在地板的立体图

② 干式地暖的应用

a. 干式地暖系统。干式地暖系统区别于传统的混凝土埋入式地板采暖系统，也称为预制轻薄型地板采暖系统，是由保温基板、塑料加热管、铝箔、龙骨和二次分集水器等组成的一体化薄板，板面厚度约为 12mm，加热管外径为 7mm。

b. 干式地暖系统的特点。具有温度提升快、施工工期短、楼板负载小、易于日后维修和改造等优点。

c. 干式地暖系统的构造做法。主要有架空地板做法、直接铺地做法(图 4-2-3 和图 4-2-4)。

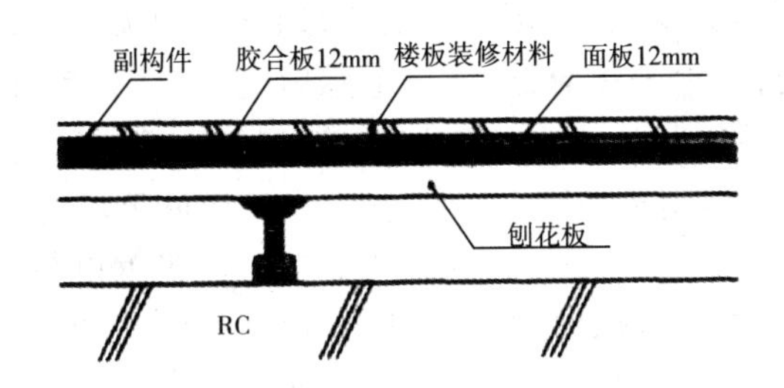

图 4-2-3　架空地板做法[3]

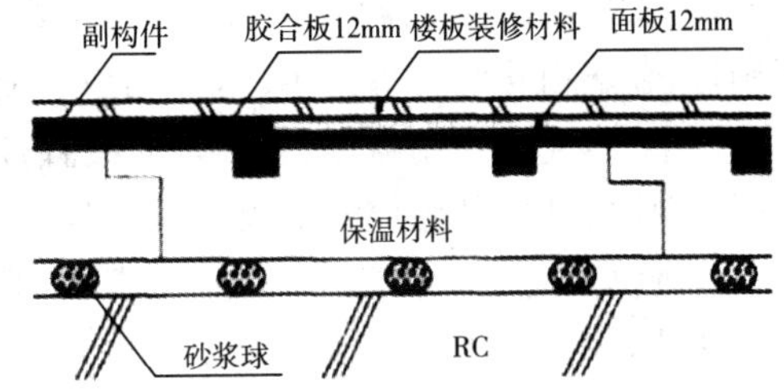

图 4-2-4　直接铺地做法[3]

③ 风管的敷设

a. 新风换气系统。新风换气系统可提高室内空气品质，但会占用室内较多的吊顶空间，因此需要内装设计协调换气系统与吊顶位置、高度的关系，并充分考虑换气管线路径、所需换气量和墙体开口位置等，在保证换气效果的同时兼顾室内的美观精致。

b. 水平式排风系统。

(6)遮阳系统

① 利用太阳照射角综合考虑遮阳系数。居住建筑确定外遮阳系统的设置角度的因素有：建筑物朝向及位置；太阳高度角和方位角。应选用木制平开、手动或电动、平移式、铝合金百叶遮阳技术；应选用叶片中夹有聚氨酯隔热材料手动或电动卷帘。

② 遮阳方式选择。低层住宅有条件时可以采用绿化遮阳；高层塔式建筑、主体朝向为东西向的住宅，其主要居住空间的西向外窗、东向外窗应设置活动外遮阳设施。窗内遮阳应选用具有热反射功能的窗帘和百叶；设计时选择透明度较低的白色或者反光表面材质，以降低其自身对室内环境的二次热辐射。内遮阳对改善室内舒适度，美化室内环境及保证室内的私密性均有一定的作用。

2)电气与设备节能系统[2-4]

(1)供配电节能技术

① 供配电系统节能途径。居民住宅区供配电系统节能,主要通过降低供电线路、供电设备的损耗。a. 降低供电线路的电能损耗。方式有:合理选择变电所位置;正确确定线缆的路径、截面和敷设方式;采用集中或就地补偿的方式,提高系统的功率等。b. 降低供电设备的电能损耗。采用低能耗材料或工艺制成的节能环保的电气设备;对冰蓄冷等季节性负荷,采用专用变压器供电方式,以达到经济适用、高效节能的目的。

② 供配电节能技术的类型。包括:a. 紧凑型箱式变电站供电技术。b. 节能环保型配电变压器技术。地埋式变电站应优先选用非晶体合金变压器。配电变压器的损耗分为空载损耗和负载损耗。居民住宅区一年四季、每日早中晚的负载率各不相同,故选用低空载损耗的配电变压器,具有较现实的节能意义。c. 变电所计算机监控技术。大型居民住宅区,推荐使用变电所计算机监控系统,通过计算机、通信网络监测建筑物和建筑群的高压供电、变压器、低压配电系统、备用发电机组的运行状态和故障报警;检测系统的电压、电流、有功功率、功率因数和电度数据等;实现供配电系统的遥测、遥调、遥控和遥信,为节能和安全运行提供实时信息和运行数据;可减少变电所值班人员,实现无人值守,有效节约管理成本。

(2)供配电节能技术

① 照明器具节能技术

a. 选用高效照明器具。包括:第一,高效电光源:包括紧凑型荧光灯、细管型荧光灯、高压钠灯、金属卤化物灯等。第二,照明电器附件:电子镇流器、高效电感镇流器、高效反射灯罩等。第三,光源控制器件:包括调光装置、声控、光控、时控、感控等。延时开关通常分为触摸式、声控式和红外感应式等类型;在居住区内常用于走廊、楼道、地下室、洗手间等场所。

b. 照明节能的具体措施。包括:第一,降低电压节能。即降低小区路灯的供电电压,达到节能的目的,降压后的线路末端电压不应低于 198V,且路面应维持"道路照明标准"规定的照度和均匀度。第二,降低功率节能。是在灯回路中多串一段或多段阻抗,以减小电流和功率,达到节能的目的。一般用于平均照度超过"道路照明标准"规定维持值的 120%以上的期间和地段。采用变功率镇流器节能的,宜对变功率镇流器采取集中控制的方式。第三,清洁灯具节能。清洁灯具可减少灯具污垢造成的光通量衰减,提高灯具效率的维持率,延长竣工初期节能的时间,起到节能的效果。第四,双光源灯节能。是指一个灯具内安装两只灯泡,下半夜保证照度不低于下一级维持值的前提下,关熄一只灯泡,实现节能。

② 居住区景观照明节能技术

a. 智能控制技术。采用光控、时控、程控等智能控制方式,对照明设施进行;分区或分组集中控制,设置平日、假日、重大节日等,以及夜间不同时段的开、关灯控制模式,在满足夜景照明效果设计要求的同时,达到节能效果。

b. 高效节能照明光源和灯具的应用。应优先选择通过认证的高效节能产品。鼓励使用绿色能源,如太阳能照明、风能照明等;积极推广高效照明光源产品,如金属卤化物灯、半导体发光二极管(LED)、T8/T5 荧光灯、紧凑型荧光灯(CFL)等,配合使用光效和利用系数高的灯具,达到节能的目的。

③ 地下汽车库、自行车库等照明节电技术

a. 光导管技术。光导管主要由采光罩、光导管和漫射器三部分组成。其通过采光罩高效采集自然光线，导入系统内重新分配，再经过特殊制作的光导管传输和强化后，由系统底部的漫射装置把自然光均匀高效地照射到任何需要光线的地方，从而得到由自然光带来的特殊照明效果，是一种绿色、健康、环保、无能耗的照明产品。

b. 棱镜组多次反射照明节电技术。即用一组传光棱镜，安装在车库的不同部位，并可相互接力，将集光器收集的太阳光传送到需要采光的部位。

c. 车库照明自动控制技术。采用红外、超声波探测器等，配合计算机自动控制系统，优化车库照明控制回路，在满足车库内基本照度的前提下，自动感知人员和车辆的行动，以满足灯开、关的数量和事先设定的照度要求，以期合理用电。

④ 绿色节能照明技术

a. LED照明技术(又称：发光二极管照明技术)。它是利用固体半导体芯片作为发光材料的技术。LED光源具有全固体、冷光源、寿命长、体积小、高光效、无频闪、耗电小、响应快等优点，是新一代节能环保光源。但是，LED灯具也存在很多缺点，光通量较小、与自然光的色温有差距、价格较高；限于技术原因，大功率LED灯具的光衰很严重，半年的光衰可达50%左右。

b. 电磁感应灯照明技术(又称无极放电灯)。此技术无电极，依据电磁感应和气体放电的基本原理而发光。其优点有：无灯丝和电极；具有十万小时的高使用寿命，免维护；显色性指数大于80，宽色温从2700K到6500K，具有80lm/W的高光效，具有可靠的瞬间启动性能，同时低热量输出；适用于道路、车库等照明。

(3)智能控制技术

① 智能化能源管理技术。是通过居住区智能控制系统与家庭智能交互式控制系统的有机组合，以可再生能源为主、传统能源为辅，将产能负荷与耗能负荷合理调配，减少投入浪费，降低运行消耗，合理利用自然资源，保护生态环境，以实现智能化控制、网络化管理、高效节能、公平结算的目标(图4-2-5)。

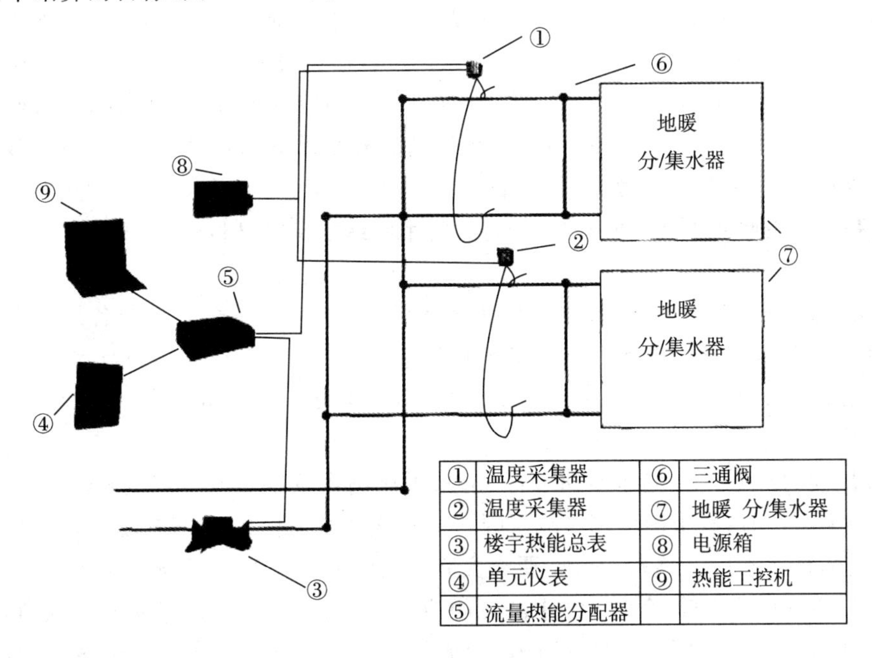

①	温度采集器	⑥	三通阀
②	温度采集器	⑦	地暖 分/集水器
③	楼宇热能总表	⑧	电源箱
④	单元仪表	⑨	热能工控机
⑤	流量热能分配器		

图4-2-5　水源热泵智能化控制图[3]

② 建筑设备智能监控技术。采用计算机技术、网络通信技术对居住区内的电力、照明、空调通风、给排水、电梯等机电设备或系统进行集中监视、控制及管理，以保证这些设备安全可靠地运行。按照建筑设备类别和使用功能的不同，建筑设备智能监控系统可划分为：a. 供配电设备监控子系统；b. 照明设备监控子系统；c. 电梯、暖通空调、给排水设备子系统；d. 公共交通管理设备监控子系统等。

③ 变频控制技术。是运用技术手段来改变用电设备的供电频率，进而达到控制设备输出功率的目的。变频传动调速的特点是不改动原有设备，实现无级调速，以满足传动机械要求；变频器具有软启、软停功能，可避免启动电流冲击对电网的不良影响，既减少电源容量还可减少机械惯动量和损耗；不受电源频率的影响，可以开环、闭环；可手动/自动控制；在低速时，定转矩输出、低速过载能力较好；电机的功率因数随转速增高、功率增大而提高，使用效果较好。

3)给排水节能系统[2-4]

通过调查收集和掌握准确的市政供水水压、水量及供水可靠性的资料，根据用水设备、用水卫生器具供水最低工作压力要求水嘴，合理确定直接利用市政供水的层数。

(1)小区生活给水加压技术。对市政自来水无法直接供给的用户，可采用集中变频加压、分户计量的方式供水。

小区生活给水加压系统的三种供水技术：水池＋水泵变频加压系统；管网叠压＋水泵变频加压；变频射流辅助加压。为避免用户直接从管网抽水造成管网压力过大波动，有些城市供水管理部门仅认可"水池＋水泵变频加压"和"变频射流辅助加压"两种供水技术。通常情况下，可采用"射流辅助变频加压"供水技术。

① 水池＋水泵变频加压系统。当城市管网的水压不能满足用户的供水压力时，就必须用泵加压。通常，通过市政给水管，经浮球阀向贮水池注水，用水泵从贮水池抽水经变频加压后向用户供水。在此供水系统中虽然"水泵变频"可节约部分电能，但是不论城市管网水压有多大，在城市给水管网向贮水池补水的过程中，都白白浪费了城市给水管网的压能。

② 变频射流辅助加压供水系统。其工作原理：当小区用水处于低谷时，市政给水通过射流装置既向水泵供水，又向水箱供水，水箱注满时进水浮球阀自动关闭，此时市政给水压力得到充分利用，且市政给水管网压力也不会产生变化；当小区用水处于高峰时，水箱中水通过射流装置与市政给水共同向水泵供水，此时市政给水压力仅利用50%～70%，且市政给水管网压力变化很小。

(2)高层建筑给水系统分区技术。给水系统分区设计中，应合理控制各用水点处的水压，在满足卫生器具给水配件额定流量要求的条件下，尽量取低值，以达到节水节能的目的。住宅入户管水表前的供水静压力不宜大于0.20MPa；水压大于0.30MPa的入户管，应设可调式减压阀。

① 减压阀的选型。a. 给水竖向分区，可采用比例式减压阀或可调式减压阀。b. 入户管或配水支管减压时，宜采用可调式减压阀。c. 比例式减压阀的减压比宜小于4；可调式减压阀的阀前后压差不应大于0.4MPa，要求安静的场所不应大于0.3MPa。

② 减压阀的设置。a. 给水分区用减压阀应两组并联设置，不设旁通管；减压阀前应设控制阀、过滤器、压力表，阀后应设压力表、控制阀。b. 入户管上的分户支管减压阀，宜设在控制阀门之后、水表之前，阀后宜设压力表。c. 减压阀的设置部位应便于维修。

4)暖通空调节能系统[2-4]

(1)室内热环境和建筑节能设计指标

包括:①冬季采暖室内热环境设计指标,应符合下列要求:卧室、起居室室内设计温度取16℃～18℃;换气次数取1.0次/h;人员经常活动范围内的风速不大于0.4m/s。②夏季空调室内热环境设计指标,应符合下列要求:卧室、起居室室内设计温度取26℃～28℃;换气次数取1.0次/h;人员经常活动范围内的风速不大于0.5m/s。③空调系统的新风量,不应大于20m³/(h·人)。④通过采用增强建筑围护结构保温隔热性能提高采暖、空调设备能效比的节能措施。⑤在保证相同的室内热环境指标的前提下,与未采取节能措施前相比,居住建筑的采暖、空调能耗应节约50%。

(2)住宅通风技术

① 住宅通风设计的设计原则。应组织好室内外气流,提高通风换气的有效利用率;应避免厨房、卫生间的污浊空气,进入本套住房的居室;应避免厨房、卫生间的排气从室外又进入其他房间。

② 住宅通风设计的具体措施。住宅通风采用自然通风、置换通风相结合技术。住户换气平时采用自然通风;空调季节使用置换通风系统。

a. 自然通风。是一种利用自然能量改善室内热环境的简单通风方式,常用于夏季和过渡(春、秋)季建筑物室内通风、换气以及降温。通过有效利用风压来产生自然通风,因此首先要求建筑物有较理想的外部风速。为此,建筑设计应着重考虑以下问题:建筑的朝向和间距;建筑群布局;建筑平面和剖面形式;开口的面积与位置;门窗装置的方法;通风的构造措施等。

b. 置换通风。在建筑、工艺及装饰条件许可,且技术经济比较合理的情况下可设置置换通风。采用置换通风时,新鲜空气直接从房间底部送入人员活动区;在房间顶部排出室外。整个室内气流分层流动,在垂直方向上形成室内温度梯度和浓度梯度。置换通风应采用"可变新风比"的方案。置换通风有以下两种方式:

第一,中央式通风系统。由新风主机、自平衡式排风口、进风口、通风管道网组成一套独立的新风换气系统。通过位于卫生间吊顶或储藏室内的新风主机彻底将室内的污浊空气持续从上部排出;新鲜空气经"过滤"由客厅、卧室、书房等处下部不间断送入,使密闭空间内的空气得到充分的更新。

第二,智能微循环式通风系统(通常采用)。由进风口、排风口和风机三个部分组成。功能性区域(厨房、浴室、卫生间等)的排风口与风机相连,不断将室内污浊空气排出;利用负压由生活区域(客厅、餐厅、书房、健身房等)的进风口补充新风进入。并根据室内空气污染度,人员的活动和数量、湿度等自动调节通风量,不用人工操作。这样就可以在排除室内污染的同时减少由于通风而引起的热量或冷量的损失。

(3)住宅采暖、空调节能技术

在城市热网供热范围内,采暖热源应优先采用城市热网,有条件时宜采用"电、热、冷联供系统"。应积极利用可再生能源,如太阳能、地热能等。小区住宅的采暖、空调设备优先采用符合国家现行标准规定的节能型采暖、空调产品。

小区装修房配套的采暖、空调设备为家用空气源热泵空调器,空调额定工况下能效比大于2.3,采暖额定工况下能效比大于1.9。

一般情况下,小区普通住宅装修房配套分体式空气调节器;高级住宅及别墅装修房配套家用或商用中央空气调节器。

① 居住建筑采暖、空调方式及其设备的选择。应根据当地资源情况，经技术经济分析以及用户设备运行费用的承担能力综合考虑确定。一般情况下，居住建筑采暖不宜采用直接电热式采暖设备；居住建筑采用分散式(户式)空气调节器(机)进行制冷/采暖时，其能效比、性能系数应符合国家现行有关标准中的规定值。

② 空调器室外机的安放位置。在统一设计时，应有利于室外机夏季排放热量、冬季吸收热量；应防止对室内产生热污染及噪声污染。

③ 房间气流组织。应尽可能使空调送出的冷风或暖风吹到室内每个角落，不直接吹向人体；对复式住宅或别墅，回风口应布置在房间下部；空调回风通道应采用风管连接，不得用吊顶空间回风；空调房间均要有送、回风通道，杜绝只送不回或回风不畅；住宅卧室、起居室，应有良好的自然通风。当住宅设计条件受限制，不得已采用单朝向型住宅的情况下，应采取以下措施：户门上方通风窗、下方通风百叶或机械通风装置等有效措施，以保证卧室、起居室内良好的通风条件。

④ 置换通风系统。送风口设置高度 $h<0.8m$；出口风速宜控制在 0.2～0.3m/s；排风口应尽可能设置在室内最高处，回风口的位置不应高于排风口。

(4)采暖系统设计

寒冷地区的电力生产主要依靠火力发电，火力发电的平均热电转换效率约为 33%，再加上输配效率约为 90%，采用电散热器、电暖风机、电热水炉等电热直接供暖，是能源的低效率应用。其效率远低于节能要求的燃煤、燃油或燃气锅炉供暖系统的能源综合效率，更低于热电联产供暖的能源综合效率。

① 热媒输配系统设计

包括：a. 供水及回水干管的环路应均匀布置，各共用立管的负荷宜相近。b. 供水及回水干管优先设置在地下层空间，当住宅没有地下层，供水及回水干管可设置于半通行管沟内。c. 符合住宅平面布置和户外公片空间的特点。d. 一对立管可以仅连接每层一个户内系统，也可连接每层一个以上的户内系统。同一对立管宜连接负荷相近的户内系统。e. 除每层设置热媒集配装置连接各户的系统外，一对共用立管连接的户内系统，不宜多于 40 个。f. 采取防止垂直失调的措施，宜采用下分式双管系统。g. 共用立管接向户内系统分支管上，应设置具有锁闭和调节功能的阀门。h. 共用立管宜设置在户外，并与锁闭调节阀门和户月热量表组合设置于可锁封的管井或小室内。i. 户用热量表设置于户内时，锁闭调节阀门和热量显示装置应在户外设置。j. 下分式双管立管的顶点，应设集气和排气装置，下部应设泄水装置。氧化铁会对热计量装置的磁性元件形成不利影响，管径较小的供水及回水干管、共用立管，有条件宜采用热镀锌钢管螺纹连接。供回水干管和共用立管，至户内系统接点前，不论设置于任何空间，均应采用高效保温材料加强保温。

② 户内采暖系统的节能设计

a. 分户热计量的分户独立系统，应能确保居住者可自主实施分室温度的调节和控制。b. 双管式和放射双管式系统，每一组散热器上设置高阻手动调节阀或自力式两通恒温阀。c. 水平串联单管跨越式系统，每一组散热器上设置手动三通调节阀或自力式三通恒温阀。d. 地板辐射供暖系统的主要房间，应分别设置分支路。热媒集配装置的每一分支路，均应设置调节控制阀门，调节阀采用自动调节和手动调节均可。e. 当冬夏结合采用户式空调系统时，空调器的温控器应具备供冷或供暖的转换功能。f. 调节阀是频繁操作的部件，要选用耐用产品，确保能灵活调节和在频繁调节条件下无外漏。

5)新能源利用系统[2-4]

应用光伏系统的地区，年日照辐射量不宜低于4200MJ，年日照时数不宜低于1400h。

(1)太阳能光伏发电技术。居住区内的太阳能发电系统分为三种类型：

① 并网式光伏发电系统。太阳能电池将太阳能转化为电能，并通过与之相连的逆变器直流电转变成交流电，输出电力与公共电网相连接，为负载提供电力。

② 离网式光伏发电系统。太阳能发电系统与公共电网不连接，独立向负载供电。离网式系统一般均配备蓄电池，采用低压直流供电。在居住区内常用于太阳能路灯、景观灯或供电距离很远的监控设备等。由于铅酸蓄电池易对环境造成严重污染，已逐渐被淘汰，可使用环保、安全、节能高效的胶体蓄电池或固体电池(镍氢、镍镉电池)，但其购买和使用成本均较高；虽然可节省电费，但投入产出比很低。

③ 建筑光伏一体化发电系统。它将太阳能发电系统完美地集成于建筑物的墙面或屋面上，太阳能电池组件既被用作系统发电机又被用做建筑物的外墙装饰材料。太阳能电池可以制成透明或半透明状态，阳光依然能穿过重叠的电池进入室内，不影响室内的采光。

(2)太阳能热水技术

① 太阳能建筑一体化热水的技术要求。包括：a. 太阳能集热器本身整体性好、故障率低、使用寿命长；b. 贮水箱与集热器尽量分开布置；c. 设备及系统在零度以下运行不会冻损；d. 系统智能化运行，确保运行中优先使用太阳能，尽量少用电能；e. 集热器与建筑的结合除满足建筑外观的要求外还应确保集热器本身及其与建筑的结合部位不会渗漏。

② 太阳能热水器的选型及安装部位。太阳能热水器按贮水箱与集热器是否集成一体，一般可分为一体式和分体式两大类，采用何种类型应根据建筑类别、建筑一体化要求及初期投资等因素经技术经济比较后确定。一般情况下，6层及6层以下普通住宅采用一体式太阳能热水器；高级住宅或别墅采用分体式太阳能热水器。集热器安装位置根据太阳能热水器与建筑一体化要求可安装在屋面、阳台等部位。一般情况下集热器均采用U形管式真空管集热器。

(3)被动式太阳能利用

被动式太阳房，是指不依靠任何机械动力，通过建筑围护结构本身完成吸热、蓄热、放热过程，从而实现利用太阳能采暖的目的的房屋。一般而言，可以直接让阳光透过窗户直接进入采暖房间，或者先照射在集热部件上，然后通过空气循环将太阳能的热量送入室内。

① 太阳能被动式利用。应与建筑设计紧密结合，其技术手段依地区气候特点和建筑设计要求而不同，被动式太阳能建筑设计应在适应自然环境的同时尽可能地利用自然环境的潜能，并应分析室外气象条件、建筑结构形式和相应的控制方法对利用效果的影响，同时综合考虑冬季采暖供热和夏季通风降温的可能，并协调两者的矛盾。

② 被动式太阳能的利用。有效地节约了建筑耗能，应掌握地区气候特点，明确应当控制的气候因素；研究控制每种气候因素的技术方法；结合建筑设计，提出太阳能被动式利用方案，并综合各种技术进行可行性分析；结合室外气候特点，确定全年运行条件下的整体控制和使用策略。

(4)空气源热泵热水技术

① 空气源热泵热水技术原理。是根据逆卡诺循环原理，采用少量的电能驱动压缩机运

行,高压的液态工质经过膨胀阀后在蒸发器内蒸发为气态,并大量吸收空气中的热能,气态的工质被压缩机压缩成为高温、高压的液态,然后进入冷凝器放热,把水加热,如此不断地循环加热,可以把水加热至50℃～65℃。在这个过程中,消耗了1份的能量(电能),同时从环境空气中吸收转移了约4份的能量(热量)到水中,相对于电热水器而言,节约了75%电能。

② 特点和适用范围。空气源热泵技术与太阳能热水技术相比,具有占地少、便于安装调控等优点;与地源热泵相比,它不受水、土资源限制。该技术主要用于小区别墅及配套公建的生活热水系统,或作为太阳能热水系统的辅助热源。

③ 空气源热泵热水技术设计要点。包括:a. 优先采用性能系数(COP)高的空气源热泵热水机组(COP全年应平均达到3.0～3.5)。b. 机组应具有先进可靠的融霜控制技术,融霜所需时间总和不超过运行周期时间的20%。c. 空气源热泵热水系统中应配备合适的、保温性能良好的贮热水箱且热泵出水温度不超过50%。

(5)地源热泵技术

地源热泵技术又称土壤源热泵技术,是一种利用浅层常温土壤中的能量作为能源的先进的高效节能、无污染、低运行成本的既可供暖又可供冷的新型空调技术。地源热泵是利用地下常温土壤或地下水温度相对稳定的特性,通过深埋于建筑物周围的管路系统或地下水与建物内部完成热交换的装置。地源热泵技术有效利用地热能,可节约居住建筑的能源消耗。同时,要确保地下资源不被破坏和不被污染,必须遵循国家标准《地源热泵系统工程技术规范》GB 50366中的各项有关规定。特别要谨慎地采用:浅层地下水(井水)作为热源(汇),并确保地下水全部回灌到同一含水层。

下列地源热泵系统可作为居住区或户用空调(热泵)机组的冷热源:土壤源热泵系统;浅层地下水源热泵系统;地表水源(淡水、海水)热泵系统;污水水源热泵系统。小区住宅所选用的地源热泵系统,主要有地下水地源热泵系统和地埋管地源热泵系统。

4. 绿色居住建筑的节水与水资源利用体系[2-3][5]

1)分质供水系统

根据当地水资源状况,因地制宜地制定节水规划方案。按“高质高用、低质低用”原则,小区一般设置两套供水系统:生活给水系统、消防给水系统,水源采用市政自来水。

景观、绿化、道路冲洗给水系统:水源采用中水或收集、处理后的雨水。

2)节水设备系统

(1)变频调速技术及减压阀降压技术。小区加压供水系统采用变频调速技术,及在6层及6层以上建筑物需要调压的进户管上加装可调式减压阀,以控制卫生器具因超压出流而造成水量浪费。根据研究,当配水点处一静水压力＞0.15MPa时,水龙头流出水量明显上升。高层分区给水系统,最低卫生器具一配水点处一静水压＞0.15MPa时,宜采取减压措施。

(2)节水卫生器具。①住宅采用瓷芯节水龙头和充气水龙头代替普通水龙头。在水压相同的条件下,节水龙头比普通水龙头有着更好的节水效果,节水量为30%～50%,大部分为20%～30%。而且,在静压越高、普通水龙头出水量越大的地方,节水龙头的节水量也越大。因此,应在建筑中(尤其在水压超标的配水点)安装使用节水龙头,以减少浪费。②配套公建采用延时自闭式水龙头(在出水一定时间后自动关闭,可避免长流水现象。出水时间可在一定范围内调节)和光电控制式水龙头。③采用6L水箱或两挡冲洗水箱一节水型坐便器。④采用节水型淋浴喷头。通常大水量淋浴喷头每分钟喷水超过20L；节水型喷头每分钟只喷水9L水左右，节约了一半水量。

3)中水回用系统

在建筑面积大于2万m^2的居住小区硬设置中水回用站。对收集的生活污水进行深度处理。处理水质达到国家《杂用水水质标准》。中水作为小区绿化浇灌、道路冲洗、景观水体补水的备用水源。

(1)中水回用处理常用方法

①生物处理法。利用水中微生物的吸附、氧化分解污水中的有机物，包括：好氧－微生物和厌氧－微生物处理，一般以好氧处理较多。其处理流程为：

原水→格栅→调节池→接触氧化池→沉淀池→过滤→消毒→出水。

② 物理化学处理法。以混凝沉淀(气浮)技术及活性炭吸附相结合为基本方式，与传统的二级处理相比，提高了水质，但运行费用较高。其处理流程为：原水→格栅→调节池→絮凝沉淀池→活性炭吸附→消毒→出水。

③ 膜分离技术。采用超滤(微滤)或反渗透膜处理，其优点是SS去除率很高，占地面积与传统的二级处理相比，大为减少。

④ 膜生物反应器技术。膜生物反应器是将生物降解作用与膜的高效分离技术结合而成的一种新型高效的污水处理与回用工艺。其处理流程为：原水→格栅→调节池→活性污泥池→超滤膜→消毒→出水。

(2)中水处理的工艺流程选择原则

① 以洗漱、沐浴或地面冲洗等优质杂排水时(CODer 150～200mg/L，BOD_5 50～100mg/L)：一般采用物理化学法为主的处理工艺流程即满足回用要求。

② 主要以厨房、厕所冲洗水等生活污水时(CODer 300～350mg/L，BOD_5 150～200mg/L)：一般采用生化法为主或生化、物化相结合的处理工艺。物化法一般流程为：混凝→沉淀→过滤。

(3)规划设计要点

包括：①中水工程设计，应根据可用原水的水质、水量和中水用途，进行水量平衡和技术经济分析，合理确定中水水源、系统形式、处理工艺和规模。②小区中水水源的选择，要依据水量平衡和经济技术比较确定，并应优先选择水量充裕稳定、污染物浓度低，水质处理难度小、安全且居民易接受的中水水源。当采用雨水作为中水水源或水源补充时，应有可靠的调贮量和超量溢流排放设施。③建筑中水工程设计，必须确保使用、维修安全，中水处理必须设消毒设施，严禁中水进入生活饮用水系统。④小区中水处理站，按规划要求独立设置，处理构筑物宜为地下式或封闭式。

4)雨水利用系统

城市雨水利用是一种新型的多目标综合性技术，可实现节水、水资源涵养与保护、控制城市水土流失和水涝、减少水污染和改善城市生态环境等目标。小区雨水利用主要有两种形式：屋面雨水利用系统；小区雨水综合利用系统。收集处理后的雨水水质应达到国家《杂用水水质标准》。

(1)屋面雨水利用技术。利用屋面做集雨面的雨水收集利用系统，主要用于绿化浇灌、冲厕、道路冲洗、水景补水等。分为单体建筑物分散式系统和建筑群集中式系统，由雨水汇集区、输水管系、截污装置、储存、净化和供水等几部分组成。同时还设渗透设施与贮水池溢流管相连,使超过储存容量的部分雨水溢流渗透。

① 屋面雨水水质的控制。a. 屋面的设计及材料选择是控制屋面雨水径流水质的有效手段。对油毡类屋面材料的使用加以限制,逐步淘汰污染严重的品种。另外,屋面绿化系统也可提高雨水水质,并使屋面径流系数减小到0.3,有效地削减雨水径流量。b. 利用建筑物四周的一些花坛、绿地来接纳屋面雨水,既美化环境,又净化了雨水。在满足植物正常生长的要求下,尽可能选用渗滤速率和吸附净化污染物能力较大的土壤填料。一般厚1m左右的表层土壤渗透层有很强的净化能力。

② 屋面雨水处理常用工艺流程及选择。a. 屋面雨水—初期径流弃流—景观水体。仅用于景观水体的补充水。b. 屋面雨水—初期径流弃流—雨水贮水池沉淀—消毒—雨水清水池。用于绿化浇灌、道路冲洗、景观水体补水。c. 屋面雨水—初期径流弃流—雨水贮水池沉淀—过滤—消毒—雨水清水池。用于绿化浇灌、道路冲洗、景观水体补水、冲厕。

(2)小区雨水综合利用技术

利用屋面、地面做集雨面的雨水收集利用系统:主要用于绿化浇灌、道路冲洗、水景补水等。该系统主要用在建筑面积大于2万m^2的小区。它由屋面、地面雨水汇集区、输水管系、截污装置、储存、净化和供水等几部分组成。同时还设渗透设施与贮水池溢流管相连,使超过储存容量的部分溢流雨水渗透。

① 雨水水质控制。路面雨水水质控制的方法:a. 改善路面污染状况是最有效的控制路面雨水污染源方法。b. 设置路面雨水截污装置。为了控制路面带来的树叶、垃圾、油类和悬浮固体等污染物,可以在雨水口和雨水井设置截污挂篮和专用编织袋等,或设计专门的浮渣隔离、沉淀截污井。这些设施需要定期清理;也可设计绿地缓冲带来截留净化路面径流污染物。c. 设置初期雨水一弃流装置。设计特殊装置分离污染较重的初期径流,保护后续渗透设施和收集利用系统的正常运行。

② 雨水渗透。采用各种雨水渗透设施,让雨水回灌地下,补充涵养地下水资源,是一种间接的雨水利用技术。它还有缓解地面沉降、减少水涝等多种效益。a. 分散式渗透技术。设施简单,可减轻对雨水收集、输送系统的压力,补充地下水,还可以充分利用表层植被和土壤的净化功能减少径流带入水体的污染物。但一般渗透速率较慢,而且在地下水位高、土壤渗透能力差或雨水水质污染严重等条件下应用受到限制。b. 集中式回灌技术。深井回灌容量大,可直接向地下深层回灌雨水,但对地下水位、雨水水质有更高的要求,尤其对用地下水做饮用水源的小区应慎重。

③ 雨水回用处理常用方法及处理工艺流程选择。雨水回用处理工艺可采用物理法、化学法或多种工艺组合法等。雨水回用处理工艺流程应根据雨水收集的水质、水量及雨水回用水质要求等因素,经技术经济比较后确定。

④ 规划设计要点。a. 低成本增加雨水供给。合理规划地表与屋面雨水径流途径,最大限度降低地表径流;采用多种渗透措施,增加雨水的渗透量;合理设计小区雨水排放设施,将原有单纯排放改为排、收结合的新型体系。b. 选择简单实用、自动化程度高的低成本雨水处理工艺一般情况下采用以下工艺:小区雨水—初期径流弃流—贮水池沉淀—粗过滤—膜过滤—紫外线消毒—雨水清水池。c. 提高雨水使用效率。采用循序给水方式,即设有景观水池的小区,其绿化及道路冲洗给水由景观水提供;消耗的景观水再由处理后的雨水供给。

同时绿化浇灌采用微灌、滴灌等节水措施。

4.2.2　办公建筑的绿色节能设计

办公建筑与居住建筑一样，属于大量性的民用建筑，它们既是城市背景的主要组成部分，也因为其高大和丰富的体型，成为城市的标志性建筑，并引发人们关注，如图4-2-6所示。

图4-2-6　现代办公建筑

我国改革开放以来，各类办公建筑，特别是高层办公建筑遍布众多城市的新城区、中央商务区、行政中心区和科技园区。办公建筑应以城市整体环境功能和形态考虑为先，研究城市与相邻建筑间的关系进行建筑单体设计。现代办公建筑的发展趋势更向特色化、智能化、生态化和绿色节能方向发展。

1. 办公建筑的定义、类型、空间组成及主要特征

1)办公建筑的定义

办公建筑就是供机关、团体和企事业单位办理行政事务和从事业务活动的建筑物。以空间特点来定义，即是以非单元式小空间划分，按层设置卫生设备的用于办公的建筑。

《绿色办公建筑评价标准》GB/T 50908—2013对绿色办公建筑、综合办公建筑的定义为：(1)绿色办公建筑(green office building)。在办公建筑的全寿命期内，最大限度地节约资源(节能、节地、节水、节材)、保护环境和减少污染，为办公人员提供健康、适用和高效的使用空间，与自然和谐共生的建筑[7]。(2)综合办公建筑(comprehensive office building)。办公建筑面积比例70%以上，且与商场、住宅、酒店等功能混合的综合建筑[7]。

2)现代办公建筑的类型

办公建筑的种类繁多，按主要功能定位分类，主要有：(1)行政机关办公建筑：如政府、党政机关办公楼；法院办公楼等。(2)企事业单位办公建筑：各种企事业单位、公司总部/分部办公楼。(3)广播、通讯类办公建筑：如广播电视大楼。(4)学校办公建筑：如研究中心、实验中心、教育性办公楼等。

3)办公建筑的空间组成

办公建筑一般由办公用房、公共用房、服务用房等空间组成，一般还包括地下停车场和地面停车场。

4)办公建筑的主要特征

(1)空间的规律性。办公模式分为小空间或大空间两种，其空间模式基本上都是由基本

办公单元组成且重复排列、相互渗透、相互交融、有机联系以使工作交流通畅。

(2)立面的统一性。空间的重复排列自然导致了办公建筑立面造型上的元素的重复性及韵律感。办公空间要求具有良好的自然采光和通风，这使得建筑立面有大量的规律排列的外窗。其围护结构设计应力求与自然的亲密接触而非隔绝。

(3)建筑耗能量大且时间集中。现代办公建筑使用人员相对密集、稳定，使用时间较规律。这二种特征导致了在“工作日”和“工作时间”中能耗较大。

办公建筑一般全年使用时间为200～250天，每天工作8h，设备全年运行时间为1600～2000h。以北京某办公楼为例，该楼单位面积全年用电量为100～200kW·h/(m^2·a)，其中空调系统所占耗能比重最大，达到37%；其次是照明能耗和办公设备耗能分别占28%和22%；电梯除上下班高峰外的其他时间使用率不高，用电量所占比重约为3%。

2. 现代办公建筑的发展过程

从历史发展来看，自人类社会形成固定居民点以来，就有了原始办公建筑的雏形。从原始部落居民点中央的议事建筑到奴隶社会、封建社会的衙署、会馆、商号等都涌动着办公建筑的影子。近代真正意义上的办公建筑的诞生是在西方工业革命之后，1914年格罗皮乌斯在科隆设计的“德意志制造联盟展览会办公楼”标志着现代办公建筑的开端。

传统的办公楼立足于自然通风和采光，多以小空间为单位排列组合而成，具有较小的开间和进深尺寸。现代办公楼常注重设计具有人情味的办公环境及优雅的周围环境，带有绿化的内庭院或中庭等。其中的景观办公室可以在大空间中灵活布局，有适当的休息空间，用灵活隔断和绿化来保证私密性。而信息时代的到来，出现了智能化的生态节能办公楼，极大地改善了办公的舒适度与灵活性，提高了办公效率，有效地使用能源，是“以人为本”思想的完美体现。

20世纪90年代后，我国的高层建筑由原来的单一使用功能变为集办公、商贸、金融、饮食、观光为一体的办公-商业综合体，高层建筑的设计高度和结构也发生了质的飞跃。同时，办公建筑设计也配备了许多先进的元素，如楼宇控制系统、消防系统、闭路电视监控系统、中央空调系统和垂直、手扶、观光电梯系统等。

3. 现代办公建筑的发展趋势[8-9]

1)整体设计风格——特色化倾向

现代办公建筑设计日益倾向于突出地方主义、理性主义和现代主义倾向、强调地域景观特色，日益体现与城市人文环境融合、设计结合自然的理念与趋势。办公建筑的外部空间环境设计也应设计出高度满足人的视觉与情感需求的空间，体现整体设计的特色化。

2)高技主义——智能生态办公倾向

智能化设计趋势，即利用高科技手段创造的智能生态办公楼建筑。智能办公建筑广义上讲，是一个高效能源系统、安全保障系统、高效信息通讯系统以及办公自动化系统。其评价指标为3A、5A，是指建筑有三个或五个自动化的功能，即通讯自动化系统、办公自动化系统、建筑管理自动化系统、火灾消防自动化系统和综合的建筑维护自动化系统。国际上智能生态建筑发展有两大趋势：①调动一切技术构造手段达到低能耗，减少污染，并可持续性发展的目标。②在深入研究室内热功环境和人体工程学上的基础上，依据人体对环境生理、心理的反映，创造健康舒适而高效的室内办公环境。生态智能办公建筑因其高舒适度和低能耗的特点，具有很高的价值。

3)办公环境设计——绿色生态倾向

即办公环境设计倾向于景观化、生态化。生态办公不仅意味着小环境的绿色舒适,还意味着针对大环境的节能环保,既让员工快乐工作、提高工作效率,又能节省运营费用,提供经济效益。现代生态办公已成为一种趋势,价值最高的楼不再是最高的楼,而是环境最好、最舒适的楼。

"生态办公"的内涵就是在舒适、健康、高效和环保的环境下进行办公。在这种办公环境下,空气质量较高,对人体健康是有利的,并高效地利用了各种资源的同时又有利于提高工作效率。在办公楼内可以布置餐饮、半开放式茶座、观景台等非正式交流场所,有的甚至在写字楼内部建有绿地或花园等,使人、建筑与自然生态环境之间形成一个良性的系统,真正实现建筑的生态化,办公环境的生态化。

4)办公建筑的节能设计趋势

办公建筑作为公共建筑的重要组成部分,普遍属于高能耗建筑。调研数据显示,商业办公楼能耗强度差异非常大,其每年能耗平均值为 90.52kW・h/(m^2・a),最高能耗约为最低能耗的 32 倍。大型政府办公建筑能耗平均值为 79.61kW・h/(m^2・a),最高能耗约为最低能耗的 10 倍。因此,按照《绿色办公建筑评价标准》GB/T 50908－2013 来规范我国办公类建筑可以产生很好的节能减排效果。

办公类建筑,尤其是大型政府办公建筑社会影响大,部分地方的白宫式政府办公楼追求大面积、高造价的前广场,豪华的玻璃幕墙,夸张的廊柱,对材料和土地资源浪费严重,对社会产生了较为严重的负面影响。绿色办公楼建筑提倡资源、能源节约,加强办公建筑节能减排力度,按照绿色办公建筑评价标准的要求,全面提高办公建筑的"绿色"品质。

4. 绿色生态办公建筑的设计要点及要求[10-11]

1)绿色生态办公建筑的设计要点

包括:(1)减少能源、资源、材料的需求,将被动式设计融入建筑设计之中,尽可能利用可再生能源如太阳能、风能、地热能以减少对于传统能源的消耗,减少碳排放。(2)改善围护结构的热工性能,以创造相对可控的、舒适的室内环境,减少能量损失。(3)合理巧妙地利用自然因素(场地、朝向、阳光、风及雨水等),营造健康生态适宜的室内外环境。(4)提高建筑的能源利用效率。(5)减少不可再生或不可循环资源和材料的消耗。

2)绿色生态办公空间的设计要求

(1)集成性。绿色办公建筑的建设用途和维护方法很重要,为保证建筑的完成与建筑物维护相分离,由建筑功能出发的建筑设计至关重要,这意味着高效能办公建筑的整体设计必须在建筑师、工程师、业主和委托人的合作下,贯穿于整个设计和建设过程。

(2)可变性。高效能办公室必须能够简单、经济地装修,必须适应经常性的更新改造。这些更新改造可能是由于经营方重组、职员变动、商业模式的变化或技术创新。先进的办公室必须通过有效采用不断涌现的新技术,如电讯、照明、计算机技术等,通过革新设备如电缆汇流、数模配电,来迎接技术的发展变化。

(3)安全、健康与舒适性要求。居住者的舒适度是工作场所满意度的一个重要方面。在办公环境中,员工的健康、安全和舒适是最重要的问题。办公空间设计应提高新鲜空气流通率,采用无毒、低污染材料和系统等要求。

随着时间的推移,现代高效能办公空间将能够提供个性化气候控制,允许用户设定他们各自的、局部的温度、空气流通率和风量大小。员工们可以接近自然，视野开阔，有相互交往的机会，还可以控制自己周边的小环境。

5. 现代绿色办公建筑的生态设计理念[10-11]

包括：(1)绿化节能，符合生态要求的高科技元素在建筑中给予充分的考虑。在室内创造室外环境，即把室外的自然环境逐渐地引入室内，如将植物的生长、阳光等空间形态引入室内，提供一种室内类似于自然的环境。(2)自然采光，有效组织的自然气流。(3)高效节能的双层幕墙体系，使用呼吸式幕墙，改变人工环境，产生对流空间，有利通风换气，从而创造一种自然环境，它改变了以往写字楼纯封闭式，依靠机器、人工的通风环境。(4)节能设备的广泛应用，极大提高办公楼的使用品质及舒适度，节约能源，体现可持续发展的思想。(5)应用自然的建筑材料，达到一种自然的状态，给人创造一种舒服的生态环境。

6. 现代绿色办公建筑的空间表现形态

绿色景观办公区来源于霍华德的“花园城市”理念，一般坐落于大城市边缘的新城，低密度、小体量的办公楼与优美的绿色园林景观相结合，使工作者能在休闲的环境中产生更多灵感。如 EOD(ecological office district)绿色生态办公环境，办公环境舒适、环保、健康、高效，处处体现亲近自然，尊重自然，爱护自然的理念，将商务与生态完美结合，更体现出以人为本的理念。

1)生态低层庭院式商务楼

(1)低密生态办公模式——“商务花园”。商务园的核心理念是强调人与自然的和谐，希望能够使人们重归自然，并将工作、生活和创意重新结合在一起。商务花园非常重要的特征在于低密度及与环境的营造。生态低层庭院式商务最典型的景观办公区是“美国硅谷的商务花园”，如图 4-2-7 所示。遵循“综合、共享、现代和交流”的建筑理念，其由各种各样的商务花园群落组成，像著名的甲骨文公司就沿湖而建，整个建筑群在湖边徐徐展开，景观如画。现在在国内也有很多模仿这一理念设计的商务花园。

(2)北京“BDA 国际企业大道”(图 4-2-8)。北京的“BDA 国际企业大道”[13]是花园式独立企业建筑，由 43 栋三、四层高的小独栋建筑构成，每栋办公楼的总面积为 3000～5000 平方米。低层、低密度满足使用者对阳光、空气的追求；企业独门独户，又可以自己决定物业的装饰风格、内部布局。其办公和休憩相结合的办公空间和办公区域，体现“双生态”的概念。所谓的“双生态”，就是符合自然生态和产业生态，这两种生态相结合打造的一个像硅谷一样有一优美的办公空间的环境[17]。

图 4-2-7 美国硅谷的商务花园

图 4-2-8 北京“BDA 国际企业大道”

2）带室内花园、通风中庭的办公楼

（1）中庭空间的特点和设计要求

①室内中庭使得其周围的办公空间得以自然通风换气，并能将日光引进建筑内部深处。②在中庭处，每层均可设置带通透栏杆的室内阳台，增强了视觉效果。③中庭开口处，每层均应设置加密喷淋保护，防止火灾发生时大火向中庭内部蔓延。④中庭的通风，可在中庭顶部的玻璃天窗侧面设智能控制的电动百叶窗，在不同季节、气候和时间，均可调节电动百叶以控制通风量。夏季天气炎热，空调开启时，关闭百叶窗，提高制冷效率；冬季和春、秋季部分时间，气温较低时，可不开空调，利用自然通风调节室内环境温度，这时可开启百叶窗和中庭下部引风门，利用中庭的烟囱效应加强通风，带走室内的污浊空气和热量。通风中庭还是一个巨大的“空气缓冲器”，它可调节室外温度变化对建筑的影响，形成相对稳定的建筑内部空间小气候，使室内保持健康、宜人的工作环境，同时节约大量的能源。

（2）实例：法兰克福商业银行总部大厦。由诺曼·福斯特设计的世界上首座生态型高层塔楼，其平面呈三角形，犹如三片“花瓣”包围着一根中心“花茎”。“花瓣”是一些办公空间，“花茎”是一个巨大的中庭，提供了自然的通风道。四层高的空中花园沿着建筑的三边交错排列，使每一间办公室都有能开启的窗子，可以获得自然的通风。电梯、楼梯和设备被成组地安排在建筑的三个角上，强化了如同村落般的办公组群和花园。建筑的中庭空间不仅加强了建筑的造型又提高了建筑的自然通风和采光效果，如图4-2-9所示。

3）“垂直花园式”办公楼：让工作成为一种享受

现代办公环境应具有舒适、自然、健康的特征。以人为本、高效率、人性化的办公空间，运用先进的现代建筑设计理念，以人为中心，合理布局，充分考虑办公人员的使用功能需要和心理需求。在综合办公楼的环境设计中，强调将自然引入建筑，在室外、室内、半室外、屋顶等处，根据不同的环境条件进行不同的绿化布置，全方位地营造绿色空间。可设计“空中共享”的小中庭，内置大量绿色植物，营造立体化、多层次的绿色空间，与大自然融为一体，成为生态的办公环境。

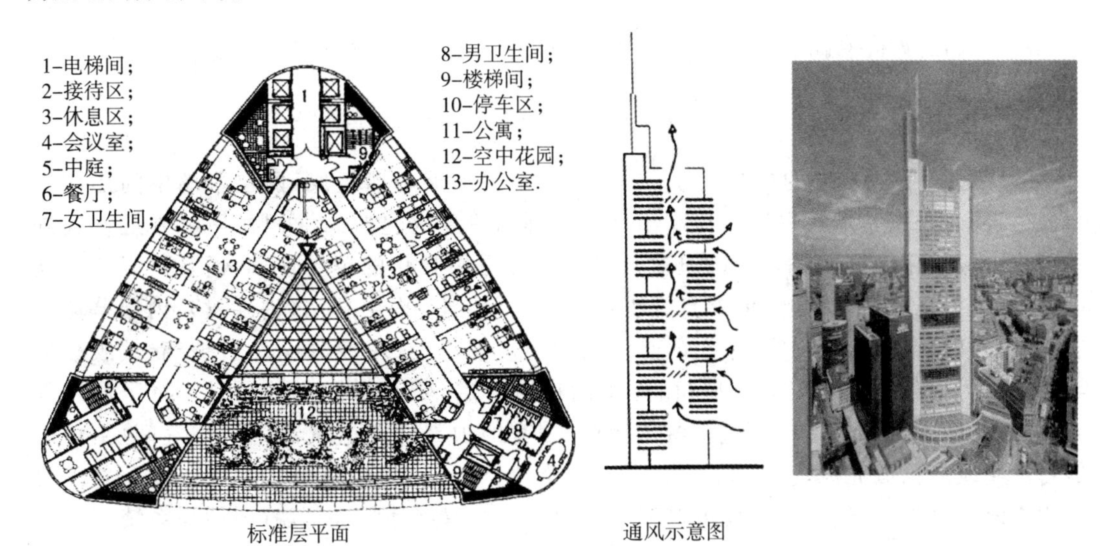

图4-2-9　法兰克福商业银行总部大厦

7. 现代绿色办公建筑的生态技术策略

1)提高外围护结构的保温隔热性能

建筑外围护结构的能耗有三个方面:外墙、门窗、屋顶。在大面积的墙体做围护结构的办公建筑中,能耗方面外墙是主要的,现在多采用复合墙体,主要分为外墙内保温和外墙外保温。其中外墙外保温的做法比较好,可防止冷热桥。另外屋顶的保温和隔热也是不容忽视的。在现代的办公楼中很多采用大面积的玻璃幕墙,这种透明围护结构容易产生冷热桥作用,增大建筑的能耗,设计中可采用"双层玻璃幕墙"作为主要节能手段。

(1)被动式节能设计——双层玻璃幕墙[16-17]

所谓被动式节能建筑就是指在完全不使用其他能源的基础上实现建筑的隔热与保温。双层幕墙(Double Skin Facade),也称为双层皮幕墙、热通道幕墙、呼吸式幕墙等。20 世纪 90 年代在欧洲出现,并逐渐得到应用,它对提高玻璃幕墙的保温、隔热、隔声功能有很大的作用。

① 双层呼吸式幕墙的通风类型。主要分为外循环自然通风、外循环机械通风、内循环机械通风三种,如图 4-2-10 所示。

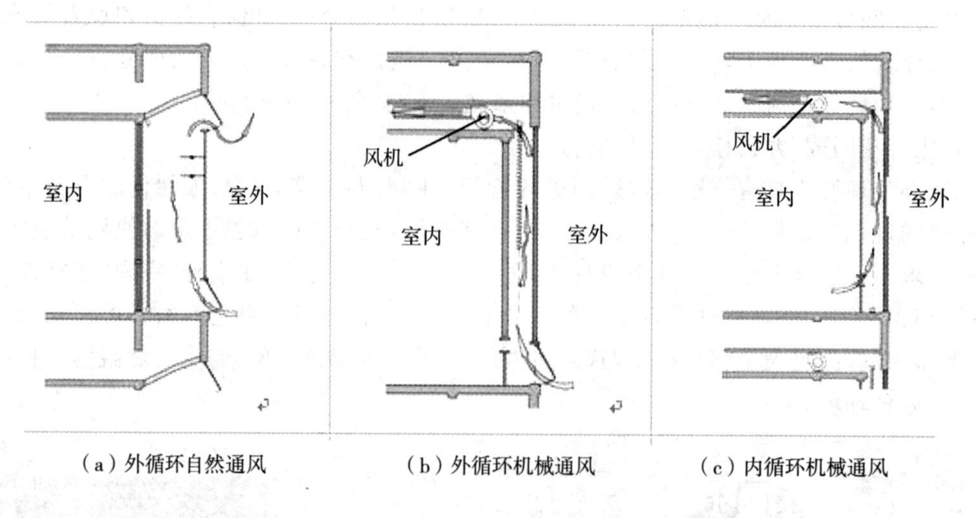

(a)外循环自然通风　(b)外循环机械通风　(c)内循环机械通风

图 4-2-10　双层呼吸式幕墙的通风类型

② 双层呼吸式幕墙的构造层次。由内、外两层玻璃幕墙组成,两层幕墙中间形成一个通道,同时外层幕墙设置通风口和出风口。其构造层次包括:a. 外层幕墙(外层皮):外层幕墙一般采用隐框、明框和点式玻璃幕墙,通常采用强化的单层玻璃,而且可以全为玻璃幕墙,也可以是玻璃百叶,能够打开也可完全密闭。b. 内层幕墙(内层皮):内层幕墙一般为明框幕墙或铝合金门窗,采用隔热双层中空玻璃单元(白玻、Low-E 玻璃、镀膜玻璃等),这层可以不完全是玻璃幕墙;内层皮的窗可开启,带动房间内的通风。对于通风气流,内侧幕墙有时采用推拉窗或悬窗结构形式,有的顶部设置通风器。c. 空气间层:可以是自然通风或机械通风,宽度根据功能而定,至少 200mm,宽的可到 2m 以上,这个宽度会影响立面的维护;空气间层内设可调节的遮阳系统。双层呼吸式幕墙(内循环系统)构造,如图 4-2-11 所示。

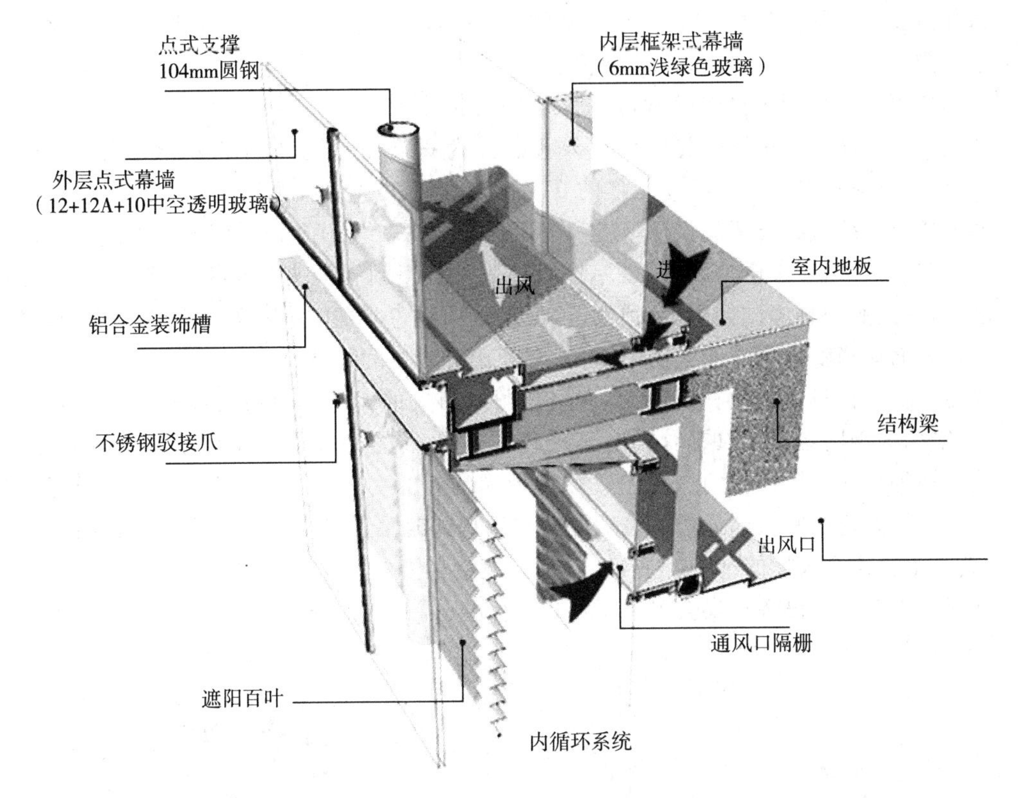

图4-2-11　双层呼吸式幕墙（内循环系统）构造

③ 双层玻璃幕墙的优点。a. 良好的保温、隔热、绝热性能。利于冬季保温，夏季隔热，改善了室内环境。b. 空气间层在水平和垂直两个方向上被划分，使得其内部的气流循环互不干扰，有利于防火；即使地处闹市也能较好地阻隔噪音。c. 良好的遮阳性能。能优化选择性地利用自然采光，遮阳系统可根据天气状况调节。d. 良好的通风性能。办公区可以自然通风，因为空气间层内的对角气流使得室内办公空间的空气静压小于双层幕墙空气间层的空气静压，从而形成一个空气压力差值，迫使室内不新鲜的空气被抽出，从而提高工作空间的空气质量，减少室内综合征的发生，也可降低能源消耗。

(2)使用Low-E节能玻璃

Low-E玻璃也叫作低辐射镀膜玻璃，是一种表面镀有极低表面辐射率的金属或其他化合物组成的多层膜层的特种玻璃。Low-E玻璃是绿色、节能、环保的玻璃产品，具有良好的阻隔热辐射透过的作用。普通玻璃的表面辐射率在0.84左右，Low-E玻璃的在0.25以下。冬季，它对室内暖气及室内物体散发的热辐射，可以像一面热反射镜一样，将绝大部分反射回室内，保证室内热量不向室外散失，从而节约取暖费用；夏季，它可以阻止室外地面、建筑物发出的热辐射进入室内，节约空调制冷费用。此外，由于Low-E玻璃的可见光反射率一般在11%以下，与普通白玻璃相近，低于普通阳光控制镀膜玻璃的可见光反射率，可避免造成反射光污染。

(3)屋面的节能设计——“种植屋面”

屋面不仅具有遮挡和绝缘作用，还具有采光、通风、遮阳、收集雨水和太阳能集热、发电等作用。屋顶构造一般由钢筋混凝土板、防水层、保温层和屋顶环保系统组成。屋顶环保系统包括种植屋面、蓄水屋面、架空通风屋面等。种植屋面具有较好的适应性,可以美化环境调节微气候。

2)办公室应尽量利用自然通风和自然采光

理想的办公建筑的采光首先应该充分考虑自然采光,还要考虑自然采光与人工照明的互动,光线不仅应该符合各种类型工作的要求,而且应该能够激发员工的工作激情和灵感。

办公建筑应缩短办公区的进深,使工作区域内都能得到良好的自然采光,光线不足时才辅以人工照明;可以通过窗户的形状、室内材料表面的反射性能来提高室内采光照明,外窗开得越大,室内照明越好。如柱子、顶棚、地面应采用浅色明亮的材料作为装饰完成面,窗框采用浅色表面能降低室内外光线明暗对比,有利于舒缓人的眼睛。

诺曼·福斯特设计的柏林议会大厦改建项目,斜置的卵型伦敦市政厅竖立于泰晤士河滨,主体结构为钢网架,外覆玻璃,既轻盈又通体透明,将室内光线与阴影精心优化,将适宜的自然光和外部河景引入室内。在南边顺势形成的有节奏的错层,上层的挑出部分可以为下一层遮阳。改建后其上部通透的玻璃体穹顶结构同时采用了发热发电及热能回收的尖端技术,其为中央议会大厅的"呼吸"通道,它具备良好的自然通风和采光的作用,另外其内部的旋转观景平台为市民旁听议会提供了便利,这体现了政府的新形象——民主、开放和公开性[19],如图 4-2-12 所示。

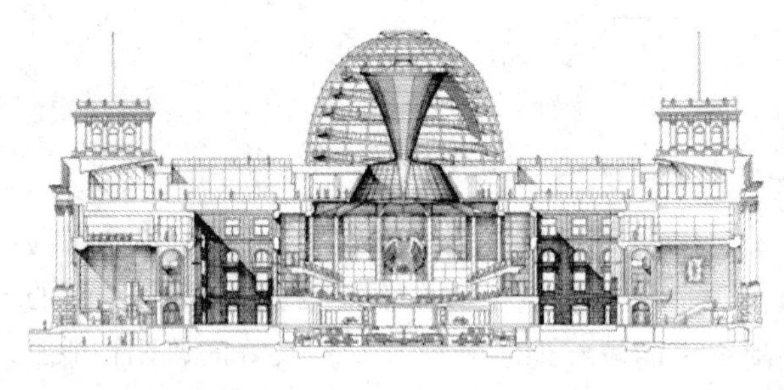

图 4-2-12 柏林议会大厦改建

3)避免眩光及采用有效的遮阳系统

(1)避免眩光及采取外墙遮阳装置

为了降低空调能耗和办公室眩光,往往需要在建筑物南向和东、西向设置遮阳装置。但是不恰当的遮阳设计会造成冬季采暖能耗和照明能耗的上升。因此,外窗遮阳方案的确定,应通过动态调整的方法,综合考虑照明能耗和空调能耗,最终得到最佳外遮阳方案。

英国 BedZED 社区,英国第一个零能耗生态社区,住宅和小型办公室相结合,办公全部位于北向,获得均匀自然采光的同时防眩光对于办公带来的不利影响,住宅则顺理成章地面南获得充足的日照,两者相得益彰。

(2)玻璃幕墙的遮阳

在大面积的玻璃幕墙的办公建筑中,有效的遮阳是很重要的降低夏天能耗的措施。具体措施如下:①使用双层幕墙,在双层幕墙空气间层内集成地设置一个遮阳系统,可以全面地保护整个建筑,防止室内办公空间失控性的被晒热。②空气间层内设置可拉下的金属百叶可以防止过强的阳光照射。③遮阳系统是灵活的,可以单独调节。④考虑人的心理因素,与室外良好的视觉联系是很重要的，金属遮阳百叶在被拉下的情况下也能保证内外视线的联通。

美国麦当劳芬兰总部办公大楼[21]，如图4-2-13所示。办公大楼自然采光和遮阳的辩证关系，通透的建筑为工作人员营造了明亮舒适的光环境，“室内的任何一个位置都能看到室外，每一层都是开放和透明的，周围的景观始终都能反映于室内”。建筑平面为圆形，其向阳的半圆面为双层围护结构，即幕墙外设置横向木格栅，与带形玻璃窗相对应的高度横向格栅较稀疏。双层围护结构不仅达到了有效的自然采光、防止眩光，而且在夏季可以防止过多热量进入室内。

图4-2-13　美国麦当劳芬兰总部[3]

4)提高能源系统与能源利用效率

(1)办公建筑的主要能源问题

包括：①常规能源利用效率低，可再生能源利用不充分；②无组织新风和不合理的新风的使用导致能耗增加；③冷热源系统方式不合理，冷冻机选型偏大，运行维护不当；④输配电系统由于运行时间长，控制调节效果差，导致电耗较高；⑤照明及办公设备用电存在普遍的浪费现象。

因此，在优化建筑围护结构、降低冷热负荷的基础上，应提高冷热源运行效率，降低输配电系统的电耗，使空调及通风系统合理运行，降低照明和其他设备电耗，这一系列无成本、低成本可以有效降低建筑能耗。

办公空间有潜在的高使用率和办公机器得热，人体散热和机器散热这两部分的内在热辐射不容忽视。实践证明，这两部分得热加上日照辐射热、地热以及建筑的高密闭性，就可为建筑提供充足的热量。此外，热回收可利用建筑通风换气中的进、排风之间的空气焓差，达到能量回收的目的，这部分能量往往至少占30%以上。新风与排气组成热回收系统，是废气利用、节约能源的有效措施。

(2)可再生能源利用

太阳能和地热能取之不尽、清洁安全，是理想的可再生能源。太阳能光电、光热系统与建筑一体化设计，既能够提供建筑本身所需电能和热能，又可以减少占地面积。地热系统是利用地层深处的热水或蒸汽进行供热，并可利用地层一定深度恒定的温度对进入室内的新风进行冬季预热或夏季预冷。

(3)水能源回收与利用

办公建筑用水量主要体现在使用人数和使用频率上，主要包括饮用水、生活用水、冲厕水以及比例较小的厨房用水。①节水。节水不仅仅要求更新节水设备，更要求每位使用者养成节水的习惯。②中水的回收利用。中水的回收利用已经是较成熟的技术，但在单个建筑设置中水回收不仅造价高而且并不一定有效，这就需要城市提供建筑节能绿色的基础设施系统。雨水经屋顶收集处理后可用于冲洗厕所，可以浇灌植被。

8. 整体设计——实现办公建筑绿色节能的三个层面

生态设计不是建筑设计的附加物，不应把它割裂看待。目前普遍的一个误区是建筑设计完成后把生态设计作为一个组件安装上去：事实上，从建筑设计之初就应该考虑生态的因素，并以此作为出发点，衍生出一套适合当地气候特点的建筑设计方案。

第一层面，在建筑的场址选择和规划阶段考虑节能，包括场地设计和建筑群总体布局。这一层面对于建筑节能的影响最大，这一层面的决策会影响以后各个层面。

第二层面，建筑设计阶段考虑节能，包括通过单体建筑的朝向和体型选择、被动式自然资源利用等手段减少建筑采暖、降温和采光等方面的能耗需求。这一阶段的决策失当最终会使建筑机械设备耗能成倍增加。

第三层面，建筑外围护结构节能和机械设备系统本身节能(表 4-2-8)。

表 4-2-8 办公建筑实现绿色节能的三个层面[3]

<table>
<tr><th>层面层次</th><th colspan="2">采 暖</th><th>降 温</th><th>照 明</th></tr>
<tr><td rowspan="3">第一层面
选址与规划</td><td colspan="2">①地理位置</td><td>①地理位置</td><td>①地形地貌</td></tr>
<tr><td colspan="2">②保温与日照</td><td>②防晒与遮阳</td><td>②光气候</td></tr>
<tr><td colspan="2">③冬季避风</td><td>③夏季通风</td><td>③对天空的遮挡状况</td></tr>
<tr><td rowspan="7">第二层面
建筑设计</td><td rowspan="4">基本建筑设计</td><td>①体形系数</td><td>①遮阳</td><td>①窗</td></tr>
<tr><td>②保温</td><td>②室外色彩</td><td>②玻璃种类</td></tr>
<tr><td>③冷风渗透</td><td>③隔热</td><td>③内部装修</td></tr>
<tr><td>被动式采暖</td><td>被动式降温</td><td>昼光照明</td></tr>
<tr><td rowspan="3">被动式
自然资源利用</td><td>①直接受益</td><td>①通风降温</td><td>①天窗</td></tr>
<tr><td>②特隆布保温墙体</td><td>②蒸发降温</td><td>②高侧窗</td></tr>
<tr><td>③日光间</td><td>③辐射降温</td><td>③反光板</td></tr>
<tr><td rowspan="4">第三层面
机械设备和
电气系统</td><td>加热设备</td><td>降温设备</td><td colspan="2">电灯</td></tr>
<tr><td>①锅炉</td><td>①制冷机</td><td colspan="2">①灯泡</td></tr>
<tr><td>②管道</td><td>②管道</td><td colspan="2">②灯具</td></tr>
<tr><td>③燃料</td><td>③散热器</td><td colspan="2">③灯具位置</td></tr>
</table>

9. 现代绿色办公建筑的低碳三要素

1)要素一：采用“被动式设计”，减少能源需求。

从建筑的设计初期就应将能源的概念引入，可以大大降低整个建筑寿命周期内的各项成本。总的来讲，降低能源需求最有效的方法是“被动式设计”。

“被动式绿色建筑”的设计内容及流程：(1)根据太阳、风向和基地环境来调整建筑的朝向；(2)最大限度地利用自然采光以减少使用人工照明；(3)提高建筑的保温隔热性能来减少冬季热损失和夏季多余得热；(4)利用蓄热性能好的墙体或楼板获得建筑内部空间的热稳定性；(5)利用遮阳设施来控制太阳辐射；(6)合理利用自然通风来净化室内空气并降低建筑温度；(7)利用具有热回收性能的机械通风装置。流程图如图 4-2-14 所示。

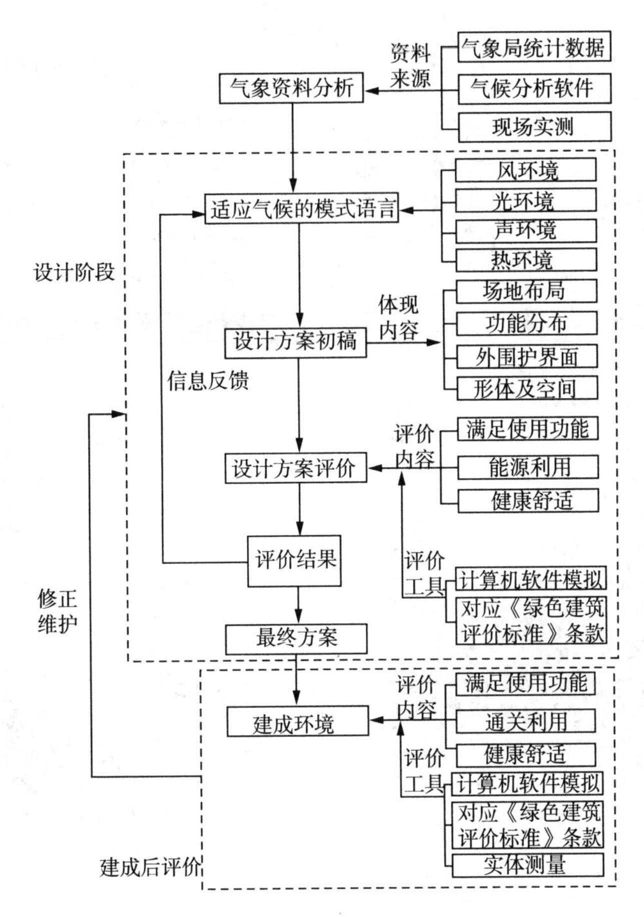

图 4-2-14　被动式绿色建筑的设计流程

2)要素二:降低“灰色能源”的消耗

“灰色能源”,即在制造和运输建筑材料及建造过程中消耗的能源,比起建筑中使用的供热、制冷能源来讲它是隐性的消耗。当上述显性能源消耗降低时,隐性能源的消耗比例自然升高。灰色能源消耗占有相当的比重,所以,尽量使用当地材料,减少运输过程中的能源消耗,从而减少灰色能源的消耗以及温室气体的排放。

3)要素三:应用可替代能源和可再生能源

(1)太阳能。可以用来产生热能和电能。太阳能光电板技术发展迅速,如今其成本已经大大降低,而且日趋高效。太阳能集热器是一种有效利用太阳能的途径,目前主要用来为用户提供热水。

(2)地热能。也是一种不容忽视的能源,由于地表一定深度后其温度相对恒定且土壤蓄热性能较好,所以利用水或空气与土壤的热交换既能够在冬季供热也可在夏季制冷,同时冬季供热时能够为夏季蓄冷,夏季制冷时义为冬季蓄了热。

4)低碳生态办公建筑设计实例

(1)瑞士苏黎世 Forum Chriesbach 低碳办公楼[3]

建筑师 Bob Gysin 和 Partner BGP 共同设计,2006 年 9 月建成,位于苏黎世 EMPA 校园内,如图 4-2-15 所示。

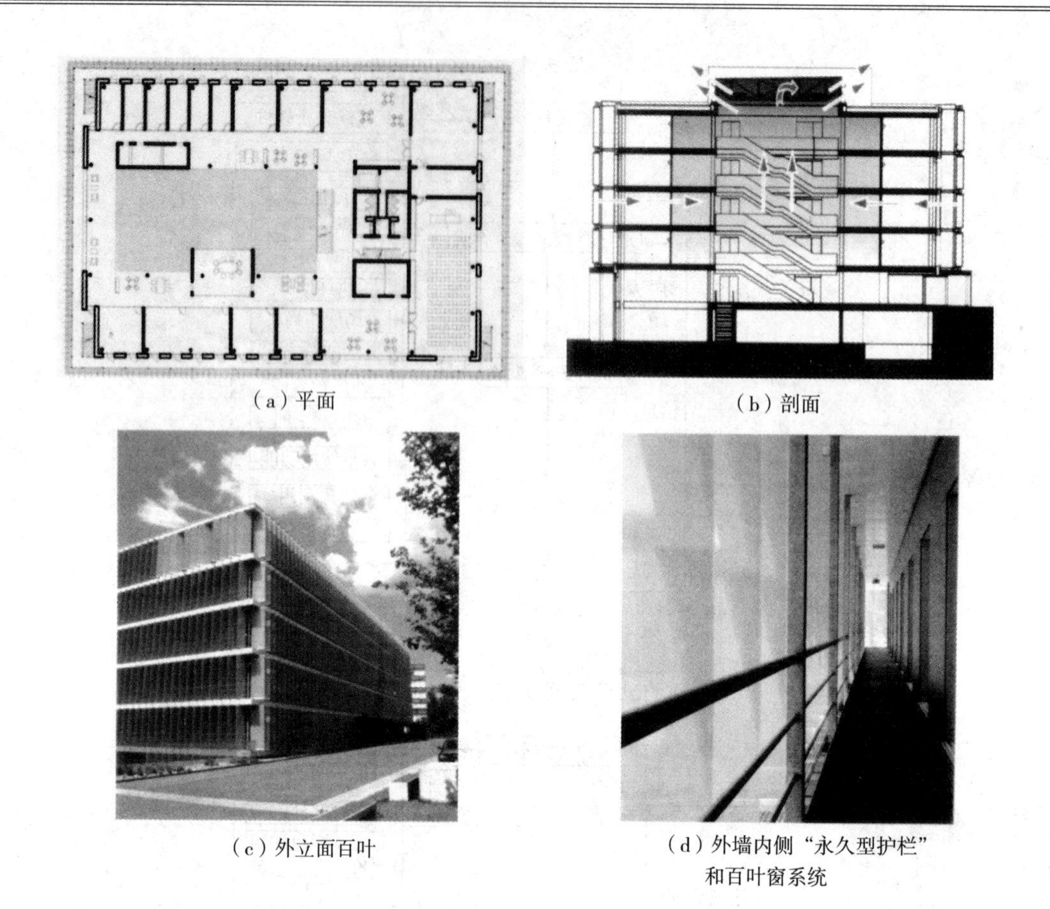

（a）平面　（b）剖面

（c）外立面百叶　（d）外墙内侧"永久型护栏"和百叶窗系统

图 4-2-15　瑞士苏黎世 Forum Chriesbach 低碳办公楼[3]

这座建筑消耗的能量和一个普通一口之家相当，而面积却要大 40 倍。它还能为自身提供 1/3 的电力。由于没有配备取暖和制冷系统，建筑内部产生的 CO 几乎为零。办公楼五层中间有一个通高的中庭，中庭不仅提供自然通风，同时将充足的自然光线引进建筑，它是室内外温差的缓冲区。开放的楼梯设置其中，积极鼓励人们尽量多地使用楼梯而少用电梯。夏天的晚上，建筑外围的窗户自动开启将冷空气抽进室内，进行空气交换后空气温度升高，热空气因浮力上升，从中厅的天窗排出室外——这是建筑的夜间冷却策略。建筑外立面由三个部分组成：墙体、"永久型护栏"和百叶窗系统。墙体厚 45cm，由预制的木框板材和 30cm 厚的矿物棉绝缘质制成，外表面是蓝色铱金混凝土板，可以在夏季帮助通风和散热。窗框为木质框架，玻璃窗三层。百叶窗板呈水蓝色，由 1232 片玻璃组成，每片高 2.8m，宽 1m，厚 24mm。玻璃整体呈蓝色，内侧带有透明圆点，这种设计有利于接收阳光。百叶窗的自动调节可以优化室内的温度和光线，将照明、取暖和制冷的能耗降到最小。大楼的气象站向中心控制系统传送天气数据，控制系统调整百叶窗的角度以控制光照。晴朗的冬日里，百叶窗板大致与阳光保持平行，确保最大的进光量。窗板倾斜角度最大可达到距垂直方向前后 45°。每一面都根据光线的变化自行调整角度以保证。

夏季时，埋于地下的管道系统利用地下恒定的温度来预冷室内新风。冬季时，这个系统用于预热供给室内的新风。二分之一的屋面铺设了太阳能光电板来发电为建筑供给电能。此外，屋顶种植绿化，雨水被收集到花园的景观水池中，用来调节小气候并灌溉植物，利用中水冲马桶。

(2)马来西亚槟城 UMNO 大厦(杨经文)[3]

UMNO 大厦兴建于 20 世纪 90 年代,杨经文先生在建筑设计中很强调对自然风与自然光的利用,不仅仅满足室内主要功能空间的要求也最大限度地使交通核得到满足。

UMNO 大楼中所有的办公空间都有自然通风,办公桌与采光窗的距离均不超过 6.5m,包括所有的电梯厅、楼梯及厕所都有自然采光和通风,为建筑增加了使用安全性;为获得较舒适的内部环境,需要一个较高的空气交换率,尽量在各开口处引入自然风,为了使开口处产生压力,采用了"风墙"体系,将"风墙"安排在有通高推拉门的阳台部位,阳台内的推拉门可根据所需风量,控制开口的大小,也可完全关闭,形成"空气锁"。这些手法都是融入了生物学、气候学等与自然地理密切相关的内容,在满足室内舒适感的前提下,让建筑达到被动节能模式。

"导风墙"是杨经文运用自然通风的一项重要策略,在 UMNO 大厦中,他将其发展革新为引导气流的"翼型墙体系统",在迎风面引入自然气流,保证室内环境舒适度,如图 4-2-16 所示。

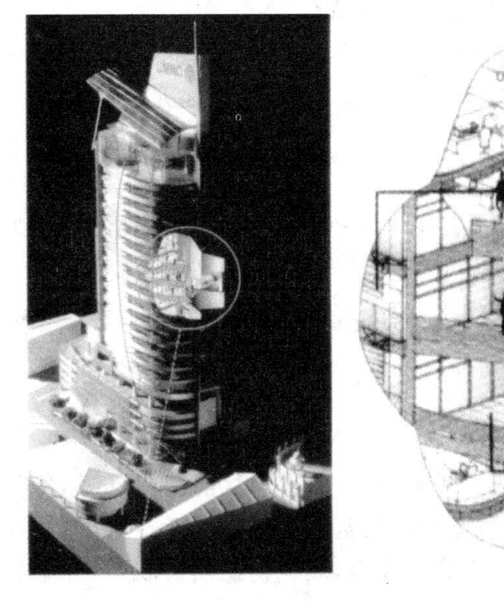

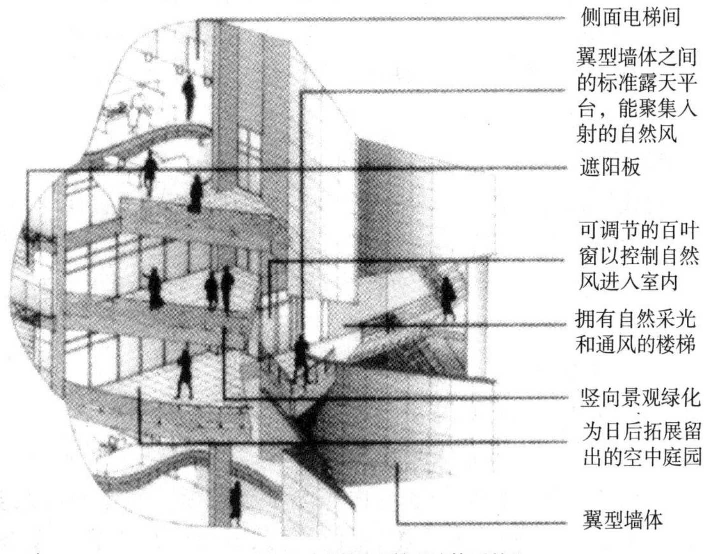

图 4-2-16 UMNO 大厦[3]

10. 结论

国际上对现代办公写字楼的高标准要求是:建筑物的物理状况和品质均是一流,建筑质量达到或超过有关建筑条例或规范的要求;建筑物具有灵活的平面布局和高使用率,具有高性能的节能设施与生态化、人性化的智能化办公环境、设施先进、功能配置完善、停车位充足、物业管理一流。因此,现在的绿色生态综合性办公楼的设计目标就是,设计一幢能适应未来发展的;集办公、展示、会议于一体的;生态、节能、智能型的;能体现当地的风土人情和地方文化的办公楼。

4.2.3 商业建筑的绿色节能设计

现代商业建筑类型丰富,特别是大型商业建筑功能复杂、空间规模大、人员流动性大,全年营业时间长。由于消费者片面追求高舒适度,现代商业空间过多采用人工环境,设备经常常年运转，能源与资源消耗节节攀升。高能耗、高排放等问题都严重制约了商业的进一步发展。因此，对商业建筑的绿色节能设计已经刻不容缓。

1. 现代商业空间形态的新变化[21]

近年来，我国商业发展迅猛，商业建筑的类型的日趋增多、出现一些新的变化：

1)商业形态的多元化、综合化

随着人们消费观念的更新，传统单一的"物质消费"已经不能满足多元化、高品质生活的需要。文化、娱乐、交往、健身这些"精神消费"日益成为时尚。购物行为已不仅是一个生活必需品的补充过程，还成为一种社会关系相互作用、人与人之间相互交往的过程。因而，传统以购物空间为主体的商业建筑日益向多功能化、社会化方向发展。

(1)"购物＋N种娱乐"的多元化模式。现代商业建筑常根据社会需求、时尚热点和消费水平来界定功能空间的分区，日益呈现"购物＋N种娱乐"的模式。体现在：①满足不同层次的消费需求。如设置名品专卖廊、形象设计室、文化读书廊、博物馆、健身娱乐厅等新的消费区。②购物与休闲娱乐相结合。如购物中心中设置电影院、夜总会、特色餐馆等空间。

(2)不同的商业建筑形式。不同的业态和销售模式产生了不同的商业建筑形式，如百货商场、超级市场、购物中心、便利店、专卖店、折扣店等，日益丰富多彩，可以满足不同购物人群的要求。

2)建筑形态的集中化、综合化

现代城市商业建筑空间中引入文化、休闲、娱乐、餐饮等多种功能，形成各种规模的商业综合体建筑已日益普遍，它在商业客源共享的同时，也使多元化与综合化这两种商业空间出现交叉和重叠，如专卖店加盟百货商场以提高商品档次，超级市场、折扣店进驻购物中心以满足消费者一站式的购物需求等。

2. 商业建筑的规划和环境设计

1)商业建筑的选址与规划

(1)商业定位、选址条件及原则[23]。商业建筑在选址中，应深入进行前期调研，其商业定位应以所在区段缺失的商业内容为参考目标。商业地块及基地环境的选择，应考虑物流运输的可达性、交通基础设施、市政管网、电信网络等是否齐全，减少初期建设成本，避免重复建设而造成浪费。场地规划应理利用地形，尽量不破坏原有地形地貌，降低人力物力的消耗，减少废土、废水等污染物，避免对原有环境产生不利影响。

(2)城市中心区商圈的商业聚集效应。很多的城市中心区经过多年的建设与发展，各方面基础设施条件都比较完备齐全，消费者的认知程度较高，逐渐形成了中心区商圈，有些会成为吸引外来游客消费的城市景点。在商圈中的商业设施应在商品种类、档次、商业业态上有所区别，避免对消费者的争夺。一定的商圈范围内集中若干大型商业设施，相互可利用客源。新建商业建筑在商圈落户，会分享整个商圈的客流，具有品牌效应的商业建筑更能提升商圈的吸引力和知名度。这些商业设施应保持适度距离，避免过分集中造成的人流拥挤，使消费者产生回避心理。

(3)商业空间与城市公共交通一体化设计。城市轨道交通具有速度快、运量大等优势，而密集的人流正是商业建筑的立足之本。因此，轨道交通站点中的庞大人群中蕴藏着商业建筑的巨大利益，使这一利益实现的建筑方法正是商业空间与城市公共交通的一体化设计。通过一体化设计，轨道交通与商业建筑以多种形式建立联系、组成空间连接，形成以轨道交通为中心，商业建筑为重心的城市新空间，达到轨道交通与商业建筑的双赢。商业建筑规划时应充分利用现有的交通资源，在临近的城市公共交通节点的人流方向上设置独立出入口，必要时可与之连接，以增加消费者接触商业建筑的机会与时间，增加商业效益[23]。

广西南宁东站地铁换乘站工程，如图 4-2-17 所示，为地上 3 层、地下 1 层的四层框架式建筑。旅客出站后通过地下走廊及疏散厅与高铁实现零换乘。站台采用地下四层双岛四线平行地铁换乘站，其中，负四层是站台层，地铁线路从此经过，市民也在该层上车；负三层是地铁站厅层，主要实现地铁售票功能；负二层是疏散厅，也是火车换乘的集散大厅；负一层为商业开发，实现了商业空间与城市公共交通的一体化设计[24]。

图 4-2-17　商业建筑与交通建筑的衔接与融合[24]

在轨道交通站点与商业建筑一体化设计中，其空间形态与模式主要有轨道交通站点空间、商业空间和一体化空间。轨道交通站点空间即包含乘车、候车、换乘、站厅、通道等交通属性空间，也可以按消费行为划分为消费区域和非消费区域；商业建筑空间即包含购物、娱乐、餐饮等多功能服务的空间；过渡空间则是包含有一体化过程中产生的各类公共空间的集合，过渡空间既作为建筑内部的功能空间，也作为交通组织的联系空间。

2)商业建筑的绿色环境设计

理想的商业建筑环境设计，不仅可以给消费者提供舒适的室外休闲环境，而且，环境中的树木绿化可以起到阻风、遮阳、导风、调节温湿度等作用。绿色环境设计包括：

(1)绿化的选择。应多采用本土植物，尽量保持原生植被。在植物的配置上应注意乔木、灌木相结合，不同种类相结合，达到四季有景的效果。

(2)硬质铺地与绿化的搭配。商业建筑室外广场一般采用不透水的硬质铺装且面积较大时，在心理上给人的感觉比较生硬，绿化和渗透地面有利于避免单调乏味并增加气候调节功能。硬质铺装既阻碍雨雪等降水渗透到地下，无法通过蒸发来调节温度与湿度，造成夏季城市热岛效应加剧，如图 4-2-18 所示。

(3)水环境。良好的水环境不宜过大过多，应该充分考虑当地的气候和人的行为心理特征。如一些商业建筑在广场、中庭布置一些水池或喷泉，既可以提升景观空间效果、吸引人流，也可以很好地调节室内外热环境，如图 4-2-18 所示。水循环设计要求商业建筑场地要有涵养水分的能力。场地保水策略可分为“直接渗透”和“贮集渗透”两种，“直接渗透”是利用土壤的渗水性来保持水分；“贮集渗透”模仿了自然水体的模式，先将雨水集中，然后低速渗透。对于商业建筑来说,前者更加适用[24]。

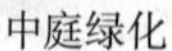
中庭绿化

室内水环境

图 4-2-18 商业综合体绿色环境设计

3. 商业建筑的绿色节能设计

1)商业建筑的平面设计

(1)建筑物朝向选择。朝向与建筑节能效果密切相关。南向有充足的日照,冬季接收的太阳辐射可以抵消建筑物外表面向室外散失的热量,但夏季也会导致建筑得热过多,加重空调负担。因而选择坐北朝南的商业建筑在设计中可采用遮阳、辅助空间遮挡等措施解决好两者之间的矛盾。

(2)合理的功能分区。商业建筑平面设计,应统一协调考虑人体舒适度、低能耗、热环境、自然通风等因素与功能分区的关系。一般面积占地较大的功能空间应放置在建筑端部并设置独立的出入口,若干核心功能区应间隔分布,其间以小空间穿插连接以缓解大空间的人流压力。如南京水游城 3F 平面的大小空间布局,如图 4-2-19 所示。商业建筑的库房、卫生间、设备间等辅助空间,热舒适度要求低,可将它们安排在建筑的西面或西北面,作为室外环境与室内主要功能空间的热缓冲区,降低西晒与冬季冷风侵入对室内热舒适度的影响,同时应将采光良好的南向、东向留给主要功能空间。

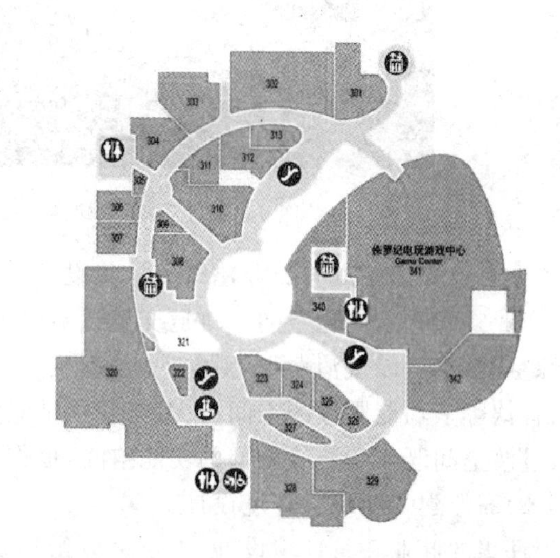

图 4-2-19 南京水游城 3F 平面空间布局

(3)各种商业流线的组织。商业建筑应细化人流种类,防止人流过分集中或分散引起的能耗利用不均衡;物流、车流等各种流线尽可能不交叉;同种流线不出现遗漏和重复以提高运作效率。

2)商业建筑的造型设计

建筑体形系数小及规整的造型,可以有效地减少与气候环境的接触面积,降低室外不良气候对室内热环境的影响，减少供冷与供暖能耗，有利于建筑节能。大型商业建筑一般体形系数较小，但体型过分规整不利于形成活跃的商业氛围，也会造成室内空间利用上的不合理。因而，可适当采取体块穿插、高低落差等处理手法，在视觉上丰富建筑轮廓。高起的体型还能遮挡局部西晒，有利于节能。

3)室内空间的材质选择

(1)商业建筑室内装饰材料的选用，首先要突显商业性、时尚性，同时还应重点考虑材料的绿色环保特性。商业建筑室内是一个较封闭的空间，往来人员多，空气流通不畅；柜台、商铺装修更换频繁，应该选用对环境和人体都无害的无污染、无毒、无放射性材料，并且可以回收再利用。(2)在设计过程中，同时应该避免铺张奢华之风，用经济、实用的材料创造出新颖、绿色、舒适的商业环境。(3)在具体工程项目中应考虑尽量使用本土材料，从而可以降低运输及材料成本，减少运输途中的能耗及污染。(4)应采用不同的材质满足不同的室内舒适度要求。需要通过人工照明营造室内商业氛围的空间，要求空间较封闭，开窗面积较小，因而采用实墙处理更有利于人工控制室内物理环境；而主要供消费者休息、空间过渡之用的公共与交通部分，可以采用通透的处理手法，既能使消费者享受到充足的阳光，又有利于稳定室内热环境。

4)商业中庭设计

(1)中庭热环境设计。中庭是商业建筑最常用的共享功能空间，其顶部一般设有天窗或是采光罩引入自然光，减少人工照明能耗。夏天，利用烟囱效应，将室内有害气体以及多余的热量进行集中，统一排出室外；冬天，利用温室效应将热量留在室内，提高室内的温度(图4-2-20)，但应注意夏季过多的太阳辐射对中庭内热环境的影响[3]。

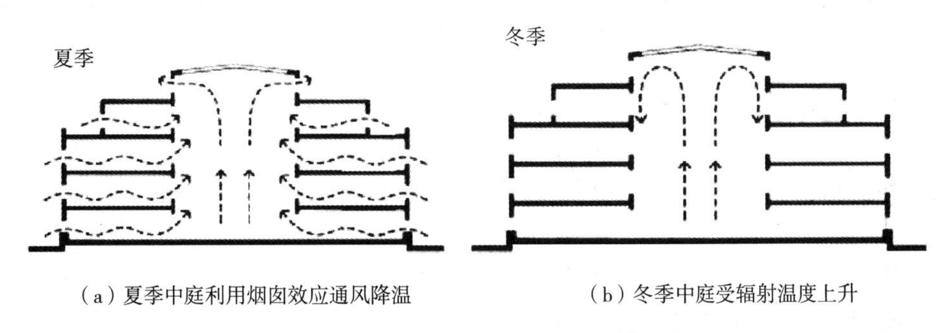

(a)夏季中庭利用烟囱效应通风降温　　(b)冬季中庭受辐射温度上升

图4-2-20　中庭的热环境分析[3]

(2)中庭绿化。高大的中庭空间为种植乔木等大型植物提供了有利条件。合理配置中庭内的植物，可以调节中庭内的湿度，有些植物还具有吸收有害气体和杀菌除尘的作用。另外，利用落叶植物不同季节的形态还能达到调节进入室内太阳辐射的作用，如图4-2-18所示。

5)地下空间利用

商业土地寸土寸金，立体式开发可以发挥土地利用的最大效益，保证商家获得最大利益。地下空间的利用方式有：

(1)在深层地下空间发展地下停车库。目前全国的机动车数量上升迅速，开车购物已成为一种普遍的生活方式，购物过程中的停车问题也成为影响消费者购物心情与便捷程度的重要因素。现代商业建筑可利用地下一、二层的浅层地下空间，发展餐饮、娱乐等商业功能，而将地下车库布置在更深层的空间里，在获得良好经济效益的同时，也实现了节约用地的目标。

(2)地下商业空间与城市公共交通衔接。大型商业建筑将地下空间与城市地铁等地下公共交通进行连接，可减少消费者购物时搭乘地面机动车或自己驾车给城市交通带来的压力，充分利用公共交通资源，达到低碳生活的目的。

深圳连城新天地商业街2012年建成，这是国内首个连接两个地铁站的地下商业街，定位为购物休闲主题商业街。商业街面积2.6万平方米，共分为A、B、C三个区域，其中A区定位为动感流行坊，B区定位为风尚名品坊，C区则定位为缤纷美食坊。它内设19个出入口，将2个地铁站、9座甲A级写字楼、5家五星级酒店、2家四星级酒店、4家购物中心以及多个住宅楼串联在一起，构成了福田CBD最大的商业矩阵。交通方面，这条商业街连接了4条地铁线路(1、2、3、4号线)、广深港客运专线，会展中心和购物公园均是换乘站。而对于想到这里逛街的有车一族来说，从地上转到地下也十分方便，商业街附近有多个大型停车场，距离地下商业街的出入口都很近，停车十分便利[27]，如图4-2-21所示。

图4-2-21　地铁商业空间——深圳新天地商业街[27]

6)商业承租模式与建筑空间的灵活性

有些商业建筑承租户更替频率比较高，因此在租赁单元的空间划分上应该尽量规整，各方面条件尽量保持均衡，而且做到可以以灵活拆分与组合，满足不同承租户的需求，便于能耗管理。

4. 商业建筑空间环境的设计方式[21]

1)室内空间室外化处理

现代购物方式要求商业空间既有能提供安全舒适的全天候购物的室内环境，又要求能营造一种开敞自由、轻松与休闲的气氛。“室内空间室外化”普遍的设计手法是在公共空间上加上玻璃顶或大面积采光窗的广泛使用，它一方面可以引入更多的室外自然光线和景观；另一方面有助于加强内外视觉交流、强化商业建筑与城市生活的沟通。此外，将自然界的绿化引入到室内空间，或者将建筑外立面的装饰手法应用到商业建筑的室内界面上也是室内空间室外化的处理手法。“室内空间室外化”还表现在对轻松休闲的气氛和街道情趣的追求，即在商业公共空间或室内商业街中运用一些如座椅、阳伞、灯柱、凉棚、铺地、招牌等的室外设施来限定空间，以形成一种身处室外的宜人气氛，它吸引消费者的消费欲望，可增加长时间购物过程中的舒适性感受。

2)商业环境景观化、园林化

建筑环境景观化、园林化，其一表现在室内设计中绿化、水体和小品的设计上。为了重现昔日城市广场的作用和生机，不仅室内绿化有花卉、绿篱、草坪和乔灌木的搭配，水体设计还大量运用露天广场中的喷泉、雕塑、水池、壁画相结合的方法来营造商业建筑的核心空间。其次，采用立体绿化，充分利用建筑的屋顶、台阶、地下的空间进行景观设计，把建筑变成一个三维立体的花园。有的为求商品与环境的有机结合，而创造出特殊氛围的商业环境。如用人工创造出秋天野外的情景给人以时空、季节的联想；用自然的材料如竹、木、砖等来中和机械美和工业化带来的窒息，使环境产生自然亲和力，给人们以喘息的一方空间。

3)购物方式步行化

为了消除城市汽车交通和商业中心活动的冲突，以及人们对于购物、休息、娱乐、游览、交往一体化的要求，通过人车分离，把商业活动从汽车交通中分离出来，于是形成了步行街(pedestrian mall)或步行区(pedestrian area)。这里，各类商业、文化、生活服务设施集中，还有供居民漫步休憩的绿地、儿童娱乐场、喷泉、水池及现代雕塑等。邻近安排停车场与各类公共交通站点，有的引进地铁或高架单轨列车，形成便捷的交通联系。成功的步行街常常成为城市的象征及其市民引以为荣的资本，在欧洲人们常把步行街当作户外起居室。有的城市以特色命名的步行街作为其象征，如有“中华商业第一街”的上海南京路商业步行街，集购物、餐饮、旅游、休闲为一体的商业文化步行街，已经成为国内最具盛名的步行街之一。

步行街的设计要点包括：

(1)步行街的尺度。在步行街的设计中，首先应考虑的是步行街的尺度与客流量的关系问题。适当的道路宽度、步行长度、可坐性以及空间形态的确定是体现“人性化”设计需要考虑的原则。有研究表明，持物的客人想要休息的步行距离为200～300m。关于人的行动空间尺度，有研究成果：①$4m^2$/人：每位步行者可在各个方向自由活动。②$2m^2$/人：对周围人持警戒态度。③$1.5m^2$/人：步行者之间的逆流、冲突不可避免。

(2)步行街的可坐性。有学者研究过关于“坐”的问题，由于人们的心理状态不同，行为意愿也不同。独自坐、成组坐、面向街道坐、背向街道坐、阳光下坐、庇荫下坐……应有多种可能供人选择。应尽量扩大商业建筑空间的“可坐性”，将建筑构件及元素设计得有“可坐性”。

(3)步行空间的多样化形态。不同步行空间的形态对于引导人流、形成氛围有着不同的效果。①“城市中心广场型”的“中心放射型”与“环行”相结合的空间布局把城市广场和商业购物的功能相结合，可以形成较大的城市景观。②“线性广场”的设计，赋予街道以广场的特性，强调人流的自由穿叉和无方向运动，使步行街具有休闲、观赏的功能。③“多层玻璃拱廊式室内步行街”是建筑空间从“外向型”建筑布局转向按步行活动要求作“内向型”布局，既能满足人们全天候购物的需要，又能创造出阳光灿烂、绿树如荫的室外环境的特殊氛围。④“四季中庭”的向心性与场所感构成综合商业建筑的中心，其相对静态的休闲、观赏的功能与流动的商业人流和街道人流形成互补的力态的均衡，是商业建筑社会化的有效形式。

4)公共空间社会化

历史上的公共开放空间街道和广场，是城市社会活动的集中地。但是，随着汽车时代的到来，广场和街道渐渐成为交通空间。现代购物方式已成为集合多种社会关系的行为。为适应这种购物方式，商业建筑应具有相应的公共开放空间，包括广场、庭院、柱廊、步行街(廊)等，它是商业建筑与城市空间的有效过渡。

商业建筑要引入城市生活，首先需要改变内向性特点，把内部公共空间向城市开放。其次，应处理好商业建筑公共空间与城市街道的衔接与转换，在城市与建筑之间架设视线交流的轨道。如有的设计把公共空间置于沿街一侧，形成“沿街中庭”或“单边步行街”，这非常有利于提高公共空间的开放性。如“纽约大都会时代广场”，是以大片玻璃幕墙向街道展示中庭空间的实例；巴尔的摩港口节日市场的公共平台、埃林百老汇中心的露天广场充当了“城市广场”的作用，成为吸引城市人流的魅力所在。

5. 商业建筑结构设计中的绿色理念

商业建筑通常需要高、宽、大的特殊空间，内部空间的自由分割与组合是商业建筑的特点，因而应以全寿命周期的思维去分析，合理选择商业建筑的结构形式与材料，在满足结构受力的条件下，结构所占面积尽量最少，以提供更多的使用空间。尽量缩短施工周期以实现尽早盈利。

1)钢结构商业建筑

钢结构的刚度好、支撑力强、有时代感，能突显建筑造型的新颖、挺拔，目前已成为商业建筑最具优势的结构形式。虽然钢结构在建设初期投入成本相对较高，但是在后期拆除时，这些钢材可以全部回收利用，从这一角度讲，钢结构要比混凝土结构更加节能环保。

土耳其伊兹密尔的阿斯马卡提(Asmacati)购物中心和聚会中心位于伊兹密尔城市中心，这个中心融合当地温和的气候条件，半开放的商店设施自然地在商店之间形成娱乐区。由自然材料做成的凉亭为人们提供休闲和遮阴的地方，钢结构顶棚设计模仿的是当地景观中的葡萄藤叶形状，如图 4-2-22 所示。

图 4-2-22 钢结构商业建筑——土耳其 Asmacati 购物中心

2)木结构商业建筑

在国外，小型商业建筑也有采用木结构形式的。木材属于天然材料，其给人亲和力的特点优于其他材料，对室内湿度也有一定的调节能力，有益于人体健康。木材在生产加工过程中不会产生大量污染，消耗的能量也低得多。木结构在废弃后，材料基本上可以完全回收。但是选用木结构时应该注意防火、防虫、防腐、耐久等问题。此外，可以将木结构与轻钢结构相结合，集合两种结构的优点，创造舒适环保的室内环境。

巴西 Palhano 生态市场位于巴西的隆德里纳，设计的目的是为了为城市创造一个里程碑似的建筑，同时打造可持续的建筑规范，项目已经荣获 LEED 荣誉证书，同时应用了照明理念和自然通风理念，还采用了当地材料及资源，大规模地节省了各种能源，如图 4-2-23 所示。

图 4 - 2 - 23　木结构商业建筑——巴西 Palhano 生态市场

6. 商业建筑围护结构的节能设计[3][30]

1)外墙与门窗节能

商业建筑沿街立面一般比较通透明亮，橱窗、玻璃幕墙等大面积的玻璃材质较多，非沿街立面一般实墙面积较大。在外围护结构的设计上，不仅要考虑造型美观的因素，还也该注意保温性能的要求。

(1)实墙保温做法。包括：①传统实墙做法，一般用干挂石材内贴保温板。②采用新型保温装饰板。它将保温和装饰功能合二为一，一次安装，施工简便，避免了保温材料与装饰材料不匹配引起的节能效果不佳，节省了人力资源和材料成本。这些保温装饰板可以模仿各种形式的饰面效果，避免了对天然石材的大量开采。

(2)玻璃幕墙的绿色节能设计。商业建筑运用通透的玻璃幕墙能给人以现代时尚的印象，更能在夜晚使商业建筑内部氛围充分展现，吸引消费者的注意。但普通玻璃的保温隔热性能较差，大面积的玻璃幕墙将成为能量损失的通道。解决玻璃幕墙的绿色节能问题，首先应选择合适的节能材料。

① 选择节能玻璃。a. 防太阳辐射玻璃。商业建筑白天的使用时间较多，因此应该选用防太阳辐射较好的玻璃，常用玻璃的防太阳辐射效果从强到弱依次为反射玻璃、吸热玻璃、普通玻璃。热反射玻璃将大部分可见光反射到室外，虽然节约了空调能耗，却导致自然采光不足，增加了人工照明能耗，而且容易造成光污染。吸热玻璃与热反射玻璃类似，也会对自然采光造成影响。b. Low - E 玻璃。又称低辐射玻璃，是在玻璃表面镀上多层金属或其他化合物组成的膜系产品，具有优异隔热效果和良好的透光性，其镀膜层具有对可见光高透过及对中远红外线高反射的特性。夏季，Low - E 玻璃可以将日光中的远红外光挡在室外，减少得热；到了冬季，又可以将室内的远红外辐射反射回室内，保持室内的温度。

② 玻璃幕墙节能型材选择。玻璃幕墙框料也是能量流失的薄弱环节，框料有显框与隐框之分。幕墙可选用断热型材，框料由绝热材料连接，防止冷热桥的形成。这类材料强度高、刚性好、耐腐蚀，而且颜色多样，装饰性强，还可以回收再利用，有利于节能环保，同时可以和其他装饰材料复合使用。

③ 选择合适的窗墙面积比和其他节能措施。窗墙面积比是影响门窗能量损失的重要因素。商业，产品展示等功能为营造室内环境，更多的是选用人工照明和机械通风，因此这

些部分对开窗面积要求并不高。在中庭、门厅、展示等公共部分则往往会大面积的开窗。商业建筑的门窗面积越大,空调采暖的负荷就越高。所以商业建筑门窗要选择节能门窗,夏季做好隔热、遮阳措施,冬季采用采暖设备及其他防止冷风入侵的措施,都十分必要。

2)屋顶保温隔热

商业建筑一般为多层建筑,占地面积较大导致屋顶面积较大。屋顶不仅要承受一定的荷载,还必须做好防水及抵御室外恶劣气候的能力。屋顶与外界环境交换的热量更多,相应的保温隔热要求比墙体更高。

设置屋顶花园是提高商业建筑屋顶保温隔热性能的有效方法之一,并且可以提高商业建筑的休闲品位。屋顶花园首先要解决防水和排水问题,屋顶花园的防水层构造必须具备防根系穿刺的功能,防水层上铺设排水层;应尽量采用轻质材料以减小屋顶花园的最大荷载量,树槽、花坛等重物应该设置在承重构件上;在植物的选择上应该以喜光、耐寒、抗旱、抗风、植株较矮、根系较浅的灌木为主,少用乔木。另外,架空屋顶,通风屋面等也是实现商业建筑屋面保温隔热的良好措施。

3)商业建筑遮阳设计

商业建筑采用通透的外表面较多,为了控制夏季太阳对室内的辐射,防止直射阳光造成的眩光,必须采用遮阳措施。由于建筑物所处的地理环境、窗户的朝向,以及建筑立面要求的不同,所采用的遮阳形式也有所不同。外立面可选用根据光线、温度、门窗的不同朝向,自动选取、调节外遮阳系统的类型和构造形式,各种遮阳形式之间也可交叉、互补。

(1)内遮阳和外遮阳

① 内遮阳。内遮阳造价低廉,操作、维护都很方便。但它是在太阳光透过玻璃进入到室内后再进行遮挡、反射,部分热量已经滞留室内,从而引起商场室内温度上升。商业建筑中庭顶部和天窗可选用半透光材料的内遮阳形式,既保证遮阳效果,又可使部分光线进入室内,满足自然采光需求,还可以适当提高中庭顶部空气温度,加强自然通风效果,如图 4-2-24 所示。

图 4-2-24 商业建筑中庭遮阳

② 外遮阳。外遮阳多结合商业建筑造型一体化设计,在获得良好节能效果的同时也加强了立面装饰感。外遮阳可以将阳光与热量一同阻隔在室外。外遮阳通常可以获得 10%~24%的节能收益,而用于遮阳的投资则不足 2%。

(2)水平遮阳、垂直遮阳与综合性遮阳

水平遮阳与垂直遮阳对于不同角度的入射阳光有着不同的遮挡效果。水平遮阳比较适用于商业建筑南向遮阳,而从门窗侧面斜射入的太阳光,水平遮阳则很难达到遮阳效果,这时就要采取垂直遮阳的措施。综合性遮阳是将水平遮阳与垂直遮阳进行有机结合,对于太阳高度角不高的斜射阳光效果较好。

(3)固定遮阳和活动遮阳

① 固定遮阳。固定遮阳结构简单、经济,但只能对固定角度的阳光有良好的遮挡效果。固定遮阳多结合商业建筑造型做一体化设计。

② 活动遮阳。活动遮阳则可以根据光线、角度不同或使用者的意愿进行灵活调节。自动遮阳系统与温感、光感元件结合，能够根据光线强弱与温度高低自动调节，使商业建筑室内光热环境始终处于较为舒适的状态。

7. 商业建筑空调通风系统的节能设计

商业建筑的空调能耗是商业建筑的能耗的主要部分，空调制冷与采暖耗能占到了公共建筑总能耗的50%～60%。有关资料表明，商业建筑的空调与通风系统有很多相似和相通之处，新风耗能占到空调总负荷的很大一部分，除了提高空调的能效之外，处理好两者之间的关系，也有利于降低空调的能耗。已建成的商业建筑空调节能具有投资回收期短、效益高的特点。美国供热、制冷与空调工程师协会标准ASHRAE（注：ASHRAE是American Society of Heating, Refrigerating and Air-Conditioning Engineers, Inc.的简称，即美国采暖、制冷与空调工程师学会。），由于其在制冷、空调领域的权威性，成为中国商业建筑的主要技术参考。

8. 商业建筑采光照明系统的节能设计[3]

商业建筑消耗住采光照明上的能源占到了总能源的1/3以上。其中，夏秋季节，照明系统能耗占总能耗的比例为30%～40%；冬春季节，则要占到40%～50%，节能潜力很大。

1）商业建筑的人工照明

商业建筑为了烘托商业气氛多采用人工照明，而自然采光则很难实现这部分功能，而且商业建筑每日的人流高峰多集中于傍晚，也需要使用人工照明。

（1）选择优质高效的光源。优质高效的光源是照明的基础。发光体光线应无害；应使用先进的照明控制技术，使亮度分布均匀，并拥有宜人的光色和良好的显色性；宜选用近似自然光的光源，有助于提高顾客对商品的识别性；应控制眩光和阴影；灯具应采用无频闪的光源，频闪会使视觉疲劳，导致近视。

（2）商业建筑常用光源的类型。商业建筑的光源主要包括卤钨灯、荧光灯、金卤灯、LED灯等。①陶瓷金卤灯。经过实验比较发现，陶瓷金卤灯在显色性、光效、平均照度、平均寿命等方面都达到了较高水平，在相同面积下，功率密度低、用灯量少、房间总功率小，而且在全寿命周期中产生的污染物与温室气体非常少，是一种理想的环保节能灯具。②LED灯。LED灯色彩丰富，色彩纯度高，光束不含紫外线，光源不含水银，没有热辐射，色彩明暗可调，发光方向性强，安全可靠寿命长，节能环保，非常适用于商业建筑。

（3）商业建筑智能化联动系统。商业建筑选用智能化的照明控制设备与控制系统，同时与安保、消防等其他智能系统联动，实现全自动管理，将有效节约各部分的能源和资源。商业建筑人工照明系统的设计不能只满足基本的照明需求，更需要建筑师与相关专业人员合作探讨，创造出生态、节能、健康，又具有艺术气息的人工照明系统。

2）商业建筑的自然采光

自然阳光可以满足人们回归自然的心理，增强人体的免疫能力，还具有杀菌作用。自然采光对于商业建筑而言不仅意味着安全、清洁、健康，还利于减少照明能耗。

自然采光可分为侧窗采光与天窗采光。大型商业建筑顶层、中庭或室内步行街，多数都采用天窗采光，如图4-2-25所示。天窗采光可以使光线最有效地进入商业建筑的深处，通常采用平天窗。为保证采光效果，天窗之间的距离一般控制在室内净高的1.5倍，天窗的窗地比要综合考虑天窗玻璃的透射率、室内需要的照度以及室内净高等多方面因素，一般取

5%～10%，特殊情况可取更高。设计天窗时应注意防止眩光，还要结合一定的遮阳设施，防止夏季太阳辐射过多进入室内增加空调能耗。

另外，商业建筑的地下空间在进一步利用后也对自然光有着一定的要求，但现有的采光系统较难实现。近年来导光管、光导纤维、采光隔板和导光棱镜窗等新型采光方式陆续出现，它们运用光的折射、反射、衍射等物理特性，满足了这部分空间对阳光的需求。

图 4-2-25 万达广场中庭天窗采光+遮阳

9. 商业建筑可持续管理模式[3]

1)购物中心人流量的周期性特点

(1)商业人流量的周循环特点。消费者一周工作、休息的作息时间，决定了商业建筑人流量一般以一周循环变化。周一到周五工作时间人流量少且多集中到晚上。周四开始人流慢慢变多并持续上升，在周六下午和晚上达到最高值，周日依然保持高位运转，随后逐渐降低。到周日晚间营业结束降至最低点，然后开始新一周的循环。

(2)商业人流量的日循环特点。商业建筑每一天的人流量，也同样存在着一定的规律性。一般早晨 9～10 点开始营业，到中午之前人流不多；从中午开始，消费者逐渐增多，到傍晚至晚上达到高潮。不同功能的商业建筑也都存在周期性变化。

(3)假日经济的周期性特点。商业建筑另外一个周期性特点就是每年的节假日、黄金周，如元旦、春节、五一、十一、清明、中秋、端午等节日，再加上国外的圣诞节、情人节等，由此催生的假日经济带来了更多的消费机遇。针对以上各种周期性特点，管理者应该合理安排，利用自动以及手动设施控制不同人流、不同外部条件下的各种设备的运行情况，避免造成能耗浪费或舒适度不高。

2)购物中心节能管理措施

包括：(1)建立智能型的节能监督管理体系。对各种能耗进行量化管理，直观显示能耗情况。(2)对于独立的承租户进行分户计量。根据能耗总量，研究设定平均能耗值，对节能的商户采取鼓励政策，有利于提高承租户自身的节能积极性。(3)对各种能耗指标进行动态监视。精确掌握水、电、煤气、热等的能耗情况。(4)各系统具有相对独立性。一旦某个系统出现能耗异常可以及时发现，不应影响到其他系统的使用。(5)管理者应定期对整个购物中心进行全面能耗检查，及早发现并解决问题。

10. 商业建筑防火与节能[3]

近年来.随着保温材料等节能措施的不断应用，由其引发的火灾也频频发生。且商业建筑货物集中、人员密集，一旦发生火灾将造成巨大的生命与财产损失。商业建筑的节能应与防火措施紧密结合。

(1)保温材料的防火设计。有机保温材料的保温性能良好，但多数防火性能较差，燃烧时还会产生有毒气体和烟尘，导致人员中毒、窒息。保温材料在外墙上都是相连贯通的，一旦起火，将会迅速蔓延至整个建筑。商业建筑设计保温材料时，应更多考虑难燃和不燃的无机保温材料。如果必须使用可燃的有机保温材料，必须对材料进行阻燃处理，使其满足防火要求。

(2)中庭防火设计。在发生火灾危险时，中庭及其上部的通风口能够快速有效地将室内的浓烟及有害气体排出室外，避免室内人群因浓烟窒息。但是中庭的拔风作用也会对火势起到加强效果，要注意在中庭周边设置防火卷帘，防止火势借中庭空间窜至其他楼层，在中庭还应布置灭火设施。

(3)其他防火措施。①照明设备选择。应尽量选择发热量小的产品，提高能源的转化效率，防止产生过多的热量，造成火灾隐患；同时，还能减少能源浪费和空调负荷。②注意商业建筑外围广告牌的设计。巨大的广告牌包围不仅造成商业建筑外立面的混乱，也是火灾隐患，一旦出现火情，为及时扑救带来很大困难。因此在进行商业建筑的设计时，要特别注意。

4.2.4　酒店(饭店、旅馆)建筑的绿色节能设计

20世纪80年代末，欧洲首次出现“绿色酒店”概念；1995年，加拿大制定世界上第一部酒店业《绿色分级评定标准》；90年代中期，国外“绿色酒店”的理念传入中国，在北京、上海、广州等一些大城市的外资、合资酒店和一些国外管理集团管理的酒店开始实施“绿色行动”。

1. 我国酒店建设的发展概况

1999年国内首次提出建设绿色饭店标准的计划。2002年3月原国家经贸委颁布了由中国饭店协会起草的我国第一个绿色饭店国家行业标准《绿色饭店等级评定规定》SB/T 10356—2002；2007年由商务部等联合制订了国家标准《绿色饭店标准》GB/T 21084—2007，并于2008年3月起实施，该标准规定了绿色饭店的基本要求、绿色设计、安全管理、节能管理、降耗管理、环境保护、健康管理和评定原则，引导宾馆、饭店发展绿色经营方式、提供绿色服务产品、营造绿色消费环境。上述这些标准的重点在于酒店的评级和绿色经营管理，对于推动酒店业绿色环保起到了积极的作用。

根据中国国家旅游局的数据，2015年第一季度，国家旅游局星级饭店统计管理系统中有13217家星级饭店。其中五星级占17.4%，四星级占31.45，三星级占39.5%。

2. 酒店的分类与特点

国际上对酒店分类的方法很多，目前中国的主要类型有以下四种：商务酒店；旅游度假酒店；经济型酒店；特色精品酒店。这四种类型的酒店根据使用特点的不同，其建筑和配比要求、客房大小、空间关系、室内装修艺术效果、舒适度要求有很大区别；每种类型之中又有低、中、高甚至豪华等不同级别。

1)现代商务酒店。现代商务酒店要求现代高效、简洁舒适，以满足居住、商务、办公、餐饮、会议等功能要求。因而对于客房走廊长度，会议、餐厅、客房之间便捷的联系有较高的要求。经济型商务酒店则提供基本功能、有限服务和较低的房价。

2)旅游度假酒店。旅游度假酒店需要满足休闲娱乐、家居氛围、餐饮服务和地域文化、自然风光的体验等功能，因而应结合自然景观、人文传统、地方特色等发挥旅游资源的优势，最大限度地营造独特的体验经历，创造舒适宜人的空间与环境效果，如图4-2-26和图4-2-27所示。

图 4-2-26 三亚天鸿度假村

图 4-2-27 青岛凤凰岛温泉旅游度假酒店

3)经济型酒店。经济型酒店是房价适中的中小规模酒店,客户通常为中小企业商务人士、休闲及自助游客人。经济型酒店的概念产生于20世纪80年代的美国,提供整洁的客房和较少服务,满足商旅客人的最低要求。近年来,世界著名的经济型酒店品牌陆续进入我国,依靠电子商务、电子支付背后支撑的中国本土的经济型酒店品牌也发展迅猛。

4)特色精品酒店。特色精品酒店是近年来在欧美兴起的一种特型酒店,其中的一个分支是生活时尚酒店(Lifestyle Hotel)。它抛弃传统的酒店形式的千篇一律,强调利用艺术设计感创造独特的体验。此类酒店以鲜明的个性风格,打动和吸引了一批追求新异体验的前沿消费者。

总之,每种酒店都有其特殊的要求,必须围绕其各自特点展开酒店绿色可持续策略与技术的应用,应通过整合设计(IDP)的工作方法,建筑、结构、设备各专业密切配合,才能达到预先设定的目标与效果。

3. 绿色饭店的概念和等级划分

根据《绿色饭店国家标准》GB/T 21084—2007 的定义:“绿色饭店(Green Hotel),即在规划、建设和经营过程中,坚持以节约资源、保护环境、安全健康为理念,以科学的设计和有效的管理、技术措施为手段,以资源效率最大化、环境影响最小化为目标,为消费者提供安全、健康服务的饭店。”“绿色消费(Green Consumption)即消费者在消费过程中,主动选择有益于资源节约、环境保护的产品和服务,减少或消除对环境的污染,降低资源和能源的消耗”。

绿色饭店的等级划分及标识,根据饭店在节约资源、保护环境和提供安全、健康的产品和服务等方面取得不同程度的效果,绿色饭店分为五个等级。用银杏叶标识,从一叶到五叶,五叶级为最高级[35]。

4. 酒店建筑的可持续设计

可持续的酒店建筑指在获得舒适和健康美好的建筑环境的同时,在建设和使用过程中最大限度地减少占有或破坏资源,并获得经济上最佳的回报。可持续酒店设计需要投资方、管理公司、设计师三方的密切合作。

1)酒店建筑可持续设计的意义

获得赢利是酒店建设最主要的目的之一,酒店建设需要较大规模的投资,因而酒店建设中绿色可持续策略与技术的应用,必须能够帮助投资者获得更多收益,减少日常运营维护费用,减少全寿命周期成本。可持续酒店设计的市场定位、内部功能的解决、客人生理及精神的舒适度与愉悦度满足，生态可持续策略与技术的应用等方面的成败，直接影响酒店的经营与投资回报。

发达国家的调查显示，越来越多的酒店客人也开始关注酒店的绿色环境，客人愿意支付8%～10%的价格差异而选择一座绿色环保的酒店。国际性跨国大公司在选择集团签约酒店时，已把具有相关绿色认证作为一个必要条件。在酒店建设中倡导"绿色管理"能够带来可观的经济效益、良好的社会效益和环境效益，这在国际诸多品牌酒店中已达成共识。

2)酒店建筑可持续设计的策略及目标

酒店建筑可持续设计的策略，即如何通过规划和建筑设计手段，使酒店建筑在建设和未来几十年的使用过程中，最大限度地满足酒店经营的要求，节约运营维护成本，保持市场的吸引力和赢利能力，同时最大限度地减少对环境的负面影响。

酒店建筑在其使用过程中会消耗大量能源、水和其他资源，通过有效的管理和消费倾向宣传引导，能够有效地降低各种资源消耗。以150～180间客房的三星级酒店为例，开房率按65%～70%计算，年消耗一次性用品为7.5万～8.2万(件)套，年总费用26万～30万元。一座拥有300间客房的饭店，一年的能耗量折成标准煤在3000t以上。据有关资料统计，国内饭店每年的能耗占其营收的5%～13%，能源与维修两项费用占总营业收入的8%～15%，有的甚至更高。每平方米面积的年用电量为100～200度，是普通城市居民住宅楼用电水平的10多倍，耗电水平高于国外发达国家耗电平均值的25%。一家三星级以上的酒店平均耗水量每人每天约1t[3]。

3)酒店建筑的建筑选址与前期评估[3][36]

(1)建筑选址

酒店可持续性设计流程的第一步是选址，场地必须符合建筑本身的要求并与开发的初衷相吻合。可持续酒店建筑选址应关注以下因素：

①场地周边的基础设施，如道路、输电线、水厂及污水处理厂。选址时应尽量避免负面影响。②场地的环境状况。应了解该场地开发前的用途和状况，如是否曾经用于工业设施，是否有水土污染、强电磁场，场地植被是否衰退及被动式太阳能设计及可回收能源空间等。③场地开发的生态特征。通过了解场地的水文学和地质学特征，以评估侵蚀的速度，并判断场地是否有足够的稳定性承载建筑物；评估、预测开发项目计划对地形及生态环境的影响和破坏程度。④场地的文化意义。充分考虑场地内的历史文化设施保护，以及潜在的文化发展。⑤现有建筑物的改造及材料回收。如果场地上有废弃建筑物，应尽量考虑将其改造或升级，或考虑回收一些建筑材料为新的开发服务。⑥周围区域未来土地用途对开发项目的影响。了解周围区域的发展规划是否提升或降低场地的价值和美感；同时还要考虑周边区域的开发对场地日照、给水、供电的影响，以及随之而来的空气、水的污染及噪音和交通问题。

(2)旅游承载力评估

旅游业的承载力，指的是某个场地或目的地在其环境破坏出现之前容纳旅游者及配套设施数量的最大值。一旦超过了阈值，旅游业需要的资源及产生的污染就开始破坏自然环境。开发商要从一开始就考虑建筑物及旅游者数量的阈值，因此承载力在选址过程中扮演重要的角色；应考虑若干个备选场地，在最终决策前考虑缓解对环境的负面影响所需的人力及财力。考虑到以上这些因素，一个场地的承载力取决于以下因素：①旅游者造访次数；②

旅游者造访方式及停留的时长；③旅游活动；④该区域本土居民的数目；⑤设施设计；⑥目的地管理策略；⑦周边环境的特征和质量。

承载力的概念虽然在理论上行得通，但实际应用起来却较困难。在思考阈值水平时，应考虑何种程度的活动算是过度，而何种程度的环境改造可以接受。生态的敏感度因生态系统而异。比如海滨及湿地与草原相比更富于变化但也更脆弱。同样地，岩壁比山林更稳定亦缺少变化。另外，旅游业是个灵活的行业，旅游者的数量随季节波动明显。

(3)环境影响评估(Environmental impact assessment，简称 EIA)

酒店开发建议应避免或消除对环境的潜在影响，为此而采用的手段称为"环境影响评估(EIA)"，它包括：①EIA 是预测和评估开发建议对环境产生影响的一种方式；②在决定开发建议是否应该实施前识别和计算对环境的直接及间接影响；③修订开发建议为避免及减小对环境的潜在影响创造了机遇。

EIA 针对的是识别对环境的影响，即由开发建议引起的环境状况的改变，这样的变化与假设未被开发的环境状况进行对比。西方发达国家大多要求项目开展 EIA，并且把环境影响陈述书作为报建材料的一部分提交给建设部门。因此需要有外部专业机构完成 EIA，并进行客观审查，以保证环境影响评估的客观可信性。

4)酒店建筑的场地规划及建筑布局

酒店建筑选定场地后，对环境的负面影响最小化的措施也相应确定。酒店建筑的场地规划及建筑布局应注意以下几点：(1)建筑物应该被放置在场地上生态和文化意义最淡薄的部分；(2)建筑物的位置及朝向应以一年中太阳运行的轨迹及周围建筑物的投影形状为根据，保证被动式太阳能设计的空间最大化；(3)建筑空间布局体现美感的同时应保证私密性和安全性；(4)建筑布局应该充分利用自然条件优势，如利用现有树木夏日遮阳并在冬日增加太阳能获取量；(5)充分利用地形而不是将场地平整，可给设计露台使建筑物匹配自然的地貌；(6)土质护坡道可以有效地挡风并且有助于被动式太阳能设计。

5. 酒店建筑的绿色节能设计[3]

1)总体量控制及提高平面使用效率

酒店建筑的总建筑面积、空间体积是影响能耗的重要环节，设计时注重提高酒店建筑的平面使用效率可以减少空间浪费，降低能耗。

(1)酒店建筑的总体量控制

国际上通常四星级商务酒店的客房面积为 32～34m^2/间，相应均摊客房建筑面积为 65～80m^2/间，因此，300 间客房的四星级商务酒店建筑面积在 2 万 m^{2}左右是适宜的；五星级酒店客房面积为 40～45m^2/间，因此 300 间客房的五星级酒店 3 万 m^{2}左右即可满足要求。规模过大的酒店设计在面积造成很大浪费，投资过高，后期运营成本高，投资难以回收。

因此，控制酒店的总建筑面积和总体量，是可持续发展、节能减排确保投资回报的首要环节。德国在建筑审批过程中，不仅控制建筑面积，同时也控制空间体积，减少空间浪费，这对于形成舒适宜人的环境，减少建造成本与材料，节约能源与减少排放有重要意义。

(2)提高酒店建筑平面使用效率，减少空间浪费

酒店是功能性很强的一种建筑，酒店设计应对功能有深入的了解和分析，客房区、公共区、后台服务区三大动线组织设计是关键。

酒店设计很重要的一项指标是盈利面积(Profitable Area)与总建筑面积之比。酒店的

盈利面积指客房、餐厅、大堂吧、会议、宴会厅、健身中心、SPA等区域。一座设计优秀的酒店可盈利面积应该在80%以上。酒店餐饮部分的功能关系图，如图4-2-28所示。

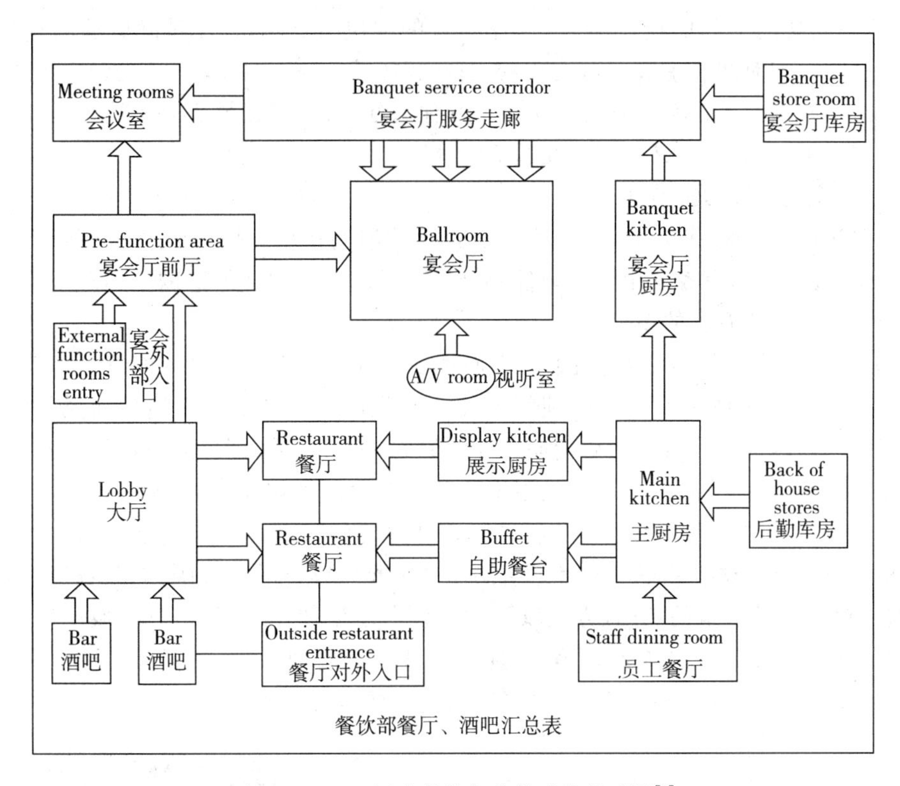

图4-2-28 酒店餐饮部分的功能关系图[3]

2)酒店建筑的能耗及节能设计[3][37-38]

(1)酒店建筑的能耗特点

酒店建筑的能耗主要包括:空调与通风能耗，采暖能耗，照明能耗，生活热水，办公设备，电梯，给排水设备等。酒店建筑的全年能耗中50%～60%消耗用于空调制冷与采暖系统，20%～30%用于照明。而在空调采暖这部分能耗中，20%～50%由外围护结构传热所消耗(夏热冬暖地区大约20%，夏热冬冷地区大约35%，寒冷地区大约40%，严寒地区大约50%)。

根据《中国建筑节能年度发展研究报告》2009年的数据，大型酒店单位面积电耗为121kW·h/m^2(不包括采暖能耗)。决定酒店的能耗量主要取决于建筑被动节能设计、能源系统和空调等系统设计、控制系统与模式、运营使用管理等。

(2)酒店建筑的节能设计策略

① 避免节能技术与设备的盲目堆砌。建筑节能的唯一衡量标准，是在达到设定的舒适度指标条件下，每平方米建筑面积的能耗指标。更准确科学的定义，是单位建筑面积每年一次性能源消耗指标，而绝不是采用了多少节能技术设备系统。目前国内某些绿色节能建筑，不顾实际效果盲目堆砌各种所谓的节能技术与设备，造成高能耗建筑和后期高昂的维护成本。

② 针对不同要求和特点采取相应的节能设计方案。a. 针对酒店不同功能空间的要求。

酒店的功能复杂,包括物质、文化、生理和心理等方面内容。客房、餐厅、酒吧、会议、大堂等不同功能的空间,对舒适度的要求有很大区别,因而在建筑设计和空调采暖通风系统设计上,应针对不同功能空间的使用特点,选择相应的解决方案。b. 针对酒店的间歇性特点。酒店建筑有明显的时间和季节间歇性特点,通常客房的入住率为50%～70%,一些季节性强的酒店,淡季、旺季的入住率差异更加明显。其他餐厅、会议等区域更是有明显的使用时段,因而其空调采暖、通风设计必须与其相适应。

(3)酒店建筑的被动式节能设计

酒店建筑应优先采用被动式节能设计。被动式节能措施,是指通过建筑群体规划布局和单体建筑设计本身,有效利用自然条件,克服不利因素,为创造舒适的室内环境,节约能耗或为主动式节能创造有利的条件。

① 总平面规划设计。酒店建筑的总平面规划设计是建筑节能设计的重要内容之一,这一阶段设计应对建筑的总平面布局,建筑平、立、剖面形式,太阳辐射及自然通风等气候参数对建筑能耗的影响进行分析。酒店朝向选择的原则,是冬季最大限度地得足够的日照热量,避开主导风向并减少热损失;夏季最大限度地利用自然通风降温并防止太阳辐射,以达到节能的目的。应特别注重酒店入口大堂和餐厅室外庭院的冬季防风和夏季遮阳设计,增加舒适体验和价值提升。德国慕尼黑欧洲之星酒店(“书页”酒店)的外墙隔热“装置”如图 4-2-29 所示。然而,公共建筑的朝向、方位以及建筑总平面设计,受地形、环境、城市规划、道路、社会历史文化等方面因素的制约。因此,应权衡各因素之间的轻重得失,选择出最佳朝向、较好朝向和适宜朝向,尽量避免东西朝向日晒,优化建筑总平面规划设计。

图 4-2-29　德国慕尼黑“书页”酒店的外墙隔热“装置”

② 控制建筑体形系数。建筑体形系数越大,单位建筑面积对应的外表面面积越大,传热损失就越大。严寒和寒冷地区,建筑体形的变化直接影响建筑采暖能耗的大小,因此体形系数应小于或等于0.40。如果这一点规定不能得到满足,则必须采用《公共建筑节能设计标准》的权衡判断法来判定建筑是否满足节能要求。夏热冬冷和夏热冬暖地区,建筑体形系数对空调和采暖能耗也有一定影响,但由于室内外温差远不如严寒和寒冷地区大,而且夏季空调能耗占总能耗比例上升,所以体形设计要兼顾冬季保暖和夏季散热通风要求,建筑师有较多的自由度,能够设计出较丰富生动的建筑群体和单体造型。

③ 控制窗墙比。透明玻璃窗是建筑保温隔热的薄弱环节，高性能保温隔热玻璃的造价相对较高。因而在设计初期，采用较大玻璃面积外墙设计的同时应达到室内舒适环境和节能要求。较大的投资支持如果不能做到，就必须严格控制窗墙比。对于复杂的建筑需要进行计算机模拟，根据当地的气候条件，太阳辐射的强度，对不同开窗面积，不同玻璃性能，遮阳设施的组合进行比较，在保证室内舒适度的前提下，计算能耗量，以确定最佳方案。

④ 控制外围护结构的传热系数。夏热冬冷和夏热冬暖地区，室内外温差没有严寒、寒冷地区那么大，通过外围护结构损失的能量没有那么多，同时在过渡季和夏季需要考虑室内向外散热，过度提高外围护结构传热系数的指标要求，综合效果并不一定好。北方严寒、寒冷地区建筑节能主要考虑建筑的冬季防寒保温，建筑围护结构传热系数对建筑的采暖能耗影响最大，因而提高外围护结构传热系数的指标是节能最有效，投资相对小的措施。

⑤ 提高建筑的气密性。提高严寒地区和寒冷地区建筑的气密性是提高建筑舒适性和节能的重要环节，有条件的项目应通过“鼓风门”等方法检测建筑的气密性，配合红外热敏成像等技术设备，综合诊断改善建筑的保温性能。

(4)酒店重点空间的舒适度与节能设计

酒店大堂、中庭、餐饮、会议等空间需要较高的舒适度，也是最富于艺术表现力的空间，同时也是舒适度和节能设计容易出问题的区域。现代酒店大堂及中庭等高大辉煌的空间，已不是简单的交通功能，更多的具有客厅、休憩、等候、茶饮和私密交谈等功能。这些特效空间的设计需要综合权衡建筑的实用功能性、艺术效果和舒适节能方面的要求，特别应重视分层空间温度空气流速、空间界面温度、阳光舒适度、声舒适度等方面的要求，以最终选择最佳的解决方案。

在设计过程中，宜运用 FLUENT、StarCCM＋等专业软件，对未来空间的舒适度指标，如温度场、风速场、空气龄场、PMV 场等进行系统模拟，对房间的气流组织，室内空气品质(IAQ)进行全面综合评价，以保证其舒适度的要求。同时在此基础之上，建筑师和暖通工程师共同确定适当的设备系统和末端形式的选择，以达到空间艺术、舒适度和节能的最佳效果。

(5)酒店建筑空调系统的节能设计重点

酒店由于季节性和使用间歇性大，因而需要空调系统能够灵活可调，且反应快速。影响酒店空调系统能耗的主要有采暖锅炉、制冷机水泵、新风机和控制系统。在新建酒店空调系统设计和既有酒店建筑空调系统改造方面，节能潜力最大的有以下 10 个方面：

①冷热源系统的优化与匹配。综合考虑可再生能源利用的实际效果和与其他系统的配合而不是盲目采用多种技术，使系统过于复杂，整体效率降低，反而增加能耗。②根据建筑运行荷载精心选择不同功率大小的制冷机组搭配，使制冷机组总能在较高 CP0 状态下运行。③采用变频水泵，根据冷热负荷需要调节送水量。④根据室外空气温度情况，在过渡季节以及夏日夜间和早晨时段，尽量采用室外空气降温，减少空调开启时间。⑤采用适当的传感与控制系统，要求做到房间里无人时，空调与新风系统自动降到最低要求标准；有条件时，应做到门窗开启时，空调或暖气系统自动关闭。⑥保证输送管线有足够的保温隔热措施减少输送过程能量损耗。⑦定期清洗风机盘管等设备，减少阻力和压力损失。⑧空调整体智能化控制系统，根据末端要求情况利用水资源等系数，准确控制制冷机的开启和水泵运行。在某些季节和时段只对餐厅等空间运行制冷，而对客房和走廊大堂等只进行送风。⑨必要的热回收设备。⑩设计

师应关心了解建筑使用后物业管理方式与问题，进行实际能耗跟踪测评统计和用户反馈，有针对地进行精细化系统设计，而不是只按规范，使设备过大或搭配不合理。

(6)酒店建筑的低碳开发

① 碳排放量与环境破坏。人类进入工业社会以后，工业生产、交通、建设等各领域大量燃烧或使用一次性能源，由此产生并排放出大量 CO_2 气体，导致地球气候环境迅速变暖，最终可能引发灾害性气候与环境变化，严重威胁人类正常的生存环境。应从各方面减少 CO_2 气体的排放，保护人类共同的生存空间。

② 德国 DGNB 体系的碳排放计算方法。建筑全寿命周期主要表现在建筑的材料生产与建造、使用期间能耗、维护与更新、拆除和重新利用这四大方面。建筑物碳排放表现在上述四大方面对于一次性能源的消耗进而产生 CO_2 气体排放。建筑业 CO_2 的排放量约占人类温室气体总排放量的 30%。以德国 DGNB 为代表的世界上第二代可持续建筑评估技术体系，首次对建筑的碳排放量提出完整明确、系统而可操作的计算方法。在此基础之上提出的碳排放度量指标(Common Carbon Metrics)计算方法已得到包括联合国环境规划署(UNEP)机构在内多方国际机构的认可。

建筑物的碳排放四大方面与计算方法为：

a. 材料生产与建造。考虑原料提取、材料生产、运输、建造等各方面过程中的碳排放量。计算办法是根据 DIN276 体系将建筑分解，按结构与装修的部位及构造区分对待，计算所有应用在建筑上 KG300 和 KG400 组别的建筑材料及建筑设备的体积，考虑材料施工损耗及材料运输等因素，与相关数据库进行比较，得出每种材料和设备在其生产过程中相应产生的 CO_2 当量。所有应用在建筑上的材料碳排放量相加得出总量。材料碳排放量的计算时间按 100 年考虑，每年的碳排放量即为其 1/100。这样就可计算出建筑物的材料生产与建造部分每年的碳排放量。单位是 kg CO_2－Equivalent/(m^2 · 年)。

b. 使用期间能耗。主要包含建筑采暖、制冷、通风、照明等维持建筑正常使用功能的能耗。对于建筑使用部分的碳排放量计算，要根据建筑在使用过程中的能耗，区分不同能源种类(石油、煤、电、天然气及可再生能源等)，计算其一次性能源消耗量，然后折算出相应的 CO_2 排放量。

c. 维护与更新。指在建筑使用寿命周期内，为保证建筑处于满足全部功能需求的状态，为此进行必要的更新和维护、设备更换等。材料和设备的寿命与更新及维护间隔频率，按照 VD12067 和德国可持续建筑导则(Leitfaden Nachhaltiges Bauen)相关规定计算。计算所有建筑使用周期内(按 50 年计算)需要更换的材料设备的种类体积，对比相关数据库，可以得到建筑在使用寿命周期内维护与更新过程中的碳排放量数据。

d. 拆除和重新利用。DGNB 体系对建筑达到使用寿命周期终点时的拆除和重新利用的 CO_2 排放量计算采用如下方法，将建筑达到使用寿命周期终点时所有建筑材料和设备进行分类，分为可回收利用材料和需要加工处理的建筑垃圾。对比相应的数据库，可以得到建筑拆除和重新利用过程中的碳排放量数据。依据 DGNB 相关的技术体系和方法，可以对酒店建筑的碳排放量进行科学计算，如图 4－2－30 和图 4－2－31 所示。

③ 建设和推广低碳建筑的具体措施。a. 通过科学设计，系统使用低碳建筑材料，降低建筑全寿命周期中维护更新材料的碳排放量；降低建筑使用过程、拆除和重新利用过程的能耗。b. 进一步完善建筑节能体系，建立中长期数据库，对各种不同建筑材料(如钢材、水泥、

玻璃、铝制品和内部装修材料)，及建筑设备(空调等)在生产过程中的能耗量做出全面统计和分析。对不同地区厂家生产的各种建筑材料单位能耗进行标识和追踪，建造时才能有更节能、减碳的方案可选择。c. 设计、研发和建立适合国内市场需求且经济成本可行的建筑技术体系和建筑结构体系，有效地降低 CO_2 排放量。如建立轻钢、新型轻质混凝土结构、复合材料结构体系等的追踪，使建筑材料的碳排放量计算有科学依据。

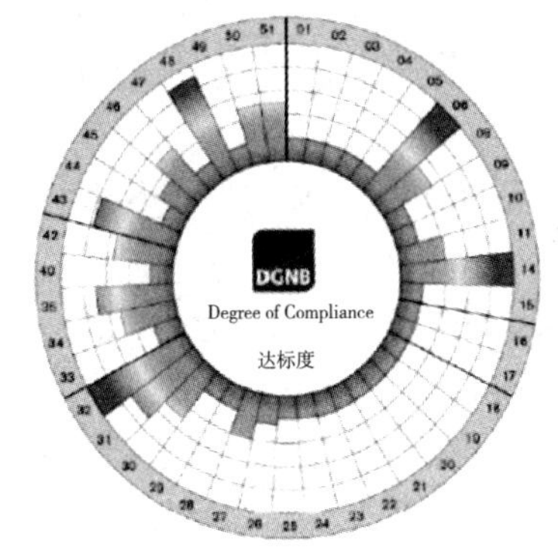

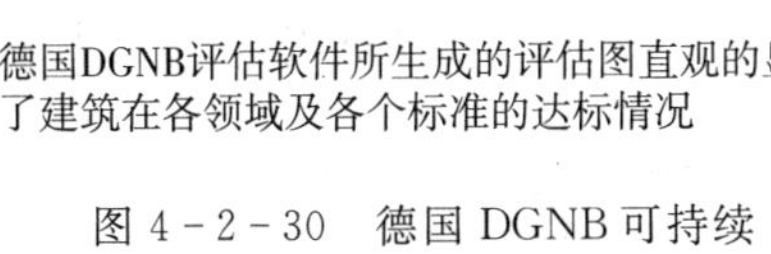
德国DGNB评估软件所生成的评估图直观的显示了建筑在各领域及各个标准的达标情况

图 4-2-30　德国 DGNB 可持续建筑评估体系达标图[3]

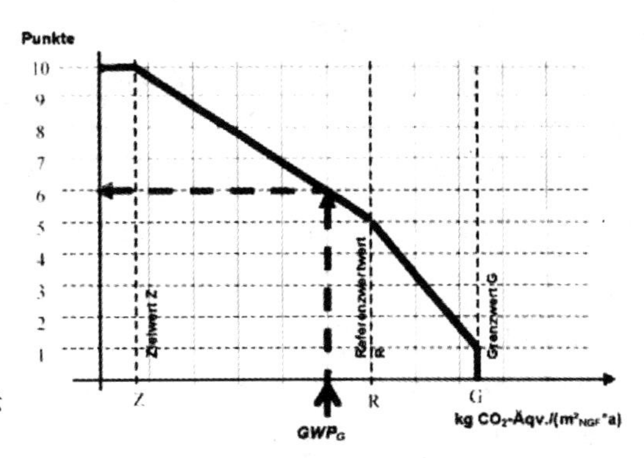

图 4-2-31　德国 DGNB 建筑碳排放量计算图表[3]

(7)酒店建筑应使用绿色环保建材。酒店工程都是精装修，因而绿化环保建材的应用对室内空气质量至关重要，应做到：

① 保证健康的室内空气环境。保证室内空气质量，控制甲醛和有害挥发性有机化合物(TVOC)。甲醛和 TVOC 主要包含在人造板家具、涂料、胶粘剂、壁纸、地毯衬垫等。

② 绿色环保建材的全程质量控制。a. 设计师以及施工标书编制机构，应具备相应的专业知识并重视在设计和标书中对所有材料的环保性提出明确的量化指标要求，包括黏结剂等辅助材料；b. 施工过程中，要求所有材料提供第三方权威检测机构出具的检测证书并全程备案；c. 装修完成后进行室内空气质量检测。

③ 减少有害气体排放量。环保建材要求建筑中所有使用的建筑材料及设备，其生产过程中的能源消耗和有害气体排放量，对地球环境可能产生的影响最小。可持续建筑要求减少 CO_2、NO_2、SO_2 等有害气体对臭氧层的破坏，减少磷化物和重金属的排放，以避免对全球环境造成更严重的破坏。“德国 DGNB 可持续建筑评估体系”对此有系统全面的评估方法，相关的建筑材料的环保性能数据，可以在德国官方数据库查到。通过对建筑中所有使用的建材与设备建立档案和量化记录，根据数据库提供的参数就可计算出每种建筑材料相应折套每年排放有害物质的数量，核算建筑中所有建材和设备，即可计算出建筑每年排放有害物质的总量。如果在设计过程中就能进行这项计算工作，就可以考核不同建筑及结构形式，不同建筑材料的应用，将会对环境产生较多或较少的负面影响。

④ 强调就地取材。可持续建筑强调使用本地建筑材料，通常要求主要建筑材料来源在 500km 范围以内。就地取材有利于减少交通运输 CO_2 和其他污染物的排放，同时有利于形成具有地方特色的建筑风格，这一点对于酒店建筑也是非常重要的。

(8)酒店的可持续运营管理

酒店的运营管理对于酒店建筑与设施的节能、绿色环保效果影响巨大。我国在2008年国家质量监督检验检疫总局和国家标准化管理委员会联合发布了《绿色饭店标准》GB/T 21084—2007,对酒店可持续运营管理提出了系统的方法和标准。

① 酒店可持续管理的组织架构。酒店需要设立创建绿色酒店的组织机构,由经过专业培训的高层管理者负责;设立绿色行动专项预算;有明确的绿色行动目标和量化指标;为员工提供绿色酒店相关知识培训;有倡导节约、环保和绿色消费的宣传行动,对消费者的节约、环保消费行为提供鼓励措施。

② 酒店建筑的能耗管理。酒店建筑的运行节能是节能工作非常重要的环节,具体应从下列几个方面入手:

a. 水、电、气、煤、油等主要能耗部门有定额标准和责任制;对每月各项消耗量进行监测和对比分析,定期向员工报告;各项能源费用占营业收入百分比争取达到先进指标。b. 主要用能设备和功能区域安装计量仪表;定期对空调、供热、照明等用能设备进行巡检和及时维护,减少能源损耗。c. 积极引进先进的节能设备、技术和管理方法,采用节能标志产品,提高能源使用效率;积极采用可再生能源和替代能源,减少煤、气、油的使用。d. 公共区域夏季温度设置不低于26℃,冬季温度不高于20℃。

③ 酒店减少废弃物与促进环保。包括:

a. 减少酒店一次性用品的使用;根据顾客意愿减少客房棉织品换洗次数;简化客房用品的包装;改变洗涤品包装为可充灌式包装;避免过度包装,必须使用的包装材料尽可能采用可降解、可重复使用的产品。b. 节约用纸,提倡无纸化办公;鼓励废旧物品再利用的措施。c. 减少污染物排放浓度和排放总量,直至达到零排放。d. 不使用可造成环境污染的产品,积极选择使用环境标志产品;引进先进的环保技术和设备。e. 采取有效措施减少固体废弃物的排放量,体废弃物实施分类收集,储运不对周围环境产生危害;危险性废弃物及特定的回收物料交由资质机构处理、处置。f. 采用本地植物绿化饭店室内外环境;积极采用有机肥料和天然杀虫方法,减少化学药剂的使用。

6. 绿色酒店建筑实例——深圳万科总部大楼[39-41]

深圳万科总部大楼,是集办公、住宅和酒店等多功能为一体的大型建筑群,2006年7月,美国当代建筑设计师的代表人物史蒂芬·霍尔的建筑师事务所以设计理念为“漂浮的地平线、躺着的摩天楼”的设计方案一举中标该项目。其底层架空以获得最大城市开敞空间,项目获得LEED铂金认证,如图4-2-32所示。

图4-2-32 深圳万科总部大楼(包含酒店)[41]

深圳万科总部中心占地61730m²,建筑面积80200m²,其中会议中心8000m²,酒店面积46200m²。6万平方米的建筑基地,除8个支撑主题的交通核外,整体悬于空中,楼上办公,楼下公园。楼体下部几乎完全通透,可让海风、山风流通,建筑完全向市民开放,市民可以自由行走其间。

完全架空的建筑底层有十几米高,大大降低了庞大的建筑体量对城市视野的影响,街道及整个城市立面得以延续。少量地面出租的空间让租户使用当地的自然材料,如竹子茅草等自己建造,建筑立面有了DIY的意味,具备很大的可变性和灵活性。下沉庭院、水系、绿地、山丘的完美组合形成丰富的立体景观,使空间最大化开放,留出景观空间,并可以加强风的对流,营造局部良好的微气候环境。

深圳万科总部大楼绿色节能技术设计,包括被动式的建筑设计和暖通空调的优化,在自然通风、遮阳与采光、冰蓄冷空调节能、湖水冷却、太阳能利用、围护结构等方面进行节能设计,从而提高万科中心的建筑环境质量和节能效果,提高建筑整体的可持续性。其绿色技术特点有:(1)建筑像一只生物,里面表皮是"会呼吸"的半透明强化轻质纤维,每个方向的墙面都经过年度太阳能采集量计算,控制百叶的开关和角度,保证采光和温度,相对同类型的建筑节能75%。(2)中水系统利用。利用中水及人工湿地做到100%处理污水,并用于景观灌溉以及消防蓄水。利用中水系统运作的矩形水景池将冷能向上辐射到彩色的铝制建筑底面再反射下去,调节小气候。(3)外遮阳系统。万科中心为了避免过多的太阳得热,以及冬季里的眩光现象,采用通常使用的低辐射、高透光玻璃的同时,配以能够自动调节的外遮阳系统,该系统根据太阳高度角以及室内的照度,自动调节水平遮阳板,其开启的范围0~90。达到理想的遮阳效果;外遮阳表面使用特殊复合材料,保护内层玻璃减少太阳能负荷及风力冲击;可转动式悬挂立面外遮阳系统不会阻挡窗外的海景及山景。利用太阳能的除湿和冷却系统经由特殊的"屋顶阳伞"形成了有遮阳的屋顶景观。整个建筑创造了一个多孔的微型气候和庇荫自由景观绿地。

4.2.5　医院建筑的绿色节能设计

医院建筑是功能复杂、技术要求较高的建筑类型,社会的发展进步以及人们对医疗服务的高标准要求,促成了现代医院的建设规模不断扩大。

医院建筑是我国建筑中的耗能大户,其年均能耗是仅次于旅馆的公共建筑。据相关统计,近5年我国医院建筑的水电暖气费支出上涨了53.4%。因此,向"绿色医院"转型是现代医院发展的必然趋势。

绿色医院建筑的内涵兼具医院建筑设计与绿色建筑思想复杂与多义的特征,内容宽泛而复杂。绿色医疗建筑设计需要在加强城市肌理的基础上,创造有利于病患和家属康复的物理环境,同时还能愉悦、缓和医患关系。

目前国际上较为流行的绿色医院建筑评价体系主要包括美国的GGHC、LEED HC,英国的BREEM HC和澳大利亚的Green Star HC。中国医院协会组织编制的《绿色医院建筑评价标准》自2011年7月起试行。标准提出绿色医院的建设与建筑评价应因地制宜,统筹考虑并正确处理其作为城市生命线、确保人的生命安全与建筑全寿命周期内,最大限度地节约资源、合理规划、精心设计、确保功能、遵守流程、安全配置各类设施、采取节能、节地、节水、节材等相关措施,最大限度地保护环境和减少污染;提供安全高效的使用空间,使之与自然和谐共生，满足医疗功能与建筑功能之间的辩证关系[42]。中国国务院办公厅于2013年下达文件明确指出“政府投资的国家机关、学校、医院、博物馆等大型公共建筑，自2014年起全面执行绿色建筑标准”。

1. 现代医疗建筑的四个设计理念

(1)本源设计。本源设计理念是根本性的对健康环境的认知理念，建筑师或规划师通过创造健康和宜人的环境来引导人们积极的生活态度和良好的生活方式，从根源上解决健康的问题；世界卫生组织WHO对“健康”的定义是：“身体健康、心理健康、社会关系健康的综合体现，并不仅仅是指没有生理疾病！”

(2)疗愈环境循证设计。疗愈环境循证设计，即“患者感受＋物理环境”，是以循证设计理念为基础，探索患者和家属的体验和感受，并贯彻到物理环境设计中，并与医院的运营机制相吻合。例如功能房间缺乏私密性，噪音过大，卧床时被迫盯着天花板上晃眼的灯光，指路系统不明确等。早期，南丁格尔有句名言“医院设施环境的第一需求应该是必须是对患者没有任何危害因素环境下的治愈”。

(3)绿色医院。《绿色医院建筑评价标准》CSUS GBC 2—2011的相关定义[42]：①“绿色医院建筑”：是在建筑的全寿命周期内，最大限度地节约资源（节能、节地、节水、节材）、保护环境和减少污染，提供健康、适用和高效的使用空间，并与自然和谐共生的医院建筑。②“绿色医院建筑环境”：是以患者、医务人员及探视者需求为服务目标，由绿色医院建筑室内外空间共同营造的声、光、电磁、热、空气质量、水体、土壤等自然环境和人工环境。

(4)可持续性设计。可持续建筑是指在建造，运营和拆除的全寿命期间，对环境的负面影响最小，经济和社会效益最佳的建筑。国际经济合作与发展组织OCED提出了可持续发展的四项原则：资源使用效率，能源利用效率，污染防治和与环境协调。因此，可持续建筑应当立足于综合环境效益的提高，提供给人们一个经济、舒适，具有环境感与文化感的场所。

2. 现代绿色医院建筑的内涵

世界卫生组织WHO在其愿景中写道：“健康是一种身体、精神以及社会交往的良好状态，而不仅仅是消除疾病或羸弱。”绿色医院设计应遵循“以病人为中心”和努力创造“人性化的治愈环境”。好的医院环境通过吸引或分散病人或其家属的注意力，减低焦虑，对心理感受带来正面的改变。这些改变包括愉悦，鼓舞，创造，满意，享受和赞美。新时期的绿色医院建筑，不仅要求能维持短期的健康运转，还应该为医院建筑注入动态健康的理念，能满足其长远的发展。

1)现代绿色医院建筑的内涵

包括：(1)关注资源、能源的科学保护与利用。要求医院建筑不局限于建筑的单体和区域，应在建筑物在全寿命周期中最低限度地占有和消耗地球资源，最高效率地使用能源，最低限度地产生废弃物并最少排放有害环境的物质。(2)注重对自然环境的尊重和融合。健康的医疗建筑环境应创造良好的、更接近自然的室内外空间环境，运用阳光、清新空气、绿色植物等元素使之成为融入人居生态系统的，满足人类医疗功能需求与心理需求的建筑物。(3)满足使用功能的适应性与建筑空间的可变性，以适应现代医疗技术的更新和生命需求的变化，在较长的演进历程中做到可持续发展。

2)绿色医院实例介绍：新加坡“邱德拔医院”[43]

邱德拔医院位于新加坡北部的义顺镇一个巨大的湖边，占地3.4公顷，总建筑面积10.8

万 m^2，建筑高度 48m，英国 RMJM 建筑事务所设计。该项目曾获得过 2009 年度绿色标志白金奖、2010 年艾默生杯奖、2011 年第 11 届 SIA 建筑设计奖、2011 年新加坡建筑师协会“年度建筑奖”和“最佳公共卫生保健建筑设计奖”等 14 个奖项，颁奖评审团赞扬医院将先进的技术与花园结合起来，为病人的康复创造了良好的环境。

该项目具有 550 个床位，为新加坡北部的居民提供服务，这涉及对湖岸进行改造的问题，包括设计沿湖的体育运动小道和食品展销馆，还包括景观庭院和屋顶花园。医院设置有伤员分类、治疗和外科手术等单位，还设计了急救单位区、净化区和检疫隔离区，如图 4－2－33 所示。医院拥有清晰的导示系统（Way finding system）（图 4－2－33（b）），让人心情愉悦的墙面设计（图 4－2－33（c））。

（a）医院全貌

（b）医院里的花园

（c）医院的导视系统

（d）医院墙面设计

图 4－2－33　新加坡“邱德拔医院”

该医院具有环境的可持续发展与气候控制、病患护理、疾病和灾害防治管理等综合措施。其设计特点和立面与该地区的主题内容融为一体，并具有灵活性和可测量性以适应变化的需求。该医院的前身亚历山德拉医院以葱郁绿色环境中的优质医疗服务而闻名。为了保持其为患者的康复提供园林式康复空间的传统，这一地标的开发最完美地显现出了其独特的特点——“花园中的医院、医院中的花园”。

3. 我国绿色医院建筑的发展历程

中国医院建筑的发展从 1950 年开始到 21 世纪初期，从满足基本需求到追求服务和规模的提升与拓展，其发展是伴随医疗技术的发展和建筑技术的进步进程逐步走向绿色化的。中华医学具有悠久的历史，崇尚自然、尊重生命的医疗模式对我国医院建筑的形态具有很大的影响。我国绿色医院建筑的发展历程可以总结为以下几个时期：

（1）萌芽期。我国医院建筑设计中的绿色生态思想的运用古已有之，最早可以追溯到周朝，医疗功能多依赖于宗教建筑，以医传教，选址多在环境幽雅、空气清新、可以就地取材的风水宝地。三国时期，相传有“行医不受报酬”，采取“以药换医”“植树换医”的“杏林”模式医院，其环境就近自然山林，景色优美，利于疾病治疗；药物可就地取材，采用自然疗法，物尽其用。这种模式可以看作是医院建筑绿色化的早期实践，其中蕴含着绿色医疗环境及其可持续发展的哲理，体现了社会效益、经济效益、环境效益的协调统一。唐宋时期，医院进一步发展并初具规模，宋朝京师开封已拥有 300 人的医院。医院开始对环境和各类空间功能有较明确的划分，厅堂和廊庑相结合的“庭院式模式”构成了最初的布局。这种布局形式已经具有减少交叉感染、保证人的生理健康的朴素绿色思想。

(2)探索期。鸦片战争以后，随着西方传教士的文化入侵，以生物医学模式为基础的西医学随之引入，我国进入了近代医院的探索时期。基于医学功能的专业分科，医院大多采用分科、分栋的分散式布局形式。这时的医院建筑是低技术水平条件下医院功能的自然反映，也体现着注重清污分区和利用自然通风采光的绿色思想，因而医院建筑物规模较小，大多是低层的小型建筑，如南京鼓楼医院旧址病房楼，如图 4-2-36(a)所示。

(3)发展期。新中国成立后，医疗卫生事业纳入国民经济和社会发展计划，医院建设进入发展时期，规模不断扩大，建筑布局也逐渐摆脱了苏联中轴对称模式的影响，开始根据功能进行灵活设计。这时期的医院建筑设计多数具有较为完整的总平面规划，布局开始趋于集中，如北京宣武医院(图 4-2-34)、上海闵行医院和江苏省苏州九龙医院等。这一时期，很多医院的主体建筑多呈“王”字形、“工”字形组合(图 4-2-35)，其中蕴含了加强功能部门之间的联系和节约土地的绿色思想。

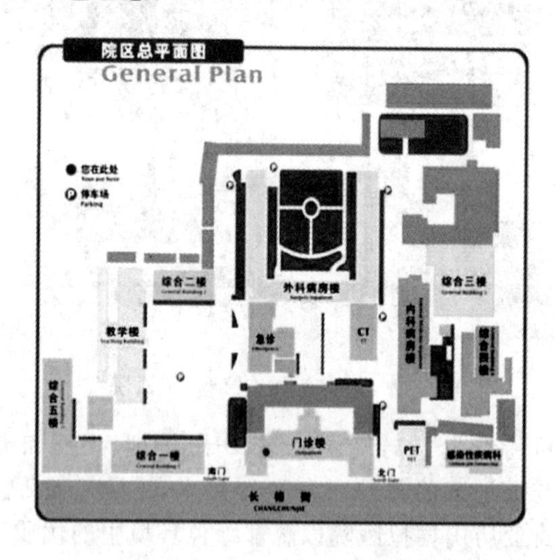

图 4-2-34　北京宣武医院总平面

(4)成熟期。改革开放带来了我国医院建设的大发展，在这个时期我国医院建筑绿色化的重点是进一步提高工作效率和环境品质。传统的“工”字形、“王”字形平面已经不能适应新时期的医疗需求。全国各地开始以建造“高层病房楼”“医技综合楼”为特征的老医院扩建热潮，而且有些新建医院还不同程度地考虑了医院的空间应变性需要。如北京中日友好医院，1984 年建成，是拥有 1000 张床位的大型综合医院，它采用了多翼式的布局模式，保留了足够的开放端和发展用地，成为我国现存医院建筑中考虑应变的较好范例。

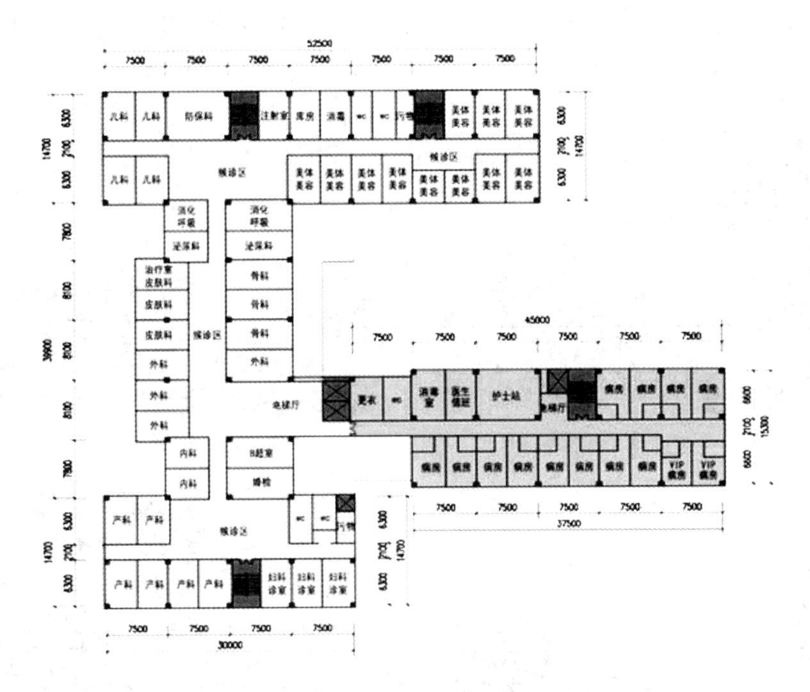

图 4－2－35　北京星耀五洲医院二层平面

(5)繁荣期。近几年,我国新建的一批大规模综合性医院中越来越多地引入了国外先进的设计理念,医院建筑形态开始呈现多样化的发展趋势,医院建筑的绿色化进入了繁荣期,表现如下[47－48]:①建筑布局的多样化。如广东省佛山第一人民医院,在布局上采用了“高层集中式病房”和“低层网络型门诊医技”的组合形式;上海儿童医院进行了模块化的尝试;上海长征医院则采用了完全垂直集中式等。②医院护理单元模式的多样化,出现了复廊式、三角形、组团式等多种形式。③医疗建筑中公共交流空间增加的趋势,如部分医院设计了中庭空间。④医疗建筑呈现标准提高、少床病室增加的趋势。⑤医院建筑设计也开始注意能源节约,重视全球生态问题。⑥医院建筑越来越多地应用先进的工程,如无障碍设计、医院的气源供应、生物洁净技术、视频音频通讯、物流传输、动力设备、智能技术等,大大提高了医院的运作效率,促进了医院环境的改善。

4. 我国医院建筑的发展实例——南京鼓楼医院[49]

南京鼓楼医院(图 4－2－36)又名南京大学医学院附属鼓楼医院,是中国最古老的西医院之一,位于南京市市中心,于 1892 年由加拿大传教士马林 Macklin 医生创建,如图 4－2－36(a)所示,在中国医学界具有崇高的地位。目前是一所集医疗、教学、科研为一体的大型综合性三级甲等医院,中期阶段的医院建筑,如图 4－2－36(b)所示。

鼓楼医院南扩新大楼 2012 年 11 月 5 日全面投入使用,建筑面积 230000 平方米,如图 4－2－36(c)所示。此项目由瑞士 LEMEN 建筑及城市规划设计事务所设计,获得 2013 年世界最大建筑奖项 WAN(世界建筑新闻奖)的医疗设计奖,是中国地区唯一获此奖项的医疗设计项目。新大楼按照国际一流医院标准建设,包括门急诊大楼、病房大楼、科研教学大楼、心血管中心、器官移植中心、肿瘤诊疗中心、生殖医学中心、病人服务中心等。总投资 11 亿,建成后,总建筑面积达到 30 万平方米、床位 2400 张。新大楼增添了现代化设备、人性化设施外，屋顶停机坪、星巴克咖啡屋等，宛若星级酒店，给前来就诊的患者营造出良好的就诊环境。

（a）早期“马林医院”旧址病房楼

（b）中期的医院建筑

（c）新建南扩工程

（d）新南扩工程的玻璃幕墙

图 4－2－36　南京鼓楼医院的发展历程

鼓楼医院南扩新大楼设计突出医院在城市中心的区位特点，其“以人为本”的人性化设计及绿色设计理念主要表现在以下方面：

1)建筑功能布局、交通流线及空间设计

(1)建筑以两个中空形立方体组成，由一条功能性连接臂将新老医院连为一体，全天候、无障碍通行。(2)医疗功能区划分明确，既自成体系又有机结合，每层楼都有挂号交费、看病、常规检查、取药功能，患者可在一个区域内完成整个看病过程。住院部和门急诊部两个区域体块相错，在天津路和中山路两侧形成两个市民广场，解决两侧道路交通压力，并设有1000 个地下停车位。(3)化验标本、拍片检查等图像报告通过网络系统传输，患者看病实行就诊卡，所有就诊患者的看病检查资料，均可通过网络传输、保存和调阅。(4)建立立体急救系统，门急诊大楼楼顶设有直升机停机坪，伤员可通过直升机直达急诊抢救。(5)环境设计融入“健康医院”理念，门急诊大楼采用中庭结构，绿化环境和自然采光相结合，住院区为花园式，绿化率达 32%。

2)建筑外表皮设计

新大楼的外表皮上有很多大小不一的格子，淡绿交替灰色，与“水立方”神似，如图 4－2－36(d)所示。格子是 8000 多块灰色的“穿孔铝板”钉在淡绿色玻璃幕墙上，全部按一块横、一块竖的规律安装。由于医院患者不能照强光，需要照射柔和性的光，穿孔铝板遮住一部分光线，又在视觉上形成极大的冲击力，遮阳兼装饰作用兼顾。新大楼的整个幕墙也体现了节能环保的最新设计。铝板遮阳之后，并不会影响到窗子开关及通风。铝板挡住每个窗户的1/4左右，窗户是侧开，开关不受影响。另外，一半的幕墙是磨砂材质，这能最大限度地降低光污染。

5. 绿色医院建筑的设计原则[3]

1）自然性原则——关注生态环境

绿色医院建筑应是规模合理、运作高效、可持续发展的建筑。尊重环境，关注生态，与自然协调共存是其设计的基本点。绿色医院建筑设计的自然原则体现在以下三个方面：

（1）合理利用自然资源。即充分利用阳光、雨水、地热、自然风等自然条件；充分利用太阳能、风能、潮汐能、地热能等可再生能源；有效使用水资源；科学进行绿化种植。

（2）消除不利自然因素。应防御自然中的不利因素，通过制定防灾规划和应急措施达到安全性保证；通过做好隔热、防寒、遮蔽直射阳光等构造设施设计，满足建筑各项要求；对于地域性特征的不利因素，应参考当地传统解决办法并积极发展创新。

（3）与自然和谐共生。要符合与自然环境共生的原则，关注建筑本身在自然环境中的地位、人工环境与自然环境的设计质量等问题。

2）人本性原则——保证健康、舒适、安全

绿色医院建筑设计的一个重要原则是以人为本、尊重人类，其关注、爱护和关怀对象应是包括对患者、医护人员、探视家属在内的多方位人群。主要包含以下方面的要求：

（1）环境舒适度设计应基于人体工程学原理。从人体舒适度角度出发，在医院建筑中营造理想、舒适的室内外空间和微气候环境；尽量借助阳光、自然通风等自然方式调节建筑内部的温湿度和气流。（2）应以行为学、心理学和社会学为出发点，考虑满足人们心理健康和生理健康的环境空间设计的具体方法，创造出合理、健康舒适的环境。（3）提高建筑空间的自主性与灵活性。应重视建筑所在地的地域文化、风俗特征和生活习惯。建筑空间及环境应根据不同使用者不断变化的使用要求进行适当调节。

3）效益性原则——提倡高效节约

绿色医院建筑的高效节约设计原则，主要指针对医院建筑功能运营方面的经济性要求而采取的设计策略，它的根本思想是通过充分利用并节约各种资源，包括社会资源（人力、物力、财力等）和自然资源（物质资源、能源等），从而实现医院建筑与社会和自然共生。具体的设计范围很宽泛，从前期的投资、规模定位、布局，到流线设计和具体的空间选择，直到建筑的解体再利用，这整个过程中都包含高效节约的设计内容。其具体内容和技术途径主要体现在以下三个方面：

（1）实施节能策略。包括：①设计节能。主要是指在建筑设计过程中考虑节能，诸如建筑总体布局、结构选型、围护结构、材料选择等方面考虑如何减少资源、能源的利用。②建造节能。主要是在建造过程中通过合理有效的施工组织，减少材料和人力资源的浪费，以及旧建筑材料的回收利用等。③运营节能。主要是指在建筑运营使用中合理管理能源的使用，减少能源浪费，如加强自然通风、减少空调的使用等，使建筑走向生态化和智能化的道路。

（2）利用新型能源、再生能源，提高能源利用率。资源、能源的节约与有效利用的设计，要求设计师建立体系化节能的概念，从设计到使用全面控制能源的消耗。所有使用的能源都应当向清洁健康或者可循环再生方向发展。

（3）结合当地的地域环境特征。绿色医院建筑在基地分析与城市设计阶段，应充分利用建筑场地周边的自然条件，尽量保留和合理利用现有适宜的地形、地貌、植被和自然水系；在建筑的选址、朝向、布局、形态等方面，充分考虑当地气候特征和生态环境；在与自然的协调设计中，最为突出的是建筑被动式气候设计和因地制宜的地方场所设计。此外，绿色环保方面的技术内容，也是关注的重点。

4)系统性原则——整体考量建筑与环境的关系

绿色医院建筑设计应将医院建筑跟周围的环境看作一个整体，从系统的角度分析，如何实现建筑的绿色化。广义绿色医院建筑设计的两个层面：

(1)建筑所在区域和城市的层面。这一层面应全面了解城市的自然环境、地质特点及生态状况，完成重大项目建设环境报告的制定与审批，做到根据生态原则来规划土地的利用、开发与建设。同时，协调好城市内部结构与外部环境的关系，在城市总体规划的基础上，使土地的利用方式、功能配置与强度等与自然生态系统相适应，做好城市的综合防灾与综合减排，完善城市生态系统。

(2)建筑单体的层面。这一层面的主要内容是处理建筑局部和整体、建筑与自然要素的关系，利用并强化自然要素，将绿色建筑理念落实到具体建筑设计实践中；从建筑布局、能源利用、材料选择等方面结合具体条件，选择适当的技术路线，创造宜人的生活环境。

总之，绿色医院建筑所包含的四个设计原则，各有其侧重点和指向特征，又存在彼此相互交叉之处，设计时必须相互融合，统筹考虑。

6. 绿色医院建筑评价标准与等级划分[42]

《绿色医院建筑评价标准》(CSUS GBC 2—2011)的有关内容：绿色医院建筑评价指标体系由规划、建筑、设备及系统、环境与环境保护、运行管理共五类指标组成。每类指标包括控制项、一般项与优选项。进行绿色医院建筑评价，应先评审是否满足控制项的要求，参评的控制项全部满足要求。按满足一般项数和优选项数的程度，划分为三个等级，等级划分按表4-2-9确定。对一般项、优选项逐条进行达标通过判定，判定结果分为通过、不通过、不参评三种。对有多项要求的条款，各项要求均满足时方能评为通过。

表4-2-9 划分绿色医院建筑等级的项数要求[42]

等级	一般项数(共35项)					优选项数(共33项)
	规划(共6项)	建筑(共6项)	设备及系统(共10项)	环境与环境保护(共7项)	运行管理(共6项)	
★	2	2	3	2	2	—
★★	3	3	5	4	3	10
★★★	4	4	7	5	4	22

当标准中某条文不适应建筑所在地区、气候、建筑类型、医院功能及建设规模等条件时，该条文可不作为参评项，参评的总项数相应减少，等级划分时对项数的要求可按原比例调整确定。

绿色医院建筑的评价，原则上以完整的医院全部建筑为对象。对医院建筑的评价，分为设计与运行两个阶段，设计阶段在施工图完成后评价，运行阶段的评价在运行一年并达到设计规模后进行。处于规划设计阶段和上个阶段的医院建筑，可比照标准对其规划设计进行评价，参评项数调整同上面第5条确定。

7. 绿色医院的设计策略

1）可持续发展的总体策划[3]

随着医疗体制的更新和医疗技术的不断进步、日趋完善，医院建设标准逐步提高，主要体现在床均面积扩大，新功能科室增多，医院功能、就医环境和工作环境改善等方面。绿色医院的设计理念应体现在医院建筑设计、建设、管理的全过程。

（1）规模定位与发展策划。医院建筑的高效节约设计，首先要对医院进行合理的规模定位，合理确定医院的发展规划目标，有效地对建设用地进行控制，体现规划的系统性、滚动性与可持续发展，实现社会效益、经济效益与环境效益的统一。

① 确定合理的医院规模。现代医院的规模随着人口增长越来越大，应根据就医环境合理确定。规模过大会造成医护人员、病患较多，管理、交通等方面易突显问题；规模过小则易造成医疗设施不健全、医疗资源利用不足的矛盾。医院建设规模不能片面追求大规模和形式气派，需要综合考虑多方面因素，注重宏观规划与实践的结合，在综合分析的基础上做出合理的决策。

② 提高医院设计标准：从“量”的扩大转变为“质”的提高。应关注以下环节：a. 要对医院在未来整体医疗网络中的准确定位、投资决策、项目的分阶段控制完成等各方面关联因素做综合决策；规划方案的制订应具有一定的超前性，建筑设计人员应该与医院方权衡利弊，共同策划，根据经济效益确定不同的投资模式。b. 设计方案初期，医院管理人员和医疗工艺设备专业人员应密切配合、及早介入并积极沟通相关信息，如了解设备对空间的特殊技术要求及功能科室的特定运作模式等，尽力避免土建完工后的重新返工造成的极大浪费。

③ 合理医院建设的合理发展模式。应首先通过实际调查与科学决策来确定医院的整体规模并做统一规划；在一次性建设困难的情况下，应根据投资及实际情况做分期建设，但应实现全过程整体控制。

（2）功能布局与长期发展

随着医疗技术的不断进步、医疗设备的不断更新，现代医院的功能不断完善。绿色医院建筑应近远期相结合，具备较强的应变能力，不仅应满足当前单纯的疾病治疗空间和场所，也应充分预见远期发展变化趋势，以灵活的功能空间布局为不断变化的功能延续提供必要的物质基础。

（3）节约资源与降低能耗[51]

纵观医院建筑绿色化的发展历程，经历了从分散到集中又到分散的演变，反映了其发展趋势是集中化与分散化交替发展、螺旋上升的发展模式。

① 建筑形态整合集中化趋势

传统医院建筑典型的“工”字形、“王”字形的分立式布局，已经不能满足新时期医院发展的需要。为了节约土地，节省人力、物力、能源的消耗，现代医院建筑在规划布局上相应缩短了流线，医院建筑形态出现整合集中化的趋势，“大型网络式布局医院”及“高层医院”不断出现。其明显的特征就是便捷、高效、合理的集中化处理。集中式布局原则是国际标准的现代化医院的最基本的标志之一，集中化处理更加适合现代的医疗模式，便捷、高效地实现对病患的救治。

② 人性、绿色、高质量的适度分散化处理

医院建筑的集中化布局带来诸多好处的同时，也由于过度集中带来了许多负面效应，如：使医院空间环境质量恶化；造成医疗环境的紧张感，压迫感；缺少自然环境和活动场所；过于集中成片的布置使许多房间缺乏自然采光与通风，不得不使用空调从而造成大量的能源浪费。现代医院提倡建筑布局的适度分散化处理，它不是简单回归到以前的单体分散布局及分区方式，而是结合现代医疗模式的变化发展，结合不同的特定医疗性质做分散功能设计，做到集约与分散的合理搭配，力求实现医院建筑的真正绿色化设计。

分散化处理的具体方式是除了特殊的功能部门宜采取集中设置外，一般不宜采用大进深平面和高层集中式布局，而提倡采用低、多层高密度的布局，充分利用自然采光、通风来实现高效与节约的绿色设计。但这必然带来用地成本增加的问题，如何统筹协调其间的矛盾，在高层集中式与特殊功能分散化之间找到平衡点，是现代绿色医院设计的重要课题之一。

③ 降低医院建筑全寿命周期的能耗

绿色医院建设的节能、可持续设计思想应考虑降低建筑全寿命周期的能耗，具体方式有：a. 尽量保留并充分利用现有建筑场地周边的自然条件，如适宜的地形、地貌、植被和自然水系；尽可能减少对自然环境的负面影响及破坏。b. 尽量采用耐久性能及适应性强的材料，从而延长建筑物的整体使用寿命。c. 充分利用清洁、可再生的自然能源例如太阳能、风能、水体资源、草地绿化等，降低环境污染，提高能源的利用效率，让建筑变成一个自给自足的绿色循环系统。

④ 医院建筑总体布局与被动式节能的关系[51]

医院建筑中大量高能耗、高技术的诊断及医疗设备，及部分诊疗环境的特殊使用要求如不同的净化要求，正、负压空调区域，早期采暖等，能耗很大。被动式节能设计策略成为设计师、医院建设方、医院使用者(包括医护人员、病患、病人家属等)共同关注的方向。

医院总体布局的建筑体型构成分为以下四种类型：

a.“集中式(高层)”。可以实现高效节地，对受到基地面积严格控制的项目是唯一的选择，但因为体型系数最小，可以争取的自然采光、通风面积非常有限。除寒冷地区外，从节约能源的角度不推荐采用此类布局。

b.“门诊医技(裙房)+病房楼(高层)”。这是中心城区比较常见的医院建筑总体布局方式，能在节地的同时为门诊、医技区争取较多的自然通风、采光空间，并对建立便捷的医疗交通流线提供可能。但随着医院建设规模的日益扩大，这一布局方式只能解决一部分空间的自然通风、采光问题。

c.“门诊医技楼(多层)+独立病房楼(高层)”。这种布局方式适用于基地面积较为宽裕的项目，既能兼顾功能布局、医疗交通流线组织，也能为最多的空间争取较好的自然通风、采光，创造自然的室内舒适环境，降低建筑能耗。这种较分散的建筑布局形态在夏热冬暖地区较为适用。

d.“门诊医技楼(多层)+独立病房楼(多层)”。此布局对基地面积要求较高，占地大，对医疗交通流线组织的便捷性不利。但其优点是最大限度地实现自然通风采光要求。

总之，医院的总体布局环节的被动式节能设计策略的重要影响因素是容积率，它直接决定、限制了项目总体布局的可塑性，见表 4-2-10 所列。

表4-2-10 医院项目容积率与总体建筑体型

容积率	用地条件	基于总体布局的被动式节能设计策略 ——医院总体建筑体型构成
2.0以上	紧张	集中式(高层)
1.5～2.0	教紧张	门诊医技(裙房)+病房楼(高层)
1.0～1.5	较宽裕	门诊医技楼(多层)+独立病房楼(高层)
1.0以下	宽裕	门诊医技楼(多层)+独立病房楼(多层)

2)生态化、人性化的环境设计[3]

绿色建筑的重要特征是与自然和谐共存,自然生态的医疗空间环境既可以屏蔽危害、调节微气候、改善空气质量,还可以为患者提供修身养性、交往娱乐的休闲空间,有利于病人的治疗康复。

(1)绿色医院绿色空间环境设计

① 空间庭院化设计。绿色医院建筑应拥有良好的绿色空间环境,常运用庭院设计的理念和手法来营造。设计方法有采用室内盆栽、适地种植,中庭绿化,墙面、阳台及屋顶绿化等都能为病人提供赏心悦目、充满生机的景观环境。医院建筑环境的绿化、景观设计应根据建筑的使用功能、空间形态特点进行合理的配置达到视觉与使用均佳的效果。

a. 综合医院的入口广场。这是医院院区内的主要室外空间,人流量大且流线关系复杂。景观与绿化设计应简洁清晰,起到组织人流和划分区间的作用。广场中央可布置装饰性草坪、花坛、水池、喷泉、雕塑等,并结合彩色灯光的配合,增加夜景效果(图4-2-37)。广场周围环境的布置,注意乔木、灌木、矮篱、季节性草花、色带等相结合,显示出植物的季节性特点,并充分体现尺度亲切、景色优美、视觉清新的医疗环境(图4-2-38)。

图4-2-37 黑龙江省同江市人民医院广场

图4-2-38 德国奥格斯堡老年康复医院广场

b. 住院部周围的场地绿化。住院部周围或相邻处应设有较大的庭院和绿化空间,为病患提供良好的康复休闲环境及优美的视觉景观。其场地绿化组成方式有规则式布局和自然式布局两种。第一,规则式布局。通常在绿地中心部分设置小广场,内部布置花坛、水池、喷泉等作为中心景观,并放置座椅、亭、架等休息设施,如图4-2-39所示。第二,自然式布局。充分利用原有地形,如山坡、水体等,自然流畅的道路穿插其间;园内的路旁、水边、坡地上配置少量的园林建筑及园林小品,如亭、廊、花架、主题雕塑等,重在衬托出环境的轻松和闲逸,如图4-2-

40 所示。

图 4-2-39　加州大学旧金山分校医学中心

图 4-2-40　日本福冈市医院景观设计

中国台湾长庚医院桃源分院(图 4-2-41),充分利用地形的平缓高差,分级布置了车道、绿荫车场、前庭园艺区及主入口和门诊医技楼,其后为住院部后山密林禁区。在功能区间以适当的绿化分隔,屏蔽了不必的街道噪音和视线干扰,也使住院部与医疗前区相对独立,医疗前区秩序井然,充满活力,病房区环境优美,安静祥和,利于病人疗养。

图 4-2-41　中国台湾长庚医院桃源分院

② 室外场地绿化应做空间分区。医院的室外环境应有较明确的区分与界定以满足不同人群的使用,创造安全、高品质的空间环境。为了避免普通病人与传染病人的交叉感染,应设置为不同病人服务的绿化空间,并在绿地间设一定宽度的隔离带。隔离绿化带以常绿树及杀菌力强的树种为主,以充分发挥其杀菌、防护的作用,并在适当的区域设置为医护人员提供的休息空间和景观环境。

(2)绿色医院建筑室内空间环境设计[3][56]

室内空间绿色化是近年来医院设计的重要趋势之一。我国的医院建筑规模和人流量均较大,室内空间需要较大尺度和宽敞的公共空间。绿色医院建筑的内部景观环境设计既要注重空间形态的公共化,也应体现室内景观的自然化。

① 空间形态的公共化。医疗技术的进步使医院建筑内部使用功能日趋复合化,医院建筑的空间形态越来越趋向体现公共建筑所特有的美感,如中庭和医院内街形态的引用是典型方法。

② 室内景观的自然化。室内绿化的布置、阳光的引入满足了患者对自然、健康的环境要求。医院公共空间应创造良好的自然采光与通风,做好室内外环境空间的衔接与过渡,既提供优美的空间环境又改善室内环境质量,有效防止交叉感染,如图 4-2-42(a)所示。在

较私密的治疗空间内更要注重阳光的引入和视线的引导，借助绿体设计增加空间的开阔感和变化，使室内有限的空间得以延伸和扩大，让患者尽量感受阳光帮助治疗与康复。也可以利用一些通透感强的建筑界面将室外局部景色透入室内，让室外的绿化环境延伸到室内空间，如图 4-2-42(b)所示。

(a) 中庭绿化

(b) 内外空间的融合与延伸

图 4-2-42　首尔国立大学医院室内环境设计

(3)构建人性化的医疗空间环境[63]。新医学模式更关注人的心理需求，医院的运行理念从“医治疾病”转化为“医治患者”。病人对医疗环境的物质及精神的双重需求，要求医院空间环境进行人性化建筑设计。

① 人性化空间的设计要求。人性化医疗空间一般会从建筑造型、平面布局、引导指示、空间尺度、色彩材质的运用、附属设施等几个方面来体现更多的人文关怀。

a. 空间符号体现人性化特征。绿色医院建筑设计应把情感关怀因素体现在建筑审美情感之中，运用建筑色彩、空间形态、造型等情感符号体现温馨、和谐、自然、安定的人性化情感特征，增加人们对医疗环境的认同感、融合感，促进病人的康复，也有利于医患之间的交流，如图 4-2-43 所示。

b. 医疗空间应细腻精致。绝大多数患者心理的脆弱和敏感带来生物的本能反应，即忧虑、急躁、无助等负面情绪。具有和谐、比例、均衡、节奏美感的医疗室内空间，给病人与建筑的直接对话与亲密接触提供了积极的场所，增加了病人对医疗建筑的认同，如图 4-2-44 所示。

图 4-2-43　美国 Baylor 癌症中心内部

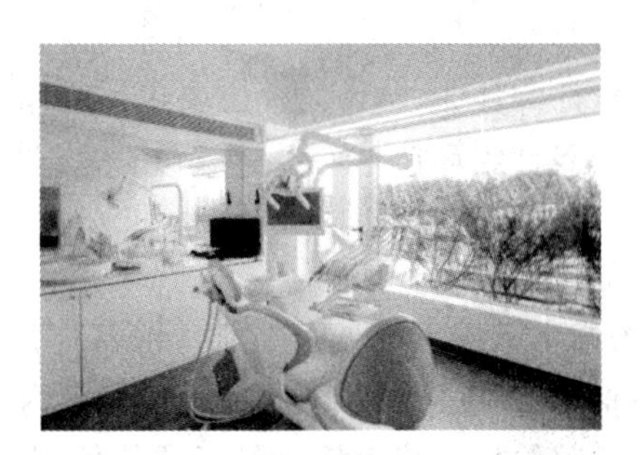

图 4-2-44　葡萄牙某眼科诊所内部

c. 医疗空间家居化设计。病患在就医的过程会产生一定的心理焦虑和恐惧感，尤其是住院患者，严重影响医治效果。医疗空间应从人性化设计思想出发，从日常生活场所中汲取设计元素，并结合医院本身的功能特点引入家居化设计。通过“以人为本”的医疗空间家居化设计手段，可以淡化高技术医疗设备及医院氛围给人带来的冷漠与恐惧心理，给医院空间环境注入一些情感因素，体现人文关怀，最大限度地满足患者的生理、心理和社会行为的需求，使医院环境成为给人情绪安慰或让人精神振奋的空间。

② 人性化空间的舒适度要求。人性化的医疗环境包括安全舒适的物理环境和美观安定的心理环境。首先要在采光、通风、温湿度控制、洁净度保证、噪声控制、无障碍设计等方面综合运用先进的技术，满足不同使用功能空间的物理要求；其次是在空间形态、色彩、材质等方面引入现代的设计理念创造丰富的空间环境满足人的心理需求。

(4)医疗空间的色彩与光环境设计[58]

① 空间色彩设计。绿色医院设计除需考虑标志性以外，还应注意对颜色的视知觉给人带来的心理影响。a. 儿童观察室、儿童保健门诊：可以采用明亮欢快的色彩，配以色彩斑斓的卡通画，可装饰成儿童乐园等，对消除孩子的恐惧感具有积极的作用，如图 4-2-45 所示。b. 妇科、产科门诊：应采用温暖的色调，配以温馨的小装饰，让孕产妇消除紧张和恐惧感，感到平安舒适与信任。

图 4-2-45　美国俄亥俄州 Nationwide 儿童医院

② 光环境设计。良好的光环境，有利于展示建筑色彩的完美性，提供愉悦欢快的医院环境。冬暖复凉、四季如春、动静相宜、分合随意、探视者和病患者共用的公共空间是绿色医院建筑中富有特色的人性化空间。

3)环保、防污设计[3]

绿色医院设计的环保、防污设计主要包括空调系统、污水处理等方面。医院设计的环境工程设计应综合多种建筑技术，立足现行相关标准体系和技术设备水平防止污染和污染控制，即严格控制交叉感染、严防污染环境，建立严格、科学的卫生安全管理体系，为医院建筑提供安全可靠的使用环境。

(1)控制给排水系统污染。医院给排水系统是现代化医疗机构的重要设施。院区内给排水及消防应根据医院最终建成规模，规划好室内外生活、消防给水管网，污水、雨水管网应采用分流制。医院给水系统包括医院正常的使用水和饮用水供应；医院排水系统包括医院各部分的污水和废水排放。给水、排水各功能区域应自成体系、分路供水，避开毒物污染区。位于半污染区、污染区的管道宜暗装，严禁给水管道与大便器(槽)直接相连及以普通阀门控制冲洗。消防与给水系统应分设，因消防各区相连，如与给水合用，宜造成交叉污染。医护人员使用的洗手盆、洗脸盆、便器等均应采用非手动开关，最好使用感应开关。排水系统应根据具体情况分区自成体系，且应污水废水分流；空调凝结水应有组织排放，并用专门容器收集处理或排入污水区的卫生间地漏或洗手池中；污水必须经过消毒灭菌处理，达标排放。污水处理系统宜采用全封闭结构，对排放的气体应进行消毒和除臭。

(2)医疗垃圾污染处理。医院建筑污染垃圾应就地消毒后就地焚烧。垃圾焚烧炉为封闭式，应设在院内的下风向，在烟囱最大落地浓度范围内不应有居民。

(3)空调系统设计应采用生物洁净技术。采暖通风设计需考虑空气洁净度控制和医疗空间的正负压控制，规范规定负压病房应考虑正负压转换，且平时与应急时期相结合。负压隔离病房、手术室、ICU采用全新风直流式空调系统应考虑在没有空气传播病菌时期有回风的可能性以节省医院的运转费用。生物洁净室的设计最关键问题是选择合理的净化方式。常用的净化气流组织方式分为层流式和乱流式两大类。层流洁净式较乱流洁净式造价高，平时运行费用较大，选用时应慎重考虑。层流洁净式又分为水平层流和垂直层流，在使用上水平层流多于垂直层流，其优点是造价较经济，易于改建。

8. 绿色医院建筑的发展趋势[3]

医院的建筑形态主要取决于医学及医疗水平、地区医疗需求、医院运营机制及建筑标准等构成要素。绿色医院建筑的特征是具有较长的寿命周期。

1)医院功能的复合多元化趋势

现代医院随着经营效益的增加及创立品牌与突出特色的需要，医院功能日益呈现功能复合化形态，其直接影响到医院建筑外部形态和内部空间。医疗功能的复合化形成有较大规模的医院综合体，功能包括门诊、住院、医技、科研、教学、办公为一体。这类大型综合医院多采用集中式布局，有利于节约用地和缩短流程，减少就诊和救治时间，提高效率。设计的重点在于解决复杂的功能关系，设置明确的功能分区，构建清晰的流线和空间领域，同时还要处理好大型建筑体量与城市的关系。

日本圣路加国际医院，由教学设施医疗区、超高层公寓和写字楼三个街区组成的综合医疗城，如图4-2-46所示；广州市第八人民医院，设置了独立的图书馆，体现现代综合医院的完善功能和扩展，如图4-2-47所示。

图4-2-46　日本圣路加国际医院

图4-2-47　广州市第八人民医院

2)“病患诊疗”与“康复保健”相结合的功能扩展趋势

随着人们的健康观念和健康意识的不断增强，医院面对的不仅仅是病患，也包括很多健康、亚健康人群。这类医疗设施与教育建筑、办公建筑空间结合形成综合体建筑，不仅要注重医疗救治的及时性，还要更加关注治疗的舒适性和建筑环境的品质。如卢森堡国家功能再教育和康复中心，如图 4-2-48 所示。

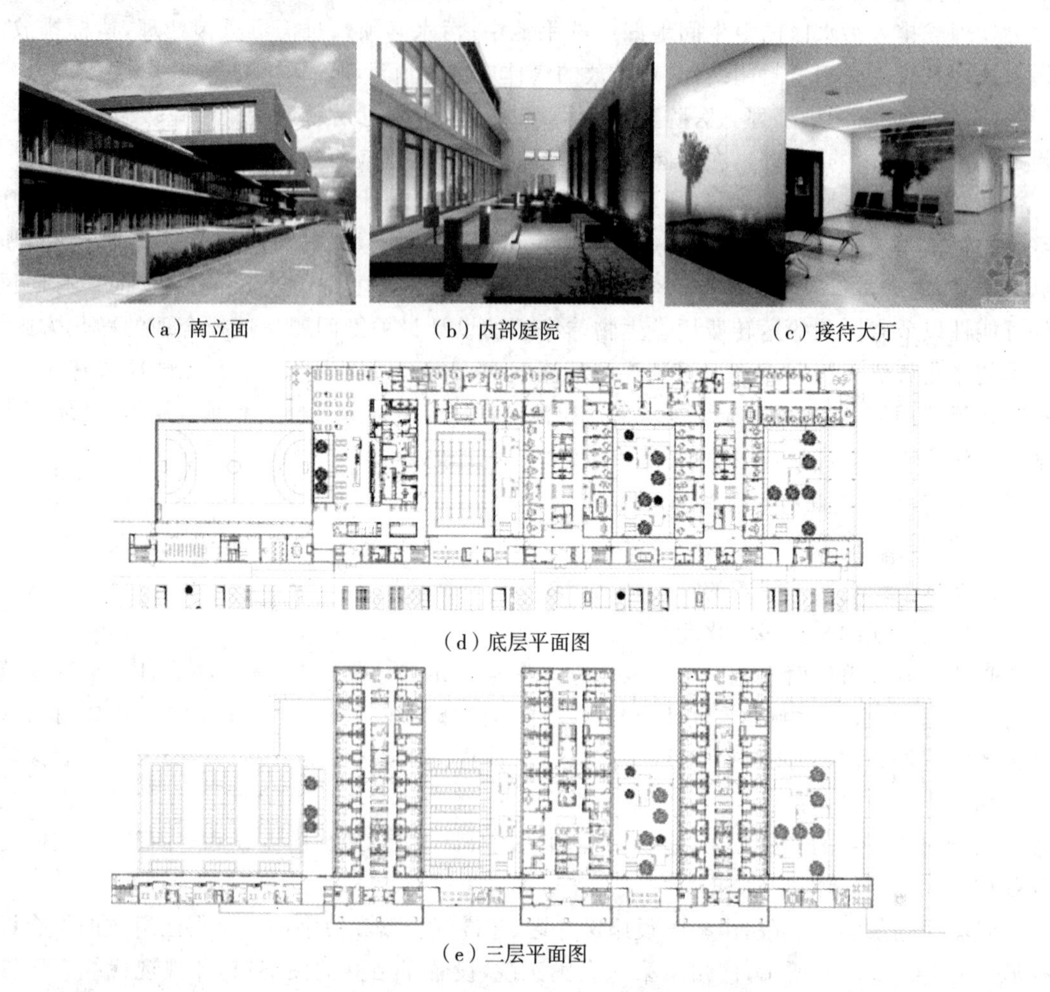

(a) 南立面　(b) 内部庭院　(c) 接待大厅

(d) 底层平面图

(e) 三层平面图

图 4-2-48　卢森堡国家功能再教育和康复中心

康复、保健的功能扩展使医院建筑的部门空间量增加及空间形态的改变，新增空间应在空间形态上有别于同部门治疗室并与之有紧密的联系。

(1)针对健康人群。在综合医院中增设了健康体检中心、健康教育指导、日常保健等功能，是现代医院建筑服务全社会的显著特征之一。

(2)针对康复人群。将康复功能纳入医院建筑是近年来解决"老龄化"社会问题的有效措施。该方式最早出现在日本和韩国，很好地体现了社会福利和全民保健的效能。如在骨科病房设置功能康复室；在儿科区设置泡泡浴治疗室为脑瘫或其他脑损伤患儿做辅助治疗。产科病房设置宾馆式家庭室、孕妇训练室等。

(3)针对临终关怀人群。日本的很多医院里设置了安慰护理病区，在延长患者生命的同时通过谈心关怀、音乐疗法等精神护理减轻患者的不适感，最大限度体现人性化。

3)集成现代医疗技术运用

(1)信息智能技术运用

现代综合医院的智能化是衡量其先进水平的重要标志，是医疗技术集约化的显著特征之一。信息智能技术主要体现在网络智能化工程，包括先进的计算机技术、通信技术、网络技术、信息技术、自动化控制技术、办公自动化技术等。现代化的诊疗手段、高科技的办公条件和便捷的网络渠道，可以降低能量消耗、提高服务的响应速度，它在医院的正常运营和应对突发卫生事件中提供了至关重要的支持。

网络工程使各科室职能部门形成网络办公程序，利用网络的便捷性开展工作；网络工程在门诊和体检中心广泛应用，其电子流程使患者得到安全、快捷、无误的服务，最后诊治结果也可以通过网络来查询。实现智能化一般需要设置如下智能化系统：

①楼宇设备管理系统。包括楼宇自动控制系统、火灾，自动报警及消防联动系统、广播系统、安保监控及防盗系统、通道管理(门禁)系统等；②综合医疗信息管理系统。包括 LED 显示屏系统、触摸屏信息查询系统、液晶媒体展示系统；③医院专用系统。包括手术监控系统、闭路电视示教系统、医护对讲系统、门诊叫号系统；④通讯及计算机网络系统。包括综合布线系统、计算机网络系统、有线电视系统；⑤中央集成管理系统 IBMS，即智能化系统集成。

另外，从 SARS 事件以后很多医院设置了公共卫生信息系统，包括公共卫生事件监测系统、事件监测系统、公共卫生事件决策系统、医院院救治信息系统，为医院提供了有效应对突发公共卫生事件的能力。

(2)新型诊疗技术、远程医疗技术应用

① 新型诊疗技术应用。新型医疗、诊疗技术随着科学进步发展迅速。20 世纪中期，医院以普通的 X 光和临床生化为主，随后相继出现了 CT、自动生化检验、超声、激光、核医学、磁共振和加速器等诊断治疗设备，而且更新周期越来越短；人工肾、ICU、生物洁净病房等特殊治疗科室也不断出现。医疗技术的进步带来了医疗功能的扩展，为疾病的诊疗开辟了新的途径，也为医院建筑设计提出了新的要求。如核医疗部、一体化手术部、高洁净病房等都需要合理的空间布局和先进的建筑技术来提供保障，医疗设备和治疗方式的变化必然影响医院建筑的形态改变，如图 4-2-49 和图 4-2-50 所示。

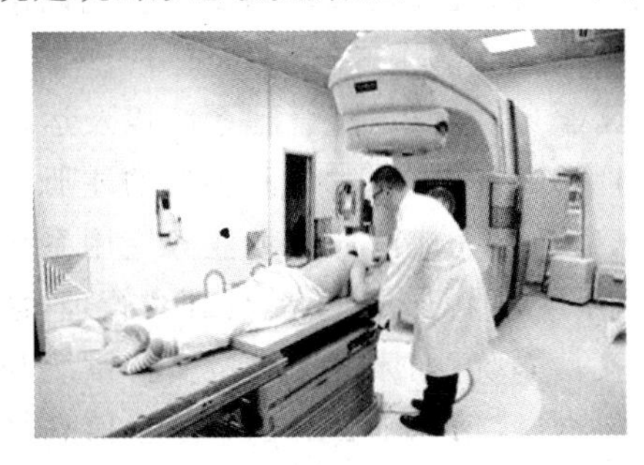

图 4-2-49　直线加速器治疗室

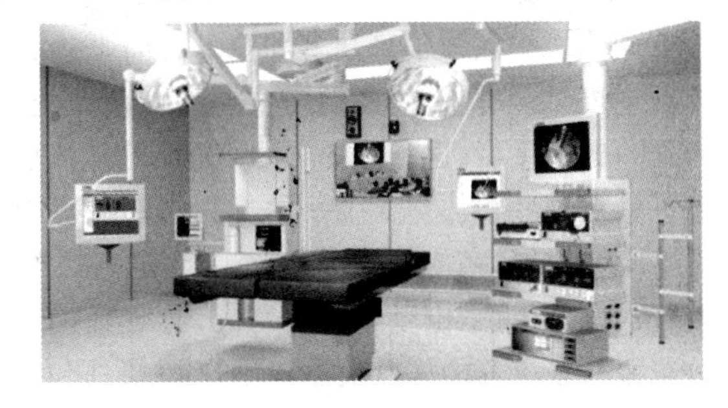

图 4-2-50　全高清一体化手术室

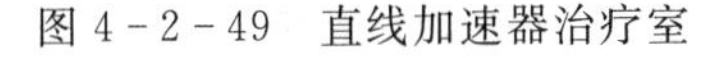

② 远程医疗技术应用[67]。远程医疗是在现代医疗科学技术支持下实现的医院功能的大范围扩展。远程医疗(Telemedicine)是指在计算机网络环境下，特别是在 Internet 环境下，在医疗管理信息系统的基础上，对异地开展远程医疗咨询与诊断、远程专家会诊、在线检查、远程手术指导、医疗信息服务、远程教学和培训等活动，乃至可以建立基于网络的虚拟医

院。2001 年 9 月 19 日，远程外科治疗得到突破性的发展，纽约外科医生 Jacques Marescaux 教授和他的 IRCAD 小组（消化器官抗癌研究院）使用一台由 Computer Motion 设计的 Zeusô 机械手，通过法国电信综合多个实体技术构成的宽频光缆设备，替一个身在法国斯塔斯堡的女病人做手术，切除其身上的胆囊，如图 4-2-51 所示。远程医疗系统的建设方便了患者，使患者的医疗突破地域限制以及能得到多个专家的综合意见；其次方便了医生，对于疑难杂症，多专家的计算机会诊及手术指导可以提高医治的准确率和成功率，并有效实现医学资源在全国乃至全球范围内的共享。总之，上述先进的医疗技术在完善了医院服务职能的同时，降低了患者的就诊率和入院率，从而节省了大量的人力、物力资源和能源，为医院建筑的绿色化提供了可能性与便利性。

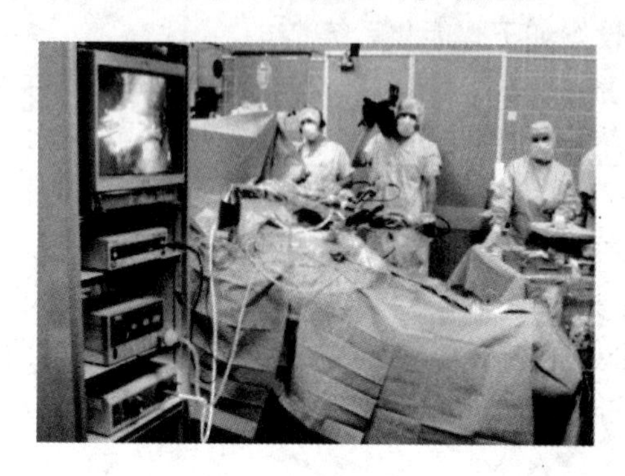

左图：斯塔斯堡的手术区；右图：Jacques Marescaux 教授在纽约施行远程手术

图 4-2-51　远程手术系统

(3)数字医疗与数字化医院解决方案

在“新医改”和“健康中国 2020”政策背景下，区域卫生信息化和数字医疗建设成为行业改革重点。数字化医院解决方案，是以电子病历为核心平台，以医院智能集成引擎平台为技术核心，以患者电子病历的信息采集、存储和集中管理为基础，连接临床信息系统和管理信息系统的信息共享和业务协作平台，将最终打造成医院内不同业务系统之间实现统一集成、资源整合和高效运转的基础和载体。与此同时，也将保证医院在区域范围支持实现以患者为中心的跨机构医疗信息共享和业务协同服务的实现。

其主要功能有：整合医院三大业务应用系统（临床服务系统、医疗管理系统以及运营管理系统）；针对患者、医疗服务人员、医疗卫生机构（科室）、医疗卫生术语和字典的注册管理服务并针对这些实体提供唯一的标识；通过医院信息交换层完成院内三大业务应用系统的信息共享和协同，完成数据搜集的工作；通过医院信息平台资源层的存储、处理和管理，最终实现以居民健康卡、电子病历浏览器、管理辅助决策支持系统、临床服务决策支持系统和患者公众服务系统等的医院信息平台应用层；同时将保持医院信息平台与区域卫生信息平台的互联互通。

关于智能医院的绿色设计，详见第五章之 5.5 智能建筑的绿色设计相关内容。

第 5 章 绿色建筑的技术路线

5.1 绿色建筑与绿色建材

5.1.1 绿色建筑与绿色建材的关系

建筑是由建筑材料构筑的，建筑材料是建筑的基础，设计师的思路和设计必须通过“材料”这个载体来实现。建材工业能耗占全国社会终端总能耗的 16%。

绿色建筑关键技术中的“居住环境保障技术”“住宅结构体系与住宅节能技术”“智能型住宅技术”“室内空气与光环境保障技术”“保温、隔热及防水技术”都与绿色建材有关。将绿色建材的生产研究和高效利用能源技术、绿色建筑技术研究密切结合，是未来的发展趋势。

5.1.2 绿色建材的概念及基本特征

20 世纪后半期，人居环境与可持续发展已经成为全世界关注的焦点。“绿色建材产品标志”已成为建材产品进入重大建设工程的入场券。在我国，绿色建材的发展及专业化、规范化的评价指标和体系正在逐步完善。

1. 绿色建材的概念

1)绿色材料

1988 年，在第一届“国际材料科学研究会”上首次提出绿色材料的概念。1992 年国际学术界给绿色材料定义为：“在原料采取、产品制造、应用过程和使用以后的再生循环利用等环节中对地球环境负荷最小和对人类身体健康无害的材料[1]。”

2)绿色建材

我国在 1999 年召开的首届“全国绿色建材发展与应用研讨会”上明确提出了“绿色建材”的概念。2014 年颁布的《绿色建材评价标识管理办法》中对绿色建材的定义：“是指在全生命周期内可减少对天然资源消耗和减轻对生态环境影响，具有“节能、减排、安全、便利和可循环”特征的建材产品。”绿色建筑材料的界定不能仅限于某个阶段，而必须采用涉及多因素、多属性和多维的系统方法，必须综合考虑建筑材料生命周期全过程的各个阶段，从原料采购—生产制造—包装运输—市场销售—使用维护—回收利用的各环节都符合低能耗、低资源和对环境无害化要求。

3)绿色建材产品

绿色材料与绿色建材产品是不一样的两个概念。绿色材料是指材料整个生命周期全过程达到绿色和环境协调性要求；而绿色建材产品，特别是绿色装饰装修材料，主要是指在使用和服役过程中满足建材产品的绿色性能要求的材料产品和工程建设材料产品。简而言之，二者之间的差别在于一个是对全程的评价，一个是局部的特点。

2. 绿色建材的基本特征[2]

包括：1)以低资源、低能耗、低污染为代价生产的高性能传统建筑材料，如用现代先进工艺和技术生产的高质量水泥。2)能大幅降低建筑能耗(包括生产和使用过程中的能耗)的建材制品,如具有轻质、高强、防水、保温、隔热、隔声等功能的新型墙体材料。3)有更高使用效率和优异材料性能,从而能降低材料消耗的建筑材料,如高性能水泥混凝土、轻质高强混凝土。4)具有改善居室生态环境和保健功能的建筑材料,如抗菌、除臭、调温、调湿、屏蔽有害射线的多功能玻璃、陶瓷、涂料等。5)能大量利用工业废弃物的建筑材料,如净化污水、固化有毒有害工业废渣的水泥材料。

5.1.3 发展绿色建材的意义和目标

就一般建筑材料而言,在生产、使用过程中,一方面消耗大量的能源,产生大量的粉尘和有害气体,污染大气和环境;另一方面,使用中会挥发出有害气体,对长期居住的人来说,会对健康产生影响。鼓励和倡导生产、使用绿色节能建材,对保护环境、改善居住质量,达到可持续的经济发展都是至关重要的。

根据绿色建材的定义和特点,绿色建材需要满足四个目标,即:一、基本目标。包括功能、质量、寿命和经济性;二、环保目标。要求从环境角度考核建材生产、运输、废弃等各环节对环境的影响;三、健康目标。考虑到建材作为一类特殊材料与人类生活密切相关,使用过程中必须对人类健康无毒无害;四、安全目标。包括耐燃性和燃烧释放气体的安全性。

5.1.4 绿色建材的发展趋势[3-4]

1. 绿色建材的发展现状

绿色建材在日本、美国及西欧等发达国家发展迅速,我国近年来也投入很大力量研究与开发绿色建材。发达国家开发出许多绿色建材新产品,如可以抗菌、除臭的"光催化杀菌、防霉陶瓷","可控离子释放型抗菌玻璃","电子臭氧除臭、杀菌陶瓷"等新型陶瓷装饰装修材料和卫生洁具。这些材料可用于居室,尤其是厨房、厕所以及鞋柜等细菌和霉菌容易繁殖和易产生霉变、臭味的地方,是改善居室生活环境的理想材料,也是公共场所理想的装饰装修材料。总之,绿色建材在要求功能实用及外表美观之外,更强调对人体、环境无毒害、节能、无污染的特性要求。

2. 绿色建材应满足的性能

包括:1)节约资源。材料使用应该减量化、资源化、无害化,同时开展固体废物处理和综合利用技术。2)节约能源。在材料生产、使用、废弃以及再利用等过程中耗能低,并且能够充分利用绿色能源,如太阳能、风能、地热能和其他再生能源。3)符合环保要求,降低对人类健康及其生活环境的危害。材料选用尽量天然化、本地化,选用无害无毒且可再生、可循环的材料。

3. 绿色建材的发展趋势

绿色建材旨在建设资源节约型、环境友好型的建筑材料工业,以最低的资源、能源和环境代价,用现代科技加速建材工业结构的优化和升级,实现传统建材向绿色建材产业的转变,着重解决消耗建材资源90%和能源85%的墙体材料和水泥的现代化问题,及发展包括墙体新材料、节能玻璃窗、绿色屋顶和生态水泥等主要的建筑材料,为节约型建筑业发展提供支撑。

1)"资源节约型"绿色建材

发展资源节约型绿色建材的途径主要有:(1)通过尽量减少对现有能源、资源的使用来实现;(2)可采用原材料替代的方法,即建材的生产原料充分使用各种工业废渣、工业固体废弃物、城市生活垃圾等来代替原材料,通过技术措施使所得产品仍具有理想的使用功能。如在水泥、混凝土中掺入粉煤灰、尾矿渣;利用煤渣、煤矸石和粉煤灰为原料生产绿色墙体材料等。

2)"能源节约型"绿色建材

建筑能耗与建筑材料的性能有着十分密切的关系,节能型绿色建材,既要优化材料本身的制造工艺,降低产品生产过程中的能耗,也要保证在使用过程中有助于降低建筑物的能耗,包括降低运输能耗(即尽量使用当地的绿色建材)及采用有助于建筑物使用过程中的降低能耗的材料,如采用保温隔热型墙材或节能玻璃等。

节能型绿色建材的发展趋势是:(1)研究开发高效低能耗的生产工艺技术,如在水泥生产中采用新法烧成、超细粉磨、免烧低温烧成、高效保温技术等降低环境负荷的新技术,大幅度提高劳动生产率以节约能源;(2)研究和推广使用低能耗的新型建材,如混凝土空心砖、加气混凝土、石膏建筑制品、玻璃纤维增强水泥等;(3)发展新型隔热保温材料及其制品,如矿棉、玻璃棉、膨胀珍珠岩等;(4)利用农业废弃物生产各种有机、无机人造板建造的房屋,一方面充分利用资源,消除废弃物对环境造成的污染;另一方面这些材料具有较好的保温隔热性能,可以降低房屋使用时的能耗。

3)"环境友好型"绿色建材

环境友好型建材,是指生产过程中不使用有毒有害的原料,生产过程中无"二废"排放或废弃物可以被其他产业消化,使用时对人体和环境无毒无害,在材料寿命周期结束后可以被重复使用等的建筑材料。包括:(1)采用清洁新技术、新工艺进行生产,充分考虑减少生产过程中的污染;(2)考虑建材本身的再生和循环使用,使建材在整个生产和使用周期内,对环境的污染减少到最低,对人体无害。

4)"功能复合型"绿色建材

建筑材料的多功能化是当今绿色建材发展的另一主要方向,即绿色建材在使用过程中具有净化、治理修复环境的功能,在其使用过程中不形成一次污染,且其本身易于回收和再生。这些产品具有抗菌、防菌、除臭、隔热、阻燃、防火、调温、调湿、消磁、防射线和抗静电等净化和治理环境的功能,或者对人类具有保健作用。常见的功能复合型绿色建材有:

(1)功能复合型绿色陶瓷。将某些重金属离子(如 Ag^{+},Co^{2+},Cu^{2+},Cr^{3+})以硅酸盐等无机盐为载体的抗菌剂,添加到陶瓷釉料中,既能保持原来的陶瓷制品功能,同时又增加了杀菌、抗菌和除臭等功能。这种陶瓷建材对常见的大肠杆菌、绿脓杆菌、金黄色葡萄球菌和黑曲霉菌等具有很强的灭菌功能,灭菌率可达99%。这样的建材可以用于食堂、酒店、医院等建筑内装修,达到净化环境,防治疾病的发生和传播作用。

(2)功能复合型内墙涂料。内墙涂料中加各种功能性材料,如加入远红外材料(Zr、Ni等)及其氧化物和半导体材料(TiO_2、ZnO)等混合制成的内墙涂料,在常温下能发射出8~18μm 波长的远红外线,可促进人体微循环,加快人体的新陈代谢。

5.1.5 传统建材和绿色建材

1. 传统建材的类型

传统建材分为十大类:水泥;水泥制品;混凝土;建筑卫生陶瓷;建筑玻璃;建筑石材;墙体材料;木材;金属材料;化学建材。传统建材又可分为:1)人工建材。包括钢铁、水泥、建筑陶瓷

(墙地砖;卫生陶瓷;管瓦)、耐火材料、玻璃、涂(料)层、强化地板、石棉等。2)天然建材。包括大理石、花岗石等。天然石材易产生放射性污染,即无色无味的“杀手”——惰性气体氡,氡也是一种放射性元素,若室内通风不良,人体长期受到高浓度氡的辐射,可导致肺癌、白血病。

2. 绿色建材的分类及新型绿色建材[4-6]

1)绿色建材按性能分类

(1)基本型。即满足使用性能要求和对人体无害的材料。在其生产及配制过程中不得超标使用对人体有害的化学物质,产品中也不能含有过量的有害物质如甲醛、氨气、挥发性有机化合物(Volatile Organic Compounds,简称 VOC)等。

(2)节能型。采用低能耗的制造工艺,如采用免烧低温合成以及降低热损失,提高热效率,充分利用原料等新工艺、新技术和新设备,产品能够大幅度节约能源,如节能 20%以上的保温材料等。

(3)循环型。制造和使用过程中利用新工艺新技术,大量使用尾矿、废渣、污泥、垃圾等废弃物以达到循环利用的目的。如日本用下水道污泥制造生态水泥、用垃圾焚烧渣灰生产陶质绿色建材等,产品可循环或回收利用率达 90%以上,真正做到变废为宝。

(4)健康型。产品的设计以改善生活环境和提高生活质量为宗旨,产品为对人体健康有利的非接触性物质,具有抗菌、防霉、除臭、隔热、调温、调湿、消磁、防射线、抗静电、产生负离子等功能。

2)常见绿色生态建材

据统计,目前发展的生态建材主要有绿色生态型的水泥、混凝土材料、建筑用钢、建筑饰面材料、建筑玻璃、建筑陶瓷等。

(1)生态水泥

水泥和混凝土是目前用量最大的建筑材料,传统水泥消耗大量矿产资源和能源,生态水泥以各种固体废弃物包括工业废料、废渣、垃圾焚烧灰、污泥及石灰石等为主要原料制成,其主要特征在于它的生态性,即与环境的相容性和对环境的低负荷性。

近年来开发出的以高炉矿渣、石膏矿渣、钢铁矿渣以及火山灰、粉煤灰等低环境负荷添加料生产的生态水泥,烧成温度降至 1200℃～1250℃,相比传统水泥可节能 25%以上,CO_2 总排放量可降低 30%～40%。虽然各掺和料本身化学成分的变异会造成生态水泥化学成分有所波动,但基本矿物组成、性能与普通硅酸盐水泥相差不多。

(2)生态混凝土(又称绿色混凝土)

绿色混凝土应具有比传统混凝土更高的强度和耐久性,可以实现非再生性资源的可循环使用和有害物质的最低排放,既能减少环境污染,又能与自然生态系统协调共生。

① 按节能特性分类的生态混凝土,可分为:

a. 环境负荷降低型生态混凝土。以降低制造时的环境负荷作为特征,主要通过固体废弃物的再生利用来实现;以降低使用时的环境负荷为特征,如通过提高混凝土的耐久性来提高建筑物寿命,或者通过加强设计,搞好管理来提高建筑物的寿命,混凝土延长了寿命相当于节省了资源、能量等;以利用混凝土本身特性降低环境负荷为特征,如多孔混凝土,减少了原料用量。

b. 生物对应型生态混凝土。指能与动植物和谐共生的混凝土,如“植生型生态混凝土”是利用多孔混凝土的空隙具有透水、透气并能渗透植物所需营养、生长植物根系这一特点,来种植小草、低的灌木等植物，用于河川护堤的绿化、美化环境。“海洋生物、淡水生物对应型混凝土”是将多孔混凝土设置在河川、湖沼和海滨等水域，让陆生和水生小动物附着栖息在其凹凸不平的表面或空隙中，通过相互作用或共生作用，形成食物链，为海洋生物和淡水生物生长提供良好的条件，保护生态环境。

② 按材料特性分类的生态混凝土

a. 绿色高性能混凝土。是在大幅度提高常规混凝土性能的基础上，选用优质原材料，按妥善的质量管理条件制成的混凝土。除了水泥、水、集料以外，高性能混凝土采用低水胶比和掺加足够的细掺料与高效外加剂，用大量工业废渣作为活性细掺料代替大量熟料；不是熟料水泥而是磨细水淬矿渣和分级优质粉煤灰、硅灰等，或它们的复合，成为胶凝材料的主要组分。生产这种与环境相容的胶凝材料，高性能混凝土应同时保证下列诸性能：耐久性、工作性、各种力学性能、适用性、体积稳定性和经济合理性。

b. 再生骨料混凝土。指以废混凝土、废砖块、废砂浆作骨料，加入水泥砂浆拌制的混凝土。许多建筑物在大量拆除的建筑废料中相当一部分都是可以再生利用的。如果将拆除下来的建筑废料进行分选，制成再生混凝土骨料，用到新建筑物的重建上，不仅能从根本上解决大部分建筑废料的处理问题，同时减少运输量和天然骨料使用量。再生骨料与天然骨料相比，孔隙率大、吸水性强、强度低，因此再生骨料混凝土与天然骨料配置的混凝土的特性相差较大，这是应用再生骨料混凝土时需要注意的问题。

c. 环保型混凝土。如多孔混凝土，也称为无砂混凝土。它具有粗骨料，没有细骨料，直接用水泥作为黏结剂连接粗骨料，其透气和透水性能良好，连续空隙可以作为生物栖息繁衍的地方，而且可以降低环境负荷，是一种新型的环保材料。

d. 植被混凝土。是以多孔混凝土为基础，然后通过在多孔混凝土内部的孔隙加入各种有机、无机的养料来为植物提供营养，并且加入了各种添加剂来改善混凝土内部性质，使其环境适合植物生长，另外还在混凝土表面铺了一层混有种子的客土，提供种子早期的营养。

e. 透水性混凝土（图5-1-1）。与传统混凝土相比，透水性混凝土最大的特点是具有15％～30％的连通孔隙，具有透气性和透水性，将这种混凝土用于铺筑道路、广场、人行道等，能扩大城市的透水、透气面积，增加行人、行车的舒适性和安全性，减少交通噪声，对调节城市空气的温度和湿度调节具有重要作用。

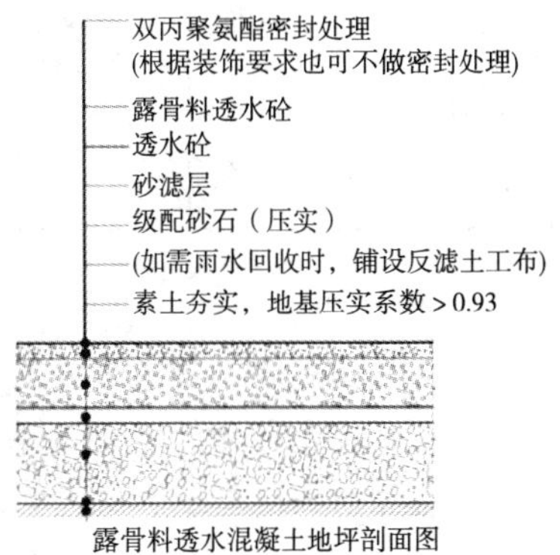

露骨料透水混凝土地坪剖面图

图5-1-1　透水混凝土

(3)绿色墙体材料

墙体材料是一种量大且面广的建材产品,我国大部分地区已禁止使用传统的实心黏土砖,因其是典型的耗能高、资源消耗大、保温隔热效果差的产品。绿色墙体材料具有自重轻、强度高、防火、防震、隔声性能好、保温隔热、装配化施工、机械加工性能好、防虫防蛀等多种功能,目前已广泛应用的包括新型泰柏板、3E轻质墙板、加气混凝土砌块条板、混凝土空隙砌块、蒸压纤维增强水泥板与硅酸钙板等。

① 加气混凝土。加气混凝土是以硅质材料(砂、粉煤灰及含硅尾矿等)和钙质材料(石灰、水泥)为主要原料,掺加发气剂(铝粉),通过配料、搅拌、浇注、预养、切割、蒸压、养护等工艺过程制成的轻质多孔硅酸盐制品。因其经发气后含有大量均匀而细小的气孔,故名加气混凝土。加气混凝土具有容重轻、保温性能高、吸音效果好,具有一定的强度和可加工性等优点。加气混凝土按形状可分为各种规格砌块或板材;加气混凝土按原料基本有三种,"水泥+石灰+粉煤灰加气砖""水泥+石灰+砂加气砖""水泥+矿渣+砂加气砖";加气混凝土按用途,分为非承重砌块、承重砌块、保温块、墙板与屋面板五种。

② 新型绿色隔墙板。新型绿色隔墙板可用棉秆、麻秆、蔗渣、芦苇、稻草、稻壳、麦秸等作增强材料,用有机合成树脂(如脲醛、酚醛树脂、三聚氰胺甲醛树脂等)作为胶黏剂生产隔墙板;也可用某些植物纤维作增强材料,用无机胶黏剂(如水泥、石膏、镁质胶凝材料等)生产隔墙板。这些板的特点是原材料广泛、生产能耗低、密度小($0.9\sim1.3g/cm^3$)、导热系数低、保温性能好。

(4)绿色保温材料

包括:①膨胀型聚苯板(EPS板):保温效果好,价格便宜,强度稍差;②挤塑型聚苯板(XPS板):保温效果更好,强度高,耐潮湿,价格贵;③岩棉板:防火,阻燃,吸湿性大,保温效果差;④胶粉聚苯颗粒保温浆料:阻燃性好,废品回收,保温效果差;⑤聚氨酯发泡材料:防水性好,保温效果好,强度高,价格较贵;⑥珍珠岩等浆料:防火性好,耐高温,保温效果差,吸水性高。

常见保温材料的导热性能,见表5-1-1所列。

表5-1-1 常见保温材料的导热性能

材料	XPS板	EPS板	岩棉板	胶粉聚苯颗粒保温浆料	聚苯乙烯	聚氨酯发泡	膨胀珍珠岩
导热系数 W/m·k	0.028	0.038	0.042	0.058	0.045	0.03	0.077

(5)绿色生态玻璃

建筑玻璃是现代建筑采光的主要媒介。普通平板玻璃透光性很好,但太阳光在普通平板玻璃的可见光谱和近红外线部分的透过率都很高,并不是一种绿色玻璃。目前研发应用于实体工程的中空玻璃、真空玻璃、真空低辐射玻璃等绿色玻璃,使用寿命长,可选择性透过、吸收或反射可见光与红外线,是一种生态、节能玻璃。

此外,玻璃工业也是一个高能耗、污染大、环境负荷高的产业。平板玻璃生产时对环境的污染主要是粉尘、烟尘和SO_2等。随着建筑业、交通业的发展,平板玻璃已不仅仅是用作采光和结构材料，而是向着控制光线、调节温度、减少噪声、节约能源、安全可靠等多功能方向发展。

① 生态玻璃的类型

a. 热反射玻璃。是用喷雾法、溅射法在玻璃表面涂上金屑膜、金属氮化物膜或金属氧化物膜面制成的。这种玻璃能反射太阳光，可创造一个舒适的室内环境，同时在夏季能起到降低空调能耗的作用。

b. 高性能隔热玻璃。是在夹层内的一面涂上一层特殊金属膜，由于该膜的作用，太阳光能照射进入室内，而室外的冷空气被阻止在外，室内的热量不会流失。

c. 自动调光玻璃，有两种：第一种是电致色调玻璃。有两片相对透明的电玻璃，一片涂有还原状态变色的WO层，另一片为涂有氧化状态下变色的普鲁士蓝层，两层同时着色、消色，通过改变电流方向可自由调节光的透过率，调节范围15%～75%。第二种是液晶调光玻璃。属于透视性可变型，其结构为在两片相对透明的玻璃之间夹有一层分散有液晶的聚合物，通常聚合物中的液晶分子处于无序状态，入射光被折射，玻璃为不透明，加上电场后，液晶分子按电场方向排布、结果得到透明的视野。

d. 隔音玻璃。是将隔热玻璃夹层中的空气换成氦、氩或六氮化硫等气体，并用不同厚度的玻璃制成，可在很宽的频率范围内具有优异的隔音性能。

e. 电磁屏蔽玻璃。是一种防电磁辐射，抗电磁干扰的透光屏蔽器件，涉及光学、电学、金属材料、化工原料、玻璃、机械等诸多领域，广泛用于电磁兼容领域。

f. 抗菌自洁玻璃。是采用目前成熟的镀膜玻璃技术（如磁控浇注、溶胶－凝胶法等）在玻璃表面涂盖一层二氧化钛薄膜。

g. 光致变色玻璃。是一种在太阳或其他光线照射时，颜色会随光线增强而变暗的玻璃，一般在温度升高时呈乳白色，温度降低时，又重新透明，变色温度的精确度为±1℃。

② 推广使用节能窗户

窗户是建筑的重要组成部分，也是建筑绝热的薄弱环节。据一般统计，夏季通过玻璃窗入射的热量占制冷机的最大负荷的20%～30%；冬季通过玻璃窗的热损失占供热负荷的30%～50%，所以应重视建筑窗户的节能研究，积极采用断桥铝合金等节能门窗。

(6)绿色涂料

① 涂料的一般分类。大多数建筑物都需要用涂料进行装修，起到装饰和保护建筑物的作用。涂料按用途分为内墙涂料系列、外墙涂料系列及浮雕涂层系列；按类型分为面漆、中层漆、底漆等。涂料的主要成分为树脂类有机高分子化合物，在使用时（刷或喷涂）需用稀释剂调成合适黏度以方便施工。

② 绿色涂料的概念。“绿色涂料”是指节能、低污染的水性涂料、粉末涂料、高固体含量涂料（或称无溶剂涂料）和辐射固化涂料等。

③ 绿色涂料的类型

a. 高固含量溶剂型涂料。其主要特点是，在可利用原有的生产方法、涂料工艺的前提下，降低有机溶剂用量，从而提高固体组分。

b. 水基涂料。现在水基涂料使用量已占所有涂料的一半左右。水基涂料主要有水溶性、水分散性和乳胶性3种类型，水分散型涂料实际应用面相对较大一些，是通过将高分子树脂溶解在有机溶剂与水的混合溶剂中而形成；乳胶型涂料在使用过程中，高分子通过离子间的凝结成膜。

c. 粉末涂料。理论上是绝对的“挥发性有机化合物（VOC）”为零的涂料，但制备工艺较复杂，难以得到薄的涂层。

d. 液体无溶剂涂料。能量束固化型涂料，这类涂料之中多数含有不饱和基团或其他反应性基团，在紫外线、电子束的辐射下，可在很短的时间内固化成膜。双液型涂料。双液型涂料贮存时低黏度树脂和固化剂分开包装，使用前混合，涂装时固化。

e. 弹性涂料。即形成的涂膜不仅具有普通涂膜的耐水、耐候性，而且能在较大的温度范围内，保持一定的弹性韧性及优良的伸长率，从而可以适应建筑物表面产生的裂纹而使涂膜保持完好。

f. 杀虫内墙装饰乳胶漆。能有效消灭室内各种害虫并保持干净舒适的家居环境，功能引入不会影响常规性能，相对其他防虫措施，是较为理想且简单持久的方法。

总之，涂料的研究和发展方向越来越明确，就是寻求 VOC 的不断降低、直至为零的涂料，而且其使用范围要尽可能宽、使用性能优越、设备投资适当等。因而水基涂料、粉末涂料、无溶剂涂料等可能成为将来涂料发展的主要方向。

5.1.6　绿色建材评价标识、评价指标体系和评价方法[8]

1. 绿色建材评价标识

2014 年 5 月 21 日，为加快绿色建材推广应用，规范绿色建材评价标识管理，更好地支撑绿色建筑发展，我国住房城乡建设部、工业和信息化部以建科〔2014〕75 号印发《绿色建材评价标识管理办法》。该《办法》分为总则、组织管理、申请和评价、监督检查、附则 5 章 22 条，自印发之日起实施。

绿色建材评价标识，是指依据绿色建材评价技术要求，按照《绿色建材评价标识管理办法》确定的程序和要求，对申请开展评价的建材产品进行评价，确认其等级并进行信息性标识的活动。标识包括证书和标志，具有可追溯性。标识的式样与格式由住房城乡建设部和工业和信息化部共同制定。

每类建材产品按照绿色建材内涵和生产使用特性，分别制定绿色建材评价技术要求。标识等级依据技术要求和评价结果，由低至高分为一星级、二星级和三星级三个等级。绿色建材认证标识，如图 5-1-2 所示。

绿色建材证书包括以下内容：申请企业名称、地址；产品名称、产品系列、规格/型号；评价依据；绿色建材等级；发证日期和有效期限；发证机构；绿色建材评价机构；证书编号；其他需要标注的内容。

图 5-1-2　绿色建材认证标识

2. 绿色建材的评价指标体系

绿色建材测试与评价指标应综合考虑建材中各种有害物质含量及散发特性，并选择科学的测试方法，确定明确的可量化的评价指标。绿色建材的评价指标体系分为两类：1）单因子评价体系。一般用于卫生类评价指标，包括放射性强度和甲醛含量等。在这类指标中，有一项不合格就不符合绿色建材的标准。2）复合类评价指标。包括挥发物总含量、人类感觉试验、耐燃等级和综合利用指标。在这类指标中,如果有一项指标不好,并不一定排除在绿色建材范围之外。

绿色建材的评价指标,可概括为产品质量指标、环境负荷指标、人体健康指标和安全指标。量化这些指标并分析其对不同类建材的权重,利用 ISO14000 系列标准规范的评价方法做出绿色度的评价。因此,综合前面所述两种体系指标,建议采用单因子评价法定义中的规定逐项进行评价,以判定是否是“绿色建材产品”。

3. 绿色建材的评价方法[9-10]

由于研究对象、研究目的和研究背景的不同,绿色建材的评价方法和评价体系也不尽相同。关于衡量环境影响的定量指标,已提出的表达方法有单因子评价法、环境负荷单位法(ELU)、生态指数法(EI)、环境商值法(EQ)、生态因子法(ECOI)、和寿命周期评价法(LCA)等。这些方法中对环境影响评价比较科学的方法是寿命周期评价法(LCA)。

1)寿命周期评价法(Life Cycle Assessment,简称 LCA)

LCA 的概念,是贯穿产品生命全过程(从获取原材料、生产、使用直至最终处理)的环境因素及其潜在影响的研究。ISO 在 1997 年颁布了 ISO14040 标准,对 LCA 技术框架进行了阐述——寿命周期评价法是评价环境负荷的一种重要方法,但在评价范围及评价方法上也有局限性,即 LCA 所做的假设和选择可能带有主观性,同时受假设的限制,可能不适合于所有潜在的影响;研究的准确性可能受到数据的质量和有效性的限制;由于影响评估所用的清单数据缺少空间和时间尺度,其结果也产生不确定性。

2)建筑材料物化环境状况的定量评价

建筑师在设计节能建筑时,考虑更多的是建筑物在运行阶段的能耗,往往忽视了建筑物物化能(embodied energy)的影响,即建筑物在原材料开采、运输、构件生产、施工等过程消耗的能量。事实上,建筑物物化能影响是建筑物整个生命周期环境影响中不可或缺的环节。除了建筑物物化能外,建筑材料物化阶段还存在其他很多环境影响类型。为了全面反映建筑材料物化的环境影响,选择水泥、钢材和平板玻璃三种在建设领域普遍使用的材料,依据建立的建筑材料生命周期影响评价模型进行定量分析。考虑的主要环境影响指标有资源消耗和潜在环境影响负荷,以避免单一能量评价的局限性。建筑材料生命周期评价体系,如图 5-1-3 所示。

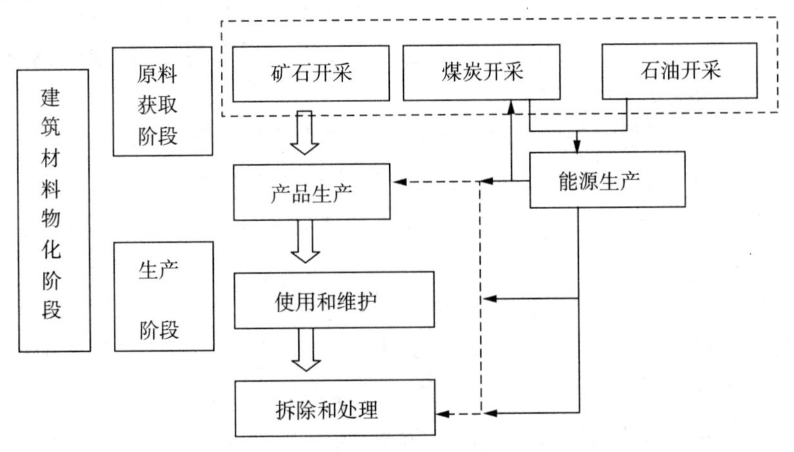

图 5-1-3　建筑材料生命周期评价体系

采用生命周期评价方法，建立了水泥、建筑用钢材和浮法平板玻璃三种基本建筑材料的环境清单，并依据EDIP方法建立了建筑材料生命周期环境影响评价的模型。结果表明，钢材的物化环境影响负荷最大，平板玻璃其次，水泥最小。显然，不同建筑材料的物化环境影响存在较大差异。

建筑材料作为建筑物系统的一部分，其环境影响直接关系到建筑物生命周期的环境影响。建筑材料的合理选择是有效降低建筑物环境影响的前提。这就要求建筑物在保证结构可靠度和使用功能的前提下，最大限度减少环境影响严重的建筑材料的用量，优化各种建筑材料的用量配比，使建筑物的物化环境影响最小，为建筑物整个生命周期产生最小的环境影响打下坚实的物质基础。

建筑材料物化阶段还存在很多其他环境影响，如重金属、辐射元素的影响以及涉及社会伦理的影响等。目前关于这些内容的研究还不深入，监测数据很少，影响机理不明确。因此本文没有考虑这些因素，待条件成熟时，有必要将这些因素纳入建筑材料的生命周期评价体系中。

5.2 绿色建筑的通风、采光与照明技术

5.2.1 绿色建筑的通风技术

风与人类的生产生活密切相关，人类趋利避害的本能使人类在实践中发展了各种方法来防止风带来的负面影响以及充分利用风来使自己的生活环境更为舒适。在当前自然环境恶化和可持续发展的要求下，人们更应研究如何利用风来降低能耗、塑造健康舒适的环境。

1. 建筑通风的作用

建筑通风是指利用通风使建筑物室内污浊的空气直接或净化后排至室外，再把新鲜的空气补充进来，从而保持室内的空气环境符合卫生标准。建筑通风的目的包括：(1)保证排除室内污染物；(2)保证室内人员的热舒适；(3)满足室内人员对新鲜空气的需要。

2. 建筑通风系统的分类

按建筑物的类别分为工业建筑通风和民用建筑通风；按通风范围分为全面通风和局部通风；按建筑构造的设置情况不同分为有组织通风和无组织通风；按通风要求分为卫生通风和热舒适通风；按动力分为自然通风和机械通风。以下主要介绍后两类通风系统。

1)卫生通风和热舒适通风

(1)卫生通风。要求用室外的新鲜空气更新室内由于居住及生活过程而污染了的空气，使室内空气的清新度和洁净度达到卫生标准。对民用建筑及发热量小、污染轻的工业厂房，通常只要求室内空气新鲜清洁，并在一定程度上改善室内空气温、湿度及流速，可通过开窗换气，穿堂风处理即可。

(2)热舒适通风。从间隙通风的运行时间周期特点分析，当室外空气的温湿度超过室内热环境允许的空气的温湿度时，按卫生通风要求限制通风；当室外空气温湿度低于室内空气所要求的热舒适温湿度时，强化通风，目的是降低围护结构的蓄热，此时的通风又叫热舒适通风。热舒适通风的作用是排除室内余热、余湿，使室内处于热舒适状态，同时也排除室内的空气污染物，保障室内空气品质起到卫生通风的作用。

一些精密测量仪器和加工车间、计算机用房等，要求室内的空气温度和湿度要终年基本恒定，其变化不能超过一个较小的范围，例如：终年恒定在20℃，变化范围不超过0.2℃；如对半导体硅的杂质硼、磷含量，按原子量计算分别应小于10^{-9}和10^{-8}，要获得如此纯高度的材料，必须保持在高度恒温、恒湿和高度清洁程度的空气中进行生产，这些要求用一般通风办法是不能达到的。

2)自然通风

自然通风是利用自然压力(风压、热压)的作用，将室外新风引入室内，将室内被污染的空气排出室外，达到降低室内污染物浓度的效果。由于自然通风系统无须使用风机，因此节省了初投资与机械能，符合“绿色建筑”对节能、环保以及经济性的要求。同时，它没有复杂的空气处理系统，便于管理。过渡季节有利于最大限度地利用室外空气的冷热量。另外，从舒适性的角度讲，人们通常更喜欢自然的气流形态。在我国的《绿色建筑评价标准》中，对自然通风技术的应用在相关条文进行了明确，将其作为评价的得分点。但自然通风保障室内热舒适的可靠性和稳定性差，技术难度较大。

自然通风根据通风原理分为：风压作用下的自然通风；热压作用下的自然通风；风压和热压共同作用下的自然通风，如图5－2－1所示。

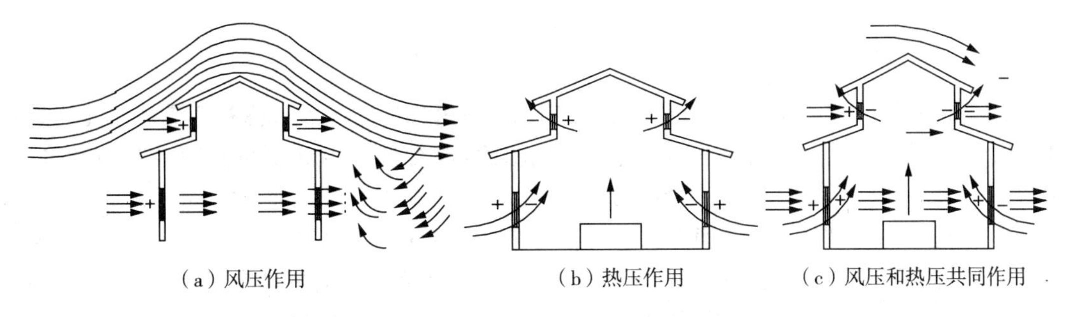

图5－2－1 自然通风的通风原理

(1)风压作用下的自然通风。风压是指由于室外气流会在建筑物迎风面上造成正压，且在背风面上造成负压，在此压力作用下，室外气流通过建筑物上的门、窗等孔口，由迎风面进入，室内空气则由背风面或侧面出去。这种自然通风的效果取决于风力的大小。

(2)热压作用下的自然通风。热压是指当室内空气温度比室外空气温度高时，室内热空气密度小，比较轻，就会上升从建筑的上部开口(天窗)跑出去；较重的室外冷空气就会经下部门窗补充进来。热压的大小除了跟室内外温差大小有关外，还与建筑高度有关。

热力和风力一般都同时存在，但两者共同作用下的自然通风量并不一定比单一作用时大。协调好这两个动力是自然通风技术的难点。但实际上，有的工程为满足自然通风的要求，土建建造费用增加是非常显著的，这是要注意的问题。

3)机械通风

机械通风是依靠通风机所造成的压力，来迫使空气流通进行室内外空气交换的方式。与自然通风相比较，由于靠通风机产生的压力能克服较大的阻力，因此往往可以和一些阻力较大、能对空气进行加热、冷却、加湿、干燥、净化等处理过程的设备用风管连接起来，组成一个机械通风系统，把经过处理达到一定质量和数量的空气送到一定地点。

按照通风系统应用范围的不同，机械通风可分为局部通风和全面通风两种，如图5－2－2

所示。机械通风依靠通风装置(风机)提供动力,消耗电能且有噪声。但机械通风的可靠性和稳定性好,技术难度小。因此在自然通风达不到要求的时间和空间,应该辅以机械通风。

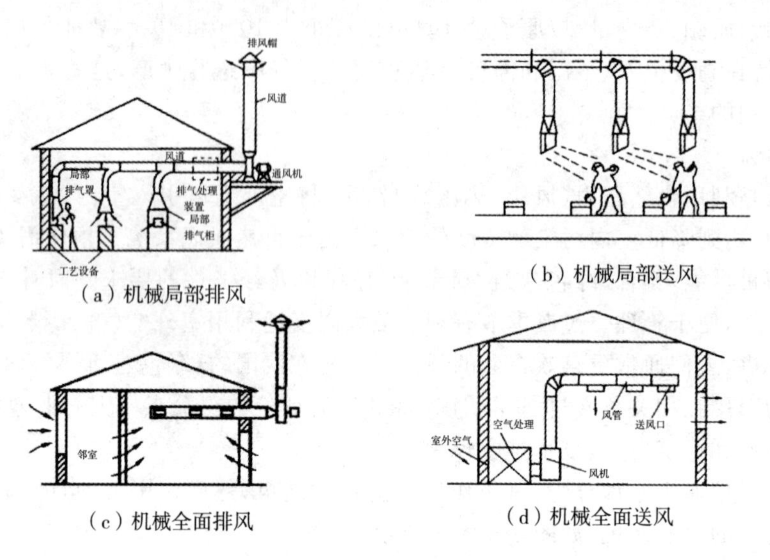

(a) 机械局部排风

(b) 机械局部送风

(c) 机械全面排风

(d) 机械全面送风

图 5-2-2　机械通风[1]

4)混合通风

自然通风与机械通风都有各自的优点和不足,利用各自的优点来弥补两者的不足,这种通风方式叫混合通风。与自然通风、机械通风相比,混合通风方式更可靠、稳定、节能和环保,目前很多建筑中多采用这种通风方式。

混合通风按照通风时间和通风区域可以分为四种方式:(1)按照不同时间采用不同的通风方式,如在夜间使用自然通风来为建筑降温,白天则使用机械通风来满足使用需要;(2)以某一通风方式为主,另一种为辅,如以自然通风为主,需要时采用机械辅助通风;(3)按照不同区域的实际需要和实际条件,采用不同的通风方式;(4)在同一时间、同一空间自然通风和机械通风同时使用。

3. 绿色建筑的通风影响因素

绿色建筑的通风受到多重因素的影响,应考虑针对性、灵活性和最优化等特点。

(1)建筑使用特点的影响。建筑使用特点不同,其通风需要也不同。如公共建筑的使用时间大部分是在白天,当室外的空气热湿状态不及室内时就需要限制或杜绝通风,尤其是在炎热的夏天和寒冷的冬天。夏季夜间,为了消除白天积存的热量,夜间不使用的公共建筑,仍应进行通风。而居住建筑则以夜间使用为主,故宜采用间歇通风,即白天限制通风,夜间强化通风的方式。

(2)建筑群总体布局的影响。建筑群的总体布局影响建筑通风,合理布置建筑位置、选择合适的建筑朝向和间距等将利于通风。如在我国夏热冬冷地区,错列式建筑群布置自然通风效果好;对于严寒和寒冷地区,周边式建筑群布置自然通风效果好;在有高差的坡地,建筑群的布置应结合地形,做到“前低后高”和有规律的“高低错落”的处理方式,将利于自然通风的组织。

(3)建筑单体设计的影响。在建筑单体设计中,不同的平面布置方式和空间组织形式也会影响建筑通风效果。所以应合理选择建筑平、剖面形式,合理确定房屋开口部分的面积与位置、门窗的装置与开启方法和通风构造，积极组织和引导穿堂风。

(4)其他因素的影响。在不同的季节段、时间段采用不同的通风方案，可以达到绿色节能的效果。恶劣季节采用机械通风为主的通风方式，过渡季节采用自然通风。住宅在夏季午后，应限制通风，避免热风进入，以遏制室内气温上升，减少室内蓄热；在夜间和清晨室外气温下降、低于室内时强化通风，加快排除室内蓄热，降低室内气温。

4. 绿色建筑的通风设计原则

建筑通风设计以室内外空气品质为依据和衡量标准。室内空气质量高于室外时，应限制、放缓通风；室内空气质量低于室外时，采用适宜的通风可以改善室内空气环境。因此，在不同的情况下，把握通风的规律，认清通风的作用，了解通风的需求，采用不同的通风系统设计，合理控制通风量，最大限度地发挥通风的正面作用，抑制负面影响，也利于节约能源、保护环境。

5. 绿色建筑的通风设计

1)优先采用自然通风

优先采用自然通风是绿色建筑的通风首选方案。现代人类对自然通风的利用已经不同于以前开窗、开门通风，而是综合利用室内外条件来实现。如根据建筑周围环境、建筑布局、建筑构造、太阳辐射、气候、室内热源等，来组织和诱导自然通风。在建筑构造上，通过中庭、双层幕墙、风塔、门窗、屋顶等构件的优化设计，来实现良好的自然通风效果。

诺曼·福斯特的新德国议会大厦修复工程(图5-2-3)，充分利用自然光和自然通风，并结合共生和热能再生系统，以最低的费用、最少的能耗获得最大的收益。议会大厦的圆穹顶是自然采光和自然通风的节能策略之关键，圆穹顶的核心是一个圆锥形。圆顶将上层较热的空气抽出，同时，轴向风扇和热交换器从废气中获得循环的能量。新鲜空气由室外从西门廊的顶部进入，以低速风的形式穿过整个会议厅，在大厅中缓缓上升，在浮力和抽风机作用下逸出穹顶上的开口。

清华大学伍舜德楼(图5-2-4)，在其南侧设一边庭，内植花木，既净化空气，又美化环境，在其南北顶部各置一条形天窗，可根据四季的不同需要开启和关闭，自然通风，冬暖夏凉，节省能源，外置遮阳板，夏日遮阳降温，西面入口置一实墙面，夏防西晒，冬挡寒风。

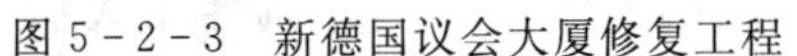

图5-2-3　新德国议会大厦修复工程

图5-2-4　清华大学伍舜德楼

2)生态式通风方式

常见的生态式通风方式可分成大循环、小循环、微循环三类。

(1)大循环。是从“建筑物尺度上”考虑的通风设计,主要表现为建筑造型上对通风的考虑。如德·蒙特福特大学工程馆以空气动力学来决定建筑的形式,通风烟囱直截了当地耸立在屋顶上;建筑的体块构成是为了有利于穿堂风的形成。

(2)小循环。是从“房间尺度上”考虑的通风设计,主要表现为替换式通风等形式。在这种方式下,比室内气温约低1℃的空气从地板下以很低的速率提供。这些空气被使用者体温、计算机设备和照明光源加热,然后上升通过天花板或高窗排出,提供更好的空气质量和舒适程度,但并不是所有的空间都适合这样的方式,而且它也带来结构处理的复杂性。

(3)微循环。是从“建筑构件尺度上”考虑的通风设计,主要表现为双层幕墙等形式。如霍普金斯事务所设计的伦敦新国会大厦采用了许多先进的构思,如多功能楼板、旋转式“风塔”,中空外墙通风系统,并把它们组合成一个微型生态系统,创造了一个紧凑的、能对气候做出反应的建筑。通风生态化设计在不同尺度上把握建筑的形体、结构与构造,降低了能耗,提升了建筑内部空气环境质量,改善了建筑内部微气候,保护了使用者的健康。

3)绿色建筑的通风设计要点

绿色建筑的通风设计应注意如下要点:(1)从用地分析和总平面设计开始考虑,如根据风玫瑰来考虑建筑布局,使其有利于通风季节的自然通风。(2)在平面或剖面功能配置时,除考虑空间的使用功能外,尽可能集中配置,但不全封闭,以优化热负荷。(3)平面进深不宜过大,考虑走道隔墙的布置、建筑开口(包括门窗)位置,利于形成穿堂风。(4)尽量使用可开启的窗户;尽量扩大窗户面积。(5)利用水面、植物来降温(图5-2-5),利用中庭、太阳能烟囱、风塔等装置提高通风量和通风效率(图5-2-6)。(6)在气候炎热的地方,进风口尽量配置在建筑较冷的一侧(通常是北侧)。(7)应将通风设计和供暖、降温以及光照设计作为一个整体来进行。

图5-2-5 利用水面、植物来降温

图5-2-6 利用风塔提高通风量和通风效率

6. 不同绿色建筑的通风设计

绿色公共建筑有不同的使用特色和通风要求,应根据具体情况具体对待。

1)绿色公共建筑的通风应满足的节能原则

包括:(1)应优先采用自然通风排除室内的余热、余湿或其他污染物。(2)体育馆比赛大厅等人员密集的高大空间,应具备全面使用自然通风的条件,以满足过渡季节人们活动的需要。(3)一些大型公共建筑由于通风路径较长,流动阻力较大,单纯依靠自然风压与热压往往不足以实现自然通风;而对于空气污染和噪声污染比较严重的城市,直接的自然通风还会将室外污浊的空气和噪声带入室内,不利于人体健康,因此常常采用一种机械辅助式的自然通风系统，如机械进风系统、机械排风系统或机械进排风系统。(4)建筑物内产生大量热湿以及有害物质的部位，应优先采用局部排风，必要时辅以全面排风。

2)绿色住宅应优先考虑自然通风

绿色住宅首先应保证人们的身体健康，故应优先考虑自然通风。绿色住宅的通风设计应考虑以下问题：(1)在总平面布局时，应结合地域特点设计住宅的位置、排列方式，可以借鉴传统民居中的自然通风方式，如图5-2-7所示。(2)在住宅的平面设计方面，应组织好室内气流，保证厨房、卫生间、贮藏室的自然通风，室外新鲜空气应首先进入居室，然后到厨房、卫生间，避免厨房、卫生间的空气进入居室。(3)在满足室内热舒适的情况下，合理采用混合通风，以减少能耗和提高室内空气质量。(4)夏季、冬季尽量采用间歇机械通风方式。夏季的早、晚和冬季温度较高的中午，应尽可能开窗进行通风换气。(5)空调、采暖房间可设置通风换气扇，保证新风量要求。应使用带新风口或新风管的房间空调器及风机盘管等室内采暖空调设备。

5.2.2　绿色建筑的采光技术

光是世间万物之源，光的存在是世间万物表现自身及其相互关系的先决条件。光是建筑的灵魂，光在建筑中是最具生命力的。

1. 建筑与自然光

自然光又叫天然光，是人们习惯的光源，曾经是人类唯一可利用的光源。自然光包括太阳直射光和天空扩散光。太阳直射光形成的照度高，并具有一定的方向，在被照射物体背后出现明显的阴影；天空扩散光形成的照度低，没有一定方向，不能形成阴影。晴天时，地面照度主要来自直射日光；随着太阳高度角的增大，直射日光照度在总照度中占的比例也加大。全阴天则几乎完全是天空扩散光照明。多云天介于二者之间，太阳时隐时现，照度很不稳定。

(a)天井

(b)冷巷

图5-2-7　传统民居中自然通风方式

在建筑中对自然光的运用主要是指对太阳直射光的设计。太阳能辐射中最强烈的区段正是人眼感觉最灵敏的那部分波范围。人眼在自然光下比在人工光下有更高的灵敏度，因此，在室内光环境设计中最大限度地利用自然光，不仅可以节约照明用电，而且对室内光环境质量的提高也有重要意义。

2. 绿色建筑采光设计的原则

绿色建筑的采光指自然采光，即以太阳直射光为主或有足够亮度的天空扩散光。自然采光不仅可以改善室内照明条件，更重要的是天然光源具有取之不尽、用之不竭的特点，与人工光源相比更加安全、洁净，可以减少人工照明能耗，达到建筑节能的目的。

绿色建筑采光设计的基本原则包括以下几个方面：

1)满足建筑对光线的使用需求。建筑采光设计应能满足各种室内功能对光线的使用需要。如在住宅建筑中，卧室、起居室和厨房既要有直接采光，也要达到视觉作业要求的光照度，且应满足卧室光线要柔和、起居室要充足、厨房要明亮等不同要求。采光设计应当与建筑设计融为一体,以使建筑获得适量的阳光,实现均衡的照明,避免眩光,同时使用高效灯具。

2)满足视觉舒适的要求。一般来说,采光设计以不直接利用过强的日光而是间接利用为宜,这是因为采光均匀、亮度对比小、无眩光的间接光容易营造舒适的视觉环境。如在我国南方地区建筑南向一般设遮阳处理。

3)满足节能环保要求。采用自然光是节能的有效途径之一。相同照度的自然光比人工照明所产生的热量要小得多,可以减少调节室内热环境所消耗的能源。同时,自然光线除了照明和视觉舒适以外,还能清除室内霉气,抑制微生物生长,促进人体内营养物质的合成和吸收,改善居住和工作、学习环境等。

3. 绿色建筑的自然采光方案

绿色建筑其宗旨是节能、高效、环保、舒适,其自然采光方案虽然方法不同,最终的目的都是为了营造一个舒适的光环境。绿色建筑自然采光方案可分为以下三种:

1)自然采光方案与建筑形式相结合。在建筑设计中,考虑建筑本体与自然采光的关联性,在建筑的形式、体量、剖面(房间的高度和深度)、平面的组织、窗户的型式、构造、结构和材料等中,考虑如何采用合适的自然采光方案。一般来说,要从建筑整体的角度综合考虑,自然光的质量、特性和数量直接取决于与建筑形式相结合的自然采光方案。

2)采用新型采光技术系统。在某些情况下,如通过建筑设计进行自然采光没有可能性,则可以采用先进的技术系统来解决自然采光,如导光管(分水平导光管和垂直导光管)、太阳收集器、先进的玻璃系统(全息照相栅、三棱镜、可开启的玻璃等)或收集、分配和控制天然光的日光反射装置。

3)"建筑形式+技术整合"相结合。在这种方式下,自然采光的目标首先通过建筑形式来解决,然后通过技术的整合弥补不足,即通过建筑设计考虑自然采光。但由于某些原因(如地形、朝向、气候、建筑的特点等),自然采光满足不了工作的亮度要求或产生眩光等照明缺陷,而采用遮阳(室内外百叶、幕帘、遮阳板等)、玻璃(各种性能的玻璃及其组合装置)和人工照明控制这样的技术手段来补充和增强建筑的自然采光。

4. 绿色建筑自然采光的具体形式

1)顶部采光

顶部采光,即光线从建筑顶部进入建筑。其光线自上而下,有利于获得较为充足与均匀的室外光线,光效果自然。但顶部采光亦存在一些缺点:直射阳光会对某些工作场所产生不利影响,由此产生的辐射热需要采取加强通风的措施解决。

金贝尔艺术博物馆(Kimbell Art Museum,图 5-2-8),坐落于美国德克萨斯州沃斯堡,于 1972 年建成,是由建筑设计大师路易斯·康(Louis Kahn)设计。这座博物馆是以混凝土修筑,但并不显笨重,这归功于 16 个成平行线排列的系列拱顶的设计元素,在每个拱之间是混凝土通道,博物馆的加热和冷却装置的机械电气系统就隐藏其中。在博物馆拱壳结构单元的壳顶中央开一条宽 90cm 的纵向天窗。光线从天窗照进来,经过半透明铝质反光体均匀分散于成摆线状的拱顶天花,从而再反射到展品上。拱顶表面布满了乳白色的柔软的阳光,犹如蒙上了一层半透明的薄纱使得展室格外的宁静安详。在金贝尔艺术博物馆拱形结构山墙一侧,拱顶与填充墙分离,形成一条摆线状拱形采光带,细细的光带增加了端部的采光效果,既揭示着展室外分割和过渡,又不至于产生眩光(图 5-2-9)。

图5-2-8 金贝尔艺术博物馆

图5-2-9 金贝尔艺术博物馆的自然采光方式

2)侧面采光

侧面采光，即光线从建筑侧面进入建筑。侧面采光根据采光面的位置，可以分为单向采光和双向采光，以及高侧窗采光和低侧窗采光。双向采光效果最好，但一般较难实现，而单向采光则更为常见。采用低侧窗采光时，靠窗附近的区域比较明亮，离窗远的区域则较暗，照度的均匀性较差；采用高侧窗采光有助于使光线射入房间较深的部位，提高照度的均匀性。

3)导光管采光系统

导光管采光系统(图5-2-10)，又叫光导照明、日光照明、自然光照明等，即用导光管将太阳集光器收集的光线传送到室内需要采光的地方。导光管采光系统100%利用自然光照明，可完全取代白天的电力照明，每天可提供8～10个小时的自然光照明，无能耗、一次性投资、无须维护，同时也减少了大量二氧化碳和其他污染物的排放，因此在国内外发展迅速，其发展前景十分广阔。

图5-2-10 导光管采光系统

导光管采光系统主要分三大部分:(1)采光区。利用透射和折射的原理通过室外的采光装置高效采集太阳光、自然光,并将其导入系统内部。(2)传输区。对导光管内部进行反光处理,使其反光率达92%~99%,以保证光线的传输距离更长、更高效。(3)漫射区。由漫射器将较集中的自然光均匀、大面积地照到室内需要光线的各个地方。导光管采光系统构造做法,如图5-2-11所示。

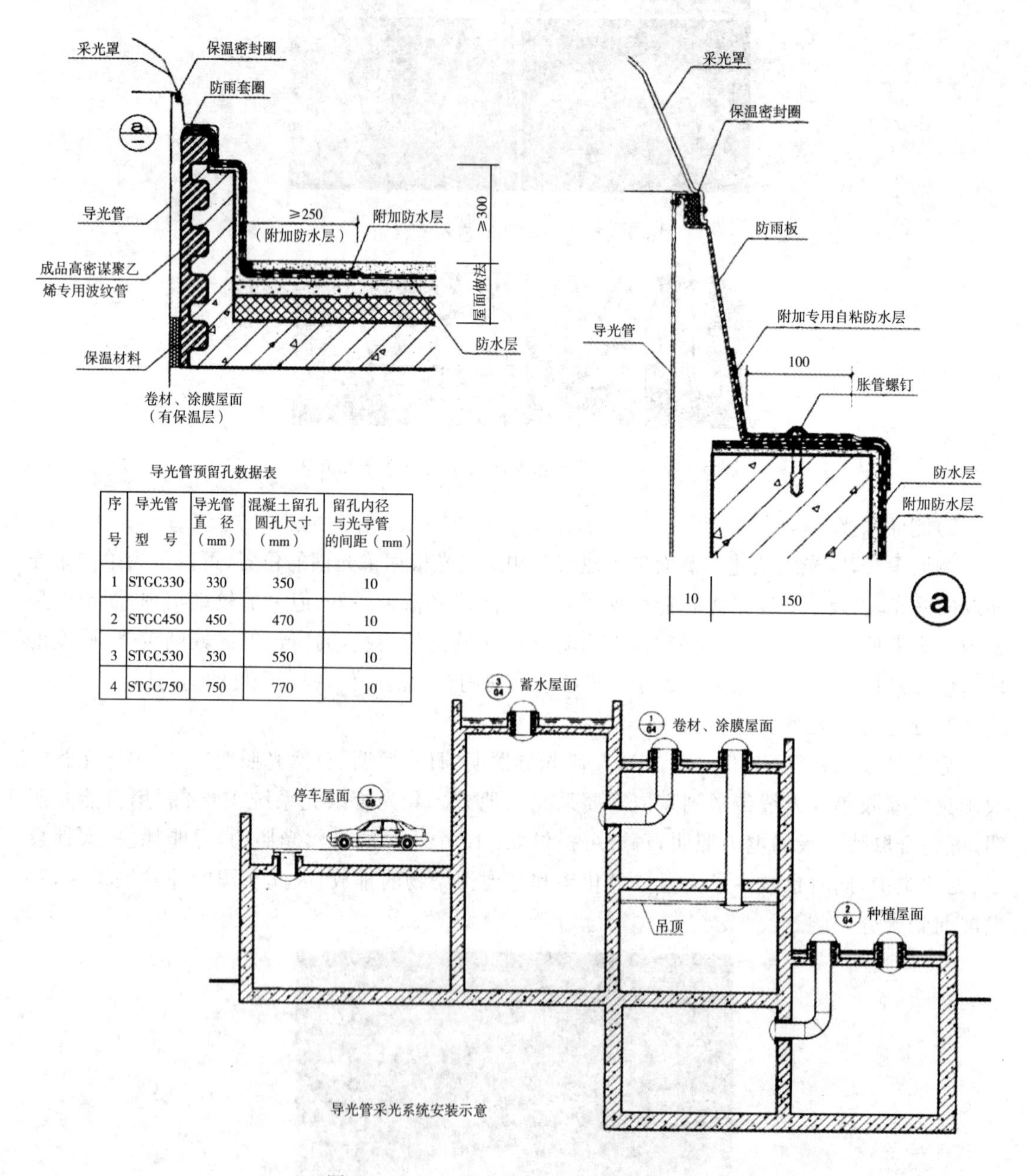

导光管预留孔数据表

序号	导光管型号	导光管直径(mm)	混凝土留孔圆孔尺寸(mm)	留孔内径与光导管的间距(mm)
1	STGC330	330	350	10
2	STGC450	450	470	10
3	STGC530	530	550	10
4	STGC750	750	770	10

图5-2-11 导光管采光系统构造做法

4)光纤照明系统

光导纤维(简称光纤),是一种利用光在玻璃或塑料制成的纤维中的全反射原理而达成的光传导工具。光导纤维是20世纪70年代开始应用的高新技术,最初应用于光纤通信,80

年代开始应用于照明领域，目前光纤用于照明的技术已基本成熟。光纤照明系统（图5-2-12），可分为点发光（即末端发光）系统和线发光（即侧面发光）系统。

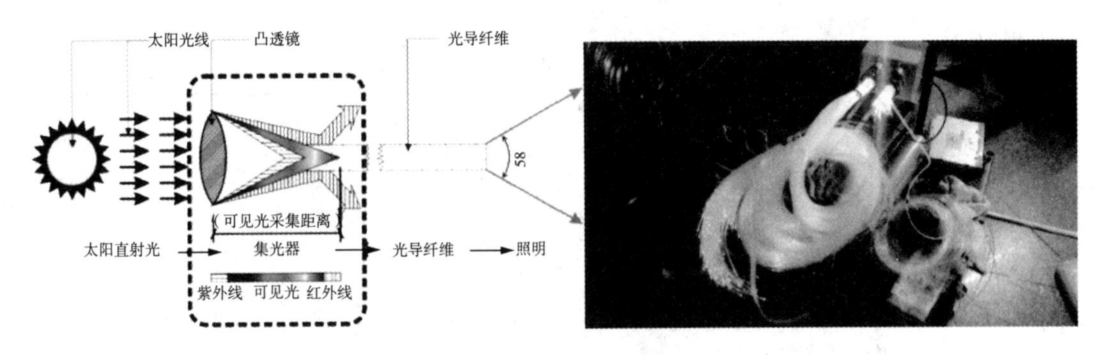

图5-2-12　光纤照明系统

光纤照明具有以下显著的特点：(1)光源易更换、维修和安装，易折不易碎，易被加工，可重复使用；(2)单个光源可形成具备多个发光特性相同的发光点，可自动变换光色；(3)无紫外线、红外线光，可减少对某些物品如文物、纺织品的损坏；(4)无电火花和电击危险，可应用于化工、石油、游泳池等有火灾、爆炸性危险或潮湿多水的特殊场所；(5)无电磁干扰，可应用在有电磁屏蔽要求的特殊场所内；(6)发光器可以放置在非专业人员难以接触的位置，具有防破坏性；(7)系统发热量低于一般照明系统，可减少空调系统的电能消耗。

5)采光搁板

采光搁板，是在侧窗上部安装一个或一组反射装置，使窗口附近的直射阳光经过一次或多次反射进入室内，以提高房间内部照度的采光系统。从某种意义上讲，采光搁板是水平放置的导光管，它主要是为解决大进深房间内部的采光而设计的。

当房间进深不大时，采光搁板的结构可以十分简单，仅在窗户上部安装一个或一组反射面，使窗口附近的直射阳光经过一次反射，到达房间内部的天花板，利用天花板的漫反射作用，使整个房间的照度有所提高。

当房间进深较大时，采光搁板的结构就会变得复杂。在侧窗上部增加由反射板或棱镜组成的光收集装置，反射装置可做成内表面具有高反射比反射膜的传输管道。这一部分通常设在房间吊顶的内部，尺寸大小可与建筑结构、设备管线等相配合。为了提高房间内的照度均匀度，在靠近窗口的一段距离内，向下不设出口，而把光的出口设在房间内部，这样就不会使窗附近的照度进一步增加。配合侧窗，这种采光搁板能在一年中的大多数时间为进深小于9m的房间提供充足均匀的光照。

6)导光棱镜窗

导光棱镜窗，是把玻璃窗做成棱镜，玻璃的一面是平的，一面带有平行的棱镜，利用棱镜的折射作用改变入射光的方向，使太阳光照射到房间深处。它可以有效地减少窗户附近直射光引起的眩光，提高室内照度的均匀度。同时由于棱镜窗的折射作用，可以在建筑间距较小时，获得更多的阳光。

棱镜片的聚光原理（图5-2-13），由图可见，棱镜片实际系一种聚光装置，将光集中于一定范围内，从而增强该范围内光之亮度。但棱镜窗的缺点是人们透过窗户向外看时，影像是模糊或变形的，会给人的心理造成不良的影响。因此棱镜窗在使用时，通常是安装在窗户的顶部人的正常视线所不能达到的地方。

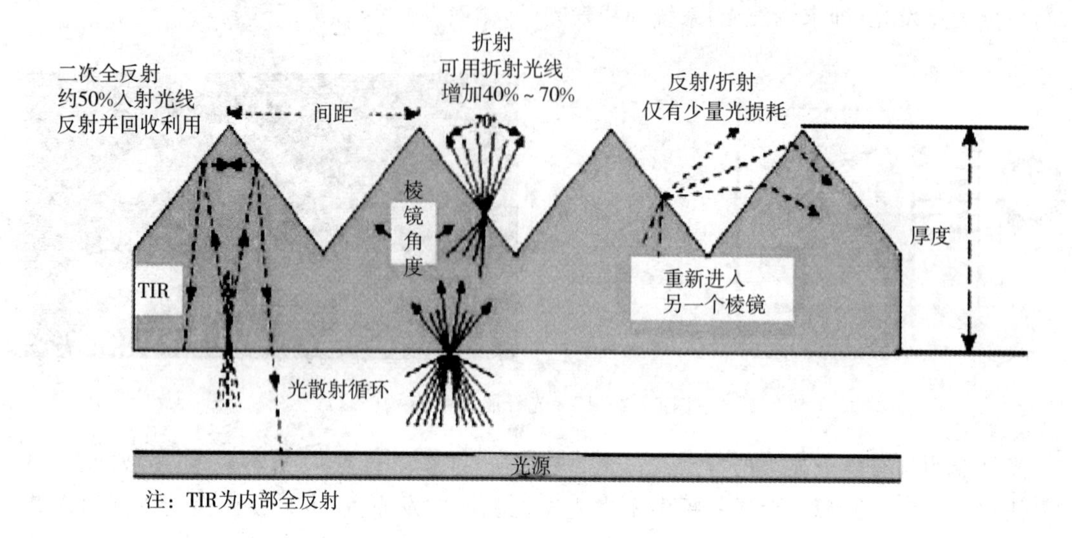

图 5-2-13 棱镜片的聚光原理

7)遮阳百叶

遮阳百叶可以把太阳直射光折射到围护结构内表面上,增加天然光的透射深度,保证室内人员与外界的视觉沟通以及避免工作区亮度过高;同时,也起到避免太阳直射的遮阳效果,可以遮挡东、南、西三个方向一半以上的太阳辐射。

5. 绿色建筑的采光设计要点

绿色建筑的采光设计有如下要点:1)在建筑前期(总图设计、场地设计)和平面布局时开始考察建筑采光;2)在进行采光口或窗户设计时,综合考虑自然采光、自然通风、建筑造型、室内温度及舒适度、能耗问题等,不能片面地关注某一方面;3)根据建筑功能与形式,考虑设置天窗、高窗、采光中庭等多元的采光构造形式;4)在绿色建筑中可以根据实际情况采用自然光的新技术,达到舒适和节能的目的。

6. 不同类型绿色建筑的采光设计

绿色建筑采光设计,应根据建筑类型、功能、造型和采光的具体要求,充分考虑多种因素:如窗户的朝向、倾斜度、面积、内外遮阳装置的设置;平面进深和剖面层高;周围的遮挡情况(植物配置、其他建筑等);周围建筑的阳光反射情况等;同时要考虑视觉舒适度、视觉心理、能源消耗来选择合理的采光方式,确定采光口面积和窗口布置形式,以创造良好的室内光环境。

1)绿色办公建筑的采光设计

办公建筑的工作环境对采光要求较高,在现代化大进深的集中型办公室里,人们选择办公桌的位置时,喜欢靠近窗户,就是希望获得阳光和新鲜的空气。然而,侧窗采光很难满足大进深办公建筑的要求。为了解决这个问题,可以通过用辅助的光反射系统来补充,或是利用中庭采光(图 5-2-14)。

2)绿色居住建筑的采光设计

自然光具有一定的杀菌能力,对人体生理、心理健康起着重要的作用,同时还能起到丰富空间效果、节约电能、改善生态环境等作用。绿色居住建筑的采光设计应优化建筑的位置及朝向，使每幢建筑都能接收更多的自然光；应根据相关设计规范，利用窗地比和采光均匀度来控制采光标准；应控制开窗的形式和大小、考虑建筑的性质、室内墙面的颜色及反光率、配合一定的人工采光来解决眩光的产生(图5-2-15)。

图5-2-14 苏州越溪办公楼中庭采光

图5-2-15 韩国某住宅自然采光

5.2.3 绿色建筑的照明技术

1. 绿色照明的概念、宗旨与内涵

照明设计是建筑节能设计的重要部分。研究显示，照明能耗约占公共建筑运行总能耗的1/3，是世界范围内绿色建筑关注的重点之一。1991年1月美国环保局首先提出"绿色照明(Green Lights)"的概念并且实施"绿色照明工程"，在全球掀起了绿色照明风潮。

绿色照明节约能源，保护环境，有益于提高人们生产、工作、学习效率和生活质量，保护身心健康。完整的绿色照明内涵包含"高效节能、环保、安全、舒适"4项指标，不可或缺。高效节能意味着以消耗较少的电能获得足够的照明，从而明显减少电厂大气污染物的排放，达到环保的目的；安全、舒适指的是光照清晰、柔和及不产生紫外线、眩光等有害光照，不产生光污染。

绿色照明的宗旨有以下四点：1)保护环境。包括减少照明器具生命周期内的污染物排放，采用洁净光源、自然光源和绿色材料，控制光污染。2)节约能源。以紧凑型荧光灯替代白炽灯为例，可节电70%以上，高效电光源可使冷却灯具散发出热量的能耗明显减少。3)提高工作效率。有益健康，提供舒适、愉悦、安全的高质量照明环境，这比节省电费更有价值。4)营造体现现代文明的光文化。

2. 绿色照明在我国的发展历程

我国从"八五"计划时期开始接触乃至推行绿色照明，至今绿色照明越来越受到人们的关注和支持。

(1)"九五"：绿色照明在中国起步。1993年国家经贸委开始组织制订我国绿色照明工程计划，并在上海、广东、北京等地区试点实施。1996年5月国家经贸委宣布成立中国绿色照明工程领导协调小组，10月"中国绿色照明工程"全面启动。1998年起我国实施"节能法"，其中包括照明节电。2000年国家经贸委、建设部、国家质量技术监督局联合制定并发布了《关于进一步推进"中国绿色照明工程"的意见》，提出了推动绿色照明工程的具体政策措施。

(2)"十五"：绿色照明工程成效显著。2001年9月，国家经贸委(SETC)与联合国开发计划署(UNDP)和全球基金(GEF)共同组织的“SETC/UNDP/GEF 中国绿色照明工程促进项目”正式启动。项目总投入 2620 万美元,项目执行期为 4 年,到 2005 年结束。1996 年到 2005 年,中国绿色照明工程实施 10 年取得了明显成效。十年间累计实现节电 550 亿 kWh,相当于减少二氧化碳(碳计)排放 1452 万吨。

(3)“十一五”:推进绿色照明工程。2004 年 11 月,国家发展和改革委员会发布的《节能中长期专项规划》将照明器具列入节能重点领域。2006 年 7 月,《“十一五”十大重点节能工程实施意见》在全国节能工作会议上发布,绿色照明工程是其中之一。

(4)“十二五”(2011—2015 年):公共机构将全面开展绿色照明工程。《公共机构节能“十二五”专项计划》中 8 项重点工程主要指标中,唯一确定高效光源是约束性的指标,而其他项皆为预期性指标。规划要求“十二五”期间,在全国公共机构中全面展开绿色照明工作。应广泛使用紧凑型荧光灯、直管荧光灯、高压钠灯、金属卤化物灯、发光二极管(LED)等高效光源。推广配光合理,反射效率高而耐久性好的反射灯具和智能控制装置,实现办公室高效光源使用率 100%,LED 等固体光源使用率 10%以上。中国政府出台了通过财政补贴方式推广节能灯的办法,对居民用户、大宗用户分别给予 50%和 30%的补贴。在全国范围内推广使用节能灯、LED 照明推广试点示范城市。

3. 绿色照明的相关标准、要求和指标

1)产品能效标准与能效等级

(1)能效标准

①“能效”。即能源利用效率,它反映了产品利用能源的效率情况,它评价的是单位能源所产生的输出或做功,是评价产品用能性能的一种较为科学的方法。②“能效标准”。即能源利用效率标准,是对用能产品的能源利用效率水平或在一定时间内能源消耗水平进行规定的标准。在国际上能效标准已成为许多国家能源宏观管理的政策手段,国家可以通过能效标准的制定、实施、修订来调节社会节能总量或用能总量。

我国于 1999 年发布第一个照明产品能效标准《管型荧光灯镇流器能效限定值及节能评价值》(GB17896—1999)。之后,先后制定了自镇流荧光灯、双端荧光灯、高压钠灯和金属卤化物灯以及高压钠灯镇流器、金属卤化物灯镇流器、单端荧光灯等产品的能效标准。

(2)能效限定值与能效等级

①能效限定值。是国家允许产品的最低能效值,低于该值产品则是属于国家明令淘汰的产品。②能效等级。是指在一种耗能产品的能效值分布范围内,根据若干个从高到低的能效值划分出不同的区域,每个能效值区域为一个能效等级。我国能效标准中的“能效限定值”是强制性的,“能效等级”将来也会是强制性的。

能效等级是表示电器产品其能效高低差别的一种分级方法,按照国家标准的相关规定,目前我国的能效标识将能效分为 1、2、3、4、5 共五个等级。等级 1 表示产品达到国际先进水平,最节电,即耗能最低;等级 2 表示比较节电;等级 3 表示产品的能源效率为我国市场的平均水平;等级 4 表示产品能源效率低于市场平均水平;等级 5 是市场准入指标,低于该等级要求的产品不允许生产和销售。

为了在各类消费者群体中普及节能增效意识,中国能效标况的等级展示栏用 3 种表现形式来直观表达能源效率等级信息:一是文字部分“耗能低、中等、耗能高”;二是数字部分“1、2、3、4、5”;三是根据色彩所代表的情感安排的等级指示色标,其中红色代表禁止,橙色代表警告，绿色代表环保与节能。中国能效标识，如图5-2-16所示。

2)照明设计标准

我国针对不同的照明场所都已经制订或正在制订相应的设计、测量标准，这些标准均是针对人们的视觉工作需求而制订的，并尽量和国际标准靠拢。如《建筑照明设计标准》(GB 50034—2013)等。

3)相关标准对绿色照明的要求

《建筑照明设计标准》(GB 50034—2013)针对不同类型的建筑均提出了室内照明功率密度、Ra、UGR值相关的要求(表5-2-1)。

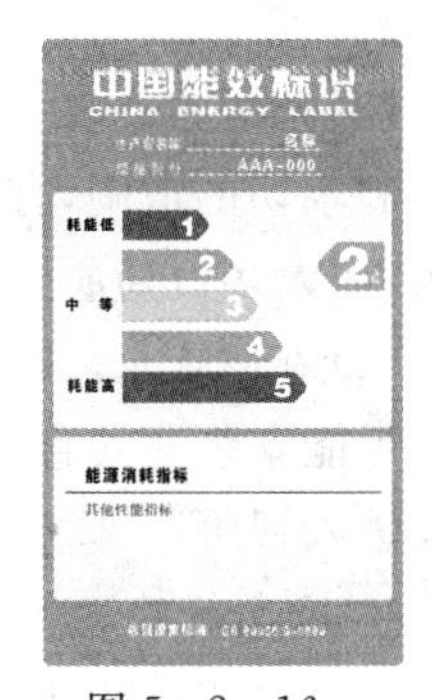

图5-2-16
中国能效标识

表5-2-1　按照建筑类型照明功率密度要求[3]

建筑类型	允许照明密度/W·m^{-2}	建筑类型	允许照明密度/W·m^{-2}	建筑类型	允许照明密度/W·m^{-2}
设备间	10	旅馆	11	警察局/消防局	11
会议中心	13	图书馆	14	邮局	12
法院	13	制造加工厂	14	宗教建筑	14
餐饮:休闲吧/休息	14	汽车旅馆	13	零售	16
餐饮:自助餐/快餐	15	画廊	13	学校/大学	13
餐饮:家庭	17	多户住宅	8	体育场	12
宿舍	11	博物馆	12	市政厅	12
运动中心	11	办公室	11	车站	11
健身房	12	车库	3	仓库	9
健康检查诊所	11	监狱	11	工作间	15
医院	13	艺术中心	17	内部出口记灯	5W/盏

《绿色建筑评价标准》对外部照明要求采用截光性灯具等措施确保无直射光射入空中，限制溢出场地范围以外的光线，并避免采用照楼灯、照树灯，不对周边建筑产生光污染，但对具体的控制方式和照明功率密度等方面没有强制要求。其他如国家绿色建筑认证、LEED认证对绿色照明都提出了具体要求。

4)绿色照明的舒适性指标

绿色照明要满足人们正常的视觉需求，其重要的是达到舒适性的指标要求，主要体现在照度、显色性、色表和眩光4个方面。

(1)照度。即发光体发出的光能在工作台面上(通常为0.75m)反映出的亮度。自然光的照度分布最好，即在人的视觉观察范围内的均匀度为100%，视觉效果好且长时间观察不易疲劳。照明设计应使照度分布尽量均匀。

(2)显色性。显色性对辨识对象颜色、视觉效果和视觉舒适性有很大影响。光源的显色指数高，则被视对象和人物的形象会显得更真实、生动，照明工程设计应选择合理的光源显色指数。

(3)光源的色表。色表按相关色温分为3类,通常较低照度(150～200lx以下)场所需要温馨和亲切的情调,宜用暖色表;高照度(750lx以上)场所或热带地区、热加工车间等宜用冷色表;而大多数场所应以中间色温为宜。

(4)避免眩光。眩光容易造成眼睛痉挛,严重时可损伤视网膜,导致失明。因此建议灯具尽可能安装消去直射和反射眩光的措施,尽量将光源作漫射处理使光能损失最小,让柔和的光进入视野。

4. 绿色照明设计

绿色照明设计从技术方面而言,包括选择合适的灯具种类、照明设备和控制装置;从建筑设计方面而言,包括空间几何形状的合理设计,建筑表面的适当选择,照明设备位置相对于几何空间、其他部件(如管道系统)和自然采光源的精细安排。以上两方面的最终目标是最大限度地提高人工照明系统的效率和质量。

1)绿色照明的设计策略

应注意以下方面:(1)确定比较详细的采光照明设计方案,明确自然采光与人工照明如何相互作用与补充。(2)确定照明系统设计的目标与指标。包括不同工作内容所需空间的工作表面照度,以及空间背景环境所要达到的照度水平。(3)选择合适的光源和灯具,使其照度水平和传递效率的性价比达到最高。

《建筑采光设计标准》(GB 50033—2013)和《建筑照明设计标准》(GB 50034—2013)为设计人员明确绿色照明的要求和国家有关照明设计规定提供了指引。在绿色照明前提下的照明工程设计是一个系统的设计,应该考虑照明系统的总效率,既包括照明系统的照明效率,也包括人们的生理和心理效率(图5-2-17)。

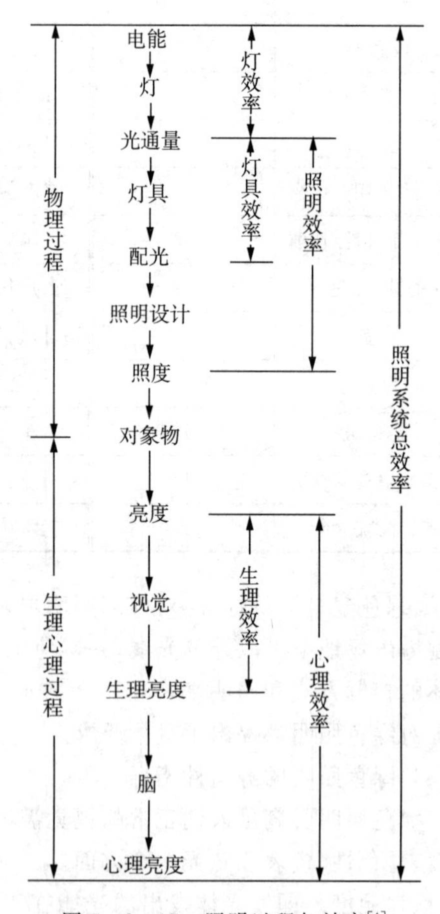

图5-2-17 照明过程与效率[4]

2)绿色照明设计的具体内容

(1)照明标准的选择

目前国际的和我国的照度标准,是根据照明要求的档次高低选择照度标准值,一般的房间选择照度标准值,档次要求高的可提高一级,档次要求低的可降低一级。选择合适的照度标准值,有利于照明节能。

凡符合下列条件之一时,参考平面或作业面的照度值应提高一级:①当眼睛至识别对象的距离大于500mm时;②连续长时间紧张的视觉作业,对视觉器官有影响时;③识别对象在活动面上,识别时间短促而辨认闲难时;④视觉作业对操作安全有特殊要求时;⑤识别对象的反射比小时或低对比时;⑥当作业精度要求较高,且产生差错造成很大损失时;⑦工作人员年龄偏大，长时间持续进行视觉工作时；⑧建筑标准要求较高时。

凡符合下列条件之一时，参考面或作业面的照度应降低一级：①进行临时工作时；②当工作精度和识别速度无关紧要时；③当反射比或亮度对比特别高时；④建筑标准较低时；⑤能源比较紧张的地区。

(2)照明方式的选择

照明方式是指照明设备按其安装部位或光的分布而构成的基本制式。就安装部位而言，有一般照明、局部照明和混合照明等；按光的分布和照明效果可分为直接照明和间接照明。选择合理的照明方式，对改善照明质量、提高经济效益和节约能源等有重要作用，并且还关系到建筑装修的整体艺术效果。

不同照明方式的设计原则如下：①当照明场所要求高照度，宜选混合照明方式；利用作业旁边的局部照明，达到高照度、低能耗的要求；②当工作位置密集时，可采用单独的一般照明方式，但照度不宜太高，一般最高不宜超过 500lx；③如果工作位置的密集程度不同，或者为一条生产线时，可采用分区一般照明的方式。对于工作区可采用较高的照度，而交通区或走道上可采用较低的照度，可以节约大量的电能，但工作区与非工作区的照度比不宜大于 3∶1；④在一个工作场所内不应只装设局部照明，例如在高大的厂房，在高处采用一般照明方式，而在墙壁或柱子上装灯的方式，也可达到节能之目的；或者在有一般照明的情况下把照明灯具安装在家具上或设备上，也不失为一种照明节能方式。

(3)照明环境的设计

照明环境的设计要求，包括恰当的照度、亮度分布，良好的眩光控制及光线方向控制以及光源色和显色性等方面的内容。

① 保证良好的照度均匀度

在工作和生活环境中，如在视野内照度不均匀，将引起视觉不适应，因此要求工作面上的照度要均匀，而工作面的照度与周围环境的照度也不应相差太悬殊。照度均匀度，用工作面上的最低照度与平均照度之比来评价。照度比系指该表面的照度与工作面一般照明的照度之比。规定照度比的目的是使房间各表面有良好的照度分布，创造良好的视觉环境。为达到要求的照度均匀度，灯具的安装间距不应大于所选灯具的最大允许距高比。

《建筑照明设计标准》中对不同照明方式规定：

a. 一般照明的照度均匀度不宜小于 0.7；采用分区一般照明时，房间的通道和其他非工作区域，一般照明的照度值不宜低于工作面照度值的 1/5。局部照明与一般照明共用时，工作面上一般照明的照度值宜为总照度值的 1/3～1/5。

b. 在体育场地内主要摄像方向上，垂直照度最小值与最大值之比不宜小于 0.4；平均垂直照度与平均水平照度之比不宜小于 0.25；场地水平照度最小值与最大值之比不宜小于 0.5；体育场所观众席的垂直照度不宜小于场地垂直照度的 0.5。

c. 在办公室、阅览室等长时间连续工作的房间，其室内各表面的照度比如下：顶棚为 0.25～0.9，墙面为 0.4～0.8，地面为 0.7～1.0。

② 保证合适的亮度

在工作视野内有合适的亮度分布是舒适视觉环境的重要条件。如果视野内各表面之间的亮度差别太大，且视线在不同亮度之间频繁变化，则易导致视觉疲劳。一般被观察物体的亮度高于其邻近环境的亮度三倍时，则视觉舒适，且有良好的清晰度，而且应将观察物体与邻近环境的反射比控制在0.3～0.5之间。

为了保证室内有良好的亮度比，减少灯同其周围及顶棚之间的亮度对比，顶棚的反射比宜为0.7～0.8，墙面的反射比为0.5～0.7，地面的反射比为0.2～0.4。此外适当地增加工作对象与其背景的亮度对比，比单纯提高工作面上的照度能更有效地提高视觉功效，且较为经济，节约电能。

③ 光线的方向控制

由于光照射到物体的方向不同，在物体上产生阴影、反射状况和亮度分布的不同，可以给人们的视觉和心理带来不同的感受。材料是靠产生小的阴影来表现物体的粗糙和凹凸等质感，通常用安装从斜向来的定向光照射时，可强调材质感。

阴影对人们主观感受的影响可以分为两种情况：a. 当在工作面上产生手和身体的阴影时，会使对象的亮度和亮度对比降低，影响人们的主观感受。为防止此现象的发生，可将灯具做成扩散性的，并在布置上加以注意。b. 为了表现立体物体的立体感，需要适当的阴影，以提高其可见度。为此，光不能从几个方向来照射，而是从一个方向来照射实现的。当立体物体的明亮部分同最暗部分的亮度比为2∶1以下时，形成呆板的感觉，形成10∶1的亮度比时，则印象强烈，最理想的是3∶1的亮度比。

④ 光色和显色性的控制

不同色温的光源，令人产生不同的冷暖感觉，这种与光源的色刺激有关的主观表现称为色表。室内照明光源的色表及其相关色温与人的主观感受的一般关系见表5-2-2所列；光源的色表分组和适用场所见表5-2-3所列。另外，对辨别物体颜色有要求的场所，应保证光源的显色性，以此令人满意地看出物体的本来颜色。

表5-2-2 对照度和色温的一般感觉[5]

照度(lx)	对光源色的感觉		
	暖	中间	冷
≤500	愉快	中间	冷
500～1000	↑	↑	↑
1000～2000	刺激	愉快	中间
2000～3000	↓	↓	↓
≥3000	不自然	刺激	愉快

表5-2-3 光源的色表分组[6]

色表分组	色表特征	相关色温(K)	适用场所举例
Ⅰ	暖	<3300	客房、卧室等
Ⅱ	中间	3300～5300	办公室、图书馆等
Ⅲ	冷	>5300	高照度水平或白天需补充自然光的房间、热加工车间

⑤ 眩光控制

在照明设计中需要控制的眩光分为直接眩光和反射眩光两种，直接眩光是由光源和灯具的高亮度直接引起的眩光，而反射眩光是通过光线照到反射比高的表面，特别是由抛光金属一类的镜面反射所引起的眩光。

控制直接眩光主要有两种措施：a. 选择适当的透光材料。可以采用漫射材料或表面做成一定几何形状、不透光材料制成的灯罩，将高亮度光源遮蔽；b. 控制遮光角。建筑照明设计标准中对直接型灯具最小遮光角的规定，见表5－2－4所列。

表5－2－4 灯具的最小遮光角[7]

光源平均亮度(kcd/m^2)	遮光角	光源平均亮度(kcd/m^2)	遮光角
1～20	10°	50～500	20°
20～50	15°	≥500	30≥

灯具的光照射到光亮的表面上反射到人眼方向上可产生反射眩光，它有两种形式，一是光幕反射，它可使视觉工作对象的对比降低；另一种是视觉工作对象旁的反射眩光。防止和减少光幕反射和反射眩光的措施是：a. 合理安排工作人员的工作位置和光源的位置，不应使光源在工作面上产生的反射光射向工作人员的眼睛，若不能满足上述要求时，则可采用投光方向合适的局部照明；b. 工作面宜为低光泽度和漫反射的材料；c. 可采用大面积和低亮度灯具，采用无光泽饰面的顶棚、墙壁和地面，顶棚上宜安设带有合适灯具，以提高顶棚的亮度。

(4)照明器材的选用

① 使用高效光源

高效光源的种类很多，它们各有其特点及适用场所：如低压钠灯光效高，主要用于道路照明；高压钠灯主要用于室外照明；金属卤化物灯室内外均可应用，一般低功率的用于室内层高不太高的房间，而大功率的应用于体育场馆，以及建筑夜景照明等；荧光灯中尤以三基色荧光灯光效最高；高压汞灯光效较低；而卤钨灯和白炽灯光效就更低。在设计中应该因具体条件选择适用的灯具。各种电光源技术指标，见表5－2－5所列。

表5－2－5 各种电光源的技术指标[3]

光源种类	光效(lm/W)	显色指数(Ra)	色温(K)	平均寿命(h)
普通照明	15	100	2800	1000
卤钨灯	25	100	3000	2000～5000
普通荧光灯	70	70	全系列	10000
三基色荧光灯	93	80～98	全系列	12000
紧凑型荧光灯	60	85	全系列	8000
高压汞灯	50	45	3300～4300	6000
金属卤化物灯	75～95	65～92	3000/4500/5600	6000～20000
高压钠灯	100～200	23/60/85	1950/2200/2500	2400
低压钠灯	200		1750	28000
高频无极灯	55～70	85	3000～4000	40000～80000
发光二极管(LED)	70～100	全彩	全系列	20000～30000

设计中应根据使用场所、建筑性质、视觉要求、照明的数量和质量要求来选择适当的光

源，其具体措施如下：a. 尽量减少白炽灯的使用量。白炽灯虽然安装和使用方便，价格低廉，但其光效低、能耗大、寿命短，应尽量减少其使用量。b. 使用细管径荧光灯和紧凑型荧光灯。荧光灯光效较高，寿命长，节约电能。目前应重点推广细管径 T8 荧光灯和各种形状的紧凑型荧光灯。c. 减少高压汞灯的使用量。因其光效较低，显色性差，不是很节能的电光源。d. 使用推广高光效、长寿命的高压钠灯和金属卤化物灯。这两种光源特别适用于工业厂房照明、道路照明以及大型公共建筑照明。

② 使用高效灯具

选择合理的灯具配光可使光的利用率提高，达到最大节能的效果。灯具的配光应符合照明场所的功能和房间体形的要求，如在学校和办公室宜采用宽配光的灯具。在高大(高度 6m 以上)的工业厂房采用窄配光的深照型灯具。在不高的房间采用广照型或余弦型配光灯具。房间的体形特征用室空间比(RCR)来表示，根据 RCR 选择灯具配光形式，可由表 5-2-6 确定。

表 5-2-6 室空间比与灯具配光形式的选择[8]

室空间比(RCR)	灯具的最大允许距高比 L/H	选择的灯具配光
1～3(宽而矮的房间)	1.5～2.5	宽配光
3～6(中等宽和高的房间)	0.8～1.5	中配光
6～10(窄而高的房间)	0.5～1.0	窄配光

要保证灯具的发光效率节约电能，在设计时灯具的选择应做到以下几点：a. 在满足眩光限制要求的条件下，应优先选用开启式直接型照明灯具，不宜采用带漫射透光罩的包合式灯具和装有格栅的灯具。b. 灯具所发出的光的利用率要高，即灯具的利用系数高。灯具的光利用系数取决于灯具效率、配光形状、房间各表面的颜色装修和反射比以及房间的体形。一般情况下，灯具效率高，其利用系数也高。c. 选用高光通量维持率的灯具。因为灯具在使用过程中，由于灯具中的光源的光通量随着光源点燃时间的增长，其发出的光通量下降，同时灯具的反射面由于受到尘土和污渍的污染，其反射比在下降，从而导致反射光通量的下降，这些都会使灯具的效率降低，造成能源的浪费。

③ 进行合理的灯具布置

在房间中进行灯具布置时可以分为均匀布置和非均匀布置。均匀布置时，一般采用正方形、矩形、菱形的布置形式(图 5-2-18)。其布置是否达到规定的均匀度，取决于灯具的距离比，即间距 L 和灯具的悬挂高度 H(灯具至工作面的垂直距离)的比值，即 L/H。L/H 值愈小，则照度均匀度愈好，但用灯多、用电多、投资大、不经济；L/H 值大，则不能保证照度均匀度。各类灯具的距高比见表 5-2-7 所列。

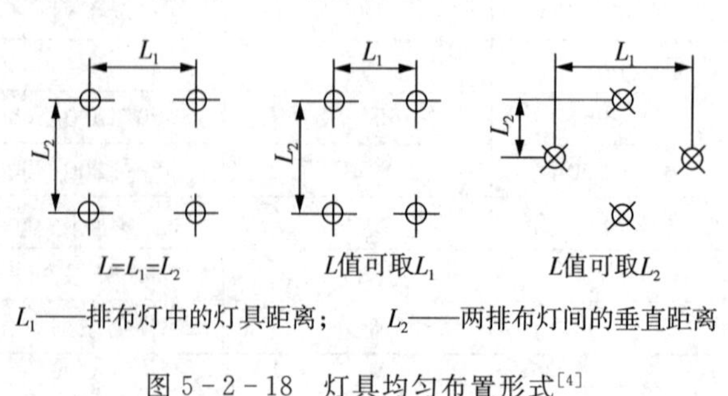

图 5-2-18 灯具均匀布置形式[4]

表5-2-7 各类灯具的一般距高比[23]

灯具类型	L/H	简图
窄配光	0.5左右	L；H_c；H；0.25~0.5L；工作面
中配光	0.7～1.5	
宽配光	1.0～1.5	
	L/H	
半间接型	2.0～3.0	
间接型	3.0～5.0	

为使整个房间有较好的亮度分布，还应注意灯具与顶棚的距离以及灯具与墙的距离。当采用均匀漫射配光的灯具时，灯具与顶棚的距离和顶棚与工作面的距离之比宜在0.2～0.5之间。当靠墙处有工作面时，靠墙的灯具距墙不大于0.75m；靠墙无工作面时，则灯具距墙的距离为0.4～0.6L（灯间距）。

④ 采用节能镇流器

普通电感镇流器价格低、寿命长，但具有自身功耗大、系统功率闪数低、启动电流大、温度高、在市电电源下有频闪效应等缺点。从表5-2-8看出，普通电感镇流器的功耗大于节能型电感镇流器和电子镇流器，现今应大力推广节能型电感镇流器，同时有条件应采用更节能的电子镇流器。

表5-2-8 各种镇流器的功耗比较[9]

灯功率(W)	镇流器功耗占灯功率的百分比(%)		
	普通电感	节能型电感	电子型
20以下	40～50	20～30	<10
30	30～40	<15	<10
40	22～25	<12	<10
100	15～20	<11	<10
150	15～18	<12	<10
250	14～18	<10	<10
400	12～14	<9	5～10
1000以上	10～11	<8	5～10

(5)照明配电和照明控制

① 电压质量

照明灯端电压如偏离灯的额定电压，将导致电流、输入功率以及输出光通量的变化，并引起使用寿命的更大改变。为节约电能、保证照明稳定，应尽量稳定照明电压，降低电压偏移和波动。各类光源的电压偏移不宜高于其额定电压的105%；也不宜低于其额定电压的下列数值：a. 室内一般工作场所95%；b. 室外的露天工作场地、道路等90%；c. 应急照明或用特低电压供电的照明90%；d. 远离变电所、视觉要求较低的小面积室内工作场所，难以达到①款要求的90%。

同时,电压波动过大、过频,将损害光源使用寿命,导致照度的波动,应当予以限制。提高电压质量的措施可总结如下:a. 照明负荷大、视觉要求较高的场所,宜采用照明专用配电变压器;b. 照明与电力负荷合用配电变压器时,照明不应与大功率冲击性负荷(如电焊机、锻锤、吊车、空压机等)共用变压器;c. 照明与电力合用配电变压器时,照明应由独立的馈电线供电;d. 当高压侧电压偏移较大、照明视觉要求较高时,配电变压器宜采用自动有载调压变压器;e. 视觉要求高的场所,可在照明馈电线路装设自动稳压和调压装置;f. 提高配电线路功率因数,不宜小于 0.9;g. 降低配电干线和分支线阻抗,采用铜芯导线或电缆,适当加大导体截面。

② 照明配电系统

照明负荷电流在配电变压器和配电线路中会产生电能损耗。因此,合理选择变压器参数和导体材料与截面,是实现照明节能的有效方法之一。要降低照明配电变压器的有功电能损耗,应采取以下措施:a. 选用节能型变压器,使负载损耗 ΔP 和空载损耗 ΔP 最小;b. 适当选大一些变压器容量,以降低变压器负载率,从而降低变压器的负载损耗;c. 提高功率因数 cosΦ,cosΦ 过低,将大大增加无功功率,而使变压器的计算负荷增大,从而加大了负载损耗。

要降低照明配电线路电能损耗,应采取以下措施:a. 室内照明配电线路的导体应选用铜,铜的电阻率低,为铝的 60%;b. 合理选用并适当加大导体截面,以降低电阻,减小能耗,要求如下:Ⅰ. 导线、电缆的载流量应大于该照明线路的计算电流;Ⅱ. 应满足线路各种保护要求;Ⅲ. 应使各段线路电压损失之和小于允许值,以保证灯端电压不低于规定值;Ⅳ. 为了改善电压质量,降低线路损耗,在符合上述条件基础上,还要适当加大截面,留有必要的余地。

③ 照明控制

绿色照明工程的过程中,照明控制是一项很重要的内容。照明控制系统方案多种多样,有单一功能的,有多种功能综合的,但都是以节能为中心,综合其他一种或多种目的而设置。

照明控制的主要内容包括:控制、调节、稳定和检测。a. 控制。包括自动控制和手控,自控有时钟控制、光控、红外线控制等,还有用微电脑实施智能控制;b. 调节。是指通过调节照明的电压,调节光源功率、调节频率等方式,以调节灯的光通输出;c. 稳定。是通过稳定灯的输入电压,以达到光的稳定;d. 检测。是指监视照明系统的运行状态,测量各种参数。通过照明控制可以实现显著的节能效果、延长光源寿命、改善工作环境、提高照明质量、实现多种照明效果。

除上述内容之外,在绿色照明设计中还应该注意防治频闪效应、限制谐波以实现照明节能并为人们提供舒适、健康的照明环境。

5.3 绿色建筑围护结构的节能技术

建筑围护结构热工性能的优劣,是直接影响建筑使用能耗大小的重要因素。我国根据一月份和七月份的平均气温划分为严寒地区、寒冷地区、夏热冬冷地区、夏热冬暖地区和温和地区等五个不同的建筑气候区,各地的气候差异很大,建筑围护结构的保温隔热设计应与建筑所处的气候环境相适应。在严寒地区、寒冷地区,保温是重点;在夏热冬冷地区,则既要考虑冬季保温性能，又要考虑夏季隔热性能；在夏热冬暖地区，隔热和遮阳是重点。

绿色建筑围护结构的节能设计包括外墙节能技术、屋面节能技术、门窗节能技术及楼地面节能技术。

5.3.1　外墙节能技术

在建筑中，外围护结构的传热损耗较大，而且在外围护结构中墙体所占比例又较大，所以，外墙体材料改革与墙体节能保温技术的发展是绿色建筑技术的重要环节，也是建筑节能的主要实现方式。

我国曾经长期以实心黏土砖为主要墙体材料，用增加外墙砌筑厚度来满足保温要求，这对能源和土地资源是一种严重的浪费。一般单一墙体材料较难同时满足承重和保温隔热的要求，因而在节能的前提下，应进一步推广节能墙材、节能砌块墙及其复合保温墙体技术，外墙保温材料应具有更低的导热系数。

虽然我国建筑节能标准不断提高，从 1986 年的节能 30%，至现今的 65%。北京等城市已经施行节能 75%的标准。但是总体来说，我国的建筑节能标准仍然远低于欧洲的建筑节能标准。如德国在 2009 年 4 月 1 日执行 ENEV2009 节能标准中对外墙的传热系数规定不应大于 0.28W/(m^2 · K)，同时还应满足年能耗量的控制值，约为 7L 石油/m^2 · a。北京的地理纬度与德国相近，目前执行 75%的节能标准，根据建筑高度和体形系数不同，外墙传热系数在 0.35～0.45W/(m^2 · K)之间，可见存在的差距[1]。

1. 外墙常见保温材料[2-4]

1）EPS(Expandable polystyrene)聚苯泡沫保温板

EPS 聚苯泡沫保温板，如图 5-3-1 所示，是由可发性聚苯乙烯珠粒经加热预发泡后在模具中加热成型而制得的，具有闭孔结构的聚苯泡沫塑料板材。EPS 板常见的是白色，有 4～6mm 的泡沫颗粒，摩擦时颗粒会掉落。其强度较低，用力按压会略微变形。

（1）EPS 保温系统的优点

包括：①保温效果好；②粘结层、保温层与饰面层可配套使用，其价格适中；③无复杂的施工工艺，便于技术推广。

（2）EPS 保温系统的缺点

包括：①EPS 板材的脆性特点。在粘贴面积较大时，外墙饰面层开裂的可能性高，尤其是涂料面层；且其强度不高，承重能力较低，外贴面砖时需要进行加强处理；②板材出厂时要经过一段成熟期，需放置一段时间才可使用。如果熟化时间不足，施工后板材易收缩，使系统开裂。

图 5-3-1　EPS 聚苯泡沫保温板

（3）EPS 保温系统的适用范围

EPS 是可发性聚苯乙烯，是一种热塑性塑料，价格较低，保温性能、整体粘结强度一般。EPS 保温系统适合节能标准较低，抗风压小的低层建筑外墙外保温。该系统施工效率较低，工人技术要求不高，工程造价最低。

(4)新型掺石墨 EPS 板

在传统 EPS 板中掺加石墨的技术，在欧洲已经广泛应用，目前也开始进入我国市场并广泛应用。热的传导主要有辐射、对流、传导三种方式。传统白色 EPS 板不能阻止红外线透过，而石墨 EPS 板内包含红外线吸收物，可减少红外线辐射，降低导热系数，同时提高 EPS 板的燃烧性能。目前市场上的石墨 EPS 板的导热系数可降至 0.033W/(m^2·K)以下，燃烧性能可达到 B1 级。

2)XPS(Extruded Polystyrene)挤塑聚苯泡沫保温板

XPS 挤塑式聚苯乙烯隔热保温板，是以聚苯乙烯树脂为原料加其他原辅料与聚合物，通过加热混合同时注入催化剂，然后挤塑压出成型而制造的硬质泡沫塑料板，如图 5-3-2 所示。

(1)XPS 保温系统的优点

包括：①XPS 具有完美的闭孔蜂窝结构，具有极低的吸水性、低热导系数、高抗压性、抗老化性(正常使用几乎无老化分解现象)；②其颗粒细小，可以做成各种颜色，强度较高，可以站人而略微变形；③对同样的建筑物外墙，其使用厚度可小于其他类型的保温材料；④与 EPS 板相比，XPS 板强度要高，但 EPS 的柔韧性优于 XPS。

(2)XPS 保温系统的缺点

包括：①XPS 板板材较脆，板上存在应力集中时，容易使板材损坏、开裂；②XPS 板透气性差，如果板两侧的温差较大，且湿度高时很容易结露；③其结构的伸缩性差，受温度及湿度的变化影响而变形、起鼓导致保温层脱落；④XPS 板吸胶性差，粘结后破坏面为 XPS 板表面，粘结强度不够；⑤XPS 板防火等级较低，可燃，存在安全隐患；⑥XPS 板价格与 EPS 系统相比较高。

(3)XPS 保温系统的适用范围

XPS 板材具有优越的保温隔热性能、良好的抗湿防潮性能，同时具有很高的抗压性能，广泛应用于节能标准较高的多层及高层建筑。可用于建筑物屋面保温、钢结构屋面、建筑物墙体保温、建筑物地面保温、广场地面、地面冻胀控制、中央空调通风管道等。由于内层的闭孔结构，因此它具有良好的抗湿性和保温隔热性能，也适用于冷库等对保温有特殊要求的建筑。

3)聚氨酯 PU 硬泡保温板

聚氨基甲酸酯(polyurethane)，简称聚氨酯，是一种新型有机高分子材料，被誉为“第五大塑料”，因其卓越的性能而被广泛应用于轻工、化工、电子、纺织、医疗、建材、汽车、国防、航天等国民经济众多领域。在建筑业主要作为密封胶、粘合剂、屋顶防水保温层、冷库保温、内外墙涂料、地板漆、合成木材、跑道防水堵漏剂、塑胶地板等。

聚氨酯主要分为软泡和硬泡两种：聚氨酯 PU 软泡(Flexible PU)和聚氨酯 PU 硬泡(Rigid PU)。聚氨酯 PU 软泡主要用于垫材(如座椅、沙发、床垫等)、室内吸音、隔音材料和织物复合材料(垫肩、文胸海绵、化妆棉、玩具等)；聚氨酯 PU 硬泡主要用于冷冻冷藏设备(如冰箱、冰柜、冷库、冷藏车等)的绝热材料、工业设备保温(如储罐、管道等)、建筑材料，如图 5-3-3 所示。

图 5-3-2　XPS 挤塑保温板　　图 5-3-3　聚氨酯硬泡保温板

一般在建筑保温方面主要指的是硬泡，用于外墙外保温的聚氨酯硬泡喷涂是一项新型建筑节能技术，经过在工程实例中的运用，虽然还有不少需要改进的地方，但这项技术的优势是很明显的。

(1)聚氨酯硬泡保温系统的优良性能

包括：①导热系数小，保温效能好。硬泡体喷涂聚氨酯是一种高分子热固型聚合物，每厘米厚度相当于 40cm 红砖保温效果；当硬质聚氨酯密度为 35～40kg/m³ 时，导热系数仅为 0.018～0.024W/(m·K)，相当于 EPS 的一半，是目前所有保温材料中导热系数最低的。

② 粘结力极强、抗风揭性好。硬泡聚氨酯能在混凝土、木材、钢材、沥青、橡胶等表面粘结牢固。可承受外饰面 30kg/m² 的重量而不会脱落。

③ 稳定性、耐久性好。硬泡聚氨酯喷涂与基层墙体结合牢固，且抗冻融、吸声性也好。硬泡聚氨酯化学稳定性好，耐酸碱；耐久性满足 25 年要求。

④ 防水性能好，抗湿热性能优良；水密性好，墙内不会结露。

⑤ 有较好的防火性能，阻燃性好。性能稳定，火灾时低烟、低毒，危害小，在外墙保温特别是既有建筑改造中已广泛应用。

⑥ 耐撞击性能优于 EPS 等保温材料。对主体结构变形适应能力强，抗裂性能好。

⑦ 具有良好的施工性能、易于维修；环保性能较好。

(2)聚氨酯硬泡保温系统的适用范围

现场喷涂聚氨酯泡沫塑料使用温度高，压缩性能高，较 EPS 板更适于屋面保温；其次还广泛应用于冰箱、冷库、喷涂、太阳能、热力管线、建筑等其他领域。PU 系统适合节能标准较高、结构较为复杂的多层和高屋建筑，但其综合造价为最高。

4)EPS、XPS、PU 的防火性能对比

EPS、XPS 及 PU 属有机保温材料，燃烧性能一般为 B 级。根据民用建筑外保温系统及外墙装饰防火规定，在中、高层和高层建筑保温系统应用中受到限制。对此，近年来出现了新型材料“发泡陶瓷保温板”，由于发泡陶瓷保温材料的燃烧性能达到 A 级，是用作外墙外保温层及配合 EPS、XPS、PU 外保温层防火隔离带的理想材料。

2. 常见外墙保温技术的构造做法[3][5]

外墙保温技术一般按保温层所在的位置分为外墙外保温、外墙内保温、外墙夹心保温、单一墙体保温和建筑幕墙保温等。

1)外墙外保温

外墙外保温，是指在外墙的外侧粘贴保温层，再做饰面层。该外墙可以用砖石、各种节

能砖或混凝土等材料建造。外墙外保温做法可用于新建墙体，也可用于既有建筑节能改造，能有效地抑制外墙和室外的热交换，是目前较为成熟的节能技术措施。

(1)外墙外保温的优点

包括：①由于构造形式的合理性，它能使主体结构所受的温差作用大幅度下降，对结构墙体起到保护作用，并能有效消除或减弱部分"热桥"的影响，有利于结构寿命的延长；②外墙外贴面的保温形式使墙体内侧的热稳定性也随之增大；③有利于提高墙体的防水性和气密性；④便于对既有建筑物的节能改造；⑤避免室内二次装修对保温层的破坏；⑥不占用室内使用面积，与外墙内保温相比，每户使用面积增加 1.3～1.8m^2。

(2)常用外墙保温系统的类型及构造做法

① 胶粉 EPS 聚苯颗粒保温浆料外墙外保温系统。由界面层(黏结层)、胶粉 EPS 颗粒保温浆料保温层、抗裂砂浆薄抹面层和饰面层组合。胶粉 EPS 颗粒保温浆料经现场拌和后，喷涂或涂抹在基层上形成保温层，薄抹面层中铺玻纤网格布。如图 5-3-4 所示。

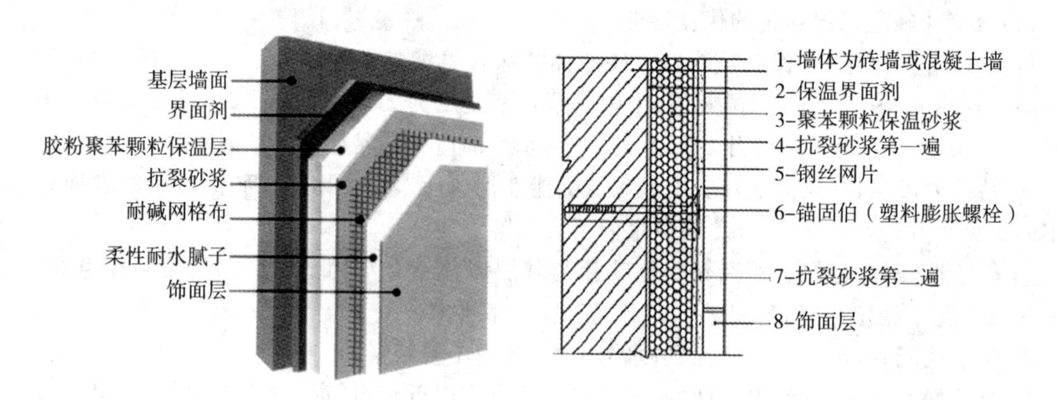

图 5-3-4 胶粉 EPS 颗粒保温浆料外保温系统构造做法[3]

② EPS 板外墙外保温系统

a. EPS 板薄抹灰外墙外保温系统(图 5-3-5)：由 EPS 板保温层，薄抹面层和饰面涂层构成。EPS 板用胶粘剂固定在基层上，薄抹面层中铺玻纤网格布。

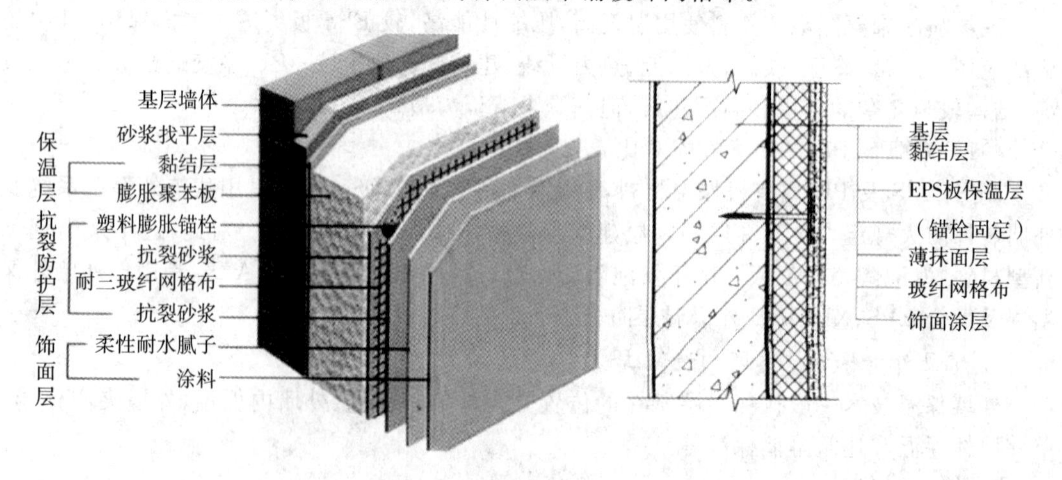

图 5-3-5 EPS 板薄抹灰外墙外保温系统[3]

b. EPS板现浇混凝土外保温系统(图5-3-6):是以现浇混凝土为基层,EPS板为保温层的外保温系统。

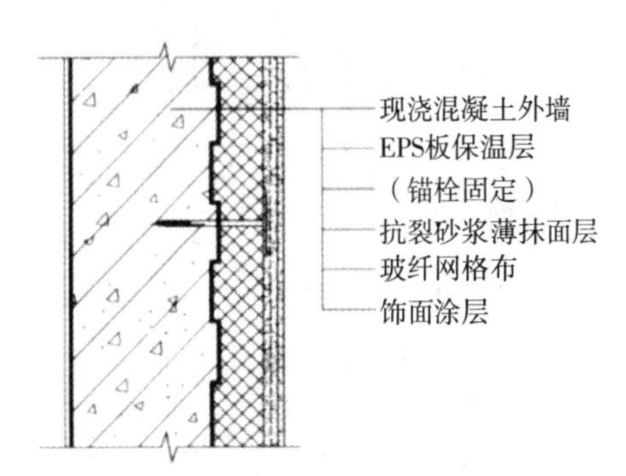

图5-3-6　EPS板现浇混凝土外墙外保温系统[3]

③ 喷涂聚氨酯硬泡外墙保温系统

如图5-3-7所示,即用聚氨酯现场发泡工艺将聚氨酯保温材料喷涂在基层外墙体上,聚氨酯保温材料面层用轻质找平材料进行找平,饰面层可采用涂料或面砖。这是一项新型建筑节能技术,其具有不吸水、不透水的功能,同时具有优良的保温功效,广泛应用于屋顶和墙体保温。但聚氨酯在墙面现场喷涂材料的厚度和垂直度不易控制,一般可用预制好的聚氨酯板块在现场粘贴、固定,上加玻纤网格布或钢丝网,再做防水面层和抗裂处理,上做涂料等。聚氨酯外墙保温隔热层对墙体基层要求较低,墙体表面无油污无浮灰即可,抹灰或者不抹灰均可施工,如不抹灰,抗剪能力更佳。

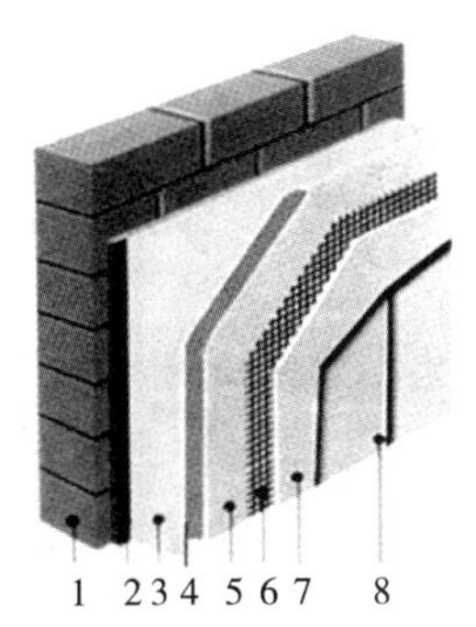

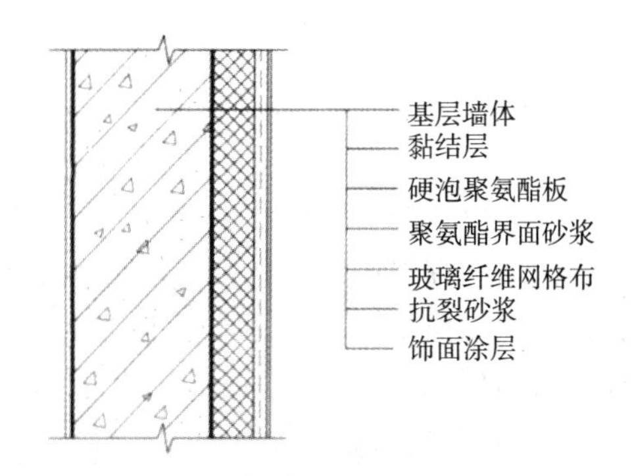

图5-3-7　喷涂聚氨酯硬泡外墙保温系统构造[3]

(3)外墙外保温的细部构造——外墙“断桥”处的保温设计

对于建筑外墙外保温而言,外窗周边墙面、飘窗、跃层平台、女儿墙和外墙出挑构件等部位,易形成“断桥”,故应采取相应的保温措施。外墙外保温“断桥”处的细部构造,如图5-3-8所示。

2)外墙内保温

外墙内保温体系也是一种传统的保温方式,目前在欧洲一些国家应用较多,它本身做法简单,造价较低,但是在热桥的处理上容易出现问题。近年来由于外保温的飞速发展和国家的政策导向,其在我国的应用有所减少。

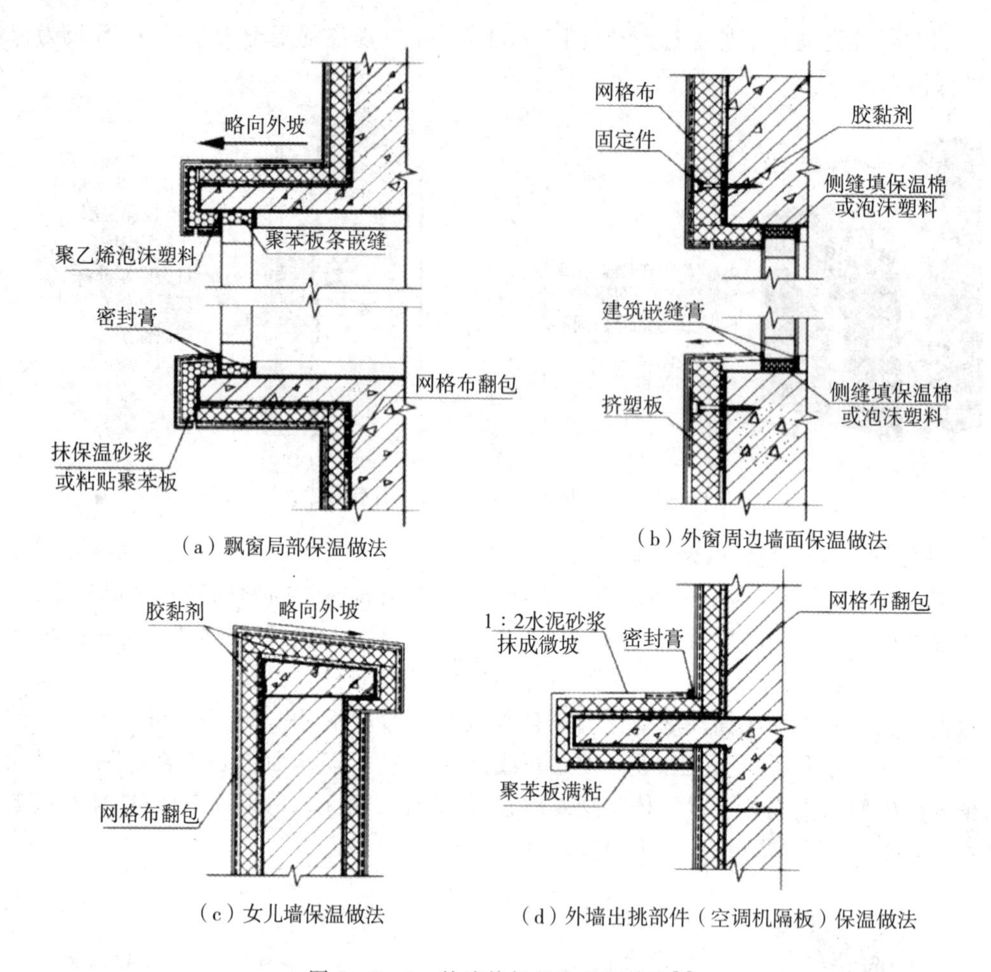

图 5-3-8 外墙外保温的细部构造[5]

(1)外墙内保温的优点

外墙内保温的特点主要是通过与外保温的对比得来，主要是由于在室内使用，对饰面和保温材料的防水和耐候性等技术的要求没有外墙外侧应用那么严格，施工简便，造价较低，而且升温(降温)比较快，适合于间歇性采暖的房间使用。

(2)外墙内保温的缺点

包括：①内保温做法会使内、外墙体分别处于两个温度场，建筑物结构受热应力影响较大，结构寿命缩短，保温层易出现裂缝等；②保温难以避免热桥，使墙体的保温性能有所降低，在热桥部位的外墙内表面容易产生结露、潮湿甚至霉变现象；③采用内保温占用室内使用面积，不便于用户二次装修和在墙上吊挂饰物；④既有建筑进行内保温节能改造时，对居民生活干扰较大；⑤XPS 板、EPS 板和 PUR 均属于有机材料与可燃性材料，故在室内墙上使用受到限制；⑥严寒和寒冷地区如处理不当，在实墙和保温层的交界面容易出现水蒸气冷凝。

(3)外墙内保温的构造做法

包括：①在外墙内侧抹保温砂浆；②在外墙内侧粘贴或砌筑块状保温板(如膨胀珍珠岩板、水泥聚苯板、加气混凝土块、EPS 板等)，并在表面抹保护层(如水泥砂浆或聚合物水泥砂浆等)；③在外墙内侧拼装GRC聚苯复合板或石膏聚苯复合板，表面刮腻子；④在外墙内侧安装岩棉轻钢龙骨纸面石膏板(或其他板材)；⑤公共建筑外墙、地下车库顶板可现场喷涂超细玻璃棉绝热吸声系统，该系统保温层属于A级不燃材料。如图5-3-9所示。

3)外墙夹心保温

外墙夹心保温，如图5-3-10所示。一般以240mm砖墙为外侧墙，以120mm砖墙为内侧墙，内外之间留有空腔，边砌墙边填充保温材料；内外侧墙也可采用混凝土空心砌块，做法为内侧墙190mm厚，外侧墙90mm厚，两侧墙的空腹中同样填充保温材料。保温材料的选择有聚苯板(EPS板)、挤塑聚苯板(XPS板)、岩棉、散装或袋装膨胀珍珠岩等。两侧墙之间可采用砖拉接或钢筋拉接，并设钢筋混凝土构造柱和圈梁连接内外侧墙。夹心保温墙对施工季节和施工条件的要求不高，不影响冬季施工。

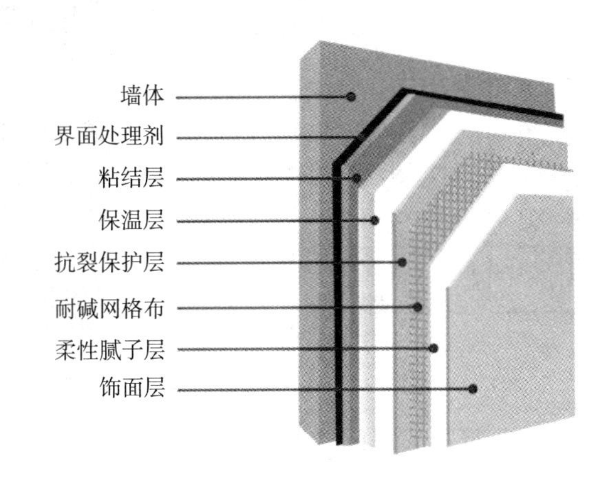

图5-3-9　外墙内保温构造[5]

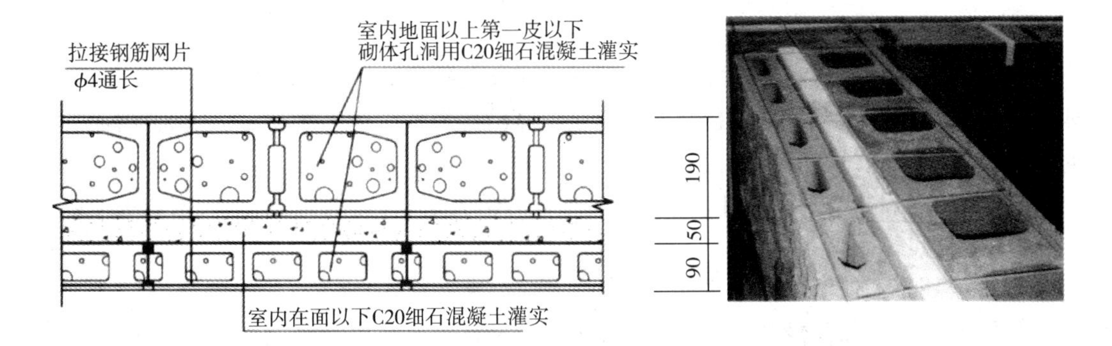

图5-3-10　外墙夹心保温构造做法

国标《夹心保温墙结构构造》—07SG617规定，夹心保温墙适用于全国严寒及寒冷地区，非抗震设计和抗震设防≤8度地区、外墙为普通混凝土小型空心砌块(简称小砌块)和烧结多孔砖(DM和KP1型)夹心墙的底层、多层民用与工业建筑。其他气候分区及蒸压灰砂砖、蒸压粉煤灰砖的夹心保温墙可参照使用。夹心保温墙多用于寒冷地区和严寒地区，在夏热冬冷和夏热冬暖地区可适当选用。一般在低层和多层承重墙体中使用，对框架和高层剪力墙系统仅用作填充墙材料。夹心保温墙的缺点是施工工艺较复杂，特殊部位的构造较难处理，容易形成冷桥，保温节能效率较低。

4)墙体自保温系统(图5-3-11)

墙体自保温系统，是指按照一定的建筑构造，采用节能型墙体材料及配套专用砂浆使墙体热工性能等物理性能指标符合相应标准的建筑墙体保温隔热系统。该技术体系具有工序简单、施工方便、安全性能好、便于维修改造和可与建筑物同寿命等特点，工程实践证明应用该技术体系不仅可降低建筑节能增量成本，而且对提高建筑节能工程质量具有十分重要的现实意义。

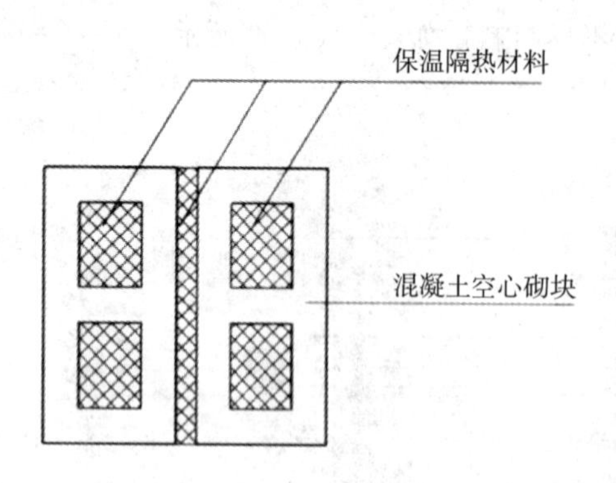

图 5-3-11 墙体自保温(隔热混凝土空心砌块)构造做法[3]

墙体自保温体系多用混凝土空心砌块、蒸压砂加气混凝土、陶粒加气砌块、节能型烧结页岩空心砌块等与保温隔热材料合为一体形成墙体自保温系统，起到自保温隔热作用。其特点是保温隔热材料填充在砌块的空心部分，使混凝土空心砌块具有保温隔热的功能。由于砌块强度的限制，自保温墙体一般用作低层、多层承重外墙或高层建筑、框架结构的填充外墙。

5)建筑幕墙保温[3]

目前，国内很多既有和新建公共建筑大量使用建筑幕墙，但建筑幕墙的保温性能较为薄弱，应在设计中采取相应的保温措施。因建筑主体结构和幕墙板之间有一定距离，因此其节能构造做法，可以通过在幕墙板和主体结构之间的空气间层中设置保温层来实现；也可以通过改善幕墙板材料自身的保温性能来实现，如在幕墙板的内部设置保温材料，或者选用幕墙保温复合板。

(1)非透明幕墙保温

非透明幕墙包括石材幕墙、金属幕墙和人造板材幕墙等。

① 非透明幕墙的保温类型及做法。依保温层的位置不同，其保温做法分为三种：

a. 保温层设置在幕墙的主体结构的外侧表面，类同于外墙外保温做法。如图 5-3-12 所示。

保温材料。常见为膨胀聚苯板(EPS)、挤塑聚苯板(XPS板)、半硬质矿(岩)棉和泡沫玻璃保温板等。保温板与主体结构的连接固定。可采用粘贴式或机械锚固方法，护面层的作用仅用于防潮、防老化，并有利于防火。其应用厚度可根据地区的建筑节能要求和材料的导热系数计算值通过外墙的传热系数计算确定。

b. 在幕墙板与主体结构之间的空气层中设置保温材料。当水平和垂直方向有横向分隔的情况时，保温材料可钉挂在空气间层中。这种做法的优点是可使外墙中增加一个空气间层，提高了墙体热阻，保温材料多为玻璃棉板。如图 5-3-13 所示。

c. 在幕墙板内侧设置保温材料。保温材料可选用密度较小的挤塑聚苯板或膨胀聚苯板，或密度较小的无机保温板。这种做法要注意保温层与主体结构外表面有较大的空气层，应该在每层都做好封闭措施。如图 5-3-14 所示。

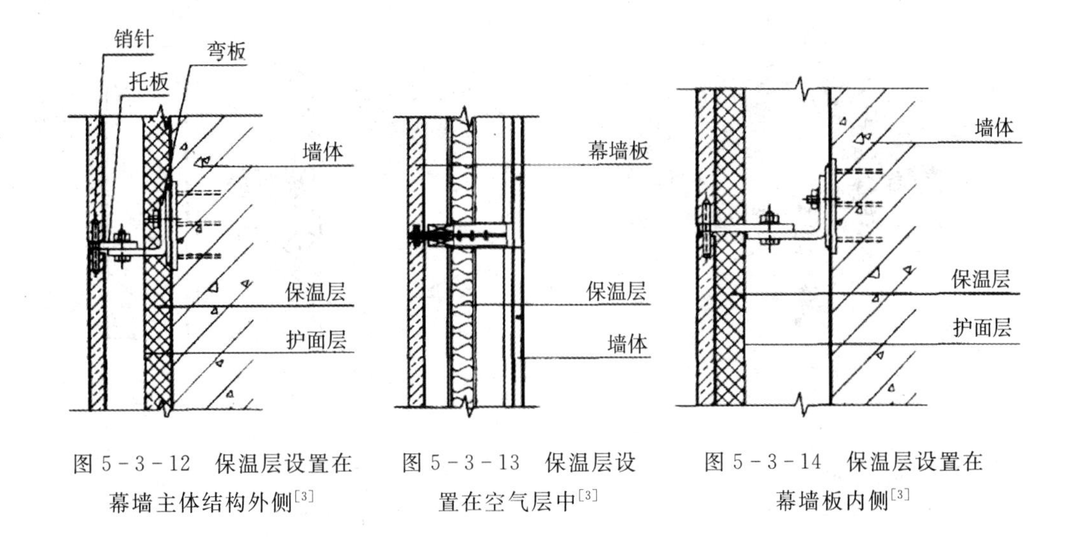

图 5-3-12 保温层设置在幕墙主体结构外侧[3]

图 5-3-13 保温层设置在空气层中[3]

图 5-3-14 保温层设置在幕墙板内侧[3]

② 新型幕墙板——“保温复合装饰板”

“保温复合装饰板”，如图 5-3-15 所示，即幕墙板置入保温芯材，其又称为“保温装饰一体化成品板”，如改性酚醛保温装饰板、节能装饰外墙板、复合隔热装饰板、A 级防火一体板等，是在工厂预制成型的具有外墙保温功能的板材。其具有成本较低、施工机械化程度高、饰面多样性和适用性广泛的特点。

a. 保温复合装饰板的分类

保温复合装饰板按材料类型分为：Ⅰ. 有机保温板型。保温材料可以为模塑聚苯板(EPS 板)(物理特性为密度小，抗拉拔强度低)；挤塑聚苯板(XPS 挤塑板)和硬质发泡聚氨酯板。Ⅱ. 无机保温板型。保温材料可以为膨胀玻化微珠板、膨胀珍珠岩板和泡沫玻璃板等无机保温板。新型保温装饰饰面板，主要以无机材料为饰面板，经预制或现浇，与其他新型保温材料或无机保温材料复合制成的新型墙体材料。如 GRC 节能保温板、MCM 柔性石材保温装饰版、纤维水泥板无机复合保温装饰板等。

保温复合装饰板按涂料面板类型分为：Ⅰ. 漆面板型。面板可以为铝板、钢板、铝塑复合板、无机树脂板，如氟碳漆面层。Ⅱ. 非漆面板型。面板可以为天然石材板、墙砖、陶板、陶土板等，此类材料装饰性能与传统幕墙等同。

b. 保温装饰饰面板的安装方式

外墙保温系统的耐久性和安全性不仅取决于组成材料的性能，在绝大程度上还取决于保温装饰板的固定方式。保温装饰板与基层墙体的连接方式主要有完全粘结式、干挂式和粘锚结合式等。

Ⅰ. 完全粘结式。即保温装饰板与基层墙体之间仅采用粘接方式连接。根据设计需要，可以采用点粘式或满粘式，板缝使用砂浆勾缝料或其他嵌缝材料密封。

Ⅱ. 粘锚结合式。即采用粘接和锚固相结合的方式，将保温装饰板固定在基层墙体上。工程上采用这种方式较多，比较安全可靠。保温装饰板的锚固件可以装在保温装饰板的侧边或内侧，结合装饰板的特点选用适宜的勾缝方式。

Ⅲ. 干挂式(图 5-3-16)。即在基层墙体上固定龙骨，保温装饰板通过金属连接件或专用锚固件与龙骨连接，板缝可采用发泡聚氨酯或其他材料密封。

图 5-3-15 保温复合装饰板

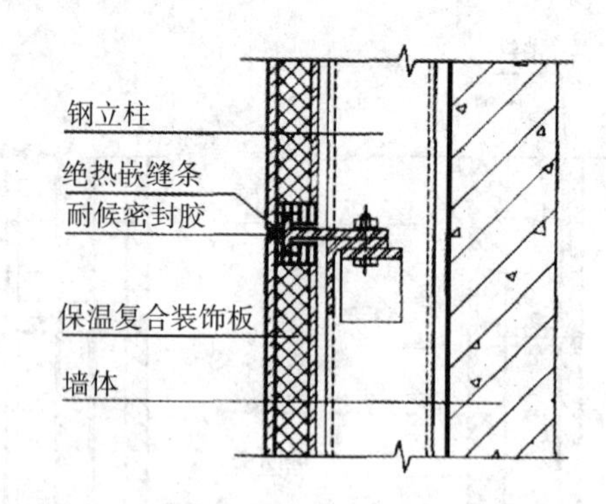

图 5-3-16 外墙保温复合装饰板干挂节点[3]

(2)透明幕墙保温

① 普通透明幕墙

透明幕墙主要是玻璃幕墙,普通的玻璃幕墙一般为单层,保温性能主要与幕墙的材料相关,选择热工性能好的玻璃和框材并提高材料之间的密闭性能是节能的关键,这类似于门窗洞口的节能技术。另外,还可通过双(多)层结构体系和遮阳体系等构造做法来实现透明幕墙的节能。

② 双层玻璃幕墙系统(图 5-3-17)

双层玻璃幕墙,也叫"通风式幕墙""可呼吸式幕墙"或"热通道幕墙"等,由内、外两层玻璃幕墙组成,两层幕墙中间形成一个空气间层。其基本节能原理是:在夏季,利用空气间层的烟囱效应,通过自然通风换气以降低室内温度;在冬季,将通道上下关闭,在阳光照射下产生温室效应,提高保温效果。

双层玻璃幕墙分为利用机械通风的"封闭式内循环体系"和利用自然通风的"敞开式外循环体系"两种类型。双层玻璃幕墙一般两层幕墙之间的通道宽度在 500mm 左右,高度最好不低于 4m,以免烟囱效应不明显,影响自然通风。但是也不用整个幕墙作为一个通道,在高层建筑中可以两层或三层为一组,分组通风。同时,可以利用置于通风间层中的遮阳百叶将阳光辐射挡在室外。

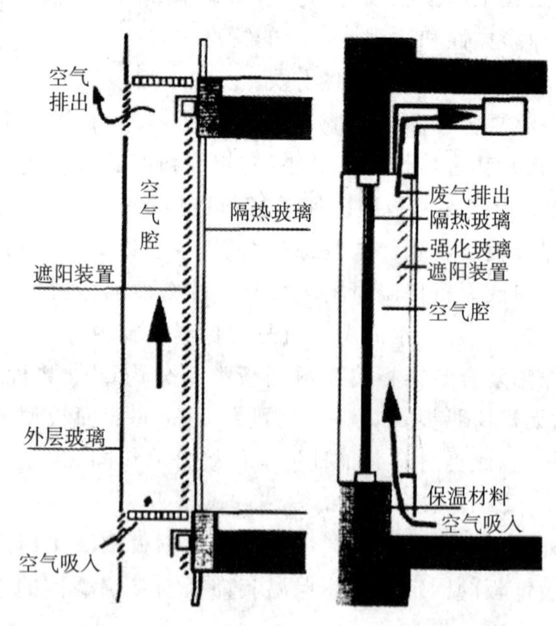

(a)敞开式外循环体系 (b)封闭式内循环体系

图 5-3-17 双层玻璃幕墙系统[3]

3. 建筑外墙外保温的防火设计

1)相关规范、法规及技术规定

由于一般保温材料属有机保温材料,燃烧性能一般为 B 级,根据民用建筑外保温系统及外墙装饰防火规定,在中、高层和高层建筑保温系统应用中受到限制。公安部、住房与城乡建设部于 2009 年 9 月 25 日颁布《民用建筑外保温系统及外墙装饰防火暂行规定》(公通字 46 号);2011 年 12 月 30 日,国务院下发《国务院关于加强和改进消防工作的意见》(国发〔2011〕46 号)和 2012 年 7 月 17 日新颁布《建设工程消防监督管理规定》,对新建、扩建、改建建设工程使用外保温材料的防火性能及监督管理工作作了明确规定。国家住房和城乡建设部 2013 年颁布了《建筑外墙保温防火隔离带技术规程》(JGJ289—2012)。

(1)《民用建筑外保温系统及外墙装饰防火暂行规定》(公通字〔2009〕46 号)规定内容[7]

文件规定,民用建筑外保温材料的燃烧性能宜为 A 级,且不应低于 B2 级;对墙体外保温的防火设计细则为:

① 非幕墙式建筑应符合下列规定:住宅建筑应符合下列规定:a. 高度大于等于 100m 的建筑,其保温材料的燃烧性能应为 A 级。b. 高度大于等于 60m 小于 100m 的建筑,其保温材料的燃烧性能不应低于 B2 级。当采用 B2 级保温材料时,每层应设置水平防火隔离带。c. 高度大于等于 24m 小于 60m 的建筑,其保温材料的燃烧性能不应低于 B2 级。当采用 B2 级保温材料时,每两层应设置水平防火隔离带。d. 高度小于 24m 的建筑,其保温材料的燃烧性能不应低于 B2 级。其中,当采用 B2 级保温材料时,每三层应设置水平防火隔离带。

其他民用建筑应符合下列规定:a. 高度大于等于 50m 的建筑,其保温材料的燃烧性能应为 A 级。b. 高度大于等于 24m 小于 50m 的建筑,其保温材料的燃烧性能应为 A 级或 B1 级。其中,当采用 B1 级保温材料时,每两层应设置水平防火隔离带。c. 高度小于 24m 的建筑,其保温材料的燃烧性能不应低于 B2 级。其中,当采用 B2 级保温材料时,每层应设置水平防火隔离带。

外保温系统应采用不燃或难燃材料作防护层。防护层应将保温材料完全覆盖。首层的防护层厚度不应小于 6mm,其他层不应小于 3mm。

采用外墙外保温系统的建筑,其基层墙体耐火极限应符合现行防火规范有关规定。

② 幕墙式建筑应符合下列规定:

a. 建筑高度大于等于 24m 时,保温材料的燃烧性能应为 A 级。b. 建筑高度小于 24m 时,保温材料的燃烧性能应为 A 级或 B1 级。其中,当采用 B1 级保温材料时,每层应设置水平防火隔离带。c. 保温材料应采用不燃材料作防护层。防护层应将保温材料完全覆盖。防护层厚度不应小于 3mm。d. 采用金属、石材等非透明幕墙结构的建筑,应设置基层墙体,其耐火极限应符合现行防火规范关于外墙耐火极限的有关规定;玻璃幕墙的窗间墙、窗槛墙、裙墙的耐火极限和防火构造应符合现行防火规范关于建筑幕墙的有关规定。e. 基层墙体内部空腔及建筑幕墙与基层墙体、窗间墙、窗槛墙及裙墙之间的空间,应在每层楼板处采用防火封堵材料封堵。

③ 按本规定需要设置防火隔离带时,应沿楼板位置设置宽度不小于 300mm 的 A 级保温材料。防火隔离带与墙面应进行全面积粘贴。

④ 建筑外墙的装饰层,除采用涂料外,应采用不燃材料。当建筑外墙采用可燃保温材料时,不宜采用着火后易脱落的瓷砖等材料。

(2)《建筑外墙外保温防火隔离带技术规程》(JGJ289—2012)规定内容[8]

规程规定:以混凝土或砌体为基层墙体,外墙外粘贴或无网现浇采用 B2 级保温材料,且防火保护层厚度小于 16mm 时,应设置防火隔离带;当建筑物高度 $60\text{m} \leqslant H < 100\text{m}$ 时,除首层设置防火隔离带外,每层应设置一道水平环形防火隔离带且宽度不小于 300mm;当建筑

物的高度在 24m≤H<60m 时，除首层设置防火隔离带外，每二层应设置一道水平环形防火隔离带且宽度不小于 300mm；当建筑物的高度小于 24m 时，每三层应设置一道水平环形防火隔离带且宽度不小于 300mm；材料选用采用 A 级热固型保温材料，目前主要心服岩棉板居多。

2)防火隔离带的构造做法[8]

(1)防火隔离带(fire barrier zone)

防火隔离带，即设置在可燃、难燃保温材料外墙外保温工程中，按水平方向分布，采用不燃保温材料制成，以阻止火灾沿外墙面或在外墙外保温系统内蔓延的防火构造。

(2)防火隔离带设计的一般要求

① 应满足国家现行建筑节能标准和建筑防火设计标准要求。选用防火隔离带时，应综合考虑其安全性、保温及耐久性能，并与外墙外保温系统相适应。

② 防火隔离带组成材料应与外墙外保温系统组成材料配套使用，宜采用工厂预制的制品现场安装(图 5-3-18)抹面胶浆，玻璃纤维网布应采用与外墙外保温系统相同的材料。

图 5-3-18 外墙外保温防火隔离带

③ 防火隔离带应与基层墙体可靠连接，应能适应外保温系统的正常变形而不产生渗透、裂缝和空鼓；应能承受自重、风荷载和室外气候的反复作用而不产生破坏。

④ 施工前应编制施工技术方案，并依此制作样板墙。

⑤ 建筑外墙外保温防火隔离带保温材料的燃烧性能等级应为 A 级。

⑥ 设置在薄抹灰外墙外保温系统中的粘贴保温板防火隔离带做法，应符合表 5-3-1 的要求。

表 5-3-1 粘贴保温板防火隔离带做法[8]

序号	防火隔离带 保温板及宽度	外墙外保温系统 保温材料及厚度	系统抹面层 平均厚度
1	岩棉带，宽度≥300mm	EPS 板，厚度≤120mm	≥4.0mm
2	岩棉带，宽度≥300mm	XPS 板，厚度≤90mm	≥4.0mm
3	发泡水泥板，宽度≥300mm	EPS 板，厚度≤120mm	≥4.0mm
4	泡沫玻璃板，宽度≥300mm	EPS 板，厚度≤120mm	≥4.0mm

⑦ 岩棉带应进行表面处理，可采用界面剂或界面砂浆进行涂覆处理，也可采用玻璃纤维网布聚合物砂浆进行包覆处理。

⑧ 在正常使用和维护的条件下，防火隔离带应满足外墙外保温系统使用年限要求。

(3)防火隔离带的常用材料

防火隔离带的常用材料主要有:岩棉带、泡沫水泥板、膨胀玻化微珠保温砂浆板、发泡陶瓷保温板等。

(4)防火隔离带的构造层次和构造做法

防火隔离带的基本构造应与外墙外保温系统相同,并宜包括胶粘剂、防火隔离带保温板、锚栓、抹面砂浆、玻璃纤维网布、饰面层等。外墙外保温防火隔离带的构造层次,如图5-3-19所示。

防火隔离带的构造做法及构造要求,包括:

① 防火隔离带的宽度不应小于300mm。厚度宜与外墙外保温系统的厚度相同。

② 防火隔离带保温板应与基层墙体全面积粘贴,应使用锚栓辅助连接,锚栓应压住底层玻璃纤维网布。锚栓间距不应大于600mm,锚栓距离保温板端部不应小于100mm,每块保温板上的锚栓数量不应少于1个。当用岩棉带时,锚栓的扩压盘直径不应小于100mm。

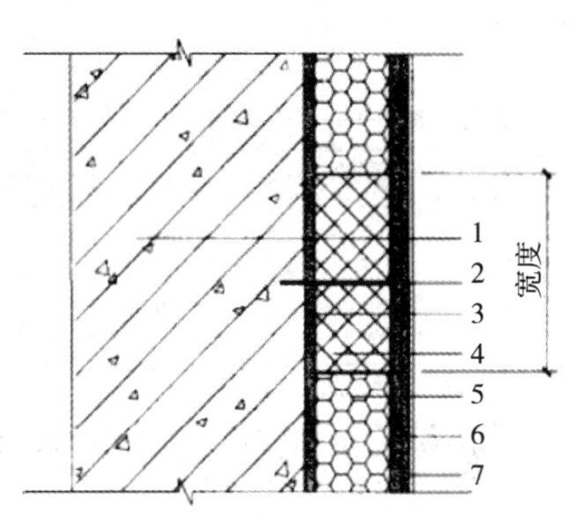

1.基层墙体　2.锚栓　3.胶粘剂
4.防火隔离带保温板
5.外保温系统的保温材料
6.抹面胶浆+玻璃纤维网布
7.饰面材料

图5-3-19　防火隔离带构造

③ 防火隔离带和外墙外保温系统应使用相同的抹面胶浆,并应将保温材料和锚栓完全覆盖。防火隔离带部位的抹面层应加底层玻璃纤维网布,其垂直方向超出防火隔离带边缘不应小于100mm,端部接缝位置不应小于100mm。网布上下有搭接时,搭接位置距离隔离带边缘不应小于200mm。

④ 防火隔离带应设置在门窗洞口上部,且防火隔离带下边缘距离洞口上沿不应超过500mm。防火隔离带的设置位置,如图5-3-20、图5-3-22所示。

⑤ 门窗洞口上部防火隔离带在粘贴时,应做玻璃纤维网布翻包处理,并应超出防火隔离带保温板上沿100mm。翻包、底层及面层的玻璃纤维网布不得在门窗洞口顶部搭接或对接,抹面层平均厚度不宜小于6mm,如图5-3-21所示(做法1)。当防火隔离带在门窗洞口上沿,且门窗框外表面缩进基层墙体外表面时,门窗洞口顶部外露部分应设置防火隔离带,且防火隔离带保温板宽度不应小于300mm,如图5-3-21所示(做法2)。

⑥ 建筑外墙保温采用防火隔离带时,严寒、寒冷地区的防火隔离带热阻不得小于外墙外保温热阻的50%,夏热冬冷地区的不得小于40%。

⑦ 防火隔离带部位的墙体内表面温度不得低于室内空气设计温湿度条件下的露点温度。防火隔离带部位应按现行国家标准《民用建筑热工设计规范》(50176)的规定进行防潮验算。采用防火隔离带的外墙外保温系统的墙体平均传热系数、热惰性指标应符合国家现行建筑节能设计标准的规定。

外墙外保温系统岩棉防火隔离带构造节点做法[9],如图5-3-22所示。

5.3.2　屋面节能技术

随着建筑层数的增加,屋顶在建筑围护结构中所占面积的比例逐渐减少,加强屋顶保温及隔热对建筑造价影响不大，但屋顶保温节能设计，能减少屋顶的热能损失，改善顶层的热环境。因此，屋面节能设计是建筑节能设计的重要方面。

屋顶节能设计主要包括保温设计、通风隔热设计、种植屋顶设计、蓄水屋顶设计、屋顶平改坡设计及太阳能集热屋顶设计等。

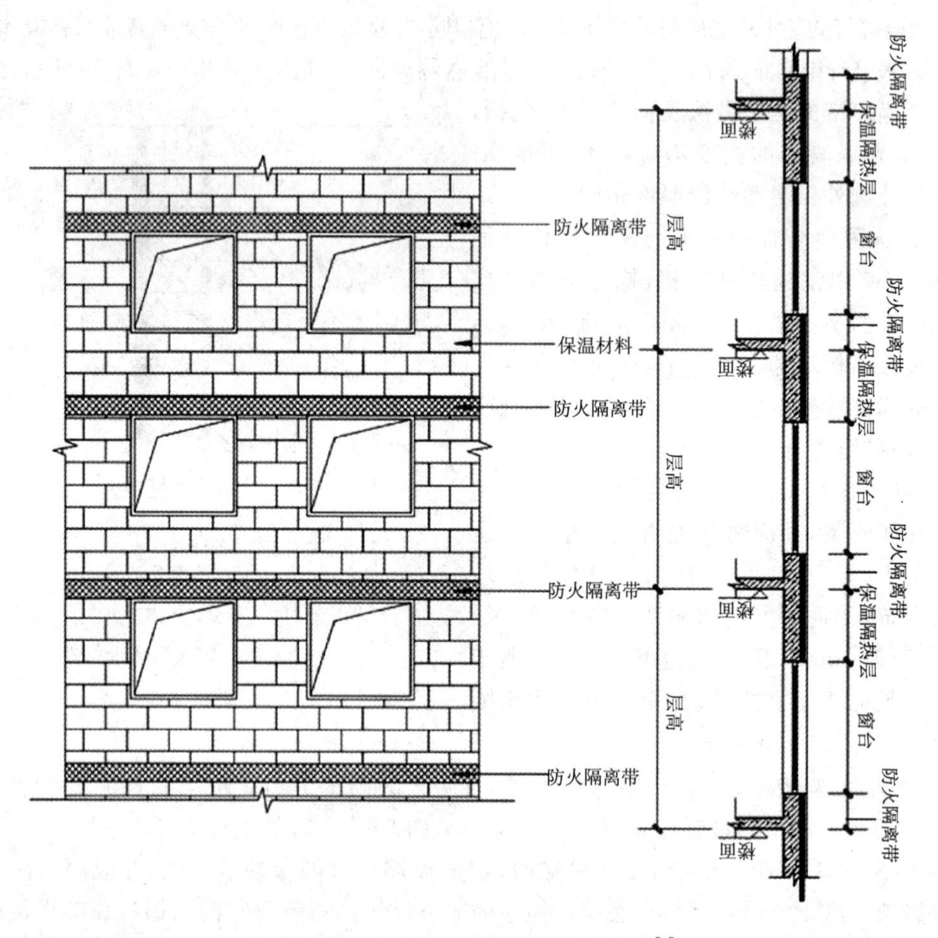

图 5-3-20 防火隔离带的设置位置[8]

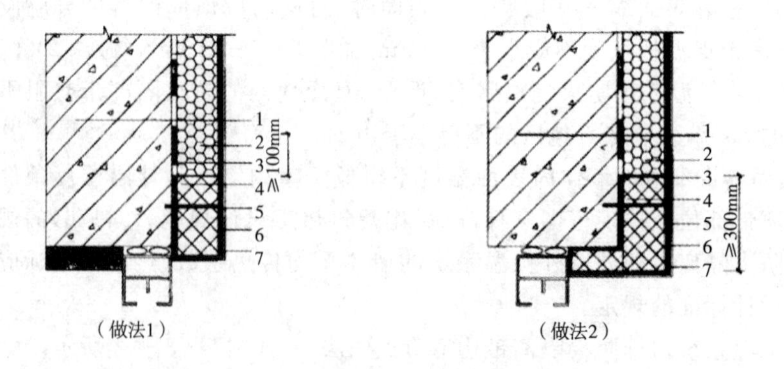

图 5-3-21 门窗洞口上部防火隔离带构造做法[8]

1. 基层墙体；2. 外保温系统的保温材料；3. 胶粘剂；4. 防火隔离带保温板；5. 锚栓；6. 抹面胶浆＋玻璃纤维网布；7. 饰面材料

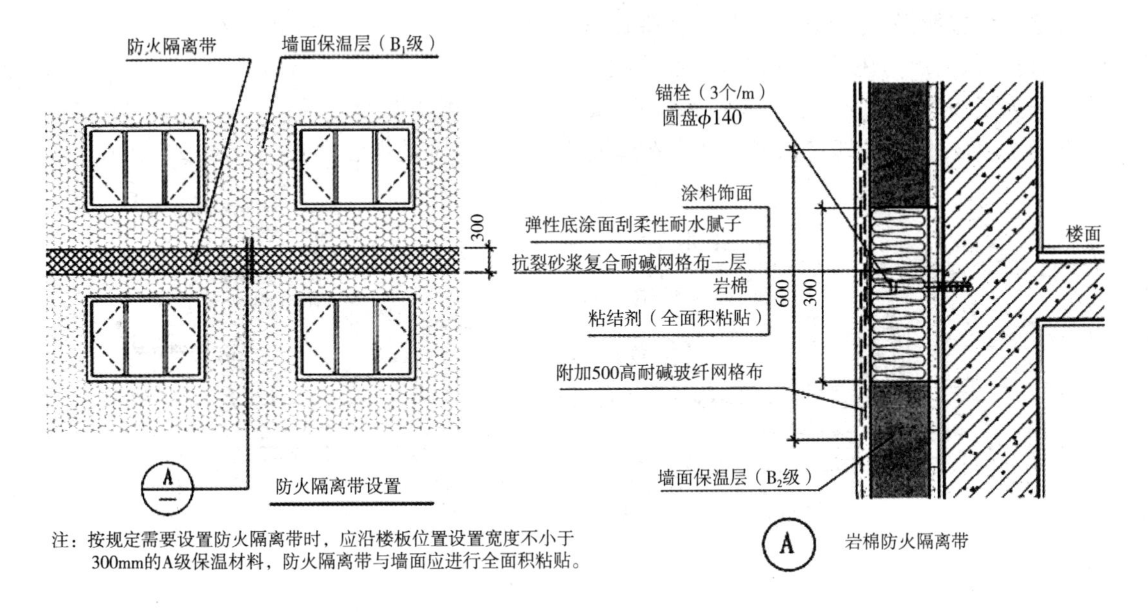

图 5-3-22 岩棉防火隔离带构造节点做法

1. 屋面的形式[9]

常见屋面形式分为平屋面和坡屋面及各种大跨度屋顶。1)平屋顶。屋顶坡度≤5%的屋顶，常用坡度2%～3%。平屋面又分为上人屋面和不上人屋面。2)坡屋顶。屋顶坡度>10%的屋顶，屋面材料为瓦材。屋面类型有单坡、双坡、四坡、攒尖等。3)大跨度屋顶。如薄壳、悬索、球壳、双面扁壳、折板、网架、膜结构等，多用于较大跨度结构的屋顶。

2. 屋面保温设计[10-11]

1)常用屋面保温材料

屋面保温材料应具有吸水率低、导热系数较小的特点。常用的有：

(1)松散保温材料。如膨胀蛭石(粒径3～15mm，堆积密度小于300kN/m^3；导热系数应小于0.14W/m·K)、膨胀珍珠岩、炉渣和水渣(粒径为5～40mm)、矿棉等。松散保温材料的保温层做法，是在散料内部掺入少量水泥或石灰等胶结材料，形成轻混凝土层；待散料保温层铺设完成后，上部应先做水泥砂浆找平，再做防水层。

(2)板块保温材料。如加气混凝土板、泡沫混凝土板、膨胀珍珠岩板、膨胀蛭石板、矿棉板、岩棉板、泡沫塑料板、木丝板、刨花板、甘蔗板等，其中最常用的是加气混凝土板和泡沫混凝土板。泡沫塑料板价格较贵，只在高级工程中采用；挤塑聚苯板，因其卓越的耐水气渗透能力和隔热保温功能，是倒置式屋面(保温层在防水层之上)的理想建材，也是应用在单层金属屋面的最佳选择；植物纤维板只有在通风条件良好、不易腐烂的情况下采用才比较适宜。板块保温材料的保温层做法，应注意在板块中间的缝隙处用膨胀珍珠岩填实，以防形成冷桥；待板块保温层铺设完成后，上部先用水泥砂浆找平，再做防水层。

(3)保温涂料。如常用的节能隔热保温涂料，这种涂料采用陶瓷空心颗粒为填料，由中空陶粒多组合排列制得的涂膜构成，导热系数为0.03W/m·K，对室内热量可保持70%不散失。

2)平屋面的保温设计

在冬冷夏热地区的民用建筑、装有空调设备及寒冷地区的建筑中，屋顶应做保温设计。

在屋顶中设置能提高热阻的保温层,能降低屋顶的热传导,提高屋顶的节能水平。

(1)按保温层与屋面板的位置关系分类

分为屋面外保温、屋面内保温、保温层与结构层组合复合板材三种。

① 屋面外保温。即将保温层铺设在屋面板结构层之上的做法,如图 5-3-23 所示。

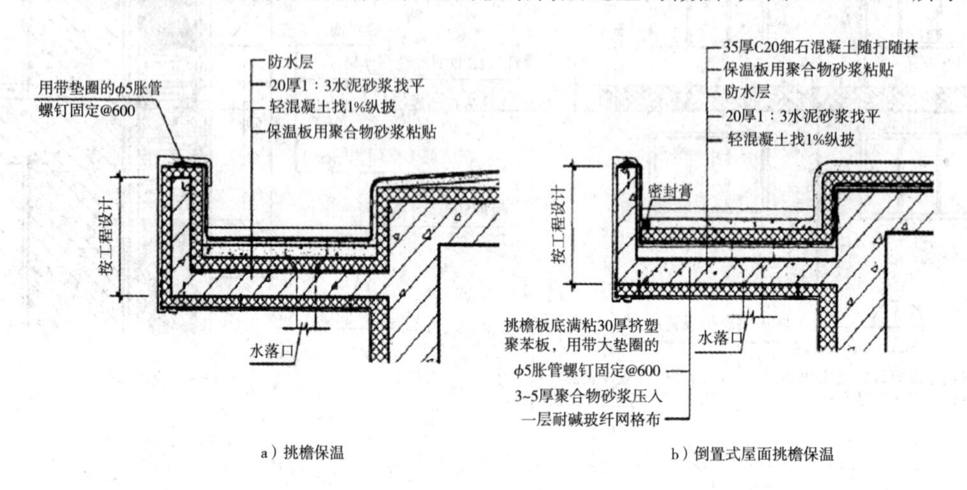

图 5-3-23 屋顶外保温构造[10]

② 屋面内保温。即将保温层铺设在屋面板结构层之下的做法,如图 5-3-24 所示。

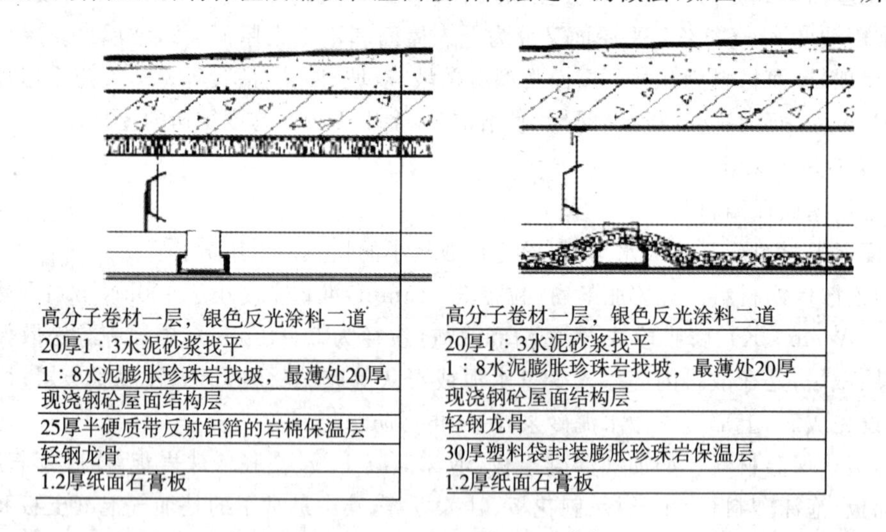

图 5-3-24 屋顶内保温构造[10]

③ 保温层与结构层组合成复合板材。这种板材既是结构构件又是保温构件。一般有两种做法:

a. 在槽板内设置保温层。这种做法可以减少施工工序,提高工业化施工水平,但成本偏高。

b. 保温材料与结构层融为一体。如加气的配筋混凝土屋面板,这种复合板材构件既能承重,又能达到保温效果,简化施工,降低成本。但其板的承载力较小,耐久性较差,因此适用于标准较低且不上人的屋顶中。

(2)按结构层、保温层与防水层的位置关系分类

分为正置式、倒置式和设有空气间层的保温屋面,其中正置式和倒置式屋面应用最广泛。

① 正置式保温屋面(图5-3-25)

这是一种传统平屋面的保温做法,即将保温层放在屋面防水层之下、结构层以上的做法。大部分不具备自防水性能的保温材料都可以用这种构造做法。其所用的保温材料如:水泥膨胀珍珠岩、水泥蛭石、矿棉、岩棉等非憎水性材料。这种做法易吸湿导致导热系数大增,所以需要在保温层上下分别做防水层和隔汽层来防水。正置式保温屋面容易出现屋面开裂、起鼓、保温效果差等问题。

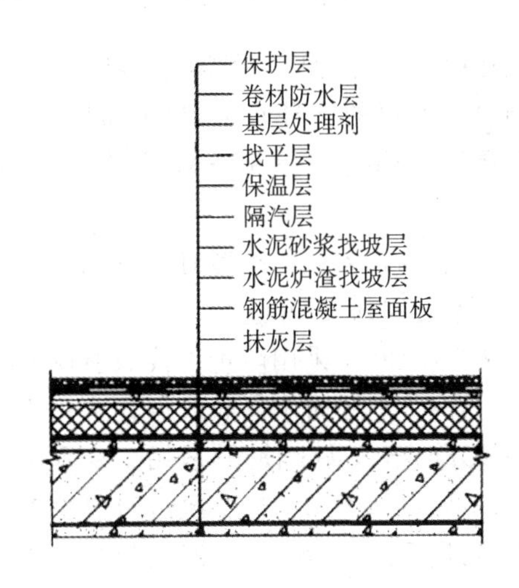

图5-3-25　正置式保温屋面构造[10]

② 倒置式保温屋面(图5-3-26)

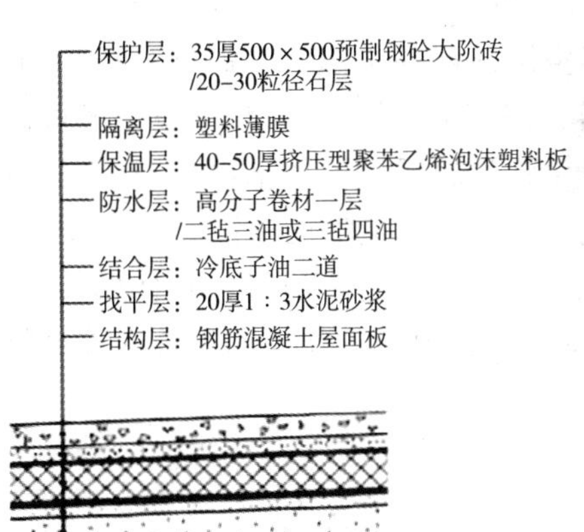

倒置式保温屋面用砾石保护层

图5-3-26　倒置式保温屋面构造[10]

即保温层设在防水层之上,其构造层次自上而下为保温层、防水层、结构层。该屋面不可使用普通的模塑聚苯板,应使用如挤塑聚苯板和硬质聚氨酯泡沫塑料板等,这些保温材料一般自带防水层。该屋面的优点是工艺简单,施工方便,保温和防水性好,不需设排气孔,抗老化性能好。

倒置式保温屋面常见构造做法类型有:a. 采用挤塑聚苯乙烯保温隔热板直接铺设在防水层上,再在其上做配筋细石混凝土,如需美观效果,还可做水泥砂浆粉光、粘贴缸砖或广场砖。此做法适用于上人屋面,经久耐用;缺点是施工不当易组成防水层破坏,且屋面漏水时不易维修。b. 采用现场喷涂硬质发泡聚氨酯保温层,然后抹20厚1∶20水泥砂浆或涂刷一层防水、耐紫外线的涂料。优点是施工简便,经久耐用,方便维修。c. 采用憎水性膨胀珍珠岩板块直接铺设在防水层上,其他做法同a,但缺点是不易维修。

3. 平屋面的通风、隔热设计[10-11]

在南方炎热地区，屋顶的通风隔热层可以起到为屋顶降温的作用。通风屋顶是指在屋顶设置通风的空气间层，利用间层中空气的流动带走热量，降低屋顶表面温度的屋顶；隔热屋顶主要是在屋顶铺设或粉刷各种保温绝热及反射材料来达到保温节能效果的屋顶。

通风、隔热屋顶的类型有以下几种：

1)架空屋面

架空屋面，是采用防止直接照射屋面上表面的隔热措施的一种平屋面。其基本构造做法是在卷材、涂膜防水屋面或倒置式屋面上做支墩(或支架)和架空板。架空屋面宜在通风条件较好的建筑物上使用，适用于夏季炎热和较炎热的地区。

(1)架空屋面的构造层次。架空屋面自上而下的基本构造层次是：架空隔热层、保护层、防水层、找平层、找坡层、保温层和结构层。

(2)架空屋面的构造要点。包括：①架空屋面的屋面坡度不宜大于5%，一般在2%～5%中间。②架空层的层间高度一般为180～300mm，可视屋面的宽度和坡度大小由工程设计确定。一般混凝土砌块架空190mm；砖墩架空240mm或180mm；纤维水泥架空板凳架空200mm。③当屋面深度方向宽度大于10m时，在架空隔热层的中部应设通风屋脊(即通风桥)，如图5-3-27所示。④架空屋面的架空层应有无阻滞的通风进出口，架空层的进风口应设置在当地炎热季节最大频率风向的正压区并应设置带通风篦子的格栅板，出风口应设置在负压区。⑤架空板与女儿墙之间应留出不小于架空层空间高度的空隙，一般不小于250mm；考虑到靠近女儿墙处的屋面排水反坡与清扫，建议架空板与女儿墙之间空隙加大至450～550mm，如图5-3-28所示。⑥支墩、架空板等架空隔热制品的质量应符合有关材料标准要求。

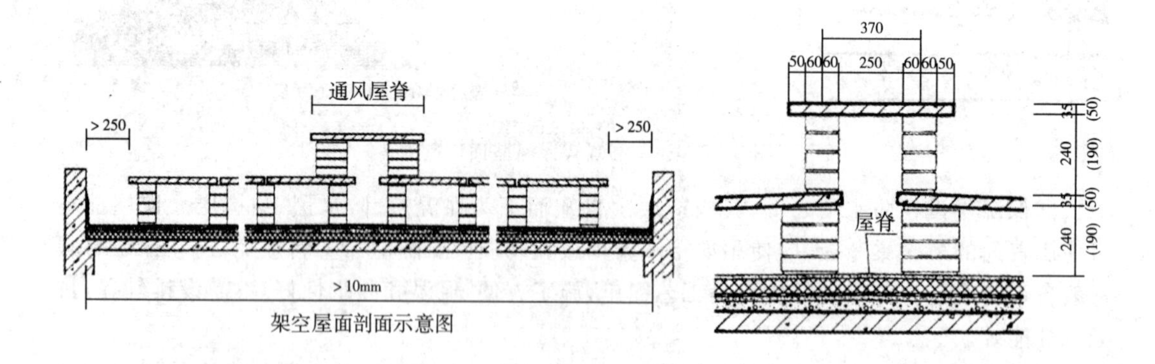

图5-3-27 架空屋面构造[10]

2)通风顶棚隔热屋顶

通风顶棚隔热屋顶，即在结构层下做吊顶棚，利用顶棚与结构层之间的空气作通风隔热层，并在檐墙上设一定数量的通风孔来换气、散热。如图5-3-29所示。

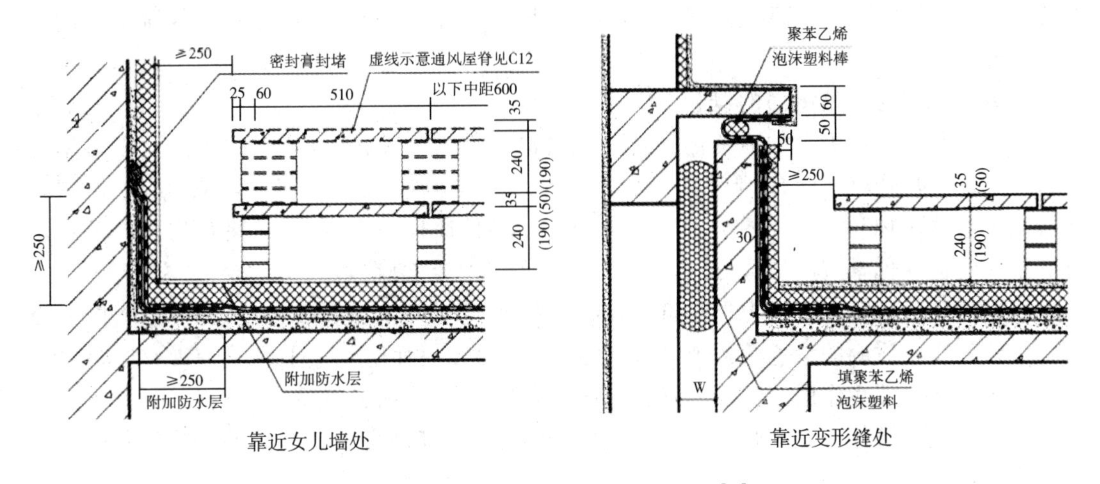

图 5-3-28　架空屋面的细部构造[10]

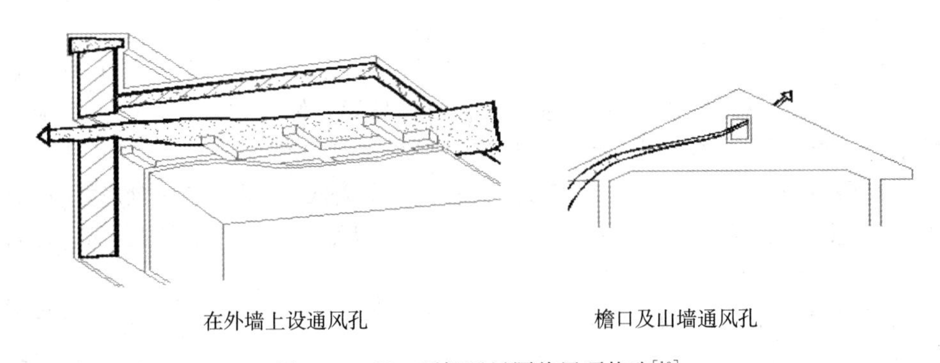

图 5-3-29　顶棚通风隔热屋顶构造[10]

3)反射隔热降温屋顶

在太阳辐射最强的中午时间，深暗色平屋面仅反射 30%的日照，而非金属浅色的坡屋面至少能反射 65%的日照。据有关资料提供，反射率高的屋面节省 20%～30%的能源消耗。反射隔热降温屋顶，又称为“冷屋顶”“白色反光屋顶”，是指日射反射率高的屋顶。即通过对普通屋顶涂上浅色的、高反射率的涂料，提高屋顶的日射反射率，减少太阳热量的吸收，从而达到减少空调冷负荷、控制“热岛”现象、保护“臭氧层”的作用。其常见类型包括：

(1)屋顶反射降温隔热屋顶。屋顶刷铝银粉或采用表面带有铝箔的卷材。(2)绝热反射膜屋顶。屋顶铺设铝钛合金气垫膜，可阻止 80%以上的可见光。(3)降温涂料屋顶。通过热塑性树脂或热固性树脂与高反射率的透明无机材料制成热反射涂料来降温。

4. 种植屋面[11-12]

建筑绿化包括屋顶绿化与墙面垂直绿化。资料表明，植物可以吸收 60%的太阳辐射能，反射 27%的阳光，13%则通过基质传到屋面中。绿化屋面对空气的平均增温量的总量为普通屋面的 1/4 左右。

在城市建筑实行屋顶绿化和种植屋面，可增加建筑的绿地面积，既美观又可改善城市气候环境。在夏季极端气候下，改善顶层房间室内热环境，缓解城市的空气温度热岛效应，大幅度降低建筑能耗。另外，屋面在其建筑表面用植物覆盖可以减轻阳光曝晒引起的材料热胀冷缩，对柔性防水层和涂膜防水层减缓老化、延长寿命十分有利，同时也有效避免刚性防水干缩开裂。

1)屋顶绿化与种植屋面的概念

(1)屋顶绿化：国际上的通俗定义是一切脱离了地气的种植技术，它的涵盖面不单单是屋顶种植，还包括露台、天台、阳台、墙体、地下车库顶部、立交桥等一切不与地面自然土壤相连接的各类建筑物和构筑物的特殊空间的绿化。这种通过一定技艺，在建筑物顶部及一切特殊空间建造绿色景观的形式，是当代园林发展的新亮点、新阶段。

(2)种植屋面：特指人们根据建筑屋顶的结构特点、荷载和屋顶上的生态环境条件，选择生长习性与之相适应的绿色植被或花草，种植或覆盖在屋面防水层上，并配有给排水设施，起到隔热及保护环境作用的屋面。它既可使屋面具备冬季保温、夏季隔热的作用，又可净化空气、阻噪吸尘、增加氧气，还可以营造出休闲娱乐、高雅舒适的休闲空间，提高人居生活品质。

2)种植屋面的分类

(1)按种植介质，分为有土种植和无土种植(蛭石、珍珠岩、锯末)。

(2)按种植的植物种类与复合层次，分为简单式种植屋面和花园式种植屋面两大类。

① 简单式种植屋面。也叫草坪式屋顶绿化或轻型屋顶绿化，是以草坪为主，配置多种地被和花、灌木等植物，结合步道砖铺装出图案。如图 5-3-30 所示。

轻型屋顶绿化对屋顶负荷要求低、管理简便、养护费用低廉；讲求景观色彩，能同时达到生态和景观两个效果；没有渗水烦恼，对原有防水层起到保护和延长使用寿命的作用，因而是目前采用面积最大的屋顶绿化方式。

简单式种植屋面以草毯种植屋面为多。草毯种植屋面，是利用带有草籽和营养土的草毯覆盖在屋面上形成生态植被的一种种植屋面。草毯是以稻、麦秸、椰纤维、棕榈纤维为原料制成的循环经济产品，用于屋面绿化具有重量轻，蓄水力强，可降解，施工方便等特点。

② 花园式种植屋面。种植以乔灌花草、地被植物绿化、假山石水，并与亭台廊榭合理搭配组合，点缀以园艺小品、园路和水池、小溪等。它是近似地面园林绿地的复合型屋顶绿化，可提供人们进行休闲活动。花园式种植屋面应采用先进的防水阻隔根、蓄排水新技术，使用较少的硬铺装，且要严守建筑设计荷载的允许原则。如图 5-3-31 所示。

图 5-3-30 简单式种植屋面

图 5-3-31 花园式复合型绿化屋顶

3)平屋顶种植屋面构造[11]

(1)平屋顶种植屋面的构造层次

包括：植被层、种植土、过滤层、排(蓄)水层、保护层、耐根穿刺防水层、防水层、找平层、找坡层、保温层和结构层，如图 5-3-32 所示。草毯种植屋面构造有两种做法，一种将草毯直接铺放在排(蓄)水层上；另一种将草毯铺放在种植土上。

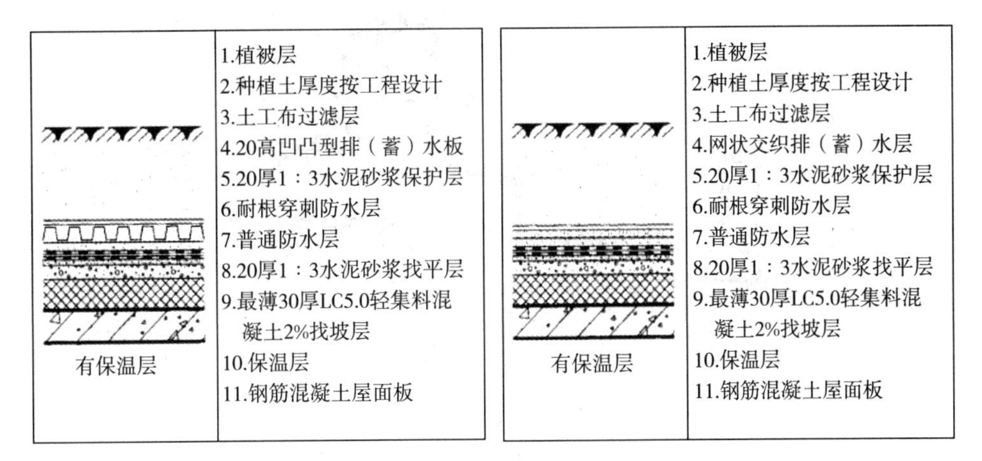

图 5-3-32 平屋顶种植屋面的构造做法[11]

① 过滤层。采用单位面积质量为 200～400g/m^2 的土工布(聚酯纤维过滤毡)，过滤层应沿种植土周边向上铺设，并与种植土高度一致。土工布的搭接宽度不应小于 150mm，接缝应密实。

② 排(蓄)水层分三种做法，即凹凸型排(蓄)水板、网状交织排(蓄)水层和陶粒(粒径不小于 25mm，堆积密度不大于 500kg/m^3)排(蓄)水层。

③ 耐根穿刺层。宜选用以下材料：a. 铅锡锑合金防水卷材，厚度不应小于 0.5mm；b. 复合铜胎基 SBS 改性沥青防水卷材，厚度不应小于 4mm；c. 铜箔胎 SBS 改性沥青防水卷材，厚度不应小于 4mm；d. 热塑性聚烯烃防水卷材(TPO)，厚度不应小于 1.2mm；e. SBS 改性沥青耐根穿刺防水卷材，厚度不应小于 4mm；f. APP 改性沥青耐根穿刺防水卷材，厚度不应小于 4mm 等。

(2)平屋顶种植屋面的基本要求

包括：①钢筋混凝土屋面建筑材料找坡层应取消。为减轻屋面荷载，应尽量采用结构找坡。②新建种植屋面工程的结构承载力设计必须包括种植荷载；既有建筑屋面改造成种植屋面时，荷载必须在屋面结构承载力允许的范围内。(3)种植土层的配比和厚度由工程设计按屋面绿化要求确定，种植土的厚度一般不宜小于 100mm。(4)当种植屋面上设置乔木类植物或有亭台、水池、假山等荷载较大的设施时，应布置在柱顶或承重墙交叉处。

(3)平屋顶种植屋面的构造要求

① 保温层应采用憎水性的密度小于 100kg/m^3 的轻质保温板(如聚苯乙烯泡沫塑料板、挤塑型聚苯乙烯泡沫塑料板和硬泡聚氨酯板等)，不应采用松散材料，厚度按建筑节能设计标准计算确定。

② 种植屋面的水平管线应设置在防水层的上边。竖向穿过屋面的管线应在结构层内预埋套管，套管高出种植土不应小于 150mm。

③ 种植屋面的女儿墙，周边泛水和屋面檐口部位，均设置直径为 20～50mm 的卵石隔离带，宽度为 300～500mm。种植土与卵石隔离带之间用钢板网滤水、塑料过滤板等保土滤水措施。种植屋面檐沟构造，如图 5-3-33 所示。

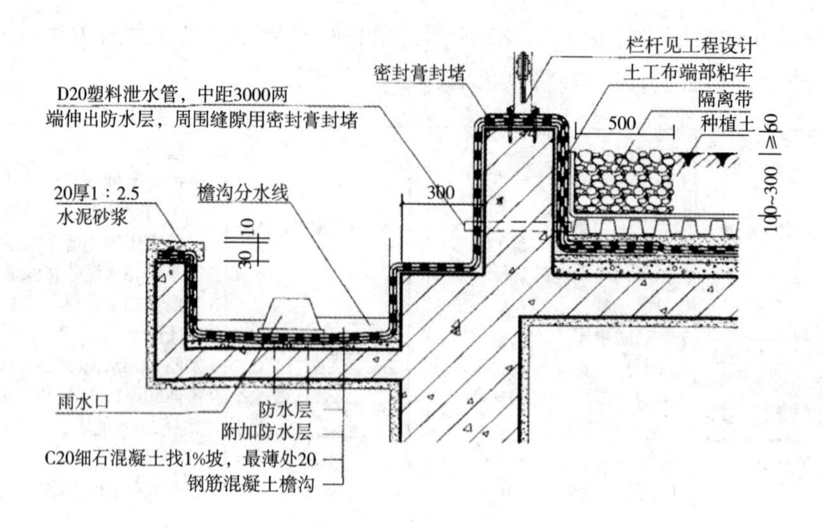

图 5-3-33 种植屋面檐沟构造[11]

④ 屋面宜采用外排水，当必须采用内排水时，雨水口应与屋面的明沟、暗沟连通组成有效的排水系统。雨水口的上方不得覆土种植。

⑤ 种植屋面应做两道防水，其中必须有一道耐根穿刺防水层，普通防水层在下，耐根穿刺防水层在上。防水层做法应满足Ⅰ级防水设防要求。

⑥ 防水层的泛水应高出种植土 150mm。

⑦ 水泥砂浆保护层应设置分格缝，纵横间距不宜大于 6m，分格缝宽 20mm，并用密封胶封严。

⑧ 在种植屋面平面设计时可根据植物种类及环境布局的需要做分区布置，分区用的挡墙或挡板下部应设泄水孔，并应考虑特大暴雨时的应急排水措施。种植屋面立墙泛水及种植土挡墙构造做法，如图 5-3-34 所示。

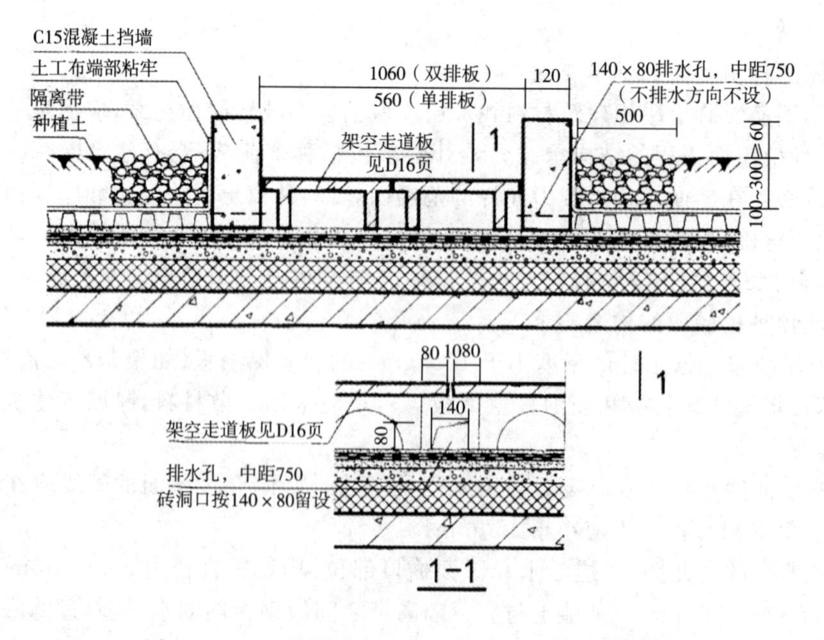

图 5-3-34 种植屋面立墙泛水及种植土挡墙构造[11]

4)种植坡屋顶[12]

坡屋顶建筑包括从屋顶延伸到地面的倾斜式屋面建筑和传统坡屋顶建筑。相对于平屋顶种植屋面，坡屋顶种植屋面具有增大绿化面积、延伸景观、丰富建筑形态、美化城市环境等特点。坡屋面绿化还可以与平屋顶绿化一样，调节屋顶温度和空气湿度、提高建筑保温效能、降低能耗、减尘降噪、缓解城市热岛效应。如图5-3-35所示。

图5-3-35　坡屋面绿化

(1)种植坡屋顶的优点

包括：①当建筑平面相同时，坡屋顶面积大于平屋顶，坡屋顶绿化可以吸收更多的太阳辐射热。②对于相同的建筑高度，若由平屋顶倾斜成坡屋顶，则屋面绿化面积增加，不仅能吸收更多的太阳辐射热，还可以增加坡屋顶建筑对邻近建筑侧墙的热量吸收，降低邻近建筑的辐射热。如图5-3-36所示。③种植坡屋顶可以丰富城市景观与生态视线，美化城市天际线。平屋顶建筑的屋顶绿化因高度太高，处于地面上的人的视线一般无法企及；而坡屋面绿化，特别是从地面升起的大斜顶建筑屋面绿化，既扩大了绿化面积，又扩大了视野、延伸了生态视线。如图5-3-37所示。

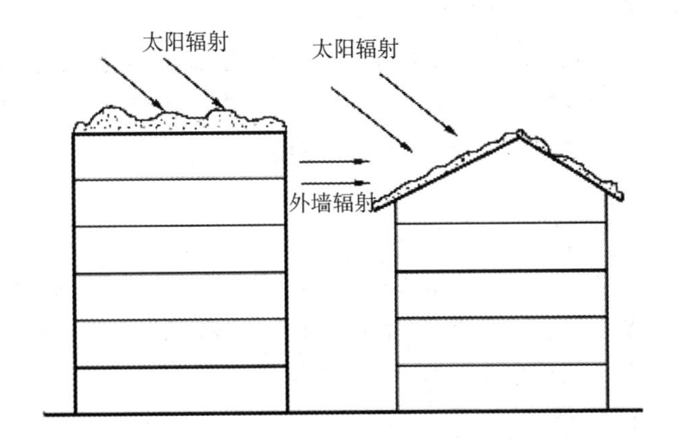

图5-3-36　坡屋顶与平屋面吸收辐射热的能力对比[15]

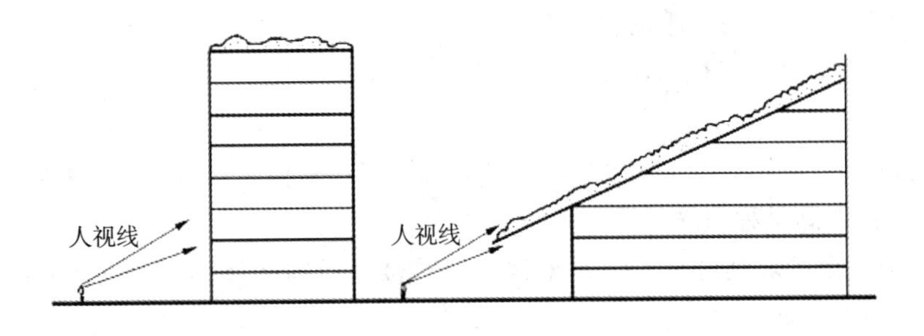

图5-3-37　平屋顶绿化与坡屋面绿化的可视范围对比[15]

新加坡南洋理工大学艺术、设计与媒体学院，如图 5-3-38 所示，大楼的屋顶花园由波浪形的绿色屋顶从地面升起，建筑立面使用玻璃幕墙和清水模板墙，清新自然的风格与层层遮阴的结构与周围环境融为一体。

图 5-3-38 南洋理工大学艺术、设计与媒体学院

(2)种植坡屋顶的处理难点

坡度较大的坡屋顶种植屋面，土壤会因下滑力而导致"滑移"现象，其构造难点是如何采用防滑措施来防止结构层和基质的滑落。另外坡屋顶绿化因坡度较大易导致水分及基质中的养分下移情况较严重，植物受力不均匀、不易生长，一些不规则或曲线屋顶更给屋顶结构与绿化处理带来不便。因此，坡度不大的坡屋面可选用"斜屋面加固材"来防止坡度屋顶的"滑移"现象，还可以防止土壤飞散，也能在雨天防止土壤被水冲刷流失。当植物的根系繁茂后，穿绞在加固材中，使土壤连成一体，具有很好的加固作用。如图 5-3-39 所示。

(3)种植坡屋顶构造处理的技术要点

① 种植坡屋顶的构造层次。包括：植被层、种植土、过滤层、排(蓄)水层、保护层、耐根穿刺防水层、防水层、找平层、保温层和结构层，与平屋面相比少了找坡层。如图 5-3-40 所示。一般坡屋顶大多为不上人式屋顶，其特殊的结构特点设计时只要求建筑静荷载大于等于 100kg·m^2。如设计成种植坡屋顶，应在建筑设计时考虑覆土荷载及上人维护的荷载及安全要求。

② 种植坡屋顶的防滑移措施。种植坡屋顶，其坡度的理论允许范围可以为 0°～90°，但坡度较大时易出现前面提到的种种问题，所以针对不同的坡度应采取相应的防滑移措施：

a. 坡屋顶坡度在 20%以下时，可以满铺种植土，但应设置相应规格的带网格的沙粒板、塑料种植瓦等"斜屋面加固材"(图 5-3-39)嵌套排放，或采用不易被冲刷的基质材料来解决轻度滑移问题。

b. 坡屋顶坡度大于 20%时，应采取一定的防滑移构造措施；坡屋顶坡度大于 30%时，需要分别详细计算以满足种植坡屋顶的设计要求。

③ 种植坡屋顶的坡度处理方式。根据坡屋顶楼盖板的构造形态不同，坡屋顶坡度的处理方式有以下三类：

a."直坡式"种植屋顶。是指屋顶楼盖板呈斜直面，后再铺设保温层、防水卷材、蓄水层、过滤层和种植土等。当屋顶坡度大于 20%时，可在楼板上设置挡土墙，也可采用预制挡板作为支撑。

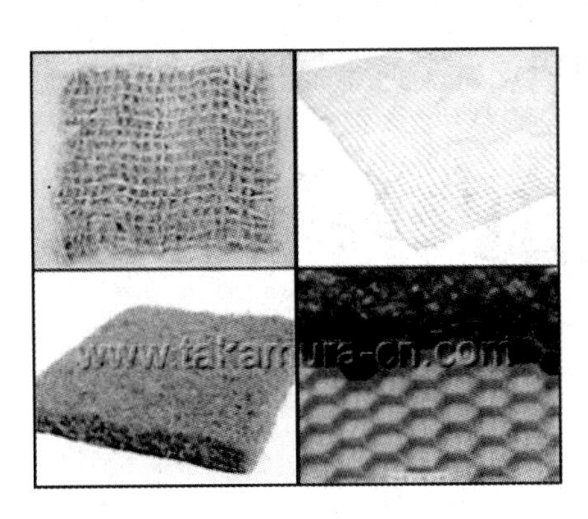

图 5-3-39　斜屋面加固材

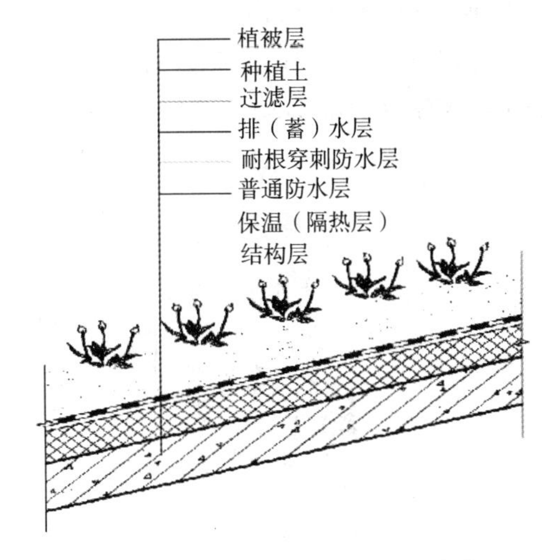

图 5-3-40　坡屋顶的构造层次[12]

防滑措施 1——采用挡土墙(图 5-3-41)

挡土墙应直接与梁板相连,保温层、排水层在此断开,排水管设在挡土墙中,防水卷材绕过挡土墙。挡土墙上是基质,基质上种植植物,形成连续的植物景观。这种构造方式适用于坡度较缓的传统坡屋顶,常用于平改坡、坡屋面改造等,特点是造价较低、易施工。其种植土厚度不宜大,植物选择因而受限,且没有园路,无法上人做后期维护,因此建议选用低维护植物。

防滑措施 2——采用支撑构件(图 5-3-42)

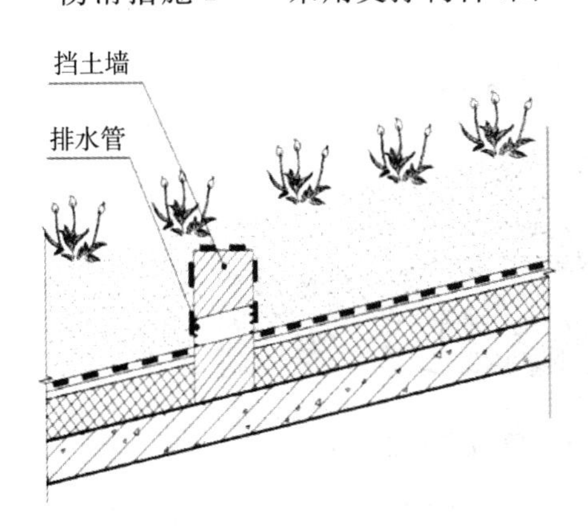

图 5-3-41　坡屋顶的防滑移构造 1[12]

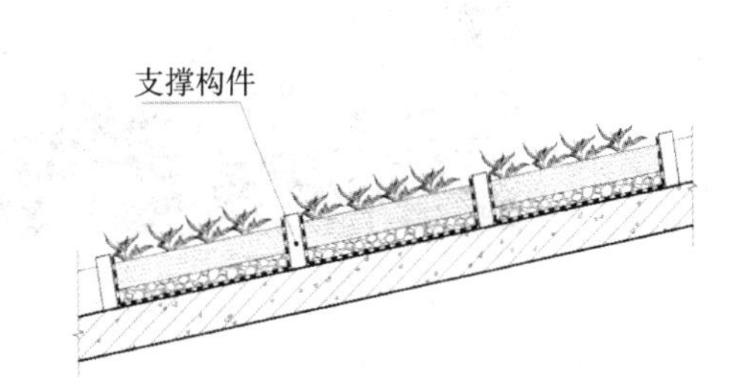

图 5-3-42　坡屋顶的防滑移构造 2[12]

采用支撑构件连接屋面的固定件、预留孔洞、给排水管道、电器和家中天线等,均应在浇筑混凝土前一次性全部预埋,不得后期打眼安装,以免造成屋面渗漏。因此,这种构造方式适合新建建筑的钢筋混凝土楼盖施工。屋面设置一定形状的支撑格子,在较小范围的格中种植植物,基质不易流失滑移,排水设在支撑下部。支撑构件一般用钢材或其他耐腐蚀的金属构件,因而造价相对较高,通常用于要求较高的建筑。这种做法不受屋面坡度影响,可根据屋面形式灵活布置。但支撑构件的抗剪性差,可承受的侧向力弱,因此不宜种植灌木与乔木等大型植物,可选择易于生长的地被植物。

b."阶梯式"种植屋顶(图 5-3-43)。是指挡土墙同楼盖板一起现浇,挡土墙和结构反梁统一的做法。在挡土墙之间形成较小区域的基质层，可以种植植物也可设置园路。施工时挡土墙应比种植土高 100mm，墙下按一定间距预留泄水孔，孔处设置钢丝网片并在孔周围堆放砂卵石完全覆盖住泄水孔，以防种植介质流失或堵塞泄水孔。防水层的收头应做至墙顶。

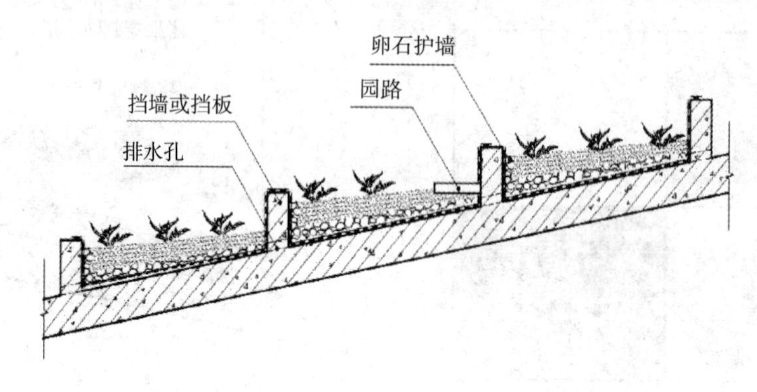

图 5-3-43 "阶梯式"种植坡屋顶[12]

这种形式的特点是可以利用排水层和种植层找坡以缓解屋面坡度。基质上设置园路可供屋面上人游览，同时方便后期维护。在植物选择上也更加灵活，靠近挡土墙处土层较厚，可种植根系发达的树木。

重庆大学 A 区主教学楼的坡屋顶，即采用阶梯式种植屋顶，通过结构反梁形成多个长方形小仓种植小型灌木，固土效果好，主教学楼的坡屋顶绿化也是周围绿化的延伸。如图 5-3-44 所示。

图 5-3-44 重庆大学 A 区主教学楼的阶梯式种植屋顶[12]

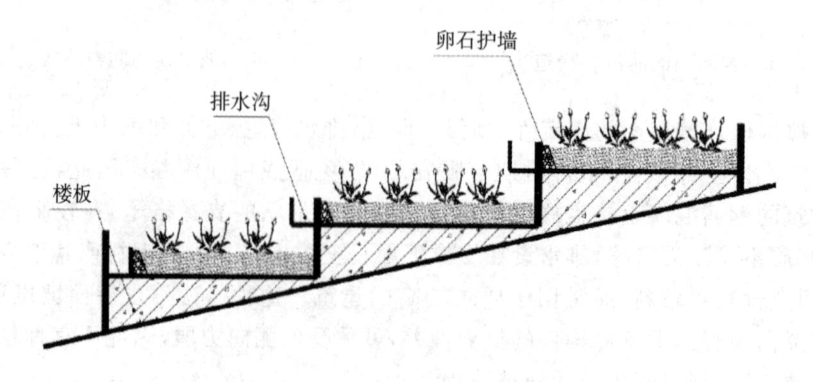

图 5-3-45 "台阶式"种植屋顶[12]

c."台阶式"种植屋顶(图5-3-45)。是指利用结构形式将屋面做成台阶状,不同台阶上用基质填充并种植植物。这种做法的优点是结构层水平,受力均匀便于施工,且种植土中的水分与养分均衡,有利于植物生长。台阶式种植将坡屋顶转化为若干平屋顶的组合,有利于设计师在屋面设计座椅、小品等各类设施,更利于后期的维护、灌溉等工作。此种做法等同于平屋顶种植,植物选择灵活多变。日本福冈市ACROS的台阶式屋顶绿化,如图5-3-46所示。

图5-3-46　日本福冈市ACROS的台阶式屋顶绿化

④ 坡屋顶种植植物的选择原则

与地面相比,屋面环境具有湿度小、风大、种植土薄、日照时间长、强度大、温差大等特点,同时屋面绿化介质是人工环境,利用客土、人工灌溉等不利条件。因此,应充分考虑植物生长需求、屋面荷载能力、坡屋面南北朝向的差异特点,并综合建筑的整体设计要求来选择与配置植物。

坡屋顶绿化植物选择应注意以下问题:a. 选择植物以常绿为主,耐旱性、耐寒性好;b. 尽量选择低矮、耐积水的灌木与草本植物;c. 根据受阳面或背阳面的特点选择喜阳性或喜阴性的耐瘠薄的浅根性植物;d. 尽量选用乡土植物,适当引种绿化新品种。

⑤ 轻型缓坡屋面绿化系统

轻型缓坡屋面绿化系统,特别为轻钢、混凝土、木质等坡屋面(坡度小于5°～15°)提供的轻型坡屋面绿化系统,具有防水佳、自重轻、施工快捷、养护简单等特点。其构造简单,由隔汽层、保温层、根阻防水卷材、土层、植物组成,固定方式可采用机械固定、胶粘固定等[18]。如图5-3-47所示。

5. 蓄水屋面[11]

1)蓄水屋面的概念及适用范围

蓄水屋面是平屋面的隔热措施之一,适用于炎热地区的一般民用建筑,不宜在寒冷地区,地震设防地区和震动较大的建筑物上采用。

蓄水屋面(图5-3-48),即在刚性防水屋面上蓄一层水,其目的是利用水蒸发时带走大量水层中的热量,消耗屋面的太阳辐射热,从而有效地减弱了屋面的传热量和降低屋面温度,是一种较好的隔热措施,又可保护防水层。

经实测,蓄水屋面的顶层住户夏日室内温度,比普通屋面的顶层住户要低2℃～5℃。因

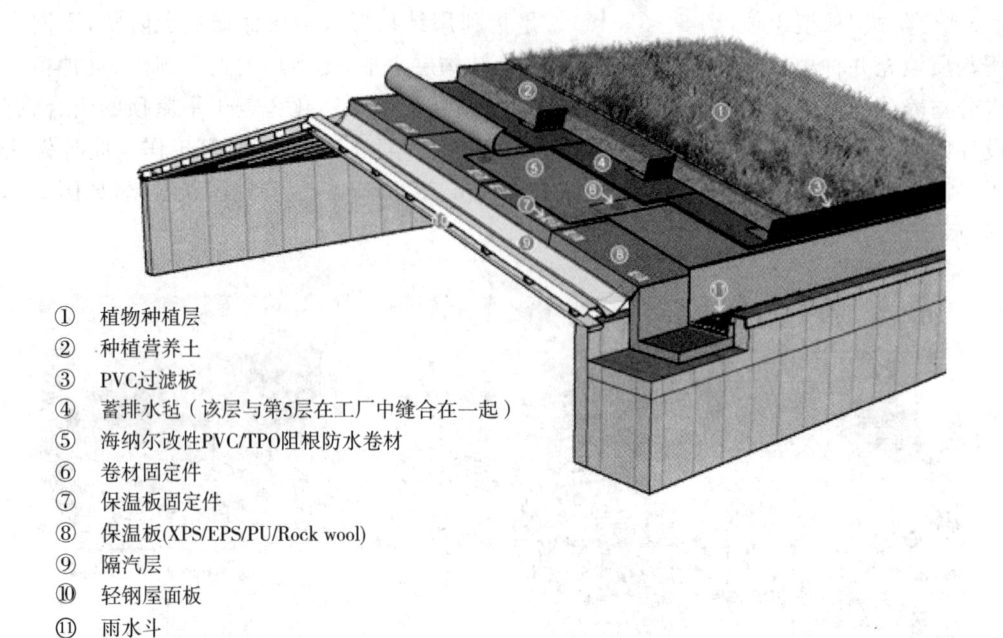

图 5-3-47　缓坡屋面绿化系统

此，蓄水屋面是改善屋面热工性能的有效途径，有利于节能。同时，还可以避免屋面板由于温度变化引起的胀缩裂缝，可提高屋面的防水性能。

2）蓄水屋面的构造做法

蓄水屋面除增加结构的荷载外，还应做好屋面的防水构造，控制水深，减少屋面荷载。蓄水屋面与普通平屋顶防水屋面不同的是增加了一壁三孔。所谓一壁是指屋面蓄水池的仓壁，三孔是指溢水孔、泄水孔、过水孔。

（1）蓄水屋面的构造层次（图 5-3-49）

从上至下做法为：150～200mm 深蓄水层、20mm 厚渗透结晶型防水砂浆抹面、60mm 厚钢筋混凝土蓄水池、隔离层、防水层、找平层、找坡层、保温层、钢筋混凝土屋面板。蓄水屋面的檐口构造，如图 5-3-50 所示。

图 5-3-48　蓄水屋面[11]

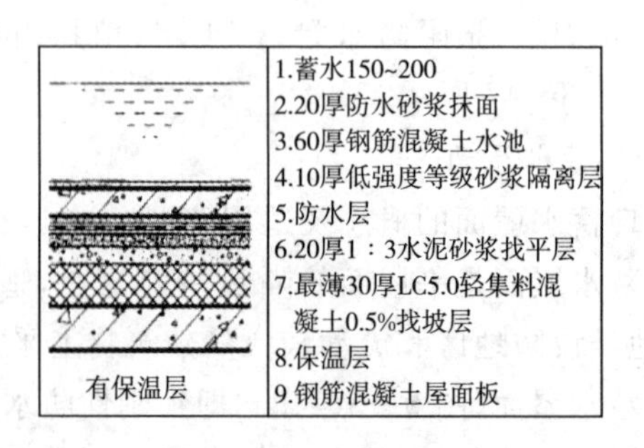

图 5-3-49　蓄水屋面构造层次[11]

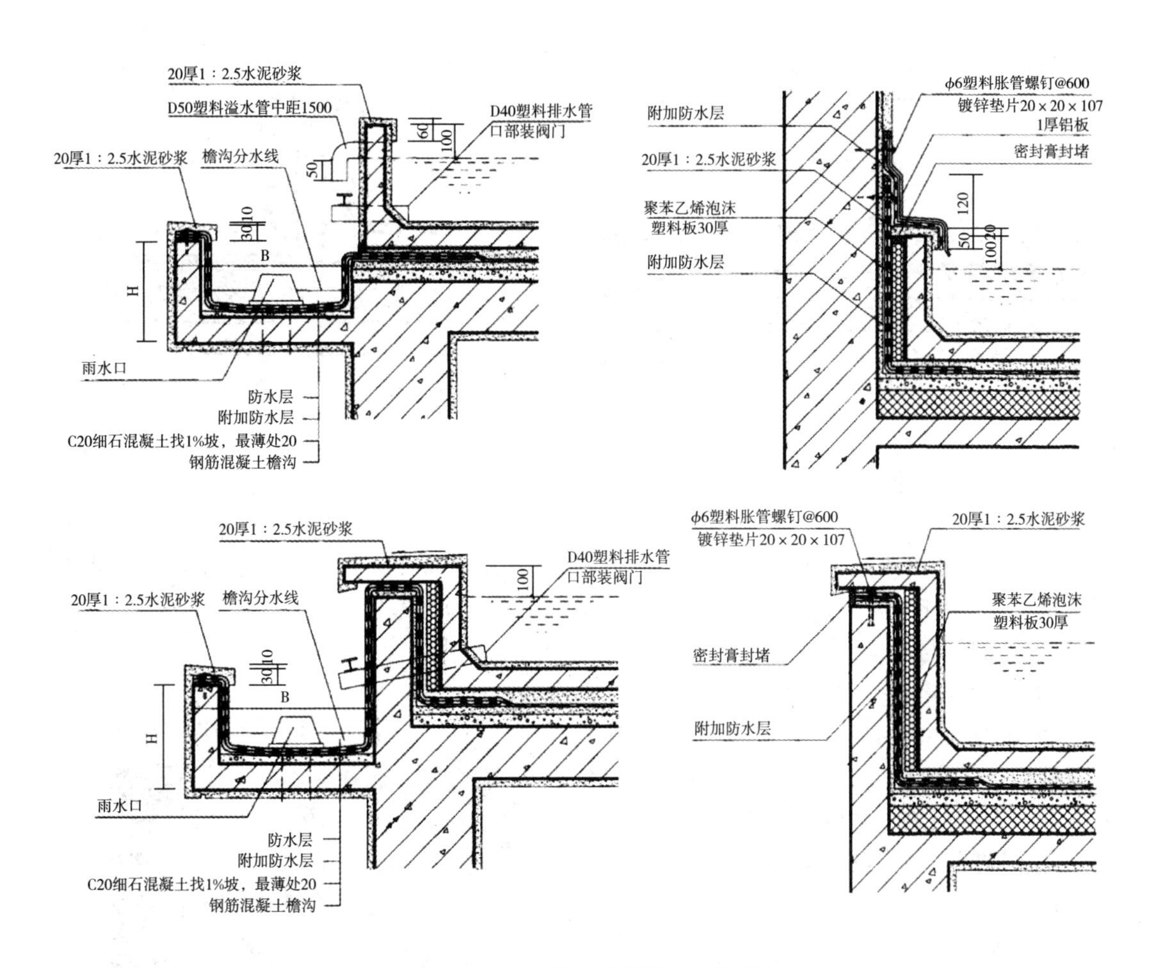

图 5-3-50 蓄水屋顶檐口构造[11]

(2)蓄水屋面的构造特点及要求

包括：①蓄水屋面的蓄水池应采用强度等级不低于C25的钢筋混凝土，蓄水池内采用20mm厚渗透结晶型防水砂浆抹面。蓄水池的池底排水坡度不宜大于0.5%。②蓄水屋面应根据建筑物平面布局划分为若干蓄水区，每区的边长不宜大于10m。分区的隔墙可采用混凝土浇筑或砌体砌筑，过水孔应设在分区墙的底部，在变形缝的两侧应分成两个互补连通的蓄水区。长度超过40m的蓄水屋面应做分仓设计。蓄水屋面分仓缝做法如图5-3-51所示。为了确保每个蓄水区混凝土的整体防水性，要求蓄水池混凝土应一次浇筑完毕，不得设施工缝。③蓄水屋面应设置排水管、给水管和溢水口，排水管应与水落管或其他排水口连通。蓄水屋面的出屋面孔洞必须预留并做好防水处理，不可后凿。④蓄水屋面的蓄水深度一般为150～200mm，且不应小于150mm；溢水口距离分仓墙顶面不应小于100mm。无土栽培种植屋面上种植的是水生植物，其基本构造可视为蓄水屋面。

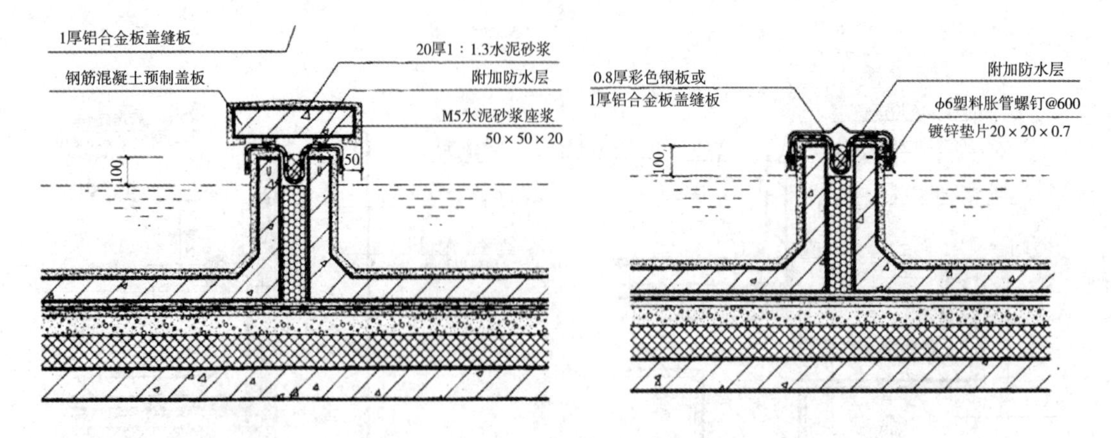

图 5-3-51 蓄水屋面水池分仓缝构造[11]

6."太阳能与建筑一体化"节能屋顶

目前,利用智能技术、生态技术来实现建筑节能的愿望,向屋顶要能源已成为趋势,太阳能与建筑一体化是未来太阳能技术发展的方向,从多层建筑到高层建筑,从整体式、分体式到联集式,太阳能技术与建筑的完美结合逐步趋于成熟,应用范围逐步增大。

1)"太阳能与建筑一体化"的概念

"太阳能与建筑一体化"属于一项综合性技术,其实施方式主要有:(1)太阳墙、光伏组件与建筑墙体一体化;(2)光伏组件与市政供电系统并网;(3)太阳能热泵集热装置与建筑屋顶一体化;(4)太阳能一体化设计中与之相配合的建筑保温设计。

图 5-3-52 太阳能集热屋顶

太阳能建筑一体化光热技术之一"太阳能集热屋顶",是利用太阳能集热器替代屋顶覆盖层或替代屋顶保温层,既消除了太阳能对建筑物形象的影响,又避免了重复投资,降低了成本。可用于平屋顶或斜屋顶,一般对平屋顶用覆盖式,对斜屋顶用镶嵌式。如图 5-3-52 所示。

2)"太阳能集热屋顶"的常用材料

"太阳能集热屋顶"一般采用以下两种太阳电池组件:

(1)普通太阳电池组件。可以在普通流水线上大批量生产,成本低、价格便宜,既可以同建筑结合起来使用,又可以安装在大型支架上形成大规模太阳能发电站。施工时通过装配件把其同周围建筑材料结合起来,组件之间和组件与建材之间的间隙需要另行处理。其缺点是无法直接代替建筑材料使用,太阳电池组件与建材重叠使用造成浪费,施工成本高。

(2)建材型太阳电池组件。是在生产厂把太阳电池芯片直接封装在特殊建材上的组件,设计有防雨结构,施工时按模块方式拼装,集发电功能与建材功能于一体,施工成本低。但由于须适应不同的建筑尺寸,很难在同一条流水线上大规模生产,有时甚至需要手工操作生产，以至于生产成本较高。

3)“太阳能集热屋顶”的实例及构造做法

日本神户某装有屋顶一体化太阳能发电系统的别墅，如图5-3-53所示。屋面的太阳电池方阵采用的是普通太阳电池组件，组件之间和组件与瓦之间都有防雨措施，整个方阵代替了相应面积的瓦，可节省部分建造费，从外观上看也不失为一道风景[19]。

屋顶一体化挑檐电池方阵的构造做法，如图5-3-54所示，在角钢制作的屋架上铺设防雨保温板，在其上面按一定间距固定枕木，枕木上再固定工字型材，然后按特殊的施工方法设置太阳电池组件。为了给太阳电池组件背面通风降温，在组件框架与防雨保温板之间留下了一定宽度的间隙。该设计的特点是任意一块太阳电池组件都可以随时拆卸进行单件测试或更换，而不需要拆卸螺丝或固定件。

图5-3-53　日本神户市某别墅太阳能屋顶

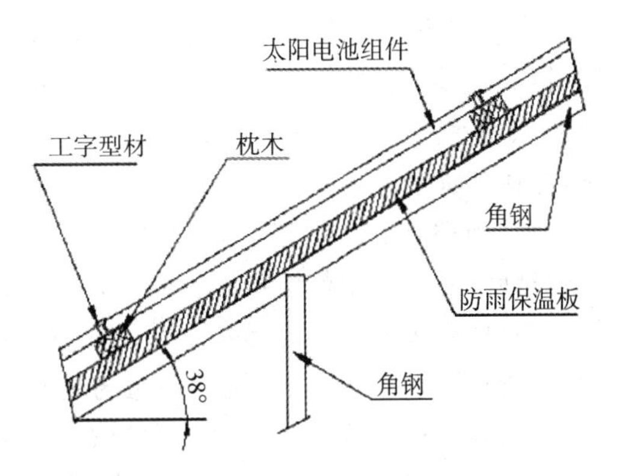

图5-3-54　屋顶一体化挑檐电池方阵构造

5.3.3　门窗节能技术[3]

一般建筑的门窗面积只占建筑外围护结构面积的1/3～1/5，但传热损失占建筑外围护结构热损失的40%左右。为了增大采光通风面积或立面的设计需要，现代建筑的门窗、玻璃幕墙面积越来越大，因此增强外门窗的保温性、气密性、隔热性能，是改善室内热环境质量和提高建筑节能水平的重要环节。

节能型建筑门窗，是指能达到现行节能建筑设计标准的门窗，即门窗的保温隔热性能(传热系数)和空气渗透性能(气密性)两项物理性能指标达到或高于所在地区《民用建筑节能设计标准(采暖居部分)》及其各省、市、区实施细则的技术要求。

1. 节能门窗的材料及做法

门窗节能水平与所采用的门窗材料及做法有关。节能门窗主要体现在节能型框材设计、节能玻璃的选择及节能窗户的层数设计、密封材料的选择等方面。

节能外门应选用隔热保温门；节能外窗应选用具有保温隔热性能的窗，如中空玻璃窗、真空玻璃窗和低辐射玻璃窗等；节能窗框的型材主要选用断热铝合金、塑钢和铝木复合等。目前，新型节能门窗有木塑、铝塑复合门窗和钢塑复合共挤节能保温窗及隔热保温型喷塑铝合金门窗等。

1)节能门窗的框材

门窗框一般占窗面积的20%～30%，门窗框型材的热工性能和断面形式是影响门窗保温性能的重要因素之一。框是门窗的支撑体系，由金属型材、非金属型材和复合型材加工而成，金属与非金属的热工特性差别很大，应优先选用热阻大的型材。

从保温角度看，型材断面最好设计为多腔框体，多道腔壁对通过的热流起到多重阻隔作用。但金属型材（如铝型材）虽然也是多腔，保温性能并不理想。为了减少金属框的传热，可采用铝窗框作断桥处理，并采用导热性能低的密封条等措施，以降低窗框的传热，提高窗的密封性能。

目前常用铝合金断热型材、铝木复合型材、钢塑整体挤出型材以及 UPVC 塑料型材等一些技术含量较高的节能产品，其中使用较广的是 UPVC 塑料型材，它所使用的原料是高分子材料——硬质聚氯乙烯。

2）节能门窗的玻璃

为了解决大面积玻璃造成能量损失过大的问题，外窗透明部分可选择中空玻璃、真空玻璃、镀膜玻璃、高强度 LOW－E 防火玻璃及特别的智能玻璃等。其中 Low－E 玻璃的镀膜对阳光和室内物体所受辐射的热射线起到有效阻挡，因而，使夏季室内凉爽，冬季则室内温暖，总体节能效果明显。

（1）中空玻璃。其单片玻璃 4～6mm 厚，中间空气层的厚度一般以 12～16mm 为宜。在玻璃间层内填充导热性能低的气体，因而能极大地提高中空玻璃的热阻性能，控制窗户失热，以降低整窗的传热系数值。中空玻璃与普通玻璃相比，其传热系数至少可以降低 50%，所以中空玻璃目前是一种比较理想的节能玻璃。

（2）热反射镀膜中空玻璃。是在玻璃表面镀上一层或多层会属、非金属及其氧化物薄膜，具有将其反射回大气中而阻挡其进入室内的目的，从而降低玻璃的遮阳系数 Sc。热反射玻璃的透过率要小于普通玻璃，6mm 厚的热反射镀膜玻璃遮挡住的太阳能比同样厚度的透明玻璃高出一倍。所以，在夏季白天和光照强的地区，热反射玻璃的隔热作用十分明显。

（3）Low－E 玻璃。即低辐射镀膜玻璃，是利用真空沉积等技术，在玻璃表面沉积一层低辐射涂层，一般由若干金属或金属氧化物和衬底层组成。与热反射镀膜玻璃一样，Low－E 玻璃的阳光遮挡效果也有多种选择，而且在同样可见光透过率情况下，它比热反射镀膜玻璃多阻隔太阳热辐射 30%以上；与此同时，Low－E 玻璃具有很低的 U 值，故无论白天或夜晚，它同样可阻止室外热量传入室内，或室内的热量传到室外。

（4）真空玻璃。是将两片平板玻璃四周密封起来，将其间隙抽成真空并密封排气口，其工作原理与玻璃保温瓶的保温隔热原理相同。标准真空玻璃夹层内的气压一般只有几帕，因此中间的真空层将传导和对流传递的热量降至很低，以至于可以忽略不计，因此这种玻璃具有比中空玻璃更好的隔热保温性能。标准真空玻璃的传热系数可降至 $1.4W/(m^2 \cdot K)$，是中空玻璃的 2 倍，但目前真空玻璃的价格是中空玻璃的 3～4 倍。

3）节能窗户的层数

节能窗可以是单层窗也可以是双层窗，在高纬度严寒地区甚至可能采用三层窗。

4）提高门窗的气密性

从建筑节能的角度讲，在满足室内换气的条件下，通过窗户缝隙的空气渗透量过大，就会导致热耗增加，因此必须做好窗扇与窗扇、窗扇与窗框之间，窗框与窗洞之间的接缝处理。另外，在窗框与窗洞之间的密封性应重视，两者接缝处除采用水泥砂浆填塞，还应在连接部位填充保温性能良好的发泡材料，表面使用密封膏，以保证结合部位的严密无缝。如图 5－3

-55所示。

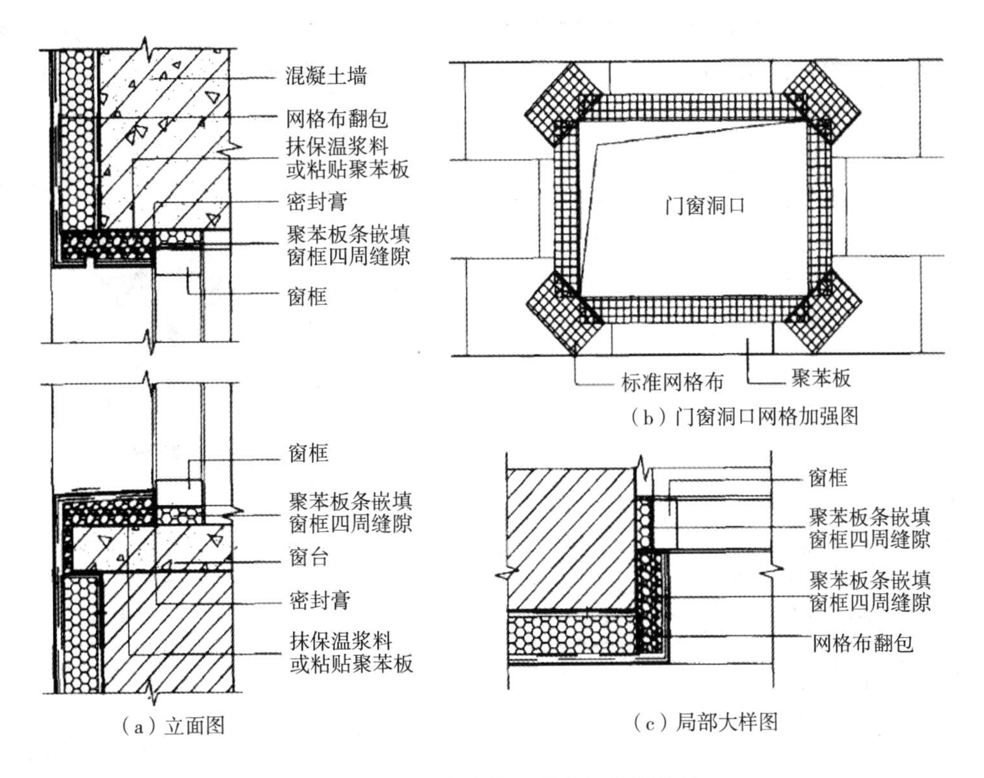

图5-3-55 门窗洞口的密封和保温[3]

窗户的气密性与开启方式、产品质量和安装质量相关,窗型选择尽量考虑“固定窗→平开窗→推拉窗”的顺序。平开窗的通风面积大,由于工艺要求,型材设计接缝严密,气密性能远优于推拉窗。其次应选用合格的型材和优质配件,减小开启缝的宽度达到减少空气渗透的目的。

为提高外门窗气密水平,全周边应采用高性能密封技术,以降低空气渗透热损失,提高气密、水密、隔声、保温和隔热等性能,要重点考虑密封材料、密封结构及室内换气构造。密封条和密封毛条应考虑耐老化性。如以往的普通铝合金门窗选用的是一般的PVC密封条,一到两年就会脱落,铝合金节能门窗选用三元乙丙橡胶或热塑性三元乙丙橡胶密封条,以此保证它的密封性能和使用寿命。

2. 常见节能门窗的类型

1)铝塑共挤门窗

铝塑共挤门窗具有良好的保温隔热节能性能,传热系数仅为钢材的1/357,铝材的1/1250,门窗的隔热、保温效果显著,对具有暖气、空调设备的现代建筑物更加适用。其型材断面,如图5-3-56所示。

使用铝塑共挤门窗的房间比使用木门窗的房间冬季室内温度可提高4℃~5℃;铝塑共挤门窗将美观性与实用性融为一体,颜色多样、价位合理,开启功能多样,节能保温性能好,使用寿命长、门窗性能远非其他门窗可比,具有良好的性价比,适合现代家庭装饰和不同消费群体,值得大力推广应用。

2)断桥隔热铝合金节能门窗

是在铝型材中间穿入隔热条,将铝型材室内外两面隔开形成断桥,所以又称其为“断桥隔热铝合金”门窗。其型材表面的内外两侧可做成不同颜色,装饰色彩丰富,适用范围广泛。如图 5-3-57 所示。

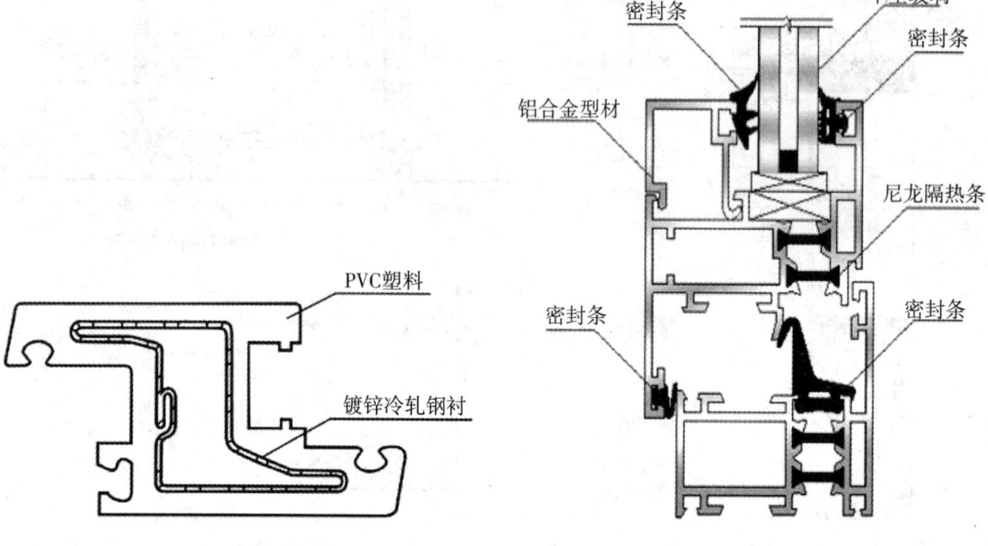

图 5-3-56 塑钢共挤型材断面　　图 5-3-57 断桥铝合金框料断面

3)铝木(或木铝)复合节能门窗

如图 5-3-58 所示,是在保留纯实木门窗特性和功能的前提下,将经过精心设计的隔热(断桥)铝合金型材和实木通过特殊工艺、机械方法复合而成的框体。两种材料通过高分子尼龙件连接,充分照顾了木材和金属收缩系数不同的属性。

铝木复合节能门窗强度高、色彩丰富、装饰效果好、耐候性好。适合于各种天气条件和不同的建筑风格,使建筑物外立面风格与室内装饰风格得到了完美的统一。

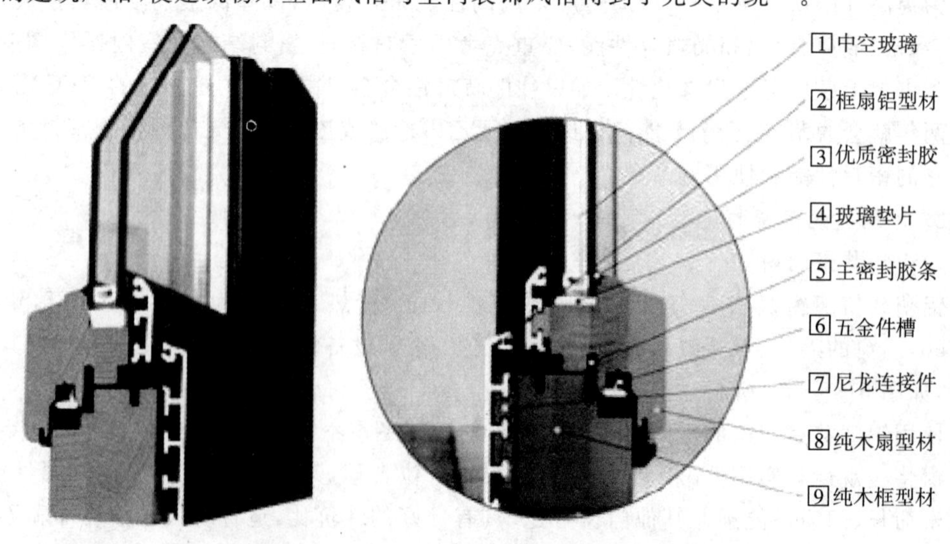

图 5-3-58 铝木复合节能门窗构造示意

5.3.4　楼地面节能技术[3]

楼地面的热工性能不仅对室内气温有很大的影响，而且与人体的健康密切相关。人们在室内的大部分时间脚部都与地面接触，地面温度过低不但使人脚部感到寒冷不适，而且容易患上风湿、关节炎等疾病。良好的建筑楼地面构造设计，不但可以提高室内热舒适度，而且有利于建筑的保温节能，同时也可提高楼层间的隔声效果。楼地面按位置不同可以分为层间楼板和底层地面。

1．层间楼板节能设计

层间楼板节能设计，可以采用保温层直接设置在楼板表面上或者楼板底面。保温层宜采用硬质挤塑聚苯板、泡沫玻璃等板材，或强度符合要求的保温砂浆，如图5－3－59所示；也可以采取铺设木龙骨（空铺）或无木龙骨的实铺木地板来达到保温效果，如图5－3－60所示。

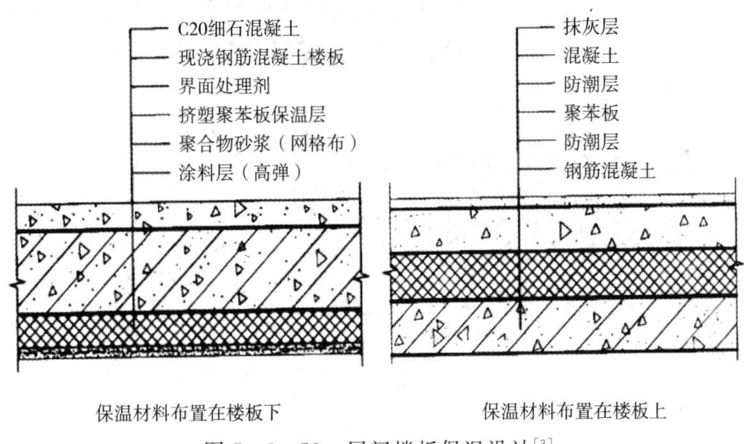

图5－3－59　层间楼板保温设计[3]

2．底层地面节能设计

底层地面的构造层包括面层、垫层和地基。当其基本构造不能满足节能要求时，可增设结合层、保温层等其他构造层。保温地面主要增设保温填充层，厚度应根据选用的填充材料经热工计算后确定。如图5－3－61所示。

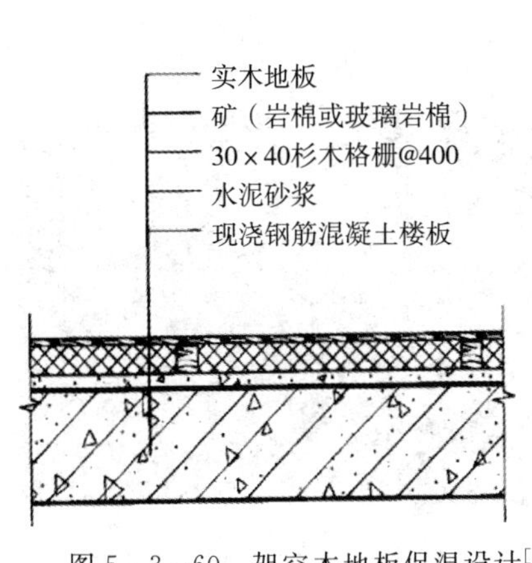

图5－3－60　架空木地板保温设计[3]

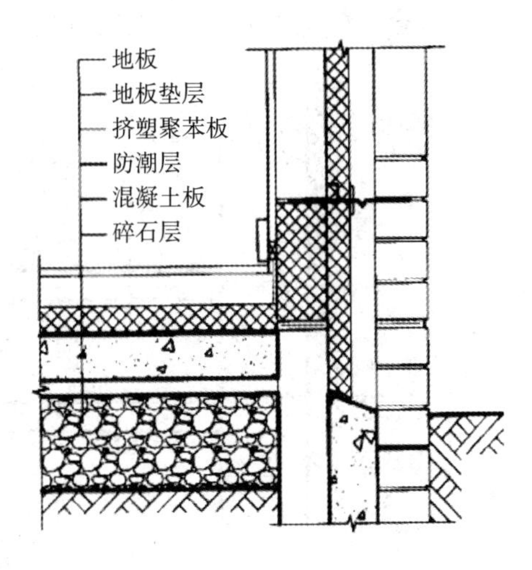

图5－3－61　地面保温板铺在防潮层上[3]

1)一般保温地面的类型

(1)不采暖地下室上部地面(图 5-3-62)。应在地下室上部设计吊顶铺岩棉保温板,可满足节能要求,而且防水性能也较好。

(2)接触室外自然的地面。应做松散的保温板材、板状或整体保温材料,如焦砟(烟煤或煤球等燃烧后凝结的块状物)、硬质聚氨酯泡沫板及憎水珍珠岩板、聚苯板等微孔复合砌块等。位置包括:①接触室外空气的地面,如外挑部分、过街楼、底层架空的楼面;如图 5-3-63 所示。②直接接触土壤的周边地面,从外墙内侧算起 2.0m 范围内的地面。

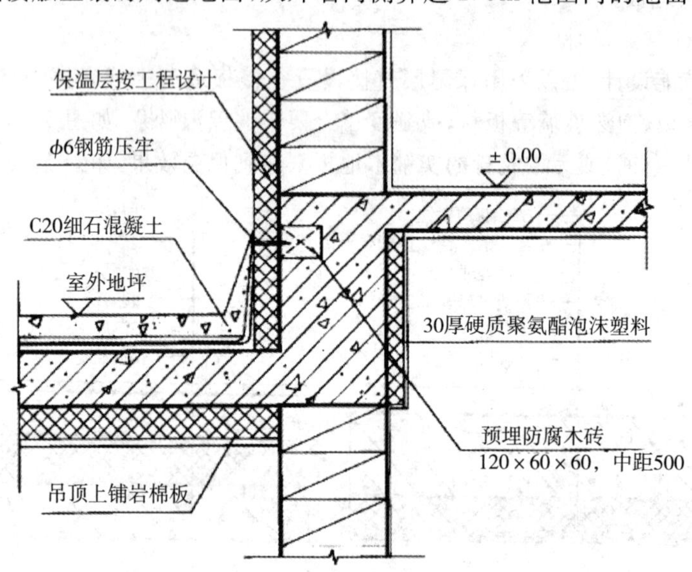

图 5-3-62 带地下室地面[3]

2)低温辐射地板采暖系统

低温辐射地板采暖系统(图 5-3-64),近几年在很多建筑中开始应用,这种采暖方式具有舒适、节能、环保等优点,有利于提高室内舒适度以及改善楼板保温隔热性能。低温辐射地板采暖系统室内地表温度均匀,室温由下而上随着高度的增加温度逐步下降,这种温度曲线正好符合人的生理需求,给人以脚暖头凉的舒适感受。

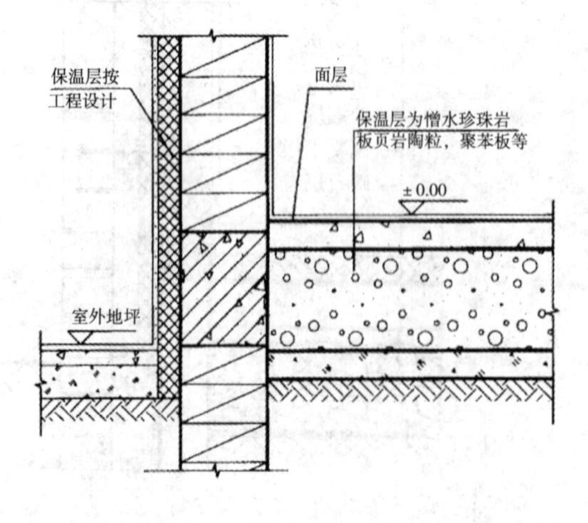

图 5-3-63 接触室外空气地面[3]

图 5-3-64 低温辐射供暖地板[3]

低温辐射地板采暖系统的构造做法(图5-3-65),是将改性聚丙烯(PP-C)等耐热耐压管按照合理的间距盘绕,铺设在30～40mm厚聚苯板上面,聚苯板铺设在混凝土地层中,可分户独立供热,便于调节和计量,充分体现管理上的便利和建筑节能的要求。

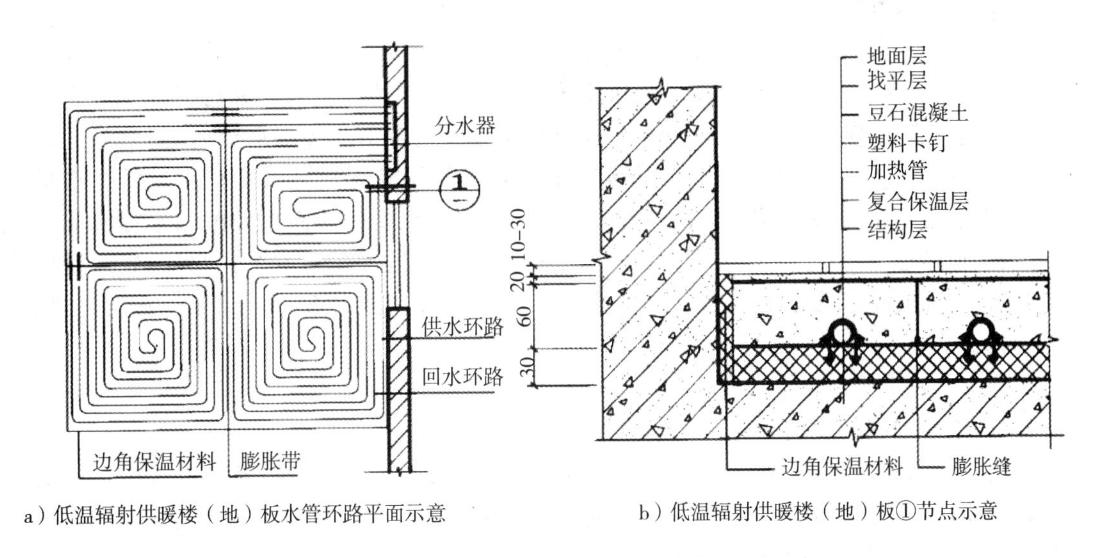

a)低温辐射供暖楼(地)板水管环路平面示意　　b)低温辐射供暖楼(地)板①节点示意

图5-3-65　低温辐射供暖地板构造[3]

5.4　绿色建筑的遮阳技术

5.4.1　建筑遮阳的含义和意义

在夏热地区,遮阳对降低建筑能耗,提高室内居住舒适性有显著的效果。空调能耗在建筑能耗中占相当大的比例,据资料统计,有效的遮阳可以使室内空气最高温度降低1.4℃,平均温度降低0.7℃,使室内各表面的温度降低1.2℃,从而减少使用空调的时间,获得显著的节能效果。因此,我们在建筑节能设计中,除了增加外墙的保温性能及门窗的气密性外,还应考虑增加建筑遮阳设施,如图5-4-1所示。

图5-4-1　建筑外遮阳

1. 建筑遮阳的含义

建筑遮阳,是以减少太阳辐射热,阻断热空气与建筑物的对流和传导,防止强烈光线直接进入室内为主要目的的隔热、防热、防眩光等措施。建筑遮阳的种类主要有：窗口遮阳、屋面遮阳、墙面遮阳、绿化遮阳等形式。其中，窗口遮阳无疑是最重要的；墙面遮阳包括利用绿化遮阳、建筑构件遮阳、百叶幕帘遮阳等多种方式。

2. 建筑遮阳的节能意义

对于炎热地区，窗户外遮阳是建筑节能的最主要技术措施。控制夏季外窗的辐射透过率，再辅以墙体隔热和提高空调设备能效比等措施，就可以达到国家建筑节能的指标要求。建筑遮阳的节能意义有：1）遮阳通过阻挡阳光直射辐射和漫辐射热，控制热量进入室内，降低室温、改善室内热环境，使空调高峰负荷大大削减。2）可以防止直射阳光造成的强烈眩光，合理控制太阳光线进入室内，有利于人体视觉功效的高效发挥和生理机能的正常运行，给人们愉悦的心理感受。以上两点对于低纬度地区尤为重要。此外，建筑遮阳除了具有遮阳遮光、节能保温的用途外，还具有防雨、防蚊虫、防寒、隔音降噪、防潮、防风沙等用途。

5.4.2 建筑遮阳的发展历史[2]

人们对建筑遮阳的研究由来已久，我国自古就有各种木百叶窗格及各种卷帘形式的遮阳措施应用在不同形式的建筑上。最早对建筑遮阳问题的文字叙述来源于古希腊时期的作家赞诺芬，他在其著作中提到关于设置柱廊以遮挡角度较高的夏季阳光而又使角度较低的冬季阳光射入室内的问题；公元前1世纪，维特鲁威在其建筑专著《建筑十书》中，在选址部分乃至全章中都提到要避免南向辐射热的建议；文艺复兴时期，阿尔伯蒂的《论建筑》中也阐明了为使房间保持凉爽，防晒遮阳应如何选址。总的来讲，从古罗马到17、18世纪的建筑师们没有涉及计算层面上，没有对遮阳专门研究，基本以经验来考虑防晒问题。

20世纪初，建筑大师赖特率先把太阳几何学引入建筑设计领域。在他的成名作《罗比住宅和威立茨住宅》中，赖特根据当地春分秋分等特定时间的太阳高度角以及各房间对阳光的需求设计了错落有致、深浅不一的挑檐，这些造型舒展的屋顶不仅成就了享誉世界的草原风格，而且开创了遮阳设计的先河。但挑檐不是严格意义上的遮阳板，因此，人们公认的现代建筑遮阳板的发明人是另一位建筑大师——勒·柯布西耶。

在同时代，勒·柯布西耶在巴黎设计的建筑有着大面积的玻璃窗，一年中虽然有十个月很宜人，但剩下的两个月却非常酷热，勒·柯布西耶在玻璃的外侧加上水平板、垂直板或格栅板，用来阻止阳光直接照射在隔热效果差的玻璃上，这种现今常见的立面形式，即遮阳，便是此时由勒·柯布西耶所发明的。在1928年他首先在迦太基住宅设计中使用了遮阳设施；1936年他给迈耶尼等人为"里约热内卢国家教育与公共卫生大楼"的设计，提出采用百叶遮阳的建议。在这之后，"遮阳"被作为一种立面语言广泛使用。

理查德·诺伊特拉对建筑遮阳做出了里程碑式的贡献，他是第一个根据气象资料并请专业人员设计全天候建筑遮阳系统的现代建筑师。他在晚年对太阳几何学作了更深层次的研究，并取得了突破性进展。在洛杉矶档案馆的设计中，标注太阳轨迹并研究了各种遮阳的方案，最后实施的是由屋顶上太阳自动跟踪系统控制的活动式垂直百叶窗。

在19世纪后期的欧美等发达国家，遮阳已普遍使用，甚至在人们思想中"没有遮阳的建筑是不完整的建筑"。遮阳行业发展比较完善，出现了很多著名的遮阳企业，如瑞士、德国的遮阳企业已经拥有上百年的历史。近年来，中国的遮阳发展也经历了起步、壮大，逐渐发展成熟的过程。

5.4.3　建筑遮阳的常见形式

在我国南方炎热地区，日照时间长，太阳辐射强烈，建筑物的某些部位或构件如窗口、外廊、橱窗、中庭屋顶与玻璃幕墙等需要调节太阳的直射辐射，以扬其利而避其害。目前一般建筑以气温29℃、日辐射强度280W/m^{2}左右作为必需设遮阳的参考界限。

1. 绿化遮阳[3-6]

大自然给我们提供了一些天然的遮阳手段，树木或攀缘植物可以用来遮挡阳光，形成阴影。绿化遮阳不同于建筑构件遮阳之处还在于它的能量流向，植被通过光合作用将太阳能转化为生物能，植被叶片本身的温度并未显著升高；而建筑遮阳构件在吸收太阳能后温度会显著升高，其中一部分热量还会通过各种方式向室内传递与辐射。

对于低层建筑来说，绿化遮阳是一种既有效又经济美观的遮阳措施，它有种树和棚架攀缘植物两种做法。种树要根据窗口朝向对遮阳形式的要求来选择和配置树种，落叶树木可以在夏季提供遮阳，常青树可以整年提供遮阳。植物攀缘的水平棚架起水平式遮阳的作用，垂直棚架起挡板式遮阳的作用。植物还能通过蒸发周围的空气降低地面的反射，常青的灌木和草坪也能很好地降低地面反射和建筑反射。

1)绿化遮阳的常见方式

(1)建筑周围种植树木及棚架攀缘植物遮阳

① 种树遮阳。要根据窗口的朝向来选择和配置树种，落叶树木可以在夏季提供遮阳，常青树可以整年提供遮阳。在夏季主导风的方向上，不应种植太密的树木，比如大灌木和乔木，以免降低风速甚至改变风向，造成自然通风受阻。此外，茂密的树叶也不宜靠窗口太近，以免遮挡自然光线进入。

② 棚架攀缘植物遮阳。水平棚架起水平式遮阳的作用，垂直棚架起挡板式遮阳的作用。植物还能通过蒸发周围的空气降低地面的反射，常青的灌木和草坪也能很好地降低地面反射和建筑反射。

(2)墙面、阳台绿化遮阳

墙面、阳台绿化遮阳，可以通过在窗外或阳台上种植攀藤植物实现对墙面的遮阳。一般选择爬藤植物如爬山虎、牵牛花、爆竹花等爬墙生长，必要的时候可以搭架拉绳以辅助其生长。如图5-4-2所示。

图5-4-2　墙面绿化遮阳

(3)屋面绿化遮阳

设置屋顶花园，利用植被层的阴影、保湿和隔热作用对屋面的节能效果显著，也对第五立面——屋面的美化意义重大。

2)绿化遮阳实例1：弗雷尤斯地方中等职业学校[8-9]

诺曼·福斯特设计的弗雷尤斯地方中等职业学校(1991—1993年)，是一个充满阳光的建筑。为了最大限度取得良好的朝向和海滨观景，他把学校一字排开，沿东西向轴线设置了一条长长的室内走廊，形成一条带有吹拔和天窗的“街道”，使之成为学生课余的交往走廊。他在建筑向阳的一侧设计了一组精美的银色遮阳板，阳光透过树叶和遮阳板的缝隙投下点点光斑，犹如一曲动人的旋律，用以遮挡夏季的酷热。周边的绿化也考虑得十分细致，高大的落叶阔乔木在夏季可以起遮阳的作用，同时又不会阻隔冬天温暖的阳光，且选用的树种的姿态与建筑屋顶的形状非常相像，交相呼应，让人领略到现代建筑也可以和优美的自然环境相融合。此外根据当地炎热的气候条件，福斯特利用“烟囱效应”的原理，使热空气通过吹拔从“街”顶的天窗排出，室外的新鲜空气再通过窗户进入室内，达到自然通风的作用。如图 5-4-3 所示。

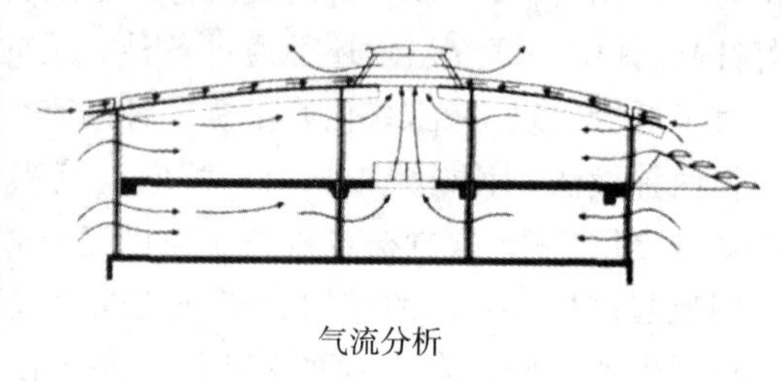
气流分析

图 5-4-3 弗雷尤斯地方中等职业学校——屋顶遮阳板及气流分析[8]

3）绿化遮阳实例 2：意大利米兰“空中森林公寓”[10]

由 Boeri 建筑工作室所设计的这两座双塔式建筑位于米兰市中心，2011 年建成。分别高 111m 和 79m，种满 730 棵树木、500 棵灌木以及 1.1 万株地面植物。“垂直森林”住宅楼被设计成一个种满各种植物的居住家园，27 个楼层覆盖满了相当于一公顷森林面积的树木。设计者希望这些植物能净化城市空气，遮蔽地中海的烈日，保护居民免受阳光和噪声污染，还能随着季节变化改变建筑的外观景色。这两栋居民楼还采用了“抗植物蔓延”的措施。如图 5-4-4 所示。

图 5-4-4 意大利米兰“空中森林公寓”[10]

高层建筑委员会及城市栖息地(CTBUH)评选其为“2015 年度世界最佳摩天大楼”之一，评审团认为它是“一个前所未有的绿色植物在如此规模和高度下的部署”，认为在这样的高度进行开创性探索，是一种十分有意思的尝试。

2. 窗口遮阳[3-6]

1）窗口遮阳的基本形式

窗口遮阳的形式可分为选择性透光和遮挡式两种。选择性透光遮阳是利用某些特殊镶嵌材料对阳光具有选择性吸收、反射(折射)和透射的特性来达到控制太阳辐射的一种遮阳方式;遮挡式遮阳是直接阻挡阳光进入室内的遮阳方式,有水平式、垂直式、综合式和挡板式等形式。

(1)选择性透光遮阳——玻璃本体遮阳

选择性透光遮阳是利用窗户透光材料本身来遮阳,主要是通过过滤日光,反射、吸收太阳光中的红外线和部分可见光,夏季能避免房间过热。根据这类透光遮阳材料的光物理特性,可选择性地用于各朝向窗户。一般而言,夏热冬冷地区,东、西、南向的窗户玻璃可选用反射率、吸收率较大的品种;北向可选用可见光透过率大的品种,但由于玻璃的性能不能随季节的不同而变化,会影响冬季对太阳能的利用。因此,选择性透光玻璃遮阳具有一定的局限性。光敏玻璃、热敏玻璃、电敏玻璃、液晶可以解决选择性透光玻璃的局限性,但由于造价太高,不适于建筑的大规模使用。

① 玻璃自遮阳。玻璃自身的性能对节能的影响很大,应该选择遮阳系数小、遮阳性能好的玻璃,常见的有吸热玻璃、热反射玻璃、低辐射玻璃等。但前两种玻璃对采光有不同程度的影响,而低辐射玻璃的透光性能良好。此外,也可对玻璃着色涂膜或贴膜处理。玻璃自遮阳的优点是整体性强,安装构造简单,遮阳效果明显,但缺点是必须要关闭窗户,影响室内自然通风。所以,还必须配合百叶遮阳等措施,才能取长补短。

② 中置式遮阳。即遮阳层位于双层玻璃幕墙之间,一般是由工厂一体生产成型的。双层表皮结构,其核心是热通道幕墙,由一单层玻璃幕墙和一双层玻璃幕墙组成,两层幕墙之间为缓冲区,在缓冲区上下两端有进风和排风装置。外层幕墙的进风装置,提供新鲜空气进入两层幕墙之间的空腔,可开启的窗户设置在内层幕墙上。这样即使把最高层的办公室的窗户打开,也不会受到强风的吹袭而又能获得自然通风。双层玻璃间形成的空气层与可调节遮阳层共同作用,满足建筑的遮阳、自然通风和自然采光要求。在双层表皮结构中,遮阳体被置于外层表皮和内层表皮之间,被外层的玻璃保护起来,免遭风雨的侵蚀,起到遮阳和热反射的作用,因此位于表皮中间的遮阳层既具有类似外遮阳的节能性,又比外遮阳多了一个容易清洁维护的优点。如图5-4-5所示。

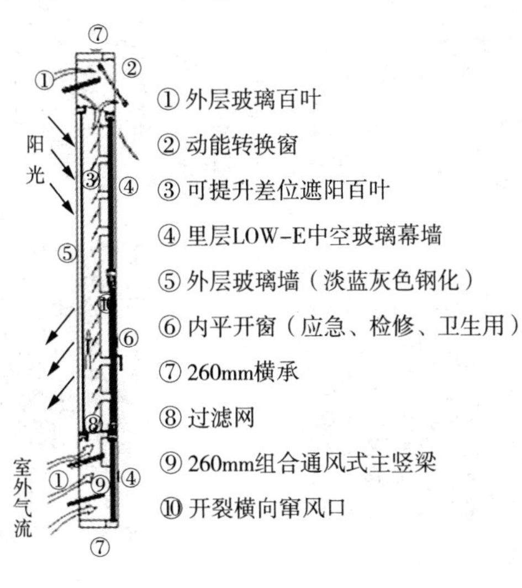

图5-4-5　内置式自动遮阳双层幕墙

(2)遮挡式窗口外遮阳

遮挡式遮阳主要利用各种建筑遮阳构件进行遮阳。应根据建筑的不同朝向特点选择遮阳的具体种类和形式,见表 5-4-1 所列。

表 5-4-1 不同朝向建议的遮阳种类

朝 向	建议的遮阳种类
北向	固定或可调节的遮阳,水平置于窗上
东向和西向	窗外可调节式的垂直帘片
东北向和西北向	可调节式遮阳
东南向和西南向	植物
南向	固定遮阳板,水平式

遮挡式遮阳按其构造形式可分为四种:水平式、垂直式、综合式和挡板式。

① 水平式遮阳。这种遮阳形式能够有效地遮挡高度角较大的、从窗口上方投射下来的阳光。适用于南向和接近此朝向的窗口,也适用于北回归线以南的低纬度地区的北向和接近北向的窗口遮阳。如图 5-4-6(a)所示。

② 垂直式遮阳。这种形式能够有效地遮挡从窗口两侧斜射过来的阳光。但对于高度角较大的、从窗口上方投射下来的阳光,或接近日出、日落时平射窗口的阳光,它不起遮挡作用。垂直式遮阳主要适用于北回归线以南的低纬度地区的北向和接近北向的窗口遮阳。如图 5-4-6(b)所示。

③ 综合式遮阳。这是水平式和垂直式组合起来的形式,所以能遮挡从窗口上方和左、右两侧射来的阳光。适用于南向、东南向、西南向和接近此朝向的窗口遮阳。见图 5-4-6(c)所示。

(a) 水平式遮阳

(b) 垂直式遮阳

(c) 综合式遮阳

(d) 挡板式遮阳

图 5-4-6 遮挡式遮阳的形式

④ 挡板式遮阳。这种形式能够遮挡平射到窗口来的阳光。适用于东向、西向和接近这两个朝向的窗口遮阳。如图5-4-6(d)所示。

(3)窗口内遮阳

窗口内遮阳，是通过在窗口内侧设置遮阳帘、百叶等进行遮阳的措施，其形式有百叶窗帘、垂直窗帘、卷帘等；材料多种多样，有布料、塑料(PVC)、金属、竹、木等。当然内遮阳也有不足的地方，当采用内遮阳的时候，太阳辐射穿过玻璃，使内遮阳帘自身受热升温，这部分热量实际上已经进入室内，有很大一部分将通过对流和辐射的方式，使室内的温度升高。

① 百叶窗内遮阳。百叶窗的构造是由一排有倾斜角的塑料或铝制叶片组成的。有固定式和活动式的区别，较小的倾斜角可以改善透射日光的分布。新型玻璃百叶窗也具有良好的遮阳效果，它与透明热反射薄膜联合使用，具有良好的透光性和良好的折光特性。

② 节能窗帘、保温盖板内遮阳。节能窗帘一般是由纱、布、绒类材料和热反射织物制成，可以是透光的或挡光的，这些材料的花纹和颜色还起着美化室内环境的作用；保温盖板是近年发展起来的可同时用于门窗隔热和保温的覆盖物，可用复合保温材料外贴铝合金板组成。这类设施可在不同程度上起到遮阳的效果，但主要缺点是遮阳对自然通风会产生一定的影响。

2)窗口遮阳的构造做法[13]

按照遮阳的可控性，窗口遮阳分为固定式和活动式两种。

(1)固定式窗口遮阳。常见的构造形式有遮阳挡板、百叶、花格等。固定遮阳不可避免地会带来与采光、自然通风、冬季采暖、视野等方面的矛盾。遮阳挡板可用木、金属、各种硬质塑料、石棉板或轻质混凝土制成。遮阳板从构造形式上分为水平窗眉式、垂直侧边式、挡板式、方格式及百叶式等多种。如图5-4-7所示。

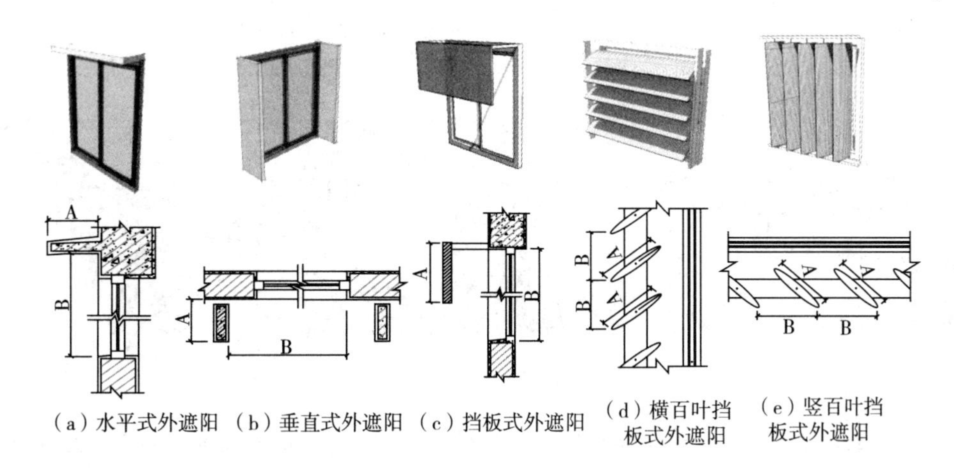

图5-4-7　遮阳板的构造做法[13]

(2)活动式窗口遮阳。指设于门窗的活动遮阳设施，其形式主要有遮阳卷帘、活动百叶、遮阳篷和遮阳纱幕等，如图5-4-8所示。活动遮阳可以根据使用者、环境变化和个人喜好，自由控制遮阳系统的工作状况。

① 窗外遮阳卷帘。是一种有效的遮阳措施，适用于各个朝向的窗户。当卷帘完全放下的时候，能够遮挡住几乎所有的太阳辐射，这时候进入外窗的热量只有卷帘吸收的太阳辐射能量向内传递的部分。这时候，如果采用导热系数小的玻璃，则进入窗户的太阳热量非常

（a）遮阳卷帘

（b）活动百叶遮阳

（c）遮阳篷

（d）遮阳纱幕

图 5-4-8　活动式窗口遮阳的形式[13]

少。此外也可以适当拉开遮阳卷帘与窗户玻璃之间的距离，利用自然通风带走卷帘上的热量，也能有效减少卷帘上的热量向室内传递。

② 活动百叶遮阳。活动百叶有升降式百叶帘和百叶护窗等形式。百叶帘既可以升降，也可以调节角度，在遮阳、采光和通风之间达到了平衡。活动百叶的材料常用铝、木和塑料。百叶护窗的功能类似于外卷帘，在构造上更为简单，一般为推拉或者外开的形式。

③ 遮阳纱幕。遮阳纱幕既能遮挡阳光辐射，又能根据材料选择控制可见光的进入量，防止紫外线，并能避免眩光的干扰，是一种适合于炎热地区的外遮阳方式。纱幕的材料主要是玻璃纤维，具有耐火防腐、坚固耐久的特点。

④ 遮阳篷。遮阳篷比较常见，常见有固定式与折叠式，材料以玻璃钢与帆布居多，但质量和遮阳效果一般。用户多自行安装，不易统一建筑风格，市场使用也略显杂乱。

3. 墙面、屋面利用构件遮阳[3-6]

墙面构件遮阳，主要是利用建筑遮阳板、电/手动百叶、直臂滑轨窗篷等构件进行遮阳。

通过屋顶构件进行屋面遮阳，包括屋顶构架、屋顶花园等，能有效遮挡太阳对屋面的直接辐射，同时也能结合立面造型，创造有性格的建筑形象。例如杨经文的自宅（ROOF-ROOF HOUSE）设计中，通过屋顶构架对屋顶进行遮阳处理。如图 5-4-9 所示。

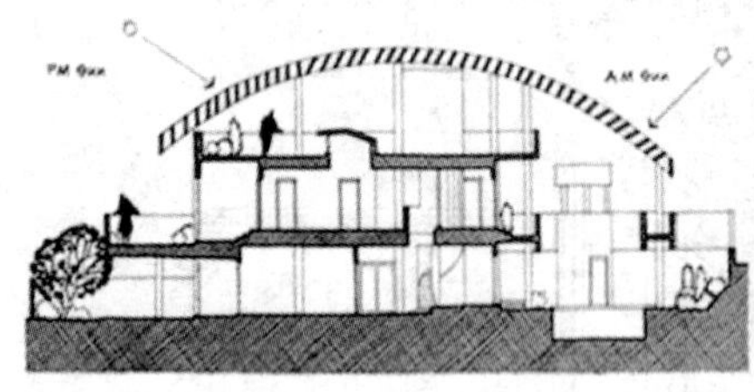

图 5-4-9　杨经文自宅[14]

总之，在设计遮阳时，应根据建筑所在地区的气候条件、建筑的朝向、房间的使用功能等因素，综合进行遮阳设计，可以通过永久性的建筑构件，如外檐廊、阳台、外挑遮阳板等，制作永久性的遮阳设施。

5.4.4　绿色建筑外遮阳系统设计

研究表明，外遮阳系统是建筑节能中最有效的方式之一，现在较流行的绿色建筑外遮阳系统，按材料及构造形式主要有以下几种：

(1)精轧铝制遮阳系统。能水平和垂直安装于任何角度，并可安装于屋顶或墙面。并且款式繁多、规格齐全,能适应各种不同建筑场合,灵活机动,适用范围广阔。如图5-4-10(a)所示。

(2)玻璃遮阳系统。是较为传统的遮阳系统,在保证采光的前提下具有良好的装饰和节能效果,能适应各种不同建筑场合。如图5-4-10(b)所示。

(3)穿孔铝遮阳系统。是平衡建筑隐与透的设计理念发展起来的,极具现代感和抽象感,张显个人理念和思想,可满足各种高档场合与私人豪宅。如图5-4-10(c)所示。

(4)轻质纤维遮阳系统。在欧洲已经普及推广的新材质遮阳系统,具有极强的装饰性,外表美观大方,成本较以前的材质有大幅降低。如图5-4-10(d)所示。

(5)光电板遮阳系统。正处在发展推广的新遮阳系统,在节能遮阳的同时还可以利用太阳能自行产生电能解决室内用电,是幕墙行业发展的新方向之一。如图5-4-10(e)所示。

(a)精轧铝制遮阳系统　(b)玻璃遮阳系统　(c)穿孔铝遮阳系统　(d)轻质纤维遮阳系统　(e)光电板遮阳系统

图5-4-10 绿色建筑外遮阳系统的材料及构造形式

5.4.5 绿色建筑遮阳的发展趋势[2]

1. 遮阳构件与建筑一体化的设计趋势

1)"多层建筑表皮系统"——多功能的表皮层

科技的发展和对环境保护意识的增强,使建筑表皮的功能不只是分隔内外空间,其功能变得日趋复杂,如遮阳、采光、通风、保温、防潮、视觉阻隔、防火、隔声等功能,成为室内与室外空间的过滤器。

建筑表皮按照不同功能等级分成不同的功能层,成为"多层建筑表皮系统",遮阳系统成为它的一部分,即可调节的表皮层。对开放空间和开阔视野的追求,使得建筑表皮上的窗洞越开越大或者形成大面积的玻璃幕墙。为减少玻璃幕墙的热损失和光污染,有效的办法是增加建筑表皮上可调节遮阳设施的面积,甚至满布于整个建筑表皮。

2)遮阳构件与建筑一体化的趋势

随着经济的发展和建筑技术的日趋成熟,建筑遮阳呈功能复合化和技术化,以及与建筑一体化设计的发展趋势，并且越来越趋向于整体设计。整体遮阳与传统针对采光口的遮阳相比，有利于控制建筑立面的整体效果以及智能化的整体控制，节能效果明显。此外，外遮阳构件色彩鲜艳，能使建筑动静结合，感性与理性并存。这种具有双层表皮的形式不仅是建筑立面的时尚需要，而且是现代技术解决人类对建筑节能需求的一种建筑立面的形态表现，以实现单层立面不能满足的物理功能和使用功能。

(1)遮阳构件与建筑一体化设计的形式

① 遮阳构件与建筑外墙结合，设计呈一体化与复合化特点。此方法在造型上强调板、面相结合，虚实对比并与建筑浑然天成。

② 遮阳构件作为一种独立元素，与建筑外墙面分开。此方法力求全新的艺术形式和设计理念。

(2)建筑遮阳一体化设计实例

① 美国亚利桑那州凤凰城中央图书馆。此建筑由 Bruder DWL 建筑事务所设计，于 1995 年由 Will Bruder＋Partners 进一步设计，28 万平方英尺的面积内图书收藏容量增加到 100 万。建筑将垂直遮阳作为其一种标志或装饰，由钢架支撑起的片片三角帆布最直观地向我们展示了垂直遮阳所具有的艺术感染力，在浩瀚、酷热的西部沙漠之中，那片片白帆仿佛使人们看到蔚蓝的大海，其遮阳的细节设计是结合建筑策略应对索诺兰沙漠的极端天气的很好范例，如图 5-4-11 所示。

图 5-4-11 美国亚利桑那州凤凰城中央图书馆

② 北欧五国驻柏林大使馆。此建筑玻璃墙外安装了绿色的可自动调节的铜制水平遮阳板，形成一个带流线型的、动态的外遮阳表皮，外遮阳覆盖了大部分的立面，遮阳板可根据需要进行调节，如图 5-4-12 所示。

图 5-4-12 北欧五国驻柏林的大使馆(铜制水平遮阳板)

③ 清华大学低能耗示范楼。建筑的西北向采用 300mm 厚的轻质保温外墙，铝幕墙外饰面，传热系数 0.35W/m^2·K。外窗采用双层中空玻璃，外设保温卷帘。建筑的水平遮阳和垂直遮阳叶片宽度 600mm，每个叶片均设置单独的自控系统可自动调节，分别根据采光、视野、能量收集、太阳能集热的不同区域功能要求进行控制调节，实现冬季最大限度利用太阳能、夏季遮挡太阳辐射，同时满足室内自然采光的最佳设计，如图 5－4－13 所示。

a）东立面和南立面遮阳板

b）立面遮阳板细部

图 5－4－13　清华大学低能耗示范楼

2. 遮阳功能的多样化趋势——建筑遮阳的整合设计

建筑遮阳的整合设计是指将建筑遮阳、太阳能利用等技术纳入建筑设计的全过程，以达到有效控制建筑室内环境（包括湿热环境、光环境、风环境），降低建筑使用能耗、满足建筑美观实用的要求。

可调节的遮阳构件，作为遮阳层或建筑表皮的一部分，其功能已超越了遮挡太阳辐射这个单一功能，而向具有多功能的综合装置的应用方向发展，即在遮阳的同时还能起到其他作用，如引导自然光、产生电能、促进自然通风、隔绝外界噪声、防尘土、安全防护等。目前，遮阳功能的多样化趋势主要体现在以下几种方式：

1）遮阳与导光相结合——导光遮阳板的应用

遮阳层（构件）虽然能阻绝太阳辐射热的侵入，但也可能影响室内的自然采光，因此要避免遮阳板（片）对所需光线或视线的遮挡。可将遮阳板（片）的向阳部分做成具有反射能力的光面，通过一定的物理折射方式，使其在遮挡光线的同时又能按需要折射太阳光线至室内的深处，照亮内部空间，避免眩光的产生。

由托马斯·赫尔佐格设计的“德国建筑工业养老基金会扩建工程”[18]，如图 5－4－14 所示，就很好地体现了建筑遮阳的导光与遮阳的双重功能。建筑南侧，由于直射阳光会造成室内眩光问题，需考虑两方面问题：一是如何有效遮挡强烈的太阳直射光；二是如何将太阳光反射到建筑深处。最终的设计是一组两个联动的镰刀形遮阳构件，镰刀形构件上有反光板，两个镰刀由连轴各自固定在支撑杆件上，能够自由活动，连轴动力是电控马达。上面的“镰刀”略大，是遮阳的主要构件，当中午的光线过于强烈的时候，马达能够驱动“大镰刀”呈向上的竖直状态，而“小镰刀”则呈迎向太阳的态势。当光线不足时，马达又能驱动“大镰刀”与“小镰刀”折叠呈水平状，此时，构件本身遮阳效果减少到最少，将太阳光线反射到天花板。完全做到在有效遮挡太阳直射光的同时，最大限度地利用太阳光。

2）遮阳与发电载体的结合——光电遮阳板的应用

光伏建筑一体化 BIPV（Building Integrated Photovoltaics，简称 BIPV）技术，是应用太阳能发电的一种新概念，即将太阳能发电（光伏）产品集成到建筑上的技术。光伏建筑一体

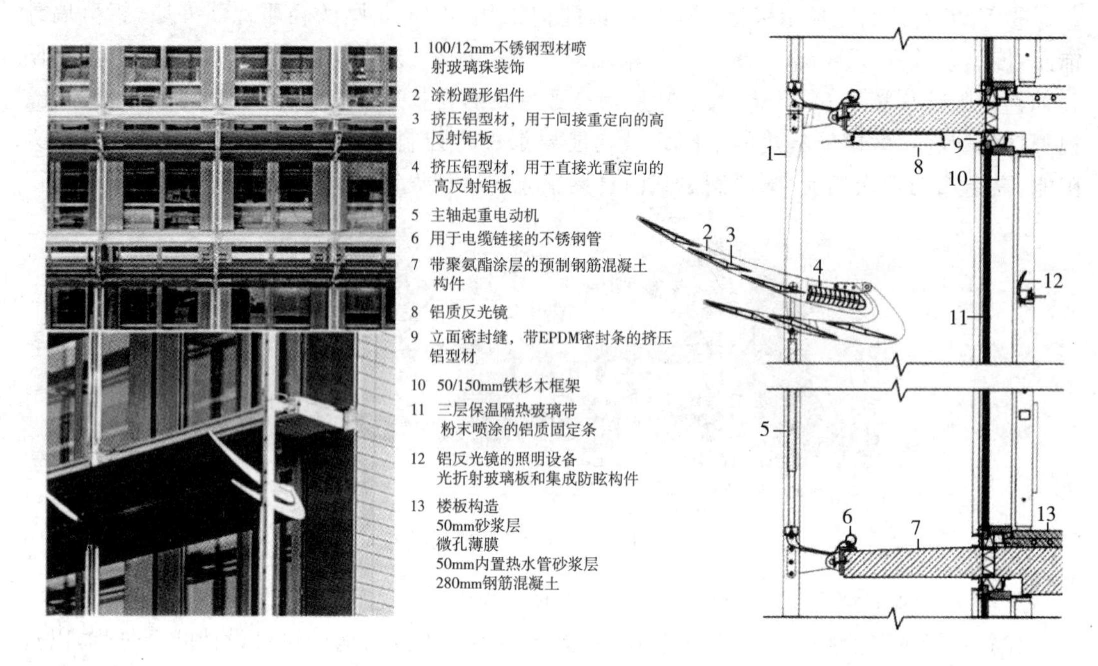

图 5－4－14 德国“建筑工业养老基金会”(外立面采光构件构造)[18]

化(BIPV)不同于光伏系统附着在建筑上(BAPV:Building Attached PV)的形式。根据光伏方阵与建筑结合的方式不同,光伏建筑一体化可分为两大类:

(1)光伏方阵与建筑的结合

这种方式是将光伏方阵依附于建筑物上,建筑物作为光伏方阵载体,起支承作用。这是一种常用的形式,特别是与建筑屋面的结合。由于不占用额外的地面空间,是光伏发电系统在城市中广泛应用的最佳安装方式。2008 年奥运会体育赛事的国家游泳中心和国家体育馆等奥运场馆中,采用的就是光伏方阵与建筑结合的太阳能光伏并网发电系统,这些系统年发电量可达 70 万千瓦时,相当于节约标煤 170 吨,减少二氧化碳排放 570 吨。

(2)光伏方阵与建筑的集成

光伏方阵与建筑的集成是 BIPV 的一种高级形式,它对光伏组件的要求较高。这种方式是光伏组件以一种建筑材料的形式出现,光伏方阵成为建筑不可分割的一部分。如光电瓦屋顶、光电幕墙和光电采光顶等。光伏发电与建筑遮阳相结合也是其主要实现形式之一,对于节约建筑能耗、改善室内环境及以可再生能源替代传统石化能源等具有重要意义。

光电遮阳板,即将太阳能光电与可调节遮阳板结合,构成复合功能的太阳能综合利用装置,不断调节角度的遮阳板追踪太阳光线,最大限度地吸收太阳能,在遮阳的同时通过光电技术将太阳能转化成电能,成为能生产电能的遮阳板。光伏建筑一体化的主要形式,见表 5－4－2所列。

表 5－4－2 光伏建筑一体化的主要形式[19]

	BIPV 形式	光伏组件	建筑要求	类型
1	光电采光项(天窗)	光伏玻璃组件	建筑效果、结构强度、采光、遮风挡雨	集成

（续表）

	BIPV形式	光伏组件	建筑要求	类型
2	光电屋顶	光伏屋面瓦	建筑效果、结构强度、遮风挡雨	集成
3	光电幕墙（透明幕墙）	光伏玻璃组件（透明）	建筑效果、结构强度、采光、遮风挡雨	集成
4	光电幕墙（非透明幕墙）	光伏玻璃组件（非透明）	建筑效果、结构强度、采光、遮风挡雨	集成
5	光电遮阳板（有采光要求）	光伏玻璃组件（透明）	建筑效果、结构强度、遮风挡雨	集成
6	光电遮阳板（无采光要求）	光伏玻璃组件（非透明）	建筑效果、结构强度	集成
7	屋顶光伏方阵	普通光伏组件	建筑效果	结合
8	墙面光伏方阵	普通光伏组件	建筑效果	结合

3）多功能遮阳材料的开发与运用

随着科学技术的发展，具有特殊性能的遮阳材料不断出现，如利用具有控制阳光特性的夹层玻璃做遮阳构件，不仅可以减少阳光穿透的能量，还可以减弱使人眩目的太阳可见光，在反射大部分太阳辐射热的同时却能让漫射光穿过玻璃遮阳板，这使得“透明遮阳”成为可能。

5.4.6　总结

建筑遮阳设计应贯穿在规划和建筑方案、施工图设计、建筑施工和日常运行维护的整个过程中。应综合考虑建筑所处地域的纬度和气候特点，选择不同类型和技术要求的遮阳设计，并结合平面功能、建筑造型与遮阳部位的构造节点特征等因素，积极探索和应用先进的遮阳新技术与新理念，做到建筑遮阳设计既符合建筑造型和使用功能要求，又满足高质量的室内健康环境的人性化需求。

5.5　绿色智能建筑设计

随着现代科学技术特别是信息技术的不断发展，智能技术在各行各业得到了越来越多的应用。从智能建筑、智能家居、智能交通、智能电网等到2009年由IBM提出“智慧地球”的概念，智能技术正在改变我们的生活。

智能技术工程融合了机械、电子、传感器、计算机软硬件、人工智能、智能系统集成等众多先进技术，是现代检测技术、电子技术、计算机技术、自动化技术、光学工程和机械工程等学科相互交叉和融合的综合学科，它涉及检测技术、控制技术、计算机技术、网络技术及有关工艺技术。建筑智能化是智能技术工程的一个主要分支。

智能建筑（intelligent building，简称IB），又称智慧建筑，是利用系统集成方法，将计算机技术、通信技术、控制技术、生物识别技术、多媒体技术和现代建筑艺术有机结合，通过对建筑内设备、环境和使用者信息的采集、监测、管理和控制,实现建筑环境的组合优化,从而为使用者提供满足建筑物设计功能需求和现代信息技术应用需求,并且具有安全、经济、高效、舒适、便利和灵活特点的现代化建筑或建筑群。智能系统在建筑中的作用,如图5-5-1所示。

土建→人之躯体
机电→人之器官
装璜→人的衣着
弱电(智能化) {智能化设备→人之大脑；计算机网络→人的神经}

图5-5-1 智能系统在建筑中的作用

根据欧洲智能建筑集团(EIBG)的分析报告,国际上把智能建筑技术的发展分为三个阶段:1985年前为专用单一功能系统技术发展阶段;1986—1995年为多个功能系统技术向多系统集成技术发展阶段;1996年以后为多系统集成技术向控制网络与信息网络应用系统集成相结合的技术发展阶段。整个技术发展是随着计算机技术水平的发展而跟着发展的。

绿色建筑的内涵同样涵盖智能设计理念,绿色智能建筑(Green Intelligent Buildings),即智能建筑与绿色建筑一体化设计所体现的节能环保性、实用性、先进性及可持续升级发展等特点,契合了当今世界绿色智能建筑发展的大潮流和大趋势。

5.5.1 相关概念

智能建筑的技术基础主要由现代建筑技术、现代电脑技术、现代通信技术和现代控制技术所组成。当今世界科学技术发展的主要标志是4C技术,即Computer计算机技术,Control控制技术,Communication通信技术和CRT图形显示技术。智能建筑将4C技术综合应用于建筑物之中,在建筑物内建立一个计算机的综合网络。

智能化建筑的5A智能化系统,5A是指OA(办公智能化)、BA(楼宇自动化)、CA(通讯传输智能化)、FA(消防智能化)、SA(安保智能化)。传统3A级写字楼的说法,即FA、SA包含在了BA(楼宇自动化)中。

1. 智能建筑与绿色智能建筑[1]

1)智能建筑(intelligent building)

智能建筑的概念是由美国人最早提出的,1984年1月美国人建成了世界上第一座智能化大楼,该大楼采用计算机技术对楼内的空调、供水、防火、防盗及供配电等系统进行自动化综合管理,并为大楼的用户提供讲音、文字、数据等各类信息服务。后来日本、德国、英国、法国等发达国家的智能建筑也相继发展,智能建筑已成为现代化城市的重要标志。对于"智能建筑"这个专有名词,不同的国家对此有不同的解释。

(1)智能建筑的定义

美国智能建筑学会定义:智能建筑是对建筑物的结构、系统、服务和管理这四个基本要素进行最优化组合,为用户提供一个高效率并具有经济效益的环境。

日本智能建筑研究会定义:智能建筑应提供包括商业支持功能、通信支持功能等在内的高度通信服务,并能通过高度自动化的大楼管理体系保证舒适的环境和安全,以提高工作效率。

欧洲智能建筑集团定义:智能建筑是使其用户发挥最高效率,同时又以最低的保养成本,最有效地管理本身资源的建筑,能够提供一个反应快、效率高和有支持力的环境,以使用户达到其业务目标。

我国智能建筑方面的建设起始于1990年，中国新的国家标准《智能建筑设计标准》(GB 50314—2015)，于2015年11月1日实施，其对智能建筑的定义："以建筑物为平台，基于对各类智能化信息的综合应用，集架构、系统、应用、管理及优化组合为一体，具有感知、传输、记忆、推理、判断和决策的综合智慧能力，形成以人、建筑、环境互为协调的整合体，为人们提供安全、高效、便利及可持续发展功能环境的建筑。"

(2)建筑智能化工程的内容与要求

建筑智能化工程包括：①计算机管理系统工程；②楼宇设备自控系统工程；③保安监控及防盗报警系统工程；④智能卡系统工程；⑤通讯系统工程；⑥卫星及共用电视系统工程；⑦车库管理系统工程；⑧综合布线系统工程；⑨计算机网络系统工程；⑩广播系统工程；⑪会议系统工程；⑫视频点播系统工程；⑬智能化小区综合物业管理系统工程；⑭可视会议系统工程；⑮大屏幕显示系统工程；⑯智能灯光、音响控制系统工程；⑰火灾报警系统工程；⑱计算机机房工程。这些工程内容能满足一般普通办公和商住建筑的智能化要求。

由于建筑使用者的行业属性不同，对建筑智能化应用系统的要求也不尽相同。智能建筑设计时，需要根据客户的行业特点、行业规范和专业应用需求进行深入的调研并作针对性的设计和系统集成。如体育、演出场所的灯光音响系统、售票检票系统、交通诱导系统；公安系统的110通讯指挥系统、智能交通信号系统；法院的科技法庭系统；航空、铁路、公路运输系统的通讯调度系统；医院的医院信息系统(HIS)、医学影像传输系统(PACS)、医院检验信息系统(LIS)等。

(3)智能建筑管理[2]

智能建筑管理，即提供综合的解决方案，包括能源管理，设施管理，空间管理，运营服务。

① 能源管理，即通过能源监控和管理达到节能；在楼宇生命周期内减少能耗及浪费，以可持续的方式提高设施效能；

② 空间管理，即掌握企业楼宇群的空间使用情况；发现未充分使用的空间并且为有效空间使用提出建议；

③ 设施管理，即通过对楼宇的不同类型设备情况的掌握及有效管理可以提高性能，提升使用率，延长生命周期；

④ 运营服务，即为楼宇住户提供服务，有效降低住户运营成本，提高住户的生产和经营效率，实现更高的客户满意度。

例如城市智能供热能源管理，包括供热行业的信息化平台建设、热力企业信息化建设、供热企业与热用户之间的远程控制与管理、智能热网调度系统、供热管网在线测漏预警系统、供热节能自动化系统、锅炉的自动化控制系统、远程抄表技术、热用户信息的及时采集与调配技术、供热管网的优化设计、水力工况优化远程控制系统、水力平衡调节技术、在线缴费系统的建设等。

2)绿色智能建筑(green intelligent buildings)[3-5]

随着社会的进步，建筑智能化作为现代建筑的一个有机组成部分，不断吸收并采用新的可靠性技术，使传统的建筑概念赋予新的内容。新兴的生物工程技术、节能环保技术、多学科新材料技术等正在渗透到智能建筑领域中，形成更高层次的绿色智能建筑。

(1)绿色智能建筑的定义

绿色智能建筑，就是用绿色的观念和方式进行规划、设计、开发、使用和管理。执行统一的绿色建筑标准体系，并由独立的第三方进行认证和管理的智能建筑。绿色智能建筑是节能、环保、生态、智能化的建筑总称，智能化包括 BA、OA、CA、FA、SA 等 5A 技术。

绿色智能建筑是一个被有效管控的、具备各方面相关系统的运营环境，作为一个生态系统涵盖了能源、排污、服务等方面，并在建筑物或园区级别实现优化管理，它与其内部的各个系统（如楼宇自动化系统）协同运作，并有机地组成了智慧城市的一部分，它将关键事件信息发给城市指挥中心，并接受来自城市指挥中心的指示。

（2）绿色智能建筑的内涵

创造健康、舒适、方便的生活环境是人类的共同愿望，也是建筑节能的基础和目标。从可持续发展理论出发，建筑节能的关键在于提高能量效率，智能建筑在实现高度现代化与舒适度的同时实现能源消耗的大幅度降低，以达到节省大楼营运成本的目的。现代绿色智能建筑的内涵包含建筑智能化和建筑节能两大部分，如图 5－5－2 所示。未来的智能建筑应是可持续发展的绿色智能建筑。

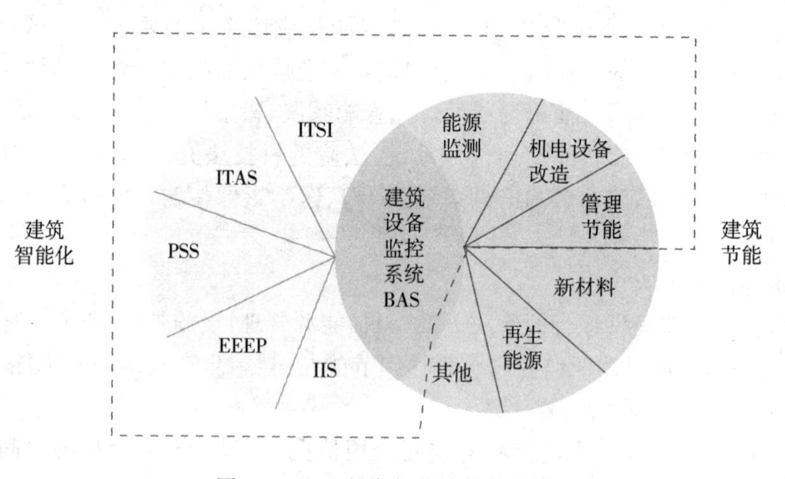

图 5－5－2 绿色智能建筑的内涵

为此，21 世纪的智能型节能建筑应该是：冬暖夏凉、通风良好、光照充足；尽量采用自然光，天然采光与人工照明相结合；智能控制，即采暖、通风、空调、照明、家电等均可由计算机自动控制；既可按预定程序集中管理，又可局部手工控制；既满足不同场合下人们不同的需要，又可少用资源。

智能建筑的可持续性不仅包含节能，还包括减排，以及建筑物的选址、朝向、周边环境、交通状况、水资源利用、建筑材料的精心选择和循环利用等（这些都是美国的 LEED 绿色建筑分级系统中列举的衡量指标），这是一个系统工程。

2. 绿色智能建筑实例："美国航天局可持续发展基地——艾姆斯研究中心"

如图 5－5－3 所示，由 William McDonough ＋ Partners 事务所和 AECOM 事务所联合设计，2011 年 5 月建成。这栋智能绿色建筑是地球上第一个高性能航空站项目。占地 4645.15 平方米的 2 层办公楼，位于 NASA 加州莫菲特场 Ames 研究中心入口处。它的结构受到 NASA Ames 基地风洞结构及 NASA 人造卫星的启发，其外骨壳呈现出独特的表现力和性征，能够抗震，同时为日光及遮阴等提供框架体，同时增加室内无柱开敞空间，以形成灵活的工作空间。

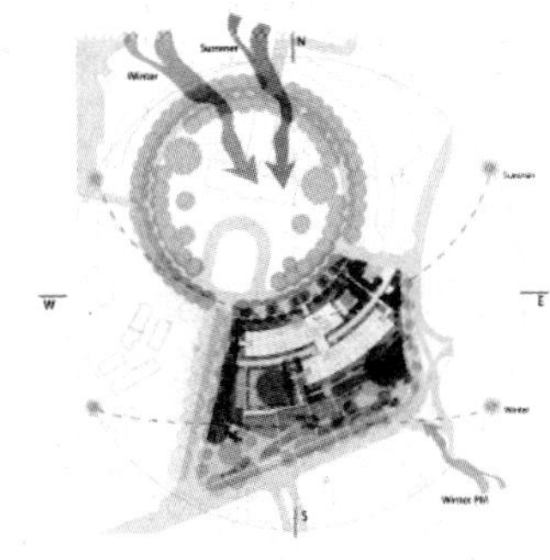

图 5－5－3　美国航天局可持续发展基地

1)运用智能环保技术用于节能设计

在这栋大楼里,由一台中央计算机掌控全局,这台计算机不仅可进行天气预报,还有一个强大的智能传感器网络。这个网络一方面可为大楼的自动化室内环境控制系统提供详尽数据,使其做出相应调节;另一方面也可根据不断变化中的天气,如光线,雨量和气温来调配大楼内部设施,充分利用天然能源。此外,它集结了每个员工的电子日历,以计算每日楼内共有多少人,根据该数据自动调节温度和湿度。

楼中的冷却板和 72 个可运送自然冷却水的地热井所产生的冷气,在加州的炎炎夏日中足以将空调取而代之。而当中央计算机探测到有凉爽气流将要经过时,它会瞬间将窗户打开,让自然风穿堂而过,不放过任何可节能之机。这台体贴入微的中央计算机还通过向楼内每位员工的手提电脑发送温馨提示,达到鼓励员工节能环保,提升能源利用率的作用。

尽管美国航天局的可持续发展中心距离“零能耗建筑”还有一定距离,但该设计得到了 LEED 最高级别的“铂金级”认证。

2)“从摇篮到摇篮”Cradle to Cradle(C2C)概念[8]

Cradle to Cradle(简称 C2C),是“从摇篮到摇篮”,是对西方传统的“从摇篮到坟墓”生命周期的思维方式的一种回应,意指可持续发展的绿色设计。这一概念是迈克尔·布朗嘉特和威廉·麦克唐纳基于天人合一的中国传统思想,在合著的《从摇篮到摇篮》一书中提出的,是一种可持续发展的新视角,目的是让地球比我们发现它时更加美好。它的工作方式是,从产品设计着手考虑原材料的安全循环利用,以养分管理替代垃圾管理。它的理念是只有同时注重经济成长、生态保护及社会效益,才能真正达到人类与大自然的和谐共处。

“C2C 认证”,如图 5－5－4 所示,共分为基本、银级、金级、白金级四个等级,是由美国 C2C 认证机构来办理的一种产品认证。获得摇篮到摇篮认证的产品必须使用对人体与环境安全与健康、并可安全回收的材料,此外,亦须考量使用再生能源、善用水资源、并担负社会责任。摇篮到摇篮认证有效期为一年,重新认证意味着产品品质再次获得确

图 5－5－4　C2C 认证

认,如产品制程与品质有改善,有机会可以获得更高等级的认证。摇篮到摇篮为企业提供一个机会向大众展现不断努力的进展和成果,从消费者的角度来看,可以了解所购买的产品是否符合品质要求。

5.5.2 智能建筑的产生背景、发展概况及发展趋势[9]

1. 智能建筑的产生背景

智能建筑概念于20世纪70年代诞生于美国。在1973年石油危机之前,美国的建筑物往往采用宽敞夸张的设计,尤其在通风方面,基本不考虑能耗方面的可持续性。在危机之后建筑节能概念才得到关注,一批厂家开始推出基于DDC、PLC、DCS、HMI、SCADA等技术的能耗管理系统(EMS),对建筑物的HVAC系统实施自动排程等管理,这也成为推动BACS发展的关键因素,由此可见,EMS一直是BACS和IBMS系统的关注点。

注:1. DDC:Direct Digital Control"直接数字控制系统"

2. PLC:Programmable Logic Controller"可编程逻辑控制器"

3. DCS:Distributed Control System"分布式控制系统"

4. HMI:Human Machine Interface"人机接口"或"人机界面"

5. SCADA:Supervisory Control And Data Acquisition"数据采集与监视控制系统"。

6. EMS:Energy Management System"能耗管理系统";

7. HVAC:Heating,Ventilation and Air Conditioning"供热通风与空气调节";

8. BACS:Building Automation and Control System"楼宇自动化和控制系统";

9. IBMS:Intelligent Building Management System"智能大厦管理系统";

80年代中期,智能建筑在美、日、欧洲及世界各地蓬勃发展。

1984年美国康涅狄格州哈特福特市将一幢旧金融大厦进行改建,定名为"都市办公大楼"(City Palace Building),这就是公认的世界上第一幢"智能大厦"。该大楼有38层,总建筑面积十万多平方米。当初改建时,该大楼的设计与投资者并未意识到这是形成"智能大厦"的创举,主要功绩应归于该大楼住户之一的联合技术建筑系统公司UTBS,公司当初承包了该大楼的空调、电梯及防灾设备等工程,并且将计算机与通信设施连接,廉价地向大楼中其他住户提供计算机服务和通信服务。City Palace Building是时代发展和国际竞争的产物。

早期的楼宇自动化系统(BACS)通常只有以HVAC楼宇设备为主的自控系统,随着通讯与计算机技术,尤其是互联网技术的发展,其他楼宇中的设备也逐渐地被集成到楼宇自动化系统中,如消防自动报警与控制、安防、电梯、供配电、供水、智能卡门禁、能耗监测等等系统,实现了基于IT的物业管理系统、办公自动化系统等与控制系统的融合,形成智能建筑综合管理系统(IBMS)。现代智能建筑综合管理系统是一个高度集成、和谐互动、具有统一操作接口和界面的"高智商"的企业级信息系统,为用户提供了舒适、方便和安全的建筑环境。

据有关数据,当今美国的智能大厦超万幢,日本和泰国新建大厦中的60%为智能大厦。英国的智能建筑发展不仅较早,而且比较快。早在1989年,在西欧的智能大厦面积中,法兰克福和马德里各占5%,巴黎占10%,而伦敦占了12%。进入20世纪90年代以后,智能大厦蓬勃发展,呈现出多样化的特征,从摩天大楼到家庭住宅,从集中布局的楼房到规划分散的住宅小区,都被统称为智能建筑。

2. 我国智能建筑的发展过程及发展前景

在中国，智能建筑的历史比智能家居要更长，就基础功能而言，大型公共建筑的智能化已经进入普及阶段。我国的智能建筑于20世纪90年代才起步，中国智能建筑占新建建筑的比例，2006年仅为10%左右，目前比例仅20%左右，预计这一比例将有望逐步达到30%，但远低于美国的70%、日本的60%的比例。相比于欧、美、日等发达国家，我国的建筑智能化普及程度目前还比较低，具有巨大的成长空间。预计到2020年中国将成为全球最大的智能建筑市场，约占全球市场的1/3。

国内第一座大型智能建筑，通常被认为是北京发展大厦，如图5-5-5所示，此后，相继建成了深圳的地王大厦、北京西客站等一大批高标准的智能大厦。而且在乌鲁木齐等远离沿海的西部中型城市也建造了智能大厦，智能建筑在国内的发展迎来了高潮。

近年来，中国智能建筑行业发展势头迅猛且潜力极大，被认为是中国经济发展中一个非常重要的产业。中国各大、中城市的新建办公和商业楼宇等多冠以"3A智能建筑""5A智能大厦"，公共建筑的智能化已经成为现代建筑的标准配置。我国北京、上海、广州、深圳等地区智能建筑行业已经从幼稚期向成长期发展。

图5-5-5　北京发展大厦

在民用建筑、商用建筑、大型公共建筑、工业建筑里，大型公共建筑通过智能化设计和管理后，节能效果最明显，其次是商用建筑。民用建筑因其最终用户过于复杂，对节能的需求和成本的控制区别太大，因此智能化的推进速度不如前两者，但智能家居近年发展迅速。工业建筑用户往往更加注重生产流程的节能，因此对智能建筑的需求仍然较低。近些年新建政府办公楼及商业大型公共建筑智能化占比达到了60%以上，因此，其规模基本上决定了建筑智能化行业的发展空间和速度。

《2013－2017年中国智能建筑行业发展前景与投资战略规划分析报告前瞻》显示，我国智能建筑行业市场在2005年首次突破200亿元之后，以每年20%以上的增长态势发展。按照"十二五"末国内新建建筑中智能建筑占新建建筑比例30%计算，该比例提高近一倍，未来三年智能建筑市场规模增速维持在25%左右。据国外权威机构预测，在21世纪，全世界智能大厦的40%将兴建在中国的大城市里。

3. 智能建筑技术应用[11]

智能建筑不仅仅是智能技术的单项应用，同时也是基于城市物联网和云中心架构下的一个智能技术与智慧应用的有机智慧综合体。

(1)智能控制技术应用的扩展。智能控制技术的广泛应用，是智能建筑的基本特点。智能技术通过非线性控制理论和方法，采用开环与闭环控制相结合、定性与定量控制相结合的多模态控制方式，解决复杂系统的控制问题；通过多媒体技术提供图文并茂、简单直观的工作界面;通过人工智能和专家系统,对人的行为、思维和行为策略进行感知和模拟,获取楼宇对象的精确控制;智能控制系统具有变结构的特点,具有自寻优、自适应、自组织、自学习和自协调能力。

(2)城市云端的信息服务的共享。云计算技术是分布式计算和网络计算的发展和商业实现。该技术把分散在各地的高性能计算机用高速网络连接起来,以 Web 界面接受各地科学工作者提出的计算请求,并将之分配到合适的节点上运行。对于用户,可以像使用水电一样地使用隐藏在物联网背后的计算和存储资源,强大而方便。智慧城市中的云中心,汇集了城市相关的各种信息,可以通过基础设施服务、平台服务和软件服务等方式,为智能建筑提供全方位的支撑与应用服务。因此智能建筑要具有共享城市公共信息资源的能力,尽量减少建筑内部的系统建设,达到高效节能、绿色环保和可持续发展的目标。

(3)物联网技术的实际应用。物联网是借助射频识别(RFID)、红外感应器、全球定位系统、激光扫描器等信息传感设备,按约定的协议,把任何物品与互联网连接起来,进行信息交换和通讯,以实现智能化识别、定位、跟踪、监控和管理的一种网络。智能建筑中存在各种设备、系统和人员等管理对象,需要借助物联网的技术,来实现设备和系统信息的互联互通和远程共享。

4. 智能建筑的发展趋势

智能建筑的应用范围与种类日益丰富与成熟,智能建筑正以办公、商业为主的公共建筑向智能住宅、智能家居方向发展,也由单体智能建筑向群体、区域方向的智能社区、智慧城市、智慧地球趋势发展。

5.5.3 智能建筑的智能化系统配置及要求

《智能建筑设计标准》(GB50314—2015),对智能建筑系统工程架构和系统配置的规定:

1. 工程架构(engineering architecture)[1]

1)工程架构的定义

工程架构是以建筑物的应用需求为依据,通过对智能化系统工程的设施、业务及管理等应用功能作层次化结构规划,从而构成由若干智能化设施组合而成的架构形式。

2)工程架构的一般规定

包括:(1)智能化系统工程架构的设计应包括设计等级、架构规划、系统配置等。(2)智能化系统工程的设计等级应根据建筑的建设目标、功能类别、地域状况、运营及管理要求、投资规模等综合因素确立。(3)智能化系统工程的架构规划应根据建筑的功能需求、基础条件和应用方式等作层次化结构的搭建设计,并构成由若干智能化设施组合的架构形式。(4)智能化系统工程的系统配置应根据智能化系统工程的设计等级和架构规划,选择配置相关的智能化系统。

2. 智能化系统工程的设计要素和系统配置规定[1]

智能建筑的智能化系统的设计要素,由信息化应用系统、智能化集成系统、信息设施系统、建筑设备管理系统、公共安全系统、应急响应系统、机房工程构成。智能化系统工程设计,应根据建筑物的规模和功能需求等实际情况,选择配置相关的系统。智能建筑的智能系统配置,如图 5-5-6 所示。

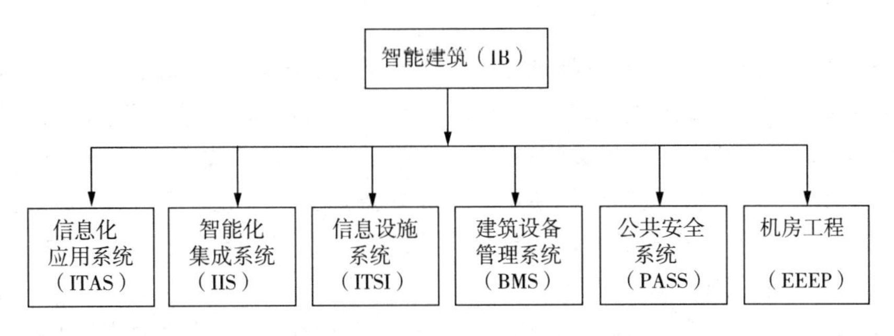

图5-5-6　智能化系统配置

1)智能化系统工程的设计要素的规定和内容

(1)一般规定

包括:①智能化系统工程的设计要素应按智能化系统工程的设计等级、架构规划及系统配置等工程架构确定。②智能化系统工程的设计要素宜包括信息化应用系统、智能化集成系统、信息设施系统、建筑设备管理系统、公共安全系统、机房工程等。③智能化系统工程的设计要素应符合国家现行标准《火灾自动报警系统设计规范》(GB50116)、《安全防范工程技术规范》(GB50348)和《民用建筑电气设计规范》(JGJ16)等的有关规定。

(2)智能化系统工程设计要素的定义和要求

① 信息化应用系统(information application system)。信息化应用系统,是以信息设施系统和建筑设备管理系统等智能化系统为基础,为满足建筑物的各类专业化业务、规范化运营及管理的需要,由多种类信息设施、操作程序和相关应用设备等组合而成的系统。信息化应用系统功能应符合下列规定:应满足建筑物运行和管理的信息化需要;应提供建筑业务运营的支撑和保障。

信息化应用系统宜包括:

a. 公共服务系统。应具有访客接待管理和公共服务信息发布等功能,并宜具有将各类公共服务事务纳入规范运行程序的管理功能。

b. 智能卡应用系统。应具有身份识别等功能,并宜具有消费、计费、票务管理、资料借阅、物品寄存、会议签到等管理功能,且应具有适应不同安全等级的应用模式。

c. 物业管理系统。应具有对建筑的物业经营、运行维护进行管理的功能。

d. 信息设施运行管理系统。应具有对建筑物信息设施的运行状态、资源配置、技术性能等进行监测、分析、处理和维护的功能。

e. 信息安全管理系统。应符合国家现行有关信息安全等级保护标准的规定。

f. 通用业务系统。应满足建筑基本业务运行的需求。

g. 专业业务系统。应以建筑通用业务系统为基础,满足专业业务运行的需求。

② 智能化集成系统(intelligent integration system)。智能化集成系统,是为实现建筑物的运营及管理目标,基于统一的信息平台,以多种类智能化信息集成方式,形成的具有信息汇聚、资源共享、协同运行、优化管理等综合应用功能的系统。

智能化集成系统的功能应符合下列规定:a. 应以实现绿色建筑为目标,应满足建筑的业务功能、物业运营及管理模式的应用需求;b. 应采用智能化信息资源共享和协同运行的架构形式;c. 应具有实用、规范和高效的监管功能;d. 宜适应信息化综合应用功能的延伸及增强。

智能化集成系统构建应符合下列规定:a. 系统应包括智能化信息集成(平台)系统与集成信息应用系统;b. 智能化信息集成(平台)系统宜包括操作系统、数据库、集成系统平台应用程序、各纳入集成管理的智能化设施系统与集成互为关联的各类信息通信接口等;c. 集成信息应用系统宜由通用业务基础功能模块和专业业务运营功能模块等组成;d. 宜具有虚拟化、分布式应用、统一安全管理等整体平台的支撑能力;e. 宜顺应物联网、云计算、大数据、智慧城市等信息交互多元化和新应用的发展。

③ 信息设施系统(information facility system)。即为满足建筑物的应用与管理对信息通信的需求,将各类具有接收、交换、传输、处理、存储和显示等功能的信息系统整合,形成建筑物公共通信服务综合基础条件的系统。

信息设施系统功能应符合下列规定:a. 应具有对建筑内外相关的语音、数据、图像和多媒体等形式的信息予以接受、交换、传输、处理、存储、检索和显示等功能;b. 宜融合信息化所需的各类信息设施,并为建筑的使用者及管理者提供信息化应用的基础条件。

信息设施系统宜包括信息接入系统、布线系统、移动通信室内信号覆盖系统、卫星通信系统、用户电话交换系统、无线对讲系统、信息网络系统、有线电视及卫星电视接收系统、公共广播系统、会议系统、信息导引及发布系统、时钟系统等信息设施系统。

④ 建筑设备管理系统(building management system)。即对建筑设备监控系统和公共安全系统等实施综合管理的系统。

建筑设备管理系统功能应符合下列规定:a. 应具有建筑设备运行监控信息互为关联和共享的功能;b. 宜具有建筑设备能耗监测的功能;c. 应实现对节约资源、优化环境质量管理的功能;d. 宜与公共安全系统等其他关联构建建筑设备综合管理模式。

建筑设备管理系统宜包括建筑设备监控系统、建筑能效监管系统,以及需纳入管理的其他业务设施系统等。

"建筑设备监控系统"应符合下列规定:a. 监控的设备范围宜包括冷热源、供暖通风和空气调节、给水排水、供配电、照明、电梯等,并宜包括以自成控制体系方式纳入管理的专项设备监控系统等;b. 采集的信息宜包括温度、湿度、流量、压力、压差、液位、照度、气体浓度、电量、冷热量等建筑设备运行基础状态信息;c. 监控模式应与建筑设备的运行工艺相适应,并应满足对实时状况监控、管理方式及管理策略等进行优化的要求;d. 应适应相关的管理需求与公共安全系统信息关联;e. 宜具有向建筑内相关集成系统提供建筑设备运行、维护管理状态等信息的条件。

"建筑能效监管系统"应符合下列规定:a. 能效监测的范围宜包括冷热源、供暖通风和空气调节、给水排水、供配电、照明、电梯等建筑设备,且计量数据应准确,并应符合国家现行有关标准的规定;b. 能耗计量的分项及类别宜包括电量、水量、燃气量、集中供热耗热量、集中供冷耗冷量等使用状态信息;c. 根据建筑物业管理的要求及基于对建筑设备运行能耗信息化监管的需求,应能对建筑的用能环节进行相应适度调控及供能配置适时调整;d. 应通过对纳入能效监管系统的分项计量及监测数据统计分析和处理,提升建筑设备协调运行和优化建筑综合性能。

"建筑设备管理系统对支撑绿色建筑功效"应符合下列规定:a. 基于建筑设备监控系统,对可再生能源实施有效利用和管理;b. 以建筑能效监管系统为基础,确保在建筑全生命期内对建筑设备运行具有辅助支撑的功能。

建筑设备管理系统应满足建筑物整体管理需求，系统宜纳入智能化集成系统。系统设计应符合国家现行标准《建筑设备监控系统工程技术规范》(JGJ/T 334)和《绿色建筑评价标准》(GB/T50378)的有关规定。

⑤ 公共安全系统(public security system)。公共安全系统，即为维护公共安全，运用现代科学技术，具有应对危害社会安全的各类突发事件而构建的综合技术防范或安全保障体系综合功能的系统。

公共安全系统应符合下列规定：a. 应有效地应对建筑内火灾、非法侵入、自然灾害、重大安全事故等危害人们生命和财产安全的各种突发事件，并应建立应急及长效的技术防范保障体系。b. 应以人为本、主动防范、应急响应、严实可靠。

公共安全系统宜包括火灾自动报警系统、安全技术防范系统和应急响应系统等。

“火灾自动报警系统”应符合下列规定：a. 应安全适用、运行可靠、维护便利；b. 应具有与建筑设备管理系统互联的信息通信接口；c. 宜与安全技术防范系统实现互联；d. 应作为应急响应系统的基础系统之一；e. 宜纳入智能化集成系统；f. 系统设计应符合现行国家标准《火灾自动报警系统设计规范》(GB50116)和《建筑设计防火规范》(GB50016)的有关规定。

“安全技术防范系统”应符合下列规定：a. 应根据防护对象的防护等级、安全防范管理等要求，以建筑物自身物理防护为基础，运用电子信息技术、信息网络技术和安全防范技术等进行构建；b. 宜包括安全防范综合管理(平台)和入侵报警、视频安防监控、出入口控制、电子巡查、访客对讲、停车库(场)管理系统等；c. 应适应数字化、网络化、平台化的发展，建立结构化架构及网络化体系；d. 应拓展和优化公共安全管理的应用功能；e. 应作为应急响应系统的基础系统之一；f. 宜纳入智能化集成系统；g. 系统设计应符合现行国家标准《安全防范工程技术规范》(GB50348)、《入侵报警系统工程设计规范》(GB50394)、《视频安防监控系统工程设计规范》(GB50395)和《出入口控制系统工程设计规范》(GB50396)的有关规定。

⑥ 应急响应系统(emergency response system)。即为应对各类突发公共安全事件，提高应急响应速度和决策指挥能力，有效预防、控制和消除突发公共安全事件的危害，具有应急技术体系和响应处置功能的应急响应保障机制或履行协调指挥职能的系统。

“应急响应系统”应符合下列规定：a. 应以火灾自动报警系统、安全技术防范系统为基础。b. 应具有下列功能：对各类危及公共安全的事件进行就地实时报警；采取多种通信方式对自然灾害、重大安全事故、公共卫生事件和社会安全事件实现就地报警和异地报警；管辖范围内的应急指挥调度；紧急疏散与逃生紧急呼叫和导引；事故现场应急处置等。c. 宜具有下列功能：接收上级应急指挥系统各类指令信息；采集事故现场信息；多媒体信息显示；建立各类安全事件应急处理预案。d. 应配置下列设施：有线/无线通信、指挥和调度系统；紧急报警系统；火灾自动报警系统与安全技术防范系统的联动设施；火灾自动报警系统与建筑设备管理系统的联动设施；紧急广播系统与信息发布与疏散导引系统的联动设施。e. 宜配置下列设施：基于建筑信息模型(BIM)的分析决策支持系统；视频会议系统；信息发布系统等。f. 应急响应中心宜配置总控室、决策会议室、操作室、维护室和设备间等工作用房。g. 应纳入建筑物所在区域的应急管理体系。

总建筑面积大于 20000m^2 的公共建筑或建筑高度超过 100m 的建筑所设置的应急响应系统，必须配置与上一级应急响应系统信息互联的通信接口。

⑦ 房工程(engineering of electronic equipment plant)。即为提供机房内各智能化系统设备及装置的安置和运行条件,以确保各智能化系统安全、可靠和高效地运行与便于维护的建筑功能环境而实施的综合工程。

智能化系统机房宜包括信息接入机房、有线电视前端机房、信息设施系统总配线机房、智能化总控室、信息网络机房、用户电话交换机房、消防控制室、安防监控中心、应急响应中心和智能化设备间(弱电间、电信间)等,并可根据工程具体情况独立配置或组合配置。

信息网络机房、应急响应中心等机房宜根据建筑功能、机房规模、设备状况及机房的建设要求等,配置机房综合管理系统,并宜具备机房基础设施运行监控、环境设施综合管理、信息设施服务管理等功能。

机房工程设计应符合现行国家标准《电子信息系统机房设计规范》(GB50174)、《建筑电子信息系统防雷术规范》(GB50343)、《电磁环境控制限值》(GB8702)的有关规定。

2)智能化系统工程的系统配置分项规定

(1)系统配置分项应分别以信息化应用系统、智能化集成系统、信息设施系统、建筑设备管理系统、公共安全系统、机房工程等设计要素展开;

(2)应与基础设施层相对应,且基础设施的智能化系统分项宜包括信息接入系统、布线系统、移动通信室内信号覆盖系统、卫星通信系统、建筑设备监控系统、建筑能效监管系统、火灾自动报警系统、入侵报警系统、视频安防监控系统、出入口控制系统、电子巡查系统、访客对讲系统、停车库(场)管理系统、安全防范综合管理(平台)系统、应急响应系统及相配套的智能化系统机房工程;

(3)应与信息服务设施层相对应,且信息服务设施的智能化系统分项宜包括用户电话交换系统、无线对讲系统、信息网络系统、有线电视系统、卫星电视接收系统、公共广播系统、会议系统、信息、导引及发布系统、时钟系统等;

(4)应与信息化应用设施层相对应,且信息化应用设施的智能化系统分项宜包括公共服务系统、智能卡系统、物业管理系统、信息设施运行管理系统、信息安全管理系统、通用业务系统、专业业务系统、智能化信息集成(平台)系统、集成信息应用系统。

5.5.4 智能建筑与物联网

智能建筑是构建智慧城市的基本单元,许多行业如智能交通、市政管理、应急指挥、安防消防、环保监测等业务中,智能建筑都是其"物联"的基本单元。

1995 年,比尔·盖茨在《未来之路》提及物联网,但当时没有引起太多关注。物联网这一概念的明确定义由美国麻省理工学院(MIT)的凯文·阿什顿(Kevin Ashton)于 1999 年提出,物联网(Internet of Things,简称 IOT),也称为 Web of Things,是把计算机通过网络连接到真实传感器网络的世界。计算机最终能够自主产生及收集数据,而无须人工干预,物联网被视为是互联网的应用扩展。2005 年,在突尼斯举行的信息社会世界峰会上,国际电信联盟发布了《ITU 互联网报告 2005:物联网》,正式提出了"物联网"的概念:"物联网是通过 RFID 和智能计算等技术实现全世界设备互联的网络。"

IBM 前执行官曾提出一个重要观点,认为计算模式每隔 15 年发生一次变革,第一次计算模式是主机终端模式,第二次计算模式是微机网络模式,第二次是互联网,第四次就是物联网。按照 IBM 的十五周年定律:1965 年的"大型机";1980 年的"个人计算机";1995 年的

"互联网";2010 年的"物联网"。

2009 年,美国 IBM 提出了实现"智慧地球"的三大要素:Instrumented、Interconnected、Intelligent,即物联化、互联化和智能化。通俗地讲,"智慧地球(Smart Earth)=物联化+互联化+智能化","智慧地球、智慧城市、智能建筑=物联网、视联网+互联网+智能网"[11-12]。

1. 物联网的相关概念

1)物联网的定义

物联网,是通过各种信息传感设备(如传感器、射频识别 RFID 技术、全球定位系统 GPS、红外线感应器、激光扫描器、气体感应器、摄像机等)、技术与各种通信手段(有线、无线、长距、短距……),实时采集任何需要监控、连接、互动的物体或过程,采集其声、光、热、电、力学、化学、生物、位置等各种需要的信息,与互联网相连接形成的一个巨大网络,即"网络一切"的"管理、控制、营运"的一体化网络,以实现智能化识别、远程监视、自动报警、定位、跟踪、监控、控制、诊断、维护和管理的一种网络。

中国物联网大会(2010.6.29)对物联网的定义为:凡是由传感器和传感技术而感知物体的特性来按照固定的协议,实现任何物与物之间、人与物之间、人与人之间互联互通,实现智能化识别,定位跟踪管理的网络。

2)物联网组成与应用架构[13]

物联网主要由感知层、网络层和应用层三层结构组成,如图 5-5-7 所示。相应的感知层技术、网络层技术和应用层技术是物联网的三大核心技术。

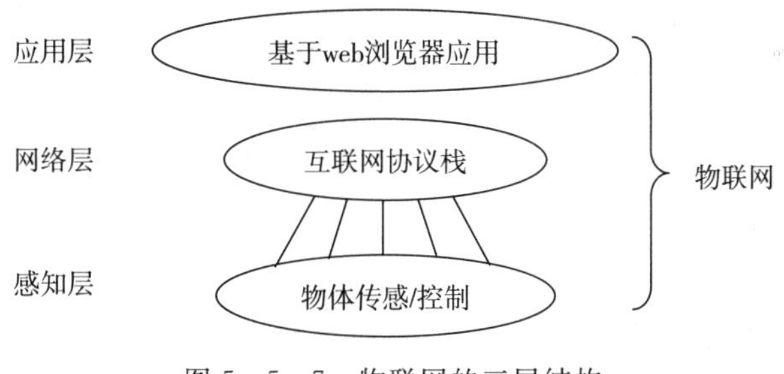

图 5-5-7　物联网的三层结构

(1)感知层。是物件通过传感或(和)执行设备联网,构成传感/控制网。感知层是由传感网及 RFID 阅读器组成,感知层技术主要包括传感器网络技术、射频识别技术等。

(2)网络层。是互联网协议栈(包括 TCP/IP 网络平台、互联网应用协议)。网络层包括接入网和通信网;网络层技术主要包括接入网关技术、IPv6(Internet Protocol Version 6,互联网协议 6)技术、ONS(域名解析服务)技术等。

(3)应用层。是基于 Web 浏览器应用。应用层是由中间件和应用方案(包括绿色农业、工业监控、公共安全、城市管理、远程医疗、智能家居、智能交通、环境监测等八方面)组成,如图 5-5-8 所示。应用层技术主要包括情景感知技术、云计算技术等。

2. 智能建筑与物联网的关系

物联网主要由四大产业群组成,即共性平台产业集群、行业应用产业集群、公众应用产业集群、运营商产业集群。"中国式"物联网的定义及数据交换标准与中间件架构,都源于智能建筑技术和理念;反过来,物联网的技术和理念又对智能建筑的发展起到了提升的作用。

智能建筑与物联网的关系，如图 5－5－9 所示。

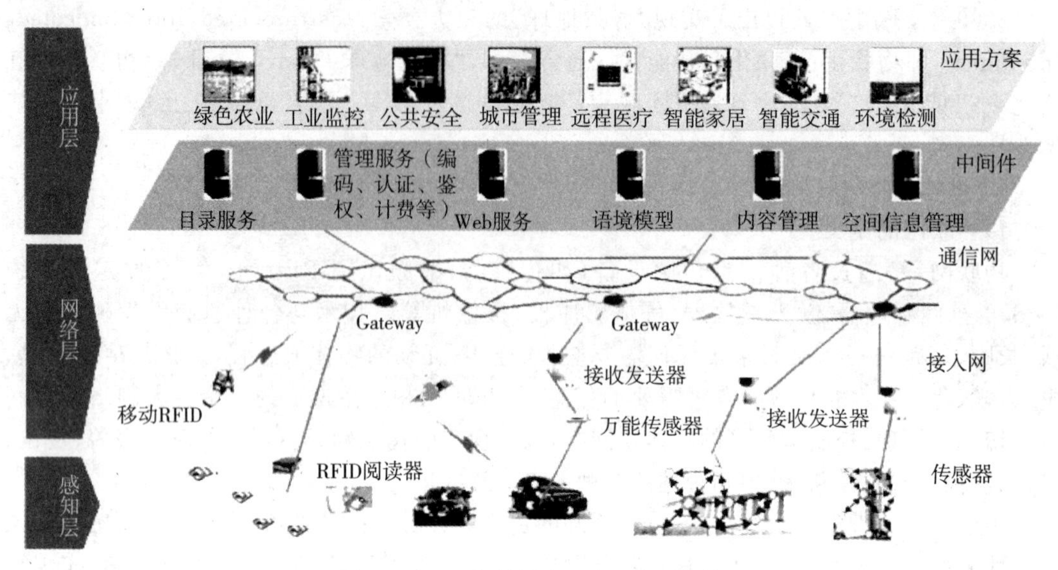

图 5－5－8 物联网的组成及应用架构

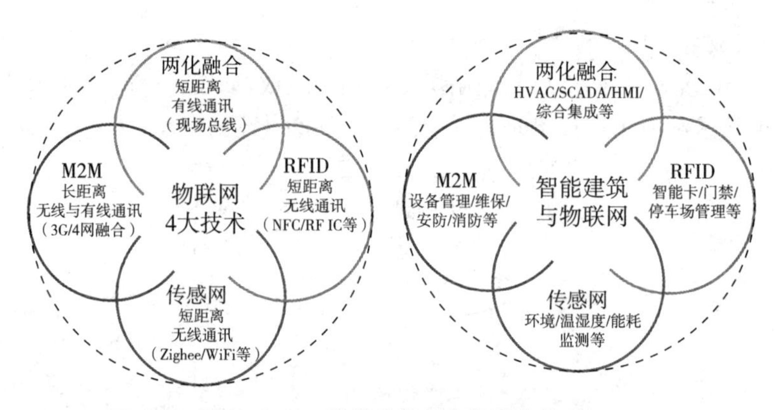

图 5－5－9 智能建筑与物联网的关系

1）物联网的四大技术

物联网的四大关键技术和领域包括：RFID、传感网、M2M 和两化融合。国际电信联盟 ITU（International Telecommunication Union，简称国际电联 ITU）在相关报告提出，物联网的四个关键性的应用技术为 RFID、传感器、智能技术（如智能家庭和智能汽车）以及纳米技术。

（1）射频识别（RFID）

射频识别 RFID（Radio Frequency Identification），又称电子标签。无线射频识别，如感应式电子晶片、近接卡、感应卡、非接触卡、电子条码等。RFID 射频识别是一种非接触式的自动识别技术，它通过射频信号自动识别目标对象并获取相关数据，识别工作无须人工干预，可工作于各种恶劣环境。RFID 技术可识别高速运动物体并可同时识别多个标签，操作快捷方便。短距离射频产品不怕油渍、灰尘污染等恶劣的环境，可在这样的环境中替代条码，例如用在工厂的流水线上跟踪物体；长距离射频产品多用于交通上，识别距离可达几十米，如自动收费或识别车辆身份等。

① 射频识别 RFID 的系统组成。由标签、阅读器、天线三部分组成：

a. 标签(Tag)。由耦合元件及芯片组成，每个标签具有唯一的电子编码，附着在物体上标识目标对象。RFID 标签分为被动标签(Passive tags)和主动标签(Active tags)两种。主动标签自身带有电池供电，读/写距离较远。

b. 阅读器(Reader)。读取(有时还可以写入)标签信息的设备，可设计为手持式或固定式。

c. 天线(Antenna)。在标签和读取器间传递射频信号。

电子标签中一般保存有约定格式的电子数据，在实际应用中，电子标签附着在待识别物体的表面。阅读器可无接触地读取并识别电子标签中所保存的电子数据，从而达到自动识别体的目的。通常阅读器与电脑相连，所读取的标签信息被传送到电脑进行下一步处理。

② 射频识别 RFID 技术的工作原理。标签进入磁场后，接收解读器发出的射频信号，凭借感应电流所获得的能量发送出存储在芯片中的产品信息(Passive Tag，无源标签或被动标签)，或者主动发送某一频率的信号(Active Tag，有源标签或主动标签)；解读器读取信息并解码后，送至中央信息系统进行有关数据处理。

(2)传感网

随着微机电系统 MEMS(Micro－Electro－Mechanism System)、片上系统 SOC(System on Chip)、无线通信和低功耗嵌入式技术的飞速发展，无线传感网络 WSN(Wireless Sensor Networks)技术应运而生，并以其低功耗、低成本、分布式和自组织的特点带来了信息感知的一场变革，这成为当前所有领域内的新热点。

传统的传感器正逐步实现微型化、智能化、信息化、网络化，正经历着传统传感器(Dumb Sensor)→智能传感器(Smart Sensor)→嵌入式 Web 传感器(Embedded Web Sensor)的内涵不断丰富的发展过程。

传感网的定义为随机分布的集成有传感器、数据处理单元和通信单元的微小节点，通过自组织的方式构成的无线网络。无线传感器网络是一种跨学科技术，基于 MEMS 的微传感技术和无线联网技术为无线传感器网络赋予了广阔的应用前景。这些潜在的应用领域可以归纳为军事、航空、反恐、防爆、救灾、环境、医疗、保健、家居、工业、商业等领域。

(3)M2M("Machine to Machine")

M2M 是物联网四大支撑技术之一。"M2M"是"Machine to Machine"的缩写，用来表示机器对机器之间的连接与通信，M2M 将数据从一台终端传送到另一台终端。比如，机器间的自动数据交换(这里的机器也指虚拟的机器，如应用软件)从它的功能和潜在用途角度看，M2M 引起了整个"物联网"的产生。

M2M 概念的应用，如上班用的门禁卡，超市的条码扫描，再比如日前比较流行的 NFC 手机支付。M2M 概念扩展一下也可以解释成为人到人(Man to Man)、人到机器(Man to Machine)。

(4)两化融合——"信息化"和"工业化"深度结合的可持续发展模式

两化融合，是指电子信息技术广泛应用到工业生产的各个环节，信息化成为工业企业经营管理的常规手段；是以信息化带动工业化、以工业化促进信息化，走新型工业化道路。两者在技术、产品、管理等各个层面相互交融，彼此不可分割，并催生工业电子、工业软件、工业信息服务业等新产业。两化融合是工业化和信息化的高层次深度结合，其核心就是信息化支撑，追求可持续发展模式。

智能建筑技术的发展处处体现“物联”的理念，早已存在的数据采集与监视控制系统(SCADA)技术和理念，就已经初步实现了“两化融合”的物联网理念。物联网理念和技术应用于智能建筑中的同时，智能建筑技术的发展也丰富了物联网技术和理念。

常用于两化融合的技术概念有：

① 供热通风与空气调节 HVAC(Heating，Ventilation and Air Conditioning)。即供热通风与空气调节，既代表上述内容的学科和技术，也代表上述学科和技术所涉及的行业和产业。HVAC 又指一门应用学科，它对世界建筑设计和工程以及制造业有广泛的影响。各国都有 HVAC 协会，中国建筑学会暖通分会即中国的官方代表机构。传热学、流体力学是其基本理论基础，它的研究和发展方向是为人类提供更加舒适的工作和生活环境。

② 数据采集与监视控制系统 SCADA(Supervisory Control And Data Acquisition)。即数据采集与监视控制系统。SCADA 系统是以计算机为基础的 DCS 与电力自动化监控系统；它应用领域很广，可以应用于电力、冶金、石油、化工、燃气、铁路等领域的数据采集与监视控制以及过程控制等诸多领域。

③ 分布式控制系统 DCS(Distributed Control System)。即分布式控制系统，在国内自控行业又称之为集散控制系统，是相对于集中式控制系统而言的一种新型计算机控制系统。DCS 的主要特点归结为一句话就是“分散控制，集中管理”。DCS 是计算机技术、控制技术和网络技术高度结合的产物，是目前最先进、最合理的过程控制系统，可以适应各种过程控制的要求。它的过程控制点分散，DCS 通过集中的操作和监控，具有方便的操作和维护性能和很高的可靠性。DCS 具有标准的接口，对外连接更加方便简捷。

④ 人机界面设备 HMI(Human Machine Interface)。即人机接口，也叫人机界面(又称用户界面或使用者界面)，顾名思义就是用于人和机器交流的设备，是系统和用户之间进行交互和信息交换的媒介，它实现信息的内部形式与人类可以接受形式之间的转换。凡参与人机信息交流的领域都存在着人机界面，包括人机界面设备(如品牌触摸屏，OP 面板等)及在电脑上实现的人机交换功能的软件(如西门子的 WinCC、intouch、ifex 等)。HMI 的接口种类很多，如各种网线接口。

2)智能建筑的“三网融合”

“三网”，即“数字通信网”(以因特网〔internet〕为代表)、“传统电信网”(以电话网〔包括移动通信网〕为代表)和“广播电视网”(以有线电视为代表)。“三网融合”，指通过技术改造，实现电信网、广播电视网和互联网三大网络互相渗透、互相兼容、并逐步整合成为统一的通信网络，形成可以提供包括语音、数据、广播电视等综合业务的宽带多媒体基础平台。智能建筑中，通过三网业务的融合，使建筑内部的人员不再关心谁是服务商，自由自在地获取各种语音、文字、图像和影视服务。

3)智慧城市与物联网的关系

由绿色智能建筑组成的智慧城市是以物联网为基础的现代智能化城市网络系统。绿色智能建筑与物联网的关系，如图 5-5-10 所示。

5.5.5 智能住宅、智能家居、智能社区与智慧城市

目前，国外智能化建筑的范围已从办公楼扩大到公寓、医院、商场、体育馆，特别是住宅。在我国，住宅产业的智能化、绿色化智能住宅和智能家居近年来发展迅速。此外，智能建筑

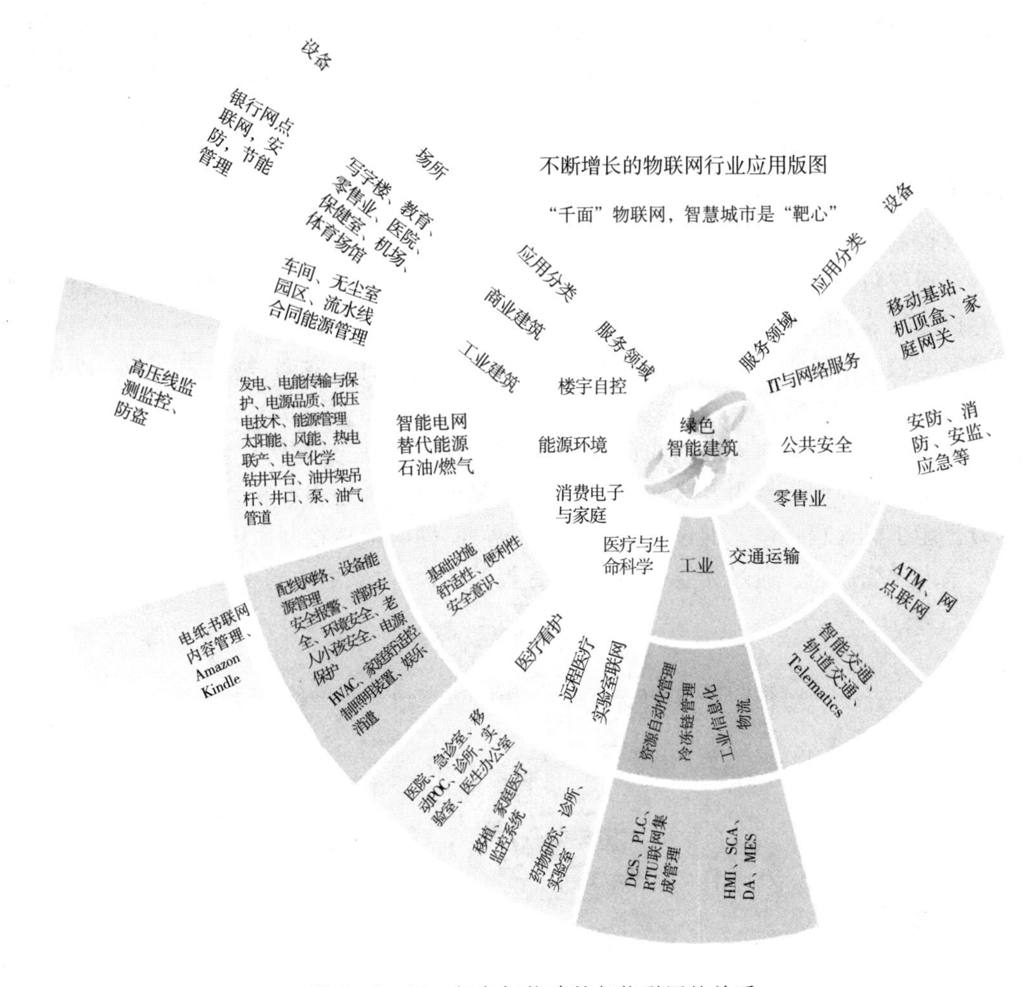

图 5-5-10　绿色智能建筑与物联网的关系

由单体建筑向群体、区域规划发展，形成像“智能大厦群”“智能广场”“智能住宅小区”“智能街区”“智能城市”(智慧城市)等新概念和新形式。而传统的“智能社区”正向现代“物联网社区”(数字化社区)方向发展。

1. 智能住宅和智能家居

1)智能住宅(intelligent residence)

智能住宅，即综合考虑物业管理、住户管理及使用需求，集楼宇自控、建筑节能、小区综合安防和家居智能化于一身，将各种楼宇设备、家用电器和安防装置，通过网络传输技术连接到管理平台进行集中的或异地的监视、控制和管理，实现智能控制的住宅。

传输网络是实现智能化住宅小区管理和控制的神经，物联网在智能化小区中的应用主要体现在公用设备楼宇自控系统、远程抄表系统、综合安防系统、智能家居系统等方面。

2)智能家居(Smart Home;U－Home)

智能家居，是以住宅为平台，利用综合布线技术、网络通信技术、安全防范技术、自动控制技术、音视频技术将家居生活有关的设施集成，构建高效的住宅设施与家庭日程事务的管理系统，提升家居安全性、便利性、舒适性、艺术性，并实现环保节能的居住环境。

智能家居是在物联网的影响之下家居物联化的体现，智能家居通过物联网技术将家中的各种设备连接到一起，提供家电控制、家居安全防范、通讯控制、照明控制、窗帘控制、网络及智能手机远程控制、室内遥控等多种功能和手段。智能家居不仅具有传统的居住功能，还提供全方位的信息交互功能。

智能家居系统的架构，如图 5-5-11 所示，包括：

(1)智能灯光系统。根据家庭内不同区域、不同时段对照明的要求，提供家庭内灯光的调光、场景控制。

(2)家居安防系统。通过视频监控摄像机、入侵报警探测器、瓦斯泄露探测器、烟感探测器、温感探测器等，实现防盗、防灾与求助。

(3)家电控制系统。实现对智能家电设备，如冰箱、洗衣机、空调、热水器、音箱、功放、电饭煲等家电的控制功能。

(4)窗帘控制系统。对家庭内的窗帘开、闭进行统一管理。

(5)网络远程控制。经由互联网网页浏览器，就可以实现远程控制家庭内的设备。

(6)智能手机远程控制。通过智能手机控制界面，随时随地控制家中设备。

(7)室内无线遥控。通过无线射频、红外遥控等手段，对家庭内的设备进行遥控。

图 5-5-11 智能家居的系统构架

2. 智能社区和智慧城市

1)智能社区(intelligent community)

(1)智能社区的概念及特点

智能社区源于智能建筑，是对智能建筑的扩展和延伸。它通过对小区建筑群四个基本要素(结构、系统、服务、管理以及它们之间的内在关联)的优化考虑，实现对住户更加周到而及时的服务和对整个社区更加人性化的管理，使其拥有高效率、舒适、温馨、便利、安全的居住环境，也可大大提高开发商和物业管理公司的经济效益。

智能社区主要特点在于其智能化的特性，可以实现小区管理系统的灵活性、安全性、市场适应性和住房经济性。目前，智能社区系统的子系统主要有周界防范报警系统、闭路电视监控系统、居家防盗报警系统、一卡通门禁管理系统、车辆出入与停车场管理系统、智能通道管理系统、可视对讲门禁系统和背景音乐系统等，实现的功能主要有业主身份识别、车辆智能化进出入管理、保安巡更智能监控、小区环境监控、楼宇智能化、闭路电视监控、LED 显示和背景广播等。

(2)智能社区的发展趋势[17]

开放性控制网络技术正在向标准化、广域化、可移植、可扩展和可交互操作的方向发展。运用高新技术建设的智能型绿色建筑(社区)、智能型生态建筑(社区),将人们的工作、居住、休息、交通、通讯、管理、文化等各种复杂的要求,在时空中有机地结合起来,从而极大地提高了人类的生存质量。同时,智能化社区的内涵也必将随着科技的进步不断地变化、发展。

智能社区的发展趋势,包括:

① 网络化。即通过完备的社区局域网络可以实现社区机电设备和家庭住宅的自动化、智能化,可以实现网络数字化远程智能化监控。

② 数字化。即社区应用现代数字技术及现代传感技术、通信技术、计算机技术、多媒体技术和网络技术,加快信息传播速度,提高信息采集、传播、处理、显示的性能,增强安全性和抗干扰的能力,以达到最好的效果。数字社区是数字城市的基本单元,为电子商务、物流等现代化技术应用打下了基础。

③ 集成化。即将智能社区各个离散的子系统进行集成,它是智能社区发展的必然趋势和目标。智能社区提高了智能系统的集成程度,实现了信息和资源的充分共享,提高了系统的稳定度和可靠度。

④ 生态化。随着新兴的环保生态学、生物工程学、生物电子学、仿生学、生物气候学、新材料学等新技术的飞速发展,这些技术正在深入渗透到建筑智能化领域中,以实现人类居住环境的可持续发展目标,而衍生出所谓"微观安防"一门新兴的可持续发展新产业。目前,欧洲、美国、日本等发达国家也正在开发利用这些高新技术去处理垃圾、污水、废气,达到节能,节水,消除电磁污染及资源可持续利用,建筑人工生态环境等;运用高新技术建设的智能型生态建筑(小区),既满足当代人的需要,又不损害后代人持续发展的需求。

2)物联网社区——基于物联网技术的"数字化"智能社区

智能化社区概念分为传统智能化社区和基于物联网技术的智能化社区。传统智能社区,主要功能是业主身份识别、车辆智能化进出入、保安巡更智能监控、小区环境监控等。物联网社区为用户提供更优质、高效、稳定的系统化、数字化服务,在实现传统智能社区功能的基础上,更加注重细节,利用传感器经过各项监测使系统实现持续稳定的运行。

(1)物联网社区的特点

包括:①交互系统。即物业和业主之间基于物联网传感器的交互。②家居智能化。即由单个家庭组成的整个小区的智能化,家居智能化是社区智能化的前提。③保障、安全和消费的三位一体。即家庭保障、小区安全和业主消费这三个方面的智能化需求,如物业和家居系统的联动、RFID技术自动识别身份卡、SIM卡支付社区周边消费商品等。

(2)物联网技术在智能社区中的应用[17]

物联网技术在智能化小区中的应用主要体现在公用设备楼宇自控系统、远程抄表系统、综合安防系统、智能家居系统等方面。

① 楼宇自控系统。采用物联网技术,对小区内暖通空调、给排水、供配电、照明、电梯、消防进行全面有效的监控和管理,提高小区的综合使用功能和物业管理的效率,确保小区内所有公用设备处于高效、节能、最佳运行状态,提供一个安全、舒适、快捷的工作环境。主要实现以下功能:

a. 冷热源系统控制。冷冻机组的台数控制、冷冻系统的联锁控制、设备的自动切换及故障设备的自动锁定、冷却塔控制、压差旁通控制、水泵监测、膨胀水箱液位控制、空调热源监控、空调热交换器控制、膨胀水箱液位控制、空调热水的旁通压差控制。

b. 空调新风系统控制。空调机组、新风机组检测与控制,实现监测空调机组的启停状态、滤网监测报警、根据送风温湿度来控制阀门的开度、监测送风温湿度功能。

c. 送排风系统。实现设定风机的启停时间、监测特定区域的 CO、CO_2 的浓度、监测风机的运行状态、故障报警和手动/自动状态,当风机发生故障时,发出报警信号、排风机进行启停控制等功能。

d. 给排水系统监控。实现监测各生活水池、生活水箱的高低液位、监测生活水泵的运行状态和故障状态、监测生活净水和消防水的水流状态、监测消防泵和净水泵运行状态和故障状态、监测稳压泵的运行状态和故障状态、监测集水井的高、低液位等功能。

e. 变配电系统监测。监测高压进线的断路器合、分状态、三相电流、电压、有功功率、功率因数及用电量;监视低压进线与联络的配电开关状态、三相电流、电压、有功功率和无功功率及低电压报警;监视每台变压器的温度。

f. 智能照明控制。根据住宅小区不同区域对照明的不同要求,结合小区内生活群体的作息时间,实现不同时段对照明环境的要求自动进行时间控制,时间控制模式按时段可分为凌晨模式、清晨模式、上午模式、中午模式、下午模式等。同时,各类模式灯光环境进行微调,物业管理人员或保安值班人员经授权和输入密码后,可切换不同场景。

② 远程抄表系统。随着经济发展和物质条件的提高,安全、方便、舒适成为人们对居所的主要追求目标。传统的入户抄表给住户带来诸多的不便,也给物业管理带来较多麻烦。远程抄表系统的原理,是将原耗能计量表的计量转换为脉冲信号,由采集器通过探头线进行采集、存储,并经用户总线将用户耗能数据汇集至系统总成进行处理,后由传输网络传输至管理中心计算机直接抄读,最后以报表的形式实现耗能数据的自动抄收。

③ 综合安防系统。综合安防管理不是将若干个应用子系统进行简单的汇集,而是在应用功能集中的基础上实现了各类安防应用涉及业务的联动,将原本独立运行、信息屏蔽的诸多子系统通过物联网进行横向协同。在此基础上,借助计算机强大的信息处理能力,实现安防子系统集成业务的综合应用,包括智能化联动、统计分析和辅助决策,各类安防事件由“事后处理”向“防患未然”转变。综合安防系统包括:

a. 视频监控系统。通过在住宅小区出入口、室外路口、周界、地下室等区域通道部署视频监控设备,做到“人过留影、车过留痕”。同时对社区内重点部位实施全天候、全方位的24小时监控,以实现小区的安全管理。

b. 入侵报警系统。小区室外周界是保安力度较薄弱且外来人员入侵小区最直接的区域,在围墙上设置主动红外对射,全天候工作,检测到外来人员入侵,马上报警。报警点探测器产生报警信号,输出到报警主机,执行报警系统内部的联动;报警主机将该报警信息通过网络传送给报警服务器,报警服务器分发给指定操作位,由其处理报警。

c. 停车场管理系统。在小区的对外出入口、地下停车场出入口部署停车场管理系统,实现对小区车辆进出、泊车的管理。图像对比系统在电脑数据库中可存储图像、车牌号码、入出时间等数据,每一条记录都和一张本车图像对应,物业管理可以随时调用查看。

d. 门禁系统。借助小区网络系统,通过设置门禁控制设备,使只有经过授权的智能卡用户才能出入通道门禁。门禁管理系统分为中心管理控制和授权、门禁远程开关门的网络管理模式。建立一个安全、高效、先进的远程门禁系统管理体系，可以实现本地管理与远程管理相结合。

e. 电梯层控系统。其实现了物业管理公司对小区内住户、外来人员的进出楼层进行更有效、更安全的管理。所有使用电梯的持卡人，都必须先经过系统管理员授权。使用电梯时，不同的人有不同的权限分配，可以根据时间权限表与楼层权限表进行授权管理。

④ 智能家居系统(U－home)。目前，智能家居正从传统的智能社区向数字化社区转变，其融入了物联网技术，实现了功能和整体服务水平的飞跃。U－home采用室内无线组网技术，实现门禁、空调、地暖、灯光、热水器、家庭影院、窗帘、各类报警器等家庭电子设备与控制主机之间的通讯组网，用户不仅可以通过手机、座机、遥控面板以及互联网通信终端等方式，一键控制所有家电设备，随时了解家中的实时信息，远程完成对家里各项设备的控制，也可以按照自己的功能需要，个性化定制智能家居系统的功能组成，实现设计DIY功能。

3)智慧城市

(1)智慧城市的定义

智慧城市是利用新一代信息技术来感知、监测、分析、整合城市数字资源，对各种需求做出智能反应，为公众创造绿色、和谐环境，提供泛在、便捷、高效服务的城市形态。智慧城市是人类社会迈向信息社会的必然产物，是当今世界城市发展的新理念和新模式，建设智慧城市已经成为当今世界城市发展的前沿趋势。智慧城市通过综合运用现代科学技术、整合信息资源、统筹业务应用系统，加强城市规划、建设和管理的新模式，是一种新的城市管理生态系统。(摘自：《智慧城市公共信息平台建设指南〔试行〕》[18])

绿色智能建筑是构建智慧城市的基本单元，在智能交通、市政管理、应急指挥、安防消防、环保监测等业务中，智能建筑都是其“物联”的基本单元。智慧城市的建设在国内外许多地区已经展开，并取得了一系列成果。如新加坡“智慧国计划”，韩国的“U－City计划”；国内的如智慧上海、智慧双流等。

(2)智慧城市的发展概况[19－20]

① 国际智慧城市发展形势

2004年韩国、日本先后推出U－Korea、U－Japan的国家战略规划。韩国的智慧城市以网络为基础，将医疗、教育等服务系统统一部署在思科公司的数据中心，通过无处不在的网络接入，方便地实现远程医疗、远程教育等服务。并且通过标准化的方式向企业开放这些IT基础设施，鼓励企业开发新型服务。

新加坡2006年启动“智慧国2015”计划，通过物联网等新一代信息技术的积极应用，将新加坡建设成为经济、社会发展一流的国际化城市。在电子政务、服务民生及泛在互联方面，新加坡成绩引人注目。其中智能交通系统通过各种传感数据、运营信息及丰富的用户交互体验，为市民出行提供实时、适当的交通信息。

2007年欧盟提出并开始实施一系列智慧城市建设目标，欧盟对于智慧城市的评价标准包括“智慧经济、智慧环境、智慧治理、智慧机动性、智慧居住以及智慧人”等六个方面。而北欧国家在通过改善交通，促进节能减排方面有值得借鉴的地方。以瑞典首都斯德哥尔摩为例，该市在治理交通拥堵方面取得了卓越的成绩。具体而言，该市在通往市中心的道路上设置18个路边监视器，利用射频识别、激光扫描和自动拍照等技术，实现了对一切车辆的自动识别。借助这些设备，该市在周一至周五6时30分至18时30分之间对进出市中心的车辆收取拥堵税，从而使交通拥堵水平降低了25%，同时温室气体排放量减少了40%。

2008年11月，在纽约召开的外国关系理事会上，IBM提出了“智慧的地球”这一理念，进而引发了智慧城市建设的热潮。

日本2009年推出“I—Japan智慧日本战略2015”，旨在将数字信息技术融入生产生活的每个角落，目前将目标聚焦在电子政务治理、医疗健康服务、教育与人才培养三大公共事业领域。

2009年，美国迪比克市与IBM合作，建立了美国第一个智慧城市。利用物联网技术，在一个有六万居民的社区里将各种城市公用资源（水、电、油、气、交通、公共服务等）连接起来，监测、分析和整合各种数据以做出智能化的响应，更好地服务市民。

2010年，IBM正式提出了“智慧的城市”愿景，希望为世界城市发展贡献自己的力量。IBM经过研究认为，城市由关系到城市主要功能的不同类型的网络、基础设施和环境六个核心系统组成：即组织（人）、业务/政务、交通、通讯、水和能源。这些系统不是零散的，而是以一种协作的方式相互衔接。而城市本身，则是由这些系统所组成的宏观系统。

② 国内智慧城市建设形势

众多国内城市把建设智慧城市作为转型发展的战略选择，智慧城市建设成为贯彻落实党的十八大提出的“四化同步”发展战略部署的重要举措。截至2011年5月，中国的一级城市百分之百提出了“智慧城市”的详细规划，有80%以上的二级城市也明确提出了建设“智慧城市”。截至2012年9月，全国47个副省级以上地方的规划文件中，明确提出智慧城市建设的有22个，占比46.8%。截至2013年1月，全国已有320个城市投入3000亿元建设智慧城市。

根据《2015－2020年中国智慧城市建设行业发展趋势与投资决策支持报告前瞻》调查数据显示，我国已有311个地级市开展数字城市建设，其中158个数字城市已经建成并在60多个领域得到广泛应用，同时最新启动了100多个数字县域建设和3个智慧城市建设试点。2013年，国家测绘地理信息局将在全国范围内组织开展“智慧城市时空信息云平台”建设试点工作，每年将选择10个左右城市进行试点，每个试点项目建设周期为2至3年，经费总投入不少于3600万元。在不久的将来，人们将尽享智能家居、路网监控、智能医院、食品药品管理、数字生活等所带来的便捷服务，“智慧城市”时代即将到来。

（3）智慧城市实例

① 新加坡——“智慧国2015计划”

2006年6月，新加坡公布“智慧国2015（IN2015）”计划。这是一个为期十年的信息通信产业发展蓝图，旨在通过对基础设施、产业发展与人才培养，以及利用信息通信产业进行经济部门转型等多方面的战略规划，实现新加坡智慧国家与全球都市的未来愿景。

“智慧国2015计划”的发展目标为，到2015年，在利用信息通信为经济和社会创造附加值方面名列全球之首；信息通信业价值增长至原来的两倍，达260亿新元；信息通信业出口额增长至原来的3倍，达600亿新元；新增8万个工作岗位，至少90%的家庭使用宽带，电脑在拥有学龄前儿童的家庭普及率达到10%。

② 韩国的“U－City计划”

2004年3月，韩国政府推出了U－Korea发展战略，希望使韩国提前进入智能社会。“U”是英文ubiquitous的缩写，意为“无所不在”。U－Korea战略是一种以无线传感器网络为基础，把韩国的所有资源数字化、网络化、可视化、智能化，以此促进韩国经济发展和社会变革的新国家战略。

(4)智慧城市的特征

"智慧城市"需要具备四大特征，即全面透彻的感知、宽带泛在的互联、智能融合的应用和以人为本的可持续创新。

① 全面透彻的感知。通过传感技术，实现对城市管理各方面的监测和全面感知。智慧城市利用各类随时随地的感知设备和智能化系统，智能识别、立体感知城市环境、状态、位置等信息的全方位变化，对感知数据进行融合、分析和处理，并能与业务流程智能化集成，继而主动做出响应，促进城市各个关键系统和谐高效地运行。

② 宽带泛在的互联。各类宽带有线、无线网络技术的发展为城市中物与物、人与物、人与人的全面互联、互通、互动，为城市各类随时、随地、随需、随意应用提供了基础条件。宽带泛在网络作为智慧城市的"神经网络"，极大地增强了智慧城市作为自适应系统的信息获取、实时反馈、随时随地智能服务的能力。

③ 智能融合的应用。现代城市及其管理是一类开放的复杂巨系统，新一代全面感知技术的应用更增加了城市的海量数据。"集大成，成智慧"。基于云计算平台的大成智慧工程将构成智慧城市的"大脑"。技术的融合与发展还将进一步推动"云"与"端"的结合，推动从个人通讯、个人计算到个人制造的发展，进一步彰显个人的参与和用户的力量。

④ 以人为本的可持续创新。面向知识社会的下一代创新重塑了现代科技以人为本的内涵，也重新定义了创新中用户的角色、应用的价值、协同的内涵和大众的力量。智慧城市的建设尤其注重以人为本、市民参与、社会协同的开放创新空间的塑造以及公共价值与独特价值的创造。

(5)智慧城市的总体框架[20]

智慧城市的总体框架包括网络层、感知层、公共设施、公共数据库、公共信息平台、智慧应用和用户层。

① 网络层。是智慧城市赖以存在的基础，主要有电信网、互联网和广播电视网，以及在此基础之上的三网融合、物联网等。

② 感知层。是智慧城市区别于数字城市的重要特征之一，是智慧城市运行数据的主要来源。从技术角度来看，几种主要的感知技术是对地观测感知技术、RFID 射频识别技术、WSN 无线传感器技术和 Zigbee 传感技术等。从感知数据来源来看，几种主要的感知手段是天上的卫星、空中的飞机以及地上、地下的各类传感设备。

③ 公共设施。包括计算资源、网络资源、存储资源、安全设施等。在各地智慧城市建设中，根据各地实际情况，结合最新技术，公共设施可采用云计算模式或传统模式来构建。在云技术模式下，利用虚拟化技术，将公共设施资源进行虚拟化处理，形成一个虚拟化资源池；利用云服务技术，将虚拟资源根据业务需要组装成独立运行的服务器资源作为服务对外提供，为智慧城市的建设提供完善的公共设施服务。

④ 公共数据库。公共数据主要有三类，分别是公共基础数据、公共业务数据和公共服务数据。

a. 公共基础数据库。由人口数据库、法人数据库、宏观经济数据库、地理空间数据库及建筑物数据库等五大类数据库组成。公共基础数据是基础且变化频率相对较低的信息资源，是城市公共数据的"纲"。公共基础数据可由法定管理单位提供。

b. 公共业务数据库。是基于公共基础数据库的业务性扩展数据库。公共业务数据由根据业务应用需要而扩展的各类指标项构成,是一种动态的、不断扩充的业务数据模式,是城市公共数据的“目”,指标项来自各类智慧应用的建设。

c. 公共服务数据库。由各类专题应用类数据库构成。公共服务数据是通过对公共基础数据、公共业务数据进行清洗、挖掘、分析后形成的有特定应用场景的服务型数据集,为各应用单位提供融合后的专题应用资源服务。

⑤ 智慧应用。智慧应用是以公共数据库和应用单位业务数据为数据来源,通过公共信息平台对公共数据和应用单位业务数据的整合,为智慧应用提供整合后的信息服务,提高应用的服务水平和协同能力。

(6)智慧城市的公共信息平台[20]

随着智慧城市公共信息资源应用的深入开展,公共信息平台作为智慧城市应用的基础支撑平台,越来越被人们所重视。2013 年 4 月,中国住建部发布了“智慧城市公共信息平台建设指南(试行)”。

智慧城市平台建设主要包括:智慧公共服务和城市管理系统、智慧社会管理及公众公共服务平台、企业公共服务平台建设、智慧安居服务、智慧教育文化体系服务建设、智慧服务应用(包括:智慧物流、智慧贸易)、智慧健康保障体系建设、智慧交通、智慧安全防控系统建设、信息综合管理平台建设等。

① 公共信息平台的作用。公共信息平台是智慧城市的基础设施,其作用主要体现在以下三点:a. 公共信息平台是城市公共数据的进出通道,实现城市公共数据的交换、清洗、整合和加工。b. 公共信息平台实现城市公共数据的组织、编目、管理以及应用绩效评估。c. 公共信息平台实现城市公共数据的共享服务,为城市政府专网和公共网络上的各类智慧应用提供基于城市公共数据库的数据服务、时空信息承载服务、基于数据挖掘的决策知识服务等。

② 公共信息平台(平台软件)的组成。广义的公共信息平台由公共设施、公共数据库和平台软件组成。公共设施为公共数据库和平台软件提供存储、计算及网络等基本运行环境资源;公共数据库建立在公共设施之上,为平台软件提供数据存储及服务能力支撑;平台软件则在公共设施的支撑下,与公共数据库协作提供平台各类智慧应用开发、运行、管理等支撑。狭义的公共信息平台,仅指平台软件。

(7)智慧城市的技术支撑

① 信息通信技术(ICT)。IT 是信息技术,CT 是通信技术,ICT 是信息、通信和技术三个英文单词的词头组合(Information Communication Technology,简称 ICT),即信息通信技术。它是信息技术与通信技术相融合而形成的一个新的概念和新的技术领域,它反映支撑信息社会发展的通信方式,同时也反映了电信在信息时代自身职能和使命的演进。21 世纪初,八国集团在冲绳发表的《全球信息社会冲绳宪章》中认为:“信息通信技术是 21 世纪社会发展的最强有力动力之一,并将迅速成为世界经济增长的重要动力。”

② Fab Lab、Living Lab——用户创新制造环境。从技术发展的视角,智慧城市建设要求通过以移动技术为代表的物联网、云计算等新一代信息技术应用实现全面感知、泛在互联、普适计算与融合应用。从社会发展的视角,智慧城市还要求通过维基、社交网络、Fab Lab、Living Lab、综合集成法等工具和方法的应用,实现以用户创新、开放创新、大众创新、协同创新为特征的知识社会环境下的可持续创新,强调通过价值创造,以人为本实现经济、社会、环境的全面可持续发展。

5.5.6 绿色智能建筑设计实例——数字化智能医院

1. 智能医院的设计要求

1)医疗建筑智能化系统工程应符合下列规定

(1)应适应医疗业务的信息化需求;(2)应向医患者提供就医环境的技术保障;(3)应满足医疗建筑物业规范化运营管理的需求。

2)综合医院建筑智能化系统配置要求

(1)综合医院智能化系统,应按表 5-5-1 的规定配置,并应符合现行行业标准《医疗建筑电气设计规范》(JGJ312)的有关规定。

表 5-5-1 综合医院智能化系统配置表[1]

智能化系统			一级医院	二级医院	三级医院
信息化应用系统	公共服务系统		⊙	●	●
	智能卡应用系统		⊙	●	●
	物业管理系统		⊙	●	●
	信息设施运行管理系统		○	●	●
	信息安全管理系统		⊙	●	●
	通用业务系统	基本业务办公系统	国家现行有关标准进行配置		
	专业业务系统	医疗业务信息化系统			
		病房业务信息化系统			
		视频示教系统			
		候诊呼叫信号系统			
		护理呼应信号系统			
智能化系统			一级医院	二级医院	三级医院
智能化集成系统	智能化信息集成(平台)系统		○	⊙	●
	集成信息应用系统		○	⊙	●
信息设施系统	信息接入系统		●	●	●
	布线系统		●	●	●
	移动通信室内信号覆盖系统		●	●	●
	用户电话交换系统		⊙	●	●
	无线对讲系统		●	●	●
	信息网络系统		●	●	●
	有线电视系统		●	●	●
	公共广播系统		●	●	●
	会议系统		⊙	●	●
	信息导引及发布系统		●	●	●

（续表）

智能化系统			一级医院	二级医院	三级医院
建筑设备管理系统	建筑设备监控系统		⊙	●	●
	建筑能效监管系统		○	⊙	●
公共安全系统	火灾自动报警系统		按国家现行有关标准进行配置		
	安全技术防范系统	入侵报警系统			
		视频安防监控系统			
		出入口控制系统			
		电子巡查系统			
		停车库（场）管理系统	○	⊙	●
	安全防范综合管理（平台）系统		○	⊙	●
	应急响应系统		○	⊙	●
机房工程	信息接入机房		●	●	●
	有线电视前端机房		●	●	●
	信息设施总配线机房		●	●	●
	智能化总控室		●	●	●
	信息网络机房		⊙	●	●
	用户电话交换机房		⊙	●	●
	消防控制室		●	●	●
	安防监控中心		●	●	●
	智能化设备间（弱电间）		●	●	●
	应急响应中心		○	⊙	●
	机房安全系统		按国家现行有关标准进行配置		
	机房综合管理系统		⊙	●	●

注：●——应配置；⊙——宜配置；○——可配置。

(2)信息化应用系统的配置，应满足综合医院业务运行和物业管理的信息化应用需求。信息接入系统应满足医疗业务信息应用的需求。

(3)移动通信室内信号覆盖系统，其覆盖范围和信号功率应保证医疗设备的正常使用和患者的人身安全。

(4)用户电话交换系统，宜根据医院的业务需求，配置相应的无线寻呼系统或其他组群式的寻呼系统。

(5)信息网络系统，应为医疗业务信息化应用系统提供稳定、实用和安全的支撑条件，并应具备高宽带、大容量、高速率和系统升级的条件。

(6)有线电视系统，应提供本地有线电视节目或卫星电视及自制电视节目。

(7)信息导引及发布系统，应在民院大厅、挂号及药物收费处、门急诊候诊厅等公共场所配置发布各类医疗服务信息的显示屏和供患者查询的多媒体信息查询端机，并应与医院信息管理系统互联。

(8)建筑设备管理系统，应满足医院建筑的运行管理需求，并应根据医疗工艺要求，提供对医疗业务环境设施的管理功能。

(9)安全技术防范系统，应满足医院安全防范管理的要求。

2. 数字化智能医院的建设架构[21-22]

数字化医院是我国现代医疗发展的新趋势，数字化医院系统是医院业务软件、数字化医疗设备、网络平台所组成的三位一体的综合信息系统，数字化医院工程有助于医院实现资源整合、流程优化，降低运行成本，提高服务质量、工作效率和管理水平。

1)数字化智能医院的概念和内涵

狭义的数字化医院，指利用计算机和数字通信网络等信息技术，实现语音、图像、文字、数据、图表等信息的数字化采集、存储、阅读、复制、处理、检索和传输。利用医院信息系统(HIS)、医学影像和通信系统(PACS)和办公自动化系统(OA)等，实现无纸化、无胶片化、无线网络化。

广义的数字化医院，是基于计算机网络技术发展，应用计算机、通讯、多媒体、网络等其他信息技术，突破传统医学模式的时空限制，实现疾病的预防、保健、诊疗、护理等业务管理和行政管理的自动化数字化运作。实现全面的数字化，即联机业务处理系统(OLTP)、医院信息系统(HIS)、临床信息系统(CIS)、联机分析处理系统(OLAP)、互联网系统(Intranet/Internet)、远程医学系统(Tele medicine)、智能楼宇管理系统等，其特征是全网络(多系统、全面、高性能、网络化)、全方位(医、教、研诸方面)、全关联(医院、社会、银行、社区、家庭全面关联)。

南京市鼓楼医院集团(图5-5-12)，是南京市规模最大的综合性三级甲等医院，床位在编超过3000张。以提高医院医疗工作效率、规范医疗流程、改进医院管理为目标，医院拥有“住院级电子病历集成整合系统”及“临床路径信息管理系统”，包括住院医生工作站、住院护士工作站、医务质控工作站、病案管理系统、病历自检系统等多套子系统。

图5-5-12 南京鼓楼医院

2)数字化智能医院的系统组成

数字化医院管理信息系统包括：门急诊管理系统、护理信息系统、病案管理系统、院长综合查询与分析、住院病人入出转管理系统、医院综合运营管理系统(HERP)等。

临床业务信息系统包括：门急诊医生工作站、实验室信息系统、PACS系统、临床路径信息管理系统、病区医生工作站、心电图信息系统、放射科信息系统、移动医护工作站、住院护士工作站、手术麻醉信息系统、病理科信息系统、电子病历系统、重症监护信息系统、感染控制工作站等。

医院信息平台包括:信息引擎平台、临床数据库、平台门户、区域卫生信息平台接口等。此外还有:CAE计算机辅助教学系统、CAD计算机辅助诊断系统、CAT计算机辅助治疗系统、CAS计算机辅助外科系统、RTIS放射治疗系统等。

(1)医院信息系统(HIS:Hospital Information System)

即医院管理和医疗活动中进行信息管理和联机操作的计算机应用系统。HIS是覆盖医院所有业务和业务全过程的信息管理系统。按照学术界公认的Morris F. Collen所给的定义:利用电子计算机和通信设备,为医院所属各部门提供病人诊疗信息(Patient Care Information)和行政管理信息(Administration Information)的收集、存储、处理、提取和数据交换的能力并满足授权用户的功能需求的平台。

医院信息系统HIS包括:医学影像传输系统PACS、临床信息系统CIS(Clinical Information System)、放射学信息系统RIS(Radiology Information System)、实验室信息系统LIS(Laboratory Information System)等。

(2)医学影像传输系统(PACS:Picture Archiving and Communication Systems)

随着数字化信息时代的来临,诊断成像设备中各种先进计算机技术和数字化图像技PACS系统术的应用为医学影像信息系统的发展奠定了基础。历经百年发展,医学影像成像技术也从最初的X射线成像发展到现在的各种数字成像技术。

(3)医院检验信息系统(LIS:Laboratory Information Management System)

也称实验室信息管理系统,它是医院信息管理的重要组成部分之一,是专为医院检验科设计的一套实验室信息管理系统,能将实验仪器与计算机组成网络,使病人样品登录、实验数据存取、报告审核、打印分发,实验数据统计分析等繁杂的操作过程实现了智能化、自动化和规范化管理。有助于提高实验室的整体管理水平,减少漏洞,提高检验质量。通过网上查询检验结果,患者自助打印化验单等工作,可以减少交叉感染的机会,极大的改善实验室和医院的服务形象。

(4)临床管理信息系统(CIS:Clinic Information System)

其主要目标是支持医院医护人员的临床活动,收集和处理病人的临床医疗信息,丰富和积累临床医学知识,并提供临床咨询、辅助诊疗、辅助临床决策,提高医护人员的工作效率,为病人提供更多、更快、更好的服务。如医嘱处理系统、病人床边系统、医生工作站系统、实验室系统、药物咨询系统等就属于CIS范围。

临床信息系统CIS相对于医院信息系统HIS而言,是两个不同的概念。HIS是以处理人、财、物等信息为主的管理系统,CIS是以处理临床信息为主的管理系统。HIS是面向医院管理的,是以医院的人、财、物为中心,以重复性的事物处理为基本管理单元,以医院各级管理人员为服务对象,以实现医院信息化管理、提高医院管理效益为目的。而CIS是面向临床医疗管理的,是以病人为中心,以基予医学知识的医疗过程处理为基本管理单元,以医院的医务人员为服务对象,以提高医疗质量、实现医院最大效益为目的。

(5)放射科信息系统(RIS:Radiology Information System)

放射科信息系统简称RIS,是医院重要的医学影像学信息系统之一,它与医学影像传输系统PACS共同构成医学影像学的信息化环境。放射科信息系统是基于医院影像科室工作流程的任务执行过程管理的计算机信息系统,主要实现医学影像学检验工作流程的计算机网络化控制、管理和医学图文信息的共享，并在此基础上实现远程医疗。

(6)区域医疗卫生服务(GMIS:Globe Medical Information Service)

区域医疗是指以医疗软件作为载体，基于医疗行业信息化架构，实现医院、社区、公共卫生等信息资源的整合和共享，从而实现以居民为中心的医疗体系。

区域卫生信息平台，是以健康档案为基础，以现代信息技术为支撑，通过整合各卫生信息系统，并结合区域卫生信息化平台的发展需求，综合为政府部门、卫生行政管理部门、各级医院、卫生管理服务中心、社区卫生服务站、疾病控制中心、卫生监督机构、急救中心和突发公共卫生事件处置机构等各相关卫生机构提供信息化管理系统和数据流转共享平台。平台具有提高业务能力，提升工作效率，增强服务质量的支持功能。同时，通过区域卫生信息平台，整合居民健康档案系统，建立区域卫生数据中心，全面提供区域居民基本健康状况的完整资料，实现卫生机构和相关机构信息互联互通，为居民提供主动的、科学的、人性化的健康服务。

区域卫生信息平台常见内容，见表5-5-2所列。

表5-5-2　区域卫生信息平台常见内容

<table>
<tr><th>信息平台建设</th><th>公共卫生建设</th><th>社区信息管理</th><th>公共服务</th></tr>
<tr><td>区域卫生数据中心</td><td>疾病预防控制</td><td>居民健康档案</td><td>一卡通管理</td></tr>
<tr><td>卫生信息交换平台</td><td>基本药物监督</td><td>社区信息管理</td><td>健康小屋</td></tr>
<tr><td>综合卫生管理平台</td><td>绩效管理系统</td><td>双向转诊系统</td><td rowspan="3">基于手机、TV终端的便民服务与健康应用互动平台</td></tr>
<tr><td>业务协同系统</td><td>妇幼保健系统</td><td>慢性病管理系统</td></tr>
<tr><td></td><td>健康体检系统</td><td>健康评估系统</td></tr>
</table>

5.6　绿色建筑可再生能源利用技术

5.6.1　可再生能源概述

随着人类社会的发展，人类面临着资源和环境两大难题。随着世界石油能源危机的出现，人们开始认识到可再生能源的重要性。

1. 可再生能源的相关概念和定义

一次能源可以分为非再生能源和可再生能源两大类。

1)非再生能源和可再生能源

非再生能源(non－regenerated energy resources)，是在自然界中经过亿万年形成，短期内无法恢复且随着大规模开发利用，储量越来越少并终将枯竭的能源，包括煤炭、原油、天然气、油页岩等，它们是不能再生的。

可再生能源(renewable energy resources)，是来自大自然的能源，包括太阳能、生物质能、风能、水能、地热能和海洋温差能等,它们在自然界可以循环再生,具有低污染、可再生等特点。

2)太阳能(solar energy)

人类所需能量的绝大部分都直接或间接地来自太阳,植物通过光合作用释放氧气、吸收二氧化碳,并把太阳能转变成化学能在植物体内贮存下来,如煤炭、石油、天然气等化石燃料。此外,水能、风能等也都是由太阳能转换来的。

广义上的太阳能是地球上许多能量的来源,如风能,化学能,水的势能等等;狭义的太阳能则限于太阳辐射能的光热、光电和光化学的直接转换。太阳能的利用已日益广泛,它包括太阳能的光热利用、光电利用和光化学利用等。

3)生物质能(biomass energy)

生物质,是一切直接或间接利用绿色植物光合作用形成的有机物质。广义的生物质包括除化石燃料外的所有的植物、微生物以及以植物、微生物为食物的动物及其生产的废弃物。有代表性的生物质如农作物及废弃物、木材及废弃物和动物粪便等。狭义的生物质主要是指农林业生产过程中除粮食、果实以外的秸秆、树木等木质纤维素(简称木质素)、农产品加工业下脚料、农林废弃物及畜牧业生产过程中的禽畜粪便和废弃物等物质。

生物质能,就是太阳能以化学能形式贮存在生物质中的能量形式,即以生物质为载体的能量。它直接或间接地来源于绿色植物的光合作用,可转化为常规的固态、液态和气态燃料,取之不尽、用之不竭,是一种可再生能源,同时也是唯一一种可再生的碳源。

生物质能一直是人类赖以生存的重要能源,是目前仅次于煤炭、石油和天然气而居于世界能源消费总量第四位的能源。这种燃料的使用如能到达产出与消耗平衡,则不会增加大气中的二氧化碳,但如消耗过量,如毁林和耗竭可返还土壤的有机物则会破坏产消平衡。

目前生物质能利用的主要为热化学转化和生物化学转化两个方面,主要方式有:

(1)通过热化学转换技术将固体生物质转换成可燃气体、焦油等,如用生物质制造乙醇可用作汽车燃料。

(2)通过生物化学转换技术将生物质在微生物的发酵作用下转换成甲烷(即沼气)等,沼气可供炊事、照明用,生物质残渣还可作为良好的有机肥。

(3)还可通过压块细密成型技术将生物质压缩成高密度固体燃料等。生物质能源利用途径,如图 5-6-1 所示。

生物质能是中国"十二五"期间重点发展的新兴能源产业之一。按中国提出到 2020 年非化石能源占能源消费总量 15%的目标初略估算,到 2020 年我国生物质能装机总量将达 3000 万千瓦,沼气年利用量 440 亿立方米,生物燃料和生物柴油年产量达到 1200 万吨。但当前我国生物质能产业发展近乎停滞,距离目标差距巨大,急需要取得突破性进展。

4)风能(wind energy)

风能是地球表面大量空气流动所产生的动能。由于地面各处受太阳辐照后气温变化不同和空气中水蒸气的含量不同,因而引起各地气压的差异,在水平方向高压空气向低压地区流动,即形成风,空气流速越高,动能越大。由风力发电机利用风能转变成机械能、电能、热能等各种形式的能量,可用于提水、助航、发电、制冷和制热等,如图 5-6-2 所示。

风能资源决定于风能密度和可利用的风能年累积小时数。风能密度是单位迎风面积可获得的风的功率,与风速的三次方和空气密度成正比关系。风力发电是目前主要的风能利

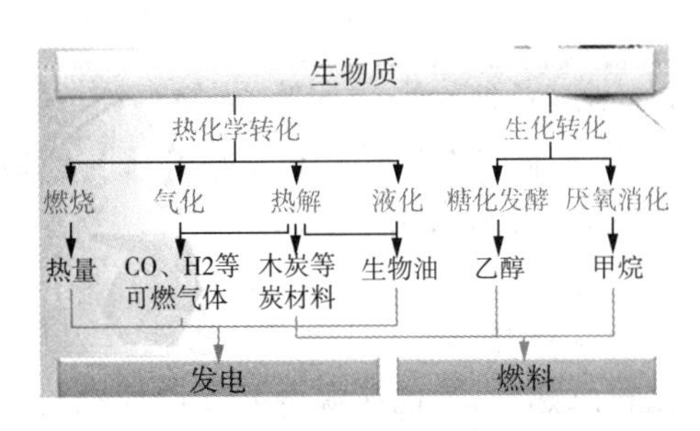

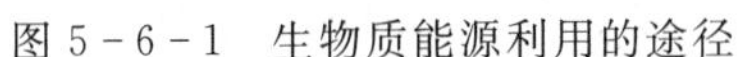
图5-6-1　生物质能源利用的途径

图5-6-2　风能发电

用方式，根据全国风能资源普查最新统计，中国陆域离地面10米高度的风能资源总储量为43.5亿千瓦，其中技术可开发量约为3亿千瓦，具有广阔的开发前景。

5)水能(water energy)

水能是通过运用水的势能和动能转换成机械能或电能等形式从而被人们利用的能源资源。水的落差在重力作用下形成动能，从河流或水库等高位水源处向低位处引水，利用水的压力或者流速冲击水轮机，使之旋转，从而将水能转化为机械能，然后再由水轮机带动发电机旋转，切割磁力线产生交流电。而低位水通过水循环的阳光吸收而分布在地球各处，从而回复高位水源的水分布。

水能是一种清洁能源、绿色能源和可再生能源，目前，水能的利用方式主要是水力发电。水力发电将水的势能和动能转换成电能，用水力发电的工厂称为水力发电厂(简称水电厂)，又称水电站。水力发电的优点是成本低、可连续再生、无污染；缺点是受分布、气候、地貌等自然条件的限制较大，容易被地形、气候等多方面的因素所影响，建立水电站、大坝也会对环境有一定影响。中国的水能资源总量较多，应研究如何更好地利用水能。

6)地热能(geothermal energy)

我们生活的地球是个巨大的热库，地热能是在其演化进程中储存下来的，如图5-6-3所示。从地球表面往下正常增温梯度是每1000米增加25℃～30℃，在地下约40公里处温度可达到1200℃，地球中心温度可达到6000℃。

地热能是指地壳内岩石和流体中(液、气相)能被经济合理地开发出来的热能，它起于地球的熔融岩浆和放射性物质的衰变，并以热力形式存在，是可再生性热能资源，也是一种新的洁净能源。地壳中地热资源的分布是不均匀的，从已发现的高温地热区看，绝大多数分布在板块构造的边缘地带，如环太平洋带和地中海—喜马拉雅带，地壳内部的热能易于从这些薄弱地带传到地表，因而地热能比较丰富。这些地带地壳不稳定，是火山和地震的多发区。在地热利用规模上，我国近些年来一直位居世界首位，并以每年近10%的速度稳步增长。

图5-6-3　地热能

7)海洋能(ocean energy)

海洋能,指依附在海水中的可再生能源,海洋通过各种物理过程接收、储存和散发能量,这些能量以潮汐能、波浪能、海流能、温度差能和盐度差能等形式存在于海洋之中。海洋能是一种新兴技术,可以利用这种能量发电以供家庭、运输和工业用电。

(1)海洋能的类型

海洋能主要包括潮汐能、波浪能、海流能、海水温差能、海水盐差能以及海洋风能、太阳能等。目前,除潮汐能、风能、太阳能开发利用比较成熟外,其他能源的开发尚处在技术研究和示范试验阶段。

① 潮汐能

潮汐能指海水在涨潮和落潮过程中产生的势能,它包括潮汐和潮流两种运动方式所包含的能量,是源于月球和太阳对海水的引力作用所致。潮汐能的强度和潮头数量和落差有关,通常潮头落差大于 3m 的潮汐就具有产能利用价值。潮汐能主要用于发电,如图 5-6-4 所示。

图 5-6-4 潮汐能

全世界潮汐能的理论蕴藏量约为 30 亿千瓦。中国海岸线曲折,潮汐能的理论蕴藏量达 1.1 亿千瓦。和一般的水力发电相比,潮汐能的能量密度比较低,因此开发成本较高。目前,我国正在运行发电的潮汐电站共有 8 座:浙江乐清湾江厦站、海山站、沙山站、山东乳山市白沙口站、浙江象山县岳浦站、江苏太仓市浏河站、广西钦州湾果子山站、福建平潭县幸福洋站。这 8 座潮汐电站总装机容量为 6000 千瓦,年发电量 1000 万余度。我国潮汐发电量仅次于法国、加拿大,位居世界第三。

② 波浪能

指蕴藏在海面波浪中的动能和势能。波浪能主要用于发电,同时也可用于输送和抽运水、供暖、海水脱盐和制造氢气。

a. 振荡水柱式波浪能发电。振荡水柱式波浪能转换装置 OWC(oscillating water column wave energy converter),由波浪运动驱动固定在岸边或半潜在海面的腔体内的水柱上下振荡,压迫空腔内的空气,产生往复气流,推动空气涡轮机发电的装置。如图 5-6-5 所示。

b. 太阳能和波浪能发电,如图 5-6-6 所示,这是一种新技术,是一个个漂浮在海面上相互连接的装置,一套系统可以是几百个单位共同发电。漂浮在海面部分是太阳能发电,而在水下是波浪能发电,几乎是不停地产生电能。这种发电装置维护成本非常低,产出却非常大。

c. 波浪能在我国的发展概况。目前我国小型波浪发电技术已经实用化,单独的风能、太阳能开发利用也比较成熟。2010年世界首座综合利用太阳能、风能、波浪能的海岛可再生独立能源发电的电站落户珠海担杆岛，三能的综合利用在世界上还是首创。

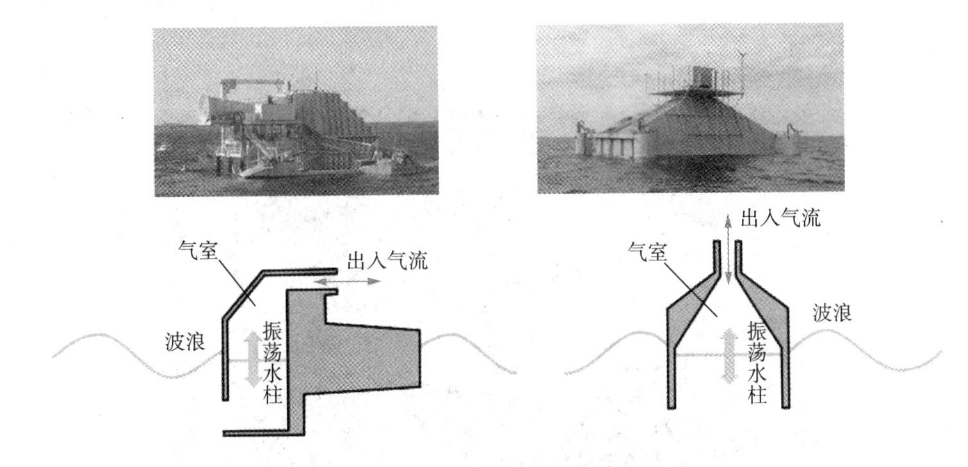

图5-6-5　振荡水柱式波能转换装置

图5-6-6　太阳能和波浪能发电

③ 海流能

海流能是指海水流动的动能，主要是指海底水道和海峡中较为稳定的流动以及由于潮汐导致的有规律的海水流动所产生的能量，是另一种以动能形态出现的海洋能。

海流形成的原因大致分三种：a. 最主要的原因是风，盛行风吹拂海面，推动海水随风飘动，并且使上层海水带动下层海水流动，这样形成的海流被称为风海流或者漂流。但是这种海流会随着海水深度的增大而加速减弱，直至小到可以忽略。b. 第二种海流是因为不同海域海水温度和盐度的不同而导致的海水的流动，这样的海流叫作密度流。c. 海流的其他成因还有地转流、补偿流、河川泻流、裂流、顺岸流等。

海流能的利用方式主要是发电，其原理和风力发电相似，几乎任何一个风力发电装置都可以改造成为海流能发电装置。但由于海水的密度约为空气的1000倍，且必须放置于水下，故海流发电存在着一系列的关键技术问题，包括安装维护、电力输送、防腐、海洋环境中的载荷与安全性能等。此外，海流发电装置和风力发电装置的固定形式和透平设计也有很大的不同。

海流发电装置主要有轮叶式、降落伞式和磁流式几种：

a. 轮叶式海流发电装置。利用海流推动轮叶，轮叶带动发电机发出电流。轮叶可以是螺旋桨式的，也可以是转轮式的。

b. 降落伞式海流发电装置。由几十个串联在环形铰链绳上的“降落伞“组成。顺海流方向的"降落伞"靠海流的力量撑开，逆海流方向的降落伞靠海流的力量收拢，"降落伞"顺序张合，往复运动，带动铰链绳继而带动船上的铰盘转动，铰盘带动发电机发电。如图 5-6-7 所示。

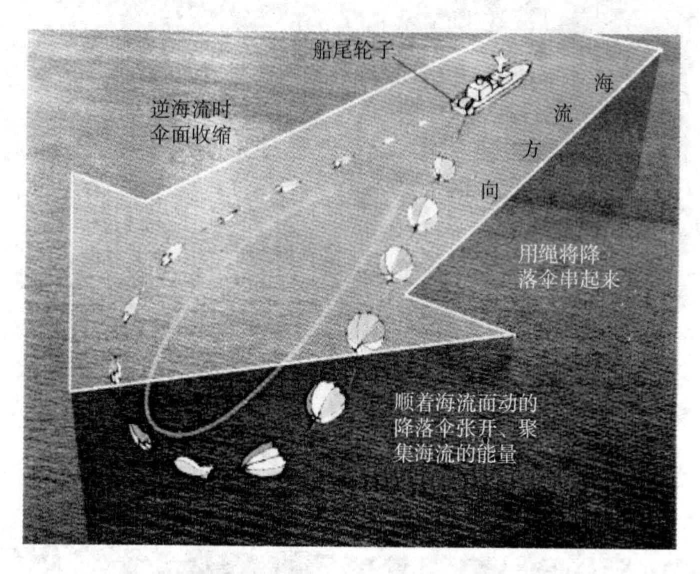

图 5-6-7 降落伞式海流发电装置

c. 磁流式海流发电装置。以海水作为工作介质，让有大量离子的海水垂直通过强大磁场，获得电流。海流发电的开发史还不长，发电装置还处在原理性研究和小型试验阶段。

海流装置可以安装固定于海底，也可以安装于浮体的底部，而浮体通过锚链固定于海上。海流中的透平设计也是一项关键技术。

④ 温差能

温差能是指涵养表层海水和深层海水之间水温差的热能，是海洋能的一种重要形式。低纬度的海面水温较高，与深层冷水存在温度差，而储存着温差热能，其能量与温差的大小和水量成正比。温差能的主要利用方式为发电。

首次提出利用海水温差发电设想的是法国物理学家阿松瓦尔，1926 年，阿松瓦尔的学生克劳德试验成功海水温差发电。1930 年，克劳德在古巴海滨建造了世界上第一座海水温差发电站，获得了 10kW 的功率。温差能利用的最大困难是温差太小，能量密度低，其效率仅有 3%左右，而且换热面积大，建设费用高，各国仍在积极探索中。

⑤ 盐差能

盐差能是指海水和淡水之间或两种含盐浓度不同的海水之间的化学电位差能，是以化学能形态出现的海洋能，盐差能是海洋能中能量密度最大的一种可再生能源。盐差能主要存在于河海交接处。同时，淡水丰富地区的盐湖和地下盐矿也可以利用盐差能。

盐差能的利用方式主要是发电。渗透压式盐差能发电系统的关键技术是半透膜技术和膜与海水界面间的流体交换技术。渗透压式盐差能转换方法主要有水压塔渗压系统和强力渗压系统两种，其开发的技术关键是膜技术。盐差能技术分类有渗透压法、蒸汽压法和反电渗析电池法。海水盐度差能发电的工作原理是：在海水和淡水之间，例如在江河入海口处用半透膜隔开，由于渗透作用，使淡水通过半透膜流向海水，使膜的海水一侧水位升高，大约可达25m,然后让水冲击水轮发电机组发电。

盐差能的研究以美国、以色列的研究为先,中国、瑞典和日本等也开展了一些研究。但总体上,对盐差能这种新能源的研究还处于实验室实验水平,已研究出来的最好的盐差能实用开发系统非常昂贵,离示范应用还有较长的距离。荷兰特文特大学纳米研究所在荷兰北部参与建设的荷兰首家盐差能试验电厂已于2014年11月底发电。

8)其他新能源:核能、氢能

核电是一种新兴的化学能源。核能发电是一种清洁、高效的能源获取方式。对于核裂变,核燃料是铀、钚等元素,核聚变的燃料则是氘、氚等物质。有些物质,例如钍,本身并非核燃料,但经过核反应可以转化为核燃料。我们把核燃料和可以转化为核燃料的物质总称为核资源。

氢是一种二次能源,一种理想的新的含能体能源,在人类生存的地球上,虽然氢是最丰富的元素,但自然氢的存在极少。因此,必须将含氢物质加工后方能得到氢气。最丰富的含氢物质是水,其次就是各种矿物燃料(煤、石油、天然气)及各种生物质等。氢不但是一种优质燃料,还是石油、化工、化肥和冶金工业中的重要原料和物料。用氢制成燃料电池可直接发电。采用燃料电池和氢气一蒸汽联合循环发电,其能量转换效率将远高于现有的火电厂。随着制氢技术的进步和贮氢手段的完善,氢能将在21世纪的能源舞台上大展风采。

2. 关注可再生能源利用的负面影响

可再生能源虽然是一种低碳环保的资源,但由于技术手段的限制,当前对其的利用方式并非完全清洁,同样会产生一定的环境影响,见表5-6-1所列。因此,在专项规划中还应对相应的影响进行评估,提出具体措施进行影响消减。

表5-6-1 可再生能源利用的生态环境影响

利用方式	生态环境影响	削减措施
(规模化) 太阳能利用	环境影响:电池生产 占地面积:占地巨大	充分利用废弃地、 难以耕作和建设的土地
风能利用	环境影响:噪声、景观、鸟类、电磁辐射 占地面积:占地较大,但可混合开发	优化选址,设置隔离距离
生物质能利用	运输成本:密度低运输成本较大 环境影响:燃烧/热解产生焦油、废水废气	优化生物质能场站选址, 建设废弃物处理处置设施
地热能利用	环境影响:回灌不足地面沉降、回灌地下水 污染、化学和放射性污染、诱发地震	进行地质评估,采用封闭式系统
海洋能利用	环境影响:回灌污染、鱼类、洋流循环	进行海洋生态评估,采用封闭式系统

3. 可再生能源的发展概况

可再生能源比重的提升传递着"绿色经济"正在兴起的信息,2012年《京都议定书》到期后新的温室气体减排机制将进一步促进绿色经济的全面发展。国际能源署日前发布《可再生能源信息2015》和《电力信息2015》统计报告指出,在2013年可再生能源发电量占发电总量的22%,为5130太瓦时,已超过天然气发电,仅次于煤炭发电成为第二大电源;其中非水电可再生能源发电量增至1256太瓦时,占比为5.4%,首次超过燃油发电。

根据中国中长期能源规划,2020年之前,中国基本上可以依赖常规能源满足国民经济发展和人民生活水平提高的能源需要，到 2020 年，可再生能源的战略地位将日益突出，届时需要可再生能源提供数亿吨乃至十多亿吨标准煤的能源。因此，中国发展可再生能源的战略目的将是最大限度地提高能源供给能力，改善能源结构，实现能源多样化，切实保障能源供应的安全。

2010 年 4 月 1 日，修改后的新《可再生能源法》开始实施。共有总则、资源调查与发展规划、产业指导与技术支持、推广与应用、价格管理与费用补偿、经济激励与监督措施、法律责任和附则八章三十三条。《可再生能源法》从法律上确立了国家实行可再生能源发电全额保障性收购制度，建立了电网企业收购可再生能源电量费用补偿机制，设立了国家可再生能源发展基金，要求电网企业提高吸纳可再生能源电力的能力等，将有力地推动我国可再生能源产业的健康快速发展，促进能源结构调整，加强环境友好型和资源节约型社会建设。

4. 可再生能源与绿色建筑

绿色建筑是实现"人文—建筑—环境"三者和谐统一的重要途径，是实施可持续发展战略的重要组成部分。发展绿色建筑是从建筑节能起步的，同时，又将其扩展到建筑全过程的资源节约、提高居住舒适度等领域。可再生能源的利用是绿色建筑的重要技术之一，建筑是可再生能源应用的重要领域，应用可再生能源是降低建筑能耗的必要手段。

我国太阳能、浅层地能和生物能等资源十分丰富，在建筑用能中应用前景广泛。目前，虽然我国太阳能光热利用、浅层地能热泵技术及产品发展比较迅速，但与建筑结合的程度、应用范围和系统优化设计水平不高，需要大力扶持、引导，使其尽快达到规模化应用。

本章以下章节主要介绍太阳能建筑及利用技术、空调冷热源技术和地源热泵技术。

5.6.2 太阳能建筑及技术

太阳能建筑是指用太阳能代替部分常规能源为建筑物提供采暖、热水、空调、照明、通风、动力等一系列功能，以满足或部分满足人们生活和生产需要的建筑。

太阳能建筑的发展大致可分为三个阶段[1-2]：

第一阶段：被动式太阳能建筑。它是一种不采用太阳能集热设备和任何其他机械动力，完全通过建筑朝向、周围环境的合理布置、内部空间和外部形体的巧妙处理、建筑材料和结构的恰当选择、集取蓄存分配太阳能的建筑。

第二阶段：主动式太阳能建筑。它是一种以太阳能集热器、管道、风机、水泵、散热器及贮热装置等组成的太阳能采暖系统或与吸收式制冷机组组成的太阳能采暖和空调的建筑。工作介质由风机或水泵输送，系统简图如图 5-6-8、图 5-6-9 所示。

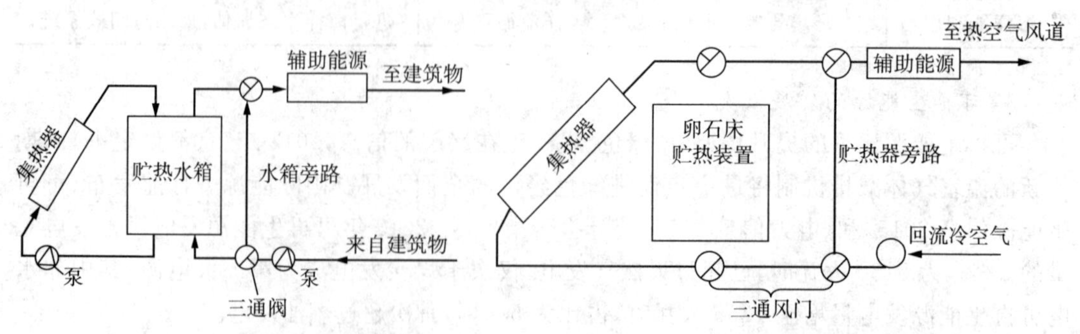

图 5-6-8 热水采暖系统原理图[1]　　图 5-6-9 热空气采暖系统原理图[2]

第三阶段:零能耗房屋。利用太阳能电池等光电转换设备提供建筑所需的全部能源,完全用太阳能满足建筑采暖、空调、照明、用电等一系列功能要求的建筑。近年来,发达国家已有相当发展水平的零能耗房屋,真正做到清洁、无污染。零能耗房屋是21世纪太阳能建筑的发展趋势。

1. 被动式太阳能建筑及技术

1)被动式太阳能建筑设计的基本原则[1-7]

(1)合理的选址。被动式太阳能利用不只限于太阳能充足的地区。虽然不同地区太阳能年辐射总量不同,对太阳能利用的要求也不同,但只要建筑设计和太阳能保证率选取合理,大多地区都能起到明显的节能环保作用和经济效果。在太阳能年辐射总量一定的条件下,建筑的选址也对太阳能利用产生很大影响。建筑选址应遵循争取冬季最大日照原则;结合当地气候条件,合理布局建筑群,在建筑周边形成良好的风环境;并通过改造建筑周边自然环境如植被和水体以改善建筑周边微气候。

(2)合理的朝向。建筑朝向选择的原则是冬季尽量增加得热量,夏季尽量减少得热量,因此一般选取正南±15°以内。

(3)通过遮阳调节太阳得热量。冬季尽量多地获取阳光和夏季减少阳光的入射是个矛盾的问题,因此可设计合理的遮阳设施加以解决。

(4)在适当位置设置蓄热体。蓄热体的作用是减小室内温度波动,提高环境舒适性。例如,冬季可在中午阳光强烈时吸收并储存部分热量,使室内温度不至于过高,到夜间将热量缓慢释放回房间,维持房间温度稳定。蓄热体可分为原有蓄热体和附加蓄热体两类。原有蓄热体指墙、地板、家具等建筑原有组成部分;附加蓄热体可以是附加的结构墙,也可以是放置于特殊结构内的卵石、水等非建筑材料。

(5)墙体、屋面、地板和门窗的保温。保温材料在冬季可以减少热量的损失,夏季又可以减少热量的吸收。在被动太阳能利用建筑中,是减少室内负荷、提高太阳能保证率的重要措施。保温材料应采取防潮隔潮措施以保持保温性能。

(6)封闭空间应有一定的空气流通。提高房间的密封性来减少空气渗透,是重要的节能手段,但同时也会造成室内空气质量的下降。从空气调节的角度讲,按建筑用途应保持一定的新风量,在被动式太阳能建筑的设计阶段不可忽视此部分的设计工作。

(7)提供高效、适当规模、适应环境的辅助加热系统。太阳能的特点之一是不稳定性。因此一般不宜选用100%的太阳能保证率,否则不但造成投资的巨大浪费,也会造成经常性的能源过剩导致的浪费。通常的做法是按一定的太阳能保证率进行太阳能利用系统的设计,然后加以辅助加热装置,可以寻求到投资和资源利用的平衡点。而辅助加热系统可以有多种选择,可根据工程实际情况和当地能源状况综合选定。

2)被动式太阳能建筑基本集热方式

被动式太阳能建筑集热方式很多。目前主要有两类分类方式:按传热过程分类和按集热方式分类。按传热过程可分为:直接受益式和间接受益式。直接受益式是指阳光透过窗户直接射入房间转化为室内得热;间接受益式是指阳光不直接进入房间,而是先照射到集热部件上,再通过空气循环将热量带入室内。

按集热方式分类,被动式太阳建筑可被分为五类:直接受益式、集热蓄热式、附加阳光间式、屋顶蓄热池式和对流环路式[8,9,10]。

(1)直接受益式

如图 5-6-10 所示,阳光射入室内后,首先使地面和墙体温度升高,进而以对流和热辐射作用加热室内空气和其他围护结构,另外一部分热量被储存在地面和墙体中,待夜间缓慢释放出来维持室内空气温度[11]。此种方式利用南立面的单层或多层玻璃作为直接受益窗,利用建筑围护结构进行蓄热。该方法系统结构简单,与建筑窗结构和功能结合紧密,易于设计和施工,不会对建筑外观造成不良影响。但室温随光照条件波动性较大,且白天室内光线较强,室内舒适性稍差。该结构在设计过程中,受到限制条件较大,且需要解决夜间室内保温及夏季减小室内得热的问题,较适合于冬季晴天较多的地区。

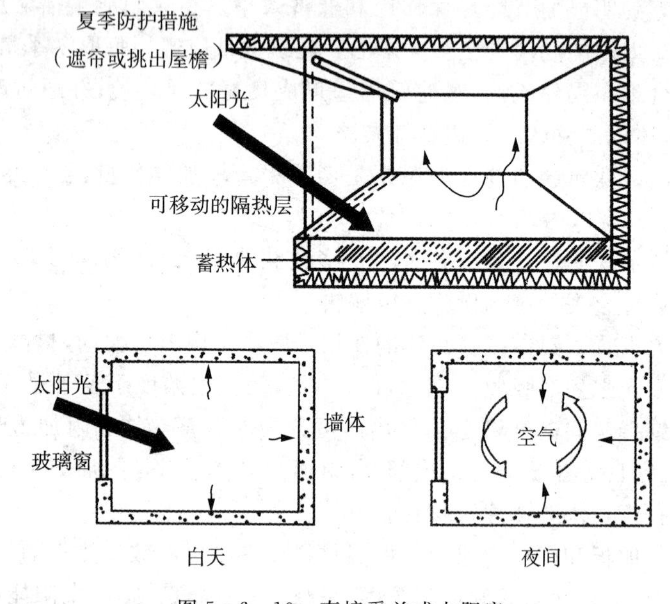

图 5-6-10 直接受益式太阳房

采用该方式需要注意以下几方面的问题:首先,建筑朝向在正南±30°以内,以利于冬季集热。其次,需要充分考虑所处地区的气候条件,根据建筑热工条件选择适宜的窗口面积、玻璃层数、玻璃种类、窗框材料和结构参数。再次,为减小夜间通过窗结构引起的对流和辐射损失,需要采用保温帘等做好夜间保温措施。最后,为避免引起夏季室内过热或增加制冷负荷,该方式宜与遮阳板配合使用。

(2)集热蓄热墙式

如图 5-6-11 所示,1956 年,法国学者 Trombe 等提出 Trombe 墙的概念,Trombe 墙由玻璃盖板和集热墙两部分组成,集热墙的表面涂有吸收涂层以增强吸热能力,集热墙的上方和下方以及玻璃墙的顶端设有可开启的通风孔[12]。如图 5-6-12 所示,冬季时集热墙上下通风孔打开,玻璃盖板顶端通风孔关闭,空气只能在 Trombe 墙与室内循环流动。集热墙吸收太阳辐射后温度上升,加热玻璃盖板与集热墙之间的空气,被加热后的空气密度降低,经集热墙顶部的通风孔流入室内,同时室内被冷却的空气由底部通风孔流入 Trombe 墙[9]。空气通过自然对流的作用将集热墙吸收的热量源源不断地送入室内房间。夜间将所有通风孔关闭,减小热量向室外散发。夏季时集热墙上方通风孔闭合,集热墙下方与玻璃盖板顶端通风孔打开,玻璃墙与蓄热墙之间的空气被加热后由玻璃盖板顶端通风孔流向室外,房间因此形成负压，并在此作用下不断吸入房间北侧温度较低的空气，起到自然通风的作用[10]。与直接受益式相比，该集热方式显然属于间接受益式，集热蓄热墙式加热方式使室温波动幅度较小，冬夏均可发挥作用。

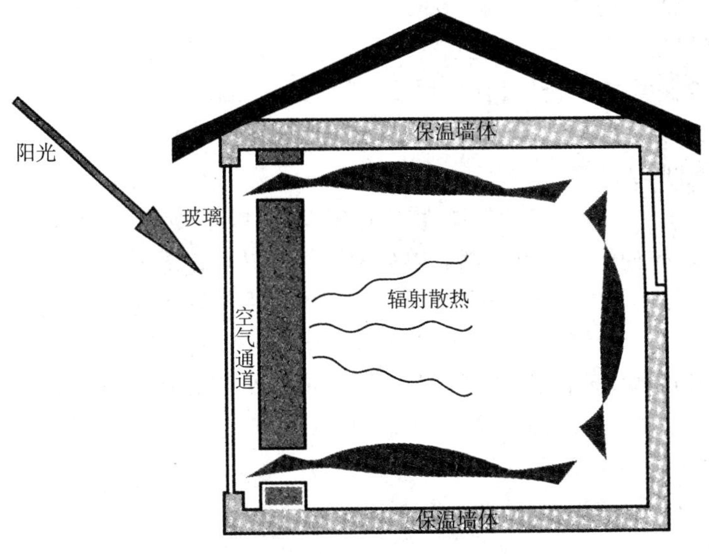

图5-6-11　集热蓄热墙式太阳房[4]

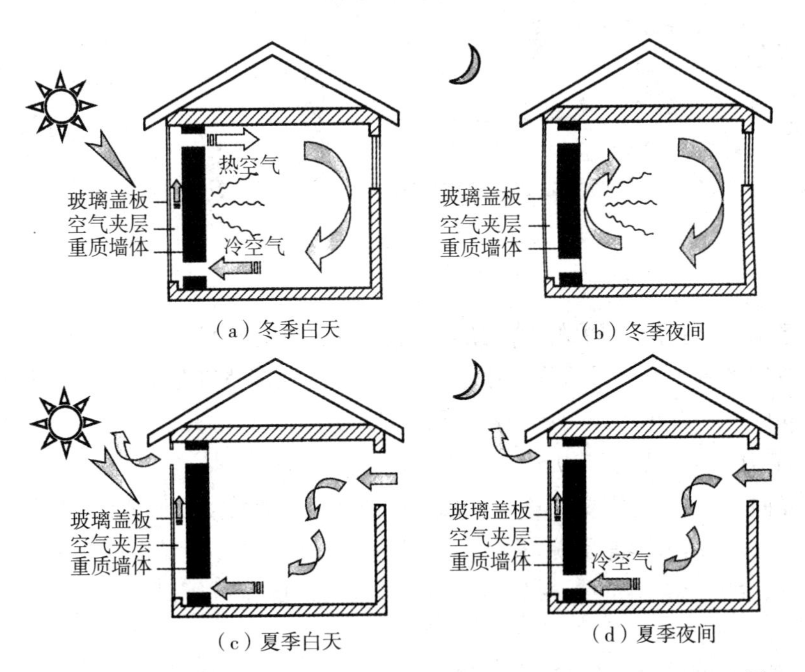

图5-6-12　集热蓄热墙式太阳房在冬夏季的白天与夜间的工作情况[5]

集热蓄热墙易与建筑结构相结合，不占用室内可用面积。与直接受益窗结合，可充分利用南墙集热。

集热墙墙体可选用混凝土、砖、石料等材料，起到蓄热作用，减小室内温差波动幅度，提高室内环境舒适性。近年来化学能储热和相变材料蓄热的应用日益得到重视。相变蓄热材料具有热容量大、相变温度恒定的优点，可减轻蓄热墙体的重量，减小室内温度的波动，但存在造价偏高、性质不稳定的缺陷[9]。

集热蓄热墙在设计时,需要注意以下几方面的问题。第一,需要综合考虑建筑性质和结构特点,选择合适的立面组合形式。第二,根据性能、成本、使用环境的条件,选择适宜的玻璃墙材料和层数,以及选择性吸收涂层的材料。第三,综合功能性和经济性分析,选择合理的蓄热墙材料和厚度。第四,选择适宜的空气间层厚度与通风孔位置及开口面积,确保空气流通顺畅。第五,合理确定隔热墙体的厚度,避免夏季增加过多的空调负荷,或冬季保温性能差的问题。最后,集热蓄热墙应该便于操作,方便安装和维修。

(3)附加阳光间式

如图 5-6-13 所示,用墙或窗将室内空间隔开,向阳侧与玻璃幕墙组成附加阳光间,其结构类似于被横向拉伸的集热蓄热墙。附加阳光间可以结合南廊、入口门厅、封装阳台等设置,增加了美观性与实用性。由于可用面积较大,可用于栽培花卉或植物,因此也被称为“附加温室式太阳房”[13]。该种结构具有集热面积大、升温快的特点,在阳光充足时甚至可能出现过热的现象,因此要合理设置与室内连接的门或窗结构并适时开启,使得热及时流向室内。而在夜间,由于玻璃幕墙面积较大,辐射散热较多,因此要及时阻断与室内的空气流通。夏季为避免温室效应,需要进行遮阳或打开幕墙做好通风。若阳光间栽种有植物,则晚间由于湿度较大可能出现结露现象,因此也需要适时进行通风。

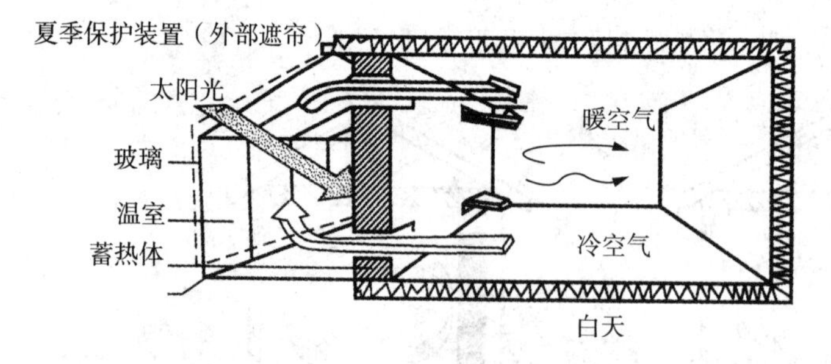

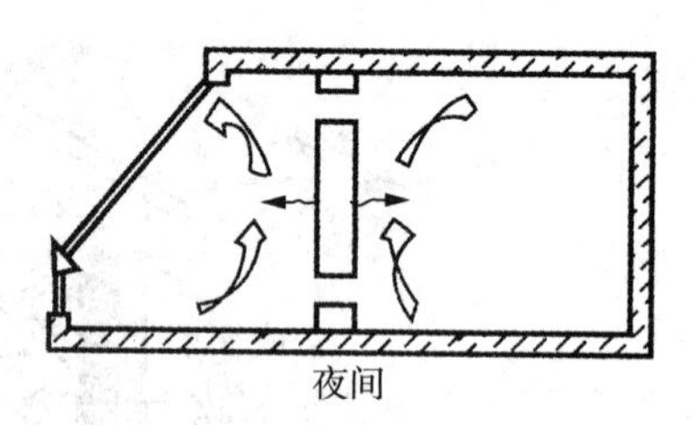

图 5-6-13 附加阳光间式太阳房[6]

在多层建筑中,还可以利用附加阳光间与置于屋顶和地面的风管结合向非阳光间供暖。南向阳光间空气受热后上升进入置于屋顶的风管,流入北侧或其他非阳光间,加热室内的空气。非阳光间的空气在热压作用下经地面风管流向阳光间被加热。空气如此循环流动便可使其他非朝阳房间得到供热,其机理类似于 Trombe 集热蓄热墙。

附加阳光间在设计时,需要注意以下几方面的问题。首先,合理确定玻璃幕墙的面积和层数,以合理充分利用太阳能资源,夜间需做好保温工作。其次,夏季应该采取有效的遮阳与通风措施,减少室内空调负荷。最后,合理组织附加阳光间与室内空气循环流动,防止在阳光间顶部出现“死角”。

(4)屋顶蓄热池式

如图 5-6-14 所示,在屋顶安设吸热蓄热材料作为蓄热池,冬季时白天蓄热材料吸收太阳辐射并蓄热,通过屋顶结构以类似辐射采暖的方式将热量传向室内,夜间需要盖上保温盖板,减少蓄热体向周围环境的辐射和对流换热,靠蓄热向室内供热[8]。夏季时夜晚使蓄热池暴露于空气中,将热量散发于环境中,白天盖上保温盖板,屋顶结构就可以以辐射供冷的方式降低室内温度[9]。此种结构冬夏都可起到调节室内温度的作用,适用于冬季不太冷、夏季较为炎热的低纬度地区。蓄热材料可用贮水塑料或相变材料，因要放置于屋顶，因此此方法适用建筑类型有限，同时需要频繁操作屋顶的保温盖板，因此实际应用较少。

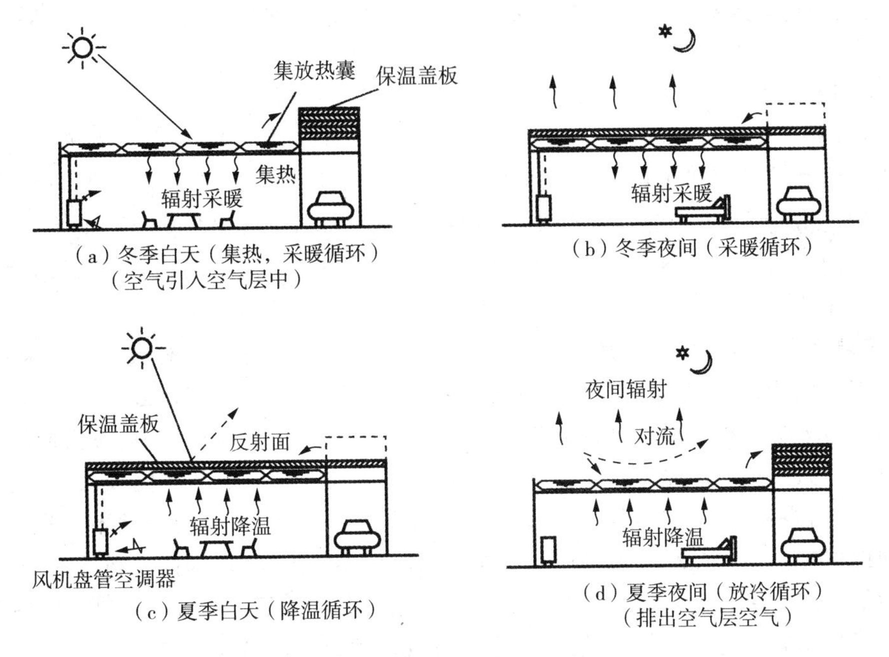

图5-6-14　屋顶蓄热池式太阳房[7]

(5)对流环路式

如图5-6-15所示，集热器通过风道与室内房间及蓄热床相通，被加热的空气可直接送入室内房间或通过蓄热床储存，以便需要时再进行放热[8]。由于结构特性，空气集热器安装高度低于蓄热结构，而蓄热床一般布置在房间地面下方，因此集热器一般安装于南墙下方，比较适合存在一定斜度的南向坡地上的建筑使用[13]。此种结构蓄热体位置合理，应用效果较好，但系统结构复杂，成本较高。

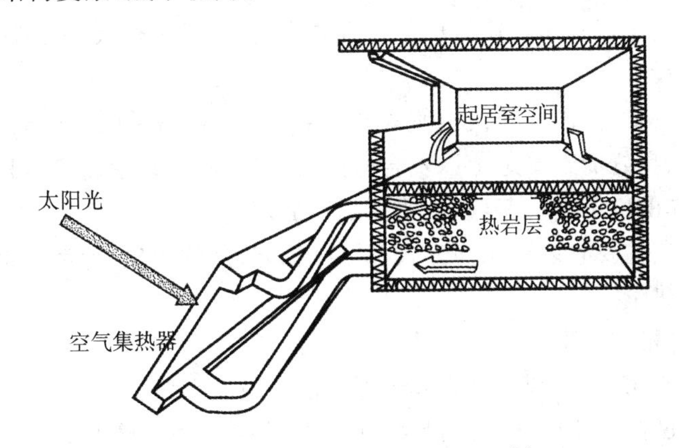

图5-6-15　对流环路式太阳房[8]

以上五种被动式太阳能建筑集热方式各有其优缺点及适用条件，需要在设计过程中综合考虑气候、地理位置、光照条件、建筑结构等进行选择，也可选用两种或更多集热方式组成混合系统，更加充分地利用太阳能资源。此外，主被动相结合的太阳能建筑也得到越来越多的发展和应用。

3)被动式太阳能建筑集热方式的选择

在建筑设计阶段,设计者需要综合多方面因素选择适宜的太阳能利用方式,其主要影响因素有:

(1)房间的用途。房间的用途直接影响太阳能利用的时间参数。对于白天使用的房间,例如办公室、教室等场所,应优先选择直接受益窗或附加阳光间式,使太阳能可以直接得到有效利用。为减小辐照变化对室内湿度波动的影响,宜配合蓄热墙一同使用。对于卧室一类夜间使用的房间,可选用集热蓄热墙式、对流环路式结构,白天以集热蓄热为主,可以不使热空气向室内流通以减小不必要的浪费,夜间再使蓄热体与房间之间的空气流通,通过空气将热量转移至所需要的房间。

(2)气象因素。气象因素与纬度、海拔高度、太阳年辐照量等因素有关。一般来讲,低纬度地区太阳高度角常年较高,天气晴好时光照条件较好,室外年平均气温较高,对保温有利,但这类地区对采暖要求一般较低。高纬度地区冬季太阳能高度角较低,相应太阳辐照量也较低,环境气温也较低,对保温和防冻有严格的要求。另外沿海地区湿度较大,阴雨天气较多,也会对太阳能利用造成不利影响。因此在建筑设计过程中,要充分考虑不同集热器的适用条件加以选择。例如在北方可使用双层窗或双层玻璃集热器,以提高集热器工作温度,保证集热性能。对于采暖期阴雨天较少的地区,可优先采取直接受益窗、附加阳光间的结构,对于阴雨天气稍多的地区,可以选用热损失相对较小的集热蓄热墙的方式[14]。

(3)经济因素。经济性指标是工程应用中的重要指标。被动式太阳能建筑的目标之一就是通过太阳能的利用降低常规能源的消耗,节约长期运行情况下的能耗开支,但会增加建筑的初投资。集热方式要综合考虑经济能力、初投资与长期回报的关系,以及未来技术发展趋势,做出合理选择。

(4)其他影响因素。被动式太阳能建筑的设计还受许多其他因素的影响,例如法规政策方面的影响。某些地区政府对太阳能利用有特殊的补助或鼓励政策,可能有助于降低太阳能利用成本。指导性的规范或政策将对设计提供指导,降低设计的难度。直接受益式建筑的开窗面积通常需要考虑建筑抗震方面的设计要求,往往不可过大。

4)被动式降温设计

和被动式采暖一样,太阳能建筑的夏季冷负荷也可通过被动式降温设计加以解决。通过精良的建筑设计、良好的建筑施工以及合适的材料选择,可以使所有地区的建筑实现通风降温,大幅减小夏季的空调冷负荷,起到明显的节能效果。

被动式降温方法主要有以下几种方式:减少内部热量的产生、抑制外部热量的进入和释放建筑内部积蓄的热量。

(1)减少内部热量的产生

减少白炽灯的使用,尽量利用自然采光等方法可以减少照明引起的室内热负荷,在建筑节能领域是通常的做法。使用高效的设备、可能的话使设备在早上或晚上使用而避开中午使用、可将在室内使用的设备移至室外等方法也是控制室内热负荷的有效手段。

(2)控制外部热量的进入

在制冷季节,房间的热量主要来自室外,故在被动式降温设计中控制外部热量的进入是非常有效的。

① 避免使用两层通窗和天窗。窗地比过大会导致过多热量进入室内，两层通窗和天窗的作用尤为突出。夏季应尽可能地采用遮挡的方法减少室内的直射辐射得热，百叶窗、遮阳板、挑檐等都是实用的选择。通过植物进行自然遮阳也是很好的选择，并且植物的蒸腾作用还可以降低建筑周围的空气温度，也有助于减少向室内的传热。通过植物遮阳，落叶树是最好的选择，夏季它们枝繁叶茂能使屋面和南墙处于荫凉中，冬季则叶落枝零，太阳辐射可以照进室内提供热量。

② 墙面和屋面颜色。浅色墙面能反射阳光，从而降低得热量。屋面结构产生的影响较屋面颜色的影响大得多，保温良好的屋面对减少室内夏季热负荷作用明显。在夏季炎热地区，在屋面安装抗辐射材料能有效阻挡从屋面渗入室内的热量。

③ 选用Low－E玻璃。Low－E玻璃具有对可见光的高透过性和对红外辐射的高反射性，能有效降低玻璃的总传热系数，减少通过玻璃的热传导。

④ 减少空气渗透。从外围护结构缝隙进入室内的热量在外部得热量中占很大比例，而控制空气渗透的成本低且能通过每年节省的费用得到补偿。低空气渗透率同样也对冬季保温有积极作用。

(3)排除建筑蓄热

① 自然通风

自然通风的原理是利用建筑内部空气温度差所形成的热压和室外风力在建筑外表面所形成的风压，在建筑内部产生空气流动，进行通风换气。建筑中自然通风方式主要有三种：一是穿越式通风，即我们常说的“穿堂风”。它是利用风压进行通风的，如图5－6－16(a)所示。室外空气从建筑一侧的开口(如门窗)流入，从另一侧的开口流出。穿越式通风方式一般应用于建筑进深较小的部位，否则建筑内空气流动阻力过大，会造成通风不畅。二是烟囱式通风，即我们常说的“垂直拔风”。如图5－6－16(b)所示，烟囱式通风主要利用热压进行通风，可以有效解决建筑进深较大、无穿堂风时的通风问题。三是单侧局部通风。如图5－6－16(c)所示，空气的流动是由于房间内的热压效应、微小的风压差和湍流。单侧局部通风一般应用于房间通风。

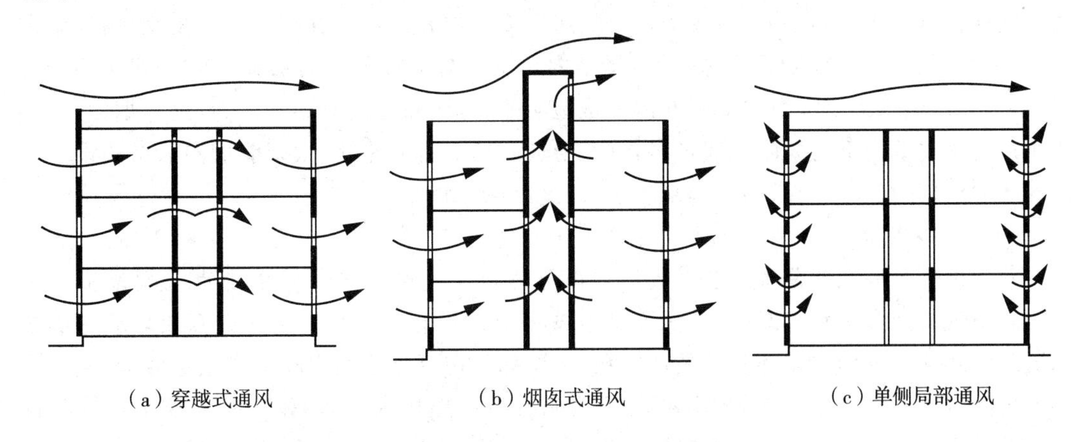

(a) 穿越式通风　(b) 烟囱式通风　(c) 单侧局部通风

图5－6－16　建筑中自然通风方式

自然通风是使用非常广泛的一种通风方式，可以有效带走室内的部分热量，而无需任何化石能源的消耗和能源费用的支出，故在建筑设计阶段应尽可能地采用。

② 太阳能烟囱(风塔)

太阳能烟囱既可由重质材料如混凝土或土坯建造而成(重质材料制成的太阳能烟囱通常被称为风塔),也可由轻薄的金属板材制成,烟囱上部凸出屋面一定高度[14]。如图 5-6-17 所示,在室外有风的情况下,太阳能烟囱(风塔)能捕捉高于地面 10m 以上的风,这些风比流经地面的风更凉爽,并将这些更凉爽的风送入室内,以改善室内环境。在中东地区如埃及,如图5-6-18所示,在风塔中设置装水的陶壶和活性炭格栅制成的蒸发降温设施,可实现对室内空气的降温加湿,改善室内环境。

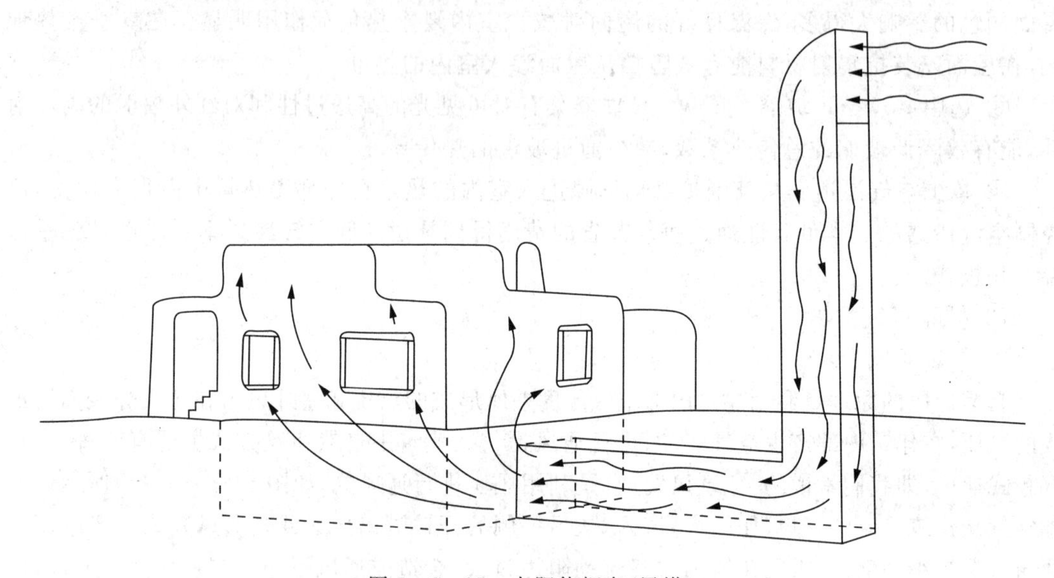

图 5-6-17 太阳能烟囱(风塔)

在室外无风情况下,太阳能烟囱(风塔)利用合理的风帽设计和捕风口朝向在烟囱口形成负压,可将室内热气及时排出。如图 5-6-19 所示,太阳光晒热太阳能烟囱上部的结构,蓄存在烟囱上部的热量加热烟囱内的空气,空气受热上升,形成热虹吸;在热虹吸的作用下,热空气被抽到顶部排向室外,凉爽的空气从房屋冷侧的开口流进补充。到了夜晚,白天烟囱吸收并蓄存的热量继续促成这种排风,将室内热空气排向室外。为加强太阳能烟囱的热虹吸作用,太阳能烟囱上部面向太阳的部位是透明的,可让阳光透射到烟囱内,加热烟囱,但要避免透射入建筑内部的太阳光线过多,以免增加制冷负荷。此外,太阳能烟囱通常还设有可以开闭的风门,在无须通风如冬季采暖季节时可以关闭。

③ 双层玻璃幕墙

双层玻璃幕墙根据幕墙面层封闭形式可分为封闭式和开放式两种,封闭式幕墙面层具有阻止空气渗透和雨水渗漏的功能,而开放式幕墙面层与之相反。封闭式双层玻璃幕墙根据通风方式又可分为内循环和外循环体系,实质都是在双层玻璃之间形成温室效应,夏季将温室内的过热空气排出室外,冬季把太阳热能有控制地排入室内,使冬夏两季节约大量能源。在夏季为防紫外线和强热辐射需要设置遮阳设施[15]。与其他传统幕墙体系相比,双层玻璃幕墙的最大特点在于其独特的结构,具有环境舒适、通风换气的功能,保温隔热和隔声效果非常明显。

内循环双层玻璃幕墙构造如图 5-6-20 所示,外层幕墙封闭,内层幕墙与室内有进、出

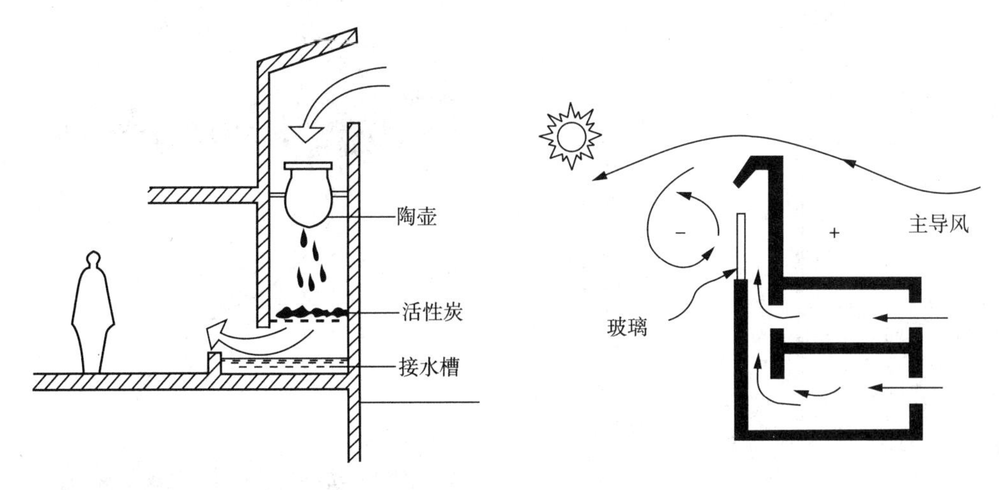

图5-6-18　埃及捕风塔的蒸发冷却　　图5-6-19　太阳能烟囱通风原理

风口连通，使得双层幕墙通道内的空气可与室内空气进行循环。外层幕墙采用断热型材，玻璃常用中空玻璃或Low－E中空玻璃，内层幕墙玻璃常用单片玻璃，空气腔宽度通常在150～300mm之间。

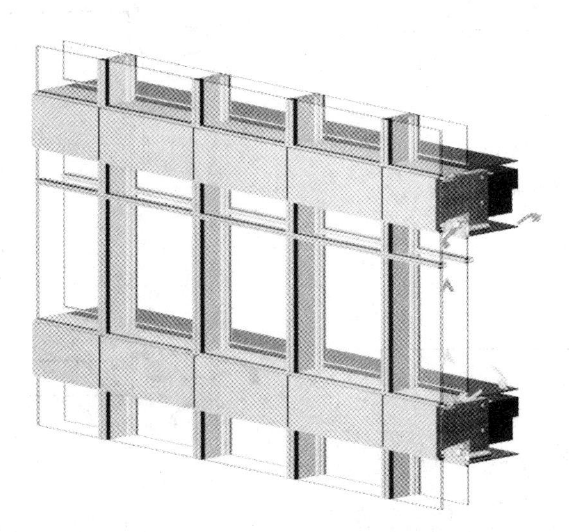

图5-6-20　内循环双层玻璃幕墙示意图

外循环双层玻璃幕墙构造如图5-6-21所示，内层幕墙封闭，外层幕墙与室外有进、出风口连通，使得双层幕墙通道内的空气可与室外空气进行循环。内层幕墙采用断热型材，可设开启窗，玻璃常用中空玻璃或Low－E中空玻璃，外层幕墙设进、出风口且可开关，玻璃通常采用单片玻璃，空气腔宽度通常为500mm之间。

外循环双层玻璃幕墙通常可分为：整体式、廊道式、通道式和箱体式。整体式：空气从底部进入、顶部排出，空气在通道中没有分隔，气流方向为从底部到顶部。廊道式：每层设置通风道，层间水平有分隔，无垂直换气通道。通道式：空气从开启窗进入，从风道中排出，幕墙透气窗与通风道可交替使用，层间共用一个通风道。箱体式：每个箱体设置开启窗，水平及垂直均有分隔，每个箱体都能独立完成换气功能[16]。

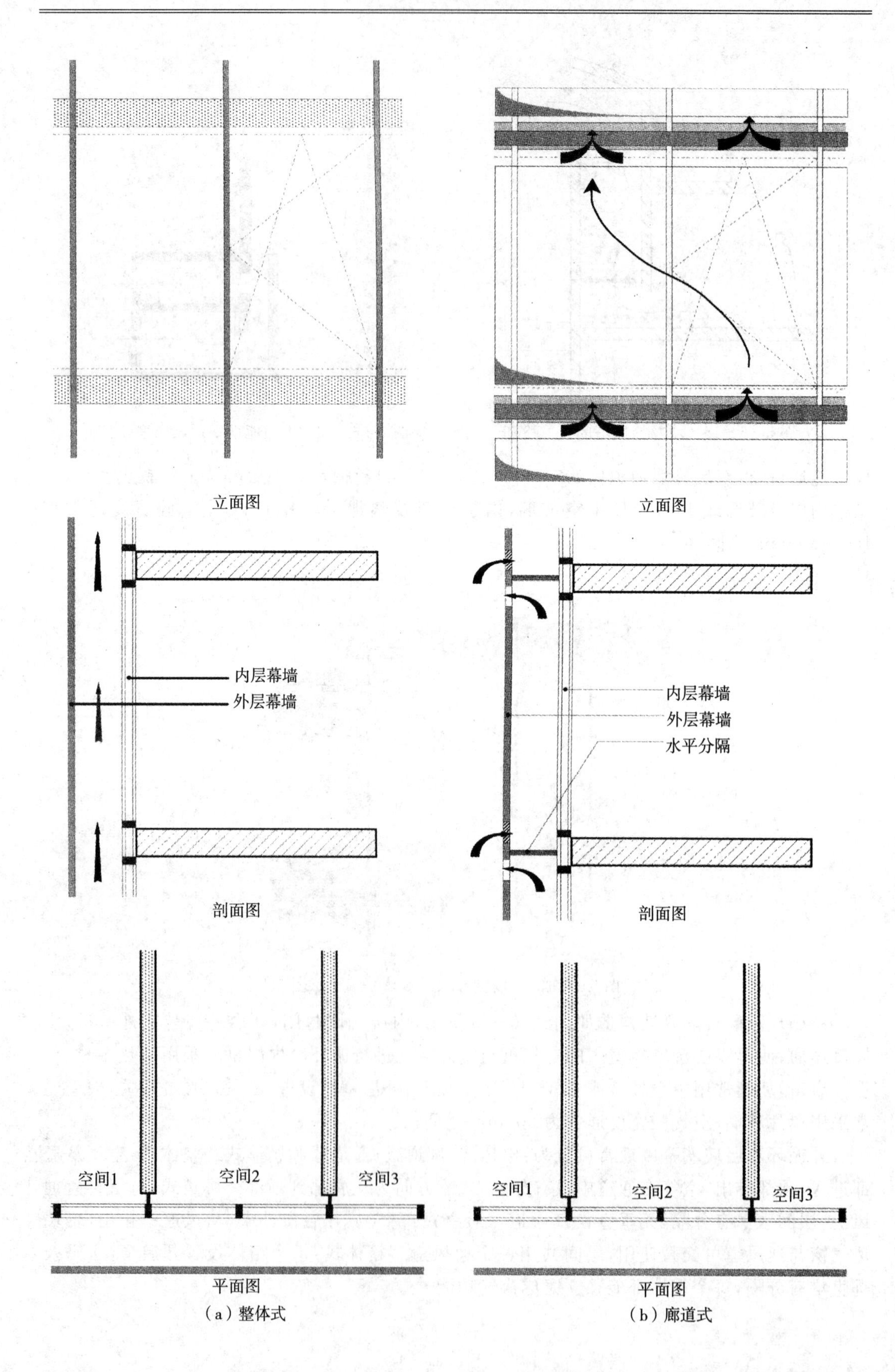
立面图
立面图
内层幕墙
外层幕墙
剖面图
内层幕墙
外层幕墙
水平分隔
剖面图
空间1
空间2
空间3
平面图
空间1
空间2
空间3
平面图

（a）整体式　　（b）廊道式

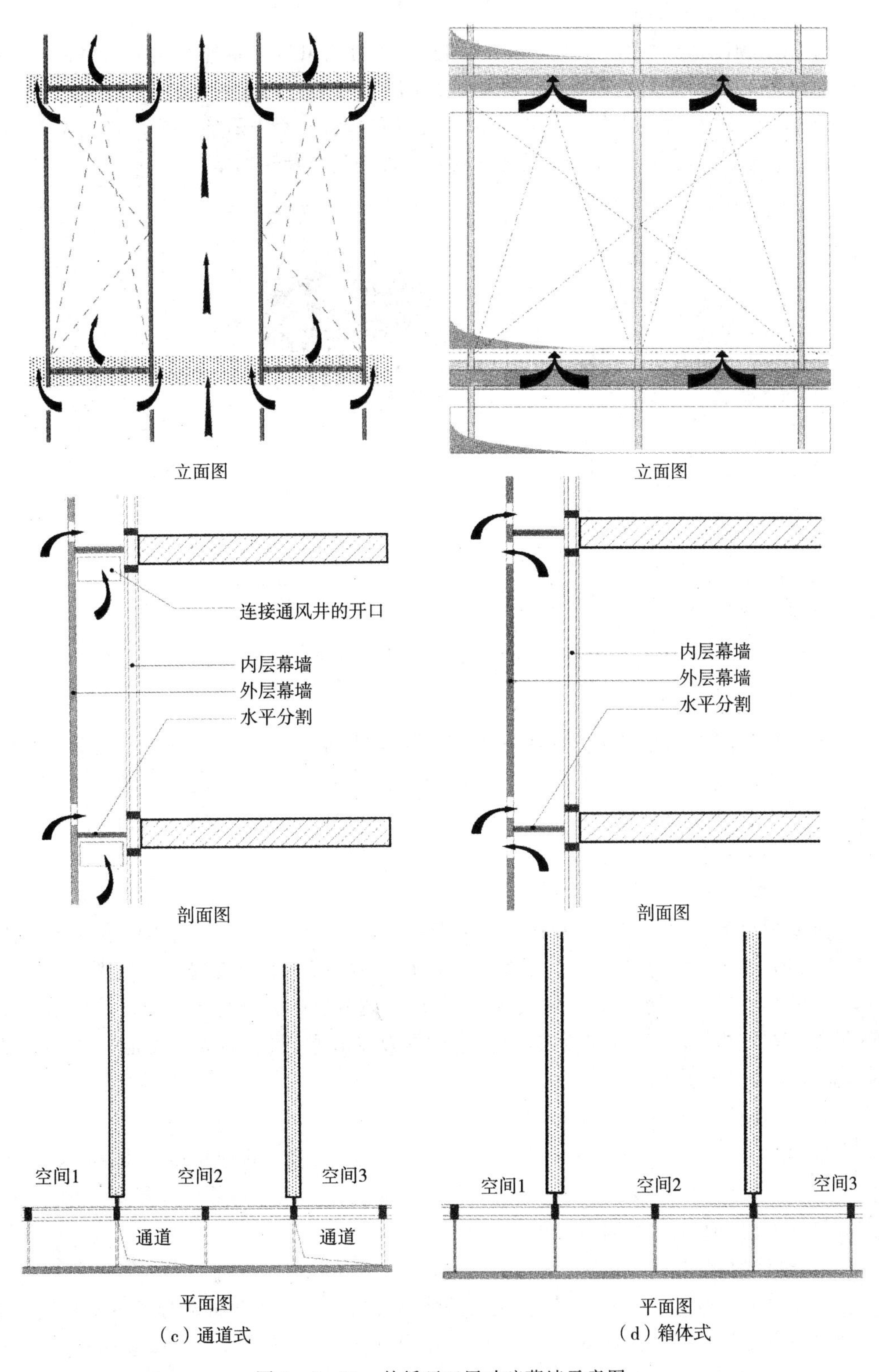

(c) 通道式　　(d) 箱体式

图 5-6-21　外循环双层玻璃幕墙示意图

④ 地下新风预冷管道

地下新风预冷管道被埋在地下,可被动利用,也可用风机将室外空气引入室内,空气流过地下经土壤自然冷却后送入室内,提供自然通风和被动式降温,如图 5-6-22 所示。地下预冷管有开放式和封闭式两种形式。开放式的空气引入室内后通过窗户排向室外;封闭式系统中,空气引入室内后,又由风机送入地下经冷却后重新送回室内[14,15]。

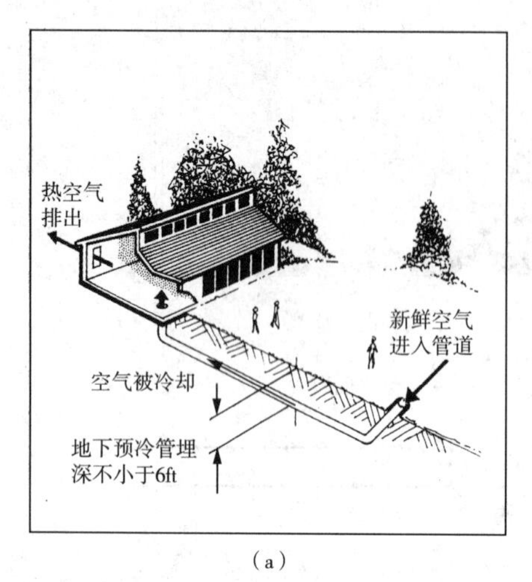

(a)

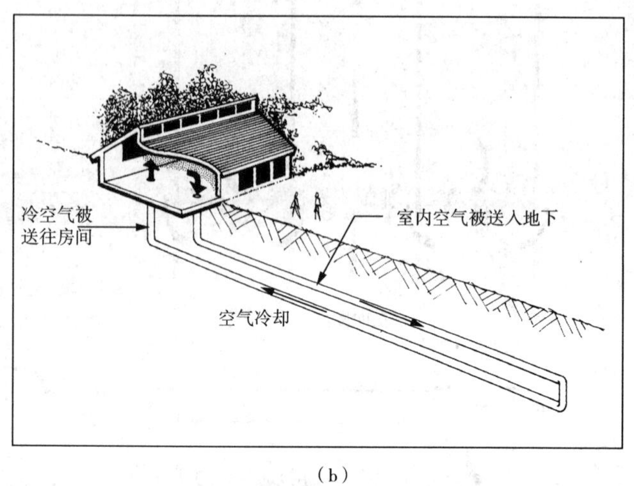

(b)

图 5-6-22 地下新风预冷管道

⑤ 阁楼和整体式风机

设有通风设施的阁楼能降低顶棚进入室内的热量,从而降低室内的制冷负荷。阁楼的通风可采取被动式,也可以采取主动式。更为有效的是整体式风机,它造价低廉易于安装,适用于室外空气温度低于室内时,通常用于夜间降温。冬季则需要进行密闭和保温处理,以防止室内热量流失。

⑥ 蓄热体

在某些情况下,蓄热体也有助于被动式降温,当室内气温高于蓄热体温度时蓄热体吸热,反之放热,这一性能有助于冬季采暖和夏季降温。在制冷季节建筑内的蓄热体将来自内部和外部的热量吸收和储存起来,在夜间开窗,白天被蓄热体吸收的热量被室外进来的凉爽空气带走。在干热气候区,例如沙漠,内部蓄热体效果非常明显,因为这类地区中午气温非常高,而夜间气温会骤降。

5)蓄热体设计

在被动式太阳能建筑中,蓄热体是非常重要的组成部分,所起的作用也非常明显。太阳能的特点之一是辐照量每天都在变化,每天的不同时刻也不同。蓄热体在稳定室内温度,提高建筑热舒适性方面起着不可替代的作用[17]。

(1)蓄热体的作用与要求

在被动式太阳能建筑中,蓄热体的作用是吸收太阳辐射得热并将部分热量储存起来,白天起到减小室温随太阳辐照波动,稳定室温的作用,夜间可起到释放白天吸收的热量向室内供热,起到延迟放热的作用[18]。蓄热体应具备以下条件:单位质量或体积蓄热量大、有较高的换热系数、材料及容器成本低、对容器无腐蚀、易于获取和加工、持久耐用。

(2)蓄热材料的分类

蓄热材料按材料在吸热释热前后是否发生相变可分为显热蓄热材料和相变蓄热材料两类。

显热蓄热是指通过物质温度的上升或下降来吸收或释放热量,在此过程中物质的形态没有发生变化。建筑设计中常用的显热蓄热材料有水、混凝土、砂、砖、卵石等。其中以水为蓄热材料在太阳能利用领域中最为常见。水的比热容较大,且无毒无腐蚀,价格最为低廉,与生活联系紧密,但需要容器和管路,以及考虑容器和管路的布置。混凝土、砂、砖、卵石等材料的比热容比水小很多,但这些材料通常可作为建筑构件承载建筑结构上的功能,且不需要容器,方便进行建筑整合设计。

相变蓄热材料是指通过物质的相态变化来吸收或释放热量的材料。在太阳能利用领域,一般用固一液相变或固一固相变储存热量。相变蓄热材料的优点主要有以下两个方面:首先,大多相变蓄热材料相变温度比较稳定或波动范围较小,可使流通介质温度在较小范围内波动,提高环境舒适度。其次,物质发生相变时相变潜热较大,因此只需要较少的相变蓄热材料即可储存大量的热,有利于减轻蓄热材料引起的重量负荷。其缺点在于,多数材料具有一定的腐蚀性,对容器的耐腐要求较高;相变材料通常价格较高,使系统成本增加。

(3)相变蓄热材料的种类

无机相变材料,主要有结晶水合盐、熔融盐、金属或合金。结晶水合盐是中、低温相变蓄热材料中常用的材料,它的特点是体积蓄热密度大、相变潜热大、熔点稳定、价格便宜、热导率通常大于有机相变材料。常见材料有 $K_2CO_3-Na_2CO_3$熔盐、$CaCl_2 \cdot 6H_2O$、$Na_2HPO_4 \cdot 12H_2O$、$Na_2CO_3 \cdot 10H_2O$、$Na_2SO_4 \cdot 5H_2O$ 等。无机相变材料在使用过程中可能会出现过冷、相分离等现象而影响正常使用,通常可通过加入少量成核添加剂加以解决。

有机相变材料,主要有石蜡、脂肪酸、某些高级脂肪烃、醇、羧酸、某些聚合物等有机物。这些相变材料发生相变时体积变化小,过冷度轻,无腐蚀,热效率高,近年来得到了广泛的研究。

复合相变蓄热材料是指相变材料和高熔点支撑材料组成的混合蓄热材料。与普通单一成分的蓄热材料相比,它不需要封装容器,减少了封装的成本和难度,减小了容器的传热热阻,有利于相变材料与传热流体之间的换热。因此研制复合相变蓄热材料是近年来材料科学的热门课题。但复合相变蓄热材料存在在使用过程中相变潜热下降、在长期使用过程中容易变性等缺点,制约了目前的应用。

(4)相变蓄热材料的选用原则

相变材料以其优异的储热密度和恒温性能,得到人们越来越多的关注。理想的相变蓄热材料应具备以下性质:

① 热力学性能。有适当的相变湿度;具有较大的相变潜热;具有较大的导热和换热系数;相变过程中体积变化小。

② 动力学性能。凝固过程中过冷度没有或很小,或很容易通过添加成核添加剂得以解决;有良好的相平衡特性,不会产生相分离。

③ 化学性能。化学性质稳定,以保证蓄热材料较长的使用寿命;对容器无腐蚀任用;无毒、不易燃易爆、对环境无污染。

④ 经济性能。制取方便,来源广泛,价格便宜。

在被动式太阳能建筑中，寻找能满足上述所有条件的材质存在一定困难。因此在相变蓄热材料的选择上首先考虑具有适宜相变温度和较大相变潜热的材料。

相变材料与建筑材料的结合工艺主要有：a. 将相变蓄热材料用容器封装后置于建筑材料中；b. 将相变蓄热材料渗入多孔介质建筑材料中使用(例如水泥混凝土试块等)；c. 将相变材料混入建筑材料中使用；d. 将有机相变蓄热材料乳化后添加到建筑材料中。

(5)蓄热体设计要点：

① 墙、地面等蓄热体应采用比热容较大的物质，如石、混凝土等，或采用相变蓄热材料或水墙。蓄热体表面不应铺设地毯、壁毯等附着物，以免蓄热结构失效。

② 直接接受太阳能辐射的墙或地面应采用蓄热体。蓄热体位置如图 5-6-23 所示。蓄热体地面宜采用黑色表面，以利于增大对可见光的吸收率。

③ 利用砖石材料作为蓄热材料的墙体或地面，其厚度宜在 100～200mm。以水墙为蓄热体时，应尽量增大其换热面积。

④ 对于不同的被动式太阳能建筑，需要采取不同的保温方式用于夜间保温，减少蓄热体的对流和辐射损失。

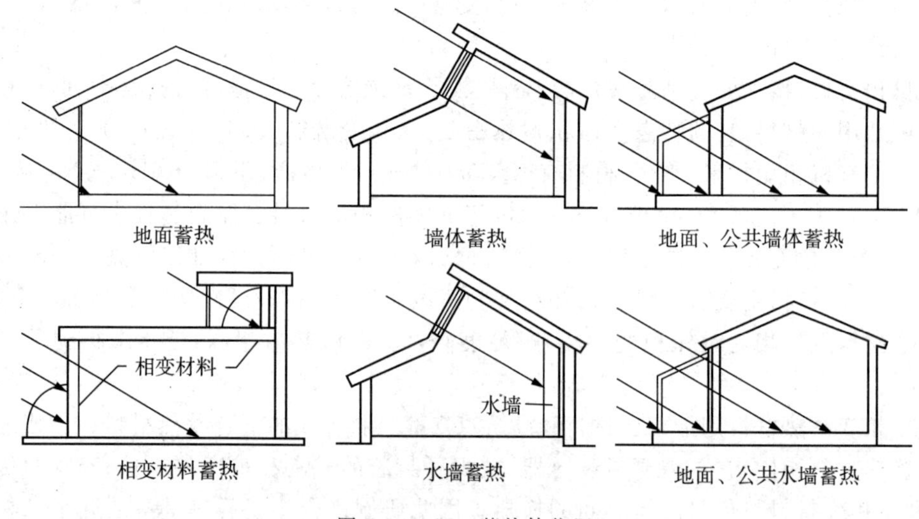

图 5-6-23 蓄热体位置

6)被动式太阳能建筑的热工设计[19]

根据应用条件和精度要求的不同，被动式太阳能建筑的热工设计方法可分为精确法和概算法两种。

精确法是基于房间热平衡建立起来的动态被动式太阳能建筑传热数学模型，对其进行逐时模拟计算以分析热工性能的方法。动态数学模型可以根据具体建筑的结构和部件参数进行耦合分析，找出影响建筑热工性能的主要和次要因素，预测其长期节能效应，并在此基础上对结构进行优化设计，帮助设计者确定最适合的设计参数及良好的整体性能。精确法适用于任何类型的结构，尤其对于结构复杂或参考条件不全导致无法应用概算法进行计算的建筑，可通过精确法进行分析。但精确法需要对每个建筑或结构分别建立数学模型，建模和计算工作量大。精确法适合利用计算机进行编程求解，或利用已有的商业模拟软件进行分析，以减少设计人员的工作量，提高设计工作效率。

概算法是根据已知条件,将常用结构及参数绘制成由不同参数控制的曲线图或表格,设计人员在使用时可直接通过图或表查出所需的数值的方法。例如,可以通过查表的方式查得建筑所在地区的太阳能辐照值、采暖期室外计算温度、保温结构参数,再结合选定的太阳能集热方式、集热器面积、蓄热体特性等参数,即可通过查图、表,然后进行简单计算得出所需要的集热器面积,或者在给定集热器面积条件下,得出该建筑的节能率,或采暖期所需要的辅助供热量[20]。概算法的特点是简便易行,计算结果存在一定误差,但由于数据是根据大量经验和计算得出,因此结果一般可满足工程设计需要。但概算法仅适用于结构简单或相关部件数据充足的条件。对于建筑结构复杂,或选用部件为非常用部件,参数不便查表得出的情况下则无法应用。常用的概算法是负荷集热比法,具体过程可参考《太阳能建筑设计》等文献。

7)被动式太阳能建筑的评价方法

被动式太阳能建筑的评价方法有两种:热性能评价和经济评价。

(1)热性能评价指标

① 太阳能保证率 SHF:为使太阳能建筑维持一定的室内设定温度所需的供热量,由太阳能提供的热量所占的比例,其计算公式可表示为:

$$SHF=\frac{\text{由太阳能提供的热量}}{\text{太阳能建筑总供热负荷}}\times 100\% \tag{5-6-1}$$

② 太阳能建筑节能率 SSF:太阳能建筑与对比建筑在达到同样的室内设计温度条件下,对比建筑供暖负荷与太阳能建筑供暖负荷的差值与对比建筑供暖负荷的比值,即采用太阳能的建筑的节能量与对比建筑供暖负荷的比值。其中对比建筑是与太阳能建筑结构相同的非太阳能建筑。用公式可表示为:

$$SSF=1-\frac{\text{太阳能建筑的供暖负荷}}{\text{同结构非太阳能建筑的供暖负荷}}=\frac{\text{太阳能建筑的节能量}}{\text{同结构非太阳能建筑的供暖负荷}}\times 100\% \tag{5-6-2}$$

(2)经济评价指标

评价被动式太阳能建筑的经济指标通常有两个值:设计寿命期限内的资金节约量 SAV 和回收年限 n[25]。设计寿命期限内的资金节约量 SAV 是指,在保证维持相同的热舒适性和设计基准温度的条件下,在设计使用寿命期限内,被动式太阳能建筑较常规同类型非太阳能建筑所增加的投资,与非太阳能建筑的供暖运行费相比的资金节省量。用公式可表示为:

$$SAV=PI(LE\cdot CF-A\cdot DJ)-A \tag{5-6-3}$$

式中:PI——折现系数,通常约为4%;

LE——太阳能建筑相对常规建筑的年节能量,kJ/年;

CF——常规燃料价格,通常使用煤价进行衡量,元/kJ;

A——太阳能建筑投资增加量,元;

DJ——维修费用系数,即每年用于系统维修的费用支出占总投资的比值。

$$n=\frac{\ln[1-PI(d-e)]}{\ln(\frac{1+e}{1+d})} \tag{5-6-4}$$

式中：d——年市场折现率，此处为银行贷款利率，通常可取5%；

e——年燃料价格上涨率，%。

被动式太阳能建筑的经济性体现在建筑全寿命周期内运行成本节约大于初期投资的增加。被动式太阳能建筑投资回收年限不应大于10年[21]。

2. 太阳能与建筑一体化技术

如前所述，主动式太阳能建筑和零能耗房屋主要采用太阳能利用装置，并采取一定的技术措施来为建筑提供能源。通过与建筑同步设计、同步施工，使太阳能利用系统完美地融入建筑，做到美观性和功能性统一，实现建筑节能。

太阳能与建筑一体化结合，具有很多优势和重要意义[22]。首先，把太阳能的利用纳入环境的总体设计，把建筑、技术和美学融为一体，太阳能设施成为建筑的一部分，相互间有机结合，取代了传统太阳能的结构所造成的对建筑外观形象的影响。其次，太阳能设施安装在建筑屋顶、阳台、南立面墙上，不需要额外占地，节省了大量的土地资源。再则，太阳能与建筑一体化结合，就地安装，就地发电上网和供应热水，节省了系统成本。此外，太阳能产品噪声小，没有污染物排放，不消耗常规能源，是清洁的绿色能源。

1)光热建筑一体化技术

(1)太阳能集热器的安全性要求

① 充分考虑建筑结构特点，确保所选安装位置有足够的荷载承受能力，预埋件有合理的结构和足够的强度。集热器在使用过程中，若发生脱落甚至高空跌落事件，可能造成非常严重的灾难性后果。因此，在建筑设计阶段应合理安排预埋件的位置，确保安装稳定牢固，同时尽量减小风荷载、雪荷载对集热器产生的不良影响。预埋件本身应选用优质材料，保证足够的强度和使用寿命，同时做好防水和防腐处理[23-24]。

② 太阳能集热器有避雷保护。太阳能集热器中使用了大量的金属材料，且位于室外使用，若没有防雷保护措施，则雷电可能会沿管路进入室内，威胁用户的人身安全。因此，集热器及与其连接的金属管路也应接入建筑防雷系统中[25]。

③ 集热器与屋面结合时，需要结合排水进行设计，以保证屋面正常排水，避免积水对集热器和屋面造成不良影响[26]。

④ 集热器周围应尽量留出一定的维修空间，方便进行养护和维修。

(2)太阳能与建筑的具体结合方式[27-33]

① 太阳能集热器与平屋顶结合

如图5-6-24所示，在平屋顶上安装太阳能集热器是最简单的一种方式，太阳能集热部件与建筑结构相关性较小，设计难度最低，一般不对建筑外观构成不良影响。太阳能集热器通过支架或基座固定于屋面上，设计时要着重考虑屋面的防水、保温结构。集热器无须或较少考虑其他建筑构件遮光的影响，只需设置合理间距，集热器间无相互遮挡即可。

② 太阳能集热器与坡屋顶相结合

将太阳能集热器安装于南向坡屋顶上，在设计时就要充分考虑太阳能组件的安装需要，倾角可由集热器倾角决定，以减小设计和安装的难度，提高建筑外观美感。与平屋顶安装方式相比，坡屋顶一般可用面积要小于前者，设计和安装难度加大，对屋顶防水、保温、布瓦等提出更高要求。与坡屋顶相结合，太阳能集热器有3种安装方式：

a. 架空式。如图5-6-25所示，在原屋顶结构上预置支架或基座，于其上安装太阳能集热器，此时太阳能集热器与屋面间存在一定空隙。此种安装方式可能对屋面美观产生一定影响，同时需要考虑风压对太阳能集热部件以及连接管路的破坏作用。

图5-6-24　太阳能集热器与平屋顶结合

图5-6-25　太阳能集热器与坡屋顶架空式结合

b. 敷面式。如图5-6-26所示，在屋顶结构上预埋固定构件，使太阳能集热器紧贴屋面安装。太阳能集热器紧贴屋面安装，风力引起的破坏作用较小，但需要考虑集热器对屋面排水的影响。

c. 嵌入式。如图5-6-27所示，太阳能集热器完全嵌入屋面安装，使之成为一个整体，与建筑结合程度最高，美观性好。这种安装方式对安装技术要求较高，尤其要注意凹槽的排水问题，避免发生雨水浸泡集热器的状况，否则会对集热器的性能和寿命造成严重不良影响。

图5-6-26　太阳能集热器与坡屋顶敷面式结合

图5-6-27　太阳能集热器与坡屋顶嵌入式结合

③ 太阳能集热器与遮阳板相结合

如图5-6-28所示，我国南方部分地区习惯使用遮阳板以减少夏季室内负荷，若用太阳能集热器代替遮阳板，则可在遮阳的同时回收利用太阳能，同时保留原地区的建筑风格。采用此种方法时需要注意集热器尺寸的计算和选择要兼顾冬季采光的要求，一般集热面积不大，管路在屋顶布置时还需要考虑室内美观方面的要求。

图5-6-28　太阳能集热器与遮阳板相结合

④ 太阳能集热器与墙面结合

如图 5－6－29 所示，此种方法可解决屋顶可用采光面积不足的问题，适合高层建筑用户使用，一般安装于建筑南立面的窗间、窗下等位置。但由于南立面通常有窗、阳台等结构，可用面积较为零散，需要进行合理的设计为集热器预留充足的空间，同时合理选择阳台等结构的位置以避免遮挡的问题出现。结构施工时需要预埋固定锚件和管路，并对管路做好防水和保温。

图 5－6－29　太阳能集热器与墙面结合

⑤ 太阳能集热器与阳台相结合

如图 5－6－30 所示，将集热器安装于阳台护栏外，可有效解决来自建筑结构的遮挡问题，且可用面积较大，设计和安装较为方便。集热器可采取立式安装以避免垂直遮挡，也可采取倾斜安装方式，以减小太阳入射角，提高集热器热效率。此种方法需要预埋支架与管路，并做好管路保温工作。

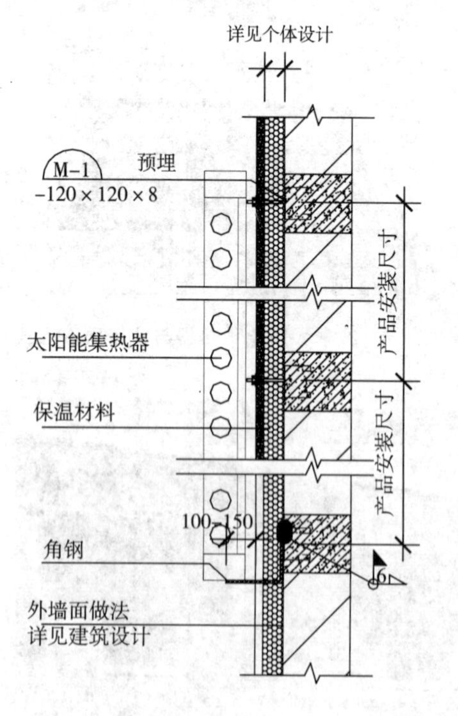

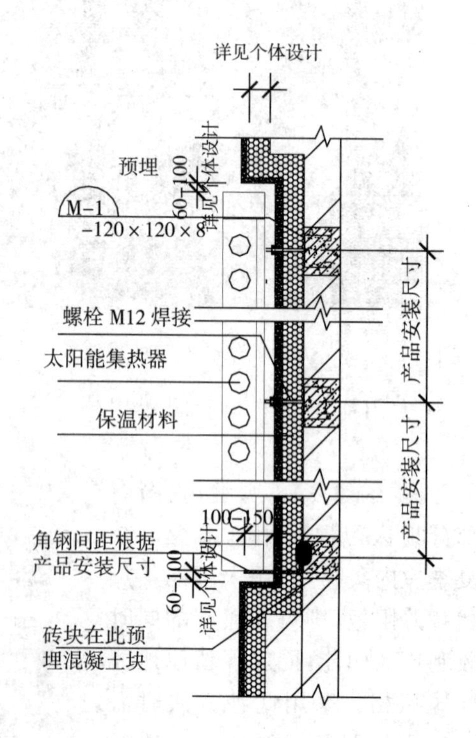

a）立式

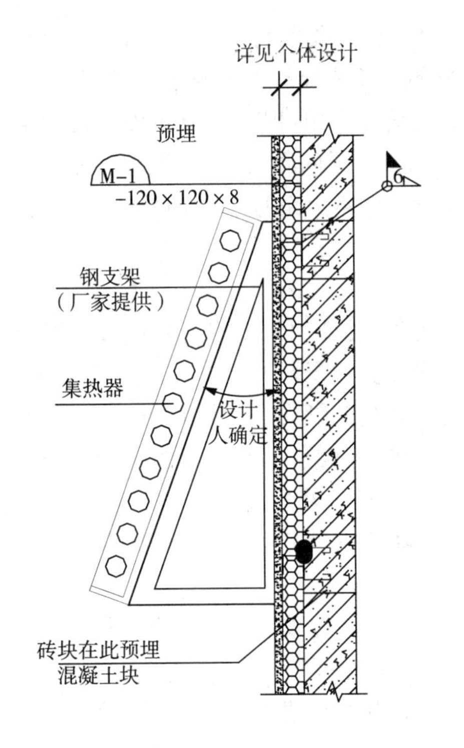

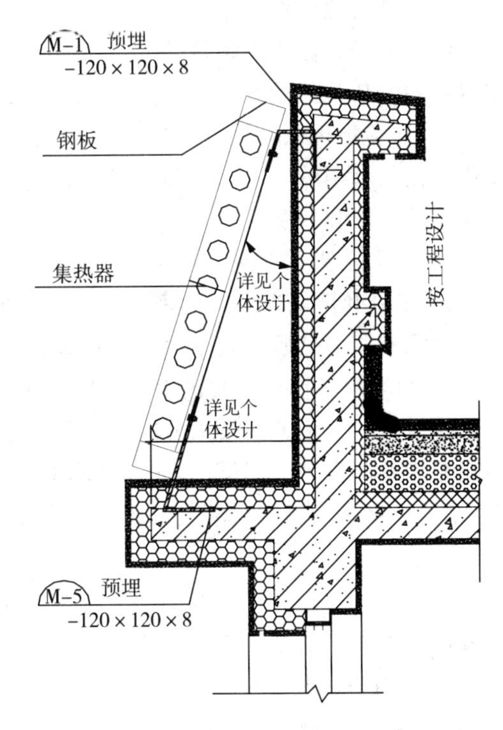

（b）倾斜式

（c）安装实例

图 5-6-30　太阳能集热器与阳台结合

2)光伏建筑一体化技术

光伏建筑一体化是指将太阳能光伏电池组件与建筑外围护结构相结合，以充分利用建筑表面进行光伏发电，为建筑自身或其他用电场合提供电力供应。光伏与建筑结合通常有两种方式，一种是光伏附着设计（BAPV），即将光伏组件通过支架等结构使其附着于建筑构件外表面，以进行太阳能光伏利用的方法。一种是光伏集成设计（BIPV），即将太阳能光伏组件与建筑构件有机结合成为复合构件，使复合构件兼具光伏电池与建筑构件的作用并分别满足相应的性能要求[34]。

太阳能建筑一体化设计与传统意义上的建筑表面光伏利用的区别在于：首先，太阳能建筑一体化设计要求光伏系统与建筑结构同步设计、同步施工、同步投入使用，在设计阶段即将光伏组件与建筑作为整体考虑，做到建筑、技术、美学的统一，综合考虑建筑整体的美观、光伏组件的安装位置与预埋结合件、利用光伏组件代替部分外装饰材料以及整体的保温、防水等功能。传统的后安装方式虽然也可起到一定的节能减排作用，但其对建筑整体外观影响较大，还会出现破坏外墙结构、安装和维修不便、安全隐患大等问题，在一定程度上制约了太阳能光伏利用的发展。太阳能光伏建筑一体化则有望从根本上解决上述问题，推动太阳能建筑的发展和普及。

(1)太阳能光伏建筑一体化的优点[35]

① 充分利用城市太阳能资源。电能是最高品质的能源，充分利用太阳能发电技术可提高太阳能利用的品质和效率，缓解越来越突出的城市用电紧张状况；

② 削峰填谷作用。我国大部分地区用电情况为白天高夜间低，目前城市供电公司用峰谷分时电价的计费方案鼓励分时用电维持供电平稳，但无法从根本上解决问题。而采用太阳能光伏发电作为补充供电，则有很强的时间匹配性，可以进一步降低白天电网的供电压力，尤其在夏季空调用电量大时光伏发电量也较高，起到降低供电峰值的作用，具有可观的社会效益；

③ 减少电力损失。光伏建筑一体化，可使光伏发电实现原地发电原地使用，大大减少了输送过程中的电力损失，降低能源利用成本，提高能源利用效率[36]；

④ 代替部分建筑结构，降低综合投资。将太阳能光伏组件与建筑进行一体化设计，可利用光伏组件代替部分建筑外围结构，例如利用太阳能瓦代替传统瓦片，或利用光伏遮阳板代替常规遮阳板，或减小部分外墙装饰等，与后安装方式相比，降低了建筑与太阳能光伏组件的综合投资。

(2)太阳能光伏建筑一体化的设计要点

太阳能光伏与建筑一体化设计过程中，除要考虑光伏性能与建筑性能以外，还需要进行综合分析与整体规划，以充分发挥一体化设计的优势。其内容主要表现在以下几个方面：

① 建筑所处的地理位置和气象条件。这些参数是建筑设计和太阳能利用系统都需要考虑的原始资料，因此在一体化设计过程中，需要针对特定的自然条件分别进行建筑结构和太阳能光伏组件的设计，然后将建筑作为整体，分别校核建筑结构与光伏组件是否满足相应的设计要求，若不满足则需要返回进行修正并重新校核。对于高度较高的建筑，要特别注意风压对光伏组件安全性的影响[37]。

② 建筑朝向及周边环境。光伏一体化设计的建筑宜采取朝南或南偏东的方向。处于建筑群中的建筑，应根据周围建筑的高低、间距等计算适宜布置光伏组件的最低位置，并在最低位置以上设计和安装光伏组件。对于较低处易于被建筑、绿化等遮挡或日照时数较少的位置则不适合布置光伏组件。

③ 建筑的功能、外形和负荷要求。建筑一体化设计的任务之一就是将光伏系统与建筑外表面进行综合考虑和设计，提高建筑整体的协调性与视觉效果，做到功能与外观的协调与统一，并尽量做到避免产生遮挡光伏组件的情况。同时，还要了解负载的类型、功率大小、运行时间等，对负载做出准确的估算。

④ 光伏组件的计算与安装。综合考虑建筑的外观、结构等因素，选择适宜的安装位置与角度。光伏组件发生很小的遮挡也会对整体性能产生很大的影响，因此在设计阶段要特别注意光伏组件的安装位置和角度的选择，并据此设计支架或固定结构。

⑤ 配套的专业设计。太阳能光伏电池组件除需要满足自身性能及安全性要求外，在进行光伏建筑一体化设计过程中，还需要结合建筑整体进行建筑结构安全、建筑电气安全的分析和设计，满足建筑整体上的防火、防雷等安全要求，实现真正意义的光伏建筑一体化[38]。

(3)光伏建筑一体化的建筑设计规划原则

① 与太阳能利用一体化的建筑，其主要朝向宜朝南(以北半球为例)，不同朝向的系统发电效率不同，因此要结合当地纬度条件和建筑体型及空间组合，为充分利用太阳能创造有利条件[39]。

② 与太阳能光伏一体化设计的建筑群，建筑间距应满足该地区的日照间距的要求，在规划中建筑体的不同方位、体型、间距、高低及道路网的布置，广场绿地的分布等都会影响到该地区的微气候，影响建筑的日照、通风和能耗。为合理地规划小区，确保每栋建筑的有效日照和最大的接收太阳能，可利用"太阳能围合体"对建筑形态进行控制[40]。"太阳能围合体"方法是对特定的区域空间，通过调整围合建筑各方面的法线方向，使建筑在不遮挡邻近建筑物日照的情况下达到最大的体积容积。

③ 在光伏一体化建筑周围设计景观设施及周围环境配置绿化时，应避免对投射到光伏组件上的阳光造成遮挡。

④ 建筑规划时要综合考虑建筑的地理位置、气候、平均气温、降雨量、风力大小等因素，建筑物本身和所在地的特点共同决定光伏组件的安装位置与方式，及对系统的性能和经济性产生影响。

(4)光伏建筑一体化的建筑美学设计

太阳能光伏建筑一体化并非简单机械地将光伏组件安装于建筑外表面，而是在建筑的方案设计阶段就将光伏系统作为建筑的重要组成部分纳入到设计中来，根据光伏组件的颜色、结构等特征与建筑进行整合设计，使光伏系统与建筑无论功能还是形态，都形成完整统一协调的整体[41]。所谓建筑一体化设计，不仅仅指结构上的一体化设计，还需要考虑建筑美学因素，从而实现功能与外观的完美统一。

太阳能一体化设计涉及太阳能光伏利用、建筑等多个技术领域，因此在进行一体化设计的时候，需要多学科人员的协作与跨学科的设计方法。太阳能光伏建筑一体化的中心问题是解决太阳能光伏组件与现代建筑设计之间的矛盾。在进行光伏系统设计时，主要的目标是让光伏组件有最佳的朝向，使光伏效率最大化。但结合建筑设计考虑，因为受到建筑造价、适宜的楼层面积、日光的控制和美观等方面的问题影响，实际上很难做到光伏效率最大化。要想在光伏建筑一体化、结构和技术的问题之间寻找出一个平衡点是很困难的，因为这种平衡会因不同项目的不同情况而有所差异，如气候、预算、美学等方面的因素。下面主要探讨光伏系统在建筑外表面的设计中需要考虑的一些因素。

① 与建筑的有机结合。要使光伏组件与建筑有机结合在一起，需要在建筑设计的开始阶段，就把光伏组件作为建筑的一个有机组成部分进行共同设计。将光伏组件融入建筑设计中，从色彩和风格等方面做到完美的统一。

② 增加建筑的美感。光伏组件通常被安装在建筑外表面的突出部分，以避免建筑结构在其上产生阴影，因此它们是最容易被看到的。在光伏组件的选择上，单晶硅、多晶硅和非晶硅在视觉上产生不同的效果，光伏组件的几何特性、颜色和装框系统等美学特点也会影响建筑的整体外观[42]。通过变换太阳能电池的种类和位置，可以获得不同颜色、光影、反射度

和透明度等令人惊奇的效果。建筑师可以根据实际情况,充分动用不同组合实现多样的艺术效果,使建筑获得常规材料难以达到的美感。

③ 合适的比例和尺度。光伏组件的比例和尺度应符合建筑的比例和尺度特性,这将对光伏单体组件的尺寸选择产生影响。

④ 文脉。建筑文脉强调单体建筑是群体建筑的一部分,注重建筑在视觉、心理、环境上的沿承性。在光伏建筑一体化设计方面,文脉就体现在光伏组件与建筑性格的吻合上。建筑性格是一种表达建筑物的同类性的特性,一个建筑的性格,是建筑物中那些显而易见的所有特点综合起来形成的[43]。例如,在现代风格的建筑上,光伏组件更能体现现代感和科技感。而在一个历史建筑中,瓦片状的光伏组件比大尺度的光伏组件更能保留建筑的风格。

以北京辉煌净雅大酒店 LED 多媒体动态幕墙(如图 5-6-31 所示)为例。该幕墙是太阳能电池板和 LED 相结合的多媒体动态幕墙,幕墙由 2300 块、9 种不同规格的光电板组成,面积达 $2200m^2$。该幕墙最大特点是能源循环自给,可以大幅度节约能源和运营成本。白天,每块玻璃板后面的光伏电池将太阳能吸收储存起来,晚间则将储存的电能供应给墙体表面的 LED 显示屏[44-46]。幕墙结构采用钢桁架支撑。光电幕墙电池板全部采用多晶硅芯片组装,多晶硅芯片本身纹理的不规则性更增加了建筑的立面效果。利用计算机软件控制 LED 灯光装置,LED 灯光通过电脑控制,在外幕墙呈现出各种图像,能够播放、演示固定或活动的图案,具有立体广告效应,增加了建筑的艺术效果。

(a) 幕墙外景

(b) 动态夜景1

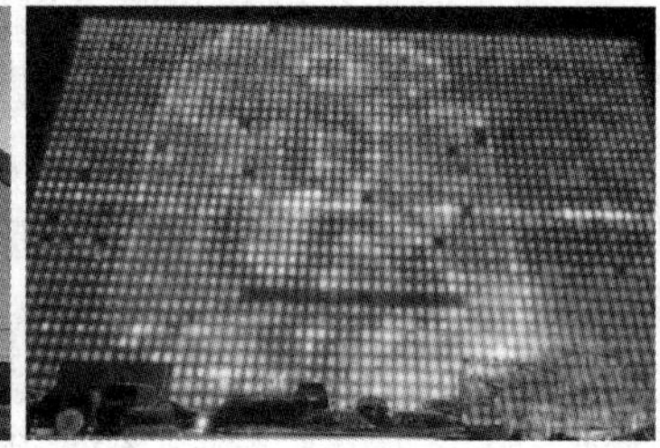
(c) 动态夜景2

图 5-6-31 北京辉煌净雅大酒店 LED 多媒体动态幕墙

(5)光伏一体化设计中应注意的问题

① 通风降温设计

一般来说光伏电池的效率随组件温度的升高而下降,在相同测试条件下晶体硅电池比非晶硅电池更为严重。因此光伏电池的通风降温是光伏一体化建筑设计的一项重要内容。一般可使光伏电池组件与墙体预留一定距离,使其中的空气受热后形成自然对流以降低光伏电池的温度[47]。空气的流动速度主要与空气夹层的厚度、进风口与出风口的高差、外界风向与风压等因素有关。

光伏组件产生的热量虽然对发电效率产生不利影响,但如果加以合理回收和利用,则可提高总的能源利用效率。利用循环的水或空气将热量回收利用,既可以用来给光伏组件降温,又可以得到热水或热空气,具有更高的能源利用率与经济性[48]。建筑设计师可以根据现有条件选择市场上的 PV/T 组件或结合自身的建筑风格设计可批量应用的光伏光热一体化组件,如图 5-6-32 所示。

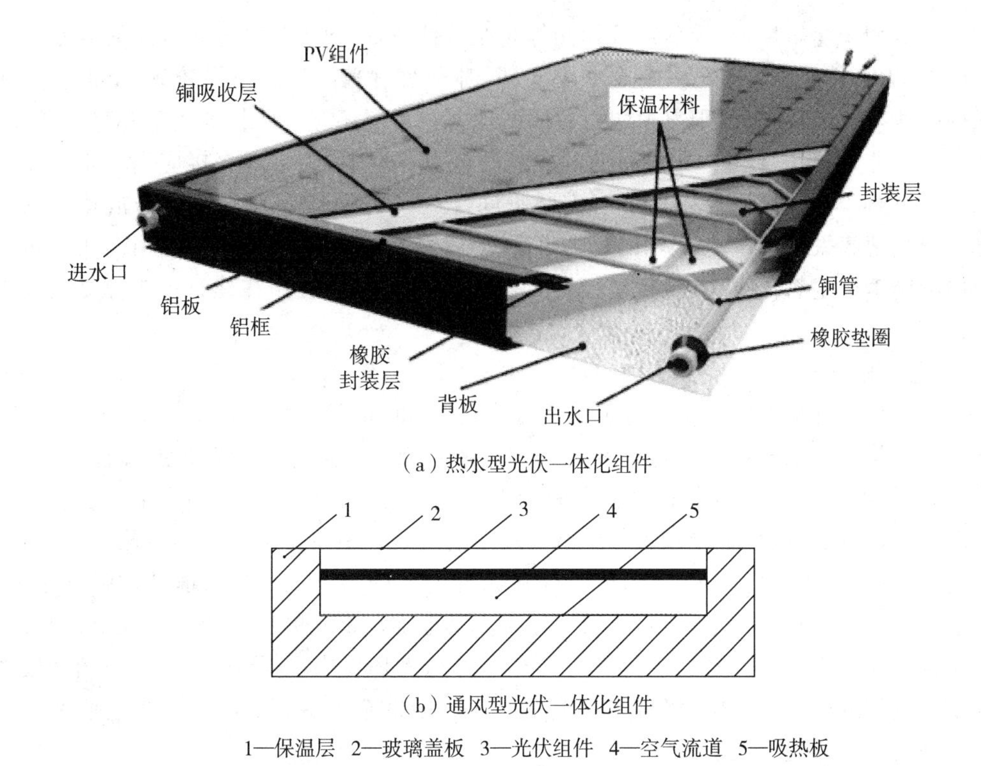

(a) 热水型光伏一体化组件

(b) 通风型光伏一体化组件

1—保温层　2—玻璃盖板　3—光伏组件　4—空气流道　5—吸热板

图 5-6-32　光伏光热一体化组件

② 设计中需要考虑系统的维修与扩容

尽管目前认为光伏组件的寿命可达 20 年，但考虑到产品质量的个体差异与自然条件下的疲劳损坏，为使局部维修时不会影响整个系统的运行，需要在设计阶段考虑维修和更换的可能性并为之预留相应的通道或空间。

(6)太阳能光伏建筑一体化设计的光伏构件选用

① 光伏构件的选用原则

光伏组件按照结构和用途可以分为常规光伏组件、夹层玻璃光伏组件、中空玻璃光伏组件以及瓦式光伏组件。光伏构件的选用原则主要有：

a. 应结合建筑功能、外观以及周围环境对光伏组件类型、安装位置、安装方式和外观颜色进行选择，使之与建筑功能和风格相协调，成为建筑有机组成部分。

b. 应根据光伏组件的运行时间、日照条件、风环境、经济条件、维护条件等多方面因素综合考虑选用光伏组件。在风速较大的地区要采取防风措施。

c. 光伏组件及其连接件的规格、性能参数及安全要求由光伏组件厂家提供，其中连接件的尺寸、规格、荷载、位置需经过设计和校核，预埋件、支撑龙骨及连接件需要符合国家的相关标准和规范，预埋件施工时应确保位置准确。

② 电池材料的选用

目前应用于建筑材料的光伏电池中按材料的不同主要是晶硅电池和非晶硅电池两种[49]，它们各有优缺点，因性质不同在建筑上的理想应用部位也有所不同。

a. 晶硅电池光电转化效率较高，技术较为成熟，但受晶硅材料和制作工艺影响其生产成本也较高。同时，晶硅电池的负温度效应也更为明显，需要良好的通风散热条件。因此晶硅电池适合应用于建筑屋顶、天窗或遮阳棚等光照条件较好，通风问题容易解决的地方。

b. 非晶硅电池的优势之一是成本较低，同时对散射光的吸收效果较好，负温度效应低于晶硅电池，适合应用于太阳直射辐射较弱的地方。目前还有一些特殊的非晶硅电池，可以应用于一些非常规场合：Ⅰ. 柔性衬底的非晶硅电池非常柔软，可以直接应用于不规则形状的衬底上，方便与建筑材料结合，节省安装空间，减少系统成本。Ⅱ. 可以做成透射部分可见光的硅基薄膜太阳能电池，应用于建筑的屋顶或窗上，起到补偿采光的作用。Ⅲ. 可以以很薄的不锈钢或塑料作衬底，制备超轻量的薄膜太阳能电池，应用在建筑上支撑结构要求不高的地方。

③ 边框材料的选用

光伏组件的外框按结构主要有金属边框、塑料边框和无边框三种，如图 5-6-33 所示。金属边框中最常见的是铝合金边框和不锈钢边框。铝合金边框质量轻耐腐蚀性好，对电池板有很好的保护作用，是理想的建筑外框材料[50]，应用较为广泛。但铝合金不适合应用于碱性环境中，因此不能用于接触水泥等碱性环境的安装。不锈钢的结构强度较好，但重量较大，主要应用于结构强度需求较大、安装使用条件恶劣的场合。塑料外框结构强度不大，抗风、抗腐蚀能力一般，但重量较轻，一般应用于有其他加固措施的屋面等条件较好的情况下。无框结构光伏组件不可作为独立组件安装在户外恶劣环境中，它主要作为一种光伏玻璃和其他金属建材通过结构胶密封使用，目前主要应用于框架天窗、幕墙上，因为它们本身提供铝合金外框并且通过硅胶密封。

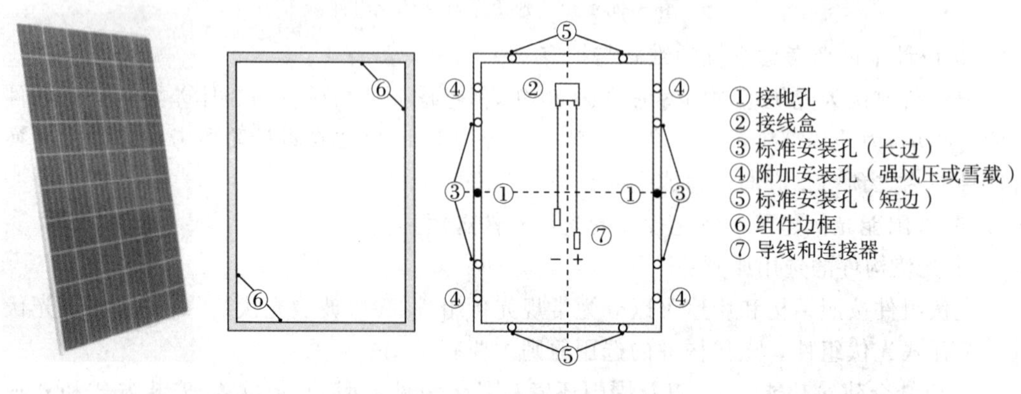

图 5-6-33 边框型光伏组件

④ 按安装结构选用

光伏建筑材料安装方式主要有两种：明框式和隐框式安装[51]。除了一般的建筑安装标准要求外，光伏建材的安装还有其特殊的要求。

无框式结构的安装主要通过两种形式的构件：点式驳接抓和点式螺栓，都需要对电池板预先钻孔，因此对光伏建筑材料有如下要求：a. 在定制组件前应详细规划好电池板上需要钻孔的位置，以方便在焊接、层压电池板时，电池片和焊条远离这些区域；b. 电池板的引出线路需要合理设计，避免暴露于可视范围内影响美观；c. 电池板边缘空白区应留有一定的空间，一般不小于 50 mm，以保护电池板内部不易受到腐蚀；d. 在支撑孔周围应用建筑密封胶进行可靠的密封。

隐框式结构的金属框架构件完全不显露于面板外表面，组件与组件之间用结构胶固定。

这种结构的安装应注意以下几点：a. 在安装前应清除电池板和金属框架之间的灰尘、油污和其他污物，使要粘合的表面保持清洁；b. 应在清洁后尽快进行注胶，避免二次污染的发生，若发生二次污染应重新清洁后再进行注胶；c. 采用建筑密封胶粘结板块时，不应使结构胶长期处于单独受力状态，建筑密封胶组件固化并达到足够承受力前不应搬动。

明框式结构即金属框架的构件显露于框外的支承结构，这种结构的安装方法参考普通玻璃建材安装即可，线路可以隐藏在型材结构内部，钻孔位置大多选择在凹槽内，并用建筑密封胶固定密封。对于幕墙来说，横向框架可能造成对太阳光的遮挡导致电池效率下降，因此可以降低横向框架高度，甚至可以只用竖向框架。

明框式和隐框式结构都可适用于 BIPV 中。明框式更加普遍，经济性更高。但明框式安装容易产生遮挡问题，在光伏组件中只要一小部分阴影就可以造成组件效率的大幅下降，不过这种影响在竖框结构和系统边缘组件上体现不明显。

隐框式结构不存在遮挡问题，但组件之间的结构胶可能会与电池板中的 EVA 发生反应，破坏组件的结构和绝缘、密封性能。另外由于电池组件的颜色可能存在个体差异，在隐框式结构中相邻组件的颜色差异可能会比较明显而影响美观，并且隐框式结构中线路的布置和隐藏也需要仔细考虑和安排。

(7)太阳能光伏建筑一体化的光伏构件安装

光伏构件是指由工厂模块化预制的、具备光伏发电功能的建筑材料或建筑构件，包括建材型光伏构件和普通型光伏构件。

建材型光伏构件指将太阳能电池与瓦、砖、卷材、玻璃等建材复合在一起，成为不可分割的建筑材料或建筑构件。建材型光伏构件的表现形式为复合型光伏建筑材料（如光伏瓦、光伏砖、光伏卷材等），或复合型光伏建筑构件（如光伏幕墙、光伏窗、光伏雨棚、光伏遮阳板、光伏采光顶等），如图 5－6－34 所示。建材型光伏构件的安装形式包括：在平屋顶上直接铺设光伏卷材或在坡屋面上铺设光伏瓦，用于替代部分或全部屋面材料；直接替代幕墙的光伏幕墙；直接替代部分或全部采光玻璃的光伏采光顶等[52－54]。

普通型光伏构件是指与光伏组件结合在一起、维护更换光伏组件时不影响建筑功能的建筑构件，或直接作为建筑构件的光伏组件。普通型光伏构件的表现形式为组合型光伏建筑构件或普通光伏组件。对于组合型光伏构件，由于光伏组件与建筑构件仅仅是组合在一起，可以分开，所以维修或更换时可以只针对光伏组件，而不会影响构件的建筑功能。当采用普通光伏组件直接用作建筑构件时，光伏组件兼具发电与相应的建筑构件功能。例如，采用普通光伏组件或根据建筑要求定制的光伏组件直接作为遮阳构件、雨篷构件、栏板构件、檐口构件等建筑构件。

普通型光伏构件安装方式一般为支架安装，形式主要包括：在平屋面上采用支架安装的通风隔热屋面形式；在构架上采用支架安装的屋面形式（例如遮阳棚、雨篷）；在坡屋面上采用支架顺坡架空安装的通风隔热屋面形式；在墙面上采用支架与墙面平行安装的通风隔热墙面形式等。

光伏与建筑一体化集成方式按照结合的建筑要素不同，主要可以分为以下几种方式：建筑墙体和外立面中的应用、建筑屋顶和天窗、中庭中的应用和在遮阳、雨篷、阳台和其他建筑元素中的应用。

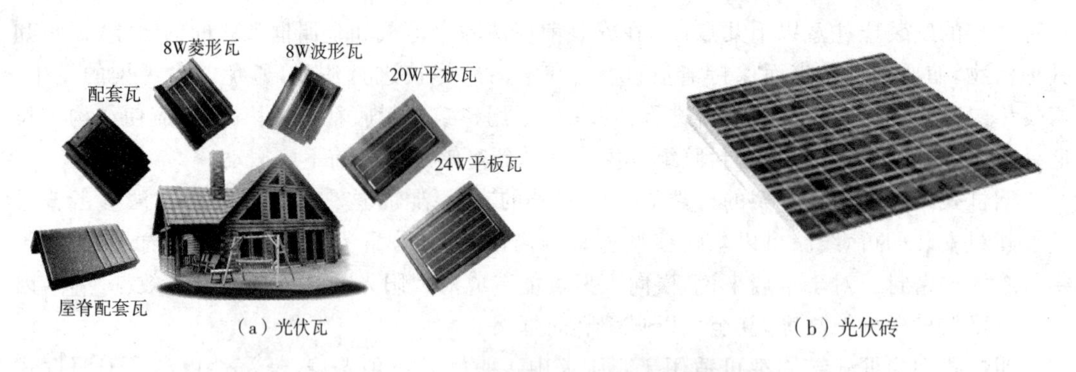

（a）光伏瓦 （b）光伏砖

（c）光伏卷材

（d）光伏窗

（e）光伏雨棚

（f）光伏遮阳板

（g）光伏采光顶

图 5-6-34 建材型光伏构件

建筑外表的多样性为光伏建筑一体化提供了多样的选择方案，主要可分为四类：斜顶、平顶、外墙和挡光安装。光伏构件按照光伏组件与建筑集成的部位不同，主要可以分为以下几种方式：与建筑墙体、阳台、屋面、遮阳、雨篷、护栏、幕墙及门窗等结合应用[55-57]。

① 光伏组件外墙立面安装

对于多层和高层建筑来说，外墙是接受太阳辐射最大的外表面，因此利用各种外墙构造和材料进行太阳能利用是非常合适的选择。如图 5-6-35 所示，与外墙结合的光伏组件不仅起到发电的作用，还可起到非常好的装饰作用，同时降低了室外综合温度，减少了室内得热和空调冷负荷。

图5-6-35　光伏组件外墙

光伏组件外墙立面安装可分为垂直安装和倾斜安装两种方法。

垂直安装的具体要求为：

通过支架固定在外墙的光伏组件，在墙体设计时应作为墙体的附加永久载荷；对安装光伏组件而可能造成的墙体局部变形、裂缝等，应通过构造措施予以预防。

光伏组件安装在外保温构造的墙体上时，其与墙面连接部位易产生冷桥，应做特殊断桥或保温构造处理。

预埋防水套管可防止水渗入墙体构造层；穿墙线不宜设在构造柱内以免影响结构性能。

倾斜安装的具体要求为：在低纬度地区，由于太阳高度角较小，安装在外立面墙面上或直接构成围护结构的光伏组件应具备适当的倾角，以便接受更多太阳辐射和提高光伏转化效率；光伏组件镶嵌在墙面时，应由建筑设计专业结合建筑立面进行统筹设计；为防止光伏组件因损坏而掉落伤人，安装光伏组件的墙面应采取必要的安全防护措施，如设置挑檐、雨篷，或设置绿化带使人不宜靠近。

② 幕墙安装

光伏幕墙也是一种较为常见的光伏建筑一体化应用方式，常见的安装方式有双层光伏幕墙、点支式光伏幕墙和单元式光伏幕墙。

太阳能光伏幕墙直接作为建筑物的外围护构件，即可以用于发电，又可以减少室内的进光量，减小室内的空调负荷，同时也能起到很好的装饰效果。常见的应用类型有：

a. 太阳能光伏窗。太阳能光伏窗是将光伏材料与窗相结合的新型构件，可采用透明玻璃与晶硅电池或非晶硅薄膜电池相结合的方式，增加室内的进光量，保留窗的基本功能。

b. 太阳能垂直光伏幕墙。垂直光伏幕墙也是较为常见的太阳能利用方式。与光伏窗类似，它可用于替代常规玻璃幕墙。它的特点是标准化程度高，较为经济的承重结构。

c. 倾斜式光伏幕墙。倾斜式光伏幕墙的太阳入射角更小，因此可获得更高的效率。

d. 结构式光伏幕墙。结构式光伏幕墙与其他光伏幕墙最大的区别在于，它可以作为建筑的承重构件。它的特点是结构较为简单，经济性好，同时可作为建筑的承重构件，但存在一定的边缘密封问题。

图 5-6-36 光伏通风幕墙

e. 独立太阳能光伏立面。独立太阳能光伏立面是指光伏组件与墙面分离的系统。它的特点是光伏组件独立于建筑外围护结构，因此可以自由选择倾角，发电效率较高，并且具有很强的适应性，非常适合既有建筑的绿色节能改造。但由于独立于建筑外围护结构，因此需要增加额外的支撑结构，并且与建筑的协调性和美观性可能存在一定影响。

双层光伏幕墙组件布置与安装的具体要求为：围护结构的幕墙根据是否有采光需求，其结构有所不同。有采光要求的，内侧采用中空玻璃，中间可根据需要设置遮阳百叶；没有采光需求的，内侧可采用防火板、防火保温棉或复合铝板，中间也可设置遮阳百叶或布帘以帮助隔音隔热。幕墙的上方和下方的室内外侧可以设置可开闭的通风口，起到通风和能量交换的作用：冬季可将室外侧通风口关闭，室内侧通风口开启，幕墙内空气受热形成自然对流，将热量带入室内；夏季可将室内上侧和室外下侧通风口关闭，室内下侧和室外上侧通风口打开，幕墙内空气受热后由室外上侧风口排出，形成烟囱效应，配合室内的北窗或换气扇或风管向室内送风，促进室内空气流动。

双层玻璃封装的刚性薄膜太阳能电池组件可根据需要采用不同的透光率，部分代替玻璃幕墙。采用不锈钢和聚合物衬底的柔性薄膜太阳能电池适合应用于屋顶等需要选型的部分，除起到发电和装饰作用外，太阳能电池的透明导电薄膜（TCO）和双层玻璃中间的乙烯聚合物丁酸盐（PVB）还起到阻挡红外辐射的作用，减少室内外的热传导，起到 Low－E 玻璃的功能。

安装要求：太阳能电池温度升高会引起效率下降，因此要有良好的自然对流或强制通风措施，方便电池散热。光伏幕墙作为建筑构件，也要根据当地气候条件，综合考虑抗风、防雨、雪荷载等问题。用光伏幕墙代替玻璃幕墙，还可起到一定的遮阳作用，但同时也降低了玻璃幕墙的透光性。光伏组件要适应热通道的特殊结构，保持与原建筑风格的一致性，因此在设计中要考虑到组件密封、接线盒隐蔽、粘胶在高温或台风作用下的结构受力问题。

根据建筑要求确定合适的玻璃性能（如采光）和结构（如夹层、中空、异型），根据抗风等级要求确定玻璃的强度要求（钢化、厚度）。

③ 阳台、护栏、雨篷、遮阳安装

阳台光伏组件安装如图5-6-37所示，其要求如下：

a. 在低纬度地区，由于太阳高度角较小，安装在阳台栏板上的光伏组件或直接构成阳台栏板的光伏构件应具有适当的倾角以接受更多太阳辐射。

b. 对不具有阳台栏板功能，通过其他方式安装在阳台栏板上的光伏组件，其支架应与阳台栏板上的预埋件连接牢固，预埋件尺寸和强度应通过计算和校核以保证足够的强度。

图5-6-37　阳台光伏组件安装

c. 作为阳台栏板的光伏构件，应满足建筑阳台栏板的安装强度及高度要求。一般低层、多层建筑阳台栏板高度要求为1.05m，中、高层建筑要求为1.1m。

d. 光伏组件可能由于背面温度较高，或电气连接损坏而发生安全事故，因此要采取必要的防护措施，避免人体直接接触光伏组件，以及对可能的事故有一定的预防措施。

④ 屋顶安装

屋顶是光伏电池的最佳安放位置，光伏组件与屋顶的结合方式一般有两种：集成太阳能光伏屋顶和独立太阳能光伏屋顶。集成太阳能光伏屋顶是将光伏组件与屋顶进行建筑一体化设计，使光伏组件成为建筑结构的一部分。这种屋顶结构较为复杂，但美观性好，综合效率高。通常由光伏电池、空气夹层、保温层、结构层复合而成，一体化程度高，具备防水功能且能承受一定的荷载。独立太阳能光伏屋顶是光伏系统与屋顶相对分离，光伏组件在屋顶形成独立的光伏阵列，阵列只考虑发电要求，而无须考虑建筑的保温、结构等问题，美观欠佳，较适合原有建筑的绿色节能改造。

按屋面类型，可分为平屋面安装和坡屋面安装。

a. 平屋面安装时，需要根据当地纬度等地理条件，计算和选择适宜的倾角及光伏电池组件的水平间距。平屋面安装还可以选择带跟踪的光伏系统。跟踪又分为自动跟踪和手动跟踪。自动跟踪系统效率最高，但投资和维护成本也相对较高。手动跟踪系统结构较为简单，跟踪精度较低，需要人为调整，工作量较大，一般多采用一维跟踪系统，以月或季度为周期进行调节。如图5-6-38所示，由日本建筑师伊东丰雄设计的台湾高雄市太阳能体育场有55000个观众席，造价为1.5亿美元。体育场的表面由8844块太阳能电池板覆盖，这些电池板面积有14155m^2，这使它成为世界上最大的太阳能体育场。它能产生1.14千兆瓦每小时的电力，足够供给周围80%居民的用电量。

（a）俯视实景图

（b）侧视实景图

（c）局部实景图

图 5-6-38　台湾高雄市太阳能体育场

b. 坡屋面安装条件下，从建筑美学及方便设计和施工的角度考虑，一般安装倾角与屋面倾角相同，即平铺于坡屋面安装，如图 5-6-39a 所示。坡屋面安装也可选用框架—嵌入式光伏屋面构件，它即是屋面，又是光伏发电组件，如图 5-6-39b 所示。因此它应满足如下要求：一是作为屋面，它要能够承载传统屋面的所有性能；二是它与建筑物的屋架、梁柱、墙体等结构应能做到完全安全连接，并便于安装施工与日常维修；三是屋面要能满足建筑的基本防水要求，防止滴漏和渗透，并承担屋面的防雨、排水功能。

（a）

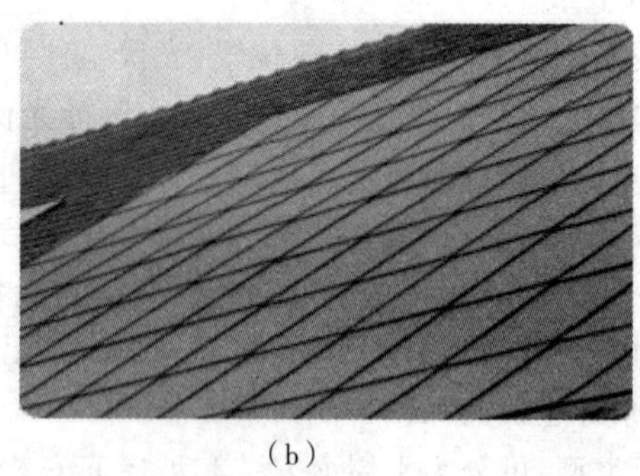
（b）

图 5-6-39　光伏组件与斜屋面一体化

安装要求：

Ⅰ. 在建筑屋面安装光伏组件支架应选择点式的基座形式，以便于屋面排水。特别要避免与屋面排水方向垂直的条形基座。

Ⅱ. 光伏组件支座与结构层相连时，防水层应包到支座和金属埋件的上部，形成较高的防水，地脚螺栓周围缝隙容易渗水，应做密封处理。

Ⅲ. 支架基座部位应做附加防水层。附加层宜空铺，空铺宽度不小于 200mm。卷材防水层应做好收头处理以防止收头翘起使雨水渗入防水层下部。

Ⅳ. 构成屋面面层的建材型光伏构件，其安装基层应为具有一定刚度的保护层，以避免光伏组件变形引起表面局部积灰现象。

Ⅴ. 需要经常维修的光伏组件周围屋面、检修通道、屋面出入口以及人行道上面应设置刚性保护层保护防水层，一般可铺设水泥砖。

Ⅵ. 光伏组件的引线穿过屋面处，应预埋防水套管，并作防水密封处理。防水套管应在屋面防水层施工前埋设完毕。

Ⅶ. 安装在坡屋面上的光伏组件宜根据建筑设计要求，选择顺坡镶嵌设置或顺坡架空设置方式。

Ⅷ. 建材型光伏构件安装在坡屋面上时，其与周围屋面材料连接部位应做好建筑构造处理，使其满足屋面整体的保温、防水等围护结构功能要求。

(8)光伏与建筑一体化应用的制约因素

目前我国已超越日本和德国，成为世界上最大的太阳能电池生产国。但与发达国家相比，我国在太阳能光伏建筑应用方面还存在诸多制约因素，主要表现在以下几个方面：

① 缺乏核心技术支持。尽管近些年我国光伏产业发展很快，发展过程中也有不小的技术进步，但大体上仍是在外国的设备和技术基础上进行的集成和消化，缺乏原创性技术。关键设备如铸锭炉、线切割机等主要依赖进口，很多太阳能光伏企业整条生产线皆从外国引进，承担的是分布于产业链中后端的高污染高能耗加工工序，且利润微薄。在建筑一体化方面，由于应用设计能力不足，缺乏安装技术标准与规程，产业化水平不同，光伏建筑一体化进程缓慢。

② 太阳能光伏一体化建筑成本较高。目前我国的光伏发电成本约为煤电成本的5倍、风力发电成本的3倍，晶体硅光伏屋顶系统造价每平方米约5000元，远超常规建筑的造价，因此市场推广难度大，这也是光伏建筑一体化进程缓慢的重要原因。

③ 太阳能光伏发电并网困难。光伏发电可以避免使用蓄电池系统，可以降低系统造价，提高系统性能与可靠性，是光伏发电的主要发展方向。但光伏发电系统发电量小且分布零散，又可能对电网的可靠性造成危害，国家也尚未出台并网准入规定，因此电力公司回收的积极性不高，并网应用受到一定限制。近年来国际上光伏并网技术日趋成熟，国内也有较快发展，并网这一限制因素正在逐渐减小[58]。

5.6.3　空调冷热源技术和地源热泵

绿色建筑力求在全生命周期内最大限度地节约资源和保护环境，同时为人们提供健康、舒适和高效的使用空间，是与自然和谐共生的建筑形式。其中，能源系统的形式决定了建筑在运行期间的能源消耗和环境影响。

1. 空调冷热源技术

夏季空调、冬季采暖与供热所消耗的能量已是一般民用建筑物能源消费的主要部分。空调系统的冷源包括天然冷源和人工冷源，天然冷源包括地下水(深井水)、地道风、山涧水等自然存在的温度低于环境温度的冷源；人工冷源是指利用制冷设备和制冷剂制取冷量，可满足所需要的任何空气环境，但需要专门设备，运行费用较高。空调系统的热源有集中供热、自备燃油(煤、气)锅炉、直燃式溴化锂吸收式冷热水机组、各种热泵机组和其他可直接利用余热(工厂余热、垃圾焚烧热能或空气、水、太阳能、地热)等。

1)制冷工作原理

制冷机按照工作原理分为压缩式、吸收式和蒸汽喷射式[1-2]。目前,压缩式制冷机应用最广泛。

压缩式制冷机将电能转换为机械能,通过蒸气压缩式制冷循环达到制冷的目的。压缩式制冷机由制冷压缩机、冷凝器、膨胀阀和蒸发器四个主要部分组成,工作循环如图 5-6-40[2] 所示。

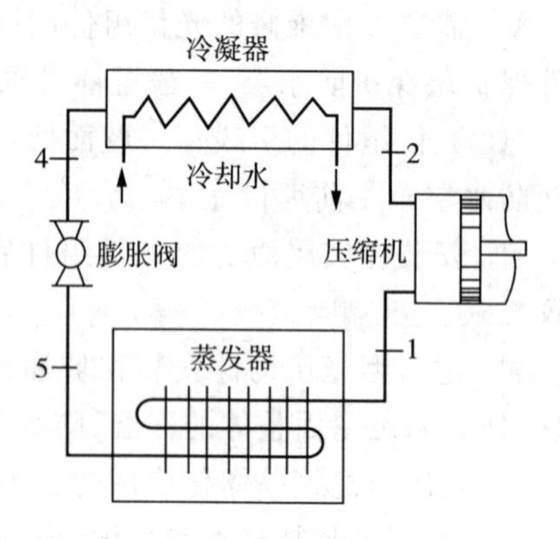

图 5-6-40 蒸气压缩式制冷循环[2]

制冷剂在循环中经历压缩、冷凝、节流、蒸发四个热力过程,完成一次循环。在蒸发器中,低压低温的制冷剂液体吸收其中被冷却的介质(冷水或空气等)的热量,蒸发成为低温低压的制冷剂蒸气,低温低压的制冷剂蒸气进入到压缩机中被压缩成为高温高压气态,然后进入冷凝器中被冷却介质(冷却水或空气等)冷却,变成高压的液态制冷剂,再经过节流装置节流,成为低温低压的制冷剂液体,再次进入蒸发器中吸热气化。如此经过不断的循环,达到制取低温冷冻水的目的。

吸收式制冷机直接利用热能驱动,通过吸收式制冷循环达到制冷的目的。吸收式制冷系统和压缩式制冷系统的机理相同,都是利用液态制冷剂在一定的低温低压状态下吸热汽化而制冷。但吸收式制冷系统中是利用二元溶液在不同的压力和温度下吸收和释放制冷剂的原理来进行循环的,如图 5-6-41[2] 所示。

吸收式制冷机主要由发生器、吸收器、溶液泵、调压阀、蒸发器、冷凝器和节流阀等设备组成。在整个吸收过程中,图 5-6-41 中虚线内的吸收器、溶液泵、发生器和调压阀的作用相当于蒸汽压缩式制冷系统中的压缩机,把制冷剂从低温低压状态“压缩”到高温高压状态。

蒸汽喷射式制冷循环直接以热能为动力,通过蒸汽喷射式制冷循环达到制冷的目的。蒸汽喷射式制冷机是通过喷射器来代替压缩机。低压蒸汽由蒸发压力提高到冷凝压力的过程是利用高压蒸汽的喷射、吸引及扩压作用实现的,如图 5-6-42[2] 所示。

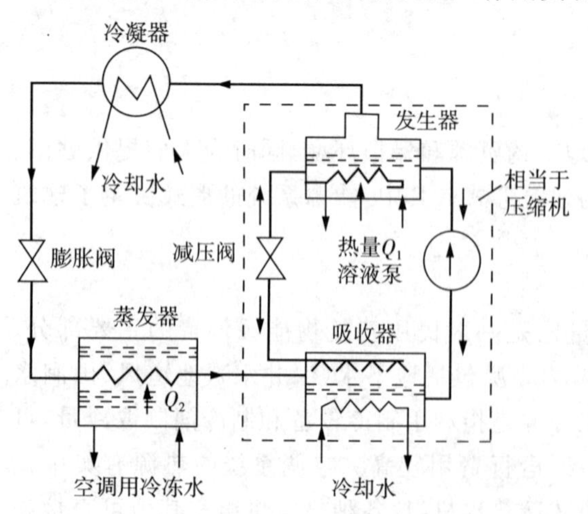

图 5-6-41 吸收式制冷循环[2]

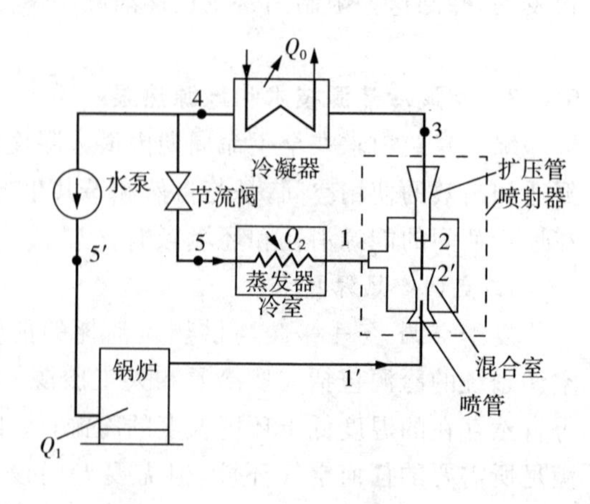

图 5-6-42 蒸汽喷射式制冷循环[2]

2)常用冷热源方式的选择

常用的冷热源方式主要有:电动式制冷机组加锅炉、溴化锂吸收式制冷机加锅炉、水源热泵式机组、直燃式溴化锂吸收式制冷机组、电动式制冷机组加锅炉加冰蓄冷系统。在不同环境条件下如何合理选择空调冷热源,可以分别从系统性能、能耗、初投资和运行费用、技术先进程度、环境友好性、适用条件等方面进行分析比较,达到经济合理、技术先进、减少能耗的目的[3-8]。

3)绿色建筑能源系统

绿色建筑能源系统设计应在能满足建筑功能需求的前提下,充分考虑围护结构以及外界气候条件等因素,充分利用自然能源和低品位能源以满足建筑内部对于节能和舒适方面的需求[6-8]。

除了优化围护结构体系等节能措施外,绿色建筑设计很重要的一个环节便是主动式设计,主要围绕暖通空调、照明和自动控制等建筑能源系统开展工作。在暖通空调技术方面,实际工程中广泛应用的常规技术普遍存在一些不足,如:高品位能源消耗比例较高、低品位能源利用不足、环境友好性较差的工质使用等。这就促使绿色建筑能源系统设计向更加节能和环保的方向发展,具体有以下特点:

(1)尽可能地利用可再生能源、废热能等低品位能源,减少消耗煤、石油、天然气等不可再生资源。

(2)尽可能提高系统效率,实现能量的高效利用,同时满足较高的室内舒适度。

(3)较大程度上实现能源自供给和能量的梯级利用。

绿色建筑的能源系统设计是一项复杂的系统工程,需要建筑设计师和设备工程师通力合作,才能创造出各种类型的各具特色的绿色建筑。

4)空调冷热源新技术

目前,空调冷热源技术解决的核心已经集中在新能源的开发和利用、冷热电联产、热泵技术和蓄冷技术这四个方面。

(1)新能源的开发和利用[6-8]

随着社会经济发展水平的提高,空调的能耗需求越来越大,新能源在空调冷热源中的应用是冷热源研究的一个重要方面。目前新能源应用研究主要集中在太阳能、地热能、天然气、燃料电池、核能和水电等方面。相对于煤炭和石油等化石能源来说,天然气还处于刚刚被开发利用的阶段,今后有很好的发展前景,天然气的燃烧效率比煤炭和石油都高,热值大,其 CO_2 和 NO_x(氮氧化物)等污染物排放标准比煤炭和石油要低得多,是一种相对很清洁的能源。目前以天然气为燃料的锅炉和制冷机组早已投入使用并产生了良好的经济效益。核能也是一种清洁高效的能源,能量密度很高,目前主要用于发电和区域供热。天然气和核能都是不可再生能源,其储藏量有限;太阳能和地热能等是真正清洁的可再生能源,蕴藏量无限,卫生环保,有很大的开发利用价值。

① 太阳能[7-10]

作为一种清洁无污染、取之不尽用之不竭的可再生能源,太阳能在建筑能源系统中有广泛的应用并且历史悠久。除了太阳能热水技术以外,太阳能利用在建筑能源系统中主要有太阳能采暖和太阳能制冷。此外,近年来利用太阳能的热驱动强化过渡季节室内通风的降温形式也引起人们的关注。

太阳能供暖和制冷在节约能源和保护环境方面有广阔的市场前景和发展潜力。从20世纪40年代开始,太阳能供热技术便开始出现在一些示范建筑中。随着各种太阳能集热器新产品的问世,更高温度的太阳能热水制取成为现实,太阳能驱动的制冷系统也开始出现。

20世纪70年代以来,能源危机和环境恶化在客观上加速了太阳能技术的进步。时至今日,研究者已在这一领域进行了大量工作,提出多种技术,如:太阳能直接供热系统、太阳能辅助供热技术等,而实现太阳能制冷有以下两条途径:一是太阳能光电转换,以电制冷,如光电制冷,热电制冷;二是光热转换,以热制冷,如吸收式制冷、喷射式制冷、吸附式制冷;光电转换的制冷方法由于成本较高,所以研究较多,实际推广应用较少,而以热制冷由于它的备受青睐,详见方式有:太阳能吸收式制冷、太阳能喷射式制冷和太阳能吸附式制冷。

a. 太阳能直接供热系统

太阳能直接供热系统利用集热器蓄积的热量满足建筑热负荷,系统主要包括集热器、蓄热水箱、循环水泵末端设备等部件,如图5-6-43[10]所示。蓄热水箱可以储存太阳能,同时将室内采暖系统的进水温度稳定在一个较小的波动范围内。

由于太阳能能流密度较低,并且太阳能不确定性较大,太阳能直接供热系统很难保证供热的连续性。因此,结合了热泵等技术的太阳能辅助供热系统应运而生。太阳能辅助热泵供热系统可以为建筑提供热水和采暖用热,对集热器出水温度要求较低,同时具有灵活多样的系统实现方式,应用前景更加广阔。

b. 太阳能吸收式制冷

吸收式制冷是利用溶液浓度的变化来获取冷量的装置,即制冷剂在一定压力下蒸发吸热,再利用吸收剂吸收制冷剂蒸气。自蒸发器出来的低压蒸气进入吸收器并被吸收剂强烈吸收,吸收过程中放出的热量被冷却水带走,形成的浓溶液由泵送入发生器中被热源加热后蒸发产生高压蒸气进入冷凝器冷却,而稀溶液减压回流到吸收器完成一个循环,如图5-6-44[10]所示。它相当于用吸收器和发生器代替压缩机,消耗的是热能。热源可以利用太阳能、低压蒸汽、热水、燃气等多种形式。

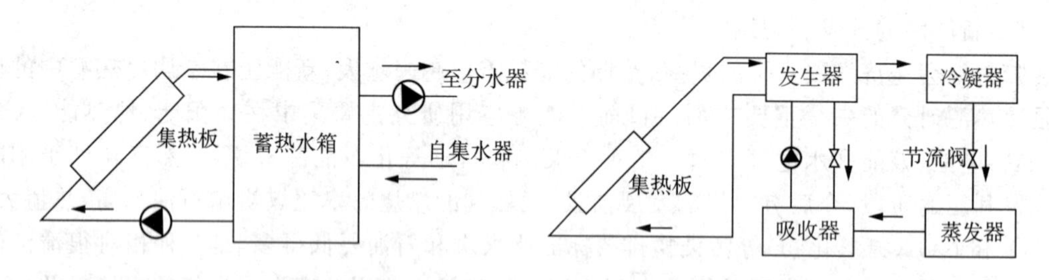

图5-6-43 太阳能采暖系统示意图[10]　　图5-6-44 太阳能吸收式制冷原理[10]

吸收式制冷系统的特点与所使用的制冷剂有关,常用于吸收式制冷机中的制冷剂大致可分为水系、氨系、乙醇系和氟利昂系四个大类。水系工质现今大量生产的商用LiBr吸收式制冷机依然存在易结晶、腐蚀性强及蒸发温度只能在零度以上等缺陷。氨系工质对中包括了最为古老的氨水工质对和近期开始受重视的以甲氨为制冷剂的工质对,由于氨水工质对具有互溶极强、液氨蒸发潜热大等优点,它至今仍被广泛用于各类吸收式制冷机。

人们对氨水工质对的研究主要是针对它的一些致命的缺陷,如:COP较溴化锂小、工作压力高、具有一定的危险性、有毒、氨和水之间沸点相差不够大、需要精馏等。吸收式空调采用溴化锂或氨水制冷机方案，虽然技术相对成熟，但系统成本比压缩式高，主要用于大型空调，如中央空调等。

c. 太阳能吸附式制冷

吸附式制冷系统由吸附床、冷凝器、蒸发器和节流阀等构成，工作过程由热解吸和冷却吸附组成，基本循环过程是利用太阳能或者其他热源，使吸附剂和吸附质形成的混合物（或络合物）在吸附床中发生解吸，放出高温高压的制冷剂气体进入冷凝器，冷凝出来的制冷剂液体由节流阀进入蒸发器。制冷剂蒸发时吸收热量，产生制冷效果，蒸发出来的制冷剂气体进入吸附发生器，被吸附后形成新的混合物（或络合物），从而完成一次吸附制冷循环过程。基本循环是一个间歇式的过程，循环周期长，COP值低，一般可以用两个吸附床实现交替连续制冷，通过切换集热器的工作状态及相应的外部加热冷却状态来实现循环连续工作。

d. 太阳能喷射式制冷

喷射式制冷系统制冷剂在换热器中吸热后汽化、增压，产生饱和蒸汽，蒸汽进入喷射器，经过喷嘴高速喷出膨胀，在喷嘴附近产生真空，将蒸发器中的低压蒸汽吸入喷射器，经过喷射器出来的混合气体进入冷凝器放热、凝结，然后冷凝液的一部分通过节流阀进入蒸发器吸收热量后汽化，这部分工质完成的循环是制冷循环（如图5-6-45[10]）。另一部分通过循环泵升压后进入换热器，重新吸热汽化，所完成的循环称为喷射式制冷循环，系统中循环泵是运动部件，系统设置比吸收式制冷系统简单，运行稳定，可靠性较高。缺点是性能系数较低。

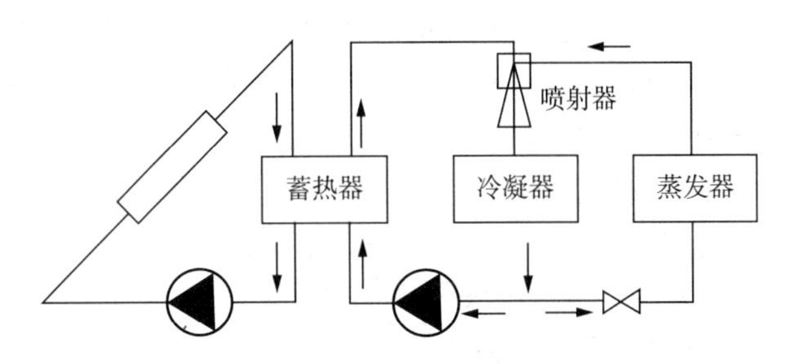

图5-6-45　太阳能喷射式制冷原理[10]

另外把吸附与喷射相结合，又可得到太阳能吸附—喷射联合制冷系统。它利用了吸附制冷和喷射制冷对太阳能需求的时间差而实现系统的连续制冷，并且对吸附热的有效回收和制冷系数的提高有一定作用。

② 地热[6-8]

地热是来自地球深处的可再生热能。通过地下水循环和岩浆侵入，把热量带至近表层。地热资源是指在当前技术经济和地质环境条件下，地壳内能够科学、合理地开发出来的岩石中的热能量和地热流体中的热能量及其伴生的有用组分。

当前，地热空调技术的研究和应用已经取得了一定的进展，利用方式多以地球表面浅层包括地下水、土壤和地表水等地热资源，驱动可采暖又可供冷的高效节能环保空调系统：

a. 通过打井找到正在上喷的天然高温热水流，利用蒸汽动力发电。这样把热能转化为电能，用二次能源来驱动空调制冷设备。

b. 地热的直接应用，热水流直接供给，用于采暖、空调、生活热水等综合利用。

地热空调系统，根据利用地热温度不同，分为：利用低温段地热，采用电能驱动的地热热泵空调系统；利用中高温段地热，采用热能驱动的吸收式制冷。由于现阶段地热主要以地下水为载体，因此地热空调的缺点是主要受地区地下水资源的限制。

典型的地热热泵空调系统由压缩机、地热热交换器（水—制冷剂热交换器）、水泵、室内热交换器(制冷剂—水或制冷剂—空气热交换器)、节流装置和电气控制设备等部件组成。虽然其结构类型多样,但主要基本部件是这三大部分:室外地热能换热器系统、水源热泵机组和室内空调末端系统。其中水源热泵是利用水作为冷热源的热泵,而地热空调系统则是通过水这一介质与地热资源进行冷热交换后作为水源热泵的冷热源,其中与建筑物空调末端系统的换热介质是水或者空气。

(2)冷热电联产(CCHP)[11-12]

冷热电联产(Combined Cooling Heating and Power,CCHP)是一种建立在能量梯级利用概念基础上,把制冷、供热(采暖和卫生热水)和发电等设备构成一体化的联产能源转换系统,其目的是为了提高能源利用率,减少需求侧能耗,减少碳、氮和硫氧化合物等有害气体的排放,它是在分布式发电技术和热能动力工程技术发展的基础上产生的,具有能源利用率高和对环境影响小的特点。典型CCHP系统一般包括:动力系统和发电机(供电),余热回收装置(供热),制冷系统(供冷)等。针对不同的用户需求,系统方案的可选择范围很大,与之有关的动力设备包括微型燃气轮机、内燃机、小型燃气轮机、燃料电池。CCHP机组形式灵活,适应范围广,使用时可灵活调配,优化建筑的能源利用率与利用方式。

目前CCHP的研究正致力于以下几个方面的工作:分布式冷热电联产、区域冷热电联产(DCHP)和楼宇冷热电联产(BCHP)。

① 分布式冷热电联产

分布式冷热电联产系统,是建设在需求或资源现场的小型、微型能源综合利用设施,它是以冷热电联产技术为基础,与大电网和天然气管网相结合,向一定区域内用户同时提供电力、蒸汽、热水和空调冷媒水等能源的供应系统。通常是以天然气为一次能源,由燃气轮机组、内燃发电机组或微燃机以及配套的换热制冷设备组成,先将高品位的天然气用于发电,再将发电机组排放的低品位的热能用于采暖制冷以及生活热水等,它的热效率可达80%或更高,实现了能源的“分配得当、各得所需、温度对口、梯级利用”。

冷热电联产系统综合效率提高的关键在于系统的合理配置和科学的运行。冷热电联产系统的本质是回收发电系统的余热,要提高其综合能效,必须在保证发电效率的前提下充分利用余热。这样就确定了系统设备匹配的原则是“以基荷电力定容量,不足电力从电网补充,不足热量补燃解决”。尤其是楼宇冷热电联供系统,发电机余热回收装置的匹配过大、过小都会导致能源利用效率的降低,影响到整体的经济效益。冷热电联供系统的经济效益还取决于运行的科学合理,根据冷热电日负荷变化以及当地的电价来确定运行时段、选用不同的运行方式来降低运行费用,增加经济效益。

分布式区域冷热电联供系统的功能与传统冷热电联供相同,均可向周边区域提供冷、热和电力,但由于其相对独立,因此又称为“能源岛系统”(简称“能源岛”)。在能源岛中,发电系统以小规模(数千瓦至数兆瓦),分散布置的方式建在用户附近,独立地输出电、热或冷。它不仅满足了区域内用户的用能需求,还节省了大量的城市供热管网的建设和运行费用,因此该技术在工业化国家迅速发展。近年来,随着先进微型热电转换装置的问世,出现了楼宇冷热电联供系统(BCHP)。它由多个小型能源岛相连,在向本楼宇供应冷、热和电力的同时,依靠因特网的指挥调度,可实现临近系统的互连互靠,形成自下而上的“能源互联网”。这种供能方式适应了信息时代以效益定规模的生产方式要求,弥补了由大型电厂、多层电网及供热锅炉组成的传统城市能源体系的不足。

以某四星级酒店为例[12]，建筑面积 35000m²，空调面积 30000m²。该建筑的能耗分布情况见表 5-6-2 所列。通过以下三个方案进行比较(见表 5-6-3 所列)：a. 分布式冷热电联供系统方案(方案流程如图 5-6-46[12]所示)；b. 直燃溴化锂机组＋燃气锅炉方案；c. 螺杆式电制冷机组＋燃气锅炉方案。

表 5-6-2　该建筑的能耗分布情况

	天数	能耗/万 KWh
采暖	90	274
制冷	120	422
卫生热水	365	526
照明及动力	365	478

表 5-6-3　各方案初投资和运行费用比较(单位：万元)

	方案 1	方案 2	方案 3
设备初投资	491.6	323.5	272
机房土建费用	186	156	156
室内设备及管路	334	334	334
总投资	1011.6	813.5	762
年燃气费用	461.4	328.6	250.3
年电费	183.2	437.8	534.5
年运行费用	644.6	766.4	784.8

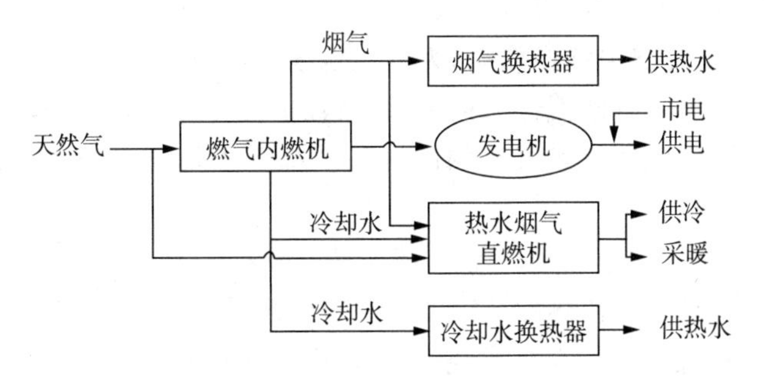

图 5-6-46　分布式冷热电联供方案流程[12]

通过运行费用和总投资的比较可以得出，分布式冷热电联供系统方案的投资比其他两个方案略高，但是其年运行费用要低于其他两个方案，且投资回收期短。同时具备节省能源、环境效益高、缓解高峰时段电网运行压力等优点。

② 楼宇冷热电联产(BCHP)

楼宇冷热电联产(Building Cooling Heating Power，BCHP)，是由一套系统解决建筑物电、冷、热等全部需要的建筑能源系统。BCHP 可以是为单个建筑提供能源的较小型系统，也可以是为区域内多个建筑提供能源的分布式能源系统。

楼宇热电冷联产系统中余热型吸收式冷温水机组使得冷热电联产系统大大简化，与燃气发电机组进行“无接缝”组合，大幅度提高了能源利用率。被认为是未来能源应用的方向，其显著特点如下：

a. BCHP是发电机与吸收式冷温水机组的技术整合，吸收式冷温水机组直接回收发电机烟气和缸套冷却水热量，不经过中间二次换热，系统能源效率比传统热电联供提高20%以上。过去人们研究节能的努力都主要着眼于设备本身，而BCHP则将发电和空调系统作为一个整体来考虑，在供热和制冷时充分利用了发电设备排放的低品位热量，实现终端能源的梯级利用和高效转换，以避免远距离输电和分配损失，使得能源利用总效率由发电30%～35%，提高到70%～90%，大幅度降低了建筑能耗，提高了供能系统的经济性。

b. BCHP机组可多种能源并用，控制上采用“余热利用优先”的原则，余热不足或发电机不运行时，采用燃烧机补燃方法，为用户提供了多样化的能源选择，确保了系统运行的经济性和可靠性。

c. BCHP系统可利用楼宇闲置的备用发电机组，安装在用户附近，它不仅提供了低成本的电力，克服了集中式供电输送距离远、能源形式单一、大量热能无法利用、能源浪费严重的弊端，同时满足了冷、热负荷的需求，极大地缓解集中电网建设的投资压力。

d. BCHP使能源得到高效利用，大幅度降低了温室气体及污染物的排放，使治理污染投资降低，具有极高的环境效益。

e. BCHP解决了空调与电网争电的问题，有效改善了电网负荷的不均衡性，提高了发电厂设备的负荷率；BCHP利用燃气或发电余热制冷和制热，填补了夏季燃气用量的严重不足，改善了电力和燃气不合理的能源结构状况。

f. BCHP的大型化和集中化管理，促进了区域空调的迅速发展，可大幅度降低机组装机总容量，减少设备总投资，提高制冷制热设备系统效率，同时确保了对燃料的集中管理，获得廉价的燃料、最少的人员配置等，可以有效地降低系统运营成本。

以天然气为能源的冷热电联供系统，为发达地区的城市中心区域、商业区和居民区提供多种形式的能量，不仅可以有效消耗天然气，还减轻了环保压力，从客观上起到了稳定电价、提高电网安全的作用，因此燃气热气机的能源岛系统运用是现有条件下天然气高效利用的最佳技术路线之一。

(3)热泵技术[13-15]

热泵就是靠高位能驱动，使热能从低温热源流向高温热源，将不能直接利用的低品位热能转换为可利用的高品位能，是直接燃烧一次能源而获取热量的主要替代方式。热泵分为空气源热泵和地源热泵。

① 空气源热泵

空气源热泵利用空气作为冷热源，直接从室外空气中提取热量为建筑供热，应是住宅和其他小规模民用建筑供热的最佳方式，但它运行条件受气候影响很大，目前空气源热泵仍存在两大技术难点：一是当室外温度在0℃左右时，蒸发器的结霜问题；二是为适应外温在－10℃～5℃范围内的变化，需要压缩机在很大压缩比的范围内都具有良好的性能。

国内外近10年来的大量研究攻关都集中在这两个难点上，前者通过优化的化霜循环、智能化霜控制、智能化探测结霜厚度传感器，特殊的空气换热器形式设计以及不结霜表面材料的研制等，正在陆续得到开发。后者通过热泵循环方式，如中间补气、压缩机串联和并联转换等来尝试解决。有文献报道一种大型离心式压缩机配盐水冷却塔的热泵方式，通过同时调整压缩机转速和压缩机入口导向叶片，可以使压缩机在较大的压缩范围内都具有较高的效率，而采用盐水冷却塔则避免了蒸发器结霜，其样机的全冬季平均电热转换率已接近4，这将成为大型建筑和区域供热供冷的最佳冷热源方案。

利用低位再生热能的热泵技术在暖通空调领域的应用具有以下特点：

a. 热泵空调系统用能遵循了能量循环利用原则，与常规空调的单向性用能不同。所谓单向性用能是指“消耗高位能（电能、化学能等）——向建筑物提供低位热能——向环境排放废物（废水、废气、废渣、废热等）”的单向用能模式。热泵空调系统的用能模式是仿效自然生态过程物质循环模式的部分热量循环使用的用能模式，实现热能的级别提升。

b. 热泵空调系统是合理利用高位能的模范。热泵空调系统利用高位能作为驱动能源，推动工作机（制冷机、喷射器等）运行。工作机在循环过程中充当“泵”的角色，将低位热能提升至高位热能向用户供热，实现了能源品质的科学配置。通过热泵技术可以将贮存于地下水、地表水、土壤和空气中的自然低品位能源以及生产生活中人为排放的废热，用于建筑物的采暖和热水供应。

c. 暖通空调系统用热一般都是低温热源。如风机盘管只需要50℃～60℃热水，地板辐射采暖水温一般要求提供的热水温度低于50℃。这为在暖通空调热泵使用提高性能系数创造了条件。因此，暖通空调系统是热泵技术的理想用户之一。

对建筑物的热泵系统来说，理想的热源/热汇应具有以下特点：在供热季有较高且稳定的温度，可大量获得，不具有腐蚀性或污染性，有理想的热力学特性，投资和运行费用较低。在大多数情况下，热源/热汇的性质是决定其使用的关键。

② 地源热泵

地源热泵，是一种利用地下浅层地热资源的既可以供热又可以制冷的高效节能环保型空调系统。按天然资源形式主要可以分为地下水热泵、地表水热泵和土壤源热泵。

a. 地下水热泵

地下水热泵分为开式、闭式两种。开式是将地下水直接供到热泵机组，再将井水回灌到地下；闭式是将地下水输送到板式换热器，需要二次换热。

b. 地表水热泵

地表水热泵与土壤源热泵相似，用潜在水下并联的塑料管组成的地下水换热器替代土壤换热器。虽然采用地下水、地表水的热泵的换热性能好，能耗低，性能系数高于土壤源热泵，但由于地下水、地表水并非到处可得，且水质也不一定能满足要求，所以其使用范围受到一定限制。国内外对地热源热泵的理论和试验研究均集中在土壤源热泵上。

c. 土壤源热泵

土壤源热泵，是一种利用可再生能源、经济有效的节能技术，它通过换热介质和大地地表浅层（通常深度小于400m）换热。地表浅层是一个巨大的太阳能集热器，收集了47%的太阳能，相当于人类每年利用能量的500多倍，且不受地域、资源等限制，是清洁的可再生能源。另外，土壤温度较恒定的特性，使热泵机组运行更可靠、稳定，也保证了系统的高效性和经济性。

据美国环保署（EPA）估计，高效的地源热泵机组，平均产生3.517kW的冷量仅需耗电功率0.8kW，其耗电量为普通冷水机组加锅炉集中式空调系统的30%～60%。土壤源热泵系统的性能系数为3～6，与传统的空气源热泵相比，要高出40%左右，其运行费用为普通集中式空调系统的50%～60%。

土壤源热泵的污染物排放，与空气源热泵相比，减少40%以上，与电供暖相比，减少70%以上。制冷剂充灌量比常规空调装置减少25%，而且制冷剂泄漏概率大为减少。土壤源热泵的核心是土壤耦合地热换热器。目前，地下埋管式土壤源热泵已成为低密度建筑供暖空调冷热源的主要方式。

d. 海水源热泵[6-8,16]

海水源热泵空调系统，是一种新兴的集供暖、制冷于一体的空调系统。由于海水温度一般都十分稳定，以海水作为提取和储存能量的基本"源体"，借助热泵循环系统，以消耗少量电能为代价，把海水中的低品位冷量（夏季）/热量（冬季）"提取"出来，对建筑物进行制冷或供暖，达到调节室内温度的目的。若在系统中耦合热回收技术，则可以同时"免费"为用户加热部分生活热水。

e. 污水源热泵

污水源热泵，采用污水作为水源热泵的热源/热汇，根据污水夏季温度低于室外温度，冬季高于室外温度的特点，用热泵利用污水冷热能。与空气源热泵和以地下水为热源/热汇的水源热泵相比，污水源热泵在技术和经济性上更具优势。废水和污水全年保持相对较高且恒定的温度。在这个范畴中，可能的热源/热汇包括各类污水（处理过的和未处理过的）、工业废水、工业和电力生产过程的冷却水、制冷厂的冷却水等。

(4)蓄冷空调技术[17-18]

蓄冷空调就是利用夜间电网低谷时的电力来制冷，并以冰/冷水的形式把冷量储存起来，在白天用电高峰时释放冷量提供给空调负荷。蓄冷空调技术是转移高峰电力，开发低谷用电，优化资源配置，保护生态环境的一项重要技术措施。

蓄冷空调系统的技术路线有两条：全负荷蓄冷和部分负荷蓄冷。全负荷蓄冷是将用电高峰期的冷负荷全部转移至电力低谷期，全天冷负荷均由蓄冷冷量供给，用电高峰期不开制冷机。全负荷蓄冷系统所需的蓄冷介质的体积很大，设备投资高昂且占地面积大，一般用在体育场、剧场等需要在瞬间放出大量冷量和供冷负荷变化相当大的地方。部分负荷蓄冷是只蓄存全天所需冷量的一部分，用电高峰期间由制冷机组和蓄冷装置联合供冷，这种方法所需的制冷机组和蓄冷装置的容量小，设备投资少。

① 水蓄冷系统

水蓄冷是利用冷水储存在储槽内的显热进行蓄冷，即夜间制出4℃～7℃的低温水供白天空调用，温度适合于大多数常规冷水机组直接制取冷水。水蓄冷的容量和效率取决于储槽的供回水温差，以及供回水温度有效的分层间隔。在实际应用中，供回水温差为8℃左右。为防止储槽内冷水与温水相混合，引起冷量损失，可在储槽内采取分层化、迷宫曲板和复合储槽等措施。因水的比热容远小于冰的溶解热，故水蓄冷的蓄冷密度低，需要体积较大的蓄水池，且冷损耗大，保温及防水处理繁琐。但水蓄冷具有投资省、技术要求低、维修费用少等优点。

水蓄冷系统可按以下几种模式运行：制冷机单独供冷；制冷机单独充冷；蓄冷槽单独供冷；制冷机、蓄冷槽联合供冷。

② 冰蓄冷系统

冰蓄冷系统常见的形式有：外融式冰盘管蓄冷系统、内融式冰盘管蓄冷系统、封装式冰蓄冷系统、冰片滑落式动态蓄冷系统和冰晶式动态蓄冷系统。

a. 外融式冰盘管蓄冷系统

外融式冰盘管蓄冷系统充冷时，制冷剂或乙二醇水溶液在盘管内循环，吸收储槽中水的热量，直至盘管外形成冰层。盘管外蓄冷过程中，开始时管外冰层很薄，其传热过程很快，随着冰层厚度的增加，冰的导热热阻增大，结冰速度将逐渐降低，到蓄冰后期基本上处于饱和状态，这时控制系统将自动停止蓄冰过程，以保护制冷机组安全运行。

b. 内融式冰盘管蓄冷系统

内融式冰盘管蓄冷系统，蓄冰过程与外融式冰盘管蓄冷系统相同。盘管形状有蛇形管、圆筒形管和U形管等。盘管材料一般为钢或塑料。储槽为钢制、玻璃钢或钢筋混凝土结构。融冰时，从空调流回的载冷剂通过盘管内循环，由管壁将热量传给冰层，使盘管表面的冰层自内向外融化释冷，将载冷剂冷却到需要的温度。内融冰时，由于冰层与管壁表面之间的水层厚度逐渐增加，对融冰的传热速率影响较大。为此，应选择合适的管径和恰当的结冰厚度。该蓄冷方式的充冷温度一般为－3℃～－6℃，释冷温度为1℃～3℃。

c. 封装式冰蓄冷系统

封装式冰蓄冷，是将封闭在一定形状的塑料容器内的水制成冰的过程。按容器形状可分为球形、板形和表面有多处凹窝的椭球形。充注于容器内的是水或凝固热较高的溶液。容器沉浸在充满乙二醇溶液的储槽内，容器内的水随着乙二醇溶液的温度变化而结冰或融冰。封装式冰蓄冷的充冷温度为－3℃～－6℃，释冷温度为1℃～3℃。储槽多为钢制且为密闭式。

d. 冰片滑落式动态蓄冷系统

冰片滑落式动态蓄冷系统，由蓄冰槽和位于其上方的若干片平行板状蒸发器组成。循环水泵不断将水从蒸发器上方喷洒而下，在蒸发器表面结成薄冰。待冰达到一定厚度后，制冷设备的四通阀切换，由压缩机来的高温制冷剂进入蒸发器，使冰片脱落滑入蓄冰槽内。该系统充冷温度为－4℃～－9℃，释冷温度为1℃～2℃，该蓄冷方式融冰速率快。

e. 冰晶式动态蓄冷系统

冰晶式动态蓄冷系统，利用水泵从蓄冷槽底部将低浓度乙二醇水溶液抽出送至特制的蒸发器。当乙二醇水溶液在管壁上产生冰晶时，搅拌机将冰晶刮下，与乙二醇溶液混合成冰泥泵送至蓄冰槽，冰晶悬浮于蓄冰槽上部，与乙二醇溶液分离。充冷时蒸发温度为－3℃，储槽一般为钢制，其蓄冰率约为50％。

③ 共晶盐蓄冷系统

共晶盐是一种相变材料，其相变温度在5℃～8℃范围内，是由一种或多种无机盐、水、成核剂和稳定剂组成的混合物，将其充注在球形或长方形的高密度聚乙烯塑料容器中，并整齐堆放在有载冷剂（或冷冻水）循环通过的储槽内。储槽一般为敞开式钢板或钢筋混凝土槽。随着循环水温的变化，共晶盐的结冰或融冰过程与封装冰相似。其充冷温度一般为4℃～6℃，释冷温度为9℃～10℃，可使用常规制冷机组制冷、蓄冷，机组性能系数较高。

蓄冷空调的研究主要集中在低温送风蓄冷系统和冰蓄冷区域性空调供冷站。低温送风冰蓄冷系统提供4℃～10℃的低温送风，大大降低了空调能耗和运行成本，有效提高了COP

值,一次投资成本大大下降。冰蓄冷区域性空调供冷站不需要使用 CFC 冷媒,对环境友好,占地面积小,使用方便,运行、维护管理费用低廉,能减低空调建设费用,具有很强的竞争力。

目前冰蓄冷空调在推广中的主要动力是电力政策,主要障碍是系统造价。据测算,部分负荷蓄冰空调系统投资一般为常规空调系统的 1.2～1.3 倍,当峰谷电价差大于 3 时,投资造价的增加可望在 3 年内回收。一般认为 3∶1 的峰谷电价是鼓励用户使用冰蓄冷空调的底线。同时,冰蓄冷空调系统的设计前提是设计日的负荷分布,系统主要设备的容量都按设计日确定的。75%～100%的负荷率仅占空调全年总运行时间的 10%,分时电价或实时电价的引入,使蓄冷系统中各种设备的运行决策更为复杂。从设计到运行及维护,控制及控制相关问题成为蓄冷系统的首要问题,要根据建筑物逐时冷负荷,合理地分配制冷机供冷与融冰供冷,在满足建筑物冷负荷同时使运行费用最少。

(5)温湿度独立控制空调系统[19-20]

① 传统空调系统温湿度联合处理的弊端

传统的空调系统采用温湿度联合处理存在诸多的弊端:

a. 首先,由于采用冷凝除湿方法排除室内余湿,冷源的温度需要低于室内空气的露点温度,采用冷凝除湿去除室内的湿负荷加上可以采用高温冷源排走的显热负荷一起采用 7℃的低温冷源,造成能量利用品位上的浪费。而且冷凝除湿之后对空气有时还需要再热,整个过程造成了大量的能源浪费;

b. 其次,通过冷凝的方式对空气进行冷却除湿不能适应建筑实际需要的热湿比变化,影响室内的热舒适性。再者,空气在冷表面(如表冷器)进行冷却、凝结,造成了利于细菌生长的潮湿环境,尤其是容易引发病菌的滋生,对空调区人员的健康造成威胁等。

基于以上原因,需要有一种新的空调方式更好地实现对建筑热湿环境的调控,同时应保证不大幅增加空调系统的能耗。

② 温湿度独立控制空调系统

温湿度独立控制空调系统,如图 5-6-47[20] 所示,可以分为温度控制系统和湿度控制系统两个部分,分别对温度和湿度进行控制。与常规空调系统相比它可以满足不同房间热湿比不断变化的要求,避免了室内相对湿度过高或者过低的现象,同时采用温度与湿度两套独立的空调控制系统,分别控制室内的温度与湿度,避免了常规空调系统中热湿联合处理所带来的能量损失,能够更好地实现对建筑热湿环境的调控,并且具有较大的节能潜力。

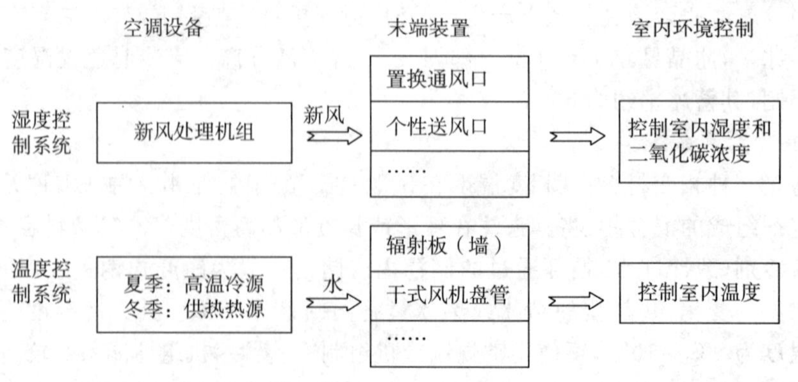

图 5-6-47 温湿度独立控制空调系统[20]

温度控制系统中，冷源不再采用7℃的冷水同时满足降温与除湿要求，而是采用18℃左右的冷水即可满足降温要求，为天然冷源在建筑中的使用的提供了条件。如深井水或通过土壤源换热器获取的冷水，在某些干燥地区（如新疆等）可以通过直接蒸发或间接蒸发的方法获取。即使采用电制冷压缩式制冷机组，由于蒸发温度的提高，机组的COP也会大大提高。温、湿度独立控制系统显热去除末端，由于通入高于室内露点温度的高温冷水，因此不会出现冷凝结露现象，可选用干式风机盘管或辐射末端。

可用的除湿方式包括：传统的冷凝除湿、转轮除湿和溶液除湿。其中，冷凝除湿要求冷源温度低，制冷机的能效指标低，且存在潮湿表面；转轮除湿为等焓除湿过程，被除湿后的送风温度高，还需冷却水来冷却；且转轮再生热源温度要求较高，一般高于100℃；转轮的新风和排风间的漏风问题目前还难以解决。溶液除湿方式，可实现等温的除湿过程，可用（15℃～25℃）的冷源带走除湿过程释放潜热，且再生热源温度要求低，可用低品位热能（60℃～70℃）来驱动，同时能避免新风和回风的交叉污染。

（6）吸附式制冷

吸附制冷作为一种可有效利用低品位能源且对环境友好的制冷技术从20世纪70年代末起经过近30年的发展，在吸附工质对性能、吸附床的传热传质和系统循环及结构方面有了较深入的研究，为吸附式制冷在空调应用中的进一步实用化起到了积极的推进作用。

吸附式制冷利用吸附剂对某种制冷剂气体的吸附能力随温度不同而不同，加热吸附剂时解析出制冷剂气体，进而凝为液体；而在冷却吸附时，制冷剂液体蒸发，产生制冷作用。吸附式热泵制冷剂为水等非氟系工质，可利用太阳能、工业余热或地热资源作为驱动热源，从而缓解传统压缩式空调带来的城市“热岛”污染和对大气臭氧层的破坏，符合当前环保要求。并且吸附制冷成功地将制冷需要与能量回收和节能结合起来，但目前技术仍不成熟。

（7）空气冷热源技术[21-22]

空气作为冷热源，其容量随着室外环境温度和被冷却介质变化而变化。作为一种普遍存在的自然资源，空气在任何时间、任何地点都存在，其可靠性极高，但其容量和品味随时间变化，稳定性为Ⅱ类。在夏季需要供冷和冬季需要供热时，空气均为负品味，需要经过热泵技术提升之后才能工作，而在过渡季节，则为正品味或零品味，可以直接利用。由于空气具有流动性，因此其可再生性和持续性都极好。空气源设备运行过程中对环境产生的影响主要在于噪声和冷凝热的释放问题，前者可以通过技术手段解决，后者则可以通过热回收技术在一定程度上缓解，在技术上不存在困难。总体来讲，空气作为冷热源，其环境友好性为良好。

空气作为建筑冷热源，最重要的应用条件就是气候环境。直接应用时主要利用空气作为建筑冷资源，要求室外气温处于人体热舒适温度范围内，主要分布在过渡季节和夏季的夜间时段。常规空调条件下，人体的静态热舒适温度范围为18℃～26℃，动态热舒适温度范围为18℃～31℃。我国绝大多数地区过渡季节室外气温的静态热舒适小时数为2000～3500h，动态热舒适小时数3000～5800h，由此可直接利用室外空气的舒适小时数非常长。

间接应用空气作为冷热源，需要能源品味提升设备。由于能源品味的缺陷，空气作为冷热源需要在技术上解决一系列问题，包括：通风和热泵技术、热泵高效除霜技术、蓄能辅助冷热源技术和系统协调性等问题。

空气作为建筑冷热源的直接应用方式通常是指通风技术，包括自然通风、机械通风及机械辅助自然通风。间接应用是通过空气源空调机组将室外空气的热（冷）量提升之后转移到室内，根据设备功能不同，可分为空气源单冷空调器、空气源热泵空调器；根据输配系统不同，可分为冷剂系统、水系统及风系统等。

热源塔热泵空调技术是由空气源热泵相应技术改进而来，最早出现在日本20世纪80年代，被称为冷却/加热塔。夏季冷却/加热塔内传热工质为水，冬季将水更换成盐溶液以保证不冻结，同时盐溶液还能有效地吸收室外空气的潜热用于供热。国内研究改进并使用该技术的厂家称其为热源塔热泵技术，也有厂家称为能源塔热泵技术等。

通过改进冷却塔的结构及运行参数，辅以相应的成套设备，使该空调系统可以适应我国南方冬季低温高湿地区的气候环境。成套设备中的冷热源塔在夏季的作用类似于冷却塔，利用冷却水的蒸发为空调机组提供冷量，且具有普通冷却塔两倍的蒸发量，效率较高；冬季用作热源塔，利用内置或外置防冻溶液作为传热介质吸收空气中的显热及潜热能为热泵提供低品位热能。热源塔热泵空调系统已经有多代产品，从开式结构到闭式结构以及闭式结构的改进型等，在多个地区工程实践中都得到了应用，能够很好地满足用户对建筑环境舒适度的需要。

2. 地源热泵技术

地源热泵的研究和应用有近100年的历史。1912年，瑞士人Zoelly提出“地热源热泵”的概念，为发明地源热泵系统做好了理论准备。但是，直到1945年才在美国印第安纳州诞生了第一台地源热泵装置。1948年，在美国俄勒冈州波特兰市的联邦大厦，第一个完整的地下水源热泵系统正式投入运行。1970年，欧洲开始推广应用地源热泵，并逐渐形成以地下冷库为特色的地源热泵技术体系。1990年，地源热泵技术在世界各地快速发展。

地源热泵系统(ground－source heat pump system)是指以岩土体、地下水或地表水为低温热源，由水源热泵机组、地热能交换系统、建筑物内系统组成的供热空调系统。根据地热能交换系统形式的不同，地缘热泵系统分为地埋管地源热泵系统、地下水源热泵系统和地表水地源热泵系统[13－15]。

1)热泵原理

热泵实质上是一种能量提升装置，它以消耗一部分高品位能量(机械能、电能或高温热能等)为补偿，通过热力循环，把环境介质(水、空气、土壤等)中贮存的不能直接利用的低品位能量转换为可以直接利用的高位能，如图5－6－48(a)[2]所示。其工作原理与普通制冷设备相同，所不同的是它们工作的温度范围和要求的效果。

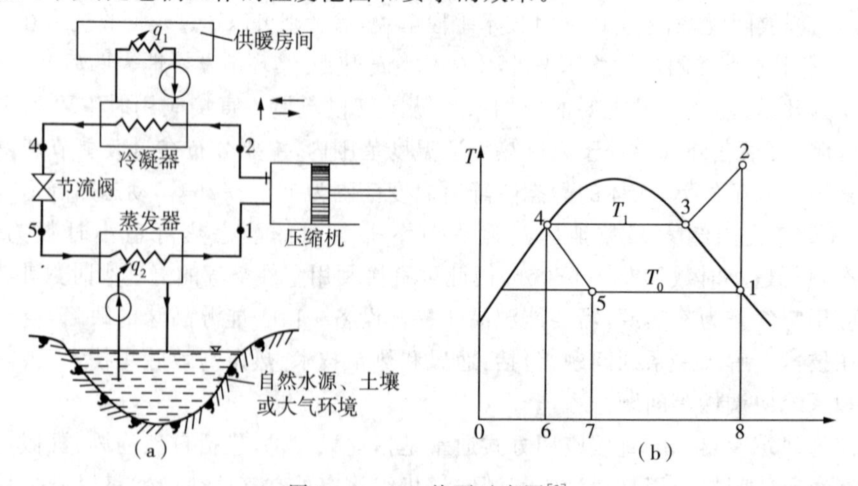

图5－6－48 热泵示意图[2]

如图所示的热力循环，工质(制冷剂)在循环中经历以下几个过程：

1—2:低温低压的工质在压缩机中被压缩，其温度和压力升高；

2—3—4:工质进入冷凝器与在室内放热后的热水进行热量交换，使热水再次被加热，制冷剂的温度和压力下降，达到饱和状态点4；

4—5:工质经节流装置节流后压力和温度进一步降低；

5—1:进入蒸发器中与在自然冷源释放冷量的冷水进行换热后达到饱和蒸气状态，再次开始新的循环。

在蒸发器中，制冷剂吸取自然水源、土壤或大气环境中的热量。热泵循环的经济性以消耗单位功量所得到的制热量来衡量，成为供热系数，是一个无因次量，其数值为供热量与消耗功的比值，即：

$$\varepsilon_2 = \frac{q_1}{w_0} \tag{5-6-5}$$

式中：q_1—— 热泵的供热量；w_0—— 热泵消耗的功量

热泵向房间(高温热源)供热量 q_1 为(如图5-6-48b[2] 所示)

$q_1 = q_2 + w_0 =$ 面积234682

由于 $q_2 > w_0$，所以供热系数 $\varepsilon_2 > 1$。

综上所述，热泵以消耗一部分高位能为代价(作为一种补偿条件)从自然环境中获取能量，连同所花费的高位能一起向用户供热，节约了高位能而有效利用了低水平的热能。因此热泵是一种比较合理的供热装置。经过合理的设计，可以使系统在不同的温差范围内运行，这样热泵又可以成为制冷装置。

2)地源热泵系统水源选择[23]

地源热泵系统可利用的低温热源包括岩土体、地下水和地表水。其中，水源选择应满足：水量充足、水温适度、水质适宜和供水稳定。当有不同水源均满足要求时，应根据技术经济比较确定。

地表水源中的热能属于可再生能源，有条件场合应积极采用。但地表水源(包括河流、湖泊和海洋)的分布受自然条件限制，且含固体颗粒物和有机物较多、含沙量和浑浊度较高，其中海水还具有一定的腐蚀性，须经处理方可使用。地表水源的利用及其具体形式的确定需符合国家和当地政府的现行规范、规定和规划要求。此外，还应做必要的环境分析评估，需考虑取水设施、回流措施、水处理措施和换热后对水体温度影响等因素。

地下水分布广泛，水温随气候变化较小。在使用地下水时注意需符合当地水资源管理政策并经当地水务主管部门批准，且必须采取可靠的回灌措施，确保置换冷量或热量之后的地下水回灌到同一含水层，并不得对地下水资源造成浪费和污染。

再生水源是指人工利用后排放且经过处理的城市污水、工业废水、矿山废水、油田废水和热电厂冷却水等水源，按所在地理位置也属于地表水源。宜优先选用，可减少初投资，节约水资源。

利用污水作为热源时，引入热泵机组或中间换热设备的污水水质必须符合《城市污水再生利用工业用水水质》要求。特殊情况应做污水利用的环境安全和卫生防疫安全评估，并应取得地市级政府环保与卫生防疫部门的批准。

3)工程勘察[23]

(1)一般规定

工程场地状况和浅层地热能资源是能否应用地源热泵系统的基础。地源热泵系统方案设计前,应进行工程场地状况调查,并对浅层地热能资源进行勘察,根据调查及勘察情况,选择采用地埋管、地下水或地表水地源热泵系统。浅层地热能资源勘察包括地埋管换热系统勘察、地下水换热系统勘察及地表水换热系统勘察。

在工程场区内或附近有水井的地区,可调查收集已有工程勘察及水井资料。调查区域半径宜大于拟定换热区 100～200m。调查以收集资料为主,除观察地形地貌外,应调查已有水井的位置、类型、结构、深度、地层剖面、出水量、水位、水温及水质情况,还应了解水井的用途,开采方式、年用水量及水位变化情况等。对已具备水文地质资料或附近有水井的地区,应通过调查获取水文地质资料。

工程勘察应由具有勘察资质的专业队伍承担。工程勘察完成后,应编写工程勘察报告,并对资源可利用情况提出建议。工程场地可利用面积应满足修建地表水抽水构筑物(地表水换热系统)或修建地下水抽水井和回灌井(地下水换热系统)或埋设水平或竖直地埋管换热器(地埋管换热系统)的需要。同时应满足置放和操作施工机具及埋设室外管网的需要。

工程场地状况调查应包括以下内容:①场地规划面积、形状及坡度;②场地内已有建筑物和规划建筑物的占地面积及其分布;③场地内树木植被、池塘、排水沟及架空输电线、电信电缆的分布;④场地内已有的、计划修建的地下管线和地下构筑物的分布及其埋深;⑤场地内已有水井的位置。

(2)地埋管换热系统勘察[23]

地埋管换热系统勘察,在挖掘、挖沟、钻孔之前,所有埋设的公共气源、排水和灌溉系统均应由有关单位和承包人共同标记出位置;地埋管地源热泵系统方案设计前,应对工程场区内岩土体地质条件进行勘察。岩土体地质条件勘察可参照《岩土工程勘察规范》及《供水水文地质勘察规范》进行。对水平地热换热器,应对土壤的热物性进行实测。对建筑面积大于 $5000m^2$ 的中、大型工程的竖直地热换热器,应对地埋管区域岩土层进行热物性测试;岩土热物性测试单位应取得权威部门计量认证;测试方法与要求应符合相关操作规范的规定。

采用水平地埋管换热器时,地埋管换热系统勘察采用槽探、坑探或研探进行。槽探是为了了解构造线和破碎带宽度、地层和岩性界限及其延伸方向等在地表挖掘探槽的工程勘察技术。探槽应根据场地形状确定,探槽的深度一般超过埋管深度 1m。采用竖直地埋管换热器时,地埋管换热系统勘察采用钻探进行。钻探方案应根据场地大小确定,勘探孔深度应比钻孔至少深 5m。岩土体热物性指岩土体的热物性参数,包括岩土体导热系数、密度及比热等。若埋管区域已具有权威部门认可的热物性参数,可直接采用已有数据,否则应进行岩土体导热系数、密度及比热等热物性测定。测定方法可采用实验室法或现场测定法。

地埋管换热系统勘察应包括以下内容:①岩土层的结构。实验室法:对勘探孔不同深度的岩土体样品进行测定,并以其深度加权平均,计算该勘探孔的岩土体热物性参数;对探槽不同水平长度的岩土体样品进行测定,并以其长度加权平均,计算该探槽的岩土体热物性参数。②岩土体热物性。现场测试法:现场测试岩土体应在测试埋管状况稳定后进行。根据埋管深度或长度,测试一般应在测试埋管安装完毕 72h 后进行。对两个勘探孔(槽)及两个以上勘探孔(槽)的测试,其测试结果取算术平均值。③岩土体温度。④地下水静水位、水温、水质及分布。⑤地下水径流方向、速度。⑥冻土层厚度。

(3)地下水换热系统勘察[23]

地下水地源热泵系统方案设计前，应根据地源热泵系统对水量、水温和水质的要求，参照《供水水文地质勘察规范》和《供水管井技术规范》对工程场区的水文地质条件进行勘察。通过勘察，查明拟建热源井地段的水文地质条件，即一个地区地下水的分布、埋藏，地下水的补给、径流、排泄条件以及水质和水量等特征。对地水资源做出可靠评价，提出地下水合理利用方案，并预测地下水的动态及其对环境的影响，为热源井设计提供依据。渗透系数指单位时间内通过单位断面的流量(m/d)，一般用来衡量地下水在含水层中径流的快慢。水文地质勘探孔即为查明水文地质条件、地层结构，获取所需的水文地质资料，按水文地质钻探要求施工的钻孔。

地下水换热系统勘察应包含以下内容：①地下水类型；②含水层岩性、分布、埋深及厚度；③含水层的富水性和渗透性；④地下水径流方向、速度和水力坡度；⑤地下水水温及其分布；⑥地下水水质；⑦地下水水位动态变化。

地下水换热系统勘察应进行水文地质试验，试验应包括下列内容：①抽水试验；②回灌试验；③测量出水水温；④取分层水样并化验分析分层水质；⑤水流方向试验；⑥渗透系数计算。

(4)地表水换热系统勘察[23]

地表水地源热泵系统方案设计前，应对工程场区地表水源的水文状况进行勘察。勘察内容应包含：地表水水温、水位及流量勘察应包括近20年最高和最低水温、水位及最大和最小水量；引起腐蚀与结垢的主要化学成分，地表水源中含有的水生物、细菌类、固体含量及盐碱量；地表水利用现状地表水取水和回水的适宜地点及路线等。若采用海水源热泵系统，则需要在海水地源热泵系统方案设计前，应对工程场区海水源的水文状况进行勘察。

4)地源热泵系统设计及应用[13-15,24-25]

在选择地源热泵机组供热制冷时，要根据不同区域建筑物的基本状况进行设备的选择。我国的南方地区，建筑物冬季的热负荷往往小于夏季的冷负荷，而热泵机组往往都是制热量大于制冷量(通常情况下热泵机组的制热量是制冷量的1.1～1.3倍)。因此在机组选择的时候，如果按照冷负荷标准选择机组，则会导致机组的制热能力大大超出建筑物的热负荷需求，造成机组投资和运行的浪费；而若按照热负荷标准选择，则会出现夏季制冷量不够，故可以按照冬季热负荷标准进行选择，以冰蓄冷或其他空调系统形式作为补充。这样既可以降低地热换热器的初投资，又可以实现地源热泵机组的间歇运行，有利于土壤温度场的有效恢复。这样既减轻了采用常规能源带来的环境压力，还为平衡电网负荷做出了贡献，可谓一举多得，取长补短，优势互补。

相对而言，北方地区尤其严寒地区的建筑采用地源热泵系统时，其冬季从土壤的取热量大于夏季向土壤的放热量。长期运行后土壤温度势必越来越低，导致地源热泵的性能变差，甚至无法运行。目前的解决方案主要有：增加埋管数量或埋管间距，利用太阳能或其他形式能量包括高品位热源(锅炉、城市热网、电能)对土壤进行补热。

(1)地源热泵系统在住宅中的应用[24]

上海某区一幢两层独立式别墅住宅，建筑面积为260m^2，总空调面积为150m^2。别墅周围仅有一面积约为120m^{2}的空地可供地源热泵系统布管。地源热泵系统的设计分为室内水源热泵空调系统和地下换热器设计两部分。地源热泵水系统如图 5－6－49 所示，空调系统室内设计参数见表 5－6－4[24] 所列。

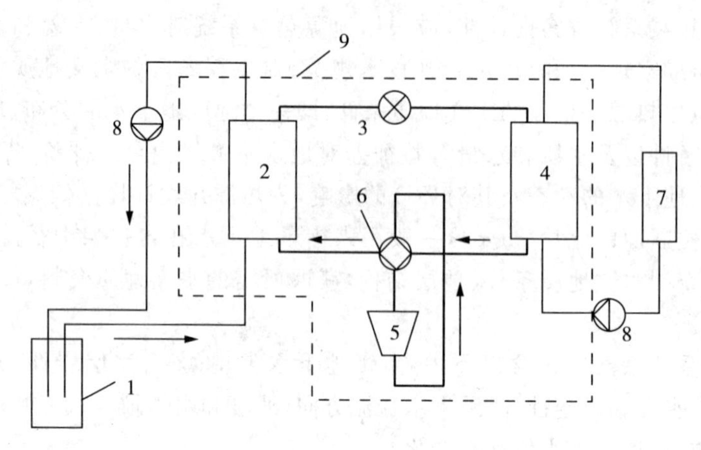

图 5－6－49 地源热泵水系统示意图[24]

1—地下换热井 2—冷凝器 3—节流装置 4—蒸发器 5—压缩机
6—四通阀 7—用户侧换热 8—循环水泵 9—热泵机组

表 5－6－4 地源热泵空调系统室内设计参数[24]

	温度	相对湿度	风速
夏季	26±2℃	55%±10%	≤0.25m/s
冬季	20±2℃	50%±10%	≤0.25m/s

根据建筑的结构特点，夏季采用冷负荷系数法计算围护结构冷负荷，按稳定传热计算人员、照明、设备冷负荷；并进行热负荷、湿负荷、新风量、送风量、新风负荷计算，新风比取 15%，计算得到地源热泵空调系统负荷，见表 5－6－5[24] 所列。为避免风管穿楼板及便于风管布置，每层楼各选用 1 台水—空气热泵机组。

表 5－6－5 地源热泵空调系统负荷计算结果[24]

	冷/热负荷(kW)	湿负荷(g/s)	新风负荷(kW)	总负荷
夏季	15.2	0.323	7.2	22.4
冬季	15.7	—	5.0	20.7

地下换热器的埋管主要有两种形式：竖直埋管和水埋管。选择哪种方式主要取决于场地大小、当地岩土类型及施工成本。考虑该别墅建筑花园的面积情况，采用单 U 形管竖直埋管地下换热器，地下换热器采用了单个 U 形管并联的同程式系统。地下埋管均采用国产 PE63 级 SDR11 管材，竖埋管选用 DN25 管材，埋管进出口集管采用直径较大的管子，流速大小参照以下原则：

对于内径小于 50mm 的管路，管内流速应在 0.6m/s～1.2m/s 范围内；对于内径大于 50mm 的管路，管内流速应小于 1.8m/s。

夏季与冬季地下换热器的换热量可分别根据以下计算式确定：

$$Q_{夏}=Q_0\left(1+\frac{1}{COP_1}\right) \tag{5-6-6}$$

$$Q_{冬}=Q_0\left(1+\frac{1}{COP_2}\right) \tag{5-6-7}$$

经过计算得到，夏季和冬季的换热负荷分别为29.6kW和19.3kW，夏季负荷远大于冬季负荷，因此设计时采用夏季负荷29.6kW。

地下换热器的长度与地质、地温参数及进入热泵机组的水温有关。在缺乏具体数据时，可依据国内外实际工程经验，按每米管长换热量35～55W来确定，参考上海地区实际工程资料，取单位管长换热量为40W/m，则地下换热器所需长度L为740m。确定管长后，可根据下式确定钻孔数目：

$$n=\frac{4000W}{\pi\cdot v\cdot d_i^2} \tag{5-6-8}$$

式中：n——钻孔数；W——机组水流量，L/s；V——管内流速，m/s；d_i——埋管内径，mm。

若取流速为0.6m/s，则需钻孔6.27个，圆整后确定钻孔数为6个。各钻孔中心间距4.5m，实际流速为0.63m/s。孔深确定为62m。

(2)地源热泵与太阳能复合系统[25]

在地源热泵供热空调系统中，在很多情况下地埋管换热器全年冷热负荷是不平衡的。在这种情况下，在一年运行周期中必须有合适的冷量或热量对地热换热器补充，而太阳能正是一种可行的为地源热泵系统补充热量的可再生能源。太阳能是一种辐射能，具有即时性，太阳能不易储存，必须即时转换成其他形式的能量才能利用和储存。因此单独的太阳能热泵系统需要太阳能集热器集热面积较大，且运行不稳定，若长期运行必须靠辅助热源，即把太阳能储存起来供需要时候再用。此外，太阳能系统通常也需要备用能源系统。

这两种技术有机结合的地源热泵和太阳能复合能源系统，既可以克服地源热泵系统冷热负荷不平衡而造成土壤温度不断降低，又可以克服太阳辐射受昼夜、季节、纬度和海拔高度等自然条件限制和阴雨天气等随机因素影响。因此，地源热泵与太阳能系统结合的复合能源系统可以集中两种可再生能源优点，同时弥补各自不足，是很有潜力的可再生能源建筑应用新技术。

山东省德州市某办公楼建筑面积为5000m^2[25]。室内设计计算参数：夏季：室内温度24℃～26℃，相对湿度＜65%；冬季：室内温度18℃～22℃。总冷负荷350kW，热负荷300kW。

① 系统工作原理

a. 太阳能系统与地源热泵系统联合供暖(图5-6-50[25])

在该模式下，关闭阀门3、阀门4、阀门5和阀门6，打开阀门1、阀门2，其他阀门处于系统正常运行所需状态，构成供暖系统。当T_g温度低于50℃，而高于40℃时，可以与地源热泵机组串联运行，充分提高地源热泵机组COP值。其运行策略为：在供暖初始时，由于采用季节性蓄热技术，同时，在室外温度较高的情况下，采暖负荷较小，此时，经过太阳能系统加热后的供水温度T_g较高，若温度高于50℃，则利用太阳能系统直接采暖；若供水温度低于45℃高于40℃，则太阳能采暖系统与地源热泵系统串联运行，即经过太阳能系统加热后的水再经过地源热泵系统加热(达到 50℃)后,供给末端。若供水温度低于 40℃高于 20℃,则太阳能系统接入地源热泵系统地下换热器,加热土壤,同时提高热泵机组蒸发器侧进水温度,以提高热泵机组效率。若供水温度低于 20℃,则太阳能系统直接接入热泵机组蒸发器侧。冷凝器侧进、出水温度(45/50℃)一定的情况下,不同的蒸发器进水温度对机组 COP 值影响成正比,随蒸发器温度升高,机组 COP 值增大。

冬季,在无太阳能作为辅助热源的情况下,地源热泵系统长期运行后,地源热泵机组蒸发器侧的温度在 0℃左右,机组的 COP 值较低;而在有太阳能作为辅助热源的情况下,地源热泵机组蒸发器侧的温度可以在 20℃以上,机组的 COP 值在 4.0 以上。因此,太阳能系统和地源热泵系统联合运行后,能极大地提高系统对可再生能源利用率。

b. 太阳能系统与地源热泵系统联合制冷(图 5-6-50)

在该模式下,打开阀门 3、阀门 4、阀门 5 和阀门 6,关闭阀门 1 和阀门 2,其他阀门处于系统正常运行所需状态,构成制冷系统。夏季采用地源热泵系统与太阳能一溴化锂制冷系统为末端室内提供冷量。在过渡季,仅采用太阳能一溴化锂制冷系统为末端室内提供冷量。采用太阳能一溴化锂制冷系统时,需要采用热管真空管太阳能集热器。

在制冷工况下,地源热泵系统与太阳能一溴化锂制冷系统交替运行,冷却系统均采用土壤 U 型地埋管换热器。根据蓄冷/热水箱中的温度判断地源热泵系统与太阳能一溴化锂制冷系统的启停。当蓄冷/热水箱中的温度低于设计值时,太阳能一溴化锂制冷系统运行,地源热泵系统停止运行;当蓄冷/热水箱中的温度高于设计值时,地源热泵系统运行,太阳能一溴化锂制冷系统停止运行。

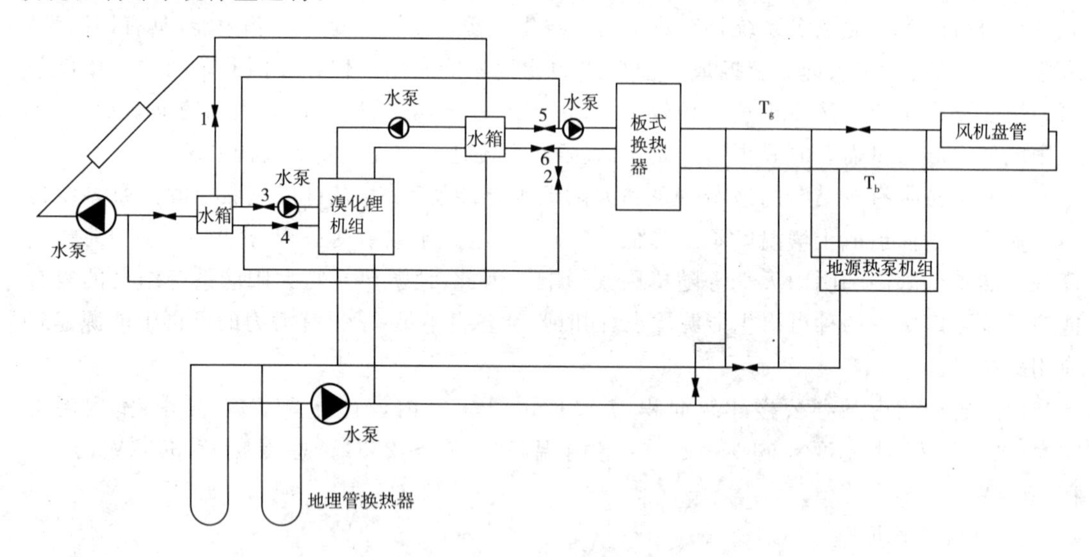

图 5-6-50 地源热泵与太阳能供热空调复合系统原理图[25]

② 方案设计

太阳能系统主要用于夏季制冷,冬季辅助地源热泵供热,过渡季节太阳能多余热量,用地埋管蓄热。该系统供热和制冷共用一套装置,冬季供暖循环水温在 35℃~45℃之间,夏季制冷循环水温在 7℃~12℃之间。这样能满足房间冬季供暖温度不低于 18℃,夏季制冷温度不高于 26℃的要求。

埋管换热器单位时间内单位埋深换热量约为 42W/m,埋管总长度约为 1 万 m,井深为

100m，埋管井数量为 100 口，管径 DN32，井间距为 5m。根据地质条件及可利用埋管面积选择竖直埋管布置方式，采用单 U 型管形式。管材采用化学性质稳定并且耐腐蚀高密度聚乙烯 PE 管。

地下管路布置成同程式，采用并联形式。并联系统管径较小，管道费用较低，每个并联环路之间流量平衡时，其换热量相同，其压降特性有利于提高系统能力。

地源热泵与太阳能复合系统的经济性在很大程度上取决于埋管与集热器价格，由于各地区气候条件、太阳能资源及土壤特点不同，导致系统各部件运行特性不同；同时，不同地区埋管费用及集热器价格也会有一定差异，因此，地源热泵与太阳能复合系统经济性必然因地域不同而有所不同。需要通过系统优化来实现特定条件下的最佳经济性。

(3)桩基地源热泵[26-27]

地源热泵技术是目前较为成熟的可再生能源供暖制冷技术，可冬天供热，夏天制冷，具有高效节能、环境污染小、运行稳定可靠、运行费用低等优点。与此同时，地埋管换热器的占地面积及钻井埋管的高额的施工费用在一定程度上也制约了其广泛的推广，特别是在寸土寸金的城市中心，建筑高度与建筑占地面积的比例越来越大，成为了采用这一节能技术的瓶颈。这种情况下，可以利用结构桩埋管的换热器形式解决换热面积不足的问题。埋管换热器中桩埋管是 U 型垂直埋管中较特殊的应用方式，桩埋管是在建筑物地基桩中植入 U 型管，回填材料全部是混凝土。混凝土的导热系数优于沙石等回填材料，可推论桩埋管的换热效果将优于沙石回填的井埋管。

5.7　绿色建筑雨水、污水再生利用技术

我国多年平均水资源总量为 28124m^3，居世界第六，但人均占有水资源量不到 2200m^3，仅为世界平均水平的 1/4，是世界上 13 个贫水国之一。我国面临水资源时空分布不均、供需矛盾突出、水环境污染严重、水生态系统退化、水资源利用率低、浪费严重，以及极端和突发事件频繁等问题。全国 600 多个城市中，有 420 多个城市存在不同程度的缺水问题，每年因缺水而造成的经济损失达 2000 亿元。

作为非传统水源，雨、污水再生利用可有效解决城市水资源短缺和水危机问题，极大缓解水资源供需矛盾，体现水的“优质优用，低质低用”原则，提高城市水资源利用的综合经济效益，有利于环境保护，减少城市内涝，实现水资源良性循环。

《绿色建筑评价标准》[1]对住宅建筑和公共建筑节水和水资源利用做出了明确的规定，要求在方案、规划阶段制定水系统规划方案，统筹考虑传统与非传统水源的利用，合理规划地表与屋面雨水径流途径，降低地表径流，采用多种渗透措施增加雨水渗透量，用作绿化用水、景观用水等。非饮用水采用非传统水源，并规定了非传统水源的利用比例。

5.7.1　雨水利用技术

1. 雨水利用方式及其用途

广义的城市雨水利用是指在城市范围内，有目的地采用各种措施对水资源进行保护和利用。根据用途不同，雨水利用分为直接利用（回用）、雨水间接利用（渗透）、雨水综合利用

等几类。具体雨水利用的方式及其用途，见表 5-7-1 所列。

表 5-7-1　雨水利用的方式及其用途[2]

<table>
<tr><th>分　类</th><th colspan="3">方　式</th><th>主要用途</th></tr>
<tr><td rowspan="8">雨水直接利用</td><td rowspan="3">按区域功能不同</td><td colspan="2">住宅小区</td><td rowspan="8">绿　化
屋顶绿化
冲　厕
景观补水
喷洒道路
洗　车</td></tr>
<tr><td colspan="2">公园、机关、校区、场馆等公共场所</td></tr>
<tr><td colspan="2">商业区</td></tr>
<tr><td rowspan="3">按规模和集中程度不同</td><td>集中式</td><td>建筑群或区域整体</td></tr>
<tr><td>分散式</td><td>建筑单体雨水利用</td></tr>
<tr><td>综合式</td><td>集中与分散相结合</td></tr>
<tr><td rowspan="2">按主要构筑物和地面的相对关系</td><td colspan="2">地上式</td></tr>
<tr><td colspan="2">地下式</td></tr>
<tr><td rowspan="7">雨水间接利用</td><td rowspan="7">按规模和集中程度不同</td><td rowspan="2">集中式</td><td>干式深井回灌</td><td rowspan="7">渗透补充地下水</td></tr>
<tr><td>湿式深井回灌</td></tr>
<tr><td rowspan="5">分散式</td><td>渗透检查井</td></tr>
<tr><td>渗透管(沟)</td></tr>
<tr><td>渗透池(塘)</td></tr>
<tr><td>渗透地面</td></tr>
<tr><td>低势绿地等</td></tr>
<tr><td>雨水综合利用</td><td colspan="3">因地制宜;回用与渗透相结合;利用与污染控制相结合;利用与景观、改善生态环境相结合等</td><td>多用途、多层次、多目标;城市生态环境保护与可持续发展的需要</td></tr>
</table>

(1)雨水收集回用系统。一般分为收集、存储和处理供应三个部分。该系统又可分为单体建筑物分散系统和建筑群集中系统，由雨水汇水区、输水管系、截污装置、储存、净化和配水等几部分组成。有时还设渗透设施与储水池的溢流管相连，使超过存储容量的溢流雨水渗透。

(2)入渗系统。包括雨水收集、入渗等设施。根据渗透设施的不同分为自然渗透和人工渗透;按渗透方式不同分为分散渗透技术和集中回灌技术两大类。分散渗透设施易于实施，投资较少，可用于住宅区、道路两侧、停车场等场所。集中式渗透回灌量大，但对地下水位、雨水水质有更高的要求，使用时应采取预处理措施净化雨水，同时对地下水质和水位进行监测。

(3)调蓄排放系统。该系统用于有防洪排涝要求、要求场地迅速排干，但不得采用雨水入渗系统的场所，并设有雨水收集、储存设施和排放管道等设施。在雨水管渠沿线附近有天然洼地、池塘、景观水体，可作为雨水径流高峰流量调蓄设施，当天然条件不满足时，可在汇水面下游建造室外调蓄池[3]。

2. 雨水利用技术措施

1)雨水收集与截污措施

(1)屋面雨水收集截污

① 截污措施。可在建筑物雨水管设置截污滤网，拦截树叶、鸟粪等大的污染物，需定期

进行清理。

② 初期弃流措施。屋面雨水一般按 2～3mm 控制初期弃流量，目前国内市场已有成型产品。在住宅小区或建筑群雨水收集利用系统中，可适当集中设置装置，避免过多装置导致成本增加和不便于管理。

③ 弃流池。按所需弃流雨水量设计，一般用砖砌、混凝土现浇或预制。可设计为在线或旁通方式，弃流池中的初期雨水可就近排入市政污水管；小规模弃流池在水质、土壤及环境等条件允许时也可就近排入绿地消纳净化。

如图 5-7-1、图 5-7-2 所示，为容积法弃流池[2]，具有简单易行、控制量准确稳定、效果好等特点，但汇水面积较大时需要较大的池容，导致造价提高。

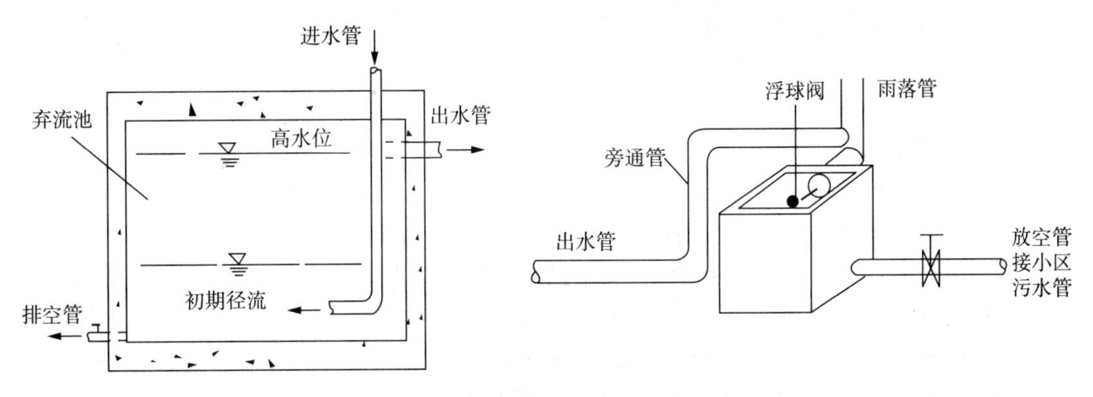

图 5-7-1　容积法初期雨水弃流池方案 1[2]　　图 5-7-2　容积法初期雨水弃流池方案 2[2]

如图 5-7-3 所示，为车伍等研发的高效率弃流装置，在随机降雨条件下，能高效合理地控制初期径流和弃掉的雨水量，最大限度地减小弃流装置体积。此外，弃流控制的自动运行简化了系统的运行管理，提高了效率。在较大汇水面及管道雨水的污染控制和雨水利用项目中应用，具有较好的效益。

(2)其他汇水面雨水收集截污

路面雨水明显比屋面雨水水质差，一般不宜收集回用。新建的路面污染不严重的小区或学校球场等，可采用雨水管、雨水暗渠、雨水明渠等方式收集雨水。水体附近汇集面的雨水也可利用地形通过地表径流向水体汇集。

① 截污措施。利用道路两侧的低绿地和在绿地中设置有植被的自然排水浅沟，是一种很有效的路面雨水收集截污系统。路面雨水截污还可采用在路面雨水口处设置截污挂篮，也可在管渠的适当位置设其他截污装置。如图 5-7-4 所示，为环保型雨水口。

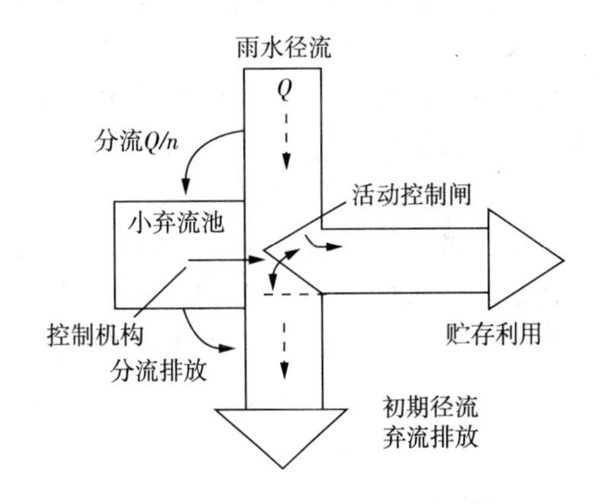

图 5-7-3　高效率弃流装置[2]

② 路面雨水弃流。可以采用类似屋面雨水的弃流装置，一般为地下式。由于高程关系，弃流雨水的排放有时需要使用提升泵。一般适合设在径流集中、附近有埋深较

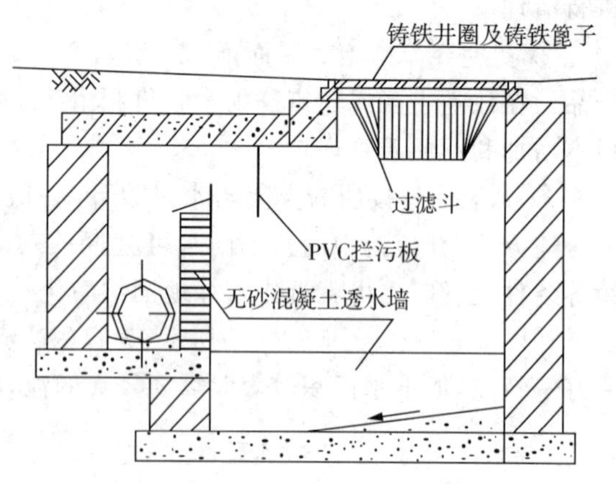

图 5-7-4 环保型雨水口

大的污水井，以便通过重力流排放。

③ 植被浅沟通过一定的坡度和断面自然排水。表层植被能拦截部分颗粒物，小雨或初期雨水会部分自然下渗，收集的径流雨水水质沿途得以改善，是一种投资小、施工简单、管理方便的减少雨水径流污染的控制措施，在国内外被广泛应用。道路雨水在进入景观水体前先进入植被浅沟或植被缓冲带，既达到利用雨水补充景观用水的目的，又保证了水体的水质。浅沟的深度和宽度受地面坡度、地面与园林绿化和道路的关系、美观及场地等条件的制约，路面雨水收集系统所担负的排水面积会受到限制，可收集雨量也会相应减少。因此，需根据区域条件综合分析，因地制宜设置。

2)雨水处理与净化技术

(1)常规处理

雨水沉淀池(兼调蓄)可按传统污水沉淀池的方式进行设计，如采用平流式、竖流式、辐流式、旋流式等，多建于地下，一般采用钢筋混凝土结构、砖石结构等。较简易的方法是把雨水储存池分成沉沙区、沉淀区和储存区，不必再分别搭建。沉淀池的停留时间长，因此其容积比沉砂池大。为利于泥沙和悬浮物沉淀和排除，一般将沉淀池和沉沙池底部做成斜坡或凹形。有条件时，可利用已有水体做调蓄沉淀之用，可大大降低投资。如景观水池、湿地水塘等。后者还有良好的净化作用。

广义的雨水过滤包括表面过滤、滤层过滤和生物过滤。滤层过滤是利用滤料表面的粘附作用截流悬浮固体，被截流的颗粒物分布在过滤介质内部的一种方式。根据工作压力的大小可选用普通滤池或压力过滤罐。

根据雨水的用途，考虑消毒处理。与生活污水相比，雨水的水量变化大，水质污染较轻，具有季节性、间断性、滞后性等特点，因此宜选用价格便宜、消毒效果好、维护管理方便的消毒方式。建议采用最为成熟的加氯消毒方式，小规模雨水利用工程也可考虑紫外线消毒或投加消毒剂的办法。根据国内外雨水利用设施运行情况，在非直接回用，不与人体接触的雨水利用项目中(如雨水通过较自然的收集、截污方式，补充景观水体)，消毒可以只作为一种备用措施。

(2)自然净化

① 植被浅沟

植被浅沟是一种截污措施，也是一种自然净化措施。当雨水径流通过植被时，污染物由于过滤、渗透、吸收及生物降解的联合作用被去除。同时，植被的拦截作用也降低了雨水流速，使颗粒物得到沉淀，达到雨水径流水质控制的目的。适用于居民区、公园、商业区或厂区、滨湖带，也可设于城市道路两侧、地块边界或不透水铺装地面周边，一般与场地排水系统、街道排水系统构成一个整体。植被浅沟还可部分或全部代替雨水管系，以满足雨水输送和净化的要求。如图5-7-5所示。

（a）较好的实例

（b）失败的实例

图5-7-5　植被浅沟实例

② 屋顶绿化

屋顶绿化是指在各类建筑物、修建物等的屋顶、露台或天台上进行绿化、种植树木花卉，对改善城市环境有着重要意义：提高城市绿化率和改善城市景观；调节城市气温与湿度；改善屋顶性能与温度；削减城市雨水径流量和非点源污染负荷。适合新建建筑，可将绿化与荷载、防水一起考虑。经济日报社的空中花园，如图5-7-6所示。

图5-7-6　经济日报社的空中花园

③ 雨水花园

雨水花园，如图5-7-7所示，是一种有效的雨水自然净化与处置技术，也是一种生物滞留设施。雨水花园一般建在地势较低处，通过天然土壤或更换人工土和种植植物净化、消纳小面积汇流的初期雨水，具有建造费用低、运行管理简单，自然美观，易与景观结合等优点而被欧、美、澳等许多国家采用，但目前我国应用还不多。雨水花园修建前后对比，如图5-7-8所示。

④ 雨水土壤渗滤技术

人工土壤一植被渗滤处理系统是应用土壤学、植物学、微生物学等原理建立的人工土壤生态系统，它把雨水收集、净化、回用三者结合起来，构成了一个雨水处理与绿化、景观相结合的生态系统，投资低、节能、运行管理简单，适用于住宅小区、公园、学校、滨水地带等。

土壤渗滤形式有垂直渗滤和水平渗滤两种。土壤垂直渗滤的净化效果好，主要用于雨水收集回用、回灌地下水等的预处理措施。其用于回用和回灌的人工土壤最小厚度为1.2～1.6m。水平渗滤包括植被浅沟、高花坛等技术。当从地下调蓄池抽水过滤净化时，一般需要泵提升；当直接用于过滤汇水面汇集的雨水径流时，则可通过卵石布水区重力流入。高位

图 5-7-7　雨水花园

图 5-7-8　雨水花园修建前后对比

花坛最小土壤厚度为 0.4～0.8m，植被浅沟最小土壤厚度为 0.2～0.4m。

⑤ 雨水湿地技术

城市雨水湿地大多为人工湿地，是一种通过模拟天然湿地的结构和功能，人为建造和控制管理的与沼泽地类似的地表水体。具有投资低，处理效果好，操作管理简单，生态效益佳的优点。

雨水湿地系统分为表流湿地系统和潜流湿地系统[2]：

a. 表流湿地系统。系统在地下水位低或缺水地区通常衬有不透水材料层的浅蓄水池，防渗层上填充土壤或砂砾基质，并种有水生植物。但若管理不善，其卫生条件会很差，易产生臭味，孳生蚊蝇。

b. 潜流湿地系统。水流在地表以下流动，净化效果好，不易产生蚊蝇但有时易发生堵塞，需先沉淀去除悬浮固体。由于需换填砂砾等基质，建造费用比表流系统高。

3)雨水渗透技术

(1)透水路面

人造透水路面是各种由人工材料铺设的透水路面，如多孔嵌草砖（图 5-7-9）、碎石路面、透水性混凝土路面等，主要用于人行道、停车场、广场及交通较少的道路。其优点是能利用表层土壤对雨水的净化能力，对预处理要求相对较低，技术简单，便于管理；缺点是渗透能力受土质限制，需要较大的透水面积，对雨水径流量调蓄能力低，强度较常规沥青、混凝土路面小，易损坏。

图 5-7-9　多孔嵌草砖

人造透水地面的构成由上至下是地表铺装材料和基质层构造两部分。地表铺装材料常用嵌草砖、多孔沥青或水泥、碎石、透水混凝土等；基质层可保证地面径流雨水迅速渗入到土壤层，包括小粒径碎石过滤层和大粒径的蓄水层。在设计安装时还应注意避开地下结构物、生活基础设施管线、地下水作为饮用水的地区及坡地陡区。还需要注意：

① 只适用于低交通量的区域；

② 只处理1000～40000m^{2}小流域范围的径流，可以基本消纳设计重现期内降雨径流量，对于一年一遇以上的降雨可有效削减洪峰流量；

③ 流域内土地应处于稳定化阶段，不能用于正在开发或即将开发的土地，否则会很快堵塞铺装表面；

④ 基层排水时间应为24～48h，最长不超过72h，时间再长容易造成底部缺氧，使得可以降解径流中污染物的好氧微生物失去活性；

⑤ 由于径流雨水中存在一定量的悬浮颗粒和杂质，会造成多孔沥青透水路面的堵塞。如堵塞严重，可用吸尘机抽吸（一般每年三次）或高压水冲洗。

（2）低绿地＋下排水系统

传统的城市道路竖向规划设计格局是三级台阶式，即绿地标高最高，人行道次之，车行道最低。这种格局不利于雨水下渗，缺乏生态设计思想，会造成水资源流失、排水压力大等诸多弊端，影响城市环境。

从提高城市自净功能出发，依据城市绿色集雨消尘环境系统理论，产生了新型城市集雨绿色生态系统，即"下凹式绿地雨水蓄渗系统"。系统由绿地、建筑、硬化路面、排水系统四大要素共同构成，绿地在其中占据核心地位。其竖向设计格局为：建筑及路面等硬化面处于最高位置，绿地处于最低位置，排水系统（雨水口）设置于绿地中并高于绿地，但是低于硬化面。集雨流动方向为单向流动，即建筑屋面的雨水径流先到达硬化地面进入绿地或直接到达绿地被接纳，经绿地渗透、截留、集蓄至一定高度后，超量的雨水再经排水口进入排水系统。

目前低势绿地是常用的雨水蓄渗方法，该方法通常建造在低于路面的景观隔离带内或采用低势绿地，与路面雨水口一起构成蓄渗排放系统。通过结合原有绿化布局，对土壤应进行改造，并填加石英砂、煤灰等以提高土壤渗透性；同时在地下增设排水管，穿孔管周围用石子或其他多孔隙材料填充，具有较大的蓄水空间。将屋面、道路等各种铺装表面形成的雨水径流汇集入绿地中进行蓄渗，以增大雨水入渗量，多余的径流雨水从设在绿地中的雨水溢流口或道路排走。这种蓄渗设施有效地提高了道路景观隔离带的调蓄和下渗能力，确保景观植物生长条件与景观效果，人行道外侧的绿化带也可进行类似设置。低绿地＋下排水系统，如图5－7－10所示。

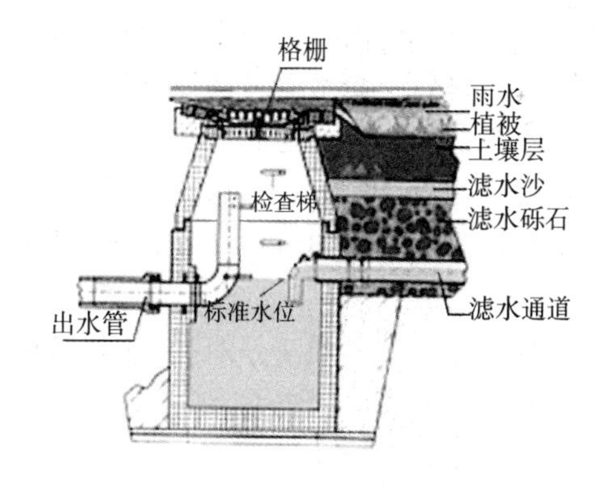

图5－7－10　低绿地＋下排水系统示意图

（3）浅层地下雨水蓄渗技术

当土壤入渗性能较差，如土壤的渗透系数小于10^{-6}m/s时，渗透速度过慢、渗透时间过长，雨水在短时间内很难渗净，可采取扩大入渗面积和蓄水空间等措施来强化雨水入渗。

浅层地下雨水蓄渗，是结合城区的功能规划要求，在人行道、广场的铺装层或绿化种植土以下，在地下水位以上用多孔空隙材料堆砌成大小、形状不同的可供短暂储存的雨水连通空间，在多孔空隙材料底部用渗水材料以提高下渗速率。当暴雨来临时，屋面等相对干净的雨水通过初期弃流和简单预处理后，通过管道或沟渠方式导流进入高孔隙材料空间内短暂储蓄，暴雨过后雨水继续下渗，超过储蓄容量的雨水外排。

浅层地下雨水蓄渗由上至下分别由植被层（草皮）、基质层、隔离过滤层、储水层、渗滤层等组成，如图 5-7-11 所示。浅层渗滤的贮水空间，如图 5-7-12 所示。

图 5-7-11　浅层蓄渗透视图

图 5-7-12　浅层渗滤的贮水空间

采用浅层蓄渗技术，不改变原有土地的使用功能，充分利用人行道、绿化或广场的浅层地下水作为雨水短暂储存和渗透设施，雨水储存设施的大小、形状可根据小区或城市的要求灵活设置，不影响绿化景观要求，解决了传统蓄渗技术对高地下水位、高景观要求的地区难以应用问题。通过该系统的应用，雨水尽可能长久地得到储存，支持和延长渗透过程，分散补充地下水，防止地面沉降。在不影响设施功能的情况下，通过简单的就地雨水滞留的方式分散城市雨水达到雨水就地处理，减少外排量和因雨水外排而导致河流污染，减少城市排水和防洪设施投资和运行费用。

(4)渗透管(渠)

渗透管(渠)是在传统雨水排放的基础上，将雨水管或明渠改为渗透管(穿孔管)或渗透渠，周围回填砾石，雨水通过埋设于地下的多孔管材向四周土壤层渗透。

渗透管的优点是占地面积少、便于在城区及生活小区设置，可与雨水管系、渗透池、渗透井等综合使用，也可单独使用；缺点是一旦发生堵塞或渗透能力下降，很难清洗恢复，而且由于不能利用表层土壤的净化功能，因此对雨水水质有要求，应采取适当措施，不含悬浮固体。

(5)渗透井

渗透井包括深井和浅井两类，前者适用水量大而集中、水质好的情况。后者更为常用，其形式类似于普通的检查井，但井壁和底部均做成透水的，在井底和四周铺设碎石，雨水通过井壁、井底向四周渗透。

渗透井的优点是占地面积和所需地下空间小，便于集中控制管理；缺点是净化能力低，水质要求高，不能含过多的悬浮固体，需要预处理。

设计时可以选择将雨水口及雨水管线上的检查井改作成渗井，渗井下部依次铺设砾石层和砂层。渗井的直径一般根据渗水量和地面允许的占用空间来确定。同时应注意与地下土层和地下水位的关系，既要保证渗透效果，又不能污染地下水。渗井的池壁可以使用砖砌、钢筋混凝土浇筑或预制。渗井同样要求水质较好，以防止渗透堵塞。对于地下水位较高的区域，采用此种方法需要注意对地下水位的监测，防止造成地下水的污染。

4)雨水利用技术措施及适用条件

各类雨水利用措施及其适用条件见表 5-7-2 所列。

表5-7-2 雨水利用技术措施及适用条件[13]

<table>
<tr><th colspan="2">分类</th><th>技术措施</th><th>主要适用条件</th></tr>
<tr><td rowspan="2">雨水收集技术</td><td>屋面</td><td>檐沟、收集管、雨落管、连接管等</td><td>各种屋面雨水的收集</td></tr>
<tr><td>其他汇水面</td><td>雨水管道、明/暗渠、植被浅沟</td><td>路面、广场和停车场等汇水面的雨水收集与输送</td></tr>
<tr><td colspan="2" rowspan="4">雨水调蓄技术</td><td>雨水调蓄池</td><td>住区范围内雨水集中直接利用时，可采用地下或地上封闭式蓄水池</td></tr>
<tr><td>雨水管道调节</td><td>有景观水体的住区，可利用敞开式雨水调蓄</td></tr>
<tr><td rowspan="2">多功能调蓄</td><td>雨水管道的调蓄空间较大时</td></tr>
<tr><td>地势低洼处、防涝压力大处、小区居民活动场所、景观水体周围等</td></tr>
<tr><td rowspan="12">雨水处理技术</td><td>常规处理</td><td>沉淀＋过滤＋消毒</td><td>雨水用作杂用水水源</td></tr>
<tr><td rowspan="3">深度处理</td><td>活性炭技术</td><td rowspan="3">考虑技术与运行管理的复杂性与投资效益，除有特殊要求一般不采用</td></tr>
<tr><td>微虑技术</td></tr>
<tr><td>膜技术</td></tr>
<tr><td rowspan="8">生态化技术</td><td>生物滞留系统</td><td>汇水面积小于 $1hm^2$ 的区域及公路两侧、停车场等污染比较严重的汇水面</td></tr>
<tr><td>雨水湿地</td><td>汇水面积大于 $10hm^2$ 的区域</td></tr>
<tr><td>雨水生态塘</td><td>汇水面积大于 $4hm^2$ 的区域</td></tr>
<tr><td>植被缓冲带</td><td>汇水面坡度较大、人工水体周边等区域</td></tr>
<tr><td>生物岛</td><td>人工水体的水质保障</td></tr>
<tr><td>高位花坛</td><td>有条件时，强化处理自雨落管收集的屋面雨水</td></tr>
<tr><td>土壤过滤</td><td>地下水位较低、有足够的地面或可利用的绿地</td></tr>
<tr><td>雨水花园</td><td>建筑平屋顶、较大面积绿地及花园中</td></tr>
<tr><td colspan="2" rowspan="4">雨水渗透技术</td><td>渗渠(管)</td><td>汇水面积小于 $2hm^2$ 的
(土壤渗透系数 $3.53\times10^{-6}\sim2.11\times10^{-5}$ m/s)</td></tr>
<tr><td>渗水地面</td><td>建筑物周边和停车场
(土壤渗透系数 $3.53\times10^{-6}\sim2.11\times10^{-5}$ m/s)</td></tr>
<tr><td>低势绿地</td><td>建筑物周边和广场周边，道路两旁及大面积的绿地等区域</td></tr>
<tr><td>地下渗蓄构筑物</td><td>土壤渗透性能较差或渗透量要求大</td></tr>
<tr><td colspan="2" rowspan="3">其他技术</td><td>屋顶绿化</td><td>坡度小于15°的建筑物或构筑物屋顶</td></tr>
<tr><td>初期弃流装置</td><td>建筑物雨落管和雨水管渠等雨水集中收集处</td></tr>
<tr><td>截污挂篮或滤网</td><td>雨水收集系统进水口</td></tr>
</table>

5.7.2 污水再生利用技术

1. 污水再生利用分类

城市污水指排入城市排水系统的生活污水、工业废水和合流制管道截流的雨水[14]，经处理后排入河流、湖泊等水体，或是再生利用。排入水体是污水的自然归宿，水体对污水有一定的稀释和净化功能，是一种常用的出路，但会造成水体污染。

污水再生利用是指将城市污水适当处理达到规定的水质标准后，用作生活、市政杂用水，灌溉、生态及景观环境用水，也称为中水利用。城市污水再生利用按服务范围可分为三类：

1)建筑中水回用

在大型建筑物或几栋建筑内建立小型中水处理站，以生活污水、优质杂排水为水源，经适当处理后回用于冲厕、绿化、浇洒道路等。

2)小区污水再生利用

在建筑小区、机关院校内建立中小型中水处理站，以生活污水或优质杂排水、工业废水等为水源，经适当处理后回用于冲厕、洗车、绿化及浇洒道路等。

3)区域污水再生利用

指在城市区域范围内建立大中型再生水厂，以城市污水或污水处理厂的二级出水为水源，经适当处理后用于生活、市政杂用水及生态、景观环境用水和补充地下水等。

2. 污水再生利用水源

污水再生利用水源应根据排水的水质、水量等具体状况，对污水回用水量、水质的要求选定，主要有：

1)城市污水处理厂出水

城市污水处理厂二级出水经过深度处理，达到回用水水质要求后经市政中水管网送到各用水区。城市污水处理厂出水量大，水源较稳定，大型污水厂的专业管理水平高，处理成本低，供水水质水量有保障。

2)相对洁净的工业排水

在许多工业区，某些工厂排放的一些相对洁净排水，如工业冷却水，其水质比较稳定。在保证使用安全和用户能接受的前提下，可作为很好的中水水源。

3)小区雨水

雨水常集中于雨季，时间上分配不均，水量供给不稳定。如将雨水与建筑中水系统联合运行，会加剧中水系统的水量波动，增加水量平衡难度，故一般不宜作为中水的原水，可作为中水的水源补给水。

4)小区建筑排水

(1)小区建筑排水的种类

① 厨房排水。厨房、食堂、餐厅排出的污水，含有较多的有机物、悬浮固体和油脂。

② 冲洗便器污水。含有大量的有机物，悬浮固体和细菌病毒。

③ 盥洗、洗涤污水。含皂液、洗涤剂量多。

④ 淋浴排水。含较多的毛发、泥沙、油脂和合成洗涤剂。

⑤ 锅炉房外排水。含盐量较高，悬浮固体多。

⑥ 空调系统排水。水温较高，污染较轻。

(2)中水水源选用次序

小区建筑排水按其污染程度轻重，依次为空调系统排水、锅炉房外排水、盥洗洗涤水、厨房污水和冲洗便器污水。在进行污水再生利用工程设计时，应根据实际情况，优先采用一种或多种污染程度较轻的废水作为中水水源，选用的次序为：

① 优质杂排水。污染程度较轻，包括空调系统排水、锅炉房外排水、盥洗排水和洗涤排水。以优质杂排水为中水原水，居民容易接受，水处理费用也低。其缺点是需要增加一个单独的废水收集系统。由于小区建筑分散，废水收集系统造价相对较高，因此有可能会抵消废水处理成本上的节省。

② 杂排水。污染程度中等，包括除冲厕以外的各种排水，含优质杂排水和厨房排水。以杂排水为中水原水，水质浓度上要高一些，处理难度增加，但由于增加了洗衣废水和厨房废水，中水水源水量变化较均匀，可减小调节池容量。

③ 生活污水。污染程度最重，包括冲厕排水在内的各种排水，含杂排水。以生活污水作为中水原水，缺点是污水浓度高，杂物多，处理设备复杂，管理要求高，处理费用也高。优点是可省去一套中水水源收集系统，降低管网投资。对环境部门要求生活污水排放前必须处理或处理要求高的小区，可将生活污水作为中水原水。

3. 污水再生利用的水质标准

城市污水再生利用可分为农林牧渔业用水、城市杂用水、工业用水、环境用水和补充水源水等。小区中水一般用于不与人体直接接触的用水，其用途主要有：

1)城市杂用水

用于城市绿化、冲厕、空调采暖补充、道路广场浇洒、车辆冲洗、建筑施工、消防等方面。

2)生态环境用水

即娱乐性景观环境用水。包括娱乐性景观河道、景观湖泊及水景等。

水质标准是确保中水回用安全和工艺选用的基本依据。我国已制定的水质标准有：

- 《再生水水质标准》(SL368—2006)；
- 《城市污水再生利用城市杂用水水质标准》(GB/T18920—2002)；
- 《城市污水再生利用景观环境用水水质标准》(GB/T18921—2002)；
- 《城市污水再生利用工业用水水质》(GB/T19923—2005)；
- 《循环冷却水用再生水水质标准》(HG/T3923—2007)；
- 《城市污水再生利用地下水回灌水质》(GB/T19772—2005)；
- 《城市污水再生利用农田灌溉用水水质》(GB20922—2007)等。

随着城市污水再生回用的发展，我国部分城市也相继制定了自己的再生水回用水质标准，如深圳市制定了《再生水雨水利用水质规范》(SZJG32—2010)。

表5-7-3为中水回用水质标准。

表5-7-3 中水回用水质标准[15]

序号	项目	城市杂用水					观赏性景观用水		娱乐性景观用水	
		冲厕	道路清扫、消防	城市绿化	车辆冲洗	建筑施工	河道类景观用水	水景类景观用水	河道类景观用水	水景类景观用水
1	PH	6.0～9.0								
2	色度≤	30								
3	嗅	无不快感								

（续表）

序号	项目	城市杂用水					观赏性景观用水		娱乐性景观用水	
		冲厕	道路清扫、消防	城市绿化	车辆冲洗	建筑施工	河道类景观用水	水景类景观用水	河道类景观用水	水景类景观用水
4	浊度(NTU)≤	5	10	10	5	20	—		5	
5	溶解性总固体(mg/l)≤	1500	1500	1000	1000	—	—		—	
6	五日生化需氧量(mg/l)≤	10	15	20	10	15	10	6	6	
7	氨氮(mg/l)≤	10	10	20	10	20	5		5	
8	阴离子表面活性剂(mg/l)≤	1	1	1	0.5	1	0.5		0.5	
9	铁(mg/l)≤	0.3	—	—	0.3	—	—		—	
10	锰(mg/l)≤	0.1	—	—	0.1	—	—		—	
11	溶解氧(mg/l)≥	1					1.5		2	
12	总余氯(mg/l)≤	接触 30min 后≥1.0，管网末端≥0.2					0.05			
13	总大肠菌群(个/L)≤	≤3					≤10000	≤2000	≤500	不得检出

4. 污水再生利用处理技术

1）污水再生处理技术

城市污水再生回用是一项系统工程，包括污水收集系统、污水处理再生系统、再生水输配送系统和水质监测与运行管理及维护系统。污水再生处理技术是污水再生回用的核心，是保证再生水水质合格、用户使用安全及再生水回用价格合理的关键。

城市污水再生处理技术主要可分为物理化学处理法、生物处理法和膜处理法三大类：

(1)物理化学处理法

物理化学处理法指利用物理作用和化学反应作用分离回收污水中处于各种形态的污染物质（包括悬浮物、溶解物和胶体），其工艺主要以混凝沉淀（气浮）技术、活性炭吸附及砂滤等相结合为基本方式。优点是处理工艺流程短，运行管理简单、方便，占地相对较小，与传统二级处理相比提高了出水水质，但运行费用较大，且出水水质易受混凝剂种类和数量的影响。

(2)生物处理法

生物处理法指利用微生物的代谢作用使污水中呈溶解、胶体状态的有机污染物转化为稳定的无害物质，主要方法有天然生物处理法和人工生物处理法。

① 天然生物处理法。包括生物稳定塘、土地处理系统等。

② 人工生物处理法。包括好氧生物处理法（如活性污泥法和生物膜法）和厌氧生物处理法（如传统厌氧消化）。

生物处理法的优点是出水水质稳定，运行费用相对较小，水量变化抗冲击负荷能力强，但运转管理复杂，占地面积较大。

(3)膜处理法

膜处理法指通过膜分离技术把污水中的污染物分离出去，达到净水的目的。膜技术被称为“21世纪的水处理技术”，随着工艺的提高和市场的发展，曾被认为十分昂贵的膜处理技术如今变得越来越经济，已受到越来越多的水处理工作者的关注。目前应用较多的膜处理技术有微滤、纳滤、超滤、反渗透、电渗析等。

膜生物反应器（MBR）是一种由膜分离单元与生物处理单元组合而成的新型污水处理技术。与传统生物处理方法相比，MBR具有适应性强、出水水质好、占地面积小、运行管理简单、可实现自动化控制等优点，但在长期的运转中，膜作为一种过滤介质易堵塞和污染。

城市污水再生处理工艺流程包括一级处理（预处理）单元、二级处理和深度处理单元三部分，污水再生处理工艺流程如图5-7-13所示。

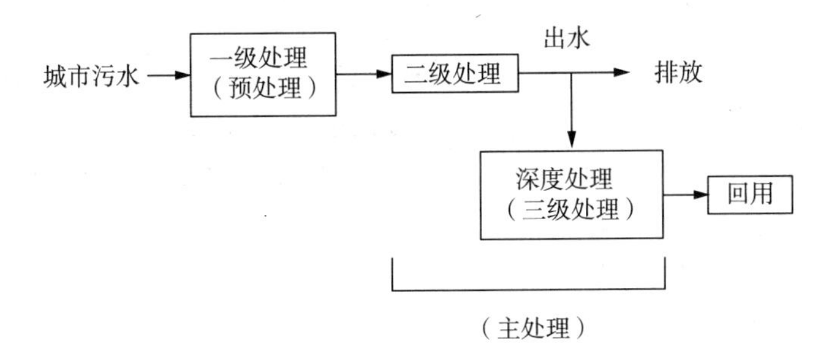

图5-7-13　污水再生处理工艺流程图[16]

① 一级处理。主要是使用物理处理法，通过格栅、沉砂池、初沉池等构筑物去除污水中呈悬浮状态的固体污染物。经一级处理后的污水BOD可去除30%左右。

② 二级处理。主要是采用活性污泥法或生物膜法等技术去除污水中呈胶体和溶解状态的有机污染物（BOD，COD等），去除率可达90%以上，使有机污染物能达标排放。

③ 深度处理。是三级处理的同义语，但两者又不完全相同。三级处理是一、二级处理流程后增加的处理设施，它是为了进一步处理难降解的有机物、氮磷等可溶性无机物以得到良好的水质。深度处理是指以污水再生回用为目的，在二级处理后增加的处理工艺。深度处理包括三级处理，但不仅限于此。通过二级处理新（或改良）的工艺获得更好的水质也是深度处理。例如污水生物脱氮除磷就是在二级处理过程中完成的。在不增加基建及运行费用的条件下，通过改变厌氧—好氧活性污泥法的运行工况就能完成磷的去除，而且能达到抑制丝状菌繁殖、防止污泥膨胀的效果[17]。因此，实质上污水深度处理工艺是将过滤、活性炭吸附、膜技术（如超滤、微滤、反渗透、电渗析）等单元技术组合而成。

表5-7-4为针对不同污染物的去除可采用的单元技术。

表 5-7-4 深度处理单元技术[18]

水中污染物		有关指标	可供选择的操作单元
溶解性物质	有机物	COD、TOC	活性炭吸附、生物氧化、化学氧化、反渗透、离子交换、微电解
	无机物	氨氮	生物氧化、化学氧化、吹脱、离子交换
		总溶解性固体	反渗透、离子交换、电渗析、蒸馏
悬浮物质	有机物	病毒、寄生虫	臭氧氧化、过滤、消毒
	无机物	矿物质	混凝、沉淀、过滤

2)污水再生处理工艺选择原则

城市污水再生处理工艺的优化选择，取决于再生水水源水质和回用水水质标准要求。由于污水成分复杂，再生水水源不同其水质特性也千差万别，不同用途再生水回用水质要求也不同，故污水再生处理工艺有很大差异。在污水再生处理中，许多人习惯把污水二级处理和深度处理分为两个系统来考虑，这样在技术经济上都不尽合理[19]。污水再生处理回用应从污水处理的全过程考虑，统筹分配各单元有机物和营养物的去除负荷，做到总体上技术可行、经济合理。

再生水处理工艺需根据水源水量、水质、回用水水质标准要求及当地情况，经技术经济比较后确定。实际操作过程中，污水再生处理工艺的选择要遵循经济、安全可靠的原则，结合设计规模、污水水质特性和当地实际情况及要求，采用多种处理单元合理组合的方式，以满足再生水水质要求，达到经济高效的目的。

3)污水再生回用的主要处理工艺

(1)以城市污水处理厂二级出水为再生水水源(主要为集中式再生水厂)，可选用物化处理或与物化生化相结合的深度处理工艺，常用的工艺流程为以下几个方面[20]。

① 物化处理工艺流程：

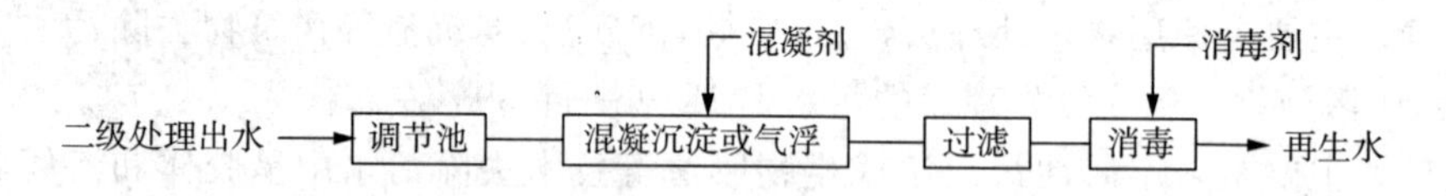

② 物化与生化相结合的深度处理工艺流程：

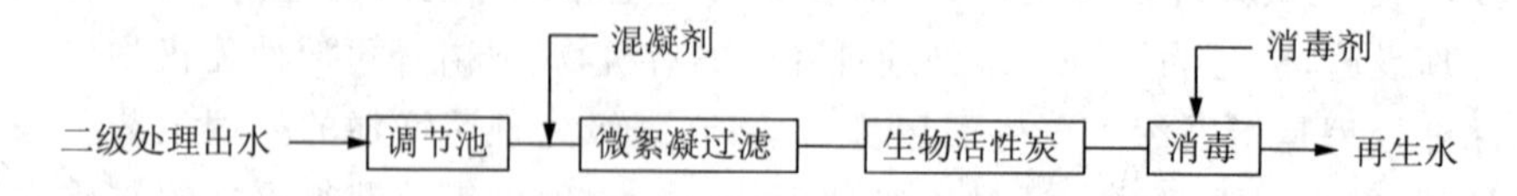

③ 微孔过滤处理工艺流程：

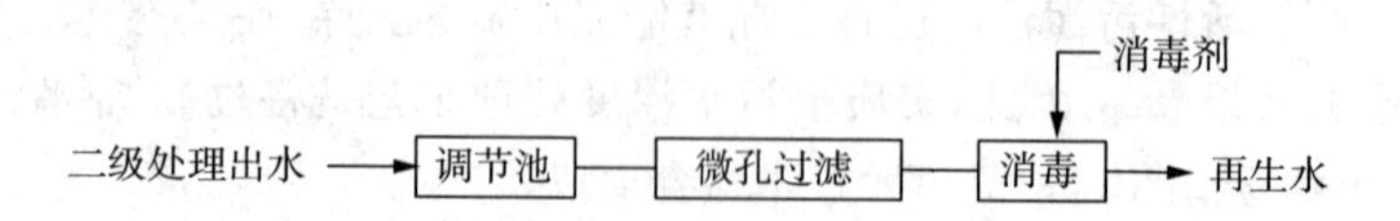

对水质要求高的用户，还可在深度处理中增加活性炭吸附、离子交换、氨吹脱、反渗透、

臭氧氧化等单元技术中一种或几种组合。

(2)以优质杂排水或杂排水为再生水水源,可采用物理化学处理为主的工艺或生化物化相结合的工艺,常用工艺流程有[20]:

① 物化处理工艺流程(适用于优质杂排水):

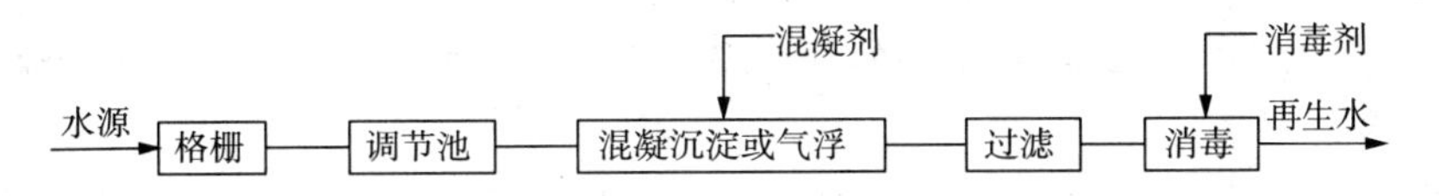

② 生物处理与物化处理相结合的工艺流程:

③ 预处理与膜分离相结合的处理工艺流程:

(3)以综合生活污水为再生水水源,水中的有机物和悬浮物浓度都很高,可采用二段生物处理或生化、物化相结合的处理工艺,常用工艺流程:[20]

① 两段生物处理(常用生物接触氧化工艺)工艺流程:

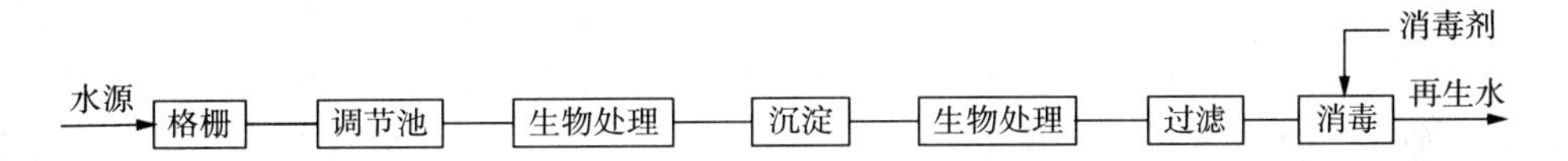

② 生物处理(常用生物接触氧化工艺)与深度处理相结合的工艺流程:

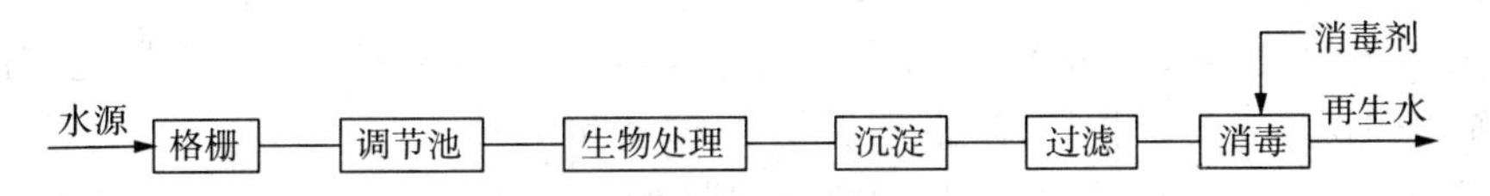

③ 生物处理与土地处理相结合的工艺流程:

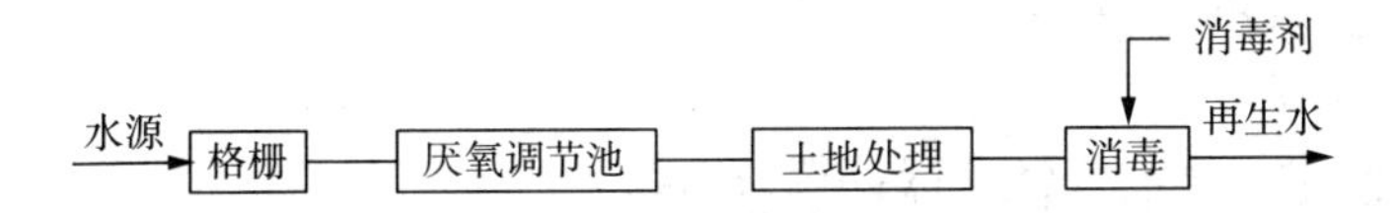

④ 曝气生物滤池处理工艺流程:

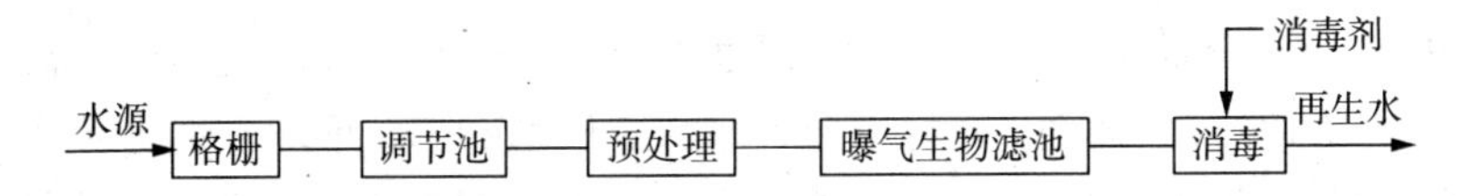

⑤ 膜生物反应器处理工艺流程:

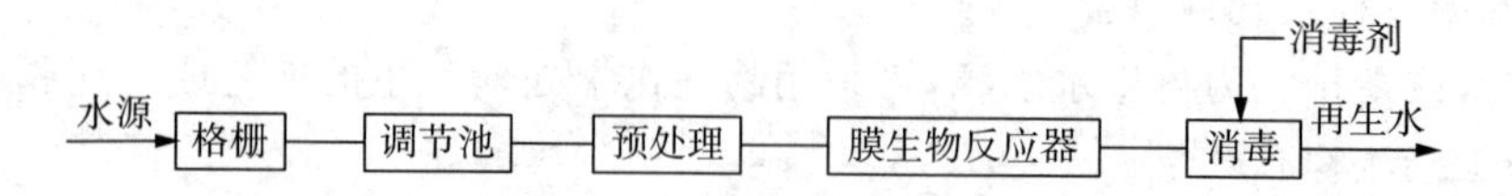

当所处理的再生水用于与人直接接触时，需采用膜生物反应器，将微生物的孢子截留。采用膜处理工艺时应有保障其可靠进水水质的预处理工艺和易于膜清洗更换的技术措施。

5. 再生水回用管网布置

再生水回用管网包括再生水输配送管道、加压泵站和贮存设施等。再生水回用管网的建设是保证污水再生回用的重要条件，也是影响再生水回用成本的重要因素。再生水回用管网越庞大，回用成本就越高。目前，我国再生水回用率偏低的一个重要原因就是再生水管网建设不配套，跟不上再生水厂建设的步伐[21]。再生水厂建设的同时，需要注重回用管网的同步建设。

目前，我国还没有颁布专门的再生水回用管网设计规范，再生水回用管网布置可参考自来水供水管网布置，应遵循以下原则：

1)管网布置宜采用环状网和树状网相结合的方式。和自来水供水管网不同，再生水主要回用于生活、市政、环境等非饮用水，对用水的可靠性要求不高，且有市政供水管网作为备用，故宜以树状网布置为主。对于工业用户可考虑采用双管道供水方式或增设蓄水池来提高供水的可靠性。

2)防止再生水供水管道与饮用水管道交叉连接，再生水管道与给水管道水平净距不得小于0.5m；交叉埋设时，再生水管道应位于给水管道的下面，其净距均不得小于0.5m。

3)再生水管网规模应该按照再生水最高日最大时用水量确定，满足远期规划供水需求。再生水的输配水干管布置应该充分考虑当前用户和后期潜在用户的分布情况，合理设计管网的布局及管径。如考虑供水系统中将来可能的管网接入点，并安装分水闸。再生水泵站和贮存设施的设计也要考虑未来延伸的趋势。再生水主干管道尽量考虑用水量较大且集中的景观环境用户、绿地的相邻道路铺设，便于再生水优先回用于景观环境及城市绿化。

4)考虑再生水输配的安全性，再生水回用管道及其附属设施应该有各种标识措施，对公众进行再生水使用知识的宣传和指导，防止公众误装、误连和误用。

5)管线应遍布整个供水区域，保证给用户提供足够的水量和水压。再生水系统供水压力应能充分满足用户协议或当地法令规定的可靠性及限度内用户的需要。再生水用于建筑冲厕时，用户需在再生水供水点增设加压设备。

5.8　绿色建筑暖通技术

绿色建筑追求人、自然、建筑三者之间的和谐共生，以四节（节能、节地、节水、节材）与环保（环境保护）为核心内容。于人而言，主要是健康、舒适的问题；于建筑而言，主要是节能、节水、节地、高效利用的问题；对自然而言，主要是低碳排放、环境友好的问题。不论是东方还是西方，时下“绿色”“低碳”“节能”之呼声越来越高，绿色建筑、低碳生活、节能减排已然越来越多地被人们所提及与关注。

西方比较看重依赖技术，认为技术可以征服自然，创造一切；东方特别是中国不光重视科技，还重视文化，尊重自然，与自然和谐相处，追求"天人合一"的最高境界。真正舒适且节能的建筑并不是把人放在一个密封的玻璃罩里面，用机器制造环境，而是追求人与自然和谐的舒适状态。

发展绿色建筑、节能建筑不能照搬西方模式。对于综合评价一个建筑是否绿色、节能，目前主要有三种评价方式：

第一，是以美国的绿色建筑评估体系(LEED)为代表的罗列式评价体系。主要看建筑采用了哪些节能技术，节能技术越多，评价越高。

第二，是以可再生能源的百分比判别，但是不去考查总的能源使用量。这就导致有些能耗很高的建筑，尽管可再生能源的比例也很高，但实际使用的常规能源量也高于一般建筑。这样的建筑就不能算作节能建筑。这种百分比的评价实际上是鼓励了那些高能耗高消费的群体耗能。

第三，是统一把不同的室内状况、服务水平修正换算到同一个平台同一工况上进行比较。这三种模式是否科学，值得进一步研究。节能的科学依据、唯一标准应该是实际耗能。

科技是第一生产力，但对于建筑节能，应用高新技术不一定能够达到很好的实际效果。以空调为例：在北京，使用中央空调的住宅，单位面积耗电约20℃；户式中央空调为5℃～8℃；分体式空调为2℃～3℃。这种巨大的差异，不是由于空调系统和装置本身的效率的差异，而完全是由于不同的使用模式所导致。分体空调是"部分时间、部分空间"的运行模式，也就是有人开、有人关，实际能耗就很低；大部分中央空调是"全空间、全时间"的运行模式，也就是包括走廊、卫生间在内的任何一个空间都是24小时恒温恒湿，它的实际能耗就达到分体空调的10倍。"全时间、全空间"与"部分时间、部分空间"的空调是完全不同的两种需求和服务模式，也对应着完全不同的实际能源消耗。而中央空调似乎"技术先进"，但它很难彻底地实现"部分时间、部分空间"的环境控制。如果认为目前住宅分体空调这种"部分时间、部分空间"的模式也能满足居民的基本需求了，我们就不一定要在住宅建筑发展那种"全时间、全空间"能耗高出10倍的中央空调。通过技术创新，有可能使这种中央空调能耗再降低30％或50％，但怎么也不可能达到现在分体空调实际的低能耗水平。

5.8.1　暖通和空调技术的健康舒适性与环境友好性

1. 热舒适

热舒适是人对周围环境所做的主观满意度评价。分析某一环境是否舒适有三个方面：

1)物理方面

根据人体活动所产生的热量与外界环境作用下穿衣人体的失热量之间的热平衡关系，分析环境对人体舒适的影响及满足人体舒适的条件；

2)生理方面

研究人体对冷热应力的生理反应，如皮肤温度、皮肤湿度、排汗率、血压、体温等并利用生理反应区分环境的舒适程度；

3)心理方面

分析人在热环境中的主观感觉，用心理学方法区分环境的冷热与舒适程度。

由于影响人体热舒适的因素与条件十分复杂，从20世纪20年代起，经过大量的实验研究，综合不同因素的相互作用，已陆续提出若干评价热舒适的指标与热舒适范围。

空调的主要作用是通过制冷、加热和除湿等功能，为我们的生活和工作创造舒适的室内环境，所以空调的舒适性最终也要归结为其营造的环境的舒适性。人们打开空调后，不论是制冷还是制热，总是希望其能快速地达到自己希望的温度，而升温及降温速率就是衡量产品这一性能的。达到设定温度后，变频空调会自动调低运转速度，定频空调则会自动停机，从而造成室内温度的波动。如果室内的温度波动过大，会导致人感觉忽冷忽热，产生不舒适的感觉，所以温度波动是从时间维度来评价空调器舒适性的重要指标；如果房间里面有的地方冷，有的地方热，也会给人造成不舒适的感觉，因此温度均匀度是从空间维度来评价空调器舒适性的。

此外，湿度对人体舒适度影响很大，高湿的环境不仅让人感觉闷热，更容易滋生细菌，所以空调器应具有良好的除湿能力。但在实际中，他们发现某些产品采用提高出风温度的做法来提高能效比，导致空调的除湿能力降低。

2. 热环境舒适性的评价方法(PMV－PPD)

目前，国际上已经有了对热环境的舒适性进行评价的较为科学的方法(PMV－PPD)，其中：

1)预计平均评价(PMV)

PMV是Predicted Mean Vote的缩写，其影响因素有6个，其中包括4个环境因素(空气温度、相对湿度、平均辐射温度和室内风速)；2个个人因素(新陈代谢率和服装热阻)。该指标代表了同一环境下绝大多数人的感觉，但是人与人之间存在一定的生理差别。

2)预计不满意百分率指标(PPD)

PPD是表征人群对热环境不满的百分数，并利用概率分析方法，给出PMV与PPD之间的定量关系。

环境友好型社会是人与自然和谐发展的社会，通过人与自然的和谐发展来促进人与人、人与社会的和谐。建设环境友好型社会，就是要以环境承载能力为基础，以遵循自然规律为核心，以绿色科技为动力，倡导环境文化和生态文明，构建经济社会环境协调发展的社会体系。

5.8.2 绿色建筑暖通和空调的高能效技术路线

1. 暖通空调设计实现绿色理念的原则

暖通空调设计实现绿色理念的原则，包括以下三点：绿化性原则、节能性原则和再循环利用原则。

1)绿化性原则

建筑暖通空调系统的选材要绿色环保，要尽量在保温材料、管道材料、密封材料中选择高质量的材料，这样不但可以降低环境的污染，而且有利于建筑暖通空调的能源节约。此外，建筑暖通空调的材料要便于回收和利用，这不但有利于建筑暖通空调系统的维护和保养，同时也有利于对能源的节约，更有利于对环境污染的控制。

2)节能性原则

节能是进行建筑暖通空调设计的基本要求，同时也是践行绿色建筑设计的根本保障。在建筑暖通空调的运行中送风、除湿、制冷、取暖都需要消耗大量的能源，如果在建筑暖通空调设计中考虑到节能的因素，通过系统的优化和建筑物内外的协调，达到对建筑暖通空调能耗的基本控制，这是降低建筑暖通空调系统资源和材料消耗的基本措施，也是建筑暖通空调设计的基本原则。

3）再循环利用原则

即将建筑暖通空调系统设计成可以循环和再利用的体系，通过对建筑暖通空调系统中剩余能源的回收和再利用，使得传统排泄掉的能源和材料得到重新开发和利用，这样的做法可以有效降低建筑暖通空调运行的成本，同时也可以节约建筑暖通空调系统运行的能耗。

2. 绿色建筑暖通空调设计的要求

1）在绿色建筑设计过程中，注意贯彻国家的环保政策、技术政策与标准，积极推进可持续发展战略。因地制宜，综合考虑绿色建筑的使用寿命以及保护环境、节约能源、建筑物使用之间的辩证关系，与国家法律法规要求相吻合，进一步实现环境效率、社会效益、经济效益的统一。

2）暖通空调设计需要结合当地环境条件、经济发展水平、建筑物标准、气候条件等因素进行。

3）在暖通空调设计中，需要掌握高新科学技术，重视能耗软件以及模拟软件的应用，设计暖通、办公、照明的合理比例，设计建筑物形式、体形系数、朝向、窗墙等因素，设计良好的室内外通风环境等等。

4）暖通专业人员必须认识到在绿色建筑设计中本专业的重要性与必要性，充分考虑节约能源与环境质量等方面要求，并与其他专业相互配合，认真做好方案的筛选、技术选择，不断优化设计方案，进一步满足星级评价标准的需求。

3. 被动式技术

被动式技术，是以非机械电气设备干预手段，为建筑提供采暖空调通风等舒适环境控制的建筑设备工程技术，具体指在建筑规划设计中通过对建筑朝向的合理布置、遮阳的设置、建筑围护结构的保温隔热技术、有利于自然通风的建筑开口设计等，实现建筑需要的采暖、空调、通风等能耗的降低。相对“被动式技术”的是“主动式技术”。

主动式技术即指通过机械设备干预手段，为建筑提供采暖空调通风等舒适环境控制的建筑设备工程技术；主动式节能技术则指在主动式技术中以优化的设备系统设计、高效的设备选用实现节能的技术。

由于气候变化等因素，完全靠被动技术难以营造舒适的室内环境，使用必要的主动技术是必需的。我们不推崇那些堆砌大量“新技术”的“零能耗”“负能耗”建筑，而是希望从“与自然环境和谐”“天人合一”的理念出发，尽可能依靠被动式的方式，营造人类的生活与工作空间。

绿色理念下建筑暖通空调系统设计，应该坚持高能效、低能耗技术路线。选择适宜的空调通风方式和高能效产品；合理选择冷热源类型，提倡采用可再生能源和清洁能源；优化能量输配，降低损耗。

4.《绿色建筑评价标准》(GB/T 50378—2014)

《绿色建筑评价标准》及配套的政策文件，使绿色建筑事业步入了有序发展轨道。在绿色建筑评审指标中，与暖通空调技术有关的条文最多，暖通空调技术在绿色建筑中扮演着重要角色。

《绿色建筑评价标准》(GB/T 50378—2014)新版比2006年的旧版本“要求更严、内容更广泛”。旧版标准采用的是条数计数法判定级别，新版标准采用分数计数法判定级别，判定级别形态与国际流行绿色建筑评价标准 LEED 保持了相同性和一致性。新版标准自 2015 年 1 月 1 日起实施，原 GB/T50378—2006 同时废止。新版标准适用范围由住宅建筑和公共建筑中的办公建筑、商业建筑和旅馆建筑，扩展至各类民用建筑。新版标准针对绿色建筑某些专项设计的技术规定更加明细，定量分析已经占据整个绿色建筑设计的主导位置，旧版标准绿色建筑设计主导定性分析已悄然“消失”。绿色建筑技术性能参数集体升级，绿色建筑设计难度加大不言而喻。

新版标准保持原有“控制项”不变；取消“一般项”和“优选项”，二者合并成为“评分项”；新增了“施工管理”、“提高和创新”。

新版标准绿色建筑等级依旧保持为原有三个等级，一星、二星和三星，三星为最高级别。7 大项分数各为 100 分，提高和创新为 10 分，7 大项通过加权平均计算出分数，并且各大项分数不应少于 40 分。一星：50～60 分；二星：60～80 分；三星：80～110 分。7 大项包括：“节地与室外环境”“节能与能源利用”“节水与水资源利用”“节材与材料资源利用”“室内环境质量”“施工管理”“运营管理”。

5.8.3 高能效绿色建筑新技术

绿色理念下建筑暖通空调系统设计，应该坚持高能效、低能耗技术路线；选择适宜的空调通风方式和高能效产品；合理选择冷热源类型，提倡采用可再生能源和清洁能源；优化能量输配，降低损耗。主要涉及以下几方面。

1. 采用高能效设备、产品

如风机、水泵、冷热源机组以及空气处理机等，均应符合现行国家标准《公共建筑节能设计标准》(GB 501899—2015)的规定。鼓励使用 1、2 级能效的机组，推荐使用比最低性能系数提高 1 个能效等级的冷水机组。

2. 合理选择和优化供暖、通风与空调系统

供暖、通风与空调系统的选择，应执行《民用建筑供暖通风与空气调节设计规范》(GB50736—2012)的规定。

暖通空调系统节能计算措施，包括合理选择系统形式，提高设备与系统效率，优化系统控制策略等。对于不同的供暖、通风和空调系统形式，应根据现有国家和行业有关建筑节能设计标准统一设定参考系统的冷热源能效，输配系统和末端方式。

全空气空调系统采取可实现全新风运行或可调新风比的措施。多数空调系统都是按照最不利情况(满负荷)进行系统设计和设备选型的，而建筑在绝大部分时间内是处于部分负荷状况的，或者同一时间仅有一部分空间处于使用状态。针对部分负荷、部分空间使用条件的情况，如何采取有效的措施以节约能源，显得至关重要。系统设计中应考虑合理的系统分区、水泵变频、变风量、变水量等节能措施，保证在建筑物处于部分冷热负荷时和仅部分建筑使用时，能根据实际需要提供恰当的能源供给，同时不降低能源转换效率，并能够指导系统在实际运行中实现节能高效运行。

空调系统设计时不仅要考虑到设计工况，而且应考虑全年运行模式。在过渡季，空调系统采用全新风或增大新风比运行，都可以有效地改善空调区内空气的品质，大量节省空气处理所需消耗的能量，应该大力推广应用。但要实现全新风运行，设计时必须认真考虑新风取

风口和新风管所需的截面积，妥善安排好排风出路，并应确保室内合理的正压值。

3. 能量综合利用

排风能量回收系统设计合理并运行可靠；合理采用蓄冷蓄热系统；合理利用余热废热提供建筑所需的蒸汽、供暖或生活热水等；不采用电直接加热设备作为空调和供暖系统的供暖热源和空气加湿热源；建筑的冷热源、输配系统和照明等各部分能耗进行独立分项计量；根据当地气候和自然资源条件，合理利用可再生能源；合理采用分布式热电冷联供技术，系统全年能源综合利用率不低于70％。

蓄冷蓄热技术虽然从能源转换和利用本身来讲并不节约，但是其对于昼夜电力峰谷差异的调节具有积极的作用，能够满足城市能源结构调整和环境保护的要求，为此，宜根据当地能源政策、峰谷电价、能源紧缺状况和设备系统特点等进行选择。

生活用能系统的能耗在整个建筑总能耗中占有不容忽视的比例，尤其是对于有稳定热需求的公共建筑而言更是如此。用自备锅炉房满足建筑蒸汽或生活热水，不仅可能对环境造成较大污染，而且从能源转换和利用的角度看也不符合“高质高用”的原则，不宜采用。鼓励采用热泵、空调余热、其他废热等节能方式供应生活热水，在没有余热或废热可用时，对于蒸汽洗衣、消毒、炊事等应采用其他替代方法(例如紫外线消毒等)。此外，在靠近热电厂、高能耗工厂等余热、废热丰富的地域，如果设计方案中很好地实现了回收排水中的热量，以及利用如空调凝结水或其他余热废热作为预热，可降低能源的消耗，同样也能够提高生活热水系统的用能效率。一般情况下的具体指标规定为，蒸汽、余热或废热提供的能量分别不少于蒸汽设计日总量的40％、供暖设计日总量的30％或生活热水设计日总量的60％。

合理利用能源、提高能源利用率、节约能源是我国的基本国策。高品位的电能直接用于转换为低品位的热能进行供暖或空调，热效率低，运行费用高，必须严格限制“高质低用”的能源转换利用方式。考虑到一些特殊的建筑，如符合下列条件之一，不在限制范围内：

(1)采用太阳能供热的建筑，夜间利用低谷电进行蓄热补充，且蓄热式电锅炉不在日间用电高峰和平段时间启用，这种做法有利于减小昼夜峰谷，平衡能源利用。

(2)以供冷为主、供暖负荷非常小，且无法利用热泵或其他方式提供供暖热源的建筑，当冬季电力供应充足、夜间可利用低谷电进行蓄热且电锅炉不在用电高峰和平段时间启用时。

(3)无城市或区域集中供热，且采用燃气、用煤、油等燃料受到环保或消防严格限制的建筑。

(4)利用可再生能源发电，且其发电量能够满足直接电热用量需求的建筑。

(5)冬季无加湿用蒸汽源，且冬季室内相对湿度要求较高的建筑。

(6)对于居住建筑，除电力充足和供电政策支持，或者建筑所在地无法利用其他形式的能源外，严寒和寒冷地区、夏热冬冷地区的住宅不应设计直接电热作为室内供暖主体热源。

公共建筑和采用集中冷热源的居住建筑，能源消耗情况较复杂，主要包括空调系统、照明系统、其他动力系统等。当未分项计量时，不利于建筑各类系统设备的能耗分布，难以发现能耗不合理之处。为此，特要求采用集中冷热源的建筑，在系统设计(或既有建筑改造设计)时必须考虑，使建筑内各能耗环节如冷热源、输配系统、照明、办公设备和热水能耗等都能实现独立分项计量，有助于分析建筑各项能耗水平和能耗结构是否合理，发现问题并提出改进措施，从而有效地实施建筑节能。

分布式热电冷联供系统为建筑或区域提供电力、供冷、供热(包括供热水)三种需求，实现能源的梯级利用，能源利用效率可达70%以上，大大减少固体废弃物、温室气体、氮氧化物、硫氧化物和粉尘的排放，还可应对突发事件，确保安全供电，在国际上已经得到广泛应用。我国已有少量项目应用了分布式热电冷联供技术，取得了较好的社会和经济效益。

发展分布式热电冷联供技术可降低电网夏季高峰负荷，填补夏季燃气的低谷，平衡能源利用，实现资源的优化配置，是科学合理地利用能源的双赢措施。在应用分布式热电冷联供技术时，必须进行科学论证，从负荷预测、系统配置、运行模式、经济和环保效益等多方面对方案做可行性分析，严格以热定电，系统设计满足地区相关技术规范的要求。

5.9 建筑工业化与绿色建筑技术的结合与应用

5.9.1 建筑工业化与绿色建筑技术的关系

1. 建筑工业化的内涵

建筑工业化的本旨是通过工业化生产的方式制造建筑，包括楼梯、墙板、阳台等部品构件都在工厂内生产完成后在施工现场进行组装。它的核心内容包括建筑设计标准化、部品部件工厂化、现场施工装配化、土建装修一体化、管理运营信息化，强调利用现代科学技术，先进的管理方法和工业化的生产方式，将建筑生产全过程连结为一个完整的产业系统。

建筑工业化的优势在于技术先进、质量可控、生产周期短、绿色环保等优点。建筑工业化在西方发达国家的应用普遍达到60%以上，而我国尚不足1%，因此具有巨大的发展潜力与广阔的发展前景。

2. 绿色建筑的定义和内涵

1)绿色建筑的定义

绿色建筑是“在建筑的全寿周期内，最大限度地节约资源（节能、节地、节水、节材），保护环境和减少污染，为人们提供健康、适用和高效的使用空间，与自然和谐共生的建筑。”（摘自《绿色建筑评价标准》GB 50378—2014[1]）

2)“建筑的全寿命周期”的概念

“建筑的全寿命周期”，指建筑从最初的规划设计到随后的施工建设、运营管理及最终的拆除，形成了一个全寿命周期。建筑物的前期决策、勘察设计、施工、使用维修乃至拆除各个阶段的管理相互关联而又相互制约，构成一个全寿命管理系统，为保证和延长建筑物的实际使用年限，必须根据其全寿命周期来制定质量安全管理制度[2]。

因此，与传统建筑设计相比，绿色建筑设计有两个基本特点：(1)在保证建筑物的性能、质量、寿命、成本要求的同时，优先考虑建筑物的环境属性，从根本上防止污染，节约资源和能源；(2)设计时所考虑的时间跨度大，关注建筑的全寿命周期。

3. 建筑工业化与绿色建筑的关系

1)“建筑全寿命周期”的绿色设计、绿色施工、绿色运营、绿色管理理念

作为绿色建筑的重要工艺和最佳实现手段，以“装配式”为主要特征的建筑工业化运用工业化的生产方式生产，与传统施工现场“现浇”技术相比，建筑工业化预制结构体系在绿色施工、低碳、质量、安全等方面具有不可替代的优势，在每一个生产环节都可达到质量可控、节能环保的标准。

2)建筑工业化与绿色建筑的结合符合当今建筑业的发展趋势

建筑工业化与绿色建筑技术的结合,即"工业化绿色建筑"或称为"绿色建筑工业化"模式,是新时代建筑产业发展的潮流和必然趋势。作为绿色建筑的重要工艺和最佳实现手段,以装配式为主要特征的建筑工业化预制结构体系在绿色施工、低碳、质量、安全等方面具有不可替代的优势,主要表现在以下方面。

(1)建筑构件和部件的工业化生产,可以保证生产过程可控、产品质量可靠,减少施工现场湿作业量,利于环境保护,减轻噪音污染,现场施工更加文明。(2)建筑构件和部件在现场机械化安装,施工速度快、周期短,同面积工期可缩短50%以上,并大大降低工人的劳动强度。(3)可实现绿色施工,现场无灰尘、无噪音,节能环保、节能减排效益十分显著。(4)工程综合造价低,无须立模、支模,施工现场模板用量减少80%,支撑减少50%以上,节省周转材料总量达60%;由于构件外观质量好,可省去抹灰工序;同时,现场也省去许多临时设施。(5)施工基本不受气候影响,尤其是能在冬季施工,保证工程建设的进度与质量。

安徽省合肥市《绿色建筑设计导则》(DBHJ/T010—2014)于2014年12月1日起正式施行,适用于合肥市新建、改建和扩建的全部民用建筑。《导则》规定,绿色建筑宜采用工业化装配式体系或工业化部品,这些工业化部品选择混凝土构件、钢结构构件等工业化生产程度较高的构件,整体厨卫、单元式幕墙、装配式隔墙等都能优先使用。建筑装饰装修设计与土建设计一体化,应采用工厂化生产的建筑部品,且比例不小于50%[3]。

5.9.2　建筑工业化与绿色建筑技术的结合与应用

建筑工业化的核心内容包括建筑设计标准化、部品部件工厂化、现场施工装配化、土建装修一体化、管理运营信息化。这些内容与绿色建筑的设计理念、原则、目标、内容不谋而合。建筑工业化与绿色建筑设计及技术的结合是体现"工业化绿色建筑"的理论基础和目标价值体现的重要方式。

1. 工业化绿色建筑的围护结构节能技术

1)预制装配材料与绿色建材

新型绿色建材的分类有:生态水泥、生态混凝土、加气混凝土砌块、保温材料、生态玻璃、绿色涂料;绿色建材的发展趋势是资源节约型绿色建材、能源节约型绿色建材、环境友好型绿色建材、功能复合型绿色建材。

建筑工业化预制装配构件(包括外墙、屋面构件)利用新型墙板材料、套筒灌浆料、再生混凝土材料等绿色建筑材料生产,应用于预制装配式混凝土结构、预制装配式预应力混凝土结构、装配式组合结构等工业化建筑。

2)预制装配式围护技术与外墙节能技术

预制装配式构件与外墙保温技术的结合,既符合建筑构件的结构性要求,也满足绿色建筑节能环保的技术要求。

(1)外墙材料保温技术

外墙保温技术一般按保温层所在的位置分为五种做法,即外墙外保温、外墙内保温、外墙夹心保温、单一墙体保温和建筑幕墙保温等。常见保温材料有EPS保温板、XPS保温板、聚氨酯硬泡PU等。

墙体自保温体系,如图5-9-1所示,是采用预制的混凝土空心砌块、蒸压砂加气混凝土、陶粒加气砌块、节能型烧结页岩空心砌块等，与保温隔热材料合为一体，形成墙体自保温系统，起到自保温隔热作用。其特点是保温隔热材料填充在砌块的空心部分，使其具有保温隔热的功能。非常适合于预制装配式建筑的墙体施工[4]。

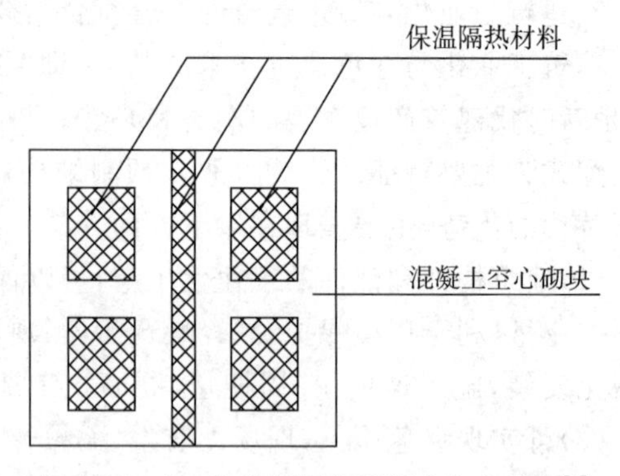

图 5－9－1 自保温隔热混凝土空心砌块[4]

(2)玻璃幕墙工业化——单元式玻璃幕墙[5－6]

单元式玻璃幕墙，如图 5－9－2 所示，是将铝合金骨架、玻璃、垫块、保温材料、减震和防水材料以及装饰面料等构件事先在工厂组合成带有附加铁件的幕墙单元，用专用的运输车运到施工现场后，以幕墙单元形式在现场吊装装配，直接与建筑主体结构相连接完成安装施工的框支承玻璃幕墙。

图 5－9－2 单元式玻璃幕墙

① 单元式玻璃幕墙的结构形式特点。包括：a. 玻璃幕墙单元板块以建筑物的层间高度为单元板块高度，以一个或几个分格宽度为单元板块的宽度。单元式玻璃幕墙当与柱子连接时，其规格应与建筑层高、柱距尺寸一致，幕墙单元的宽度相当于柱距；当与楼板或梁连接时，幕墙的高度应相当于层高或是层高的倍数。b. 单元式玻璃幕墙结构，单元板块间的横龙骨、竖龙骨之间均为插接结构，全部连接为螺栓连接，插接缝间的活动量较大，三维调整范围大(±30mm)，有很强的变位吸收能力，抗震能力强，可有效地吸收层间变位和温度变形。同时，此结构能更好地适应土建偏差较大的情况。c. 幕墙安装不必待主体结构封顶以后再进行，在主体结构进行到 10～15 层时，即可采用专用机械安装单元幕墙，且可与土建结构交叉作业，同时施工，有效提高了施工速度。

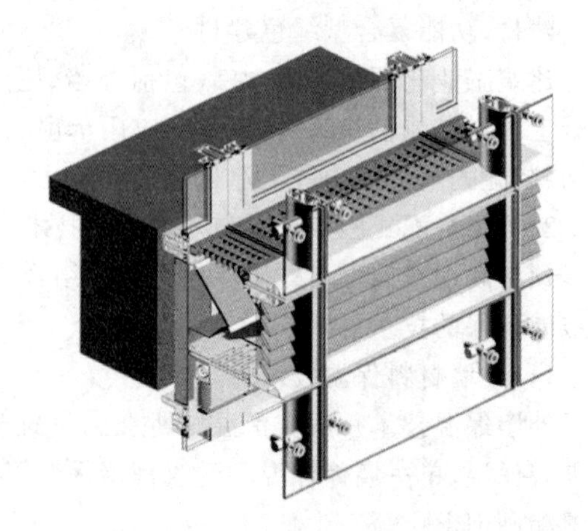
图 5－9－3 外循环玻璃幕墙

② 单元式玻璃幕墙的构造分类。分为单元式明框幕墙系统、单元式隐框幕墙系统、单元式半隐框幕墙系统。

③ 单元式玻璃幕墙的优点、缺点。玻璃幕墙单元板块全部在工厂车间内进行组装完成，组装精度高；安装速度快，施工周期短，便于成品保护；可与土建主体结构同步施工，有利于缩短整体建筑施工周期；结构采用逐级减压原理，内设排水系统，防雨水渗漏和防空气渗透性能良好；板块接缝处全部采用专用耐老化橡胶条密封，使幕墙具有自洁功能，表面受污染程度低；板块之间采用插接方式连接，抗震能力强。但单元式玻璃幕墙缺点是运输和存放不方便、施工现场起吊要求高，容易造成损坏。

(3)玻璃幕墙节能技术——建筑幕墙保温

单层建筑幕墙的保温主要通过在幕墙板和主体结构之间的空气间层中设置保温层来实现，也可以通过改善幕墙板材料的保温性能来实现。双层玻璃幕墙系统又称"热通道幕墙"等。由内、外两层玻璃幕墙组成，两层幕墙中间形成一个空气间层，宽度在500mm左右，高度最好不低于4m。但是也不用整个幕墙作为一个通道，在高层建筑中可两层或三层为一组，分组通风。同时可利用置于通风间层中的遮阳百叶挡住阳光辐射[4]。

双层玻璃幕墙的基本节能原理是：在夏季，利用空气间层的烟囱效应，通过自然通风换气以降低室内温度；在冬季，将通道上下关闭，在阳光照射下产生温室效应，提高保温效果。双层玻璃幕墙系统的循环体系分为，"外循环幕墙"(图5-9-3)和"内循环幕墙"。"敞开式外循环体系"(图5-9-4(a)、(b))可利用自然通风，也可机械通风；"封闭式内循环体系"(图5-9-4(c))利用机械通风。

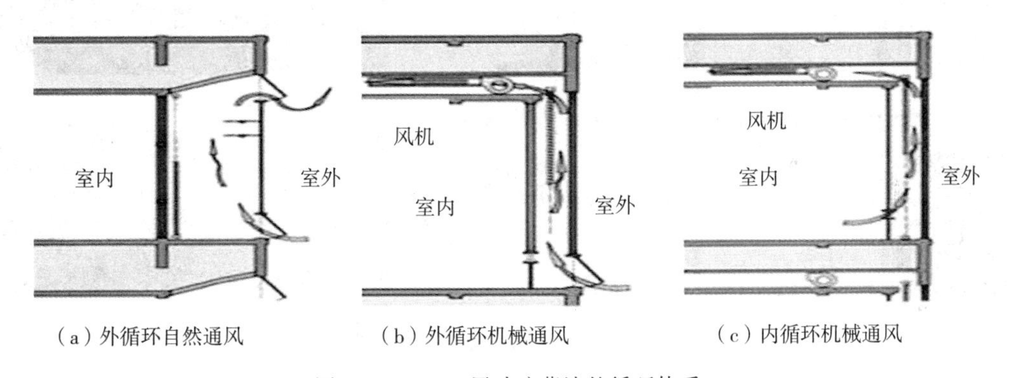

(a) 外循环自然通风　　(b) 外循环机械通风　　(c) 内循环机械通风

图5-9-4 双层玻璃幕墙的循环体系

(4)建筑外遮阳系统的预制装配化

建筑外遮阳是建筑节能中最有效的方式之一，建筑遮阳的措施主要有利用绿化遮阳及结合、利用墙面、屋面构件遮阳等。预制遮阳构件，如遮阳板、电控智能遮阳百叶等，都是绿色工业化建筑常用的方式。

图5-9-5 外墙机翼型电动百叶遮阳板

预制装配式建筑遮阳系统设计，主要通过设置外墙遮阳板，即在建筑主体外立面由一条条横向排列的金属遮阳百叶(如穿孔透光铝板)组成遮阳系统。智能电控遮阳百叶设计，根据太阳运行角度及室内光线强度要求，采用机翼性电控遮阳系统，如图5-9-5所示，在太阳辐射强烈的时候打开，遮挡太阳辐射降低空调能耗;在冬季和阴雨天时打开,让阳光射入室内,降低采暖能耗。

2. 绿色建筑工业化采光照明技术

绿色建筑工业化的采光设计应秉承环保理念,自然光线除了照明和视觉舒适以外,还能改善居住和工作、学习环境等。在采光设计中还要考虑尽量采用技术与构造相结合的玻璃幕墙,最大限度地降低光污染,保护环境。

绿色照明是指通过科学的照明设计,采用效率高、寿命长、安全和性能稳定的照明电器产品(电光源、灯用电器附件、灯具、配线器材以及调光控制设备和控光器件),充分利用天然光,创造一个高效、舒适、安全、经济、有益的环境并充分体现现代文明的照明。新型采光与照明技术有用光导管进行自然采光、利用智能照明系统节能等。

1)用光导管自然采光

光导管,也叫导光管,导光筒,比较正式的名称是管道式日光照明装置,是一种用光导管将室外的自然光引进到室内的装置,如图 5-9-6 所示。用光导管进行自然采光,其适用范围包括:家庭照明、别墅、车库;大型商场、医院、养老院;厂房、仓库、办公楼、会议室;学校教室、博物馆、体育场馆;危险产地照明、地下室照明;水产养殖、科学研究等[10]。

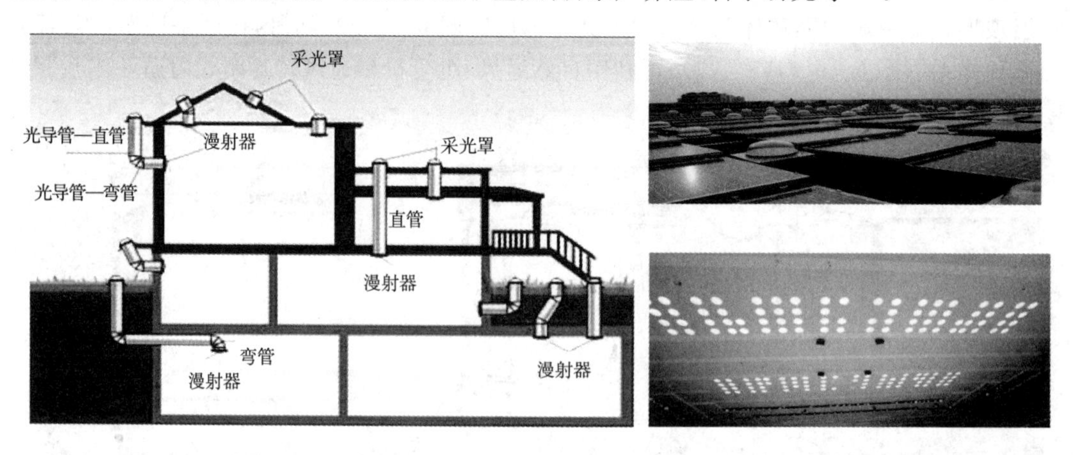

图 5-9-6 用光导管自然采光

2)利用智能照明系统节能

如会议室中安装人体感应,可做到有人工作时自动打开该区的灯光和空调;无人时自动关灯和空调,有人工作而又光线充足时只开空调不开灯,做到自然又节能。

3. 工业化绿色建筑与可再生能源利用

主要包括:

1)太阳能光热。是指利用太阳辐射的热能,除用于太阳能热水器外,还有太阳房、太阳灶、太阳能温室、太阳能干燥系统、太阳能土壤消毒杀菌技术等。

2)太阳能供暖。是利用太阳能转化为热能,通过集热设备采集太阳光的热量,再通过热导循环系统将热量导入至换热中心,然后将热水导入地板采暖系统,通过电子控制仪器控制室内水温。在阴雨雪天气系统自动切换至燃气锅炉辅助加热,让冬天的太阳能供暖得以完美的实现。春夏秋季可以利用太阳能集热装置生产大量的免费热水。

3)太阳能热发电。是太阳能热利用的一个重要方面,这项技术是利用集热器把太阳辐射热能集中起来给水加热产生蒸汽,然后通过汽轮机、发电机来发电。根据集热方式不同,又分高温发电和低温发电。

若用太阳能全方位地解决建筑内热水、采暖、空调和照明用能，这将是最理想的方案，太阳能与建筑（包括高层）一体化研究与实施，是未来太阳能开发利用的重要方向。

4. 工业化绿色建筑与暖通节能新技术——地源热泵

地源热泵系统，是利用浅层地能进行供热制冷的新型能源利用技术及环保能源利用系统。热泵是利用逆卡诺循环原理转移冷量和热量的设备。地源热泵系统的原理，是以岩土体为冷热源，由水源热泵机组、地埋管换热系统、建筑物内系统组成的供热空调系统。如图 5-9-7 所示。

地源热泵系统通常是转移地下土壤中的热量或者冷量到所需要的地方，通常都是用来做为空调制冷或者采暖。地源热泵还利用了地下土壤巨大的蓄热蓄冷能力。冬季地源把热量从地下土壤中转移到建筑物内，夏季再把地下的冷量转移到建筑物内，一个年度形成一个冷热循环系统，实现节能减排功能。

5. 工业化绿色建筑与管道技术

建筑结构墙与设备管线的使用寿命是不同的，结构主体部分的使用年限 50 年以上；管道设备寿命一般在 10～30 年。当代绿色精装修住宅设计和施工，积极提倡主体“结构体”与“填充体（即设备管线和内装修）”的分离技术的应用与实践，即“结构墙与设备管线的分离技术”，简称 SI 技术。

1)“结构墙与设备管线的分离技术”(SI)

SI 技术，即“结构墙与设备管线的分离技术”，是在不损伤结构墙体的前提下进行内装修施工，“S”是英文 Skeleton 的缩写，即住宅躯体、支撑体的意思，是建筑的结构体部分；“I”是英文 Infill 的缩写，是指住宅里面的填充体，Infill 包括设备管线和内装修等，如图 5-9-8 所示。

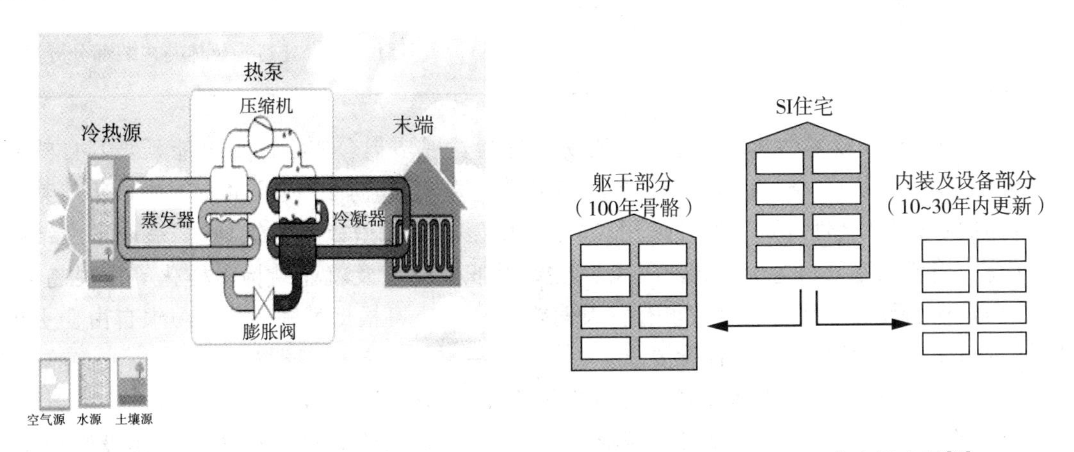

图 5-9-7　开放式地源热泵系统　　图 5-9-8　SI 住宅概念图[13]

SI 住宅（结构体·填充体住宅），即采用结构支撑体和填充体完全分离方法施工的住宅，将集合住宅明确区分为结构体部分（主体及公用设备 Skeleton）和填充体部分（住户私有部分的内装修及 Infill）。其中，填充体可以随着住户的生活方式及生活习惯的变化而进行改变，与支持填充体变化的柱梁、地面结构相结合，能够更好地实现结构体的耐久性和填充体的更新性、可变性等[13]。

2）日本“结构墙与设备管线的分离技术”（KSI）[14-16]

（1）日本KSI技术的发展历程。日本KSI住宅是由“都市再生机构”自己开发的一种SI住宅。K指的是日本的“都市再生机构”。日本KSI技术的发展历程，见表5-9-1所列。

表5-9-1 日本KSI技术的发展历程

时期分段	背 景	形 式	要 点
第一期 1945—1955年	战后日本大规模住宅建设，钢筋混凝土住宅在全国也开始得到普及。	DK型住宅	D即餐厅；K即厨房。把住宅的餐厅、厨房问题提到住宅设计的重要地位。
第二期 1955—1966年	主要解决住宅难的问题，模数都是按照最小的模数来设计。	2DK住宅为主	两个卧室，一个厨房，一个就餐区。
第三期 1966—1974年	城市经济高度发展，从周边农村来的人口越来越多，住宅问题构架扩大化，开始普及三大件——彩电、汽车、空调。	3DK住宅	工业化住宅，标准设计得到实施，大量部品得到应用。
第四期 1974—1980年	发生石油危机，建设费高涨，开始意识到节能，形成开放式建设理论，民间开始独自开发住宅建筑技术。	提高住宅品质	不进行标准设计；住宅面积开始向大面积发展；高密度住宅开始出现。主要研究课题方向：老龄化住宅、既有住宅更新改造；能满足生活方式多样化的住宅。
第五期 1980—1990年	日本的泡沫经济时代、地价高涨，为了满足购房者多样化需求，催生了多样化的住宅形式。	加一住宅、合租老人住宅等	在传统户型设计外面加一间房子。
第六期	土地神话的破灭、地价持续下滑、老年化社会、关注节能环保。	KSI	建造物躯体与内装部分分离

（2）日本KSI技术的建设目标。①实现可持续发展型集合住宅。尽可能延长其自然寿命（即从50年延长至100年），同时还要实现其使用寿命（即商品价值）也能保持百年与其自然寿命同步；②社会性。可以循环使用，属于长期型的耐用型社会建筑物；③适应家庭结构多样化。当前家庭人口老龄化、少子（女）化、妇女职业化以及就业结构多样化等发展趋势，对住房需求的预测往往与实际需求有较大偏差。SI住宅可根据家庭的生活习惯自由变更里面的内填充体，满足住户的个性化要求。

（3）日本KSI技术的基本组成。由骨架体和填充体构成，如图5-9-9所示。

① 骨架体S(Skeleton)。由以下几部分构成：固定在土地上的承重构件；共用设施管线；共用设备；竖向和水平交通道；楼栋入口处的门厅。

② 填充体I(Infill)。由以下两部分构成：a. 住户自用部分。即产权属于居住者的套内部分，其设计决策权也属于居住者，包括套内空间的设计与隔墙选择，套内设施管网布置、厨卫设备选择等。b. 围合自用部分的非承重体。包括户门、外窗、外墙和分户墙。外窗、外墙是建筑物外观形象的构成物，它在百年寿命当中是可以改变的，以适应环境的变化需求；非承重分户墙和户门也是可以变动的，但需要与邻居和物业管理协商，两者都不可能由某个住

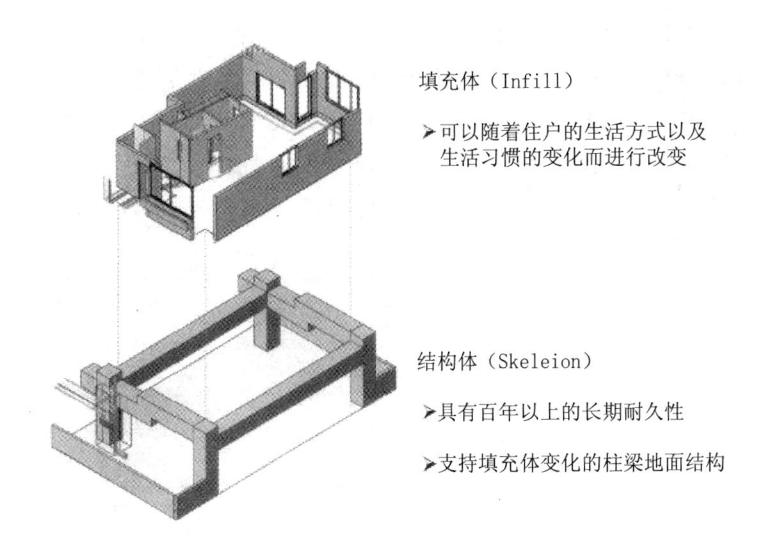

图 5-9-9　KSI 技术的组成(结构体与填充体)

户独立决策。

(4)日本 KSI 骨架体的设计要求

① 骨架体 S 可以是大空间剪力墙承重系统，也可以是中小柱距的框架系统，还可以是大空间的、套内楼板可变的跃层系统。

② 骨架体 S 的开放度(图 5-9-10)，即灵活变化的程度，由以下几方面因素决定：a. 因受风吹、日晒、雨淋侵蚀而受损的维护结构的维护、更新的需要；b. 因住户更替、时尚翻新而对套内布局、设备选型等更新改造的需要；c. 同时还需能包容更多的通用部品体系和设备系统，尽可能使隔墙在套内可以换位再用，设施管线能自然扩容以接受设备升级的需求等。

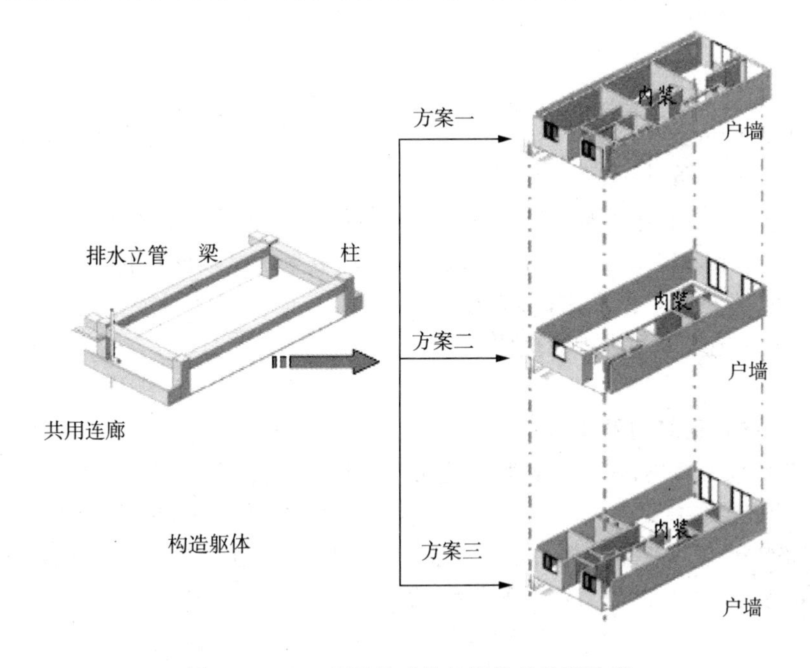

图 5-9-10　KSI 技术的骨架体 S 的开放度

(5)KSI体系住宅全装修一体化设计[15]。在KSI体系中,家庭装修实行工业化,即住宅装修所使用的物品和材料也是由工厂统一生产,现场采用集成化装配,取代"湿作业"。由于设计早期介入,装修与土建综合考虑,优化工作流程,实现工厂部件制作,工地现场装配,使传统装修的现场"湿作业"走向装修集成的"干作业",大大缩短装修工期,住宅装修一体化设计、施工。KSI体系全装修住宅一体化组织机构模式,如图5-9-11所示。

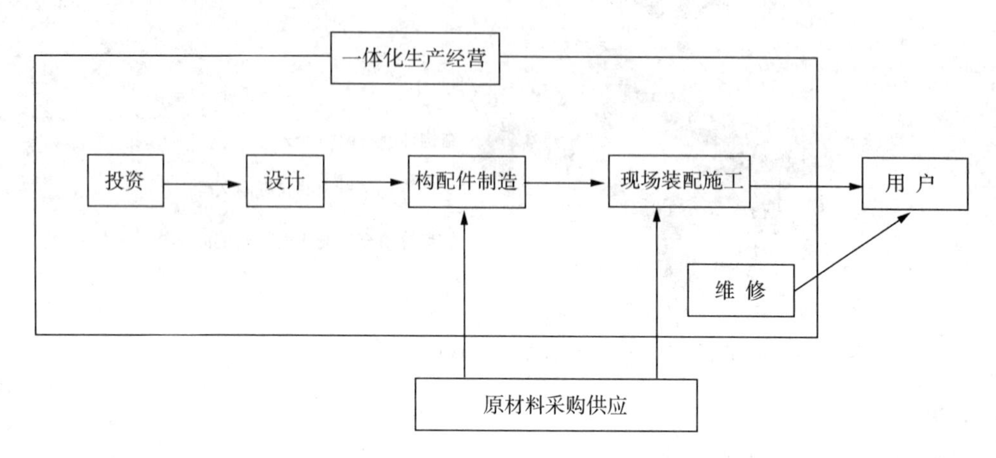

图5-9-11 KSI体系全装修住宅一体化组织机构模式[15]

3)中国CSI住宅体系

2010年10月16日,住房和城乡建设部住宅产业化促进中心发布了《关于印发〈CSI住宅建设技术导则〉(试行)的通知》,在这一国家层面的指导导则中,第一次明确提出了将住宅支撑体部分和填充体部分相分离的住宅建筑体系。这被业内认为是住宅产业化推进的重大变革。该《导则》在前言部分指出,CSI住宅是将住宅的支撑体部分和填充体部分相分离的住宅建筑体系,其中:C是China的缩写;S是英文Skeleton的缩写,表示具有耐久性、公共性的住宅支撑体,是住宅中不允许住户随意变动的一部分;I是英文Infill的缩写,表示具有灵活性、专有性的住宅内填充体,是住宅内住户在住宅全寿命周期内可以根据需要灵活改变的部分。

(1)中国CSI住宅体系的长期目标:实现住宅主体结构百年以上的耐久年限;厨卫居室均可变更和住户参与设计。

(2)目前中国CSI住宅发展为起步阶段,推进近期可实现的"普适型CSI住宅"的建设的核心特点包括:①支撑体部分与填充体基本分离;②卫生间实现同层排水和干式架空,部品模数化、集成化,套内接口标准化;③室内布局具有部分可变更性,按耐久年限和权属关系划分部品群,强调住宅维修和维护管理体系。

5.9.3 工业化绿色建筑的发展前景

随着我国国民经济的快速发展,我国建筑产业化正处在一个重要的转折点,特别是具有21世纪特色的中国绿色建筑的发展模式应该是工业化、标准化、模数化、绿色化的方策。要提高建筑的整体效率和产品品质,就必须把过去现场湿法施工变为工厂化生产、装配式施工,特别要提高建筑的功能品质和开发效率,尽量降低成本,要对环境保护和资源、能源的合理利用做出理性的决策。建筑工业化与绿色建筑设计及技术的结合和应用,必定是未来建筑发展的大趋势,具有广阔的发展前景和巨大的市场价值。

第 6 章　既有建筑的绿色生态改造

6.1　既有建筑室外物理环境的控制与改善

6.1.1　室外热环境的控制与改善

1. 热环境的概念

室外热环境是指作用在外围护结构上的一切热物理量的总称，是由太阳辐射、大气温度、风、周围物体的表面温度、空气湿度与气流速度等物理因素组成的一种热环境，这些因素综合作用于人，影响人的冷热感和健康。

人的生活和工作的大部分时间都在室内，室内环境与人体关系密切。室内环境的热特性是室外气候与内部热源通过建筑围护结构进行热交换与热平衡的结果，体现为气温、平均辐射温度、相对湿度、气流速度等四个主要物理因素数值的变化。

室外热环境除受建筑物所处的地形、坡度、绿地植被状况、土壤类型、材料表面性质、环境景观等的影响外，还受建筑物本身的布局、朝向、用能等的影响。各种影响因素下的温度、湿度、风向、风速、蒸发量、太阳辐射量等形成建筑周围微气候状况。微气候的调节和室外热环境的改善有助于提高室外人体舒适性，对区域而言，有助于降低热岛效应。

2. 改善室外热环境的方式

既有建筑和既有居住区一般人口密度较大，人均占有绿地率较低，建筑周围的绿地植被、地面材料、环境景观等对室外热环境有较大的影响。既有建筑室外热环境改造，可因地制宜，通过增加绿地植被、设置景观水体、更换地面材料等措施改善建筑物室外的热环境。设计时可采用流体模拟通用 CFD 软件 CHAM 的 Fluent、Phoenics 软件等进行温度场模拟，结合既有建筑的实际情况设计绿地和景观等。

1)增加绿地植被

绿地植被是调节室外热环境，提供健康居住环境的重要因素。植物在夏季能够反射约 20% 的太阳辐射到天空，并通过光合作用吸收约 35% 的辐射热；植物的蒸腾作用也能吸收掉部分热量，如图 6-1-1 所示。

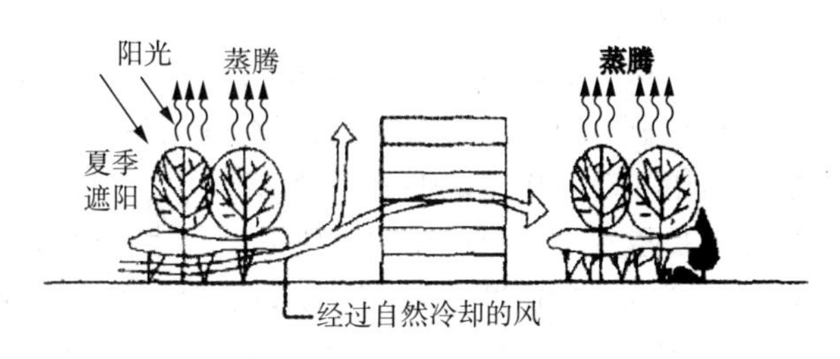

图 6-1-1　绿化调节局部微气候

合适的绿化植物还可以提供遮阳效果，如枝叶茂盛的落叶乔木可以阻挡夏季阳光，降低微环境温度，冬季阳光也可透过枝条间隙射入室内；墙壁的垂直绿化和屋顶绿化可以有效阻隔室外的辐射热；增加绿化面积，可以有效改善室外热环境。

2)设置景观水体

水体具有一定的热稳定性，会造成昼夜间水体和周边区域空气温差的波动，从而导致两者之间产生热风压，形成空气流动。夏季可降温及缓解热岛效应，冬季还可利用水面反射，适当增加建筑立面的日照得热。景观水体的蒸发也能吸收掉部分热量，在炎热的夏季降低微环境温度，改善室外热环境。

既有建筑改造时，可适当增加室外的景观水体。如降雨充沛的地区，可在大型公共建筑南侧设置喷泉、水池等，有利于在夏季降低室外环境温度，调节空气湿度，形成良好的局部微气候环境。在改善区域水景的同时，也可结合绿地进行雨水的回收利用。

3)选择性地更换不合理的地面材料

室外地面材料的性质对室外热环境有很大的影响，不同材料热容性相差很多，在吸收同样的热量下升高的温度也不同。如木质地面和石材地面相比，在接受同等时间强度的日光辐射条件下，木质地面升高的温度明显低于石材地面。因此，在既有建筑和既有住区改造中，有选择地更换不合理的地面材料，会在一定程度上调节室外热环境。主要方式有：

(1)使用透水地面

透水地面包括自然裸露地面、公共绿地、绿化地面和镂空面积大于等于40%的镂空铺地(如植草砖)等。增加透水地面可增强地面透水能力，降低地表温度，缓解热岛效应，调节微气候，增加区域雨水与地下水涵养，补充地下水量，改善生态环境，还可减少雨水的尖峰径流量，改善排水状况。

改造传统不透水地面，可增加室外绿化地面或采用透水地砖等透水性铺装。包括：①人行道、自行车道等受压不大的地方，采用透水性地砖；②自行车和汽车停车场，可选用有孔的植草土砖；③在不适合直接采用透水地面的地方，如硬质路面等处，可以结合雨水回收利用系统，将雨水回收后进行回渗。

(2)降低路面的蓄热性能

在炎热的夏天，一般路面温度会高达60℃左右。目前，日本已开发出使沥青路面温度下降的建筑材料。试验结果表明，将这种材料涂在路面上后，路面温度比普通路面大约低15℃，路面积蓄的热量减少，由此可降低路面的辐射热，改善热环境。

6.1.2 室外风环境的控制与改善

1. 风环境的概念

风是建筑物常遇到的荷载，对高层房屋、桥梁、电视塔、烟囱等长大、柔性结构，风荷载引起的响应在总荷载中占有相当大的比重，有时甚至起着控制的作用。风对建筑物的作用可分为静力作用和动力作用两部分。

风环境是指室外自然风在城市地形地貌或自然地形地貌影响下形成的及受到影响之后的风场。风环境在建筑设计和城市规划的科学领域中被广泛研究，风的流动会影响建筑内部的冷暖及建筑内外的气候环境，室外风还会影响室外人的活动及人体舒适性。

影响风环境的因素有：地形及坡度、建筑自身的形态及相邻的建筑形态、建筑物布局及朝向、植被情况等。良好的室外风环境，意味着在冬季风速大时不会造成人们举步维艰的情况；在炎热的夏季应有利于室内自然通风，使室内凉爽舒适、空气洁净，也能促进夏季建筑物的散热，改善建筑物周围的微气候。

现有的大量既有建筑，在设计时大多较少考虑室外风环境的状况，如建筑物布局不合理，会导致居住区局部气候恶化；高层建筑由于单体设计和群体布局不当而导致局部强风；在某些情况下，高速风会转向地面，对建筑周围的行人造成不舒适，甚至导致危险。

2. 改善室外风环境的方式

对于既有建筑的风环境改造，其上述的各种既有条件一般难以改变，主要可通过以下方式来进行控制与改善。

1)种植灌木、乔木，人造地势或设置构筑物等方法来优化室外风环境

利用树木、构筑物等设置风障，可分散风力或按照期望的方向分流风力、降低风速，合适的树木高度和排列可以疏导地面通风气流。在不是很高的既有建筑单体和既有建筑群的北侧，栽植高大的常绿树木可阻挡控制冬季强风(图 6-1-2)。

2)采用风环境优化设计方法

常用的风环境优化设计方法有：风洞模型实验或计算机数值模拟。

(1)风洞模型实验

流体力学的风洞实验，指在风洞中安置飞行器或其他物体模型，研究气体流动及其与模型的相互作用，以了解实际飞行器或其他物体的空气动力学特性的一种空气动力实验方法。它较多用于现代飞机、导弹、火箭等的研制、定型和生产过程中。

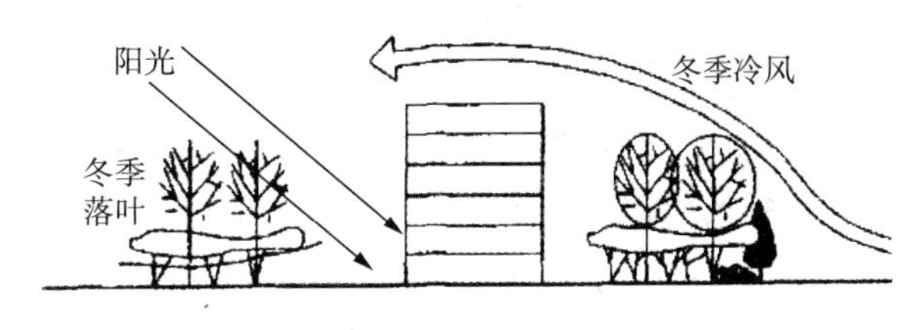

图 6-1-2 种植树木改善室外风环境

随着现代房屋建筑的发展，造型美观、功能完善成为其重要特点。但是复杂的体型给结构工程师进行抗风设计带来了很多的困难，抗风设计实践表明：规范所提供的抗风设计荷载，对于现代复杂建筑结构的抗风设计远远不能满足设计要求，必须进行风洞试验，如高层结构、大跨屋盖、玻璃幕墙等。但是风洞模型实验的方法周期长，价格昂贵。且风洞实验是一种模拟实验，不可能完全准确，实验结果也难以直接应用于室外空气环境的改善设计和分析中。

(2)计算机数值模拟

对既有建筑进行风环境优化改善，采用计算机数值模拟是较好的方法。一般采用 CFD(计算流体力学)软件如 FLUENT、PHOENICS 等进行整体风场评估，包括气流场、温度场与浓度场模拟，通过建构 3D 数值解析模型，在模型中布置树木、构筑物等，通过模拟分析及方案的调整优化，确定合理的种植植物及布置方式，设计出合理的建筑风环境。

计算机数值模拟相比于模型实验的方法周期较短、价格低廉，同时还可用形象、直观的方式展示结果，便于非专业人士通过形象的流场图和动画了解小区内气流流动情况。此外，通过模拟建筑外环境的风流动情况，还可进一步指导建筑内部的自然通风设计等。

PHOENICS 是 Parabolic Hyperbolic Or Elliptic Numerical Integration Code Series 几个字母的缩写，是世界上第一套计算流体与计算传热学的商业软件。英国 CHAM 公司于 1978 年开始开发，1981 年推出第一个商业化版本 PHOENICS-81，至今有 30 多年的历史。PHOENICS 是模拟传热、流动、反应、燃烧过程的通用 CFD 软件，网格系统包括：直角、圆柱、曲面(包括非正交和运动网格，但在其 VR 环境不可以)、多重网格、精密网格，可以对三维稳态或非稳态的可压缩流或不可压缩流进行模拟，包括非牛顿流、多孔介质中的流动，并且可以考虑黏度、密度、温度变化的影响。在流体模型上面，PHOENICS 内置了 22 种适合于各种 *Re* 数场合的湍流模型，包括雷诺应力模型、多流体湍流模型和通量模型及 k-e 模型的各种变异，共计 21 个湍流模型，8 个多相流模型，10 多个差分格式。

6.1.3　室外光环境的控制与改善

1. 光环境的概念

人们通过听觉、视觉、嗅觉、味觉和触觉认识世界，在所获得的信息中有80%来自光引起的视觉。光环境设计是现代建筑设计的一个有机组成部分，其目的是追求合理的设计标准，照明设备和节约能源，使技术与艺术融为一体。创造舒适的光环境，提高视觉效能，是建筑光环境研究的主要课题。

光环境对人的精神状态和心理感受产生影响。例如对于生产、工作和学习的场所，良好的光环境能振奋精神，提高工作效率和产品质量；对于休息、娱乐的公共场所，合宜的光环境能创造舒适、优雅、活泼生动或庄重严肃的气氛。

从广义上讲，光环境是由光（照度水平和分布、照明的形式）与颜色（色调、色饱和度、室内颜色分布、颜色显现）共同作用建立的一种环境。对建筑物来说，光环境是由光照射于其内外空间所形成的环境，其形成的系统包括室外光环境和室内光环境。前者是在室外空间由光照射而形成的环境，它的功能是要满足物理、生理（视觉）、心理、美学、社会（指节能、绿色照明）等方面的要求；后者是在室内空间由光照射而形成的环境，它的功能是要满足物理、生理（视觉）、心理、人体功效学及美学等方面的要求。上述的光源是天然光和人工光。

2. 室外光环境的控制与改善方式

光污染问题最早于20世纪30年代由国际天文界提出，他们认为光污染是城市室外照明使天空发亮造成对天文观测的负面影响。后来英美等国称之为“干扰光”，在日本则称为“光害”。

1）光污染的概念及分类

（1）光污染的概念。光污染，是由过量的光辐射对人类生活和生产环境造成不良影响的现象，包括可见光、红外线和紫外线造成的污染。广义的光污染包括一些可能对人的视觉环境和身体健康产生不良影响的事物，包括生活中常见的书本纸张、墙面涂料的反光，甚至是路边彩色广告的“光芒”等。在日常生活中，人们常见的光污染的状况多为由建筑的镜面反光所导致的行人和司机的眩晕感，以及夜晚不合理的灯光、霓虹闪烁给人体造成的不适感。

（2）光污染的分类。国际上一般将光污染分为白亮污染、眩光污染、人工白昼及彩光污染。

① 白亮污染

白亮污染是光污染的一种，主要是指阳光照射强烈时，城市里建筑物的玻璃幕墙、釉面砖墙、磨光大理石和各种涂料等装饰材料镜面反射光线引起的光污染，可导致的行人和司机的眩晕感及造成住户人体的不适，如图6-1-3所示。

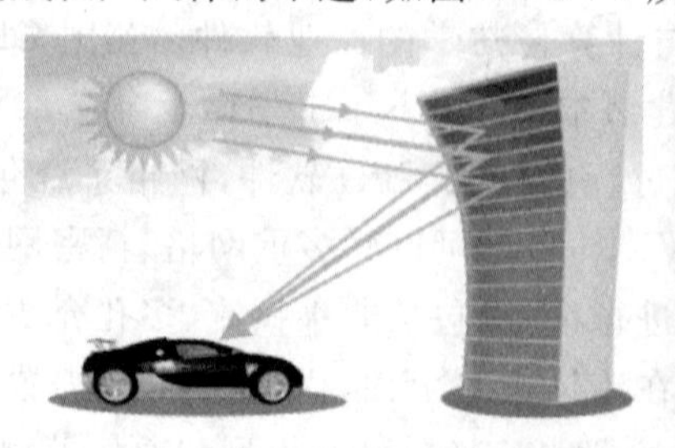

图6-1-3　玻璃幕墙光污染

预防白亮污染和补救措施主要有:①在市区多种植树木,多铺设绿地、草坪,可以有效减弱反射光线的强度,从而减轻白亮污染的影响和危害。②在交通繁忙地区及住宅区,建筑物应少用或不用反光、反热的建筑材料。③对已经产生光污染的玻璃幕墙,可采取补救方法,如置换成新型亚光外墙材料或对受光污染的地方增加隔光措施等。

② 眩光污染。眩光是一种不良的照明现象,当光源的亮度极高或是背景与视野中心的亮度差较大时,就会产生眩光。如太阳的直射光、汽车夜间行驶时照明用的远光灯、焊枪所产生的强光等都属眩光污染。眩光污染按形成的机理分为以下三类。

a. 直接眩光。即在视野中,特别是在靠近视线方向存在的高亮度的光源所产生的眩光。直接眩光污染严重地妨碍视觉功能,在进行光环境设计时要尽量限制或防止直接眩光。

b. 干扰眩光(又称间接眩光)。干扰眩光是当不在观看物体的方向存在着发光体时,由该发光体引起的眩光。它对视觉的影响不像直接眩光那样严重,但会影响人的睡眠,导致神经失调,引起头昏目眩、困倦乏力、精神不集中,有的人点着灯睡觉不舒服就是这个原理。

c. 反射眩光。反射眩光是在靠近视线方向看见反射像所产生的眩光。按反射次数和形成眩光的机理,又可分为以下四种。

第一,一次反射眩光。一次反射眩光是指较强的光线投射到目标物体的光滑表面而产生反射形成的镜面反射现象或漫反射现象。

第二,二次反射眩光。二次反射眩光是当人体本身或室内其他物件的亮度高于被观看物体的表面亮度,而它们的反射形象又刚好进入人体视线内,这时人眼就会在画面上看到本人或物件的反射形象,从而无法看清目标物体。例如,当站在一个玻璃陈列柜想看清陈列品时看见的反而是自己,这种想象就是二次反射眩光。

第三,光幕反射眩光。光幕反射眩光是视觉对象的镜面反射,它使视觉对象的对比降低,以致部分或全部难以看清物体细部。例如,当光照射在用光滑纸打印的纸表面上,且大部分的光反射到观看者的眼睛,如果纸上字体是黑亮的且也反射到观看者的眼睛,就会出现光幕反射,使观看者看不清文字。

第四,对比眩光。环境亮度会影响人们的舒适度,环境亮度与光源亮度之差越大,亮度对比就越大,对比眩光就越容易形成。因此,在视野中亮度不均匀,就会感到不舒适。比如,一个亮着的街灯,白天行人不会注意到它的存在;而夜晚,行人就感觉街灯很刺眼。因为夜色的背景亮度很低,而街灯就显得很亮,形成了强烈的对比眩光。

③ 人工白昼。现代大城市的夜幕下,大量酒店、商场和娱乐场所的广告牌(灯)、霓虹灯及夜景照明等发出强光,闪烁夺目甚至直冲云霄,使得夜晚如同白天一样,这种现象被称为人工白昼。由于强光反射,会把住户附近的居室也照得亮如白日,为了避免强光刺眼,人们不得不封闭卧室窗户或装上暗色窗帘来遮蔽强光。人工白昼影响人们的健康和夜间睡眠,在这样的“不夜城”里,人们难以入睡,正常的“生物钟”也被打乱。

④ 彩光污染。随着人们追求现代时尚生活和娱乐生活的高要求,夜生活已逐渐成为不可缺少的一部分。彩光污染是指舞厅、夜总会、夜间游乐场所的黑光灯、旋转灯、荧光灯和闪烁的彩色光源发出的彩光所形成的光污染。科学家研究表明,彩光污染不仅有损人的生理功能,还会影响人们的心理健康和情绪。

2)避免光污染的途径

在新建建筑和既有建筑改造中,应根据建筑实际情况,采取合理的措施,选择合理的外墙饰面材料,避免眩光污染,改善建筑室外光环境,营造良好的室外光环境。

(1)合理限制玻璃幕墙的使用

① 控制集中或无序安装玻璃幕墙。过于集中的玻璃幕墙是光污染严重的主要原因之一,应避免在城市主干道两侧、居住区及居民集中活动区、学校周围安装玻璃幕墙,防止反射光引起光污染。

② 限制玻璃幕墙安装面积及安装形式。沿街首层外墙不宜采用玻璃幕墙,大片玻璃幕墙可采用隔断、直条、中间加分隔的方式对玻璃幕墙进行水平或垂直分隔;避免采用曲面幕墙,减少外凸式幕墙对临街道路的光反射现象和内凹式幕墙由于反射光聚焦可能引起的火灾。

③ 采用特殊玻璃,降低幕墙玻璃反射率。高反射率是玻璃幕墙光污染的主要原因之一,因此可采用低辐射玻璃即 Low-E 玻璃,其具有较高的可见光透射比(80%以上)和较低的反射比(11%以下),同时具有良好的隔热性能,既保证了建筑物的采光,又一定程度上减轻了光污染。还可以采用各种性质的玻璃贴膜和回反射玻璃,减弱反射光对周围环境的影响。

④ 合理选择板材幕墙的材质。幕墙的材质从单一的玻璃发展到钢板、铝板、合金板、大理石板、陶瓷烧结板等。将玻璃幕墙和钢、铝、合金等材质的幕墙组合在一起,经过合理的设计,不但可使高层建筑更加美观,还可有效地减少幕墙反光带来的光污染。

(2)加强建筑周围的绿化种植

在路边或玻璃幕墙周围种植高大树冠的树木,将平面绿化改为立体绿化,遮挡反射光照射,可有效防止玻璃幕墙引起的有害反射,改善和调节采光环境。同时,尽量减少地面的硬质覆盖(镜面地砖、砖路、水泥路面、柏油路等),加大地面绿化面积。

6.1.4 室外声环境的控制与改善

1. 城市环境噪声污染

城市环境噪声污染已经成为干扰人们正常生活的主要环境问题之一。噪声与水污染、垃圾污染并列,被世界卫生组织列进环境杀手的黑名单。噪声污染会引起人们听力水平损伤,引起神经系统功能的紊乱、精神障碍,对人们的工作和生活造成很大干扰。城市环境噪声对临街建筑的影响最大,各种噪声干扰中,交通噪声居于首位,车流量的严重噪声污染,常常达到 70dB 以上。

2. 改善室外声环境的途径

改善既有建筑的室外声环境,可根据实际情况,采取绿化隔声带和声屏障等阻挡措施,来减小环境噪声。

1)设置绿化隔声带

采用种植灌木丛或成片的绿化带,在主要声频段内达到平均降噪量 0.15~0.18dB/m 的效果。一般第一个 30m 宽稠密风景林衰减 5dB(A),第二个 30m 也衰减 5dB(A),降噪值的大小与树种、林带结构和密度等因素有关,最大衰减量一般不超过 10dB(A)。虽然隔声量有限,但结合城市干道的绿化设置对临近城市干道的建筑降噪还是有一定的帮助的。

2)选择合适的声屏障

声波在传播过程中,遇到声屏障时,就会发生反射、透射和绕射三种现象。声屏障是交通噪声治理的一种重要的措施，声屏障能够阻止直达声的传播，并使绕射声有足够的衰减，而透射声的影响可以忽略不计。因此，设置声屏障可以起到明显的减噪效果。

(1)声屏障的类型

① 根据应用环境分类，声屏障分为交通隔声屏障(图 6－1－4)、设备噪声衰减隔声屏障、工业厂房隔声屏障(图 6－1－5)、城市景观声屏障、居民区降噪声屏障等。

图 6－1－4　交通声屏障与绿化结合

图 6－1－5　工业厂房隔声屏障

② 根据材料分类，声屏障主要有金属声屏障(金属百叶、金属筛网孔)、混凝土声屏障(轻质/高强混凝土)、PC 声屏障、玻璃钢声屏障等，如图 6－1－6 所示。

(a) 金属百叶

(b) 金属筛网孔

(c) 玻璃钢

图 6－1－6　各类城市立交桥声屏障

(2)声屏障的减噪量的影响因素

声屏障的减噪量与噪声的频率、屏障的高度以及声源与接收点之间的距离等因素有关。

① 噪声频率成分的影响。对大于2000Hz的高频声比800～1000Hz左右的中频声的减噪效果要好,但对于25Hz左右的低频声,则由于声波波长比较长而很容易从屏障上方绕射过去,所以效果就差。

② 屏障高度及与声源的距离的影响。屏障高度在1～5m之间,覆盖有效区域平均降噪达10～15dB(A)(125～40000Hz,1/3倍频程),最高达20dB(A)。一般来讲,声屏障越高,或离声屏障越远,降噪效果就越好。声屏障的高度,可根据声源与接收点之间的距离设计。为了使屏障的减噪效果更好,应尽量使屏障靠近声源或接收点。

6.2 既有建筑室内物理环境的控制与改善

6.2.1 室内空气环境的控制与改善

1. 室内空气品质IAQ

室内空气品质IAQ是Indoor Air Quality的缩写,室内空气品质是室内建筑环境的重要组成部分。20世纪80年代,人们开始用主观感受来评价室内的空气品质问题。1989年,丹麦学者P. O. FANGER教授提出:品质反映了满足人们要求的程度,如果人们对空气满意就是高品质,反之就是低品质。

美国供热、制冷与空调工程师协会标准ASHRAE 62—1999中提出了"可接受的室内空气品质"和"感受到的可接受的室内空气污染品质"等概念。"可接受的室内空气品质"是指:室内已知的污染物没有达到权威机构所确认的有害浓度,处于空气中的绝大多数人员(≥80%)没有感到不满意。这一定义是以人的主观感受来评价空气品质的补充,把客观评价和人的主观感受有机结合起来,比较科学全面。(注:ASHRAE是American Society of Heating,Refrigerating and Air - Conditioning Engineers,Inc.的简称,即美国采暖、制冷与空调工程师学会)

室内空气品质(IAQ)的影响因素众所周知,制冷空调系统是能源消耗大户,为了节能降耗,人们一方面提高建筑物的气密性和隔热性,同时降低室内最小新风量标准,导致室内有害物不能得到新风稀释而浓度升高,影响了室内空气品质(IAQ),这些有害物是产生"病态建筑综合征"(简称SBS)的罪魁祸首,其他还有与建筑有关的疾病(BRI:Building Relative Illness)、多种化学污染物过敏症(MCS)等,严重者会危及生命。

2. 室内空气污染的类型

1)室内有害物的类型

(1)楼宇装修中用的涂料、地板地毯等人造材料中含有的有害物质。

(2)以人造板为主要材料的家具含有的甲醛、甲苯、二甲苯及其他挥发性有机物(TVOC)等污染物质。

(3)由地下土壤和建筑物石材、地砖、瓷砖中的放射物质造成的污染,如氡。

(4)办公电器产生的污染物如臭氧、电磁辐射及粉尘。

(5)现代楼宇通常使用内循环方式的中央空调,新风量仍难达到国家标准。很多中央空调管道内阴暗潮湿,易滋生细菌、霉菌等。多数中央空调安装粗效过滤网,时间长了沉积的灰尘会造成室内可吸入颗粒物的增多,其能携带很多细菌微生物及化学类物质进入人体。

(6)建筑物施工中加入的添加剂;吸烟、厨房的油烟等。

2)室内空气污染按其污染物特性的分类

(1)化学污染:主要为有机挥发性化合物和有害无机物引起的污染,包括醛类、苯类、烯等300多种有机化合物及氨气、燃烧产物CO_2、CO、NO_x、SO_x等无机物;

(2)物理污染:主要指灰尘、重金属和放射性氡、纤维尘和烟尘等的污染;

(3)生物污染:主要指细菌、真菌和病毒引起的污染。

3. 室内空气环境控制与改善措施

主要包括:控制污染源、建筑通风稀释和空气净化等措施。

1)控制污染源

我国制定的国标《室内建筑装饰装修材料有害物质限量》限定了室内装饰装修材料中一些有害物质含量和散发速率,对于建筑物在装饰装修材料使用做了一定限定,改造和装修时应选用有机挥发物含量不超标的材料。另外,对于一些室内污染源,可采用局部排风的方法。譬如,厨房烹饪可采用抽油烟机解决,厕所异味可通过排气扇解决等。

2)建筑通风稀释

建筑通风手段包括自然通风和机械通风,通过自然通风或通风设备向室内补充新鲜和清洁的空气,带走潮湿污浊的空气或热量,稀释和排除室内气态污染物,并提高室内空气质量、改善室内热环境。

(1)自然通风。特点是无能耗,应优先考虑利用。改善自然通风的措施有:合理设置和开启门窗、合理设置天井和开启天窗等,可结合室内热环境改善措施进行。

(2)使用通风器。空调或采暖条件下,为提高室内空气质量减少能耗,可增加通风器。通风器可安装在外窗的顶部或下面、窗框上或窗扇上。在平常情况下,利用室内外的大气压差进行空气流通置换;当室内外气压差微小的时候,通过启动一套加压装置来进行室内空气的强制流通置换。通风器具有安装快、体积小、能耗少、使用维护方便等特点,尤其适用于严寒和寒冷地区采暖季节。

(3)空气净化。空气净化是采用各种物理或化学方法将空气中的有害物清除或分解掉,目前常用的方法有:空气过滤、吸附方法、紫外灯杀菌、静电吸附、纳米材料光催化、等离子放电催化、臭氧消毒灭菌和利用植物净化空气等。

6.2.2 室内热湿环境的控制与改善

室内热湿环境是建筑物理环境中最重要的内容,主要反映在空气环境的热湿特性中,其形成的最主要原因是各种外因和内因的影响,外因主要包括室外气候参数,如室外空气温湿度、太阳辐射、风速、风向变化以及邻室的温湿度等,均可通过围护结构的传热、传湿、空气渗透使热量和湿量进入室内,对室内热湿环境产生影响;内因主要包括室内设备、照明、人员等室内热湿源。

既有建筑大部分是不节能建筑,室内热环境质量普遍较低。调查显示,老旧既有建筑,普通百姓自发地改善室内热环境的方式,如冬季用电暖气及空调采暖,夏季用电扇、空调降温,但因此需要消耗大量的能源。目前热湿环境改善措施包括:围护结构的改造和设备系统的改造,主要通过改善围护结构的隔热保温性能、提高设备系统的效率等得以实现。

6.2.3 室内声环境的控制与改善

建筑声环境是指室内、室外各种噪声源在建筑内、外部环境中形成的,对使用者在生理上和心理上产生影响的声音环境。城市环境噪声污染已经成为干扰人们正常生活的主要环境问题之一。

噪声对临街建筑的影响最大。临街建筑噪声常常达到70dB以上,影响室内正常的办公工作。门、窗是围护结构的薄弱环节,常常为声传播提供了便利条件,使室外噪声轻易地传到室内或缺乏隔绝外界噪声的能力,导致室内声环境受到破坏。另外,室内电梯、变压器、高楼中的水泵、中央空调(包括冷却塔)设备也会产生低频噪声污染,严重者会极大地影响正常的居住、工作环境的舒适度。

1. 既有建筑室内声环境的控制技术及方法

1)降低噪声源噪声。针对室内的噪声源,主要通过噪声源的控制、减振方式,这是控制噪声最根本和有效的措施。

2)传播途径中降低噪声。主要有吸声、隔声、消声、隔振四种措施。

2. 既有建筑外窗的降噪措施

既有建筑外窗的降噪措施主要有:采用中空玻璃、提高窗户的密封性、窗户型材改造等方式。中空玻璃的隔声量要比单玻大5dB左右;密封胶条的好坏直接影响窗的隔声量;铝型材和钢型材,采用包塑进行型材改造,除了改善热工性能外,还能改善隔声效果。通过各种降噪措施,应使外窗隔声量达到25～30dB,基本满足相关标准的要求。

3. 采用掩蔽噪声措施

在室内主动加入掩蔽噪声措施,即利用适当的遮蔽背景声,用以抑制干扰人们宁静气氛的声音并提高工作效率。

1)遮蔽背景声的特点。

遮蔽背景声应采用无表达含义、响度不大、连续、无方位感的声音。

2)遮蔽背景声的类型。

可采用低响度的空调通风系统噪声、轻微的背景音乐、隐约的语言声等等。在开敞式办公室或设计有绿化景观的公共建筑的门厅里,也可以利用通风和空调系统或水景的流水产生的使人易于接受的背景噪声,以掩蔽电话、办公用设备或较响的谈话声等不希望听到的噪声,创造一个适宜的声环境,也有助于提高谈话的私密性。

6.2.4 室内光环境的控制与改善

建筑的采光包括自然采光和人工采光。自然光较人工光源相比具有照度均匀、持久性好、无污染等优点,能给人更理想、舒适、健康的室内环境。但大部分既有公共建筑主要采用人工光源,没有充分利用自然光,光环境不理想且耗能。既有建筑应根据实际情况,对透明围护结构及照明系统进行改造,充分利用自然光,营造良好的室内光环境。光环境的改善措施:包括改善自然采光和改善人工照明两种。

6.3 既有建筑围护结构的节能综合改造

6.3.1 既有建筑外墙节能改造

外墙保温包括外保温、内保温和自保温(含夹芯保温)等,既有建筑外墙节能改造宜以外保温为主。常见的外墙外保温主要包括聚苯颗粒保温砂浆外保温、粘贴泡沫塑料(如EPS、XPS、PU)保温板、现场喷涂聚氨酯硬泡等,这些系统技术成熟,在新建筑中被广泛应用。

外墙节能改造的墙体基层只需进行适当的处理，其他构造做法与新建建筑的外墙保温做法类似，具体内容详见“第五章 5.3 绿色建筑围护结构技术”的相关内容。

近年来，在建筑外墙保温工程中集保温与装饰于一体的建筑外墙“保温装饰板”、高耐久性“发泡陶瓷保温板”、高性能“建筑反射隔热涂料”等保温、隔热产品及材料技术应用日益成熟，在既有建筑外墙节能改造中也开始广泛应用。

1.“保温装饰板”外墙节能改造

外墙保温装饰板是将保温板、增强板、表面装饰材料、锚固结构件以一定的方式在工厂按一定模数生产出成品的集保温、装饰一体的复合板。

1)保温装饰板的特点

外墙保温装饰板将常规外墙保温装饰系统的场地现场作业变为工厂化流水线作业，从而使系统质量更加稳定和可靠，施工方便快捷。粘贴加侧边机械锚固方式使安装固定安全可靠。外饰面采用氟碳漆、氟碳金属漆以及仿石漆饰面可达到幕墙外观，成为独具特色的“保温幕墙”。

2)保温装饰板外墙外保温构造做法

保温装饰板外墙外保温构造做法(图6-3-1)：

(1)保温层。由XPS、EPS、PU、酚醛发泡板、轻质无机保温板等中的一种构成。

(2)胶结剂。面层板材与保温材料采用高性能的环氧结构胶黏结。

(3)面层。由无机板材或金属板材构成。

(4)面层表面装饰材料。可由装饰性、耐候性、耐腐蚀性、耐玷污性优良的氟碳色漆、氟碳金属漆、仿石漆等中的一种构成，可达到铝塑板幕墙的外观效果，或直接采用铝塑板、铝板作装饰面板。

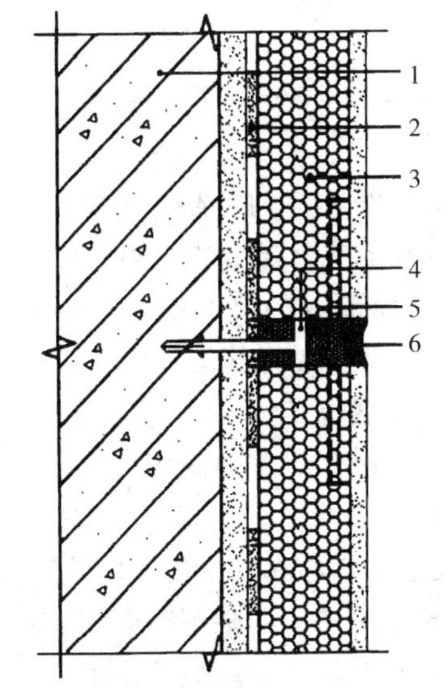

1—混凝土墙体(各种砌体墙体)；2—黏结砂浆；3—Ⅰ型保温装饰板；4—锚固件；5—聚乙烯泡沫条；6—密封胶

图6-3-1 保温装饰板外墙保温构造[3]

2.“发泡陶瓷保温板”外墙节能改造

发泡陶瓷保温板(图6-3-2)，是采用陶瓷工业废物——废陶瓷和陶土尾矿，配以适量的发泡添加剂，经湿法粉碎、干燥造粒，颗粒粉料直接进入窑炉烧制，在1150℃～1250℃高温条件下熔融自然发泡，形成均匀分布的密闭气孔的具有三维空间网架蜂窝结构的高气孔率的无机多孔陶瓷体。

图6-3-2 发泡陶瓷保温板

1)发泡陶瓷保温板的特点

发泡陶瓷保温板适合我国夏热冬冷、夏热冬暖地区新建建筑外墙保温和既有建筑节能改造，该系统具有常规外保温所不具备的优点：①具有高耐久性(不老化)、孔隙率大、隔热保温、轻质高强、不变形收缩、可加工性好、不吸水、不燃。通过其闭口气孔发挥隔热保温功能，防火等级为A1级；②与水泥砂浆、混凝土等很好地黏结，抹面，无须采用聚合物黏结砂浆、抹面砂浆、增强网；施工工序少，系统抗裂、防渗，质量通病少；③与建筑物同寿命，全寿命周期内无须再增加费用进行维修改造，最大限度地节约资源及费用，综合成本低。

2)发泡陶瓷保温板外墙外保温构造做法

对于既有建筑节能改造，发泡陶瓷保温板采用粘贴的方式，每层可设支托使保温系统更加稳定和可靠，构造做法如图6-3-3所示。

现在在一些既有建筑中，原有外墙多用干挂石材幕墙系统，防火要求较高，设计要求保温材料燃烧性能须达到A级，发泡陶瓷保温板外墙外保温系统的特点符合这一应用要求。

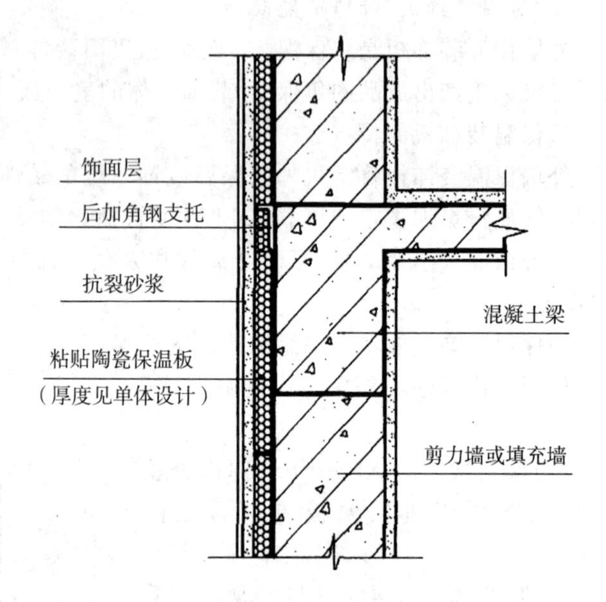

图6-3-3　发泡陶瓷保温板节能改造构造[3]

3."热反射隔热涂料"外墙节能改造

建筑反射隔热涂料，是在特种涂料树脂中填充具有强力热反射性能的填充料，而形成的具有热反射能力的功能性涂料。将其施涂于建筑物表面，具有较高的太阳光反射比和较高的半球发射率，对建筑进行反射、隔热、装饰和保护。该涂料在澳洲、日本等国应用较为广泛，我国在石油管罐、船舶、车辆等的外防护中有所应用，近几年在开始在建筑节能设计技术中应用。

1)热反射隔热涂料的主要性能及特点

(1)对环境热负荷的辐射分量具有较好的反射作用，可以反射掉相当部分的太阳辐射热，在夏季起到节约空调能耗的作用。

(2)其太阳光反射比(白色)不小于0.80，半球发射率(白色)不小于0.80，适用于夏热冬暖及夏热冬冷地区，对地区外墙的隔热效果作用明显；此涂料尤其适用于夏热冬暖地区，节能效果显著；对夏热冬冷地区建筑节能效果视冬夏季日照量变化，如夏季日照强烈，则效果显著。

(3)热工计算时，热反射隔热涂料的节能效果可采用等效热阻计算值来体现。一般在夏热冬冷地区，等效热阻可取0.10～0.20$m^2 \cdot K/W$。

(4)热反射隔热涂料，既是隔热材料，又是外装饰材料，用于节能改造满足节能的同时还达到外立面翻新的目的。对夏热冬暖及夏热冬冷地区的大部分砖混结构的既有居住建筑，仅增加热反射隔热涂料基本就能满足节能要求，造价低，经济性好，施工便捷。

2)热反射隔热涂料的构造做法

外墙热反射隔热涂料构造，主要由墙面腻子、底涂层、反射隔热涂料面漆层及有关辅助材料组成，构造做法如图6-3-4所示。

4. 外墙节能改造应采取的防火措施

外墙外保温系统中大部分采用 EPS 板、XPS 板、PU 等作保温材料，这些材料大部分为 B2 级材料，耐火性较差。近年来，由外墙外保温引发的火灾时有发生，外保温的防火安全问题已经成为业内关注的焦点。

外墙节能改造时也应采取防火措施：

(1)可采用 A 级保温材料做外保温系统或设置防火隔离带。目前可应用的既满足外墙保温隔热要求又满足防火要求的 A 级材料寥寥无几。国外主要采用岩棉板做防火外保温系统，采用岩棉条做防火隔离带，对岩棉板和岩棉条的要求较高。

(2)在夏热冬冷地区也可采用防火、耐久的“发泡陶瓷保温板”作防火隔离带材料，结合外保温系统进行设置。发泡陶瓷保温板防火隔离带基本构造，如图 6-3-5 所示。

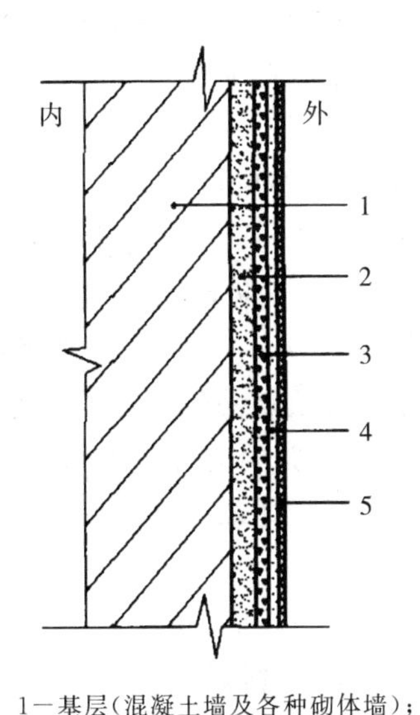

1—基层(混凝土墙及各种砌体墙)；
2—水泥砂浆找平层；3—墙面腻子；
4—底涂层；5—建筑反射隔热涂料面漆

图 6-3-4　外墙反射隔热涂料系统构造[3]

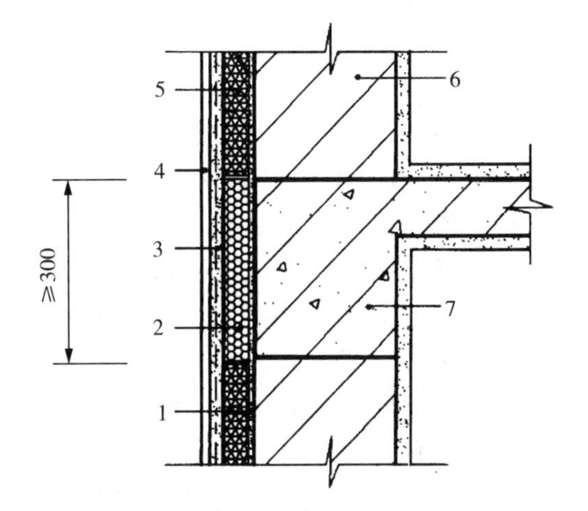

1—粘贴砂浆；2—发泡陶瓷保温板；
3—抹面砂浆层(含增强网)；4—外饰面层；
5—保温系统保温材料；6—基层墙体；7—楼层梁

图 6-3-5　发泡陶瓷保温板防火隔离带构造[3]

6.3.2　既有建筑的外窗节能改造

建筑外门窗承担了采光、通风、防噪、夏季隔热、冬季保温得热、装饰等多种作用，是建筑极其重要的建筑围护构件。外门窗设置不合理、功能单一或陈旧老化会导致建筑能耗大、室内热舒适性差、声、光环境差等各种问题。因此，门窗改造是既有建筑节能改造的重点之一。既有建筑外窗节能改造方法有原窗更换为节能窗、原窗改造两种。

1. 原窗更换为节能窗

既有建筑外窗大都是使用年代长久、维护较差的不节能的单层玻璃窗，多为钢窗、普通铝合金窗及 PVC 塑钢窗等，变形严重、气密性差、外观陈旧。目前节能改造大多是采用全部更换的方法，用于更换的节能窗可为中空玻璃或 Low-E 中空玻璃塑钢窗；也可为 Low-E 中空玻璃断热铝合金窗等，虽然其成本相对较高，但节能效果显著。

2. 原窗改造

对使用时间短、维护保养较好的单层玻璃窗，在改造中应充分发挥其原有的功能，利用相关技术提升其节能性能,达到节约资源、保护环境的目的。具体有以下技术措施。

1)加装双层窗

即在原窗内侧增加一道单层玻璃窗或中空玻璃窗,传热系数可减小一半以上,气密性也大大提高。这种方法施工方便、快捷,工期短。但后加窗能否加装取决于墙的厚度及原窗的位置,墙的厚度过小、原窗位置居中,后加窗就没有安装空间。

2)单层玻璃改造

(1)单层玻璃改造为中空玻璃。在原有单层玻璃塑料窗上将单层玻璃改为中空玻璃、放置密封条等,使外窗传热系数大大降低,气密性改善。这种改造不动原来的结构,不用敲墙打洞,施工方便快捷,工期短,不影响建筑物正常使用,既节约改造资金,又实现环保节能。例如,一般单玻塑钢窗可以改造成为5+9A+5的中空玻璃塑钢窗,传热系数由4.7W/m^2·K降低到2.7～3.2W/(m^2·K),气密性达到3～4级。此种改造适用于单层玻璃钢窗、铝窗和塑钢窗,要求既有外窗窗框有足够的厚度(如塑钢推拉窗型材一般在80mm宽以上)以放置中空玻璃。

(2)单层玻璃改造为Low-E中空玻璃。Low-E玻璃镀膜层具有对可见光高透过性及对中远红外线高反射性的特征。普通中空玻璃的遮阳能力有限,如5+9A+5的普通中空玻璃遮阳系数约0.84。Low-E玻璃对太阳光中可见光透射比可达80%以上,而反射比则很低。Low-E中空玻璃遮阳系数最低可达0.30。将单层玻璃更换成Low-E中空玻璃,能使得保温性能提高,遮阳系数大大降低。但利用Low-E玻璃进行遮阳,必须是关闭窗户的状态,房间无法自然通风,室内部分热量无法散发出去。另外,冬季Low-E玻璃同样阻挡太阳辐射进入室内,室内无法充分获得太阳辐射热,室内采暖负荷因此将增加。故采用Low-E玻璃遮阳应慎重,必须经过综合性能比较分析后再确定。

3)门窗窗框型材的改造

门窗窗框的钢型材、铝型材均是热的良导体,仅门窗玻璃改造,保温性能往往不满足节能要求,如5+9A+5的中空玻璃钢窗或铝窗的窗传热系数在3.9W/(m^2·K)左右。对门窗窗框的型材也应该进行改造。

门窗窗框型材改造措施是对钢型材或铝型材进行"包塑"(给窗框包上塑料型材)处理。通过窗框型材改造及单层玻璃改为中空玻璃、放置双道密封条等措施,窗的传热系数大大降低、气密性提高。传热系数由6.4W/(m^2·K)降低到3.2W/(m^2·K)以下,气密性达到3～4级。

4)玻璃贴膜

贴膜玻璃的原理与Low-E玻璃相似,普通中空玻璃贴膜后可使得保温性能进一步提高,遮阳系数大大降低。对于既有的普通中空玻璃窗,贴膜是简单而行之有效的遮阳改造措施。

节能门窗的相关内容,详见"5.3.3 门窗节能技术"。

6.3.3 既有建筑屋面节能改造

屋面节能改造方式主要有增加倒置式保温屋面、喷涂聚氨酯保温屋面、平屋面改坡屋面和屋顶绿化等方法,这些技术可结合屋面防水、排水、装饰及绿化进行。

1. 倒置式保温屋面、喷涂聚氨酯保温屋面节能改造

倒置式保温屋面的保温层一般为挤塑聚苯板,施工时铺设在防水层上面,此类屋面造价较低,防水效果好且方便维修。目前,倒置式保温屋面技术发展较成熟。喷涂聚氨酯保温屋

面也是近年常用的屋面节能改造方式。

保温屋面技术的相关内容，详见“5.3.2 屋面节能技术”。

2. 屋面“平改坡”节能改造

1）屋顶“平改坡”

屋顶“平改坡”是指在建筑结构条件许可下，将多层平屋面改建成坡屋顶，并结合外立面整修粉饰，达到改善住宅性能和建筑物外观视觉效果的房屋修缮行为。

改造后的坡屋顶部分作为通风隔热层，可提高屋面的节能效能。据有关数据测试，在炎热季节顶层住户室内温度比“平改坡”前下降 2℃～3℃，严寒季节则上升 2℃～3℃。“平改坡”还能改善城市面貌，改善建筑的排水，有效防止渗漏，有效提高屋顶的保温、隔热功能，提高旧房的热工标准，达到节约能源、改善居住条件的目的，如图 6－3－6 所示。

“平改坡”架空隔热屋面

图 6－3－6　屋顶“平改坡”后效果[2]

2）层面“平改坡”的屋加类型

近年来，轻型木屋架系统构成的坡屋顶成为除了轻型钢结构坡屋顶体系外的“平改坡”工程的新选择。屋面“平改坡”的屋架类型，如图 6－3－7 所示。

（a）轻型钢屋架“平改坡”

（b）轻型木屋架“平改坡”

图 6－3－7　屋面“平改坡”屋架类型

轻型木屋架是采用小尺寸规格作为屋架的弦杆和腹杆，经金属齿板连接形成三角形或多边形的轻型木结构屋架。轻型木屋架广泛用于北美、欧洲及日本等地区的民用建筑屋盖体系，其主要特点是自重轻，具有较高的强重比，跨度大、承载力高、抗震性能好，现场工期短、扰民少，低能耗，平面布置灵活，可以满足各种不同屋面的需求，立面形式丰富。

轻型木屋架体系包括轻型木屋架、支撑系统、檩条、屋面板、防水材料及屋面瓦等组成。轻型木屋架的龙骨全部由木结构组成，木结构上再铺设屋面板，然后在屋面板上铺设屋面瓦材，可用沥青瓦、合成树脂瓦、块瓦型钢板彩瓦、彩色混凝土瓦等。

3）“平改坡”坡屋顶构造处理要点

“平改坡”的坡屋顶宜设通风换气口（面积不小于顶棚面积的 1/300），并将通风换气口做成可启闭式，夏天开启，便于通风；冬天关闭，利于保温。

“平改坡”工程中，坡屋面结构与原结构的连接主要在原屋面圈梁或砖承重墙内植筋的方法，植筋前需将原屋面防水层及保温层局部铲除，露出原屋面结构，植筋后浇筑作为新增钢屋架的钢筋混凝土支墩或联系梁，并埋设支座埋件，不能将钢屋架直接落于原屋面板上。轻型木屋架“平改坡”，一般在原有结构上浇筑女儿墙预留插筋以连接新旧结构，木屋架应处理好防火问题。

3. *采用绿化屋面的节能改造*

绿化屋面能增加城市绿地面积，改善城市热环境，降低热岛效应。绿化屋面有利于吸收有害物质，减轻大气污染，增加城市大气中的氧气含量，有利于改善居住生态环境，美化城市景观，达到与环境协调、共存、发展的目的。

绿化屋面相关内容，详见“5.3.2 屋面节能技术”。

6.3.4 既有建筑楼板节能改造

既有建筑需要节能改造的楼板主要包括与室外空气直接接触的外挑楼板、架空楼板、地下室顶板等。这些部位一般均无保温措施。常见的楼板节能改造措施主要包括：

(1)楼板板底用保温砂浆保温。其施工便捷，造价较低，但其导热系数较高，一般在0.06～0.08W/(m^2·K)，对于保温性能要求较高的楼板而言，较难达到要求。

(2)楼板板底粘贴泡沫塑料(如EPS、XPS、PU等)保温板。此技术成熟、适用性好、应用范围广，缺点是耐久性、防火性能差、易脱落。

(3)楼板板底现场喷涂聚氨酯硬泡体等。这是一种较好的做法，聚氨酯具有优良的隔热保温性能，集保温与防水于一体，重量轻、黏结强度大、抗裂性能好，着火环境下碳化，火焰传播速度相对较慢。

(4)地下室顶板保温节能改造。其位于室内，在改造时应充分考虑室内防火要求。

楼地面节能的相关内容，详见“5.3.4 楼地面节能技术”。

6.3.5 既有建筑增加外遮阳

既有建筑增设活动外遮阳也是节能改造的常见做法，活动外遮阳系统常用活动式遮阳百叶帘、遮阳卷帘、遮阳篷等。活动式百叶帘可通过百叶角度调整和控制入射光线，还能根据需求调节入室光线，同时减少阳光照射产生的热量进入室内，有助于保持室内通风良好，光照均匀，提高建筑物的室内舒适度，还可丰富现代建筑的立面造型。增加活动式外遮阳百叶帘是一种极佳的被动节能改造技术措施，宜优先选用。

此外，利用墙面垂直绿化遮阳在夏热地区也是一种很好的遮阳措施，夏天绿叶能起到很好的遮阳遮阴效果，降低墙面热量；冬天叶落后也不遮挡太阳光。绿化遮阳可结合外立面改造进行。

建筑遮阳的相关内容，详见“5.4.3 建筑遮阳的常见形式”。

6.4 既有建筑暖通空调系统节能改造

6.4.1 概述

建筑物的基本功能是为人们的生活和工作提供安全、舒适、健康、高效的室内环境，其中既包括室内空气的温度、相对湿度、声环境、光环境和空气品质等物理环境方面的要求，也包括安全、便捷、高效的工作、生活环境。为了满足这些要求，必须通过建筑部件和建筑设备，包括墙体、门窗、照明、电气设备、电梯、供热、通风空调、给水、排水、通信、安全防护等多个系统[1-7]。

暖通空调系统的任务首先是向室内送入足够的热(冷)量、维持室内稳定的相对湿度、去除各种污染物、输入足够的新鲜空气、营造舒适健康的室内环境；其次是完成能源形式的转换。既有建筑的合理运行以及高效节能，应重点关注能源转换、能源需求和能源输送等三个与能源利用密切相关的环节，如图6-4-1[1]所示。

在建筑物各设备系统中，中央空调系统往往是能耗最大的部分，调查表明，空调系统的能耗已经上升到建筑物运行能耗的40%～60%，而多数建筑物空调系统在50%负荷以下运行时间超过70%。一个典型的中央空调系统的组成一般由冷热源(冷机、冷却塔)、输配系统(水泵、空调箱风机)和末端空调设备(表冷器、风机盘管等)组成，基本的空调过程是由冷热源产生冷或热，经风机或水泵输送到房间内，经送风口、风机盘管等末端空调设备将冷或热送进空调房间，从而保证房间的环境要求[8]。

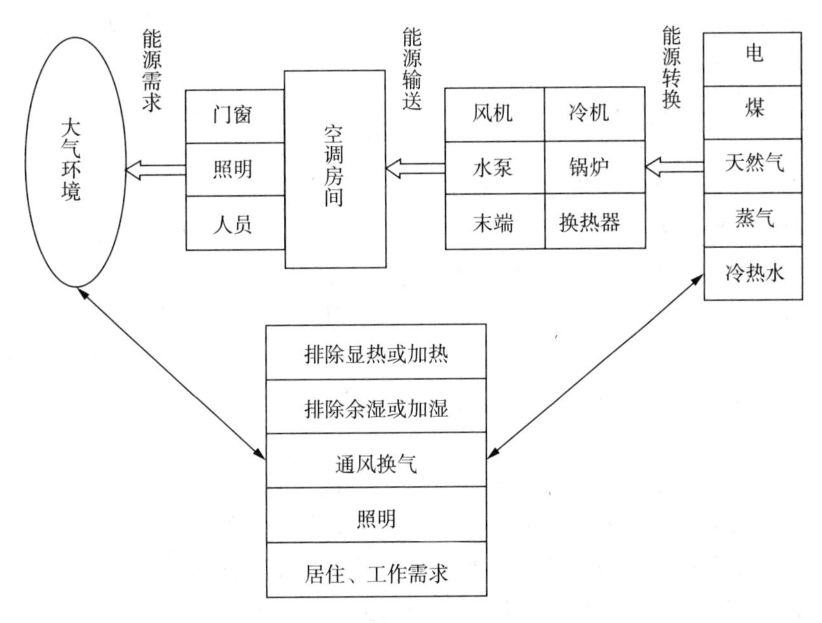

图6-4-1 建筑物能源利用环节[1]

1. 不同类型民用建筑能耗指标

为便于统计建筑能耗及开展节能工作，民用建筑应根据使用性质和用能特点的不同，可分为三类，如图6-4-2[8]所示。

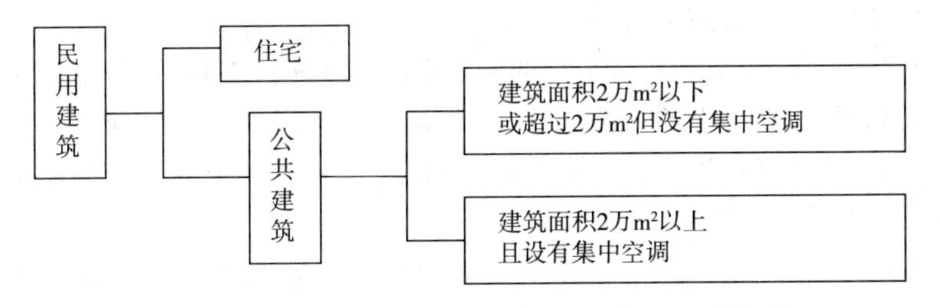

图6-4-2 根据用能特点划分的建筑分类[1]

学者对北京近千户居民家庭和400多座大型公共建筑的能耗调查数据进行了分析。住宅年单位建筑面积的电耗为10kW·h～20kW·h，而公共建筑的电耗则高得多，单位建筑面积全年用电最高超过350kW·h。其中，面积较小且不使用中央空调的公共建筑的年单位建筑面积电耗为40～60kW·h，而面积较大、封闭不开窗且采用中央空调的公共建筑，其年单位建筑面积电耗则高达100～350kW·h，是普通居民住宅的10～15倍。此外，住宅、普通公共建筑、大型公共建筑的采暖能耗也不同，采暖季平均耗热量指标依次为25～40W/m^2、20～45W/m^2、10～30W/m^2。大型公共建筑由于内部发热量大，采暖能耗比住宅要低[8]。

2. 我国不同建筑类型的能耗特点

我国幅员辽阔，包括了严寒、寒冷、夏热冬冷、夏热冬暖等多个气候带，不同气候条件和经济发展条件的城市及地区也各不相同，但相同的规律都是大型公共建筑的能耗要远高于普通居民住宅，而且系统复杂、管理要求高。

从节能角度来讲，住宅重在围护结构的保温隔热以及家电的高效，普通公共建筑和住宅类似，另外还需重视办公设备和照明的节电工作。而大型公共建筑要复杂得多，除上述因素，特别要重视的是中央空调系统以及照明等设备系统的高效运行和合理用能。

1)住宅建筑的能耗特点[7-9]

与国外同类建筑相比，我国住宅能耗特别是北方地区的采暖能耗偏高，由于围护结构的保温隔热性能差以及城市集中供热的各项热损失较大，和欧洲节能住宅相比，单位面积的采暖耗热量往往要达到国外先进水平的2～3倍。

住宅的用电量和国外相比要低，主要原因在于我国经济适用房和中低档小区在住宅总面积中占很大比重，居民家庭的电器化水平还不高，炊事、照明的电耗不是很高。而近年来新建的一些高档小区，由于照明和家电档次的提高，用电强度已呈现明显的增加趋势，根据上海市的调查结果，高档小区单位建筑面积的电耗已达50kW·h/m^2。因此，住宅用电在今后会持续增加，高能效比的家用电器设备也是住宅节能的一个潜力较大的环节。

2)公共建筑的能耗特点[7-9]

我国公共建筑的能耗和发达国家在同一水平，或者还要低一些。国外研究机构对公共建筑的节能研究也是近年来才开展起来的，一些诸如设计不合理、调试不完善、运行管理不科学的现象也屡见不鲜。新的设计方法和模拟分析工具、设备系统的调试技术以及提高物业管理的节能手段都是研究的重点。根据相关研究，大型公共建筑普遍存在30%以上的节能潜力，而节能的重点是高耗电的设备系统各环节。

3. 既有建筑暖通空调系统节能改造存在的问题[7-10]

我国既有建筑暖通空调系统节能改造事业存在两大难点：一是既有建筑节能改造的资金筹措，二是对既有建筑节能改造存在误区。常见的误区主要包括以下几个方面。

1)缺乏以“节能诊断”为前提的科学程序

建筑类型多种多样，同类型建筑采用的设备系统形式多种多样，同样的系统形式其设计理念多种多样，相同类型、同样的系统形式、同种设计理念还有可能管理水平不一样。尽管存在一定程度的规律性，但诸多的多样性与不一样决定了每一个具体公共建筑都有其自身的能耗构成特点，并非完全相同。

因此，在节能改造方案确定前，必须进行“节能诊断”，分析能耗构成，找出影响能耗的各种因素并按权重排序，找出问题的关键所在。如此才能使所选择的节能改造方案获得最佳结果。所谓的科学操作程序的实施步骤如下：诊断——系统实测(全面调查、数据采集)；分析——负荷分析、系统模拟、改造方案初定；方案——对初定方案咨询、修改和形成实施性方案；实施——实施改造方案；评估——对改造后的节能效果进行评估。

2)节能改造技术单一

目前，我国节能服务公司以民营为主，规模较小，无法提供融资服务，节能改造技术单一。如，采用变频技术、添加制冷剂、制冷机热回收等。相对应地，我国很多建筑物在设计、建设阶段就留下了大量的隐患，如设计负荷过高、设备选型偏大、系统未经认真调试等。单一技术无法做到“对症下药”，无法实现节能改造的初衷，甚至根本没有效果或出现“雪上加霜”的问题。

3)改造项目实施后存在的问题

缺乏调试环节。当改造项目涉及流量变化和自动控制时，系统由定流量改造成为变流量，更需要对系统进行带负荷的联调。否则无法确定是否达到预期的节能效果。

运行管理不到位。节能改造项目实施后，对被改造的系统进行科学的管理是保证预期节能效果的重要因素。实质性节能不是算出来的，而是要靠运行管理才能实现。

缺乏公正科学透明的节能评估机制，节能效果无法科学量化。目前最常采用的确定节能效果的方法是简单比较改造前后的能源账单或采用能耗模拟。前者因为无法将非节能改造因素对能耗的影响分离出来而使得比较不具有公平性；后者则因为涉及过多人为操作，过高的节能率使人对结果的科学性产生怀疑。

4. 既有建筑的节能途径[7-12]

既有建筑各具特点，相互之间差异极大，不存在一个通用的节能技术，适于某一幢建筑物的改造方法不一定适用于其他建筑物，正如世界上没有两幢建筑物是完全一样的。节能在于点点滴滴的积累，实现既有建筑节能的途径包括管理上的节能和技术上的节能两个层次。

节能手段基于性价比的重要性排序依次为运行管理水平、更换风机水泵、增加自动控制系统、系统形式全面更新、建筑材料更换。改善运行管理最重要。而事实是，多数建筑尤其是非民营的公共建筑暖通系统的运行管理水平很差。例如没有计量手段、系统平衡性差过冷过热、供给无度、长期不维护不保养。而改善此类问题无须很大的资金投入，关键是提升其运行管理水平。

1)管理上的节能

管理上的节能的重点是人的主观能动性，如“随手关门关窗”“白天关灯”“人走关空调”等“举手之劳”的行为节能。

2)技术上的节能

技术上的节能看似复杂一些，谈到节能改造，业主往往想到的是投资更换高科技的新设备，实际上并非如此，一些诸如“阀门关严一点”“过滤器勤洗一点”“水量调匀一点”等无成本的措施，就能够取得成千上万的节能效益；而另有一些问题稍微复杂，如增加遮阳措施、杜绝不合理的新风引入、更换选型偏大的水泵等，这类改造需要一定的投资，但基本上能够在 1～2 年之内便可收回，也就是低成本的节能技术。而对于更换制冷机等设备，而对任何业主来说这样的大额投资项目都会十分谨慎。况且，对系统效率有影响的不只是制冷机在额定工况下的能效比，还与制冷机部分负荷效率 IPLV 以及制冷机台数控制方案有关。常见公共建筑节能改造技术的投资、收益、投资回收期等相关经济评价见表6-4-1所列。

表6-4-1 公共建筑节能改造技术的经济评价[12]

改造项目	改造投资	改造收益	投资回收期
提高运行管理水平	1	10～20	1～2月
更换风机水泵	1	0.8～1.0	1～1.2年
增加自动控制系统	1	0.3～0.5	2～3年
系统形式全面更新	1	0.2～0.4	3～5年
建筑材料更换	1	0.1～0.05	5～10年

6.4.2 常见技术和措施说明

针对目前既有建筑暖通空调系统节能改造，下面对常见的技术和措施加以说明。

1. 精确计算设计负荷[7]

有研究表明，在广州、上海等地区，夏季设计温度每降低1℃或冬季设计温度每提高1℃，暖通空调系统投资增加约6%，其能耗将增加8%左右。对于舒适性空调系统可通过下面的经验公式确定夏季空调室内允许的最低温度。

$$t_n = 22 + \frac{(t_f - 21)}{3} \tag{6-4-1}$$

式中：t_n——夏季空调室内计算最低温度；

t_f——当地夏季室外通风计算温度。

在设计时，应依据相关规范，在允许的条件下，夏季尽量选择上限值，冬季尽可能选择下限值。此外，合理的选择室内设计湿度及温湿度参数的优化是有效降低负荷的重要途径，尤其适用于新风量较大的建筑物。

2. 对系统进行专业的调试[7]

暖通空调系统节能改造的工程调试质量直接影响节能效果和系统运行的正常。国内还没有专业的调试机构和人员，尤其缺乏暖通空调与智能控制综合调试的专业人才。出于经济考虑，无论是设计院还是系统集成公司都对调试(尤其是带负荷联调)没有兴趣，这样就使得很多建筑的空调系统没有达到设计目标、自控系统形同虚设。刚建成的建筑，马上成为需要节能改造的既有建筑。

3. 变水量空调系统[13-16]

在空调系统能耗中，辅助设备的能耗是不可忽视的。研究表明，风机、水泵的能耗约占空调系统总能耗的20%。这是因为传统的中央空调水系统采用定流量质调节的方式，即冷冻水泵和冷却水泵都是定流量运行的，这导致在低负荷下水系统处于大流量小温差下运行工况，浪费了大量电能。因此，如何降低水泵的能耗对于空调系统节能意义重大。

目前，变频调速技术在暖通空调系统中的水泵上的应用已经比较成熟，即常说的变水量系统。

1)变水量空调系统的发展经历

20世纪50年代,通过安装在末端装置上的三通调节阀来改变通过盘管的水量,对于整个水系统而言,仍然是定流量的。20世纪60年代中期,出现了变频水泵,以1967年美国辛辛那提大学在空调水系统中成功使用变速水泵为标志。Bell和Gossett于1968年推出的70V系列的加压泵系统在变速泵的发展史上具有重要地位。但是这些装置的初投资巨大,且在减速状态下的能耗远高于现在使用的变频器。

20世纪70年代发生的能源危机使得变速水泵逐渐受到重视。70年代中期,模拟控制出现并逐渐取代机械控制,提高了水泵转速的可调性和精确性。70年代后期,电子变速器的发展进一步促进了变速水泵在暖通空调水系统中的应用,当时工程上一般采用压差作为控制水泵转速的信号。这一时期的另一发展是,空调末端装置处的三通阀被二通阀所代替,真正实现了负荷侧的变流量。

从20世纪90年代后期开始,随着计算机和电子技术的发展,变水量系统也获得了高速的发展,出现了集成型冷水水泵系统。机械、液力、电气和电子的组件,如泵、传动箱、异步电机和变频器等,融合成一个密集的整体系统,从而使水泵、变速驱动器和控制器等设备的总体性能有了很大提高。而DDC控制(直接数字控制技术)取代了机械控制,增强了对水泵的控制效果,提高了运行效率。开始用计算机对水系统进行优化设计,对系统节能效果进行评估。在一些大型空调机组中,直接用盘管出口空气温度来控制水泵的转速。

随着变流量技术的成熟,国际上开始制定与之相关的标准。ASHRAE/IES standard 90.1—1989中明确提出:"水系统应设计成变流量系统。所使用的控制阀应能根据系统负荷的变化自动调节开度或逐级开闭,系统应能将流量降低到设计流量的50%或以下。改变流量不仅仅限于采用变速传动泵一种方式,可以有多种方案,例如多台泵的运行台数控制或泵特性控制等。"

2)变水量空调系统的控制方法

目前,空调变水量系统的控制信号主要有回水温度、供回水温差和供回水压差。实际工程中选用的控制方法可分为压差控制、供回水温差控制和流量控制。其中,压差控制又可具体分为定压差控制和变压差控制。采用压差控制的变水量系统中的末端调节阀有两种:(1)比例式调节阀。可以通过改变阀门开度来调节水量。(2)二通电磁阀。其只有开关两种状态,因价格便宜、控制简单而在水系统中得到广泛应用。

3)水系统变流量运行方案应考虑的因素

(1)考虑水泵和制冷机总能耗的变化

虽然冷冻水和冷却水的变流量运行对冷冻水泵和冷却水泵的节能有利,但对于定速冷水机组的性能会产生一定的影响,当流量减小、温差增大时,制冷机的制冷效率(*COP*)会下降。因此在选择水系统变流量运行方案时,特别是对原有水系统进行节能改造时,必须综合考虑水泵和制冷机的总能耗的变化规律。对于采用变频控制的冷水机组不存在这一问题,在相同工况下,与定速冷水机组相比较,变频机组的*COP*会有明显的上升。

(2)考虑冷冻水量的变化

冷冻水量的改变也会影响盘管的换热效果,在供水温度不变的情况下,减小水量、增大温差(即提高回水温度)会使盘管的换热系数和析湿因数下降,导致盘管的冷量下降;只有适当降低供水温度使盘管平均水温降低,才有可能得到与原来相同的冷量和除湿能力。

同时,如果压差控制法与二通电磁阀结合在一起使用,在水量降低时最不利环路的原有压差将有可能改变,引起水系统水力分布和流量分配的改变。虽然压差控制法与二通调节阀一起使用可能保证系统的稳定运行,但对于除湿要求较高的空调系统,如果不注意对空调末端热交换器的温度进行合理设置,这种控制方式可能存在影响除湿效果的问题。而空调末端没有采用调节阀时,对于各区域空调负荷变化较均匀,或变负荷时冷冻水管路特性曲线不变或变化微小的场合可以采用温度控制系统。

另外,当一台定速泵与一台同型号但变频调速的泵并联工作时,变速泵可能难以充分发挥其应有的作用。因为此时定速泵与变速泵的流量分配量不同,即定速泵的流量总是大于变速泵的流量,且总流量越小,二者间的流量差别越大。

4. 变风量空调系统[17]

1)变风量空调系统的概念

变风量(VAV System)空调系统,是通过变风量末端装置调节进入房间的风量,并相应地调节空调机风量来适应变风量的要求,是属于全空气式的一种空调方式,即全空气系统的一种。VAV 系统通过变风量箱调节送入房间的风量或新回风混合比,并相应调节空调机(AHU)的风量或新回风混合比来控制某一空调区域温度的一种空调系统。

在工程实例中,有的变风量系统是保持送入房间的风量不变而改变一次风与回风的混合比例的;而有的变风量系统却是保持一次风恒定而改变一次风与回风的混合比例的。因此,用“改变风量或新回风混合比”的概念代替单纯的“改变风量”的概念,似乎更能概括目前存在的各种各样的变风量系统的总体特征。

2)区域温度的控制方式

区域温度的控制由变风量箱(VAV box)来实现,即通过气动或电动或 DDC(直接数字控制)来控制变风量阀的开度调节风量,或通过调节变风量箱中的风机转速来调节送风量或调节旁通风阀来实现。

3)空调机组(AHU)的送风量控制

空调机组(AHU)的送风量应根据送风管内的静压值进行相应调节,与变风量箱减少或者增加送风量以控制房间温度相呼应。一般地,空调机组送风机的性能曲线应相当平缓,从而使得风量的减少不至于使送风静压过快升高。按照控制方法分,空调机组的送风量控制又可分为定静压控制和变静压控制两种基本形式。

4)变风量空气调节系统的适用性

(1)适合采用变风量系统的建筑

一般来说,负荷变化较大的建筑物(如办公大楼)、多区域控制的建筑物以及有公用回风通道的建筑物采用变风量空气调节系统是合适的。由于变风量可以减少送风机和加热的能量(因为利用灯光及人员等热量),因此负荷变化较大的建筑物适于采用变风量系统。

① 办公大楼。当建筑物内有人员聚集和灯光开启,负荷就接近尖峰;人员离开和灯光关闭负荷就变小,因此负荷变化较大。

② 图书馆或其他公共建筑。当具有较大面积的玻璃窗和变化较大的负荷时,由于部分负荷的时间比较长也适合采用变风量系统。

③ 多区域控制的建筑物。适合采用变风量系统,因为变风量系统在设备安装上比较灵活,故用于多区域时,比一般传统的系统(多区系统、双管系统和单区屋顶空调器等)更为

经济。

④ 具有公用回风通道的建筑物。具有公用回风通道的建筑物采用变风量系统可以获得满意的效果，避免了采用多回风通道可能产生系统静压过低或过高的情形。一般来说，办公大楼和学校均可。

(2)不适合采用变风量节系统的建筑

① 若建筑物的玻璃窗面积比例小，外墙传热系数小，室外气候对室内影响较小，部分负荷时节约的能源较少，则不适合采用变风量系统。

② 不适合采用公用回风通道的建筑，如医院中的隔离病房、实验室和厨房等采用公用回风通道会造成空气交叉污染的情况等。

5. 热回收技术

建筑运行过程中有可能回收的热量有排风热(冷)量、内区热量、冷凝器排热量、排水热量等。但是由于这些热量品位较低，因此需要特殊措施来回收[1-2]。

1)冷凝热回收[1][18-21]

建筑冷热源系统是建筑暖通空调系统的核心部分，它提供了维持建筑物内舒适度所需要的冷量和热量。

(1)当前国内建筑冷热源系统常用冷、热源

当前国内建筑冷热源系统中经常采用的冷源主要有水冷吸收式制冷机组、水冷电动制冷机组、风冷热泵、水源热泵、地源热泵等几种形式；热源主要有煤(油、气)锅炉、电锅炉、外源性蒸汽或热水热泵。

其中，各类冷水机组和热泵机组在建筑冷热源中占有核心地位，其制冷或制热功能通常是通过制冷工质的热力循环来实现的，制冷工质循环的热力学原理图，如图 6-4-3[22] 所示。

如图 6-4-3(b)所示，1—2—3—4—1 曲线表示制冷工质的理论循环流程。蒸发器中换热之后的低温低压制冷工质(氟利昂等)在压缩机中被压缩后压力和温度升高后经冷凝器进行换热，将冷凝热释放到环境中，制冷剂达到饱和液态经节流装置节流后，压力和温度降低进入蒸发器，吸收房间内的热量达到制冷的目的，再次进入压缩机进行压缩，完成一个制冷循环。

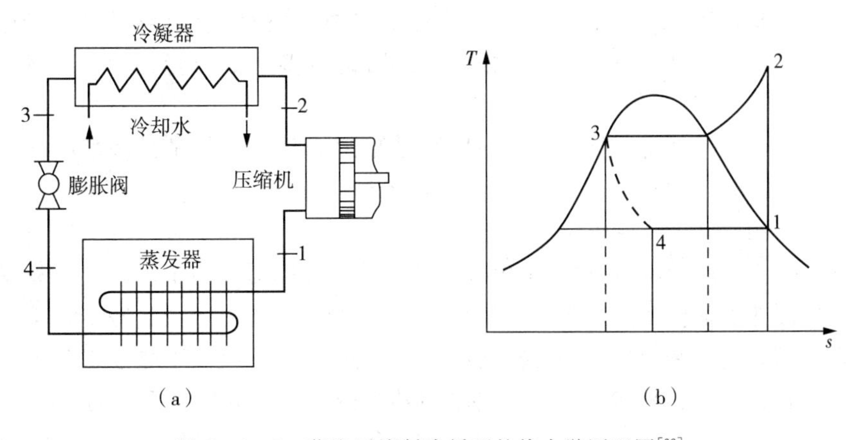

图 6-4-3　蒸汽压缩制冷循环的热力学原理图[22]

常规空调系统通过冷却塔或直接将冷凝热释放到空气中。从图中可以看出,空调系统的冷凝热量较制冷量大,所以冷凝热是很丰富的。实践证明,压缩式制冷机的冷凝热量为制冷量的1.2～1.3倍,吸收式冷水机组为1.8～2.5倍。

(2)传统冷却方式及缺点

传统的冷却方式是通过冷却塔或其他途径直接将冷凝热释放到自然环境中,包括空气、土壤、地下水、地表水源等,如图6-4-4所示。这些单一冷凝模式虽然保证了冷热源设备冷凝器侧良好的冷凝效果,但也带来了能源的不合理利用和环境污染等问题。

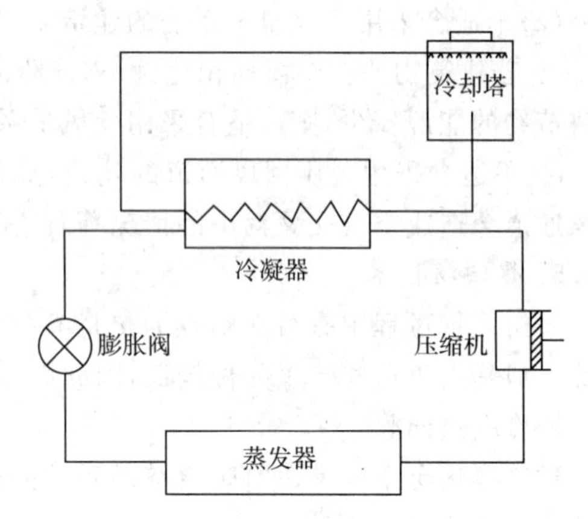

图6-4-4 传统水冷式冷水机组的冷凝模式图[21]

首先,将冷凝热全部排放到室外环境中去,造成了对外界环境的热污染,使室外环境温度明显升高,产生了城市的"热岛效应",对地源和水源的开采,破坏了土壤环境和水资源,进一步恶化了生存环境;其次,一些建筑物中,如宾馆、酒店等,在将大量冷凝热排放到大气或环境中的同时,为了满足建筑内日常卫生热水的需要,还需开启煤(油、气)锅炉、电锅炉等来加热热水,从能源利用的角度来看,这种对能源的浪费显然是不合理的;再次,冷凝热的大量排放伴随着空调机组中冷凝器周围环境温度的升高,不利于冷凝器放热,导致冷凝温度升高,对于空调机组来说,将大大降低机组的效率,增加系统运行能耗。因此回收利用空调系统冷凝热不仅可以降低建筑能耗,提高机组运行性能,同时降低系统运行对环境的影响。

(3)目前常见冷凝热利用方式

目前比较常见的冷凝热利用方式,是用作生活热水加热/预热或泳池等用水加热。而实现的方式是通过在冷水机组制冷循环中增加热回收装置、在冷凝器中增加热回收管束以及在排气管上增加换热器的方法实现。

① 采用热回收冷凝器

如图6-4-5[1]所示,从压缩机排出的高温、高压的制冷剂气体会优先进入到热回收冷凝器中将热量释放给被预热的水。冷凝器的作用是将多余的热量通过冷却水释放到环境中。

值得注意的是,在这种模式下,热水的出水温度越高,冷水机组的效率就越低,制冷量也会相应减少,即在回收冷凝热的过程中影响到机组的运行工况。

② 在冷凝器中增加热回收管束

如图6-4-6[21]所示,在这种技术中普通的单管束冷凝器改为了双管束冷凝器,一支管束用于回收冷凝热加热生活热水供给热用户,另一支管束用于将多余的冷凝热排至冷却塔。理论上这种技术只能利用冷凝热高位热能中的一部分,高位冷凝热不能被完全利用。

目前这种机组大部分只能回收30%左右的冷凝热。而部分厂家提出的100%热回收型机组,是通过提高冷凝温度的方法,取消了冷却水管束。这种模式仍存在一个问题,即在用户不需要热水或需要的热水量很少的情况下,冷凝热排放问题无法很好地解决。

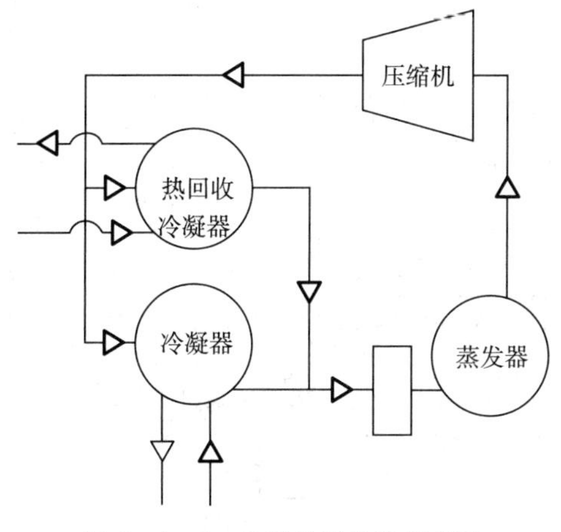

图6-4-5 采用热回收冷凝器的空调系统原理

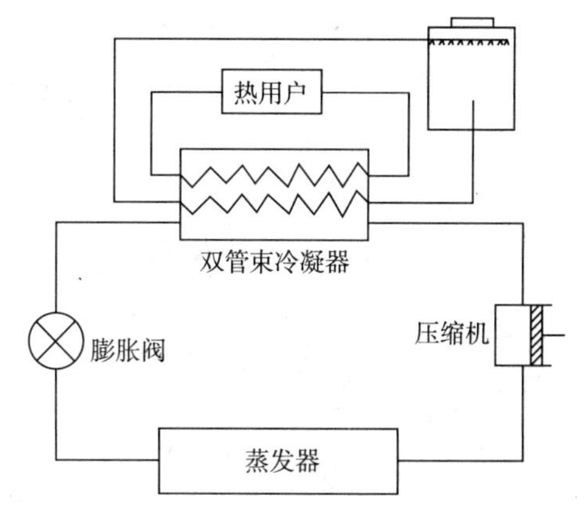

图6-4-6 冷凝热回收制冷机组流程图

③ 在排气管上增加换热器

目前有的热回收型冷水机组采用热水用户优先的设计策略，即以满足热水用户需求为原则，被卫生热水吸收后剩余的废热才会排至冷却塔。即通过将冷凝热回收装置串联在冷凝器前，吸收高品位的冷凝热，多余的热量仍由冷凝器排出。这种改造方式的结构简单且易于控制，因此国内大多采用此方式对集中式空调系统进行冷凝热回收改造。

④ 复合冷凝技术[21]

热泵技术是近年来发展迅速并在建筑冷热源系统中广泛采用的技术，热泵能够以少量高位能源把大量热量从低温处抽吸到高温处，是一种效率很高的热能机械，具有广泛的社会前景。热泵技术虽然已广泛用于空调领域，但将热泵技术应用于制备卫生热水的研究还很少，近年来国内市场上才出现了热泵热水空调装置。

如果热泵热水装置能与冷凝热回收装置共用一部分基本设备，将使设备的利用率大大增加，不但降低了冷热源设备的初投资，而且将很大程度上发挥热泵装置的节能性，同时冷凝热回收机组的优点也将更加明显。因此，在综合热泵技术和冷凝热回收技术的基础上，并充分考虑到冷热源系统中基础设备的公用性，出现了一种新型的建筑冷热源冷凝技术——复合冷凝技术。

复合冷凝技术是在冷热源空调机组压缩机的冷凝端采用“水冷＋水冷”冷凝技术（图6-4-7[21]）或“风冷＋水冷”冷凝技术（图6-4-8[21]），以取代建筑冷热源所采用的传统单一的水冷、风冷的冷凝方式，也就是在夏季和过渡季时充分利用风能（空气源能量）、水能和地热能或太阳能（自然能源），采用“风冷＋水冷”或“水冷＋水冷”的复合冷凝方式向环境排热以获取冷量并将部分冷凝热有效利用来加热卫生热水；在冬季时也尽量对风能、水能和地热能、太阳能进行充分的利用，采用“风冷＋水冷”或“水冷＋水冷”的复合冷凝方式利用冷凝热向用户供暖和加热卫生热水以满足需求。

采用复合冷凝技术的建筑冷热源将既具有冷凝热回收的优点，又可实现热泵技术的节能性优势，从而使冷凝热得到充分的利用，弥补了当前热回收技术的不足。并且辅助以先进的自动控制手段，能够使空调机组运行时进行风冷和水冷各冷凝方式的灵活转换，节能的效

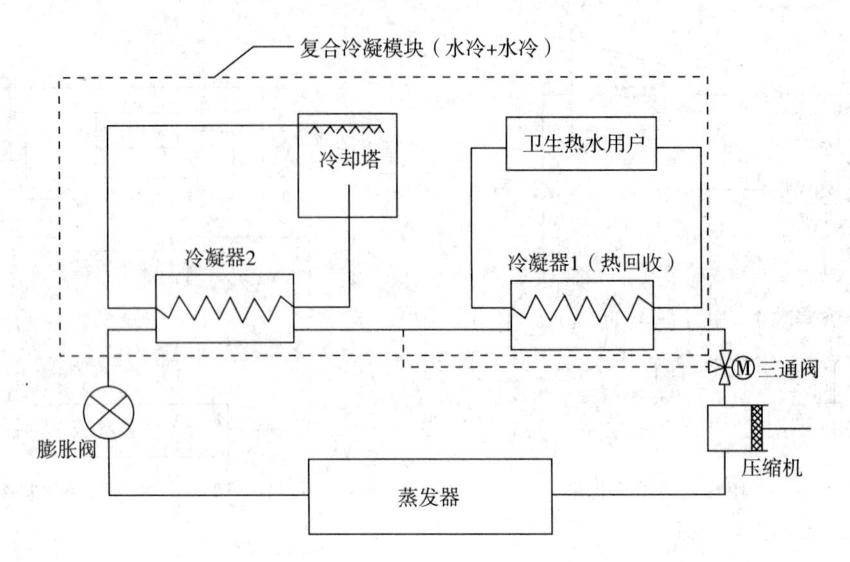

图 6-4-7　“水冷＋水冷”复合冷凝模式的冷水机组的冷凝模式图[21]

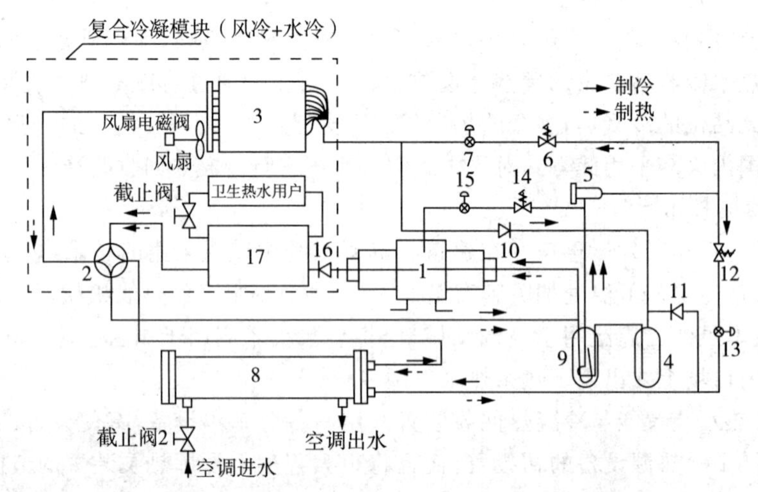

图 6-4-8　“风冷＋水冷”复合冷凝模式的热泵机组的冷凝模式图[21]

1—压缩机；2—四通换向阀；3—风冷式冷凝换热器；4—储液器；5—干燥过滤器；6、12—电磁阀；7—制热膨胀阀；8—壳管式空调水侧换热器；9—气液分离器；10、11、16—止回阀；13—制冷膨胀阀；14—电磁阀；15—喷液膨胀阀；17—水冷式冷凝换热器(热回收)

果更加显著。该技术由于在原理上做了重大改进，其夏季时复合冷凝的理论热回收率可达到90%以上乃至100%。其适用场合广泛，并可在常年各个季节中运行以满足建筑内供冷、供暖和卫生热水的需求。

综上所述，本技术将对环境、能源和经济产生重要影响，这种新的复合冷凝技术可以带来巨大的社会效益，通过减少建筑冷热源耗能来缓解当前所面临的能源危机，改善由于夏季冷凝热排放所产生的热污染和城市“热岛效应”状况，使得各建筑冷热源设备更加合理地匹配和紧密的结合，形成具有冷热联供一体的装置，降低设备初投资和运行费用，是一种高效的“循环经济”利用模式。

2)内区热回收[1]

建筑物内区没有外围护结构,其冷热负荷中不存在外围护结构负荷,加之内区人员、灯光、设备等释放热量形成全年余热。尤其在冬季,建筑物外区需要供热,而内区需要供冷。

针对这一特点,对存在内外区的建筑物,在空调系统设计时,可以采用"水环式水源热泵系统",将内区热量转移到外区,为外区供热,其原理如图 6-4-9[1]所示。内区水源热泵机组处于制冷模式,将冷凝热释放到循环水系统中,被外区处于热泵模式工作的机组提取作为外区供暖的热源。

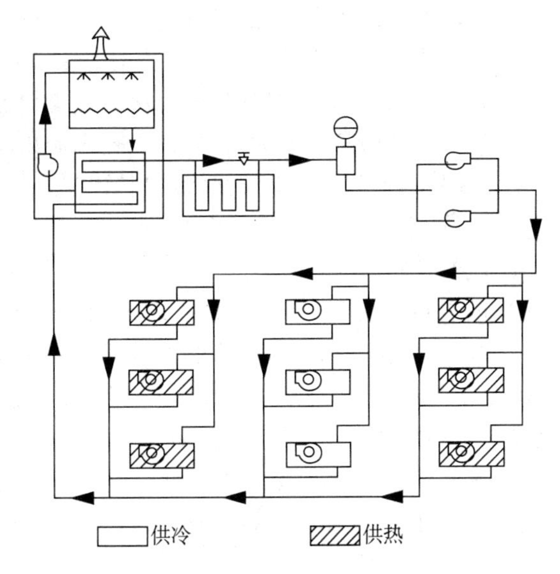

图 6-4-9　水环式水源热泵系统原理图[1]

(1)水环热泵空调系统的基本工作原理

在水/空气热泵机组制热时,以水循环环路中的水为加热源;机组制冷时,则以水为排热源。当水环热泵空调系统制热运行的吸热量小于制热运行的放热量时,循环环路中的水温度升高,到一定程度时利用冷却塔放出热量;反之循环环路中的水温度降低,到一定程度时通过辅助加热设备吸收热量。

只有当水/空气热泵机组制热运行的吸热量和制冷运行的放热量基本相等时,循环环路中的水才能维持在一定温度范围内,此时系统高效运行。

① 制冷模式下流程:全封闭压缩机→四通换向阀→制冷剂/水套管式换热器→毛细管→制冷热交换器→四通换向阀→全封闭压缩机;

② 制热模式下流程:全封闭压缩机→四通换向阀→供热热交换器→毛细管→制冷剂/水套管式换热器→四通换向阀→全封闭压缩机。

(2)水环热泵空调系统的特点

首先,水环热泵空调系统通过同时连通建筑物周边区和内区的水循环环路,可以将内区产生的余热转移到周边区,在对内区供冷的同时对周边区供热,而不存在或者少量存在常规空调系统在同种情况下的冷热量抵消所造成的能量浪费。因此,该系统的建筑物热回收效果好,在充分利用余热的同时节约了能源。当建筑物内部由供热工况机组和供冷工况机组模式同时运行时,采用水环热泵空调系统的运行费用最多可降低 50%左右。

其次,与上类似,为了达到同时供冷供暖的效果,相对于常规空调系统必须采用造价昂贵的四管制风机盘管系统,水环热泵空调系统的水循环环路仍然采用两管制。如此,就不会存在或者减少常规的四管制的风机盘管系统对各个条件要求不同的房间空调时所出现的冷热量抵消,避免了由此造成的能量的无谓消耗,更节省了管道系统的初投资费用。

再次,由于水循环环路中的水温在常温范围内,与所处环境之间的温差不大,所以常温水所消耗的能量比常规空调系统小得多。同时,由于减少了输配过程中的冷热耗散等损失,环路的热损失也比常规空调系统要小得多。总的来说,水环热泵空调系统与常规空调系统相比，仅管道热损失减少这一项，节能效率为8%～15%。另外，由于水循环环路管道可不设保温和防潮隔湿，还能减少保温层及其他的一些材料费用。

除此以外，水环热泵系统还具有以下特点：①节省占地：不需要大的冷冻机房，没有冷却塔系统。②能源费用单独计量：由各部门、住户或单位独立承担，能源费用计量简单且公平，符合当前的能源费用独立计量规则。③调节灵活：每台热泵空调机在任何时间可以选择供冷或供热。④灵活应用：能灵活充分地满足建筑物各个区的需要，并随时可以更改用途。

一些建筑物内余热小或无余热，尚需补充加热设备，致使其不能充分发挥原有的一些优点，可由建筑物的外部引进低温热源，以替代建筑物内的余热量。太阳能、水（地表水、井水、河水等）、土壤、空气均可作为水环热泵空调系统的外部能源。

3）排风热（冷）回收[1]

在通风空调系统中，新风能耗占了较大的比例，例如，在办公建筑可占到空调总能耗的17%～23%。建筑中有新风进入，必有等量的室内空气排出，这些排风相对于新风来讲，含有热量（冬季）或冷量（夏季），因此对于有组织的排风系统，可以通过新风与排风的热湿交换，从排风中回收热量（冷量），进而减少新风能耗，达到降低建筑能耗的目的。

热回收装置的换热机理如图6-4-10所示。当新风与排风之间只存在显热交换时，称为显热回收；当既存在显热交换又存在潜热交换时，称为全热回收。

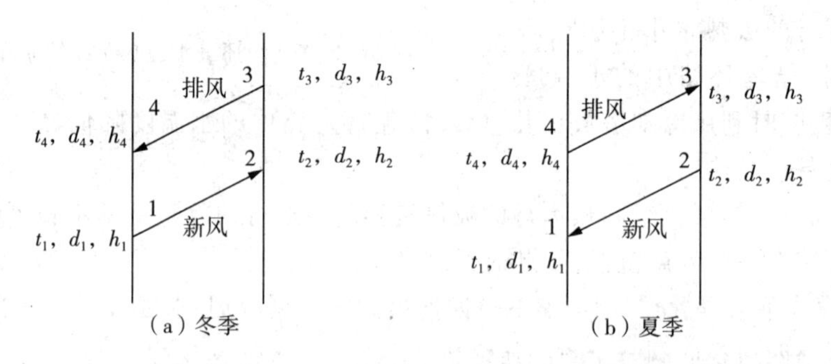

图6-4-10 热回收装置的换热机理[1]

（1）设置热回收装置的条件

当建筑物内设有几种排风系统并且符合下列条件之一的，建议设置热回收装置：

① 直流式空调系统的送风量大于或等于3000m³/h，且新风与排风之间的设计温差大于8℃；

② 一般空调系统的新风量大于或等于4000m³/h，且新风与排风之间的设计温差大于8℃；

③ 设有独立新风和排风的系统；

④ 过渡季节较长的地区，新风和排风之间的全年实际温差数大于10000℃·h/a。

对于使用频率较低的建筑物（如体育馆等）宜通过能耗与投资之间的经济分析来决定是否涉及热回收系统。当居住建筑设置全年性空调、采暖系统，并且对室内空气品质要求较高时，宜在机械通风系统中采用全热或显热热回收装置。

在一些特殊情况下，允许不设置排风能量回收装置。例如：有害物质浓度较大（厨房油烟、吸烟室等）的房间；冬季室内设计温度小于或等于5℃、采用需加热的直流送风系统的设备机房等房间；用于其他房间补风且其冷热量已被利用的房间；设有经常开启的外门的底层房间；冬季已采取利用自然冷源措施供冷的内区；新风系统仅在夏季使用，且新风和排风温差小于或等于 8℃的房间。

新风中的显热能耗和潜热能耗的比例构成是选择显热和全热交换器的关键因素，在严寒地区宜选择显热回收装置；其他地区，尤其是夏热冬冷地区，宜选择全热回收装置。

(2)排风热回收装置的主要形式

① 转轮式全热交换器与热回收系统

图 6-4-11 为转轮式全热交换器与热回收系统，转轮是用铝或其他材料卷成，内有蜂窝状的空气通道，厚度为 200mm。基材上浸涂氯化锂吸湿剂，以使转轮材料与空气之间不仅有显热交换，而且有湿交换，即潜热交换。因此转轮式换热器为全热交换器。

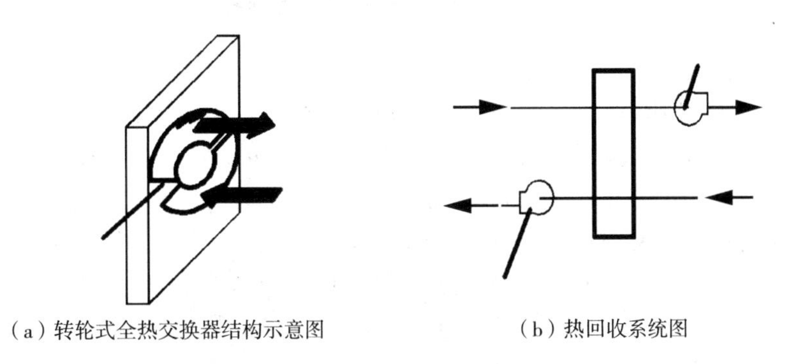

(a) 转轮式全热交换器结构示意图　　(b) 热回收系统图

图 6-4-11　转轮式全热交换器及热回收系统[1]

转轮式全热交换器一般宜布置在负压段。为了保证回收效率，要求新风和排风的风量基本保持相等，最大不超过 1∶0.75。若实际工程中，新风量很大，多出的风量可设置旁通管道旁通。转轮两侧气流入口处，宜设置空气过滤器，特别是新风侧，应设置效率不低于 30%的初效过滤器。在冬季室外温度很低的严寒地区，设计时需要校核转轮上是否会出现结霜、结冰现象，必要时应在新风进风管上设置空气预热器或在热回收装置后设置温度自控装置，在温度达到霜冻点时，发出信号关闭新风阀门或开启预热器。

转轮中间有清洗扇，本身对转轮有自净作用。通过对转速进行控制，能适应不同的室外空气参数，效率能够达到 80%以上。但是转轮式换热器是两种介质交替转换，不能完全避免交叉污染，因此只能适用于新风和排风都不含有毒、有害物质的情况。另外设备体积较大，占有较多面积和空间，接管固定，需要传动设备，消耗一定的动能。

② 板翅式热交换器及热回收系统

板翅式热交换器结构如图 6-4-12 所示。它由若干个波纹板交叉叠置而成，波纹板的波峰与隔板连接在一起。由于翅片对流体的扰动使边界层不断破裂，因而具有较大的换热系数；同时由于隔板、翅片很薄，具有高导热性，所以使得板翅式换热器可以达到很高的效率。如果换热元件材料采用特殊加工的纸(如浸氯化锂的石棉纸、牛皮纸等)，既能传热又能传湿，但不透气，则属于全热交换器。

板翅式换热器结构简单，运行安全、可靠，无传动设备，不消耗动力，无温差损失，设备费用较低。但是设备体积大，须占用较大建筑空间，接管位置固定，缺乏灵活性，传热效率较低。当排风中含有有害成分时，不宜选用板翅式热交换器。实际使用时，在新风侧和排风侧宜分别设置风机和初效过滤器，以克服热回收装置的阻力并对空气进行过滤。

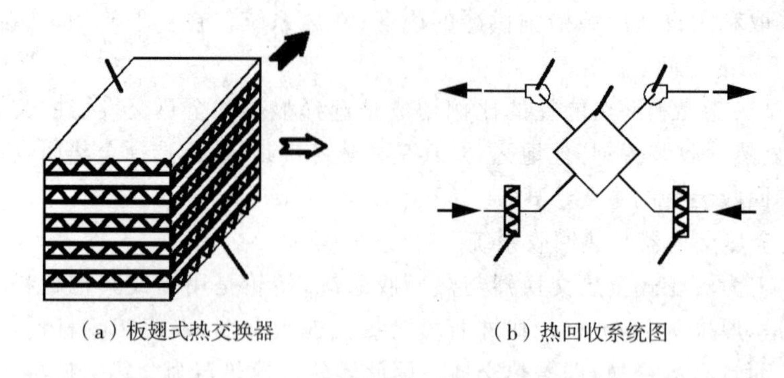

（a）板翅式热交换器　　（b）热回收系统图

图 6-4-12　板翅式热交换器及热回收系统[1]

③ 热管式热交换器和热回收系统[1]

如图 6-4-13 所示，热管式热交换器由若干根热管组成。热管是一个封闭系统，由管壳、吸液芯和工质组成。将热管内抽成真空，紧贴热管内壁的吸液芯毛细多孔材料内充满液体，将其密封，热管一端是蒸发段，另一端是冷凝段，中间根据需要可设绝热段，当热管的蒸发段一端受热时液体蒸发汽化，蒸汽在微小的压差下流向另一端放出热量凝结成液体，液体再沿毛细多孔材料靠毛细力的作用流回蒸发段。如此循环，热量由热管的一端传至另一端。热交换器分成冷、热两部分，分别通过冷、热气流。热气流的热量通过热管传递到冷气流中。为增强管外的传热能力，通常在管外侧增加翅片。

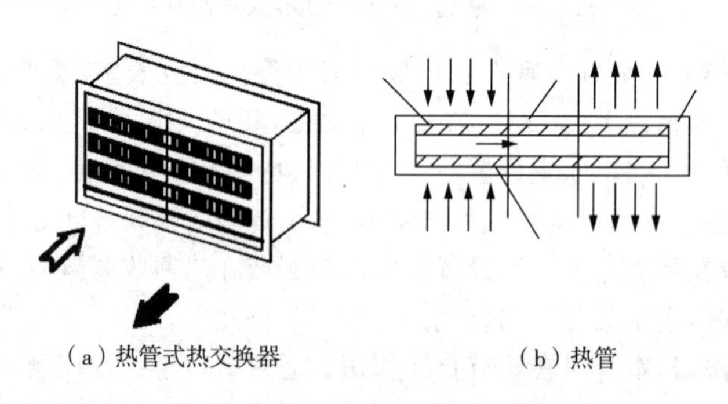

（a）热管式热交换器　　（b）热管

图 6-4-13　热管式热交换器及热回收系统[7]

热管式热交换器的特点是：只能进行显热传递；新风与排风不直接接触，新风不会被污染；可以在低温差下传递热量；工作范围宽，可在－40℃～500℃之间工作，热交换效率可达 50%～60%。

热管式换热器冬季在使用时，低温侧上倾 5°～7°；夏季可手动调节使其下倾 10°～14°；排风中应含尘量少，且无腐蚀性；迎风面风速宜控制在 1.5～3.5m/s；当换热器启动时，应使冷、热气流同时流动或使冷气流先流动；当换热器停止工作时，应使冷、热气流同时停止或使热气流先停止。

④ 中间冷媒换热器

在新风和排风侧，分别使用一个气液换热器，排风侧的空气流过时，对系统中的液体进行加热或冷却；而在新风侧被加热或冷却的冷媒再将热量或冷量传递给进入的新风，液体在泵的作用下不断地循环。新风与排风不会产生交叉污染，供热侧与得热侧之间通过管道连接管道可以延长布置灵活方便，但是须配备循环泵，存在动力消耗，且通过中间冷媒输送，热量损失大，换热效率一般在40%～50%之间。各种热回收装置的对比见表6-4-2所列。

表6-4-2　各种热回收装置的对比[1]

类型	效率	设备费用	维护保养	辅助设备	空间占用	交叉污染	自身能耗	接管灵活性	抗冻能力
转轮式全热回收器	高	高	中	无	大	有	少	差	差
板翅式全热回收器	高	中	中	无	大	有	无	差	中
板翅式显热回收器	低	低	中	无	大	无	无	差	中
热管式热回收装置	中	中	易	无	小	无	无	中	好
中间冷媒热回收器	低	低	难	有	中	无	多	好	中

(3)排风热回收的应用

排风热回收装置或系统的性能系数定义为回收的热量(冷量)与其配置的风机、水泵等耗能设备输入的电功率之比。选用的排风热回收装置或系统的*COP*应大于5。

热回收系统必要条件是新风与排风集合到一处，要求设计时对系统划分、风道布置、送回风机和热回收装置的设备等统筹安排。一般需要注意以下几个方面问题：

① 选择热回收装置的类型。根据实际排风中气体组分确定选用合适的热回收装置，并且在系统设计时充分考虑安装尺寸、运行的安全可靠性和设备配置的合理性。

② 系统规模。热回收装置一般布置在建筑物顶层或设备层内。设备本身尺寸比较大，选择新风量标准应按建筑规模等级，遵循国家标准选取最小新风量。对于大负荷的热回收系统，当风量超过15000m^3/h时，可以分成若干个小系统，以便于设备和风管的布置。

③ 系统运行的可靠性。全热回收装置换热是靠新风与排风的温差和蒸汽分压力差来达到热湿交换的目的，为使设备在高效率工况下运行，进入装置新风和排风应设空气过滤器。装置运行环境温度应在−5℃以上，否则会导致设备结霜，影响正常工作。对于北方寒冷地带冬季，应考虑对冷空气进行预热，使其温度达到−5℃以上，并设置温度自控装置。新风与排风管道在与装置相连接处设旁通风道，以保证在热回收系统非正常运行状态时空调系统能正常使用。

④ 热回系统的清洁。转轮式全热回收装置存在交叉污染，为发挥扇形器的自净作用，应当使系统新风压入，排风吸出，即保证新风压力大于排风压力，压差控制在200Pa左右。已达到提高空气品质，保证系统最大限度的清洁性。

⑤ 自动控制。为保证排风热回收系统能够正常工作，宜设计和配备必要的自动控制系统。

6. 冷热源高效运行[7]

在目前的空调系统设计过程中，冷机装机容量普遍偏大，造成初投资的很大浪费，同时影响部分负荷下的冷机效率。在设计阶段应合理选择冷机大小，若容量过大，既增加初投资，又使得冷机长期处于低负载率下运行，*COP*很低、能耗浪费严重，而且容易发生喘振，影响正常运行。针对这一现象进行节能改造的目标是通过技术或管理的手段解决机组与负荷之间的匹配问题，减少低效运行时间，提高机组的运行效率。

1)增加水蓄冷系统

某写字楼,建筑面积60000平方米,选用三台800RT的离心式制冷机,从建成之日起,从未出现两台冷机同时开启的情况,另外在春秋季和有加班空调要求时,冷机存在喘振。业主考虑进行改造。为节约初投资和运行费,采用原有有效容积为800m³的消防水池兼作蓄冷池。系统如图6-4-14所示。

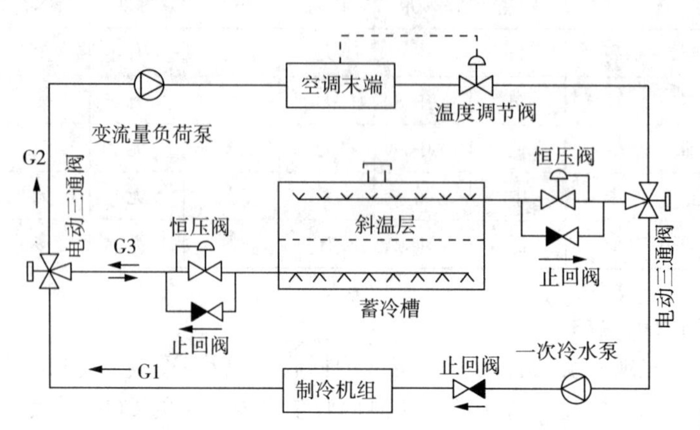

图6-4-14 水蓄冷系统原理图[7]

因地制宜地采用蓄冷系统的方式能够有效地削减峰值电耗,充分利用谷价电,达到降低运行成本的目的。另外增加水蓄冷系统,能够使主机始终处于满负荷运行;彻底解决主机喘振问题,延长主机的使用寿命。

2)增加小型电制冷机组

制冷剂的选型一般是根据夏季最大负荷进行选择,在过渡季节由于冷负荷较小,导致冷机长时间处于低负载率的工况下,甚至时开时停,造成了一定的能源浪费。此现象多发生在公共建筑中。

冷机的设计选型应充分考虑到过渡季工况,如果冷机本身的调节能力不强,则应考虑负荷调节范围广的螺杆式机组或者增加小容量冷机等方式,以满足过渡季高效运行的需要。

3)增设独立冷源

对计算机房、中控室等功能房间来讲,以及经常加班的区域,可考虑使用独立冷源。

4)增加单台冷机的供冷面积

对于机组容量偏大的系统,可通过增加单台机组供冷面积的方式,提高机组运行效率,同时增加建筑内部舒适度。其他可以实现的冷热源高效运行措施还包括:适当提高冷冻水的供回水温度、及时关闭停机状态的设备阀门、确保冷却水的水质、过渡季节采用直接蒸发冷却或采用全新风运行等。

7. 合同能源管理[23-30]

在20世纪70年代,由于石油危机,能源费用发生大幅度上涨,欧洲、美国、加拿大等一些发达国家出现了不同程度的“能源危机”,经济也受到了很大的冲击。合同能源管理(Energy Management Contracting,EMC)机制便在此时应运而生,并且得到了蓬勃、迅速的发展。而通常实施合同能源管理服务的公司被称为节能服务公司。

合同能源管理,是指节能服务公司和用能单位以契约的形式约定节能项目节能目标,节能服务公司提供节能项目用能状况诊断、设计、融资、改造、施工、设备安装、调试、运行管理、节能量测量和验证等服务并保证节能量或节能率，用能单位保证以节能效益支付项目投资和合理利润的能源效率改进服务机制，其执行过程如图6-4-15所示。

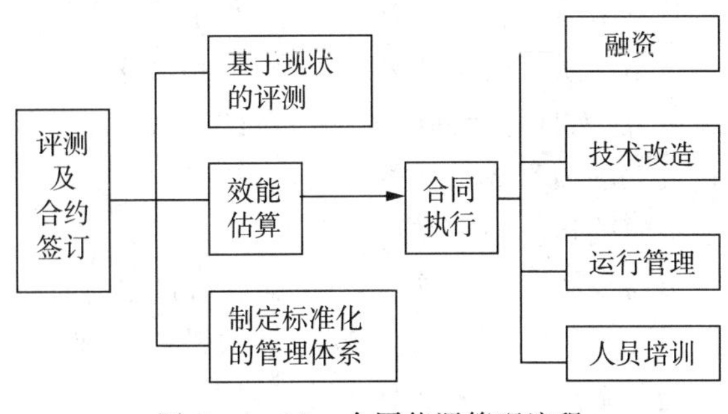

图6-4-15　合同能源管理流程

合同能源管理，实际上就是以盈利为目标的节能服务公司的经营模式。节能服务公司为客户提供节能潜力分析、节能项目可行性建议、项目设计、项目融资、设备选购、施工、节能量检测、人员培训以及运行、维护和保养等项目的全过程服务；向客户保证实现合同中所承诺的节能量和节能效益；在合同期内，节能服务公司的收益与节能量直接挂钩，合同期结束后客户得到全部设备和节能效益。节能服务公司的收益来自项目的节能效益，以未来所减少的能源费用来支付节能项目全部投资、节能服务公司的合理利润和客户的收益。

1)合同能源管理模式

目前建筑领域的合同能源管理大致有三种模式：节能量保证型、节能效益分享型、能源费用托管型。

(1)节能量保证型

节能服务公司向客户承诺能耗指标(节能量)，即保证其承包项目在改造后的节能收益，否则就要进行赔付。而作为回报，客户在项目施工验收结束后，立即将所有工程款支付给节能服务公司。如果实施节能措施后的合同期内项目的节能收益没有达到节能服务公司在合同中承诺的数字(通常还包括统计误差)，那么节能服务公司必须将这部分收益差额退还给客户。一般还有专门的保险公司参与这样的项目，一旦项目失败，保险公司将承担节能服务公司不负责赔偿的部分。

① 模式特点

a. 客户完成融资，节能服务公司承担性能风险和客户承担信用风险；

b. 节能服务公司不会债务过多，可以承担更多的项目；

c. 由于融资成本低，适合技术含量高的项目。

② 模式存在的问题

a. 融资问题。节能项目所需资金依赖客户提供，这就需要考虑客户自身是否有进行节能改造的意愿，对于小型的节能项目而言较难开展。

b. 节能量的确定。节能测算是EMC项目实施的关键，也是解决企业和节能服务公司之间的节能效益的分配问题的关键因素之一。

c. 信誉问题。节能服务公司承诺的节能目标能否达到。

(2)共享节能收益型

节能服务公司与银行签订贷款合同，完成融资工作；同时，又与客户签订能源服务合同，其回报则来自于和客户分享的节能收益。这种合同方式一般在EMC项目实施节能措施后的前2～3年，节能服务公司会提取较大比例的节能收益，后几年的比例会下降，直至合同期结束。

在共享节能收益合同方式中，如果节能的初投资全部由节能服务公司来承担，则节能服务公司承担了所有的项目风险；从财务角度来看，资产和负债也是出现在节能服务公司的资产负债表上，而且每年回收节能收益的方式使节能服务公司现金周转非常缓慢，使其无法投资规模较大的项目或承担更多的项目。因此，该模式适合节能效益大、回报期短的项目。

这种模式运行中存在的问题：

① 融资障碍。节能服务公司难以通过银行贷款融资。

② 制度障碍。按照现行政府机构财务管理制度，能源费用实行实报实销制，节能服务公司不能与政府机构分享节能效益，导致节能服务公司难以为政府机构实施节能项目。

③ 节能量的确定问题。

(3)能源费用托管(能源账单交易)型

能源费用托管模式是指客户的能源费用(包括电、热能等)全部交给节能服务公司管理，节能服务公司自己改造，节约的效益自己所有。或试行“能源账单交易”的方法，让一些能耗很高但改造成本很大的建筑业主出资购买一些能耗接近或低于同类建筑平均值而又易于改造的建筑的节能量。

如某建筑每年能源账单 50 万，以 5 年 200 万费用支付给节能服务公司，由节能服务公司代为缴纳能源费。节能服务公司通过节能改造和管理，成本 30 万能源费用 150 万，利润 20 万，利润率 10%，而业主可节约 50 万。

这种模式对节能服务公司的要求比较高，需要为客户提供节能改造设计、设备材料采购、融资、能效审计和测评以及运行管理等一整套服务。因此，节能服务公司必须具备一定的技术和经济实力。由于节能服务公司承担的风险大，融资成本大，该模式适合节能效益大、回报期短的项目。

我国自 2000 年开始大力推广合同能源管理机制，并使之更富有中国特色。虽然合同能源管理已经取得一定成绩，但大面积的推广却举步维艰。合同能源管理机制仍然存在着许多障碍，需要解决以下问题：

① 信息障碍。我国幅员辽阔，合同能源管理的商业机会多种多样，发展空间广阔，能源合同管理概念的传播工作还必须加大力度，特别是在帮助有兴趣的机构了解能源合同管理的基本概念、推广已取得的经验等方面还有许多工作去做。

② 融资障碍。EMC 示范公司的经验表明，为节能项目直接融资的 EMC 在我国市场仍然最具吸引力，但对 EMC 启动资本金的需要量非常大，潜在的 EMC 在初期要从资本市场中筹措资金是十分困难的。

③ 信用障碍。EMC 初建期尚未建立商业信誉，在国内的商业信誉度还比较低，难以获得商业贷款。而国内商业银行首先考虑的是贷款投放的安全性问题，对风险业务非常敏感并持消极态度。

④ 担保障碍。我国目前没有建立起完善的贷款抵押或担保的机制，商业银行很难给新 EMC 公司或其客户提供贷款，而这一点也是中国贷方/节能企业最迫切的要求。

⑤ 管理障碍。尽管多家公司对 EMC 业务十分感兴趣，但其中的大多数却不具备 EMC 所特有的综合的技术和管理能力。在我国特别是原来的国营老企业(恰恰这些企业具有很大的节能改造潜力)，其本身的技术力量很强，如果 EMC 不能发挥综合的技术和管理水平，对这些企业进行节能改造是很困难的。所以潜在的 EMC 急需在创建、综合技术能力和商务

计划制定等方面得到指导和帮助。

节能不是一蹴而就的事情。合同能源管理不仅可以很好地解决节能改造所面临的资金问题，也可以为用能单位提供良好的节能技术服务。

2)推进既有公共建筑节能改造，实施合同能源管理模式的建议

(1)开展建筑的能耗调查和检测

开展建筑的能耗调查和检测，并对节能潜力进行评估，提出节能改造的可行性研究报告，在此基础上，对具有节能改造价值的项目制定强制性的改造计划，每年对一定数量的政府建筑进行改造，制订节能改造计划。

(2)扶持培育第三方权威认证与评估机构

对节能效果进行公正的检测和验证是 EMC 项目成功的关键。缺乏权威的第三方对节能效果进行客观认定则是客户担心的问题。现在多数小规模节能改造项目的节能效果是靠合同双方的认定，节能服务企业同时还扮演着项目实施方和效益效果认定方的双重角色。这种双重角色大大降低了企业的权威性和声誉，使得客户难以接受单方认定的效益和结果。因此，建立公平公正的节能服务市场竞争秩序，必须培育具有独立性、代表客观公正的第三方权威认证评估机构，建立一整套科学的第三方认证体系，由第三方提供能源审计、进行建筑能耗检测与效果评估，从而营造良好市场氛围，树立市场信心。

(3)培育和完善节能服务市场，建立建筑节能融资平台

建立和完善能源服务行业规范，如资质认定、节能量检测方法、规范化能源管理合同等，改变目前鱼目混珠的状态；对节能项目的融资，银行和非银行金融机构应该根据项目的特点，特别是合同能源管理项目的特点，设计出多种投资和融资金融品种，以切实可行的多种渠道和模式为节能服务公司投资和节能项目融资创造有利环境。可以借鉴发达国家的经验，建立专门的绿色建筑基金或建筑节能基金。基金通过提供贷款担保、贷款贴息等方式给予节能服务企业以融资支持；基金的主要来源渠道除了财政预算列支外，还应吸纳社会资金和国际上的政策性贷款，如国债资金、国际投资、墙改基金、能源消费税、超额电费加价等。通过宣传、贷款风险补偿等方式提高商业银行对合同能源管理项目的认识和放贷积极性，进而增强节能服务企业的融资能力。

(4)培养高素质复合型人才，全面提高节能服务公司的技术水平

节能服务企业(简称节能服务公司)是集咨询、融资、设计、施工、调试、运营为一体的专业化公司，对资金、人才、设备、服务的要求很高。但我国市场上这种类型的企业数量极少，远远满足不了发展的需要。合同能源管理的技术提高，有赖于人才培养，特别是跨学科人才的培养，但节能改造所需要的更多的是集成技术，这对我国暖通空调专业尤其是专业人才的培养机制提出了挑战。

除了技术和资金外，中国的节能减排事业最需要的还是大众的节能意识。合同能源管理机制为环境效益和经济效益的双平衡带来了新的思路。在当今“环境保护和经济发展”孰重孰轻的热论中，这样一个兼顾的理论使人们越来越多地认识到，在保护环境的同时，也可以有效地获得经济利益。广泛深入的发展这一理念，会使更多的企业和机构加强环保动力，使其能够自觉地开展节能减排的各项活动。同时，积极探究“合同能源管理”模式下的新机制和新制度，使这样的理念能够更深入地延伸到社区的每一户居民乃至社会的每一个成员，提高大家的节能减排意识，自觉地实行环境保护的各项措施。

6.5 既有建筑的可再生能源利用

我国既有建筑面积已达 560 亿 m^2[1]，且大部分既有建筑的建设受当时技术水平和经济条件等原因的限制，导致有 30%～50%的建筑出现安全性失效或进入功能退化期[2]，加之城市规划的更新、建筑结构和部件的老化、建筑维护不及时等原因导致建筑拆除比例较高，不仅浪费了宝贵的资源，还造成了大量的污染[3]。

绿色生态改造是解决既有建筑体量庞大缺陷诸多的重要手段，也是解决整个国民经济中能源与环境问题日益尖锐化的利器。2013 年国务院办公厅下发了一号文件《绿色建筑行动方案》，2015 年 8 月工信部和住建部又联合印发《促进绿色建材生产和应用行动方案》。推进既有建筑绿色生态改造，可以集约利用资源，提高建筑的安全性、舒适性和健康性，对转变城乡建设模式，破解能源资源瓶颈约束，培育节能环保、新能源等战略性新兴产业，具有十分重要的意义和作用[4]。

新能源的利用在节约能源、保护环境方面起到至关重要的作用。新能源通常指非常规的可再生能源，包括太阳能、地热能、风能、生物质能等，其能量密度见表 6-5-1 所列。其中，地热能的利用主要有两个方面，一方面可利用高温地热能发电或直接用于采暖供热和热水供应；另一方面可借助地源热泵和地道风系统利用低温地热能。风能利用多用于发电，适用于多风海岸线、山区和易引起强风的高层建筑。

表 6-5-1 几种能源的能量密度[1]

能源类别	能量密度(kW/m^2)	能源类别	能量密度(kJ/kg)
风能(风速 3m/s)	0.02	天然铀	5.0×10^8
水能(流速 3m/s)	20	铀^{235}(核裂变)	7.0×10^{10}
波浪能(波高 2m)	30	氘(核裂变)	3.5×10^{11}
潮汐能(潮差 10m)	100	氢	1.2×10^5
太阳能(晴天平均)	1	甲烷	5.0×10^4
太阳能(昼夜平均)	0.16	汽油	4.4×10^4

太阳是一个炽热的气态球体，它的直径约为 1.39×10^6 km，质量约为 2.2×10^{27} t，主要组成气体为约 80%的氢和约 19%的氦。由于太阳内部持续进行着氢聚合成氦的核聚变反应，因此不断地释放出约 3.75×10^{26} W 的太阳辐射能量。尽管这些太阳辐射到地球大气层的能量仅为总辐射能量的 22 亿分之一，但已高达 1.73×10^{17} W，这是一个极其巨大、其他能量形式不可取代的能源。

人们对各种太阳能利用方式进行了广泛的探索，目前太阳能利用主要有以下几方面：光热利用、光电利用以及光化学利用、光生物利用等，其中以光热利用和光电利用技术最为成熟[5-6]。

光热利用主要是通过转换装置把太阳辐射转换成热能加以利用，包括太阳能热水器和热水工程、太阳能空调制冷、太阳房、太阳能温室等[7]。

光电利用是通过转换装置把太阳辐射转换成电能加以利用。光电利用现阶段主要是直接发电，即采用太阳能电池进行光电的直接转换。此外，太阳能的间接发电也很有发展潜力，目前得到了越来越多的重视。

1. 太阳能的特点

太阳能与常规能源相比，具有以下几个特点。

1）太阳能的广泛性：太阳辐射处处皆有，无论陆地或海洋、高山或平原、沙漠或海岛，均可就地取用，无须开采和运输。

2）太阳能的清洁性：太阳能在开发利用时几乎不产生污染，不会产生废渣、废水、废气，也没有噪音[8]。

3）太阳能的分散性：虽然太阳辐射能总量很大，但其辐射能量密度较低。因此要得到较多的能量，就必须要相当大的太阳能集热面积。

4）太阳能的间歇性：太阳能高度角在一日及一年内不断变化，且与地面的纬度有关，即使没有气象的变化，太阳辐射的变化也相当大。而就某地而言，一天 24h 内太阳辐射变化很大。再加上气象变化如阴雨天日照更少，因此太阳能的可用量是很不稳定的[9]。

5）太阳能的地区性：辐射到地球表面的太阳能，随地点不同而有所变化，它不仅与当地的地理纬度有关，还与当地的大气透明度（污染、浑浊等）和气象变化等诸多因素有关。

6）太阳能的永久性：太阳辐射已经进行了几十亿年，据估计，太阳的寿命大约仍有 5×10^9 年，因此相对而言可以认为它是永久性能源。

2. 太阳能利用概述

人类主动利用太阳能的历史大致可分为以下四个阶段。

1）雏幼阶段（1920 年以前）

这一阶段，太阳能利用表现为在某些特殊场合、特定条件下作为动力装置的应用。如公元前 11 世纪的阳燧取火技术；公元前 1 世纪，埃及的亚历山大城利用太阳能将空气加热膨胀，而把水由尼罗河抽到较高处，供农地灌溉用；1700 年意大利人利用太阳能熔解钻石；1872 年智利政府建造了世界上第一个最大的太阳能蒸馏系统；1882 年法国人 A·皮佛雷在巴黎建造了一台小型太阳能蒸汽机；1913 年在埃及开罗以南建成由 5 个抛物槽组成的太阳能水泵[10]。

2）发育阶段（1920—1973 年）

这一阶段，太阳能的利用途径、材料和理论研究都得到了发展，并已渗透到了诸多领域。其产品的工业化、市场化有了一定的进展，如：1920 年美国加州开始大量使用太阳能热水器；1938 年世界第一座实验用太阳屋完成；1940 年太阳电池作为日照计使用；1949 年法国建造完成可产生 3500℃高温的太阳炉；1954 年美国贝尔研究所试制成功了效率为 6%的实用型硅太阳电池，同年世界各国成立了应用太阳能协会（AASE），每年召开一次会议；1955 年俄国人完成第一部太阳能吸收式冷冻机；1957 年苏联第一颗人造卫星利用太阳电池做卫星电源；1958 年美国发射的“先锋 1 号”人造地球卫星以太阳电池为通信电源，同年中国开始研究太阳能电池；1960 年世界上第一套太阳能氨-水吸收式空调系统在美国建成；1961 年，一台带有石英窗的斯特林发动机问世；1972 年中国自制的硅太阳电池成功装备了中国卫星实践 2 号；1972 年美国开始生产地面用太阳能光伏发电系统[11]。

3）成熟阶段（1973—1996 年）

这一阶段，太阳能光热、光伏两大主流利用技术都已成熟，太阳能产业初步建成，其产品实现商业化，市场已培育起来，为下一阶段的飞越奠定了基础。

1973 年 10 月，中东战争爆发，石油输出国组织采取石油减产、提价等手段使得石油进口国在经济上遭到重创,引发石油危机,客观上使得人们改变传统能源结构向新能源结构转变,工业发达国家加大了对太阳能的研究开发力度。

1973年美国成立了太阳能开发银行,促进太阳能产品的商品化,并把太阳电池的研究开发列为研究重点;1974年日本开始执行阳光计划;1979年中国太阳能学会在西安成立;1985年起美国开始大量建造太阳能热电站、太阳电池电站,并研发太阳电池,1995年其太阳电池产量达到34.8MW,占世界太阳能电池产量41.3%。1996年,我国在西藏阿里地区研制的1000Wp(Wpeak,峰值功率)太阳能光伏水泵系统投入运行,解决了人畜用水问题[12]。

4)飞跃阶段(1996—2050年)

这一阶段,太阳能的利用出现飞跃性发展。在这一阶段中,人类遇到了三大压力:能源消耗需求的增长、环保、可持续发展。近几年政府、科技、市场的表现证实了这一阶段的性质是属于飞跃性的。

政府方面:1996年联合国在津巴布韦召开"世界高峰太阳能会议",会后发表了《哈拉雷太阳能与持续发展宣言》,会上讨论了《世界太阳能10年行动计划》(1996—2005)、《国际太阳能公约》、《世界太阳能战略规划》等重要文件。1997年起美国、日本、印度、意大利、德国等国家都提出了屋顶计划。2007年,中国政府制定了《可再生能源中长期发展规划》。

科技方面:1998年,美国太阳能飞机飞上高空。2000年起美国研发太阳能遥控飞艇;2000年6月,澳大利亚研制并建造出世界上第一艘太阳能和风力发电的双体船。

市场方面:太阳能光伏发电发展最快,从2001年的386MW增至2006年的2500.3MW。太阳能热水器发展也很快速,目前,中国已成为世界上最大的太阳能热水器生产国和最大的太阳能热水器市场,并仍以每年20%~35%的速度递增。太阳能热水工程安装面积也在逐年增加,特别在宾馆、饭店、学校、军队、医院等热水需求量大的单位以及印染厂、屠宰场、奶牛场等工农业生产中的安装量逐年增加。预计太阳能(含风能、生物质能)在世界能源构成中将占50%的份额[13]。

6.5.1 太阳能热水应用

1. 太阳能光热利用分类

太阳能光热利用的基本原理是通过集热器把太阳辐射能收集起来,通过与工质(主要是水或空气)的相互作用转换成热能加以利用。国际能源机构(IEA)根据所能达到的温度和用途的不同,把太阳能光热利用分为三类。

1)低温利用(40℃~100℃):太阳能热水器、太阳能干燥器、太阳能蒸馏器、太阳房、太阳能温室、太阳能空调制冷系统等。

2)中温利用(100℃~400℃):太阳灶、太阳能热发电等。

3)高温利用(400℃~800℃):太阳能热发电、高温太阳炉等。

2. 太阳能集热器的分类

太阳能集热器是吸收太阳辐射能并向工质(水或空气)传递热量的装置,它是太阳能光热利用中的关键设备,其性能对太阳能光热利用系统起着决定性作用。

1)按集热器的传热工质类型分类

(1)工质为液体(水):工质为液体的太阳能集热器称为液态集热器,大部分集热器均以水为工质,也有部分集热器采用耐低温防冻介质[14]。

(2)工质为气体：也称为空气集热器，是太阳能干燥装置的重要部件，其干燥温度范围一般为 40℃～70℃。

2)按进入采光口的太阳辐射是否改变方向分类

(1)聚光型集热器：聚光型集热器是利用反射器、透镜或其他光学器件将进入采光口的太阳辐射改变方向并会聚到吸热体上的太阳能集热器。

聚光型集热器，按聚光是否成像，可分为成像集热器和非成像集热器；按聚焦形式来分，可分为线聚焦集热器和点聚焦集热器；按反射器的类型来分，可分为槽形抛物面集热器和旋转抛物面集热器。此外还有一些其他聚光型集热器，如复合抛物面集热器(又称 CPC 集热器)、多反射平面集热器和菲涅耳集热器等[15]。

(2)非聚光型集热器：非聚光型集热器是进入采光口的太阳辐射不改变方向也不集中射到吸热体上的太阳能集热器。

3)按集热器是否跟踪太阳分类

(1)跟踪集热器：以绕单轴或双轴旋转方式全天跟踪太阳视运动的太阳能集热器。

(2)非跟踪集热器：全天都不跟踪太阳视运动的太阳能集热器。

4)按集热器的工作温度范围分类

(1)低温集热器：工作温度在 100℃以下的太阳能集热器。

(2)中温集热器：工作温度在 100℃～200℃的太阳能集热器。

(3)高温集热器：工作温度在 200℃以上的太阳能集热器。

5)按集热器吸热体的结构不同分类

太阳能集热器的吸热体包括吸热面板和与吸热面板结合良好的流体通道。制造吸热面板和流体通道的材料有：铜、铝、玻璃和塑料等。流体通道主要有两种断面形状：圆形和方形。因制造工艺不同，吸热面板与流体通道的结合方式也有多种方式。常见的集热器吸热体按其结构不同，可分为管板式、翼管式、扁盒式、圆管式、蛇管式、金属-玻璃真空集热管式和热管式等，如图 6-5-1～图 6-5-4 所示[16]。

图 6-5-1 中，图(a)为翼管式结构，常用防锈铝挤压拉伸成型；图(b)(c)(e)(f)均属管板式结构，只是管板结合方式有所不同；图(d)(g)(h)属扁盒式，其中图(d)绝大多数采用金属材料，而图(h)则采用塑料或塑胶，经过挤塑加工而成；图(i)为圆管式结构。

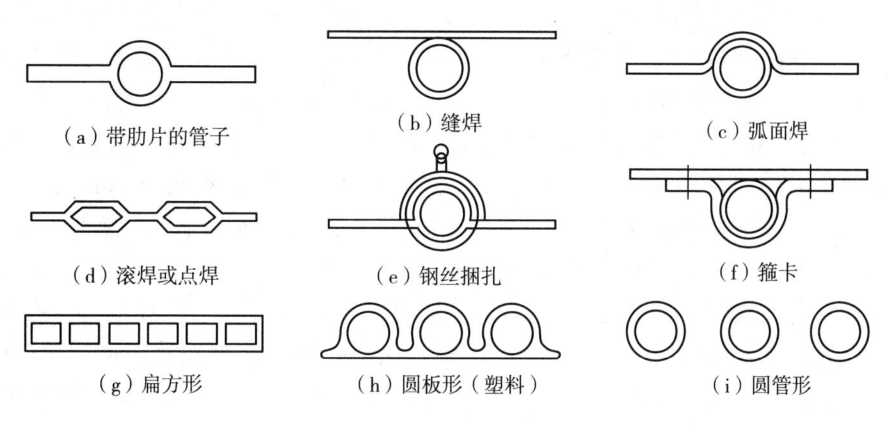

图 6-5-1　吸热体的结构

图 6-5-2 为蛇管式结构,一般采用紫铜管弯曲成型,沿管两侧有铝板,结合方式以嵌入式为多。

图 6-5-3 为全玻璃真空集热管结构。它由内、外两层玻璃管构成,内管外表面具有高吸收率和低发射率的选择性吸收膜,夹层之间抽成真空,其形状如一个细长的暖水瓶胆。

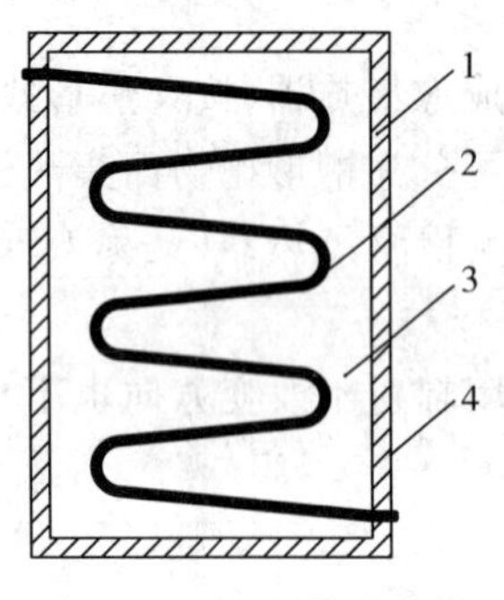

图 6-5-2 蛇管式结构

1—保温层;2—蛇管;

3—吸热板;4—外壳

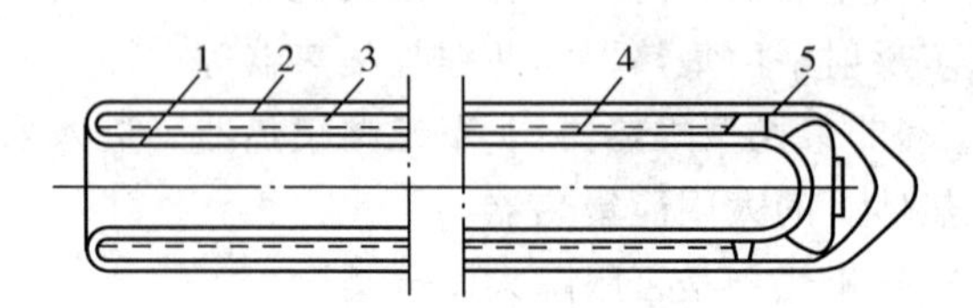

图 6-5-3 全玻璃真空集热管

1—内玻璃管;2—外玻璃管;3—真空夹层;

4—选择性涂层;5—带有吸气剂的卡子

图 6-5-4 为金属-玻璃真空集热管式结构。根据集热管的集热、取热的不同结构,可以分为 U 形管式、同轴套管式、内聚光式、直通式和储热式五种类型[17]。

U 形管式真空集热管按插入真空管内的吸热板形状不同,有平板翼片和圆柱形翼片两种。表面镀有选择性涂层的金属翼片与 U 形金属管焊接在一起,置于真空管内。U 形管与玻璃熔封或用保温堵盖的结合方式引出集热管外,作为传热流体(一般为水)的进出口端[18]。

同轴套管式真空集热管又称直流式真空集热管,吸热管是两根内外相套的金属管。外管与吸热板焊接,底部封死,置于真空管内,并与玻璃熔封后引出真空管外。工作时冷水从内管进入,经吸热板加热后,热水通过内外管的夹层向外流出[19]。

内聚光式真空集热管由聚光反射面、吸热管和真空玻璃管等组成。吸热管可以是热管也可采用同轴套管,但表面必须镀有高温选择性吸收涂层。

直通式真空集热管如图 6-5-4(e)、图 6-5-4(f)所示,根据真空管内的吸热结构不同,可分为吸热管板结构与吸热管结构。无论是什么结构,其吸热管板或吸热管均需要高温选择性吸收涂层。传热介质由吸热管的一端流入,经在真空集热管内加热后,从另一端流出,故称直通式。由于金属吸热管和玻璃之间的两端都要予以封接,考虑到金属管和玻璃管间的热胀冷缩的差别,故在封接处需借助金属波纹管过渡[20]。这种集热管的主要优点是运行温度高,易于组装,特别适合应用于大型太阳能热水工程。如果与聚光反射镜结合使用,其温度可达 300℃~400℃,可用于太阳能热发电。

储热式真空集热管如图 6-5-4(g)所示,它是将大直径真空集热管与储热水箱结合为一体的真空管热水器,亦称真空闷晒式热水器。它由吸热筒体、玻璃管金属端盖、支撑架和吸气剂等部件组成。吸热筒内储存水,外表面有选择性吸收涂层,白天吸热筒将太阳辐射能转换成热能,直接加热筒内的水,使用时冷水通过内插管徐徐注入,将热水顶出使用;晚上,由于有真空隔热,筒内的热水温度下降很慢[21]。它的特点是不需要水箱,结构紧凑,使用较

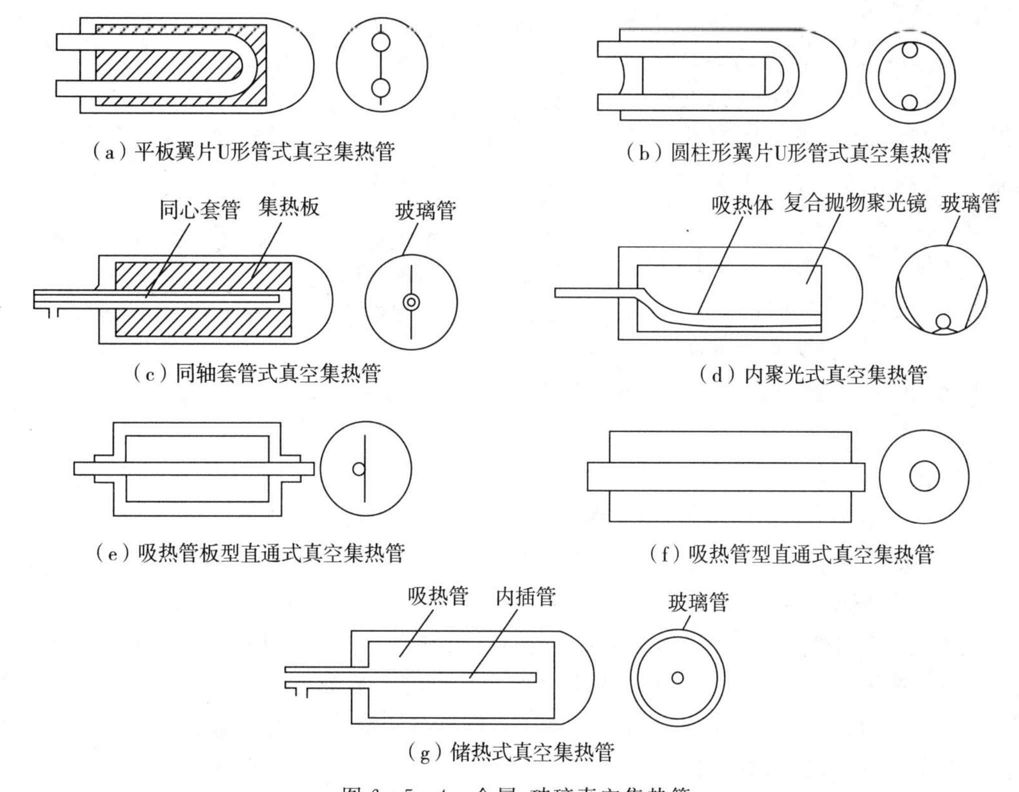

(a) 平板翼片U形管式真空集热管　(b) 圆柱形翼片U形管式真空集热管

(c) 同轴套管式真空集热管　(d) 内聚光式真空集热管

(e) 吸热管板型直通式真空集热管　(f) 吸热管型直通式真空集热管

(g) 储热式真空集热管

图 6-5-4　金属-玻璃真空集热管

为方便。

图 6-5-5 为热管式真空集热管结构。热管式真空集热管由热管、金属吸热板、玻璃管、金属封盖、弹簧支架、蒸散型消气剂和非蒸散型消气剂等组成[22]。

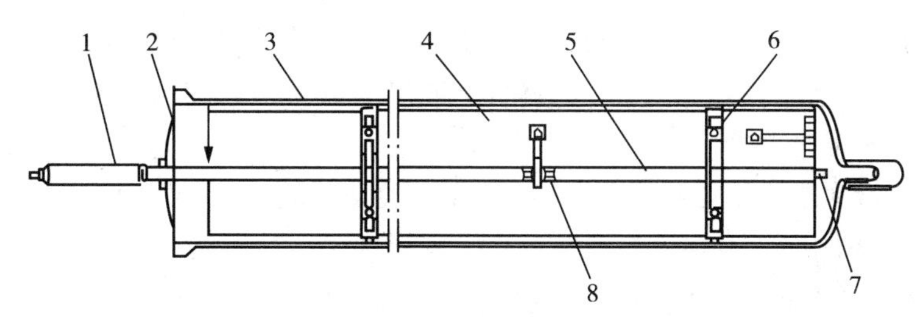

图 6-5-5　热管式真空集热管结构示意图

1—热管冷凝段；2—金属封盖；3—玻璃管；4—金属吸热板；
5—热管蒸发段；6—弹簧支架；7—蒸散型消气剂；8—非蒸散型消气剂

3. 常用太阳能集热器形式

1)聚光型太阳能集热器

聚光型太阳能集热器通常由聚光器、吸热体和跟踪系统三部分组成，如图 6-5-6 所示。其工作原理是：太阳光经聚光器聚焦到吸热体上，并加热吸热体内流动的集热工质；跟踪系统则根据太阳的方位随时调节聚光器的位置，以保证聚光器的开口面与入射太阳辐射总是互相垂直。

聚光器根据光学原理有反射式和折射式两大类。反射式聚光器依靠镜面反射将入射阳光聚集到吸热体上,常用的有槽形抛物面和旋转抛物面反射镜、圆锥反射镜、球面反射镜等。折射式聚光器是利用制成棱状面的透射材料或一组透镜,使入射阳光产生折射再聚集到吸热体上[23]。

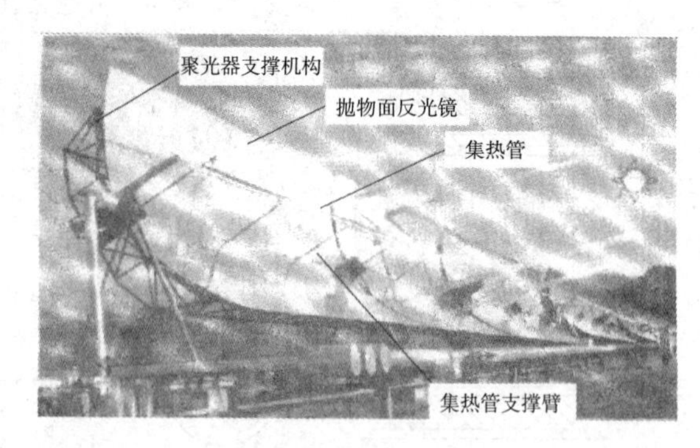

图 6-5-6 聚光型太阳能集热器

聚光型太阳能集热器利用聚光器收集太阳的直射辐射能量和部分散射辐射能。由于吸热体的集热面积小于聚光器的采光面积,所以热损失小。

2)平板型太阳能集热器

平板型太阳能集热器由透明盖板、保温材料、吸热体、外壳等几部分组成,如图 6-5-7 所示。吸热体的作用是吸收太阳辐射能并将其内的流体加热。为使吸热板最大限度地吸收太阳辐射能并将其转换成热能,吸热板上应覆盖有深色的涂层,这称为太阳能吸收涂层[24]。太阳能吸收涂层可分为两类:非选择性吸收涂层和选择性吸收涂层。选择性吸收涂层是指其光学特性随着辐射波长不同有显著变化,而非选择性吸收涂层的光学特性与辐射波长无关。

透明盖板由透明或半透明材料组成,布置在集热器的顶部,其作用是减少吸热体与环境之间的对流和辐射散热,并保护吸热体不受雨雪灰尘的侵袭。透明盖板应对太阳光透射率高,而自身的吸收率和反射率却很低。为提高集热器效率,盖板可采用单层玻璃、透明塑料、双层玻璃等措施[25]。

保温材料填充在吸热体的背部和侧面,作用是减少吸热体向四周环境散热,以提高集热器的热效率。

外壳的作用是将吸热体、透明盖板、保温材料组成一个整体,因此它应有一定的机械强度,良好的水密封性能和耐腐蚀性能,其材料一般采用钢板、铝型板、玻璃钢或塑料。

3)全玻璃真空管集热器

全玻璃真空管太阳能集热器是由多根全玻璃真空集热管插入联箱而组成的,如图 6-5-8 所示[26]。

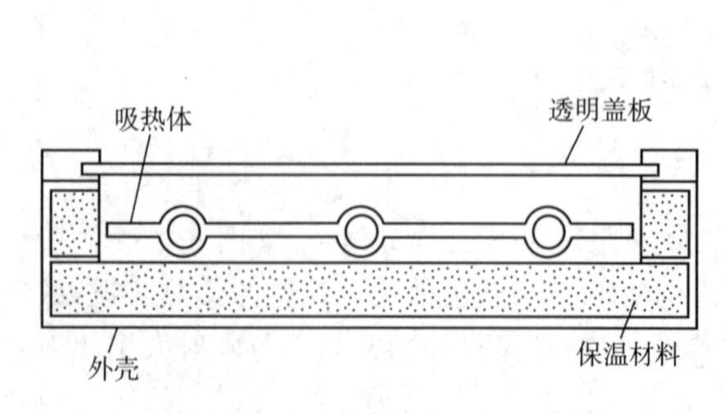

图 6-5-7 平板型太阳能集热器结构示意图

图 6-5-8 全玻璃真空管集热器

4)热管式真空管集热器

热管式真空管集热器是由热管式真空集热管组合而成，如图6-5-9所示。热管式真空集热管工作时，阳光直接照射或者通过聚光器反射到玻璃管后投射在金属吸热板上。吸热板吸收太阳辐射能并将其转换成热能，使热管蒸发段内的工质迅速汽化。工质蒸气上升到热管冷凝段后，在较冷的内表面上凝结，释放出蒸发潜热，将热量传递给集热器的传热工质，而自身又凝结成液体，依靠重力流回蒸发段，然后重复上述过程[27]。

目前国内大都使用铜-水热管，国外也有使用有机物质作为热管工质的，但必须满足工质与热管材料的相容性。

热管与玻璃管之间抽成真空，能有效防止热量通过对流方式散发出去。为了使真空集热管长期保持良好的真空性能，热管式真空集热管内一般应同时放置蒸散型消气剂和非蒸散型消气剂。蒸散型消气剂在高频激活后被蒸散在玻璃管的内表面上，像镜面一样，其主要作用是提高真空集热管的初始真空度；非蒸散型消气剂是一种常温激活的长效消气剂，其主要作用是吸收管内各部件工作时释放的残余气体，保持真空集热管的长期真空度。

5)金属-玻璃真空管集热器

金属-玻璃真空管集热器可采用图6-5-4所示的同心套管式、U形管式、储热式、内聚光式和直通式等吸热体制作而成。图6-5-10为圆柱形翼片U形管式真空集热管集热器。这些金属-玻璃真空集热器具有如下特点。

(1)运行温度高。所有集热器的运行温度都可达到70℃～120℃，有的可达300℃～400℃，是太阳能高温热利用必不可少的集热部件[28]。

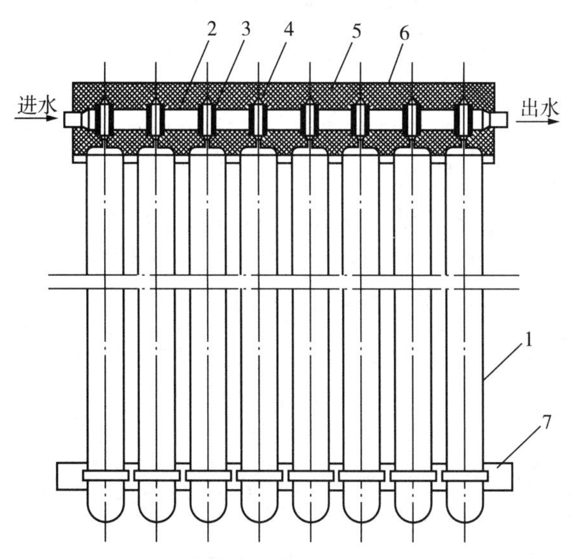

图6-5-9　热管式真空管集热器结构示意图

1—热管式真空管；2—联集管；3—导热块(导热套管)；
4—热管冷凝端；5—保温材料；6—保温盒；7—尾托架

图6-5-10　金属-玻璃真空管集热器
(圆柱形翼片U形)

(2)承压能力强。所有真空集热管及其系统都能承受自来水或循环泵的压力，多数集热器还可用于产生10^6Pa以上的热水甚至高压蒸汽。

(3)耐热冲击能力好。所有真空集热管及其系统都能承受急剧的冷热变化，即使对空晒的集热器系统突然注入冷水,真空集热管也不会因此炸裂[29]。

由于金属-玻璃真空管集热管具有以上优点,可以满足不同用途的需求,扩大了太阳能的应用领域,因此世界各国科学家和工程师竞相研制出各种形式的真空集热管,也反映了当今世界真空管集热器的发展方向。

4. 太阳能热水系统

太阳热水系统是利用温室原理,将太阳辐射能转变成热能,并向水传递热量,从而获得热水的一种装置。它是太阳能热利用产品中,技术最成熟、热效率最高、使用领域最广、经济效益最好的产品。

太阳能热水系统通常由太阳能集热器、储水箱、循环水泵、管道、支架、辅助热源、控制系统及相关附件组成。根据国标 GB/T 18713 和行标 NY/T 513 的规定,太阳能热水系统按储热水箱的容水量大小可分为 2 种:0.6t 以下的称为太阳能热水器,大于 0.6t 则称为太阳能热水系统或太阳能热水工程[30-31]。

1)太阳能热水器

太阳能热水器可根据不同情况进行分类。

集热器和储热水箱合为一体的称为闷晒热水器;集热器和储热水箱紧密结合的称为整体或紧凑热水器;集热器和储热水箱分离的称为分离热水器,如阳台栏板热水系统就属于这种系统。

太阳能热水器,按集热器所使用的材料不同,可分为金属、玻璃和塑料三大类型。按储热水箱内胆材料不同,可分为不锈钢水箱、搪瓷水箱、防锈铝水箱、镀锌钢板及塑料水箱等。

目前太阳能热水器市场上常见的家用太阳能热水器主要有四种:家用闷晒式太阳能热水器、家用平板太阳能热水器、家用紧凑式全玻璃真空管太阳能热水器和家用紧凑式热管真空管太阳能热水器[32]。

(1)家用闷晒式太阳能热水器

家用闷晒式太阳能热水器结构简单、造价低廉、易于推广和使用,但保温效果差,热量损失大,主要有:塑料袋式热水器、池式热水器、筒式热水器等。

塑料袋式热水器如图 6-5-11 所示,通过进水管向塑料袋内装满水,经过若干小时的日照后,加热成热水,通过用水器具进行热水供应。囊式热水器是塑料袋式热水器的改进形式,如图 6-5-12 所示在上膜上用按扣固定一层隔热膜,以减少上膜在寒冷季节散热快的缺点。塑料袋式热水器最大的缺点是使用寿命短[33]。

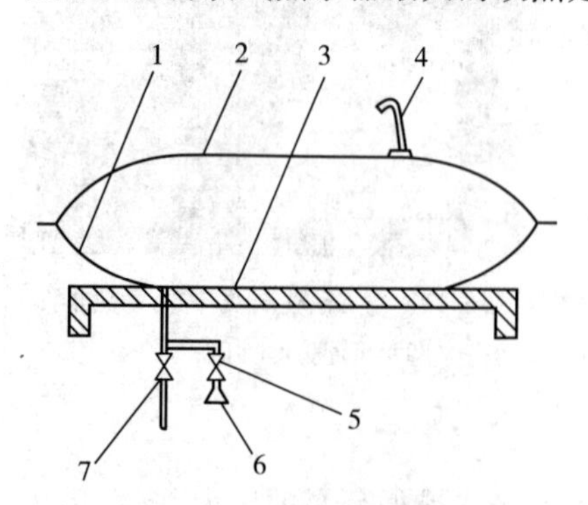

图 6-5-11 塑料袋式热水器

1—下膜(黑色塑料);2—上膜(透明塑料);3—支撑保温板;4—溢流口;5,7—阀;6—喷头

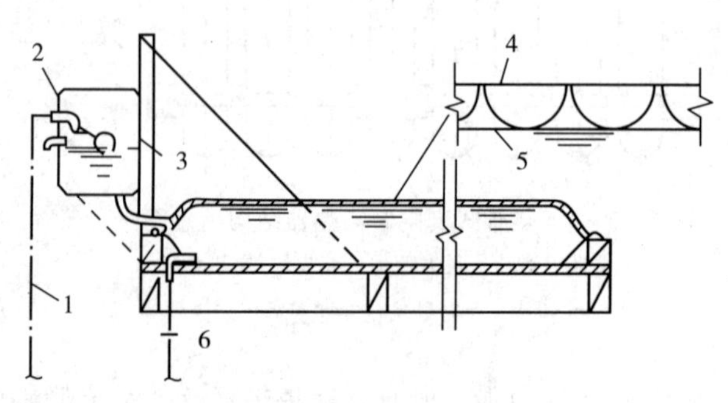

图 6-5-12 囊式热水器

1—给水管;2—塑料水箱;3—反射板;4—聚乙烯泡沫(纽扣按住连接,耐用 2 年);5—塑料薄膜(黑色,耐用 4 年);6—供热水管(软聚乙烯管)

池式热水器是一个既能储水又能集热的浅水池，如图6－5－13所示。池内水深一般为10cm左右，上面覆盖一层与水平面倾斜的玻璃，池四壁和底部涂上黑色涂料。太阳辐射透过玻璃盖板和水被黑色的池内壁吸收，池内壁温度升高，然后加热池内储水[34]。池式热水器的缺点是高纬度地区不能充分利用太阳辐射能，其次玻璃盖板内表面往往有水蒸气，降低了玻璃的透过率，对热效率有一定的影响，此外池内易长藻类，水质和使用寿命均受影响。

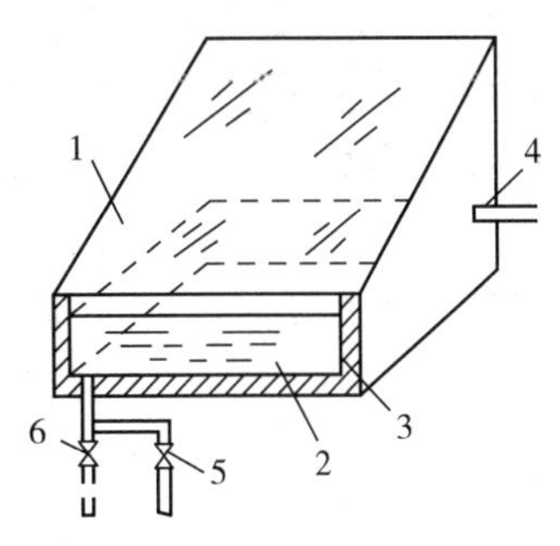

图6－5－13　池式热水器

1—玻璃；2—外壳（保温壳体）；3—防水层；4—溢流管；5—热水阀；6—冷水阀

筒式热水器如图6－5－14～图6－5－16所示。与池式热水器相比，筒式热水器在结构上由敞开式改进成密闭式，这样水质干净。筒式热水器还可根据需要做成单筒、双筒和多筒，集热筒可采用塑料材质，也可采用金属或不锈钢材质，盖板可采用塑料或玻璃材质[35]。与其他闷晒式热水器相比，筒式热水器的热效率更高，保温效果也好。

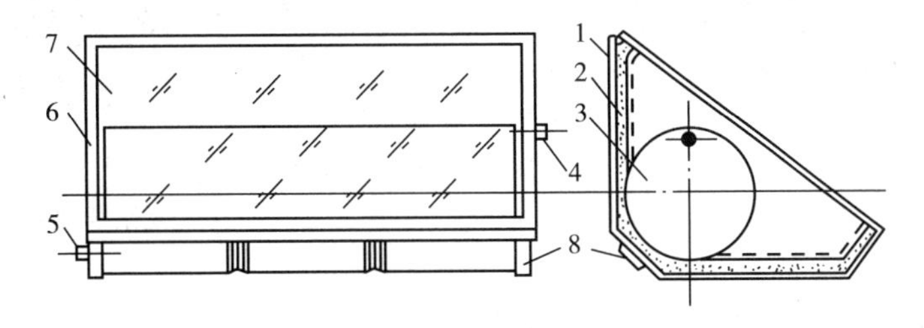

图6－5－14　单筒式热水器

1—保温壳体；2—反射层；3—筒体；4—出水管口；5—进水管口；6—壳体；7—透明盖板；8—支架

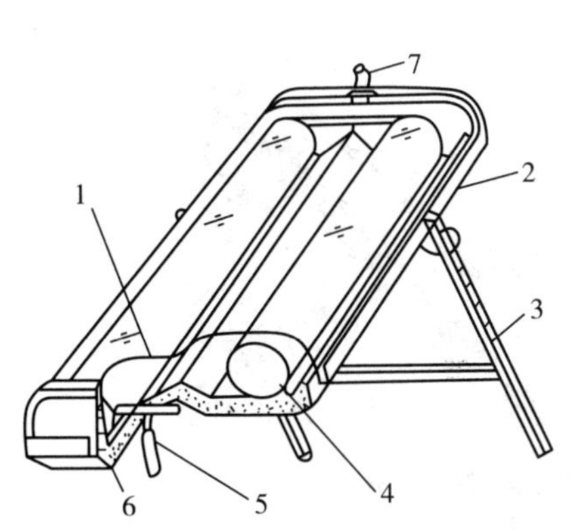

图6－5－15　双筒式热水器

1—盖板；2—外框；3—支架；4—筒体；5—进出水管；6—保温层；7—溢流管

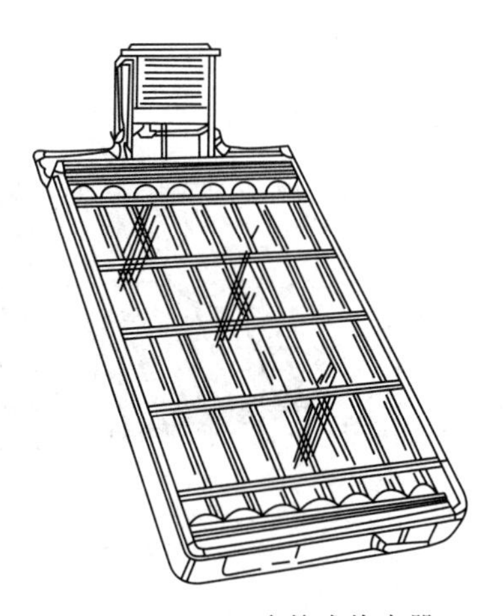

图6－5－16　多筒式热水器

（2）家用平板太阳能热水器

家用平板太阳能热水器如图6－5－17所示，集热器和水箱结合紧密，上下循环管很短，省料且管道热损小。

(3)家用紧凑式全玻璃真空管太阳能热水器

家用紧凑式全玻璃真空管太阳能热水器如图 6－5－18 所示。容水量取决于真空集热管的直径、长度及根数。目前我国市场上主要有 Φ47mm、Φ58mm、Φ70mm、Φ90mm 等 4 种，长度有 1.2m、1.5m、1.8m、2m 等 4 种。集热管下方分有反射板和无反射板两种。目前因反射板易积脏及冰雪，会降低真空管的吸光效果，以及冻坏管子，因此大多数产品已不采用反射板。

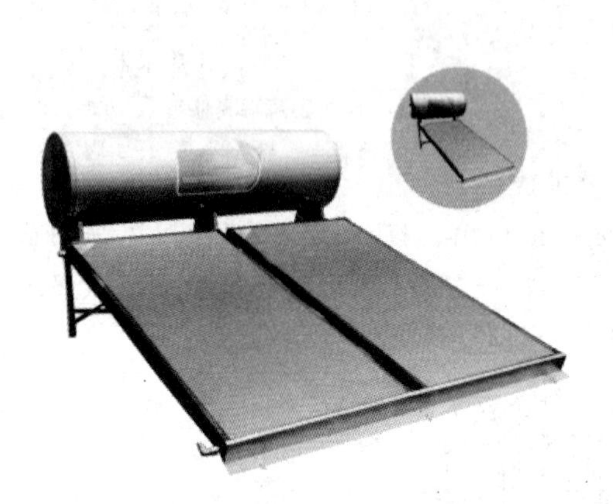

图 6－5－17　家用平板太阳能热水器

图 6－5－18　家用紧凑式全玻璃真空管太阳能热水器

(4)家用紧凑式热管真空管太阳能热水器

家用紧凑式热管真空管太阳能热水器如图 6－5－19 所示。与全玻璃真空管太阳能热水器相比，因真空管内无水循环，避免了真空管的易冰冻、易炸管、易漏水、易结垢的缺陷[36]。

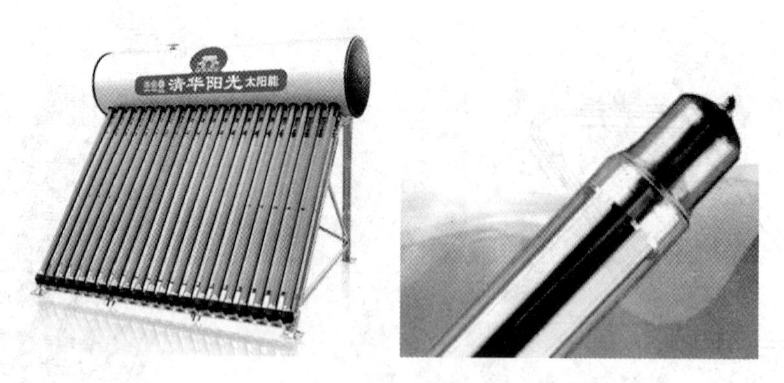

图 6－5－19　家用紧凑式热管真空管太阳能热水器

2)太阳能热水系统

太阳能热水系统目前国内市场主要有三种型式：集中式供热水系统、集中-分散式供热水系统和分散式供热水系统[37]。这三种系统各有特点，从今后推广应用太阳能热水系统而言，集中式供热水系统应列为首选。原因在于：①热水资源可以共享，从而可减少约 30%的集热器面积，降低工程造价；②同等的热水量，其储热水箱的造价要比分散式低得多，热损失也小得多，经济性更突出；③便于与建筑相结合，利于城市观瞻；④维护修理工作量大大降低；⑤有利于远程监控与计量技术的推广应用，以便于进行节能减排的交易。

太阳能热水系统按运行原理基本上可分为三类：自然循环系统、强迫循环系统和直流式系统[37]。

(1)自然循环太阳能热水系统

如图6-5-20所示，自然循环太阳能热水系统是指利用太阳能使系统内水在集热器与储水箱间或集热器与换热器间自然循环加热的系统。系统循环的动力为水温变化引起的密度变化导致的热虹吸作用[38]。

自然循环太阳能热水系统具有结构简单、运行安全可靠、不需要循环水泵、管理方便等优点。其缺点是为防止系统中热水倒流及维持一定的热虹吸压差，储水箱必须置于集热器的上方，根据经验距离一般在0.6～1.5m之间。这对于与建筑结合不太有利的坡屋顶，不仅安装施工困难，而且也影响观瞻。对于大型系统，由于储水箱太大，管道太多，给建筑布置、结构承重及安装工作都带来一些问题，所以该类型较适用于中小型太阳能热水系统。

为了克服自然循环太阳能热水系统的缺点，在此基础上发展了自然循环定温放水式太阳能热水系统，如图6-5-21所示。它与自然循环太阳能热水系统的不同点在于：循环水箱被1个只有原来容积1/4～1/3的小水箱代替，大容积的储水箱可以放在任意位置(但必须高于浴室喷头的位置)。当循环水箱内水温达到预定的温度时，将热水排至储水箱内，同时由自来水管向循环水箱自动补水。当循环水箱内水温下降到预定的温度时，停止循环水箱的热水供应。如此反复，系统周而复始向储水箱输送设定恒温热水[38]。

自然循环太阳能热水系统的储水箱必须高于集热器，位置不易布置，目前使用较少。

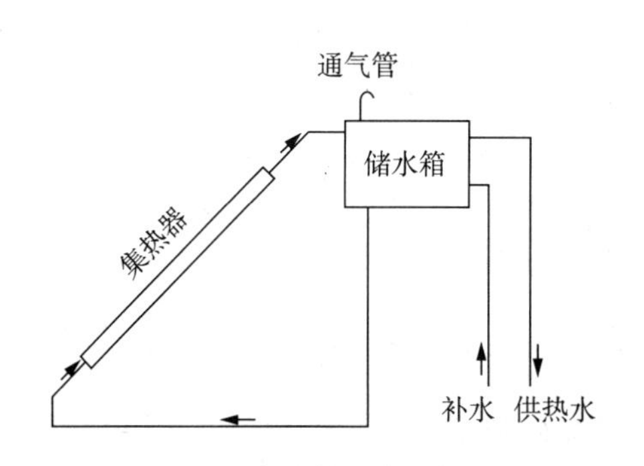

图6-5-20　自然循环太阳能热水系统

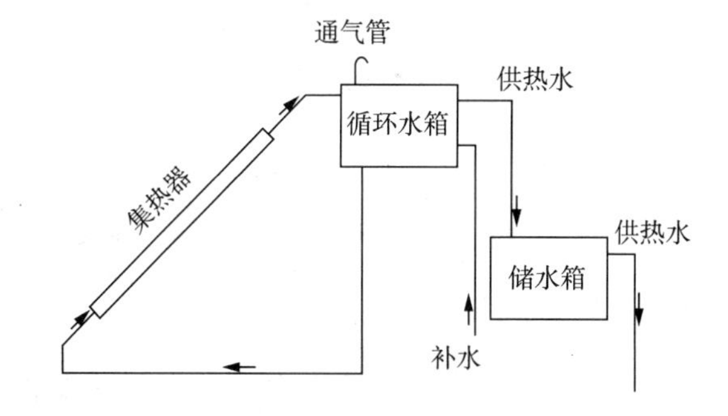

图6-5-21　自然循环定温放水式热水系统

(2)强制循环太阳能热水系统

强制循环太阳能热水系统，又称主动循环太阳能热水系统，它是利用水泵迫使水通过集热器或换热器进行循环的热水系统。水泵入口处装有止回阀，防止夜间系统发生水倒流而引起热损失[39]。水泵的运转由控制器进行控制，通常有：温度控制、温差控制、光电控制和定时器控制等。

如图6-5-22(a)所示，温度控制是将感温探头安装在集热器出口端，监测水温，当水温升高达到设定上限时，控制器启动水泵，使太阳能集热器内热水流入水箱，水箱底部的冷水流入集热器内。集热器内的水温逐渐降低，当检测到降低后的水温回到设定下限时，控制器停止水泵运行，中断水在太阳能集热器与水箱之间的流动[40]。经过这样不断反复循环，最终将集热器吸收太阳的热量储存到水箱中。

如图 6－5－22(b)所示，温差控制是根据集热器出口端水温和水箱下部水温的预定温差来控制循环泵(离心泵)工作。当两处温差达到设定上限时，水泵启动运行，将水箱底部的冷水泵入集热器，集热器温度下降，两处温差逐渐减小，当两处温差低于设定下限时，水泵停止运行[40]。集热器在太阳的辐射下逐渐升温，当两处温差达到设定上限时，重复下一个循环。

如图 6－5－22(c)所示，光电控制是由太阳光电池板所产生的电能来控制系统运行的。当有太阳时，光电板就会产生直流电启动水泵，热水系统开始进行循环。无太阳时，光电板不会产生电流，泵就停止工作。这样整个系统每天所获得的热水取决于当天的日照情况，日照条件好，热水量就多，水温也高[41]。

如图 6－5－22(d)所示，定时器控制是根据人们事先设定的时间来启动或关闭循环泵的运行。这种系统运行的可靠性主要取决于人为因素，往往比较麻烦。如下雨或多云天气启动定时器时，前一天水箱中未用完的热水会通过集热器循环而造成热损失[42]。因此，若无专门的管理人员，最好不要轻易采用该系统。

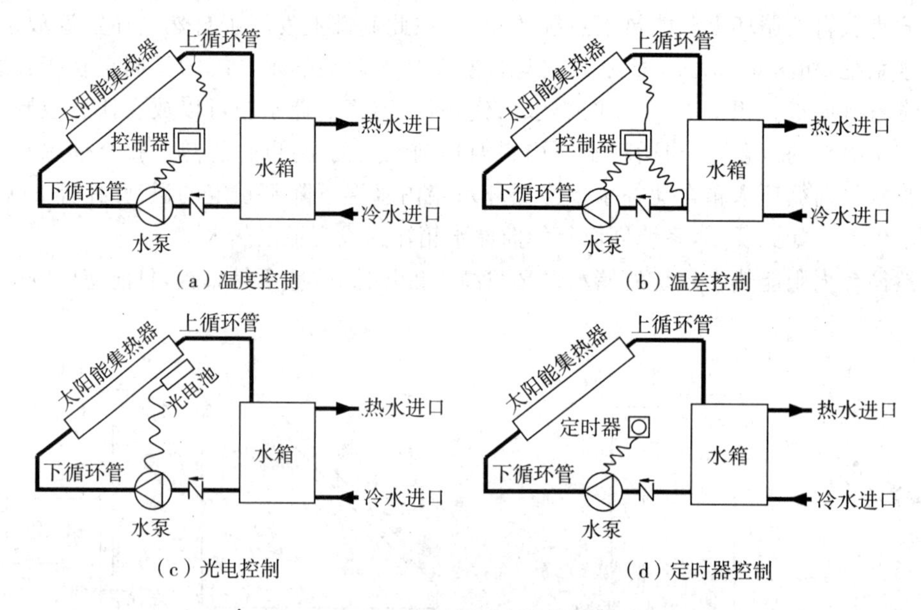

图 6－5－22 强制循环太阳能热水系统

(3)直流式太阳能热水系统

如图 6－5－23 所示的直流式太阳能热水系统是在自然循环和强制循环的基础上发展而成的。水通过集热器被加热到预定的温度上限，集热器出口的电接点温度计立即给控制器讯号，并打开电磁阀，自来水将达到预定温度的热水顶出集热器，流入蓄水箱。当电接点温度计降到预定的温度下限时，电磁阀又关闭，这样系统时开时关不断地获得热水[43]。

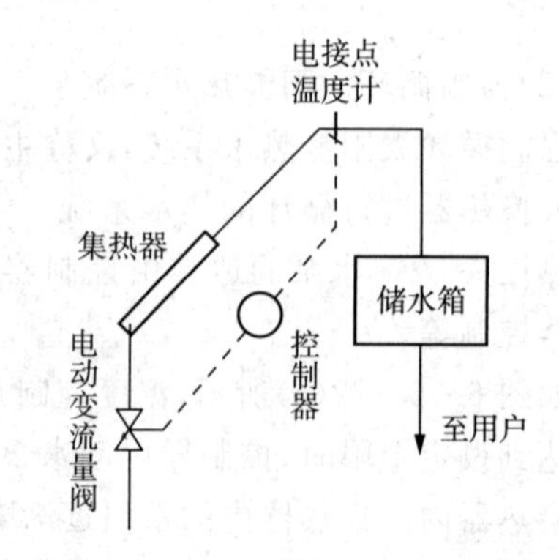

图 6－5－23 直流式太阳能热水系统

该系统优点是水箱不必高架于集热器之上。由于系统直接与具有一定压力的自来水相接，故适用于自来水压力比较大的大型系统。该系统布置较灵活，也便于与建筑结合。在一天中，可用热水时间也比自然循环式的要早，特别适合白天需要用热水的用户使用。缺点是需安装一套较复杂的控制装置，初期投资有所增加。

5. 其他太阳能光热利用

除了太阳能热水系统之外，太阳能光热利用还表现在其他领域，如能满足烧开水、煮饭及煎、炒、蒸、炸功能的炊事烹调食物装置——太阳灶；譬如食品、农副产品、木材、药材、工业产品等物料的太阳能干燥器；利用太阳能进行采暖和空调的太阳能采暖和制冷空调[44]；利用太阳的能量来提高塑料大棚内或玻璃房内的室内温度以满足植物生长对温度的要求的太阳能温室；将太阳辐射能转换为热能，再按照某种发电方式将热能转换成电能的太阳能热发电[45]；由太阳能集热棚、太阳能烟囱和涡轮机发电机组组成的太阳能烟囱发电系统；太阳能海水淡化技术[46]；可供采暖空调、工业供热和发电用的太阳池技术；太阳能菲涅耳透镜技术；太阳能焊接机；太阳能辐照种子及医疗技术等等。

6.5.2 太阳能光伏发电

1. 太阳能光伏发电的工作原理

光伏就是光转变成电的光生伏特的意思。在光照条件下，光伏材料吸收光能后，在材料两端产生电动势，这种现象叫作光伏效应(photovoltaic effect)[47]。若在内建电场的两侧引出电极并接上负载，则负载就有光生电流流过，从而获得功率输出。这样，太阳的光能就直接变成了可以付诸使用的电能。表 6－5－2 列出了光伏效应的发现和最初期的发展过程。从表中可见，人们很早就已经发现了光伏效应这种物理现象，但光伏的实际应用经历了漫长的探索过程。为使光伏获得广泛的应用，各国研究者们仍在艰苦努力。

表 6－5－2　光伏效应的发现和最初期的发展过程[22]

年份	人物	发现和发展	说明
1839	Edmond Becquerel	光伏(PV)效应——液体	第一次发现 PV 效应
1876	W. G. Adams & R. E. Day	Se 中 PV 效应——固体	适合现在应用
1883	C. E. Fritts	光电池	Se 薄膜光电池
1927	Grondahl-Geiger	Cu_2O 光电池	
1930	Bergman	Cu_2O，Tl_2S，Se	硅也被发现具有 PV 效应

太阳能光伏发电的能量转换器是太阳能电池，又称光伏电池，其结构如图 6－5－24 所示。其发电原理可概括成以下三个主要过程：①太阳能电池吸收一定能量的光子后，半导体内产生电子-空穴对，两者极性相反。②电极性相反的光生载流子被半导体 P－N 结所产生的静电场分开。③光生载流子电子和空穴分别被太阳能电池的正、负极所收集，并在外电路产生电流，从而获得电能[48]。

现在实际使用的太阳能电池都由半导体材料制成。显示带正电性质(有较高的空穴浓度)的半导体材料叫 P 型半导体，显示带负电性质(有较高的电子浓度)的半导体材料叫 N 型半导体。用于太阳能电池的半导体材料有单晶体、多晶体和非晶体三种形式[49]。

单晶体的整块晶片只有一个晶粒，晶粒内的原子有次序地排列着，不存在晶粒边界，单晶体要求严格的精制技术。

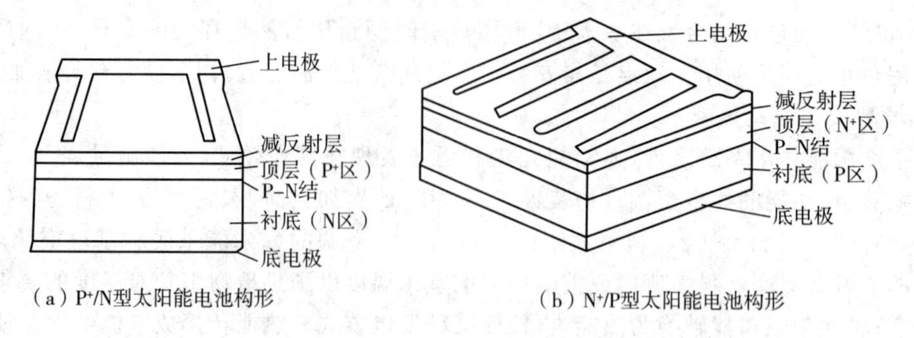

（a）P⁺/N型太阳能电池构形　　（b）N⁺/P型太阳能电池构形

图 6-5-24　常见太阳能电池结构

多晶体的制备不要求那么严格的精制技术。一块晶片含有许多晶粒，晶粒之间存在边界。由于边界存在很大电阻，晶粒边界会阻止电流流动，或电流流经 P-N 结时有旁路分流，并在禁带内有多余能级把光产生的一些带电粒子复合掉[50]。

非晶体的原子结构没有长序，材料含有未饱和的或悬浮的键。非晶体材料不能用扩散(加入杂质)的方法改变材料导电类型。但加入氢原子会使非晶体中一部分悬浮键饱和，改善了材料的质量。

太阳能电池种类繁多，其分类方法大致如下[51-52]：

从材料来分，有硅、砷化镓、硫化镉、铟镓磷、铜铟镓硒太阳能电池等。

从内部材料体型来分，有大块晶片太阳能电池和薄膜太阳能电池。

从材料的晶体结构来分，有单晶太阳能电池、多晶太阳能电池和非晶太阳能电池。

从内部和外部结构来分，有普通太阳能电池、聚光型太阳能电池和级联太阳能电池等。

从内部结构的 P-N 结多少或薄层多少来分，有单结太阳能电池、多结或多层太阳能电池。

从技术方法来分，有网板印刷电极太阳能电池和激光刻槽电极太阳能电池。

从 P-N 结结构来分，有同质结太阳能电池和异质结太阳能电池。

除了上面的固体太阳能电池之外，还有液体太阳能电池，如电解液、染料太阳能电池等。

在诸多太阳能电池中，晶体硅电池是生产工艺最成熟、工业化程度最高，目前，在工程上广泛应用的光电转换器件——晶体硅太阳能电池，生产工艺较成熟。

已进入大规模产业化生产，应用于工业、农业、科技、文教、国防和人民生活的各个领域。图 6-5-25 是晶体硅 PV 产业链。

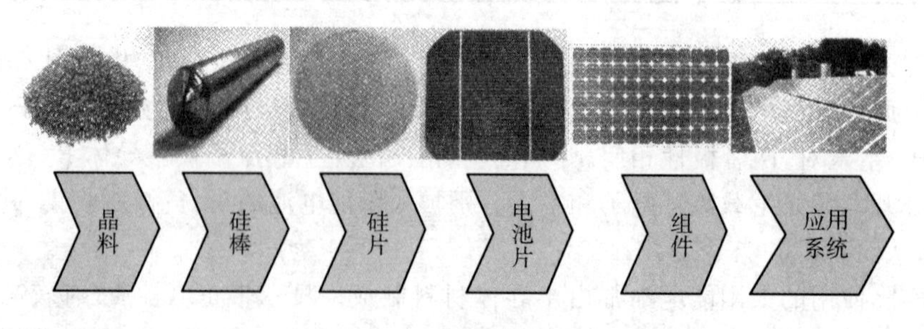

图 6-5-25　硅 PV 产业链

2. 太阳能光伏发电系统的分类

通过太阳能电池将太阳辐射能转换为电能的发电系统统称为太阳能光伏发电系统(简

称 PV 发电系统)[53]。从应用领域来分,PV 发电系统可分为太空应用和地面应用。太空应用主要作为人造卫星的电源,使用已达数十年,相当成功,这里不专门论述。

地面用 PV 发电系统可按采光方式、发电容量、安装形式、应用状况等方式进行分类。

1)采光方式分类

采光方式是指 PV 方阵(或电池板组件)获取太阳辐射能的方式。大致可分为直接和间接两类。

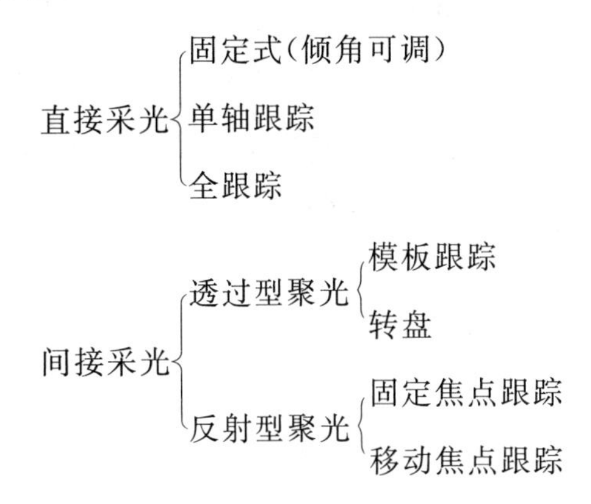

直接采光式 PV 发电系统不需要聚焦或反射太阳辐射,太阳辐射直接入射到太阳电池组件表面。

间接采光则利用透镜或反射镜面把太阳辐射能投射到太阳电池受光面上。其目的是使太阳电池在高的辐照度下运行,通常是为了减少昂贵太阳电池的使用量以降低发电成本。

具体应用时,需考虑应用场所气象条件和经济性来决定采用直接采光还是间接采光。如在美国,其水平面上的日照中,直射光占据比例大,故多采用间接聚光式或平板型跟踪式的 PV 发电系统。在日本,散射光占据比例大,跟踪方式收益甚微,多采用平板固定式采光方式[54]。中国纬度跨度较大,直射与散射光的比例因地而异,较难确定采用哪种采光方式为宜。若考虑聚光式或跟踪方式成本投入会增加、系统可靠性降低、运行维护要求稍高等诸因素,一般采用固定式采光。在多数情况下采用方阵倾角可调式(一年调一次或两次)采光方式,效果会较好。

2)按发电容量分类

发电容量是指 PV 发电系统中电池方阵总功率。按发电容量来分,可分为以下几种。

小型发电系统:电池方阵总功率在 20kWp 以下,主要用作独立电源、BIPV、庭院等。它们是分散的发电方式,利用现有的建筑物或空地,发电场所离负载近,输电电压一般低于 220V。

中型发电系统:电池方阵总功率在 20kWp～100kWp 之间,主要用于学校、医院等。

大型发电系统:电池方阵总功率在 100kWp 以上,主要用于工厂、村庄和群体居住地等。它们是以集中的发电方式供电的,规模大成本低,容易维修、系统可靠性高,并且可与公共电网并网[55]。

中国绝大部分 PV 发电系统以分散的小规模方式为主。

3)安装形式分类

PV 发电系统按安装形式分类,可分为分散式与集中式[56],其构成如图 6-5-26 所示,其特点见表 6-5-3 所列。

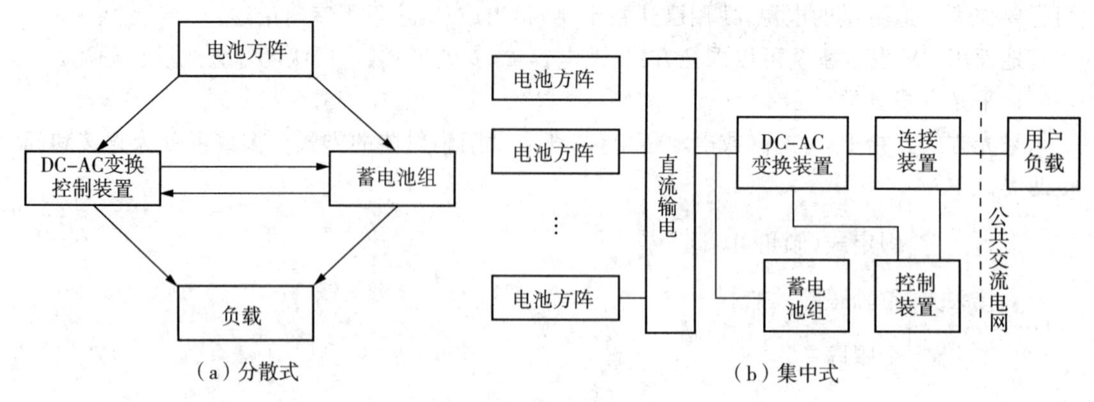

图 6-5-26 分散式与集中式 PV 发电系统的构成

表 6-5-3 安装形式比较

安装形式	容量	优点	缺点
分散式	小规模发电	不需要直流输电线,土地的利用效率较高	需较多 DC/AC 变换器和/或控制器
集中式	中规模发电 大规模发电	成本较低、容易维护、系统可靠性高	土地利用率低、需较长输电线、效率较低

4)应用状况分类

PV 发电系统按应用状况分类,如图 6-5-27 所示。

3. 太阳能光伏发电系统的组成

光伏系统由以下三部分组成:PV 方阵;充、放电控制器、逆变器、测试仪表和计算机监控等电力电子设备;蓄电池或其他蓄能和辅助发电设备[57]。

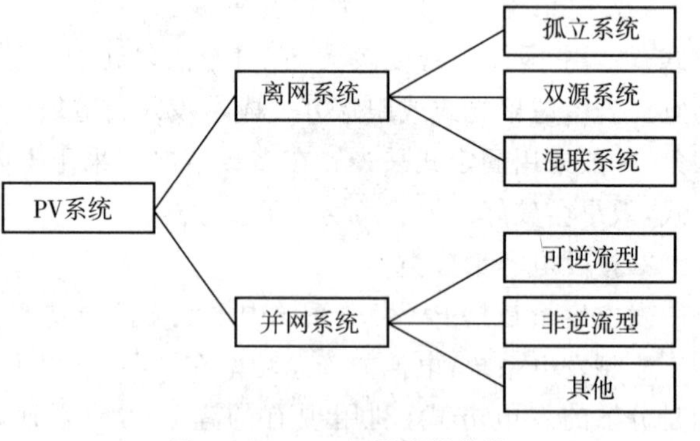

图 6-5-27 应用状况分类

光伏系统具有以下特点:

① 没有转动部件,不产生噪声。

② 没有空气污染,不排放废水。

③ 没有燃烧过程,不需要燃料。

④ 维修保养简单,维护费用低。

⑤ 运行可靠性、稳定性好。

⑥ 作为关键部件的太阳能电池使用寿命长,晶体硅太阳能电池寿命可达到 25 年以上。

⑦ 根据需要很容易扩大发电规模。

1)PV 方阵

太阳能电池单体是光电转换的最小单元,尺寸一般为 4~100cm^2,工作电压为 0.5~0.5V,工作电流为 20~25mA/cm^2,一般不能单独作为电源使用。

将太阳能电池单体串并联后封装,就成为太阳能电池组件,其功率一般为几瓦至几十瓦、百余瓦,是可以单独作为电源使用的最小单元[58]。

太阳能电池组件再经过串并联后,安装在支架上,就构成了太阳能电池方阵(PV方阵),可以满足负载所要求的输出功率,如图6-5-28所示。

PV方阵是太阳能光伏系统的核心部件,其功能是把捕获的太阳辐射能直接转换成直流电能以输出。目前光电转换效率小于20%,还是相当低的。

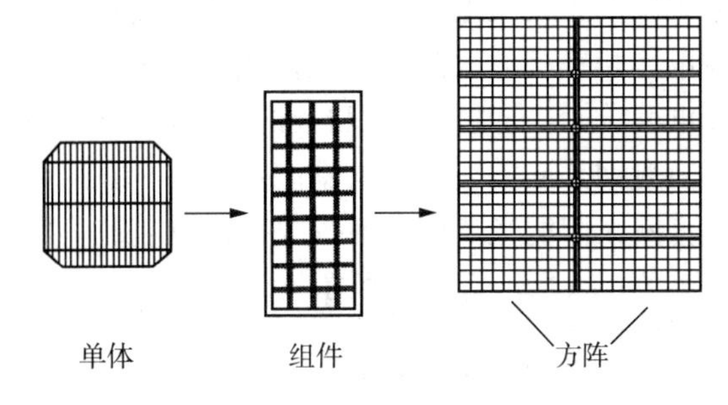

图6-5-28　太阳能电池单体、组件和方阵

2)蓄电池

蓄电池是将太阳能电池组件产生的电能储存起来,当光照不足或晚上,或者负载需求大于太阳能电池组件所发的电量时,将储存的电能释放,以满足负载的能量需求。它是太阳能光伏系统的储能部件。目前,太阳能光伏系统常用的是铅酸蓄电池。对于较高要求的系统,通常采用深放电阀控式密封铅酸蓄电池、深放电吸液式铅酸蓄电池等[59]。

3)控制器

控制器能对蓄电池的充、放电条件加以规定和控制,并按照负载的电源需求控制太阳能电池组件和蓄电池对负载输出电能。它是整个系统的核心控制部分。随着太阳能光伏产业的发展,控制器的功能越来越强大,有将传统的控制部分、逆变器以及监测系统集成的趋势[60]。

4)逆变器

由于太阳能电池方阵和蓄电池组发出的是直流电,当负载是交流负载时,那么就要使用逆变器将直流电转化为负载需要的交流电[61]。

逆变器的基本要求是:①能输出一个电压稳定的交流电。无论输入电压出现波动,还是负载发生变化,它都要达到一定的电压稳定精度,静态时一般为±2%。②能输出一个频率稳定的交流电。要求该交流电能达到一定的频率稳定精度,静态时一般为±0.5%。③输出的电压及其频率在一定范围内可以调节。一般输出电压可调范围为±5%,输出频率可调范围为±2Hz。④具有一定的过载能力。一般能过载125%～150%。当过载150%时,应能持续30s;当过载125%时,应能持续1min及以上。⑤输出电压波形含谐波成分应尽量小。一般输出波形的失真率应控制在7%以内,以利于缩小滤波器的体积。⑥具有短路、过载、过热、过电压、欠电压等保护功能和报警功能。⑦启动平稳,启动电流小,运行稳定可靠。⑧换流损失小,逆变效率高。一般应在85%～90%。⑨具有快速的动态响应[62-64]。

5)防反充二极管

防反充二极管又称阻塞二极管。其作用是避免由于太阳能电池组件在阴雨天和夜晚不发电时,或出现短路故障时,蓄电池组通过太阳能电池方阵放电。它串联在太阳能电池方阵电路中,起单向导通的作用。要求其能承受足够大的电流,而且正向电压降要小,反向饱和电流要小。一般可选用合适的整流二极管。

6)测量设备

太阳能光伏发电系统,需对蓄电池电压、充放电电流、太阳辐射、环境气温等参数进行测量,有些系统甚至还需要进行远程数据传输、数据打印和遥控功能。这就要求为太阳能光伏发电系统配备测试仪表、数据采集系统和微机监控系统。

4. 太阳能光伏发电系统的主要应用

太阳能光伏发电系统按接入公共电网的方式可分为离网运行和联网运行两大类。未与公共电网相联接的太阳能光伏发电系统称为离网太阳能光伏发电系统,又称独立太阳能光伏发电系统,与公共电网相联接的太阳能光伏发电系统称为联网太阳能光伏发电系统[65]。

1)离网太阳能光伏发电系统

离网太阳能光伏发电系统根据用电负载的特点,可分为直流系统、交流系统和交直流混合系统等,如图 6-5-29 所示。

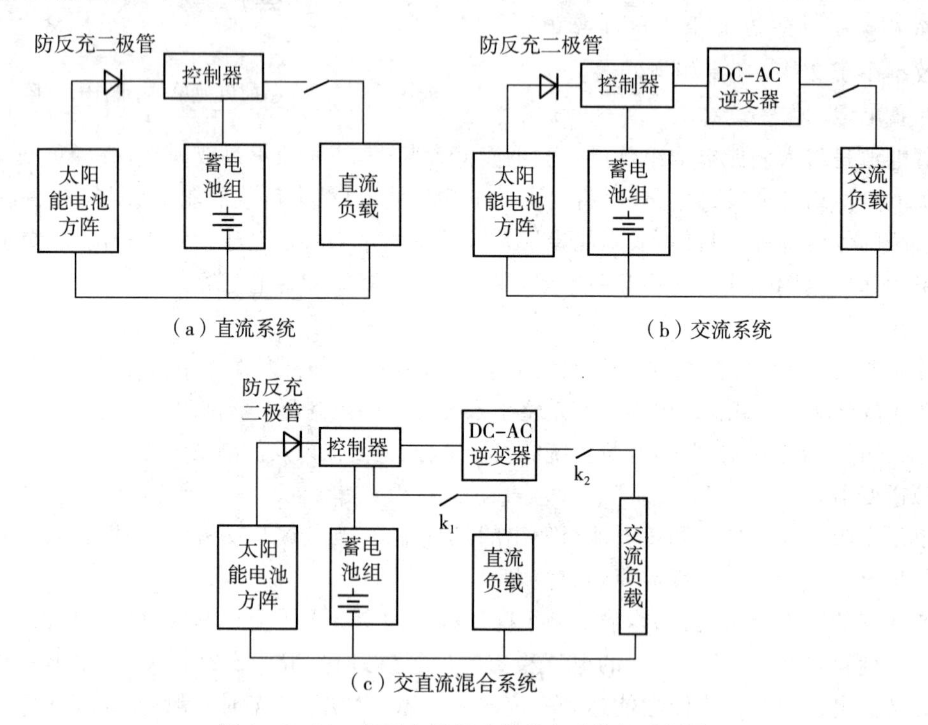

图 6-5-29 离网太阳能光伏发电系统组成框图

离网太阳能光伏发电系统主要应用于远离公共电网的无电地区和一些特殊场所,如为公共电网难以覆盖的边远偏僻农村、牧区、海岛、高原、沙漠的农牧渔民提供照明、看电视、听广播等基本生活用电,为通信中继站、沿海与内河航标、输油输气管道阴极保护、气象台站、公路道班以及边防哨所等特殊场所提供电源[66]。

2)联网太阳能光伏发电系统[67-70]

联网太阳能光伏发电系统可分为集中式大型联网光伏系统(也称为大型联网光伏电站)和分散式小型联网光伏系统(也称为住宅联网光伏系统)两大类型。

大型联网光伏电站的主要特点是所发电能被直接输送到电网上,由电网统一调配向用户供电。建设这种大型联网光伏电站,投资巨大,建设期长,需要复杂的控制和配电设备,并要占用大片土地,同时发电成本目前比市电要贵,因此发展不快。

住宅联网光伏系统,特别是与建筑相结合的住宅屋顶联网光伏系统,如图 6-5-30 所示,因建设容易,投资不大,因此发展迅速。住宅联网光伏系统的主要特点是所发的电能直接分配到住宅的用电负载上,多余或不足的电力通过联接电网来调节。

住宅联网光伏系统可分为有逆流系统和无逆流系统两种形式。无逆流系统,如图 6-5-

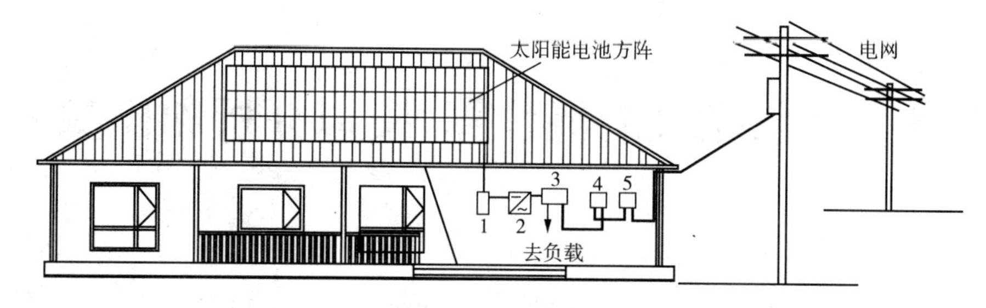

图 6-5-30　典型住宅联网光伏系统示意图

1—接线箱；2—联网逆变器；3—配电箱；4—电表(向电网输出)；5—电表(从电网引入)

31 所示，是指光伏系统的发电量始终小于等于负载的用电量，电量不够时由电网提供。有逆流系统，如图 6-5-32 所示，当光伏系统的发电能力小于等于负载的用电量时，电力不足部分由电网提供；当光伏系统的发电能力大于负载的用电量时，光伏系统产生的剩余电力送至电网，此时电流方向与电网的供电方向相反，故称逆流。由于住宅光伏系统的发电量受天气和季节的影响，而负载用电又有时间的区分，为保证电力平衡，一般均设计成逆流系统。

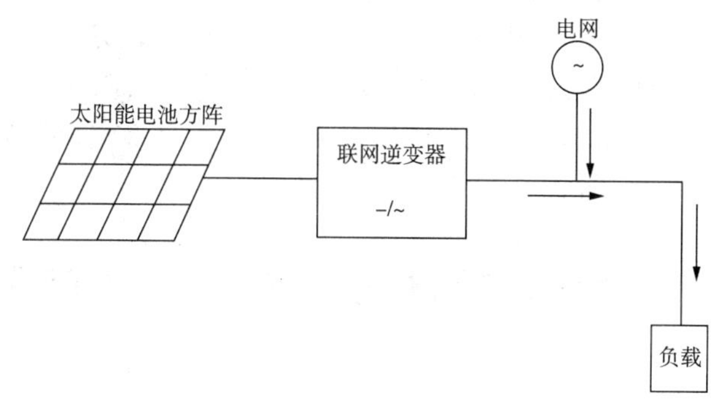

图 6-5-31　无逆流系统

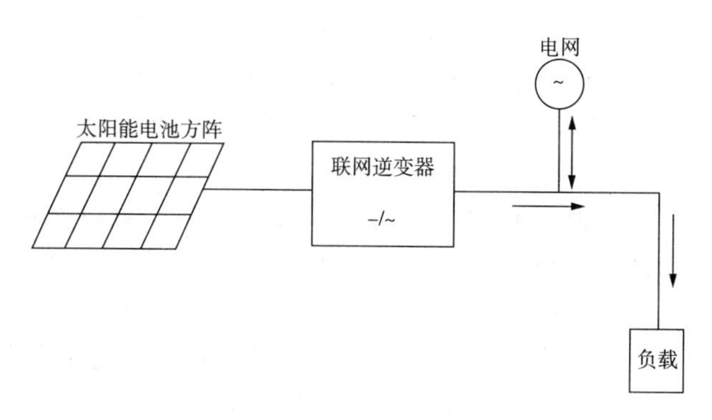

图 6-5-32　有逆流系统

联网太阳能光伏发电系统是太阳能光伏发电进入大规模商业化发电阶段、成为电力工业组成部分之一的重要方向，是当今世界太阳能光伏发电技术发展的主流趋势。特别是光伏电池与建筑相结合的联网屋顶太阳能光伏发电系统，是众多发达国家竞相发展的热点，发展迅速，市场广阔，前景诱人。

第7章 绿色建筑能耗计算、模拟分析和检测方法

7.1 概 述

建筑能耗和空调能耗计算是根据被称为“空调之父”的美国人 Willis · H · Carrier 于1911年发表的合理温湿度公式和绝热饱和理论建立的。1940年前后，稳态传热计算为房间负荷计算的主要方法。1946年美国的科学家 C · O · Mackey 和 L · T · Wight 发表当量温差法，用室外气温和太阳辐射的 Forier 级数展开式作为墙体导热方程的边界条件求解传热量，再用稳定传热量形式来简化，得出当量温差的概念，并以此为计算负荷。此后当量温差法成为美国和西方国家的主要计算方法。与此同时，在20世纪50年代初，苏联学者提出了谐波分解方程，并用衰减度和延迟时间来表示[1]。1967年加拿大的 D. G. Stephenson 和 GP. Mitalas 发表了反应系数法，即为 ASHRAE 所接纳。后由于计算机技术的飞速发展，反应系数法与计算机的结合产生了能耗模拟计算程序 DOE-2 (Department of Energy-version 2)。

7.2 建筑能耗分析方法与计算模拟软件

7.2.1 能耗分析方法介绍

现今从 ARSHRAE 公布的建筑能耗计算法来看可分为两大类：一类是计算机模拟计算法，如 DOE-2、BLAST、DEROB(Dynamic Energy Response of Bridge)、BLDSIM、TBAP (Thermal Bridge Analyzes Program)、TRACE 等；另一类是可以用简单计算器进行的计算法，包括度日数法、当量峰值小时数法、温度频率(Bin)法等。

能耗分析方法又可划分为全年(或季节)总能耗分析法和设计日能耗分析法：

(1)全年(或季节)总能耗分析法。分为简化算法和动态反应法：简化算法包括度日法、当量峰值小时数法、温度频率(Bin)法、负荷频率法等；动态反应系数法是基于反应系数法、状态空间法等理论所开发的计算机应用程序，对建筑全年逐时能耗进行分析。

(2)设计日能耗分析法。包括反应系数法、冷负荷系数法等。

7.2.2 建筑全年(或季节)总能耗分析方法

1. 简化算法

建筑能耗简化计算方法的主要用途是计算空调系统全年(或季节)的总能耗量。目前常用的主要有以下几种：

1)度日数法

度日数的定义是每日平均温度与规定的基准温度的差值乘以天数。因此，某一天的度

日数就是该天的日平均温度与基准温度的差值，即

$$D = t_{\mathrm{j}} - t_{\mathrm{pj}} \tag{7-2-1}$$

式中：D—— 度日数，℃·d；

t_{j}—— 基准温度，℃；

t_{pj}—— 日平均温度，℃。

对于一个月和全年分别有：

$$D_{\mathrm{y}} = \sum_{i=1}^{m} (t_j - t_{pj}) \tag{7-2-2}$$

$$D_{\mathrm{n}} = \sum_{i=1}^{12} (t_j - t_{pj}) \tag{7-2-3}$$

式中：D_{y}—— 月度日数，℃·d；

D_{n}—— 年度日数，℃·d。

根据公式(7-2-1)～公式(7-2-3)就可以统计出相应的度日数。

供暖度日数法是以采暖期的室内外温度差乘以采暖天数。如进行供暖总能耗量的估算，可从相应的手册中查取供暖天数、供暖期室外的平均温度求得。

2）当量峰值小时数法

该法是用于估算空调运行期能耗的简捷计算方法。

在建筑物的空调负荷中，新风负荷是根据新风量与室内外空气焓差计算的，一般说，这类计算只需室内外空气的逐时湿球温度差数据即可。如果室内参数设定，新风负荷值就只与室外空气湿球温度有关，这样，运行期由新风负荷构成的空调能耗计算只需要具备湿球温度频率数据就够了。

如果把运行期的总新风负荷值除以设计工况（峰值）时的新风负荷值，所得到的就是当量峰值小时数。因此，如果有各室内湿球温度设计值时的当量峰值小时数 τ_{s}，那么运行期新风负荷引起的空调能量需要量就可以很快算出。计算公式如下：

$$Q_{\mathrm{s}} = q_{\mathrm{s}} \cdot \tau_{\mathrm{s}} \tag{7-2-4}$$

式中：Q_{s}—— 运行期的总新风负荷，kW·h；

q_{s}—— 设计工况时的新风负荷，kW；

τ_{s}—— 当量（湿球温度）峰值小时数，h。

至于由建筑得热引起的负荷，假定只与室内外干球温度差成正比，这对有较好遮阳设施的空调建筑物不会有很大的误差，因任意特定的室内温度都有一个相应的当量（干球温度）峰值小时数，所以利用它就可以计算出运行期的建筑负荷总量：

$$Q_{\mathrm{g}} = q_{\mathrm{g}} \cdot \tau_{\mathrm{g}} \tag{7-2-5}$$

式中：Q_{g}—— 运行期的建筑负荷总量，kW·h；

q_{g}—— 峰值条件时的建筑负荷，kW；

τ_{g}—— 当量（干球温度）峰值小时数，h。

以上两种负荷是与室内外气象条件有关的变化负荷，可以用相应的当量峰值小时数予以计算。对于空调负荷中的瞬变负荷，如人体、照明、设备等则可根据设计条件进行计算，把以上两种负荷累加就得到建筑物空调运行期的总负荷了。

3）温频法（Bin 法）[2]

Bin 方法，全称为温度频率法，是将室外干球温度以一定的间隔，分为若干干球温度区间，以每一干球温度区间中心温度来计算该区间的能耗，将计算结果乘以各温度区间出现的小时数，累加即可得出全年能耗量。

空调系统的容量是根据设计负荷（或称高峰负荷）选定的，但设计负荷在一年中出现较少，大部分时间处于部分负荷条件下。Bin 方法首先根据某地气象参数，统计出一定间隔的温度段各自出现的小时数，并找出四个与建筑能耗有关的代表温度。

（1）高峰冷负荷温度（Peak Cooling，T_{pc}）：该地区最高温度段的代表温度。

（2）中间冷负荷温度（Intermediate Cooling，T_{ic}）：该地区需要供冷的最低温度段的代表温度。

（3）中间热负荷温度（Intermediate Heating，T_{ih}）：该地区开始供暖的温度段代表温度。

（4）高峰热负荷温度（Peak Heating，T_{ph}）：该地区最低温度段的代表温度。

假定围护结构负荷、新风、渗透风负荷都与室外干球温度有着线性关系，则可分别进行日射负荷、传导负荷、内部负荷、新风（渗透风）负荷的计算。

4）负荷率法[1]

负荷率法在考虑负荷 $L(\tau)$ 随时间变化时，可把它按影响因素的不同分为三部分。

（1）与室外空气干球温度变化有关的负荷，包括由围护结构传热和太阳辐射等引起的负荷，记作 $L_1(\tau)$。假定它与室内外干球温度差成正比，则

$$L_l(\tau)=\frac{t_0(\tau)-t_i}{t_0-t_i}\times L_{1-\mathrm{des}} \tag{7-2-6}$$

式中：t_0，t_i—— 室外、室内设计干球温度；

$t_0(\tau)$——τ 时刻室外干球温度；

$L_{1-\mathrm{des}}$—— 设计条件下的 $L_1(\tau)$。

（2）与室外空气湿球温度变化有关的负荷，主要是换气用室外新风负荷，记作 $L_2(\tau)$。假定它与室内外湿球温度差成正比。则

$$L_2(\tau)=\frac{t_{\mathrm{ow}}(\tau)-t_{\mathrm{iw}}}{t_{\mathrm{ow}}-t_{\mathrm{iw}}}\times L_{2-\mathrm{des}} \tag{7-2-7}$$

式中：t_{ow}，t_{iw}—— 室外、室内设计湿球温度；

$t_{\mathrm{ow}}(\tau)$——τ 时刻室外湿球温度；

$L_{2-\mathrm{des}}$—— 设计条件下的 $L_2(\tau)$。

（3）内部负荷，包括室内设备、照明、人员散热产生的负荷，记作 L_3。假设与室外空气参数变化无关，且在运行期间不随时间 τ 改变。则

$$L(\tau)=L_1(\tau)+L_2(\tau)+L_3 \tag{7-2-8}$$

定义负荷率 $LR(\tau)$ 为任一时刻负荷与设计负荷之比，则

$$LR(\tau)=L(\tau)/L_{des} \tag{7-2-9}$$

将公式(7-2-6)、公式(7-2-7)、公式(7-2-8)代入公式(7-2-9)得：

$$LR(\tau)=K_1\frac{t_0(\tau)-t_i}{t_0-t_i}+K_2\frac{t_{ow}(\tau)-t_{iw}}{t_{ow}-t_{iw}}+K_3 \tag{7-2-10}$$

式中：$K_1=L_{1-des}/L_{des}$，$K_2=L_{2-des}/L_{des}$，$K_3=L_3/L_{des}$，即为设计条件下各部分负荷在总负荷中所占的份额，且 $K_1+K_2+K_3=1$，其数值可根据建筑物的条件参考有关手册提供的资料确定。

在运行期间内利用方程(7-2-10)做逐时负荷率计算，再将负荷率以一定的间隔划分，统计发生的小时数，就可以获得负荷的延时分布特性。

此种方法不像Bin方法那样统计室外干球温度区间段发生的频率，而是直接计算逐时负荷率，统计负荷率区间段发生的频率，故称之为负荷率法。

2. 动态反应法

利用计算机程序，可以模拟在变化的室外参数的作用下建筑物空间中的逐时负荷。建筑能耗模拟程序在算法上多采用反应系数/传递函数法，也有采用有限差分或有限元等数值方法。在过去发表的关于模拟程序的文章中，都谈到模拟程序受计算机的限制较大，但近年来，随着计算机技术的飞速发展，计算机便足以完成模拟程序的运算，这个问题已不复存在。模拟程序的使用一般较为复杂，难于被一般工程技术人员掌握和应用，但这是保证计算准确的前提。

各国根据自己的特点及要求编制了建筑能耗模拟程序，如美国的DOE-2、DEROB、BLAST、NBSLD、NECAP；日本的HASP；瑞典的BKL、JULOTTA；英国的Energy 2、Seri-Res；芬兰的TASE；法国的CLIM 2000；国内的VCD(重庆建筑大学田胜元、李百战在HASP/ACLD基础上修改补充而成)、EHL、建筑工程软件包暖通空调软件中的空调负荷计算程序BDP/HVAC/ACL，BTP、DEST[2-6]等。

7.2.3　设计日能耗分析法

各种不同的建筑物冷热负荷计算方法的差别主要集中在空调负荷计算的两个步骤上：一是如何计算外墙或屋顶的传热(平壁热力系统)；二是如何计算围护结构的蓄热作用，即区分得热和负荷的问题(房间热力系统)。

对平壁热力系统采取不同的处理方法，就产生了不同的围护结构传热计算方法。

1. 反应系数法

1967年加拿大人D·G·Stephenson提出了反应系数法，该方法目前在我国应用较少。

反应系数法不再构造连续函数，不采用衰减和延迟的概念进行墙体的非稳态传热分析，而是利用拉普拉斯变换和反变换，并将现代控制论引入其中，将墙体视为一个热力系统，把室外空气综合温度离散为等时间间隔的、按时间序列分布的等腰三角波单位扰量，求解墙体对等腰三角波扰量的反应。然后利用叠加原理，将每一个三角波扰量所引起的热流变化按卷积原则进行叠加，得出整个墙体的热反应。当墙体的一侧有一单位(1℃)等腰三角波扰量

作用时，从计算时刻起，通过单位面积墙体逐时传入室内的热量称为传热反应系数，通常用 $Y(j)$ 表示，如图 7-2-1 所示。当以 24 小时为周期的周期性传热反应系数 $Y^*(j)$ 为已知时，墙体的逐时传热量可以通过公式(7-2-11) 求出。反应系数法的核心是求解传热反应系数 $Y(j)$ 和周期传热反应系数 $Y^*(j)$，这些传热反应系数同样体现墙体的热工性能[7-10]。

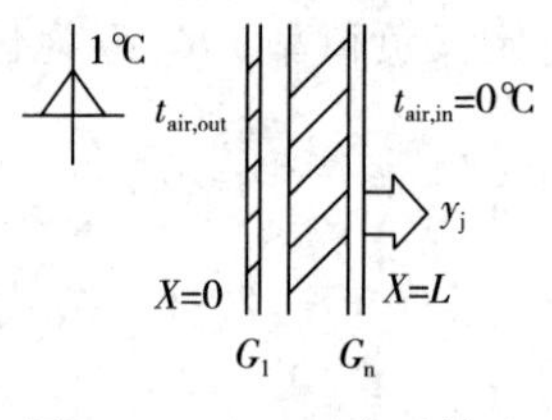

图 7-2-1　反应系数法

$$Q(n)=\sum_{j=0}^{23}Y^*(j)\left[t_{\mathrm{air,out}}(n-j)-t_{\mathrm{air,in}}\right] \tag{7-2-11}$$

一维单层均质墙体的非稳态导热微分方程及其边界条件如公式(7-2-12) 所示，其板厚为 l、导热系数为 λ、导温系数为 α，墙体外表面边界条件拉氏变换后温度和热流可表示为 $T(0,s)$ 和 $Q(0,s)$，墙体内部拉氏变换后温度和热流可表示为 $T(0,s)$ 和 $Q(0,s)$，s 为复数($S=\sigma+i\omega$)。

$$\begin{cases}\dfrac{\partial t(x,\tau)}{\partial \tau}=a\dfrac{\partial^2(x,\tau)}{\partial x^2}(0<x<l,\tau>0)\\ q(x,\tau)=-\lambda\dfrac{\partial t(x,\tau)}{\partial x}(0<x<l,\tau>0)\\ t(x,0)=0\end{cases} \tag{7-2-12}$$

上述微分方程对空间变量 x 和时间变量 τ 进行拉氏变换后可以得到如下代数方程组的矩阵表达式：

$$\begin{bmatrix}T(l,s)\\Q(l,s)\end{bmatrix}=\begin{bmatrix}1 & -\dfrac{1}{\alpha_{\mathrm{in}}}\\0 & 1\end{bmatrix}\begin{bmatrix}\mathrm{ch}\left(\sqrt{\dfrac{s}{a}}l\right) & -\dfrac{\mathrm{sh}\left(\sqrt{\dfrac{s}{a}}l\right)}{\lambda\sqrt{\dfrac{s}{a}}}\\ -\lambda\sqrt{\dfrac{s}{a}}\mathrm{sh}\left(\sqrt{\dfrac{s}{a}}l\right) & \mathrm{ch}\left(\sqrt{\dfrac{s}{a}}l\right)\end{bmatrix}\begin{bmatrix}1 & -\dfrac{1}{a_{\mathrm{out}}}\\0 & 1\end{bmatrix}\begin{bmatrix}T(0,s)\\Q(0,s)\end{bmatrix} \tag{7-2-13}$$

公式(7-2-13) 中右侧第二方阵与墙体的输入输出参数无关，即和壁板两侧的温度和热流无关，仅表示单层均质墙体本身的热力特性，可记为：

$$[\boldsymbol{G}_i]=\begin{bmatrix}\boldsymbol{A}_i(s) & -\boldsymbol{B}_i(s)\\ -\boldsymbol{C}_i(s) & \boldsymbol{D}_i(s)\end{bmatrix} \tag{7-2-14}$$

因此多层板壁(即复合墙体) 进行拉氏变换后所得到代数方程组的矩阵表达式为：

$$\begin{bmatrix}T(l,s)\\Q(l.s)\end{bmatrix}=\begin{bmatrix}1 & -\dfrac{1}{\alpha_{\mathrm{in}}}\\0 & 1\end{bmatrix}[\boldsymbol{G}_n]K[\boldsymbol{G}_2][\boldsymbol{G}_1]\begin{bmatrix}1 & -\dfrac{1}{\alpha_{\mathrm{out}}}\\0 & 1\end{bmatrix}\begin{bmatrix}T(0,s)\\Q(0,s)\end{bmatrix} \tag{7-2-15}$$

理论求解多层板壁传热反应系数 $Y(j)$ 的基本步骤概括如下。

① 构造多层板壁拉氏变换后的传递矩阵并简化为单一矩阵：

$$\begin{bmatrix} \boldsymbol{A}(s) & -\boldsymbol{B}(s) \\ -\boldsymbol{C}(s) & \boldsymbol{D}(s) \end{bmatrix} = \begin{bmatrix} 1 & -\dfrac{1}{\alpha_{\text{in}}} \\ 0 & 1 \end{bmatrix} [\boldsymbol{G}_n] K [\boldsymbol{G}_2][\boldsymbol{G}_1] \begin{bmatrix} 1 & -\dfrac{1}{\alpha_{\text{out}}} \\ 0 & 1 \end{bmatrix} \tag{7-2-16}$$

② 令 $B(s)=0$ 求解该超越方程的根值 α_i：

③ 求解拉普拉斯反变换的系数 β_i：

$$\beta_i = -\frac{1}{S^2 B'_i(s)}\bigg|_s = -\alpha_i \tag{7-2-17}$$

④ 将 α_i、β_i 代入公式(7－2－18)～公式(7－2－19)即可计算出离散型传热反应系数 $Y(j)$。

$$Y(0) = K + \sum_{i=1}^{\infty} \frac{\beta_i}{\Delta\tau}(1 - e^{-\alpha_i \Delta\tau})\ j = 0 \tag{7-2-18}$$

$$Y(j) = -\sum_{i=1}^{\infty} \frac{\beta_i}{\Delta\tau}(1 - e^{-\alpha_i \Delta\tau})^2 e^{-(j-1)\alpha_i \Delta\tau} \quad j \geqslant 1 \tag{7-2-19}$$

在室外逐时空气温度波 $t_{\text{air,out}}(\tau)$ 作用下，n 时刻复合墙体的逐时传热量可以表示为(室内空气温度 $t_{\text{air,in}}$ 为常数)：

$$Q(n) = \sum_{j=0}^{\infty} Y(j) t_{\text{air,out}}(n-j) - K t_{\text{air,in}} \tag{7-2-20}$$

上述公式计算墙体的逐时传热量时采用的反应系数 $Y(j)$ 项数越多计算结果越精确，但将使计算机存储容量增大、计算时间延长，因此实际工程设计计算一般计算采用周期传热反应系数 $Y^*(j)$(周期为 24 小时、$Y(j)$ 取 24 项)予以简化。

2. 冷负荷系数法

冷负荷系数法是一种建立在 Z 传递函数基础上的适宜于工程应用的简化手算方法。该方法把得热计算和冷负荷计算两步合并成一步，通过冷负荷温度与冷负荷系数直接从各种扰量求得分项逐时冷负荷。当计算建筑物空调负荷时，可按条件查出相应的冷负荷温度与冷负荷系数，用稳定传热公式即可算出经围护结构传入热量所形成的冷负荷和日射得热形成的冷负荷[13]。

该方法已成为国内应用最为广泛的工程实用计算方法之一。

3. 谐波反应法[14]

谐波反应法主要是基于 20 世纪 50 年代苏联的计算方法，至今仍是国内暖通空调领域进行墙体非稳态导热问题计算的主要方法。谐波反应法计算墙体得热是将室外空气综合温度看成是以 24 小时为周期的不规则周期函数，先将室外空气综合温度的离散数据转化为傅立叶级数(一般取 3 阶谐波已足以满足实际工程的计算精度)，然后分为以下两部分进行墙体得热计算：

(1) 室外空气平均综合温度与室内空气温度之差所造成的传热量；

(2) 由于室外综合空气温度波动的幅值引起墙体内表面的波动所产生的附加传热量。

如果假定外扰(通常是室外综合温度,即包括太阳辐射,室外气温,外表面吸收系数和换热系数等)呈简谐变化(即出现某种周期性稳定状态):

$$t(\tau) = A\cos\omega\tau \tag{7-2-21}$$

或者由若干个简谐变化叠加而成:

$$t(\tau) = \sum_{n=1}^{m} A_n \cos(n\omega\tau + \varphi_n) \tag{7-2-22}$$

利用谐波的性质,使用分离变量法解方程(7-2-21)可以求得通过外墙的热流:

$$q(\tau) = \sum_{n=1}^{m} B_n A_n \cos(n\omega\tau + \varphi_n + \psi_n) \tag{7-2-23}$$

用谐波法进行墙体传热计算是建筑热工的经典方法,概念比较清晰,工程人员比较熟悉。但这个方法的前提条件是周期性稳定状态。这对于选择设备用的设计负荷计算是可以的,因为设计负荷通常是假定一个极端的气象条件连续重复出现若干天;但对于运行负荷计算、逐时的能量分析,要用到逐时实际气象记录,谐波法就要大费周折,或者要从气象参数的选择上另找出路了。

7.2.4 常用建筑能耗软件

1. 建筑能耗模拟软件

研究建筑结构、能耗及 *HVAC*(*Heating Ventilating and Air Conditioning*)采暖通风与空调;系统之间的动态作用,均是采用模块化的思路,开发出各类模拟软件。*Hensen*(1991)将整个建筑系统及其各部分之间的相互作用作了概括,建筑整体系统的一般结构如图 7-2-2 所示。图中方块代表系统中的各个部件,带箭头的实线表示热质交换;虚线为信号线,表示各部件的相互作用。

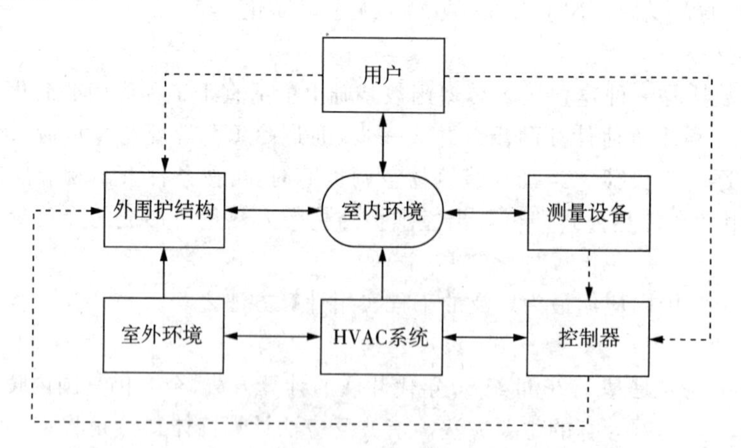

图 7-2-2 建筑整体系统的一般结构

根据这一普遍结构,模拟软件主要可以分为五类,每一类对应系统中的一个主要部件,描述该部件的规律和特性。随着模拟软件的不断完善与发展,许多软件常常兼具多种功能。以系统中某一部件为研究对象的统称为基于部件的软件,以整个系统为研究对象,把对各个部件的描述都包括其中的软件称为基于系统的软件[15]。

基于描述的对象不同，将模拟软件分为以下五类：①整体系统模拟软件；②建筑外围护结构模拟软件；③室内环境模拟软件；④室外气候模拟软件；⑤*HVAC*系统模拟软件。

2. 整体系统模拟软件

整体系统模拟软件是以系统为研究对象，其目的是为了对系统的整体特征进行再现、评估和控制，主要强调的是系统的整体控制和经济性分析。这类软件大致可分为整体能量模拟软件和建筑负荷计算软件。前者包括 *ASEAM*，*BLAST*，*DOE-2*，*TARP*，*TRNSYS*，*HOME ENERGYSAVER* 等，后者有 *LOADCALC PLUS*，*SYSTEM ANALYZER* 和 *RIGHT-SUITE RESIDENTIAL FOR WINDOWS* 等。表 7-2-1 列出了运用最广的整体系统软件的主要功能。

表 7-2-1 整体系统软件的主要功能[16-19]

	适用范围	优点	缺点
DOE-2 美国能源部	适用各类住宅建筑和商业建筑	详细的建筑能耗；逐时能耗分析；逐时分析报告；可处理结构和功能较为复杂的建筑	DOS下操作界面，输入较为麻烦，须经过专门的培训；对专业知识要求较高
BLAST 伊利诺斯大学研发	工业供冷，供热负荷计算，建筑空气处理系统以及电力设备逐时能耗模拟	输入文件可由专门的模块HBLC在Windows操作环境下输入，也可在记事本中直接编辑	对专业知识和工程实际有较深刻的理解才能设计出符合要求的模型
Energy Plus 美国能源部	多区域气流分析，太阳能利用方案设计及建筑热性能研究	简单的ASCII输入、输出文件；电子数据表的分析；即时的关键词解释	Energy Plus对建筑的描述简单，输出文件不够直观，须经过电子数据表作进一步处理
ESP-r 英国斯特拉思克莱德大学	能耗模拟，复杂布局的住宅建筑和商业建筑	内置CAD绘图插件，或者直接导入CAD文件，HVAC系统的详细描述；可模拟和分析当前比较前沿或创新技术	较强的专业知识，须对专业知识有较深入的理解

以下是对几种功能较全和应用较广的软件的简单介绍。

1）DOE-2

DOE-2是由美国能源部主持，劳伦斯贝克利国家实验室（LBNL）研究开发。它是目前世界上最详尽、应用最广的建筑能耗动态模拟软件。主要提供整幢建筑的逐时能量分析，用以计算系统运行过程中的能效和总费用。可用来分析一个设计方案或一项新技术的能量利用效率。目前还有很多基于DOE-2上开发的软件，比如VisualDOE、eQUEST、PowerDOE[20]等。

eQuest＝“DOE-2.2”＋Wizards＋Graphics是在美国能源部（U.S. Department of Energy）和电力研究院的资助下，由美国劳伦斯伯克利国家实验室（LBNL）和J. J. Hirsch及其联盟（Associates）共同开发[21]，是一款基于DOE-2基础上开发的建筑能耗分析软件，它允许设计者通过设计向导进行多种类型的建筑能耗模拟，并且向设计者提供了建筑物能耗经济分析、日照和照明系统的控制以及通过从列表中选择合适的测定方法自动完成能源利用效率。软件还可根据季节进行时间设置。开发该软件的主要目的就在于让逐时能耗模拟能够为更多的设计人员更方便的应用。

eQuest 最初只为加利福利亚州开发，却得到了世界各地的反馈。eQuest 简化了 DOE-2 建模的过程，具有以下特点[22-28]。

(1)8760 小时全年能耗模拟，并在 DOE-2 的基础上作了大量的优化：特定的工作日类型，每一个 season 里可设置 3 种工作日(周一到周五，周日，节假日)，可最多设置 52 个 season；

(2)支持多种类型的气象参数，TMY，TMY2，TRY，CTZ，CTMY，WYEC，WYEC2 等；

(3)具有多种定义能源价格的方式，分时定价，按容量定价，统一定价等；

(4)导入 *.dwg 文件，简化建模的过程，可以成为 HVAC 的设计工具；

(5)能够模拟一些特殊的空调系统：地源热泵系统、水侧变流量系统、双风机双风管变风量系统(Dual-Fan Dual-Duct VAV systems)。

这款软件的主要特点是为 DOE-2 输入文件提供了向导。用户可以根据向导的指引写入建筑描述的输入文件。同时，软件还提供了图形结果显示的功能，用户可以非常直观地看到输入文件生成的二维或三维的建筑模型，并且可以查看图形的输出结果。目前该软件为全英文版，单位为英制单位，没有比较成熟的汉化版本。

2)ASEAM

ASEAM 是一种简化了的能量分析方法，用于对建筑中的节能潜力及能量利用效率进行评估。其结果与 DOE-2 的年度能量统计结果相差 4%～5%。软件中包含了快速的输入程序，能够在 10 秒内完成对一幢 10,000 平方英尺(929.03 平方米)建筑的计算，这是 DOE-2 所不及的。在 5.0 版本中能自动生成 DOE-2 的输入文件。ASEAM 是以 C 语言编程的，需要输入的信息包括：建筑类型和地理位置，结构尺寸，窗墙比，使用时间安排，楼层和中央空调系统及设备。输出结果为：技术改进后的月平均和年平均能量，考虑到系统内部各部分的相互影响，这些结果已经用参数分析法进行了最优化。

3)BLAST

BLAST 可对建筑、空气处理系统和中央空调机组进行模拟，使机械和建筑工程师能对建筑的能量需求做出准确的预算。在 BLAST 建立在热平衡基础上的分区模型中，进行了按工业标准的冷热负荷计算，其输出结果可用在 LCCID(设计的生命周期成本)软件中，以分析建筑/系统/设备设计方案的经济性。FORTRAN 是该软件的编程语言。

4)TARP

TARP 是一个热分析研究程序，它能给出整幢建筑每小时的热分析；计算所需能量和建筑空间里的温度偏差。计算在敞开型建筑中由于烟囱效应而产生的门窗空气渗透和室内空气流动。TARP 在进行太阳能研究时效果很好。常被用来研究不考虑空气处理系统影响时的建筑热效应。输入文件中包含的信息有：建筑的各个部分和材料、运行时间表、建筑表面结构、建筑地理位置及朝向、设计室外气象参数或标准气象参数。输出包括：用户指定的仿真变量每小时、每天、每月或是每年的数据统计结果。

5)TRNSYS

TRNSYS 是一个模块化的系统模拟软件。系统中包括很多常见的部件，程序中有处理输入气象参数、处理其他输入时的函数以及输出模拟结果的子程序。在进行 HVAC 系统和控制系统分析,太阳能利用方案设计以及建筑热性能研究时,TRNSYS 都能很好地解决有关的问题。该软件通过系统的图形可以得到所需的输入信息:建筑物的输入、系统中各个部件的特性和这些部件结合的方式以及独立的气象参数(由子程序给出)。而输出包括:生命周期成本;每月、每年的数据结果及相应的统计直方图;所需的变量变化图(随时间的变化)。这里的编程语言也是 FORTRAN。

6)BEEM

BEEM 用于建筑能耗的动态模拟,比较评价不同设计方案对建筑能耗的影响。利用它可进行建筑的全年能耗评估、峰值温度预测、冷热负荷计算等。也可以进行逐时传热量计算、空气流动分析、流体动力学计算、二维或三维传热计算,以及结合以上几方面的综合设计分析。

7)DEST

DEST 是由清华同方下属的研究开发部门研发成功的[29]。它是一个大型的建筑热环境及空调系统分析模拟软件,其功能包括全年逐时的建筑内温度计算、负荷计算、空调机组负荷计算、AHU 设备负荷计算、AHU 设备校核、风、水网水力计算、冷冻站设备选型计算等。DEST 嵌入 AUTOCAD 中,界面可视化,较 DOE-2 更便于设计人员掌握。DEST 软件采用“分阶段设计,分阶段模拟”的设计思想,使设计者在设计中可随时计算所设计的建筑的能耗,随时修改设计,减少返工的可能。目前,新推出的功能更强大的 DEST2.0 版,它不但可以支持更复杂的工程项目,如多建筑、斜墙、回形房间、通层、天窗等,而且增强了建筑热特性分析,如太阳阴影的影响,逐时通风和灵活的热扰设定,夜间的背景辐射等。

3. 建筑外围护结构模拟软件

建筑外围护结构模拟软件也称为围护系统软件,用于模拟建筑围护结构中的热湿传递过程。较常用的有:Physibel,Opaque,FRAME plus,ENVSTD and LTGSTD,见表 7-2-2 所列。

表 7-2-2　建筑外围护结构软件

软件名称	应用方向	编程语言
Physibel	二维或三维的静态及动态热湿传递,包括辐射、对流	C++
Opaque	墙体的热传导,U 值计算	DOS 或 Windows 下运行的 .EXE 文件
FRAME plus	窗户的光学特性,建筑框架结构和各部件的热特性	C
ENVSTD and LTGSTD	给出商业建筑中有关围护系统和照明设备的统一代码	C

4. 室内环境模拟软件

室内环境模拟软件可确定室内的温湿度分布,污染物质扩散以及空气流动情况。此类软件常用的有 IAQ-TOOLS,CONTEM 96,IDA Indoor climate and energy,见表 7-2-3

所列。

表 7－2－3 室内环境软件

软件名称	应用方向	编程语言
IAQ-TOOLS	室内空气品质，建筑的居住情况分析，通风设计方案，污染源控制，气流组织计算	Visual Basic
CONTEM 96	多区域空气流动，通风设计，室内空气品质	C
IDA Indoor climate and energy	商业建筑的能耗特性，热舒适度，室内空气品质	普通的 FORTREAN

5. 室外气候模拟软件

室外的气候条件，尤其是太阳的活动是影响建筑能耗的重要因素。下面几种软件可以进行这方面的模拟，见表 7－2－4 所列。

表 7－2－4 室外气候软件

软件名称	应用方向	编程语言
BinMaker	气象参数	Visual Basic 4.0
Climate Consultant	气候分析，干湿球温度图，生理感觉与气候的相关图	DOS 或 Windows 下运行的 .EXE 文件
ISPE	民用太阳能建筑及太阳能研究，普及太阳能知识的教学参考	N/A
Solacalc	太阳受热，房间及建筑设计，相关的建筑设施	Borland Delphi

6. HVAC 系统模拟软件

描述 HVAC 系统的软件从功能的不同大致可以划分为两类，一种是基于系统的，另一种是基于部件的。前者主要强调 HVAC 系统整体的能耗和经济性分析，如 Cost Works 98，HVACSIM＋，TRACE 600；而后者则针对某些设备和部件（制冷机或水泵等），探讨它们的性能，如 C-MAX，Quik Chill，QuikFan，见表 7－2－5 所列。

表 7－2－5 HVAC 系统模拟软件

软件名称	应用方向	编程语言
Cost Works 98	HVAC 系统能耗及经济性分析，包括供热、制冷系统	Visual Basic
Energy Trainer for Energy Managers HVAC Module	现有建造中 HVAC 系统的运行和维护	Macromedia Aurhorware4，Ms Access 97，SQL
HVACSIM＋	HVAC 设备和系统的控制，能量管理和控制系统	FORTRAN 77
TRACE 600	复杂 HVAC 系统和设备能耗特性，设计方案和技术改进	FORTRAN，C，PASCAL

（续表）

软件名称	应用方向	编程语言
C-MAX	关于泵、风机、制冷机组和压缩机等设备的节能	Visual C++
Quik Chill	制冷机组的技术改进，建筑负荷计算	Visual Basic
Quik Fan	风机、电动机性能 Energy	Visual Basic
Analysis	风机、泵、电动机改进方案，变速驱动	Visual Basic

建筑材料的合理选择，空调设备的优化控制等是实现建筑能耗整体下降的主要措施，但在节能效果评价和对降低建筑能耗方法的具体工作中，需要对建筑物能耗，尤其是全年运行的动态能耗的精确计算。只有这样，才能做到有的放矢，提高建筑节能的效果。计算机的发展和应用创造了建筑动态能耗精确计算的可能性。

使用计算机模拟方法对建筑物能耗进行分析在国外非常普遍，如 H. I. Henderson 使用 FSECII 建筑模拟软件研究了房间各种热参数及空调系统选型对房间建筑能耗的影响。Grenville. K. Yull 和 Eric. D. Werling 使用 BLAST 软件对居住建筑的全年逐时冷负荷进行模拟研究。在建筑初步设计阶段许多国外设计研究机构需要对建筑的能耗情况进行一定的模拟分析工作。

在我国，也有不少专家学者采用软件模拟的方法对建筑能耗问题进行更为深入的研究。中国建筑科学研究院的郎四维与美国 LBNL 的 Joe Huang 合作使用 DOE-2 软件对北京城镇居住建筑的采暖季能耗进行了模拟研究。我国在编制《夏热冬冷地区居住建筑节能设计标准》时，也应用了动态模拟计算软件。同济大学潘毅群院士带领团队等采用能耗模拟软件 eQUEST 对上海市商用建筑建立模型，分析其节能效果。清华大学建筑技术科学系的江亿院士带领团队等开发建筑能耗模拟软件 Dest 软件，并应用于绿色奥运建筑评估体系[30]。

7.2.5 能耗模拟软件 eQUEST 的介绍

在美国能源部（U. S. Department of Energy）和电力研究院的资助下，美国劳伦斯伯克利国家实验室（LBNL）和 J. J. Hirsch 及其合作者（Associates）以 DOE-2.2 为内核，开发出了 eQUEST 能耗模拟软件。该软件在 DOE-2.2 的基础上添加了建模向导（Building Creation Wizard）、能效策略向导（Energy Efficient Measure Wizard）和图形结果显示模块（Graphical Results Display Module）。

1. eQUEST 的结构

eQUEST 由五个部分组成：一个输入翻译程序和四个模拟子程序。四个子程序按次序运行，前一个子程序带着相应于其输入的输出进入下一个子程序。四个子程序中的每一个都可以产生相应于其计算结果的输出报表。eQUEST 结构图，如图 7-2-3 所示。

子程序简要描述如下[31]。

1）BDL——建筑物描述语言处理器

读取由使用者提供的格式灵活的数据并将其翻译成计算机认识的格式。它还可以计算围护结构的瞬时反应系数以及建筑空间的热响应权重系数。

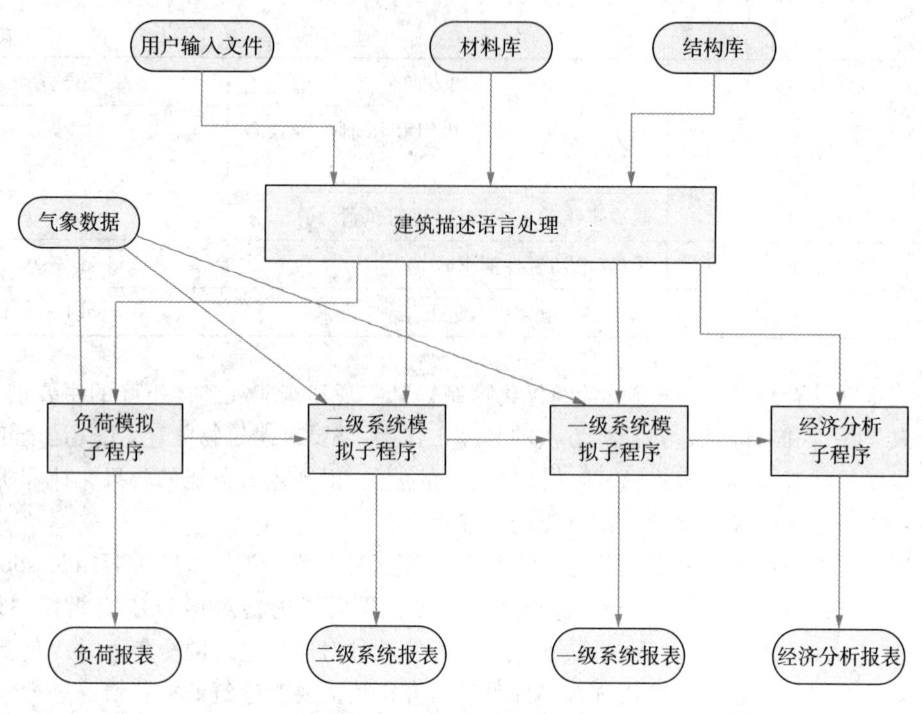

图 7-2-3 eQUEST 结构图

2)LOADS——负荷模拟子程序

每个空间都保持一个由使用者选定的温度,在此条件下,计算冷热负荷的显热及潜热组分。影响 LOADS 的因素有:天气和日射状况,人员、灯光和设备的变化时间表,渗风情况、外墙和屋面的热延迟以及建筑物的遮挡等。

3)SYSTEMS——二级① HVAC 系统模拟子程序

LOADS 计算出的是建筑所需的冷热消耗量。SYSTEM 将在此基础上附加考虑新风负荷、设备运行时间、HVAC 系统控制策略以及室内状态自然变化时的建筑物瞬时反应系数。SYSTEM 的输出是真正需要由采暖空调系统提供的冷热消耗量。

4)PLANT——一级 HVAC 系统模拟子程序

模拟锅炉、汽轮机、制冷机、冷却塔、储油罐等设备满足二级系统冷热盘管负荷的运行过程。PLANT 考虑了一级系统的部分负荷特性曲线,其目的是为了计算建筑物的燃料以及电需求量。

5)ECONOMICS——经济分析子程序

ECONOMICS 计算能量的消耗量。它可以用来比较不同建筑物的能量消耗或者评价一个既有建筑物改造的节能效果。

6)气象参数(Weather Data)

一个地区的气象参数应包括室外干球温度、湿球温度、大气压、风速和风向、云量以及太阳辐射。利用 DOE-2 气象处理程序,可将美国国家气象服务局(U. S. National Weather

① "一级"与"二级"两个词是美国建筑行业的习惯用语,"空气侧"的设备(风机、风管和盘管)归为"二级"系统;而锅炉、制冷机以及其他的能量转换设备称为"一级"系统。

Service)以及其他组织机构提供的原始气象数据，通过其他软件转换成合适 eQuest 应用的格式。

7)数据库(Library)

eQuest 提供建筑材料的各种性能数据，包括墙体材料、分层墙体构造和窗。也可根据实际情况编辑材料性能。

2. eQUEST 的理论基础

1)基本原理

在算法上，eQUEST 采用的是反应系数/传递函数法，这种方法是把计算对象看成是一个线性系统，然后把扰量、反应以及系统的数学模型进行 Laplace 变换，在频域内进行问题求解。

2)权重系数法

eQUEST 中是以权重系数法来求解动态负荷的。权重系数法，又称房间反应系数法，是反应系数/传递函数法的一种简化形式，也是一种比较适合计算机对房间长期负荷进行计算的方法。

eQUEST 中采用权重系数法对负荷计算进行简化处理过程中首先作了两点假设：一是房间热力系统的模拟过程能被表达为线性微分方程。这是因为不同的得热负荷需要分别进行计算，然后才能用线性系统的叠加原理把计算结果相加，最终得到房间的空调负荷。因此，各种非线性过程(例如自然对流和辐射)都必须近似线性化。二是在模拟过程中，影响权重系数的各项系统参数都不是时间的函数，即所模拟的系统是时间不变系统。这就需要这些系统参数值(例如各内表面所接受的太阳辐射分配比)在整个计算周期内用一个平均值表示。第一点假设对于权重系数的使用并没有太大的影响，因为在大多数情况下(包括辐射换热过程)的线性化都能达到所需要的精度要求。而第二个假设则限制了其在一些情况下的运用，如围护结构的各个表面接受太阳辐射的百分比变化较大的房间(太阳房)，以及围护结构的内表面边界层热阻随热流方向和空气速度的变化而变化较大的房间。

在 eQUEST 中包含了两种权重系数：得热权重系数和室温权重系数。

(1)得热权重系数(heat-gain weighting factor)

得热权重系数的定义为：当初始时刻有一单位脉冲得热进入房间时，这个得热所引起的逐时负荷就成为这个房间的一组得热权重系数，记作 $W(j)(j=0,1,\cdots)$，它表征某时刻房间某种得热量在其作用后 j 时刻逐时变成房间负荷的百分比。

得热权重系数的求解，是通过对时域形式的房间热平衡方程进行简化，将对流得热、潜热以及新风负荷得热均设为零，最终化简得到单位辐射扰量作用下的逐时冷负荷，表达式如下：

$$CL_i^R(n)=\sum_{j=0}^{n}W^R(j)\cdot\beta_i^R\cdot HG_i(n-j) \tag{7-2-24}$$

式中：$CL_i^R(n)$ —— 在 n 时刻，第 i 个分项得热的辐射部分形成的负荷；

$W^R(j)$ —— 辐射得热的权重系数；

β_i^R —— 第 i 个得热分项中辐射部分所占的比例；

$HG_i(n-j)$ —— 在 $n-j$ 时刻的第 i 个分项得热。

然后再根据不同得热中辐射分量所占的比例，分别求得各种得热权重系数，即

$$\begin{cases} W_i(0)=W^{R}(0)\cdot\beta_i^{R}\div\beta_i^{C} \\ W_i(j)=W^{R}(j)\cdot\beta_i^{R}(j=1,2\cdots) \end{cases} \quad (7-2-25)$$

对于确定的一个房间，其得热权重系数还取决于辐射得热在室内各个表面的分配比。对于某项得热，欲求其分项负荷时，应先用这个得热的辐射分配比，求解出它的各种房间得热权重系数，然后由下式求得各种得热引起的房间负荷：

$$CL_i(n)=\sum_{j=0}^{\infty}W_i(j)\cdot HG_i(n-j) \quad (7-2-26)$$

式中：$CL_i(n)$—— 在 n 时刻，第 i 个分项得热形成的负荷。

房间得热权重系数 $W(j)$ 数列的 Z 变换式为：

$$W(0)+W(1)\cdot Z^{-1}+W(2)\cdot Z^{-2}+\cdots \quad (7-2-27)$$

该式不容易收敛，约至 20 项时，系数 $W(j)$ 才趋于零。为了减少计算项数，可将上述 Z 变换式改用两个 Z 多项式相除的形式表达，即：

$$W(0)+W(1)\cdot Z^{-1}+W(2)\cdot Z^{-2}+\cdots=\frac{\nu_0+\nu_1Z^{-1}+\nu_2Z^{-2}+\cdots}{1+\bar{\omega}_1Z^{-1}+\bar{\omega}_2Z^{-2}+\cdots} \quad (7-2-28)$$

一般分子分母各取 2 ~ 3 项即可，也就是将其压缩成三项式($\nu_0,\nu_1,\bar{\omega}_1$)或五项式($\nu_0,\nu_1,\nu_2,\bar{\omega}_1,\bar{\omega}_2$)。

最后，根据 Z 传递函数的定义，可写出：

$$\frac{CL(0)+CL(1)\cdot Z^{-1}+CL(2)\cdot Z^{-2}+\cdots}{HG(0)+HG(1)\cdot Z^{-1}+HG(2)Z^{-2}+\cdots}=\frac{\nu_0+\nu_1Z^{-1}+\nu_2Z^{-2}+\cdots}{1+\bar{\omega}_1Z^{-1}+\bar{\omega}_2Z^{-2}+\cdots} \quad (7-2-29)$$

因此，求得冷(热)负荷的计算式(取五项式)为：

$$CL(n)=\nu_0HG(n)+\nu_1HG(n-1)+\nu_2HG(n-2)-\bar{\omega}_1CL(n-1)-\bar{\omega}_2CL(n-2) \quad (7-2-30)$$

对于一个房间，一般会有几组不同的得热权重系数，这主要就是考虑到不同得热中，对流换热得热和辐射得热所占比例各不相同，以及辐射得热中对不同的墙体和家具的辐射分配比不一样。eQUEST 中主要考虑了五种不同来源的瞬时得热：太阳辐射得热、普通照明灯光(general lighting)得热、工作用照明灯(task lighting)得热、人员与设备散热以及墙体的传导得热。

① 日射权重系数

在负荷计算中，所有透射进入房间的日射得热都看作辐射得热(阳光照射在窗玻璃上而被吸收的那部分热量将以对流换热的形式进入房间)，它在室内各个表面的辐射分配比，可以由人为确定(通过 BDL 用关键字 SOLAR-FRACTION 指定)。但是必须注意，在某一个计算周期的负荷计算过程中这个值应是一个固定值，因此必须取整个计算周期内的平

均值。

在计算日射权重系数前还必须考虑房间对日射得热的封闭性问题。这是因为日射得热既然能够进入室内，也就很可能会有一部分能量仍以辐射形式离开房间而不介入房间的得热负荷过程。在 eQUEST 中采用了由 F • Winkelmann 推荐的一个比较简单的算法来考虑这部分能量损失：记整个外墙（包括窗户）的面积为 A，窗玻璃的面积为 A_g，窗玻璃的太阳光学性能为吸收率为 α_g，透射率 τ_g，反射率 ρ_g，除了窗玻璃外其余各表面吸收率为 α（如各表面吸收率不同，取面积的加权平均值）。令

$$\eta = \frac{A_g}{A} \tag{7-2-31}$$

$$\eta' = \eta(1 - \rho_g) \tag{7-2-32}$$

$$N_i = \frac{\alpha_{in}}{\alpha_{in} + \alpha_{out}} \tag{7-2-33}$$

式中：α_{in}—— 窗户内表面的放热系数；

α_{out}—— 窗户外表面的放热系数。

当一单位脉冲的辐射日射得热进入房间后，其中 α 部分被吸收，$1-\alpha$ 部分被反射，通常假设这种反射为漫反射，即这部分反射量被均匀地投射到室内各个表面，那么这部分反射量可分成四部分：

a. 到达窗玻璃表面并透过玻璃逃逸到室外的量为 $(1-\alpha)\eta\tau_g$；

b. 到达窗玻璃表面在透过玻璃时被玻璃吸收的量为 $(1-\alpha)\eta\alpha_g$，其中再次回到房间的热量为 $(1-\alpha)\eta\alpha_g N_i$；

c. 被室内表面再次吸收的量为 $(1-\alpha)(1-\eta'\alpha)$；

d. 被室内表面再次反射的量为 $(1-\alpha^2)(1-\eta')$。

其中第④部分的热量又以上述四种情况重复，这样室内实际从这单位辐射脉冲中获得的热量可以一收敛级数表示，记这级数之和为 f'，则可求得

$$f' = \frac{\alpha + (1-\alpha)\eta\alpha_g N_i}{1 - (1-\alpha)(1-\eta')} \tag{7-2-34}$$

由于表面积和窗玻璃的太阳光学性能是房间的结构参数，所以 f' 是一个确定的系数，它反映了房间保持进入的辐射得热不使它逃逸的能力，又称之为封闭系数[27]。在得热权重系数的求解时，并没有考虑到房间对辐射得热的封闭性能，即当时取 $f'=1$，因此现在计算日射得热时就应该对其进行修正，即 $W'(j) = f'W(j)$。

② 人员和设备散热权重系数

人员的显热散热包括辐射散热和对流散热，其中对流散热部分会立即形成冷负荷，而只有辐射部分才会被墙体或家具吸收形成逐时冷负荷。所以当一单位脉冲的人体显热散热进入房间后，其形成的逐时冷负荷（即人体散热权重系数）为

$$\begin{cases} W_m(0) = W^R(0) \cdot \beta_m^R + \beta_m^C \\ W_m(j) = W^R(j) \cdot \beta_m^R \ (j=1,2,\cdots) \end{cases} \tag{7-2-35}$$

根据 ASHRAE 的推荐，在 eQUEST 中分别取辐射和对流散热的分配比为：$\beta_m^R=0.3$，$\beta_m^C=0.7$。

由于各种设备间的千差万别，若想精确地估算出设备散热中辐射散热和对流散热所占的比例几乎是不可能的，因此在 eQUEST 中也采用了类似的方法取用设备的辐射及对流散热的分配比，即 $\beta_s^R=0.3$，$\beta_s^C=0.7$。

③ 灯光散热权重系数

灯光散热权重系数的计算与人员和设备散热权重系数的计算基本一致，只是在辐射及对流散热的分配比上有所不同。eQUEST 中共提供了四种类型的灯具，对于每一种都定义了不同辐射及对流散热的分配比。另外，由于工作用灯与普通照明灯得热中的辐射分配比差异较大，所以它们可以是分别进行计算的。

灯光辐射中当然也含有短波辐射，但白炽灯中可见光部分的短波辐射只占 10%，荧光灯的短波也只占 20%，有了灯罩之后这部分短波辐射的比例还要减少，而 f' 的值在 0.9～1 之间，因此从窗玻璃照到室外的灯光辐射热充其量也不过 1% ～ 2%，在一般情况下可以认为房间对灯光辐射是封闭的，所以在 eQUEST 中也没有考虑房间对灯光辐射的封闭性问题，即取 $f'=1$。

④ 传导权重系数

eQUEST 在进行墙体传导得热计算时，为了简化计算过程，只考虑了墙体内表面与室内空气进行能量交换(包括辐射换热和对流换热)，而事实上是墙体与室内空气进行对流换热，同时与其余各围护结构的内表面进行辐射换热。因此，就必须引入一个传导权重系数对传导得热进行修正，以计算出传导负荷。为此，首先进行以下几点假设：

a. 由墙体内表面进入的传导得热具有对流换热和辐射换热两种形式，对流换热和辐射换热各占 β_c^C 和 β_c^R，此比例为常数；

b. 传导得热中的对流成分立即成为瞬时冷负荷；

c. 传导得热中的辐射成分以一固定的分配比均匀地作用到各表面，亦即这个分配比可以取房间内表面的面积比。

这样，传导负荷的计算就可与其他几种负荷采用一样的形式，即通过房间内表面的面积比所决定的辐射得热分配比，计算出传导得热权重系数，进而求得房间的传导负荷。

在传导得热计算中，用了一个边界层热阻 (film resistance) R_{RC} 来综合反映墙体的对流换热热阻 R_{RC} 和辐射换热热阻 R_R，这个热阻需要用户在程序中用关键字指定，然后程序再根据下面的公式计算对流换热热阻 R_C：

$$R_C=\frac{R_R\cdot R_{RC}}{R_R-R_{RC}} \tag{7-2-36}$$

式中：eQUEST 对辐射换热热阻 R_R 取 1.111(hr · ft² · ℉/Btu)。

最后再计算辐射得热在传导得热中所占的比例，对于一面墙体有：

$$\beta_C^R=\frac{(R_R)^{-1}}{(R_R)^{-1}+(R_C)^{-1}}=\frac{R_C}{R_R+R_C} \tag{7-2-37}$$

而当房间的 N 面墙(包括家具) 的表面采用不同的 R_{RC} 值时，则有：

$$\beta_{C}^{R}=\frac{1}{A_{tol}}\sum_{i=1}^{N}\frac{A_{i}R_{i,C}}{R_{i,R}+R_{i,C}} \tag{7-2-38}$$

式中：A_i—— 第 i 面墙的面积；

A_{tol}—— 房间各墙体面积的总和。

⑤ 关于零初始值的影响

得热权重系数实质上是在零初始值条件下求得的，这对于不具有零初始值条件的房间，在开始的一段时间内将偏离实际情况很大，或者说受到零初始条件的影响很大。克服这个问题的一个方法就是采用周期遇近。

当扰量周期变动时，线性系统的反应在经过一定时间之后最终亦将周期变动，并与扰量具有相同的周期。对于不具有零初始条件的房间系统，利用这个周期性特点，把第一天的扰量作为一个周期扰量来使用，那么在重复了一定的周期之后，作为反应的负荷将逐渐摆脱零初始值的影响而越来越接近这一天扰量作用下的真实负荷值。

在实际计算中只要确定了一定的精度要求，那么计算到一定的周期之后，当前后周期在同一时刻的两个负荷值之差达到了这一精度要求，这个值才是第一天该小时值的真实负荷值。这时候再继续使用第一天的扰量计算以后的负荷就不会再受到零始值的影响了。第一天的扰量应该重复几天，要视不同的房间结构和精度要求而定。在 eQUEST 中是把第一天的扰量重复了 3 天。

(2) 室温权重系数 (air-temperature weighting factor)

室温权重系数的定义为当房间在初始时刻有一个单位脉冲室温变动时，这个室温变动所引起的房间逐时蓄热量称为房间的室温权重系数，记作 $W_a(j)(j=0,1,\cdots)$。

室温权重系数的求解，也是通过对时域形式的房间热平衡方程进行简化，将其化解成一线性常系数方程组，再根据线性定常系统满足的叠加原理和对时间延迟的不变性就可以把房间的蓄热量表示为如下的卷积和式：

$$HS(n)=\sum_{j=0}^{n}W_{a}(j)\cdot\Delta T_{a}(n-j) \tag{7-2-39}$$

式中：$HS(n)$—— 在 n 时刻，室温变动所引起的蓄热量；

$\Delta T_a(n-j)$ ——$n-j$ 时刻的室温变动。

室温权重系数 $W_a(j)$ 数列的 Z 变换式为：

$$W_a(0)+W_a(1)\cdot Z^{-1}+W_a(2)\cdot Z^{-2}+\cdots \tag{7-2-40}$$

同样，可将上述 Z 变换式改用两个 Z 多项式相除的形式表达，即

$$W_a(0)+W_a(1)\cdot Z^{-1}+W_a(2)\cdot Z^{-2}+\cdots=\frac{g_0+g_1Z^{-1}+g_2Z^{-2}+g_3Z^{-3}+\cdots}{1+p_1Z^{-1}+p_2Z^{-2}+\cdots} \tag{7-2-41}$$

一般分子分母各取 3 ～ 4 项即可，也就是将其压缩成四项式(g_0，g_1，g_2，p_1) 或六项式(g_0，g_1，g_2，g_3，p_1，p_2) 。

最后，根据 Z 传递函数的定义，可写出：

$$\frac{HS(0)+HS(1)Z^{-1}+HS(2)Z^{-2}+HS(3)Z^{-3}+\cdots}{\Delta T_a(0)+\Delta T_a(1)Z^{-1}+\Delta T_a(2)Z^{-2}+\Delta T_a(3)Z^{-3}+\cdots}$$

$$=\frac{g_0+g_1Z^{-1}+g_2Z^{-2}+g_3Z^{-3}+\cdots}{1+p_1Z^{-1}+p_2Z^{-2}+p_3Z^{-3}+\cdots} \tag{7-2-42}$$

因此，房间的蓄热量可用室温权重系数表示为（取六项式）：

$$\begin{aligned}HS(n)=&g_0\Delta T_0(n)+g_1\Delta T_0(n-1)+g_2\Delta T_0(n-2)\\&+g_3\Delta T_0(n-3)-p_1HS(n-1)-p_2HS(n-2)\end{aligned} \tag{7-2-43}$$

若已知房间的除热量 HE、负荷值 CL 及 n 时刻之前的室温变动，亦可反算出房间在 n 时刻的室温变动：

$$\begin{cases}HS(n)=HE(n)-CL(n)\\ \Delta T_{\mathrm{a}}(n)=[HS(n)+p_1HS(n-1)+p_2HS(n-2)\\ \qquad -g_1\Delta T_{\mathrm{a}}(n-1)-g_2\Delta T_{\mathrm{a}}(n-2)-g_3\Delta T_{\mathrm{a}}(n-3)]\dfrac{1}{g_0}\end{cases} \tag{7-2-44}$$

(3)eQUEST 的使用介绍

eQUEST 为 DOE-2.2 软件提供了一个图形用户界面，利用反应系数法进行运算，该软件广泛适用于商业建筑物及系统，友好的用户界面和帮助文件使其广受欢迎。其使用界面如图 7-2-4 所示[28-29]。

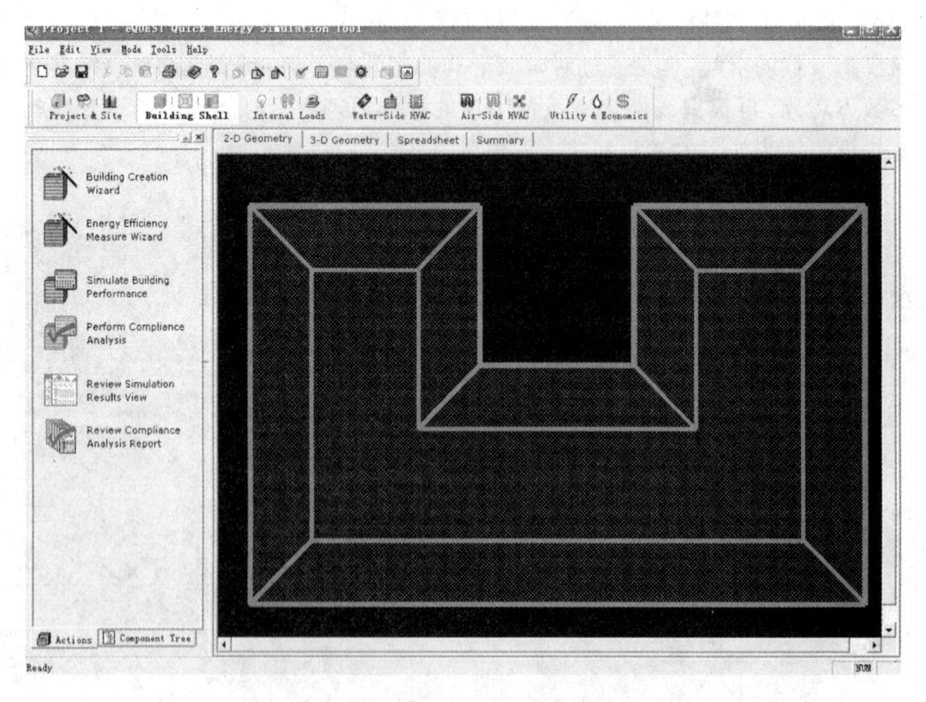

图 7-2-4　eQUEST 的使用界面

其中的建模向导（Building creation wizard）用来建立建筑物的模型。模型可提供二维平面和三维立体视图，建模时建筑物所需要设置的参数大致包括：外墙、内墙、天花板、屋顶、地板、窗户、门等。eQUEST 在建模过程中除了将空调区(Conditioned)和非空调区(Unconditioned)区分开外,还有一项更符合实际情况的设计,就是将天花板与地板之间的空间规划出来(Plenum)。当然这个天花板的夹层仍然需要先设计其相对应的空间(Space),而这个功能将使空调区间在计算时会将夹层考虑进去,进而影响传导对室内冷热负荷的影响[30]。

图 7-2-5 为软件模拟的主界面,用户可以根据向导的指引输入季节定义、工程信息、建筑形状、建筑材料、内部结构、门窗布置等信息。

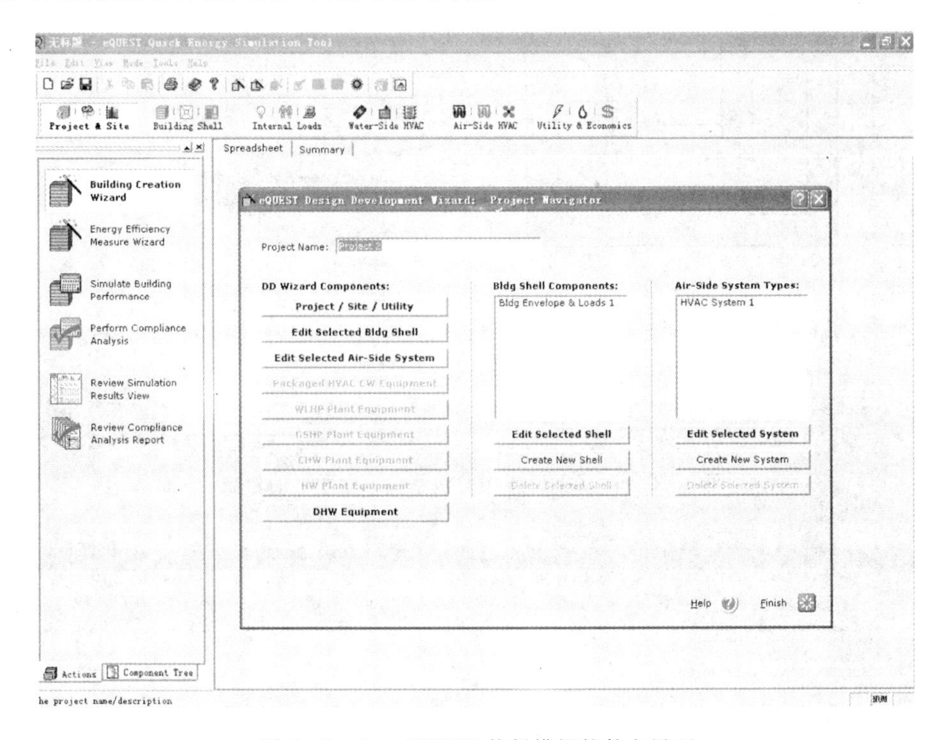

图 7-2-5　eQUEST 能耗模拟软件主界面

对于模型外观形状的建立,eQUEST 提供了多种建筑基础平面的图形供用户选择,包括 L 形、T 形、H 形等多种形状;与此同时,用户也可以自己定义建筑的基础平面图形,还可以借助导入的 CAD 文件来定义其形状,如图 7-2-6 所示。

在设定建筑平面基础形状后,就需要设定建筑围护结构的热物理特性。用户可以详细定义某一围护结构每一层材料的具体热物理特性如材料厚度、导热系数、密度、蓄热能力等,使之成为符合实际的复合材料,也可以通过设定该围护结构的整体 U 值来定义。当然,通过定义 U 值的方法来定义围护结构,会忽略材料的蓄热与放热的效应。因此,对于较严格的计算,还是建议选择层输入(Layers Input),在层输入中可以选择程序材料库中的材料,也可以自行输入材料性质,如图 7-2-7 所示。

eQUEST 中 HVAC 系统可供选择的冷源包括:用制冷剂(Direct Expansion Coils)、有冷冻水供冷(Chilled Water Coils)以及采用蒸汽制冷(Evaporative Coolers)三种。不同冷热源类型对应不同的空调系统形成的选择。

eQUEST 的另一个特点是在提供详细的计算结果 SIM 文件的同时,可以输出直观的相关模拟计算结果报表。

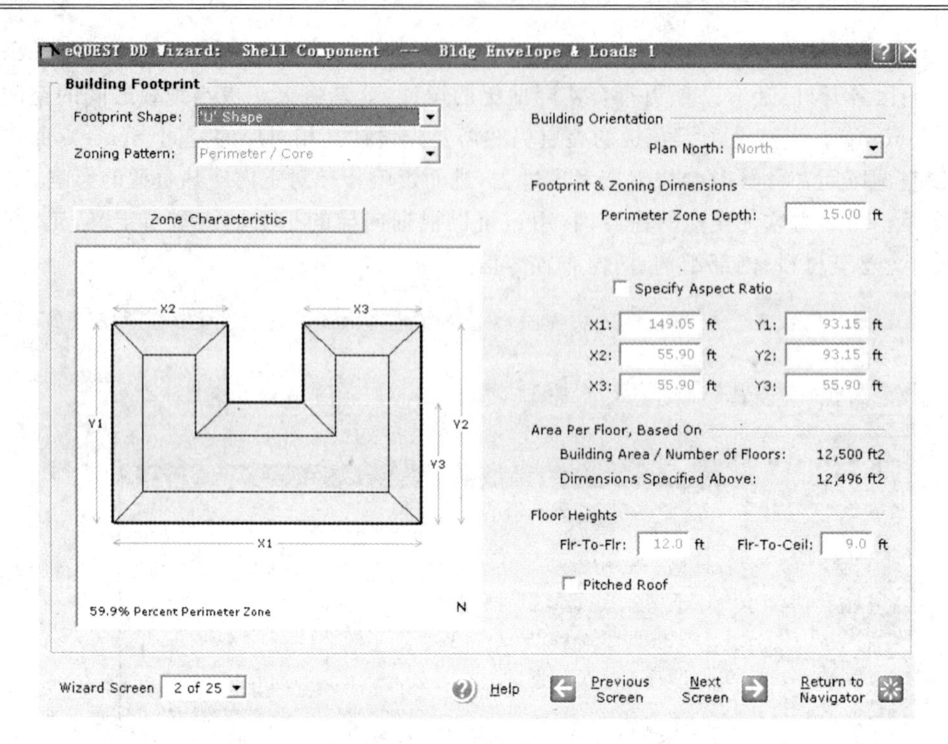

图 7-2-6 eQUEST 中建筑基础平面图形的建立

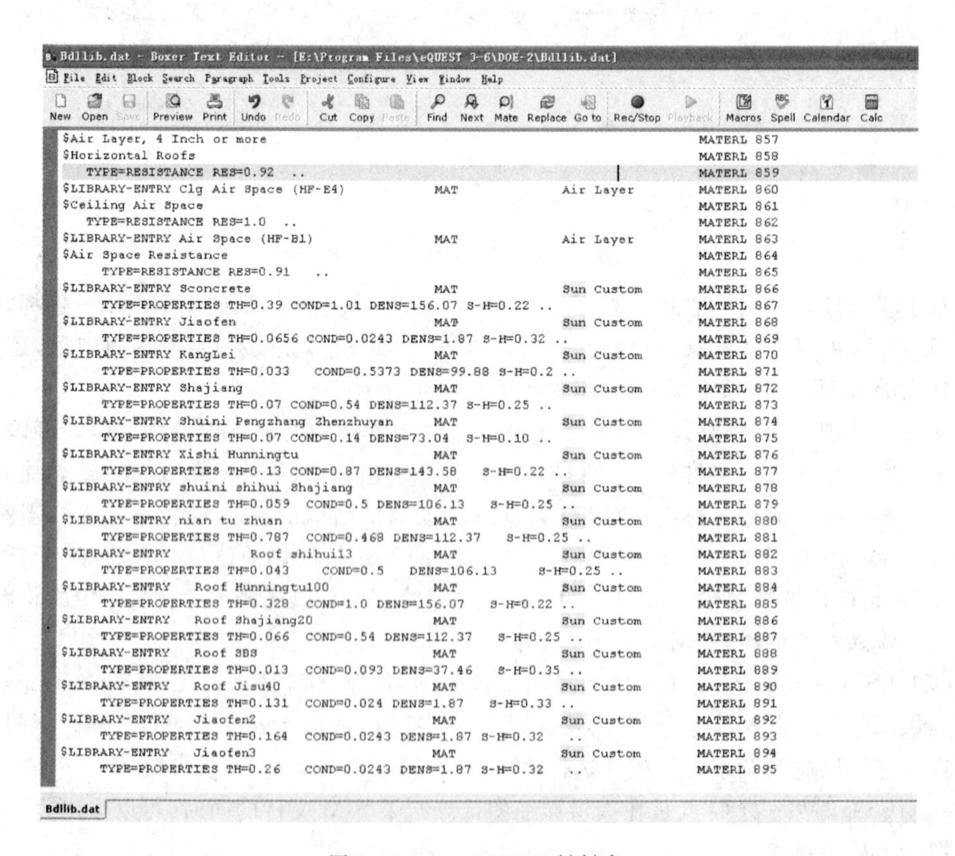

图 7-2-7 eQUEST 材料库

7.3　建筑模型与案例分析

本案例建立的住宅模型是位于夏热冬冷地区，我国夏热冬冷地区由于特有的地理位置而形成的气候特征，夏季气温高，气温高于35℃的天数有15～25天，最热天气温可达41℃以上，加上湿度大，给人闷热的感觉。全年湿度大是该地区气候的一个显著特征，年平均相对湿度在70%～80%，有时高达95%～100%[3]。

夏热冬冷地区人口密度大，各种建筑繁多，导致该地区在用于空调上的能耗数量很大。而且一些调查也表明，很多建筑尤其是一些老建筑存在能源利用效率低的现状。特别是对于数目居多的民用居住建筑来说，其建筑能耗大多来自于夏季空调制冷负荷，所以我们选取某民用住宅对其能耗进行动态模拟分析。

住宅模型是以某一已建的实际工程，将住宅建筑的CAD平面图导入eQUEST，然后把围护结构的具体数据作为输入参数进行模拟，得出建筑供冷期的逐时冷负荷。图7-3-1为本案例建模流程图。

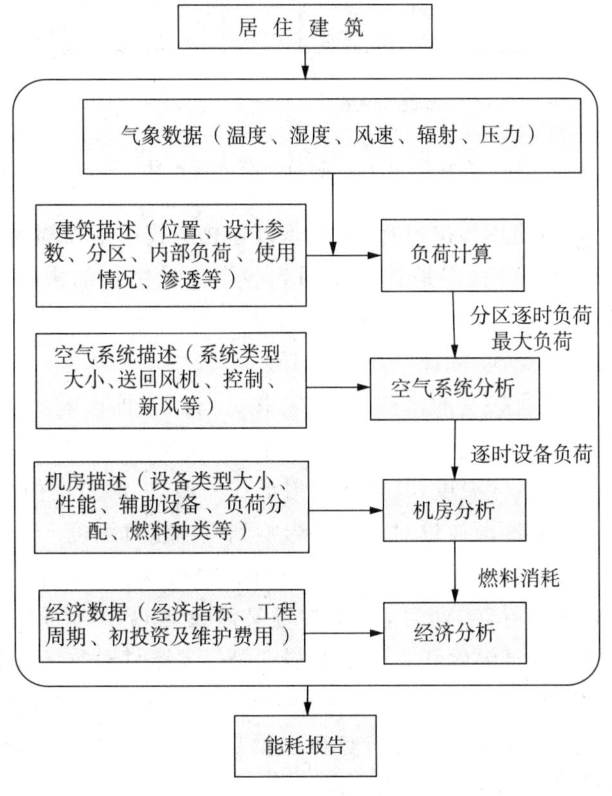

图7-3-1　建模流程图

7.3.1　围护结构建筑的数学模型

1. 外墙屋面的模型[32]

对屋顶和外墙考虑为具有一定蓄热特性、不透明的物体，外扰通过屋顶和外墙的热传递过程是相同的。这些围护结构的外表面长期接受室外空气温度 t_a、太阳辐射 I_g、天空散射等扰量的作用。但是，室外空气温度要影响到壁面还要通过一个表面换热热阻 $1/\alpha_a$；而太阳辐射还要通过壁面吸收（吸收率为 ρ）才能变成影响到壁面温度的热流；天空散射则是代表壁面与周围环境之间进行长波相互辐射的总结果。由于屋顶和外墙都具有各自的热阻和热容，所以外扰的影响是逐步反应到内表面的。同时各外壁的内表面还可能会受到透过玻璃窗直接照射到该表面的太阳辐射 q 的影响。图 7-3-2 为建筑物获得的热量。

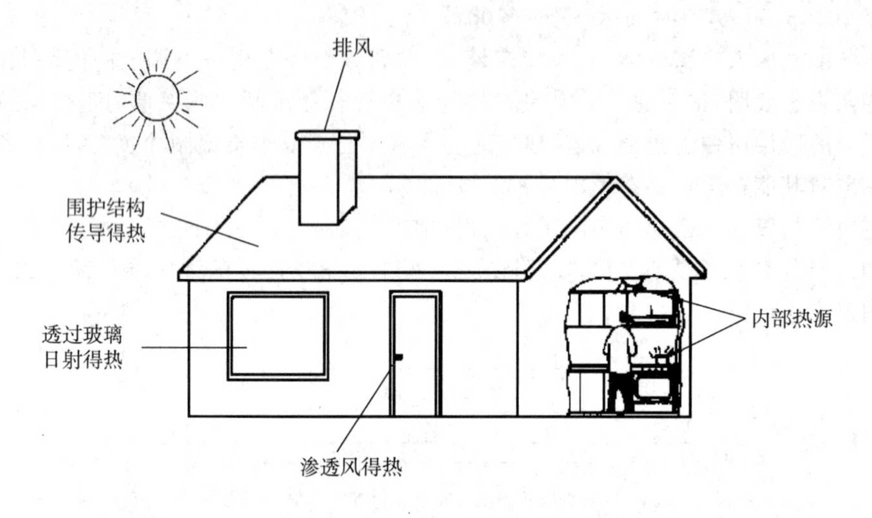

图 7-3-2 建筑物获得的热量

外扰通过屋顶和外墙的热传递过程，不论是以导热形式还是以辐射形式，不论是逐渐影响到室内还是立即影响到室内，都是首先作用到各个围护结构的内表面，使其温度发生变化，然后再以对流形式与室内空气发生热交换；同时，还以辐射形式在各个围护结构的内表面和家具之间进行相互热交换，如此一直进行下去。

房间通过屋顶和外墙所接受的潜热量，将直接、全部、立即影响到室内空气状态。而所接受的显热量则不同，在通过屋顶和外墙传递给室内的显热量中，只有以对流形式出现的换热部分会即刻影响到室内空气温度，其余以辐射形式的换热，都要待作用于墙壁表面从而使其温度发生变化以后，才能逐渐通过对流方式影响到室内空气温度。

全年通过建筑的屋顶和外墙的传热是很复杂的现象。一方面，它包括外围护结构表面的吸热、放热和结构本身的导热，而且，这些过程又涉及导热、对流和辐射三种基本传热方式。另一方面，由于室外空气温度和太阳辐射强度等气象条件随季节和昼夜不断变化，而且室内空气温度和围护结构表面的热状况也随室内热源、采暖与空调设备的形式和运行条件而不断变化。因此，通过屋顶和外墙的传热得热量是随时间而变化的，也就是说，通过屋顶和外墙的传热现象是复杂的不稳定传热过程。

根据传热学的知识可知，如果平面板壁的高度和宽度是厚度的 8～10 倍，则按一维导热处理，其计算误差不大于1%，因此，通过屋顶和外墙的不稳定传热通常可按一维计算。而求解屋顶和外墙的一维不稳定传热，就是要求解两个偏微分方程，见公式(7-3-1)和公式(7-3-2)所列。

导热微分方程式：

$$\frac{\partial t(x,\tau)}{\partial \tau}=a\frac{\partial^2 t(x,\tau)}{\partial x^2} \tag{7-3-1}$$

傅立叶定律：

$$q(x,\tau)=-\lambda\frac{\partial t(x,\tau)}{\partial x} \tag{7-3-2}$$

式中：a—— 壁体材料的导温系数(热扩散系数)，等于$\frac{\lambda}{c\rho}$(m^2/s)；

λ—— 壁体材料的导热系数，W/m·K；

c—— 壁体材料的比热，kJ/kg·K；

ρ—— 壁体材料的密度，kg/m^3。

通过求解这两个偏微分方程式，可以得出各时刻围护结构各部位的温度分布和热流随时间的变化，也就是说，可以得出各时刻通过板壁围护结构从室外向室内的传热得热量$HG(n)$。求解板壁不稳定传热的方法归纳起来有四种：① 有限差分法；② 谐波反应法；③ 反应系数法；④Z传递函数法。

在用以上的方法求解出通过屋顶和外墙的传热得热量后，再建立围护结构各内表面的热平衡方程式和空调房间空气的热平衡方程式，组成房间热平衡方程组。求解所组成的房间热平衡方程组，即可得出房间空调的冷热负荷。

围护结构内表面的热平衡方程式，若用文字表示其通式，应为：导热量＋与室内空气的对流热量＋各表面之间的辐射热量＋直接承受的辐射热量＝0。对于n时刻单位面积第i表面来说，其热平衡方程式为

$$q_i(n)+\alpha_i^c[t_r(n)-t_i(n)]+\sum_{k=1}^{N_i}C_b\varepsilon_{ik}\varphi_{ik}\left[\left(\frac{T_k(n)}{100}\right)^4-\left(\frac{T_i(n)}{100}\right)^4\right]+q_i^r(n)=0 \tag{7-3-3}$$

式中：$t_r(n)$—— 室温，℃；

$t_i(n)$，$t_k(n)$—— 第i和第k围护结构的内表面温度，℃；

α_i^c—— 第i围护结构内表面的对流换热系数，W/m^2·℃；

C_b—— 黑体辐射常数，等于5.67W/m^2·℃；

ε_{ik}—— 该围护结构内表面i与第k面围护结构内表面之间的系统黑度，约等于i,k表面自身黑度的乘积，即$\varepsilon_{ik}\approx\varepsilon_i\varepsilon_k$；

φ_{ik}—— 围护结构内表面i对内表面k的辐射角系数；

N_i—— 房间不同围护结构内表面总数；

$q_i(n)$—— 由于两侧温差，第i围护结构内表面所获得的传热得热量，W/m^2；

$q_i^r(n)$—— 第i围护结构内表面直接获得的太阳辐射热量和各种内扰的辐射热量，W/m^2。

房间空气的热平衡方程式若用文字表示，应为：与各壁面的对流换热量＋其他各种对流得热量＋空气渗透得热量＋空调系统显热除热量＝单位时间内房间空气中显热量的增值；

若用数学式表示则为

$$\sum_{k=1}^{N_i} F_k \alpha_k^c \left\{ t_k \left(t_k(n) - t_i(n) + \left[q_1^c(n) - q_2^c(n) \right] \right) \right\} + \frac{La(n)(c\rho)_a\left[t_a(n) - t_r(n)\right]}{3.6} - HE_s(n)$$

$$= V(c\rho)_r \frac{t_r(n) - t_r(n-1)}{3.6\Delta\tau} \qquad (7-3-4)$$

式中：F_k—— 第 k 面围护结构的内表面面积，m^2；

q_1^c——n 时刻来自照明、人体显热和设备显热等的对流散热量，W。

$$q_1^c(n) = HG_i G_i + HG_{bs} C_b + HG_{as} G_a \qquad (7-3-5)$$

式中：HG_i，HG_{bs}，HG_{as}—— 来自照明、人体和设备的显热得热量，W；

C_i，C_b，C_a—— 照明、人体显热和设备显热等得热量中对流部分所占的百分比；

$q_2^c(n)$——n 时刻由于吸收房间热量致使水分蒸发所消耗的房间显热量，W；

$L_a(n)$——n 时刻的空气渗透量，m^3/h；

$(c\rho)_a$—— 室外空气的单位热容，$kJ/m^3 \cdot ℃$；

$(c\rho)_r$—— 室内空气的单位热容，$kJ/m^3 \cdot ℃$；

$t_a(n)$—— 室外气温，℃；

V—— 房间体积，m^3；

$HE_s(n)$——n 时刻空调系统的显热除热量，W。

由于建立和求解房间热平衡方程组很复杂，即使采用计算机进行计算也要花费较多的时间，因此，设计计算中常采用两种空调冷负荷的简化计算方法：一种是房间反应系数法，或称冷负荷权系数法，又称房间传递系数法；另一种是冷负荷系数法。

2. 外窗能耗的模型[32]

室外气象条件通过玻璃窗影响到室内热环境有两方面：一方面是由于室内外温差的存在，通过玻璃以导热方式进行热交换；另一方面是由于阳光的透射会直接给室内造成一部分得热。

1）通过玻璃窗的传导得热

由于玻璃导热系数较大，热惰性很小，通过玻璃窗的热传导可以按照稳态传热考虑，即

$$HG(n) = KF\left[t_a(n) - t_r(n)\right] \qquad (7-3-6)$$

式中：$HG(n)$——n 时刻通过玻璃窗的传热量；

K—— 玻璃窗的传热系数；

F—— 玻璃窗的面积；

$t_a(n)$——n 时刻室外空气温度；

$t_r(n)$——n 时刻室内空气温度。

2）透过玻璃窗的太阳辐射得热

透过玻璃窗的太阳辐射得热量，与玻璃窗的朝向有关，并随季节和每天的具体时刻而变化。阳光照射到窗玻璃表面后，部分被反射掉；部分直接透过玻璃进入室内，成为房间得热量；还有部分则被玻璃吸收，使玻璃温度提高，其中一部分又以长波热辐射和对流方式传至室内，而另一部分则同样以长波热辐射和对流方式散至室外不会成为房间的得热。

关于被玻璃吸收后又传入室内的那部分太阳辐射热量，可以用室外空气综合温度的形式考虑到传热计算中，也就是在玻璃窗的传热温差中考虑进去，因为玻璃吸收太阳辐射后，相当于室外空气温度的增值；也可以作为透过窗玻璃的太阳辐射中的一部分，计入房间的太阳辐射得热中。如果采用后一种方法，则通过无遮阳窗玻璃的太阳辐射得热 HG_g 应包括透过的全部和吸收中的一部分，即

$$HG_g = HG_i + HG_a \tag{7-3-7}$$

式中：HG_i—— 透过单位玻璃面积的太阳辐射得热量，它等于太阳辐射强度乘以玻璃的透射率，即

$$HG_i = I_{Di} \cdot \tau_{Di} + I_d \cdot \tau_d \tag{7-3-8}$$

式中：I_{Di}—— 射到窗玻璃表面上的太阳直射辐射强度，入射角为 i，W/m^2；

I_d—— 投射到窗玻璃上的太阳散射辐射强度，W/m^2；

τ_{Di}—— 窗玻璃对入射角为 i 的太阳直射辐射的透过率；

τ_d—— 窗玻璃对太阳散射辐射的透过率；

HG_a—— 由于窗玻璃吸收太阳辐射热所造成的房间得热。假定玻璃吸收后温度仍均匀分布，则向室内的放热量应为

$$HG_a = \frac{R_a}{R_a + R_r}(I_{Di}\alpha_{Di} + I_d\alpha_d) \tag{7-3-9}$$

式中：α_{Di}—— 窗玻璃对入射角为 i 的太阳直射辐射的吸收率；

α_d—— 窗玻璃对太阳散射辐射的吸收率；

R_a—— 窗玻璃外表面的换热热阻；

R_r—— 窗玻璃内表面的换热热阻。

由于玻璃本身种类有多种，而且厚度也各不相同，即使都是无遮挡的玻璃窗，通过同样大小的玻璃窗的太阳得热量也不尽相同。因此，目前国内外常以某种类型和厚度的玻璃作为标准透光材料，取其在无遮挡条件下的太阳得热量作为标准太阳得热量，并用符号“SSG”表示。当采用其他类型或厚度的玻璃，或者玻璃窗内外具有某种遮阳设施时，只对标准太阳得热量加以不同的修正即可。目前，英国以 5mm 厚的普通窗玻璃作为标准透光材料，美国、日本和我国均采用 3mm 厚的普通窗玻璃作为标准透光材料。根据公式(7-3-7)和公式(7-3-8)，标准玻璃的太阳得热量 SSG 应等于：

$$\begin{aligned} SSG &= (I_{Di} \cdot \tau_{Di} + I_d \cdot \tau_d) + \left[\frac{R_a}{R_a + R_r}(I_{Di}\alpha_{Di} + I_d\alpha_d)\right] \\ &= I_{Di}\left(\tau_{Di} + \frac{R_a}{R_a + R_r}\alpha_{Di}\right) + I_d\left(\tau_d + \frac{R_a}{R_a + R_r}\alpha_d\right) \\ &= I_{Di} \cdot g_{Di} + I_d \cdot g_d \\ &= SSG_{Di} + SSG_d \end{aligned} \tag{7-3-10}$$

式中：g_{Di}—— 在不同入射角 i 下，太阳直射辐射的标准太阳得热率；

g_d—— 太阳散射辐射的标准太阳得热率；

SSG_{Di}—— 标准透光材料的太阳直射辐射得热量；

SSG_{d}—— 标准透光材料的太阳散射辐射得热量。

遮阳系数是指在采用不同类型或厚度的玻璃，以及玻璃窗内外具有某种遮阳设施时，对标准太阳得热量的修正系数，用符号"SC"表示。遮阳系数的定义为：在法向入射条件下，通过其透光系统（包括透光材料和遮阳措施）的太阳得热率，与相同入射条件下的标准太阳得热率之比，即

$$SC=\frac{\text{某透光系统的太阳得热率 } g_{Di}=0}{\text{标准太阳得热率 } g_{Di}=0} \tag{7-3-11}$$

以上是计算透光窗玻璃的太阳辐射得热量，要计算透光玻璃窗的太阳辐射得热量时，还应考虑到窗框的存在，采用玻璃的实际有效面积和阳光实际的照射面积。因此，透光玻璃窗的太阳辐射得热量的计算公式为

$$HGS=(SSG_{Di}\cdot x_{s}+SSG_{d})\cdot SC\cdot x_{f}\cdot F \tag{7-3-12}$$

式中：x_s—— 阳光实际照射面积比，等于窗上的实际照射面积（即窗上光斑面积）与窗面积之比；

x_f—— 窗玻璃的有效面积系数，等于玻璃面积与窗面积之比；

F—— 窗面积。

3）通过窗户的得热量形成的冷负荷

通过窗户的传导得热量和太阳辐射得热量中均含有对流成分和辐射热成分，其中的对流成分会立刻形成房间冷负荷，而辐射热成分则经过各房间的放热衰减和放热延迟后形成相应的房间冷负荷。房间冷负荷的计算方法可以采用房间热平衡法，也可以采用房间反应系数法或冷负荷系数法等简化计算方法。

7.3.2 案例分析

1. 建筑概况

本案例模拟的是某小区中的一栋七层普通住宅居民楼。该楼建筑层高为 2.8m，净高 2.5m。总表面积：4506.38m^2，总体积：13574.7m^3，总建筑面积：4778.68m^2，建筑物体形系数 $S_{楼}=S_{总外表积}/V_{总体积}=0.331<0.35$ 满足《夏热冬冷地区居住建筑节能设计标准》(JGJ134—2010)第 4.0.3 条。此建筑物分为 4 个单元，每个单元有 12 户，采用一梯两户的布局形式，共计 48 户。该住宅标准层部分平面图如图 7-3-3 所示。

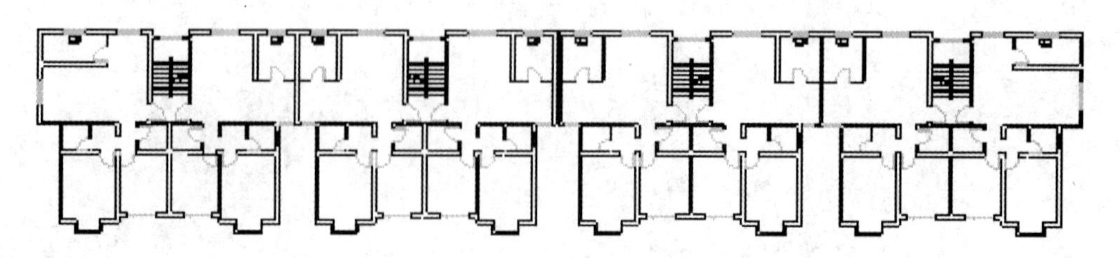

图 7-3-3 建筑平面图

在模拟过程中，该住宅楼分为两个区，空调区和非空调区。空调区包括卧室、客厅，非空

调区包括厨房、卫生间、储藏室和阳台，其中六楼还包括与阁楼相连接的楼梯区域。本次模拟的是整栋住宅楼，由于各层结构不同，为了更加准确地与实际相符，模拟过程中将建筑物分成八个部分，图7-3-4为标准层的一部分。

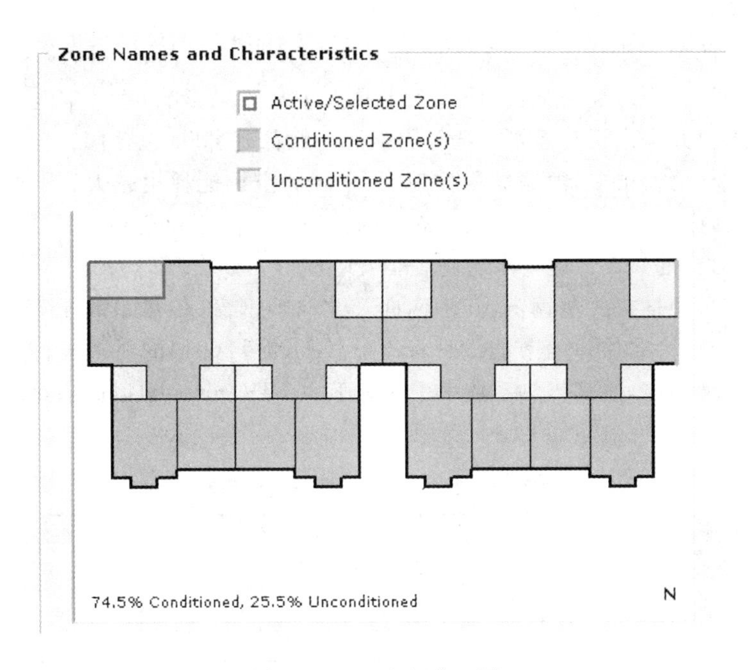

图7-3-4 空调分区图

2. 建筑围护结构

建筑围护结构主要是由外墙、屋面、外窗、外门、地面等几部分组成。

1)外墙

外墙均为保温墙。做法是240厚黏土实心砖墙外抹胶粉聚苯颗粒保温灰浆，外墙做法详见表7-3-1所列。内隔墙为240厚黏土实心砖墙。

表7-3-1 保温外墙做法与材料主要热工性能参数[31][32]

图例	材料名称	厚度(mm)	密度(kg/m^3)	比热(kJ/kg·℃)	导热系数(W/m·K)
1 2 内 3 4 外 20 240 30 20	1. 水泥石灰砂浆	18	1700	0.88	0.87
	2. 黏土砖	240	1800	1.05	0.81
	3. 胶粉聚苯颗粒保温灰浆	20	30	1.34	0.042
	4. 抗裂聚合物水泥砂浆	10	1600	0.84	0.93

2)外窗

玻璃作为一种透光材料，太阳辐射作用在其外表面时，大部分能量直接透过玻璃进入室内，在冬季这有利于室内的人体热舒适性和节能要求，而在夏季其影响则完全相反，此外还要考虑室内的采光和卫生要求，所以其窗户面积的大小及形式需要综合考虑各种因素来确定。同时，在寒冷的冬季，由于玻璃本身的热阻很小（计算中常忽略不计），玻璃表面常有结霜的可能。由此可见，窗玻璃的选择不但对建筑物的能耗有很大的影响，而且对于人体热舒适性等方面也有很大的影响。

窗墙面积比的确定要综合考虑多方面的因素，其中最主要的是不同地区冬夏季日照情况（日照时间长短、太阳总辐射强度、阳光入射角大小）、季风影响、室外空气温度、室内采光设计标准以及外窗开窗面积与建筑能耗等因素。一般普通窗户（包括阳台门的透明部分）的保温隔热性能比外墙差很多，窗墙面积比越大，采暖和空调能耗也越大。因此，从降低建筑能耗的角度出发，必须限制窗墙面积比。规定的围护结构传热系数和遮阳系数限值表中，窗墙面积比越大，对窗的热工性能要求越高。

本模型外窗采用推拉式塑钢窗，其中南向及北向塑钢窗（传热系数 4.7W/(m^2·k)）不能满足《夏热冬冷地区居住建筑节能设计标准》(JGJ134—2001)的要求，因此南向及北向外墙窗设计为中空玻璃窗，使其传热系数小于或等于 2.5W/(m^2·k)以此满足热工要求，符合建筑节能标准。

表 7-3-2　外窗面积及各向窗墙比

各向表面积及窗面积			
$S_{东墙}=579.3m^2$	$S_{南墙}=1211.78m^2$	$S_{西墙}=579.3m^2$	$S_{北墙}=1198.33m^2$
$S_{东墙窗}=47.16m^2$	$S_{南墙窗}=459.2m^2$	$S_{西墙窗}=47.16m^2$	$S_{北墙窗}=306.9m^2$
计算各向窗墙比			
$S_{东墙窗}/S_{东墙}=0.08<0.2$		$0.3<S_{南墙窗}/S_{南墙}=0.37\leqslant0.4$	
$S_{西墙窗}/S_{西墙}=0.08<0.2$		$0.2<S_{北墙窗}/S_{北墙}=0.25\leqslant0.3$	

3)建筑内部负荷及运行时间

考虑到照明散热及人体散热等对室内热负荷的影响，针对该楼住宅用户的实际使用情况。设定该楼白天无人员负荷和照明负荷。

根据《民用建筑空调设计》中推荐对住宅类型的建筑，其室内人数为 10m^2/人，照明为 20W/m^2，但是考虑到现在的住宅人均面积不断增加，每户人数也在缩小，所以人员密度相对减小。而且现在住宅的装修一般都采用装饰灯，散热量大，但是由于室内面积的增加，所以照明的指标还是根据文献中推荐。综合以上因素，确定的房间内的人员密度为 30m^2/人，照明为 20W/m^2，设备为 10W/m^2。

4)住宅建筑室内空调设计参数

室内设计温度：夏季为 26℃。

室内设计相对湿度：夏季为 60%。

新风量：150m^3/h·户。

由于该建筑中空调房间的使用功能不完全相同，致使空调房间的使用时间不尽相同。本节在模型中设置热泵空调系统如图 7-3-5 所示，一般在住宅中不会使用中央空调，但由于软件的限制，只能暂时这样处理。

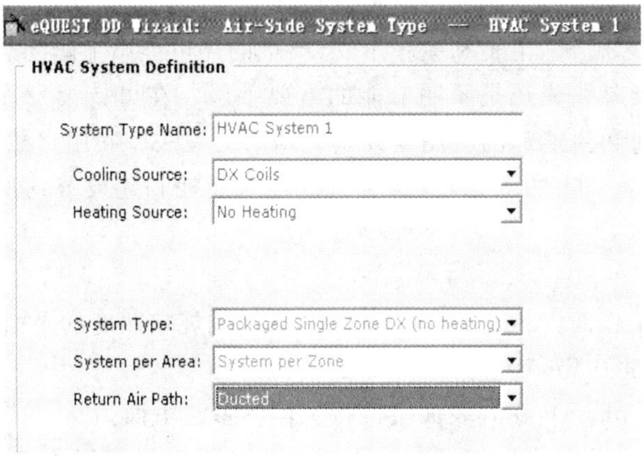

eQUEST DD Wizard: Air-Side System Type — HVAC System 1

HVAC System Definition

System Type Name: HVAC System 1

Cooling Source: DX Coils

Heating Source: No Heating

System Type: Packaged Single Zone DX (no heating)

System per Area: System per Zone

Return Air Path: Ducted

图7-3-5　空调系统

5)模拟的室外气象参数及周期

在建筑节能中，建筑能耗水平是该建筑历年来的平均能耗。eQUEST采用的是典型气象年数据TMY-2，以近30年的月平均值为依据，从近10年的资料中选取一年各月接近30年的平均值作为典型气象年。典型气象年的原始数据与历年平均值所有的原始气象数据年相同，采用其计算的年能耗最能反映能耗的“平均”水平。本节采用南京的气象数据。

模拟周期为2007年1月1日～2007年12月31日，模拟周期内无降雨或降雪等情况出现。建立的模型图如图7-3-6所示。

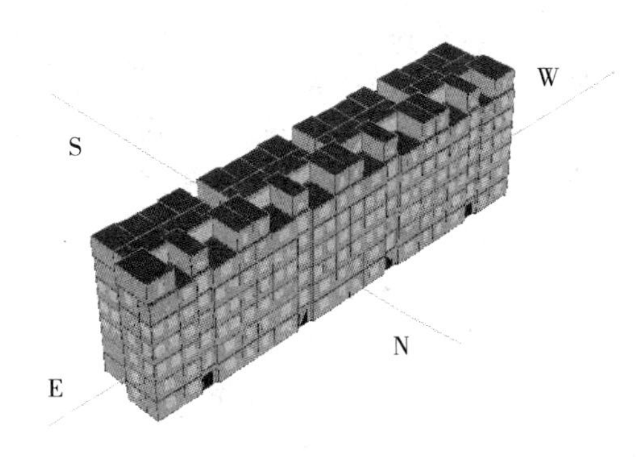

图7-3-6　建筑模型外观图

7.4　自然采光优化模拟分析

7.4.1　原理概要

1. 自然光环境

自然光环境是人们长期习惯和喜爱的生活环境。各种光源的视觉实验结果表明，在相同照度的条件下，天然光的辨认能力优于人工光，有利于人们工作、生活、保护视力。自然光是最为经济、极为宜人的光源。利用自然采光能节约能源、保护环境，充分地体现可持续发展的生态设计理念。自然光在建筑设计中能创造出丰富的空间效果和光影变化，给人立体的感觉、层次的感觉、开敞的感觉以及温暖的感觉。

首先，自然光环境是人们长期习惯和喜爱的生活环境。各种光源的规觉实验结果表明，在相同照度的条件下，天然光的辨认能力优于人工光，有利于人们生活和保护视力。其次，自然光具有一定的杀菌力，可以预防肺炎和其他疾病，还可以调节人体的生物节奏。自然光对人的心理状况也有很大影响，采光口是视觉与外界环境交流的渠道，长期在没有自然光的环境中生活，容易烦躁、忧郁、沮丧和紧张不安，严重的还可能患上幽闭恐惧症。

不仅如此，建筑自然采光还是照明节能的重要手段。在可持续发展已经成为当今世界主题的时候，建筑中可再生能源的应用也开始受到广泛关注。利用自然光照明，能够节约照明所消耗的电能和改善室内的生态环境，对降低建筑能耗和建设节约型城市具有非常重要的意义。

2. 采光术语

参考平面(假定工作面(reference surface))：测量或规定照度的平面(工业建筑取距地面1m，民用建筑取距地面0.8m)。

工作面(working plane)：在其表面上进行工作的参考平面。

室外照度(exterior illuminance)：在全阴天天空的漫射光照射下，室外无遮挡水平面上的照度。

采光系数(daylight factor)：在室内给定平面上的一点，由直接或间接地接收来自假定和已知天空亮度分布的天空漫射光而产生的照度与同一时刻该天空半球在室外无遮挡水平面上产生的天空漫射光照度之比。

采光系数最低值(minimum value of daylight factor)：侧面采光时，房间典型剖面和假定工作面交线上采光系数最低一点的数值。

采光系数平均值(average value of daylight factor)：顶部采光时，房间典型剖面和假定工作面交线上采光系数的平均值。

窗地面积比(ratio of glazing to floor area)：窗洞口面积与地面面积之比。

室外天然光临界照度(critical illuminance of exterior daylight)：全部利用天然光进行采光时的室外最低照度。

室内天然光临界照度(critical illuminance of interior daylight)：对应室外天然光临界照度时的室内天然光照度。

光气候(daylight climate)：由太阳直射光、天空漫射光和地面反射光形成的天然光平均状况。

光气候系数(daylight climate coefficient)：根据光气候特点，按年平均总照度值确定的分区系数。

3. 采光一般规定

建筑室内参考平面上某一点的采光系数，可按下式计算：

$$C=(E_n/E_W)\times 100\% \quad (7-4-1)$$

式中：E_n——室内照度，lx；

E_w——室外照度，lx。

4. 采光质量

(1)顶部采光时，Ⅰ～Ⅳ级采光等级的采光均匀度不宜小于0.7。为保证采光均匀度不小于0.7的规定，相邻两天窗中线间的距离不宜大于工作面至天窗下沿高度的2倍。

(2)采光设计时应采取下列减小窗眩光的措施：

① 作业区应减少或避免直射阳光；

② 工作人员的视觉背景不宜为窗口；

③ 为降低窗亮度或减少天空视域，可采用室内外遮挡设施；

④ 窗结构的内表面或窗周围的内墙面，宜采用浅色饰面。

(3)对于办公、图书馆、学校等建筑的房间，其室内各表面的反射比宜符合GB 50033—2013《建筑采光设计标准》表5.0.4的规定。

(4)采光设计，应注意光的方向性，避免对工作产生遮挡和不利的阴影，如对书写作业，天然光线应从左侧方向射入。

(5)当白天天然光线不足而需补充人工照明的场所，补充的人工照明光源宜选择接近天然光色温的高色温光源。

(6)对于需识别颜色的场所，宜采用不改变天然光光色的采光材料。

(7)对于博物馆和美术馆建筑的天然采光设计，宜消除紫外辐射、限制天然光照度值和减少曝光时间。

(8)当选用导光管系统设计采光设计时，采光系统应有合理的光分布。

5. 采光计算

(1)在建筑方案设计时，对于Ⅲ类光气候区的普通玻璃单层铝窗采光，其采光窗洞口面积可按GB 50033—2013《建筑采光设计标准》表6.0.1所列的窗地面积比估算。建筑尺寸对应的窗地面积比，可按GB 50033—2013《建筑采光设计标准》附录C的规定取值。

(2)采光设计时，宜进行采光系数计算，采光计算点应符合GB 50033—2013《建筑采光设计标准》附录C的规定，采光系数值可按下列公式计算。

室内采用顶部采光，采光系数计算公式：

$$C_{av}=\tau\cdot CU\cdot A_c/A_d \tag{7-4-2}$$

式中：C_{av}—— 采光系数平均值(%)；

τ—— 窗的总透射比，可按《建筑采光设计标准》GB 50033—2013中式(6.0.2－2)计算；

CU—— 利用系数，可按《建筑采光设计标准》GB 50033—2013中式(6.0.2)取值；

A_c/A_d—— 窗地面积比。

室内采用侧面采光，采光系数计算公式，典型条件下的采光系数平均值可按《建筑采光设计标准》GB/T 50033—2013附录C中表C.0.1取值

$$C_{av}=\frac{A_c\tau\theta}{A_z(1-\rho_j^2)} \tag{7-4-3}$$

$$\tau=\tau_0\cdot\tau_c\cdot\tau_w \tag{7-4-4}$$

$$\rho_j=\frac{\sum\rho_iA_i}{\sum A_i}=\frac{\sum\rho_iA_i}{A_z} \tag{7-4-5}$$

$$\theta=\arctan\left(\frac{D_d}{H_d}\right) \tag{7-4-6}$$

$$A_c = \frac{C_{av} A_z (1 - \rho_j^2)}{\tau\theta} \qquad (7-4-7)$$

式中：τ—— 窗的总透射比；

A_c—— 窗洞口面积(m^2)；

A_z—— 室内表面总面积(m^2)；

ρ_j—— 室内各表面反射比的加权平均值；

θ—— 从窗中心点计算的垂直可见天空的角度值，无室外遮挡 θ 为 90°；

τ_0—— 采光材料的透射比，可按《建筑采光设计标准》GB/T 50033—2013 附录 D 表 D.0.1 和表 D.0.2 取值；

τ_c—— 窗结构的挡光折减系数，可按《建筑采光设计标准》GB/T 50033—2013 附录 D 表 D.0.6 取值；

τ_w—— 窗玻璃的污染折减系数，可按《建筑采光设计标准》GB/T 50033—2013 附录 D 表 D.0.7 取值；

ρ_i——— 顶棚、墙面、地面饰面材料和普通玻璃窗的反射比，可按《建筑采光设计标准》GB/T 50033—2013 附录 D 表 D.0.5 取值；

A_i—— 与 ρ_i 对应的各表面面积；

D_d ——窗对面遮挡物与窗的距离(m)。

7.4.2 案例分析

案例位于马鞍山市，属于Ⅳ类光气候区，根据 GB/T 50033—2013《建筑采光设计标准》规定，各类光气候区的室外天然光临界照度及光气候系数见表 7-4-1 所列。

表 7-4-1 光气候系数

光气候区	Ⅰ	Ⅱ	Ⅲ	Ⅳ	Ⅴ
K 值	0.85	0.90	1.00	1.10	1.20
室外天然光临界照度，lx	6000	5500	5000	4500	4000

马鞍山地区的室外天然光临界照度为 4500lx，光气候系数为 1.1，马鞍山居住建筑的室内主要功能房间的最小采光系数要求具体见表 7-4-2 所列。

表 7-4-2 功能房间的最小采光系数要求

采光等级	房间名称	侧面采光	
		采光系数标准值 C_{min}(%)	室内天然光照度标准值(lx)
Ⅳ	起居室(厅)、卧室、书房、厨房	2.0	300
Ⅴ	卫生间、过厅、楼梯间、餐厅	1.0	150

1. 模拟条件

依据 GB/T 50033—2013《建筑采光设计标准》规定，采光系数是基于全阴天模型计算而得到的，全阴天即天空全部被云层遮蔽的天气，此时室外天然光均为天空扩散光，其天空亮度分布相对稳定，天顶亮度为地平线附近亮度的三倍。

2. 模拟简化

(1)周边环境。模拟小区采光计算时考虑小区内建筑物间的相互遮挡以及建筑物的自遮挡，计算模型包括模拟建筑及其周边建筑。

(2)材料构件。本案例模拟计算时忽略室内家具等设施的影响，其他构造均根据设计图纸进行建立，在模拟过程中考虑围护结构壁面的反射系数、玻璃的可见光透射比等参数，模拟计算中设置天空状态为全阴天。

(3)模拟单元。案例取46号楼标准层进行模拟分析。

3. 分析软件

本次模拟主要采用Ecotect软件对某小区40～50号楼的室内光环境进行模拟。Ecotect是一个全面的技术性能分析辅助设计软件，可以进行太阳辐射、热、光学、声学、建筑投资等综合的技术分析。

4. 参数设置

材料的材质、颜色、表面状况决定光的吸收、反射与投射性能，对建筑采光影响较大，模拟分析时需根据实际材料性状对参数进行选值。

表7-4-3　不同构造部位反射比限定参考值

表面名称	反射比
顶棚	0.60～0.90
墙面	0.30～0.80
地面	0.10～0.50
桌面、工作台面、设备表面	0.20～0.60

注：本表引自GB/T 50033—2013《建筑采光设计标准》的表5.0.4。

表7-4-4　饰面材料的反射比ρ值

材料名称	ρ值	材料名称	ρ值
石膏	0.91	无釉陶土地砖	
大白粉刷	0.75	土黄色	0.53
水泥砂浆抹面	0.32	朱砂	0.19
白水泥	0.75	马赛克地砖	
白色乳胶漆	0.84	白色	0.59
调和漆		浅蓝色	0.42
白色和米黄色	0.70	浅咖啡色	0.31
中黄色	0.57	绿色	0.25
红砖	0.33	深咖啡色	0.20
灰砖	0.23	铝板	
		白色抛光	0.83～0.87
		白色镜面	0.89～0.93
		金色	0.45

（续表）

材料名称	ρ值	材料名称	ρ值
瓷釉面砖		浅色彩色涂料	0.75～0.82
白色	0.80	不锈钢板	0.72
黄绿色	0.62		
粉色	0.65		
天蓝色	0.55		
黑色	0.08		
大理石		胶合板	0.58
白色	0.60	广漆地板	0.10
乳色间绿色	0.39	菱苦土地面	0.15
红色	0.32	混凝土面	0.20
黑色	0.08		
水磨石		沥青地面	0.10
白色	0.70	铸铁、钢板地面	0.15
白色间	0.52	普通玻璃	0.08
灰黑色	0.66		
白色间绿色	0.10		
黑灰色			
塑料贴面板		镀膜玻璃	
		金色	0.23
浅黄色木纹	0.36	银色	0.30
中黄色木纹	0.30	宝石蓝	0.17
深棕色木纹	0.12	宝石绿	0.37
		茶色	0.21
塑料墙纸	0.72	彩色钢板	
黄白色	0.61	红色	0.25
蓝白色	0.65	咖啡色	0.20

注：本表引自 GB/T 50033—2013《建筑采光设计标准》的附录 D 中表 D.0.5。

表 7-4-5　典型玻璃的光学、热工性能参数

玻璃品种及规格		可见光透射比 τv	太阳能总透射比 gg	遮阳系数 SC	中部传热系数 K
透明玻璃	3 透明玻璃	0.83	0.87	1.00	5.8
	6 透明玻璃	0.77	0.82	0.93	5.7
	12 透明玻璃	0.65	0.74	0.84	5.5
吸热玻璃	5 绿色吸热玻璃	0.77	0.64	0.76	5.7
	6 蓝色吸热玻璃	0.54	0.62	0.72	5.7
	5 茶色吸热玻璃	0.50	0.62	0.72	5.7
	5 灰色吸热玻璃	0.42	0.60	0.69	5.7

（续表）

玻璃品种及规格		可见光透射比 τv	太阳能总透射比 gg	遮阳系数 SC	中部传热系数 K
热反色玻璃	6高透光热反射玻璃	0.56	0.56	0.64	5.7
	6中等透光热反射玻璃	0.40	0.43	0.49	5.4
	6低透光热反射玻璃	0.15	0.26	0.30	4.6
	6特低透光热反射玻璃	0.11	0.25	0.29	4.6
单片Low-E	6高透光单片Low-E玻璃	0.61	0.51	0.58	4.6
	6中等透光单片Low-E玻璃	0.55	0.44	0.51	3.5
中空玻璃	6透明+12空气+6透明	0.71	0.75	0.86	2.8
	6绿色吸热+12空气+6透明	0.66	0.47	0.54	2.8
	6灰色吸热+12空气+6透明	0.38	0.45	0.51	2.8
	6中等透光热反射+12空气+6透明	0.28	0.29	0.34	2.4
	6低透光热反射+12空气+6透明	0.16	0.16	0.18	2.3
	6高透光Low-E+12空气+6透明	0.72	0.47	0.62	1.9
	6中透光Low-E+12空气+6透明	0.62	0.37	0.50	1.8
	6较低透光Low-E+12空气+6透明	0.48	0.28	0.38	1.8
	6低透光Low-E+12空气+6透明	0.35	0.20	0.30	1.8
	6高透光Low-E+12氩气+6透明	0.72	0.47	0.62	1.5
	6中透光Low-E+12氩气+6透明	0.62	0.37	0.50	1.4

注：本表引自《全国民用建筑工程设计技术措施节能专篇－建筑》中表6-3-1。

案例模拟参考《建筑采光设计标准》GB/T 50033—2013的表5.0.4及附录D中表D.0.5和《全国民用建筑工程设计技术措施节能专篇——建筑》中表6-3-1对各种不同材料构造的光学性能参数提供的参考指导值进行赋值计算分析，各围护结构光学性能参数取值具体见表7-4-6所列。

表7-4-6　材料光学性能参数

构造部位	材料	吸收系数	反光系数	可见光透射比	备注
楼面	地板	0.70	0.30	——	
顶棚	涂料	0.20	0.80	——	
墙体	涂料	0.20	0.80	——	
窗户	中空玻璃	——	——	0.62	

注：[1] 地面、顶棚、墙体饰面材料的反射系数依据《建筑采光设计标准》GB/T 50033—2013附录D中表D.0.5进行设置；

[2] 玻璃的可见光透射比依据委托方所提供的资料并参考《全国民用建筑工程设计技术措施节能专篇——建筑》表6-3-1中相关参数进行设置。

5. 模拟结果

模拟小区 40～50 号楼的采光计算模型采用 Ecotect 软件根据建筑总图及各楼的建筑图纸建立，模型效果如图 7-4-1、图 7-4-2 所示。

图 7-4-1　整体模型效果图(线形图)

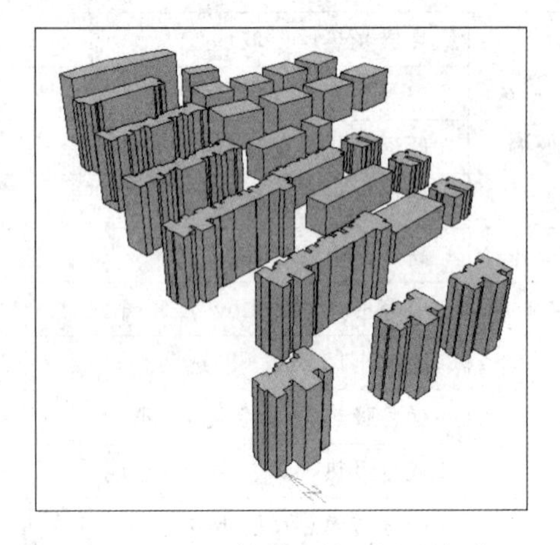

图 7-4-2　整体模型效果图(可视化)

1)初步估算

案例模拟计算时，小区 40～50 号楼玻璃门窗的可见光透射比为 0.62，根据 GB/T 50033—2013《建筑采光设计标准》表 3.0.3、表 6.0.1 可初步估算出当房间窗地面积比为 21.04%时，室内的最小采光系数基本能够达到标准要求。

2)典型单元概况

46 号楼平面图如图 7-4-3 所示，标准层高 2.9m。

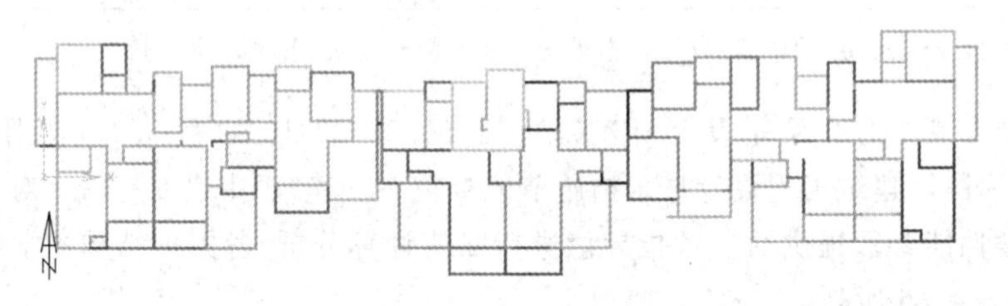

图 7-4-3　平面图

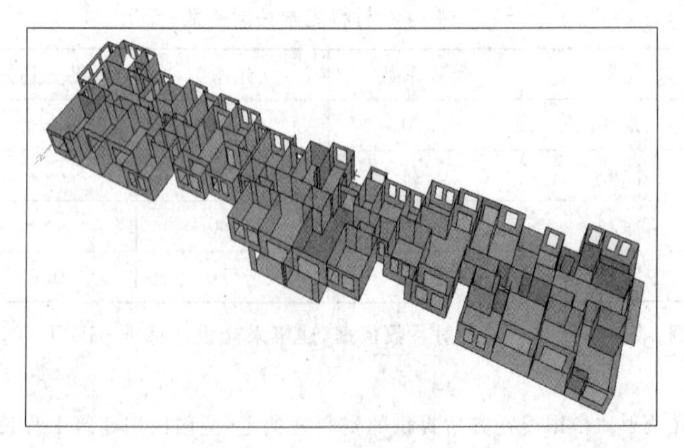

图 7-4-4　标准层模型

3)模拟分析

图7-4-5为46栋整体采光效果图,平均采光系数为4.17%,等值线间距为1%。

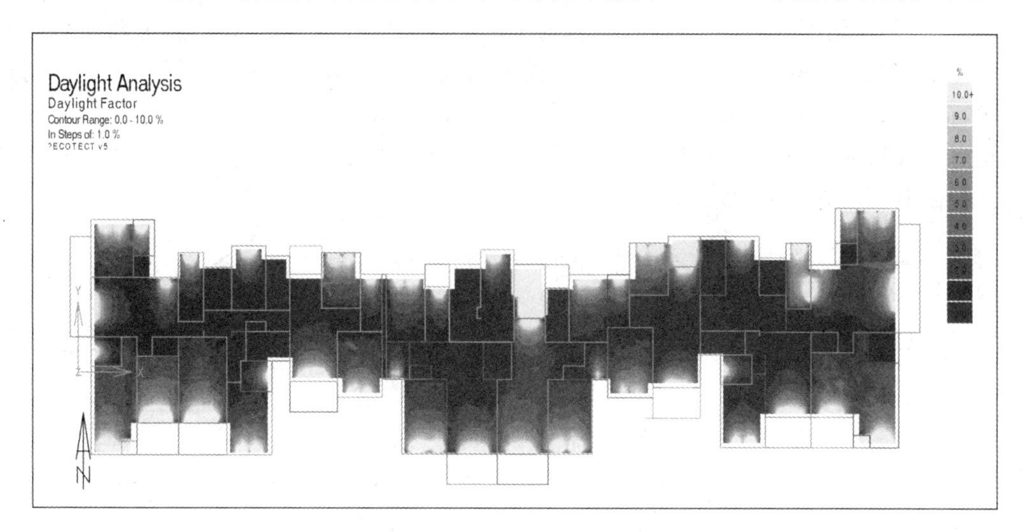

图7-4-5 46栋整体采光效果图

采光系数各阶段百分比见表7-4-7所列,在1.1%以上有79.94%。

表7-4-7 采光系数百分比

Contour Band	Within		Above	
(from-to)	Pts	(%)	Pts	(%)
1.1～2.1	936	21.06	3519	79.17
2.1～3.1	894	20.11	2583	57.11
3.1～4.1	551	12.40	1689	38.00
4.1～5.1	240	5.40	1138	25.60
5.1～6.1	184	4.14	898	20.20
6.1～7.1	117	2.63	714	16.06
7.1～8.1	92	2.07	597	13.43
8.1～9.1	80	1.80	505	11.36
9.1～10.1	75	1.71	425	9.55

7.5 绿色建筑自然通风模拟

7.5.1 通风概述

自然通风是在压差推动下的空气流动。根据压差形成的机理,自然通风可以分为风压作用下的通风和热压作用下的自然通风。

1. 热压通风

热压通风是指在过渡季节,室内由于存在各种各样的热源,气温一般高于室外气温。此时,在密度差的作用下,室外空气通过建筑物下部的门窗或开孔等流入室内,并将室内较轻的空气从上部的窗户等位置排出,形成自下而上的室内通风流动。热压通风又分单侧通风(single-sided natural ventilation)、双侧通风(cross ventilation),如图 7-5-1、图 7-5-2 所示。前者的通风量较小,后者的通风量相对较大、气流组织形式较好,但是往往受到建筑结构形式的限制而不允许采用。

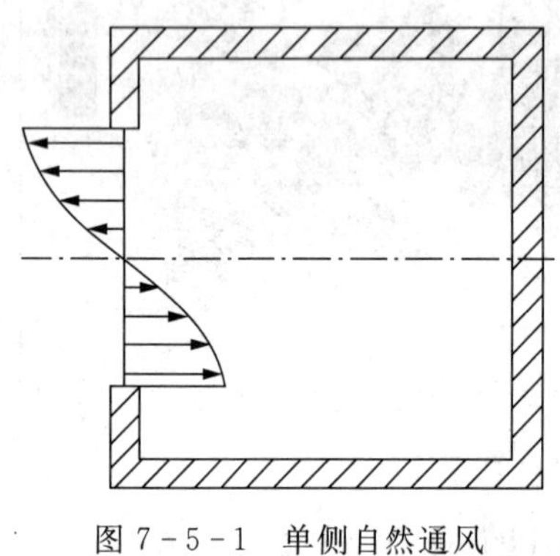

图 7-5-1 单侧自然通风

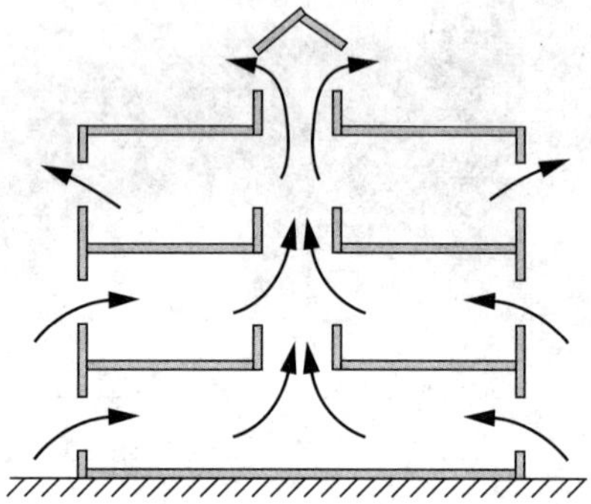

图 7-5-2 双侧贯流式自然通风

2. 风压通风

在具有良好的外部风环境的地区,风压可作为实现自然通风的主要手段。风洞试验表明:当风吹向建筑时,因受到建筑的阻挡,会在建筑的迎风面产生正压。而当气流绕过建筑的各个侧面及背面,会在相应位置产生负压,如图 7-5-3 所示。

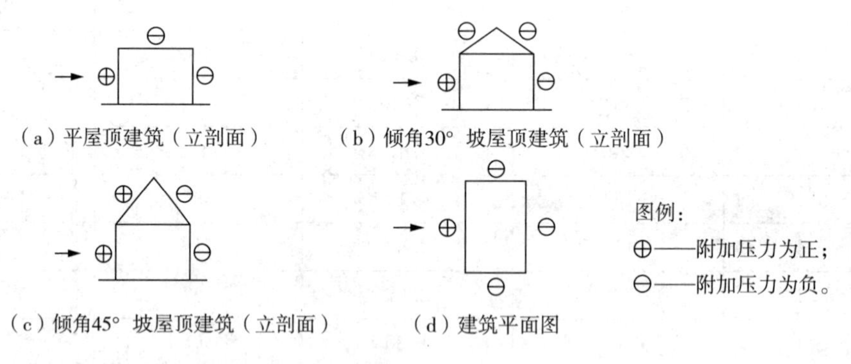

图 7-5-3 建筑物在风力作用下的压力分布

风压通风就是利用建筑的迎风面和背风面之间的压力差实现空气的流通。压力差的大小与建筑的形式、建筑与风的夹角以及建筑周围的环境有关。当风垂直吹向建筑的正立面时,迎风面中心处正压最大,在屋角和屋脊处负压最大。根据项目室外风环境模拟结果可知,所模拟建筑各季节的建筑前后压差都较有利于室内利用自然通风,故本项目主要考虑风压通风,通过设置外窗开启扇实现被动式通风节能。

7.5.2 建筑概况

案例为某小区 2 号楼 1 单元建筑,通过核算住宅卧室、起居室(厅)、书房等房间的有效通风开口面积与地板面积之比，初步判断室内自然通风状况，再通过 CFD 模拟，确认各区域通风换气状况。

本次模拟对 2 号楼 1 单元室内主要功能房间换气效率、室内空气的流速进行计算分析。模拟分析时根据本项目室外风环境模拟计算结果选取其中夏季、过渡季、冬季主导风向 E 平均风速工况建筑边界压力参考设定边界条件。

7.5.3　分析方法

建筑室内通风的预测方法目前主要有区域模型、模型实验以及计算流体力学方法。

区域模型是将房间划分为一些有限的宏观区域，认为区域内的相关参数如温度、浓度相等，通过建立各区域的质量和能量守恒方程得到房间的温度分布以及流动情况，实际上模拟得到的还只是一种相对“精确”的集总结果，且在机械通风中的应用还存在较多问题。模型实验属于实验方法，需要较长的实验周期和昂贵的实验费用，搭建实验模型耗资很大，且对于不同的条件，可能还需要多个实验，耗资更多，周期也长达数月以上，难以在工程设计中广泛采用。而且，为了满足所有模型实验要求的相似准则，其要求的实验条件可能也难以实现。

CFD 模拟是从微观角度，针对某一区域或房间，利用质量、能量及能量守恒等基本方程对流场模型进行求解，分析其空气流动状况。采用 CFD 对自然通风模拟，主要用于自然通风风场布局优化和室内流场分析，以及对象中庭这类高大空间的流场模拟，通过 CFD 提供的直观详细的信息，便于设计者对特定的房间或区域进行通风策略调整，使之更有效地实现自然通风。

本次模拟采用 CFD 手段对某小区 2 号楼 1 单元主要功能房间的自然通风效果进行模拟，通过设置 50 万、80 万、110 万网格进行独立解检验，选用 80 万网格进行计算分析。报告中综合考虑流场、风速、空气龄、通风量对小区 2 号楼 1 单元室内自然通风状况进行分析评价。

7.5.4　模型建立

根据小区 2 号楼 1 单元室外风环境模拟结果，选取其中夏季、过渡季、冬季主导风向 E 平均风速工况中前后压差较小的区域设定边界条件，边界压力条件如图 7－5－4、图 7－5－5 所示，具体压力数值设置见表 7－5－1 所列。

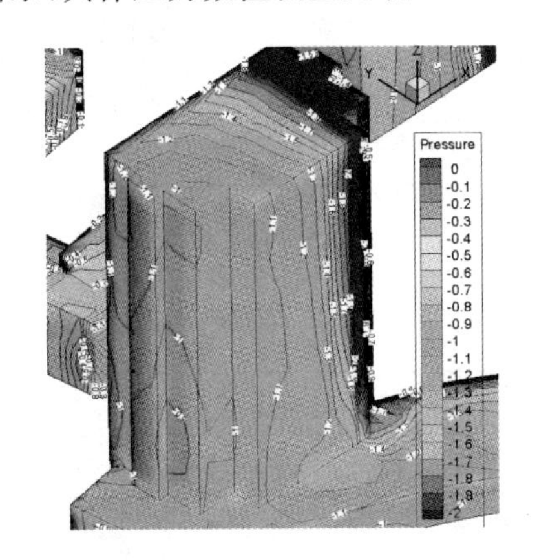

图 7－5－4　西南侧压力分布图(1 单元)

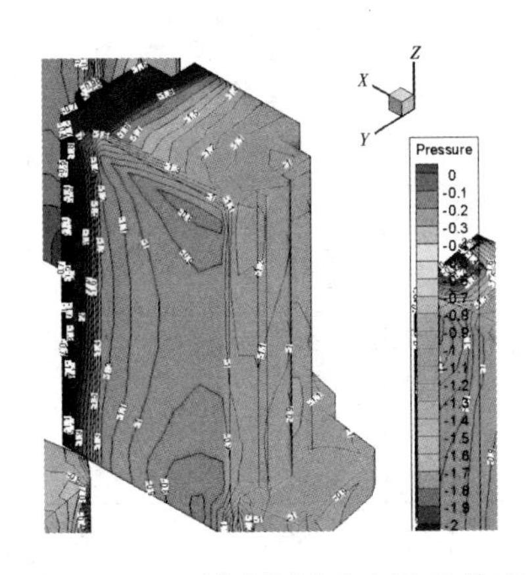

图 7－5－5　西北侧压力分布图(1 单元)

表 7-5-1　1 单元边界条件

通风口编号	窗口 1	窗口 2	窗口 3	窗口 4	窗口 5	窗口 6	窗口 7
通风口压力(Pa)	−1.1	−1.1	−1.0	−0.8	−1.0	−1.1	−1.2
通风口编号	窗口 8	窗口 9	窗口 10	窗口 11	窗口 12	窗口 13	窗口 14
通风口压力(Pa)	−0.8	−0.8	−0.8	−0.8	−0.8	−0.8	−1.1

7.5.5　模拟结果

某小区 2 号楼 1 单元室内自然通风状况模拟结果如下。

图 7-5-6、图 7-5-7 为 1 单元平面布局及模型效果，统计其地板面积和有效通风开口面积可知：1 单元各主要功能房间的有效通风开口面积不与板面积比值基本在 23%以上。

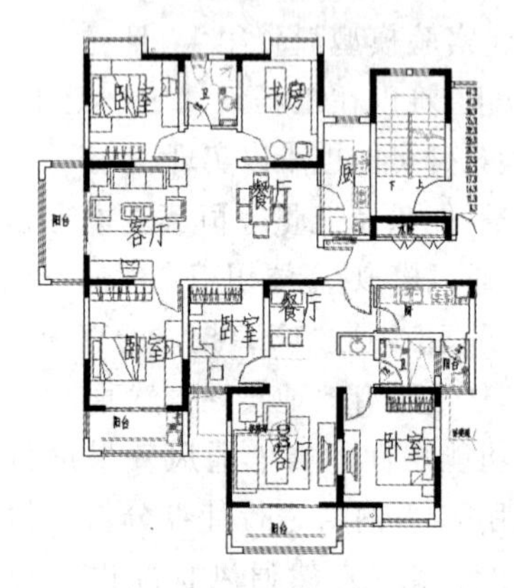

图 7-5-6　1 单元平面布局

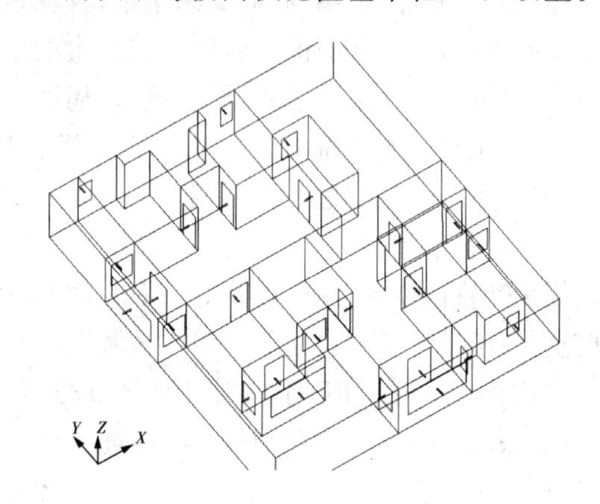

图 7-5-7　1 单元模型效果

表 7-5-2　1 单元通风开口情况

户型	房间名称	地板面积 (m^2)	有效通风开口面积(m^2)	有效通风开口面积与地板面积比(%)
1 户型	卧室	8.84	3.57	40.38
	卧室	11.52	2.67	23.18
	客厅及餐厅	25.47	8.22	32.27
	厨房	4.94	3.52	71.26
2 户型	卧室	10.37	2.80	27.00
	卧室	12.80	4.19	32.73
	客厅及餐厅	31.39	10.11	32.21
	书房	8.84	2.67	30.20
	厨房	5.92	2.80	47.30

7.5.6　模拟分析

对某小区 2 号楼 1 单元进行模拟分析。

1. 流场

图7-5-8为1单元距楼面1.2m高度处流场分布状况。图中可见：1单元中1、2户型室内整体区域气流相对均匀，阳台处气流较强，局部区域气流受内墙阻挡，产生涡流，但不影响室内空气流通，室内整体通风效果相对较好。

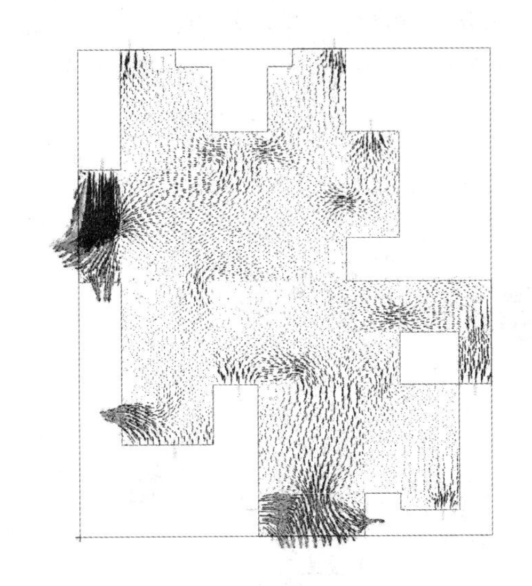
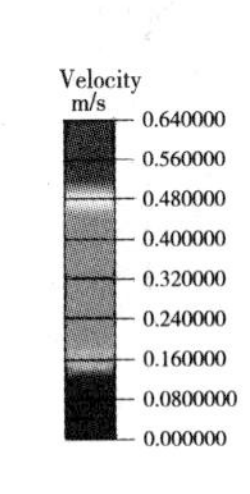

图7-5-8　1单元距楼面1.2m高度处流场分布

2. 风速

图7-5-9为1单元距楼面1.2m高度处风速云图，等值线间距为0.08m/s。图中可见：2户型阳台区域的风速相对较大，达0.64m/s，其他大部分区域的风速相对较小，基本在0.16m/s以下，室内整体区域风速相对较小。1单元室内风速整体小于0.7m/s，与RP-884数据库中的数据相比，室内风速均小于1.4m/s，符合非空调情况下的舒适风速限值要求。

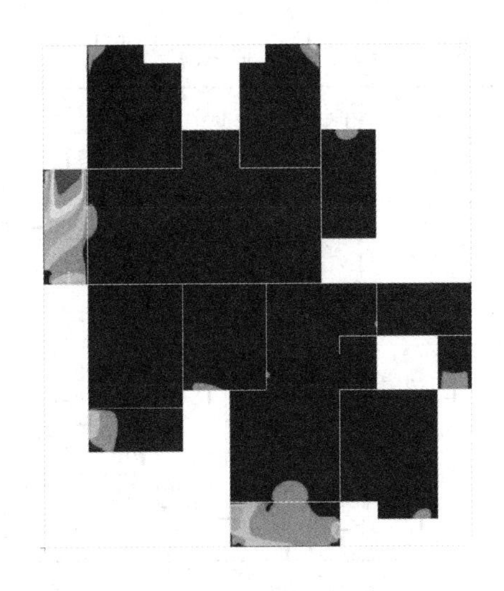
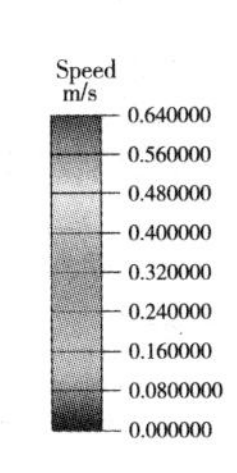

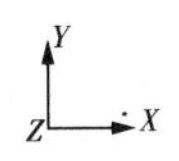

图7-5-9　1单元距楼面1.2m高度处风速云图

3. 空气龄

图 7－5－10 为 1 单元距楼面 1.2m 高度处空气龄云图，等值线间距为 60s。

图中可见：1 户型厨房区域的空气龄相对较小，基本在 180s 以下，东侧卧室区域的空气龄在 240s 左右，卧室、餐厅区域的空气龄在 360s 左右，客厅区域的空气龄相对较大，达到 420s；G2 户型北侧卧室、书房、厨房区域的空气龄较小，在 120～240s 之间，餐厅、客厅、南侧卧室区域的空气龄相对较大，在 360～480s 之间，室内通风换气效果相对较好，能够保证室内空气质量。

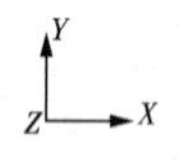

图 7－5－10　1 单元距楼面 1.2m 高度处空气龄云图

4. 通风量

经统计，1 单元各主要功能房间的换气次数均在 9 次/h 以上，通风换气效果较好。各主要功能房间的通风量以及换气次数具体见表 7－5－3 所列。

表 7－5－3　1 单元通风换气情况

户型	房间名称	地板面积 (m^2)	通风量 (m^3/s)	换气次数 (次/h)
1 户型	卧室	8.84	0.16	21.32
	卧室	11.52	0.11	11.50
	客厅及餐厅	25.47	0.41	19.37
	厨房	4.94	0.14	34.90
2 户型	卧室	10.37	0.12	14.28
	卧室	12.80	0.10	9.78
	客厅及餐厅	31.39	0.39	14.85
	书房	8.84	0.13	17.61
	厨房	5.92	0.14	27.40

7.6　绿色建筑能耗检测方法

7.6.1　抽样调查的原理

抽样调查也称样本调查，是非全面调查中的一种主要方法，也是按一定程序从所研究对象的全体（总体）中抽取一部分（样本）进行调查或观察，获取数据，并以此对总体的一定目标量（参数）做出推断（例如估计）。

样本抽取即抽样方法是抽样调查理论与方法的核心。在概率抽样中，用样本统计量估计总体参数的方法以及这种估计的精度都与具体抽样方法有关。以下是几种基本的抽样方法[35－37]。

1．简单随机抽样

简单随机抽样也称为单纯随机抽样。从总体 N 个单元中抽取 n 个单元作为样本，抽取方法是从总体中逐个不放回地抽取单元，每次都是在所有未入样的单元中等概率抽取的。简单随机样本也可以一次同时从总体中抽得，只要保证全部可能的样本每个被抽中的概率都相等。

2．分层抽样

将总体按一定的原则分成若干个子总体，每一个总体称为层，在每个层内进行抽样，不同层的抽样相互独立，这样的抽样称为分层抽样。在分层抽样中，先根据层样本对层的参数进行估计，然后再将这些层估计加权平均或取综合作为总体均值或总量的估计。分层抽样特别适合于既要对总体从参数进行估计，也需要对各子总体参数估计的情形。

3．整群抽样

所谓整群抽样就是先将总体中的各个单元归并成数量较少而规模较大的单元，也称为群。抽样仅对群抽，对抽中的群调查其中每一个较小的单元，对没有被抽中的群则不需要进行任何调查。

4．二阶与多阶抽样

为提高整群抽样的效率，对每个被抽中的一级单元所包含的所有二级单元再进行抽样，仅调查其中一部分，这样的抽样称为二阶抽样。如果每个二级单元又有若干个三级单元组成，则对每个被抽中的二级单元再抽样，仅调查其中一部分三级单元，这样的抽样即是三阶抽样，依此类推。

多阶抽样既保留了整群抽样样本相对集中、调查费用较低、不需要包含有所有单元的抽样框等优点，而且由于实行了再抽样又有效率较高的优点。多阶抽样的主要缺点是抽样时较为麻烦，而且从样本对总体的估计比较复杂。

5．系统抽样

若总体中的单元都按一定顺序排列，在规定的范围内随机地抽取一个单元作为初始单元，然后按照一套事先确定好了的规则确定其他单元样本，这种抽样方法称为系统抽样，又称机械抽样。系统抽样具有实施简单的优点，但估计量的精度估计比较困难。

7.6.2 确定样本量的原则

对于一种确定的抽样方法，样本量愈大，抽样误差就愈小，估计量的精度就愈高。但样本量并不是愈大愈好，因为它还受到人力、物力的限制。抽样愈多，费用也就愈大。

对于简单随机抽样而言，总费用 R 可按下式表示：

$$R=R_0+R_a n \tag{7-6-1}$$

式中：R——总费用；

R_0——与样本无关的固定费用，包括组织、宣传、调查表的设计及必要的设备等固定支出；

R_a——平均调查一个样本单元的费用。

7.6.3 调查形式

调查形式有当面访谈、电话问答、问卷作答等，而问卷作答是其中较易实现的方法。问卷是指为统计调查所用的，以提问的形式表述问题的表格。问卷法就是调查者用问卷对所研究的社会现象进行度量，从而收集到可靠的资料，深刻认识某一现象的一种方法。

问卷调查的下列优点。

(1)统一性。它能突破时空的限制，在广阔的范围内，对众多的调查对象同时进行调查。

(2)客观性。问卷调查是间接的书面调查，这就从根本上排除了人际交往中主观偏见的干扰。

(3)经济性。节省人力、时间和经费。

(4)可计量性。问卷调查的调查资料，特别是封闭型回答方式的调查资料，便于进行定量分析和研究。

常用的问卷类型主要有两种：开放型问卷和封闭型问卷。开放型问卷是指对问卷中的问题不事先做出任何选择答案，被调查者可根据自己的情况自由作答的问卷。封闭型问卷是指问卷的每一个问题都事先列了若干个可能的答案，由被调查者根据自己的情况，在其中选择认为恰当的一个答案的问卷。

7.6.4 无回答问题的处理

调查中最明显的问题之一是不能从所有的样本单位及问卷中的所有问题获得有用的数据，我们称这类问题为“无回答”。“无回答”包括“单位无回答”和“项目无回答”。前者是指被调查单位没有接受调查，而“项目无回答”是指调查中被调查单位接受了调查，但由于种种原因，对调查中的某些项目没有给出有效的回答。无论哪一种“无回答”都会对统计结果产生一定的影响。而在一些上诉特定情况下，“单位无回答”的问卷往往被作为无效问卷，故在此只讨论“项目无回答”的情况。

处理项目无回答的方法，除了事先的预防措施外，还包括其他一些替代方法。

1.“热层”方法

“热层”(Hot-deck)这个词用来描述一族替代方法，这类替代方法广泛应用于目前的调查实践。它通常指的是对调查中的项目缺失值用同一调查中具有类似背景的参加者的数值来替代。

2. 距离函数匹配

根据与无回答距离最近的数量测度来确定替代值的方法称为“距离函数匹配”。这里距离的测度是指定变量的函数。

3. 均值替代

均值替代是指以单元内回答者的均值作为该单元内缺失项目的替代值。

4. 回归方法

把 $f(\cdot)$规定为指定变量的函数，并利用回答数据拟合模型，这样便可以预测出一个替代值，这种方法称之为明显替代的回归方法。

7.7　能耗调查实例分析

运用 eQUEST 软件对夏热冬冷地区居住建筑建立模型，通过模拟软件进行计算、分析、数据比较等方法，充分体现了设计过程的可控性。

为了更切实地与实际相结合，掌握目前长江中下游地区住宅建筑夏季室内热湿环境实态，于 2007 年 5 月至 2008 年 5 月在马鞍山市随机抽样 60 户住宅进行为期一年的能源消耗量采集，并进行了两次问卷调查。问卷调查包括建筑概况、空调设备、生活方式、能源消费及舒适性等内容，本章就夏季能源消耗情况，分析了住宅建筑的基本状况、人们的生活习惯、家庭收入水平、室内热舒适感觉等之间的关系，探讨了进一步提高现有住宅节能效率的潜力。

7.7.1　调查背景

对马鞍山市常住人口家庭进行简单随机抽样调查，取 60 户居民每月的电、水、天然气进行上门读数，同时对居民的居住环境和能源设备进行问卷调查，共发放了 60 份问卷，收回有效问卷 57 份。调查从 2007 年 5 月份开始。6 月中旬，马鞍山市住宅开始使用空调；9 月下旬，天气转凉，已不开空调；10 月份既不需要空调也不需供热。本章仅提供 6、7、8、9 四个月的住宅能耗调查结果，作为住宅夏季能耗的数据。

调查过程中，注意所涉及的区域的广泛性，尽量做到市内各区均有被调查住宅。同时，也要注意对各种住宅形式进行调查，包括有多层公房、新建小高层住宅及新旧高层住宅等。被调查家庭的人员构成以 3 人的小家庭为主。

7.7.2　调查内容

调查内容包括四大部分。住宅概要：收集被调查住宅的一些基本情况，如住宅年代、类型、结构、面积等。制冷采暖设备：调查住宅制冷采暖设备的拥有情况及使用情况。其他能耗设备：调查住宅其他能耗的拥有及使用概况。生活方式：了解被调查家庭的人员构成及日常生活习惯。具体内容见表 7－7－1 所列。

表7-7-1 调查表的主要内容

项目	问卷调查的主要内容
住宅概况	建筑年代、住宅结构、面积、层数、墙体、窗体及阳台状况
制冷设备	空调的数量、功率、使用情况,夏季乘凉的方式
室内空气品质	室内空气品质的满意度及改善措施
热水器设备	热水供应方式,使用的能源及供应的房间
生活方式	家庭人员情况,在家时间,用餐时间
居住舒适性	室内温度、湿度、通风状况、舒适度的满意度

7.7.3 问卷调查的数据处理方法

此次调查共发放问卷60份,收回有效问卷57份。

对于“单位无回答”(即空白答卷)的情况,将问卷视为无效问卷。对于“项目无回答”的情况,在本次调查结果统计时,采用“均值替代法”对“项目无回答”进行替代处理。所谓均值替代法即以单元内回答者的均值作为该单元内缺失项目的替代值,这是在问卷调查中对于非抽样误差“无回答误差”较常采用的误差处理方法。

第 8 章　建筑信息模型化 BIM

BIM 的全称是 Building Information Modeling，中文意思为“建筑信息模型化”(或“建筑信息建模”)。BIM 通过创建三维建筑模型，利用和共享模型中的信息，保障建设项目设计、建造和运营管理过程的无缝对接和项目相关方的信息畅通，实现项目全周期过程在手段和方法上的信息化。

自 BIM 产生以来，与其相关的研究及应用不断加强，BIM 的出现正在改变项目参与各方的协作方式。随着建筑业的飞速发展，BIM 技术的广泛应用已成为一个大趋势，特别是在绿色建筑节能设计及全生命周期的应用方面。

8.1　BIM 的产生发展概况和意义

8.1.1　BIM 的产生与发展概况

BIM 理念的启蒙，受到了 1973 年全球石油危机的影响，美国全行业需要考虑提高行业效益的问题。1975 年，“BIM 之父”——美国乔治亚理工大学的 Chunk(或 Charles)Eastman 教授在其研究的课题“Building Description System”中提出“a computer-based description of a building”，创建了 BIM 理念，指出实现建筑工程的可视化和量化分析，提高工程建设效率的思想。自 BIM 理念创建至今，BIM 技术的研究经历了萌芽阶段、产生阶段和发展阶段三大阶段。

1986 年，罗伯特・艾什(Robert Aish)发表了一篇关于 BIM 论点和实施的论文，文中首次出现“Building Information Modeling”这一词汇，这是“BIM”概念第一次被正式应用。之后 Chunk Eastman、Jerry Laiserin 及 Mc Graw-Hill 等建筑信息公司都对其概念进行了具体定义。但是直到 2002 年，BIM 才作为一套完整的方法和理念由欧特克公司率先提出，并开始了技术上的探索。

2002 年，Autodesk 公司以 1.33 亿美元收购 Revit Technology 公司，Revit 成为 Autodesk 公司建筑领域的旗舰产品，并突破了 AutoCAD 平台有 20 年历史的 DWG 文件的桎梏。2008 年，Revit 2009 发布，其建模和渲染引擎得到很大提升。时至今日，Autodesk Revit、Micro Station 以及 Archi CAD 已经发展成为 BIM 领域最具盛名的“三驾马车”。欧特克提出的 BIM 理念和方法也已在全球范围内得到业界的广泛认可，被誉为工程建设行业实现可持续设计的标杆。

BIM 以三维数字技术为基础并集成建筑工程项目各种相关信息的工程基础数据模型，是对工程项目相关信息详尽的数字化表达。BIM 的实现将从根本上解决规划、设计、施工、运营各阶段的信息断层问题，实现工程信息在全寿命期内的有效利用与管理，是谋求根本改变传统设计方式、消除“信息孤岛”的重要手段之一。

8.1.2 BIM的意义

目前,传统的建筑工程设计中有建筑、结构、给排水、电气、暖通及节能等专业,这些专业之间的合作并非无缝衔接,可能每个专业的图纸都是对的,但合在一起却有一些问题,所以在施工安装过程中就会出现管线冲突、装修时出现钻断电线、打穿水管等现实问题,造成各专业之间的相互推责或不断地修改图纸的结果。

BIM可以通过参数模型整合各种项目的相关信息,在项目策划、运行和维护的全生命周期过程中进行共享和传递,为设计团队以及包括建筑运营单位在内的各方建设主体提供协同工作的基础。随着建筑信息模型BIM技术的应用,小到居民住宅,大到市政工程,所有建筑"全生命周期"内的数据信息都能共享和监控。

BIM不但通过效果图、动画、虚拟现实等看到未来所建筑房屋的效果,更是将所有的建筑业务,包括设计、设计审核、预算、工程管理等整合到一起。设计团队通过对服务器云端的共享文件,及时了解各专业的图纸修订情况,并可随时用3D剖切看效果。正如相关专家所说:"BIM技术搭建的协同工作平台就像微信朋友圈,某个人在朋友圈里更新一条状态,其他好友都能看到,这样就能保证某个专业变更后的数据能准确、及时地被其他专业的设计人员掌握,避免实际施工时多专业图纸间的碰撞。"

在智能家电盛行的今天,BIM也为"智慧城市"带来了无限可能。通过"BIM云",可以把存储在城市建设档案库中海量的工程蓝图、CAD电子图纸,以及过去、现在、将来城市建设中新的海量工程数据进行加工,转换成为智慧城市平台软件可以识别的数据和信息,形成数据库。不管是城市的写字楼还是居民楼,或是公路、桥梁、下水道,BIM技术都可以实现建筑全生命周期内的数据信息共享,城市各个角落的公用电梯、道路桥梁,哪些达到了维护年限,点击鼠标一搜便知,提前消除隐患于未然。

8.2 BIM的定义及相关概念

8.2.1 BIM的定义

目前,对BIM相对较完整的定义是《美国国家BIM标准》(NBIMS:National Building Information Modeling Standard):"BIM是设施物理和功能特性的数字表达;BIM是一个共享的知识资源,是一个分享有关这个设施的信息,为该设施从概念到拆除的全寿命周期中的所有决策提供可靠依据的过程;在项目不同阶段,不同利益相关方通过在BIM中插入、提取、更新和修改信息,以支持和反映各自职责的协同工作。"

确切地说,建筑信息模型化(BIM)不是一个软件,而是一个概念或理念,一个可以提升工程建设行业全产业链各个环节质量和效率的系统工程。BIM是在建筑(或工程项目)从策划、设计、施工、运营直到拆除的全生命周期内生产和管理工程数据的过程。

8.2.2 BIM相关概念及关系[1]

1. BIM的载体——三维数字技术+模型化

BIM的载体是以三维数字技术为基础,集成了建筑工程项目各种相关信息的工程数据模型,该模型可以为设计和施工提供协调一致的、可进行运算分析的信息。该模型及其集成的信息是随着项目的进程不断丰富和完善的,与项目相关各方可以从该模型中提取其需要的信息,这个丰富和完善的过程即为模型化(Modeling)。

2. BIM的应用方式——3D参数化设计

BIM是一个全产业链的概念,对应到建筑设计阶段,称为"3D参数化设计"。日常工作中简称或泛称为BIM。3D参数化设计是有别于传统AutoCAD等二维设计方法的一种全新的设计方法,是一种可以使用各种工程参数来创建、驱动三维建筑模型并利用其进行建筑性能分析与模拟的设计方法,它是实现BIM提升项目设计质量和效率的重要技术保障。

3D参数化设计的特点是全新的专业化三维设计工具、实时的三维可视化、更先进的协同设计模式、由模型自动创建施工详图底图及明细表、一处修改处处更新、配套的分析及模拟设计工具等。3D参数化设计的重点在建筑设计,而传统的三维效果图与动画仅是3D参数化设计中用于可视化设计(项目展示)的一个很小的附属环节。

3. 协同设计与协同作业

"协同"是BIM实现提升工程建设行业全产业链各个环节质量和效率终极目标的重要工具及手段。"协同"分为协同设计和协同作业。

1)协同设计

协同设计是针对设计院专业内、专业间进行数据和文件交互、沟通交流等的协同工作。协同设计又细分为2D协同设计与3D协同设计、文件级协同与数据级协同。2D协同设计与3D协同设计是设计软件本身具备的协同功能。

(1)2D协同设计。2D协同设计是以AutoCAD外部参照功能为基础的dwg文件之间的文件级协同,是一种文件定期更新的阶段性协同设计模式。例如:将一个建筑设计的轴网、标高、外立面墙与门窗、内墙与门窗布局、核心筒、楼梯与坡道、卫浴家具构件等拆分为多个dwg文件由几位设计师分别设计,设计过程中根据需要通过外部参照的方式将其链接组装为多个建筑平立面图,这时如果轴网文件发生变更,所有参照该文件的图纸都可以自动更新。

(2)3D协同设计。3D协同设计分为以下两种不同模式。

① 专业内3D协同设计。专业内3D协同设计是一种数据级的实时协同设计模式,即工作组成员在本地计算机上对同一个3D工程信息模型进行设计,每个人的设计内容都可以及时同步到文件服务器上的项目中心文件中,甚至成员间还可以互相借用属于对方的某些建筑图元进行交叉设计,从而实现成员间的实时数据共享。

② 专业间3D协同设计。当每个专业都有了3D工程信息模型文件时,即可通过外部链接的方式,在专业模型(或系统)间进行管线综合设计。这个工作可以在设计过程中的每个关键时间点进行,因此专业间3D协同设计和2D协同设计同样是文件级的阶段性协同设计模式。

除上述两种模式外,不同BIM设计软件间的数据交互也属于协同设计的范畴。例如在Revit系列、AutoCAD、Navisworks、3dsmax、SketchUp、Rhino、Catia、Ecotect、IES、PKPM等工具间的数据交互,都可以通过专用的导入/导出工具、dwg/dxf/fbx/sat/ifc等中间数据格式进行交互。不同工具的协同方式、数据交互方式也略有不同。

2)协同作业

协同作业是针对项目业主、设计方、施工方、监理方、材料提供商、运营商等与项目相关各方，进行文件交互、沟通交流等的协同工作。BIM协同作业平台，如图8-2-1所示。

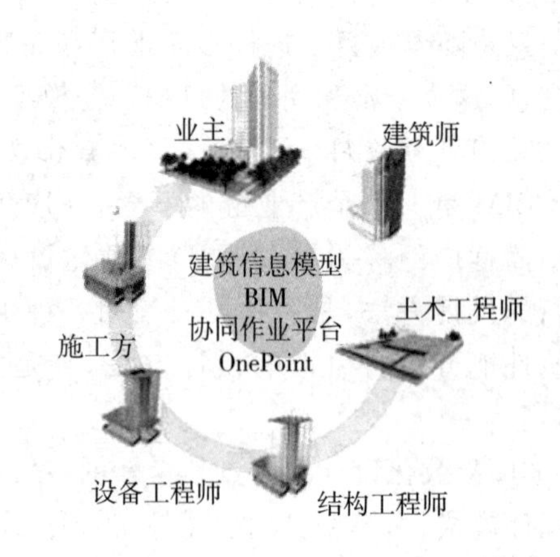

图8-2-1 BIM协同作业平台[1]

协同作业是设计之外的各种设计文件与办公文档管理、人员权限管理、设计校审流程、计划任务、项目状态查询统计等与设计相关的管理功能，以及设计方与业主、施工方、监理方、材料供应商、运营商等与项目相关各方，进行文件交互、沟通交流等的协同管理系统，它是提升全产业链各环节效率的重要手段。在设计企业中协同平台为生产管理系统的核心部分，其与设计生产系统(前面所讲的BIM也属于设计生产系统)、辅助生产管理系统构成关系架构。

通过以上基本概念的分析可见，在建筑设计阶段的BIM是“狭义的BIM”，即3D参数化设计；而“广义的BIM”是涵盖建筑(或工程项目)从策划、设计、施工、运营直到拆除的全寿命周期，事关全产业链各个环节质量和效率的顾问咨询服务。

4. BIM服务商

BIM服务商在项目设计中扮演着“辅助设计”“协助设计”“技术支持”3种角色。随着BIM在工程建设行业的普及应用，BIM服务将成为继效果图设计服务、模型制作服务等之后又一种新型的服务于建筑设计，且和建筑设计配合更加紧密的服务类型。

一个有价值的BIM服务商需要具备以下能力：① 对BIM系统的深刻理解；②对工程建设行业不同类型用户及其需求的深刻理解；③具备从设计、分析、模拟、施工、运营到定制、研发、协同管理全套的BIM解决方案，及专业的实施团队和实施能力；④专业的队伍、各种BIM工具的培训与技术支持能力、各种不同类型建筑项目实施BIM的技术支持能力与实施经验、各专业的技术支持能力等；⑤针对软件本地化、提高效率小插件、三维设计构件库与详图图库、各专业样板文件等的程序开发与定制能力等；⑥对行业协同有深刻理解，具有适合工程行业的协同管理平台系统。

8.3 BIM的核心原则、内容和特点

8.3.1 BIM的核心原则和核心内容

《美国国家BIM标准》的主编德凯 · 史密斯(Deke Smith)先生总结BIM的十项核心原则[2]：

① 在项目开始之前，与所有参与方协调并作规划；

② 确保所有参与方都有“全生命周期”的概念，使各方及早地并经常性地参与进来；

③ 建立模型，并依照模型进行建设；

④ 详细数据能被简化(反之则不然)；

⑤ 一次性地输入数据，此后再不断进行完善和维护；

⑥ 将“数据保障”植入业务流程中，使数据保持最新状态；

⑦ 采用“信息安全保障”和“元数据”技术建立信任，获知数据的来源和用户；

⑧ 签订数据合同，通过数据合同的质量保证项目的质量；

⑨ 确保数据在受到保护的同时也可先从外部读取；

⑩ 采用国际标准和云存储，确保数据可长期读取利用。

根据以上 BIM 的十项核心原则，可以认为 BIM 技术的核心内容包括六个部分：数字(化)技术、数据(有效)管理、信息共享、协同工作、专业能力和建立模型。

8.3.2 BIM 的特点和优势

在建筑项目设计中实施 BIM，可以提高设计质量和效率，减少后续施工期间的洽商和返工，保障施工周期，节约项目资金。BIM 具有可视化，协调性，模拟性，优化性和可出图性五大特点[1]。

1. 可视化(Visualization)

BIM 将专业抽象的二维建筑描述通俗化、三维直观化，其结果使得专业设计师和业主等非专业人员对项目需求是否得到满足的判断更为明确、高效、准确。可视化对于建筑行业的作用是非常大的，因为对于体型各异、造型复杂的建筑形式，BIM 可视化的特点，将二维线条式的构件变成三维的立体实物图形直观地展示在人们的面前。

现在建筑方案阶段的效果图，是分包给专业效果图制作团队设计制作，基本上是根据 CAD 的线条信息制作出来的，而不是通过构件的信息自动生成的，因而缺少了建筑构件之间的互动性和反馈性。但是，BIM 的可视化是一种能够同建筑构件之间形成互动性和反馈性的可视。在 BIM 的整个过程都是可视化的，其结果不仅可以用来生成效果图及报表，更重要的是，项目设计、建造、运营过程中的沟通、讨论、决策都在可视化的状态下进行，如图 8-3-1 所示。

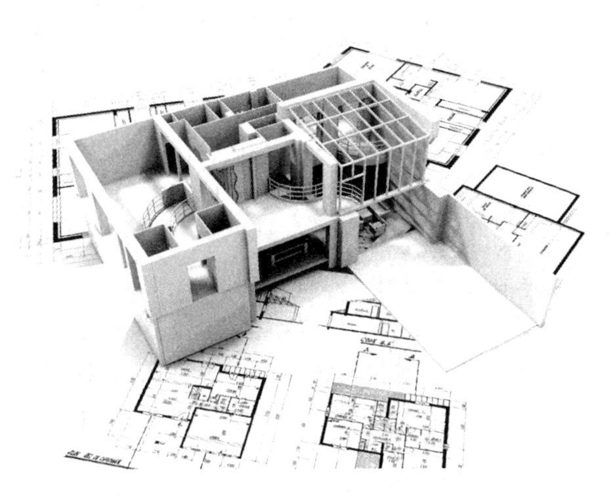

图 8-3-1　BIM 的可视化

2. 协调性(Coordination)

BIM 将多成员间、多专业间、多系统间原本独立的设计成果(包括中间结果与过程)，置于统一、直观的三维协同设计环境中，可以避免误解与沟通不及时造成的不必要的设计错误，提高设计质量与效率。

协调性是建筑业参与方的重点工作内容，无论是施工单位、甲方业主还是设计单位，无不在做着协调配合的工作。但是，很多问题的协调方式，是只能出现在问题发生之后再找到解决办法来进行协调，因而很不科学。例如暖通等专业中的管道在布置时，由于各专业的施工图纸检查、互查不到位，在施工过程中，可能在布置管线时遇到结构梁妨碍管线布置的问题，这种就是施工中常遇到的碰撞问题，像这样的碰撞问题的协调解决就只能在问题出现之后再进行解决。

BIM 的协调性服务可以在建筑物建造前期对各专业的碰撞问题进行协调，生成协调数据并提供出来。当然 BIM 的协调作用也并不是只能解决各专业间的碰撞问题，它还可以解决例如电梯井布置、防火分区、地下排水布置与其他设计布置的协调等问题。

3．模拟性(Simulation)

BIM 在虚拟世界中实现对真实建造过程与结果的预先展现，可以最大限度地减少遗憾和失误。模拟性不仅能模拟设计出的建筑物模型，还可以模拟不能够在真实世界中进行操作的事物。在模拟性设计阶段，BIM 可以进行多种模拟实验，例如日照模拟、风环境模拟、节能模拟、热能传导模拟、紧急疏散模拟等；在招投标和施工阶段可以进行 4D 模拟(三维模型加项目的发展时间)，即根据施工的组织设计模拟实际施工，从而确定合理的施工方案来指导施工；同时，还可以进行 5D 模拟(基于 3D 模型的造价控制)，从而实现成本控制；后期运营阶段可以模拟日常紧急情况的处理方式的模拟，例如地震人员逃生模拟及消防人员疏散模拟等。

如某围合式建筑的绿色设计，通过 BIM 的 Revit 平台上的应用程式，为后续的绿色设计提供完整的模型塑造和详细说明，衔接多项绿色分析内容的融合，包括舒适度分析、风分析(图 8-3-2)、日照分析、可视化分析、采光分析等方面的分析。其中，通过对项目外形的精细模拟，结合项目所处区域周边的风速数据，分析得出了围合式的规划布局，有效阻挡了冬天主导的西北寒风，使得规划区域内主干道风速在 3.5 米/秒以下，建筑群内部风速基本在 2 米/秒以下，50%左右的区域风速低于 1 米/秒，使得项目满足绿色建筑三星标准中的“地面附近人行区 1.5m 高度的风速小于 5 米/秒这一指标”。一系列的分析依赖项目信息模型的准确性和及时性，而传统的设计方式所能掌握的信息非常有限，完全无法支撑综合绿色分析对信息高强度的需求。

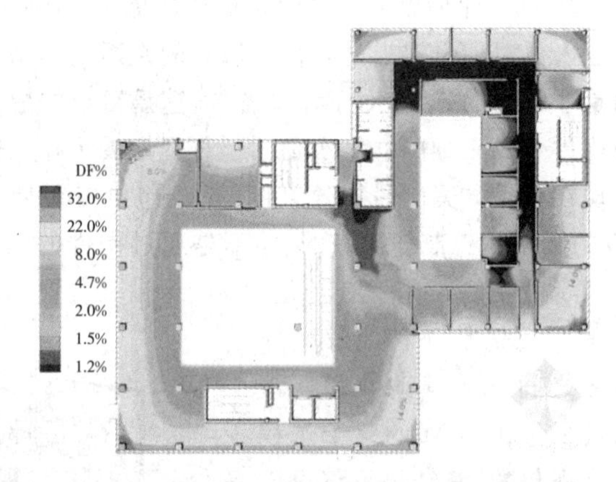

图 8-3-2　Revit 平台冬季风环境模拟分析：风速分布

4．优化性(Optimization)

BIM 使设计优化成为可能，特别是针对复杂造型的建筑设计，可以最大程度地追求建造结果的完美。建筑项目的整个设计、施工、运营过程，事实上就是一个不断优化的过程，在 BIM 的基础上可以做更好的优化。优化受三种因素制约，即信息、复杂程度和时间。没有准确的信息做不出合理的优化结果，BIM 模型提供了建筑物的实际存在的信息，包括几何信息、物理信息、规则信息，还提供了建筑物变化以后的实际存在。复杂程度高到一定程度，参与人员本身的能力无法掌握所有的信息，必须借助一定的科学技术和设备的帮助。现代建筑物的复杂程度大多超过参与人员本身的能力极限，BIM 及与其配套的各种优化工具提供了对复杂项目进行优化的可能。

目前基于 BIM 的优化可以做以下方面的工作：

(1)项目方案优化。把项目设计和投资回报分析结合起来，设计变化对投资回报的影响可以实时计算出来；这样业主对设计方案的选择就不会主要停留在对形状的评价上，而更多的可以使得业主知道哪种项目设计方案更有利于自身的需求。

(2)特殊项目的设计优化。例如多在幕墙、屋顶、裙楼、大空间等部位出现的异型设计，这些内容虽然占整个建筑的体型比例不大，但是占投资和工作量的比例却往往要大得多，而且通常也是施工难度较大、施工问题较多的地方，对这些内容的设计、施工方案进行优化，可以带来显著的工期和造价的改进。

5. 可出图性(Documentation)

基于 BIM 成果的工程施工图及统计表将最大限度地保障工程设计企业最终产品的准确、高质量、富于创新性。BIM 并不只是出通常的建筑设计图纸及构件详图，还通过对建筑物进行可视化展示、协调、模拟、优化之后，并且可以帮助业主出如下图纸：①综合管线图(经过碰撞检查和设计修改，消除了相应错误以后)；②综合结构留洞图(预埋套管图)；③碰撞检查侦错报告和建议改进方案。

8.4　BIM 技术在国内外的应用现状及发展前景

8.4.1　BIM 技术在国内外的应用[4]

自 2002 年 BIM 被正式提出以来，BIM 已席卷欧美的工程建设行业，引发了史无前例的彻底变革。今天，美国大多建筑项目都已应用 BIM，在政府的引导推动下，还形成了各种 BIM 协会、BIM 标准。

纽约曼哈顿自由塔(坐落于“911”袭击事件中倒塌的原世界贸易中心旧址)，是美国运用 BIM 技术的代表之作。自由塔是最早运用 Revit 的项目之一，自由塔的设计公司 Partner Carl Galioto 说：“Revit 帮助我们实现了 20 世纪 80 年代以来的一个梦想——让建筑师、工程师和建设者在同一个包含所有工程信息的集成数字模型中工作。”

在旧金山与奥克兰海湾大桥的建设中，为使当地的公众和施政的参与方以及相关的投资方一起看整个项目进展的过程，旧金山市政府提供了一项由 BIM 实现的施工进程仿真分析服务。由此，旧金山每一位市民都可以进行访问，很直观地了解建设进度，判断大桥建设各阶段的影响。

与此同时，英国、日本、韩国、新加坡以及香港等地，也对 BIM 的应用提出了不同的发展规划。英国政府明确要求 2016 年前企业实现 3D-BIM 的全面协同；韩国政府计划于 2016 年前实现全部公共工程的 BIM 应用；香港政府计划 BIM 应用作为所有房屋项目的设计标准；新加坡政府成立 BIM 基金计划于 2015 年前超八成建筑业企业广泛应用 BIM；日本建筑信息技术软件产业成立国家级国产解决方案软件联盟。

欧特克公司与 Dodge 数据分析公司共同发布的最新《中国 BIM 应用价值研究报告》显示，中国目前已跻身全球前五大 BIM 应用增长最快地区之列。早在 2004 年，中国在做奥运“水立方”设计的时候，就开始应用 BIM，因为“水立方”的钢结构异常复杂，在世界上都是独一无二的，靠传统的二维模式无法完成设计。2008年，在奥运村的项目建设中，BIM再次得到全面应用。

现在，BIM技术正在为中国各地带来“第一高楼”。2015年全面竣工的上海中心大厦，建筑主体为118层，总高为632米。在上海中心的外幕墙施工中，通过BIM的计算和规划之后，16～18名现场安装工人3天时间就可以完成一层的安装，而且施工精确度达到了毫米级。BIM在优化方案、减少施工文件错漏、简化大型和多样化的团队协作等方面成果显著，无疑正在给国内建筑业带来巨大变革。

8.4.2 BIM技术在国内的行业现状和发展前景[1][4]

2003年，建设部“十五”科技攻关项目建议书中将BIM技术写入其中。

2011年5月，中国住房和城乡建设部《2011—2015年建筑业信息化发展纲要》(以下简称《纲要》)明确指出：“十二五”期间，基本实现建筑企业信息系统的普及应用；在设计阶段探索研究基于BIM技术的三维设计技术，提高参数化、可视化和性能化设计能力，并为设计施工一体化提供技术支撑；在施工阶段开展BIM技术的研究与应用，推进BIM技术从设计阶段向施工阶段的应用延伸，降低信息传递过程中的衰减；在施工阶段研究基于BIM技术的4D项目管理信息系统在大型复杂工程施工过程中的应用，实现对建筑工程有效的可视化管理等。可以说，《纲要》的颁布拉开了BIM技术在我国项目管理各阶段全面推进的序幕。

2014年10月29日《上海BIM技术应用推广指导意见》要求，从2017年起，上海市投资额1亿元以上或单体建筑面积2万平方米以上的政府投资工程、大型公共建筑、市重大工程，申报绿色建筑、市级和国家级优秀勘察设计、施工等奖项的工程，实现设计、施工阶段BIM技术应用；世博园区等六大重点功能区域内的此类工程，全面应用BIM技术。北京、山东、陕西、广东等地也相继推出BIM技术应用推广政策与标准。

但是，现阶段中国对BIM技术的应用仍停留在设计阶段，其在施工及运营阶段的应用仍有广阔的前景。随着国家与地方政府的大力推广，BIM技术的应用必将引发建筑业以及工程造价管理的新变革。

8.5 BIM技术在绿色建筑中的应用

BIM技术对于绿色建筑的规划、设计，乃至于施工及后续的营运维护，都有很大的帮助与效益。近年来更有人提出Green BIM的概念，即“绿色BIM”，强调BIM技术对绿色建筑的设计及建造的重要性。

8.5.1 BIM技术应用于绿色建筑的相关指标[5]

1. 生态指标——生物多样性指标、绿化指标及基地保水指标

1)生物多样化指标。包括：小区绿网系统、表土保存技术、生态水池、生态水域、生态边坡、生态围篱设计和多孔隙环境。因为其与建筑物模型间之关联较弱，BIM技术的应用主要是以3D可视化来协助生态环境之设计方案评估。

2)绿化指标。包括：生态绿化、墙面绿化及浇灌、人工地盘绿化技术、绿化防排水技术和绿化防风技术等。BIM技术能提供可视化且交互式的辅助设计与规范检查。

3)基地保水指标。包括:透水铺面、景观贮留渗透水池、贮留渗透空地、渗透井与渗透管、人工地盘贮留等。可以应用3D BIM模型,搭配套装或自行开发的软件工具,用以协助设计所需之计算分析与规范检查及模拟施工方法与过程。

2. 节能指标

建筑节能上的设计与分析,因牵涉建筑方位、建筑对象与空间安排,例如:开口率、外遮阳、开口部玻璃及其材质、建筑外壳的构造和材料、屋顶的构造与材料、帷幕墙、风向与气流运用、空调与冷却系统运用、能源与光源管理运用,以及太阳能运用等。

3D BIM模型的应用,大大地提升建筑物节能分析与设计的效率与质量,因此可说是BIM在绿色建筑领域最主要的应用领域。目前已有许多商业软件包(例如Autodesk Ecotect Analysis)及一些免费能源分析仿真软件(例如:美国能源部的Energy Plus),可与BIM模型搭配运用,来对具有节能组件(例如:绿墙、绿屋顶、太阳能板或其他被动式节能组件)或设施(主动式节能控制装置)的建筑进行不同详细程度的分析。此部分的工具与技术已越来越成熟,不过分析的困难在于仿真节能组件及设施,尤其是相关模拟参数的决定。

另外,此类分析的复杂度与计算量通常不低,且目前也还没有足够的实际或实验案例,能够验证能源分析模型与工具在不同情境下的精确度,这些都是未来还需要继续努力之处。

3. 减废指标——二氧化碳及废弃物减量

1)二氧化碳减量。包括:简朴的建筑造型与室内装修、合理的结构系统、结构轻量化与木构造。BIM模型除可供可视化的设计检查,也有建筑组件的数量与相关属性数据,来协助评估计算碳足迹。

2)废弃物减量。包括:再生建材利用、土方平衡、营建自动化、干式隔间、整体卫浴、营建空气污染防治。对于基地所需的挖填方计算,也能透过3D模型提供较2D工程图更准确地估算,而有利土方平衡。且在施工阶段应用BIM模型,更能因精确计算工程材料之数量而降低超量备料,以及因对象尺寸计算更精准而减少边角料之废弃量。

4. 健康指标——室内健康与环境、水资源和污水垃圾改善

1)室内健康与环境指标。包括:室内污染控制、室内空气净化、生态涂料与生态接着剂、生态建材、预防壁体结露/白华、地面与地下室防潮、噪音防制与振动音防制。BIM可搭配计算流体动力学(Computational Fluid Dynamics,简称CFD)软件进行室内通风与空气质量仿真,及搭配声场分析软件工具以仿真声音传播。

2)水资源指标。包括:节水器材、中水利用计划、雨水再利用与植栽浇灌节水。BIM的管线设计技术,能与管流分析仿真软件搭配,以供设计水的回收循环再利用系统。

3)污水与垃圾改善指标。包括:雨污水分流、垃圾集中场改善、生态湿地污水处理。BIM的3D可视化优势,可用于设计时间内考虑相关指标的要求,同时有利于检查设计成果。

8.5.2 BIM在建筑全生命周期的应用

BIM技术在建筑全生命周期中主要的三大应用阶段是:

· 设计阶段。实现三维集成协同设计,提高设计质量与效率,并可进行虚拟施工和碰撞检测,为顺利高效施工提供有力支撑。

· 施工阶段。依托三维图像准确提供各个部位的施工进度及各构件要素的成本信息,

实现整个施工过程的可视化控制与管理，有效控制成本、降低风险。

·运营阶段。依托建筑项目协调一致的、可计算的信息，对整体工作环境的运行和全部设施的维护，及时快速有效地实现运营、维护与管理。

1. BIM与规划选址、场地分析[6]

建筑物规划选址与场地分析，是研究影响建筑物定位的主要因素，确定建筑物的方位、外观，建立建筑物与周围环境景观联系的过程。在规划阶段，场地的地貌、植被、气候条件都是重要因素。传统的场地分析存在如定量分析不足、主观因素过重、无法处理大量数据信息等问题。

通过BIM结合地理信息系统(Geographic Information System，简称GIS)软件的强大功能，对场地及拟建的建筑物空间数据进行建模，可以帮助项目在规划阶段评估场地的使用条件和特点，从而做出新建项目最理想的场地规划、交通流线组织关系、建筑布局等。

目前，国内规划部门对于城市可建设用地的地块大多没能进行地块性能分析，城市规划编制与管理方法也无法量化，如地块舒适度、空气流动性、噪声云图等指标等。这就导致国内规划部门不能在可建设用地中优选出满足人们健康、绿色生产、生活要求的地块来建造建筑。而BIM的性能分析可以通过与传统规划方案的设计、评审相结合，对城市规划多指标进行量化，对城市规划编制的科学化和可持续发展产生积极的影响，见表8-5-1所列。

表8-5-1 规划选址、场地分析具体量化方法

日照分析	全三维显示，地块上建筑物任意立面，地面在考虑遮挡情况下的日照时间，并分析建筑物的日照时间段、被遮挡时间段
通风分析	采用CFD(computational fluid dynamics，计算流体动力学)模型进行分析，数据采用气象数据，并采用多级CFD模型计算，可详细描述风的流向、风速、空气龄和热岛区域等数值，通过这些数值对建筑场地环境进行分析
热工分析	能分析建筑物太阳热量收集、包括热量反射、辐射等，分析建筑物全立面和建筑物内在考虑遮挡情况的温度分布区域
能耗分析	模拟在各个不同人口数量时的区域能量消耗包括水、电、热、氧气及二氧化碳排放等
噪声分析	采用三维声源分析、噪声在带状地形建筑物之间的反射、衰减
可视化分析	通过详细的遮挡计算分析区域内景观各个地方对目的景观的可视区域

2. BIM在工程勘察设计阶段的应用

(1)BIM技术在工程勘察的应用，包括：①如何将上部结构建模与地下工程地质信息充分结合，实现不同专业基于BIM的协作；②如何开发或利用现有的BIM软件技术，解决目前软件对地质体建模与可视化分析的针对性不强的问题，增强工程勘察结果在项目全生命周期中的展现力；③如何完善地质空间的建模理论与技术方法，以解决空间地质状况复杂性和不确定性带来的困难，满足工程施工与研究的专业功能需要等。

(2)BIM技术应用到管线综合领域，主要解决以下问题：①勘察设计阶段管线综合充分考虑碰撞检测结果，使BIM管线综合成果指导施工；②基于BIM的Revit MEP等软件的软件功能应加强本土化设计和协调，使设计参数符合国内的设计规范，以解决现有 MEP 软件内的一些族(管线设备)的尺寸与国内标准尺寸不符的问题。

(3)BIM 技术应用于工程量统计方面，对于工程量统计人员，需要从传统算量软件思想转变到基于 BIM 的工程量统计；BIM 软件对建筑构件及其属性定义的标准应统一，定义的范围应能覆盖包括附属构件在内的绝大部分构件，使输出算量到达预期。

3. BIM 在建筑设计阶段的应用[1]

BIM 在建筑设计阶段的价值主要体现在可视化、协调性、模拟性、优化性和可出图性五个方面(详见前面所述：BIM 的特点)。在建筑设计阶段实施 BIM，所有设计师应将其应用到设计的全过程。但在目前尚不具备全程应用条件的情况下，局部项目、局部专业、局部过程的应用将成为未来过渡期内的一种常态。因此，根据具体项目的设计需求、BIM 团队情况、设计周期等条件，可以选择在以下不同的设计阶段中实施 BIM。

1)不同设计阶段的 BIM 应用

(1)概念设计阶段。在前期概念设计中使用 BIM，在完美表现设计创意的同时，还可以进行各种面积分析、体形系数分析、商业地产收益分析、可视度分析、日照轨迹分析等。

(2)方案设计阶段。此阶段使用 BIM，特别是对复杂造型设计项目将起到重要的设计优化、方案对比(例如曲面有理化设计)和方案可行性分析作用。同时建筑性能分析、能耗分析、采光分析、日照分析、疏散分析等都将对建筑设计起到重要的设计优化作用。

(3)施工图设计阶段。对复杂造型设计等用二维设计手段施工图无法表达的项目，BIM 则是最佳的解决方案。当然在目前 BIM 人才紧缺、施工图设计任务重、时间紧的情况下，可以采用“BIM＋AutoCAD”的模式，前提是基于 BIM 成果用 AutoCAD 深化设计，以尽可能地保证设计质量。

(4)专业管线综合。对大型工厂设计、机场与地铁等交通枢纽、医疗体育剧院等公共项目的复杂专业管线设计，BIM 是彻底、高效解决这一难题的唯一途径。

(5)可视化设计。效果图、动画、实时漫游、虚拟现实系统等项目展示手段也是 BIM 应用的重要部分。

2)不同类型建筑项目 BIM 应用的介入点

(1)住宅、常规商业建筑项目。其项目特点通常是造型较规则，有以往成熟项目的设计图纸等资源可以参考利用；使用常规三维 BIM 设计工具即可完成(例如 Revit Architecture 系列)。此类项目是组建和锻炼 BIM 团队或在设计师中推广应用 BIM 的最佳选择。从建筑专业开头，从扩初或施工图阶段介入，先掌握最基本的 BIM 设计工具的基本设计功能、施工图设计流程等，再由易到难逐步向复杂项目、多专业、多阶段及设计全程拓展。

(2)体育场、剧院、文艺中心等复杂造型建筑项目。其项目特点是造型复杂或非常复杂，没有设计图纸等资源可以参考利用，传统 CAD 二维设计工具的平、立、剖面等无法表达其设计创意，现有的 Rhino、3ds max 等模型不够智能化，只能一次性表达设计创意，当方案变更时，后续的设计变更工作量很大，甚至已有的模型及设计内容要重新设计，效率极其低下；专业间管线综合设计是其设计难点。

此类项目可以充分发挥、体现 BIM 设计的价值。为提高设计效率，建议从概念设计或方案设计阶段介入，使用可编写程序脚本的高级三维 BIM 设计工具或基于 Revit Architecture 等 BIM 设计工具编写程序、定制工具插件等完成异型设计和设计优化，再在

Revit 系列中进行管线综合设计。

(3)工厂、医疗等建筑项目。其项目特点是造型较规则,但专业机电设备和管线系统复杂,管线综合是设计难点。可以在施工图设计阶段介入,特别是对于总承包项目,可以充分体现 BIM 设计的价值。总之,不同的项目设计师和业主关注的内容不同,最终将决定在项目中实施 BIM 的具体内容,如异型设计、施工图设计、管线综合设计或性能分析等。

4. BIM 在结构设计阶段的应用

目前,基于 BIM 技术的工具软件在给结构设计提供的功能一般都可以很好地达到初步设计文档所要求的深度。但是,结构工程师最关心的是从结构计算到快速出施工图,即生成符合标准的设计施工图文档。由于目前基于 BIM 理念的工具软件尚有些技术问题还没有很好解决,从 3D 模型到传统的施工图文档还不能达到 100%的无缝链接,所以,建议阶段性应用或部分应用 BIM 技术,同样也可以大大提高工作效率。例如,利用工具软件快速创建 3D 模型并自动生成各层平面结构图(模板图)和剖面图的优点,来完成结构条件图。将条件图导出为 2D 图,一方面提供给其他专业作为结构条件用,另一方面也是在 2D 工具中制作配筋详图和节点详图的基准底图。

目前,BIM 在钢结构详图深化设计中的应用已经非常成熟。设计院的蓝图是无法指导钢结构直接加工制作和现场安装的,需要在专业的详图深化软件中建模,深化出构件详图(用于指导加工)和构件布置图(用于指导现场定位拼装)。以 X-steel(BIM 软件之一)为例,一个完整的 X-steel 模型,就是一个钢结构专业的完整 BIM 模型,它包含整个钢结构建筑的 3D 造型、组成的各个构件的详细信息和高强螺栓、焊缝等细部节点信息,可以导出用钢量、高强螺栓数量等材料清单,使工程造价一目了然。在钢结构施工中,BIM 实现了场外预加工、场内拼装的功能,而场内场外信息能准确流通的关键,就在于都通过 BIM 模型获取构件信息。

5. BIM 在施工管理阶段的应用

1)绿色 BIM 与建造施工的关系[7]

在建造施工过程中,借助 BIM 的冲突检测、施工模拟及工程量统计等功能,可达到避免浪费、节约资源的绿色目标。由于 BIM 是带有材质、尺寸信息的数字模型,在信息量足够时,可以方便地计算出各类材料的用量。对于预制构件,BIM 更给精确加工及连接提供了强有力的技术支撑。在建造过程中,BIM 技术还可以对施工现场的管理预先进行模拟,对建材的堆放位置、方法和借助设备的位置、工作流程进行优化,提出最节省时间、资源的方案,合理调配借助材料、施工设备、人员等建设资源。对于特别重要、复杂的施工部位,可以精确模拟预演现场施工过程,减少因施工顺序、施工技术不合理造成的返工和浪费。

2)BIM 使建筑施工从“粗放管理”向“精细化管理”转变[8-9]

建筑产业现代化是以绿色发展为理念,以工业化生产方式为手段,以设计标准化、构件部品化、施工装配化、管理信息化、服务定制化为特征,能够整合设计、生产、施工、运维、回收等整个产业链,实现建筑产品节能、环保、全生命周期价值最大化的可持续发展的新型建筑生产方式。

建筑管理方式信息化。即通过信息化手段,使建筑管理从“粗放管理”向“精细化管理”转变。充分应用信息技术提升建筑企业在勘察设计、生产施工、运营维护等环节的信息化水平,通过 BIM 技术提高工程质量。鼓励企业加大 BIM 技术、智能化技术、虚拟仿真技术、信息统筹技术在建筑业中的研发、应用和推广。鼓励建筑企业利用大数据，互联网平台营销自己的建筑产品。

3)BIM 在施工管理中的具体应用

(1)深化设计

① 机电深化设计。在一些大型建筑工程项目中，由于空间布局复杂、系统繁多，对设备管线的布置要求高，设备管线之间或管线与结构构件之间容易发生碰撞，给施工造成困难，无法满足建筑室内净高，造成二次施工，增加项目成本。基于 BIM 技术可将建筑、结构、机电等专业模型整合，再根据各专业要求及净高要求将综合模型导入相关软件进行碰撞检查，根据碰撞报告结果对管线进行调整、避让，对设备和管线进行综合布置，从而在实际工程开始前发现问题。

② 钢结构深化设计。即利用 BIM 技术三维建模，对钢结构构件空间立体布置进行可视化模拟，通过提前碰撞校核，可对方案进行优化，有效解决施工图中的设计缺陷，提升施工质量，减少后期修改变更，达到降本增效的效果。

(2)多专业协调

各专业分包之间的组织协调是建筑工程施工顺利实施的关键，是加快施工进度的保障。目前，暖通、给排水、消防、强弱电等各专业由于受施工现场、专业协调、技术差异等因素的影响，缺乏协调配合，不可避免地存在很多局部的、隐性的、难以预见的问题。通过 BIM 技术进行多专业碰撞检查、净高控制检查和精确预留预埋，或者利用基于 BIM 技术的 4D 施工管理，对施工过程进行预模拟，根据问题进行各专业的事先协调等措施，可以大大减少返工，节约施工成本。

(3)现场布置优化

随着建筑业的发展，对项目的组织协调要求越来越高，项目周边环境的复杂往往会带来场地狭小、基坑深度大、周边建筑物距离近、绿色施工和安全文明施工要求高等问题，给项目现场合理布置带来困难。BIM 技术通过应用工程现场设备设施族资源，在创建好工程场地模型与建筑模型后，将工程周边及现场的实际环境以数据信息的方式挂接到模型中，建立三维的现场场地平面布置，并通过参照工程进度计划，可以形象直观地模拟各个阶段的现场情况，灵活地进行现场平面布置，实现现场平面布置合理、高效。

(4)进度优化

建筑工程项目进度管理在项目管理中占有重要地位，而进度优化是进度控制的关键。基于 BIM 技术可实现进度计划与工程构件的动态链接，可通过甘特图、网络图及三维动画等多种形式直观表达进度计划和施工过程，为工程项目的施工方、监理方与业主等不同参与方直观了解工程项目情况提供便捷的工具。基于 BIM 技术对施工进度可实现精确计划、跟踪和控制，动态地分配各种施工资源和场地，实时跟踪工程项目的实际进度，并通过计划进度与实际进度进行比较，及时分析偏差对工期的影响程度以及产生的原因，采取有效措施，实现对项目进度的控制，保证项目能按时竣工。

(5)工作面管理

在施工现场，不同专业在同一区域、同一楼层交叉施工的情况难以避免，对于一些超高层建筑项目，分包单位众多、专业间频繁交叉工作多，不同专业、资源、分包之间的协同和合理工作搭接显得尤为重要。基于 BIM 技术以工作面为关联对象，自动统计任意时间点各专业在同一工作面的所有施工作业，并依据逻辑规则或时间先后，规范项目每天各专业各部门的工作内容，工作出现超期可及时预警。流水段管理可以结合工作面的概念，将整个工程按照施工工艺或工序要求划分为一个可管理的工作面单元，在工作面之间合理安排施工顺序，在这些工作面内部，合理划分进度计划、资源供给、施工流水等，使得基于工作面内外工作协调一致。

(6)现场质量管理

传统的现场质量检查，质量人员一般采用目测、实测等方法进行，针对那些需要与设计数据校核的内容，经常要去查找相关的图纸或文档资料等，为现场工作带来很多的不便。同时，质量检查记录一般是以表格或文字的方式存在，也为后续的审核、归档、查找等管理过程带来很大的不便。BIM 技术将质量信息挂接到 BIM 模型上，通过模型浏览，让质量问题能在各个层面上实现高效流转。这种方式相比传统的文档记录，可以摆脱文字的抽象，促进质量问题协调工作的开展。

(7)图纸及文档管理

在项目管理中，基于 BIM 技术的图档协同平台是图档管理的基础。不同专业的模型通过 BIM 集成技术进行多专业整合，并把不同专业设计图纸、二次深化设计、变更、合同、文档资料等信息与专业模型构件进行关联，能够查询或自动汇总任意时间点的模型状态、模型中各构件对应的图纸和变更信息，以及各个施工阶段的文档资料。结合云技术和移动技术，项目人员还可将建筑信息模型及相关图档文件同步保存至云端，并通过精细的权限控制及多种协作功能，确保工程文档快速、安全、便捷、受控地在项目中流通和共享。同时能够通过浏览器和移动设备随时随地浏览工程模型，进行相关图档的查询、审批、标记及沟通，从而为现场办公和跨专业协作提供极大的便利。

6. *BIM 在运营维护中的应用*

所有建筑项目，最后都要进入运营使用阶段。建设项目的设计和施工，都是为了投入运营，这是建筑各专业的目标，也是 BIM 的最终目标。被誉为“BIM 之父”的 Chuck · Eastman 在《BIM 手册》中认为运营管理(Operation & Maintenance)作为全生命周期运营管理的后期，包括运行管理和维护保养，它是面向建筑设施硬件及其系统作为主要管理对象的，近似于现在被广泛应用的设施管理(Facility Management)。

目前，能够进行运行维护模拟的 BIM 工具有以下几类：①人群行为(crowd behavior)；②疏散模拟(evacuation)；③运行模拟(operation)；④能耗模拟(energy)；⑤应急预案(emergency plan)；⑥环境模拟(environmental)。通过模拟工具计算建筑设施性能绩效指标和能耗消耗情况，降低消耗提供理论依据，以达到全生命运营周期中绿色建筑的目标。

中国建筑业的设施运维管理行业是最近 20 年才发展起来，因而在未来应提高建筑后期运行维护的资源使用效率，达到低能耗、低成本的绿色全生命周期建筑的要求。

8.6 BIM 技术的标准体系

国际 BIM 标准主要可以分为两类：第一类是行业推荐性标准，即由行业性协会或机构提出的推荐做法，通常不具有强制性；第二类为针对具体软件的使用指南，是针对 BIM 软件应用的指导性标准。

8.6.1 BIM行业推荐性标准[10-13]

1. BIM 标准的主要内容

国际上主要开发研究 BIM 标准的机构是 BuildingSMART，BIM 标准主要包括三个方面的内容。

(1)数据模型 IFC(Industry Foundation Classes)标准。已经被国际标准化组织 ISO 采纳为 ISO/PAS 16739 标准，即将成为 ISO/IS 16739 标准。

(2)数据字典 IFD(International Framework for Dictionaries)，基于 ISO 12006—3:2007(Building construction: Organization of information about construction works，Part 3: Framework for object-oriented information)标准。

(3)过程信息分发手册 IDM(Information Delivery Manual)，已经成为国际标准的一部分 ISO 29481—1:2010 Building information modeling-Information delivery Manual-Part 1: Methodology and format。

IFC 标准首先由国际协同联盟 IAI(Industry Al-liance for Interoperability)于 1995 年提出，是面向对象的三维建筑产品数据标准。其在规划、工程设计、工程施工、电子政务等领域获得广泛应用，目的是促成建筑业中不同专业以及不同软件可以共享数据源的有效途径。1997 年 1 月，IAI 发布了 IFC 信息模型的第一个完整版本。经过十余年的努力，IFC 标准已发展到 2×4 版本，信息模型的覆盖范围、应用领域、模型框架都有了很大的改进(现已由 BuildingSMART 国际接手开发和维护)。

2. 各国的 BIM 标准及 BIM 使用指南

2004 年美国编制了基于 IFC 的《国家 BIM 标准》(NBIMS: National Building Information Model Standard)。NBIMS 是一个完整的 BIM 指导性和规范性的标准，它规定了基于 IFC 数据格式的建筑信息模型在不同行业之间信息交互的要求，实现信息化促进商业进程的目的。在美国，BIM 的普及率与应用程度较高，政府或业主会主动要求项目运用统一的 BIM 标准，甚至有的州已经立法，强制要求州内的所有大型公共建筑项目必须使用 BIM。目前，美国所使用的 BIM 标准包括 NBIMS、COBIE(Construction Operations Building Information Exchange)标准、IFC(Industry Foundation Class)标准等，不同的州政府或项目业主会选用不同的标准，但是他们的使用前提都是要求通过统一标准为利益相关方带来最大的价值。

新加坡 2009 年基于 IFC 建立了政府网络审批电子政务系统。在英国，多家设计/施工企业共同成立了"AEC(UK)BIM 标准"项目委员会，并制定了"AEC(UK)BIM Standard"，作为推荐性的行业标准。

在英国多家设计/施工企业共同成立了"AEC(UK)BIM 标准"项目委员会，并制定了"AEC(UK)BIM Standard"，作为推荐性的行业标准。

日本建设领域信息化的标准为 CALS/EC(Continuous Acquisition and Lifecycle Support/ Electronic Commerce)标准，主要内容包括工程项目信息的网络发布、电子招投标、电子签约、设计和施工信息的电子提交、工程信息在使用和维护阶段的再利用、工程项目业绩数据库应用等。

进入 20 世纪 90 年代，ISO 和一些国家开始制定集成化的建筑信息体系，如 ISO/

12006—2,英国的UNICLASS、瑞典的NBSA96、美国的OmniClass。这些体系可以称为现代建筑信息分类体系,它们旨在代替原有的分类体系,满足建设项目全寿命期阶段内各方对建筑信息各项的要求,一些新版本的BIM建筑软件已经实现OCCS或UN-ICLASS分类体系编码。ISO/DIS 12006—2是国际标准化组织为各国建立自己的"建筑信息分类体系"所制定的框架,它对其基本概念、术语进行了定义,并描述了这些概念之间的关系,然后提出分类体系的框架,即分类表的组成和结构,但不提供具体的分类表,此标准是对多年以来已有的各种建筑信息分类系统的提炼。

挪威在2010年提出《SN/TS 3489:2010 Implementation of support for IFD Library in an IFC model》标准,给出了基于IFC模型交换的数据字典标准,而且正在进行信息传递手册(Information Delivery Manual-IDM)标准项目研究,该研究主要解决建筑项目中各个任务之间的信息交换需求。

8.6.2 BIM使用指南[10-13]

美国2009年8月发布《BIM项目实施计划指南》第一版。主要包括以下四个步骤:①确定使用BIM在项目计划、设计、建造和运营各阶段中的目标和价值;②设计BIM执行步骤;③明确规定项目各阶段需交付的BIM信息和信息交换形式;④制定BIM实施过程中的法律法规、技术和质量检查等细节。2010年4月,《BIM项目实施计划指南》第二版发布。

澳大利亚的《国家数字模拟指南》并未对BIM技术在建筑项目协同合作中的技术细节进行深入介绍,而是侧重于探讨如何制定出可以充分发挥BIM优越性能的实施过程及行业规范等问题。该指南包括《National Guidelines for Digital Modeling》及《Case Studies》两部分。

其他国家,如英国、加拿大等国家或行业给出了BIM应用标准(指南)。日本则给出了《Revit User Group Japan Modeling Guideline》;香港房屋署制定了建筑信息模拟的内部标准,包括有关的使用指南、组件库设计指南和参考资料,2009年发布《Building Information Modelling (BIM) User Guide》;韩国有多家政府机关致力于BIM应用标准的制定,如韩国公共采购服务中心(Public Procurement Service)下属的建设事业局制定了BIM实施指南和路线图;韩国国土海洋部分别在建筑领域和土木领域制定BIM应用指南;《建筑领域BIM应用指南》于2010年1月完成发布,土木领域的名为《土木领域3D设计指南》。

8.6.3 国内的BIM标准研究[10-13]

我国也针对BIM标准化进行了一些基础性的研究工作。2007年,中国建筑标准设计研究院提出了JG/T198—2007标准,其非等效采用了国际上的IFC标准《工业基础类IFC平台规范》,是对IFC进行了一定简化。2008年,由中国建筑科学研究院、中国标准化研究院等单位共同起草了《GB/T34技术研究25507—2010工业基础类平台规范》,等同采用IFC(ISO/PAS 16739:2005),在技术内容上与其完全保持一致,仅在编写格式上作了一些改动。

2010年清华大学软件学院BIM课题组提出了中国建筑信息模型标准框架(China Building Information Model Standards,简称CBIMS),框架中技术规范主要包括三个方面的内容:数据交格式标准IFC、信息分类及数据字典IFD和流程规则IDM,BIM标准框架主要应包括标准规范、使用指南和标准资源三大部分。

2013 年，国家标准《建筑工程信息模型应用统一标准》《建筑工程信息模型存储标准》开始编制并相继完成征求意见稿。《建筑工程信息模型应用统一标准》主要从模型体系、数据互用、模型应用等方面对 BIM 模型应用做了相关的统一规定，便于 BIM 的推广。北京市地方标准《民用建筑信息模型设计标准(DB11/1063—2014)》，于 2014 年 9 月 1 日正式实施，此标准主要包括六个部分：总则、术语、基本规定、资源要求、BIM 模型深度要求和交付要求。

国内对 BIM 技术的研究、基于 IFC 的信息模型的开发应用才刚刚起步。部分大型设计院已开始尝试在实际工程项目中使用 BIM 技术，典型工程包括世博文化中心、世博国家电力馆、杭州奥体中心等。

8.7　BIM 工具软件

8.7.1　概述

从最初的 3ds Max(及其前身 3D Studio)，到 Sketch Up 面世之后，其随意推拉的造型方式、简单快速的编辑以及富有设计感的视图显示，成为流行的辅助设计工具。到了 BIM 时代，BIM 工具的信息化、参数化、构件化等特点，提供了"所见即所得"的虚拟建筑体验，不仅可以从外部观察方案，更可从内部以人的视点身临其境地感受效果，为设计带来了全新体验。BIM 是一个面向建筑全生命周期的技术体系，需要多种软件的配合才能实现预期的目标。

8.7.2　BIM 软硬件技术现状

从技术角度来讲，支撑 BIM 实施的软件、硬件技术都已基本成熟。如 Autodesk 公司已经形成了从设计、分析到模拟全套的 BIM 系列工具软件：Revit Architecture、Revit Structure、Revit MEP、AutoCAD Civil 3D、AutoCAD Plant 3D、Robot Structural Analysis、Ecotect Analysis、Navisworks 等。在此基础上，辅以设计师常用的 Sketch Up、Rhino，以及高端的 Grasshopper、Catia、Digital Project 等设计工具和算法编辑器，以及 IES(Integrated Environmental Solutions)分析工具，将满足现代各种建筑创意的设计需求。同时 64 位的计算机硬件与操作系统则给上述设计工具的稳定运行提供了硬件保障[1]。

8.7.3　常用 BIM 软件工具[14-15]

BIM 可以在项目的全生命周期过程中进行应用，也可以在项目的某个或某些阶段进行应用，甚至是在某些阶段的某些单项任务或功能进行应用。由于采用工具的不同导致数据格式不统一时，需要考虑数据之间的传递和转换，以确保应用的协调和延续。

BIM 三大类软件数据间的交换，如图 8-7-1 所示。

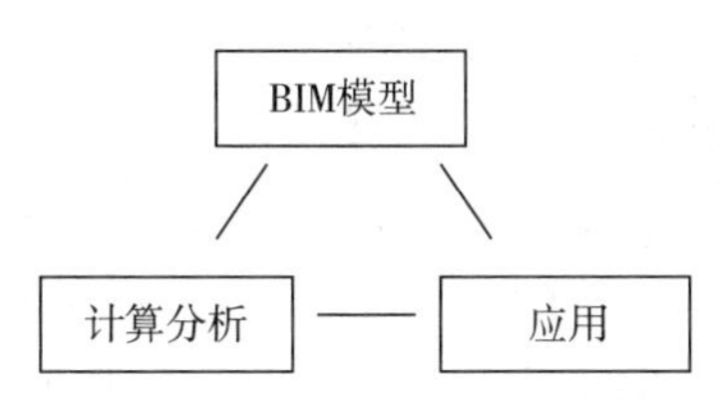

图 8-7-1　三大类软件数据间的交换

1. BIM 主要的数据交换方式

(1)计算。分析软件开发相应的 BIM 建模软件的数据转换插件，在建模环境中读取模型信息直接生成计算、分析软件自己的数据格式进行计算，有些软件还可以把计算结果直接返回到BIM模型里，对模型进行自动的更新，实现双向的交互。

(2)BIM建模软件输出为国际标准数据格式IFC文件或一些软件厂商联盟标准格式文件(gb XML)，计算、分析软件读取IFC文件后转换为计算、分析软件自己的数据格式进行计算，这种方式数据流基本上是单向的，如果计算、分析后需要模型的更新，通常需要手工对模型进行更新。

(3)有些计算、分析软件没有针对BIM模型进行模型数据的转换开发，只能通过BIM建模软件输出为流行的图形格式，例如DWG、DXF、DGN、SAT、3DS等传统的三维模型格式，计算、分析软件读取这类数据是纯三维模型，并不包含工程信息，还需要通过手工方式在计算、分析软件里添加相应的工程信息才能满足计算、分析软件的要求。

(4)应用软件。主要是利用BIM模型和计算、分析软件的结果进行相应的应用，通常还需要结合传统的数据库，组成一个应用管理系统。也有一些应用管理程序开发相应的BIM建模软件的数据转换插件，可以把需要的信息提取到应用管理系统中，以减少手工信息的补充工作量。

2. BIM应用软件、硬件环境、要求及通用流程

1)硬件环境

(1)协同工作网络环境

BIM应用与传统CAD应用的最大区别是数据的唯一性，所以数据不再可以割裂和分别存放，而必须集中存放和管理，从而实现项目成员协同工作的最基本，也是最核心的应用要求。所以，不论项目大小，都需要一个协同工作的网络环境。

图8-7-2是一个组成BIM应用的典型网络工作环境示意图。首先，需要至少1台服务器来存放项目数据，由于目前BIM软件的模型数据都是以文件形式组成，所以通常以文件服务器(即数据中心)的要求去配置，主要以存放和管理文件数据为核心进行相关的硬件和软件的配置，下一节“数据中心”将详细说明。其次，通过交换机和网线把项目成员的电脑连接起来，项目成员的电脑通常只安装BIM应用软件，不存放项目数据文件，所有的项目数据文件都集中存放在文件服务器(或称作数据中心)上。由于BIM数据比传统CAD的数据要多，而且数据都集中存放在服务器上，在工作过程中项目成员的电脑进行读写数据时都要通过网络访问文件服务器，所以，网络的数据传送量比较大，建议全部采用千兆级的交换机、网线和网卡，以满足大量的数据传输需要。图8-7-2仅仅是一个基本的网络示意图，实际企业的网络情况也许更为复杂，所以，在组成BIM的工作环境时，应与企业的IT部门充分沟通，设置一个切实可行的、性能良好的BIM工作网络环境。

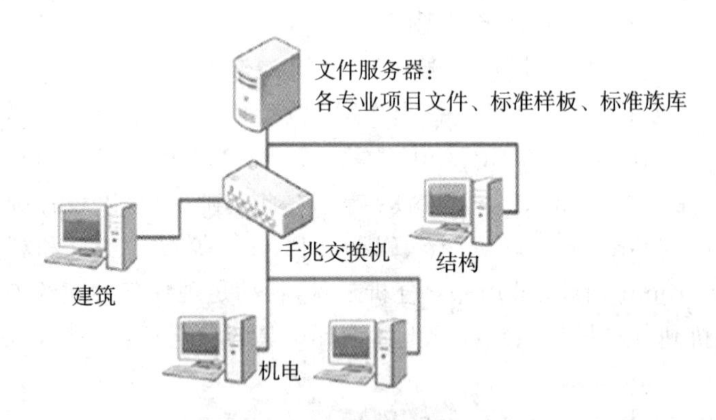

图8-7-2 BIM典型网络示意图

(2)文件服务器(即服务中心)

文件服务器主要用于存放项目数据,一般不会涉及太多的运算,所以对CPU、内存和显卡要求不高,数据的存储性能和数据安全是要考虑的关键因素。

① 数据存储。使用两个或更多的硬盘,利用RAID方式组成冗余存储(也称磁盘阵列)。

② 共享文件权限控制。文件服务器主要是通过共享文件夹的方式为项目成员提供可访问的空间,为了有序、安全地管理共享文件,需要设定相应的数据访问权限。可根据实际需要,按项目、岗位和工作性质进行访问权限的设置。通常访问权限可设为"读写"或"只读"两种。需要建立、编辑数据的当然需要"读写"的权限,如果只是浏览数据,不需要修改数据的成员则设置为"只读"权限。

③ 数据安全。BIM的核心就是数据,一旦数据损坏,损失不可估量。因此,数据安全是BIM应用中不可疏忽的、非常重要的环节。上文提到的冗余存储(磁盘阵列设备)是从硬件的角度为数据安全提供了基本的保障,但这还远远不够,还需要从数据的应用层面考虑数据安全。上述的文件访问权限是对项目成员访问数据做了一些限制和约束,但还要从以下几个方面保证数据的安全。

a. 数据备份:冗余存储从物理上解决了数据的安全,但无法解决软件发生错误时导致的数据问题,也无法避免项目成员的操作失误。所以,建立和严格执行数据的备份非常重要。比较简单的做法就是在存储设备上进行项目文件夹的复制,一旦正在使用的数据内容出现故障,可以通过备份的数据得以恢复。

b. 异地容灾:上述数据备份解决了本地的数据安全,但如果万一存放服务器和数据存储设备的房间出现意外,诸如火灾、水淹、房屋坍塌等情况,数据可能就被彻底损坏。所以,异地容灾是应该考虑的。数据量小可以通过移动存储设备进行备份后存放到异地;对于大型数据可以使用磁带机进行备份后存放到异地。有条件的话还可以通过异地服务器进行数据备份和同步。

(3)图形工作站

BIM模型是集成了建筑三维几何信息、建筑属性信息等的多维信息模型。首先三维几何信息比二维图形信息量大,再加上其他的工程属性信息,同样一个项目,BIM模型的信息量,通常是二维CAD图的5～10倍以上,随着BIM模型的应用增多,这个数量还会增大。此外,BIM模型在用软件打开和运行时,所占用的计算机资源还远大于上述所说的5～10倍的信息静态存储量。因为三维的表现要比二维的表现需要占用的资源也大的多。当BIM还有多维的应用时,对计算机的资源需求就变得非常大了。

所以,对电脑CPU的运算速度要求比较高,主要依赖CPU的主频速度,CPU的核数和个数帮助不大,多核或多个CPU的优势只在渲染、动画和性能分析运算中能够体现。

同时,电脑内存容量与CPU匹配的内存速度,电脑主板的整体素质也要相应匹配。

可视化是BIM的基本要求,所以,三维显示、实时漫游和渲染对电脑的图形图像视频显示都提出比较高的要求。为了有别于普通的电脑,对于这类图形图像应用要求所配置的高性能电脑,也称为图形工作站。以下是图形工作站的主要配置建议:①四核英特尔至强处理器,主频3.0GHz或以上/同等的AMD处理器;②8～16GB或更大内存;③1280×1024真彩色显示器(强烈建议配置2台显示器,BIM应用信息量大,实践证明多屏幕多窗口可极大提高工作效率);④1GB(或更大)支持 Direct×9 与 ShaderModel3 的独立显卡。

2)软件环境

目前大部分电脑操作系统都是使用微软公司的 Windows,主流的是 Windows XP 和 Windows 7,也分别都提供 32 位和 64 位版。32 位的 Windows 操作系统的寻址能力是 2 的 32 次方,就是约 4GB。目前,BIM 的许多应用都会超出这个限制。Windows 的 64 位操作系统的寻址能力是 2 的 64 次方,理论上可以使用的内存是 17179869184GB,当然实际可使用的内存与操作系统和硬件有关,目前主流的电脑可以支持 16GB 的内存和 64 位的 CPU。

3. 常用 BIM 软件及关系

工程建设项目的全生命周期各阶段,相关的软件工具很多,除了 BIM 建模、可视化和模型应用部分的软件外,相关的计算、分析软件出现和应用时间普遍早于 BIM 建模软件。所以,在没有 BIM 建模软件工具出现之前,这类计算、分析软件基本都是自带建模功能或借助 3D 建模软件来完成,随着 BIM 技术的发展和普及应用,以往的计算、分析软件也开始逐步提供与 BIM 软件的接口,实现 BIM 模型到计算、分析软件的连接。

表 8-7-1 列举的是常用 BIM 建模、可视化和模型应用软件;表 8-7-2 列举的常用 BIM 计算、分析软件。

表 8-7-1　常用 BIM 建模、可视化和模型应用软件[14]

	软件工具		设计阶段			施工阶段				运维阶段		
公司	软件	专业功能	方案设计	初步设计	施工图	施工投标	施工组织	深化设计	项目管理	设施维护	空间管理	设备应急
Trimble	SketchUp	造型	●	●								
Robert McNeel	Rhina	造型	●	●				○				
AnloDeSys	Bomzai3D	造型	●	●				○				
	Revit	建筑结构机电	●	●	●	●	●	●				
Antodesk	Showcase	可视化	●	●								
	NavisWarks	协调管理	●	●	●	●	●	○	○	○		
	Civil 3D	地形场地道路	●	●	●	●						
Gmphisoft	ArchiCAD	建筑	●	●	●	●	●	●				
Progman Oy	MagiCAD	机电	●	●	●	●	●					
	AECOsim Building	建筑结构	●	●	●	●	●	●				
	Designer	机电	●			●						
	ProStcel	钢构	●	●	●	●	●	●				
	Navigator	协调管理		●	●	●	●	●	●			
	Construct Sim	建造				●	●					
	Facility Manager	运维								●	●	

（续表）

	软件工具		设计阶段			施工阶段				运维阶段		
公司	软件	专业功能	方案设计	初步设计	施工图	施工投标	施工组织	深化设计	项目管理	设施维护	空间管理	设备应急
Trinble	Tckla Stmetnre	钢构			●	●			●	●		
FORUM 8	UC-win/Raxl VectorWorkx	仿真	●	●	●	●	●					
Nemetschek	Architcat	建筑	●	●		●	●			●		●
Cehry	Digital Project	建筑结构	●	●	●							
Tcehnologies		机电	●	●	●	●	●	●				
	Mcxlel Checker	检查	●	●	●						○	
	Model Viewer	浏览	●	●	●	●	●		●	○	○	
Salibri	IFC Opimizer	IFC 优化	●	●	●	●	●	●	●	○	○	
	Issue Locator	审阅	●	●	●	●	●	●				
ArohiBus	ArehiBas	运维							●	●	●	

注：表中“●”为主要按直接应母“○”为次要应用或需要定制，二次开发。

表 8-7-2　常用 BIM 计算、分析软件[14]

	软件工具		设计阶段			施工阶段				运维阶段		
公司	软件	专业功能	方案设计	初步设计	施工图	施工投标	施工组织	深化设计	项目管理	设施维护	空间管理	设备应急
	Eeect Analysis	性能	●	●								
Autodesk	Robot Structural Analysis	结构	●	●	●		●	●				
CSI	ETABS	结构	●	●	●		●	●				
	SAP200											
MIDAS IT	MIDAS	结构	●	●	●		●	●				
	AECOsim Energy simulator	能耗	●	●	●							
Benley	Hevacomp	水力风力光学	●	●	●							
	STAAD. Pro	结构	●	●	●							
ANSYS	Fluent	风力	●	●	●							
Ment C	FloVENT	风力	●	●	●							
Br & Kjcer	Odeon	声学	●	●	●							
AFMG	EASE	声学	●	●	●							
LBNL	Radiance	光学	●	●	●							

（续表）

公司	软件工具		设计阶段			施工阶段				运维阶段		
	软件	专业功能	方案设计	初步设计	施工图	施工投标	施工组织	深化设计	项目管理	设施维护	空间管理	设备应急
IES	Apacheloads	冷热负载	●	●	●							
	ApacheHVAC	隧道	●	●	●							
	ApacheSim	能耗	●	●	●							
	SunCast	日照	●	●	●							
	Radiance IES	照明	●	●	●							
	MacroFlo	通风	●	●	●							

1)常用 BIM 软件类型[15]

常用 BIM 软件的类型，如图 8－7－3 所示。

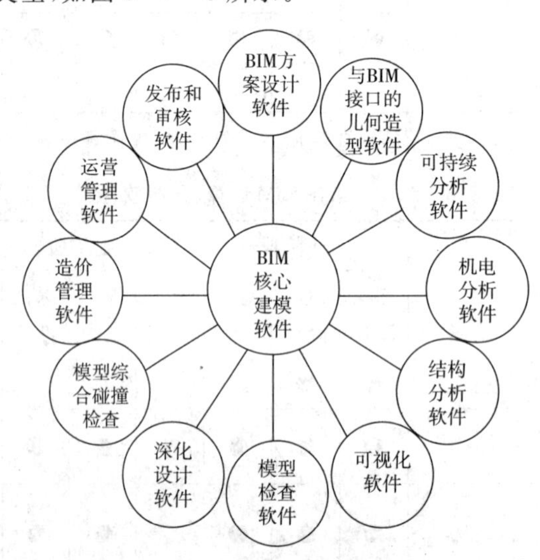

图 8－7－3 BIM 核心建模软件的类型

(1)BIM 核心建模软件。这类软件英文称为“BIM Authoring Software”，它是 BIM 的基础，通常称为“BIM 核心建模软件，简称“BIM 建模软件”，如图 8－7－4 所示。

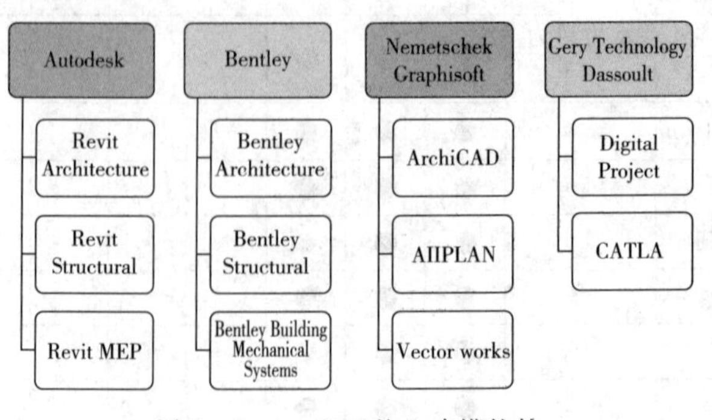

图 8－7－4 BIM 核心建模软件

从图中可见，BIM 核心建模软件主要有以下四个门派：

① Autodesk 公司的 Revit 建筑、结构和机电系列。在民用建筑市场借助 AutoCAD 的天然优势，有很好的市场表现。

② Bentley 建筑、结构和设备系列。Bentley 产品在工厂设计（石油、化工、电力、医药等）和基础设施（道路、桥梁、市政、水利等）领域有优势。

③ 2007 年 Nemetschek 收购 Graphisoft 以后，ArchiCAD/AIIPLAN/Vector Works 三个产品归到一个门派里。其中 ArchiCAD 是国内最为熟悉的面向全球市场的 BIM 核心建模软件，但由于其专业配套功能（仅限于建筑专业）与多专业一体的设计院体制不匹配，很难实现业务突破。Nemetschek 的另两个产品，AIIPLAN 主要市场在德语区，Vector Works 则是其在美国市场的产品名称。

④ Dassault 公司的 CATIA 是全球最高端的机械设计制造软件，在航空、航天、汽车等领域具有接近垄断的市场地位，应用到工程建设行业，无论是对复杂形体还是超大规模建筑，其建模能力、表现能力和信息管理能力都比传统的建筑类软件有明显优势，但是与工程建设行业的项目特点和人员特点的对接问题则是其不足之处。Digital Project 是 Gery Technology 公司在 CATIA 基础上开发的一个面向工程建设行业的应用软件（二次开发软件），其本质还是 CATIA，正如天正的本质是 AutoCAD 一样。

因此，对于一个项目或企业 BIM 核心建模软件技术路线的确定，可以考虑如下基本原则：①民用建筑用 Autodesk Revit；②工厂设计和基础设施用 Bentley；③单专业建筑事务所根据需求可选择 ArchiCAD、Revit、Bentley；④项目完全异形、预算比较充裕的可以选择 Digital Project 或 CATIA。此外，业主和其他项目成员的要求也是在确定 BIM 路线时需要考虑的重要因素。

（2）BIM 方案设计软件。BIM 方案设计软件用在设计初期，其主要功能是把甲方业主设计任务书里面基于数字的项目要求转化成基于几何形体的建筑方案，用于业主与建筑师之间的沟通及方案论证。BIM 方案设计软件可以帮助设计师验证方案与任务书要求的匹配程度，BIM 方案设计软件成果可以转换到 BIM 核心建模软件里进行设计深化，以继续验证满足业主要求。目前，主要的 BIM 方案设计软件有 Onuma Planning System 和 Affinity 等。

（3）和 BIM 接口的几何造型软件。设计初期阶段的形体、体量研究或者遇到复杂建筑造型的情况，使用几何造型软件会比直接使用 BIM 核心建模软件更方便、效率更高，甚至可以实现 BIM 核心建模软件无法实现的功能。几何造型软件的成果可以作为 BIM 核心建模软件的输入。目前常用的几何造型软件有 Sketch up、Rhino 和 FormZ 等。

（4）可持续（绿色）分析软件。可以使用 BIM 模型的信息对项目进行日照、风环境、热工、景观可视度、噪音等方面的分析，主要软件有国外的 Echotect、IES、Green Building Studio 以及国内的 PKPM 等。

（5）BIM 机电分析软件。水暖电等设备和电气分析软件，国内产品有鸿业、博超等，国外产品有 Designmaster、IES Virtual Environment、Trane Trace 等。

（6）BIM 结构分析软件。BIM 结构分析软件是目前和 BIM 核心建模软件集成度比较高的产品，基本上二者之间可以实现双向信息交换，即结构分析软件可以使用 BIM 核心建模软件的信息进行结构分析，分析结果对结构的调整又可以反馈回到 BIM 核心建模软件中去，自动更新 BIM 模型。ETABS、STAAD、Robot 等国外软件以及 PKPM 等国内软件都可以跟 BIM 核心建模软件配合使用。

(7)BIM 可视化软件。有了 BIM 模型后,对可视化软件的使用有以下优点:①可视化建模的工作量减少;②模型的精度和与设计(实物)的吻合度提高;③可以在项目的不同阶段以及各种变化情况下快速产生可视化效果。常用的可视化软件包括 3DS Max、Artlantis、AccuRender 和 Lightscape 等。

(8)BIM 模型检查软件。既可以用来检查模型本身的质量和完整性,例如空间之间有无重叠,空间有没有被适当的构件围闭构件之间有无冲突等;也可以用来检查设计是不是符合业主的要求,是否符合规范的要求等。目前有市场影响的 BIM 模型检查软件是 Solibri Model Checker。

(9)BIM 深化设计软件。Tekla Structure(Xsteel)是目前最有影响的基于 BIM 技术的钢结构深化设计软件,该软件可以使用 BIM 核心建模软件的数据,对钢结构进行面向加工、安装的详细设计、生成钢结构施工图(加工图、深化图、详图)、材料表、数控机床加工代码等。

(10)BIM 模型综合碰撞检查软件。其基本功能包括集成各种三维软件(包括 BIM 软件、三维工厂设计软件、三维机械设计软件等)创建的模型,进行 3D 协调、4D 计划、可视化、动态模拟等,属于项目评估、审核软件的一种。常见的模型综合碰撞检查软件有 Autodesk Navisworks、Bentley Projectwise Navigator 和 Solibri Model Checker 等。

(11)BIM 造价管理软件。利用 BIM 模型提供的信息进行工程量统计和造价分析,可以根据工程施工计划动态提供造价管理需要的数据,即 BIM 技术的 5D 应用。国外的造价管理软件有 Innovaya 和 Solibri,鲁班是国内 BIM 造价管理软件的代表之一。

(12)BIM 运营管理软件。我们把 BIM 形象地比喻为建设项目的 DNA,根据美国国家 BIM 标准委员会的资料,一个建筑物生命周期 75%的成本发生在运营阶段(即建筑使用阶段),而建设阶段(设计、施工)的成本只占生命周期成本的 25%。BIM 模型为建筑物的运营管理阶段服务是 BIM 应用重要的推动力和工作目标。在这方面,美国运营管理软件 ArchiBUS 是最有市场影响力的软件之一。

(13)二维绘图软件。从 BIM 技术的发展目标来看,二维施工图应该是 BIM 模型的其中一个表现形式和一个输出功能,不再需要有专门的二维绘图软件的配合。但是,目前施工图仍然是工程建设行业设计、施工、运营所依据的法律文件,BIM 软件的直接输出还无法满足市场对施工图的要求,因此二维绘图软件仍然是不可或缺的施工图生产工具,最有影响的二维绘图软件如 Autodesk 的 AutoCAD、Bentley 的 Microstation.

(14)BIM 发布审核软件。最常用的 BIM 成果发布审核软件包括 Autodesk Design Review、Adobe PDF 和 Adobe 3D PDF。发布审核软件把 BIM 的成果发布成静态的、轻型的、包含大部分智能信息的、不能编辑修改的但可以标注审核意见的、更多人可以访问的格式如 DWF/PDF/3D PDF 等,供项目其他参与方进行审核或利用。

2)常用 BIM 软件之间的关系

除以上介绍的软件以外,随着 BIM 应用的普及和深入,会有新的软件不断产生和加入其中。对以上软件的分析,按照不同类型软件和 BIM 核心建模软件之间的信息流动关系,这些软件可分为以下两大类型:

· 第一大类:创建 BIM 模型的软件,包括 BIM 核心建模软件、BIM 方案设计软件及 BIM 接口的几何造型软件;

• 第二大类：利用 BIM 模型的软件，除第一大类以外的其他软件。

这么多不同类型的软件是如何有机结合在一起为项目建设运营服务的，如图 8－7－5 所示。图中实线表示信息直接互用，虚线表示信息间接互用，箭头表示信息互用的方向。从图中可见，不同类型的 BIM 软件可以根据专业和项目阶段作如下区分。

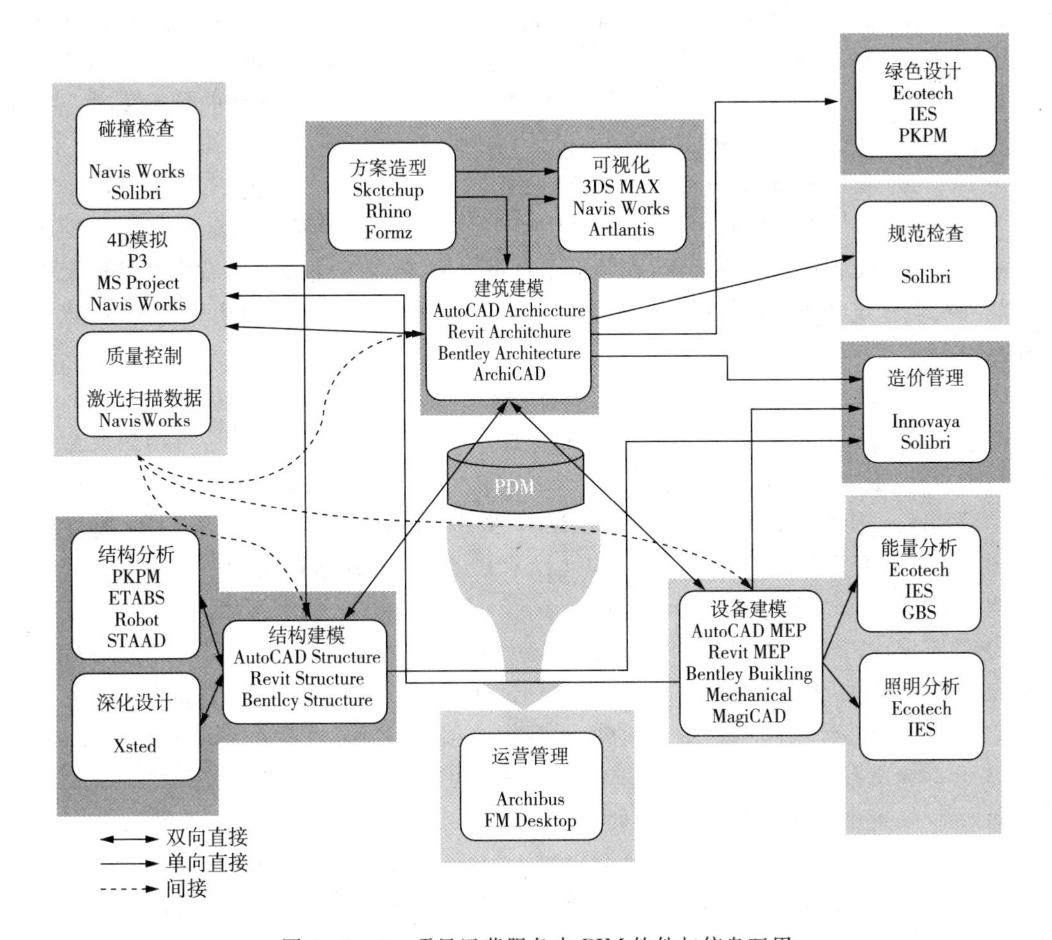

图 8－7－5　项目运营服务中 BIM 软件与信息互用

(1)建筑：包括 BIM 建筑模型创建、几何造型、可视化、BIM 方案设计等；(2)结构：包括 BIM 结构建模、结构分析、深化设计等；(3)机电：包括 BIM 机电建模、机电分析等；(4)施工：包括碰撞检查、4D 模拟、施工进度和质量控制等。(5)其他：包括绿色设计、模型检查、造价管理等；(6)运营管理 FM(Facility Management)；(7)数据管理 PDM。

3)Autodesk Revit 软件简介

Autodesk Revit 软件专为 BIM 而构建。

(1)Revit 是我国建筑业 BIM 体系中使用最广泛的软件之一。Autodesk Revit 作为一种应用程序，结合了 Autodesk Revit Architecture、Autodesk Revit MEP 和 Autodesk Revit Structure 软件的功能，提供支持建筑设计、MEP 工程设计和结构工程的工具。

① Autodesk Revit Architecture 支持建筑设计。软件可以按照建筑师和设计师的思考方式进行设计，因此，可以提供更高质量、更加精确的建筑设计，以及保持从设计到建筑的各

个阶段的一致性。

② Autodesk Revit MEP 支持 MEP 工程设计。软件向暖通、电气和给排水(MEP)工程师提供工具,可以设计最复杂的建筑系统。MEP 工程设计使用信息丰富的模型在整个建筑生命周期中支持建筑系统,以及为这些系统编档。

③ Autodesk Revit Structure 支持结构工程设计。软件为结构工程师和设计师提供了工具,可以更加精确地设计和建造高效的建筑结构。通过模拟和分析深入了解项目,并在施工前预测性能。使用智能模型中固有的坐标和一致信息,提高文档设计的精确度。专为结构工程师构建的工具可帮助您更加精确地设计和建筑高效的建筑结构。

(2)Autodesk Revit Architecture 的特点和优势

① 一致、精确的设计信息。Autodesk Revit Architecture 从单一基础数据库提供所有明细表、图纸、二维视图与三维视图,在整个项目过程中,设计变更会在所有内容及演示中更新。软件按照建筑师与设计师的建筑理念工作,帮助其在单一环境中自由地设计,高效地完成作品。

② 双向关联。设计过程中任何一处发生变更,所有相关信息即随之变更。在 Autodesk Revit Architecture 中,所有模型信息存储在一个协同数据库中。信息的修订与更改会自动在模型中更新,极大减少错误与疏漏。

③ 明细表。明细表是整个 Autodesk Revit Architecture 模型的另一个视图。对于明细表视图进行的任何变更都会自动反应到其他所有视图中。明细表的功能包括关联式分割及通过明细表视图、公式和过滤选择设计元素。

④ 详图设计。Autodesk Revit Architecture 附带丰富的详图设计工具,能够进行广泛的预先处理,轻松兼容 CSI 格式。用户可以根据自己的办公标准创建、共享和定制。

⑤ 参数化构件。任何一处发生变更,所有相关信息即随之变更。参数化构件亦称族,是在 Autodesk Revit Architecture 中设计所有建筑构件的基础。这些构件提供了一个开放的图形式系统,能够自由地构思设计、创建形状,并且还能就设计意图的细节进行调整和表达。设计师可以使用 Autodesk Revit Architecture 参数化构件设计最精细的装配(例如细木家具和设备),以及最基础的建筑构件,例如墙和柱。最重要的是,无须任何编程语言或代码。

⑥ 直观的用户界面。Autodesk Revit Architecture 采用简化的用户界面,可以更快地找到最常使用的工具和命令,找出较少使用的工具,并能够更轻松地找到相关新功能。因此,用于搜索菜单和工具栏的时间减少了,从而可以将更多时间用在设计上。

⑦ 材料算量功能。利用材料算量功能计算详细的材料数量。从成本方面讲,材料算量功能非常适用于可持续设计项目及进行精确的材料数量核实,能够极大优化材料数量跟踪流程。随着项目的推进,Autodesk Revit Architecture 参数化变更引擎能够帮助确保材料统计信息始终处于最新状态。

⑧ 冲突检测。使用冲突检测来扫描用户的模型,查找构件间的冲突。

⑨ 设计可视化。创建和获得如照片般真实的建筑设计创意和周围环境效果图,在建造前体验您的设计创意。集成的 mental ray 渲染软件易于使用,能够生成高质量渲染效果图,并且用时更短,为用户提供卓越的设计作品。

⑩ 增强的互操作性。Autodesk Revit Architecture 互操作性增强让设计师能够与其他

项目团队延深人员进行更加高效的合作。可以将带有关键元数据的建筑模型或现场图导出至 AutoCAD Civil 3D 软件。还能够从 Autodesk Inventor 软件导入包含丰富数据的精确模型,使设计图纸能够尽快用于施工。

⑪ 支持可持续性设计。Autodesk Revit Architecture 能够从设计阶段早期就支持可持续设计流程。软件可以将材料和房间容积等建筑信息导出为绿色建筑扩展性标志语言(gbXML)。还可以使用 Autodesk Green Building Studio web 服务执行能源分析;使用 Autodesk Ecotect 软件研究建筑性能;此外,Autodesk 3ds Max Design 软件还能根据 LEED 8.1 认证标准精确地评估室内环境质量。

(3)Autodesk Revit 相关特性

项目样板提供项目的初始状态,每一个 Revit 软件中都提供几个默认的样板文件,也可以创建自己的样板。基于样板的任意新项目均继承来自样板的所有族、设置(如单位、填充样式、线样式、线宽和视图比例)以及几何图形,样板文件是一个系统性文件,Revit 样板文件以 Rte 为扩展名。国内比较通用的 Revit 样板文件,例如 Revit 中国本地化样板,有集合国家规范化标准和常用族等优势。

① 族库。Revit 族库就是把大量 Revit 族按照特性、参数等属性分类归档而成的数据库。相关行业企业或组织随着项目的开展和深入,都会积累到一套自己独有的族库。Revit 族库数据在以后的工作中可直接调用,并根据实际情况修改参数,便可提高工作效率。

② Revit 核心特性。包括:

a. 参数化构件(亦称族)。可以使用参数化构件创建最复杂的组件(例如细木家具和设备),以及最基础的建筑构件(例如墙和柱)。最重要的是无须任何编程语言或代码。

b. 兼容 64 位支持。Revit 提供原生 64 位支持,可以帮助提升内存密集型任务(如渲染、打印、模型升级、文件导入导出)的性能与稳定性。

c. Revit Server。能够帮助不同地点的项目团队通过广域网(WAN)更加轻松地协作处理共享的 Revit 模型。

d. 工作共享。可使整个项目团队获得参数化建筑建模环境的强大性能。

e. Vault 集成。Autodesk® Vault Collaboration AEC 软件与 Revit 配合使用。这种集成可帮助简化与建筑、工程和跨行业项目关联的数据管理:从规划到设计和建筑。

③ Revit 设计特性

a. 多材质建模。Autodesk Revit 和 Autodesk Revit Structure 包含许多建筑材料,如钢、现浇混凝土、预制混凝土、砖和木材。

b. 结构钢筋。可以在 Autodesk Revit 和 Autodesk Revit Structure 中快速轻松结构钢筋地定义和呈现钢筋混凝土。

c. 设计可视化。捕捉照片级真实状态的设计创意。能够生成高质量的渲染效果图。

d. 分析模型。Autodesk Revit 和 Autodesk Revit Structure 中的工具可帮助创建和管理结构分析模型,包括控制分析模型以及与结构物理模型的一致性。

e. 双向链接。Autodesk Revit 和 Autodesk Revit Structure 软件中的分析模型可以与 Autodesk® Robot™ Structural Analysis 软件进行双向链接。分析结果将自动更新模型。与多个分析软件包的双向链接参数化变更技术能够在整个项目视图和施工工程图内协调这些更新。

④ Revit 文档编制

a. 建筑建模。新的建模工具将帮助从设计模型获得更好的施工见解。分割和操纵对像,如墙体层与混凝土浇注等,以此来更加精确地表现施工方法。相应工具可以带来更多模型构件装配的文档编制灵活性,更加轻松地为构造准备施工图。

c. 结构详图。通过附加的注释从三维模型视图中创建详图,或者使用 Revit Structure 二维绘图工具新建详图,或者从传统 CAD 文件中导入详图。为了节省时间,可以从之前的项目中以 DWG™格式导入完整的标准详图。专用的绘图工具支持对钢筋混凝土详图进行结构建模。

c. 材料算量。材料算量是一种 Revit 工具,可以帮助计算详细的材料数量,并可在成本估算中追踪材料数量。参数变更引擎可以帮助用户进行更加精确地材料算量。

d. 点云工具。可直接将激光扫描数据连接至 BIM 流程,从而加速改造点云工具和翻新项目流程。通过在 Revit MEP 软件环境中直接对点云进行可视化,用户可以更加轻松、更加自信、更加精确地创建竣工建筑信息模型。

e. DWG、DWF、DXF 和 DGN 支持。Revit 可以行业主流格式(如 DWG™、DXF™、DGN 和 IFC)导入、导出及链接数据,因此可以更加轻松地处理来自顾问、客户或承包商的数据。

参考文献及图片、表格索引

第1章 绪 论

1.1 绿色建筑的概念

[1] 林宪德．绿色建筑——生态・节能・减废・健康[M]．北京：中国建筑工业出版社，2007.

[2] 中国建筑科学研究院．绿色建筑评价标准(GB/T50378—2014)[S]．北京：中国建筑工业出版社，2014.

[3] 陈敖宜，张肇毅．全寿命周期分析[J]．绿色建筑，2012，(01)：24.

[4] 甄兰平，邰惠鑫．面向全寿命周期的节能建筑设计方法研究[J]．建筑学报，2003，(03)：50－51.

[5] 图 1-1-4：http://www.gb-cabr.com/zhuanti/GBT50378－2014.html

[6] 吕丹．高层建筑的生物气候学——杨经文设计理论研究[J]．新建筑，1999，(04)：72－75.

[7] 吴向阳．寻找生态设计的逻辑——杨经文的设计之路[J]．建筑师，2008(01)：78－86＋93.

[8] 涂君辉．高层建筑的生态设计手法——解读杨经文生态摩天楼的建筑实践[J]．华中建筑，2006(03)：91－94.

[9] 林京．杨经文及其生物气候学在高层建筑中的运用[J]．世界建筑，1996(04)：23－25.

[10] 汉沙十杨，吴立忠．梅纳拉商厦，雪兰莪州，马来西亚[J]．世界建筑，1996(04)：28－29.

[11] 王晓静，初妍，孙修礼．生物气候理论实践下的杰作梅纳拉商厦[J]．山西建筑，2008(10)：61－62.

[12] 图 1-1-5：吴向阳．国外著名建筑师丛书——杨经文[M]．北京：中国建筑工业出版社，2007.

[13] 图 1-1-6：http://sucai.redocn.com/tupian/366062.html

[14] 图 1-1-7：a. http://news.sina.com.cn/s/2009－04－28/061915537982s.shtml
b. http://world.people.com.cn/GB/157578/11439673.html

[15] 图 1-1-8：http://world.people.com.cn/GB/157578/11439675.html

1.2 绿色建筑的发展历史及现状

[1] 齐康，杨维菊．绿色建筑设计及技术(第一版)[M]．南京：东南大学出版社，2011.

[2] 周正楠，薛志峰，江亿．清华大学超低能耗楼设计理念介绍[J]．建筑学报，2004，(03)：41－43.

[3] 图 1-2-1：http://info.tgnet.com/Info/Images/2010/02/22/8674981573_623873.jpg

[4] 栗德祥，周正楠．解读清华大学超低能耗示范楼[J]．建筑学报，2005，(09)：16－17.

[5] 武毅，王磊，孙熙琳．清华大学超低能耗示范楼[J]．工业建筑，2005，(07)：7－10＋98.

[6] 网络文章，新浪地产网：上海建筑科学研究院诠释生态建筑，http://news.dichan.sina.com.cn/2008/11/27/4159.html.

[7] 网络文章，绿色建筑评价标识网，上海市建筑科学研究院绿色建筑工程研究中心办公楼★★★(设计)，http://www.cngb.org.cn/showzx.aspx? cid＝128&id＝24.

[8] 图 1-2-5：http://www.cngb.org.cn/showzx.aspx? cid＝128&id＝24.

[9] 网络文章，新浪地产网：深圳泰格公寓生态技术介绍，http://xiazai.dichan.com/show－85731.html.

[10] 图 1-2-6：http://bbs.szhome.com/commentdetail.aspx? id＝93660063&projectid＝90050.

1.3 绿色建筑的设计理念、原则及目标

[1] 夏麟．绿色建筑的设计理念技术与实践[J]．住宅产业，2013，(08)：24－28.

[2] 甄兰平，邰惠鑫．面向全寿命周期的节能建筑设计方法研究[J]．建筑学报，2003，(03)：52－53.

[3] 曾坚，左长安．基于可持续性与和谐理念的绿色城市设计理论[J]．建筑学报，2006，(12)：10－13.

[4] 李南,李湘洲．绿色住宅建筑的设计原则和方法分析[J]. 中国住宅设施,2009,(10):45－48.
[5] Top Energy 绿色建筑论坛．绿色建筑评估[M]. 北京:中国建筑工业出版社,2007.
[6] 中国建筑科学研究院．绿色建筑评价标准(GB/T50378—2014)[S]. 北京:中国建筑工业出版社,2014.

1.4 绿色建筑的设计要求及技术设计内容

[1] Top Energy 绿色建筑论坛．绿色建筑评估[M]. 北京:中国建筑工业出版社,2007
[2] 陈华晋,李宝骏,董志峰．浅谈建筑被动式节能设计[J]. 建筑节能,2007,(03):29－31.
[3] 林波荣．绿色建筑评价标准——室内环境质量[J]. 建设科技,2015,(04):32－35＋39.
[4] 图 1-4-1:http://barb. sznews. com/html/2008－05/06/content_161896. htm
[5] 马新慧．自然光光导照明在建筑采光中的应用[J]. 建筑电气,2007,(04):15－18.
[6] 戚淑纯,薛冰洋,蒋国勇．太阳光导入器技术[J]. 建筑电气,2007,(04):9－14.
[7] 图 1-4-3:http://roll. sohu. com/20120418/n340844996. shtml.
[8] 太阳能光伏发电系统的应用领域[J]. 能源与节能,2015,(03):172.
[9] 申洁．地源热泵系统的工作原理和特点及应用[J]. 山西建筑,2010,(30):187－188.
[10] 图 1-4-8:http://p2. so. qhimg. com/t01c298754b2fe79797. jpg
[11] 陈文华,郭睿,曾诚,等．温湿度独立控制空调系统的协调性控制系统设计[J]. 制冷与空调,2013,(07):117－120.
[12] 图 1-4-9:http://www. cabr－sz. com/accomplishment. asp? id＝148&cid＝8&page＝.

第2章 绿色建筑的评价标准及体系

2.1 国外绿色建筑的评价标准及体系

[1] 欧阳生春．美国绿色建筑评价标准 LEED 简介[J]. 建筑科学,2008,(08):1－3＋14.
[2] 李江南．对美国绿色建筑认证标准 LEED 的认识与剖析[J]. 建筑节能,2009,(01):60－64.
[3] 孙继德,卞莉,何贵友．美国绿色建筑评估体系 LEED V3 引介[J]. 建筑经济,2011,(01):91－96.
[4] 图 2-1-5:http://p0. so. qhimg. com/t01d223b2c17dd7644a. jpg.
[5] 网络文章,新华网:诺基亚中国区新总部大楼成为首个“绿色”地标,http://www. bj. xinhuanet. com/bjpd_djzgc/2008－04/22/content_13045635. htm.
[6] 图 2-1-7:http://www. gbmap. org/article1. php? id＝242.
[7] 王清勤,叶凌．美国绿色建筑评估体系 LEED 修订新版简介与分析[J]. 暖通空调,2012,(10):54－59.
[8] 黄辰勰,彭小云,陶贵．美国绿色建筑评估体系 LEED V4 修订及变化研究[J]. 建筑节能,2014,(07):96－97.
[9] 图 2-1-8:http://www. gaoloumi. com/viewthread. php? tid＝37266.
[10] 网络文章:北京侨福芳草地中国第一 LEED 白金认证奖商业建筑综体．http://blog. sina. com. cn/s/blog_649f5c330100hsmn. html.
[11] 网络文章,公益时报网:海沃氏一致力于办公空间可持续发展的理念,http://www. gongyishibao. com/html/qiyeCSR/6144. html.
[12] 徐子苹,刘少瑜．英国建筑研究所环境评估法 BREEAM 引介[J]. 新建筑,2002,(01):55－58.
[13] 侃大山．全球八大绿色建筑评估体系概览[J]. 智能建筑电气技术,2014,(06):133.
[14] 朱颖心,林波荣．国内外不同类型绿色建筑评价体系辨析[J]. 暖通空调,2012,(10):9－14＋25.

2.2 中国和亚洲其他各国、地区的绿色建筑评价标准及体系

[1] 中国建筑科学研究院．绿色建筑评价标准(GB/T50378—2014)[S]. 北京:中国建筑工业出版社,2014.
[2] Top Energy 绿色建筑论坛．绿色建筑评估[M]. 北京:中国建筑工业出版社,2007.
[3] 王清勤,叶凌．绿色建筑评价标准——节能与能源利用[J]. 建设科技,2015,(04): 21－24.

[4] 曾捷，吕石磊，李建琳，等．绿色建筑评价标准——节水与水资源利用[J]. 建设科技，2015，(04)：25－27＋31.
[5] 韩继红，廖琳．绿色建筑评价标准——节材与材料资源利用[J]. 建设科技，2015，(04)：28－31.
[6] 林波荣．绿色建筑评价标准——室内环境质量[J]. 建设科技，2015，(04)：32－35＋39.
[7] 王有为，于震平，高迪．绿色建筑评价标准——施工管理[J]. 建设科技，2015，(04)：36－39.
[8] 程大章．绿色建筑评价标准——运营管理[J]. 建设科技，2015，(04)：40－43.
[9] 图 2－2－1：http://www. gb－cabr. com/zhuanti/GBT50378－2014. html.
[10] 宋凌，林波荣．绿色建筑评价标识及评价原则[J]. 建设科技，2009，(14)：16－17.
[11] 刘瑞芳．绿色建筑评价标识实行分级管理"一、二星级由各省评定；三星级由住房和城乡建设部评定"[J]. 建设科技，2009，(14)：13－14.
[12] 图 2－2－2：http://www. chinagb. net/gbrc/download/xmsb/20120830/89398. shtml.
[13] 贾纯荣．香港的建筑物环境评估[J]. 环境导报，1999，(06)：34－36.
[14] 林宪德．台湾的绿色建筑与生态城市研究[J]. 动感(生态城市与绿色建筑)，2010，(01)：34－36.
[15] 村上周三．一种简明的绿色建筑评价体系——日本的 CASBEE 建筑物综合环境性能评价[J]. ARCHITECTURE TECHNOLOGY & DESIGN(建筑技术及设计)，2005，(11). 28－31.
[16] 华佳．浅析日本 CASBEE 评价体系[J]. 住宅产业，2012，(05)：46－47.
[17] 孙佳媚，杜晓洋，周术，等．日本建筑物综合环境效率评价体系引介[J]. 山东建筑大学学报，2007，(01)：31－34.
[18] 日本可持续建筑协会．Comprehensive Assessment System for Building Environmental Efficiency (CASBEE)[M]. 北京：中国建筑工业出版社，2005.
[19] 冀媛媛，Paolo Vincenzo Genovese，车通．亚洲各国及地区绿色建筑评价体系的发展及比较研究[J]. 工业建筑，2015，(02)：38－41.

第 3 章　绿色建筑的规划设计

3.1　中国传统建筑的绿色经验

[1] 张亮．从徽州民居看现代住宅的生态节能设计[J]. 安徽建筑工程学院学报，2006，(06)：80－83.
[2] 图 3－1－1：http://www. quanjing. com/imginfo/mhrf－dspd21165. html.
[3] 图 3－1－2：武勇，中国民居与环境[J]，中外建筑，1996.(2)：22－24.
[4] 胡善风，李伟．徽州古建筑的风水文化解析[J]. 中国矿业大学学报：社会科学版，2002，3：155－160.
[5] 图 3－1－3：http://hscf12. blog. hexun. com/92571480_d. html.
[6] 图 3－1－4：http://weibo. com/p/1001643751391452628449.
[7] 齐康，杨维菊．绿色建筑设计及技术(第一版)[M]. 南京：东南大学出版社，2011.
[8] 图 3－1－7 左图：http://img5. 3lian. com/gaoqing/03/52/03/700. jpg
右图：http://yw. eywedu. com/wenhua/ShowArticle. asp? ArticleID＝6120.
[9] 图 3－1－11：http://news. fdc. com. cn/lsrj/189165_2. htm? COLLCC＝2112639455.
[10] 刘敦桢．中国古代建筑史(第二版)[M]. 北京：中国建筑工业出版社．
[11] 图 3－1－15：http://p2. so. qhimg. com/t01468ea2d2250155a7. jpg.
[12] 图 3－1－16：http://gj. yuanlin. com/Html/Detail/2006－2/1239. html.
[13] 张亮．浅谈建筑艺术美与音乐艺术美的相关性[J]. 合肥工业大学学报：自然科学版，2006，(04)：486－488.
[14] 图 3－1－17：http://zyhsssc. blog. 163. com/blog/static/1307771082010511450501З/.

3.2 绿色建筑的规划设计

[1] 王爱之．世界现代建筑史[M]．北京：中国建筑工业出版社，2012.

[2] 齐康，杨维菊．绿色建筑设计及技术(第一版)[M]．南京：东南大学出版社，2011.

[3] 图 3-2-1：http://culture.qianggen.com/2009/0423/501.html

[4] 图 3-2-2：http://www.china-up.com/hdwiki/ghal/yixiang/zongti/zongti.htm

[5] 图 3-2-3：http://news.mydrivers.com/1/434/434607.htm
http://blog.sina.com.cn/s/blog_665294090101727l.html

[6] 图 3-2-5：http://www.chinaacsc.com/Article/ShowArticle.asp?ArticleID=2327

[7] 薛恩伦．荷兰风格派与施罗德住宅[J]．世界建筑，1989，(03)：27-29.

[8] 杨谦．荷兰风格派初探[J]．建筑与文化，2010，(05)：89-91.

[9] 图 3-2-6：http://blog.sina.com.cn/s/blog_4cb96d8d0100vb0l.html

[10] 图 3-2-7：http://www.douban.com/note/148913708/

[11] 图 3-2-8：http://www.dictall.com/indu/018/01755230002.htm

[12] 谭源．"乌托邦"的终结——从昌迪加尔及巴西利亚规划谈起[J]．南方建筑，1999，(04)：83-84.

[13] 图 3-2-9 左图：http://www.chinabaike.com/article/316/327/2007/2007022155663.html
右图：http://city.cri.cn/29344/2011/03/08/4207s2562819.htm

[14] 王建国，兴平．绿色城市设计与低碳城市规划——新型城市化下的趋势[J]．城市规划，2011，(02)，20-21.

[15] Richard Rogers. Cities For A Small Planet[M]. UK：Faber & Faber Limited，1997.

[16] 朱晓青．混合功能人居的概念、机制与启示——"浙江现象"下的产住共同体解析[J]．建筑学报，2011，(02).95-98

[17] 大卫·卡恩工作室，迈克尔·塔韦尔建筑事务所．Geos 能源零净耗社区[J]．城市环境设计，2009，(08).162-167.

[18] 图 3-2-11 上图：http://www.docin.com/p-273171456.html
下图：http://news.china-flower.com/paper/papernewsinfo.asp?n_id=223512

[19] 王少飞，关可，肖鹏，等．我国快速公交系统(BRT)的研究与发展现状[J]．中国交通信息产业，2008，(01).126-128.

[20] 赵杰，叶敏，赵一新，等．国外快速公交系统发展概况[J]．国外城市规划，2006，(03).32-37.

[21] 图 3-2-13：http://baike.chengdu.cn/content/2014-12/03/content_1614385.htm?node=1581

[22] 图 3-2-14：http://2010.qq.com/a/20100316/000085_1.htm

[23] 谭喆．城市公共自行车系统的发展、规划和建设[J]．城市建筑，2013，(20).40.

[24] 耿雪，田凯，张宇，等．巴黎公共自行车租赁点规划设计[J]．城市交通，2009，(04).21-29+77.

[25] 佚名．巴黎推出全球规模最大的电动汽车租赁公共服务项目[J]．华东电力，2013，(02).244.

[26] 图 3-2-16：http://home.cnautonews.com/xnyqc/201312/t20131225_274317.htm

[27] 网络文章(金羊网-新快报 蒋江敏)：解密 150 亿美元波士顿城市改造工程"BigDig".http://finance.sina.com.cn/roll/20060424/0936663366.shtml

[28] 图 3-2-17：http://news.sina.com.cn/c/sd/2011-01-14/101321815433_5.shtml

[29] 李强．从邻里单位到新城市主义社区——美国社区规划模式变迁探究[J]．世界建筑，2006，(07).92-94.

[30] 林中杰，时匡．新城市主义运动的城市设计方法论[J]．建筑学报，2006，(01)，6-9.

[31] 任春洋．美国公共交通导向发展模式(TOD)的理论发展脉络分析[J]．国际城市规划，2010，(04)，92-99.

[32] 马和，马利波，张远景．TOD 模式理论研究[J]．山西建筑，2009，(25)，12-14.

[33] 王治，叶霞飞．国内外典型城市基于轨道交通的“交通引导发展”模式研究[J]．城市轨道交通研究，2009，(05)．1－5.
[34] 陆彦，卢碧蓉．美国兴起“共同住宅”社区[J]．社区，2009，(20)．55－56.
[35] 网络文章，共同住宅：http://baike. haosou. com/doc/9324030－9660154. html
[36] 图 3－2－18：http://a3. att. hudong. com/44/97/01300000721115128920970555052. jpg

3.3 绿色建筑与景观绿化

[1] 胡永红，赵玉婷．建筑环境绿化的功能和意义[J]．上海建设科技，2003，(05)：39－41.
[2] 柴潇琳．建筑绿化的功能与形式探讨[J]．绿色科技，2011，(03)：26－28.
[3] 齐康，杨维菊．绿色建筑设计及技术(第一版)[M]．南京：东南大学出版社，2011.
[4] 侯亚楠，朱春，杨思佳．建筑绿化与绿色建筑[J]．绿色建筑，2013，(01)：27－29.
[5] 图 3－3－1(a)：http://www. yt160. com/a/business/40809. html
图 3－3－1(b)：http://www. huacaijia. com/bbs/thread－11785－1－1. html
图 3－3－1(c)：http://blog. sina. com. cn/s/blog_9d333add0101cuxv. html
图 3－3－1(d)：http://tupian. baike. com/a1_08_10_01000000000000119081038054108_jpg. html
[6] 图 3－3－12：(a)http://hefei. edeng. cn/jiedaoxinxi/201139066. html
图 3－3－12(b)：http://hbskyl2014. sh05. host. 35. com/content/? 490. html
图 3－3－12(c)：http://hbskyl2014. sh05. host. 35. com/content/? 490. html
图 3－3－12(d)：http://hbskyl2014. sh05. host. 35. com/content/? 491. html
[7] 李鹏宇，郭逸凡，李毅．现代墙面绿化技术存在的问题及对策[J]．浙江农业科学，2014，(04)：519－523.
[8] 图 3－3－14：http://www. cqla. cn/chinese/news/news_view. asp? id＝14794
[9] 朱开元，刘慧春．城市立体绿化的应用与植物选择[J]．北方园艺，2012，(02)：107－108.
[10] 张庆费．立体绿化植物选择[J]．湖南林业，2008，(05)：32.

第 4 章 绿色建筑的设计方法

4.1 中国不同气候区域的绿色建筑设计特点

[1] 齐康，杨维菊．绿色建筑设计及技术(第一版)[M]．南京：东南大学出版社，2011.
[2] 图 4－1－1：http://www. cnwhtv. cn/show－10418－1. html
[3] 住房和城乡建设部．公共建筑节能设计标准(GB50189—2015)[S]．北京：中国建筑工业出版社，2015.
[4] 金虹．关于严寒地区绿色建筑设计的思考[J]．南方建筑，2003，(03)：45－47.
[5] 金虹．严寒地区城市低密度住宅节能设计研究[M]．北京：科技出版社，2002.
[6] 李玲，李俊鸽，杜高潮．寒冷地区乡村住宅外围护结构节能设计[J]．住宅科技，2006，(07)：29－31.
[7] 陈实．建筑围护结构节能设计及其并行设计技术研究[J]．建筑科学，2007，(04)：37－40.
[8] 中国建筑业协会建筑节能专业委员会．建筑节能技术[M]．北京：中国建筑工业出版社，1996.
[9] 宋绛雄，田海，周海珠．夏热冬冷地区绿色建筑节能规划设计[J]．建设科技，2011，(22)：55－59.
[10] 图 4－1－12：http://club. gongchang. com/thread－796536－1－629. html
[11] 李宝鑫，蒋益清，庄和锋，等．基于室外风环境和室内自然通风模拟优化的建筑体形可持续设计方法研究[J]．绿色建筑，2014，(04)：56－58.
[12] 陈飞．建筑风环境——夏热冬冷气候区风环境研究与建筑节能设计[M]．北京：中国建筑工业出版社，2009. 3. 1.
[13] 付祥钊．中国夏热冬冷地区建筑节能技术[J]．建筑学报，2007，(07)：13－17.
[14] 王建辉，李百战，刘猛，等．夏热冬冷地区居住建筑节能技术适用性分析[J]．暖通空调，2009，(11)：3－6.

[15] 赵书杰．夏热冬冷地区建筑遮阳技术应用的探讨[J]．建筑科学，2006，(06)：73－75.
[16] 付祥钊，侯余波．中国夏热冬暖地区建筑节能技术(上)[J]．建筑科技，2002，(04)：43－45.
[17] 付祥钊，侯余波．中国夏热冬暖地区建筑节能技术(下)[J]．建筑科技，2002，(05)：57－59.
[18] 黄险峰．夏热冬暖地区建筑节能设计的研究[J]．建筑节能，2007，(08)：13－16.
[19] 网络文章，中国建设报：世纪经典回顾——甘地纪念馆，http://www.chinajsb.cn/gb/content/2002－05/10/content_32305.htm
[20] 图 4-1-15：http://www.cbda.cn/html/gwsjdt/20150618/60290_5.html
[21] 汤国华．"夏氏遮阳"与岭南建筑防热[J]．新建筑，2005，(06)：17－20.
[22] 齐百慧，肖毅强，赵立华，等．夏昌世作品的遮阳技术分析[J]．南方建筑，2010，(02)：64－66.
[23] 图 4-1-17：http://news.dichan.sina.com.cn/2012/06/08/506717.html
[24] 艾侠，王海．万科中心：水平线上的"低碳"宣言[J]．世界建筑，2010，(02)：88－95.
[25] 网络文章，马蹄网：深圳万科大梅沙万科中心——斯蒂文·霍尔 Steven Holl，http://www.mt－bbs.com/thread－42092－1－1.html
[26] 图 4-1-17：http://www.igreen.org/2011/0915/1792.html
图 4-1-17：http://bbs.szhome.com/commentdetail.aspx? id=52924964&projectid=31695
图 4-1-17：http://www.csc.net.cn/NewsView.aspx? Cat_ID=23&Column_ID=1364775
[27] 陈子乾，郑宏飞，黄萌．太阳能与建筑一体化的案例分析研究[J]．工业建筑，2007，(12)：131－133.
[28] 焦青太．太阳能热水器与建筑一体化概述[J]．建筑节能，2008，(01)：55－58.
[29] 图 4-1-23：http://down6.zhulong.com/tech/detailprof722843NT.htm

4.2 不同类型建筑的绿色建筑设计

[1] 林辉，张道国．绿色住宅的内涵及评价方法研究[J]．建筑经济，2011，(S1)：7－10.
[2] 中国建筑科学研究院．绿色建筑评价标准(GB/T50378—2014)[S]．北京：中国建筑工业出版社，2014.
[3] 齐康，杨维菊．绿色建筑设计及技术[M]．南京：东南大学出版社，2011.
[4] 王清勤，叶凌．绿色建筑评价标准——节能与能源利用[J]．建设科技，2015，(04)：21－24.
[5] 曾捷，吕石磊，李建琳，等．绿色建筑评价标准——节水与水资源利用[J]．建设科技，2015，(04)：25－27＋31.
[6] 图 4-2-6 左图：http://www.tooopen.com/view/107522.html
右图：http://down6.zhulong.com/tech/detailprof887428XR.htm
[7] 住房和城乡建设部．绿色办公建筑评价标准(GB/T50908—2013)[S]．北京：中国建筑工业出版社，2014.
[8] 沈济黄，王健．现代办公建筑发展趋向探索——杭州万向集团行政中心的设计[J]．新建筑，2003，(01)：43－44.
[9] 卢求．生态智能办公建筑发展趋势[J]．智能建筑，2005，(06)：86－88.
[10] 邓勇杰．绿色建筑理念在办公楼中的运用[J]．绿色建筑，2013，(04)：59－61.
[11] 杨维菊，徐尧，吴巍．办公建筑的生态节能设计[J]．建筑节能，2006，(06)：27－31.
[12] 图 4-2-7：http://cq.house.qq.com/a/20130814/010109.htm
[13] 赵鹰．建设低碳高端园区 助力产业新城发展北京经开·国际企业大道项目评价[J]．中国科技产业，2012，(03)：60－73.
[14] 图 4-2-8：http://www.go007.com/beijing/bangongxiezl/ee119cfa1ff074b0.htm
[15] 图 4-2-9 左图：http://www.ad.ntust.edu.tw/grad/think/WORKS/ch/CHP03.GIF
图 4-2-9 中图、右图：http://photo.zhulong.com/proj/detail45345.html
[16] 李宏．双层玻璃幕墙中的三种通风类型[J]．国外建材科技，2004，(06)：78－79.
[17] 龚强，花定兴．通风式双层幕墙应用技术[J]．城市住宅，2009，(03)：86－87.

[18] 图 4-2-11:http://china. makepolo. com/product—picture/100388455854_10. html
[19] 周琼. 柏林国会大厦改建[J]. 中国建筑装饰装修,2003,(08): 106—109.
[20] 图 4-2-12 左图:http://p0. so. qhimg. com/t01bed1a1ce5bc8bd1f. jpg
图 4-2-12 右图:http://blog. sina. com. cn/s/blog_53bebc22010006w3. html
[21] 张亮."商业综合体"与城市环境的耦合关系[J]. 合肥工业大学学报:自然科学版,2006,(09):1166—1168+1176.
[22] 住房和城乡建设部. 商店建筑设计规范(JGJ48—2014)[S]. 北京:中国建筑工业出版社,2014.
[23] 塔林. 商业建筑与轨道交通站点一体化的空间形态[J]. 城市建筑,2013,(08): 4+9.
[24] 网络文章(新浪乐居):南宁地铁 1、2 号线交会 朝阳广场站将深挖 31 米,http://gx. house. sina. com. cn/news/2013—01—11/08561724012. shtml
[25] 图 4-2-18 左图:http://yichang. house. sina. com. cn/scan/2011—03—24/142019871. shtml
图 4-2-18 右图:http://www. nipic. com/show/10099534. html
[26] 图 4-2-19:http://www. aquacity—nj. com/list—21—1. html
[27] 网络文章(深圳新闻网):国内最大地铁商业空间深圳开业 位于会展中心站,http://www. sznews. com/news/content/2012—06/28/content_6891845. htm
[28] 图 4-2-22:http://snoopysuny. blog. 163. com/blog/static/2817257220116l505135889/
[29] 图 4-2-23:http://photo. zhulong. com/proj/detail54158. html
[30] 夏春海,刘鹏. 商业综合体绿色建筑技术应用研究[J]. 暖通空调,2012,(10):30—34.
[31] 图 4-2-24:http://xiaoguotu. to8to. com/p10054406. html
[32] 图 4-2-25:http://dp. pconline. com. cn/photo/list_2665181. html
[33] 图 4-2-26:http://www. bestchinahotel. com/picture/35212. html
[34] 图 4-2-27:http://www. 51fdc. com/html/2009—12—21/00030612. htm
[35] 绿色饭店国家标准(GB/T 21084—2007)[S]. 北京: 中国标准出版社,2008.
[36] 熊鹰. 生态旅游承载力研究进展及其展望[J]. 经济地理,2013,(05):176—183.
[37] 王朋. 酒店建筑围护结构设计与能源管理[J]. 节能技术,2000,(05): 26—28+30.
[38] 陈华晋,李宝骏,董志峰. 浅谈建筑被动式节能设计[J]. 建筑节能,2007,(03):29—31.
[39] 艾侠,王海. 万科中心:水平线上的"低碳"宣言[J]. 世界建筑,2010,(02):88—95.
[40] 万科总部:躺着的摩天大楼[J]. 中国建设信息,2013,(19):26—27.
[41] 网络文章(中国土木工程学会),万科中心:http://www. cces. net. cn/guild/sites/tmxh/detail. asp? i=bzjlxm&id=36770
[42] 绿色医院建筑评价标准(CSUS GBC 2—2011)[S]. 中国城市科学研究会绿色建筑研究中心、中国医院协会医院建筑系统研究分会编制. 2011.
[43] 林立川,王进宝. 新加坡邱德拔医院设计案例介绍[J]. 智能建筑电气技术,2012,(06):90—93.
[44] 图 4-2-33: http://bbs. co188. com/thread—9075037—1—1. html
[45] 图 4-2-34:http://www. downqq. com/daichan/378146. html
[46] 图 4-2-35:http://p3. so. qhimg. com/t0104e32cdc3096ecd8. jpg
[47] 羊轶驹,曾娜,沈敏学,等. 绿色医院的国内外发展现状[J]. 中南大学学报:医学版,2013,(09):82—86.
[48] 邵文晞,梁建宽,吕人伟,等. 绿色医院建筑设计初探[J]. 浙江建筑,2011,(11):53—56+72.
[49] 张万桑. 南京鼓楼医院南扩工程[J]. 建筑学报,2014,(02):53—58.
[50] 图 4-2-36(a):http://news. house365. com/gbk/njestate/system/2010/09/26/010180932. shtml
图 4-2-36(b):http://www. 9191zx. com/hospital/1687/
图 4-2-36(c);图 4-2-36(d):http://bbs. co188. com/thread—9103694—1—1. html

[51] 潘嘉凝,陈国亮．被动式节能设计策略在医院建筑中的应用研究[J]. 绿色建筑,2014,(03):43－46.
[52] 图 4-2-38:http://photo. zhulong. com/proj/detail28063. html
[53] 图 4-2-39:http://www. duitang. com/people/mblog/25210839/detail/
[54] 图 4-2-40:http://www. china－landscape. net/news/33727. htm
[55] 图 4-2-41:http://gc. cila. cn/gongcheng－show－1330. html
[56] 黄琼,倪旭玮,张颀．基于环境健康准则的绿色医院建筑空间设计研究[J]. 建筑与文化,2014,(06):19－23.
[57] 图 4-2-42:http://design. cila. cn/zuopin10234. html
[58] 秦杨,陈姣．人性化医疗空间的色彩设计[J]. 美术大观,2011,(01):142.
[59] 图 4-2-43:http://bbs. co188. com/thread－9108234－1－1. html
[60] 图 4-2-44:http://blog. alighting. cn/zgf/archive/2013/5/31/318298. html? yundunkey＝10190ce7ae49d751a332aca85b74f23001376979663_1154018
[61] 图 4-2-45:http://news. zhulong. com/read178122. htm
[62] 图 4-2-46:http://p0. so. qhimg. com/t01cfa29a2e249fdb80. jpg
[63] 图 4-2-47:http://sns. id－china. com. cn/case/31166－1. html
[64] 图 4-2-48:http://photo. zhulong. com/proj/detail30135. html
[65] 图 4-2-49:http://news. 163. com/14/1209/02/AD07853K00014AED. html
[66] 图 4-2-50:http://zl. 39. net/zt/kfr/kfr/
[67] 王卫,刘春根,陈维平,等．远程医疗系统与数字化技术的发展及应用[J]. 中国组织工程研究与临床康复,2008,(48):9561－9564.
[68] 图 4-2-51:http://www. tech－ex. com/equipment/news/industries/00031315. html

第5章 绿色建筑的的技术设计

5.1 绿色建筑与绿色建材

[1] 应雪丹,蒋涛．论建筑材料可持续发展的对策与技术途径[J]. 山西建筑,2011,(06):99－100.
[2] 苑晨丹．浅析新型建筑材料的特点与发展[J]. 赤峰学院学报:自然科学版,2012,(03):146－148.
[3] 罗梦醒,刘艳涛,刘军．绿色建材现状及发展趋势[J]. 中国建材科技,2009,(04):80－83.
[4] 齐康,杨维菊．绿色建筑设计及技术(第一版)[M]. 南京:东南大学出版社,2011.
[5] 范文昭．建筑材料[M]. 北京:中国建筑工业出版社,2007.
[6] 张光磊．新型建筑材料[M]. 北京:中国电力出版社,2008.
[7] 图 5-1-1:http://img1. bmlink. com/big//supply/2014/3/7/20/979967284472644. jpg
[8] 刊讯．两部门规范绿色建材评价标识管理[J]. 墙材革新与建筑节能,2014,(06):6.
[9] 王波,王燕飞,崔玲．生命周期评价(LCA)与生态建筑材料[J]. 中外建筑,2003,(06):107－109.
[10] 赵平,同继锋,马眷荣．我国绿色建材产品的评价指标体系和评价方法[J]. 建筑科学,2007,(04):19－23.

5.2 绿色建筑的通风、采光与照明技术

[1] 史小来．物业设备管理与维护[M]. 北京:石油工业出版社,2012.
[2] 中国建筑标准设计研究院．平屋面建筑构造(12J201)[S]. 北京:中国计划出版社,2012.
[3] 齐康,杨维菊．绿色建筑设计及技术(第一版)[M]. 南京:东南大学出版社,2011.
[4] 国家经贸委/UNDP/GEF 中国绿色照明工程项目办公室,中国建筑科学研究院．绿色照明工程实施手册[M]. 北京:中国建筑工业出版社,2003.
[5]《现代电气工程师实用手册》编写组编．现代电气工程师实用手册(下册)[M]. 北京:中国水利水电出

版社,2012.
[6] 曹纬浚,《注册建筑师考试教材》编委会．一级注册建筑师考试教材(第3分册)建筑物理与建筑设备(10版)[M]. 北京:中国建筑工业出版社,2013.
[7] 孙继国．建筑环境与室内设计基础(第二版)[M]. 北京:中国电力出版社,2013.
[8] 王久增．石化企业的绿色照明和节能[J]. 电气工程应用,2007(03):39－45.
[9] 北京电光源研究所,北京照明学会．电光源实用手册[M]. 北京:中国物资出版社,2005.
[10] 史小来．物业设备管理与维护[M]. 北京:石油工业出版社,2012.
[11] 图5-2-3:http://blog. sina. com. cn/s/blog_5d6b7bad0100o2ij. html
[12] 图5-2-4:http://bbs. artron. net/forum. php? mod=viewthread&tid=1575907&page=9
[13] 图5-2-6:http://www. 0597kk. com/simple/? t293775. html
[14] 图5-2-8:http://blog. sina. com. cn/s/blog_c162e9c10102v91d. html
[15] 图5-2-9:http://m. biud. com. cn/news-view-id-499372. html
[16] 图5-2-10:http://shop. 99114. com/2092641/pd4174678. html
[17] 图5-2-11:中国建筑标准设计研究院．12J201平屋面建筑构造[M]. 北京:中国计划出版社,2012.
[18] 图5-2-12:http://www. ahtfwt. cn/ggmm. html; http://www. ledworld. tw/products_show. php? dmrecno=9908
[19] 图5-2-13:http://rex121. blog. sohu. com/150352033. html
[20] 图5-2-14:http://photo. zhulong. com/proj/detail54595. html
[21] 图5-2-15:http://www. architbang. com/project/collect/coll/44
[22] 图5-2-16:http://www. csccee. org/index. aspx? menuid=9&type=articleinfo&lanmuid=67&infoid=236&language=cn
[23] 表5-2-7:贵州电力试验研究院,华北电力科学研究院有限责任公司组．节约用电手册[M]. 北京:中国电力出版社,2005.

5.3 绿色建筑围护结构的节能技术

[1] 李晓明．外墙保温材料的发展趋势[J]. 建筑节能,2013(07:)45－47.
[2] 马保国．外墙外保温技术[M]. 北京:化学工业出版社,2008.
[3] 齐康,杨维菊．绿色建筑设计及技术(第一版)[M]. 南京:东南大学出版社,2011.
[4] 朱冰曲,陈晓明,王婧．夏热冬冷地区建筑外墙保温材料和保温形式的发展趋势[J]. 华中建筑,2013(02:)54－56.
[5] 中国建筑标准设计研究院编制．外墙外保温建筑构造(10J121)[S]. 北京:中国计划出版社,2010.
[6] 图5-3-9:http://blog. sina. com. cn/s/blog_9e12211101010ecc. html
[7] 建筑外墙外保温防火隔离带技术规程(JGJ 289—2012)[S]. 北京:中国建筑工业出版社,2013.
[8] 中国建筑标准设计研究院．岩棉防火隔离带构造(10J121)[S]. 北京:中国计划出版社,2010.
[9] 张亮．建筑概论[M]. 北京:冶金工业出版社,2011.
[10] 中国建筑标准设计研究院编制．平屋面建筑构造(12J201)[S]. 北京:中国计划出版社,2012.
[11] 中华人民共和国住房与城乡建设部．种植屋面工程技术规程(JGJ 155—2013)[S]. 北京:中国建筑工业出版社,2013.
[12] 马秀英,唐鸣放．坡屋顶绿化的设计与技术[J]. 西部人居环境学刊,2014(01),108－112.
[13] 图5-3-30:http://roll. sohu. com/20130126/n364697907. shtml
[14] 图5-3-31:http://www. chla. com. cn/htm/2008/0927/19459. html
[15] 图5-3-38:http://photo. zhulong. com/proj/detail43322. html
[16] 图5-3-47:http://www. hannor. com/Green_Building/old/2012/0723/1211. html
[17] 图5-3-52:http://www. wjw. cn/product/mbr110511131515046351/pro120510160453859182. xhtml

[18] 赵春江,王恒龙．太阳能建筑一体化集热器的研制和应用[J]. 太阳能,2004(04),28－30.

[19] 图 5-3-57:http://blog. fang. com/5679052/11165742/articledetail. htm

[20] 图 5-3-58:http://www. bokee. net/companymodule/imagecom_viewEntry. do? id=407648

5.4 绿色建筑的遮阳技术

[1] 图 5-4-1 左图:http://t. zhulong. com/u101/worksdetail4453565. html

图 5-4-1 右图:http://www. shejiqun. com/Article－detail－id－6409. html

[2] 刘宏成．建筑遮阳的历史与发展趋势[J]. 南方建筑,2006,(09):18－20.

[3] 刘抚英．建筑遮阳体系与外遮阳建筑一体化形式谱系[J]. 新建筑,2013,(04):46－50.

[4] 顾端青,沈源韶．建筑遮阳的形式及性能特点[J]. 建设科技,2013,(15):41－43.

[5] 任俊．建筑遮阳形式及若干应用问题研究[J]. 广州建筑,2012,(05):6－9.

[6] 齐康,杨维菊．绿色建筑设计及技术(第一版)[M]. 南京:东南大学出版社,2011.

[7] 图 5-4-2:http://tieba. baidu. com/p/568584597

[8] 王鹏．诺曼·福斯特的普罗旺斯情缘——兼论“高技派”的气候观[J]. 世界建筑,2000,(04):30－33.

[9] 网络文章,定鼎网:生态建筑——现代建筑的追求,http://www. ddove. com/old/artview. aspx? guid=12ce5311－e803－4cd9－b22c－3e6a714bc46d

[10] 网络文章,央视网:意大利米兰建两座"空中森林"公寓 高楼层层植树,http://www. chinadaily. com. cn/hqgj/jryw/2011－10－28/content_4201128. html

[11] 图 5-4-5:http://www. alwindoor. com/info/2009－5－22/15592－1. html

[12] 图 5-4-6(a):http://lcc. fixy. com. tw/node/267

图 5-4-6(b):http://www. cadmm. com/news/show－32090. html

图 5-4-6(c):http://www. daelux. cn/impressionlist. asp? projectid=73

图 5-4-6(d):http://blog. 163. com/gd_anger/blog/static/189409053201166913521 26/

[13] 张亮．建筑概论[M]. 北京:冶金工业出版社,2011.

[14] 图 5-4-9 杨经文自宅(ROOF－ROOF HOUSE):http://www. chinagb. net/case/resident/residence/20070307/20808. shtml

[15] 图 5-4-10:http://anzo0422. diandian. com/post/2012－07－31/40032256294

[16] 图 5-4-12:黄昉．北欧五国驻德国使馆中心,柏林[J]. 世界建筑,2000,(03):32－41.

[17] 图 5-4-13:http://photo. zhulong. com/proj/detail5024. html

[18] 托马斯·赫尔佐格,汉斯·约格·施拉德,徐知兰．建筑工业养老金基金会办公楼扩建,威斯巴登,德国[J]. 世界建筑,2007(06):76－89.

[19] 网络文章,鹏城论剑:双玻璃光伏建筑一体化发展概况,http://www. wall21. cn/products_52_details_31334. aspx

5.5 绿色智能建筑设计

[1] 住房和城乡结合部．智能建筑设计标准(GB 50314—2015)[S]. 北京:中国计划出版社,2015.

[2] 网络文章,IBM 智慧建筑－智能建筑:http://www－01. ibm. com/software/cn/spsm/maximo/smartbuilding/index. html

[3] 符长青．绿色建筑与智能建筑的融合发展[J]. 智能建筑与城市信息,2012,(07):24－28.

[4] 谢秉正．绿色智能建筑工程技术[M]. 南京:东南大学出版社,2007.

[5] 尹伯悦,赖明,谢飞鸿．绿色建筑与智能建筑在世界和我国的发展与应用状况[J]. 建筑技术,2006,(10):733－737.

[6] 图 5-5-2:http://www. taoguba. com. cn/Article/377805/1

[7] 图 5-5-3:钱辰伟．美国国家航空航天局可持续发展基地[J]. 城市建筑,2012,(08):127－133.

[8] (美)(McDonough William)麦克唐纳,(德)(Braungart Michael)布朗嘉特．从摇篮到摇篮:循环经济设计之探索(Cradle to Cradle)[M]. 上海:同济大学出版社,2005.
[9] 曹伟．智能建筑的产生及其发展背景[J]. 工业建筑,1999,(02):59－61.
[10] 图 5-5-5:http://www.jingoffice.com/office/10593/photodetail.html? photoid＝18270
[11] 陈佳实,林伟生,董晓纯．物联网与绿色智能建筑[J]. 自动化与信息工程,2011,(01):1－4.
[12] 陆伟良,丁玉林,宋舒涵．物联网与绿色智能建筑核心技术探讨[J]. 智能建筑与城市信息,2012,(02):7－13.
[13] 唐琳．物联网体系结构与组成模型研究[J]. 赤峰学院学报:自然科学版,2013,(02):34－36.
[14] 图 5-5-8:http://www.gxnews.com.cn/staticpages/20110302/newgx4d6df927－3639773.shtml
[15] 图 5-5-9,图 5-5-10:网络文章,工业以太网:“周洪波:谈物联网与绿色智能建筑”,http://article.cechina.cn/10/1201/10/20101201105315.htm
[16] 图 5-5-11:http://ty.100ye.com/msg64314403.html)
[17] 吴承毅．物联网技术在智能社区中的应用[J]. 物联网技术,2011,(06):64－66.
[18] 中国城市科学研究会,数字城市工程研究中心．智慧城市公共信息平台建设指南(试行),2013.4.
[19] 毛明,符媛柯,李佳熙,等．智慧城市发展现状及趋势浅析[J]. 物联网技术,2015,(09):64－66.
[20] 赵勇,刘娟,李健．智慧城市体系框架浅析[J]. 电信网技术,2013,(04):1－6.
[21] 杨勇,唐佑萍,刘慎超．数字化医院商业智能系统的设计与实现[J]. 中国数字医学,2015,(04):63－66.
[22] 王辉,章笠中,王毅,等．基于数字化医院的智能临床移动信息系统的设计[J]. 智能建筑,2009,(07):27－30.

5.6 绿色建筑可再生能源利用技术

5.6.1 可再生能源概述

[1] 王淑娟．可再生能源及其利用技术(清华大学能源动力系列教材)[M]. 北京:清华大学出版社,2012.
[2] 汪建文．可再生能源[M]. 北京:机械工业出版社,2012.
[3] 赵素丽．绿色能源的合理利用与开发[J]. 中华建设,2012,(07):186－187.
[4] 常慧．可再生能源技术在绿色建筑中的应用[J]. 建筑节能,2013,(04). 39－41.
[5] 图 5-6-4 左图:http://news.upc.edu.cn/newsupc/news_kjdt_kj/2005/22109.shtml
图 5-6-4 中图:http://wiki.eedu.org.cn/index.php? edition－view－412－1.shtml
图 5-6-4 右图:http://finance.qq.com/a/20110905/006975.htm
[6] 图 5-6-5:http://www.360doc.com/content/14/0107/19/12109864_343394176.shtml
[7] 图 5-6-6 左图、中图:http://www.qiqufaxian.cn/post/4369.html
图 5-6-6 右图:http://guangfu.bjx.com.cn/news/20111111/322670.shtml
[8] 图 5-6-7:http://tupian.baike.com/s/海流能/xgtupian/1/3? target＝a3_35_04_01300000209722121844042808455.jpg
[9] 表 5-6-1:李栋．城市可再生能源利用专项规划编制的研究[J]. 城市规划,2011,(S1). 116－120.

5.6.2 太阳能建筑及技术

[1] 裴福,李卫军,郝改红．浅论太阳能建筑[J]. 山西建筑,2002,28(06):13－14
[2] 葛新石,龚堡,陆维德,等．太阳能工程——原理和应用[M]. 北京:学术期刊出版社,1988,03:381－382
[3] 王崇杰,薛一冰．太阳能建筑设计[M]. 北京:中国建筑工业出版社,2007.05:15－18
[4] 丹尼尔·D,希拉(美). 太阳能建筑:被动式采暖和降温[M]. 北京:中国建筑工业出版社,2008.
[5] 于军胜．太阳能应用技术[M]. 成都:电子科技大学出版社,2012.
[6] 高援朝,曹国璋,王建新．太阳能光热利用技术[M]. 北京:金盾出版社,2015.

[7] 蔡余萍,杨祖贵．被动式太阳能建筑设计探讨[J]. 四川建筑科学研究,2007,10 33(05):189－191.
[8] 高援朝,曹国璋,王建新．太阳能光热利用技术[M]. 北京:金盾出版社 ,2015.
[9] 王崇杰,薛一冰．太阳能建筑设计[M]. 北京:中国建筑工业出版社,2007.
[10] 李玲．被动式太阳能建筑设计策略与室内的热环境[J]. 住宅科技,2006(12):22－25.
[11] 马宏．集热蓄热墙在被动式太阳房中的应用[J]. 山西建筑,2012,38(15):217－219.
[12] 杨扬．被动式太阳房——绿色节能与建筑艺术的完美结合[J]. 广西城镇建设,2008,(03):103－103
[13] 郑瑞澄,路宾,董伟,等．被动式太阳能采暖建筑的优化设计技术[J]. 建筑科学,1997(01):10－15.
[14] 加藤义夫,吴耀东．被动式太阳能建筑设计实践[J]. 世界建筑,1998(1):19－21.
[15] 中国建筑标准设计研究院．国家建筑标准设计图集．双层幕墙 07J103[S]－8:3－9.
[16] (德)厄斯特勒 (Oesterle). 双层幕墙[M]. 东莞市坚朗五金制品有限公司,译．大连:大连理工大学出版社,2008.
[17] 陈滨,孟世荣．被动式太阳能集热蓄热墙对室内湿度调节作用的研究[J]. 暖通空调,2006(03):42－46
[18] (日)彰国社．被动式太阳能建筑设计[M]. 北京:中国建筑工业出版社,2004.
[19] 王德芳,喜文华．被动式太阳房热工设计[J]. 中国建设动态:阳光能源,2002(12):45－53.
[20] 庄肃．被动式太阳房热工设计概算法[J]. 太阳能,1997(04):10－11.
[21] 郑峥．基于全寿命周期的被动式太阳能建筑评价方法与指标研究[D]. 天津:河北工业大学,2012.
[22] 敖三妹．太阳能与建筑一体化结合技术进展[J]. 南京工业大学学报:自然科学版,2005(06):101－106
[23] 张三明,何海霞,杜先．太阳能热水系统在高层住宅中应用[M]. 杭州:浙江大学出版社,2010.
[24] 谢建,李永泉．太阳能热利用工程技术[M]. 北京:化学工业出版社,2011.
[25] 高援朝,沙永玲,王建新．太阳能热利用技术与施工[M]. 北京:人民邮电出版社,2010.
[26] 曹国璋,高援朝,王小燕．太阳能热水器及系统安装技术[M]. 北京:金盾出版社,2015.
[27] 吴振一,窦建清．全玻璃真空太阳集热管热水器及热水系统[M]. 北京:清华大学出版社,2008.
[28] 黄献明,黄俊鹏,李涛．太阳能建筑经典设计图册[M]. 北京:中国建筑工业出版社,2013.
[29] 胡晓花,袁家普,孙如军．平板太阳能技术及应用[M]. 北京:清华大学出版社,2014.
[30] 中国建筑标准设计研究院．太阳能热水器选用与安装 06J908—6[S]. 北京:中国计划出版社 2006.04:11－37
[31] 中华人民共和国建设部．民用建筑太阳能热水系统应用技术规范(GB/T 50364—2005) [S]. 北京:中国建筑工业出版社,2006.
[32] 中国建筑标准设计研究院．国家建筑标准设计图集:太阳能集中热水系统选用与安装 06SS128[S]. 北京:中国计划出版社 2006.
[33] 张兴科．太阳能建筑一体化技术及产业的最新发展[J]. 中国高新技术企业,2013(09): 1－2.
[34] 李芳,沈辉,许家瑞,等．光伏建筑一体化的现状与发展[J]. 电源技术,2007,31(8): 659－662.
[35] 杨金焕,谈蓓月,葛亮,等．光伏发电与建筑相结合技术[J]. 可再生能源,2005(2):20－22.
[36] 刘宁,王军辉．太阳能光伏建筑一体化的设计要点[J]. 水利规划与设计,2012 (06): 38－40.
[37] 李现辉,郝斌．太阳能光伏建筑一体化工程设计与案例[M]. 北京:中国建筑工业出版社,2012.03:60－150.
[38] 郝国强,李红波,陈鸣波．光伏建筑一体化(BIPV)并网电站的应用与发展[J]. 上海节能,2006,(06):66－70.
[39] 宣晓东．太阳能光伏技术与建筑一体化应用初探[D]. 合肥:合肥工业大学,2007.
[40] 贾楠．基于美观性的光伏建筑一体化应用研究[J]. 建筑知识:学术刊,2012:189－189.
[41] 李海霞,郑志．阳光、技术与美学——兼谈光伏技术在建筑中的应用[J]. 华中建筑,2005(05):61

—64.
[42] 李明亮，王崇杰．光伏组件作为建筑表皮时的美学语言[J]. 新建筑，2014(04)：41—45.
[43] 龙文志．太阳能光伏建筑一体化[J]. 建筑技术，2009，40(9)：837—1031.
[44] 王斯成．与建筑结合的光伏发电技术与工程[J]. 阳光能源，2007，(01)：50—53.
[45] 安文韬，刘彦丰．太阳能光伏光热建筑一体化系统的研究[J]. 应用能源技术，2008，(11)：33—35.
[46] 赵思真，张丽莹，胡文俊，等．光伏建筑一体化中光伏组件安装方式的影响[J]. 电力与能源，2015，01期(01)：102—106.
[47] 李钟实．太阳能光伏发电系统设计施工与维护[M]. 北京：人民邮电出版社，2009.
[48] 陈江恩，孙杰，冯博，等．光伏建筑一体化项目不同安装方式的案例分析[J]. 建筑节能，2014，(04)：35—38.
[49] Ingrid Hermannsdorfer(德)，Christine Rub(德). 太阳能光伏建筑设计：光伏发电在老建筑、城区与风景区的应用[M]. 北京：科学出版社，2013.
[50] 中国建筑标准设计研究院．建筑太阳能光伏系统设计与安装 10J908—5[S]. 北京：中国建筑工业出版社，2010.05：15—44.
[51] 杨洪兴，周伟．太阳能建筑一体化技术与应用[M]. 北京：中国建筑工业出版社，2009.
[52] 姜志勇．光伏建筑一体化(BIPV)的应用[J]. 建筑电气，2008，27(06)：7—10.
[53] 郝国强，李红波，陈鸣波．光伏建筑一体化(BIPV)并网电站的应用与发展[J]. 上海节能，2006(06)：66—70.
[54] 中国建筑标准设计研究院．民用建筑太阳能光伏系统应用技术规范 JGJ203—2010 [S]. 北京：中国建筑工业出版社，2010.05：11—13.
[55] 国家电网公司．Q/GDW1867—2012 小型户用光伏发电系统并网技术规定[S]. 北京：中国电力出版社 2014.12：1—8.

5.6.2 图片、表格索引：

[1] 图 5-6-8：葛新石，龚堡，陆维德，等．太阳能工程——原理和应用[M]. 北京：学术期刊出版社，1988.
[2] 图 5-6-10：高援朝，曹国璋，王建新．太阳能光热利用技术[M]. 北京：金盾出版社，2015.
[3] 图 5-6-16：王崇杰，薛一冰．太阳能建筑设计[M]. 北京：中国建筑工业出版社，2007.
[4] 图 5-6-17：丹尼尔·D. 希拉(美). 太阳能建筑：被动式采暖和降温[M]. 北京：中国建筑工业出版社，2008.
[5] 图 5-6-18：薛一冰，杨倩苗，王崇杰，等．建筑太阳能利用技术[M]. 北京：中国建材工业出版社，2014.
[6] 图 5-6-20：http://www.jinyue.com/show.php? contentid=544
[7] 图 5-6-21：(德)厄斯特勒 (Oesterle). 双层幕墙[M]. 东莞市坚朗五金制品有限公司，译．大连：大连理工大学出版社，2008.
[8] 图 5-6-22：丹尼尔·D. 希拉(美). 太阳能建筑：被动式采暖和降温[M]. 北京：中国建筑工业出版社，2008.
[9] 图 5-6-23：中华人民共和国行业标准：被动式太阳能建筑技术规范 JGJ/T 267—2012[S]. 北京：中国建筑工业出版社，2012.04：55
[10] 图 5-6-24：工程照片，作者拍摄．
[11] 图 5-6-25：http://news.dichan.sina.com.cn/2014/05/12/1102000.html
[12] 图 5-6-26：黄献明，黄俊鹏，李涛．太阳能建筑经典设计图册[M]. 北京：中国建筑工业出版社，2013.
[13] 图 5-6-27：http://sina.dichan.com/5164397028/productview—1819542.html
[14] 图 5-6-28：http://news.sohu.com/20071017/n252706124.shtml

[15] 图 5-6-29：
(a)立式：自绘；(b)倾斜式：自绘；(c)安装实例：黄献明，黄俊鹏，李涛．太阳能建筑经典设计图册[M]. 北京：中国建筑工业出版社，2013.
[16] 图 5-6-31：http://www.cncmt.com/nshow.asp? nid=OmGa
[17] 图 5-6-32：(a)热水型光伏一体化组件：http://www.china-nengyuan.com/tech/68638.html
[18] 图 5-6-33：http://www.canadiansolar.com/fileadmin/user_upload/downloads/downloads_cn/Installation_Manual_of_Standard_Solar_Modules_IEC_cn.pdf
[19] 图 5-6-34：
(a)光伏瓦：http://www.lersay.com/Product/9374013014.html
(b)光伏砖：http://bawu.diytrade.com/sdp/343493/2/pd-1549339/5479029-0/光伏_电_砖.html
(c)光伏卷材：http://www.bipvcn.org/popsci/20140.html
(d)光伏窗：杨洪兴，周伟．太阳能建筑一体化技术与应用[M]. 北京：中国建筑工业出版社，2008.
(e)光伏雨棚：http://www.gctne.com/ShowNet.asp? ID=69
(f)光伏遮阳板：http://www.wall21.cn/tecforum_details_45336.aspx
(g)光伏采光顶：杨洪兴，周伟．太阳能建筑一体化技术与应用[M]. 北京：中国建筑工业出版社，2008.
[20] 图 5-6-35：http://www.bipvcn.org/project/case-abroad/15715.html
[21] 图 5-6-36：Ingrid Hermannsdorfer(德)，Christine Rub(德). 太阳能光伏建筑设计：光伏发电在老建筑、城区与风景区的应用[M]. 北京：科学出版社，2013.
[22] 图 5-6-37：http://news.163.com/10/1122/18/6M460J8D00014JB6.html
[23] 图 5-6-38：http://iarch.cn/thread-18425-1-1.html
[24] 图 5-6-39：
(a)http://www.xhsolar88.com/jtwdg/jygffdctsb.html
(b) http://www.uttsolar.cn/Product_Views.asp? ID=6

5.6.3 空调冷热源技术和地源热泵

[1] 彦启森，石文星，田长青．空气调节用制冷技术(第四版)[M]. 北京：中国建筑工业出版社，2010.
[2] 廉乐明，谭羽非，吴家正，等．工程热力学(第五版)[M]. 北京：中国建筑工业出版社，2007.
[3] 常世钧，龚光彩．冷热源及建筑节能的研究现状和进展[J]. 建筑热能通风空调，2003，5：20-22.
[4] 陈灏．高层建筑空调系统冷热源设备选型及经济性分析[J]. 暖通空调，2003，(02).
[5] 江亿．我国建筑耗能状况及有效的节能途径[J]. 暖通空调，2005，35(5)：34-37.
[6] 关文吉，冯圣红，刘伟．绿色通风空调系统设计指南[M]. 北京：中国建筑工业出版社，2012.
[7] 王如竹，翟晓强．绿色建筑能源系统[M]. 上海：上海交通大学出版社，2013.
[8] 郝小礼，陈冠益，冯国会，等．可再生能源与建筑能源利用技术[M]. 北京：中国建筑工业出版社，2014.
[9] 罗运俊，何梓年，王长贵．太阳能利用技术[M]. 北京：化学工业出版社，2007.
[10] 王默晗，姚易先，郝红宇．浅谈太阳能制冷技术的发展及应用[J]. 制冷与空调．2007，(1)：100-103，32.
[11] 李华文．楼宇冷热电联产(BCHP)系统的特点及设计概要[J]. 沈阳工程学院学报：自然科学版，2007，(4)：313-318.
[12] 丰防震．分布式冷热电联产系统应用于建筑节能的技术经济分析[J]. 能源工程. 2006，(6)：69-72.
[13] 马最良，吕悦．地源热泵系统设计与应用[M]. 北京：机械工业出版社，2007.
[14] 张昌．热泵技术与应用[M]. 北京：机械工业出版社，2015.
[15] Caneta Research Inc. 地源热泵工程技术指南[M]. 徐伟，译校．北京：中国建筑工业出版社，2001.
[16] 于健，袁永林，张斌．青岛国际帆船中心媒体中心海水源热泵综合调试[J]. 青岛理工大学学报，2006，

27(6):124－127.
[17] 巨永平,孙志荣．空调工程中的蓄冷技术第五讲——蓄冷空调工程实例简介[J]. 暖通空调,1996,(3):49－53.
[18] 蓄冷空调工程技术规程(JGJ158—2008)[S]. 北京:中国建筑工业出版社,2008.
[19] 李食,左廷荣,任照峰．对应温湿度独立控制的空调负荷计算分析[C]. //中国建筑学会建筑热能动力分会学术交流大会,2009.
[20] 江亿著．温湿度独立控制空调系统[M]. 北京:中国建筑工业出版社,2006.
[21] 苏湛航．开式热源塔热泵系统在北方冬季工况下的性能研究[D]. 天津:天津大学,2010.
[22] 熊盎然．闭式热源塔热泵技术的基础理论与试验研究[D]. 长沙:湖南大学,2011.
[23] 地源热泵系统工程技术规范(GB50366—2009)[S]. 北京:中国建筑工业出版社,2009.
[24] 王鹏英．上海地区别墅建筑地源热泵空调系统设计[J]. 暖通空调．2003,33(6):80－83,132
[25] 樊玉杰,吴建华,张方方,等．地源热泵与太阳能供热空调复合系统的工程应用[J]. 中国建设信息供热制冷．2010,(3):65－67
[26] 李新国．桩埋管与井埋管实验与数值模拟[J]. 天津大学学报,2005,38(8):679－683
[27] 王琰．南京某广场桩埋管地源热泵＋蓄冰空调系统设计及运行能耗分析[J]. 暖通空调．2012,42(11): 119－124,112

5.7 雨、污水再生利用技术

[1] 绿色建筑评价标准(GB/T50378—2014)[S]. 北京:中国建筑工业出版社,2014.
[2] 车武,李俊奇．城市雨水利用技术与管理[M]. 北京:中国建筑工业出版社,2006.
[3]《建筑与小区雨水利用工程技术规范》编制组．建筑与小区雨水利用工程技术规范实施指南[M]. 北京:中国建筑工业出版社,2008.
[4] 图 5－7－4:http://ziliao. co188. com/d59722958. html
[5] 图 5－7－5:http://www. spokanewastewater. org/StormwaterWhatIs. aspx
[6] 图 5－7－6:http://lefutianxia. fang. com/bbs/2613102976～－1/527616919_527616919. htm
[7] 图 5－7－7:http://www. lorainswcd. com/raingardens. html
[8] 图 5－7－8:http://www. lakesuperiorstreams. org/citizen/wet_garden. html
[9] 图 5－7－9:http://www. shejiben. com/works/1743004. html
[10] 图 5－7－10:http://jingguan. yuanlin365. com/Art/2006－11－18/4764. html
[11] 图 5－7－11:http://www. 18show. cn/share_tech/383859. html
[12] 图 5－7－12:http://www. 18show. cn/share_tech/383859. html
[13] 李海燕,车伍,董蕾．北京城市住区雨水利用适用技术与管理[M]. 北京:中国建筑工业出版社,2006.
[14] 孙慧修,郝以琼,龙腾锐．排水工程[M]. 北京:中国建筑工业出版社,1999.
[15] 建筑中水设计规范 GB 50336—2002. 北京:中国计划出版社,2003.
[16] 王中华．城市污水再生回用优化研究[D]. 合肥:合肥工业大学, 2012.
[17] 张杰,曹开朗．城市污水深度处理与水资源可持续利用[J]. 中国给水排水, 2001,17(3):20－21.
[18] 雷乐成,杨岳平．污水回用新技术及工程设计[M]. 北京:北京化学工业出版社,2002.
[19] 郭晓,丛广治,张杰．城市污水再生全流程概念与方案优选[J]. 中国给水排水,2006,21(9):89－91.
[20] 王中华,徐得潜,王志峰,等．城市污水再生利用规划有关问题的探讨[J]. 环境科学与技术,2011,34(12H):397－400.
[21] 孟学征,曹相生,张杰．再生水输配系统存在的问题及对策[C]. 流域安全・应急措施与水质保障技术研讨会论文集,2006.

5.9 建筑工业化与绿色建筑技术的结合与应用

[1] 中国建筑科学研究院.《绿色建筑评价标准 GB/T50378—2014》[S]. 北京:中国建筑工业出版社,2014.

[2] 陈敖宜,张肇毅."全寿命周期分析"[J]. 绿色建筑,2012,(01):24－25.

[3] 安徽省建筑设计研究院有限公司.《绿色建筑设计导则 DBHJ/T010—2014》[S]. 合肥:合肥市城乡建设委员会,合肥市质量技术监督局,2014 年 12 月 1 日.127－129.

[4] 齐康,杨维菊. 绿色建筑设计及技术(第一版)[M]. 南京:东南大学出版社,2011.

[5] 崔卫,史英麒. 单元式玻璃幕墙与构件式玻璃幕墙的对比分析[J]. 门窗,2010,(05):10－12.

[6] 李其玉,路斌,白恒宏,等. 高层建筑幕墙工程中节能技术的应用[J]. 建筑技术,2013,(01):56－61.

[7] 图 5-9-2:左图:http://down6. zhulong. com/tech/detailprof785985SG. htm
右图:http://p4. so. qhimg. com/t01ed1ebbe1babe86fe. jpg

[8] 图 5-9-3:http://wz. tl08. cn/muqiang/products/html/images/13140043073382. jpg

[9] 图 5-9-5:http://qicheyongpin. huangye88. com/xinxi/22547622. html

[10] 丁力行,欧旭峰. 光导管技术及其在建筑领域中的应用[J]. 建筑节能,2011,(01):64－67.

[11] 图 5-9-6:http://www. goepe. com/apollo/prodetail－yh246810－1509694. html

[12] 图 5-9-7:http://www. chinagb. net/zt/jishu/householdheat/technology/20101109/71590. shtml

[13] 闫英俊,刘东卫,薛磊. SI 住宅的技术集成及其内装工业化工法研发与应用[J]. 建筑学报,2012,(04):55－59.

[14] 小畑晴治. 日本追求住宅工业化和 KSI 住宅的历程[J]. 城市开发,2010,(20):34－35.

[15] (日)井关和朗,李逸定. KSI 住宅可长久性居住的技术与研发[J]. 建筑学报,2012,(04):33－36.

[16] 阙小虎. 日本 KSI 住宅工业化体系与低碳住宅建设[J]. 住宅产业. 2011,(07):51－55.

第 6 章 既有建筑的绿色生态改造

6.1 既有建筑室外物理环境的控制与改善

[1] 柳孝图. 建筑物理[M]. 北京:中国建筑工业出版社,2011.

[2] 方玲,丁斌,郭保生. 居住区室外热环境影响因素探究[J]. 建筑节能,2015(05).

[3] 齐康,杨维菊. 绿色建筑设计及技术(第一版)[M]. 南京:东南大学出版社,2011.

[4] 中国建筑科学研究院. 绿色建筑评价标准(GB/T50378－2014)[S]. 北京:中国建筑工业出版社,2014.

[5] 丁金才,张志凯. 上海地区盛夏高温分布和热岛效应的初步研究[J]. 大气科学,2002,26(3):412－420.

[6] 杨峰,钱锋,刘少瑜. 高层居住区规划设计策略的室外热环境效应实测和数值模拟评估[J]. 建筑科学,2013(12):28－34＋92.

[7] 岳文泽,徐建华. 上海市人类活动对热环境的影响[J]. 地理学报,2008,63(3):247－256.

[8] 林波荣. 绿化对室外环境影响的研究[D]. 北京:清华大学,2004.

[9] 陈飞. 建筑风环境——夏热冬冷气候区风环境研究与建筑节能设计[M]. 北京:中国建筑工业出版社,2009.3.1.

[10] 图 6-1-3:http://www. chexun. com/2013－09－04/102043892. html

[11] 图 6-1-6:http://www. qjy168. com/detail/51566213

6.2 既有建筑室内物理环境的控制与改善

[1] 柳孝图. 建筑物理[M]. 北京:中国建筑工业出版社,2011.

[2] 齐康,杨维菊. 绿色建筑设计及技术[M]. 南京:东南大学出版社,2011.6(第一版):3－10.

[3] 中国建筑科学研究院. 绿色建筑评价标准(GB/T50378—2014)[S]. 北京:中国建筑工业出版社,2014.

[4] 林波荣. 绿色建筑评价标准——室内环境质量[J]. 建设科技,2015,(04):32－35＋39.

[5] 于汶涛. 论分析改善室内空气环境的综合措施[J]. 应用能源技术,2006,(01):11－14.

[6] 王顺林，裴清清，朱钟浩，等．控制与改善室内空气环境的生态技术措施[J]．制冷空调与电力机械，2007，(02)：55－58.

6.3 既有建筑围护结构节能综合改造

[1] 马保国．外墙外保温技术[M]．化学工业出版社，2008.
[2] 张亮．建筑概论[M]．北京：冶金工业出版社，2011.
[3] 中国建筑标准设计研究院编制．外墙外保温建筑构造(10J121)[S]．北京：中国计划出版社，2010
[4] 齐康，杨维菊．绿色建筑设计及技术(第一版)[M]．南京：东南大学出版社，2011.
[5]《民用建筑外保温系统及外墙装饰防火暂行规定》(公通字[2009]46号)
[6] 建筑外墙外保温防火隔离带技术规程(JGJ 289—2012)[S]．北京：中国建筑工业出版社，2013.
[7] 中国建筑标准设计研究院编制．岩棉防火隔离带构造(10J121)[S]．北京：中国计划出版社，2010.
[8] 中国建筑标准设计研究院编制．平屋面建筑构造(12J201)[S]．北京：中国计划出版社，2012.
[9] 中华人民共和国住房与城乡建设部．种植屋面工程技术规程(JGJ 155—2013)[S]．北京：中国建筑工业出版社，2013.
[10] 马秀英，唐鸣放．坡屋顶绿化的设计与技术[J]．西部人居环境学刊，2014(01)，108－112.
[11] 杨燕萍．夏热冬冷地区既有建筑门窗的节能改造[J]．新型建筑材料，2007(09)，40－43.
[12] 杨子江．建筑屋面节能技术[J]．工业建筑，2005(02)：40－43.
[13] 图 6-3-7(a)：http://detail.1688.com/pic/1077460146.html
图 6-3-7(b)：http://sh.sina.com.cn/news/20061119/100370131.shtml

6.4 既有建筑暖通空调系统节能改造

[1] 付祥钊．可再生能源在建筑中的应用[M]．北京：中国建筑工业出版社，2009.
[2] 付祥钊，肖益明．建筑节能原理与技术[M]．重庆：重庆大学出版社，2008.
[3] 关文吉，冯圣红，刘伟．绿色通风空调系统设计指南[M]．北京：中国建筑工业出版社，2012.
[4] 王如竹，翟晓强．绿色建筑能源系统[M]．上海：上海交通大学出版社，2013.
[5] 郝小礼，陈冠益，冯国会，等．可再生能源与建筑能源利用技术[M]．北京：中国建筑工业出版社，2014.
[6] 付祥钊．夏热冬冷地区建筑节能技术[M]．北京：中国建筑工业出版社，2002.
[7] 薛志峰．既有建筑节能诊断与改造[M]．北京：中国建筑出版社，2007.
[8] 薛志峰，江亿．北京市大型公共建筑用能现状与节能潜力分析[J]．暖通空调，2004(9)：8－10，24
[9] 徐强，庄智，朱伟峰，等．上海市大型公共建筑能耗统计分析．城市发展研究——第7届国际绿色建筑与建筑节能大会论文集[C]．322－326.
[10] 网络文章，中国节能服务网：龙惟定．访节能专家龙惟定：http://www.emca.cn/BG/zjgd/zjhd/20090617033050.html? WebShieldDRSessionVerify=SyS7gG6D csykGTvUibfY
[11] 胡平放．建筑通风空调新技术及其应用[M]．北京：中国电力出版社，2010.
[12] 网络文章，设计师：伍小亭．伍小亭专家访谈．2008－06－13：http://nt.shejis.com/sjsft/200806/article_7809.html
[13] 黄文厚，李娥飞，潘云钢．一次泵系统冷水机组变流量控制方案[J]．暖通空调，2004，34(4)：65－69.
[14] 孟彬彬，朱颖心，林波荣．部分负荷下一次泵水系统变流量性能研究[J]．暖通空调，2002，32(6)：108－110.
[15] 房立存，钱兴华．螺杆式冷水机组能量的变频调节[J]．暖通空调，2003，(1)：112－113.
[16] 易新，刘宪英．变频冷水机组在中央空调系统中的应用[J]．重庆大学学报，2002，(8)：100－108.
[17] 霍小平．变风量系统的概念、分类及应用实例[J]．暖通空调．1997，27(5)：22－26.
[18] 龚光彩，何君，曾巍，等．冷凝热回收与热泵对建筑冷热源的影响[J]．煤气与热力，2006，26(2)：65－68.

[19] G. Gong, W. Zeng, L. Wang, etc. A new heat recovery technique for air－conditioning/heat-pump system[J]. Applied Thermal Engineering 28 (2008) 2360－2370.
[20] 龚光彩,曾巍,王立平. 复合冷凝技术在建筑冷热源的应用[J]. 煤气与热力. 2007(6).
[21] 曾巍. 复合冷凝技术在建筑冷热源中的基础及应用研究[D]. 长沙:湖南大学,2006.
[22] 廉乐明,谭羽非,吴家正,等. 工程热力学(第五版)[M]. 北京:中国建筑工业出版社,2007.
[23] Edward V. An international survey of the energy service company(ESCO) industry [J]. Energy Policy, 2005(33).
[24] Paolo B, Silvia R, Edward V. Energy service companies in European countries: current status and a strategy to faster their development[J]. Energy Policy, 2006(34).
[25] 合同能源管理技术通则(GB/T24915—2010)[S]. 北京:中国标准出版社,2010.
[26] 冯小平,李少洪,龙惟定. 既有公共建筑节能改造应用合同能源管理的模式分析[J]. 建筑经济. 2009(3):54－57.
[27] 龙惟定,白玮,马素贞. 我国建筑节能服务体系的发展[J]. 暖通空调,2008,38(7):36－43.
[28] 颜浩节能建筑的经营与合同能源管理[J]. 建筑节能,2007(6):1－4.
[29] 黄咏洲,黄玮."合同能源管理"在我国建筑节能领域的发展模式探讨[J]. 能源研究与利用,2006(6):31－33.
[30] 戴建如. 中国合同能源管理融资模式研究[D]. 北京:中央财经大学,2005.

6.5 既有建筑的可再生能源利用绿色生态改造

[1] http://www.xueliedu.com/a/xinwenzixun/2015/0905/399899.html
[2] 王乾坤,李顺国,卢哲安,等. 既有建筑使用与维护现状调查分析[J]. 建设科技,2010(22):81－83.
[3] 中国城市科学研究会. 中国城市科学研究系列报告——中国绿色建筑 2015[M]. 北京:中国建筑工业出版社,2015.
[4] 中国城市科学研究会. 中国城市科学研究系列报告——中国绿色建筑 2013[M]. 北京:中国建筑工业出版社,2013.
[5] 姚伟. 太阳能利用与可持续发展[J]. 中国能源, 2005.
[6] 罗运俊,何梓年,王长贵. 太阳能利用技术(第一版)[M]. 北京:化学工业出版社,2005,01:13－14.
[7] 张淞源,关欣,王殿华,等. 太阳能光伏光热利用的研究进展[J]. 化工进展, 2012(31)增刊:323－327.
[8] 李申生. 太阳能的特点[J]. 太阳能, 2003(5):10－12.
[9] 黄素逸,黄树红. 太阳能热发电原理及技术[M]. 北京:中国电力出版社,2012.
[10] 施钰川. 太阳能原理与技术[M]. 西安:西安交通大学出版社,2009.
[11] 王晓梅,张培明. 太阳能热利用基础[M]. 北京:化学工业出版社,2014.
[12] 罗运俊,何梓年,王长贵. 太阳能利用技术(第二版) [M]. 北京:化学工业出版社,2013.
[13] 袁静珍. 太阳能集热器的分类及特点分析[J]. 硅谷, 2013(7):178－179.
[14] 邵理堂,刘学东,孟春站. 太阳能热利用技术[M]. 镇江:江苏大学出版社,2014.
[15] 曹国璋,高援朝,王小燕. 太阳能热水器及系统安装技术[M]. 北京:金盾出版社,2015.
[16] 谢建,李永泉. 太阳能热利用工程技术[M]. 北京:化学工业出版社,2010.
[17] 张春阳. 太阳能热利用技术[M]. 杭州:浙江科学技术出版社,2009.
[18] 罗运俊,陶桢. 太阳热水器及系统 [M]. 北京:化学工业出版社,2006.
[19] 高援朝,沙永玲,王建新. 太阳能热利用技术与施工[M]. 北京:人民邮电出版社,2010.
[20] 王君一,徐任学. 太阳能利用技术[M]. 北京:金盾出版社,2009.
[21] 胡锦达. 一种新型高效太阳能集热器的设计与研究[D]. 锦州:辽宁工学院, 2007.
[22] 胡晓花,袁家普,孙如军. 平板太阳能技术及应用[M]. 北京:清华大学出版社,2014.
[23] 姚俊红,刘共青,卫江红. 太阳能热水系统及其设计[M]. 北京:清华大学出版社,2014.

[24] 吴振一，窦建清．全玻璃真空太阳集热管热水器及热水系统[M]. 北京：清华大学出版社，2008.
[25] 何梓年，蒋富林，葛洪川，等．热管式真空管集热器的热性能研究[J]. 太阳能学报，1994(1)：73－82.
[26] 何梓年．金属吸热体真空管集热器的种类、特点及现状[J]. 太阳能，1997(3)：14－16.
[27] 中华人民共和国国家质量监督检验检疫总局．太阳热水系统设计、安装及工程验收技术规范 GB/T18713—2002[S]. 北京：中国标准出版社 2002. 08：1
[28] 中华人民共和国农业部．家用太阳热水器电辅助热源 NY/T513－2002[S]. 北京：中国标准出版社，2002. 05：1.
[29] 罗运俊．太阳热水器技术讲座(三)家用太阳热水器[J]. Renewable Energy，2004(03)：77－79.
[30] 李宝杰．水泥池式简易太阳能热水器的改造[J]. 农业知识，1996(6)：47－47.
[31] http://www.thsolar.com/thsolar/product.php? parent＝3&child＝18&third＝0&id＝47
[32] 中华人民共和国建设部．民用建筑太阳能热水系统应用技术规范 GB 50364－2005 [S]. 北京：中国建筑工业出版社，2006. 06：9
[33] 曹国璋，高援朝，王小燕．太阳能热水器及系统安装技术[M]. 北京：金盾出版社，2015.
[34] 张跃，李志民，钟浩．对两种强制循环太阳热水系统的探讨[J]. 太阳能，2008(5)：22－24.
[35] 孙京岩，闫苇，庄长宇，等．直流光电一体平板太阳热水器的研究．中国家用电器技术大会，2013.
[36] 王怀龙．太阳能热水系统全功能控制仪的开发设计[D]. 大连：大连理工大学，2010.
[37] 董英爽，陈萌，季建莲．浅谈太阳能在采暖、制冷空调系统中的应用[J]. 陕西省暖通空调专业委员会、西安制冷学会联合学术年会，2008.
[38] 胡其颖．太阳能热发电技术的进展及现状[J]. 电力与能源，2005，26(05)：200－207.
[39] 郑宏飞．太阳能海水淡化技术[J]. 自然杂志，2005，22(01)：33－36.
[40] 李汉军，李士亮．光电池原理及其应用[J]. 现代物理知识，1999(3)：26－27.
[41] 段晓菲，王金亮，毛景，等．有机太阳能电池材料的研究进展[J]. 大学化学，2005，20(3)：1－8.
[42] 马宁．太阳能光伏发电概述及发展前景[J]. 智能建筑电气技术，2011，05(2)：25－28.
[43] 杨洪兴，周伟．太阳能建筑一体化技术与应用[M]. 2009.
[44] 成志秀，王晓丽．太阳能光伏电池综述[J]. 信息记录材料，2007(2)：41－47.
[45] 梁宗存，沈辉，李戬洪．太阳能电池及材料研究[J]. 材料导报，2000，14(08)：38－40.
[46] 蔡红军，赵佳，程伟科．太阳能光伏发电系统[J]. 内蒙古科技与经济，2013(08)：128－129.
[47] 中国建筑标准设计研究院．民用建筑太阳能光伏系统应用技术规范 JGJ203－2010 [S]. 北京：中国建筑工业出版社，2010.
[48] 沈辉，曾祖勤．太阳能光伏发电技术[M]. 北京：化学工业出版社，2005.
[49] 杨洪兴，周伟．太阳能建筑一体化技术与应用[M]. 2009，01：42－43.
[50] 李钟实．太阳能光伏发电系统设计施工与维护[M]. 2010. 01：
[51] 周志敏，纪爱华．太阳能光伏逆变器设计与工程应用[M]．北京：电子工业出版社，2013.
[52] 吴国楚．独立光伏系统中的逆变器[J]. 阳光能源，2004(4)：84－86.
[53] 王斯成，王长贵．5kW 联网光伏发电试验系统的研建[J]. 中国能源，2002(04)：40－44.
[54] 杨金焕，于化丛，葛亮．太阳能光伏发电应用技术[M]. 北京：电子工业出版社，2009.
[55] 沈文忠．太阳能光伏技术与应用[M]. 上海：上海交通大学出版社，2013.
[56] 赵争鸣，刘建政．太阳能光伏发电及其应用[M]. 北京：科学出版社，2005.
[57] 国家电网公司．Q/GDW1867—2012 小型户用光伏发电系统并网技术规定[S]. 北京：中国电力出版社 2014. 12：1－8.

6.5 图片表格索引

[1] 表 6-5-1：黄素逸，黄树红．太阳能热发电原理及技术[M]. 北京：中国电力出版社，2012.
[2] 图 6-5-1：曹国璋，高援朝，王小燕．太阳能热水器及系统安装技术[M]. 北京：金盾出版社，2015.

[3] 图 6-5-2:自绘
[4] 图 6-5-4:谢建,李永泉.太阳能热利用工程技术[M].北京:化学工业出版社,2010.
邵理堂,刘学东,孟春站.太阳能热利用技术[M].镇江:江苏大学出版社,2014.
[5] 图 6-5-5:罗运俊,何梓年,王长贵.太阳能利用技术(第二版)[M].北京:化学工业出版社,2013.
[6] 图 6-5-6:黄素逸,黄树红等.太阳能热发电原理及技术[M].北京:中国电力出版社,2012.
[7] 图 6-5-9:王君一,徐任学.太阳能利用技术[M].北京:金盾出版社,2009.
[8] 图 6-5-10:http://cn.aving.net/news/view.php? articleId=362504&cateId=&mn_name=news
[9] 图 6-5-17:http://topraysolar.com/site/product_files/一体式.jpg
[10] 图 6-5-18:http://www.linuo-paradigma.com/show-4521.html
[11] 图 6-5-19:
http://www.thsolar.com/thsolar/product.php? p=3&parent=3&child=18&third=0
http://www.thsolar.com/thsolar/product.php? parent=3&child=20
[12] 图 6-5-20:吴振一,窦建清.全玻璃真空太阳集热管热水器及热水系统[M].北京:清华大学出版社,2008.
[13] 图 6-5-21:吴振一,窦建清.全玻璃真空太阳集热管热水器及热水系统[M].北京:清华大学出版社,2008.
[14] 图 6-5-22:自绘
[15] 图 6-5-23:姚俊红,刘共青,卫江红.太阳能热水系统及其设计[M].北京:清华大学出版社,2014.
[16] 表 6-5-2:杨洪兴,周伟.太阳能建筑一体化技术与应用[M].2009.01:2
[17] 图 6-5-25:施钰川.太阳能原理与技术[M].西安:西安交通大学出版社,2009.
[18] 图 6-5-26:施钰川.太阳能原理与技术[M].西安:西安交通大学出版社,2009.

第7章 绿色建筑能耗计算、模拟分析和检测方法

[1] 龙惟定.用 BIN 参数作建筑物能耗分析[J].暖通空调,1992,(2)6-10.
[2] 梁珍.城市民用建筑能耗模拟和统计方案设计[D].哈尔滨:哈尔滨工业大学,2001.
[3] Crawley, Drury B, Lawrie, et al. Energy Plus: Creating a New-Generation Building Energy Simulation Program.[J]. Energy and Buildings. 2001, 33(4):319-331.
[4] 李力.建筑能耗计算法的分析比较[J].重庆建筑大学学报,1999,21(5):122-124.
[5] 杨纯华.暖通空调应用软件 BDP/HVAC 介绍[J].暖通空调,1986,(2):44-46.
[6] 陈峰,邓宇春,薛志峰.建筑环境设计模拟工具包 DEST[J].暖通空调,1999,(4):58-63.
[7] 彦启森,赵庆珠.建筑热过程[M].北京:中国建筑工业出版社,1986.
[8] 徐湘波,胡益雄.建筑物及汽车空调负荷[M].长沙:国防科技大学出版社,1997.
[9] 何嘉鹏,王东方.对墙体不稳定传热——反应系数法的应用研究[J].工程热物理学报,2000,21(1):93-96.
[10] 曹叔维.房间热过程和空调负荷[M].上海:上海科学技术文献出版社,1991.
[11] 赵荣义.空气调节(第三版)[M].北京:中国建筑工业出版社,1994.
[12] A. M. I. Humsaunndee, J. C. Viser. The Building HVAC System in Control Engineering: A Modeling Approach in a Widespread Graphical Environment[J]. ASHRAE Trans. 1999, Vol105:319-327.
[13] 潘毅群,吴刚,VolkerHartkopf.建筑全能耗分析软件 EnergyPlus 及其应用[J].暖通空调,2004,34(9)
[14] 侯余波,付祥钊,郭勇.用 DOE-2 程序分析建筑能耗的可靠性研究[J].暖通空调,2003,33(3).
[15] 黄俊鹏,李峥嵘.建筑节能计算机评估体系研究[J].暖通空调,2004,34(11):30-35.
[16] Tianzhen Hong, S. K. Chou, T. Y. Bong. Building simulation: an overview of developments and

information sources[J]. Building and Environment,2000(35):347－361.

[17] ASHRAE Standards Committee. ASHRAE Guideline 14－2002 Measurement of Energy and Demand Savings[S]. America,2002.

[18] 陈晨,潘毅群,黄治钟．上海市某商用建筑能耗分析与节能评估[J]. 暖通空调．2006,36(4):88－93.

[19] Pieterde Wilde, Marinus van der Voorden. Providing computational support for the selection energy saving building components[J]. Energy and Building,2004(36),749－758.

[20] Ayres JM, Stamper E. Historical development of energy calculation [J]. Ashrae Transactions: Symposia,1995,101:841－848.

[21] Sowell EF,Hittle DC. Evolution of building energy simulation methodology [J]. Ashrae Transactions: Symposia,1995,101:850－855.

[22] Shavit G. Short－time－step analysis and simulation of homes and buildings during the last 100 years [J]. Ashrae Transactions:Symposia,1995,101:856－867.

[23] Spliter JD, Ferguson JD. Overview of the ashore annotated guide to load calculation models and algorithms [J]. Ashrae Transactions:Research,1995,101(2):260－264.

[24] Hong TZ, Chou SK, Bong TY. Building simulation: an overview of developments and information sources [J]. Building and envioronment,2000,(35):347－361.

[25] Crawley DBC, Pedersen CO. EnergyPlus: energy simulation program [J]. Ashrae Journal,2000,(4): 49－56.

[26] 燕达,谢晓娜,宋芳婷,等．建筑环境设计模拟分析软件 DeST[J]. 暖通空调,2004,34(7):48－56.

[27] (美)麦奎斯顿,帕克,斯皮特勒,俞炳丰译,供暖通风及空气调节——分析与设计[S]. 北京:化学工业出版社,2005.

[28] Drury B C,Jon W H,Brent T G. Contrasting the capabilities of building energy performance simulation programs Version 1. 0,July 2005.

[29] James J. H and Associates, eQUEST energy simulation training for design and construction professionals, September 2004.

[30] 彦启森,赵庆珠．建筑热过程[M]. 北京:中国建筑工业出版社,1986. 115－130.

[31] 陆耀庆．实用供热空调设计手册[M]. 北京:建筑工业出版社,1993.

[32] 潘承毅,何迎晖．数理统计的原理与方法[M]. 上海:同济大学出版社,1992.

[33] 冯士雍,倪加勋．抽样调查理论与方法[M]. 北京:中国统计出版社,1998.

[34] Judith T,Lessler William D,Kalsbeek. 调查中的非抽样误差[M]. 北京:中国统计出版社,1997.

第 8 章　建筑信息模型化 BIM 本节

[1] 秦军．建筑设计阶段的 BIM 应用[J]. 建筑技艺,2011(Z1):160－163.

[2] 黄强．中国 BIM 分期目标与标准体系[J]. 时代建筑,2013(02):23－26＋65.

[3] 图 8－3－1:http://www. idnovo. com. cn/article/2010/0811/article_62883. html

[4] 吴光东,唐春雷．BIM 技术融入高校工程管理教学的思考[J]. 高等建筑教育,2015(04):159－162.

[5] 网络文章,中国 BIM 网:BIM 应用于绿建的设计与建造九大指标,http://www. chinabim. com/news/domestic/2015－10－16/14813. html

[6] 李骁．绿色 BIM 在国内建筑全生命周期应用前景分析[J]. 绿色建筑,2012(04):52－57.

[7] 程建华,王辉．项目管理中 BIM 技术的应用与推广[J]. 施工技术,2012(16):18－21＋60.

[8] 网络文章,搜狐媒体平台:BIM 技术使建筑施工从粗放管理向精细化管理转变,http://mt. sohu. com/20151009/n422816820. shtml

[9] 杨太华,汪洋,王素芳．基于 BIM 技术的建筑安装工程施工阶段精细化管理[J]. 武汉大学学报:工学

版,2013(S1):429－433.
[10] 郑国勤,邱奎宁.BIM国内外标准综述[J].土木建筑工程信息技术,2012(01):32－35.
[11] 建设部标准定额研究所.建筑对象数字化定义(JG/T198—2007)[S].北京:中国标准出版社,2007.
[12] 建筑科学研究院.工业基础类平台规范(GB/T 25507)[S].北京:中国标准出版社,2010.
[13] 清华大学软件学院BIM课题组.中国建筑信息模型标准框架研究[J].土木建筑工程信息技术,2010,2(2):1－5.
[14] 何波.BIM软件与BIM应用环境和方法研究[J].土木建筑工程信息技术,2013(05):26－33.
[15] 何关培.BIM和BIM相关软件[J].土木建筑工程信息技术,2010(04):110－117.

图书在版编目(CIP)数据

绿色建筑设计及技术/张亮主编．—合肥：合肥工业大学出版社，2017.5(2020.8重印)
ISBN 978-7-5650-2913-4

Ⅰ.①绿…　Ⅱ.①张…　Ⅲ.①生态建筑—建筑设计—高等学校—教材
Ⅳ.①TU201.5

中国版本图书馆CIP数据核字(2016)第195990号

绿色建筑设计及技术

主编　张　亮　　　　责任编辑　陆向军　刘　露

出　版	合肥工业大学出版社	版　次	2017年5月第1版
地　址	合肥市屯溪路193号	印　次	2020年8月第2次印刷
邮　编	230009	开　本	787毫米×1092毫米　1/16
电　话	综合编辑部：0551-62903028	印　张	35.25
	市场营销部：0551-62903198	字　数	875千字
网　址	www.hfutpress.com.cn	印　刷	合肥现代印务有限公司
E-mail	hfutpress@163.com	发　行	全国新华书店

ISBN 978-7-5650-2913-4　　　　定价：62.00元